应用型本科院校"十三五"规划教材/食品工程类

U0223176

主　编　陈智斌　张　筠　赵　晶
副主编　王红梅　付红岩　姚　晶　钱　镭
参　编　马丹雅　王雪飞　那治国
　　　　张　煜　屈岩峰

食品加工学

Food Processing

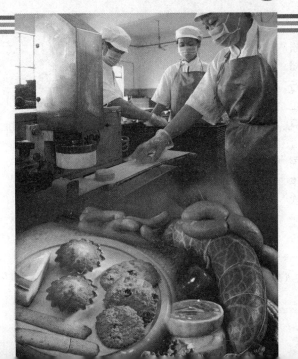

哈爾濱工業大學出版社

内 容 简 介

《食品加工学》是应用型本科院校"十三五"规划系列教材之一。本书共分为9章,主要内容包括:乳制品的加工、肉制品的加工、蛋制品的加工、油脂的加工、焙烤制品的加工、果蔬的加工、软饮料的加工、食品生产加工的质量管理与控制、食品加工新技术。本书比较全面地反映了现代食品加工理论、工艺技术、应用设备及国内外食品加工领域的前沿学科知识,在内容上深入浅出,在材料的组织上突出应用性、实用性,为方便学生学习和进一步研究探讨,除包含大量插图外,每章都列出了学习目的、重点和难点、思考题及参考文献。

本书可供应用型本科院校食品科学与工程专业作为教材使用,同时也可作为食品科技工作者的参考用书。

图书在版编目(CIP)数据

食品加工学/陈智斌,张筠,赵晶主编. —哈尔滨:
哈尔滨工业大学出版社,2012.8(2018.8 重印)
应用型本科院校"十三五"规划教材
ISBN 978 - 7 - 5603 - 3683 - 1

Ⅰ.①食… Ⅱ.①陈…②张…③赵… Ⅲ.①食品加工-
高等学校-教材 Ⅳ.①TS205

中国版本图书馆 CIP 数据核字(2012)第 167439 号

策划编辑　赵文斌　杜　燕
责任编辑　张　瑞
出版发行　哈尔滨工业大学出版社
社　　址　哈尔滨市南岗区复华四道街 10 号　邮编 150006
传　　真　0451 - 86414749
网　　址　http://hitpress.hit.edu.cn
印　　刷　哈尔滨市工大节能印刷厂
开　　本　787mm×1092mm　1/16　印张 36.5　字数 930 千字
版　　次　2012 年 8 月第 1 版　2018 年 8 月第 2 次印刷
书　　号　ISBN 978 - 7 - 5603 - 3683 - 1
定　　价　78.00 元

序

哈尔滨工业大学出版社策划的《应用型本科院校"十三五"规划教材》即将付梓，诚可贺也。

该系列教材卷帙浩繁，凡百余种，涉及众多学科门类，定位准确，内容新颖，体系完整，实用性强，突出实践能力培养。不仅便于教师教学和学生学习，而且满足就业市场对应用型人才的迫切需求。

应用型本科院校的人才培养目标是面对现代社会生产、建设、管理、服务等一线岗位，培养能直接从事实际工作、解决具体问题、维持工作有效运行的高等应用型人才。应用型本科与研究型本科和高职高专院校在人才培养上有着明显的区别，其培养的人才特征是：①就业导向与社会需求高度吻合；②扎实的理论基础和过硬的实践能力紧密结合；③具备良好的人文素质和科学技术素质；④富于面对职业应用的创新精神。因此，应用型本科院校只有着力培养"进入角色快、业务水平高、动手能力强、综合素质好"的人才，才能在激烈的就业市场竞争中站稳脚跟。

目前国内应用型本科院校所采用的教材往往只是对理论性较强的本科院校教材的简单删减，针对性、应用性不够突出，因材施教的目的难以达到。因此亟须既有一定的理论深度又注重实践能力培养的系列教材，以满足应用型本科院校教学目标、培养方向和办学特色的需要。

哈尔滨工业大学出版社出版的《应用型本科院校"十三五"规划教材》，在选题设计思路上认真贯彻教育部关于培养适应地方、区域经济和社会发展需要的"本科应用型高级专门人才"精神，根据前黑龙江省委书记吉炳轩同志提出的关于加强应用型本科院校建设的意见，在应用型本科试点院校成功经验总结的基础上，特邀请黑龙江省9所知名的应用型本科院校的专家、学者联合编写。

本系列教材突出与办学定位、教学目标的一致性和适应性，既严格遵照学科体系的知识构成和教材编写的一般规律，又针对应用型本科人才培养目标及与之相适应的教学特点,精心设计写作体例,科学安排知识内容,围绕应用讲授理论,做到"基础知识够用、实践技能实用、专业理论管用"。同时注意适当融入新理论、新技术、新工艺、新成果,并且制作了与本书配套的 PPT 多媒体教学课件,形成立体化教材,供教师参考使用。

《应用型本科院校"十三五"规划教材》的编辑出版,是适应"科教兴国"战略对复合型、应用型人才的需求,是推动相对滞后的应用型本科院校教材建设的一种有益尝试,在应用型创新人才培养方面是一件具有开创意义的工作,为应用型人才的培养提供了及时、可靠、坚实的保证。

希望本系列教材在使用过程中,通过编者、作者和读者的共同努力,厚积薄发、推陈出新、细上加细、精益求精,不断丰富、不断完善、不断创新,力争成为同类教材中的精品。

前　言

　　本书是为应用型本科院校食品及其相关专业编写的专业课教材,全面系统地阐述了食品科学的基础理论和各种食品加工技术,紧密联系我国食品工业生产现状,反映了国内外食品科学技术的最新进展。本书在编写过程中参阅了大量的文献资料,汲取了多所院校食品专业的教学成果,其内容共分为9章,主要包括:乳制品的加工、肉制品的加工、蛋制品的加工、油脂的加工、焙烤制品的加工、果蔬的加工、软饮料的加工、食品生产加工的质量管理与控制、食品加工新技术。

　　本书在编写上突出应用性及实用性,文字力求精炼,内容深入浅出,并附有大量图表,具体直观,且每章开始部分都列出了学习目的、重点和难点,结束部分附有思考题,以便于学生理解及自学。编者在查阅了国内外同类教材和相关书籍资料的基础上,力求使本书在食品定义、名词解释、工艺参数等基本理论内容方面是最新及权威的资料,并结合了食品加工行业的实际生产情况,真实地反映其发展动态,部分内容涉及学科的前沿,因此本书也可作为从事食品行业的相关技术研究人员及管理人员的参考用书。

　　本书在编写过程中得到了黑龙江东方学院食品与环境工程学部领导及老师们的大力支持与帮助,参加本书编写的编委均是从事食品加工教学与生产一线工作多年、具有丰富的教学或生产实践经验的本院食品科学与工程学部教师,具有博士、硕士学位或者中高级职称,保证了本书的编写质量。本书第1章由陈智斌、钱镭编写;第2章由王红梅、那治国编写;第3章由姚晶编写;第4章由屈岩峰、马丹雅编写;第5章由张煜编写;第6章由赵晶编写;第7章由付红岩编写;第8章由张筠编写;第9章由王雪飞编写。其中第1章、第2章、第9章由陈智斌统稿,第3章、第4章、第8章由张筠统稿,第5章、第6章、第7章由赵晶统稿。

　　由于编者水平有限,不可避免地存在不足及疏漏之处,敬请广大读者批评指正,以便我们今后进一步完善。

编　　者

2012 年 5 月

目　　录

第 1 章

乳制品的加工

【学习目的】

通过本章的学习,应了解乳的组成成分、物理化学性质,乳中微生物的性状、特点及对乳品质及安全的影响等基本知识;在此基础上进一步掌握各种不同的乳制品(如液态乳、发酵乳、炼乳、乳粉、奶油、干酪、冰淇淋及新型乳制品等)的生产加工、产品的质量控制措施;熟悉乳品加工的各单元操作(如标准化、离心、均质、热处理、浓缩、干燥、凝冻等)的原理、特点及条件控制,掌握设备清洗与消毒的方式、方法等。

【重点和难点】

本章的重点是乳的组成特点、理化性质及在加工处理时发生的主要变化;微生物的污染来源及数量的动态变化规律、控制措施;各主要乳制品加工工艺流程、技术要点及产品质量缺陷的防治与控制措施;设备清洗与消毒的典型方式、方法。难点是对不同种类典型乳制品加工条件与参数的掌握;各种乳制品加工工艺的关键点及不同点的掌握;通过产品质量缺陷的表现,正确判定其产生的原因,合理采取相应的控制措施。

1.1 乳的成分及物理化学性质

1.1.1 乳的概念

乳是哺乳动物分娩后由乳腺分泌的一种白色或微黄色的不透明液体。乳的成分十分复杂,其中至少含有上百种化学成分,主要包括水分、脂肪、蛋白质、乳糖、盐类以及维生素、酶类、气体等。

将乳干燥到恒重时所得到的残渣称为乳的干物质。牛的常乳中干物质的质量分数为11%～13%,除干燥时水和随水蒸气挥发的物质以外,干物质中含有乳的全部成分。乳中干物质的含量随乳成分的质量分数而变,尤其是乳脂肪在乳中的变化比较大,因此在实际工作中常用无脂干物质作为指标。

1.1.2 乳的化学成分及其特性

正常牛乳中各种成分的组成大体上是稳定的,但受乳牛的品种、个体、地区、泌乳期、畜龄、挤乳方法、饲料、季节、环境、温度及健康状态等因素的影响而有差异,其中变化最大的是乳脂肪,其次是乳蛋白质,乳糖和灰分则相对比较稳定。牛乳中各主要成分的质量浓度见表1.1。

表1.1 牛乳中各主要成分的质量浓度

成 分	质量浓度	成 分	质量浓度
水分	860~880 g/L	生物素	50 μg/L
乳脂肪	30~50 g/L	叶酸	1.0 μg/L
酪蛋白(α、β、γ)	25 g/L	维生素 B_{12}	7.0 μg/L
β-乳球蛋白	3 g/L	胆碱	150 mg/L
α-乳白蛋白	0.7 g/L	肌醇	180 mg/L
血清白蛋白	0.3 g/L	维生素 C	20 mg/L
免疫性球蛋白	0.3 g/L	钙	1.25 g/L
脂肪球膜蛋白	0.2 g/L	镁	0.10 g/L
非蛋白态氮	0.3 g/L	钠	0.50 g/L
乳糖	45~50 g/L	钾	1.50 g/L
葡萄糖	50 mg/L	磷酸盐	2.10 g/L
维生素 A	0.1~0.5 g/L	柠檬酸盐	2.00 g/L
维生素 D	0.4 μg/L	氯化物	1.00 g/L
维生素 E	1.0 mg/L	重碳酸盐	0.20 g/L
维生素 B_1	0.4 mg/L	二氧化碳	100 mg/L
维生素 B_2	1.5 mg/L	氧	7.5 mg/L
烟酸	0.2~1.2 mg/L	氮	15.0 mg/L
维生素 B_6	0.7 mg/L	其他	0.10 g/L
泛酸	3.0 mg/L		

1. 水分

乳中水占 87%~89%，是主要组成成分，乳及乳制品中将其分为自由水、结合水、膨胀水和结晶水。

2. 气体

乳中含有一定量的气体，约为乳容积的 5.7%~8.6%，主要为二氧化碳、氮气及氧气等。刚挤出的乳含气量高，其中二氧化碳最多，氮气次之，氧气最少。在放置后与空气接触，氧、氮含量增加而二氧化碳的量相应减少。

3. 乳脂肪

乳脂肪是乳的主要成分之一，对乳风味起重要的作用，在乳中的质量分数一般为3%~5%。乳脂肪不溶于水，呈微细球状分散于乳中，形成乳浊液。

(1)乳脂肪球的构造

乳脂肪球的大小依乳牛的品种、个体、健康状况、泌乳期、饲料及挤乳情况等因素而异，通常直径约为 0.1~10 μm，其中以 0.3 μm 左右居多。每毫升的牛乳中约有 20 亿~40 亿个脂肪球。脂肪球的大小对乳制品加工的意义在于：脂肪球的直径越大，上浮的速度就越快，故大脂肪球含量多的牛乳，容易分离出稀奶油。当脂肪球的直径接近 1 nm 时，脂肪球基本不上浮。

所以,生产中可将牛乳进行均质处理,得到长时间不分层的稳定产品。

乳脂肪球在显微镜下观察为圆球形或椭圆球形,表面被一层 5 ~ 10 nm 厚的膜所覆盖,称为脂肪球膜。脂肪球膜主要由蛋白质、磷脂、甘油三酸酯、胆甾醇、维生素 A、金属及一些酶类构成,同时还有盐类和少量结合水。由于脂肪球含有磷脂与蛋白质形成的脂蛋白络合物,使脂肪球能稳定地存在于乳中。磷脂是极性分子,其疏水基朝向脂肪球的中心,与甘油三酸酯结合形成膜的内层;磷脂的亲水基向外朝向乳浆,连着具有强大亲水基的蛋白质,构成了膜的外层。脂肪球膜结构如图 1.1 所示。

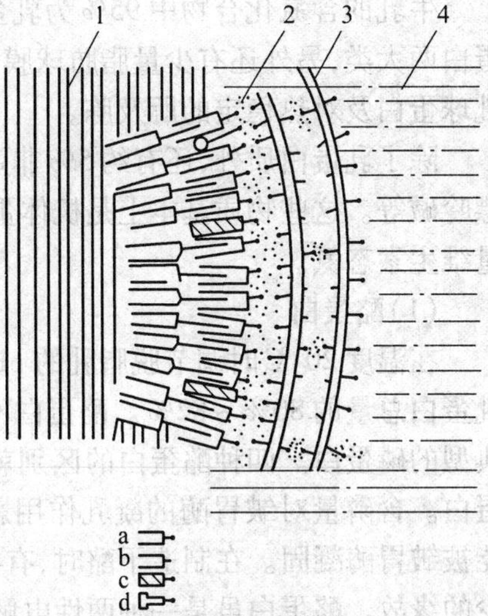

脂肪球膜具有保持乳浊液稳定的作用,即使脂肪球上浮分层,仍能保持脂肪球的分散状态。在机械搅拌或化学物质作用下,脂肪球膜被破坏后,脂肪球才会互相聚结在一起。因此,可以利用这一原理生产奶油和测定乳中的含脂率。

图 1.1　脂肪球膜结构示意图
1—脂肪;2—结合水;3—蛋白质;4—乳浆;a—磷脂;b—高溶点甘油三酸酯;c—胆甾醇;d—维生素 A

(2)乳脂肪的化学组成

乳脂肪主要是由甘油三酯(98% ~ 99%)、少量的磷脂(0.2% ~ 1.0%)、胆甾醇等(0.25% ~ 0.4%)组成。乳中的脂肪酸可分为三类:第一类是水溶性挥发性脂肪酸,例如丁酸、乙酸、辛酸和癸酸等;第二类是非水溶性挥发性脂肪酸,例如十二碳酸等;第三类是非水溶性不挥发脂肪酸,例如十四碳酸、二十碳酸,十八碳烯酸和十八碳二烯酸等。乳脂肪的脂肪酸组成受饲料、营养、环境、季节等因素的影响。一般,夏季放牧期间乳脂肪中不饱和脂肪酸含量升高,而冬季舍饲期不饱和脂肪酸含量降低,所以夏季加工的奶油其熔点比较低。

在牛乳脂肪中已证实含有 C_{20} ~ C_{23} 的奇数碳原子脂肪酸,也发现有带侧链的脂肪酸。乳脂肪的不饱和脂肪酸主要是油酸,约占不饱和脂肪酸总量的 70%。由于不饱和脂肪酸双键位置的不同,可构成异构体,例如十八碳烯-9-酸与十八碳烯-11-酸(异油酸)。双键周围空间位置不同可形成几何异构体,如[顺]-十八碳烯-9-酸及[反]-十八碳烯-9-酸(反油酸)。

(3)乳脂肪的理化常数

乳脂肪的组成与结构决定其理化性质,表 1.2 是乳脂肪的理化常数。

表 1.2　乳脂肪的理化常数

项　目	指　标	项　目	指　标
比重	0.935 ~ 0.943	赖克特迈斯尔值[①]	21 ~ 36
熔点/℃	28 ~ 38	波伦斯克值[②]	1.3 ~ 3.5
凝固点/℃	15 ~ 25	酸值	0.4 ~ 3.5
折射率(n_D^{25})	1.459 ~ 1.462	丁酸值	16 ~ 24
皂化率	218 ~ 235	不皂化物	0.31 ~ 0.42
碘值	26 ~ 36(30 左右)		

注:①水溶性挥发性脂肪酸值;②非水溶性挥发性脂肪酸值。

4. 乳蛋白质

牛乳的含氮化合物中 95% 为乳蛋白质,质量分数为 3.0% ~3.5%,可分为酪蛋白和乳清蛋白两大类,另外还有少量脂肪球膜蛋白质。乳清蛋白质中有对热不稳定的各种乳白蛋白和乳球蛋白及对热稳定的胨及脒。

除了乳蛋白质外,还有约 5% 非蛋白态含氮化合物,如氨、游离氨基酸、尿素、尿酸、肌酸及嘌呤碱等。这些物质基本上是机体蛋白质代谢的产物,通过乳腺细胞进入乳中。另外还有少量维生素态氮。

(1)酪蛋白

在温度 20 ℃ 时调节脱脂乳的 pH 值至 4.6 时沉淀的一类蛋白质称为酪蛋白(Casein),占乳蛋白总量的 80% ~82%。酪蛋白不是单一的蛋白质,而是由 α_s-、β-、γ-、κ-酪蛋白组成,是典型的磷蛋白。四种酪蛋白的区别就在于它们含磷量的多少。α_s-酪蛋白含磷多,故又称磷蛋白。含磷量对皱胃酶的凝乳作用影响很大。γ-酪蛋白含磷量极少,因此,γ-酪蛋白几乎不能被皱胃酶凝固。在制造干酪时,有些乳常发生软凝块或不凝固现象,就是蛋白质中含磷量过少的缘故。酪蛋白虽是一种两性电解质,但其分子中含有的酸性氨基酸远多于碱性氨基酸,因此具有明显的酸性。

①酪蛋白的存在形式。乳中的酪蛋白与钙结合生成酪蛋白酸钙,再与胶体状的磷酸钙结合形成酪蛋白酸钙-磷酸钙复合体(Calcium Caseinate-calcuimphosphate Complex),以胶体悬浮液的状态存在于牛乳中,其胶体微粒直径为 10~300 nm,一般 40~160 nm 占大多数。此外,酪蛋白胶粒中还含有镁等物质。

酪蛋白酸钙-磷酸钙复合体的胶粒大体上呈球形,据佩恩斯(Payens,1966)设想,胶体内部由 β-酪蛋白的丝构成网状结构,在其上附着 α_s-酪蛋白,外面覆盖有 κ-酪蛋白,并结合有胶体状的磷酸钙,如图 1.2 所示。

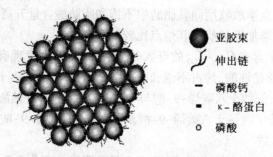

图 1.2 酪蛋白胶粒结构模式

κ-酪蛋白还具有抑制 α_s-酪蛋白和 β-酪蛋白在钙离子作用下的沉淀作用。因此,κ-酪蛋白覆盖层对胶体起保护作用,使牛乳中的酪蛋白酸钙-磷酸钙复合体胶粒能保持相对稳定的胶体悬浮状态。

②酪蛋白的性质。

a. 酪蛋白的酸沉淀。酪蛋白胶粒对 pH 值的变化很敏感。当脱脂乳的 pH 值降低时,酪蛋白胶粒中的钙与磷酸盐就逐渐游离出来。当 pH 值达到酪蛋白的等电点 4.6 时,就会形成酪蛋白沉淀。酪蛋白的酸凝固过程以盐酸为例表示如下:

$$酪蛋白酸钙[Ca_3(PO_4)_2]+2HCl \longrightarrow 酪蛋白\downarrow+2CaHPO_4+CaCl_2$$

由于加酸程度不同,酪蛋白酸钙复合体中钙被酸取代的情况也有差异。实际上乳中酪蛋白在 pH 5.2 ~ 5.3 时 $Ca_3(PO_4)_2$ 先行分离就发生沉淀,这种酪蛋白沉淀中含有钙;继续加酸而使 pH 值达到 4.6 时,Ca^{2+} 又从酪蛋白钙中分离,游离的酪蛋白完全沉淀。

为使酪蛋白沉淀,工业上一般使用盐酸。同理,如果由于乳中的微生物作用,使乳中的乳糖分解为乳酸,从而使 pH 值降至酪蛋白的等电点时,同样会发生酪蛋白的酸沉淀。

b. 酪蛋白的凝乳酶凝固。牛乳中的酪蛋白在凝乳酶的作用下会发生凝固,工业上生产干酪就是利用此原理。酪蛋白在凝乳酶的作用下变为副酪蛋白(Paracasin),在钙离子存在下形成不溶性的凝块,这种凝块称为副酪蛋白钙,其凝固过程如下:

$$酪蛋白酸钙 + 皱胃酶 \longrightarrow 副酪蛋白钙 \downarrow + 糖肽 + 皱胃酶$$

c. 盐类及离子对酪蛋白稳定性的影响。乳中的酪蛋白酸钙-磷酸钙胶粒容易在氯化钠或硫酸铵等盐类饱和溶液或半饱和溶液中形成沉淀,这种沉淀是由于电荷的抵消与胶粒脱水而产生的。

酪蛋白酸钙-磷酸钙胶粒,对于其体系内二价的阳离子含量的变化很敏感。钙或镁离子能与酪蛋白结合,而使粒子形成凝集作用。故钙离子与镁离子的浓度影响着胶粒的稳定性。钙和磷的含量直接影响乳汁中的酪蛋白微粒的大小,也就是大的微粒要比小的微粒含有较多的钙和磷。由于乳汁中的钙和磷呈平衡状态存在,所以鲜乳中酪蛋白微粒具有一定的稳定性。当向乳中加入氯化钙时,则能破坏平衡状态,因此在加热时使酪蛋白发生凝固现象。试验证明,在 90 ℃ 时加入 0.12% ~ 0.15% 的 $CaCl_2$ 即可使乳凝固。

利用 $CaCl_2$ 凝固乳时,如加热到 95 ℃ 时,则乳汁中蛋白质总含量 97% 可以被利用,而此时 $CaCl_2$ 的加入量以每升乳 1.00 ~ 1.25 g 为最适宜。采用钙凝固时,乳蛋白质的利用程度一般要比酸凝固法高 5%,比皱胃酶凝固法约高 10% 以上。

d. 酪蛋白与糖的反应。具有还原性羰基的糖可以与酪蛋白作用变成氨基糖而产生芳香味及其色素。

蛋白质和乳糖的反应,在乳品工业中的特殊意义在于:乳品(如乳粉、乳蛋白粉和其他乳制品)在长期储存中,由于乳糖与酪蛋白发生反应产生颜色、风味及营养价值的改变。工业用干酪素由于洗涤不干净,储存条件不佳,同样也能发生这种变化。炼乳罐头也同样有这种反应过程,特别是含转化糖多时变化更明显。由于酪蛋白与乳糖的反应,发现产品变暗并失去有价值的氨基酸,如:赖氨酸失去 17%,组氨酸失去 17%,精氨酸失去 10%。由于这三种氨基酸是无法补偿的,因此发生这种情况时,不仅使颜色、气味变劣,营养价值也会有很大损失。

(2)乳清蛋白

乳清蛋白是指溶解分散在乳清中的蛋白质,约占乳蛋白质的 18% ~ 20%,可分为热稳定的乳清蛋白和热不稳定的乳清蛋白两部分。

①热稳定的乳清蛋白。这类蛋白包括蛋白脉和蛋白胨,约占乳清蛋白的 19%。此外还有一些脂肪球膜蛋白质,是吸附于脂肪球表面的蛋白质与酶的混合物,其中含有脂蛋白、碱性磷酸酶和黄嘌呤氧化酶等。这些蛋白质可以用洗涤方法将其分离出来。

脂肪球膜蛋白由于受细菌性酶的作用而产生的分解现象,是奶油在储藏时风味变劣的原因之一。

②热不稳定的乳清蛋白。调节乳清 pH 4.6 ~ 4.7 时,煮沸 20 min,发生沉淀的一类蛋白质为热不稳定的乳清蛋白,约占乳清蛋白的 81%。热不稳定的乳清蛋白包括乳白蛋白和乳球蛋白两类。

a. 乳白蛋白。乳白蛋白是指中性乳清中,加饱和硫酸铵或饱和硫酸镁进行盐析时,呈溶解状态而不析出的蛋白质。乳白蛋白约占乳清蛋白的68%。乳白蛋白又包括α-乳白蛋白(约占乳清蛋白的19.7%)、β-乳球蛋白(约占乳清蛋白的43.6%)和血清白蛋白(约占乳清蛋白的4.7%)。β-乳球蛋白过去一直被认为是白蛋白,而实际上是一种球蛋白。因此,乳白蛋白中最主要的是α-乳白蛋白。乳白蛋白以1.5~5.0 nm直径的微粒分散在乳中,对酪蛋白起保护胶体作用。这类蛋白常温下不能用酸凝固,但在弱酸性时加温即能凝固,该类蛋白不含磷,但含丰富的硫。

b.乳球蛋白。中性乳清中加饱和硫酸铵或饱和硫酸镁盐析时,能析出而不呈溶解状态的乳清蛋白即为乳球蛋白,约占乳清蛋白的13%。乳球蛋白具有抗原作用,故又称为免疫球蛋白。初乳中的免疫球蛋白含量比常乳高。

(3)非蛋白含氮物

牛乳的含氮物中,除蛋白质外,还有非蛋白态的氮化物,约占总氮的5%,其中包括氨基酸、尿素、尿酸、肌酸(Creatinine)及叶绿素等。这些含氮物是活体蛋白质代谢的产物,从乳腺细胞进入乳中。

5.乳糖

乳糖是哺乳动物乳汁中特有的糖类。牛乳中约含有乳糖4.6%~4.7%,全部呈溶解状态。乳糖为D-葡萄糖与D-半乳糖以β-1,4键结合的二糖,又称为1,4-半乳糖苷葡萄糖。因其分子中有羰基,属还原糖。

乳糖有α-乳糖和β-乳糖两种异构体。α-乳糖很易与一分子结晶水结合,变为α-乳糖水合物(α-Lactose Monohydrate),所以乳糖实际上共有三种构型。甜炼乳中的乳糖大部分呈结晶状态,结晶的大小直接影响炼乳的口感,而结晶的大小可以根据乳糖的溶解度与温度的关系加以控制。

α-乳糖及β-乳糖在水中的溶解度也因温度而异。α-乳糖溶解于水中时逐渐变成β-型。因为β-乳糖较α-乳糖易溶于水,所以乳糖最初溶解度并不稳定,而是逐渐增加,直至α-型与β-型平衡为止。乳中除了乳糖外还含有少量其他的碳水化合物。例如,在常乳中含有极少量的葡萄糖、半乳糖。另外,还含有微量的果糖、低聚糖(Oligosaccharide)、己糖胺(Hexosamine)。

一部分人随着年龄增长,消化道内缺乏乳糖酶不能分解和吸收乳糖,饮用牛乳后会出现呕吐、腹胀、腹泻等不适应症,称为乳糖不耐症。在乳品加工中利用乳糖酶,将乳中的乳糖分解为葡萄糖和半乳糖;或利用乳酸菌将乳糖转化成乳酸,可预防乳糖不耐症。

6.乳中的无机物

牛乳中的无机物(Inorganic Salts)亦称为矿物质,是指除碳、氢、氧、氮以外的各种无机元素,主要有钾、钠、钙、镁、磷、硫、氯等。此外还有一些微量元素。通常牛乳中无机物的质量分数为0.35%~1.21%,平均为0.7%左右。牛乳中无机物的含量因泌乳期及个体健康状态等因素而异。牛乳中主要无机成分的质量分数见表1.3。

表1.3 牛乳中的主要无机成分的质量分数(mg/100 mL 牛乳)

项目	钾	钠	钙	镁	磷	硫	氯
牛乳	158	54	109	14	91	5	99

乳中的矿物质大部分以无机盐或有机盐的形式存在,其中以磷酸盐、酪酸盐和柠檬酸盐存在的数量最多。钠的大部分以氯化物、磷酸盐和柠檬酸盐的离子状态存在。而钙、镁与酪蛋

白、磷酸和柠檬酸结合,一部分呈胶体状态,另一部分呈溶解状态。磷是乳中磷蛋白和磷脂的成分。

牛乳中的盐类含量虽然很少,但对乳品加工,特别是对热稳定性起重要作用。牛乳中的盐类平衡,特别是钙、镁等阳离子与磷酸、柠檬酸等阴离子之间的平衡,对于牛乳的稳定性具有非常重要的意义。当受季节、饲料、生理或病理等影响,牛乳发生不正常凝固时,往往是钙、镁离子过剩,盐类的平衡被打破的缘故。此时,可向乳中添加磷酸及柠檬酸的钠盐,以维持盐类平衡,保持蛋白质的热稳定性。生产炼乳时常常利用这种特性。

乳与乳制品的营养价值,在一定程度上受矿物质的影响。以钙而言,由于牛乳中钙的含量较人乳多 3～4 倍,因此牛乳在婴儿胃内所形成的蛋白凝块相对于人乳比较坚硬,不易消化。为了消除可溶性钙盐的不良影响,可采用离子交换的方法,将牛乳中的钙除去 50%,从而使凝块变得很柔软,便于消化。但在加工上如缺乏钙时,对乳的加工特性就会发生不良影响,尤其不利于干酪的制造。

牛乳中铁的质量浓度为 10～90 μg/100 mL,较人乳少,故人工哺育幼儿时应补充铁。

7. 乳中的维生素

牛乳含有几乎所有已知的维生素。牛乳中的维生素包括脂溶性维生素 A、D、E、K 和水溶性的维生素 B_1、B_2、B_6、B_{12}、C 等。牛乳中的维生素,部分来自于饲料,如维生素 E;有的要靠乳牛自身合成,如 B 族维生素。

8. 乳中的酶类

牛乳中酶类的来源有三个:①乳腺分泌;②挤乳后由于微生物代谢而生成;③由于白血球崩坏而生成。牛乳中的酶种类很多,但与乳品生产有密切关系的主要为水解酶类和氧化还原酶类。

（1）水解酶

①脂酶(Lipase)。牛乳中的脂酶至少有两种:一种是只附在脂肪球膜间的膜脂酶(Membrane Lipase),它在常乳中不常见,而在末乳、乳房炎乳及其他一些生理异常乳中常出现;另一种是存在于脱脂乳中与酪蛋白相结合的乳浆脂酶(Plasma Lipase)。

脂酶的分子质量一般为 7 000～8 000,最适作用温度为 37 ℃,最适 pH 值为 9.0～9.2。钝化温度至少 80～85 ℃。钝化温度与脂酶的来源有关。来源于微生物的脂酶耐热性高,已经钝化的酶有恢复活力的可能。乳脂肪在脂酶的作用下水解产生游离脂肪酸,从而使牛乳带有脂肪分解的酸败气味(Acid Flavor),这是乳制品,特别是奶油生产中常见的缺陷。为了抑制脂酶的活性,在奶油生产中,一般采用不低于 80～85 ℃ 的高温或超高温处理。另外,加工过程也能使脂酶增加其作用机会。例如均质处理,由于破坏脂肪球膜而增加了脂酶与乳脂肪的接触面,使乳脂肪更易水解,故均质后应及时进行杀菌处理;其次,牛乳多次通过乳泵或在牛乳中通入空气剧烈搅拌,同样也会使脂酶的作用增加,导致牛乳风味变劣。

②磷酸酶(Phosphatase)。牛乳中的磷酸酶有两种:一种是酸性磷酸酶,存在于乳清中;另一种是碱性磷酸酶,吸附于脂肪球膜处。其中碱性磷酸酶的最适 pH 值为 7.6～7.8,经 63 ℃ 30 min 或 71～75 ℃ 15～30 s 加热后可钝化,故可以利用这种性质来检验低温巴氏杀菌法处理的消毒牛乳的杀菌程度是否完全。

③蛋白酶(Proteinase)。牛乳中的蛋白酶分别来自于乳本身和被污染的微生物。乳中蛋白酶多为细菌性酶,细菌性的蛋白酶使蛋白质水解后形成蛋白胨、多肽及氨基酸。其中由乳酸菌形成的蛋白酶在乳中,特别是在干酪中具有非常重要的意义。蛋白酶在高于 75～80 ℃ 的温

度中即被破坏。在 70 ℃以下时,可以稳定地耐受长时间的加热;在 37 ~ 42 ℃ 时,这种酶在弱碱性环境中作用最大,在中性及酸性环境中作用减弱。

（2）氧化还原酶

氧化还原酶主要包括过氧化氢酶、过氧化物酶和还原酶。

①过氧化氢酶（Catalase）。牛乳中的过氧化氢酶主要来自于白血球的细胞成分,特别是在初乳和乳房炎乳中含量较高。所以,利用对过氧化氢酶的测定可判定牛乳是否为乳房炎乳或其他异常乳。经 65 ℃ 30 min 加热,过氧化氢酶的 95% 会钝化;经 75 ℃ 20 min 加热,则 100% 钝化。

②过氧化物酶（Peroxidase）。过氧化物酶是最早从乳中发现的酶,它能促使过氧化氢分解产生活泼的新生态氧,从而使乳中的多元酚、芳香胺及某些化合物氧化。过氧化物酶主要来自于白血球的细胞成分,其数量与细菌无关,是乳中固有的酶。

过氧化物酶作用的最适温度为 25 ℃,最适 pH 值为 6.8,钝化温度和时间大约为 76 ℃ 20 min、77 ~ 78 ℃ 5 min、85 ℃ 10 s。通过测定过氧化物酶的活性可以判断牛乳是否经过热处理或判断热处理的程度。但经过 85 ℃ 10 s 加热处理后的牛乳,若在 20 ℃ 储藏 24 h 或 37 ℃ 储藏 4 h,会出现已钝化的过氧化物酶重新复活的现象。

③还原酶（Reductase）。过氧化氢酶及过氧化物酶是乳中固有的酶,而还原酶则是挤乳后进入乳中的微生物的代谢产物。还原酶能使甲基蓝还原为无色。乳中的原酶的量与微生物的污染程度成正相关,因此可通过测定还原酶的活力来判断乳的新鲜程度。

9. 乳中的其他成分

除上述成分外,乳中尚有少量的有机酸、气体、色素、细胞成分、风味成分及激素等。

（1）有机酸

乳中的有机酸主要是柠檬酸等。在酸败乳及发酵乳中,在乳酸菌的作用下,马尿酸可转化为苯甲酸。乳中柠檬酸的质量分数为 0.07% ~ 0.40%,平均为 0.18%,以盐类状态存在。除了酪蛋白胶粒成分中的柠檬酸盐外,还存在分子、离子状态的柠檬酸盐,主要为柠檬酸钙。柠檬酸对乳的盐类平衡及乳在加热、冷冻过程中的稳定性均起重要作用。同时,柠檬酸还是乳制品芳香成分丁二酮的前体。

（2）细胞成分

乳中所含的细胞成分主要是白血球和一些乳房分泌组织的上皮细胞,也有少量红血球。牛乳中细胞含量的多少是衡量乳房健康状况及牛乳卫生质量的标志之一,一般正常乳中细胞数不超过 50 万个/mL。

1.1.3 乳中各成分的分散状态

乳中含有多种化学成分,其中水是分散剂,其他各种成分,如脂肪、蛋白质、乳糖、无机盐等,呈分散质分散在水中,形成一种复杂的具有胶体特性的生物学液体分散体系。

1. 呈乳浊液与悬浮液状态分散在乳中的物质

分散质粒子的直径在 0.1 μm 以上的液体可分乳浊液和悬浮液两种。分散质是液体的属于乳浊液。牛乳的脂肪在常温下呈液态的微小球状分散在乳中,球的直径平均为 3 μm 左右,可以在显微镜下明显地看到,所以牛乳中的脂肪球即为乳浊液的分散质。如将牛乳或稀奶油进行低温冷藏,则最初是液态的脂肪球凝固成固体,即成为分散质为固态的悬浮液。用稀奶油制造奶油时,需将稀奶油在 5 ~ 10 ℃ 左右进行成熟,使稀奶油中的脂肪球从乳浊态变成悬浮态。这在制造奶油时,是一项重要的操作过程。

2. 呈乳胶态与悬浮态分散在乳中的物质

粒子的直径自 1 nm 至 0.1 μm 的称为胶态(Colloid)。胶态的分散体系也称为胶体溶液(Colloidal Solution)。胶体溶液中的分散质称为胶体粒子,乳中属于胶态的有乳胶态和胶体悬浮态。

分散质是液体或者即使分散质是固体,但粒子周围包有液体皮膜都称为乳胶体。分散在牛乳中的酪蛋白颗粒,其粒子大小大部分为 5 ~ 15 nm,乳白蛋白的粒子为 1.5 ~ 5 nm,乳球蛋白的粒子为 2 ~ 3 nm,这些蛋白质都以乳胶体状态分散。此外,脂肪球中凡在 0.1 μm 以下的也称乳胶体,牛乳中二磷酸盐、三磷酸盐等磷酸盐的一部分,也以悬浮液胶体状态分散于乳中。

3. 呈分子或离子状态(溶质)分散在乳中的物质

凡粒子直径在 1 nm 以下,形成分子或离子状态存在的分散系称为真溶液。牛乳中以分子或离子状态存在的溶质有磷酸盐的一部分和柠檬酸盐、乳糖及钾、钠、氯等。

1.1.4　乳的物理性质

乳的物理性质对选择正确的工艺条件,鉴定乳的品质具有重要的意义。下面分别简述牛乳的主要物理性质。

1. 乳的色泽及光学性质

新鲜正常的牛乳呈不透明的乳白色或淡黄色。乳白色是由于乳中的酪蛋白酸钙-磷酸钙胶粒及脂肪球等微粒对光的不规则反射所产生。牛乳中的脂溶性胡萝卜素和叶黄素使乳略带淡黄色。而水溶性的核黄素使乳清呈荧光性黄绿色。

牛乳的折射率由于有溶质的存在而比水的折射率大,但在全乳脂肪球的不规则反射影响下,不易正确测定。由脱脂乳测得的较准确,折射率为 $n_D^{20} = 1.344 ~ 1.348$,由此可判定牛乳是否掺水。

2. 乳的滋味与气味

乳中含有挥发性脂肪酸及其他挥发性物质,这些物质是牛乳滋味与气味的主要构成成分。这种香味因温度的高低而异,乳经加热后香味强烈,冷却后减弱。乳中羰基化合物,如乙醛、丙酮、甲醛等均与乳风味有关。牛乳除了原有的香味之外很容易吸收外界的各种气味。所以挤出的牛乳如在牛舍中放置时间太久会带有牛粪味或饲料味,储存器不良则会产生金属味,消毒温度过高则会产生焦糖味。所以每一个处理过程都必须注意周围环境的清洁以及各种因素的影响。

新鲜纯净的乳稍带甜味,这是由于乳中含有乳糖。乳中除甜味外,因其中含有氯离子,所以稍带咸味。常乳中的咸味因受乳糖、脂肪、蛋白质等调和而不易觉察,但异常乳如乳房炎乳中氯的含量较高,故有浓厚的咸味。乳中的苦味来自 Mg^{2+}、Ca^{2+},而酸味则是由柠檬酸及磷酸所产生的。

3. 乳的酸度和氢离子浓度

刚挤出的新鲜乳若以乳酸度计,为 0.15% ~ 0.18% (16 ~ 18 °T),固有酸度或自然酸度主要由乳中的蛋白质、柠檬酸盐、磷酸盐及二氧化碳等酸性物质所造成,其中来源于二氧化碳占 0.01% ~ 0.02% (2 ~ 3 °T),乳蛋白占 0.05% ~ 0.08% (3 ~ 4 °T),柠檬酸盐占 0.01%,磷酸盐占 0.06% ~ 0.08% (10 ~ 12 °T)。

乳在微生物的作用下发生乳酸发酵,导致乳的酸度逐渐升高。由于发酵产酸而升高的这部分酸度称为发酵酸度。固有酸度和发酵酸度之和称为总酸度。一般条件下,乳品工业所测定的酸度就是总酸度。

乳品工业中酸度是指以标准碱液用滴定法测定的滴定酸度。滴定酸度有多种测定方法和表示形式。我国滴定酸度用吉尔涅尔度简称"°T"(TepHep)、乳酸度(乳酸%)或 pH 值来表示。

(1)吉尔涅尔度(°T)

取 10 mL 牛乳,用 20 mL 蒸馏水稀释,加入质量分数为 0.5% 的酚酞指示剂 0.5 mL,以 0.1 mol/L 氢氧化钠溶液滴定,将所消耗的氢氧化钠毫升数乘以 10,即中和 100 mL 牛乳所需 0.1 mol/L 氢氧化钠毫升数,消耗 1 mL 为 1 °T。

(2)乳酸度(乳酸/%)

用乳酸量表示酸度时,按上述方法测定后用下列公式计算:

$$乳酸/\% = \frac{0.1 \text{ mol/L 氢氧化钠毫升数} \times 0.009}{供试牛乳质量(g)(或乳样毫升数 \times 密度)} \times 100\% \tag{1.1}$$

(3)pH 值

酸度可用氢离子浓度指数(pH 值)表示,正常新鲜牛乳的 pH 值为 6.5 ~ 6.7,一般酸败乳或初乳的 pH 值在 6.4 以下,乳房炎乳或低酸度乳 pH 值在 6.8 以上。

滴定酸度可以及时反映出乳酸产生的程度,而 pH 值则不呈现规律性的关系,因此生产中广泛地采用测定滴定酸度的方法来间接掌握乳的新鲜度。乳酸度越高,乳对热的稳定性就越低。

4. 乳的比重和密度

温度在 15 ℃时,正常乳的比重平均为 1.032;在 20 ℃时正常乳的密度平均为 1.030。在同温度下乳的密度较比重小 0.001 9,乳品生产中常以 0.002 的差数进行换算;密度受温度影响,温度每升高或降低 1 ℃实测值就减少或增加 0.000 2。

乳的相对密度在挤乳后 1 h 内最低,其后逐渐上升,最后可升高 0.001 左右,这是气体的逸散、蛋白质的水合作用及脂肪的凝固使容积发生变化的结果,故不宜在挤乳后立即测试比重。

5. 乳的热学性质

(1)乳的冰点

牛乳的冰点一般为 -0.525 ~ -0.565 ℃,平均为 -0.540 ℃。牛乳中的乳糖和盐类是导致冰点下降的主要因素。正常的牛乳中乳糖及盐类的含量变化很小,所以冰点很稳定。可根据冰点变动用下列公式来推算掺水量:

$$X = \frac{T - T_1}{T} \times 100\% \tag{1.2}$$

式中　X——掺水量,%;

　　　　T——正常乳的冰点;

　　　　T_1——被检乳的冰点。

酸败的牛乳其冰点会降低,所以测定冰点必须要求牛乳的酸度在 20 °T 以内。

(2)沸点

牛乳的沸点在 101.33 kPa(1 个大气压)下为 100.55 ℃,乳的沸点受其固形物含量影响。浓缩到原体积一半时,沸点上升到 101.05 ℃。

（3）比热

牛乳的比热为其所含各成分之比的总和。牛乳中主要成分的比热为：乳蛋白 2.09 kJ/（kg·K），乳脂肪 2.09 kJ/（kg·K），乳糖 1.25 kJ/（kg·K），盐类 2.93 kJ/（kg·K），由此及乳成分的质量分数计算得牛乳的比热约为 3.89 kJ/（kg·K）。

乳和乳制品的比热，在乳品生产过程中常用加热量和制冷量计算，可按照下列标准计算：牛乳为 3.94～3.98 kJ/（kg·K），稀奶油为 3.68～3.77 kJ/（kg·K），干酪为 2.34～2.51 kJ/（kg·K），炼乳为 2.18～2.35 kJ/（kg·K），加糖乳粉为 1.84～2.011 kJ/（kg·K）。

6. 乳的黏度与表面张力

牛乳大致可认为属于牛顿流体。正常乳的黏度为 0.001 5～0.002 Pa·s，牛乳的黏度随温度升高而降低。在乳的成分中，脂肪及蛋白质对黏度的影响最显著，随着含脂率增加、乳固体含量增高，黏度也增高。初乳、末乳的黏度都比正常乳高。在加工中，黏度受脱脂、杀菌、均质等操作的影响。

黏度在乳品加工中有重要意义。例如，在浓缩乳制品方面，黏度过高或过低都不是正常情况。以甜炼乳为例，黏度过低则可能发生分离或糖沉淀，黏度过高则可能发生浓厚化。储藏中的淡炼乳，如黏度过高则可能产生矿物质的沉积或形成冻胶体（即形成网状结构）。此外，在生产乳粉时，如黏度过高可能妨碍喷雾、产生雾化不完全及水分蒸发不良等现象，因此掌握适当的黏度是保证雾化充分的必要条件。

牛乳的表面张力与牛乳的起泡性、乳浊状态、微生物的生长发育、热处理、均质作用及风味等有密切关系。测定表面张力的目的是鉴别乳中是否混有其他添加物。

牛乳表面张力在 20 ℃时为 0.04～0.06 N/cm。牛乳的表面张力随温度上升而降低，随含脂率的减少而增大。乳经均质处理，则脂肪球表面积增大，由于表面活性物质吸附于脂肪球界面处，从而增加了表面张力。但如果不将脂酶先经加热处理而使其钝化，均质处理会使脂肪酶活性增加，使乳脂水解生成游离脂肪酸，使表面张力降低，而表面张力与乳的泡沫性有关。加工冰淇淋或搅打发泡稀奶油时希望有浓厚而稳定的泡沫形成，但在运送乳、净化乳、稀奶油分离、杀菌时则不希望形成泡沫。

7. 乳的电学性质

（1）电导率

乳中含有电解质而能传导电流。牛乳的电导率与其成分，特别是氯离子和乳糖的含量有关。正常牛乳在 25 ℃时，电导率为 0.004～0.005 S（西门子）。乳房炎乳中 Na^+、Cl^- 等离子增多，电导率上升。一般电导率超过 0.06 S 即可认为是患病牛乳。故可应用电导率的测定进行乳房炎乳的快速鉴定。

脱脂乳中由于妨碍离子运动的脂肪已被除去，因此电导率比全乳有所增加。将牛乳煮沸时，由于二氧化碳消失，且磷酸钙沉淀，电导率降低。乳在蒸发过程中，干物质质量分数在 36%～40% 时电导率增高，此后又逐渐降低。因此，在生产中可以利用电导率来检查乳的蒸发程度及调节真空蒸发器的运行。

（2）氧化还原电势

乳中含有很多具有氧化还原作用的物质，如维生素 B_2、维生素 C、维生素 E、酶类、溶解态氧、微生物代谢产物等。乳中进行氧化还原反应的方向和强度取决于这类物质的含量。氧化还原电势可反映乳中进行的氧化还原反应的趋势。一般牛乳的氧化还原电势为 +0.23～+0.25 V（伏特）。乳经过加热则产生还原性的产物而使氧化还原电势降低，Cu^{2+} 存在可使氧化还原电势增高。牛乳如果受到微生物污染,随着氧的消耗和还原性代谢产物的产生,可使其氧化还原电势降低,当与甲基蓝、刃天青等氧化还原指示剂共存时可显示其褪色,此原理可应用于微生物污染程度的检验。

1.1.5 异常乳

1.异常乳的概念和种类

(1)异常乳的概念

正常乳的成分和性质基本稳定,当乳牛受到饲养管理、疾病、气温以及其他各种因素的影响时,乳的成分和性质往往发生变化,这种乳称为异常乳(Abnormal Milk),不适于加工优质的产品。

乳品工业中通常以70%的酒精试验来检查原料乳,酒精试验(Alcohol Test)呈阳性的乳一般都称为异常乳,这是由于检验简单易行而形成的概念。但实际上,有些异常乳酒精试验却呈阴性,所以异常乳不仅种类很多,而且变化很复杂。

(2)异常乳的种类

有时常乳与异常乳之间无明显区别,按利用情况,异常乳可分为下列几种(见表1.4):

表1.4 异常乳的分类

异常乳		
生理异常乳		营养不良乳
		初乳
		末乳
化学异常乳	酒精阳性乳	高酸度酒精阳性乳
		低酸度酒精阳性乳
		冻结乳
	低成分乳	
	混入异物乳	
	风味异常乳	
微生物污染乳		
病理异常乳		乳房炎乳
		其他病牛乳

2.异常乳的产生原因和性质

(1)生理异常乳

①营养不良乳。饲料不足、营养不良的乳牛所产的乳对皱胃酶几乎不凝固,所以这种乳不能制造干酪。当喂以充足的饲料,加强营养之后,牛乳即可恢复正常,皱胃酶可使其凝固。

②初乳。产犊后一周之内所分泌的乳称为初乳,呈黄褐色、有异臭、苦味、黏度大,特别是3 d之内,初乳特征更为显著。脂肪、蛋白质,特别是乳清蛋白质含量高,乳糖含量低,灰分含量高。初乳中含铁量约为常乳的3~5倍,含铜量约为常乳的6倍。初乳中含有初乳球,可能是脱落的上皮细胞,或白血球吸附于脂肪球处而形成,在产犊后2~3周左右即消失。初乳中含有丰富的维生素,尤其富含维生素A、D、B及尼克酰胺,而且含有大量的免疫球蛋白,为幼儿生长所必需。初乳对热的稳定性差,加热时容易凝固。目前利用初乳的免疫活性物质生产保健乳制品得到广泛的应用。

③末乳。末乳也称老乳,即干奶期前两周所产的乳。其成分除脂肪外,均较常乳高,有苦而微咸的味道,含脂酶多,常有油脂氧化味。一般末乳的pH值为7.0,细菌数达250万 cfu/mL,氯

离子质量分数约为 0.16%。

（2）化学异常乳

1）酒精阳性乳

乳品厂检验原料乳时，一般先用 68% 或 70% 的酒精进行检验，凡产生絮状凝块的乳称为酒精阳性乳。酒精阳性乳有如下两种：

①高酸度酒精阳性乳。一般酸度在 20 °T 以上时的乳酒精试验均为阳性，称为酒精阳性乳。其原因是鲜乳中微生物繁殖使酸度升高。因此要注意挤乳时的卫生并将挤出的鲜乳保存在适当的温度条件下，以免微生物污染繁殖。

②低酸度酒精阳性乳。有的鲜乳虽然酸度低（16 °T 以下），但酒精试验也呈阳性，因此称为低酸度酒精阳性乳。这种情况往往给生产上造成很大的损失。低酸度酒精阳性乳产生的原因有以下几种：

a. 环境：一般来说，春季发生较多，到采食青草时自然治愈。开始舍饲的初冬，气温剧烈变化，或者夏季盛暑期也易发生。年龄在 6 岁以上的居多。卫生管理越差发生的越多。因此，采用日光浴、放牧、改进换气设施等使环境条件得到改善具有一定的效果。

b. 饲养管理：饲喂腐败饲料或者喂量不足，长期饲喂单一饲料和过量喂给食盐而发生低酸度酒精阳性乳的情况很多。挤乳过度而热能供给不足时，容易发生耐热性低的酒精阳性乳。产乳旺盛时，单靠供给饲料不足以维持，所以分娩前必须给予充足的营养。因饲料骤变或维生素不足而引起时，可喂根菜类加以改善。

c. 生理机能：乳腺的发育、乳汁的生成受各种内分泌的机能所支配。内分泌，特别是发情激素、甲状腺素、副肾上腺皮质素等与阳性乳的产生都有关系。而这些情况一般与肝脏机能障碍、乳房炎、软骨症、酮体过剩等并发。例如，牛乳中含大量可溶性钙、镁、氯化合物，而无机磷较少会产生异常乳；机体酸中毒、体液酸碱失去平衡，使体液 pH 值下降时也会分泌异常乳；机体血液中乙酰乙酸、丙酮、β-羟基丁酸过剩，蓄积而引起酮血病也会造成乳腺分泌异常乳。

③冻结乳。冬季因受气候和运输条件的影响，鲜乳产生冻结现象，这时乳中一部分酪蛋白变性。同时，在处理时因温度和时间的影响，酸度相应升高，以致产生酒精阳性乳。但这种酒精阳性乳的耐热性要比因受其他原因而产生的酒精阳性乳高。

2）低成分乳

乳的成分明显低于常乳，主要受遗传和饲养管理所左右。

3）混入异物乳

混入异物乳是指在乳中混入原来不存在的物质的乳。其中，有人为混入异常乳和因预防治疗、促进发育以及食品保藏过程中使用抗生素和激素等而进入乳中的异常乳。此外，还有因饲料和饮水等使农药进入乳中而造成的异常乳。乳中含有防腐剂、抗菌素时，不应用做加工的原料乳。

4）风味异常乳

造成牛乳风味异常的因素很多，主要有通过机体转移或从空气中吸收而来的饲料臭，由酶作用而产生的脂肪分解臭，挤乳后从外界污染或吸收的牛体臭或金属臭等。

a. 生理异常味。由于脂肪没有完全代谢，使牛乳中的酮体类物质过多增加而引起的乳牛味；因冬季、春季牧草减少而以人工饲养时产生的饲料味。产生饲料味的饲料主要是各种青贮料、芜青、卷心菜、甜菜等；杂草味主要由大蒜、韭菜、苦艾、猪杂草、毛茛、甘菊等产生。

b. 脂肪分解味。由于乳脂肪被脂酶水解，乳中游离的低级挥发性脂肪酸过多而产生。

c. 氧化味。由乳脂肪氧化而产生的不良味。产生氧化味的主要因素为重金属、抗坏血素酸、光线、氧、储藏温度以及饲料、牛乳处理和季节等，其中尤以铜的影响最大。此外，抗坏血素酸对氧化味的影响很复杂，也与铜有关。如果把抗坏血素酸增加 3 倍或全部破坏均可防止发生氧化味。另外，光线所诱发的氧化味与核黄素有关。加热后（76.7 ℃以上）产生 SH 基化合物可以防止氧化。

d. 日光味。牛乳在阳光下照射 10 min，可检出日光味，这是由于乳清蛋白受阳光照射而产生的。日光味类似焦臭味和毛烧焦味。日光味的强度与维生素 B_2 和色氨酸的破坏有关，日光味的成分为乳蛋白质-维生素 B_2 的复合体。

e. 蒸煮味。乳清蛋白中的 β-乳球蛋白因加热而产生硫氢基，致使牛乳产生蒸煮味。例如，牛乳在 76～78 ℃加热 3 min 或 70～72 ℃加热 30 min 均可使牛乳产生蒸煮味。

f. 苦味。乳长时间冷藏时，往往产生苦味。其原因为低温菌或某种酵母使牛乳产生脂肽化合物，或解脂酶使牛乳产生游离脂肪。

g. 酸败味。主要是牛乳发酵过程或受非纯正的产酸菌污染所致。此时牛乳、稀奶油、奶油、冰淇淋以及发酵乳等产生较浓烈的酸败味。

（3）微生物污染乳

微生物污染乳也是异常乳的一种。鲜乳容易由乳酸菌产酸凝固，由大肠菌产生气体，由芽孢杆菌产生胨化和碱化，并发生异常味（腐败味）；低温菌也可能产生胨化和变黏；脂肪分解而发生脂肪分解味、苦味和非酸凝固；由于挤乳前后的污染、不及时冷却和器具的洗涤杀菌不完全等原因，可使鲜乳被大量微生物污染。

（4）病理异常乳

①乳房炎乳。由于外伤或者细菌感染，使乳房发生炎症，这时乳房所分泌的乳，其成分和性质都会发生变化，使乳糖含量降低、氯含量增加及球蛋白含量升高，酪蛋白含量下降，并且细胞（上皮细胞）数量增多，以致无脂干物质含量较常乳少。造成乳房炎的原因主要是乳牛体表和牛舍环境卫生不合乎卫生要求，挤乳方法不合理，尤其是使用挤乳机时，使用不合理或未彻底清洗杀菌，使乳房炎发病率升高。乳牛患乳房炎后，牛乳的凝乳张力下降，用凝乳酶凝固乳时所需的时间较常乳长，这是由乳蛋白异常所致。另外，乳房炎乳中维生素 A、维生素 C 的变化不大，而维生素 B_1、B_2 含量减少。

②其他病牛乳。主要是由患口蹄疫、布氏杆菌病等的乳牛所产的乳，其质量变化大致与乳房炎乳相类似。另外，乳牛患酮体过剩、肝机能障碍、繁殖障碍等，易分泌酒精阳性乳。

1.2 乳中的微生物

1.2.1 乳中微生物的来源

1. 来源于乳房内

乳房中微生物多少决定了乳房的清洁程度，许多细菌通过乳头管栖生于乳池下部，这些细菌从乳头端部侵入乳房，由于细菌本身的繁殖和乳房的物理蠕动而进入乳房内部。因此，第一股乳流中微生物的数量最多。

正常情况下，随着挤乳的进行乳中细菌含量逐渐减少，所以在挤乳时最初挤出的乳应单独存放，另行处理。

2. 来源于牛体

挤奶时鲜乳受乳房周围和牛体其他部分污染的机会很多。因为牛舍空气、垫草、尘土以及本身的排泄物中的细菌大量附着在乳房的周围,当挤乳时侵入牛乳中。这些污染菌中,多数属于带芽孢的杆菌和大肠杆菌等。所以在挤乳时,应用温水严格清洗乳房和腹部,并用清洁的毛巾擦干。

3. 来源于空气

挤乳及收乳过程中,鲜乳经常暴露于空气中,因此受空气中微生物污染的机会很多。牛舍内的空气含有很多的细菌,尤其是在含灰尘较大的空气中以带芽孢的杆菌和球菌属居多,此外霉菌的孢子也很多。现代化的挤乳站,机械化挤乳,管道封闭运输,可减少来自于空气的污染。

4. 来源于挤乳用具和乳桶等

挤乳时所用的桶、挤乳机、过滤布、洗乳房用布等,如果不事先进行清洗杀菌,则通过这些用具也可使鲜乳受到污染。所以乳桶的清洗杀菌,对防止微生物的污染有重要意义。有时乳桶虽经清洗杀菌,但细菌数仍旧很高,这主要是由于乳桶内部凹凸不平,以致生锈和存在乳垢等。各种挤乳用具和容器中所存在的细菌,多数为耐热的球菌属;此外还有八叠球菌和杆菌。所以这类用具和容器如果不严格清洗杀菌,则鲜乳污染后,即使用高温瞬间杀菌也不能消灭这些耐热性的细菌,结果使鲜乳变质甚至腐败。

5. 其他来源

操作工人的手不清洁,或者混入苍蝇及其他昆虫等,都是污染的原因。还须注意勿使污水溅入桶内,并防止其他直接或间接的原因从桶口侵入微生物。

1.2.2 微生物的种类及其性质

牛乳在健康的乳房中,已有某些细菌存在,加上在挤乳和处理过程中外界的微生物不断侵入,因此乳中微生物的种类很多,主要有下列几种:

1. 细菌

牛乳中的细菌,在室温或室温以上温度大量增殖,根据其对牛乳所产生的变化可分为以下几种。

①产酸菌。产酸菌主要为乳酸菌,指能分解乳糖产生乳酸的细菌。分解糖类只产生乳酸的菌称正型乳酸菌;分解糖类除产生乳酸外,还产生酒精、醋酸、二氧化碳、氢等产物的菌称异型乳酸菌。乳酸菌的种类繁多,在自然界中分布很广,在乳和乳制品中主要有乳球菌科和乳杆菌科,包括链球菌属、明串珠菌属、乳杆菌属。

②产气菌。这类菌在牛乳中生长时能生成酸和气体。例如,大肠杆菌(Escherichiacoli)和产气杆菌(Aerobacter aerogenes)是常出现于牛乳中的产气菌。产气杆菌能在低温下增殖,是牛乳低温储藏时能使牛乳变酸败的一种重要菌种。另外,丙酸菌是一种分解碳水化合物和乳酸而形成丙酸、醋酸、二氧化碳的革兰氏阳性短杆菌,可从牛乳和干酪中分离得到费氏丙酸杆菌(*Prop. freudenreichii*)和谢氏丙酸杆菌(*Prop. shermanii*),生长温度范围为 15～40 ℃。用丙酸菌生产干酪时,可使产品具有气孔和特有的风味。

③肠道杆菌。肠道杆菌是一群寄生在肠道内的革兰氏阴性短杆菌。在乳品生产中是评定乳制品污染程度的指标之一。其中主要的有大肠菌群和沙门氏菌族。

④芽孢杆菌。芽孢杆菌因能形成耐热性芽孢,故杀菌处理后,仍残存在乳中。可分为好气性杆菌属和嫌气性梭状菌属两种。

⑤球菌类。一般为好气性,能产生色素。牛乳中常出现的有微球菌属和葡萄球菌属。

⑥低温菌。凡在 0 ~ 20 ℃下能够生长的细菌统称低温菌,而 7 ℃以下能生长繁殖的细菌称为嗜冷菌。乳品中常见的低温菌属有假单胞菌属和醋酸杆菌属。这些菌在低温下生长良好,能使乳中蛋白质分解引起牛乳胨化,分解脂肪使牛乳产生哈喇味,引起乳制品腐败变质。

⑦高温菌和耐热性细菌。高温菌和耐热性细菌是指在 40 ℃以上能正常发育的菌群。如乳酸菌中的嗜热链球菌、保加利亚乳杆菌、好气性芽孢菌(如嗜热脂肪芽孢杆菌)、嫌气性芽孢杆菌(如好热纤维梭状芽孢杆菌)和放线菌(如干酪链霉菌)等。特别是嗜热脂肪芽孢杆菌,最适发育温度为 60 ~ 70 ℃。

耐热性细菌在生产上是指在低温杀菌条件下还能生存的细菌,如一部分乳酸菌、耐热性大肠菌、微杆菌及一部分放线菌和球菌类等。此外,芽孢杆菌在加热条件下都能生存。但用超高温杀菌时(135 ℃,数秒),上述细菌及其芽孢都能被杀死。

⑧蛋白分解菌。蛋白分解菌是指能产生蛋白酶而将蛋白质分解的菌群。生产发酵乳制品时的大部分乳酸菌,能使乳中蛋白质分解,属于有用菌。如乳油链球菌的一个变种,能使蛋白质分解成肽,致使干酪带有苦味。假单胞菌属等低温细菌、芽孢杆菌属、一部分放线菌等,属于腐败性的蛋白分解菌,能使蛋白质分解出氨和胺类,可使牛乳产生黏性、碱性、胨化。其中也有对干酪生产有益的菌种。

⑨脂肪分解菌。脂肪分解菌是指能使甘油酯分解生成甘油和脂肪酸的菌群。脂肪分解菌中,除一部分在干酪生产方面有用外,一般都是使牛乳和乳制品变质的细菌,尤其对稀奶油和奶油危害更大。主要的脂肪分解菌(包括酵母、霉菌)有:荧光极毛杆菌、蛇蛋果假单胞、无色解脂菌、解脂小球菌、干酪乳杆菌、白地霉、黑曲霉、大毛霉等。大多数解脂酶有耐热性,并且在 0 ℃以下也具活力。因此,牛乳中如有脂肪分解菌存在,即使进行冷却或加热杀菌,也往往带有意想不到的脂肪分解味。

⑩放线菌。与乳品方面有关的有分枝杆菌科的分枝杆菌属、放线菌科的放线菌属、链霉科的链霉菌属。分枝杆菌属(*Mycobaoterium*),是抗酸性的杆菌,无运动性,多数具有病原性。例如结核分枝杆菌形成的毒素,有耐热性,对人体有害。牛型结构菌(*Myx. bovis*)对人体和牛体都有害。放线菌属中与乳品有关的主要有牛型放线菌(*Act. bovis*),此菌生长在牛的口腔和乳房,随后转入牛乳中。链霉菌属中与乳品有关的主要是干酪链霉菌和 *Str. albus*、*Str. griseus* 等,都属胨化菌,能使蛋白质分解导致腐败变质。

2. 酵母

乳与乳制品中常见的酵母有酵母属的脆壁酵母、毕赤氏酵母属的膜醭毕赤氏酵母、德巴利氏酵母属的汉逊氏酵母和圆酵母属及假丝酵母属等。

脆壁酵母能使乳糖形成酒精和二氧化碳。该酵母是生产牛乳酒、酸马奶酒的珍贵菌种。乳清进行酒精发酵时常用此菌。毕赤氏酵母能使低浓度的酒精饮料表面形成干燥皮膜,故有产膜酵母之称。膜醭毕赤氏酵母主要存在于酸凝乳及发酵奶油中。汉逊氏酵母多存在于干酪及乳房炎乳中。圆酵母属是无孢子酵母的代表,能使乳糖发酵,污染含此酵母的乳和乳制品,产生酵母味,并能使干酪和炼乳罐头膨胀。假丝酵母属的氧化分解力很强,能使乳酸分解形成二氧化碳和水。由于酒精发酵力很高,因此,也用于开菲乳(Kefir)和酒精发酵。

3. 霉菌

牛乳及乳制品中存在的主要霉菌有根霉、毛霉、曲霉、青霉、串珠霉等,大多数(如污染于奶油、干酪表面的霉菌)属于有害菌。与乳品有关的主要有白地霉、毛霉及根霉属等,如生产卡门培尔(Camembert)干酪、罗奎福特(Roguefert)干酪和青纹干酪时依靠霉菌。

4. 噬菌体(Bacteriophage)

噬菌体是侵入微生物中的病毒的总称,故也称细菌病毒。它只能生长于宿主菌内,并在宿主菌内裂殖,导致宿主的破裂。当乳制品发酵剂受噬菌体污染后,就会导致发酵的失败,是干酪、酸奶生产中很难解决的问题。

1.2.3　鲜乳存放期间微生物的变化

1. 牛乳在室温储存时微生物的变化

新鲜牛乳在杀菌前期都有一定数量的、不同种类的微生物存在,如果放置在室温(10 ~ 21 ℃)下,乳液会因微生物的活动而逐渐变质。室温下微生物的生长过程可分为以下几个阶段:

(1)抑制期

新鲜乳液中均含有抗菌物质,其杀菌或抑菌作用在含菌少的鲜乳中可持续 36 h(在 13 ~ 14 ℃);若在污染严重的乳液中,其作用可持续 18 h 左右。在此期间,乳液含菌数不会增高,若温度升高,则抗菌物质的作用增强,但持续时间会缩短。因此,鲜乳放置在室温环境中,一定时间内不会发生变质现象。

(2)乳链球菌期

鲜乳中的抗菌物质减少或消失后,存在乳中的微生物即迅速繁殖,占优势的细菌是乳酸链球菌、乳酸杆菌、大肠杆菌和一些蛋白分解菌等,其中乳酸链球菌生长繁殖特别旺盛。乳链球菌使乳糖分解,产生乳酸,因而乳液的酸度不断升高。如有大肠杆菌繁殖时,将有产气现象出现。由于乳的酸度不断上升,就抑制了其他腐败菌的生长。当酸度升高至一定程度时(pH 4.5),乳酸链球菌本身生长受到抑制,并逐渐减少,这时有乳凝块出现。

(3)乳酸杆菌期

pH 值下降至 6 左右时,乳酸杆菌的活动力逐渐增强。当 pH 值继续下降至 4.5 以下时,由于乳酸杆菌耐酸力较强,尚能继续繁殖并产酸。在此阶段乳液中可出现大量乳凝块,并有大量乳清析出。

(4)真菌期

当酸度继续升高至 pH 3.5 ~3 时,绝大多数微生物被抑制甚至死亡,仅酵母和霉菌尚能适应高酸性的环境,并能利用乳酸及其他一些有机酸。由于酸的被利用,乳液的酸度会逐渐降低,使乳液的 pH 值不断上升接近中性。

(5)胨化菌期

当乳液中的乳糖大量被消耗后,残留量已很少,适宜分解蛋白质和脂肪的细菌生长繁殖,这样就产生了乳凝块被消化、乳液的 pH 值逐渐升高向碱性方向转化,并有腐败的臭味产生的现象。这时的腐败菌大部分属于芽孢杆菌属、假单孢菌属以及变形杆菌属。

2. 牛乳在冷藏中微生物的变化

在冷藏条件下,鲜乳中适合于室温下繁殖的微生物生长被抑制;而嗜冷菌却能生长,但生长速度非常缓慢。这些嗜冷菌包括:假单孢杆菌属、产碱杆菌属、无色杆菌属、黄杆菌属、克雷伯氏杆菌属和小球菌属。

冷藏乳的变质主要在于乳液中的蛋白质、脂肪分解。多数假单孢杆菌属中的细菌均具有产生脂肪酶的特性,这些脂肪酶在低温下活性非常强并具有耐热性,即使在加热消毒后的乳液中,还有残留脂酶活性。而低温条件下促使蛋白分解胨化的细菌主要为产碱杆菌属、假单孢杆菌属。

1.2.4 微生物的控制

原料乳的质量好坏是影响乳制品质量的关键,只有使用优质原料乳才能保证优质的产品。为了保证原料乳的质量,挤出的牛乳在牧场必须立即进行过滤、冷却等初步处理,其目的是除去机械杂质并减少微生物的污染。

1. 过滤

牧场在没有严格遵守卫生条件下挤乳时,乳容易被大量粪屑、饲料、垫草、牛毛和蚊蝇等所污染。因此挤出的乳必须及时进行过滤。所谓过滤就是将液体微粒的混合物,通过多孔质的材料(过滤材料)将其分开的操作。

凡是将乳从一个地方送到另一个地方,从一个工序到另一个工序,或者由一个容器送到另一个容器时,都应该进行过滤。除用纱布过滤外,也可以用过滤器进行过滤。过滤器具、介质必须清洁卫生,如及时用温水清洗,并用质量分数为 0.5% 的碱水洗涤,然后再用清洁的水冲洗,最后煮沸 10 ~ 20 min 杀菌。

2. 净化

原料乳经过数次过滤后,虽然除去了大部分杂质,但是,由于乳中混入了很多极为微小的机械杂质和细菌细胞,难以用一般的过滤方法除去。为了达到最高的纯净度,一般采用离心净乳机净化。

离心净乳就是利用乳在分离钵内受强大离心力的作用,将大量的机械杂质留在分离钵内壁上,而乳被净化。离心净乳机的构造与奶油分离机基本相似。只是净乳机的分离钵具有较大的聚尘空间,杯盘上没有孔,上部没有分配杯盘。没有专用离心净乳机时,也可以用奶油分离机代替,但效果较差。现代乳品厂,多采用离心净乳机。但普通的净乳机,在运转 2 ~ 3 h 后需停车排渣,故目前大型工厂采用自动排渣净乳机或三用分离机(奶油分离、净乳、标准化),对提高乳的质量和产量起到重要的作用。

3. 冷却

净化后的乳最好直接加工,短期储藏时,必须及时进行冷却,以保持乳的新鲜度。刚挤出的乳温度约为 36 ℃,是微生物繁殖最适宜的温度,如不及时冷却,混入乳中的微生物就会迅速繁殖,使乳的酸度增高,凝固变质,风味变差。故新挤出的乳,经净化后须冷却到 4 ℃左右以抑制乳中微生物的繁殖。冷却对乳中微生物的抑制作用见表 1.5。

表 1.5　冷却对乳中微生物的抑制作用(细菌数:个/mL)

储存时间	刚挤出的乳	3 h	6 h	12 h	24 h
冷却乳	11 500	11 500	8 000	7 800	62 000
未冷却乳	11 500	18 500	102 000	114 000	1 300 000

由表 1.5 可以看出,未冷却的乳其微生物增加迅速,而冷却乳则增加缓慢。6 ~ 12 h 微生物还有减少的趋势,这是因为低温和乳中自身抗菌物质——乳烃素(拉克特宁,Lactenin)使细菌的繁育受到抑制。

新挤出的乳迅速冷却到低温可以使抗菌特性保持较长的时间。另外,原料乳污染越严重,抗菌作用时间越短。例如,乳温 10 ℃时,挤乳时严格执行卫生制度的乳样,其抗菌期是未严格执行卫生制度乳样的 2 倍。因此,刚挤出的乳迅速冷却,是保证鲜乳较长时间保持新鲜度的必要条件。通常可以根据储存时间的长短选择适宜的温度(见表 1.6)。

表 1.6　牛乳的储存时间与冷却温度的关系

乳的储存时间/h	6～12	12～18	18～24	24～36
冷却的温度/℃	10～8	8～6	6～5	5～4

冷却的方法主要有以下几种：

(1)水池冷却

将装乳桶放在水池中,用冷水或冰水进行冷却,可使乳温度冷却到比冷却水温度高约 3～4 ℃。为了加速冷却,需经常进行搅拌,并按照水温进行排水和换水。池中水量应为冷却乳量的 4 倍,水面应没到奶桶颈部,有条件的可用自然长流水冷却(进水口在池下部,冷却水由上部溢流)。每隔 3 d 清洗水池一次,并用石灰溶液进行消毒。水池冷却的缺点是冷却缓慢、消耗水量较多,劳动强度大、不易管理。

(2)冷却罐及浸没式冷却器

这种冷却器可以插入储乳槽或奶桶中以冷却牛乳。浸没式冷却器中带有离心式搅拌器,可以调节搅拌速度,并带有自动控制开关,可以定时自动进行搅拌,故可使牛乳均匀冷却,并防止稀奶油上浮。适合于奶站和较大规模的牧场。

(3)板式热交换器冷却

乳流过表面冷却器与冷剂(冷水或冷盐水)进行热交换后流入储乳槽中。这种冷却器,构造简单,价格低廉,冷却效率也比较高,目前许多乳品厂及奶站都用板式热交换器对乳进行冷却。板式热交换器克服了表面冷却器因乳液暴露于空气而容易被污染的缺点,用冷盐水作冷媒时,可使乳温迅速降到 4 ℃左右。

4. 储存

(1)储存要求

为了保证工厂连续生产的需要,必须有一定的原料乳储存量。一般工厂总的储乳量应根据各厂每天牛乳总收纳量、收乳时间、运输时间及能力等因素决定。一般储乳罐的总容量应为日收纳总量的 2/3～1,而且每只储乳罐的容量应与每班生产能力相适应。

每班的处理量一般相当于两个储乳罐的乳容量,否则用多个储乳罐会增加调罐、清洗的工作量和增加牛乳的损耗。储乳罐使用前应彻底清洗、杀菌、待冷却后储入牛乳。每罐须放满,并加盖密封。如果装半罐,会加快乳温上升,不利于原料乳的储存。储存期间要定时搅拌乳液防止乳脂肪上浮而造成分布不均匀。24 h 内搅拌 20 min,乳脂率的变化在 0.1% 以下(图 1.3)。冷却后的乳应尽可能保持低温,以防止温度升高使保存性降低。储乳设备一般采用不锈钢材料制成,并配有适当的搅拌设备。10 t 以下的储藏罐多装于室内,分为立式和卧式;大罐多装于室外,带保温层和防雨层,均为立式。储乳罐外边有绝缘层(保温层)或冷却夹层,以防止罐内温度上升。储罐要求保温性能良好,一般乳经过 24 h 储存后,乳温上升不得超过 2～3 ℃。

图 1.3　储乳仓

(2)乳在储存过程中的变化

原料乳的成分组成、特性及质量的变化会直接影响加工过程以及最终产品的组成和质量,乳在一个大的储存罐中混合会发生以下变化。

①微生物的繁殖。乳在奶罐中微生物质量变化主要取决于嗜冷菌的生长。生产之前,乳

中细菌数超过 $5×10^5$ 个/mL 时,就说明嗜冷菌已产生了足够的耐热酶,即脂酶和蛋白酶,这些酶能破坏产品质量。特别值得一提的是若将来自含有许多嗜冷菌的少量乳与含有少量嗜冷菌的大量乳混合,则乳中因含有高数量嗜冷菌所造成的危害要比含有菌数相同的乳更大,这是因为嗜冷菌在对数生长期的最后阶段胞外酶产生占优势。乳应该被冷却到 4 ℃ 以下,这是因为乳温在从牧场到乳品厂的运输过程中增高,在高温下细菌的传代间隔明显缩短,因此必须采取一定的措施以使原料乳保存更长的时间。预热是一种控制原料乳质量较好的方法,采用一种较为温和的热处理方法(例如 65 ℃ 15 s 称为预热)常用以降低储藏原料乳中嗜冷菌的数量,同时该法在乳中保留了大部分完好的酶和凝集素。热处理之后,假如乳没有再次受到嗜冷菌的污染,这种乳可以在 6~7 ℃ 保持 4 d 或 5 d,细菌数量不增加。乳应该尽可能地在运抵乳品厂之后立即进行预热,预热后的乳仍会受到非常耐热的嗜冷菌(例如耐热性产碱杆菌)的威胁。

②酶活性。虽然乳中其他酶(例如蛋白酶和磷酸酶)也引起乳的变化,但是脂酶对鲜乳质量影响更为突出。因此,5~30 ℃ 之间,应避免温度反复波动以防止破坏脂肪球。

③化学变化。应该避免乳受到阳光曝晒,因为这会导致乳变味。也应避免冲洗水(引起稀释)、消毒剂(氧化)的污染,特别是铜(起触媒作用引起油脂氧化)的污染。

④物理变化。在低温条件下原料乳或预热乳脂肪会迅速上浮,通过有规律地搅拌(例如每小时搅拌 2 min)能避免稀奶油层的形成。通常用通入空气的方法来完成,所用空气必须是无菌的,原因显而易见,空气泡非常大,否则许多脂肪球就会吸附在气泡上。

脂肪球的破坏主要是空气的混入和温度的波动引起的。温度的波动使一些脂肪球熔化和结晶,能导致脂肪分解加速,如果脂肪球是液态的就会导致脂肪球遭到破坏。如果这种脂肪部分是固体(10~30 ℃),就能致使脂肪球结块。

在低温条件下,部分酪蛋白(主要是 β-酪蛋白)就会由胶束溶解于乳清中。这种溶解是一个缓慢的过程,大约经过 24 h 才能达到平衡。一些酪蛋白的溶解增加了乳清的黏度,约增加 10%,从而降低了这种乳的凝乳能力。凝乳能力的降低部分是由于钙离子活力的变化。将乳暂时加热至 50 ℃ 或更高温度可使其凝乳能力全部恢复。

5. 运输

乳的运输是乳品生产上重要的一环,运输不妥,往往造成很大的损失。目前我国乳源分散的地方,多采用乳桶运输;乳源集中的地方,采用乳槽车运输。无论采用哪种运输方式,都应注意以下几点:

①防止乳在途中升温,特别是在夏季,运输最好在夜间或早晨,或将乳桶用隔热材料盖好。

②所采用的容器须保持清洁卫生,并加以严格杀菌。乳桶盖内应有橡皮衬垫,绝不能用碎布、油纸或碎纸等代替。

③夏季必须装满盖严,以防震荡;冬季不得装得太满,避免因冻结而使容器破裂。

④长距离运送乳时,最好采用乳槽车。利用乳槽车运乳的优点是单位体积表面积小,乳升温慢,特别是在乳槽车外加绝缘层后可以基本保持在运输中不升温。

1.2.5 原料乳的质量标准及验收

1. 原料乳的质量标准

原料乳送到工厂必须根据指标规定,即时进行质量检验,按质论价分别处理。我国规定生乳收购的国家标准(GB 19301—2010)包括感官要求、理化指标及微生物限量指标。

(1)感官要求

生乳的感官要求应符合表 1.7 的规定。

表 1.7　生乳的感官要求

项　目	要　求
色泽	呈乳白色或微黄色
滋味、气味	具有乳固有的香味、无异味
组织状态	呈均匀一致液体、无凝块、无沉淀、无正常视力可见异物

(2)理化指标

生乳的理化指标应符合表 1.8 的规定。

表 1.8　生乳的理化指标

项　目		指　标
冰点/℃		$-0.500 \sim -0.560$
相对密度/(20 ℃/4 ℃)		≥ 1.027
非脂乳固体/(g·100 g^{-1})		≥ 8.1
蛋白质/(g·100 g^{-1})		≥ 2.8
脂肪/(g·100 g^{-1})		≥ 3.1
杂质度/(mg·kg^{-1})		≤ 4.0
酸度/°T	牛乳	12 ~ 18
	羊乳	6 ~ 13

(3)微生物限量指标

①污染物限量。生乳的污染物限量应符合《食品中污染物限量》(GB 2762—2005)的规定。

②真菌毒素限量。生乳的真菌毒素限量应符合《食品中真菌毒素限量》(GB 2761—2001)的规定。

③微生物限量。生乳的微生物限量应符合表 1.9 的规定。

表 1.9　生乳的微生物限量

项　目	限量/(cfu·mL^{-1})
菌落总数	$\leq 2 \times 10^6$

④农药残留量。生乳的农药残留量应符合《食品中农药最大残留限量》(GB 2763—2005)及国家有关规定和公告。

2.验收

(1)感官检验

鲜乳的感官检验主要是进行嗅觉、味觉、外观、尘埃等的鉴定。

首先,打开冷却储乳器或罐式运乳车容器的盖后,应立即嗅容器内鲜乳的气味。否则,开盖时间过长,外界空气会将容器内气味冲淡,对气味的检验不利。其次,将试样含入口中,并使之遍及整个口腔的各个部位,因为舌面各种味觉分布并不均匀,以此鉴定是否存在各种异味。在对风味检验的同时,对鲜乳的色泽、混入的异物、是否出现过乳脂分离现象进行观察。

正常鲜乳为乳白色或微带黄色,不得含有肉眼可见的异物,不得有红、绿等异色,不能有苦、涩、咸的滋味和饲料、青贮、霉等异味。

（2）酒精检验

酒精检验是为观察鲜乳的抗热性而广泛使用的一种方法。通过酒精的脱水作用,确定酪蛋白的稳定性。新鲜牛乳对酒精的作用表现出相对稳定性;而不新鲜的牛乳,其中蛋白质胶粒已呈不稳定状态,当受到酒精的脱水作用时,则加速其聚沉。此法可验出鲜乳的酸度,以及盐类平衡不良乳、初乳、末乳及细菌作用产生凝乳酶的乳和乳房炎乳等。

酒精试验与酒精浓度有关,一般以体积分数为68%、70%、72%的中性酒精与原料乳等量相混合摇匀,无凝块出现为标准,酒精试验结果可判断出酸乳的酸度和鉴别生乳的新鲜度,见表1.10。正常牛乳的滴定酸度不高于18 °T,不会出现凝块。但是影响乳中蛋白质稳定性的因素较多,如乳中钙盐增高时,在酒精试验中会由于酪蛋白胶粒脱水失去溶剂化层,使钙盐容易与酪蛋白结合,形成酪蛋白酸钙沉淀。

表1.10　不同体积分数酒精试验的酸度

酒精体积分数/%	不出现絮状物的酸度/°T
68	20 以下
70	19 以下
72	18 以下

通过酒精检验可鉴别原料乳的新鲜度,了解乳中微生物的污染状况。新鲜牛乳存放过久或储存不当,乳中微生物繁殖使营养成分被分解,则乳的酸度升高,酒精试验易出现凝块。

新鲜牛乳的滴定酸度为16~18 °T。为了合理利用原料乳和保证乳制品质量,用于制造淡炼乳和超高温灭菌奶的原料乳,用质量分数为75%的酒精试验;用于制造乳粉的原料乳,用质量分数为68%的酒精试验(酸度不得超过20 °T)。酸度不超过22 °T的原料乳尚可用于制造奶油,但其风味较差。酸度超过22 °T的原料乳只能供制造工业用的干酪素、乳糖等。

酒精试验过程中,两种液体必须等量混合,两种液体的温度应保持在10 ℃以下,混合时化合热会使温度升高5~8 ℃,否则会使检验的误差明显增大。

（3）滴定酸度

滴定酸度就是用相应的碱中和鲜乳中的酸性物质,根据碱的用量确定鲜乳的酸度和热稳定性。一般用0.1 mol/L NaOH滴定,计算乳的酸度。该法测定酸度虽然准确,但在现场收购时受到实验室条件的限制。为此,使用简易法:用17.6 mL的贝布科克氏鲜乳移液管,取18 g鲜乳样品,加入等量的不含二氧化碳的蒸馏水进行稀释,以酚酞作指示剂,再加入18 mL 0.02 mol/L氢氧化钠溶液,并使之充分混合,如呈微红色,说明其鲜乳酸度在0.18%以下。

（4）比重

比重常作为评定鲜乳成分是否正常的一个指标,但不能只凭这一项来判断,必须再通过脂肪、风味的检验,判断鲜乳是否经过脱脂或是加水。

比重测定时要注意正确操作,读数以鲜乳液面的最上端所示刻度为准,在读取数值时应迅速,在比重计放入后静止即刻进行读数。如果放置时间过长,由于脂肪球上浮,使鲜乳上层脂肪增多,而下层脂肪减少,使比重计球部的比重增大,所测数值也偏高。测定最好在 10 ~ 20 ℃ 范围内进行,倒入鲜乳时不要使泡沫过多,否则会使其密度变小,比重降低。

(5)细菌数、体细胞数、抗生物质检验

一般现场收购鲜奶不做细菌检验,但在加工以前,必须检查细菌总数、体细胞数,以确定原料乳的质量和等级。如果是加工发酵制品的原料乳,必须做抗生物质检查。

①细菌检查。细菌检查的方法很多,有亚甲蓝还原试验、细菌总数测定、直接镜检等方法。

a. 亚甲蓝还原试验。亚甲蓝还原试验是用来判断原料乳的新鲜程度的一种色素还原试验。新鲜乳加入亚甲基蓝后染为蓝色,如污染大量微生物产生还原酶使颜色逐渐变淡,直至无色,通过测定颜色变化速度,间接地推断出鲜奶中的细菌数。

该法除可间接迅速地查明细菌数外,对白血球及其他细胞的还原作用也比较敏感。因此,还可用来检验异常乳(乳房炎乳及初乳或末乳)。

b. 稀释倾注平板法。平板培养计数是取样稀释后,接种于琼脂培养基上,培养 24 h 后计数,测定样品的细菌总数。该法测定样品中的活菌数,测定所需时间较长。

c. 直接镜检法(费里德氏法)。利用显微镜直接观察确定鲜乳中微生物数量的一种方法。取一定量的乳样,在载玻片上涂抹一定的面积,经过干燥、染色、镜检观察细菌数,根据显微镜视野面积,推断出鲜乳中的细菌总数,而非活菌数。

直接镜检法比平板培养法更能迅速判断结果,通过观察细菌的形态,推断细菌数增多的原因。

②体细胞数检验。正常乳中的体细胞,多数来源于上皮组织的单核细胞,如有明显的多核细胞出现,可判断为异常乳。常用的方法有直接镜检法(同细菌检验)或加利福尼亚细胞数测定法(GMT 法)。GMT 法是根据细胞表面活性剂的表面张力,细胞在遇到表面活性剂时,会收缩凝固。细胞越多,凝集状态越强,出现的凝集片越多。

③抗生物质残留量检验。抗生物质残留量检验是验收发酵乳制品原料乳的必检指标。常用的方法有以下几种:

a. TTC 试验。如果鲜乳中有抗生物质残留,在被检乳样中,接种细菌进行培养,细菌不能增殖,此时加入的指示剂 TTC 保持原有的无色状态(未经过还原)。反之,如果无抗生物质残留,试验菌就会增殖,使 TTC 还原,被检样变成红色,可见,被检样保持鲜乳的颜色,即为阳性。如果变成红色,为阴性。

b. 纸片法。将指示菌接种到琼脂培养基上,然后将浸过被检乳样的纸片放入培养基,进行培养。如果被检乳样中有抗生物质残留,会向纸片的四周扩散,阻止指示菌的生长,在纸片的周围形成透明的阻止带,根据阻止带的直径,判断抗生物质的残留量。

(6)乳成分的测定

近年来随着分析仪器的发展,乳品检测方法出现了很多高效率的检验仪器。采用光学法来测定乳脂肪、乳蛋白、乳糖及总干物质,并已开发使用各种微波仪器。

①微波干燥法测定总干物质(TMS 检验)。通过 2 450 MHz 的微波干燥牛奶,并自动称量、记录乳总干物质的质量,测定速度快,测定准确,便于指导生产。

②红外线牛奶全成分测定。通过红外线分光光度计,自动测出牛奶中的脂肪、蛋白质、乳糖三种成分。红外线通过牛奶后,牛奶中的脂肪、蛋白质、乳糖的不同浓度,减弱了红外线的波长,通过红外线波长的减弱率反映出三种成分的含量。该法测定速度快,但设备造价较高。

1.3 液体乳的加工

1.3.1 消毒乳的概念和种类

消毒乳又称杀菌乳,是指以新鲜牛乳、稀奶油等为原料,经净化、杀菌、均质、冷却、包装后,直接供应消费者饮用的商品乳。

(1)按原料分

这类产品主要有稀奶油、脱脂奶、标准化奶、花色奶、用于咖啡的淡稀奶油和用于甩打的稀奶油。

①普通全脂消毒乳。以合格鲜乳为原料,不加任何添加剂而加工成的消毒鲜乳。

②脱脂消毒乳。将鲜牛乳中的脂肪脱去或部分脱去而制成的消毒奶。

③强化牛乳。把加工过程中损失的营养成分和日常食品中不易获得的成分加以补充,使成分得以强化的牛乳。

④复原乳。复原乳也称再制奶,是以全脂奶粉、浓缩乳、脱脂奶粉和无水奶油等为原料,经混合溶解后制成的与牛乳成分相同的饮用乳。

⑤花色牛乳。以牛乳为主要原料,加入其他风味食品,如可可、咖啡、果汁(果料),再加以调色调香而制成的饮用乳。

(2)按杀菌强度分

①低温杀菌(LTLT)乳。低温杀菌乳也称保温杀菌乳。牛乳经 62 ~ 65 ℃ 30 min 保温杀菌。在这种温度下,乳中的病原菌,尤其是耐热性较强的结核菌都会被杀死。

②高温短时间杀菌(HTST)乳。通常采用 72 ~ 75 ℃ 15 s 杀菌,或采用 75 ~ 85 ℃ 15 ~ 20 s杀菌。由于受热时间短,热变性现象很少,风味有浓厚感,无蒸煮味。

③超高温杀菌(UHT)乳。一般采用 120 ~ 150 ℃ 0.5 ~ 8 s 杀菌。由于耐热性细菌都被杀死,故保存性明显提高。但如原料乳质量不良(如酸度高、盐类不平衡),则易形成软凝块和杀菌器内挂乳石等,初始菌数尤其是芽孢数过高则残留菌的可能性增加,故原料乳的质量必须充分注意。由于杀菌时间很短,故风味、性状和营养价值等与普通杀菌乳相比无差异。

④灭菌牛乳。灭菌牛乳可分为两类,一类是灭菌后无菌包装;另一类是把杀菌后的乳装入容器中,再用 110 ~ 120 ℃ 10 ~ 20 min 加压灭菌。

如要生产高质量消毒乳制品,除了需要优质的原料外,还必须保证合理的工艺流程设计和加工处理适当,使牛奶中含有的营养物质(蛋白质、脂肪、乳糖)无机盐和维生素不受损坏。如果上述任何物质受到损坏,将会减少产品营养价值。

1.3.2 巴氏消毒奶的加工

1.巴氏消毒奶工艺流程及技术要求

巴氏杀菌是指杀死引起人类疾病的所有微生物及最大限度破坏腐败菌和乳中酶的一种加热方法,以确保食用者的安全性。

(1)工艺流程

巴氏消毒奶工艺流程如图 1.4 所示。

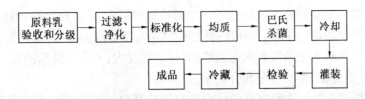

图 1.4　巴氏消毒奶工艺流程

(2)生产工艺技术要求

①原料乳的验收和分级。消毒乳的质量决定于原料乳,因此,对原料乳的质量必须严格管理,认真检验。只有符合标准的原料乳才能用来生产消毒乳。

②过滤、净化。目的是除去乳中的尘埃、杂质。

③标准化。标准化的目的是保证牛奶中含有规定的最低限度的脂肪。各国牛奶标准化的要求有所不同。一般说来低脂奶含脂率为 0.5%,普通奶为 3%。因而,在乳品厂中牛奶标准化要求非常精确,若产品中含脂率过高,乳品厂就浪费了高成本的脂肪,而含脂率太低又等于欺骗消费者。因此,每天进行分析含脂率是乳品厂的重要工作。我国规定消毒乳的含脂率为 3.0%,凡不合乎标准的乳都必须进行标准化。

④均质。在消毒奶生产中均质是将乳中脂肪球在强力的机械作用下破碎成小的脂肪球。目的是防止脂肪的上浮分离,并改善牛乳的消化、吸收程度。可以是全部均质,也可以是部分均质。许多乳品厂仅使用部分均质,主要原因是部分均质只需一台小型均质机,这从经济和操作方面来看都有利;牛奶全部均质后,通常不发生脂肪球絮凝现象,脂肪球相互之间完全分离。相反,将稀奶油部分均质时,如果含脂率过高,就有可能发生脂肪球絮凝现象(黏滞化)。因此,在部分均质时稀奶油的含脂率不应超过 12%。通常进行均质的温度为 65 ℃,均质压力为 10~20 MPa。如果均质温度太低,也有可能发生黏滞现象。

⑤巴氏杀菌。鲜乳处理过程中往往受许多微生物的污染(其中 80% 为乳酸菌),因此,当利用牛乳生产消毒牛乳时,为了提高乳在储存和运输中的稳定性、避免酸败、防止微生物传播造成危害,最简单而有效的方法就是利用加热进行杀菌或灭菌处理。杀菌或灭菌不仅影响消毒乳的质量,而且影响其风味、色泽和保存期。因此,巴氏杀菌的温度和持续时间必须准确。加热杀菌形式很多,一般牛奶高温短时巴氏杀菌的温度通常为 75 ℃,持续 15~20 s;或 80~85 ℃,持续 10~15 s。如果巴氏杀菌太强烈,那么该牛奶就有蒸煮味和焦煳味,稀奶油也会产生结块或聚合。均质破坏了脂肪球膜并暴露出脂肪,与未加热的脱脂奶(含有活性的脂肪酶)重新混合后缺少防止脂肪酶侵袭的保护膜,因此混合物必须立即进行巴氏杀菌。

⑥冷却。以巴氏消毒奶、非无菌灌装产品为例,乳经杀菌后,虽然绝大部分或全部微生物都已被消灭,但是在以后各项操作中还是有被污染的可能,为了抑制牛乳中细菌的发育,延长保存性,仍需及时进行冷却,通常将乳冷却至 4 ℃左右。而超高温奶、灭菌奶则冷却至 20 ℃以下即可。

⑦灌装。灌装的目的主要是便于零售,防止外界杂质混入成品中,防止微生物再污染,保存风味和防止吸收外界气味而产生异味以及防止维生素等成分受损失等。灌装容器主要为玻璃瓶、塑料瓶、塑料袋和涂塑复合纸袋包装。

a. 玻璃瓶包装。可以循环多次使用,破损率可以控制在 0.3% 左右。与牛乳接触不起化学反应,无毒,光洁度高,又易于清洗。缺点为重量大,运输成本高,易受日光照射,产生不良气味,造成营养成分损失。回收的空瓶微生物污染严重,清洗消毒很困难。

b.塑料瓶包装。塑料奶瓶多用聚乙烯或聚丙烯塑料制成,其优点为重量轻,可降低运输成本;破损率低,循环使用可达 400～500 次;除能耐碱液和次氯酸的处理,聚丙烯还具有刚性,能耐 150 ℃的高温。其缺点是旧瓶表面容易磨损,污染程度大,不易清洗和消毒。在较高的室温下,数小时后即产生异味,影响质量和合格率。

c.涂塑复合纸袋包装。这种容器的优点为容器质量轻,容积亦小,可降低送奶运费;不透光线使营养成分损失小;可减少污染。缺点为包装材料影响产品质量和合格率;一次性消耗,成本较高。

2.生产线及生产过程

生产普通消毒奶的各家乳品厂工艺流程的设计差别很大。例如,标准化可以采用预标准化、后标准化或者直接标准化,而均质也可以是全部的或者是部分的均质。最简单的工艺是生产巴氏杀菌全脂奶(图 1.5),这种加工线包括一台净乳机、巴氏杀菌器、缓冲罐和包装机。

该过程中,牛奶通过平衡槽 1 进入板式热交换器 4,如果牛奶中含有大量的空气或异常气味物质就要脱气,脱气在真空脱气机中进行。牛奶经脱气后进入分离机 5,在这里受离心机作用分成稀奶油和脱脂乳。

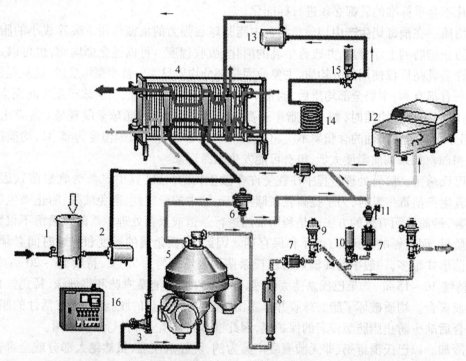

图 1.5　部分均质的消毒奶生产线

1—平衡槽;2—物料泵;3—流量控制器;4—板式热交换器;5—分离机;6—恒压阀;7—流量传感器;8—浓度传感器;9—调节阀;10—逆止阀;11—检测阀;12—均质机;13—升压泵;14—保温管;15—回流阀;16—控制盘

不管进入的原料奶含脂率和奶量发生任何变化,从分离机流出来的稀奶油的含脂率都能调整到要求的标准,并保持这一标准。稀奶油部分的含脂率通常调到 40%,也可调到其他标准,例如,该稀奶油打算用来生产黄油,则可调到 37%。

在这一生产线中,均质是部分均质,即只对稀奶油部分均质。离开分离机的稀奶油和脱脂奶并不立即混合,而是刚好在进入流量传感器之前在管道中进行。

从分离机出来的稀奶油进入一台稀奶油巴氏杀菌器进行热处理。开始时在回流段预热,即用已经过热处理的一种产品来预热进入的产品,该产品同时也被冷却。然后经预热的稀奶油被送走,经过升压泵 13 把它送到巴氏杀菌器的加热段。升压泵增加了稀奶油的压力,即经巴氏杀菌产品(稀奶油)的压力要比加热介质和在热交换段使用的非巴氏杀菌产品的压力大。这样,如果发生渗漏,经巴氏杀菌的稀奶油受到保护不致与未经巴氏杀菌的稀奶油或者加热介质混合。

在加热后,为了保证稀奶油已经进行过合适的巴氏杀菌,必须进行一次检查。如果没有达到预定的温度值,则回流阀 15 就要启动,该产品被送回至平衡槽,即重复进行巴氏杀菌;如果温度值达到正常,稀奶油进入热交换器冷却到均质温度。

冷却后的稀奶油通过流量传感器 7 和浓度传感器 8 来的信号,调节阀门 9 将多余的稀奶油送回到巴氏杀菌器的冷却段进行冷却,然后进入收集罐中。准备重新混合的稀奶油在热处理后进入均质机 12。为了达到部分均质所能得到的良好效果,稀奶油的含脂率必须减少到 10% ~ 12%,这可通过添加从分离机脱脂奶出口处流出的脱脂奶而达到。

流入均质机的脱脂奶数量通过调节进口的压力而保持恒定。该均质机使用一台定量泵,该泵在一定的进口压力下,能把相同数量的稀奶油泵过均质头。于是,吸入正确数量的脱脂奶,并在均质前与稀奶油在管道中混合,从而保持合适的含脂率。

均质后,稀奶油在脱脂奶管道中与脱脂奶重新混合。含脂率已标准化的牛奶被送入巴氏杀菌器的加热段进行巴氏杀菌。通过连接在板式热交换器中的保持段达到必要的保持时间,如果温度过低,回流阀 15 改变流向,该奶送回平衡槽。

正确地进行巴氏杀菌后,牛奶通过热交换段,与流入的未经处理的奶进行热交换,而本身被降温,然后继续到达冷却段,用冷水和冰水冷却,冷却后先通过缓冲罐,再进行灌装。升压泵 13 把产品的压力提高到一定程度,即当板式热交换器中发生渗漏现象,巴氏杀菌奶不会受到未经处理的奶或冷却介质的污染。

1.3.3　灭菌奶的加工

经过灭菌的产品具有极好的保存特性,可在较高的温度下长期储藏。因此,许多乳品厂亦能向遥远的热带地区的市场推销灭菌的乳制品。

最普通的灭菌乳制品包括:灭菌的牛奶、咖啡稀奶油、甩打奶油、冰淇淋和巧克力风味乳。以灭菌牛奶为例,其余产品的灭菌均用类似的方法处理,只是针对每种产品各自的性能,例如黏度、对处理的敏感性等,因此处理时略有不同。

1. 二次灭菌

牛奶的二次灭菌,分为三种方法:一段灭菌、二段灭菌和连续灭菌。

(1)一段灭菌

一段灭菌时,牛奶先预热到约 80 ℃,然后灌装到干净的、加热的瓶子中。瓶子封盖后,放到杀菌器中,在 110 ~ 120 ℃ 温度下灭菌 10 ~ 40 min。

(2)二段灭菌

二段灭菌时,牛奶在 130 ~ 140 ℃ 温度下预杀菌 2 ~ 20 s。这段处理可在管式或板式热交换器中靠间接加热的方法进行,或者用蒸汽直接喷射牛奶。当牛奶冷却到约 80 ℃ 后,灌装到干净的、热处理过的瓶子中,封盖后,再放到灭菌器中进行灭菌。后一段处理不需要像前一段杀菌时那样强烈,因为第二阶段杀菌的主要目的只是消除第一阶段杀菌后重新染菌的危险。

(3)连续灭菌

连续灭菌时,牛奶或者是装瓶后的奶在连续工作的灭菌器中处理,或者是在无菌条件下在一封闭的连续生产线中处理。在连续灭菌器中灭菌可以用一段灭菌,也可以用二段灭菌。奶瓶缓慢地通过杀菌器中的加热区和冷却区往前输送。这些区段的长短应与处理中各个阶段所要求的温度和停留时间相适应。

2. 超高温灭菌(UHT)

牛奶的超高温灭菌是在连续流动的情况下,在 130 ℃杀菌 1 s 或者更长的时间,然后在无菌条件下包装的牛奶。系统中的所有设备和管件都是按无菌条件设计的,这就消除了重新染菌的危险性,因而也不需要二次灭菌。

(1)超高温灭菌方法

有两种主要的超高温处理方法——直接加热法和间接加热法。在直接加热法中,牛奶通过直接与蒸汽接触被加热;或者是将蒸汽喷进牛奶中,或者是将牛奶喷入充满蒸汽的容器中。间接加热在热交换器中进行,加热介质的热能通过间隔物传递给牛奶。直接加热法和间接加热法工艺流程如图1.6、图1.7所示。

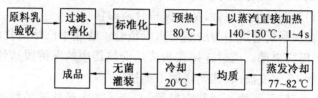

图1.6　UHT 乳直接加热法工艺流程图

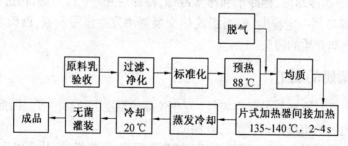

图1.7　UHT 乳间接加热法工艺流程

(2)超高温灭菌运转时间

在超高温灭菌设备中对牛奶进行强烈的热处理,会引起牛奶在设备的热传递表面上形成一些蛋白质沉淀。这些沉积物逐渐变厚,引起热传递表面的压降(即板式热交换器至保温管之间)和热介质与间接杀菌设备中的产品之间的温度增加。增大的温度差对产品产生不利的影响,所以在经过一定的生产周期后,必须把设备停下来,清洗热传递表面。

设备连续生产符合要求的产品质量所持续的工作时间称为运转时间。运转时间随设备的设计和产品对热处理的敏感性的不同而变化。

3. 保存期

保存期是指产品质量保持在规定标准以上的储存时间,这个概念可以说是主观的——如果产品的质量标准定得低一些,则储存时间可以长一些。储存期测定物理和化学指标为:黏度增加、沉淀和形成乳脂层;感官指标是:味道、气味和颜色的变质。

4.超高温灭菌乳的加工工艺

（1）原料质量和预处理

用于灭菌的牛奶必须是高质量的,即牛乳中的蛋白质能经得起剧烈的热处理而不变性。为了适应超高温处理,牛奶必须至少在体积分数为75%的酒精中保持稳定。下列牛奶不适宜于超高温处理:酸度偏高的牛奶;牛奶中盐类平衡不适当;牛奶中含有过多的乳清蛋白(白蛋白、球蛋白等),即初乳。

另外牛奶的细菌数量,特别对热有很强抵抗力的芽孢及数目应该很低。原料奶预处理方法及要求与其他乳制品相同。

（2）蒸汽喷射直接超高温加热

蒸汽喷射直接超高温加热生产线如图1.8所示。

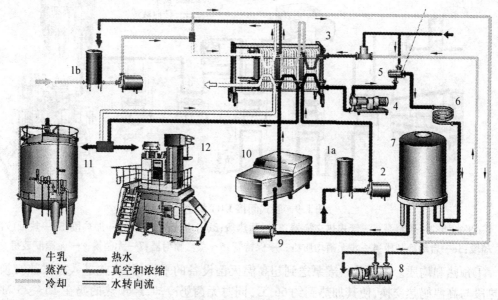

图 1.8 带有板式热交换器的直接蒸汽加热的 UHT 生产线

1a—牛乳平衡槽;1b—水平衡槽;2—供料泵;3—板式热交换器;4—正位移泵;5—蒸汽机喷射头;
6—保持管;7—蒸发室;8—真空泵;9—离心泵;10—无菌均质机;11—无菌罐;12—无菌灌装机

①预热。经预处理的原料奶,在预热段预加热到80~90 ℃。

②升压及灭菌。经预热的奶通过一台排液泵升压到0.4 MPa,提高压力的目的是防止牛奶加热时在管中产生沸腾。加热是通过蒸汽喷射头将过热蒸汽吹进牛奶中,使牛奶瞬间升高到140 ℃灭菌,并在保温管中保持3~4 s,保温管的尺寸则根据在特定的稳定流速来确定。压力是通过紧靠膨胀管前部的节流盘来维持的,温度传感器安装在保温管中以监视和记录杀菌温度。牛奶从保温管穿过偏流阀进入膨胀管,瞬间膨胀引起瞬时蒸发,乳温从140 ℃降到76 ℃。在此,真空条件的保持是通过一台真空泵完成的,并保持着相当于在约76 ℃时沸腾的绝对压力。通过对系统进行调节,使沸腾蒸发的水量相当于用于杀菌的喷射蒸汽量,因此牛奶中总固形物含量在杀菌前后是一样的。在膨胀管中的闪蒸可排除溶解在牛奶中的气体。

③回流。如果牛奶在进入保温管之前未达到正确的杀菌温度,在生产线上的传感器便把这个信号传给控制盘。然后回流阀开动,把产品回流到冷却器,在这里牛奶冷却到75 ℃再返回平衡槽或流入单独的收集罐。一旦转流阀移动到转流位置杀菌设备便停下来。

④均质。牛奶从膨胀管用一台无菌泵送到均质机,均质机通常在16~25 MPa压力下运行

均质。均质机是按无菌设计的,即通过将蒸汽稳定地送到活塞密封垫保持产品的无菌。这就消灭了任何可能以其他的方式感染产品的微生物。

⑤无菌冷却。经过均质后,牛奶用泵送向无菌板式热交换器,冷却到包装温度。

(3)间接超高温加热

在一些国家禁止直接用蒸汽喷射牛奶杀菌,另外,直接加热法对用于这种用途的蒸汽的质量要求严格:蒸汽必须具有食品级纯度。因此,许多乳品厂选择使用间接加热设备,其生产线如图1.9所示。

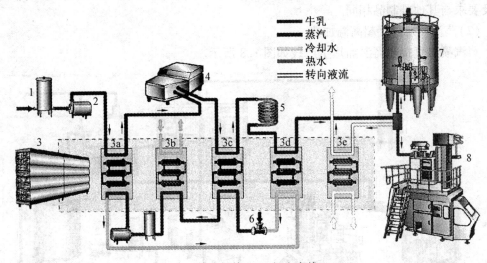

图1.9 管式间接 UHT 奶生产线

1—平衡槽;2—供料泵;3—管式热交换器;3a—预热段;3b—中间冷却段;3c—加热段;3d—热回收冷却段;3e—启动冷却段;4—非无菌均质机;5—保持管;6—蒸汽喷射器;7—无菌罐;8—无菌灌装机

①预热和均质。牛奶从料罐泵送到超高温灭菌设备的平衡槽,由此进入板式热交换器的预热段与高温奶热交换,使其加热到约66 ℃,同时无菌奶冷却,经预热的奶在 15～25 MPa 的压力下均质。在杀菌前均质意味着可以使用普通的均质机,它要比无菌均质便宜得多。

②杀菌。经预热和均质的牛奶进入板式热交换器的加热段,在此被加热到137 ℃。加热用热水温度由蒸汽喷射予以调节。加热后,牛奶在保持管中流动4 s。

③回流。如果牛奶在进入保温管之前未达到正确的杀菌温度,在生产线上的传感器便把这个信号传给控制盘。然后回流阀开动,把产品回流到冷却器,在这里牛奶冷却到75 ℃,再返回平衡槽或流入单独的收集罐。一旦回流阀移动到回流位置,杀菌操作便停下来。

④无菌冷却。离开保温管后,牛奶进入无菌预冷却段,用水从137 ℃冷却到76 ℃。进一步冷却是在冷却段靠与奶热交换完成的,最后冷却温度要达到约20 ℃。

(4)设备的操作过程

在生产前设备必须灭菌,通过蒸汽喷射头将蒸汽吹进生产系统,当杀菌温度达到140 ℃,控制盘上的时间继电器计数 30 min。如果在此期间温度下降到低于140 ℃将重新杀菌,以保证该设备在生产开始之前进行适宜的灭菌。在灭菌以后,用水运转一段时间把它提高到稳定的运转温度,然后用物料代替无菌水而开始生产。

工作几个小时以后,在保温管里通常聚集一定数量的沉淀物。这时可以进行一次无菌中间清洗处理,在完全无菌条件下约清洗 30 min。当中间清洗一结束,就可以继续生产。如果使用无菌罐,中间清洗可以规定在生产中进行而不用停下包装线。

设备清洗完全是自动的,根据预先编制的程序进行,以保证每次清洗都能达到同样良好的效果。

（5）无菌包装

所谓无菌包装(Aseptic Package)是将杀菌后的牛乳,在无菌条件下装入已杀过菌的容器内。可供牛乳制品无菌包装的设备主要有:①无菌菱形袋包装机;②无菌砖形盒包装机;③无菌纯包装机;④多尔无菌灌装系统;⑤安德逊成型密封机等。

牛奶从无菌冷却器流入包装线,包装线是在无菌条件下进行操作的。为了补偿设备能力的差额或者包装机停顿时的不平衡状态,可在杀菌器和包装线之间安装一个无菌罐。这样,如果包装线停下来,产品便可储存在无菌罐中。处理的奶也可以直接从杀菌器输送到无菌包装机,由于包装无法处理而出现的多余奶可通过安全阀回流到杀菌设备,这一设计可减少无菌罐的潜在污染。

1.3.4　再制奶的加工

所谓再制奶就是把几种乳制品,主要是脱脂乳粉和无水黄油,经加工制成液态奶的过程。其成分与鲜奶相似,也可以强化各种营养成分。再生奶的生产克服了自然乳业生产的季节性,保证了淡季乳与乳制品的供应,并可调剂缺乳地区对鲜奶的供应。

1. 再制奶的原料

（1）脱脂乳粉和无水黄油

它们是再制奶的主要原料,其质量的好坏对成品质量有很大影响,必须加以严格控制,储存期通常不超过 12 个月。

（2）水

水是再制奶的溶剂,水质的好坏直接影响再制奶的质量。金属离子(如 Ca^{2+}、Mg^{2+})浓度高时,影响蛋白质胶体的稳定性,故应使用软化水质。

（3）添加剂

再制奶常用的添加剂有:

①乳化剂。乳化剂起稳定脂肪的作用,常用的有磷脂,添加量为 0.1% 。

②水溶性胶类。可以改进产品外观、质地和风味,形成黏性溶液,兼备黏结剂、增稠剂、稳定剂、填充剂和防止结晶脱水的作用。其中主要有:阿拉伯树胶、果胶、琼脂、海藻酸盐及半人工合成的水解胶体等。乳品工业常用的是海藻酸盐,用量为 0.3% ~0.5% 。

③盐类。如氯化钙和柠檬酸钠等,起稳定蛋白质的作用。

④风味料。天然和人工合成的香精,增加再制奶的奶香味。

⑤着色剂。常用的有胡萝卜素、安那妥等,赋予制品良好的颜色。

2. 再制奶的加工工艺

（1）加工方法

①全部均质法。先将脱脂奶粉和水按比例混合成脱脂奶,再添加无水黄油、乳化剂和芳香物等,充分混合。然后全部通过均质,再消毒冷却而制成。

②部分均质法。先将脱脂奶粉与水按比例混合成脱脂奶,然后取部分脱脂奶,在其中加入所需的全部无水黄油,成高脂奶(含脂率为 8% ~15%)。将高脂奶进行均质,再与其余的脱脂奶混合,经消毒、冷却而制成。

③先用脱脂奶粉、无水黄油等混合制成炼乳,然后用杀菌水稀释而成。

再制奶所用的原料(脱脂奶粉、无水黄油)都是经过热处理的,其成分中的蛋白质及各种芳香物质受到一定的影响。因此,各国常把加工成的再制奶与鲜奶按比例混合后,再供应市场(通常比例为50∶50),鲜奶必须先经杀菌,否则要求在混合后再杀菌。带有脂肪供入混料缸的再制奶生产线如图1.10所示。

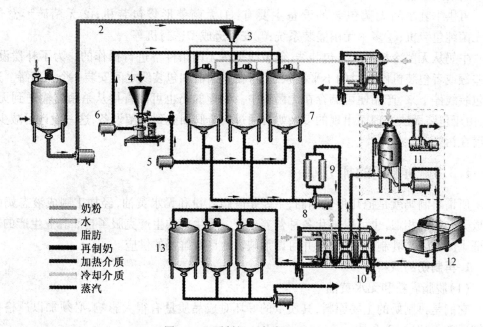

图例:
奶粉
水
脂肪
再制奶
加热介质
冷却介质
蒸汽

图1.10 再制奶生产线

1—脂肪缸;2—脂肪保温管;3—脂肪称重漏斗;4—带有高速混料器的漏斗;5—循环泵;6—增压泵;
7—混料缸;8—排料泵;9—过滤器;10—板式热交换器;11—真空脱气器,可选;12—均质机;13—储罐

(2)工艺流程

再制奶的生产工艺流程如图1.11所示。

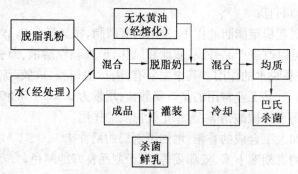

图1.11 再制奶的生产工艺流程

(3)操作要点

①水粉的混合。水的温度通常为40 ℃,在该温度下脱脂奶粉的溶解度最佳。每批所需要的水和脱脂奶粉的量要计算准确,并要考虑到奶粉的损耗率(一般为3%)。

当奶粉刚与水混合时,奶粉颗粒在水中呈悬浊颗粒,只有当奶粉不断分散溶解,吸水膨润之后,奶粉才能成为胶体状态分布于水中。这个过程需要一定的时间,也就是常说的水合过程。这不仅能改进成品奶的外观、口感、风味,还能减少杀菌过程中的结垢。这个时间的长短,可根据生产设备的配置情况而定,一般要求30 min以上。

②添加无水黄油。无水黄油熔化后与脱脂奶混合有两种方法,即罐式混合法和管道式混合法。罐式混合法是将已熔化好的无水黄油加入储罐中,然后泵到混合罐中,重新开动搅拌器,使乳脂在脱脂奶中分散开来;用泵把混合后的奶从罐中吸出,经过双联过滤器;把杂质及外来物滤出。

管道式混合法的基本过程与罐式混合法类似,只是脂肪不与脱脂奶在混合罐中混合,而是在管道中混合。经熔化后的无水黄油,通过一台精确的计量泵,连续地按比例与另一管中流过的脱脂奶相混合,再经管道混合器进行充分混合。

③预热均质。混合的脱脂奶和奶油必须均质,以使脂肪处于分散状态。由于鲜奶中的脂肪外包有球膜,保护脂肪呈稳定状态存在,而无水奶油在加工过程中失去了球膜,分散的脂肪容易再凝聚,因此要求均质后的脂肪球直径为 $1 \sim 2 \ \mu m$,并且选择适宜的乳化剂。混合后的原料在热交换器中加热到 $60 \sim 65 \ ℃$,打入均质机,常用的均质压力为 $15 \sim 23 \ MPa$。如果使用脱气机,考虑到脱气过程中的热损失,把过滤后的奶加热到比均质温度高 $7 \sim 8 \ ℃$,脱气后进行均质。

④杀菌、冷却、灌装。经均质的奶在热交换器中进行杀菌,而后在另一段进行冷却、打入缓冲罐或直接灌装,或与鲜奶混合以提高奶香味再灌装。

1.3.5　花色奶的加工

1. 原材料

(1)咖啡

咖啡浸出液的调制,可用咖啡粒浸提,也可以直接使用速溶咖啡。由于咖啡酸度较高,容易引起乳蛋白质不稳定,故应少用酸味强的咖啡,多用稍带苦味的咖啡。

咖啡浸出液的提取,可用产品质量 0.5% ~2% 的咖啡粒;用 90 ℃的热水(咖啡粒的12 ~20 倍)浸提制取。浸出液受热过度,会影响风味,故浸出后应迅速冷却并在密闭容器内保存。

(2)可可和巧克力

通常采用的是用可可豆制成的粉末,稍加脱脂的称可可粉,不进行脱脂的称巧克力粉。其风味随产地而异。

巧克力含脂率在 50% 以上,不容易分散在水中。可可粉的含脂率随用途而异,通常为10% ~25%,在水中比较容易分散,故生产乳饮料时,一般均采用可可粉,用量为1% ~1.5%。

(3)甜味料

通常用蔗糖(4% ~8%),也可用饴糖或转化糖液。

(4)稳定剂

常用的稳定剂有海藻酸钠、CMC、明胶等。明胶容易溶解,使用比较方便,使用量为0.05% ~0.2%。此外,也有使用淀粉、洋菜、胶质混合物的。

(5)果汁

果汁包括各种水果果汁。

(6)酸味剂

酸味剂包括柠檬酸、果酸、酒石酸、乳酸等。

(7)香精

根据产品需要确定香精类型。

2. 加工方法

(1)咖啡奶

把咖啡浸出液和蔗糖与脱脂乳混合,经均质、杀菌而制成。

①咖啡奶的配方。咖啡奶的配方,可以根据各地区的条件加以调整。例如:

全脂乳　40 kg

脱脂乳　20 kg

蔗　糖　8 kg

咖啡浸提液(咖啡粒为原料的0.5% ~2%)　30 kg

稳定剂　0.05% ~0.2%

焦　糖　0.3 kg

香　精　0.1 kg

　水　1.6 kg

②加工要点。将稳定剂与少许糖混合后溶于水,与咖啡液充分混合添加到乳等料液中,经过滤、预热、均质、杀菌、冷却后,包装。

(2)巧克力奶和可可奶

①巧克力奶的配方。

全脂乳　　　　80 kg

脱脂奶粉　　　2.5 kg

蔗　糖　　　　6.5 kg

可　可(巧克力板)　1.5 kg(可可奶使用可可粉)

稳定剂　　　　0.02 kg

色　素　　　　0.01 kg

　水　　　　　9.47 kg

②可可奶的加工方法。首先需要制备糖浆,其调制方法为:0.2 份的稳定剂(海藻酸钠、CMC)与 5 倍的蔗糖混合,然后将 1 份可可粉与剩余的 4 份蔗糖混合,在此混合物中,边搅拌边徐徐加入 4 份脱脂乳,搅拌至组织均匀光滑为止。然后加热到 66 ℃,并加入稳定剂与蔗糖的混合物均质,在 82 ~88 ℃加热 15 min 杀菌,冷却到 10 ℃以下进行灌装。生产巧克力奶时,将巧克力板先熔化,其他过程相同。

(3)果汁牛奶及果味牛奶

果汁牛奶是以牛奶和水果汁为主要原料;果味奶是以牛奶为原料加酸味剂调制而成的花色奶。其共同特点是产品呈酸性,因此生产的技术关键是乳蛋白质在酸性条件下的稳定性,需要适当的配制方法、适当的稳定剂并进行完全的均质。

1.4　发酵乳的加工

1.4.1　概　述

发酵乳是指通过乳酸菌发酵或由乳酸菌、酵母菌共同发酵制成的一类乳制品。通常是由牛乳经乳酸菌发酵而成的,同时还有其他一些乳制品是由其他哺乳动物(如母羊、母山羊或母马等)的乳汁发酵而成的。发酵乳制品包括酸乳、开菲尔、发酵酪乳、酸奶油、发酵脱脂乳、乳酒(以马乳为主)等。发酵乳的名称是由于乳中添加了发酵剂,使部分乳糖转化成乳酸而来的,在发酵过程中还形成二氧化碳、乙酸、丁二酮、乙醛、乙醇和其他物质,从而使产品具有独特的滋味和香味。酸乳还具有较高的营养价值和保健功能。

1.4.2　发酵剂的概念与种类

1. 发酵剂的概念

发酵剂是一种在乳品生产中,能促进乳酸化过程,并含有高浓度高活性乳酸菌的特定微生物培养物。

2. 发酵剂的种类

(1)按制备过程分类

①乳酸菌纯培养物。乳酸菌纯培养物即一级菌种的培养,一般多接种在脱脂乳、乳清、肉汁或其他培养基中,或者用冷冻升华法制成一种冻干菌苗。

②母发酵剂。母发酵剂即一级菌种的扩大再培养,它是生产发酵剂的基础。

③中间发酵剂。中间发酵剂指为满足工业生产对发酵剂量的要求,中间环节生产的发酵剂。

④生产发酵剂。生产发酵剂即母发酵剂的扩大培养,是用于实际生产的发酵剂。

⑤直投式发酵剂。直投式发酵剂指高度浓缩和标准化的冷冻或冷冻干燥发酵剂。无须进行活化、扩培,即可用于实际生产。

(2)按使用目的分类

①单一发酵剂。单一发酵剂只含有一种菌。

②混合发酵剂。混合发酵剂含有两种或两种以上的菌,按一定比例混合的酸乳发酵剂,且两种菌比例保持相对稳定。

③补充发酵剂。补充发酵剂即在基本菌种基础上,为增加产品黏稠度、风味和提高功能性,而补充相应的特殊菌种制得,如加入产黏菌、产香菌、益生菌等。

1.4.3　发酵剂的主要作用及菌种选择

1. 发酵剂的主要作用

发酵剂的主要作用有:

①分解乳糖产生乳酸,改变乳的组织状态;

②产生挥发性的物质,如丁二酮、乙醛等,从而使酸乳有宜人的香味;

③具有一定的降解脂肪、蛋白质的作用,使酸乳更利于人体的消化吸收;

④酸化过程抑制了致病菌的生长,延长制品的保质期。

2. 发酵剂的菌种选择

在选择发酵剂时,应根据生产目的的不同选择适当的菌种。选择时以产品的主要技术特性,如产酸力、产香性、产黏性及蛋白质的水解性作为发酵剂菌种的选择依据。

(1)产酸力

不同的发酵剂产酸能力会有很大的不同,判断发酵剂产酸能力的方法有两种,即测定酸度和绘制产酸曲线(酸度随发酵时间的变化曲线)。酸度的测定就是检测发酵剂产酸的能力,实际上也是常用的活力测定方法。一般情况下,产酸能力强的发酵剂在发酵过程中容易导致产酸过度和后酸化(后酸化指在终止发酵后,发酵剂菌种在冷却和冷藏阶段仍能继续产酸的现象)过强,所以生产中一般选择产酸能力中等或较弱的发酵剂。

（2）产香性

一般酸乳发酵剂产生的芳香物质为乙醛、丁二酮、丙酮和挥发性酸。优质的酸乳必须具备良好的滋气味和芳香味,因此选择产生滋气味和芳香味满意的发酵剂是非常重要的,常采用的评价方法有:

①感官评价。进行感官评价时应考虑样品的温度、酸度和存放时间对品评的影响。品尝时样品温度应为常温,因为低温对味觉有阻碍作用;酸度不能过高,酸度过高会将香味完全掩盖;样品要新鲜,用生产 24～48 h 内的酸乳进行品评为佳,因为这段时间内是滋气味和芳香味的形成阶段。

②挥发性酸的量。挥发性酸是酸乳产生滋气味和香味的一类物质,通过测定挥发性酸的量可以判断芳香物质的产生量。挥发性酸含量越高就意味着产生的芳香物质含量越高。

③乙醛的生成能力。乙醛是形成酸乳的典型风味的主要成分,不同的菌株产生乙醛的能力不同,因此乙醛生成能力是选择优良菌株的重要指标之一。

（3）产黏性

发酵剂在酸乳发酵过程中产黏有助于改善酸乳的组织状态和黏稠度,特别是酸乳干物质含量不太高时显得尤其重要。在生产中,若正常使用的发酵剂突然产黏,则可能是发酵剂质量问题所致。一般情况下,产黏发酵剂往往会对酸乳的发酵风味产生不良影响,因此选择这类菌株时最好和其他菌株混合使用。

（4）蛋白质的水解性

乳酸菌的蛋白水解活性一般较弱,如嗜热链球菌在乳中只表现很弱的蛋白水解活性,保加利亚乳杆菌则可表现较高的蛋白水解活性,能将蛋白质水解,产生大量的游离氨基酸和肽类。影响蛋白质水解活性的因素主要有:

①原料乳的类型。来源于乳牛、绵羊、山羊的乳中氨基酸质量浓度分别为 10 mg/mL、3.78 mg/mL、20.6 mg/mL。此外,相对于另外两种类型的乳,山羊乳的丙氨酸、赖氨酸、谷氨酸、丝氨酸和苏氨酸含量相对都较高。可见,氮源的差异会影响发酸剂降解蛋白质的能力。

②温度。蛋白质的水解主要是由于发酵剂产生的蛋白酶所致,因此影响微生物的代谢活性和酶的活力的温度都可改变蛋白质的水解度,低温（如 3 ℃冷藏）蛋白质水解活性低,常温下增强。

③pH 值。不同的蛋白水解酶具有不同的最适 pH 值,在不同的 pH 值环境下,发挥作用的蛋白酶以及蛋白质的水解程度都不相同。通常情况下,pH 值过高易积累蛋白质水解的中间产物,给产品带来苦味。

④球菌与杆菌的比例。不同菌株产生的蛋白酶种类和蛋白质水解活性也有很大的区别。嗜热链球菌和保加利亚乳杆菌的比例和数量会影响蛋白质的水解程度,德氏乳杆菌保加利亚亚种表现出很高的蛋白酶活力,所以发酵中球菌与杆菌的比例越高,相应的酸奶中氨基酸的含量就越高。

⑤储藏时间。储藏时间的长短对蛋白质水解作用也有一定的影响。酸乳中蛋白质的水解程度直接影响了酸乳的质量。蛋白质的水解增加了酸乳的可消化性,但也会使得产品的黏度下降,加快酸乳的后酸化,影响产品的感官质量。酸乳若保质期长,就要选择蛋白质水解能力弱的菌株。

1.4.4 发酵剂的制备

1. 菌种的复活及保存

从菌种保存单位购来的乳酸菌纯培养物,通常都装在试管或安培瓶中。由于保存、寄送等因素的影响,菌种活力减弱,需恢复其活力。此过程需在无菌操作条件下接种到灭菌的脱脂乳试管中多次传代、培养。而后保存在冰箱(0～4 ℃)中,每隔1～2周移植一次。但在长期移植过程中,可能会有杂菌污染,造成菌种退化或菌种老化、裂解。因此,还应进行不定期的纯化处理,以除去污染菌和提高活力。

2. 母发酵剂的调制

取脱脂乳量1%～2%的充分活化的菌种,接种于盛有灭菌脱脂乳的三角瓶中,混匀后,放入恒温箱中进行培养。凝固后再移入灭菌脱脂乳中,如此反复2～3次,使乳酸菌保持一定活力,然后再制备生产发酵剂。

3. 生产发酵剂(工作发酵剂)的制备

将脱脂乳、新鲜全脂乳或复原脱脂乳(总固形物质量分数的10%～12%)加热到90 ℃保持30～60 min后,冷却到42 ℃(或菌种要求的温度,见表1.11)接种母发酵剂,发酵到酸度>0.8%后冷却到4 ℃。此时生产发酵剂的活菌数达$1×10^8$～$1×10^9$ cfu/mL。

表1.11 常用乳酸菌的形态、特性及培养条件

细菌名称	细菌形状	菌落形状	发育最适温度/℃	在最适温度中乳凝固时间	极限酸度/°T	凝块性质	滋味	组织形态	适用的乳制品
乳酸链球菌(*Str. Lactis*)	双球菌	光滑微白菌落有光泽	30～35	12 h	120	均匀稠密	微酸	针刺状	酸乳、酸稀奶油、牛乳酒、酸性奶油、干酪
乳油链球菌(*Str. Cremoris*)	链状	光滑微白菌落有光泽	30	12～24 h	110～115	均匀稠密	微酸	酸稀奶油状	酸乳、酸稀奶油、牛乳酒、酸性奶油、干酪
产生芳香物质的细菌: 柠檬明串珠菌 戊糖明串珠菌 丁二酮乳酸链球菌	单球单状 双球状 长短不同的细长链状	光滑微白菌落有光泽	30	不凝结 2～3 d 18～48 h	70～80 100～105				酸乳、酸稀奶油、牛乳酒、酸性奶油、干酪
嗜热链球菌(*Str. Thermophilus*)	链状	光滑微白菌落有光泽	37～42	12～24 h	110～115	均匀	微酸	酸稀奶油状	酸乳、干酪
嗜热性乳酸杆菌: 保加利亚乳杆菌 干酪杆菌嗜酸杆菌	长杆状有时呈颗粒状	无色的小菌落如絮状	42～45	12 h	300～400	均匀稠密	酸	针刺状	酸牛乳、马乳酒、干酪、乳酸菌制剂

制取生产发酵剂的培养基最好与成品的原料相同,以使菌种的生活环境不致急剧改变而影响菌种的活力。生产发酵剂的量为发酵乳的 1% ~2%,为了缩短生产周期可加大到 3% ~4%,最高不超过 5%。

1.4.5 酸乳的定义与分类

1.酸乳的定义

联合国粮农组织(FAO)、世界卫生组织(WHO)与国际乳品联合会(IDF)于 1977 年对酸乳所下的定义是:酸乳是指在添加(或不添加)乳粉(或脱脂乳粉)的乳中(杀菌乳或浓缩乳),由于保加利亚乳杆菌和嗜热链球菌的作用进行乳酸发酵制成的凝乳状产品,成品中必须含有大量的、相应的活性乳酸菌。

我国《发酵乳》(GB 19302—2010)中关于酸乳的定义是:以生牛(羊)乳或乳粉为原料,经杀菌、接种嗜热链球菌和保加利亚乳杆菌发酵制成的产品。对风味酸乳的定义是:以 80% 以上生牛(羊)乳或乳粉为原料,添加其他原料,经杀菌、接种嗜热链球菌和保加利亚乳杆菌发酵前或后添加或不添加食品添加剂、营养强化剂、果蔬、谷物等制成的产品。

2.酸乳的分类

(1)按成品的组织状态分

①凝固型酸乳。其发酵过程在包装容器中进行,从而使成品因发酵而保留其凝乳状态。

②搅拌型酸乳。发酵后的凝乳在灌装前搅拌成黏稠状组织状态。

(2)按成品口味及添加成分分

①天然纯酸乳。产品只由原料乳和菌种发酵而成,不含任何辅料和添加剂。

②加糖酸乳。产品由原料乳和糖加入菌种发酵而成。在我国市场上常见,糖的添加量较低,一般为 6% ~7%。

③调味酸乳。在天然酸乳或加糖酸乳中加入香料而成。酸乳容器的底部加有果酱的酸乳称为圣代酸乳。

④果料酸乳。成品是由天然酸乳与糖、果料混合而成。

⑤复合型或营养健康型酸乳。通常在酸乳中强化不同的营养素(维生素、食用纤维素等)或在酸乳中混入不同的辅料(如谷物、干果、菇类、蔬菜汁等)而成。这种酸乳在西方国家非常流行,人们常在早餐中食用。

(3)按原料中脂肪含量分

①全脂酸乳;

②部分脱脂酸乳;

③脱脂酸乳。

1.4.6 凝固型酸乳的加工

1.工艺流程

凝固型酸乳工艺流程如图 1.12 所示。

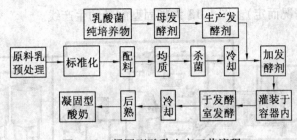

图 1.12　凝固型酸乳生产工艺流程

2. 操作要点

（1）原料乳的质量要求

用于制作发酵剂的乳和生产酸乳的原料乳必须是高质量的,要求酸度在 18 °T 以下,杂菌数不高于 50 万 cfu/mL,总干物质的质量分数不得低于 11.5%。不得使用病畜乳(如乳房炎乳)和残留抗菌素、杀菌剂、防腐剂的牛乳。

（2）酸乳生产中使用的原辅料

①脱脂乳粉。用做发酵乳的脱脂乳粉质量必须高,无抗生素、防腐剂。脱脂奶粉可提高干物质含量,改善产品组织状态,促进乳酸菌产酸,一般添加量为 1% ~1.5%。

②稳定剂。在搅拌型酸乳生产中,添加稳定剂通常是必要的,使用稳定剂的类型一般有明胶、果胶和琼脂,其添加量应控制在 0.1% ~0.5%。

③糖及果料。在酸乳生产中,一般用蔗糖或葡萄糖作为甜味剂,其添加量可根据各地口味不同有所差异,一般以 6.5% ~8% 为宜;果料的种类很多,如果酱,其含糖量一般在 50% 左右。果料及调香物质在搅拌型酸乳中使用较多,而在凝固型酸乳中使用较少。

（3）配合料的预处理

①均质。原料配合后进行均质处理。均质处理可使原料充分混匀,有利于提高酸乳的稳定性和稠度,并使酸乳质地细腻,口感良好。均质所采用的压力以 20 ~25 MPa 为好。

②热处理。主要目的是杀灭原料乳中的杂菌,确保乳酸菌的正常生长和繁殖;钝化原料乳中对发酵菌有抑制作用的天然抑制物;热处理使牛乳中的乳清蛋白变性,以达到改善组织状态,提高黏稠度和防止成品乳清析出的目的。通常原料乳经过 90 ~95 ℃并保持 5 min 的热处理效果最好。

（4）接种

热处理后的乳要马上降温到发酵剂菌种最适生长温度。接种量要根据菌种活力、发酵方法、生产时间的安排和混合菌种配比的不同而定。一般生产发酵剂,其产酸活力均为 0.7% ~1.0%,此时接种量应为 2% ~4%。如果活力低于 0.6% 时,则不应用于生产。加入的发酵剂应事先在无菌操作条件下搅拌成均匀细腻的状态,不应有大凝块,以免影响成品质量。

制作酸乳常用的发酵剂为嗜热链球菌和保加利亚乳杆菌的混合菌种,降低杆菌的比例则酸奶在保质期限内产酸平缓,防止酸化过度,如生产保质期短的普通酸乳,发酵剂中球菌和杆菌的比例应调整为 1∶1 或 2∶1;生产保质期为 14 ~21 d 的普通酸乳时,球菌和杆菌的比例应调整为 5∶1;对于制作果料酸乳而言,两种菌的比例可以调整到 10∶1,此时保加利亚乳杆菌的产香性能并不重要,这类酸乳的香味主要来自添加的水果。

（5）灌装

可根据市场需要选择玻璃瓶或塑料杯。在装瓶前需对玻璃瓶进行蒸汽灭菌。一次性塑料杯可直接使用(视其情况而定)。图1.13 为凝固型酸乳的生产线。

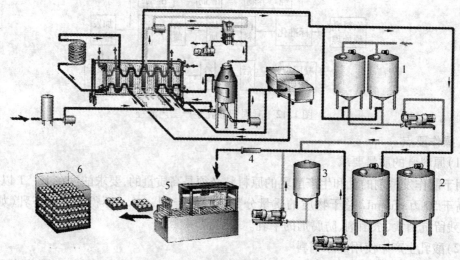

图1.13　凝固型酸乳的生产线

1—生产发酵剂罐;2—缓冲罐;3—香精罐;4—在线混合器;5—灌装机;6—培养室

(6)发酵

用保加利亚乳杆菌与嗜热链球菌的混合发酵剂时,温度保持在41~42 ℃,培养时间2.5~4.0 h(2%~4%的接种量)。达到凝固状态时即可终止发酵。一般发酵终点可依据如下条件来判断:①滴定酸度达到80 °T 以上;②pH 值低于4.6;③表面有少量水痕;④倾斜酸奶瓶或杯,奶变黏稠。发酵应注意避免震动,否则会影响组织状态;发酵温度应恒定,避免忽高忽低;发酵室内温度上下均匀;掌握好发酵时间,防止酸度不够或过度以及乳清析出。

(7)冷却

发酵好的凝固酸乳,应立即移入0~4 ℃的冷库中,迅速抑制乳酸菌的生长,以免继续发酵而造成酸度升高。在冷藏期间,酸度仍会有所上升,同时风味成分双乙酰含量会增加。试验表明,冷却24 h 双乙酰含量达到最高,超过24 h 又会减少。因此,发酵凝固后须在0~4 ℃储藏24 h 再出售,通常把该储藏过程称为后成熟,一般最大冷藏期为7~14 d。

3. 凝固型酸乳的质量缺陷及控制

凝固型酸乳生产中,常会出现一些质量缺陷:

(1)凝固性差

酸乳有时会出现凝固性差或不凝固现象,黏性很差,出现乳清分离。

①原料乳质量。当乳中含有抗菌素、防腐剂时,会抑制乳酸菌的生长。试验证明原料乳中含微量青霉素(0.01 IU/mL)时,对乳酸菌便有明显抑制作用。使用乳房炎乳时由于其白血球含量较高,对乳酸菌也有不同的噬菌作用。此外,原料乳掺假,特别是掺碱,使发酵所产的酸消耗于中和,而不能积累达到凝乳要求的 pH 值,从而使乳不凝或凝固不好。原料乳消毒前,污染有能产生抗菌素的细菌,杀菌处理虽除去了细菌,但产生的抗菌素不受热处理影响,会在发酵培养中起抑制作用,这一点引起的发酵异常往往会被忽视。原料乳的酸度越高,含这类抗菌素就越多。牛乳中掺水,会使乳的总干物质降低,也会影响酸乳的凝固性。因此,要排除上述诸因素的影响,必须把好原料验收关,杜绝使用含有抗菌素、农药以及防腐剂或掺碱牛乳生产酸乳。对由于掺水而使干物质降低的牛乳,可适当添加脱脂乳粉,使干物质质量分数达11%

以上,以保证质量。

②发酵温度和时间。发酵温度依所采用乳酸菌种类的不同而异。若发酵温度低于最适温度,乳酸菌活力则下降,凝乳能力降低,使酸乳凝固性降低。发酵时间短,也会造成酸乳凝固性降低。此外,发酵室温度不均匀也是造成酸乳凝固性降低的原因之一。因此,在实际生产中,应尽可能保持发酵室的温度恒定,并控制发酵温度和时间。

③噬菌体污染。噬菌体污染是造成发酵缓慢、凝固不完全的原因之一。可通过发酵活力降低,产酸缓慢来判断。国外采用经常更换发酵剂的方法加以控制。此外,由于噬菌体对菌的选择作用,两种以上菌种混合使用也可防止噬菌体危害。

④发酵剂活力。发酵剂活力弱或接种量太少会造成酸乳的凝固性下降。对一些灌装容器上残留的洗涤剂(如氢氧化钠)和消毒剂(如氯化物)也要清洗干净,以免影响菌种活力,确保酸乳的正常发酵和凝固。

⑤加糖量。生产酸乳时,加入适当的蔗糖可使产品产生良好的风味,凝块细腻光滑,提高黏度,并有利于乳酸菌产酸量的提高。试验证明,6.5%的加糖量对产品的口味最佳,也不影响乳酸菌的生长。若加量过大,会产生高渗透压,抑制乳酸菌的生长繁殖,造成乳酸菌脱水死亡,相应活力下降,使牛乳不能很好凝固。

(2)乳清析出

乳清析出是生产酸乳时常见的质量问题,其主要原因有以下几种:

①原料乳热处理不当。热处理温度偏低或时间不够,就不能使大量乳清蛋白变性,而变性乳清蛋白可与酪蛋白形成复合物,能容纳更多的水分,并且具有最小的脱水收缩作用(Syneresis)。据研究,要保证酸乳吸收大量水分和不发生脱水收缩作用,至少使75%的乳清蛋白变性,这就要求85 ℃ 20~30 min 或 90 ℃ 5~10 min 的热处理;UHT加热(135~150 ℃ 2~4 s)处理虽能达到灭菌效果,但不能使75%的乳清蛋白变性,所以酸乳生产不宜用 UHT 加热处理。根据研究,原料乳的最佳热处理条件是 90~95 ℃ 5 min。

②发酵时间。若发酵时间过长,乳酸菌继续生长繁殖,产酸量不断增加。酸性的增强破坏了原来已形成的胶体结构,使其容纳的水分游离出来形成乳清而上浮。发酵时间过短,乳蛋白质的胶体结构还未充分形成,不能包裹乳中原有的水分,也会形成乳清析出。因此,酸乳发酵时,应抽样检查,发现牛乳已完全凝固,就应立即停止发酵;若凝固不充分,应继续发酵,待完全凝固后取出。

③其他因素。原料乳中总干物质含量低、酸乳凝胶机械振动、乳中钙盐不足、发酵剂加量过大等也会造成乳清析出,在生产时应加以注意,乳中添加适量的氯化钙既可减少乳清析出,又可赋予酸乳一定的硬度。

(3)风味

正常酸乳应有发酵乳纯正的风味,但在生产过程中常出现以下不良风味:

①无芳香味。主要由于菌种选择及操作工艺不当所引起。正常的酸乳生产应保证两种以上的菌混合使用并选择适宜的比例,任何一方占优势均会导致产香不足,风味变劣。高温短时发酵和固体含量不足也是造成芳香味不足的因素。芳香味主要来自发酵剂酶分解柠檬酸产生的丁二酮,所以原料乳中应保证足够的柠檬酸含量。

②酸乳的不洁味。主要由发酵剂或发酵过程中污染杂菌引起。污染丁酸菌可使产品带刺鼻怪味,污染酵母菌不仅产生不良风味,还会影响酸乳的组织状态,使酸乳产生气泡。因此,应严格保证卫生条件。

③酸乳的酸甜度。酸乳过酸、过甜均会影响质量。发酵过度、冷藏时温度偏高和加糖量较低等会使酸乳偏酸,而发酵不足或加糖过高又会导致酸乳偏甜。因此,应尽量避免发酵过度现象,并应在 0 ~ 4 ℃条件下冷藏,防止温度过高,严格控制加糖量。

④原料乳的异臭。牛体臭、氧化臭味及由于过度热处理或添加了风味不良的炼乳或乳粉等制造的酸乳是造成其风味不良的原因之一。

(4)表面有霉菌生长

酸乳储藏时间过长或温度过高时,往往在表面出现有霉菌。黑斑点易被察觉,而白色霉菌则不易被注意。这种酸乳被人误食后,轻者有腹胀感觉,重者引起腹痛下泻。因此,要严格保证卫生条件并根据市场情况控制好储藏时间和储藏温度。

(5)口感差

优质酸乳柔嫩、细滑,清香可口,但有些酸乳口感粗糙,有砂状感。这主要是由于生产酸乳时,采用了高酸度的乳或劣质的乳粉。因此,生产酸乳时,应采用新鲜牛乳或优质乳粉,并采取均质处理,使乳中蛋白质颗粒细微化,达到改善口感的目的。

1.4.7　搅拌型酸乳的加工

1. 生产工艺流程

搅拌型酸乳工艺流程如图 1.14 所示。

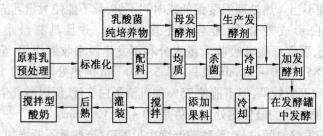

图 1.14　搅拌型酸乳生产工艺流程

2. 操作要点

(1)工艺要求

搅拌型酸乳的加工工艺及技术要求基本与凝固型酸乳相同,其不同点主要是搅拌型酸乳多了一道搅拌混合工艺(图 1.15),这也是搅拌型酸乳的特点,另外,根据在加工过程中是否添加果蔬料或果酱,搅拌型酸乳可分为天然搅拌型酸乳和加料搅拌型酸乳。这里只对与凝固型酸乳不同点加以说明。

(2)发酵

搅拌型酸乳的发酵是在发酵罐中进行的,应控制好发酵罐的温度,避免忽高忽低。发酵罐上部和下部温度差不要超过 1.5 ℃。

(3)冷却

搅拌型酸乳冷却的目的是快速抑制细菌的生长和酶的活性,以防止发酵过程产酸过度及搅拌时脱水。在酸乳完全凝固(pH 4.6 ~ 4.7)时开始冷却,冷却过程应稳定进行。冷却过快将造成凝块收缩迅速,导致乳清分离;冷却过慢则会造成产品过酸和添加果料的脱色。搅拌型酸乳的冷却可采用片式冷却器、管式冷却器、表面刮板式热交换器、冷却罐等冷却,搅拌至适宜温度。

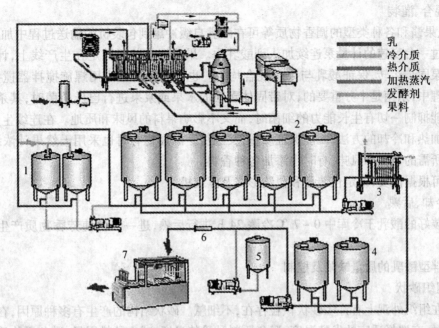

	乳
	冷介质
	热介质
	加热蒸汽
	发酵剂
	果料

图 1.15　搅拌型酸乳生产线

1—生产发酵剂罐;2—发酵罐;3—片式冷却器;4—缓冲罐;5—果料罐;6—混合器;7—灌装机

(4)搅拌

通过机械力破坏凝胶体,使凝胶体的粒子直径达到 0.01~0.4 mm,并使酸乳的硬度和黏度及组织状态发生变化。在搅拌型酸奶的生产中,这是一道重要工序。

①搅拌的方法。机械搅拌使用宽叶片搅拌器,搅拌过程中应注意既不可过于激烈,又不可过长时间。搅拌时应注意凝胶体的温度、pH 值及固体含量等。通常搅拌开始用低速,以后用较快的速度。

②搅拌时的质量控制。

a. 温度。搅拌的最适温度为 0~7 ℃,此时适于亲水性凝胶体的破坏,可得到搅拌均匀的凝固物,既可缩短搅拌时间还可减少搅拌次数。在 20~25 ℃的中温区域进行搅拌时,酸乳凝胶体的黏度随着搅拌的进行逐渐减小,但机械应力消失后,凝胶粒子可以重新配位,从而使黏稠度再度增大,酸乳凝胶体经历了一个从溶胶状态又回到凝胶状态的可逆性变换过程,这个过程有助于提高酸乳的黏稠度。若在 38~40 ℃左右进行搅拌,凝胶体易形成薄片状或砂质结构等缺陷。根据以上分析,并结合生产实际,若要使 40 ℃的发酵乳降到 0~7 ℃不太容易,所以开始搅拌时发酵乳的温度以 20~25 ℃ 为宜。

b. pH 值。酸乳的搅拌应在凝胶体的 pH 值达 4.7 以下时进行,若在 pH 4.7 以上时搅拌,则因酸乳凝固不完全、黏性不足而影响其质量。

c. 干物质。较高的乳干物质含量对搅拌型酸乳防止乳清分离能起到较好的作用。

d. 管道流速和直径。凝胶体在通过泵和管道移送,流经片式冷却板片和灌装过程中,会受到不同程度的破坏,最终影响到产品的黏度。凝胶体在经管道输送过程中应以低于0.5 m/s的层流形式出现。若以高于 0.5 m/s 的湍流形式出现,胶体的结构将受到严重破坏。破坏程度还取决于管道的长度和直径。管道直径不应随着包装线的延长而改变,尤其应避免管道直径突然变小。

（5）混合、灌装

果蔬、果酱和各种类型的调香物质等可在酸乳自缓冲罐到包装机的输送过程中加入，这种方法可通过一台变速的计量泵连续加入到酸乳中。果蔬混合装置固定在生产线上，计量泵与酸乳给料泵同步运转，保证酸乳与果蔬混合均匀。也可在发酵罐内用螺旋搅拌器搅拌混合。在果料处理中，杀菌是十分重要的，对带固体颗粒的水果或浆果进行巴氏杀菌时，其杀菌温度应控制在能抑制一切有生长能力的细菌时，而又不影响果料的风味和质地。在连续生产中，应采用快速加热和冷却的方法，既能保证质量，又经济。添加物有时也采用天然果汁浓缩液，使酸乳形成所需的色泽和风味，有时也添加各种香料。

酸乳可根据需要，确定包装量和包装形式及灌装机。

（6）冷却、后熟

将罐装好的酸乳于冷库中 0~7 ℃冷藏 24 h 进行后熟，进一步促使芳香物质产生和改善黏稠度。

3. 搅拌型酸乳的质量缺陷及控制

（1）组织砂状

酸乳在组织外观上有许多砂状颗粒存在，不细腻。砂状结构的产生有多种原因，在制作搅拌型酸乳时，应选择适宜的发酵温度，避免原料乳受热过度，减少乳粉用量，避免干物质过多和较高温度下的搅拌。

（2）乳清分离

乳清分离的原因是酸乳搅拌速度过快，过度搅拌或泵送造成空气混入产品，这种缺陷将使零售用容器上层酪蛋白完全分离，乳清蓄积在下层。因此，搅拌既不可过于激烈，也不可持续时间过长。此外，酸乳发酵过度，冷却温度不适及干物质含量不足等因素也可造成乳清分离现象。因此，应选择合适的搅拌器搅拌并注意降低搅拌温度。同时可选用适当的稳定剂，以提高酸乳的黏度，防止乳清分离，其用量为 0.1%~0.5%。

（3）风味不正

除了与凝固型酸乳的相同因素外，还主要因为搅拌型酸乳在搅拌过程中因操作不当而混入大量空气，造成酵母和霉菌的污染。酸乳较低的 pH 值虽然能抑制几乎所有细菌的生长，但却适于酵母和霉菌的生长，造成酸乳的变质、变坏和不良风味。

（4）色泽异常

在生产中因加入的果蔬处理不当而引起变色、褪色等现象时有发生，应根据果蔬的性质及加工特性与酸乳进行合理的搭配和制作，必要时可添加抗氧化剂。

1.4.8 乳酸菌饮料

乳酸菌饮料是一种发酵型的酸性含乳饮料。通常以牛乳或乳粉、植物蛋白乳（粉）、果菜汁或糖类为原料，添加或不添加食品添加剂与辅料，经杀菌、冷却、接种乳酸菌发酵剂培养发酵，然后经稀释而制成的饮料。乳酸菌饮料因其加工处理的方法不同，一般分为酸乳型和果蔬型两大类。同时又可分为活性乳酸菌饮料（未经后杀菌）和非活性乳酸菌饮料（经后杀菌）。

1. 工艺流程

活性乳酸菌饮料与非活性乳酸菌饮料加工过程的区别主要在于配料后是否杀菌，其工艺流程如图 1.16 所示。

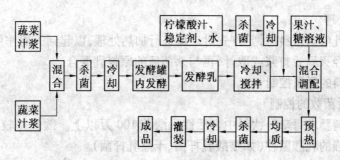

图 1.16 乳酸菌饮料工艺流程

2. 产品配方及工艺要求

(1)配方及混合调配

乳酸菌饮料配方Ⅰ：

酸 乳	30%	糖	10%
果 胶	0.4%	果 汁	6%
45%乳酸	0.1%	香 精	0.15%
水	53.35%		

乳酸菌饮料配方Ⅱ：

酸 乳	46.2%	白 糖	6.7%
蛋白糖	0.11%	果 胶	0.18%
耐酸 CMC	0.23%	柠檬酸	0.29%
磷酸二氢钠	0.05%	香兰素	0.018%
水蜜桃香精	0.023%	水	46.2%

混料时先将白砂糖与稳定剂、乳化剂、螯合剂等一起拌和均匀,加入 70～80 ℃的热水中充分溶解,经杀菌、冷却后,同果汁、酸味剂一起与发酵乳混合并搅拌,最后加入香精等。在乳酸菌饮料中最常使用的稳定剂是纯果胶或果胶与其他稳定剂的复合物。通常果胶对酪蛋白颗粒具有最佳的稳定性,这是因为果胶是一种聚半乳糖醛酸,它的分子链在 pH 值为中性和酸性时带负电荷。因此,当将果胶加入到酸乳中时,它会附着于酪蛋白颗粒的表面,使酪蛋白颗粒带负电荷。由于同性电荷互相排斥,可避免酪蛋白颗粒间相互聚合成大颗粒而产生沉淀。考虑到果胶分子在使用过程中的降解趋势以及它在 pH 值为 4 时的稳定性最佳,因此,建议杀菌前将乳酸菌饮料的 pH 值调整到 3.8～4.2。

(2)均质

均质处理是防止乳酸菌饮料沉淀的一种有效的物理方法。通常用胶体磨或均质机进行均质,使其液滴微细化,提高料液黏度,抑制粒子的沉淀,并增强稳定剂的稳定效果。乳酸菌饮料较适宜的均质压力为 20～25 MPa,温度 53 ℃左右。

(3)后杀菌

发酵调配后的杀菌目的是延长饮料的保存期。经合理杀菌、无菌灌装后的饮料,其保存期可达 3～6 个月。由于乳酸菌饮料属于高酸食品,故采用高温短时巴氏杀菌即可得到商业无菌,也可采用更高的杀菌条件如 95～105 ℃ 30 s 或 110 ℃ 4 s。生产厂家可根据自己的实际情况,对以上杀菌制度作相应的调整,对塑料瓶包装的产品来说,一般灌装后采用 95～98 ℃ 20～30 min 的杀菌条件,然后进行冷却。

（4）果蔬预处理

在制作果蔬乳酸菌饮料时，要首先对果蔬进行加热处理，以起到灭酶作用。通常在沸水中放置 6~8 min。经灭酶后打浆或取汁，再与杀菌后的原料乳混合。

3. 乳酸菌饮料的质量控制

（1）饮料中活菌数的控制

乳酸活性饮料要求每毫升饮料中含活性乳酸菌 100 万以上。欲保持较高活力的菌，发酵剂应选用耐酸性强的乳酸菌种（如嗜酸乳杆菌、干酪乳杆菌）。

为了弥补发酵本身的酸度不足，需补充柠檬酸，但是柠檬酸的添加会导致活菌数下降，所以必须控制柠檬酸的使用量，或者研究稀释工艺中的添加方法。苹果酸对乳酸菌的抑制作用小，与柠檬酸并用可以减少活性菌数的下降，同时又可改善柠檬酸的涩味。

（2）沉淀

沉淀是乳酸菌饮料中最常见的质量问题。乳蛋白中 80% 为酪蛋白，其等电点为 4.6。通过乳酸菌发酵，并添加果汁或加入酸味剂而使饮料的 pH 值在 3.8~4.2。此时，酪蛋白处于高度不稳定状态。此外，在加入果汁、酸味剂时，若酸浓度过大，加酸时混合液温度过高或加酸速度过快及搅拌不匀等均会引起局部过分酸化而发生分层和沉淀。为使酪蛋白胶粒在饮料中呈悬浮状态，不发生沉淀，应注意以下几点：

①均质。均质也称为粒子微细化。通过机械的力量将附聚成串并形成网状结构的酪蛋白胶粒强制性地分散成细小的酪蛋白胶粒的过程，称之为均质。均质可使酪蛋白粒子微细化，抑制粒子沉淀并提高料液黏度，增强稳定效果。均质压力通常选择在 20~25 MPa，均质温度保持在 51.0~54.5 ℃，尤其在 53 ℃时效果最好。

经均质后的酪蛋白微粒，因失去了静电荷、水化膜的保护，使粒子间的引力增强，增加了碰撞机会且碰撞时很快聚成大颗粒，比重加大引起沉淀。因此，均质必须与稳定剂配合使用，方能达到较好的效果。

②稳定剂。常添加亲水性和乳化性较高的稳定剂。稳定剂不仅能提高饮料的黏度，防止蛋白质粒子因重力作用下沉，更重要的是它本身是一种亲水性高分子化合物，在酸性条件下与酪蛋白形成保护胶体，防止凝集沉淀。此外，由于牛乳中含有较多的钙，在 pH 值降到酪蛋白的等电点以下时以游离钙状态存在，Ca^{2+} 与酪蛋白之间易发生凝集而沉淀。故添加适当的磷酸盐使其与 Ca^{2+} 形成螯合物，起到稳定作用。

③添加蔗糖。添加 13% 蔗糖不仅使饮料酸中带甜，而且糖在酪蛋白表面形成被膜，可提高酪蛋白与其他分散介质的亲水性，并能提高饮料密度，增加黏稠度，有利于酪蛋白在悬浮液中的稳定。另外，发酵乳与糖浆混合后要进行均质处理，是防止沉淀必不可少的工艺过程。均质后的物料要进行缓慢搅拌，以促进水合作用，防止颗粒的再聚集。

④有机酸的添加。添加柠檬酸等有机酸类，也是引起饮料产生沉淀的因素之一。因此，必须在低温条件下使其与蛋白胶粒均匀缓慢地接触。另外，酸的浓度要尽可能小，添加速度要缓慢，搅拌速度要快。一般酸液以喷雾形式加入。

⑤发酵乳的搅拌温度。为了防止沉淀产生，还应特别注意控制好搅拌发酵乳时的温度，以 7 ℃ 为最佳。实际生产中冷却至 20~25 ℃ 开始搅拌。高温时搅拌，凝块将收缩硬化，这时再采取任何措施也无法防止蛋白胶粒的沉淀。

（3）脂肪上浮

脂肪上浮是在因为采用全脂乳或脱脂不充分的脱脂乳做原料时由于均质处理不当等原因

引起的。应改进均质条件,如增加压力或提高温度,同时可选用脂化度高的稳定剂或乳化剂如卵磷脂、单硬脂酸甘油脂、脂肪酸蔗糖脂等。不过,最好采用含脂率较低的脱脂乳或脱脂乳粉作为乳酸菌饮料的原料,并注意进行均质处理。

(4)果蔬料的质量控制

为了强化饮料的风味与营养,常常加入一些果蔬原料,例如果汁类的椰汁、芒果汁、橘汁、山楂汁、草莓汁等,蔬菜类的胡萝卜汁、玉米浆、南瓜浆、冬瓜汁等,有时还加入蜂蜜等成分,由于这些物料本身的质量或配制饮料时预处理不当,使饮料在保存过程中也会引起感官质量的不稳定,如饮料变色、褪色、出现沉淀、污染杂菌等。因此,在选择及加入这些果蔬物料时应注意杀菌处理。

果蔬乳酸菌饮料的色泽也是影响消费市场的重要因素之一。良好的色泽有助于产品的销售,使饮料带有色泽的这些果蔬物料本身所含的色素会受到一些因素的影响而发生褪色现象,如 pH 值、光照、酶、金属等。因此,在生产中应考虑适当加入一些抗氧化剂,如维生素 C、维生素 E、儿茶酚、EDTA 等,对果蔬饮料的色泽具有良好的保护性能。

(5)卫生管理

在乳酸菌饮料酸败方面,最大的问题是酵母菌的污染。由于添加有蔗糖、果汁,当制品混入酵母菌时,在保存过程中,酵母菌迅速繁殖产生二氧化碳气体,并形成酯臭味和酵母味等不愉快风味。另外在乳酸菌饮料中,因霉菌繁殖,其耐酸性很强,也会损害制品的风味。

酵母菌、霉菌的耐热性弱,通常在 60 ℃ 5～10 min 加热处理即被杀死。所以,在制品中出现的污染,主要是二次污染所致。使用蔗糖、果汁的乳酸菌饮料其加工车间的卫生条件必须符合国家卫生标准要求,以避免制品二次污染。

1.5　炼乳的加工

1.5.1　概　述

炼乳(Condensed Milk)是将鲜乳经真空浓缩除去大部分水分而制成的浓缩乳制品。按照加工原料和成品是否加糖、脱脂或添加某种辅料,炼乳可分为以下几种:全脂加糖炼乳(甜炼乳)、全脂不加糖炼乳(淡炼乳)、脱脂炼乳、半脱脂炼乳、强化炼乳及调制炼乳等。

甜炼乳起源于法国和英国。1796 年,法国人尼克拉斯等人曾进行过浓缩乳的保藏试验。1835 年,英国人牛顿发明了加糖炼乳的制造方法。淡炼乳的制造原理系由瑞士人梅依泊基所发明的,1884 年美国获得其制造法专利。我国炼乳生产最早的企业是温州百好乳品厂,生产的"擒雕"牌炼乳以温州水牛乳为原料,蛋白质含量高,乳香味好,质量优良。在 1929 年中华国货展览会上获得一等奖,1930 年获首届西湖博览会特等奖。我国目前主要生产全脂加糖炼乳和淡炼乳,约占全国乳制品产量的 4%。

1.5.2　甜炼乳

甜炼乳也称加糖炼乳,是在鲜乳中加入约 16% 的蔗糖,并浓缩到原体积 40% 左右的一种乳制品。成品中蔗糖质量分数为 40%～45%。由于加糖后增大了渗透压,成品具有较好的保存性。甜炼乳曾普遍地用于哺育婴儿。随着营养学的发展,已证明甜炼乳蔗糖含量过多,不宜用于哺育婴儿。现在甜炼乳主要用做饮料及食品加工的原料。

1. 工艺流程

甜炼乳的工艺流程如图 1.17 所示,加工生产线如图 1.18 所示。

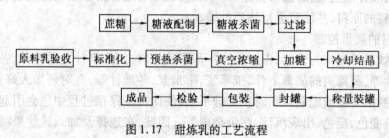

图 1.17　甜炼乳的工艺流程

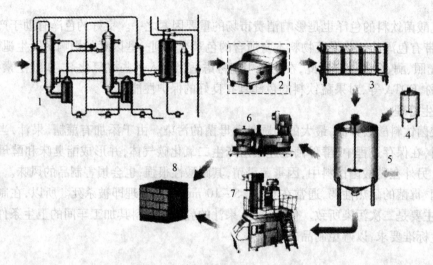

图 1.18　甜炼乳的加工生产线

1—蒸发;2—均质;3—冷却;4—乳糖浆的添加;
5—结晶罐;6—灌装;7—纸包装选择;8—储存

2. 加工工艺要点

(1)原料乳验收

做好原料乳的验收是生产高质量炼乳的关键。原料乳除要符合乳制品生产的一般质量要求外,还应该注意以下两点:①控制芽孢数和耐热细菌的数量,因为炼乳生产的真空浓缩过程中乳的实际受热温度仅为 65 ~ 70 ℃,而 65 ℃对于芽孢菌和耐热细菌是较适合的生长条件,有可能导致乳的腐败。②要求乳蛋白热稳定性好,能耐受强热处理,这就要求乳的酸度不能高于 18 °T、70% 中性酒精试验呈阴性、盐离子平衡。检查原料乳热稳定性的方法是:取 10 mL 原料乳,加 0.6% 的磷酸氢二钾 1 mL,装入试管在沸水中浸 5 min 后,取出冷却,如无凝块出现,即可高温杀菌,如有凝块出现,就不适于高温杀菌。

(2)原料乳的标准化

原料乳标准化的目的:

①与加糖炼乳的生产量有关,牛乳的含脂率在 3% ~ 3.7% 范围内炼乳生产量最多;

②与炼乳的保存性有关,若牛乳的含脂率低,生产的炼乳保存性也低;

③与炼乳生产过程中的操作有关,含脂率低的牛乳在浓缩过程中容易起泡,操作较困难。我国国家炼乳质量标准规定脂肪含量与非脂乳固体含量之比是 8 : 20。

（3）预热杀菌

原料乳在标准化之后，浓缩之前，必须进行加热杀菌处理。加热杀菌还有利于下一步浓缩的进行，故称为预热，亦称为预热杀菌。

①预热杀菌的目的。

a. 杀灭原料乳中的致病菌，抑制或破坏其他有害微生物，以保证成品的安全性，提高产品的储藏性。

b. 抑制酶的活性，以免成品产生脂肪水解、酶促褐变等不良现象。

c. 为浓缩过程进行预热，一方面可保证沸点进料，使浓缩过程稳定进行，提高蒸发速度；另一方面可防止低温的原料乳进入浓缩设备后，由于与加热器温差过大，原料乳骤然受热，在加热面上焦化结垢，影响热传导与成品质量。

d. 通过控制预热温度，掌握炼乳的黏度，防止成品出现变稠或脂肪上浮等现象。

e. 若采用预先加糖方式时，通过预热可使蔗糖完全溶解。

②预热杀菌的条件。预热的温度、时间等条件，因原料乳的质量、制品组成、预热设备等不同而异。预热条件从 63 ℃ 30 min 低温长时间杀菌法，到 150 ℃ 超高温瞬时杀菌法等广泛的范围内选择。一般为 75 ℃ 以上保持 10～20 min 及 80 ℃ 左右保持 5～10 min，但也有采用 110～150 ℃ 瞬间杀菌法的。

（4）加糖

①加糖的目的。为了抑制炼乳中细菌的繁殖、增强制品的保存性，在炼乳中需加适量的蔗糖。糖的防腐作用是由渗透压产生的，而蔗糖溶液的渗透压与其浓度成正比。如果仅为了抑制细菌的繁殖，则浓度越高效力越佳。但炼乳有一定的规格要求，且加糖量超出一定范围时也会产生其他缺陷。一般蔗糖添加量为原料乳的 15%～16%。

②加糖量。为使细菌的繁殖受到充分的抑制和达到预期的目的，必须添加足够的蔗糖，加糖量一般以蔗糖比表示。蔗糖比是指甜炼乳中的蔗糖含量与其水溶液含量之比，可用下式表示：

$$蔗糖比 = \frac{S}{M+S} \times 100\% \tag{1.3}$$

式中　M——炼乳中的水分含量（质量分数），%；

　　　S——炼乳中的蔗糖含量（质量分数），%。

蔗糖比是决定甜炼乳应含蔗糖的浓度和在原料乳中应添加蔗糖量的计算基准。根据研究，蔗糖比必须在 60% 以上。为安全起见，一般以 62.5%～64.5% 为最适宜。

③加糖方法。生产甜炼乳时蔗糖的加入方法有三种：

a. 将蔗糖直接加入原料乳中，经预热杀菌后吸入浓缩罐中；

b. 将原料乳与蔗糖的浓溶液分别进行预热，然后混合浓缩；

c. 先将牛乳单独预热并真空浓缩，在浓缩将近结束时将质量分数约为 65% 的蔗糖溶液（预先以 95 ℃ 的温度杀菌）吸入真空浓缩罐中，再进行短时间的浓缩。

牛乳中的酶类及微生物往往由于加糖而抗热性增加。同时乳蛋白质也会由于糖的存在而引起变稠及褐变。另外，由于糖液相对密度较大，糖进入浓缩罐就会改变牛乳沸腾状况，减弱对流速度，结果位于盘管周围的牛乳会产生局部受热过度，引起部分蛋白质变性，加速成品变稠。在其他条件相同的情况下，加糖越早，其成品变稠越剧烈，故采用后加糖的工艺对改善成品的变稠有利。因此，以第三种方法加糖为最好，其次为第二种方法。但一般为了减少蒸发量、节省浓缩时间和燃料及操作简便,有的厂家采用第一种方法。

在糖浆的制备中需注意的问题是不能使糖液在高温持续的时间太长,酸度也不能过高。因蔗糖在高温酸性条件下会转化成葡萄糖和果糖。这类转化糖存在于产品中会使成品在储藏期间变色和变稠速度加快。要减少转化就要控制蔗糖的酸度在 2.2 °T 以下,并在保证杀菌条件的前提下尽量缩短糖液在高温中的持续时间。这也是蔗糖原料中要求转化糖质量分数小于0.1%的原因。若糖中混有杂质时,不论采用上述哪一种方法,在吸入真空浓缩罐之前,必须经过过滤或通过离心净化机净化。

(5)真空浓缩

所谓浓缩,就是用加热的方法使牛乳中一部分水分汽化,从而使牛乳中的干物质含量提高到一定程度。为了使牛乳中的营养成分少受损失,一般都在减压条件下进行蒸发,即所谓的"真空浓缩"。

①真空浓缩的特点及浓缩条件。

a. 在减压的情况下,牛乳的沸点降低。例如,当真空度为 83.325 kPa(625 mmHg)时,其沸点为 56.7 ℃,这样牛乳可以避免受高温作用,对产品色泽、风味、溶解度等均有益处。

b. 沸点降低,提高了加热蒸汽和乳的温差。如在常压下浓缩,$9.8×10^4$ Pa 加热蒸汽的温度为 120 ℃,牛乳的沸点为 100.55 ℃,其温度差接近 20 ℃。而在真空浓缩条件下,牛乳的沸点降为 50 ℃,其温差近 70 ℃,温差较常压下提高 3.5 倍,从而增加了单位面积上单位时间内的换热量,提高了浓缩效率。

c. 由于沸点降低,在加热器壁上结焦现象也大为减少,便于清洗并利于提高热效率。

d. 浓缩在密闭容器内进行,避免外界污染的可能,从而保证了产品的质量。

目前,我国各乳品厂大多数使用盘管浓缩罐浓缩,浓缩条件为:温度 45 ~ 60 ℃,真空度 82.6 ~ 96.0 kPa(620 ~ 720 mmHg),加热蒸汽压力为 49 ~ 196 kPa。

②真空浓缩条件。

a. 不断供给热量。由杀菌器出来的乳一般为 65 ~ 85 ℃,这部分乳可带入一部分热量,但要维持乳沸腾,必须不断地供给热量。这部分热能一般都是由锅炉的饱和蒸汽供给,这部分蒸汽称为加热蒸汽。

b. 必须迅速排除二次蒸汽。乳中的水分汽化后的蒸汽称为二次蒸汽。二次蒸汽如不排除,又凝结成水回到乳中。如全部凝结成水回到乳中,其数量等于二次蒸汽的量,如此蒸发无法进行。故一般工厂都采用冷凝法,使二次蒸汽直接进入冷凝器结成水而排除。

③真空浓缩的设备。

a. 设备种类。真空浓缩设备种类繁多,按加热部分的结构可分为盘管式、直管式和板式三种;按其二次蒸汽利用与否,可分为单效和多效浓缩设备。各种真空浓缩设备如图 1.19 所示。

b. 设备特点。盘管式真空浓缩罐属于落后设备,但在甜炼乳生产中还具有一定的应用价值。直管外加热式单效真空蒸发器,是近几年我国乳品工厂所采用的比较新型的浓缩设备。与盘管式真空浓缩罐比较,具有结构简单、加工方便、质量轻、省钢材、洗刷方便、能连续出料等优点,但热利用效率较低,耗汽耗水量较大。

双效降膜真空蒸发器,物料受热时间短,可以连续操作,设备的有效时间利用率高,热能消耗少,冷却水耗量低,占地面积小,洗刷方便,大大降低了操作工人的劳动强度,容易自动控制,便于生产连续化。

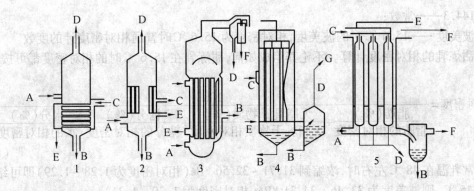

图 1.19　各种真空浓缩设备示意图

1—盘管式浓缩罐;2—短管式浓缩罐;3—外加热式浓缩罐;4—降膜式浓缩罐;5—板式蒸发器;A—原料入口;B—浓奶出口;C—蒸汽入口;D—蒸汽出口;E—接真空泵;F—二次蒸汽出口;G—接冷凝器

板式蒸发器是一种新型蒸发设备,其特点是循环液体量少;热接触时间短(≤1 s);传热系数高(比上述设备高 2～3 倍);结构紧凑,占地面积小;可用增减加热片的办法来调节生产能力;易于清洗和维修,装卸方便。其缺点是制造工艺难度较大。

④浓缩工艺控制。

a. 连续式蒸发器。对于连续式蒸发器来说,浓缩过程必须控制各项条件的稳定,诸如:进料流量、浓缩与温度;蒸汽压力与流量;冷却水的温度与流量;真空泵的正常状态等。保证了这些条件的稳定,即可实现正常的连续进料与出料。

b. 间歇式盘管真空浓缩罐。在设备清洗消毒后,即可开放冷凝水和启动真空泵。当真空度达 66.66 kPa(500 mmHg)时即可进料浓缩。待乳液面浸过各排加热盘管后,顺次开启各排盘管的蒸汽阀。开始时蒸汽压力不能过高,以免乳中空气突然形成泡沫而导致溢流损失。待乳形成稳定的沸腾状态时,再徐徐提高蒸汽压。控制蒸汽压及进乳量,使真空度保持在 84～85.3 kPa(630～640 mmHg),乳温保持在 51～56 ℃的范围内,形成稳定的沸腾状态,使乳液面略高于最上层加热盘管,不使沸腾液面过高而造成雾沫损失。随着浓缩的进行,乳的相对密度和黏度逐渐升高,并由于吸入糖浆,使蒸发速度逐渐减慢。

一般在乳吸完成后,再继续浓缩 10～20 min,即可达到要求的浓度。

关于蒸汽压力的控制,一般认为宜采用由低到高并逐渐降低的步骤,可适应黏度的变化。不宜采用过高的蒸汽压力,一般不宜超过 $1.47×10^4$ Pa。压力过高,加热器局部过热,不仅影响炼乳质量,而且焦化结垢,影响传热,反而降低蒸发速度。

⑤浓缩终点的确定(抽验浓度)。原料乳全部吸入浓缩罐中时,浓缩已接近结束,继续沸腾 10～20 min 后,大致已达到所要求的浓度。通常可根据浓缩时间、温度、真空度等来确定。一般有经验、操作熟练的工人,从窥视窗观察沸腾牛乳的循环状态和泡沫状态等即能确定其浓缩程度。但最可靠的方法还是从取样口取出一部分炼乳样品,测定其密度来确定。

测定密度时,一般使用波美比重计或普通密度计。加糖炼乳用的波美比重计的范围为30～40 °Bé,每一刻度为 0.1 °Bé;普通密度计的范围则为 1.250～1.350,每一刻度为0.001 °Bé。

a. 温度校正与相对密度的换算。波美比重计应在温度为 15.6 ℃的条件下测定,但实际上从真空浓缩罐取出的浓缩乳,其温度一般为 47～50 ℃,在这种温度下测定,必须进行校正换算。根据试验结果,用波美比重计时,温度每相差 1 ℃,波美度则相差 0.054 °Bé,温度高于标准时要加上差值,低时则减去差值。波美度与相对密度的关系可按下式换算:

$$相对密度 = \frac{144.3}{144.3-波美度}×100\%（或）波美度 = 144.3 - \frac{144.3}{相对密度}×100\% \qquad (1.4)$$

式中   144.3——常数;

波美度——15.6 ℃时的波美度,相对密度为 15.6 ℃时普通相对密度计的度数。

b. 甜炼乳的相对密度计算。不论其组成如何,甜炼乳在 15.6 ℃时的相对密度都可按下式计算:

$$相对密度 = \cfrac{100}{\cfrac{脂肪(\%)}{脂肪的相对密度} + \cfrac{无脂乳干物质(\%)}{无脂乳干物质相对密度} + \cfrac{糖分(\%)}{糖分的相对密度} + \cfrac{水分(\%)}{水的相对密度}}$$

(1.5)

通常乳温在 48 ℃左右时,浓缩到 31.71 ~ 32.56 °Bé(相对密度为 1.28 ~ 1.29)即可结束。换算成 15 ℃,则波美度为 33.46 ~ 34.31 °Bé(相对密度为 1.30 ~ 1.31)。

⑥调整黏度及防止变稠。由于季节等因素的影响,原料乳产品质量往往会发生变化,这主要是因为乳中的蛋白质、无机盐类等微量成分发生了变化,因此所生产的炼乳虽然组成合乎标准,而在保藏中,有时可能由于黏度低而引起脂肪分离;有时可能变稠严重而失去流动性。例如,由于乳牛饲料突然变化,引起牛乳成分改变而使产品质量也发生变化,所以要根据有关情况,采取适当工艺条件,使产品质量保持稳定。主要的工艺措施如下:

a. 过热处理。在浓缩将近终点之前直接吹入蒸汽,使罐内温度上升到 75 ~ 85 ℃,再继续浓缩达到要求的浓度。上升的温度和速度要依原料乳的质量而定。如选择适当可以提高黏度来降低脂肪分离的速度,而得到良好的效果。如温度上升过度,反而造成废品。此外,由于直接吹入蒸汽易使产品风味变差,而且在保藏中易引起褐色,所以加热处理并不是一种完善的方法。这种处理方法能使不稳定的乳蛋白质及无机成分趋向稳定,在成品保藏中可以抑制变稠。

b. 添加一部分前批的成品。在预热时,按原料乳 3% 加入经过 8 ~ 12 个月以上储存的炼乳,或在 40 ~ 45 ℃保藏 7 ~ 10 d,则在产品保藏中可以抑制黏度上升。这是由于陈旧产品中的酪蛋白颗粒已趋于稳定,对于新鲜的蛋白质可以形成一种保护胶体的作用。同时陈旧制品中生成针状的柠檬酸钙结晶,使可溶性钙变为不溶性,结果使钙离子活性变为无活性,从而抑制变稠现象的发展。根据前人的研究,直接添加柠檬酸结晶以代替陈旧炼乳也可获得同样的结果。

c. 均质处理。原料乳在预热前或预热后,通过均质可使脂肪球变小,增加与乳蛋白质的接触面积,从而提高制品的黏度,并缓和变稠现象。这种处理方法不仅可以调节黏度,而且可以防止制品的脂肪分离和稀释复原时脂肪上浮的现象,同时还能增加制品的光泽。

d. 添加稳定剂或缓冲剂。为了防止变稠,可在产品中添加柠檬酸钠、磷酸氢二钠或磷酸氢二钾等。但在使用时必须根据原料乳的具体条件,通过试验加入需要量,切不可任意添加,以免发生不良后果。

⑦冷却结晶。

a. 冷却的目的。真空浓缩罐放出的浓缩乳,温度为 50 ℃左右,如不及时冷却,会加剧成品在储藏期变稠与褐变的倾向,严重时会逐渐形成块状的凝胶,故需迅速冷却至常温。另一方面,通过冷却结晶可使处于过饱和状态的乳糖形成细微的结晶,保证炼乳具有细腻的感官品质。

b. 乳糖结晶的原理。控制温度可以控制乳糖的溶解度,从而达到促进乳糖结晶的目的。加入晶种也可以促进乳糖的结晶。

温度控制:乳糖的溶解度较低,而 β-乳糖的溶解度高于 α-乳糖。若在水中投入过量的 α-乳糖水合物,开始得到的 α-乳糖水合物的溶解度,也就是乳糖的最初溶解度。在溶液中 α-乳糖与 β-乳糖能互相转化,直至两者达到动态平衡为止。由于 α-乳糖逐渐转变为 β-乳糖,而 β-乳糖容易溶解,所以溶解度随之上升,也直至达到平衡时的最终溶解度。最终溶解度实际上就是在平衡状态时 α-乳糖溶解度和 β-乳糖溶解度的总和。

如果把乳糖的饱和溶液冷却,则形成过饱和溶液,但尚未立即析出乳糖结晶,此刻的溶解度即为超溶解度。进一步冷却时,则开始析出 α-乳糖水合物结晶,从而打破了 α-乳糖水合物与 β-乳糖无水物之间的平衡状态。此时 β-乳糖无水物向 α-乳糖水合物转化,溶解度也随之下降,相应地继续析出结晶,直到该温度的饱和状态重新建立平衡为止。

由于乳糖的溶解度较低,甜炼乳中乳糖处于过饱和状态,因此饱和部分的乳糖结晶析出是必然的趋势。但任其缓慢地自然结晶,则晶体颗粒少而晶粒大,会影响成品的感官质量。乳糖结晶大小在 10 μm 以下时舌感细腻;15 μm 以上则舌感呈粉状;超过 30 μm 时舌感呈显著的砂状,感觉粗糙。而且大的结晶体在储藏过程中会形成沉淀而成为不良的成品。冷却结晶过程要求创造适当的条件,促使乳糖形成"多而细"的结晶。

若以乳糖溶液的浓度为横坐标,溶液温度为纵坐标,可测出乳糖的溶解度及强制结晶曲线,如图1.20所示。

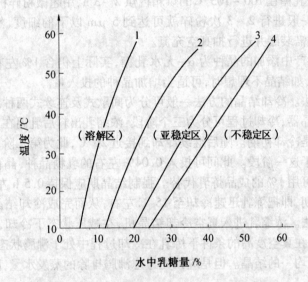

图 1.20 乳糖的溶解度曲线及强制结晶曲线
1—最初溶解度曲线;2—最终溶解度曲线;3—强制结晶曲线;4—过饱和溶解度曲线

最终溶解度曲线(曲线 2)表示在最终平衡状态时乳糖的溶解度,过饱和溶解度曲线(曲线 4)是乳糖可能呈现的最大溶解度。图1.20可分为3个区域:最终溶解度曲线(曲线 2)左侧是溶解区;过饱和溶解度曲线(曲线 4)右侧是不稳定区;而在最终溶解度曲线(曲线 2)和过饱和溶解度曲线(曲线 4)之间为亚稳定区。在亚稳定区,处于饱和状态的乳糖,将要结晶而尚未结晶,在此状态下只要创造必要的条件,就能促使其迅速地生成大小均匀的细微结晶,这一过程称为乳糖的强制结晶。实验表明,在亚稳定区内,大约高于过饱和溶解度曲线(曲线 4)10 ℃左右位置有一条强制结晶曲线(曲线 3),通过这条曲线可找到强制结晶的最适温度。强制结晶过程中,使浓缩乳控制在亚稳定区,保持结晶的最适温度,及时投入晶种,迅速搅拌并随之冷却,从而形成大量细微的结晶。

结晶温度是个重要条件,温度过高固然不利于迅速结晶,温度过低则黏度增大也不利于迅速结晶,其最适温度视浓度而异。

例如,以含乳糖 4.8%、非脂乳固体 8.6% 的原料乳生产甜炼乳,其蔗糖比为 62.5%。蔗糖质量分数为 45.0%,非脂乳固体质量分数为 19.5%,总乳固体质量分数为 28.0%,其强制结

晶的最适温度可计算如下:

水分 = $100\% - (28+45)\% = 27.0\%$

浓缩比 = $\dfrac{19.5}{8.6} = 2.267 : 1$

炼乳中的乳糖质量分数 = $4.8\% \times 2.267 = 10.88\%$

炼乳水分中的乳糖质量分数 = $\dfrac{10.88}{10.88+27} \times 100\% = 28.7\%$

按照所得水中的乳糖质量分数,从图1.20结晶曲线上可以查出炼乳在理论上添加晶种的最适温度为28 ℃左右。

添加晶种:投入晶种也是强制结晶的条件之一。晶体的产生系先形成晶核,晶核进一步成长为晶体。对相同的结晶量来说,若晶核形成速度远快于晶体形成速度,则晶体多而颗粒小,反之则晶体少而颗粒大。

晶种的制备:精制乳糖在100～105 ℃的烘箱内烘2～3 h,用超微粉碎机粉碎后,再烘1 h,最后进行一次粉碎。一般进行2～3次粉碎就可达到5 μm以下的细度,然后装瓶并封蜡储藏。如需长时间储存,需装罐并进行抽真空充氮。

晶种的添加量:生产中添加的晶种为α-无水乳糖,实际上仍含1%左右的水。加入量为炼乳成品量的0.04%,如结晶不理想时,可适当增加晶种的投入量。

c.冷却结晶的方法。冷却结晶的方法一般可分为间歇式及连续式两种。间歇式冷却结晶一般采用蛇管冷却结晶器,冷却过程可分为三个阶段:浓缩乳出料后乳温在50 ℃以上,应迅速冷却至35 ℃左右,这是冷却初期。随后继续冷却到接近26 ℃,此为第二阶段,即强制结晶期,结晶的最适温度就处于这一阶段。此间可投入0.04%左右的乳糖晶种,晶种要均匀地边搅拌边加。缺乏晶种时也可用1%的成品炼乳代替。强制结晶期应保持0.5 h左右,以充分形成晶核。然后进入冷却后期,即把炼乳迅速冷却至15 ℃左右,从而完成冷却结晶操作。另一种是间歇式的真空冷却方法。浓缩乳进入真空冷却结晶机,在减压状态下冷却,冷却速度快,而且可以减少污染。此外,在真空度高的条件下炼乳在冷却过程中处于沸腾状态,内部有强烈的摩擦作用,可以获得细微均一的结晶。但是应预先考虑沸腾排除的蒸发水量,防止出现成品水分含量偏低的现象。

利用连续瞬间冷却结晶机可进行炼乳的连续冷却。连续瞬间冷却结晶机有水平式的夹套圆筒,夹套有冷媒流通。炼乳由泵泵入内层套筒中,套筒中有带搅拌桨的转轴,转速为300～699 r/min。在强烈的搅拌作用下,在几十秒到几分钟内即可冷却到20 ℃以下,不添加晶种即可获得细微的结晶,而且可以防止褐变和污染,也有利于抑制变稠。

⑧装罐、包装和储藏。

a.装罐。经冷却后的炼乳,其中含有大量的气泡,如就此装罐,气泡会留在罐内而影响其质量。所以用手工操作的工厂,通常需静置12 h左右,等气泡逸出再行装罐。

炼乳经检验合格后方准装罐。空罐须用蒸汽杀菌(90 ℃以上保持10 min),沥去水分或烘干之后方可使用。装罐时,务必除去气泡并装满,封罐后洗去罐上附着的炼乳或其他污物,再贴上商标。大型工厂多用自动装罐机,能自动调节流量,罐内装入一定数量的炼乳后,移入旋转盘中用离心力除去其中的气体,或用真空封罐机进行封罐。

b.包装间的卫生。装罐前包装间须用紫外线灯光杀菌30 min以上,并用20 mL乳酸熏蒸一次。消毒设备用的漂白粉水质量浓度为400～600 mg/kg,洗后用的质量浓度为300 mg/kg,包装室门前消毒鞋用的漂白粉水浓度为1 200 mg/kg。包装间墙壁(2m以下地方)最好用1%硫酸铜防霉剂粉刷。

c.储藏。炼乳储藏于仓库内时,应离开墙壁及保暖设备 30 cm 以上,仓库内温度应恒定,不得高于 15 ℃,空气相对湿度不应高于 85%。如果储藏温度经常变化,会引起乳糖形成大块结晶。储藏中每月应进行 1～2 次翻罐,以防乳糖沉淀。

3. 甜炼乳加工及储藏过程中的缺陷

（1）变稠

甜炼乳在储藏过程中,特别是当储藏温度较高时,黏度逐渐增高,甚至失去流动性,这一过程称为变稠。变稠是甜炼乳在储藏中最常见的缺陷之一,按其产生的原因可分为微生物性变稠和理化性变稠两大类。

微生物性变稠是由于芽孢杆菌、链球菌、葡萄球菌和乳酸杆菌的生长繁殖以及代谢,产生乳酸及其他有机酸,如甲酸、乙酸、丁酸、琥珀酸和凝乳酶等,从而使炼乳变稠凝固,同时产生异味,并且酸度升高。

防止措施:严格卫生管理和进行有效的预热杀菌;尽可能地提高蔗糖比(但不得超过64.5%);制品储藏在 10 ℃ 以下。

理化性变稠其反应历程较为复杂,初步认为是由于乳蛋白质(主要是酪蛋白)从溶胶状态转变成凝胶状态所致。理化性变稠与下列因素有关:

①预热条件。预热温度与时间对变稠影响最大,63 ℃ 30 min 预热,可使变稠倾向减小,但易使脂肪上浮、糖沉淀或脂肪分解产生臭味;75～80 ℃ 10～15 min 预热,易使产品变稠;110～120 ℃ 预热,则可减少变稠;当温度再升高时,成品有变稀的倾向。

②浓缩条件。浓缩时温度高,特别是在 60 ℃ 以上容易变稠。最好采用双效以上的连续蒸发器,其末效浓缩温度低,浓缩乳受热程度轻,可减少变稠倾向。

浓缩程度高乳固体含量高,确切地说是酪蛋白和乳清蛋白含量高,变稠倾向严重。乳固体含量相同时,非脂乳固体含量高变稠倾向显著。

③蔗糖含量与加糖方法。蔗糖含量对甜炼乳变稠有显著影响。加入高渗的非电解质物质后,可以降低酪蛋白的水合性,增加自由水的含量,从而达到抑制变稠的目的。为此,提高蔗糖含量对抑制变稠是有效的,特别是在乳质不稳定的季节。

加糖方法对变稠的影响,在本节加糖部分已经讨论,不再赘述。

④盐类平衡。一般认为,钙、镁离子过多会引起变稠。对此可以通过添加磷酸盐、柠檬酸盐来平衡过多的钙、镁离子,或通过离子交换树脂减少钙、镁离子含量,抑制变稠。

⑤储藏条件。成品的黏度随储藏温度的提高、时间的延长而增大。良好的产品在 10 ℃ 以下储存 4 个月,不致产生变稠倾向,但在 20 ℃ 时变稠倾向有所增加,30 ℃ 以上时则显著增加。

⑥原料乳的酸度。当原料乳酸度高时,其热稳定性低因而易于变稠。生产工业用甜炼乳时,如果酸度稍高,用碱中和可以减弱变稠倾向,但如果酸度过高,已生成大量乳酸,则用碱中和也不能防止变稠。

（2）脂肪上浮

脂肪上浮是炼乳的黏度较低造成的。根据 Stokeds 公式,脂肪球上浮速度与脂肪球直径平方成正比,与牛乳黏度成反比,因此要解决脂肪上浮问题可在浓缩后进行均质处理,使脂肪球变小,并控制炼乳黏度,防止黏度偏低。

（3）块状物质的形成

甜炼乳中,有时会发现白色或黄色大小不一的软性块状物质,其中最常见的是由霉菌污染形成的纽扣状凝块。纽扣状凝块呈干酪状,带有金属臭及陈腐的干酪气味。在有氧的条件下,炼乳表面在 5～10 d 内生成霉菌菌落,2～3 周内氧气耗尽则菌体趋于死亡,在其代谢酶的作用下,1~2个月后逐步形成纽扣状凝块。

控制凝块的措施:加强卫生管理,避免霉菌的二次污染;装罐要满,尽量减少顶隙;采用真空冷却结晶和真空封罐等技术措施,排除炼乳中的气泡,营造不利于霉菌生长繁殖的环境。储藏温度应保持在 15 ℃以下并倒置储藏。

（4）胀罐

①细菌性胀罐。甜炼乳在储藏期间,受到微生物(通常是耐高渗酵母、产气杆菌、酪酸菌等)的污染,产生乙醇和二氧化碳等气体使罐膨胀,此为细菌性胀罐。

②理化性胀罐。物理性胀罐是由于装罐温度低、储藏温度高及装罐量过多而造成的。化学性胀罐是由于乳中的酸性物质与罐内壁的铁、锡等发生化学反应产生氢气而造成的。防止措施为:使用符合标准的空罐,并注意控制乳的酸度。

（5）砂状炼乳

砂状炼乳系指乳糖结晶过大,以致舌感粗糙甚至有明显的砂状感觉。一般来说,乳糖结晶应在 10 μm 以下,而且大小均一。如果在 15~20 μm 之间,则有粉状感觉,在 30 μm 以上则呈明显的砂状。

为防止此类缺陷应对晶体质量及添加量(大小应为 3~5 μm,晶种添加量应为成品量的0.025%左右)、晶种添加时间和方法(加入时温度不宜过高,并应在强烈搅拌的过程中用120 目筛在 10 min 内均匀地筛入)、储藏温度(温度不宜过高,温度变化不宜过大)、冷却速度、蔗糖比(不超过64.5%)等因素进行控制。

（6）糖沉淀

甜炼乳容器底部有时呈现糖沉淀现象,这主要是乳糖结晶过大形成的,也与炼乳的黏度有关。若乳糖结晶在 10 μm 以下,而且炼乳的黏度适宜,一般不会有沉淀现象出现。此外,蔗糖比过高,也会引起蔗糖结晶沉淀,其控制措施与砂状炼乳相同。

（7）钙沉淀

甜炼乳在冲调后,有时在杯底发现有白色细小沉淀,俗称"小白点",其主要成分是柠檬酸钙。甜炼乳中柠檬酸钙的质量分数约为 0.5%,相当于炼乳内每 1 000 mL 水中含有柠檬酸钙19 g。而在 30 ℃时,1 000 mL 水仅能溶解柠檬酸钙2.51 g。很显然,柠檬酸钙在炼乳中处于过饱和状态,所以,过饱和部分结晶析出是必然的。

控制柠檬酸钙的结晶,同控制乳糖结晶一样,可采用添加柠檬酸钙作为晶种,在炼乳生产的各个工序进行,但以在预热前的原料乳中添加为宜,以避免污染。

添加柠檬酸钙最好预先配成胶体,即将 500 g 柠檬酸钙溶解于 1 500 mL 热水中,加入质量分数为 70% 糖浆 7 000 mL,在 50~60 ℃时,再加入质量分数为 26% 的氯化钙溶液 1 000 mL,然后循环均质10 min。柠檬酸钙胶体的添加量一般为成品量的 0.02%~0.03%。

（8）褐变

甜炼乳在储藏中逐渐变成褐色,并失去光泽,这种现象称为褐变。甜炼乳的褐变通常是美拉德反应造成的。用含转化糖的不纯蔗糖,或并用葡萄糖时,褐变就会显著。为防止褐变反应的发生,生产甜炼乳时,使用优质蔗糖和优质原料乳,并避免在加工中长时间高温加热,而且储藏温度应在 10 ℃以下。

（9）蒸煮味

蒸煮味是因为乳中蛋白质长时间高温处理而分解,产生硫化物的结果,由于淡炼乳要经过高温灭菌,所以常会出现该缺陷。蒸煮味的产生对产品口感有很大的影响,防止方法主要是避免高温长时间的加热。用超高温灭菌法处理的淡炼乳一般不会有蒸煮味产生。

1.5.3 淡炼乳

淡炼乳也称无糖炼乳,淡炼乳分为全脂和脱脂两种,一般淡炼乳是指前者,后者称为脱脂淡炼乳。此外,还有添加维生素 D 的强化淡炼乳,以及调整其化学组成使之近似于母乳,并添加各种维生素的专门喂养婴儿用的特别调制的淡炼乳。淡炼乳经高温灭菌后维生素 B、维生素 C 受到损失,但补充后其营养价值几乎与新鲜乳相同,而且经高温处理成为软凝块乳,经均质处理使脂肪球微细化,因而易消化吸收,是很好的育儿乳品。

1. 工艺流程

淡炼乳的制造方法与甜炼乳的主要差别有三点:第一,不加糖;第二,需进行均质处理;第三,进行灭菌和添加稳定剂。其生产工艺流程如图 1.21 所示。

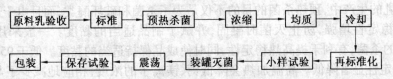

原料乳验收 → 标准 → 预热杀菌 → 浓缩 → 均质 → 冷却
包装 ← 保存试验 ← 震荡 ← 装罐灭菌 ← 小样试验 ← 再标准化

图 1.21 淡炼乳的生产工艺流程

淡炼乳的加工生产线如图 1.22 所示。

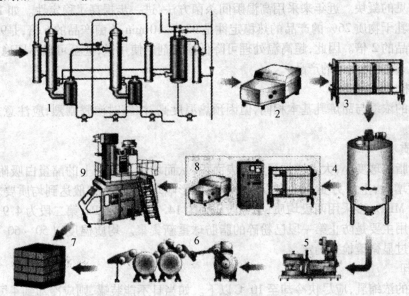

图 1.22 淡炼乳加工生产线
1—蒸发;2—均质;3—冷却;4—中间罐;5—灌装;6—消毒;
7—储存;8—超高温处理;9—无菌灌装

2. 加工工艺要点

(1)原料乳的验收与标准化

生产淡炼乳时,对原料乳的要求要比甜炼乳严格。因为生产过程中要进行高温灭菌,对原料乳的热稳定性要求高。因此,除采用质量分数为72%的酒精试验外,还须做磷酸盐试验,有必要时还可做细菌学检查。原料乳的标准化与甜炼乳相同。

(2)加稳定剂

添加稳定剂的目的是增加原料乳的稳定性,防止灭菌处理时发生蛋白质凝固。

①稳定剂的种类与作用。影响乳稳定性的因素主要有乳的酸度、乳清蛋白质含量及乳中

的盐类平衡。乳清蛋白质对热不稳定,特别是在乳的酸度高时加热更易凝固。根据盐类平衡性质,乳中的钙、镁与磷酸、柠檬酸之间保持适当的平衡,能增加乳蛋白质稳定性。钙、镁阳离子含量过多或过少都会使酪蛋白的稳定性降低。一般牛乳中钙、镁离子过剩,故加入柠檬酸钠、磷酸二氢钠、磷酸氢二钠可使可溶性钙、镁减少,因而增强了酪蛋白的热稳定性。

②添加稳定剂的方法和数量。试验证明,在原料乳杀菌前或浓缩后添加稳定剂效果基本相同,但以浓缩后添加为好。准确的添加量应根据小试确定。一般常年生产淡炼乳时,对原料乳的乳质变化规律有所掌握。稳定剂的添加量大致一定时,可以杀菌前添加一部分,浓缩后再根据小试确定的结果准确补足总量,在装罐前加入到浓缩乳中。一般以原料乳 100 kg 添加 10 ~ 15 g 为宜。如果添加过量,产品风味差且褐变显著。

(3)预热杀菌

在淡炼乳的生产中,预热杀菌的目的不仅是为了杀菌和破坏酶类,而且由于适当的加热可使酪蛋白的稳定性增强,防止灭菌时凝固,并赋予制品适当的黏度。一般采用 95 ~ 100 ℃ 10 ~ 15 min 的杀菌,有利于提高热稳定性,同时使成品保持适当的黏度。低于 95 ℃,尤其80 ~ 90 ℃时热稳定性显著降低。高温加热会降低钙、镁离子的浓度,相应地减少了与酪蛋白结合的钙。因而随杀菌温度升高热稳定性亦提高,但 100 ℃以上黏度渐次降低,所以简单地提高杀菌温度也是不适当的。适当高温可使乳清蛋白凝固成微细的粒子,分散在乳浆中,灭菌时不再形成感官可见的凝块。近年来采用高温瞬间杀菌方法,进一步提高了稳定性。如 120 ~ 140 ℃ 5 s 杀菌,含乳干物质26%的产品的热稳定性是 95 ℃ 10 min 杀菌产品的 6 倍,是95 ℃ 10 min 加稳定剂产品的 2 倍。因此,超高温处理可降低稳定剂的使用量,甚至可以不用稳定剂仍能获得稳定性高、褐变程度低的产品。

(4)浓缩

淡炼乳的浓缩与甜炼乳基本相同,但因预热温度高,浓缩时沸腾剧烈,应注意加热蒸汽的控制。

(5)均质

均质使脂肪球变小,大大增加了脂肪表面积,从而增加了表面上的酪蛋白吸附量,使脂肪球相对密度增大,上浮力变小。均质压力和温度影响均质效果,一般达到均质要求的压力为 14.7 ~ 19.6 MPa。多采用两段均质,第一段压力为 14.7 ~ 16.7 MPa,第二段为 4.9 MPa。第二段均质的作用主要是防止第一段已粉碎的脂肪球重新集聚。均质温度以 50 ~ 60 ℃ 为宜。均质效果可通过显微镜检查确定。

(6)冷却

均质后的浓缩乳,应尽快冷却至 10 ℃以下。如当日不能装罐,则应冷却到 4 ℃恒温储存。冷却温度对浓缩乳稳定性有影响,冷却温度高,稳定性降低。淡炼乳生产中,冷却为单一目的,这与甜炼乳是为乳糖结晶不同,因此应迅速冷却并注意勿使冷媒(特别是采用盐水作冷媒时)进入浓缩乳中,影响稳定性。

(7)再标准化

因原料乳已进行过标准化,所以浓缩后的标准化称为再标准化。再标准化的目的是调整乳干物质浓度使其合乎要求,因此,也称浓度标准化。一般淡炼乳生产中浓度难于正确掌握,往往都是浓缩到比标准略高的浓度,然后加蒸馏水进行调整。加水量按下式计算:

$$加水量 = \frac{A}{F_1} - \frac{A}{F_2} \tag{1.6}$$

式中 A——单位标准化乳的全脂肪含量(此处含量为质量分数,本书中脂肪中含量均指质量分数),%;

F_1——成品的脂肪含量,%;

F_2——浓缩乳的脂肪含量,%。

(8)小样试验

①试验目的。为防止不能预计的变化而造成的大量损失,灭菌前先按不同剂量添加稳定剂,试封几罐进行灭菌,然后开罐检查以决定添加稳定剂的数量、灭菌温度和时间。

②样品的准备。由储乳槽中采取浓缩乳,通常以每千克原料乳取 0.25 g 为限。调制成含有各种剂量稳定剂的样品,分别装罐、封罐,供试验用。稳定剂可配成饱和溶液,一般用 1 mL 刻度吸管添加。

③灭菌试验。把样品罐放入小试用的灭菌机中,向灭菌机中加水至液面达水位计的 1/2 处并使其转动,随后通入蒸汽,此时打开排气阀。当温度达到 80 ℃时将进汽减弱,然后按每 0.5 min 升高 1 ℃(80~88 ℃时每 0.5 min 升高 2 ℃),升温至 116.5 ℃后保温约 16 min。当温度达到 100 ℃后,将排气阀关至稍能放出空气的程度。保温完毕,放出内部蒸汽和热水,然后加入冷水迅速冷却。冷却后取出小样检查。

④开罐检查。检查顺序是先检查有无凝固物,然后检查黏度、色泽、风味。要求无凝固,毛氏黏度计 20 ℃时为 100~120 R,稀薄的稀奶油色,略有甜味为佳。如上述各项不符合要求,可采用降低灭菌温度或缩短保温时间、减慢灭菌机转动速度等方法加以调整,直至合乎要求为止。

(9)装罐灭菌

按小试结果添加稳定剂后立即进行装罐(不要装得过满,以防灭菌膨胀变形),真空封罐后进行灭菌。

①灭菌的目的。彻底杀灭微生物及酶类,使成品经久耐藏。另外,适当高温处理可提高成品黏度,有利于防止脂肪上浮,并可赋予炼乳特有的芳香味。

②灭菌的方法。

a. 保持式灭菌法。批量不大的生产可用回转式灭菌器进行保持式灭菌。一般按小试法控制温度和升温时间,要求在 15 min 内使温度升至 116~117 ℃。

b. 连续式灭菌法。大规模生产多采用连续式灭菌机。灭菌机由预热区、灭菌区和冷却区三个部分组成。封罐后的罐内温度在 18 ℃以下进入预热区被加热到 93~99 ℃,然后进入灭菌区,升温至 114~119 ℃,经过一段时间运输进入冷却区冷却至室温。近年来发展的新型连续式灭菌机,可在 2 min 内加热到 124~138 ℃,并保持 1~3 min,然后迅速冷却,全过程只需 6~7 min。

c. 使用乳酸链球菌素改进灭菌法。乳酸链球菌素是一种安全性高的国际上允许使用的食品添加剂,人体每日允许摄入量为 0~33 000 U/kg。淡炼乳生产中必须采用强的杀菌制度,但长时间的高温处理,使成品质量不理想,而且必须使用热稳定性高的原料乳。如果添加乳酸链球菌素,可减轻灭菌负担,且能保证乳品质量,并为利用热稳定性较差的原料乳提供了可能性。如 1 g 淡炼乳中加 100 U 乳酸链球菌素,以 115 ℃ 10 min 的杀菌条件与对照组 118 ℃ 20 min 杀菌条件相比较,效果更好。

(10)振荡

如果灭菌操作不当,或使用热稳定性较差的原料乳,则淡炼乳往往出现软的凝块。振荡可使凝块分散复原成均匀的流体,使用振荡机进行振荡,应在灭菌后 2~3 d 内进行,每次振荡 1~2 min。

(11)保温检查

淡炼乳出厂之前,一般还要经过保藏试验,即将成品在 25~30 ℃下保温储藏 3~4 周,观察有无胀罐,并开罐检查有无缺陷,必要时可抽取一定数量样品于 37 ℃保存 7～10 d 加以观察及检查,合格者方可出厂。

3. 淡炼乳加工及储藏过程中的缺陷

（1）胀罐

参见本章甜炼乳。

（2）异臭味

异臭味产生主要是由于灭菌不完全,残留的细菌繁殖而造成的酸败、苦味和臭味等现象引起的。

（3）沉淀

长时间储藏的淡炼乳的罐底会生成白色的颗粒状沉淀物,此沉淀物的主要成分是柠檬酸钙、磷酸钙和磷酸镁,它的生长与储藏温度及在淡炼乳中浓度呈正比。

（4）脂肪上浮

当成品黏度低、均质处理不完全及储藏温度较高的情况下易发生脂肪上浮。

（5）稀薄化

淡炼乳在储藏期间会出现黏度降低的现象,称之为渐增性稀薄化。稀薄化程度与蛋白质的含量成反比,随着储藏温度的增高和时间的延长淡炼乳的黏度大幅度下降。

（6）褐变

参见甜炼乳。

1.6 乳粉的加工

1.6.1 乳粉的概念及分类

1. 乳粉的概念

乳粉是以新鲜牛乳为主要原料并配以其他辅料,经杀菌、浓缩、干燥等生产工艺制成的分装产品。其特点是能较好地保存鲜乳中原有的特性和营养成分;使微生物不易生长繁殖,从而使得产品有较长的货架期且运输、储藏方便。

目前国内外市场上最常见的乳粉有全脂乳粉、全脂加糖乳粉、脱脂乳粉、婴儿配方乳粉、强化乳粉等。乳粉的化学成分因所用的原料乳及添加物等不同而异,其化学组成及质量分数见表 1.12。

表 1.12　乳粉的化学组成及质量分数　　　　　　　　　　　　单位:%

品种	水分	脂肪	蛋白质	乳糖	灰分	乳酸
全脂乳粉	2.00	28.60	27.50	36.00	5.90	—
全脂加糖乳粉	2.00	25.00	26.00	34.20	5.60	—
脱脂乳粉	3.00	1.00	36.00	52.00	8.00	1.40
婴儿配方乳粉	2.60	20.00	19.00	54.00	4.40	—
强化乳粉	2.00	19.00	18.00	56.00	4.50	—

2. 乳粉的分类

目前我国生产的奶粉主要有全脂乳粉、全脂加糖乳粉、婴儿乳粉及少量保健乳粉等,婴儿乳粉的产量正在逐步上升。根据乳粉的特征、所用原料、原料处理及加工方法的不同,乳粉可以分为以下几种:

（1）全脂乳粉（Whole Milk Powder）

仅以乳为原料，添加或不添加食品营养强化剂，经浓缩、干燥制成的蛋白质不低于非脂乳固体的 34% ，脂肪不低于 25% 的粉末状产品。

（2）脱脂乳粉（Ski Mmed Milk Powder）

仅以乳为原料，添加或不添加食品营养强化剂，经脱脂、浓缩、干燥制成的，脂肪不高于 1.75% 的粉末状产品。

（3）配方乳粉（Formula Powder）

配方乳粉是指针对不同人群的营养需要，在鲜乳中或乳粉中配以各种营养素，经加工干燥而成的乳制品。

（4）全脂加糖乳粉（Sweet Milk Powder）

添加白砂糖，蛋白质不低于 15.8% ，脂肪不低于 20.0% ，蔗糖不超过 20.0% 的调制乳粉。

（5）速溶乳粉（Instant Milk Powder）

在乳粉干燥工序上调整工艺参数，或施以特殊干燥方法加工而成。放在冷水表面会迅速溶解、不结块的乳粉。

（6）乳清粉（Whey Powder）

以干酪或干酪素生产的副产品——乳清为原料，经过浓缩、干燥而成的粉末状产品。

（7）酪乳粉（Butter Milk Powder）

以酪乳为原料，经过浓缩、干燥而成的粉末状产品。

（8）奶油粉（Cream Powder）

在稀奶油中添加一部分鲜乳，经干燥加工而成的粉末状产品。

（9）麦精乳粉（Malted Milk Powder）

在鲜乳中加入麦芽糖、可可、蛋类、乳制品等，经干燥加工而成的粉末状产品。

（10）强化乳粉（Modified Milk Powder）

在鲜乳中加入一定量的维生素、无机盐及其他一些营养成分，经浓缩、干燥加工而成，以满足不同人群的营养需要。

1.6.2　乳粉的制造方法和特点

根据不同的原料配制和加工方法，可生产出不同类型的乳粉产品，见表 1.13。

表 1.13　不同类型的乳粉

品种	原料	制造方法	特点
全脂乳粉	牛乳	净化→标准化→杀菌→浓缩→干燥	保持牛乳的香味、色泽
全脂加糖乳粉	牛乳、砂糖	净化→标准化→杀菌→浓缩→干燥	保持牛乳的香味并带适口甜味
脱脂乳粉	脱脂牛乳	牛乳的分离→脱脂乳杀菌→浓缩→干燥	不易氧化、耐保藏、乳香味差
婴儿配方乳粉	牛乳、稀奶油、植物油、脱盐乳清粉、铁、维生素	高度标准化→调配→杀菌→均质→浓缩→干燥	改变了牛乳的营养成分含量及比率，与人乳成分相近似，是婴儿较理想的代乳食品
强化乳粉	牛乳、维生素、铁、糖	配料→杀菌→浓缩→干燥	使喂养的婴儿避免缺铁、钙、维生素

1.6.3 乳粉的生产

乳粉是由多道工序进行加工的产品,主要工序为:原料乳验收、净化(离心分离杂质)、标准化(配料)、杀菌、均质、蒸发(浓缩)、干燥、包装、储存(成品)。其生产工艺流程如图 1.23 所示。

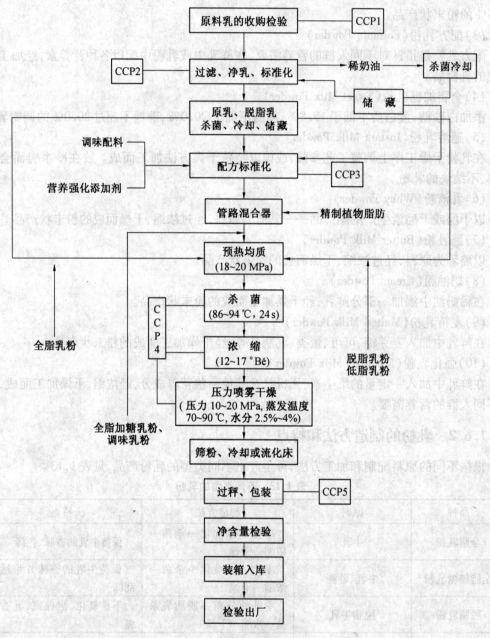

图 1.23　乳粉生产工艺流程

注:CCP 为质量关键控制点

1. 原料乳的验收

原料乳进厂后应立即进行检验,检验内容包括:感官指标乳温、杂质、组织状态、色泽、滋气味等。

（1）理化指标

理化指标包括酸度、含脂率、相对密度、乳固体含量等。

（2）细菌指标

细菌指标包括杂菌数、其他细菌。

各项指标及检验方法应按国家标准执行。

2. 原料乳的净化与储存

检验合格的牛乳需经粗过滤、计量、净乳机净化、板式冷却器冷却至 4 ℃ 以下进行储存。

3. 原料乳的标准化（配料）

生产乳粉时，为了获得稳定化学组成的产品，每批产品必须使用经过标准化的原料乳。标准化后的原料乳，脂肪与非脂乳固体之比应等于成品中乳脂肪与非脂乳固体之比。如生产加糖乳粉时，标准化乳中砂糖含量与标准化乳中干物质含量之比必须等于成品中砂糖含量与干物质含量之比。如生产配方乳粉时，还需根据配方的要求进行配料。

4. 原料乳的预杀菌与均质

标准化后的原料乳必须经过杀菌和均质处理。

（1）杀菌的目的

必须杀死牛乳及辅料中的病原菌，如大肠菌、葡萄球菌、结核菌等，最大限度地杀死所有细菌，从而保证食品的卫生和安全；通过加热处理还要破坏牛乳中酶的活力，如脂酶、蛋白酶、过氧化物酶等，以利于乳粉的保藏，提高牛乳中蛋白质的热稳定性，满足浓缩工序对牛乳温度的要求等。

（2）常用的杀菌方法

乳粉生产中常用的杀菌方法有低温长时间杀菌法、高温短时间杀菌法和超高温瞬时灭菌法。

（3）影响杀菌效果的主要因素

①原料乳污染程度，污染严重的原料乳杀菌效果差；

②选用的方法不合适，致使杀菌效果差；

③杀菌工段的设备、管道、阀门、储罐、过滤器等器具清洗消毒不彻底，影响杀菌效果；

④操作中，未能严格执行工艺条件和操作规程，严重影响杀菌效果；

⑤杀菌器的传热效果不良，如板式杀菌器污垢增厚，传热系数降低，影响杀菌效果；

⑥杀菌器本身的故障等。

（4）均质

在乳粉生产中，特别是生产配方乳粉时，均质是必要的工序，经过均质可使辅料混合得更均匀，也可降低乳中游离脂肪的含量，从而增加乳粉的抗氧化能力和提高溶解度。一般均质机与杀菌器连用。

5. 真空浓缩

蒸发通常是采用单效或多效真空蒸发器进行的，多效蒸发器一般是降膜式的。目前最新的技术是使用机械再压缩或蒸汽再压缩技术，使蒸汽节省至仅为喷雾干燥耗气量的 1/10。当用滚筒干燥时，将乳浓缩至 30% ~ 35%；用喷雾干燥时，将乳浓缩至 40% ~ 50%。在干燥前先进行浓缩有利于保持产品的质量，主要是浓缩后生产的乳粉颗粒增大，同时颗粒中所包裹的空气明显减少，利于保存。

（1）真空浓缩的原理

在 21.8 kPa 减压状态下，采用蒸汽间接加热方式，对牛乳进行加热，使其在低温下沸腾，乳中一部分水分汽化并不断排除,从而使牛乳中的干物质由 12% 提高到 50% ,以达到浓缩的目的。

(2)真空浓缩的条件

①不断地供给热量。这部分热量不断地由锅炉产生的饱和蒸汽供给。

②迅速排除二次蒸汽。牛乳水分汽化形成的二次蒸汽必须迅速地排除,否则会凝结成水分又回到牛乳中,使蒸发无法进行。一般采用冷凝法使二次蒸汽冷却成水排掉。不再利用二次蒸汽的称单效蒸发;再利用引入另一蒸发器作为热源的称双效蒸发;多次利用的称多效蒸发。

(3)真空浓缩的特点

①真空浓缩蒸发效率高,使牛乳蒸发过程加快并节约能源。如果不经浓缩而直接喷雾干燥,每蒸发 1 kg 水分需消耗 3 ~ 4 kg 蒸汽,不仅需要大量的热能,还需要庞大的喷雾干燥塔。反之,可降低能源消耗。一般在单效真空蒸发器中蒸发 1 kg 水分要消耗蒸汽 1.1 kg;如带热压泵的双效降膜蒸发器,仅消耗 0.4 kg 蒸汽;使用三效真空蒸发器,消耗 0.32 kg 蒸汽;使用四效真空蒸发器,消耗 0.2 kg 蒸汽;使用五效蒸发器,消耗 0.16 kg 蒸汽。

②在真空蒸发器中,牛乳的沸点降低,仅有 60 ℃ 左右,牛乳中热敏性物质如蛋白质、维生素等不致被明显地破坏,牛乳的风味、色泽得以保持,从而保证了乳粉质量。

③牛乳经浓缩再喷雾干燥,所得乳粉颗粒较大,含气泡少,密度大,有利于包装和储藏。乳粉的复原性、冲调性、分散性均有所改善。

④真空浓缩时牛乳处于密闭状态,避免了外界污染,可保证乳粉的卫生质量。

(4)真空浓缩工艺条件

浓缩牛乳的质量要求达到浓度与温度稳定,黏稠度一致,具有良好的流动性,无蛋白质变性,细菌指标符合卫生标准。

①牛乳浓缩的程度。牛乳浓缩的程度直接影响乳粉的质量,特别是溶解度。一般浓缩至原乳体积的 1/4,即乳固体达到 45% 左右。通常因设备条件、原料乳性状,尤其是成品乳品种不同,浓缩程度也有所不同。

②浓缩的真空度与温度。为达到蒸发大量水分、提高乳固体含量的目的,又能保证牛乳的营养成分及理化性质,浓缩的温度、真空度、时间均应予以严格控制。使用单效蒸发器时,一般保持在 17 kPa 的压力,温度为 50 ~ 60 ℃,整个浓缩过程需 40 min。使用带热压泵的双效降膜蒸发器时,第一效压力保持在 31 ~ 40 kPa,温度为 70 ~ 72 ℃;第二效压力保持在 16.5 ~ 15 kPa,温度为 40 ~ 50 ℃。使用带热压泵的三效降膜蒸发器时,第一效压力保持在 31.9 kPa,温度为 70 ℃;第二效压力保持在 17.9 kPa,温度为 57 ℃;第三效压力保持在 9.5 kPa,温度为 44 ℃。

6. 干燥

目前在乳粉的生产中,湿法常采用喷雾干燥、滚筒干燥;干法用于配方乳粉生产,常采用干混法;而冷冻干燥因设备造价高、动力消耗大、生产成本高,所以不适合大规模生产,只用于生产初乳粉等,这里主要介绍喷雾干燥法和干混法。

(1)喷雾干燥法

目前有离心式和压力式两种喷雾干燥法,国内常采用压力式喷雾干燥法。喷雾干燥是通过机械(高压泵)的作用,将浓缩乳分散成很细的雾状微粒(目的是增大水分蒸发面积,加速干燥过程)与热空气接触后,在一瞬间将大部分水分去除。乳的喷雾干燥分两个阶段进行:第一阶段,将热处理后的牛乳干物质质量分数浓缩至 40% ~50%;第二阶段,浓缩乳在干燥塔内进行最后的干燥。而第二阶段又分三个步骤进行,即先将浓缩乳分散成非常细小的微粒,再将细小的微粒与热气流混合,使水分迅速蒸发,最后将干的牛乳颗粒从干燥空气中分离出来。对于离心喷雾干燥,浓缩乳不需高压泵的压力雾化,而是利用在水平方向做高速旋转的圆盘的离心力作用进行雾化,将浓缩乳分散成很细的雾状微粒。

喷雾干燥有如下特点:

①干燥速度快,物料受热时间短。由于浓缩乳被雾化成微细乳粒,其单位质量的表面积很大,热交换迅速,水分蒸发快,牛乳受热时间短,整个干燥过程仅需 10 ~12 s,乳粉的溶解度高,且营养成分破坏程度小。

②干燥过程温度低,乳粉质量好。热空气虽然温度高,但物料水分蒸发温度却不超过该状态下热空气的湿球温度,物料温度仅有 60 ℃,可以最大限度地保持牛乳的营养成分及理化性质。

③调节工艺参数可以控制成品质量。选择适当的雾化器,调节工艺条件,可以控制乳粉颗粒状态、大小、容重,并使其所含水分均匀,成品具有很好的流动性、分散性、溶解度。

④卫生质量好,产品不易污染。干燥过程是在密闭状态下进行的,产品纯净。

⑤操作调整方便,机械化、自动化程度高,适合大规模连续化生产。

⑥其主要缺点是体积热容小,干燥室体积庞大,热风温度在 150 ~170 ℃时,热效率约为 35% ~55%。

喷雾干燥的工艺流程:

①工艺流程。如图 1.24 及图 1.25 所示为两种喷雾干燥室,喷雾干燥的工艺流程如图 1.26 所示。

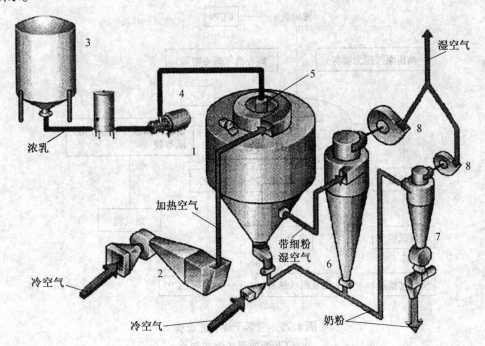

图 1.24　带有圆锥底的传统喷雾干燥(一段干燥)室

1—干燥室;2—空气加热器;3—牛乳浓缩缸;4—高压泵;5—雾化器;
6—主旋风分离器;7—旋风分离输送系统;8—抽风机

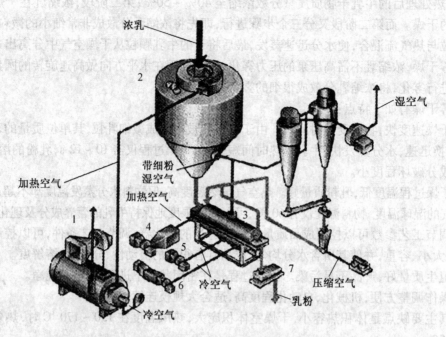

图 1.25 带有流化床辅助装置的喷雾干燥室
1—间接加热器;2—干燥室;3—振动流化床;4—用于流化床的空气加热器;
5—用于流化床的周围冷却空气;6—用于流化床的脱湿冷却空气;7—筛子

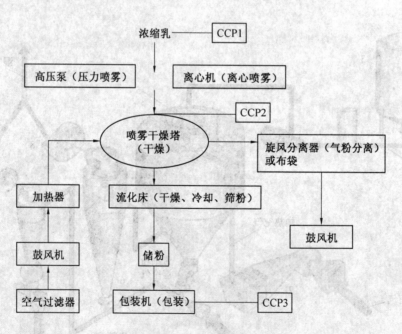

图 1.26 喷雾干燥工艺流程
注:CCP 为质量关键控制点

　　将过滤空气由鼓风机送入加热器加热到 100 ℃ 以上吹进干燥塔内,同时将浓缩乳经高压泵或离心机由喷头或雾化器喷成雾状乳滴,与热空气接触的瞬间,乳滴的水分迅速蒸发,经充分干燥的乳粉落下,从塔底连续进入流化床内,再干燥、冷却、筛粉后送入储粉器,准备包装。

牛乳蒸发的水分呈气态由排风机排出,为防止细小的粉粒随排风的气流跑掉而损失,采用捕粉装置(如旋风分离器或布袋)分离回收。

②工艺机理。喷雾干燥过程包括恒速干燥和降速干燥两个阶段。由于浓缩乳在干燥塔中被雾化成微细乳粒,所以每个阶段都很短暂,一般恒温干燥时间仅需几分之一秒或几十分之一秒。

a.恒速干燥阶段。在喷雾干燥过程中,牛乳首先经过恒速干燥阶段。在此阶段,乳滴中绝大部分游离水将蒸发出去,水分的蒸发是在乳滴表面发生的。蒸发速度由蒸汽穿过周围空气膜的扩散速度所决定,周围空气与乳滴之间的温差则是蒸发速度的动力,而乳滴的温度可以近似地等于周围空气的湿球平均温度,这个阶段乳滴水分的扩散速度大于或等于蒸发速度。

b.降速干燥阶段。当乳滴水分的扩散速度不能使乳滴表面水分保持饱和状态时,干燥即进入降速阶段,水分蒸发发生在乳滴内部的某一界面上,乳滴的结合水部分地被除掉,乳滴温度升高到周围空气的湿球温度以上,当乳粉颗粒水分含量达到接近或等于该温度下的平衡水分,即喷雾干燥的极限水分时,则完成了干燥过程。

③二次干燥。

a.出粉。若干燥塔内温度较高,粉温可达 60 ℃,长时间积存在其内,会因受热时间长致使乳粉的游离脂肪增加,储藏期间发生脂肪氧化,乳粉的色泽、滋气味、溶解度同样受到影响。目前常采用流化床,乳粉通过螺旋输送器、电磁振荡器及转鼓型阀被连续地输送至流化床内。

b.流化床。流化床设在喷雾塔底下方。乳粉进入流化床,在振动下经过三个阶段,即加热段,二次加热段和冷却、除湿段。在干燥段,由塔内出来的乳粉的含水量有 8% ~ 12%,经加热后为 2% 以下,在加热期间,由旋风分离器出来的细粉可在流化床内与由塔内出来的半干的乳粉颗粒黏结附聚在一起,从而增大乳粉颗粒。二次干燥的乳粉继续流动进行冷却,然后再送入粉仓储存。

（2）干混法

干混法一般分为常压式和真空式两种,是将浓缩或不浓缩的牛乳喷洒在缓慢转动的卧式圆筒表面,圆筒内通入蒸汽,乳膜经加热后水分迅速蒸发,当圆筒转约 3/4 周时即成干燥制品,由刮刀刮下,用碎机粉碎成粉末状乳粉。该法一般用于一些特殊产品的生产,如工业乳粉、干酪素、糖果或混合饲料等。

7.乳粉的包装

（1）包装工艺要求

乳粉包装的工艺流程如图 1.27 所示。

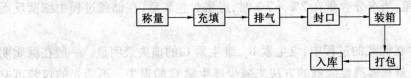

图 1.27　乳粉包装的工艺流程

包装操作要求:称量准确,排气彻底,封口严密,装箱整齐,打包牢固,便于搬运。

（2）常用的包装材料、规格

根据乳粉用途不同,包装材质和规格、形式也有所区别。小包装容器有马口铁罐、塑料袋、塑料复合纸袋,规格有400 g、454 g、500 g,也有更小的包装,大包装一般以25 kg塑袋套牛皮纸装为多。高质量、长保质期的乳粉用马口铁罐,经抽真空充氮密封包装。

8. 乳粉的储藏

(1)储藏条件

储藏库房的温度在25 ℃以下,相对湿度不超过75%,为阴凉、干燥、清洁的环境。堆放时应按良好操作规范(GMP)标准,即要求与四周墙壁间隔20 cm、离地面高10 cm以上,垛之间要保持间隔,垛高视包装箱而定。不应与潮湿或易生虫物品、毒品或化学试剂同放。

(2)储藏过程中乳粉的质量变化

在储藏过程中乳粉最容易发生风味变坏、吸潮结块、溶解度降低、褐变、细菌繁殖等质量问题,以致营养价值降低,严重时将不能食用。

①风味的变化。脂肪分解臭味(酸败臭味):牛乳中的脂肪酶在杀菌时如果未被破坏,乳粉在储藏期间脂肪将被水解而产生游离的挥发性脂肪酸,出现脂肪分解臭味;氧化臭味(酸味):主要原因是氧打入了不饱和脂肪酸双键处存在的甲叉基,形成氢过氧化物——氧化臭味的主体。所以,在制造过程中应尽量避免与空气长时间接触,包装应尽可能采用抽真空充氮的密封包装。光线、热、重金属、酶,特别是过氧化氢酶、游离脂肪、原料乳酸度、乳粉的水分含量过高或过低都能促进脂肪氧化。

②褐变与陈腐味。乳粉储藏条件控制不当时,将会发生褐变,同时产生陈腐味,致使乳粉的营养成分降低。如果乳粉储藏的温度较高,当乳粉吸潮水分升高到5%以上时,乳粉会很快地发生褐变,这主要是蛋白质与糖的反应(氨基-羧基反应),称为美拉德反应。其结果造成乳粉溶解度下降,pH值降低,游离氨态氮及可溶性乳糖含量降低,同时吸收氧气而产生二氧化碳,使乳粉产生不良的陈腐气味;乳粉蛋白质生理价值及消化性降低,维生素和必需氨基酸遭到分解破坏,甚至生成有毒物质和抑制代谢物质。如果乳粉储藏温度不高,其水分控制在5%以下,褐变现象就不会发生,所以乳粉的储藏温度应按要求严格控制。

③吸潮引起的变质。乳粉的吸潮性很强,吸潮后的乳粉水分增高,玻璃状态的乳糖吸湿后结晶,促使蛋白质粒子黏结成块,溶解度下降,脂肪游离并氧化,乳粉产生不愉快的滋气味。非密封包装或开罐后的乳粉,将逐渐吸收水分一直达到与大气湿度平衡,要避免乳粉很快吸潮变质,最好采用密封包装。

④细菌引起的变质。乳粉中的杂菌一般为乳酸链球菌、小球菌、乳杆菌,有时残存少量耐热芽孢杆菌,但不允许含有致病菌,一旦含有金黄色葡萄球菌,乳粉将成为危险的食品。当乳粉吸潮水分升高到5%以上时,细菌将繁殖起来,使乳粉变质变味。喷雾干燥乳粉经密封包装后,一般不会有细菌繁殖,当水分含量在2%~3%时,经密封包装后,在储藏过程中细菌反而会减少。

⑤维生素的减少。在储藏的过程中,维生素 B_1、维生素 C的损失最明显。一般在保质期内可通过包装内的氧气量和渗透性降低的方法来减少维生素 C的损失。不透光的包装可避免一些光敏维生素的损失,例如核黄素等,这对配方来说特别重要。

1.6.4 乳粉的国家标准

乳粉的质量标准要严格执行国家标准 GB 19644—2010,见表1.14、表1.15、表1.16。

表 1.14 感官要求

项　　目	要　　求		检验方法
	乳粉	调制乳项目粉	
色泽	呈均匀一致的乳黄色	具有应有的色泽	取适量试样置于 50 mL 烧杯中,在自然光下观察色泽和组织状态,闻其气味,用温开水漱口,品尝滋味
滋味、气味	具有纯正的乳香味	具有应有的滋味、气味	
组织状态	干燥均匀的粉末		

表 1.15 理化指标

项目	指　　标		检验方法
	乳粉	调制乳粉	
蛋白质/%　≥	非脂乳固体[①]的34%	16.5	GB 5009.5
脂肪[②]/%　≥	26.0		GB 5413.3
复原乳酸度/°T			
牛乳　≤	18	—	GB 5413.34
羊乳　≤	7～14	—	
杂质度/(mg·kg^{-1})　≤	16		GB 5413.30
水分/%　≤	5.0		GB 5009.3

注:①非脂乳固体(%)=100%-脂肪(%)-水分(%);
　　②仅适用于全脂乳粉。

表 1.16 微生物限量

项目	采样方案[①]及限量(若非指定,均以 cfu/g 表示)				检验方法
	n	c	m	M	
菌落总数[②]	5	2	50 000	200 000	GB 4789.2
大肠菌群	5	1	10	100	GB 4789.3 平板计数法
金黄色葡萄球菌	5	2	10	100	GB 4789.10 平板计数法
沙门氏菌	5	0	0/25 g	—	GB 4789.4

注:①样品的分析及处理按 GB 4789.1 和 GB 4789.18 执行;
　　②不适用于添加活性菌种(好氧和兼性厌氧益生菌)的产品。

1.6.5　婴儿配方乳粉

1.概述

　　婴幼儿配方乳粉是 20 世纪 50 年代发展起来的一种乳制品。初期的婴幼儿调制乳粉是在乳或乳制品中添加婴幼儿必需的各种营养素而干燥制成的一种乳粉。

　　婴幼儿配方乳粉的定义为:以类似母乳组成的营养素为基本目标,通过添加或提取牛乳中的某些成分使其组成不但在数量上、质量上,而且在生物功能上都无限接近于母乳的,经过配制和乳粉干燥技术制成的调制乳粉。在母乳不足或缺乏时,婴幼儿配方乳粉可作为母乳的替代品,能够满足 3 岁以下婴幼儿的生长发育和营养需求。

母乳是婴幼儿最好的食品,但由于各方面的原因,婴幼儿的母乳喂养率呈逐年递减趋势,在中国尤以城市女性最为明显。随着人们生活水平的提高,人类生活方式和生活习惯已经发生了重大改变,食品趋向于方便化和功能化,而对于母乳的部分替代品——婴幼儿配方乳粉的研究越来越重视,配方乳粉已经成为儿童食品工业中最重要的食品之一。

国内外婴儿配方乳粉食品的构成具有很大的差异性,一方面缘于国内外生活模式的差异,另一方面是由于不同人群的生理机体的差异性,不同种族的儿童具有不同的生长发育曲线和营养需求。但是共同的特点是婴幼儿营养学和母乳化,也就是根据婴幼儿成长所需要的营养成分和母乳中独特的营养成分共同决定婴幼儿调制乳粉的配方设计。

2. 婴幼儿乳粉配方设计依据

（1）设计原则

婴幼儿配方乳粉品种较多,但总体是根据婴幼儿成长所需要的营养成分和母乳中独特的营养成分共同决定婴幼儿调制乳粉的配方设计。目前大多数婴幼儿配方乳粉产品主要以牛乳为基料,只在宏观成分和含量上模拟母乳,而对母乳中的生物活性物质,例如免疫球蛋白、乳铁蛋白、乳过氧化物酶、溶菌酶、刺激生长因子等没有添加。母乳与牛乳的一般成分比较见表1.17。

表1.17 母乳和牛乳的一般成分比较

| 成分 | 总固体/g | 全蛋白质/g | 含氮化合物/% | | | | | 脂质/g | 糖质/g | 灰分/g | 热量/kJ |
			酪蛋白-氮	白蛋白球蛋白-氮	陈-氮	氨基-氮	非氨基-氮				
母乳	12.00	1.1	43.9	32.7	4.3	3.5	15.6	3.3	7.4	0.20	62
牛乳	11.65	2.98	78.5	12.5	4.0	5.0	5.0	3.32	4.38	0.71	59

①改变乳清蛋白质和酪蛋白的比例使其达到母乳中蛋白质构成的比例,即乳清蛋白及酪蛋白质量分数分别为60%、40%,有的产品还添加具有生物活性的蛋白质和肽类。

②调整乳粉中的饱和脂肪酸和不饱和脂肪酸的比例,改变各种脂肪酸的分子结构和分子排列,尤其要添加婴幼儿必需而牛乳中缺乏的必需脂肪酸。

③增加配方乳粉中的乳糖等可溶性糖类的含量,并使α-乳糖和β-乳糖的比例为4:6。有的产品中添加具有双歧杆菌增殖作用的功能性低聚糖。

④按照RDA强化婴幼儿生长发育所需要的各种维生素和矿物元素。

另外,在婴幼儿配方乳粉的生产制造中,根据上述母乳化原则,制定各种营养配比和具体的生产工艺流程的同时,也要充分考虑在医学、营养学特别是婴幼儿营养学等方面的研究成果,国外发达国家许多著名的婴幼儿配方乳粉品牌都具有医药和营养学背景,许多还是制药公司的子公司。

（2）成分设计

①蛋白质设计。母乳与牛乳的蛋白质含量及组成有很大差别。牛乳中酪蛋白含量过高,而母乳中酪蛋白含量相对较少。婴幼儿正处于发育阶段,肾脏机能还不完善。因此最重要的是使配方乳粉中的蛋白质变为容易消化的蛋白质,且蛋白质含量适当,这样可以避免婴幼儿因蛋白质含量不足而导致生长发育迟缓,或者因为蛋白质含量过多而增加肾脏机能的负担。母乳中蛋白质含量和婴幼儿营养学研究结果表明,一般蛋白质质量分数为12.8%～13.3%

为宜。

牛乳蛋白质中的酪蛋白占78%以上,酪蛋白与白蛋白、球蛋白的比例约为5:1,而母乳约为1.3:1;牛乳蛋白质中白蛋白极少,母乳酪蛋白具有类似牛乳的κ-、β-酪蛋白的性质,无类似牛乳 α$_s$-酪蛋白的性质。而且酪蛋白与磷的结合量也不同,母乳酪蛋白与磷结合量为40%,约为牛乳的1/2,牛乳与钙的结合量也特别多,因此酪蛋白对无机盐的凝聚也各异,在氯化钙0.1 mol/L浓度时,牛乳酪蛋白约70%凝聚,母乳酪蛋白约为30%;对10%三氯醋酸的溶解度,各为2%和6%。酪蛋白粒子的大小也不同,母乳为70～80 μm,而牛乳为80～120 μm。

母乳与牛乳的乳清蛋白也有质的差别,母乳中已确认有 α-乳白蛋白、β-乳球蛋白、γ-球蛋白、乳铁蛋白等。另外,母乳蛋白质结合糖及唾液酸的量特别多。

酪蛋白在胃中由于酸的作用形成较硬的凝固物,但将酪蛋白与乳白蛋白的比例调为1:1时,因白蛋白的保护胶质作用,酪蛋白呈微细的凝固。同时,乳白蛋白与酪蛋白相比有较高的生理价值,这主要是由于乳白蛋白具有较多的胱氨酸。在牛乳中添加胱氨酸后,其蛋白质效价明显提高,同时可降低食用者血浆尿素的含量。因此,婴儿调制乳粉中利用含有乳白蛋白的乳清是很有意义的。

婴幼儿配方乳粉需要调整乳清蛋白和牛乳酪蛋白的比例。一般采用脱盐乳清粉或脱盐乳清浓缩蛋白,也可采用大豆分离蛋白,最终使乳粉中各种蛋白质的比例与母乳中接近。另外也有采用特殊的加工工艺,使原料乳中的酪蛋白呈软凝块化,有利于婴幼儿的消化和吸收。

②脂肪设计

人乳与牛乳的脂肪含量(3.4%～3.5%)大致相同,但脂肪酸含量有很大差别。人乳的碘值很高,而牛乳的水溶性挥发脂肪酸值和皂化价较高。因此,牛乳饱和脂肪酸,特别是挥发酸较多,而人乳中不饱和脂肪酸,特别是亚油酸、亚麻酸较多。

脂肪的消化和吸收是婴幼儿营养的重要方面。婴幼儿能够从母乳脂肪中摄取50%的热量。但从普通牛乳中所能消化吸收的脂肪只有66%,仍有34%未能消化吸收,且脂肪中所含的钙、镁矿物质和一些脂溶性维生素也随着这些不能够吸收的脂肪一起损失掉。

脂肪的消化性和营养价值因构成脂肪的脂肪酸不同而不同,低级脂肪酸或不饱和脂肪酸比高级脂肪酸或饱和脂肪酸更容易消化和吸收。牛乳脂肪中的饱和脂肪酸高,母乳脂肪中的不饱和脂肪酸含量高,所以婴幼儿对母乳脂肪酸的消化率比牛乳中脂肪酸消化率高20%～25%。因此,应该从以下几个方面对配方乳粉中脂肪进行母乳化。

a.亚油酸的强化。亚油酸是一种必需的不饱和脂肪酸,容易消化和吸收。在母乳的脂肪中亚油酸的质量分数为12.8%,而在牛乳中仅占总脂肪酸的2.2%左右。为了提高配方乳粉的脂肪消化性和吸收性,需要在配方粉中添加适量的亚油酸。母乳、牛乳和配方乳粉中的脂肪酸组成见表1.18。

在婴幼儿调制乳粉的脂肪酸强化中,一般添加经过改善的具有活性的顺式亚油酸,是因为这种亚油酸与母乳中的亚油酸同型,特别容易消化和吸收,而且能增强婴幼儿对皮炎和其他感染的抵抗力。亚油酸的强化量根据母乳中的含量定为脂肪酸总量的13%。活性顺式亚油酸在自然界中的主要来源为玉米胚芽油、椰子油、向日葵油及奶油和猪油精炼提取物。国外也有报道通过生物降解油脂能够得到纯度较高的亚油酸单体。大豆油、棉籽油、红花油也是常用的亚油酸来源。

b.脂肪酸结构的母乳化。牛乳和母乳中各种甘油三酸酯所占的比例明显不同,因此,脂肪母乳化不仅应该在数量上有所改进,而且在具体的脂肪酸类型和结构上也要进行改善。如脂肪酸中消化性差的棕榈酸在母乳和牛乳脂肪中含量大致相同，一般为 20% ~ 25%，但母乳中的棕榈酸的消化吸收性远高于牛乳，其主要原因在于母乳中的棕榈酸大约有 70% 结合在甘油三酸酯分子的 β-位置上，结合在 β-位置上的脂肪酸容易被消化和吸收。

表 1.18　母乳、牛乳和配方乳粉中的脂肪酸组成

类别	分类	脂肪酸	牛乳	母乳	配方奶粉
低级	饱和脂肪酸	酪酸	3.6	—	0.7
		己酸	2.1	—	0.4
		辛酸	1.1	0.2	0.2
		葵酸	2.4	2.4	1
		十二酸	2.7	9.7	7
		十四酸	9.4	1.08	6
		十六酸	25.7	22.2	21
		硬脂酸	10.1	5.5	6
高级	不饱和脂肪酸	棕榈油酸	2.5	5.1	2
		油酸	24.3	27.7	39
		亚油酸	2.2	12.8	13

c.特殊长链多不饱和脂肪酸母乳化。多不饱和脂肪酸主要包括亚油酸、α-亚麻酸、γ-亚麻酸、花生四烯酸(AA)、二十二碳六烯酸(DHA)和二十碳五烯酸(EPA)等。不饱和脂肪酸又分为 ω-3 和 ω-6 型。其中 ω-6 多不饱和脂肪酸主要来源于植物油，ω-3 多不饱和脂肪酸来源于海洋动植物油脂。

所有 ω-3 不饱和脂肪酸中，DHA(二十二碳六烯酸)和 EPA(二十碳五烯酸)比较重要。DHA 和 EPA 主要存在于鱼油中，尤其是深海冷水鱼油中含量较高。DHA 很容易通过大脑屏障进入脑细胞，存在于脑细胞及脑细胞垂体中。人脑细胞脂质中有 10% 是 DHA，因此 DHA 对脑细胞的形成和生长起着重要的作用，对提高记忆力、延缓大脑衰老有着积极的意义。婴儿从出生时脑的质量为 400 g 增加到成人时的 1 400 g，所增加的是联结神经细胞的网络，而这些网络主要由脂构成，其中 DHA 的量可达 10%。另外 DHA 是胎儿及婴幼儿视觉功能良好发育所必需的脂肪酸，也是维持正常视力的重要功能成分，另外对老年视力损伤有很好的保护作用。

英国的脑营养专家曾对美国、澳大利亚、日本 3 个国家的部分哺乳母亲进行随机抽样调查，结果发现日本母亲乳汁中的 DHA 含量最高，每 100 mL 含 22 mg；澳大利亚居中，相当于日本母乳中 DHA 的 1/2；美国最低，所含的 DHA 只相当于日本母乳中的 1/3。

在婴幼儿配方乳粉中特殊长链多不饱和脂肪酸的母乳化是新的母乳化方向，在配制乳粉的生产过程中添加富含各种多不饱和脂肪酸的植物油脂，或者经过提取纯化的浓缩油，是主要的母乳化方法。

关于 DHA、EPA 和 AA 的母乳化原则比较重要的是尽量减少 EPA 的含量，提高 DHA 和 AA 的纯度，并着重提高 AA 所占的比例，一般为 2∶1 ~ 3∶1。其他的多不饱和脂肪酸的母乳化原则一般按照国家标准中亚油酸的规定或者营养学研究进行强化。

③生物功能性设计

母乳是婴幼儿的最佳食品,含有婴幼儿生长发育所需的全部营养物质,具有其他食品无法比拟的优点,人类研究婴幼儿食品的过程,就是使婴幼儿食品近似母乳的过程。

在哺乳动物的乳汁中比较常见的生物活性物质包括:免疫球蛋白(Ig)、乳铁蛋白(Lactoferrin)、溶菌酶(Lysozyme)和乳过氧化物酶(Lactoperoxidase)、转铁蛋白(Tf)、维生素 B_{12} 结合蛋白(维生素 B_{12}—binding-proteins)、叶酸结合蛋白、胰蛋白酶抑制剂和各种生长刺激因子,还有核苷酸、牛磺酸等其他生物活性物质。

比较牛乳和母乳,以及不同时间段的乳汁中各种生物活性物质含量可知,母乳中的某些生物活性物质含量均高于牛乳,见表 1.19。

表 1.19　各种乳汁中生物活性物质的质量浓度　　　　　　　　　　　单位:mg/mL

活性物质	牛初乳	牛常乳	牛末乳	人初乳	人常乳
IgG1	29.9 ~ 84.0	0.35 ~ 1.15	32.3	0.4	0.04
IgG2	1.9 ~ 2.9	0.02 ~ 0.06	2.0	0.4	0.04
IgA	2.0 ~ 4.5	0.05 ~ 0.25	3.31	17.4	1.0
IgM	4.9	0.05	8.60	1.6	0.1
Lf	2.00	0.02 ~ 0.35	20.00	2.0	2.0
Lz	—	—	0.001 3	0.4	0.4
RSA	1.00	0.29 ~ 0.40	8.00	—	0.6
Tf	0.40	0.10	—	—	—

根据以上数据可知,牛的初乳和末乳中的各种活性物质含量较高,是提取和获得生物活性物质的较好来源。根据母乳化的要求,添加量按照母乳中的含量而设定。

④碳水化合物母乳化

牛乳中的乳糖约为 4.3%,比人乳少,因此婴儿乳粉中需要添加乳糖。人的初乳含乳糖 $(5.8 \pm 0.37)\%$,常乳含 $(6.86 \pm 0.26)\%$。糖质不但补充婴儿热量,且保持水分平衡,为构成脑和重要脏器提供半乳糖。肝糖的储藏也需要有充足的糖质供应。较高含量的乳糖能促进钙、锌和其他一些营养素的吸收。

在人乳及牛乳中的 α- 与 β-乳糖都是呈平衡状态存在的,这种平衡状态对婴儿来说是非常重要的,β-乳糖可使双歧乳杆菌增殖,通便性好。蛋白质与乳糖的比率母乳为 1:6,牛乳约为 1:1.5,婴儿乳粉为 1:4,婴儿所需要的比率为 1:2.5 以上。

当乳糖与蛋白质的比值接近人乳时,婴儿肠内的消化状况与母乳喂养婴儿相同,因此肠内菌相双歧乳杆菌占优势。肠道 pH 值下降,通便性也接近母乳喂养婴儿,特别是防止了大肠菌在肠内的固定,有预防感染的效果。因此,近年来的婴儿乳粉,为了使乳糖与蛋白质的比率尽可能接近人乳,添加蔗糖的逐渐减少,而只添加乳糖和可溶性多糖类,如麦芽糊精、葡萄糖等。

除乳糖外,乳汁中还含有其他糖类的双歧乳杆菌生长因子——黏多糖类,其在人的初乳中含量较多。健康妇女的乳汁中,每升含 4 g 氨基酸,其中 0.7 g 为 N-乙酰-D-氨基葡萄糖,其他为少量的 N-乙酰-D-半乳糖胺。专家认为这类物质不单是双歧乳杆菌生长因子,也可能是初生儿在免疫、营养上不可缺少的成分。

⑤维生素、矿物元素母乳化

婴幼儿的肾脏机能尚未健全,不能充分发挥排泄体内蛋白质所分解的过剩电解质的作用,容易引起发烧、浮肿和厌恶牛乳的现象。牛乳中的无机盐类比母乳中的无机盐高 3 倍,需要脱掉牛乳中的一部分钠、钾盐类,一般采用连续的脱盐机使无机盐类调整到保持 K/Na=2.88、Ca/P=1.22 的理想平衡状态。同时这也是采用脱盐乳清粉和脱盐乳清浓缩蛋白的主要原因。

微量的铜、镁、锰、铁等元素的存在对于婴幼儿的造血功能和发育极为重要,应该强化使其达到适当的比例和含量。

婴幼儿配方乳粉应该充分强化维生素,以保证婴幼儿喂养过程中不需要添加其他维生素。同时满足婴幼儿生长发育所需要的日常维生素,特别要强化叶酸和维生素 C,它们在芳香族氨基酸的代谢过程中起着重要的辅酶作用。母乳中维生素 E 较牛乳中多,对婴儿脂质代谢及阻止红血球溶血有深刻的意义。在婴幼儿饮食中必需的维生素可以认为是维生素 A、B_1、B_2、B_6、B_{12}、D,生物素,泛酸,烟酸,维生素 K、E 等。为了使钙、磷有最大的蓄积量,维生素 D 必须达到 300~400 IU/d。但是如果过多,钙磷的蓄积反而减少,影响体重的增加。

⑥其他营养元素设计

a. 牛磺酸。牛磺酸对婴幼儿大脑发育、神经传导、视觉机能的完善、钙的吸收有良好的作用,是一种对婴幼儿生长发育至关重要的营养素。与成年人不同,婴幼儿体内半胱氨酸亚磺酸脱羧酶尚未成熟,体内不能自身合成牛磺酸,必须外源补充才能满足正常生长发育的需要。而牛乳中恰恰牛磺酸的含量极微,母乳中含量是牛乳中的 25 倍。可见,用缺乏牛磺酸的牛乳喂养婴儿势必对婴儿的生长发育,特别是智力发育造成影响。在国外,婴儿配方乳粉中必须添加一定量的牛磺酸,我国目前已有多种添加牛磺酸的配方乳粉。

食物中若缺乏牛磺酸就会影响脂类物质的吸收,特别是用不含牛磺酸的牛乳、代乳品喂养婴儿,常出现吐乳、消化不良等情况。一般牛磺酸母乳化的最少添加量为 30 mg/100 g。

b. β-胡萝卜素。具有抗氧化清除自由基和增强免疫功能的作用,是维持正常生理功能不可缺少的营养素。当其在食物中长期缺乏或不足时,会引起代谢紊乱,抵抗力降低,易被细菌侵袭,特别是婴幼儿会因此而引起感冒、支气管肺炎。

β-胡萝卜素能增强机体的防御能力,促进机体的免疫功能。将 β-胡萝卜素用于肿瘤的预防和辅助治疗,可有较好的协同作用。一般 β-胡萝卜素母乳化的最小添加量为 207~235 μg/100 g。

3. 婴儿乳粉配方及成分标准

婴儿乳粉的配方,各国都有所差异,这是因为各国人种及当地实际情况有所差异,故需根据当地的实际情况,按照婴儿的营养需要,适当加以调配。我国的婴儿乳粉品种很多,但在全国推广的婴儿乳粉主要是配方Ⅰ、配方Ⅱ和配方Ⅲ。

(1)婴儿配方乳粉Ⅰ

婴儿配方乳粉Ⅰ(Infant Formula Ⅰ)是一个初级的婴儿配方乳粉,产品以乳为基础,添加了大豆蛋白粉,强化了部分维生素和微量元素等,营养成分的调整存在着不完善之处。但该产品价格低廉,易于加工,对于贫困地区缺乏母乳的婴儿仍具有很大的实际意义。配方Ⅰ的配方组成及成分标准见表 1.20 和表 1.21。

表 1.20　婴儿配方乳粉Ⅰ配方组成

原料	牛乳固形物/g	大豆固形物/g	蔗糖/g	麦芽糖或饴糖/g	维生素 D_2/IU	铁/mg
用量	60	10	20	10	1 000~1 500	6~8

表 1.21　婴儿配方乳粉 I 营养成分含量指标

成分	每 100 g 含量	成分	每 100 g 含量
水分	2.48 g	铁	6.2 mg
蛋白质	18.61 g	维生素 A	586 IU
脂肪	20.06 g	维生素 B$_1$	0.12 mg
糖	54.6 g	维生素 B$_2$	0.72 mg
灰分	4.4 g	维生素 D$_2$	1 600 IU
钙	772 g	脲酶	阴性
磷	587 mg		

（2）婴儿配方乳粉 II

婴儿配方乳粉 II（Infant Formula II）过去称"母乳化乳粉"，是 1982 年由黑龙江省乳品工业研究所和内蒙古轻工业科学研究所共同研制的。产品用脱盐乳清粉调整酪蛋白与乳清蛋白的比例（酪蛋白/乳清蛋白为 40∶60），同时增加乳糖的含量（乳糖占总糖量的 90% 以上，其复原乳中乳糖含量与母乳接近），添加植物油以增加不饱和脂肪酸的含量，再加入维生素和微量元素，使产品中各种成分与母乳相近。配方 II 的配方组成及成分标准见表 1.22。

表 1.22　婴儿配方乳粉 II 配方组成

物料名称	牛乳	乳清粉	棕榈油	三脱油	奶油	蔗糖	维生素 A	维生素 D	维生素 E	维生素 K	维生素 B$_1$	维生素 B$_6$	维生素 C	叶酸	维生素 B$_2$	烟酸	硫酸亚铁
每吨投料	2 500 kg	475 kg	63 kg	63 kg	67 kg	65 kg	6 g	0.12 g	60 g	0.25 g	3.5 g	3.5 g	600 g	0.25 g	4.5 g	40 g	350 g

注：牛乳中干物质 11.1%；乳清粉中水分 2.5%；脂肪 1.2%；乳油中脂肪含量 82%；维生素 A 6 g 相当于 240 000 IU；维生素 D 0.12 g 相当于 4 800 IU。

（3）婴儿配方乳粉 III

由于婴儿配方乳粉 II 近 1/2 的原料来自乳清粉，而我国乳清的产量很少，尚没有乳清粉的生产，主要依赖于进口，耗费了大量的外汇，仍不能满足生产的需要，因此黑龙江省乳品工业研究所于 1992 年研制成了不使用脱盐乳清粉，以精制饴糖为主要添加料的婴儿配方乳粉 III。

随着婴儿营养科学的发展和国内标准化工作与国际标准的逐步接轨，上述产品标准中的某些技术要求已不尽合理，内容也不够充实，产品的营养成分还不够完善。因此，国家有关部门对此进行了修订，并于 1995 年 8 月在黑龙江省召开了婴幼儿食品国家标准审定会，对配方 I、II 和 III 原标准中的部分感观、理化及卫生指标等提出了修改建议。其中建议修订的成分有：铜由卫生指标改为理化指标，并采用 FAO/WHOCodex Stan72—1981 定为：铜 ≥ 270 μg/100 g；硝酸盐 ≤ 100 mg/kg 和亚硝酸盐 ≤ 5 g/kg；酵母菌和霉菌 ≤ 50 个/g；去掉碳水化合物指标和六六六、DDT 和汞的指标。

在配方 II、III 的成分标准中还修订的指标有：蛋白质为 12.0 ~ 18.0 g/100 g；钙 ≥ 300 mg/100 g；磷 ≥ 220 mg/100 g；钙磷比由原来标准的 2 降至为 1.4（最佳值为 1.2 ~ 1.4）；铁为 7 ~ 11 mg/100 g。

增加了维生素 K、维生素 D、维生素 E、泛酸、叶酸、生物素、胆碱、牛磺酸八项指标。另外，修订的标准中还允许添加肌醇、DHA、免疫活性物质等营养强化剂。

4. 婴儿配方乳粉的加工

婴儿乳粉生产工艺与全脂乳粉生产工艺大致相同,但婴儿配方乳粉Ⅱ的生产方法在近年来采用以特殊混合机械将乳粉、乳清粉及营养强化剂干混合的生产方式,而无需经过重溶和喷雾干燥的过程,既减少了能耗、降低了成本,又可避免维生素的损失,也加快了生产速度。

(1)婴儿乳粉的原料要求

牛乳、羊乳(或乳粉)应符合 GB 6914 中二级品以上或 SB 108 中原料乳或相应的乳粉国家标准的规定;脱盐乳清粉应符合 GB 11388 的规定;精炼植物油应符合 ZBX 14012 或 ZBX 14013 的规定;奶油应符合 GB 5415 或 GB 5414 的规定;白砂糖应符合 GB 3171 中一级品的规定;维生素和矿物质应符合相应的食品添加剂国家标准或行业标准的规定。

(2)婴儿配方乳粉Ⅰ工艺

①工艺流程(见图1.28)。

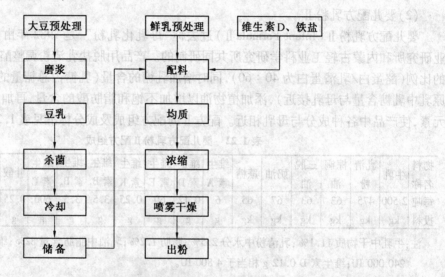

图 1.28　婴儿配方乳粉Ⅰ工艺流程

②工艺要点

a. 大豆蛋白的提取。大豆原料进行筛选后,在室温下用温水浸泡 5~8 h,使豆泡胀后增重一倍;搅拌洗涤,换水三次;磨浆时再加入胀豆重 5~6 倍的 80 ℃的热水,磨浆后得含干物质为 6%~8%的豆乳。经 93~96 ℃ 10~20 min 的杀菌后,冷却到 5 ℃备用。取样检验脲酶为阴性方可投入生产。

b. 鲜乳处理。验收和预处理时应符合生产特级乳粉的要求。

c. 配料。按比例要求将各种物料混合于配料箱中,开动搅拌器,使物料混匀。

d. 均质、杀菌、浓缩。混合料均质压力一般控制在 18 MPa;杀菌和浓缩的工艺要求与乳粉生产相同。浓缩后的物料质量分数控制在 46%左右。

(3)婴儿配方乳粉Ⅱ工艺

①工艺流程(见图1.29)。

②工艺要点

a. 原料乳的预处理与全脂乳粉相同。其他原料的各项指标要符合国家规定的标准。

b. 稀奶油需要加热至 40 ℃,再加入维生素和微量元素,充分搅拌后与预处理的原料乳混合,并搅拌均匀。

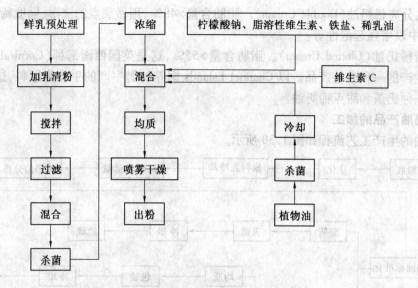

图 1.29　婴儿配方乳粉 II 工艺流程

c. 混合料的杀菌温度可采用 63 ~ 65 ℃ 30 min 保温杀菌法，或 HTST 法；而植物油的杀菌温度要求在 85 ℃ 10 min，然后冷却到 55 ~ 60 ℃ 备用。

d. 浓缩工艺要求与全脂乳粉相同，但浓缩终点要求质量分数为 40% ~ 45%，温度保持在 55 ~ 60 ℃。

e. 第二次混合物料时要加入维生素 C，同时要加入冷却备用的植物油，除了充分搅拌外，还要注意物料质量分数不要低于 40%，温度保持在 55 ~ 60 ℃。

f. 混合均匀的物料要进行均质，均质压力为 20 MPa。

g. 喷雾干燥时的进风温度为 140 ~ 160 ℃，排风温度为 80 ~ 86 ℃。

1.7　乳脂的加工

1.7.1　稀奶油

1. 稀奶油产品的分类

稀奶油制品通常是按生产方式、脂肪含量、杀菌方式等来进行分类的。

（1）按杀菌方式

按杀菌方式可分为巴氏杀菌稀奶油、UHT 稀奶油和保持式灭菌稀奶油。

（2）按加工工艺

按加工工艺可以分为以下几类：

①半脱脂稀奶油（Half Cream）。脂肪含量在 12% ~ 18% 之间，用于咖啡及浇淋水果、甜点和谷物类早餐。

②一次分离稀奶油（Single Cream）。脂肪含量在 18% ~ 35% 之间，用于咖啡，或作为加在水果、甜点及加在汤及风味配方食品中的浇淋稀奶油。

③发泡稀奶油（Whipping Cream）。脂肪含量在 35% ~ 48% 之间，用做包括甜点、蛋糕和面点等馅心的填充物。

④二次分离稀奶油(Double Cream)。脂肪含量>48%,用做甜点的浇淋、匙取稀奶油,加入蛋糕、面点中以增强起泡性等。

⑤凝结稀奶油(Clotted Cream)。脂肪含量>55%,这是英国西南部郡(Cornwall,Devon 和 Somerset)生产的一种独特产品。以 Channel Lslands 饲养的奶牛产的牛乳为原料,这种产品通常是作为一种奶茶和甜点稀奶油。

2.稀奶油产品的加工

稀奶油的生产工艺流程如图1.30所示。

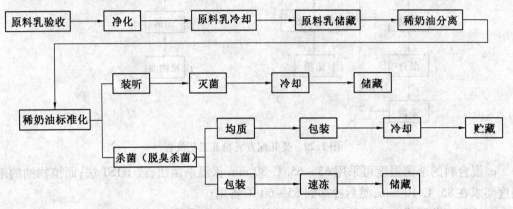

图1.30　稀奶油的生产工艺流程

3.稀奶油的加工要点

(1)原辅料的要求

根据 GB 5414 规定,供制稀奶油的牛乳质量应不低于《消毒牛乳》(GB 5408—1985)附录 A(补充件)中二级品的规定。

(2)稀奶油的分离

牛乳中脂肪的比重平均为0.93,脱脂乳的比重平均为1.060,要使牛乳中3%~5%的脂肪分离出来,则可根据乳脂肪与脱脂乳比重的不同采用静置法和离心分离法进行分离。静置法也称为重力法,此法分离所需的时间较长,且乳脂肪分离不彻底,所以不适合用于工业化生产。离心法是采用牛乳分离机将稀奶油与脱脂乳迅速而较彻底地分离开,因此它是现代生产普遍应用的方法。

验收合格后的牛乳,经预热至30~40 ℃,然后泵入分离机,或经高位槽再流入分离机。分离牛乳用的分离机有封闭式、半封闭式及开启式三种,前一种设备在分离过程中不会形成大量泡沫,后两种分离机一般不能达到这一要求,因此牛乳的分离主要采用封闭式牛乳分离机。

(3)稀奶油的标准化

稀奶油的标准化是指对稀奶油的含脂率进行调配,使之达到成品的要求。其计算方法可以采用四角法(皮尔逊法)。

【例1.1】 现有 120 kg 含脂率为38%的稀奶油用以制造奶油。根据上述标准,需将稀奶油的含脂率调整为34%,如用含脂率为0.05%的脱脂乳来调整,则应添加多少脱脂乳?

解 按皮尔逊法,设应添加 x kg 脱脂乳。

列式为:

$$\frac{120}{x}=\frac{r-q}{p-r}$$
(1.7)

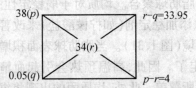

由此可以看出,33.95 kg 稀奶油需加脱脂乳(含脂 0.05%)4 kg,则 120 kg 稀奶油需加的脱脂乳为:

$$x = \frac{120 \times 4}{33.95} \text{ kg} \approx 14.14 \text{ kg}$$

即需脱脂乳 14.14 kg。

(4)稀奶油的杀菌和真空脱臭

杀菌方法与巴氏杀菌乳的方法基本相同。稀奶油的杀菌使用间歇式杀菌法(即保持式杀菌法)时,应注意升温速度应控制在每分钟升温 2.5 ~ 3 ℃ 的幅度,并定期检查杀菌效果。稀奶油的杀菌温度与保持时间有以下几种方法:72 ℃ 15 min;77 ℃ 5 min;82 ~ 85 ℃ 30 s;116 ℃ 3 ~ 5 s,可再经过脱臭器以除去一些不良的气味,当使用直接蒸气喷射杀菌法时,经过脱臭器还可除去因蒸气喷入而增加的水分,保持总的化学组成不变。

若生产稀奶油的原料乳来源于牧场,则稀奶油中容易混有来源于牧草的异味。一般使用专用的真空杀菌脱臭机来处理,在真空脱臭机中,稀奶油被喷成雾状,与蒸气完全混合加热,在负压状态下闪蒸一部分水分及挥发性物质。

(5)稀奶油的冷却、均质和包装

在杀菌后、冷却至 5 ℃ 前,宜进行一次均质。均质的目的是在保持良好口感的前提下,提高黏度,以改善稀奶油的热稳定性,避免稀奶油倒入热咖啡中时出现絮状沉淀。均质的温度和压力,必须根据稀奶油的质量进行仔细的试验和选择。均质压力范围一般为 8 ~ 18 MPa,均质温度在 45 ~ 60 ℃ 之间。均质泵可串联在加热设备系统中,也有的在杀菌前进行均质。杀菌、均质后稀奶油应迅速冷却至 2 ~ 5 ℃,然后在此温度下保持 12 ~ 24 h 进行物理成熟,使脂肪由液态转变为固态(即结晶脂肪),同时,蛋白质进行充分的水合作用,黏度提高。

在完成物理成熟后进行装瓶,或在冷却至 2.5 ℃ 后立即将稀奶油进行包装,然后在 5 ℃ 以下冷库(0 ℃ 以上)中保持 24 h 以后再出厂。稀奶油的包装规格有 15 mL、50 mL、125 mL、250 mL、500 mL、1 000 mL 等规格。在一些发达国家大部分使用软包(即容器为一次性消耗)。

稀奶油的包装应注意以下几个方面:

①避光。因为光照会引起脂肪自动氧化产生酸败味,经均质的稀奶油对光尤其敏感。

②密封不透气。否则稀奶油会吸收各种来源的气味而腐败。

③不透水、不透油。吸收水分或脂肪会使稀奶油变质。

④慎重选择包装材料,防止包装材料本身包含的某些化学物质或印刷标签的油墨、染料等渗入稀奶油中。

⑤包装容器的设计要有利于摇匀内容物。

巴氏杀菌稀奶油通常采用普通包装形式,产品保质期较短;采用 UHT 热处理的稀奶油,往往采用无菌包装形式;采用保持式灭菌稀奶油一般采用玻璃瓶或听装。

4. 稀奶油的质量控制

(1)热稳定性

在生产稀奶油的过程中很难避免其在杀菌或灭菌时凝结,然而,灭菌稀奶油产品在充分均质后能防止稀奶油迅速沉淀及脂肪球聚合。均质对于弱稳定性的稀奶油在热凝结时起重要作用。虽然可以通过调节 pH 值、添加稳定剂(如柠檬酸盐)来改善稀奶油的热稳定性,但其主要的变化取决于均质过程中的环境(图 1.31)。当脂肪球表面积增大,而使覆盖在脂肪球表面的酪蛋白增加,稀奶油变得不稳定了。因此,高温预热会引起血清白蛋白的沉淀,以至于油-水相分界面的较大部分被酪蛋白所覆盖。此外,均质团的出现将缩短热聚合时间。

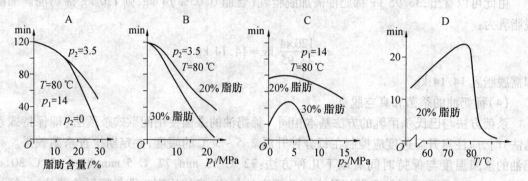

图 1.31　均质时稀奶油在相对条件下的热稳定性(在 120 ℃时的凝固时间)

p_1—第一阶段前的压力;p_2—第二阶段前的压力;T—均质温度;

A,B,C—保持式灭菌时测试罐中样品;D—旋转管中测试样品

均质压力越大,则热稳定性越差。但是稀奶油乳脂絮凝会在比较低的均质压力下出现。所以,必须寻找中间产物,尽可能将脂肪球分割开来。

(2)絮凝性(Clustering)

甜性稀奶油有一定的黏度,在实际过程中,往往通过在均质奶油团结构中添加稳定剂防止絮凝的产生。

影响黏度的主要因素包括均质压力、脂肪含量以及温度(图 1.32)。

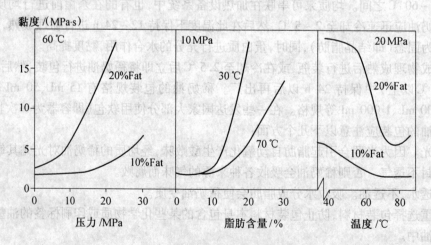

图 1.32　加工工艺和产品种类对均质稀奶油表现黏度的影响

在一定的脂肪含量下,凝结度对稀奶油黏度起重要作用。因为脂肪球有效容积的部分增大,凝结后会使稀奶油的黏度增加。这主要有两方面原因:①乳浆进入了脂肪球(这部分乳浆本来是固定不动的);②因为奶油凝块的不规则外形,当其在受到剪切而旋转时,脂肪块的有效容积增大。稀奶油的脂肪含量比较高时,在给定的凝结范围下的脂肪球黏度增加就更大。

通过在较低的压力下进行二次均质可以大大降低黏度,均质奶油团又部分地破裂成奶油粒(在大小尺寸上变小),而剩下的均质奶油团变得更圆。把凝结的稀奶油暴露并进行剪切,在稳定剂作用下旋转,同样可以降低产品的黏度。增大剪切速率,结果降低了黏度;剪切速率越大,凝块破裂更彻底。并且当撤去剪切作用时,已破裂的凝块不再恢复,图中滞后作用环对此做出了解释。要使均质过的稀奶油保持高黏度,在泵送和包装的过程中必须避免高的剪切速率。

黏度随着剪切速率的增加而下降(图1.33),也就是说,产品在低速率剪切作用下,具有高黏度。另外,当稀奶油先在高剪切力作用下进行处理后,即使再在低剪切速率下处理,其黏度仍然很低。因此要使稀奶油黏度达到要求,首先必须防止采用高剪切速率处理。

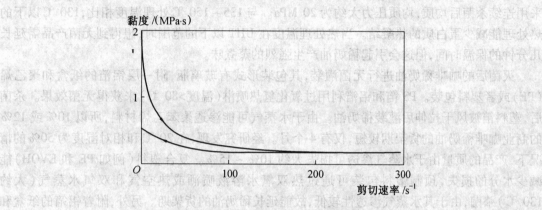

图1.33 剪切速率对均质稀奶油表面黏度的影响

如果要生产具有较高黏度的稀奶油,必须使其在低温下均质,这样脂肪的一小部分变成固态形式,真正的脂肪球块也就形成了。但是得到的产品对温度很敏感,如果加热到35 ℃,就会引起黏度丧失,并且析出奶油粒。

凝结的稀奶油在均质后几乎不出现沉淀,这是因为瓶里的内容物就像一个大的凝块。但由于重力作用,往往会在瓶颈出现分离的乳浆层。

1.7.2 稀奶油产品

稀奶油可以赋予食品良好的口感,比如甜点、蛋糕和一些巧克力糖果;它也可以制作各种饮料,例如咖啡和奶油利口酒;亦可作为工业原料。稀奶油的黏度、稠度及功能特性(如搅打性),都随脂肪含量不同而有所变化,稀奶油的特性因加工方法而异,加工工艺不同,得到的最终产品也不一样。然而,牛乳的化学组成和乳脂中呈味脂肪酸含量会随季节而变化,因此不同季节牛乳制成的稀奶油品质也不尽相同。

1.咖啡稀奶油

(1)咖啡稀奶油的生产工艺

由于咖啡稀奶油具有良好的口感,所以在许多国家都很流行。在咖啡稀奶油中脂肪和蛋白质等成分均匀地分散其中。对于热咖啡饮品来讲,还要求有好的漂白效果和高的稳定性,特别是产品的稳定性。

咖啡稀奶油产品脂肪含量大多为10%或12%,很少超过15%。为延长咖啡稀奶油的货架期,在制造过程中可采用保持式灭菌或连续式灭菌工艺。

原料乳经过分离、调整脂肪含量后,首先进行高温短时杀菌(90~95 ℃),然后将稀奶油冷却至 6 ℃左右,随后加入稳定剂性盐类(大多是磷酸盐和柠檬酸盐),以改善产品的悬浮性,同时,加入的盐类还可提高溶液的缓冲能力,热处理中这些盐类又可作为离子交换剂使 Ca^{2+} 含量降低,防止酪蛋白胶束凝结。

添加的盐类中单磷酸盐主要用于稳定 pH 值,并且分离凝结的酪蛋白胶束。随着磷酸盐浓度的升高,离子交换能力增强,缓冲能力减弱。柠檬酸三钠具有缓冲和隐蔽特性。在连续灭菌咖啡稀奶油中没有稳定剂也能生产,但需要严格控制和调整工艺参数。

均质和连续杀菌是生产高品质稀奶油的决定性步骤。稀奶油中脂肪球的平均直径为 $0.5 \sim 0.6$ μm,最小的脂肪球凝结度对稀奶油黏度的保持是必需的,这些条件对于储藏的稳定性、加入咖啡的稳定性(抵抗本质)和好的漂白效果也是必要的。为了得到这些最适条件,可采用连续杀菌后均质,均质压力大约为 20 MPa。与 $135 \sim 150$ ℃处理温度相比,130 ℃以下的热处理能减少蛋白质的热凝结。当热处理温度在 UHT 以下的范围时,想得到无菌产品需延长几分钟的保温时间,但这会引起稀奶油产生强烈的蒸煮味。

灭菌后的咖啡稀奶油进行无菌灌装,其包装形式有玻璃瓶,附一层铝箔的纸盒和聚乙烯(PE)或者塑料包装。PS 箔和铝箔利用过氧化氢热喷淋(温度>80 ℃)来获得无菌效果。杀菌后,塑料箔被风干拉伸后灌装稀奶油。由于水蒸气可能渗透聚苯乙烯材料,所以 10% 或 12% 的商业咖啡稀奶油的货架期较短,仅有 4 个月。经研究发现,在 20 ℃和相对湿度为 50% 的情况下,产品的质量由于水蒸气渗透可损失大约 10% ~ 15%。复合塑料(例如 PE 和 EVOH)能减少水分的损失,预制塑料包装可通过热双氧水溶液喷洒或热空气和双氧水蒸气(大约 130 ℃)杀菌,由于其水蒸气渗透性较低,故能延长稀奶油的货架期。另外,附着铝箔的纸盒和不透气的玻璃瓶也可用来作为包装材料,但五色玻璃瓶不能作为光线的屏障,因此用棕色 PS 或附着铝箔的纸盒来抵挡光线辐射,降低氧化程度。

(2)质量控制

①脂肪、蛋白质比例。咖啡稀奶油在储藏过程中常见的缺陷是分层或沉淀,这种缺陷的出现是稀奶油中的脂肪含量过多或生产过程中不当的热处理、均质条件造成的。脂肪含量对分层的影响是显著的,脂肪含量应控制在 15% 以下,并应保证良好的均质效果(脂肪球平均直径为 $0.5 \sim 0.6$ μm,大小一致),使酪蛋白与脂肪部分结合,形成新脂肪球膜的主要成分。均质后脂肪球总的表面张力增大,脂肪球数量增加,其直径减小就要求有足够数量的酪蛋白,也就是有足够高的蛋白/脂肪比。被脂肪球吸收的有效蛋白越多,对脂肪/蛋白比的形成越有利。

②热处理。在咖啡稀奶油的间歇式或连续式灭菌过程中可能发生热聚集。热处理温度比热处理时间对咖啡稀奶油的品质影响更大,因此连续式灭菌温度最好在 130 ℃以下。另外,为了分散已形成的凝结物,在 UHT 热处理后要进行两级均质。高品质的咖啡稀奶油要求没有凝结的脂肪球、较低的黏度和满意的特性(稳定性和漂白作用等)。

③盐类平衡。加入稳定剂性盐类(这些盐类大多是磷酸盐和柠檬酸盐),以加强溶液的悬浮性。这些盐对 pH 值也有一定的影响(是一种缓冲盐),这些盐类又可作为离子交换剂使钙离子含量降低,防止酪蛋白胶束聚集。

④咖啡特性。在热咖啡溶液中,脂肪/蛋白复合物的凝结是受先前稀奶油生产过程影响的,但同时也受咖啡品牌、水分、煮咖啡条件、杀菌温度和其他因素影响。大多数咖啡溶液的 pH 值为 5.0 左右,接近酪蛋白的等电点,在高温与低温混合或使用硬度非常大的水的情况下,就容易产生凝结和聚集。当稀奶油分散的凉咖啡的溶液温度升高时,增长的凝结体仍是肉眼看不见的,直到它们有了足够的大小,到能感知絮凝现象时,稀奶油的漂白能力开始下降。由

于 PS 具有较大的水蒸气渗透性,咖啡稀奶油从小 PS 包装中倒入咖啡溶液后,大的白色絮凝粒清晰地漂浮在表面,这不是在咖啡中絮凝的结果,这些絮凝粒是储藏过程中在包装盒里面形成的颗粒。

2. 发泡稀奶油

发泡稀奶油的脂肪含量一般在 35% ~ 40% 之间。主要通过摔打产生泡沫,并添加一定量的糖,经过巴氏杀菌后制成。产品包装有瓶装、杯装或者听装,有采用巴氏杀菌的,也有灭菌的长保质期产品。罐装灭菌稀奶油经常会含有一些推进气体。

(1)生产工艺

发泡稀奶油的生产工艺流程如图 1.34 所示。有时稀奶油在相当高的温度下放在敞口的大桶里进行搅拌除臭、真空脱气是不合适的,因为那样会破坏脂肪球稳定性,并影响产品的香气。

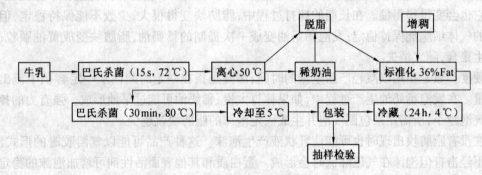

图 1.34　发泡稀奶油的生产工艺流程

①原料稀奶油

生产发泡稀奶油对原料乳的质量要求很严格,只有高品质的原料乳才能保证稀奶油的纯正风味。如果原料乳的冷藏时间过长,由于嗜冷菌增殖而产生的胞外脂肪酶和蛋白酶,在巴氏杀菌甚至是 UHT 热处理过程中也不能钝化其活性,脂肪酶和蛋白酶会分解牛乳产生油脂腐败气味,破坏稀奶油质构,引起稀奶油组织状态的显著变化。

稀奶油生产过程中,要防止空气的混入,以免造成脂肪球的不稳定。

②热处理

a. 巴氏杀菌。巴氏杀菌稀奶油的杀菌温度须高于 80 ℃,如 110 ℃、10 s 可以使嗜温菌孢子失活,从而使产品在 10 ℃ 下可以达到 3 周的货架期。需要注意的是,在 115 ~ 130 ℃ 范围内杀菌会加大奶皮和脂肪栓形成的危险性,为降低这种危险性,可采用 90 ℃、2 ~ 5 min 的预热处理,使乳清蛋白最大程度地变性,来阻碍这种不良现象的发生,但这种处理的缺点是可能会影响产品的质感。

b. UHT 灭菌。UHT 灭菌生产工艺主要采用间接式热交换,在 135 ~ 150 ℃ 范围内持续几秒杀菌,并进行无菌包装从而生产无菌、货架期长的产品(在 20 ℃ 下能达到 3 个月的货架期)。

③均质

按产品所需要的发泡特性来讲,可不要求均质,但为了防止产品冷藏过程中产生沉淀,可添加适量的稳定剂(如卡拉胶)。对于 3 个月货架期的 UHT 发泡稀奶油而言,则必须保证有足够的乳化稳定剂,并在相对较低的压力下进行均质。一般采用两级均质法,一级压力为 3.0 MPa,二级压力为 1.0 MPa。

④灌装

大多数巴氏杀菌稀奶油通常灌装入预制的 PS 罐里,有时也使用裹有 PE 膜的预制扁平套筒纸盒。UHT 稀奶油要求盒内层附有铝箔以隔断光线和氧的作用。为了方便,UHT 处理的发泡稀奶油有时被注入烟雾罐中。铝罐或锡罐通过过饱和蒸汽、热空气或过氧化氢溶液杀菌。氧化二氮或氧化二氮和二氧化碳的混合物被来推进气体。

摔打工艺是指当稀奶油在摔打时,充满气体的泡沫迅速在液体表面形成。这些气泡会在液体中停留较长时间。由于稀奶油的黏度较高,脂肪球直接进入气-水相表面,黏附在气泡上并且把一些液态脂肪扩散到泡沫表面。紧紧靠近气泡之间的薄膜是不稳定的,并且一开始泡沫就很容易发生聚合,脂肪球非常集中,因此轻易地表现出聚合结块。通过这种方法,成块的脂肪球结构就形成了,它们围绕在气泡周围并且形成坚固而又稳定的泡沫。为了达到这个目的,气泡和脂肪块应当大小相近,最好是粒径在 10 ~ 100 μm。泡沫在摔打过程中稳固性增加,但是它也会变得很粗糙。在长期的摔打过程中,脂肪块变得很大,少数不能保持稳定,但是一些大的气体细胞能保持稳定;发泡稀奶油变成一次制的稀奶油,脂肪块变成黄油颗粒;气泡又发生聚合,随之消失。

硬度参数是指用以减轻产品重量的时间;渗漏是指在一定时间内从一定容积中流出的液体总量。在发泡稀奶油生产过程中,如果摔打太慢,稀奶油可能过早地形成。强有力的摔打形成的气泡越小,所需用来包围气泡并生成固定泡沫的脂肪块就越少。

在没有脂肪块出现时也可能使乳状液产生泡沫。这种产品可能以气溶胶罐的形式出售,因而不经击打但泡沫在气压降低时会形成。蛋白质和其他表面活性剂可增加泡沫的稳定性。

(2)质量影响因素

稀奶油的一些特性影响摔打工艺:

①脂肪含量。脂肪含量对摔打工艺的影响与温度等因素有关,摔打强度越大,则生成稳定的泡沫所需的稀奶油的脂肪含量就越低。

②脂肪的结晶。如果液态脂肪比例很高,结块速度也会很快,形成的泡沫也会变得不稳定。因此,稀奶油的快速冷却以及在低温下成熟一定时间是必要的,同时必须在低温下进行储藏和再摔打。另外,脂肪的组成对脂肪结晶也有影响,如夏天比冬天的问题多。

③稀奶油的组成。蛋白质对于开始摔打时泡沫形成是必需的,在稀奶油中添加稳定剂对摔打影响不大,但可降低分层以及乳清析出的危险。

④均质。均质在相当程度上会破坏摔打性,脂肪球太小,结块速度变慢。如果脂肪球已经形成均质团,就要比期望的效果还要好。采用低压(1 ~ 4 MPa)两级均质(例如,在 35 ℃下,2 MPa 和 0.7 MPa),能形成一些直径为 15 ~ 20 μm 的均质块。

⑤乳化剂。添加表面活性物质,能够减少均质团的形成,从而增加结块的趋势,这些表面活性物质包括单苷酯、蔗糖酯、吐温等。

1.7.3 奶油的种类及加工

1. 奶油的种类

奶油根据其制造方法不同而分为不同种类的奶油产品。

(1)甜奶油

甜奶油是以杀菌的甜性稀奶油制成的,分为加盐和不加盐两种,具有特有的乳香味,含乳脂肪 80% ~ 85%。

（2）酸性奶油

酸性奶油以杀菌的稀奶油为原料,用纯乳酸菌发酵剂发酵后加工制成,有加盐和不加盐两种,具有微酸和较浓的乳香味,含乳脂肪80%～85%。

（3）再制奶油

再制奶油是用稀奶油和甜性、酸性奶油,经过熔融,除去蛋白质和水分而制成。具有特有的脂香味,脂肪含量在98%以上。

（4）无水奶油

无水奶油是将杀菌的稀奶油制成奶油粒后经熔化,用分离机脱水和脱除蛋白,再经过真空浓缩而制成,乳脂肪含量高达99.9%。

（5）连续式机制奶油

连续式机制奶油是用杀菌的甜性或酸性稀奶油,在连续式操作制造机内加工制成的,其水分及蛋白质含量有的比甜性奶油高,乳香味浓。

（6）涂抹奶油

奶油要具有良好的涂抹性能,就必须在使用的温度下具有良好的可塑性。奶油的组成包括液体脂肪连续相(包括有固体脂肪结晶)、脂肪球和水相。当固体脂肪的含量为20%～30%时,奶油具有良好的涂抹性能。根据加盐与否奶油又可分为无盐、加盐和重盐的奶油;根据奶油中脂肪含量可分为一般奶油和无水奶油(即黄油)以及植物油替代乳脂肪的人造奶油。奶油除以上主要种类外还有各种花色奶油,如巧克力奶油、含糖奶油、含蜜奶油、果汁奶油等,此外,还有含乳脂肪30%～50%的发泡奶油、摔打奶油、加糖和加色的各种稠状稀奶油。还有我国少数民族地区特制的"奶皮子"、"乳扇"等独特品种。

2. 奶油的加工

甜性或酸性奶油是世界上产量最高、生产最普遍的奶油,其加工工艺流程如图1.35所示,批量和连续生产发酵奶油的生产工艺如图1.36所示。

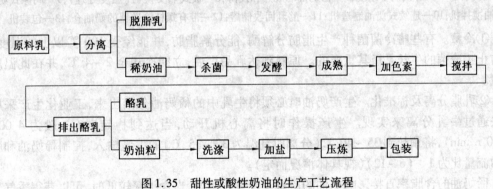

图1.35 甜性或酸性奶油的生产工艺流程

3. 加工工艺要点

（1）原料乳的验收及质量要求

制造奶油用的原料乳必须从健康牛挤取,而且要求是在滋气味、组织状态、脂肪含量及密度等各方面都正常的乳。含抗生素或消毒剂的稀奶油不能用于生产酸性奶油,但乳质量略差而不适于制造乳粉、炼乳时,也可用做制造奶油的原料。这并不是说制造奶油可用质量不良的原料,凡是要生产优质的产品必须要有优质的原料,这是乳品加工的基本要求。

原料乳的初步处理:用于生产奶油的原料乳要经过过滤、净乳,其过程与液态乳基本相同,然后冷藏并进行标准化。

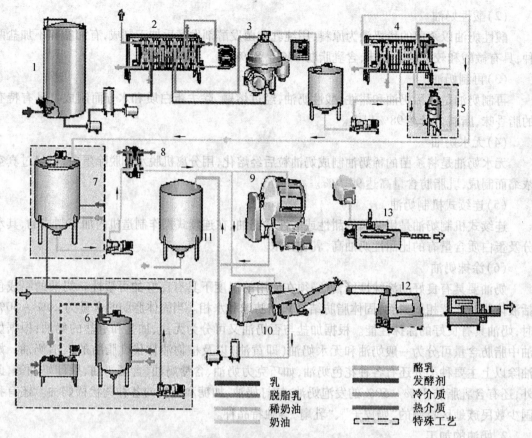

图 1.36　批量和连续生产发酵奶油的生产线

1—原料储藏罐;2—板式热交换器(预热);3—奶油分离机;4—板式热交换器(巴氏杀菌);5—真空脱气(机);6—发酵剂制备系统;7—稀奶油的成熟和发酵;8—板式热交换器(温度处理);9—间隙式奶油搅拌机;10—连续式奶油制造机;11—酪乳回收储罐;12—带有螺杆输送器的奶油仓;13—包装机

①冷藏。有些嗜冷菌菌种产生脂肪分解酶,能分解脂肪,并能经受 100 ℃ 以上的温度,所以防止嗜冷菌的生长是极其重要的。原料到达乳品厂后,立即冷却至 2 ~ 4 ℃,并在此温度下储藏。

②乳脂分离及标准化。生产奶油时必须将牛乳中的稀奶油分离出来,工业化生产采用离心法通过牛乳分离来实现。生产操作时将离心机开动,当达到稳定时(一般为 4 000 ~ 9 000 r/min),将预热到 35 ~ 40 ℃(分离时乳温为 32 ~ 35 ℃)的牛乳输入,控制稀奶油和脱脂乳的流量比为 1 :(6 ~ 12)(视具体情况而定)。

稀奶油的含脂率直接影响奶油的质量及产量。例如,当含脂率较低时,可以获得香气较浓的奶油,因为此种稀奶油较适于乳酸菌的发育;当稀奶油过浓时,则容易堵塞离心机,乳脂肪的损失量较多。为了在加工时减少乳脂肪的损失和保证产品的质量,在加工之前必须将稀奶油进行标准化。如用间歇方法生产新鲜奶油及酸性奶油时,稀奶油的含脂率以 30% ~ 35% 为最好;以连续法生产时,规定稀奶油的含脂率为 40% ~ 45%。由于夏季稀奶油容易酸败,所以用比较浓的稀奶油产品进行加工。根据标准,当获得的稀奶油含脂率过高或过低时,可利用皮尔逊法进行计算调节。

另外,稀奶油的碘值是成品质量的决定因素,如不校正,高碘值的乳脂肪(即不饱和脂肪酸含量高)生产出的奶油质地过软。可根据碘值调整成熟处理的过程,将硬脂肪(碘值低于

28)和软脂肪(碘值高于 42)制成合格硬度的奶油。

(2)稀奶油的中和

稀奶油的酸度直接影响奶油的保藏性和质量。生产甜性奶油时,稀奶油中水分的 pH 值应保持在近中性,以 pH 值 6.4~6.8 或滴定酸度为 16 °T 左右为宜;生产酸性奶油时,pH 可略高,稀奶油酸度为 20~22 °T。如果稀奶油酸度过高,杀菌时会导致稀奶油中酪蛋白凝固,部分脂肪被包围在凝块中,搅拌时则流失在酪乳中而影响奶油产量。同时若甜性奶油酸度过高,储藏中容易引起水解,促进氧化,影响质量,加盐奶油尤为如此。因此,在杀菌前必须对酸度过高的稀奶油进行中和。

一般使用的中和剂为石灰和碳酸钠,石灰不仅价格低廉,同时可以增加奶油中钙的含量,提高其营养价值。但石灰难溶于水,添加时必须调成乳剂,一般调成 20% 的乳剂,经计算后添加。稀奶油中的酸主要为乳酸,乳酸与石灰反应如下:

$$Ca(OH)_2 + 2CH_2CH(OH)COOH === Ca(C_3H_5O_3)_2 + 2H_2O$$
$$74 \qquad\qquad 2\times90$$

因此,中和 90 份乳酸需要 37 份石灰。碳酸钠易溶于水,中和时不易使酪蛋白凝固,但很快生成二氧化碳,有使稀奶油溢出的危险。用碳酸钠中和时,边搅拌边加入 10% 的碳酸钠溶液;中和时不宜加碱过量,否则会产生不良气味。

(3)真空脱气

通过真空处理可将具有挥发性异常风味的物质除掉。首先将稀奶油加热到 78 ℃,然后输送至真空机,其真空室的真空度可以使稀奶油在 62 ℃ 时沸腾,但这一过程也会引起挥发性成分和芳香物质逸出。稀奶油经过这一处理后,回到热交换器进行巴氏杀菌。

(4)稀奶油的杀菌

①稀奶油杀菌的目的。杀灭病原菌和腐败菌以及其他杂菌和酵母等,即消灭能使奶油变质及危害人体健康的微生物;破坏各种酶,提高奶油的保存性和增加风味;同时加热杀菌可以除去那些特异的挥发性物质,所以杀菌可以改善奶油的香味。

②杀菌及冷却。杀菌温度直接影响奶油的风味,应根据奶油种类及设备条件来决定杀菌温度。脂肪的热导率很低,能阻碍温度对微生物的作用,同时为了使酶完全被破坏,必须对其进行高温巴氏杀菌,一般采用 85~90 ℃ 的巴氏杀菌,但还应注意稀奶油的质量。例如,稀奶油含有金属味时,应将温度降低到 75 ℃ 进行 10 min 的杀菌,以减轻它在奶油中的显著程度。如有特异气味,应将温度提高到 93~95 ℃,以减轻其缺陷。

杀菌方法可分为间歇式和连续式两种,小型工厂主要采用间歇式,最简单的方法是:将稀奶油置于预先彻底清洗消毒的奶桶中,将桶放到热水槽内,并向热水槽中通入蒸汽以加热稀奶油,使其达到杀菌温度。而大型工厂多采用连续式巴氏杀菌器进行处理,稀奶油经过杀菌后,迅速进行冷却。迅速冷却对奶油质量有很大作用,有利于物理成熟,保证无菌,且能防止芳香物质的挥发。

若采用板式杀菌器进行灭菌,可以连续进行冷却;如在其他杀菌器中进行,可将蒸汽部分转换成冷水或冷盐水进行冷却。用表面冷却器进行冷却时,对稀奶油脱臭有较好的效果,因此可以改善风味,而实际上大型工厂多采用成熟槽进行冷却。制造新鲜奶油时,可冷却至 5 ℃ 以下,酸性奶油则可冷却至稀奶油的发酵温度。

(5)稀奶油的发酵

生产甜性奶油时,不经过发酵过程,在稀奶油杀菌后立即进行冷却和物理成熟;生产酸性奶油时,须经过发酵过程。有些工厂先进行物理成熟,然后再进行发酵,但是一般情况下是先进行发酵,然后才进行物理成熟。

①发酵的目的

a.加入专门的乳酸发酵剂可产生乳酸,在某种程度上起到了抑制腐败菌繁殖的作用,因此可提高奶油的稳定性。

b.专门发酵剂中含有产生乳香味的嗜柠檬酸链球菌和丁二酮乳链球菌,所以发酵法生产的酸性奶油比甜性奶油具有更浓的芳香气味。

②发酵用菌种

生产酸性奶油用的纯发酵剂是产生乳酸的菌类和产生芳香风味的混合菌种,一般选用的菌种有下列几种:乳酸链球菌、乳脂链球菌、嗜柠檬酸链球菌、副嗜柠檬酸链球菌、丁二酮乳链球菌(弱还原性)、丁二酮乳链球菌(强还原性)。

③发酵剂的制备

制备发酵剂时,首先要了解发酵剂中原菌内菌种的组成,并根据其特性加以培养活化后,方可制备母发酵剂和工作发酵剂。

a.菌种的活化。发酵剂原菌在使用时必须进行活化,尤其是保存周期长而活力弱的菌种更要充分活化。活化的方法是:一般采用脱脂乳培养基或水解脱脂乳培养基,添加适当的微量成分后,在试管内接种原菌种,置于 25~30 ℃ 恒温培养箱内培养 12~24 h,取出后接种于新的试管中培养,如此继续进行 3~4 代后即可充分发挥其活性,最后的试管置于-4 ℃冰箱内储存备用。一般保藏纯粹的奶油发酵剂原菌可采用脱脂乳试管,或用明胶穿刺培养后放入冰箱中保藏,但每经两周左右必须用新的试管转接一次。

b.母发酵剂和二次发酵剂的制备。在 500 mL 三角烧瓶中各注入脱脂乳 200 mL,在 90%下保持 10 min 后冷却,再添加相当于脱脂乳量 3% 的已经活化的试管原菌,28~30 ℃ 培养 12 h,经 1 h 及 6 h 各搅拌一次,待酸度达到 80~85 °T、凝块均匀稠密时,储藏于 4 ℃以下的冰箱中,此为母发酵剂,备作二次发酵剂使用。

二次发酵剂是用 1 000 mL 三角瓶中各注入 500 mL 脱脂乳,以 95 ℃下 30 min 杀菌后冷却,添加脱脂乳量 7% 的母发酵剂,充分搅拌混合,在 21~30 ℃ 培养 12 h,经 1 h 及 6 h 各搅拌一次,待酸度达到 90~100 °T、凝块均匀稠密时,在 4 ℃以下的冰箱中存放备用。这种方法经过几次转接后,取样分析羟丁酮与丁二酮含量。

c.工作发酵剂的制备。工作发酵剂是用于生产的发酵剂,其制备数量按照准备发酵或成熟稀奶油的 6% 计算,并根据工厂每日处理稀奶油的数量来确定。培养基、接种量、培养条件及程度与二次发酵剂相同,制备好的工作发酵剂应马上使用,存放时间不能超过 24 h。良好的发酵剂应具备以下特征:发酵时间约 10~12 h 即可达到要求的酸度;具有令人愉快的香气;凝块均匀稠密,无乳清分离,经搅拌呈稀奶油状;酸度为 90~100 °T;显微镜观察有双球菌和链球菌,无酵母及杆菌等混杂微生物出现;丁二酮质量浓度不低于 10 mg/kg,羟丁酮与丁二酮质量浓度不低于 300 mg/kg,挥发酸用量达到 6 mL。

④稀奶油的发酵

经过杀菌、冷却的稀奶油输送至发酵槽,温度调节到 18~20 ℃后添加相当于稀奶油 5%的工作发酵剂,添加时进行搅拌,缓慢加入,使其均匀混合。发酵温度在 18~20 ℃,每隔 1 h搅拌 5 min。控制稀奶油酸度最后达到规定标准(见表 1.23)时,停止发酵,转入物理成熟。

表 1.23　稀奶油发酵的最终酸度

稀奶油中脂肪的质量分数/%	最终酸度/°T	
	加盐奶油	不加盐奶油
24	30.0	38.0
26	29.0	37.0
28	28.0	36.0
30	28.0	35.0
32	27.0	34.0
34	26.0	33.0
36	25.0	32.0
38	25.0	31.0
40	24.0	30.1

（6）稀奶油的物理成熟

稀奶油中的脂肪经加热杀菌融化后，为了使后续搅拌操作能顺利进行，保证奶油质量（不致过软或含水量过多）以及防止乳脂肪损失，需要冷却至奶油脂肪的凝固点，以使部分脂肪变成固体结晶状态，这一过程称为稀奶油的物理成熟。通常在制造新鲜奶油时，在稀奶油冷却后，立即进行成熟；而在制造酸性奶油时，则在发酵前或后，或与发酵同时进行。稀奶油物理成熟时间与冷却温度的关系见表 1.24。

表 1.24　稀奶油物理成熟时间与冷却温度的关系

温度/℃	物理成熟应保持的时间/h	温度/℃	物理成熟应保持的时间/h
2	2~4	6	6~8
4	4~6	8	8~12

脂肪变硬的程度取决于物理成熟的温度和时间，随着成熟温度的降低和保持时间的延长，大量脂肪变成结晶状态（固化）。成熟温度应与脂肪变成固体状态的最大可能程度相适应，在夏季 3 ℃时脂肪最大可能的硬化程度为 60% ~70%；而 6 ℃时为 45% ~55%。在某种温度下脂肪组织的硬化程度达到最大可能时称为平衡状态。通过观察证实，在低温下成熟时发生的平衡状态要早于高温下的状态，例如，在 3 ℃时经过 3~4 h 即可达到平衡状态；6 ℃时要经过 6~8 h；而在 8 ℃时要经过 8~12 h。如果在规定温度及时间内达不到平衡状态，很长时间也不会使脂肪发生明显的变硬现象，这个温度称为临界温度。

稀奶油在过低温度下进行成熟会造成不良结果，会使稀奶油的搅拌时间延长，获得的奶油团粒过硬，有油污，且保水性差，组织状态不良。稀奶油的成熟条件对以后的全部工艺过程有很大的影响，如果成熟的程度不足，会缩短稀奶油的搅拌时间，获得的奶油团粒较松软，油脂损失于酪乳中的数量显著增加，并在奶油压炼时，会给水的分散造成很大的困难。尤其是在夏季，乳脂肪中易于溶解的甘油酯含量增加时，要求稀奶油的物理成熟更为彻底。

（7）稀奶油的搅拌

①搅拌的目的和条件

稀奶油的搅拌是奶油制造的一个重要工艺过程，其目的是使脂肪球互相聚结而形成奶油粒，同时析出酪乳，此过程要求在较短时间内彻底形成奶油粒，且酪乳中残留的脂肪越少越好。

为达到此目的必须注意以下几个因素。

a. 稀奶油的脂肪含量。稀奶油中含脂率的高低决定了脂肪球之间的距离,稀奶油中含脂率越高,脂肪球间的距离越近,形成奶油粒的时间越短。但如果稀奶油含脂率过高,搅拌时形成奶油粒过快,则小的脂肪球来不及形成脂肪粒,从而使排除的酪乳中脂肪含量增高。一般稀奶油达到搅拌的适宜含脂率为 30% ~ 40% 。

b. 物理成熟的程度。成熟良好的稀奶油在搅拌时产生很多泡沫,有利于奶油粒的形成,使流失到酪乳中的脂肪大大减少。搅拌结束时奶油粒大小的要求因含脂率而异,一般含脂率低的稀奶油为 2 ~ 3 mm,中等含脂率的稀奶油为 3 ~ 4 mm,含脂率高的稀奶油为 5 mm。

c. 搅拌的最初温度。实践证明,稀奶油搅拌时适宜的最初温度是:夏季为 8 ~ 10 ℃,冬季为 11 ~ 14 ℃。若比适宜温度过高或过低时,都会延长搅拌时间,且脂肪损失增多。稀奶油搅拌时温度在 30 ℃ 以上或 5 ℃ 以下,均不能形成奶油粒,必须调整到适宜的温度进行搅拌才能形成奶油粒。

d. 搅拌机中稀奶油的添加量。搅拌时,搅拌机中稀奶油的添加量过多或过少,都会延长搅拌时间,一般小型手摇搅拌机要装入其容积的 30% ~ 36%,大型电动搅拌机装入 50% 较为适宜,如果稀奶油装得过多,会因形成泡沫困难而延长搅拌时间,但添加量最少不得低于 20%。

e. 搅拌的转速。稀奶油在非连续操作的滚筒式搅拌机中进行搅拌时,一般采用 40 r/min 左右的转速,如转速过快或过慢,均会延长搅拌时间(连续操作的奶油制造机除外)。

②搅拌方法

先将冷却成熟好的稀奶油的温度调整到要求的范围后输送入搅拌机,开始搅拌时,搅拌机转 3 ~ 5 圈,停止旋转排出空气,再按规定的转速进行搅拌直至奶油粒形成为止。在遵守搅拌要求的条件下,一般完成搅拌所需的时间为 30 ~ 60 min。图 1.37 为间歇式奶油搅拌机。搅拌程度可根据以下情况判断:

a. 在窥视镜上观察,由稀奶油状转变成较透明、有奶油粒生成。

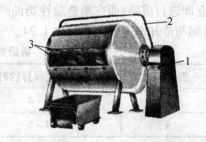

图 1.37 间歇式生产中的奶油搅拌机
1—控制板;2—紧急停止;3—角开挡板

b. 搅拌到终点时,搅拌机里的声音有变化,有水响声。

c. 手摇搅拌机在奶油粒快出现时,可感到搅拌比较费劲。

d. 停机观察时,形成的奶油粒直径以 0.5 ~ 1 cm 为宜,搅拌终了后排除的酪乳含脂率一般为 0.5% 左右,如酪乳含脂率过高,就应该从影响搅拌的各因素中找原因。

③奶油的调色

奶油的颜色在夏季放牧期呈现黄色,冬季颜色变淡,呈黄白色。奶油作为商品时,为了使颜色全年一致,冬季可添加色素,使用的色素必须是符合国家规定的油溶性不含毒素的食用色素,最常用的一种为胭脂树红(安那妥),是天然植物性色素。合成色素一般对人体有毒性作用,所以不准使用,现在常用胡萝卜素等来调整奶油的颜色。色素通常是在杀菌后、搅拌之前直接加入搅拌器中。

④奶油颗粒的形成

稀奶油从成熟罐通过一台将温度提高到所需温度的板式热交换器泵入奶油搅拌机或连续式奶油制造机。当稀奶油被剧烈搅拌时,形成了蛋白质泡沫层,因为表面活性的作用,脂肪球的膜被吹到气-水相界面,脂肪球被集中到泡沫中,继续搅拌时,蛋白质脱水,泡沫变小,使得泡沫更为紧凑,因此对脂肪球施加压力,这样会使一定比例的液体脂肪从脂肪球中被挤出来,并使某些膜破裂。液体脂肪也含有脂肪结晶,以薄层形式分散在泡沫的表面和脂肪球上,当泡沫变得相当稠密时,更多的液体脂肪被挤出,这种泡沫因不稳定而破裂,脂肪球凝结进入奶油的晶粒中。开始时这些是肉眼看不见的,当继续搅拌时,它们变得越来越大,脂肪球聚合成奶油粒,使剩余在液体(酪乳)中的脂肪含量减少。

(8)奶油粒的洗涤

水洗的目的是除去奶油粒表面的酪乳和调整奶油的硬度,同时如用有异味的稀奶油制造奶油时,能使部分气味消失,但水洗会减少奶油粒的数量。

①水温。水洗用水的温度在 3~10 ℃,可按照奶油粒的软硬、气候及室温等确定适当的温度,一般采用夏季水温低、冬季水温高的方法,水洗次数为 2~3 次,若稀奶油风味不良或发酵过度可洗 3 次,通常 2 次即可。如果奶油太软需要增加硬度,第一次的水温应较奶油粒的温度低 1~2 ℃,第二次、第三次各降低 2~3 ℃。水温降低过快时,容易使奶油色泽不均匀。每次的水量应以与酪乳等量为原则。

②水质。奶油经洗涤后,有一部分水残留在奶油中,所以洗涤水应保证质量,符合饮用水的卫生要求,含铁量高的水容易促进奶油脂肪氧化,需多加注意,如用活性氯处理洗涤水时,有效氯的质量浓度不能高于 2 000 mg/kg。

(9)奶油的加盐

奶油加盐的目的是增加风味,抑制微生物繁殖,提高奶油的保藏性,但酸性奶油一般不加盐。通常情况下,盐的质量分数在 10% 以上,大部分微生物(尤其是细菌类)就不容易繁殖。奶油中约含 16% 的水分,成品奶油中含盐量以 2% 为标准,此时奶油中水的含盐量为 12.5%。因此,加盐在一定程度上能达到防腐的目的,另外在压炼时有部分食盐流失,所以在添加时应按照 2.5%~3% 加入。

用于奶油生产的食盐必须符合国家特级或一级标准。

加盐时先将盐在 120~130 ℃ 的干燥箱中焙烤 3~5 min,然后过 30 目筛,待奶油搅拌机中排出洗涤水后将烘烤过滤的盐均匀撒在奶油表面,静置 5~10 min 后,旋转奶油搅拌机 3~5 圈,再静置 10~20 min 后方可进行压炼。

加入的盐粒较大时,在奶油中溶解不彻底,会使产品产生粗糙感,盐粒的大小不宜超过 50 μm。用连续式奶油制造机生产奶油时需加盐水。盐的溶解性与温度关系不大,当质量分数达到 26% 时就会饱和,因此加入盐水会提高奶油的含水量,为了减少含水量,在加入盐水前要保证奶油粒中的含水率为 13.2%。

(10)奶油的压炼

将奶油粒压成奶油层的过程称压炼。小规模加工奶油时,可在压炼台上用手工压炼,一般工厂均在奶油制造器中进行压炼。

①压炼的目的。压炼的目的是使奶油粒变为组织致密的奶油层,使水滴分布均匀,使食盐全部溶解,并均匀分布于奶油中,同时调节水分含量,即在水分过多时排出多余的水分,水分不足时,加入适量的水分并使其均匀吸收。

②压炼的方法、压炼程度及水分调节。新鲜奶油在洗涤后立即进行压炼,应尽可能完全地除去洗涤水,然后关上旋塞和奶油制造器的孔盖,并在慢慢旋转搅拌桶的同时开动压榨轧辊。

奶油压炼一般分为三个阶段:

压炼初期,被压榨的颗粒形成奶油层,同时表面水分被压榨出来,奶油中水分显著降低。

当水分含量达到最低限度时,水分又开始向奶油中渗透。奶油中水分含量最低的状态称为压炼的临界时期,压炼的第一阶段结束。

压炼的第二阶段,奶油水分逐渐增加,在此阶段水分的压出与进入是同时发生的。第二阶段开始时,这两个过程进行速度大致相等,但在末期从奶油中排出水的过程几乎停止,而向奶油中渗入水分的过程则加强,这样就会引起奶油中水分的增加。

压炼第三阶段的特点是:奶油的水分显著增加,而且水分的分散加剧。根据压炼时水分所发生的变化,为使水分含量达到标准,每个工厂应通过实验来确定在正常压炼条件下调节奶油中水分的曲线图,因此在压炼中,每通过压榨轧辊3~4次,必须测定一次含水量。

根据压炼条件,开始时碾压5~10次,以便将颗粒汇集成奶油层,并将表面水分压出,然后稍微打开旋塞和桶孔盖,再旋转2~3次,随后使桶口向下排出游离水,并从奶油层的不同地方取出平均样品,以测定含水量。在这种情况下,奶油中含水量如果低于许可标准,可以按照下式计算出不足的水分:

$$m_1 = \frac{m_2(W_1 - W_2)}{100} \tag{1.8}$$

式中　m_1——不足的水量,kg;

　　　m_2——理论上奶油的质量,kg;

　　　W_1——奶油中允许的标准水分,%(质量分数);

　　　W_2——奶油中含有的水分,%(质量分数)。

将不足的水量加到奶油制造机内,关闭旋塞而后继续压炼,不让水流出,直到全部水分被吸收为止。在压炼结束之前,再次检查奶油的水分,如果已达到标准,再压榨几次,使其分散均匀。在制成的奶油中,水分应成为细微的小滴均匀分散,当用铲子挤压奶油块时,不允许有水珠从奶油块内流出。在正常压炼的情况下,奶油直径小于15 μm的水滴的含量要占全部水分的50%,直径达1 mm的水滴占30%,直径大于1 mm的大水滴占5%。奶油压炼过度会使奶油中含有大量空气,致使奶油物理化学性质发生变化,正确压炼的新鲜奶油、加盐奶油和无盐奶油,其水分都不应超过16%。

(11)奶油的包装

奶油一般根据其用途可分为餐桌用奶油、烹调用奶油和食品工业用奶油。餐桌用奶油是直接涂抹于面包上食用的,必须是优质的且要小包装,一般用硫酸纸、塑料夹层纸、铝箔纸等包装材料,也有用小型马口铁罐真空密封包装或塑料盒包装。烹调或食品加工用奶油一般都是用较大型的马口铁罐、木桶或纸箱包装。包装材料应具备以下条件:韧性好并柔软;不透气,不透水,具有防潮性;不透油;无味、无臭、无毒;能遮蔽光线;不受细菌的污染。

奶油的包装规格有:小包装从几十到几百克,大包装有25~30 kg,根据不同要求有多种规格。不论什么规格,包装都应特别注意:保持卫生,切勿用手接触奶油,要使用消毒的专用工具;包装时切勿留有空隙,以防发生霉斑或氧化等变质现象。

(12)奶油的储藏和运输

成品奶油包装后需立即送入冷库内冷冻储藏,冷冻速度越快越好,一般在-15 ℃以下冷冻和储藏,如需较长时间保藏时需在-23 ℃以下。奶油出冷库后在常温下放置时间越短越好,在10 ℃左右放置最好不超过10 d。奶油的另一个特点是较容易吸收外界气味,所以储藏时应注意不得与有异味的物质储存在一起,以免影响奶油的质量。奶油运输时应注意保持低温,以用冷藏汽车或火车等运输为好,如在常温下运输时,成品奶油送达用户时的温度不得超过12 ℃。

1.7.4　无水乳脂

无水乳脂(Anhydrous Milk Fat,AMF)也称无水奶油,是一种几乎完全由乳脂肪构成的产品。尽管它们是现代工业产品,但在古老文明中也能找到其踪迹,印度酥油这一含有较多蛋白质,且比无水乳脂更具风味的乳脂产品,在印度和阿拉伯地区已流行数个世纪之久。

1. 种类

根据 FIL–IDF,68A:1977 国际标准,无水乳脂被分为三种加工品质不同的类型。

(1)天然无水乳脂

必须含有至少99.8%的乳脂肪,并且必须是由新鲜稀奶油或奶油制成,不允许含有任何添加剂。

(2)无水奶油脂肪

必须含有至少99.8%的乳脂肪,但可以由不同储存期的稀奶油或奶油制成,允许用碱中和游离脂肪酸。

(3)奶油脂肪

必须含有99.3%的乳脂肪,原材料和加工的详细要求与无水奶油脂肪相同。

2. 特性

无水乳脂是奶油脂肪储存和运输的极好形式,因为它比奶油需要的空间小,奶油是奶油脂肪的传统储存形式。奶油被认为是一种新鲜的乳制品,尽管它在 4 ℃下能储存 4~6 周,如要储存更长的时间,比如说 10~12 个月以上,那么最高储存温度必须低于-25 ℃。无水乳脂一般装在 200 L 的桶中,桶内含有惰性气体氮(N_2),使之能在 4 ℃下储存几个月。无水乳脂在 36 ℃以上温度时为液态,在 16~17 ℃以下为固态。AMF 适宜于以液体形式使用,因为液态形式的 AMF 容易与其他产品混合,便于计量,所以 AMF 适用于不同乳制品的复原,同时还用于巧克力和冰淇淋制造工业。

3. 生产

(1)生产原理及工艺流程

无水乳脂的生产主要根据两种方法来进行,一种是直接用稀奶油(乳)来生产;另一种是通过奶油来生产,其基本原理如图 1.38 所示。AMF 的质量取决于原材料的质量,无论选用什么方法加工,如果认定稀奶油或奶油个别质量不够,在最后蒸发步骤进行之前可通过洗涤处理或中和乳油等手段来提高产品质量。

(2)用稀奶油生产无水乳脂

经过或没有经过巴氏杀菌的含脂肪35%~40%的稀奶油由平衡罐进入 AMF 加工线,然后通过板式热交换器,调整温度或巴氏杀菌后再输入离心机进行预浓缩提纯,使脂肪含量达到约75%(在预浓缩和到板式热交换器时的温度保持在60 ℃),"轻"相被收集到缓冲罐,待进一步加工,同时"重"相即酪乳部分可以通过分离机重新脱脂,脱出的脂肪再与平衡罐中的稀奶油混合,脱脂乳再回到板式热交换器进行热回收后,被输送到一个储存罐内。经在缓冲罐储存后的浓缩稀奶油输送到均质机中进行相交换,后被送到最终浓缩器。由于均质机工作能力比最终浓缩器高,所以多出来的浓缩物要回流到缓冲罐,均质过程中部分机械能转化为热能,为避免干扰生产线的温度平衡,这部分过剩的热量要在冷却器中除去。最后,含脂肪99.8%的乳脂肪在板式热交换器中再被加热到95~98 ℃,排到真空干燥器中,使水分含量不超过0.1%,然后将干燥后的奶油冷却到35~40 ℃,这也是常用的包装温度。

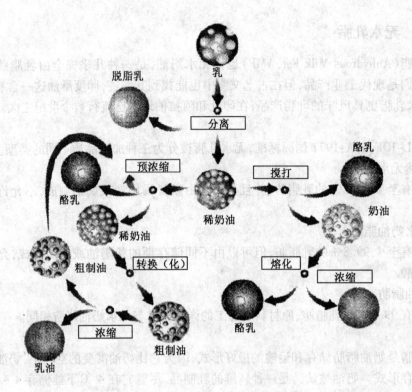

图1.38 无水乳脂生产的基本原理

用于处理稀奶油的无水乳脂加工线上的关键设备是用于脂肪浓缩的分离机和用于相转换的均质机。

(3)用奶油生产无水乳脂

无水乳脂经常用奶油来生产,尤其是那些预计在一定时间内无法消化的奶油。实验证明,当使用新生产的奶油作为原材料时,通过最终浓缩要获得鲜亮的无水乳脂有一些困难,无水乳脂会产生轻微混浊现象。当用储存2周或更长时间的奶油生产时,这种现象则不会产生。

1.8 干酪的加工

1.8.1 干酪的定义

干酪是指在乳中加入适量的乳酸菌发酵剂和凝乳酶,使乳蛋白质(主要是酪蛋白)凝固后,促使乳清析出并排除,凝块经压榨后形成的块状产品。

联合国粮农组织和世界卫生组织(FAO/WHO)制定的国际上通用的干酪(Cheese)定义是:"干酪是通过凝乳酶或其他适宜的凝乳剂对乳、脱脂乳、部分脱脂乳、稀奶油、乳清奶油、酪乳或这些原料的任意混合物凝乳后制成的新鲜或发酵成熟的固态或半固态产品。通过部分排除水分后,从这些凝固物中得到乳清。"对这一定义,排乳清是必需的,仅通过浓缩去除水的产品不能称为干酪。

干酪是重要的乳制品之一,近年来世界干酪产量稳定在1 500万t左右,发达国家有1/3 ~ 1/2的鲜乳用于生产干酪。干酪中除了含有蛋白质和脂肪之外,还含有糖类、有机酸、矿物元素钙、磷、钠、钾、镁、铁、锌以及脂溶性维生素 A、胡萝卜素和水溶性的维生素 B_1、维生素 B_2、维生素 B_6、维生素 B_{12}、烟酸、泛酸、叶酸、生物素等多种营养成分。其丰富的钙、磷除了有利于骨骼和牙齿的发育外,在生理代谢方面也有重要作用。干酪中的蛋白质在发酵成熟过程中,经凝乳酶、发酵剂以及其他微生物蛋白酶的作用,逐步分解形成胨、多肽、寡肽、氨基以及其他有机或无机化合物等小分子物质。这些小分子物质很容易被人体吸收,使干酪的蛋白消化率高达96%～98%。干酪中还含有大量的必需氨基酸,与其他动物性蛋白相比质优而量多。因此,干酪是一种营养价值很高的食品。

1.8.2　干酪的分类

在乳制品中干酪的种类最多。根据产地、制造方法、组成成分、形状外观等不同的分类原则,会产生不同的名称和品种。据统计,目前世界上干酪品种多达2 000种以上,较为著名的品种达400多种。国际上比较通行的干酪分类方法是以质地、脂肪含量和成熟情况三个方面对干酪进行描述和分类,按水分在干酪非脂成分中的比例又可分为特硬质、硬质、半硬质、半软质和软质干酪;按脂肪在干酪非脂成分的比例又可分为全脂、中脂、低脂和脱脂干酪;按发酵成熟情况可分为细菌成熟的、霉菌成熟的和新鲜的干酪。

按照凝乳方法的不同,干酪可分为酸凝干酪和酶凝干酪两种,酸凝干酪和酶凝干酪的主要区别在于在酸和热的作用下,酶凝干酪更富弹性和伸缩性,水分含量较少,所以保质期较长。目前,在世界的干酪总产量中,酸凝干酪约占25%,酶凝干酪约占75%;按照是否成熟干酪可分为新鲜干酪和成熟干酪,其中未经发酵成熟的产品称为新鲜干酪,经长时间发酵成熟而制成的产品称为成熟干酪,国际上将这两种干酪统称为天然干酪。

目前尚未有统一且被普遍接受的干酪分类办法。传统上依据干酪中的水分含量将产品分为超硬质干酪、硬质干酪、半硬质(或半软质)干酪和软质干酪(见表1.25)。这种分类方法应用虽较为广泛,但仍然存在很大的缺陷,如英国契达干酪(Cheddar)和瑞士埃门塔尔干酪(Emmental)同属于硬质干酪,但是它们的风味和质地差异较大,加工过程中所采用的微生物种类和控制技术也大相径庭,成熟过程中的各种生物化学反应也存在很大的差异。

表1.25　天然干酪的分类

干酪类型	水分含量/%	干酪品种	成熟的菌种
超硬质	<25	帕尔梅散干酪	细菌
		罗马诺干酪	细菌
硬质	25～36	荷兰干酪	细菌
		荷兰圆形干酪	细菌
		瑞士干酪(有气孔)	细菌
		瑞士多孔干酪(有气孔)	细菌
半硬质	36～40	砖状干酪	细菌
		修道院干酪	细菌
		法国羊乳干酪	霉菌
		青纹干酪	霉菌
软质	40～60	农家干酪	不发酵
		稀奶油干酪	不发酵
		里科塔干酪	不发酵
		比利时林堡干酪	细菌
		手工干酪	细菌
		法国浓味干酪	霉菌
		布里干酪	霉菌

（1）荷兰型干酪

这一类干酪的特点是：由牛乳制成；脂肪占干物质的 40%～50%；使用嗜温性发酵剂；压榨后通过盐水浸泡加盐；干酪无脂部分中水分含量低于 63%；无需表面微生物进行成熟；成熟期为 2～15 个月。

（2）契达型干酪

与荷兰型干酪非常相似，但在加工工艺上有些不同，盐在干凝块中添加。与荷兰型干酪相比水分略低，酸度略高，同时风味有所差异。

（3）新鲜干酪

水分含量高，不成熟。

（4）其他干酪

除上述干酪外还有大量其他品种的干酪，如丙酸菌发酵的干酪、青纹干酪等。

此外，国际上常把干酪划分为三大类：天然干酪、融化干酪和干酪食品。

1.8.3　干酪的生产工艺

大多数品种的干酪的主要生产工序都是一样的，即通过凝乳去除乳中的水分，使其中的蛋白、脂肪、矿物质和维生素浓缩 6～10 倍，然后收缩排除乳清，最终得到成品。干酪的主要操作工序包括：酸化、凝乳、热烫、加盐、脱水收缩、装模（或成型）、压榨、包装、成熟和储藏等。

干酪的生产工艺流程如图 1.39 所示。

图 1.39　干酪的生产工艺流程

1.原料乳的预处理

生产干酪的原料乳，必须经过感官检查、酸度测定（牛乳 18 °T、羊乳 10～14 °T）或酒精试验，必要时进行青霉素及其他抗生素试验，检验合格后，进行原料乳的预处理。

（1）净乳

某些形成芽孢的细菌，在巴氏杀菌时不能杀灭，对干酪的生产和成熟造成很大危害，如丁酸梭状芽孢杆菌在干酪的成熟过程中产生大量气体，破坏干酪的组织状态，且产生不良风味。用离心除菌机进行净乳处理，不仅可以除去乳中大量杂质，而且可以将乳中 90% 的细菌除去，尤其对相对密度较大的芽孢特别有效。

生产干酪的牛乳除非是再制乳，否则通常不用均质，基本原因是均质导致结合水能力大大上升，致使很难生产硬质和半硬质类型的干酪。而在用牛乳生产蓝霉和 Feta 干酪的特殊情况下，乳脂肪以 15%～20% 稀奶油的状态被均质，这可使产品更白，而重要的原因是使脂肪更易脂解成为游离脂肪酸，这些游离脂肪酸是这两种干酪风味物质的重要组成部分。

（2）标准化

为了保证每批干酪的质量均一、组成一致、成品符合标准和缩小偏差，在加工之前要对原料乳进行标准化处理。首先，要准确测定原料乳的乳脂率和酪蛋白的含量，调整原料乳的脂肪和非脂乳固体之间的比例,使其比值符合产品要求。生产干酪时对原料乳的标准化与液态乳、奶油的标准化不同,这里除了对脂肪进行标准化外,还要对酪蛋白以及酪蛋白/脂肪的比例(C/F)进行标准化,一般要求 C/F=0.7。

(3)原料乳的杀菌

杀菌的目的是杀灭原料乳中的致病菌和有害菌,使酶类失活,使干酪质量稳定、安全卫生。由于加热杀菌使部分白蛋白凝固,留存于干酪中,可以增加干酪的产量,但杀菌温度的高低直接影响干酪的质量。如果温度过高,时间过长,则受热变性的蛋白质增多,破坏乳中盐类离子的平衡,进而影响皱胃酶的凝乳效果,使凝块松软,收缩作用变弱,容易形成水分含量过高的干酪,因此在实际生产中多采用63 ℃ 30 min 的保温杀菌(LTLT)或71~75 ℃ 15 s 的高温短时杀菌(HTST),常采用的杀菌设备为保温杀菌罐或板式热交换杀菌机。为了确保杀菌效果,防止或抑制丁酸菌等产气芽孢菌,在生产中常添加适量的硝酸盐(硝酸钠或硝酸钾)或过氧化氢。硝酸盐的添加量应特别注意,过多的硝酸盐会抑制发酵剂的正常发酵,影响干酪的成熟和成品的风味。

2.添加发酵剂和预酸化

原料乳经杀菌后,直接打入干酪槽中,干酪槽为水平卧式椭圆形不锈钢槽,有保温(加热或冷却)夹层及搅拌器(手工操作时为干酪耙和干酪铲)。将干酪槽中的牛乳冷却到30~32 ℃,然后按操作要求添加发酵剂。

最常用的发酵剂都是由几种菌种混合而成的,其中无论嗜温菌或嗜热菌,混合菌株中有两个或更多的相互之间存在共生关系,这些发酵剂不仅产生乳酸,而且产生香味物质和二氧化碳,而二氧化碳是孔眼干酪和小气孔型干酪生成空穴所必需的。而单菌株发酵剂主要用于只需生成乳酸和降解蛋白质的干酪。干酪发酵剂的种类、使用范围及作用见表1.26。

表 1.26　干酪发酵剂的种类、使用范围及作用

发酵剂种类	菌种名	使用范围、作用
乳酸球菌	嗜热链球菌	各种干酪、产酸及风味
	乳酸链球菌	各种干酪、产酸
	乳脂链球菌	各种干酪、产酸
	粪链球菌	契达干酪
乳酸杆菌	乳酸杆菌	瑞士干酪
	干酪乳杆菌	各种干酪、产酸及风味
	嗜热乳杆菌	干酪、产酸风味
	胚芽乳杆菌	契达干酪
丙酸菌	薛氏丙酸菌	瑞士干酪
短密青霉菌	短密青霉菌	砖状干酪
		林堡干酪
酵母菌	解脂假丝酵母	青纹干酪、瑞士干酪
曲霉菌	米曲菌	
	娄地青霉	法国绵羊乳干酪
	卡门塔尔干酪青霉	法国卡门塔尔干酪

(1)添加发酵剂的目的

在干酪生产中,发酵剂的三个特性是最重要的:产生乳酸的能力;降解蛋白质的能力;在有

必要时,产生二氧化碳的能力。发酵剂的主要任务是在凝块中产酸,当牛乳凝固后,细菌细胞浓缩在凝块中,生成乳酸,pH 值降低。pH 值降低有助于凝乳颗粒收缩(伴随着乳清排出,凝块收缩),还能使影响干酪坚实度的钙盐和磷酸盐离子释放出来,进而有助于增加凝乳颗粒的硬度。另一个重要功能是通过产酸菌抑制巴氏消毒后残存的细菌和再污染的细菌,这些菌需要乳糖,但无法承受乳酸。

（2）发酵剂的加入方法

首先应根据制品的质量和特征,选择合适的发酵剂种类和组成。取原料乳量 1% ~2% 已制备好的工作发酵剂,边搅拌边加入,并在 30 ~32 ℃条件下充分搅拌 3 ~5 min,为了促进凝固和正常成熟,加入发酵剂后应进行短时间的发酵,以保证充足的乳酸菌数量,这个过程称为预酸化。经过 10 ~15 min 的预酸化后,取样测定酸度。不同类型的干酪需要使用的发酵剂的类型不同,在所有的干酪生产过程中要避免牛乳进入干酪槽时混入空气,因为这将影响凝块的质量,而且会引起酪蛋白损失于乳清中。

3. 加入添加剂与调整酸度

为了使加工过程中凝块硬度适宜,色泽一致,防止产气菌的污染,保证成品质量一致,要加入相应的添加剂和调整酸度。

（1）添加氯化钙

如果生产干酪的牛乳质量差,则凝块柔软松散,这会引起细小颗粒(酪蛋白)及脂肪的严重损失,并且在干酪加工过程中凝块收缩能力很差。为了改善凝固性能,提高干酪质量,可在 100 kg 原料乳中添加 5 ~20 g 的氯化钙(预先配制成10%的溶液),以调节盐类平衡,促进凝块的形成。对于低脂干酪,在加入氯化钙之前,有时可先添加磷酸氢二钠(Na_2HPO_4),通常用量为 10 ~20 g/kg,这会增加凝块的塑性(视各国法规的要求),因为它们会形成胶体磷酸钙 $[Ca_3(PO_4)_2]$,它与裹在凝块中的乳脂肪几乎具有相同的效果。

（2）添加色素

干酪的颜色取决于原料乳中脂肪的色泽,并随着季节的变化而变化。为了使产品的色泽一致,需在原料乳中添加胡萝卜素等色素物质,多使用胭脂树橙的碳酸钠抽出液,通常每 1 000 kg原料乳中需加入 30 ~60 g。为了防止和抑制产气菌,可同时加入适量硝酸盐(应精确计算)。

（3）添加二氧化碳

添加二氧化碳是提高干酪用乳质量的一种方法。二氧化碳天然存在于乳中,但在加工过程中,大部分会逸出散发。通过人工手段加入可降低牛乳的 pH 值,原始 pH 值通常可降低 0.1 ~0.3 个单位,这会导致凝乳时间缩短,该方法在使用少量凝乳酶的情况下也能取得同样的凝乳时间。二氧化碳的添加可在生产线上与干酪槽/缸进口连接处进行,注入二氧化碳的比例及混入凝乳酶之前与乳的接触时间要在系统安装之前进行计算,使用二氧化碳混合物的生产报告表明,此法可节约一半的凝乳酶,而且没有任何负效应。

（4）调整酸度

添加发酵剂并经过 30 ~60 min 发酵后,酸度为 0.18% ~0.22%,但该乳酸发酵酸度很难控制,为使干酪成品质量保持一致,可用物质的量浓度为 1 mol/L 的盐酸溶液对酸度进行调节,一般调节酸度至 0.21% 左右,具体的酸度值应根据干酪的品种而定。

4. 添加凝乳酶和凝乳的形成

在干酪生产中,添加凝乳酶形成凝乳是一个重要的工艺环节。可以通过降低乳的 pH 值和添加含有蛋白酶的凝乳酶使乳凝结。最常用的凝乳酶是小牛皱胃酶,其他的还有来自其他动物、微生物和植物的凝乳酶。

　　乳中含有的蛋白质主要包括两种类型:酪蛋白和乳清蛋白。大约 80% 的乳蛋白是酪蛋白,酪蛋白主要包括 α_s、β 和 κ 三种主要类型。α_s-和 β-酪蛋白通过疏水作用形成内核,κ-酪蛋白附于表面形成亚胶束。亚胶束通过钙桥和氢键连接进一步形成胶束。形成胶束时富含 κ-酪蛋白的亚胶束聚集在胶束表面。胶束内部的疏水区域越多,胶束表面的 κ-酪蛋白就越多。带负电的 κ-酪蛋白的羧基像头发一样分布在胶束的表面,κ-酪蛋白疏水的 N 端与内核蛋白质发生疏水相互作用,亲水的 C 端则暴露在周围的水溶性环境中并与水分子结合;另外,未经破坏的酪蛋白中带有过剩的负电荷,静电作用使它们彼此排斥,从而形成乳的稳定胶体结构。水分子被 κ-酪蛋白的亲水部分所结合是维持这一平衡的主要因素,分布在胶束表面的 κ-酪蛋白的大肽由于空间位阻的作用也不能相互依靠,这两种作用使得酪蛋白胶束以胶体状态存在于溶液中,如图 1.40 所示。

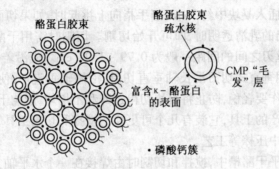

图 1.40　酪蛋白胶束

　　形成 κ-酪蛋白的氨基酸长链共有 169 个氨基酸,凝乳酶能作用于 105 位的苯丙氨酸和 106 位的蛋氨酸的键位,通过切断 Phe105–Met106 键使 κ-酪蛋白部分水解。亲水巨肽的骤然去除导致胶束的负电荷减少,疏水基间形成键,疏水性增加,水分子离开酪蛋白胶束,使酪蛋白胶束失去可溶性,相互反应并生成新的化学键,这些键使酪蛋白胶束强烈疏水,胶束变得不稳定,胶束结构开始踏瘪、聚集并最终凝结。凝乳酶凝乳形成一个连续的酪蛋白胶束的网络结构,并将乳脂肪球、水、矿物质、乳糖和微生物包裹在其中,如图 1.41 所示。

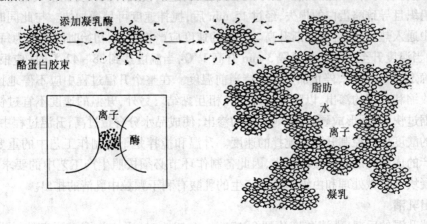

图 1.41　凝乳酶对酪蛋白胶束的作用

（1）凝乳酶的添加

通常按照凝乳酶的效价和原料乳的量计算凝乳酶的添加量。用 1% 的食盐水将凝乳酶配制成 2% 的溶液，并在 28～32 ℃ 条件下保温 30 min，然后加入乳中，充分搅拌均匀后（2～3 min）加盖。活力为 1∶10 000～1∶15 000 的液体凝乳酶的剂量在每 100 kg 原料乳中可加入 30 mL，为了便于分散，凝乳酶至少要用两倍的水进行稀释，加入凝乳酶后，小心搅拌牛乳不要超过 2～3 min。在随后的 8～10 min 内将乳静止下来是很重要的，这样可以避免影响凝乳过程和酪蛋白损失。为了便于凝乳酶分散，可使用自动计量系统，将经水稀释的凝乳酶通过分散喷嘴喷洒在牛乳表面，此装置主要应用于大型密封干酪槽和干酪罐（10 000～20 000 L）中。

（2）凝乳的形成

添加凝乳酶后，在 32 ℃ 条件下静置 30 min 左右，即可使原料乳凝固，达到凝乳的要求。

5. 凝块切割

当乳凝固后，凝块达到适当的硬度时，用刀在凝乳表面切一个长 5 cm、深 2 cm 的切口，用食指斜向从切口的一端插入凝块中约 3 cm，当手指向上挑起时，如果切面保持整齐平滑，指上无小片凝块残留，且渗出的乳清透明时，即可开始切割。切割时需用干酪刀，刀具主要分为水平式和垂直式两种，钢丝刀之间的间距一般为 0.79～1.27 cm。先沿着干酪槽长轴方向用水平式切刀平行切割，再用垂直式切刀沿长轴垂直切后，沿短轴垂直切，使其成为 0.7～1.0 cm 的小立方体。应注意动作要轻稳，防止将凝块切得过碎和不均匀，影响干酪的质量。一个普通开口干酪槽带有干酪生产的工具，它装有几个可更换的搅拌和切割工具，可在干酪槽中进行搅拌、切割、乳清排放及槽中压榨等工艺。

在现代化的密封水平干酪槽中，搅拌和切割时由焊接在一个水平轴上的工具来完成，水平轴由一个带有频率转换器的装置驱动，这个具有双重用途的工具是搅拌还是切割取决于其转动的方向。干酪槽可安装一个自动操作的乳清过滤网，能良好地分散凝固剂（凝乳酶）的喷嘴以及能与 CIP（就地清洗）系统连接的喷嘴。

6. 凝块的搅拌及加热

凝块切割后（此时测定乳清的酸度），开始用干酪耙或干酪搅拌器轻轻搅拌。刚刚切割后的凝块颗粒对机械处理非常敏感，因此搅拌必须非常柔和并且必须足够快，以确保颗粒能悬浮于乳清中。凝块沉淀在干酪的底部会导致形成黏团，这会使搅拌机械受到很大阻力，黏团会影响干酪的组织且导致酪蛋白的损失，经过 15 min 后，搅拌速度可稍微加快。与此同时，在干酪槽的夹层中通入热水，使温度逐渐升高。升温的速度应严格控制，初始时的速度为每 3～5 min 升高 1 ℃，当温度升至 35 ℃ 时，每隔 3 min 升高 1 ℃，当温度达到 38～42 ℃ 时（应根据干酪的品种具体确定终止时间），停止加热并维持当前温度。在整个升温过程中应不停地搅拌，以促进凝块的收缩和乳清的渗出，以防凝块沉淀和相互黏结。另外，升温的速度不宜过快，否则干酪凝块收缩过快，表面形成硬膜，影响乳清的渗出，使成品水分含量过高；升温过程中还应不断测定乳清的酸度以便控制升温和搅拌的速度。升温和搅拌是干酪制作工艺中的重要过程，它关系到生产的成败和成品质量的优劣，因此各制作环节必须按照生产工艺中的要求严格控制和执行。凝块的机械处理和由细菌持续产生的乳酸有利于颗粒中乳清的排出。

7. 排出乳清

在搅拌升温的后期，乳清酸度达到 0.17%～0.18% 时，凝块收缩至原来的一半（黄豆大小），用手捏干酪颗粒时感觉有适度弹性，或用手握一把干酪粒，用力挤出水分后放开，如果干酪粒富有弹性，且搓开仍能重新分散，即可排除全部乳清。乳清由干酪槽底部通过金属网排出,此时应将干酪粒堆积在干酪槽的两侧,促进乳清的进一步排出,此项操作也应按干酪品种的不同而采取不同的方法。从干酪槽中排出的乳清,其脂肪含量约为 0.3%,蛋白质 0.9%。如果脂肪含量在 0.4% 以上,证明操作不理想,应将乳清回收并作为副产品进行综合加工利用。

8. 堆积

乳清排除后,将干酪堆积在干酪槽的一端或专用的堆积槽中,上面用带孔的木板或不锈钢板压 5 ~ 10 min,压出乳清使其成块,此过程称为堆积。有的干酪品种,在此过程中还要保温,调整排出乳清的酸度,可进一步使乳酸菌达到一定的活力,以保证成熟过程对乳酸菌的需要。

一种高度先进的机械化"堆酿"机已经面世,该机的原理如图 1.42 和图 1.43 所示(连续切达机),具有排出乳清、堆酿成片、熔融、凝块加盐等功能。该机械的生产能力为每小时

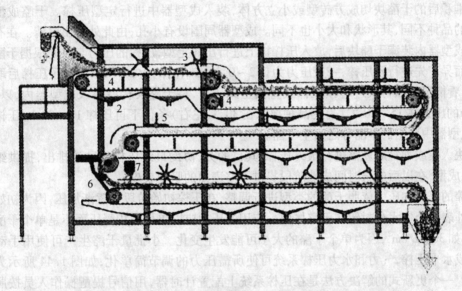

图 1.42　生产切达干酪的连续化系统(集脱乳清、堆酿成片、熔融、凝块加盐于一体)
1—乳清过滤器(过滤网);2—乳清收集器;3—搅拌器;4—变速驱动传送带;
5—用于搅拌凝块切达干酪生产的搅拌器(可选);6—切成碎条;7—加干盐系统

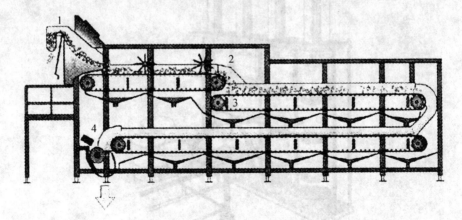

图 1.43　生产莫扎里拉干酪的连续切达机(带有三条输送带)
1—乳清过滤网;2—搅拌器;3—传送带;4—碎片熔融

1~8 t干酪,最普通型的机械带有四条传送带,它们逐层错落排放,并安装在一个不锈钢的框架内,每条传送带以预定的或可调的速度分别驱动。凝块和乳清混合物被均匀分散在乳清排放网上,大部分乳清由此排走,随后凝块落在多孔的第一条传送带上,并由搅拌器进一步促进乳清的排出,在每一条传送带上都有围栏来控制凝块的摊片宽度;第二条传送带上凝块能成片和熔融,随后被送到第三条传送带上,凝块翻转,堆酿,继续熔融;在第三条传送带末端,凝块被切割成相同大小的条,然后落入第四条传送带上。如果用于生产凝块搅拌型干酪(Colby 干酪),在第二、三条传送带上可附带搅拌器以防止凝块颗粒融合,在此情况下,切条装置可以不用。第四条传送带用于加盐,干盐在传送带前端加入凝块,随后交班时只有小混合,凝块被传送落入带有螺旋推进器的漏斗,由此进入成块器或再经传送带送到装模设备处。

9. 压榨成型

将堆积后的干酪块切成方砖型或小立方体,装入成型器中进行定型压榨。干酪成型器依照干酪的品种不同,其形状和大小也不同。成型器周围设有小孔,由此处渗出乳清。在有内衬滤网的成型器内装满干酪块后,放入压榨机上进行压榨定型,压榨的压力与时间根据干酪的品种不同而异。先进行预压榨,一般压力为 0.2~0.3 MPa,时间为 20~30 min,预压榨后取下凝块调整,看情况可以再次进行预压榨或直接正式压榨,将干酪反转后装入成型器内,以0.4~0.5 MPa的压力在 15~20 ℃(有的品种要求在 30 ℃左右)条件下再压榨 12~24 h,压榨结束后,从成型器中取出的干酪称之为生干酪。

凝块入模或加箍后就需进行最终压榨,其目的为:协助最终压榨将乳清排出,提供组织状态,干酪成型,在以后的长时间成熟阶段提供干酪表面的坚硬表皮。

压榨的程度和压力依照干酪的类型进行调整,在压榨初始阶段要逐渐加压,因为初始高压压紧的外表面会使水分封闭在干酪体内。应用的压力应以单位面积受压而不是单个干酪受压来计算,如 300 g/cm^2,因为单个干酪的大小可能发生变化。小批量干酪生产可使用手动操作的垂直或水平压榨,气力和水力压榨系统可使所需压力的调节简单化,如图 1.44 所示为垂直压榨器。一个更新式的解决方法是在压榨系统上配置计时器,用信号提醒操作人员按照预定加压程序改变压力。大批量生产所用的压榨系统有多种。

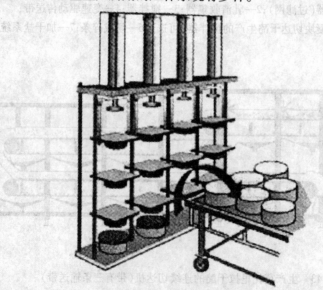

图 1.44 带有气动操作压榨平台的垂直压榨器

10. 加盐

（1）加盐的目的

加盐的目的在于改进干酪的风味、组织和外观，排除内部乳清或水分，增加干酪的硬度，限制乳酸菌的活力，调节乳酸的生成和干酪的成熟，防止和抑制杂菌的繁殖。盐加入凝块中可使排出的水分更多，这是借助于渗透压的作用和盐对蛋白质的作用，渗透压可在凝块表面形成吸附作用，导致水分被吸出。除少数例外，干酪中含盐量为 0.5%～2.0%，而蓝霉干酪或白霉干酪的一些类型（如 Feta、Domiati 等）通常含盐量在 3%～7% 左右。加盐引起的副酪蛋白上的钠与钙的交换也给干酪的组织带来良好的作用，使其变得更加光滑。一般而言，在乳中不含有任何抗菌物质的条件下，添加原始发酵剂 5～6 h 后，pH 值在 5.3～5.6 时在凝块中加盐。

（2）加盐的方法

①干盐法。在定型压榨前，将所需的食盐散布在干酪条（块）中，或者将食盐涂布于生干酪表面。加干盐可通过手工或机械进行，将干盐从料斗或类似容器中定量（称量），尽可能手工均匀撒在已彻底排放了乳清的凝块上。为了充分分散，凝块需进行 5～10 min 的搅拌。机械撒盐的方法较多，一种形式与切达干酪加盐相同，即凝块连续通过切达机的最终段，在表面上加定量的食盐；另一种加盐系统用于莫扎里拉干酪的生产，干盐加入器装于热煮压榨机和装模机之间，经过这样的处理，一般 8 h 的盐化时间可减少 2 h，同时盐化所需的地面面积变小。

②湿盐法。将压榨后的生干酪浸于盐水池中，盐水质量分数在开始的 1～2 d 为 17%～18%，此后保持在 20%～23%。为了防止干酪内部产生气体，盐水温度应控制在 8 ℃ 左右，浸盐时间为 4～6 d。盐渍系统有很多种，最常用的是将干酪放置在盐水容器中，容器置于 4～12 ℃ 的冷却间。以浅盐浸泡或容器浸泡为基础的各种系统可用于大量生产盐渍干酪。

a. 表面盐化。在盐化系统中，干酪被悬浮在容器内进行表面盐化，为保证表面润湿，干酪浸在盐液液面以下，容器中的圆辊用于保持干酪之间的间距。

b. 深浸盐化。带有绞起箱笼的深浸盐化系统也是基于同样的原理。箱笼大小可以按照生产量设计，每个箱笼占用一个浸槽，槽深 2.5～3 m，为获得一致的盐化时间（先进先出），当盐浸时间过半时，满载在箱笼中的干酪要倒入另一个空的箱笼中继续进行盐化，否则就会出现所谓的先进后出的现象。在盐化时间上，先装笼的干酪和最后装笼的干酪要相差几个小时，因此深浸盐化系统总要多设计出一个盐水槽以供空笼使用。

③混合法。混合法指在定型压榨后先涂布食盐，过一段时间后再浸入食盐水中的方法。

11. 装模

干酪被制作成球形、圆柱形、圆盘形或长方体形。此操作会影响某些干酪的成熟过程。一些品种的干酪被置于模具（现在为塑料或不锈钢制造）中在一定压力下压榨一定时间。

12. 干酪的成熟

将新鲜干酪置于一定温度（10～12 ℃）和湿度（相对湿度 85%～90%）条件下，经过一定时间（3～6 个月），在乳酸菌等有益微生物和凝乳酶的作用下，使干酪发生一系列物理和生物化学变化的过程，称为干酪的成熟。成熟的主要目的是改善干酪的组织状态和营养价值，增加干酪的特有风味。干酪的成熟时间应按照成熟度进行确定，一般为 3～6 个月以上。

（1）成熟的条件

干酪的成熟通常在成熟库（室）内进行，成熟时低温比高温效果好，一般为 5～15 ℃。相对湿度，一般成熟硬质和半硬质干酪为 85%～90%，而软质干酪及霉菌成熟干酪为 95%。当相对湿度一定时，硬质干酪在 7 ℃ 条件下需要 8 个月以上成熟，在 10 ℃ 时需要 6 个月以上，而在 15 ℃时则需要 4 个月左右,软质或霉菌成熟干酪需要 20～30 d。储藏的目的是要创造一个尽可能控制干酪成熟循环的外部环境,对于每种类型的干酪,特定的温度和相对湿度组合在成熟的不同阶段,必须在不同环境的储藏室中加以保持。在储藏室中,不同类型的干酪要求不同的温度和相对湿度,且环境条件对成熟的速率、质量减少、硬皮形成和表面菌种至关重要,即对干酪的全部自然特征都有决定性作用。带有硬表皮的干酪,通常大部分是硬质、半硬质类型,其表面涂有一层塑料、石蜡或蜂蜡的外装,而无硬皮的干酪则是由塑料膜或可收缩塑料袋包装。其包装具有双重目的,即防止水分过量损失,以及防止表面被微生物污染或染上灰尘。

(2)成熟的过程

①前期成熟。将待成熟的新鲜干酪放入温度、湿度适宜的成熟库中,每天用洁净的棉布擦拭其表面,防止霉菌的滋生和繁殖。为了使表面的水分蒸发均匀,擦拭后应将干酪翻转放置。此过程一般要持续 15～20 d。

②上色挂蜡。为了防止霉菌生长和增加美观,将前期成熟后的干酪清洗干净后,调湿空气经塑料喷嘴被吹入每一层干酪。用色素染成红色(或不染色)。待色素完全干燥后,在 160 ℃的石蜡中进行挂蜡,为了食用方便和防止形成干酪皮(Rind),现在多采用塑料真空或热收缩包装。

(3)成熟过程中的变化

除了鲜干酪以外,其他的干酪在经凝块化处理后,全部要经过一系列微生物、生物化学和物理方面的变化,这些变化涉及乳糖、蛋白质和脂肪,并由三者的变化形成成熟循环。这一循环随硬质、中软质和软质干酪的不同而有很大区别,同时各个类型的干酪随品种的不同而有显著的差异。

①水分的减少。成熟期间干酪的水分有不同程度的蒸发而使质量减轻。

②乳糖的变化。鲜干酪中含有 1%～2% 的乳糖,其大部分在 48 h 内被分解,在成熟后两周内消失,所形成的乳酸则变成丙酸或乙酸等挥发酸。乳糖的发酵是由出现于乳酸菌中的乳糖酶引发的。生产不同品种的干酪采用不同的技术,其总方针是控制和调节乳酸菌的生长和活力,用这种方式自发地影响乳糖发酵的程度和速度。在切达干酪的生产中,乳糖在凝块上模前已经发酵,至于其他品种的干酪,乳糖也应被控制在这样一个情形,即绝大部分乳糖的降解发生在干酪的压榨过程中和储藏的第一周或前两周。在干酪中生成的乳酸有相当一部分被乳中缓冲物质所中和,绝大部分被包裹在胶体中,且以乳酸盐的形式存在于干酪中。在最后阶段,乳酸盐类为丙酸菌提供了适宜的营养,而丙酸菌又是埃门塔尔、Gruyere 和相似类型干酪的微生物菌丛的重要组成部分。上述干酪除了生成丙酸、乙酸,还生成大量的二氧化碳气体,气体直接导致干酪形成大的圆孔。丁酸菌也可以分解乳酸盐类,如果条件适宜,这种类型的发酵会生成氢气、一些挥发性脂肪酸和二氧化碳,这一发酵往往出现于干酪成熟的后期,氢气会导致干酪的胀裂。用于生产硬质和中软质类型干酪的发酵剂不仅可使乳糖发酵,而且有能力自发地利用干酪中的柠檬酸而产生二氧化碳,以形成圆孔眼或不规则的孔眼。

③蛋白质的分解。蛋白质分解在干酪的成熟中是最重要的变化过程,且十分复杂。凝乳时形成的不溶性副酪蛋白在凝乳酶和乳酸菌的蛋白水解酶作用下形成胨、陈、多肽、氨基酸等可溶性含氮物。成熟期间蛋白质的变化程度常以总蛋白质中所含水溶性蛋白质和氨基酸的量为指标,水溶性氮与总氮的百分比被称为干酪的成熟度,一般硬质干酪的成熟度约为 30%,软质干酪则为 60%。干酪的成熟,尤其是硬质干酪的成熟,第一个标志和进一步的标志是蛋白质的降解,蛋白质的降解程度在很大程度上影响着干酪的质量,特别是组织状态和风味。引起

蛋白质降解的酶系统有:凝乳酶、微生物产生的酶、胞质素(纤维蛋白溶解酶的一种)。凝乳酶的唯一作用是将亚酪蛋白分子分解为多肽,如果细菌酶要直接对酪蛋白分子起作用,这一过程可使蛋白质降解的速率加快。对于高温蒸煮处理的干酪,如埃门塔尔、珀尔梅斯干酪等热烫类干酪,胞质素活力在初次降解中起着重要作用。对于半软质干酪,如太尔西特和Limburgar,两种成熟过程都起着作用,一种是硬质凝乳酶干酪的一般成熟过程,另一种是表面进行的黏化过程。在后一过程中,蛋白质降解进一步持续到最终产生氮,这是黏液菌的强蛋白质分解作用的结果。

④脂肪的分解。在干酪的成熟过程中,部分乳脂肪被解脂酶分解产生多种水溶性挥发脂肪酸及其他高级挥发性酸等,这与干酪风味的形成有密切的关系。

⑤气体的产生。在微生物的作用下,使干酪中产生各种气体,尤为重要的是有的干酪品种在丙酸菌作用下所生成的二氧化碳,使干酪形成带孔眼的特殊组织结构。

⑥风味物质的形成。成熟中所形成的各种氨基酸及多种水溶性挥发脂肪酸是干酪风味物质的主体。

13. 包装

许多干酪刚生产出来时都是很大的块,在超市中出售时被切成小块。一般采用充二氧化碳包装或抽真空包装。无氧环境会阻止霉菌在干酪表面生长,延长干酪的保质期。

1.8.4 干酪的质量缺陷及其控制措施

干酪的缺陷是指干酪由于使用了异常原料乳、异常细菌发酵及在操作过程中操作不当而引起的质量缺陷。

1. 物理性缺陷及其防止方法

(1)质地干燥

凝乳块在较高温度下"热烫"引起干酪中水分排出过多导致制品干燥,凝乳切割过小、加温搅拌时温度过高、酸度过高、处理时间较长及原料含脂率低等都能引起制品干燥。对此除改进加工工艺外,也可利用表面挂石蜡、塑料袋真空包装及在高温条件下进行成熟来防止。

(2)组织疏松

组织疏松即凝乳中存在裂隙,酸度不足,乳清残留于凝乳块中,压榨时间短或成熟前期温度过高等均能引起此种缺陷。防止方法:进行充分压榨并在低温下成熟。

(3)多脂性

多脂性指脂肪过量存在于凝乳块表面或其中。其原因大多是操作温度过高,凝块处理不当(如堆积过高)而使脂肪压出。可通过调整生产工艺来防止。

(4)斑纹

由于操作不当引起,特别是在切割和热烫工艺中由于操作过于剧烈或过于缓慢引起。

(5)发汗

通常指成熟过程中干酪渗出液体,其可能的原因是干酪内部的游离液体多及内部压力过大,多见于酸度过高的干酪。所以除改进工艺外,控制酸度也十分必要。

2. 化学性缺陷及其防止方法

(1)金属性黑变

由铁、铅等金属与干酪成分生成黑色硫化物,根据干酪质地的状态不同而呈绿、灰和褐色等色调。操作时除考虑设备、模具本身外,还要注意外部污染。

（2）桃红或赤变

当使用色素（如安那妥）时，色素与干酪中的硝酸盐结合而成更浓的有色化合物。对此应认真选用色素及其添加量。

3. 微生物性缺陷及其防止方法

（1）酸度过高

主要原因是微生物发育速度过快。防止方法：降低预发酵温度，加食盐以抑制乳酸菌繁殖；加大凝乳酶添加量；切割时切成微细凝乳粒；高温处理；迅速排除乳清以缩短制造时间。

（2）干酪液化

由于干酪中存在液化酪蛋白的微生物而使干酪液化。此种现象多发生于干酪表面。引起液化的微生物一般在中性或微酸性条件下发育。

（3）发酵产气

通常在干酪成熟过程中能缓缓生成微量气体，但能自行在干酪中扩散，故不形成大量气孔，而由微生物引起干酪产生大量气体则是干酪的缺陷之一。在成熟前期产气是由于大肠杆菌污染，后期产气则是由梭状芽孢杆菌、丙酸菌及酵母菌繁殖产生的。可将原料乳离心除菌或使用产生乳酸链球菌肽的乳酸菌作为发酵剂，也可添加硝酸盐，调整干酪水分和盐分。

（4）苦味生成

干酪的苦味是极为常见的质量缺陷。酵母或非发酵剂菌都可引起干酪苦味。极微弱的苦味可构成 Cheddar cheese 的风味成分之一，这是特定的蛋白胨、肽所引起的。另外，乳高温杀菌、原料乳的酸度高、凝乳酶添加量大以及成熟温度高均可能产生苦味。食盐添加量多时，可降低苦味的强度。

（5）恶臭

干酪中如存在厌气性芽孢杆菌，会分解蛋白质生成硫化氢、硫醇、亚胺等。此类物质产生恶臭味。生产过程中要防止这类菌的污染。

（6）酸败

由污染微生物分解乳糖或脂肪等生成丁酸及其衍生物所引起。污染菌主要来自于原料乳、牛粪及土壤等。

1.8.5 再制干酪的加工及质量控制

1. 再制干酪的定义、种类及特点

（1）定义

再制干酪是以不同种类或同种不同成熟期的天然干酪为主要原料，添加乳化剂、稳定剂、色素等辅料，经加热融化、乳化、杀菌等工序制得的、能长期保存的一种干酪制品，也称为融化干酪或加工干酪。目前全世界再制干酪占干酪总产量的60%～70%。

（2）再制干酪的种类

再制干酪含乳固体40%以上，脂肪占总干物质的30%～40%，其他组分完全取决于水分含量和用于生产的原材料。其有两种类型：块状干酪和涂抹干酪。块状干酪包括可用于切片冷食的干酪、切片烘烤干酪或搓碎烘烤干酪，而涂抹干酪包括许多不同稠度的干酪。为获得理想的稠度、质构、风味及烘烤特性，严格控制干酪的混合、乳化盐的选择和剂量、机械处理及热处理的特性和程度是很关键的。

(3)再制干酪的特点

①由于在加工过程中进行加热杀菌,所以再制干酪食用安全、卫生,并且有良好的保存性。

②通过加热融化、乳化等工艺过程,再制干酪的口感柔和均一。

③再制干酪产品种类丰富,形态和花色多样,口味变化多。同时,改善了天然干酪凝乳在物理特性上的不足,使得一些以前很难或不可能利用的天然干酪有可能被重新利用。

④再制干酪由于加入的各种配料和特有的加工技术,消除了天然干酪的刺激味道,更容易被消费者接受。

⑤再制干酪是以天然干酪为原料的,同时还可以添加各种风味物质和营养强化成分,能够满足人们的营养需要,还具有重要的生理功能。

2.再制干酪的加工工艺

(1)工艺流程

再制干酪的加工工艺流程,如图1.45所示。

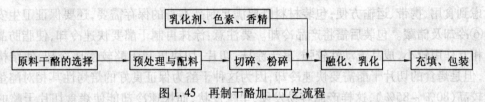

图1.45 再制干酪加工工艺流程

(2)操作要点

①原料的选择。一般选择细菌成熟的硬质干酪,如荷兰干酪、契达干酪和荷兰圆形干酪等。为满足制品的风味及组织,成熟7~8个月风味浓的干酪占20%~30%。为了保持组织滑润,则成熟2~3个月的干酪占20%~30%,搭配中间成熟度的干酪50%,使平均成熟度在4~5个月,含水分35%~38%,可溶性氮0.6%左右。

②原料的清洗和预处理。在加工前,需对原料进行水洗,主要是因为包装较脏或外皮较硬。使用的主要设备是干酪储藏架,用于放置清洗过的和准备清洗的干酪。此外,还有面积较大的处理台、清洗盆、蒸汽装置等。一些硬质干酪需要将它们的塑料或蜡质的外皮包装除去。所有的原料干酪在切割前都需要用纯净水进行处理。预处理包括除掉干酪的包装材料,削去表皮,清拭表面等。削皮就是用刮刀除去蜡和包膜涂料剂,如果表面有龟裂、发霉、不洁的部分以及干燥变硬的部分也要除去;去皮的厚度要根据干酪的状态而定。去皮后的原料要切割成适度的大小,采用粉碎机粉碎。

③切割和粉碎。干酪较好的切割方式是使用一把两面握的切割刀或者是一条在两端装有木把手的金属丝来进行手工切割,或者用切碎机将原料干酪切成块状,用混合机混合,然后粉碎成4~5 cm的面条状,最后用磨碎机处理。近来,此项操作多在熔融釜中进行。

④熔融和乳化。经粉碎后的各种干酪按配方计算用量,准确称重,在融化锅中进行混合乳化。首先在融化蒸煮锅中加入适量的水,通常为原料干酪重的5%~10%。成品的含水量为40%~55%,但还应防止加水过多造成脂肪含量的下降。按配料要求加入适量的调味料、色素等添加物,然后加入预处理粉碎后的原料干酪,开始向熔融釜的夹层中通入蒸汽进行加热。当温度达到50 ℃左右,加入1%~3%的乳化剂,如磷酸钠、柠檬酸钠、偏磷酸钠和酒石酸钠等。这些乳化剂可以单用,也可以混用。最后将温度升至60~70 ℃,保温20~30 min,使原料干酪完全融化。加乳化剂后,如果需要调整酸度,可以用乳酸、柠檬酸、乙酸等,也可以混合使用。成品的pH值为5.6~5.8,不得低于5.3,乳化剂中,磷酸盐能提高干酪的保水性,可以形成光

滑的组织状态;柠檬酸钠有保持颜色和风味的作用。在进行乳化操作时,应加快釜中的搅拌器的转数,使乳化更完全。在此过程中应保证杀菌的温度,一般为 60~70 ℃ 20~30 min,或 80~120 ℃ 30 s 等。乳化终了时,应检测水分、pH 值、风味等,然后抽真空进行脱气。

真空脱气的主要目的是排除产品中的空气,使切片、切块干酪的结构致密,无凹陷或孔洞,使涂抹干酪的表面更加光滑亮泽。决定脱气程度的主要工艺参数是真空度及脱气时间。真空度高、脱气时间长,自然脱气程度高。脱气时间一般也是物料处于熔融温度附近的时间,所以脱气时间长也就是熔融时间长,而熔融时间是需要控制的,因此应该在保证"奶油化"的前提下调整真空度,达到脱气效果。

⑤加工、充填、包装。混合物在一定的真空度持续搅拌后用蒸汽直接或间接加热,加热常用设备有史蒂芬融化锅等;加热处理后的混合物用手工或用无菌泵排出到包装机器,然后完成包装;经过乳化的干酪应趁热进行充填包装;必须选择与乳化机能力相适应的包装机;包装材料多使用玻璃或涂塑性蜡玻璃纸、铝箔、偏氯乙烯薄膜等;包装的量、形状和包装材料的选择,应考虑到食用、携带、运输方便;包装材料既要满足制品本身的保存需要,还要保证卫生安全。

⑥冷却及储藏。包装后需将产品冷却。要注意:涂抹再制干酪要快速冷却,使脂肪晶化和蛋白相互作用较小,成品流动性较强,易于涂抹;切片、切块再制干酪较慢地冷却,使结构更加紧密,但是烤食的切片干酪需要快速冷却,因为这种干酪为保证良好的焙烤性其相对酪蛋白的含量较高(80%~85%),这样产品容易发硬,呈橡皮状,而快速冷却能使烤食切片干酪的质地比较软,口感较好;切片、切块再制干酪还有一个轧制、切割成型的过程。这个过程一般和冷却同时进行,需要相互配合好。例如,轧制时需要温度稍高,产品稍软,这样易于成型;而切割时需要温度较低,产品较硬,这样切割断面比较干净。

总之,对于切片、切块再制干酪,既要保证转动速度,又要在冷却进行的适当阶段实现成型。操作过程中要严格坚持卫生标准,最终产品要在低于 10 ℃ 的条件下储藏。

3. 再制干酪质量缺陷及控制措施

这里的质量缺陷主要是从感官上进行评价的。通过感官评价结果得出质量优良的再制干酪,具有柔和芳香、致密的组织、滑润的舌感、适当的软硬度和弹性,呈均匀一致的淡黄色透明有光泽状。但在加工和储藏过程中常出现以下缺陷:

(1)过硬或过软

再制干酪过硬的主要原因是所用的原料干酪成熟度低,酪蛋白的分解量少,补加水分少和pH 值过低,以及脂肪含量不足,熔融乳化不完全,乳化剂的配比不当等。

制品硬度不足,是由于原料干酪的成熟度、加水量、pH 值及脂肪含量过度而产生的。要想获得适宜的硬度,配料时以原料干酪的平均成熟度在 4~5 个月为好,补加水分应按成品含水量在 40%~50% 的标准进行。并正确选择和使用乳化剂,调整 pH 值为 5.6~6.0。

(2)脂肪分离

表现为再制干酪表面有明显的油珠渗出,这与乳化时处理温度和时间有关。另外,原料干酪成熟过度,脂肪含量高,或者是水分不足、pH 值低时脂肪也容易分离。可在加工过程中提高乳化温度和时间,添加低成熟度的干酪,增加水分和 pH 值等。

(3)砂状结晶

再制干酪的砂状结晶中 98% 是磷酸三钙为主的混合磷酸盐。这种缺陷产生的原因是添加粉末乳化剂时分布不均匀,乳化时间短等。此外,当原料干酪的成熟度过高或蛋白质分解过度时,也容易产生难溶的氨基酸结晶。采用乳化剂全部溶解后再使用、乳化时间要充分、乳化时搅拌要均匀、追加成熟度低的干酪等措施。

（4）膨胀和产生气孔

再制干酪在刚加工之后产生气孔，是由于乳化不足引起的；储藏中产生的气孔及膨胀是污染了酪酸菌等产气菌。应尽可能使用高质量干酪作为原料，提高乳化温度，采用可靠的灭菌手段。

（5）异味

再制干酪产生异味的主要原因是原料干酪质量差，加工工艺控制不严，储藏措施不当。在加工过程中，要保证不使用质量差的原料干酪，正确掌握工艺操作，成品在冷藏条件下储藏。

1.9　冰淇淋的加工

1.9.1　冰淇淋的定义和分类

1.冰淇淋的定义

我国行业标准（SB/T 1006—92）中将冰淇淋定义如下：是以饮用水、乳品（乳蛋白的含量为原料的 2% 以上）、蛋品、甜味料、食用油脂等为主要原料，加入适量的香味料、稳定剂、着色剂、乳化剂等食品添加剂，经混合、灭菌、均质、老化、凝冻等工艺，或再经成型、硬化等工艺制成的体积膨胀的冷冻饮品。冰淇淋的物理构造很复杂，气泡包围着冰的结晶连续向液相中分散，在液相中含有固态的脂肪、蛋白质、不溶性盐类、乳糖结晶、稳定剂、溶液状的蔗糖、乳糖、盐类等，由液相、气相、固相三相构成。

2.冰淇淋的种类

（1）按冰淇淋中的脂肪含量分类

按照 SB/T 10013 的规定分类，见表 1.27。

表 1.27　冰淇淋的分类

项　目	清型			混合型			组合型		
	全乳脂	半乳脂	植脂	全乳脂	半乳脂	植脂	全乳脂	半乳脂	植脂
总固体/%	≥30.0			≥30.0			≥30.0		
脂肪/%	≥8.0	≥6.0		≥7.0	≥5.0		≥7.0	≥6.0	
蛋白质/%	≥2.5			≥2.2			≥2.5	≥2.2	
膨胀率/%	80～120	60～140	≤140	≥50			—		

（2）按原料的种类分类

①全乳脂冰淇淋。完全用乳脂肪作为最终产品脂肪来源制造的冰淇淋。

②半乳脂冰淇淋。产品中含有乳脂肪、人造乳油的冰淇淋，产品中乳脂肪含量在 2.2% 以上。

③植脂冰淇淋。用植物油脂、人造乳油制造的冰淇淋。

（3）按加入的辅料分类

①清型冰淇淋。不含颗粒和块状辅料的制品，如奶油冰淇淋、香草冰淇淋、可可冰淇淋等。

②混合型冰淇淋。含有颗粒或块状辅料的制品，如草莓冰淇淋、果仁冰淇淋等。

③组合型冰淇淋。主体冰淇淋所占比例不低于50%,和其他种类冷冻饮品或巧克力饼坯等组合而成的制品,如蛋卷冰淇淋、外涂巧克力的冰淇淋等。

④布丁冰淇淋。

⑤酸奶(含乳酸菌)冰淇淋。

1.9.2　冰淇淋生产的主要原辅料及作用

1. 水和空气

水和空气是冰淇淋的重要成分,在冰淇淋中水是连续相,可呈液态或固态,或是这两种物理状态的混合体。空气通过水脂乳浊液而散布在混合料内。乳浊液由液态水、冰结晶体和凝结的乳脂肪球组成。水和空气的分界面被一层未冻薄膜所稳定。冰淇淋混合料内的水来源于各种原料,如鲜牛乳、植物乳、炼乳、稀奶油、果汁、鸡蛋等,但生产时还需要添加大量的饮用水。水在冰淇淋中的作用是溶解盐和糖以及形成冰晶体。冰淇淋内空气的数量是重要的,因为它影响冰淇淋的质量和利润,并须符合法定标准。在产品质量管理上保持空气数量的均匀一致性是重要的,有些冷冻机配有空气过滤器来保证空气质量。除了空气之外,冰淇淋内可以使用其他气体,如将液态氮或无毒的惰性气体充入混合料内,或将干冰添加入混合料内以二氧化碳取代空气。

2. 脂肪

脂肪是冰淇淋的一个重要组成部分,合适的脂肪含量不仅有助于平衡混合料,保证产品满足标准的要求,而且有助于冰淇淋产品的风味,同时对于产品的质地和口感也有很大的作用。

(1)冰淇淋中脂肪的主要来源

冰淇淋中的脂肪来源主要有鲜稀奶油、冻结稀奶油、无盐奶油、无水奶油、植物性脂肪以及脂肪替代品。

①鲜稀奶油和冻结稀奶油。鲜稀奶油是制造冰淇淋产品的最佳乳脂肪,通常选用脂肪含量小于40%、酸度<17 °T 的无异味的稀奶油作为主要原料,虽然可以带给冰淇淋良好的风味、滑润的口感、坚实的组织状态和质地,但价格较高,而且受季节的影响较大。通常是在稀奶油原料充足时,将多余的原料储存起来,在稀奶油供应紧张时使用,能够起到很好的调控作用。但是冻结稀奶油的成本较高(主要是储存成本),而且产品的风味较差。

②无盐奶油和无水奶油脂肪含量分别为83%和99%,使用时可再加一些新鲜稀奶油和蛋黄粉。无盐奶油和无水奶油都可以带给冰淇淋良好的口感、坚实的组织状态和质地,但可能会带给产品一些脂肪氧化味(奶油味)。虽然使用和储存比较方便,但价格较高。

③植物性脂肪。常用的植物油脂有棕榈油、棕榈仁油、椰子油等。在冰淇淋的生产中,尽管常使用乳脂肪,但消费的新潮流、原料成本的压力等因素,致使植物脂肪越来越广泛地应用于冰淇淋生产,以取代部分乳脂肪。所有的脂肪都是由甘油三酸酯组成的,但是不同的脂肪,脂肪酸组成不同,性质也不相同。脂肪酸的碳链越长,饱和度越高,脂肪的熔点就越高。实践证明,在冰淇淋老化时,脂肪的种类决定了脂肪的结晶凝固点以及达到最大固化脂肪含量所需的时间。

(2)脂肪的主要作用

①脂肪含量的高低与冰淇淋的风味有很大的关系。气泡的内表面是脂肪球,而冰晶的外表面是脂肪球,进入口中最先感觉到的是脂肪球。所以,这足以说明脂肪在冰淇淋中所起的作

用。在生产时要求脂肪球数量比包住气泡和冰晶的两个界面所需脂肪球数量多 10 倍,在冷冻过程中脂肪颗粒分布于气泡的表面是有利于提高风味的。

②脂肪含量影响产品的质地(软硬、黏度、韧性)、干爽性(清爽与圆润相辅相成);另外产品的保形性与脂肪含量也有非常重要的关系;同时脂肪可以提高营养价值。

③混合料中的脂肪球经过均质处理,比较大的脂肪球被破碎成许多细小的脂肪球颗粒,由于这种原因,使冰淇淋混合料的黏度略有升高,此时可相对减少增稠剂的用量,同时可以在凝冻搅拌过程中增加膨胀率。

④脂肪在冷冻的过程中并不能抑制水分结晶的粗大化。因为它与混合料的冰点无太大的关系,当脂肪含量过高、总干物质含量不变时,脂肪是不利于提高搅打速率的。脂肪含量高的容易结冰,容易出现大冰晶,称为雪花状冰淇淋。

⑤乳脂肪是各种香料的载体。

3. 非脂乳固体

非脂乳固体的含量随着脂肪含量的变化而相应地变化,这是为了保证合适的混合料的平衡、良好的质地、坚实的组织状态以及储藏特性。用于冰淇淋生产的非脂乳固体的来源有:脱脂乳粉、脱脂乳、全脂乳粉、乳清粉、酪乳、炼乳以及酪蛋白酸钠等。

(1)冰淇淋中非脂乳固体的主要来源

①脱脂乳粉或脱脂乳。其风味受原料乳的影响较小,同时可以改善产品的组织结构及产品的风味,通常情况下使用此种原料作为非脂乳固体的来源。

②全脂乳粉。受原料乳的影响,全脂乳粉易出现异味,所以如果有脱脂乳粉就不用全脂乳粉。

③乳清粉。通常情况下为干酪乳清粉,其蛋白质质量分数一般为 11% ~ 13%,而乳糖质量分数为 70% 左右,所以会对最终产品的口感以及组织状态产生影响,一般起到降低生产成本的作用。

(2)非脂乳固体的主要作用

①蛋白质有利于产品的坚实与润滑,使产品质地良好,组织细腻。

②可提高黏度和抗融化性。

③可降低冰点,防止冰晶粗大。

④可消除脂肪的油腻感,给产品以柔和、圆润的感觉。

⑤提高脂肪的价值,增强适口性。

(3)非脂乳固体的添加量

非脂乳固体的添加量受以下三种因素决定:蛋白质的乳化效果、水结合效果以及乳糖结晶。所以一般情况下,最适宜的添加量为:每 100 g 水中有 17 g 非脂乳固体。冰淇淋产品中的非脂乳固体添加量的多少对于产品的质量有着至关重要的作用。若非脂乳固体添加量过少,则冰淇淋产品组织粗糙,结构松散,口感也较差,同时也会造成产品的稳定性差,容易出现收缩或缩壁的现象。若非脂乳固体添加量过多,则冰淇淋产品有可能黏度过高,同时会使产品带有咸味和蒸煮味,非脂乳固体含量增加的同时,其乳糖含量也会相应的增加,乳糖的增加会造成乳糖不易溶解,产生结晶,造成最终产品的砂粒感(或称沙质感)。

4. 甜味剂

广义来讲,甜味料包括一切有甜味的物质,有固体的也有液体的,有天然的也有合成的。

冰淇淋使用的甜味料有:蔗糖、葡萄糖浆、转化糖浆、果葡糖浆、甜蜜素、阿斯巴甜等。这些不同的甜味料具有不同的甜味和其他功能特效,对产品的色泽、香气、滋味、形态、质构和保藏起着极其重要的作用。冰淇淋中一般含有8%~20%的糖分。

(1)甜味剂的作用

①赋予冰淇淋甜味,增加适口性,使产品甜而圆润。

②提高总干物质含量和黏度,从而改善成品的质地和组织状态。

③可降低冰点,但各种糖对冰淇淋的冰点影响不同。

(2)甜味剂在冰淇淋产品中的应用

砂糖是最为常用的甜味剂,一般添加量为8%~16%。砂糖不仅赋予产品甜味,而且能够使冰淇淋制品组织细腻,是质优价廉的甜味料。蔗糖可以使冰淇淋混合料的冰点下降。鉴于葡萄糖浆的抗结晶作用、甜味柔和,通常使用葡萄糖浆部分替代蔗糖,添加量一般不超过砂糖使用量的1/2。加糖时应注意以下几点:

①混合料中糖的浓度。

②混合料中总干物质的含量。

③混合料的性质(黏度、冰点、搅打性能)。

④糖品的性能。

⑤如甜味料添加过多,则过甜,掩盖了产品的风味,糖加多了无爽口的感觉;可出现黏度过高,搅打性能差,膨胀率过低;冰点过低延长了凝冻时间,冰晶过大,还会导致硬化温度低,产品易融化。

5. 蛋与蛋制品

蛋与蛋制品能提高冰淇淋的营养价值,改善其组织结构和风味。由于卵磷脂具有乳化剂和稳定剂的性能,使用鸡蛋或蛋黄粉能形成持久的乳化能力和稳定作用,所以适量的蛋品使成品具有细腻的"质"和优良的"体",并有明显的牛奶蛋糕的香味。一般蛋黄粉用量为0.5%~2.5%,若过量,则易出现蛋腥味。

6. 稳定剂

(1)稳定剂的作用

冰淇淋稳定剂对产品的质构有非常大的影响,通过添加稳定剂,使混合料液的黏度增加,避免料液在冷却、老化工序中脂肪球上浮积聚,因脂肪上浮速度与脂肪球直径的平方成正比,与料液黏度成反比;稳定剂具有亲水性,能与料液中的游离水结合,在凝冻时抑制冰晶生成;提高料液的均匀性,在凝冻搅拌时促进空气混入,提高了膨胀率,从而使冰淇淋质地细腻、口感较好;由于稳定剂均匀分布到每个结晶体表面,从而保护了冰淇淋的形体,使冰淇淋在储藏期间能防止冰晶的成长,并保持良好的抗融性。

稳定剂有两种类型:蛋白型和碳水化合物型。较为常用的稳定剂有明胶、刺槐豆胶、瓜尔豆胶、黄原胶、卡拉胶、海藻酸钠、果胶、CMC、变性淀粉等,淀粉一般用于等级较低的冰淇淋中。稳定剂的添加量一般占冰淇淋混合料的0.1%~0.5%。无论哪一种稳定剂都有其优缺点,所以通常使用复合稳定剂来提高冰淇淋的质量。

(2)稳定剂的使用

①一般高脂肪混合料、高干物质混合料、高温处理混合料需加稳定剂的量可以相对少一

些。

②对于巧克力混合料,因为巧克力本身已提高干物质含量,且巧克力脂肪含量高,则需加稳定剂的量可以相对少一些。

③对于高温处理混合料,高温后蛋白质变性(乳清蛋白),吸水性增强(酸乳中用的较多)。

④对于干物质含量较低的混合料、高温短时处理的混合料和长期保藏的冰淇淋混合料,稳定剂的添加量应相对多一些,以易泵送和杀菌。

⑤选择稳定剂时,要注意食品价值、质量优劣和卫生条件。

7. 乳化剂

在冷冻过程中搅拌混合料的目的在于冷冻过程中使空气变成小气泡,混入组织中,这时混合料中的乳化剂与脂肪球聚集在气泡表面,表面张力降低,使气泡变小均一化,同时乳化剂在分子构造中有亲油和亲水两方面的性质,亲油基团将包围气泡的油层并乳化,亲水基团吸引水层部分,使胶体变成完全分散状态。表面吸附乳化剂的脂肪球与非脂乳固体物及气泡表层很好地结合,使成品水分显得很好(干爽),因此乳化剂的作用是:

①产品组织细腻,质地厚实,赋予产品圆滑、干爽性。

②使凝冻机中的混合料获得优良的搅打性能,改善产品的保形性。

③使冰晶气泡变得更小、更均匀。

④缩短了搅打时间,降低了气泡表面张力,延长了融化时间。搅打时间缩短,可以防止形成大冰晶,因为气泡导热性小,气泡多且细小,延长了融化时间。

⑤对混合料的酸度、黏度稍有影响,自由水少,缓冲能力相对高,酸度相对升高,黏度升高(自由水含量减少)。

冰淇淋中常用的乳化剂有单硬脂酸甘油酯、蔗糖脂肪酸酯、聚山梨酸脂肪酸酯(吐温)、山梨醇酐脂肪酸酯(斯盘)、聚甘油脂肪酸酯、卵磷脂等。乳化剂的添加量与混合料中脂肪含量有关,一般随脂肪量增加而增加,其范围为 0.1% ~ 0.5%,复合乳化剂的性能优于单一乳化剂。

单甘酯具有很强的乳化性,能牢固地吸附和结合在油/水界面上,并对油脂趋向同一结构有较大影响。单甘酯还能与蛋白质及淀粉相互作用,这对抑制冰晶生长有非常好的影响。蔗糖酯在水溶液中富集于溶液表面,使表面张力迅速下降。蔗糖酯在食品体系中具有优良的充气作用,凝冻时的起泡力强,但所形成的气泡较粗,稳定性不足,制成的冰淇淋抗融性较差,一般与其他乳化剂配合使用。聚甘油酯有很高的热稳定性,因聚甘油碳链的长度、酯化程度、所用脂肪酸的不同可形成多种性能的产品。聚甘油酯单独使用或与其他乳化剂复配使用,都具有良好的充气作用,非常适合于冰淇淋的生产。卵磷脂是应用最广泛的天然乳化剂,可单独使用或复配使用,而且有很高的营养价值。

8. 香料(分天然与合成两类)

天然香料的来源:非柑橘属水果、柑橘属水果、热带水果、无糖水果、天然植物香料、调味料、可可与巧克力、咖啡、果仁。通常情况下,天然香料的价格昂贵而且使用量较大。

合成香料主要是芳香化合物,主要用于配制香料、酒类(酒精、威士忌、水果白兰地或白兰地酒香精、水果酒),添加量一般在 0.075% ~ 0.1%。

选择香料和添加香料时应注意避免以下问题:

①香料添加得过多或过少。

②选择的香料不具有典型的风味、风味粗糙或较平淡。

③选择的香料过甜或甜度不足。

④香料配制的比例不当,产生的风味过重或过轻。

⑤香料添加后导致香料在冰淇淋混合料中分散不均匀。

⑥选择的香料颜色不正。

⑦选择的香料颗粒过大(粗)或过小(细)。过大(粗)会在最终产品中产生异物的感觉,过小(细)会导致溶解不充分,而在最终产品上出现香味不均匀的现象。

⑧根据产品的市场定位,选择性价比最高的香料。

选择天然香料时注意保证其供应的稳定性和一致性,例如:香子兰香料(香草抽提物的原料)主要产于马达加斯加、印度尼西亚等地。

9. 色素

色素在使用时的注意事项:

①光线、氯气、酸、碱、金属等使色素褪色,应储存在阴凉的地方。

②色素被细菌污染后,引起产品腐败变质和褪色。可在食用色素中加入 1% 的苯甲酸钠起防腐作用。

③色素一般为粉末状,加入前与开水混合,煮沸且随用随制备。

④在冰淇淋生产中,着色要均匀一致,而且要和谐相称。

⑤色素无毒,且为食用色素。

1.9.3 冰淇淋的加工

1. 冰淇淋生产工艺流程

冰淇淋生产工艺流程如图 1.46 所示。

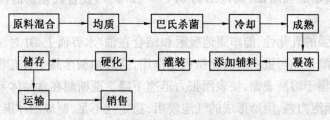

图 1.46 常规冰淇淋生产工艺流程

2. 工艺流程图说明

(1)原料的混合

原辅料的种类很多,性状各异,配料时一般要根据它们的物理性质进行预处理,下面是各种原辅料的预处理方法:

①鲜牛乳。在使用鲜牛乳之前,用 120 目尼龙或金属绸过滤除杂或进行离心净乳。

②冰牛乳。尽量避免使用冻结乳;若使用冻结乳,应先击碎成小块,然后加热溶解,过滤,再泵入杀菌缸。

③乳粉。使用混料机或高速剪切缸,将乳粉加温水溶解;条件允许时可先均质一次,使乳粉分散更加均匀。

④奶油(包括人造奶油和硬化奶油)。检查其表面有无杂质:若无杂质,再用刀切成小块,加入杀菌缸中。

⑤稳定剂,蔗糖。一般将稳定剂与其质量 5~10 倍的蔗糖混合,然后溶解于 80~90 ℃ 的软化水中。

⑥液体甜味剂。可用 5 倍左右的水稀释、混匀,再经 100 目尼龙或金属绸过滤。

⑦蛋制品。蛋与乳一起混合,过滤后均质使用;冰蛋要加热融化后使用;蛋黄固形物应与部分砂糖混合后加入温度达到 88 ℃ 的混合料中。

⑧果汁。果汁静置存放就会变得不均匀,在使用前应搅匀或经均质处理。

(2)原料的配比与计算

原料配比的原则:先制定质量标准,充分考虑脂肪与非脂乳固体物成分的比例、总干物质含量、糖的种类和数量、乳化利和稳定剂的选择与数量等;在冰淇淋混合料原料选样和配方计算时,还需要适当考虑原料的成本和对成品质量的影响。例如,为适当降低成本,在一般奶油或牛奶冰淇淋中可以采用部分优质氢化植物油代替奶油。

配方的计算:根据标准要求计算其中各种原料的需用量,从而保证所制成的产品质量符合技术标准,计算前,首先必须知道各种原料和冰淇淋的组成,作为配方计算的依据。

混合料配制的原则以及注意事项如下:

①脂肪与非脂乳固体的成分比例,按照正常的比例进行配比。

②总干物质成分含量。

③注意选择糖的种类与添加量。

④乳化剂与增稠剂的选择、数量以及添加量。

⑤要考虑到原料对成品质量的影响。

⑥在规定的原料成本范围之内。

⑦消费者对产品口味的接受能力:甜度、风味、脂肪感等。

⑧所选择的原料和食品添加剂均为国家标准规定的成分。

⑨设备的自动化程度以及设备的运转情况。

(3)混合料的均质处理

①均质的目的

a.使脂肪球微细化为 2 μm 左右,并均匀持久地悬浮于乳中,防止脂肪上浮或脂肪层的形成。

b.使产品组织细腻,提高搅打性能,缩短成熟与搅打时间。均质以后,可以使更多的乳化剂和蛋白质分散于脂肪球膜表面,即膜上胶体保护物质增多,提高乳化性,使起泡性能增强。

c.节省稳定剂、乳化剂,扩大原料选择范围(如乳油、无水乳油、冻结稀乳油,只有具备均质的条件时才能使用)。

d.提高混合料的黏度,防止在冷冻过程中形成乳油粒。

②均质与脂肪球凝集的关系

微细化的小脂肪球有再凝集的现象,随着脂肪球的凝集,混合料的起泡性能降低。造成脂肪球凝集的原因有:

a.与非脂乳固体相比,脂肪比率过低。

b. 均质温度低,固体脂肪含量高,易形成乳油粒。

c. 添加明胶后均质,要比添加前均质脂肪球凝集得较多。

d. 添加砂糖后均质,要比添加前均质脂肪球凝集得较多。主要是因为明胶有抱水作用,自由水减少,流动性降低,脂肪球易聚集。

e. 乳制品中的盐类对脂肪球的凝集影响较大,加少量柠檬酸钠、磷酸氢二钠,其吸水性增强,更易移到脂肪球上,所以有利于脂肪球的分散,可以减少凝集,提高搅打性能。

③均质条件的选择

a. 均质方式。由于混合料经过一级均质后容易产生脂肪凝集和附聚,所以冰淇淋混合料最好采用二级均质。

b. 均质压力与温度。均质压力过低,则脂肪不能完全乳化,导致混合料凝冻,搅拌不良,影响冰淇淋的组织质地;均质压力过高,则使混合料黏度过高,凝冻时空气难以混入。因此,要达到要求的膨胀率,则需更长的时间,一般认为,压力稍高,可使冰淇淋组织细腻,质地润滑、松软,为防止糊状的组织状态,均质压力应随混合料中干物质与脂肪的增加而降低。低温均质,混合料黏度高,脂肪凝集,凝冻搅拌不良;均质温度过高(80 ℃以上),常发生脂肪聚合,影响搅打性能、膨胀率,所以均质温度一般控制在 63 ~ 77 ℃范围内,均质压力一般是 5 ~ 18 MPa。

c. 产品脂肪含量与均质压力的配比如图 1.47 所示。

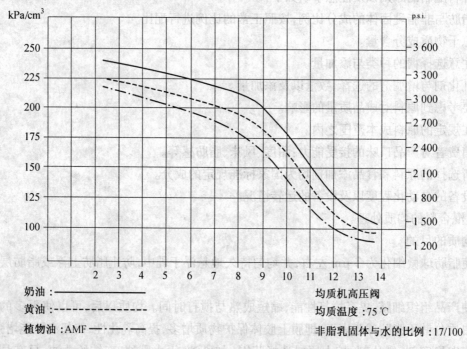

图 1.47　产品脂肪含量与均质压力的配比

④均质过程中常发现的问题:

a. 搅打能力低。均质压力有可能过高,黏度过高,搅打能力低;均质时温度过低;均质压力过低,均质效果差,脂肪球的乳化性降低,搅打性能降低;均质阀受损,易出现搅打能力降低;脂肪球凝集。

b. 组织粗糙。均质压力过低,分散性差;均质阀受损,脂肪球不均一,分散性差。

c.橡皮状。主要由于膨胀率不高，干物质含量低，易出现橡皮状，因为均质压力过高。

（4）混合料的杀菌

①杀菌方式。低温长时杀菌（68～70 ℃ 30 min）；高温短时杀菌（83～85 ℃ 15～30 s）；超高温杀菌（130～150 ℃ 3～6 s）。通常采用高温短时杀菌和超高温杀菌的方法，这两种方法要比低温长时杀菌的方法好得多。

②杀菌的作用。可杀死更多的微生物；使产品组织更细腻，质地更优良；进一步改进风味，避免混合料及产品的氧化；可节省增稠剂的使用量25%～35%；处理量大、省时、省力、省空间。

③杀菌的目的。杀死所有的致病菌，以及大多数细菌、酵母、霉菌等，但一些耐热芽孢菌可存活。要求杀菌后的混合料中菌落总数≤1 000 cfu/mL，大肠菌群实验要求≤450 MPN/100 mL。杀菌后大肠菌群实验结果仍然超标的原因：

a.包装造成污染，不戴口罩或包装本身带菌。

b.非封闭式的手工灌装。

c.机器等。

d.杀菌不完全等。

改进产品风味和保藏质量。有助于混合料搅拌，使产品均匀一致。

（5）混合料的冷却与成熟（老化）

成熟（老化）：经过杀菌后的混合料，应迅速冷却至2～4 ℃，并在此温度下保持一定的时间，这就是混合料的物理成熟。

①成熟的目的

a.均质后冰淇淋混合料中脂肪球的表面积有很大增加，增加了脂肪球在溶液界面的吸附能力，在乳化剂与蛋白质、脂肪的水合作用下，使脂肪在混合料中形成稳定的水合物，但这一过程需要很长的时间。

b.随着分散相体积的增加，乳浊液黏度也相应地增加，因此混合料中游离水分减少，可防止混合料凝冻时形成较大冰晶，使产品组织细腻（对稳定剂充分发挥作用而言）。

c.成熟增加了混合料的起泡性，缩短了凝冻时间，使产品质地厚实（对乳化剂而言）。

②成熟温度

成熟温度在2～4 ℃。

a.温度高，则黏度低；而温度低，则黏度高，有利于生产。

b.与凝冻机的温度差越小越好，以减少能量损失。

c.温度低对抑制细菌生长有利。

d.成熟料温度不宜过低，否则有可能形成冰晶。

③成熟时间

成熟时间一般需要4～24 h，这要根据混合料的成分比例和成熟温度而定，例如总固形物含量偏低时（TS≤30%）所需时间要长一些，这样可以使乳化剂充分发挥作用。巧克力冰淇淋混料成熟时间较短，如使用奶油、脱脂乳粉和水制作的冰淇淋混合料，需要的成熟时间较长，一般为12～24 h。

④成熟过程中应注意的问题

a. 成熟过程中一定要不断进行搅拌,目的是使其温度均匀,减少脂肪上浮。

b. 注意防止细菌污染。

c. 应尽量减少温度的波动。

⑤成熟后添加香料和色素

成熟的混合料在泵入凝冻机前可添加香料、色素,并迅速搅拌均匀。

(6)凝冻

凝冻是冰淇淋加工中的一个重要工序。它是将配料、杀菌、均质、老化后的混合物料在强制搅拌下进行冷冻,使空气以极微小的气泡均匀地混入混合物料中,使冰淇淋中的水分在形成冰晶时呈微细的冰结晶,这些小冰结晶的产生和形成对于冰淇淋质地的光滑、硬度、可口性及膨胀率来说都是必须的。

当冰淇淋被冷冻至适当稠度和硬度时,就可以从冷冻机中挤出进行包装,并迅速转移到硬化室进行进一步冷冻,完成冰淇淋的硬化过程。凝冻是冰淇淋生产中最重要的工序之一,是冰淇淋的质量、可口性、产量的决定因素。它是将混合原料在强制搅拌下进行冷冻,这样可使空气呈极微小的气泡状态均匀分布于混合原料中,而使水分中有一部分(20%~40%)呈微细的冰结晶。凝冻工序对冰淇淋的质量和产率有很大影响,其作用在于冰淇淋混合原料受制冷剂的作用而降低了温度,逐渐变厚而成为半固体状态,即凝冻状态。搅拌器的搅动可防止冰淇淋混合原料因凝冻而结成冰屑,尤其是在冰淇淋凝冻机筒壁部分。在凝冻时,空气逐渐混入而使料液体积膨胀。

①凝冻的目的

a. 使混合料更加均匀。由于经均质后的混合料还需添加香精、色素等,在凝冻时由于搅拌器的不断搅拌,使混合料中各组分进一步混合均匀。

b. 使冰淇淋组织更加细腻。凝冻是在 -2~-6 ℃的低温下进行的,此时料液中的水分会结冰,但由于搅拌作用,水分只能形成 4~10 μm 的均匀小结晶,而使冰淇淋的组织细腻、形体优良、口感滑润。

c. 使冰淇淋获得适当的膨胀率。在凝冻搅拌过程中,空气的混入可使冰淇淋的体积增加,质地变得松软,适口性得到改善。

d. 使冰淇淋稳定性提高。凝冻后,由于空气气泡传导的作用,可使产品的抗融化作用增强。

②冰淇淋凝冻

混合原料在强制搅拌下进行冷冻。冰淇淋混合原料的凝冻温度与含糖量有关,而与其他成分关系不大。混合原料在凝冻过程中温度每降低 1 ℃,其硬化所需的持续时间就可缩短10%~20%,但凝冻温度不得低于 -6 ℃,因为温度太低会造成冰淇淋不易从凝冻机内排放。若凝冻温度过低,则空气不易混入,导致膨胀率降低,或者气泡混合不均匀,组织不细腻;若凝冻温度过高,则易使组织粗糙并有脂肪粒存在,或使冰淇淋组织发生收缩现象。

凝冻机具有两个功能:将一定量的空气搅入混合料,将混合料中的水分凝结为大量的细小冰结晶。为了获得细腻的组织,实际生产中为形成细微的冰晶,应努力做到以下几点:冰晶形成要快;剧烈搅拌;不断添加细小的冰晶;要保持一定的黏度。

工业用凝冻机有间歇式和连续式两种。就冷冻方式而言,有冷盐水夹层的冷盐水式及应用氨、氟利昂 R-12、R-22 等冷媒蒸发带冷却夹层直接膨胀冷却式两种。冷冻机的主体是筒式凝冻器,由刮膜式表面和管状的热交换系统组成,内套有制冷剂,如氨或氟利昂。混合料被泵入凝冻机,30 s 有 50% 的水被冻结。筒内旋转的刮刀可刮下凝冻器表面的冰晶,同时也是凝冻机的搅拌装置,有助于搅打混合料,使空气混入。凝冻机的工作原理如图 1.48 所示。

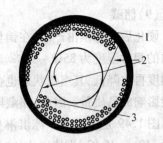

图 1.48　凝冻器工作原理图
1—制冷剂;2—凝冻刮刀;
3—冰晶被切削并与气体混合

硬质冰淇淋和软质冰淇淋的不同:软质冰淇淋在有一半以上的水分冻结时,就加入水果、坚果等配料,装入锥形容器成为成品;而硬质冰淇淋是被包装后再进入后续的硬化工序。

③冰淇淋在凝冻过程中发生的变化

a. 空气混入。就在混合物料进入凝冻机前,空气同时混入其中。冰淇淋一般含有 50% 体积的空气,由于转动的搅拌器的机械作用,空气被分散成空气泡。空气在冰淇淋内的分布状况对成品质量最为重要,空气分布均匀就会形成光滑的质构、奶油的口感和温和的食用特性。而且,抗融性和储藏稳定性在相当程度上取决于空气泡分布是否均匀、适当。

b. 水冻结成冰。由于冰淇淋混合物料中的热量被迅速转移走,水冻结成许多小的冰晶,混合物料中大约 50% 的水冻结成冰晶,这取决于产品的类型。灌装设备温度的设置常常比出料温度略低,这样就能保证产品不至于太硬。但是值得强调的是,若出料温度较低,冰淇淋质量就提高了,这是因为冰晶只有在热量快速移走时才能形成。在随后的冻结(硬化)过程中,水分仅仅凝结在产品中的冰晶表面上。因而,如果在连续式凝冻机中形成的冰晶多,最终产品中的冰晶就会少些,质构就会光滑些,储藏中形成冰屑的趋势就会大大减小。

(7)灌装、成型

冰淇淋的形状、包装类型多样,但主要为杯形。另外还有其他如蛋卷锥、盒式包装等。通过灌装部的冰淇淋罐与灌装嘴变换阀的调节,可以生产出各种形状的冰淇淋。

①蛋卷锥冰淇淋的灌装。在灌装操作开始时,灌装头向下进入到杯子或蛋卷锥中,灌装阀打开,连接冷冻机上的输送泵所产生的灌装管路上的压力,使冰淇淋流入蛋卷锥或杯子中。同时灌装头开始向上移动。向上移动的最后阶段很迅速,以保证冰淇淋线流被拉断。灌装可以是单色的,也可以是双色、三色。进入每个纸杯的冰淇淋的流量是用安装在灌装阀进口上的节流装置来调节的。

②波纹形冰淇淋的灌装。果酱味能与冰淇淋味很好的结合,因此,把冰淇淋与不同类型的果酱混合,做成波纹已变得越来越普遍。果酱可以细条状呈于冰淇淋中。这些细条可以在冰淇淋的中央或表面。或是将做成波纹的果酱和冰淇淋混合,制成内波纹或表面波纹。

(8)硬化

为了保证质量,便于销售和运输,凝冻后的冰淇淋在灌装成型包装后,必须迅速进行 10 ~ 12 h 的低温(-40 ~ -25 ℃)冷冻,以固定冰淇淋的组织形态,并使其保持适当的硬度,即冰淇淋的硬化。硬化的优劣与品质有密切的关系。硬化迅速,则冰淇淋融化减少,组织中冰结晶细小,成品细腻;若硬化迟缓,则部分冰淇淋融化,冰的结晶粗而多,成品组织粗糙,品质低劣。

（9）储藏

硬化后的冰淇淋产品，在销售前应保存在低温冷藏库中。冷藏库的温度以-20 ℃为标准，库内的相对湿度为85%～90%。若温度高于-18 ℃，则冰淇淋的一部分冻结水溶解，此时即使温度再次降低，其组织状态也会明显粗糙化。而由于温度变化促进乳糖的再结晶与砂状化可能影响成品质量。因此，储藏期间冷库温度不能忽高忽低，以免影响冰淇淋的品质。

图1.49是一个小厂冰淇淋生产线示意图，生产能力为每小时生产500 L冰淇淋，冷库温度为-40～-35 ℃，为使硬化的时间最短，包装在排架上必须保持一定的间隙。

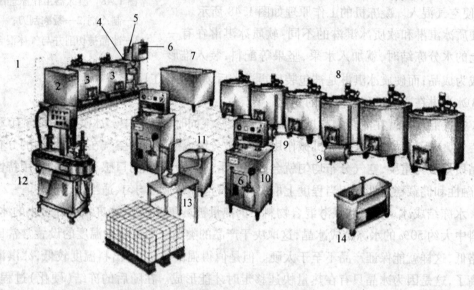

图1.49　每1 h可生产500 L冰淇淋的工厂生产线

1—冰淇淋混合料预处理；2—水加热器；3—混合罐和生产罐；4—均质机；5—板式换热器；6—控制盘；7—冷却水；8—老化罐；9—排料泵；10—连续凝冻机；11—脉动泵；12—回转注料；13—灌注，手动；14—CIP系统

1.9.4　冰淇淋的结构和膨胀率

1.冰淇淋的结构

冰淇淋的结构呈现一个复杂的物理化学系统，它主要由冰晶、气泡及未冰冻物质三部分组成。

（1）冰晶

由水凝结而成，平均直径4.5～5.0 μm，冰晶之间的平均距离为0.6～0.81 μm。

（2）气泡

由空气经搅刮器的搅打而形成的大量微小气泡，平均直径为11.0～18.0 μm；气泡之间的平均距离为10.0～15.0 μm。

（3）未冰冻物质

它们呈液态存在，主要由上述固体、气体和液体组成的一个三相系统。气泡被分散在埋有无数冰晶粒子的液体内。液体内还含有不少凝固的脂肪粒、蛋白质、不溶性盐类、乳糖结晶粒子、蔗糖和其他糖类以及在真溶液内的可溶性盐类。冰淇淋的结构与其口感有重要的关系。如图1.50所示为冰淇淋中的脂肪结构。

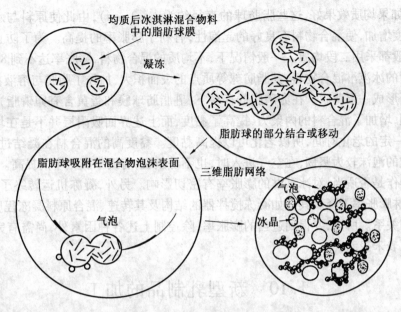

图 1.50　冰淇淋的脂肪结构

2. 冰淇淋的膨胀率

（1）膨胀率的定义

冰淇淋混合物料在凝冻过程中，由于强烈的搅拌作用而使大量空气以极微细气泡逐渐混入，又由于部分水分的冻结，冰淇淋成品的体积比混合物料的体积要增大许多，这一现象称为增容；冰淇淋体积增容的程度用膨胀率来表示，即体积膨胀率。

冰淇淋的膨胀率是衡量冰淇淋质量的一个很重要的指标。一般要求膨胀率达到 80% ~ 100%。过低则冰淇淋风味过浓，食用时溶解不良，组织粗糙；过高则变成海绵状组织，气泡较大，咀嚼性和储藏性不良，食用时溶解过快，风味较弱。

（2）膨胀率的测定

生产中测定冰淇淋的膨胀率，通常用 50 mL 容积的冰淇淋量杯准确量取成品冰淇淋 50 mL，将其放入安装在 250 mL 容量瓶上的漏斗中，将冰淇淋融化并转入容量瓶中；冷却至室温，准确加入乙醚，消除冰淇淋的泡沫。用滴定管加水至容量瓶刻度，记下加入水量 a 和乙醚量 b，则：

$$膨胀率 = \frac{(a+b)-(250-50)}{250-(a+b)} \times 100\% \qquad (1.9)$$

（3）影响膨胀率的因素

影响冰淇淋膨胀率的因素主要包括混合物料组成的变化和加工处理过程两个方面。

①混合物料组成的变化。冰淇淋的膨胀率受混合物料中乳脂肪、非脂乳固体、总固形物、砂糖、稳定剂等含量的影响。混合料中脂肪含量高则膨胀率高；非脂乳固体的质量分数在 6% 以下时，膨胀率明显降低；盐类组成与冰淇淋膨胀率密切相关，柠檬酸钠、磷酸氢二钠能增强搅打能力，提高冰淇淋的膨胀率，钙盐类则有抑制的倾向，这是因为盐类对脂肪的凝集和乳蛋白质的功能有影响；适宜的糖分和稳定剂能保证合适的黏度，有利于膨胀率的提高，但用量过多，黏度过高，也会影响膨胀率的提高。

②加工处理过程。过程均质能使脂肪球和蛋白质的表面积增加，单位体积内脂肪球数目

成倍增加(如果均质效果好,这些脂肪球的直径约为 $1 \sim 2~\mu m$),由此使原料与水的混合性得到提高,黏度增加,使混合物料有良好的起泡性,有利于膨胀率的提高。为了防止混合物料黏度剧增,一般都采用二段均质。一般情况下,不均质的混合物料,膨胀率达不到80%。

均质后的冰淇淋混合物料,其脂肪球等质点的表面积大,加强了脂肪与溶液在界面之间的吸附能力而形成一层薄膜。在卵磷脂的存在下(乳脂肪球膜和蛋黄含有卵磷脂),使脂肪和水起乳化作用,增加了混合料的内聚力,提高了黏度,而上述界面吸附层并不是在均质后即能形成的,需要一定的老化时间,所以老化可以提高黏度。黏度高的混合料在凝结过程中,由于内聚力大形成的泡沫较为坚韧,在空气进入时,也不易破裂,有助于膨胀率的提高。

凝冻操作是否适当,对冰淇淋的膨胀率有密切影响。另外,凝冻机运转终了时,若温度过低,则冰淇淋膨胀率下降。其他如凝冻搅拌器的结构及其转速、混合原料凝冻程度等与膨胀率同样有密切关系。所以,要得到适当的膨胀率,除控制上述各种因素外,尚需有完整的操作经验或采用仪表来控制。

1.10 新型乳制品的加工

1.10.1 牛初乳的加工

1. 牛初乳的成分及生物学功能

牛初乳平均总干物质质量分数为14.4%,其中蛋白质5.0%,脂肪4.3%,灰分0.9%,并且含有丰富的维生素 A、D、E、B_{12} 和铁。除此而外,牛初乳突出的方面是它含有多种生物活性蛋白,包括免疫球蛋白(Ig)、乳铁蛋白(Lf)、溶菌酶(Lz)、乳过氧化物酶(Lp)、血清白蛋白(BSA)、β-乳球蛋白(β-Lg)、α-乳白蛋白(α-La)、维生素 B_{12} 结合蛋白(V_{B12}-Binding Proteins)、叶酸结合蛋白、胰蛋白酶抑制剂和各种生长刺激因子,其质量浓度见表1.28。

表 1.28 血清及乳中生物活性物质的质量浓度(mg/mL)

活性物质	血清	牛 乳			人乳
		初乳	常乳	末乳	
β-Lg	—	—	3.2 ~ 4.0	5.0	—
α-La	—	—	1.2 ~ 2.0	2.1	1.6 ~ 2.8
IgG₁	10.5 ~ 11.6	29.9 ~ 84.0	0.35 ~ 1.15	32.3	IgG:0.4(初乳)
IgG₂	7.9	1.9 ~ 2.9	0.06 ~ 0.02	2.0	0.04(常乳)1.0
IgA	0.08 ~ 0.3	2.0 ~ 4.4	0.05 ~ 0.25	3.31	17.4(初乳) 1.0(常乳)
IgM	2.5 ~ 2.8	3.2 ~ 4.9	0.04 ~ 0.05	8.60	1.6(初乳) 0.1(常乳)
Lf	—	2.00	0.02 ~ 0.35	20.00	2.0
Lz	—	0.1	0.001 5	—	0.4
BSA	28.00	1.00	0.29 ~ 0.4	8.00	0.6
Tf	4.50	0.40	0.10	—	—

（1）牛初乳中免疫球蛋白

免疫球蛋白一般分为 IgG_1、IgG_2、IgA、IgD 和 IgM 五大类，人乳以 IgA 为主，牛乳则主要以 IgG 含量最高。免疫球蛋白的生物学功能主要是活化补体、溶解细胞、中和细菌酶素，通过凝集反应防止微生物对细胞的侵蚀。目前分离免疫球蛋白的方法分为色谱法和超滤法。

（2）乳中的乳铁蛋白

牛初乳中乳铁蛋白有两种分子形态，分子量分别为 86 000 和 82 000，其主要差别在于它们所含糖类不同。乳铁蛋白可以结合 2 个 Fe^{3+} 或 2 个 Cu^{2+}。乳铁蛋白对铁的结合，促进了铁的吸收，避免了人体内 $-OH^+$ 这种有害物质的生成。另外，乳铁蛋白还有抑菌、免疫激活的作用，是双歧杆菌和肠道上皮细胞的增殖因子。

目前分离乳铁蛋白的方法有很多，如吸附色谱法、超滤法，其中超滤法操作简单，费用相对较低，易于形成工业化规模，但纯度较低。

（3）牛初乳中的刺激生长因子

牛初乳中含有很多种肽类生长因子，如血小板衍生生长因子、类胰岛素生长因子、转移生长因子等，而常乳中则没有。这些生长因子与动物生长、代谢和营养素的吸收密切相关。

（4）牛初乳中的过氧化物酶

过氧化物酶是氢受体存在的情况下能分解过氧化物的酶，其分子量为 82 000，含铁，是一种金属蛋白。乳过氧化物酶是一种参与抑菌的活性蛋白质。

2. 牛初乳理化性质

牛初乳色黄、浓厚并有特殊气味，干物质含量高。随泌乳期延长，牛初乳相对密度呈规律性下降趋势；pH 值则逐渐上升；酸度下降很大，这可能是牛初乳期乳清蛋白质含量下降的缘故，牛初乳的一般理化性质见表 1.29。

表 1.29　牛初乳一般理化性质

泌乳时间/h	3	12	24	36	48	72
密度	1.044	1.046	1.044	1.032	1.029	1.032
pH 值	6.10	6.15	6.23	6.40	6.50	6.60
酸度/°T	44.3	44.2	36.8	30.4	26.5	25.9

牛初乳中乳清蛋白含量较高，乳清蛋白中的 α-乳白蛋白、β-乳球蛋白、IgG、乳铁蛋白、BAS 均呈热敏性，其变性温度在 60～72 ℃ 之间。乳清蛋白的变性一方面导致初乳凝聚或形成沉淀，另一方面它们变性即丧失其生物活性，使初乳无再开发利用的价值。

3. 牛初乳的加工利用

从牛初乳成分变化可知，泌乳第四天已趋于常乳，一般每头牛分娩后前 3 d 所产初乳为 43.5 kg，其中若犊牛消耗 11 kg，则每头母牛有 32.5 kg 初乳剩余，可以加以利用。牛初乳中含有大量丰富的营养成分，近年来其活性物质方面倍受重视，如牛初乳中的乳铁蛋白含量高，其铁吸收率达 50%～70%，是补铁剂中吸收率最高的，由于它有较强的铁结合能力，故有抑制各种病原菌的能力，牛初乳中的免疫球蛋白（主要为 IgG）对常见病原菌如大肠杆菌、志贺氏菌、沙门氏菌、金黄葡萄球菌等有很强的抑制效果，另外可促进补体活化、肥大细胞的亲和作用及毒素的抑制作用等。牛初乳中的过氧化物酶，可分解在人体代谢过程中积蓄的过氧化物，对人体有重要的生理调节作用，类胰岛素生长因子、血小板衍生生长因子和转移生长因子对婴儿的生长发育有重要作用。此外，牛初乳中的维生素 B_{12} 结合蛋白、溶菌酶、α-乳白蛋白、β-乳球蛋白都有很多生理功能。

（1）初乳的储藏

过剩的牛初乳可用来继续喂小牛犊或加工利用，这往往涉及储藏问题，储藏不当则会使牛初乳发生分层、变味、pH 值下降（酸度升高），免疫球蛋白消化吸收率下降（饲喂小牛犊的结果）。

冷藏或冻藏可以有效地延长初乳的保质期，而营养成分、pH 值、酸度基本不发生变化。

（2）初乳的加工利用

①牛乳免疫球蛋白浓缩物（MIC）制取。牛乳免疫球蛋白浓缩物是基于低体重早产儿需要特殊营养，即需要较高的蛋白质和能量，尤其是需要补充免疫球蛋白而提出的。牛乳免疫球蛋白浓缩物制作流程如图 1.51 所示。

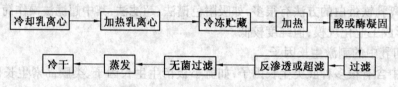

图 1.51　制作牛乳免疫球蛋白浓缩物的一般工艺流程

原料乳尤其是牛初乳常含有血细胞和其他体细胞状物质或粗杂质，为了除去这类物质，将乳冷却到 8 ~ 12 ℃，常用牛乳离心机分离。然后将牛乳加热再离心除去乳脂肪。得到的脱脂乳冷冻至−25 ℃储藏，其抗体活性不会有任何损失。

脱脂乳在板式换热器被加热到 56 ℃，在保温罐中保持 30 min，可灭活污染的病细菌，然后冷却到 37 ℃，添加酸（pH 4.5）或添加凝乳酶使酪蛋白凝固，随后再加热到 56 ℃，保持 10 min，就会倾出乳清。将酪蛋白凝块用去离子水冲洗两次，并用澄清离心机离心除去酪蛋白而得到澄清液。将乳清和澄清液分别用 Seitz 型或 Filtrox 型过滤器过滤以除去细小的酪蛋白粒，防止随后超滤时堵塞设备。

将乳清经正压通过超滤器，在超滤器中水、乳糖、盐等小分子透过膜而除去。超滤过程分三个步骤：第一步是预浓缩（Preconcentration），是将乳清干物质浓缩到 3 ~ 4 倍；第二步是稀释过滤（Diafiltration），通过连续添加两次冲洗酪蛋白粒得到的澄清液保持截留液恒定；第三步是终浓缩（Final Concentration），在此步将截留液浓缩至原体积的 1/2。最终浓缩物干物质质量分数为 10%，总蛋白为 7% ~ 8%，免疫球蛋白为 2% ~ 3%。然后经 Seitz 或 Filtrox 过滤，并用孔径 0.45 μm 的膜无菌过滤。在降压蒸发器中低温减压条件无菌蒸发，最高温度 40 ℃，得到干物质 1 倍的浓缩物，最后在无菌条件下冻干，该产品成分见表 1.30。这种免疫球蛋白浓缩物很容易与乳粉混合，并易溶在水中或液体乳中。

表 1.30　由泌乳最初 30 天牛乳分离的乳免疫球蛋白浓缩物成分

成　分	质量分数/%	成　分	质量分数/%
蛋白质	75±5	β-乳球蛋白	35±5
免疫球蛋白	40±5	血清蛋白	3±2
IgG$_1$	75	肽类	5±2
IgG$_2$	3	水分	4±0.5
IgA	17	乳糖	10±2
IgM	6	矿物质	5±2
α-乳白蛋白	15±5	非蛋白氮成分	5±2

②牛初乳粉的研制。牛初乳粉是将牛初乳中的脂肪去除,在其中加入食品允许添加的抗热变性物质和其他辅料,用低温喷雾干燥方法生产出的。此过程关键是如何最大限度地避免生物活性物质的活性损失,又要经杀菌等必要的热处理以使产品符合卫生要求。

4. 牛初乳粉的加工

(1)初乳粉原料配合

脱脂牛初乳	100 kg	脱脂奶粉	10 kg
蔗糖	10 kg	柠檬酸钠	0.075 mol/L
磷酸钾(pH 6.5)	0.10 mL/L	总干物质	27%

配料中蔗糖、磷酸盐、柠檬酸钠均可提高牛初乳活性物质抗热变性能力,减少初乳在杀菌加热时变性;脱脂粉可以作为初乳制品的载体。

(2)牛初乳粉生产工艺

其生产工艺流程如图1.52所示。

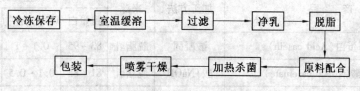

图1.52 初乳粉的生产工艺流程

在此工艺流程中,加热杀菌温度采用63~67 ℃ 35 min,由于配料中添加了抗热变性保护物质而使此过程初乳活性物质活性降低。喷雾过程中采用进风140~150 ℃,排风温度60~70 ℃,再经流化床二次干燥,即可得到水分在3%以下溶解度较好的产品。

(3)牛初乳粉成分

经上述配料及工艺制得的牛初乳粉成分见表1.31。此产品乳铁蛋白变性较高,为46%~52%,α-乳白蛋白变性38%~42%,免疫球蛋白变性为4%~7%。

表1.31 牛初乳粉成分

水分/%	蛋白质/%	脂肪/%	总糖/%	灰分/%	乳糖/%
2.79~2.94	24.62~26.82	1.94~2.93	61.97~63.75	5.76~6.48	28.42~29.52
Ig/(mg · g^{-1})	BAS/(mg · g^{-1})	Lg/(mg · g^{-1})	α-La/(mg · g^{-1})	β-Lg/(mg · g^{-1})	
50.24~54.06	1.50~1.58	3.29~4.12	17.40~18.64	32.75~38.72	

1.10.2 乳蛋白质制品

1. 用途

目前,各种酪蛋白及乳清蛋白分离物的主要用途是加工食品。其目的如下:

(1)提高营养价值

如向饮料或谷类制品中添加乳蛋白制品。乳蛋白质的较高生物价和消化率,对人体是必需的。有时,乳蛋白经部分水解成肽混合物应用于对某些蛋白质过敏的人群。

(2)赋予产品特定的物理特性

如制备稳定的乳状物(沙拉调味品、甜点、咖啡伴侣)和起泡的产品(点心、调味酱、蛋白甜饼)或抑制肉制品中的水分和脂肪的分离。

（3）作昂贵蛋白质的代用品

通常大多数动物蛋白比植物蛋白价格贵,但乳蛋白质相对那些较纯的、无味的、功能性好（如溶解性）的植物蛋白分离物便宜。如来自乳清的蛋白或富含蛋白的乳清制品,被用于冰淇淋、糕点、饮料、牛乳替代品。

（4）用于开发新产品

例如,涂抹干酪和肉替代物。

2. 原料

各种原料,包括脱脂乳、甜稀奶油酪乳和乳清都可用于制备乳蛋白。乳清是相对较便宜的原料,而且膜处理、离子交换及其他技术的应用使乳清的利用更方便。由于原料和加工处理不同使得乳蛋白产品种类也很多,其蛋白质和其他成分的含量变化幅度很大,见表1.32。

表1.32　一些乳蛋白制品及其组成成分

产　品	加工方法	来源	组成成分			
			粗蛋白	碳水化合物	灰分	脂肪
酸化酪蛋白（Acid casein）	酸凝固	脱脂乳	83~95	0.1~1	2.3~3	2
酪蛋白酸钠（Na-caseinate）	酸+NaOH	脱脂乳	81~88	0.1~0.5	~4.5	~2
凝乳酶凝固酪蛋白（Rennet casein）	凝乳酶凝结	脱脂乳	79~83	~0.1	7~8	~1
乳清蛋白分离物（WP isolate）	离子交换	乳清	85~92	2~8	1~6	~1
乳清蛋白浓缩物（WP concentrate）	超滤	乳清	50~85	8~40	1~6	~1
	电渗析+乳糖结晶化	乳清	27~37	40~60	1~10	~4
乳清粉	喷雾干燥	乳清	~11	~73	~8	~1
乳清蛋白复合物（WP complex）	偏磷酸盐	乳清	~55	~13	~13	~5
	CMC	乳清	~50	~20	~8	~1
	Fe+多聚磷酸盐	乳清	~35	~1	~54	~1
乳白蛋白（Lactalbu min）	加热+酸和/或 $CaCl_2$	乳清	~78	~10	~5	~1
乳共沉物（Coprecipitate）	加热+酸和/或 $CaCl_2$	脱脂乳	~85	~1	~8	~2

3. 生产过程

乳蛋白制品的性质取决于乳或乳清的原料和加工过程。用来杀菌和灭活酶的热处理能引起蛋白变性,从而降低乳清蛋白的溶解度;在全乳或脱脂乳被加热时,大多数变性的乳清蛋白会与酪蛋白结合在一起;稀奶油分离的效率取决于制品的脂肪含量,另外脂肪球因自身被破坏或膜的损耗（例如,受气流的冲击）会被浆蛋白覆盖,这部分脂肪球在蛋白分离过程中很难通过一般的纯化将其从蛋白中除去;微生物的破坏和胞浆素的活性也会引起蛋白分解;乳清中的蛋白浓缩以前乳清酸化的程度影响蛋白制品的性质和组成,凝乳酶凝结得到的乳清含有酪蛋白大肽（Caseinomacropeptide）,酸凝固法得到的乳清则不含,用不经加热处理的凝乳酶凝固的乳清制得的产品也可能含有凝乳酶残留。

（1）干酪素（Casein）

乳经加酸或皱胃酶可使酪蛋白形成凝固物，经干燥后的产品即为干酪素。其主要成分为酪蛋白，工业上主要用做胶着剂和食品添加剂。目前酪蛋白种类很多，大致可分为两类，即酸干酪素和皱胃酶干酪素。

①原料乳的要求。用于生产干酪素的原料乳必须优质，酸度低于 23 °T。脱脂后脂肪含量不应超过 0.05%，在制造干酪素时，干酪素的成品率为原料乳的 3%，其中脱脂乳的 80% 脂肪转入产品中，因此脂肪含量直接影响产品质量。

②干酪素的生产：

a. 凝乳酶凝固酪蛋白。是利用犊牛皱胃酶的凝乳作用从脱脂乳中分离出酪蛋白，当在相当高的温度下搅拌时会引起迅速脱水收缩。脱水的细的凝块颗粒离心或利用振动筛分离，用水清洗，挤压除水，然后在鼓式或带式干燥机中干燥。这样生产出的产品由含杂质的酪蛋白酸钙-磷酸钙构成。它不溶于水且灰分含量高。

b. 自然发酵法。以乳酸菌分解乳糖后产生的乳酸而使酪蛋白凝结沉淀得到的。发酵时温度控制在 37 ℃，当 pH 值达到 4.6 时，脱脂乳形成凝块用蒸汽加热至 50 ℃，在不断搅拌下，使酪蛋白凝块与乳清分离。凝结的酪蛋白经压榨或脱水机脱水除去乳清、洗涤、脱水、粉碎、干燥而成。

c. 酸凝固酪蛋白。将原料乳加热至 32 ~ 35 ℃脱脂，而后加热至 34 ~ 35 ℃，由于加酸时温度对形成的颗粒状态有很大影响，应该按脱脂乳的酸度调整加酸时的温度，即新鲜乳可加热至 35 ℃，而新鲜度较差的脱脂乳为 34 ℃。否则温度过高时形成粗大的颗粒，不易干燥；温度低时形成软而细的颗粒，不易分离。

调酸时可使用乳酸、盐酸（常用酸，质量分数 4% ~ 5%）或硫酸（使产品灰分增加，质量分数 24% ~ 25%），边搅拌边均匀加入至酪蛋白等电点使之沉淀。若加酸不足则钙不能充分分离出来而包含在干酪素颗粒中致使灰分增高，影响产品质量；加酸过量，可使干酪素重新溶解，影响产量。因此必须准确地确定加酸终点，第一次调酸至 pH 4.6 ~ 4.8，除去 1/2 的乳清，然后再加酸至 pH 4.2。此时乳清应清澈透明，干酪素颗粒大小 3 ~ 5 mm 致密而结实，颗粒之间呈松散状态。干酪素颗粒同乳清分离后用 20 ~ 25 ℃清水洗涤，并用冷水复洗一次，用压榨机或脱水机进行脱水，至水分含量约为 50% ~ 60%。再用粉碎机粉碎成 10 ~ 20 目的颗粒，用半沸腾床式干燥机中在 55 ~ 80 ℃以下干燥，时间不超过 6 h。

干酪素成品为白色或淡黄色粉状或颗粒状，水分在 12% 以下，灰分为 2.5% ~ 4% 以下，脂肪在 1.5% 以下，酸度低于 80 °T。此产品可通过将其溶于碱液中，然后再次沉淀而得到纯化。酸凝固酪蛋白不溶于水，且由于形成坚固的大块，它在碱液中的溶解度通常也很差。

③酪蛋白酸盐（Caseinates）。酸沉的酪蛋白溶于碱液，如 NaOH、KOH、NH_4OH、$Ca(OH)_2$、$Mg(OH)_2$，随后喷雾干燥。酪蛋白酸钠是最常见的酪蛋白酸盐产品，而酪蛋白酸钾更适于营养的要求。这些产品高度溶于水，且只要加工过程中 pH 值不高于 7 就无任何味道。酪蛋白完全分离是不容易的，但可制备富含 α_s-酪蛋白或 β-酪蛋白的制品。

（2）乳清蛋白（WP）浓缩物和乳清蛋白复合物

可以采用以下方法得到：

①超滤。超滤可使蛋白得到分离同时又被浓缩。经稀释过滤（Diafiltration）可得到较纯的蛋白，再经喷雾干燥的产品被称为乳清蛋白浓缩物。

②凝胶过滤。此法有缺陷，它不能使产品得到浓缩，而且费用高。因此很少应用。

③离子交换法。此法生产的蛋白分离物通常主要包括 β-乳球蛋白和 α-乳白蛋白,其产品称为乳清蛋白分离物,尤其结合超滤浓缩可除去溶解的成分获得高纯度产品。另外,蒸发使乳清中的乳糖结晶然后除去晶体;浓缩物脱盐大多数情况下用电渗析脱盐。因脱盐的最后部分耗能很多,也可用离子交换法代替。

④沉淀法。大多数乳清蛋白在低 pH 值下可用羧甲基纤维素或用六偏磷酸盐沉淀。这时蛋白部分带正电荷,而沉淀剂带负电荷,因此这两种化合物结合形成的乳清蛋白复合物(包含沉淀剂)在 pH<5 下溶解性差。在中性 pH 时用铁离子加多聚磷酸盐也可形成复合物,这种产品溶解性差,灰分含量非常高。

喷雾干燥的乳清蛋白浓缩物溶解度高。不溶的蛋白部分是由于热变性,取决于加热过程中的 pH 值和 Ca^{2+} 活性。由于乳清中约一半的蛋白是 β-乳球蛋白,所以它的性质决定着乳清蛋白浓缩物的性质。通过超滤的方法分离的乳清蛋白几乎不含非蛋白氮,相反乳糖结晶化之后获得的脱盐乳清中约 20% ~ 30% 的氮是非蛋白氮。

(3)乳白蛋白(Lactalbu Min)

加热酸化干酪乳清可使蛋白沉淀,此沉淀不纯。获得的产物被清洗并干燥,如在一个鼓式干燥器中。这种蛋白制品被叫做乳白蛋白(Lactalbu Min),不要与乳清中的 α-乳白蛋白混淆。它含有少量蛋白胨、酪蛋白大肽和 NPN。由于乳糖含量高、干燥速度缓慢易造成过度的美拉德反应。该产品不溶于水。

(4)共沉物(Coprecipitate)

乳蛋白质(除蛋白胨外)都能以不溶物的形式从酸化脱脂乳或酪乳中分离出来。该产品蛋白质易消化,富含钙,有很高的营养价值。共沉物比乳白蛋白制品形成的美拉德反应要少得多,因为其中乳糖含量较低。

(5)分离乳蛋白

荷兰 NIZO 研究所开发出一种纯化乳清蛋白的加工工艺:在充分低的离子强度和适宜的 pH 值下,将特殊的免疫球蛋白沉淀,并除去脂肪球和颗粒状物质。上清液经超滤之后,可得到一种非常纯的主要由 β-乳球蛋白、α-乳白蛋白和乳清蛋白组成的制品。

1.10.3 乳活性肽及 CCP 生产

1. 乳活性肽种类

乳蛋白是人类膳食优质蛋白质的重要来源,自 1979 年以来,越来越多的研究证实乳蛋白的分子中存在着具有多种生物活性的片段。这些在母体蛋白中并无活性的多肽,能经特定的蛋白酶水解释放,在人体内显示出不同的生物活性。现已证明来源于乳蛋白的生理活性肽包括:类吗啡肽(Opioid Peptids)、免疫活性肽(Immunopeptids)、降血压肽(Antihypertensive Peptids)、抗血栓肽(Antithrobotic Peptides)、矿物质结合肽——酪蛋白磷酸肽(Casein Phosphopeptides,CPP)等。乳蛋白活性肽因其源于天然食物蛋白以及生理功能的多样性,在膳食补充剂、保健食品及医药等领域显示出良好的发展趋势。

2. 酪蛋白磷酸肽的制备

(1)酪蛋白磷酸肽的定义、种类、结构

酪蛋白磷酸肽(CCP)是牛乳酪蛋白经蛋白酶水解后分离提纯而得到的富含磷酸丝氨酸的多肽制品。CPP 能在动物的小肠中与钙、铁等二价矿物质离子结合,防止产生沉淀,增强肠内可溶性矿物质的浓度,从而促进吸收利用。

CPP 来源于 $\alpha_{s1}-$、$\alpha_{s2}-$、$\beta-$酪蛋白分子中磷酸丝氨酸簇集的区域。目前从动物体内分离和体外蛋白酶水解得到的 CPP 主要有：$\alpha_{s1}(43\sim58):4P$、$\alpha_{s1}(59\sim79):5P$、$\alpha_{s2}(46\sim70):4P$、$\beta(1\sim25):4P$、$\beta(1\sim28):4P$、$\beta(33\sim48):1P$ 等。它们的共同特点是具有相同的核心结构（图1.53）。

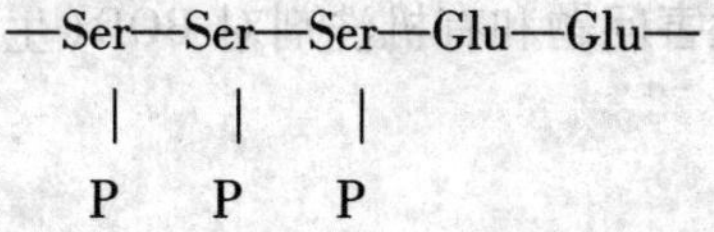

$$—Ser—Ser—Ser—Glu—Glu—$$
$$\quad |\qquad |\qquad |$$
$$\quad P\qquad P\qquad P$$

图 1.53 核心结构

CPP 核心结构的磷酸肽能因抵抗蛋白酶的攻击而免遭破坏。

(2)酪蛋白磷酸肽的制备

工业上用酪蛋白为原料，通过胰蛋白酶水解生成 CPP。由于水解液具有苦味，故需要通过分离和分解等方法除去苦味成分。之后，在水解液上清液加入 Ca^{2+} 等金属离子和乙醇 CPP 沉淀下来，最后可通过离子交换、凝胶色谱或膜分离等方法加以精制。日本明治制药株式会社 CPP 的工艺流程如图 1.54 所示。

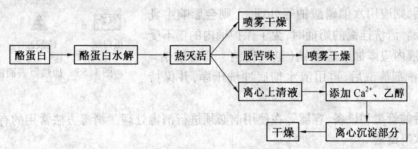

图 1.54 CPP 的工艺流程

1.11 加工设备的清洗与消毒

1.11.1 清洗消毒的目的

巴氏杀菌设备运行一定时间（一般为 6 h，视其设备和原料奶质量而定）后，必须进行清洗消毒，旨在冲洗物料管内、单元设备内残留的乳成分，清除设备、管道内污垢，以防止细菌滋生并有利于热交换；同时杀灭设备及管道内的微生物。

巴氏杀菌设备运行数小时之后，冷却段内的乳会滋生细菌。在巴氏杀菌中存活下来的细菌附着在乳垢里形成的薄层叫做微生物薄层。微生物薄层中的细菌生长很迅速，所以设备持续使用 10 h 后，巴氏杀菌乳中的微生物数量会显著增加。这些微生物绝大多数是嗜热链球菌（最高生长温度 53 ℃），而粪渣链球菌、坚忍链球菌（最高生长温度 52 ℃）和粪链球菌（最高生长温度 47 ℃）也会带来问题，因此定期清洗是有效的补救措施。

1.11.2 清洗剂的选择

清洗剂的作用主要为乳化、润湿、松散、悬浊、洗涤、螯合、软化、溶解等。通常可分为五类：碱类、磷酸盐类、润湿剂类、酸类、整合剂类。

食品加工厂对清洗剂的选择，过去首先考虑清洁程度和经济效果；现在则首先考虑环境污染。关于清洗剂,多使用氢氧化钠、磷酸盐、硅酸盐等碱性洗剂和磷酸、硝酸、盐酸、硫酸等酸性洗剂。近年来又在这些洗剂中添加表面活性剂或金属螯合物,使其更容易除去污物和改善洗涤性能以及防止乳垢沉着,清洗性能有了显著提高。碱性洗剂虽对金属有腐蚀作用和对垫圈有不良影响,但目前仍以碱性洗剂为主。因此对洗剂的耐热、耐磨耗和耐药性等有必要加以充分考虑。此外,对无机洗剂的危害问题和有机洗剂对 BOD(生物需氧量)、COD(化学需氧量)的影响等均需加以注意。

1.11.3 清洗消毒方法

设备在生产结束后或生产间歇(一般连续生产 6 h),一定要认真清洗和消毒。清洗和消毒必须分开进行,不可同时进行,因为未经清洗的导管和设备,消毒效果不好。清洗时首先用 38～60 ℃的温水进行冲洗,目的是洗掉附在管壁和设备内残存的牛奶,故温度不宜太高以防止蛋白质等受热变性黏附,造成清洗困难;然后用热的洗剂(71～72 ℃)进行冲洗,目的是除去容器内壁的蛋白质和脂肪等固体奶垢,如图 1.55 所示。如果发现用洗剂冲洗后仍有奶垢,则应用六偏磷酸钠等处理,否则会影响牛乳的杀菌效果。清洗挂锡的奶桶时,为了保护桶内的锡不受腐蚀,在碱液内应添加亚硫酸钠(氢氧化钠∶亚硫酸钠 = 4∶1)。用洗剂清洗后,再用清水彻底冲洗干净,并保持干燥状态。

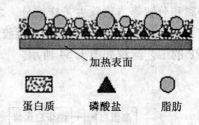

图 1.55 加热器表面沉积物

清洗后的管道和设备、容器等在使用前必须进行消毒处理。消毒方法常用的有以下三种:

1. 沸水消毒法

这是最简便的方法,牧场中也容易做到。用沸水消毒时,必须使消毒物体达到 90 ℃以上,并保持 2～3 min。

2. 蒸汽消毒法

此法系用直接蒸汽喷射在消毒物体上。消毒导管和保温缸等设备时,通入蒸汽后,应使冷凝水出口温度达 82 ℃以上,然后把冷凝水彻底放尽。

3. 次氯酸盐消毒法

这是乳品工业常用的消毒方法。消毒时须将消毒物件充分清洗,以除去有机质。因次氯酸盐容易腐蚀金属(包括不锈钢),特别是使用软水而 pH 值很低时,更易腐蚀,故必须注意浓度和 pH 值。通常杀菌剂溶液中有效氯的质量浓度为 200～300 mg/kg,如使用软水时,应在水中添加 0.01% 的碳酸钠。用这种方法消毒时,必须彻底冲洗干净,直到无氯味为止。

使用次氯酸盐消毒时,为了控制有效氯的含量,应测定有效氯的浓度。其方法为:取 50 mL 次氯酸盐溶液于三角瓶中,加 15% 的碘化钾溶液 5 mL 和 50% 的醋酸 2 mL,在暗处静置 5～6 min 后,加 5% 的可溶性淀粉溶液 1～2 mL,用 0.02 mol/L 的硫代硫酸钠溶液滴定游离碘,直至无色为止。0.02 mol/L 的次硫代硫酸钠镕液相当于 14.2 mg/kg 有效氯。

1.11.4 CIP 系统

CIP 是英文 Cleaning In Place 的缩写,即指就地清洗,又称清洗定位或定位清洗,是指不用拆开或移动装置,即采用具有一定浓度及较高温度的清洗液,对设备装置加以强力作用,把与食品的接触面洗净的方法。

在乳品厂中,人工清洗的方式已基本上被 CIP 系统所取代,因其可以实现连续自动化处理,节约清洗剂用量,大大提高生产效率,已成为现代乳品厂最主要的清洗方式。就地清洗站包括储存浓酸、浓碱、清洗液、热水等的储罐,板式热交换器、输送清洗液的隔膜泵、清洗泵、就地清洗管路及监测所需的各种仪器设备。

1. CIP 系统的类型

(1)集中式清洗

集中式就地清洗站,由它通过管道网向乳品厂内所有就地清洗线路供应冲洗水、加热的洗涤剂溶液和热水。用过的液体再由管道送回中心站,并按规定的线路流入各自的收集罐,集中式系统主要用于连接线路相对较短的小型乳品厂,如图 1.56 所示。

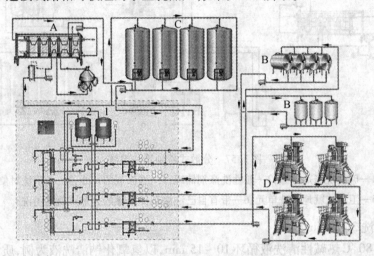

图 1.56　集中式 CIP 系统示意图

清洗单元(虚线内):1—碱性洗涤剂罐;2—酸性洗涤剂罐;

A—换热设备;B—罐组;C—奶仓;D—灌装机

(2)分散式清洗

分散式就地清洗站,每一部分由各自的就地清洗站负责。图 1.57 为分散式系统在此系统中就地清洗水和洗涤剂溶液从中央站的储存罐泵至各个就地清洗线路。

洗涤剂溶液和热水在保温罐中保温,通过热交换器达到要求的温度。最终的冲洗水被收集在冲洗水罐中,并作为下次清洗程序中的预洗水。来自第一段冲洗的牛乳和水的混合物被收集在冲洗乳罐中。

洗涤剂溶液经重复使用变脏后必须排掉,储存罐也必须进行清洗,再灌入新的溶液。每隔一定时间排空并清洗就地清洗站的水罐也很重要,避免使用污染的冲洗水,而使已经清洗干净的加工线受到污染。

2. CIP 系统的典型清洗程序

(1)非加热设备与管路的清洗程序

非加热设备与管路主要包括物料输送管线、原料乳储存罐以及其他非加热设备等。牛乳在这类设备和管路中由于未受到加热处理,相对结垢较少,污垢疏松,易清洗。通常只采用碱清洗液的循环清洗,必要时再增加循环程序。清洗程序如下:

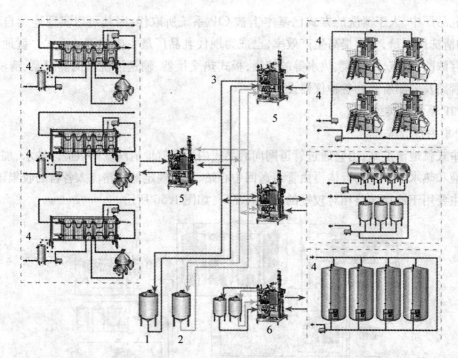

图 1.57　分散式就地清洗系统

1—碱性洗涤剂储罐;2—酸性洗涤剂储罐;3—洗涤剂的环线;4—被清洗对象;

5—卫星式就地清洗单元;6—带有自己洗涤剂储缺罐的分散式就地清洗

①用水冲洗 3~5 min。

②用 75~80 ℃热碱性清洗液循环 10~15 min,以氢氧化钠清洗液为例,质量分数为0.8~1.2%。

③用水冲洗 3~5 min。

④必要时采用65~70 ℃的酸清洗液循环 10~15 min,以硝酸清洗液为例,质量分数为0.8~1.0%;之后用水冲洗 4~7 min。

⑤用 90~95 ℃热水消毒 5 min。

⑥逐步冷却 10 min(储奶罐一般不需要冷却)。

(2)具有加热设备与管路的清洗程序

这类设备和管路,主要是指对物料进行加热的设备与管路装置,例如发酵罐、巴氏杀菌系统、UHT 系统等设备与装置。

由于各段热管路生产工艺目的不同,牛乳在相应的设备和连接管路中的受热程度也就有所不同,所以要根据具体结垢情况,选择有效的清洗程序。

①用水预冲洗 3~5 min。

②用 75~80 ℃热碱性洗涤剂循环 15~20 min。

③用水冲洗 5~8 min。

④用 65~70 ℃的酸清洗液循环 15~20 min(如质量分数为 0.8%~1.0% 的硝酸或 2.0% 的磷酸)。

⑤用水冲洗 5 min。

⑥生产前一般用 90 ℃热水循环 15~20 min,以便对管路进行杀菌。

（3）巴氏杀菌系统的清洗程序

①用水预冲洗 5～8 min。

②用 75～80 ℃热碱性洗涤剂循环 15～20 min（如质量分数为 1.2%～1.5% 的氢氧化钠溶液）。

③用温水冲洗 5 min。

④用 65～70 ℃的酸清洗液循环 15～20 min（如质量分数为 0.8%～1.0% 的硝酸溶液或 2.0% 的磷酸溶液）。

⑤用水冲洗 5 min。

（4）浓缩设备的清洗程序

①用温水冲洗 10～15 min。

②高温碱循环，温度 80～85 ℃，15～20 min（如质量分数为 2.0%～2.5% 的氢氧化钠溶液）。

③用温水冲洗至中性。

④酸液循环，温度 70～75 ℃，15～20 min（如质量分数为 1.5%～2.0% 的硝酸溶液）。

⑤用温水冲洗至中性。

（5）UHT 系统的清洗程序

①用温水冲洗 10 min。

②高温碱循环，温度 137 ℃，20～30 min（如质量分数为 2.0%～2.5% 的氢氧化钠溶液）。

③用清水冲洗至中性。

④低温碱循环，温度 105 ℃，20～30 min（如质量分数为 2.0%～2.5% 的氢氧化钠溶液）。酸清洗液清水冲洗至中性。

⑤高温酸循环，温度 85 ℃，20～30 min（如质量分数为 1.0%～1.5% 的硝酸溶液）。

⑥用清水冲洗至中性。

思 考 题

1. 乳的组成成分有哪些？含量是多少？其成分的变化受哪些因素影响？

2. 原料乳中可能污染哪些微生物？其污染途径有哪些？在室温下储存会发生什么样的变化？

3. 什么是巴氏杀菌乳和 UHT 乳，两种产品的生产工艺各有何特点？主要的区别有哪些？

4. 什么是发酵剂？其分类及主要的特点有哪些？怎样进行调制？其质量要求是什么？

5. 试述凝固型酸奶与搅拌型酸奶的生产工艺及控制条件，其各自的产品质量缺陷的主要表现有哪些？

6. 试述天然干酪的生产工艺及操作要点，再制干酪与其相比有哪些优点？

7. 试述奶油加工工艺及技术要点，其产生缺陷的主要原因有哪些？

8. 试比较甜炼乳与淡炼乳生产工艺过程的异同点，其出现的质量缺陷有哪些？如何防止？

9. 婴幼儿乳粉配方设计理论依据是什么？对各种成分是如何进行调配的？

10. 真空浓缩与喷雾干燥对乳粉加工有何作用及意义？

11. 在冰淇淋的生产中，原辅料的选择有何要求？加工中有哪些因素会影响冰淇淋的膨胀率？产品常发生哪些质量缺陷，应如何防止？

12. 牛初乳中含有哪些生理活性物质？如何生产牛初乳制品？

13. 乳品生产中，设备的清洗和消毒有何作用？其常用的方法有哪些？CIP 系统对乳品工厂生产有何特殊意义？如何进行？

参 考 文 献

[1] 李晓东. 乳品工艺学[M]. 北京：科学出版社，2011.

[2] 谷明. 乳品工程师实用技术手册[M]. 北京：中国轻工业出版社，2009.

[3] 张和平，张佳程. 乳品工艺学[M]. 北京：中国轻工业出版社，2007.

[4] 李凤林，崔福顺. 乳及发酵乳制品工艺学[M]. 北京：中国轻工业出版社，2007.

[5] 孔保华，张丽萍，李晓东，等. 乳品科学与技术[M]. 北京：科学出版社，2004.

[6] 郭本恒. 乳粉[M]. 北京：化学工业出版社，2003.

[7] 郭本恒. 干酪[M]. 北京：化学工业出版社，2004.

[8] 陈历俊. 乳品科学与技术[M]. 北京：中国轻工业出版社，2007.

[9] 蒋明利. 酸奶和发酵乳饮料生产工艺与配方[M]. 北京：中国轻工业出版社，2005.

[10] 张兰威. 乳与乳制品工艺学[M]. 北京：中国农业出版社，2006.

第 *2* 章

肉制品的加工

【学习目的】

肉制品加工主要包括两个方面的内容:一是肉制品加工的基本理论;二是肉制品加工技术。通过本章的学习应掌握:肉用畜禽的屠宰加工,原料肉的组织结构及理化性质,畜禽屠宰后肉的变化,肉制品加工中常用辅料,肉制品加工原理,各类肉制品的加工工艺。加工技术主要包括:肉的冷藏和冷冻,腌制,熏制,绞碎,斩拌,乳化,烤制,干制,发酵等。

【重点和难点】

本章的重点是肉的组织结构和理化特性及加工的基本原理,以及各种肉制品的加工工艺及操作要点;难点是肉的食用品质及影响因素,肉制品腌制、熏制、乳化的作用,香肠类制品加工原理。

2.1　肉用畜禽的屠宰加工

2.1.1　畜禽的品种

可供人类食肉的畜禽种类主要有猪、牛、羊、鸡、鸭、鹅,此外还有兔、驴、鹌鹑、火鸡、肉鸽等。

2.1.2　畜禽屠宰相关术语

(1)肉(Meat)

肉是指各种动物宰杀后所得可食部分的统称,包括肉尸、头、血、蹄和内脏部分。

(2)肉品加工

肉品加工是指运用物理或化学的方法,配以适当的辅料和添加剂,对原料肉进行工艺处理的过程,这个过程所得的产品即为肉制品。

(3)胴体(Carcass)

胴体即家畜屠宰后除去血液、头、蹄、内脏后的肉尸,俗称白条肉。

(4)"瘦肉"或"精肉"(Lean Meat)

肌肉组织仅指骨骼肌而言。

(5)"下水"(Gut)

屠宰过程中产生的副产物如胃、肠、心、肝等脏器,俗称"下水"。

（6）热鲜肉（Fresh Meat）

在肉品工业中，刚刚屠宰后不久，肉温还没有完全散失的肉。

（7）冷却肉（Chilled Meat）

对热鲜肉进行冷加工，使其中心温度保持在冻结点以上而不冻结，并在此温度范围内流通和销售的肉（0～4 ℃）。

（8）分割肉（Cut Meat）

按照不同部位进行分割、包装的肉。

（9）剔骨肉（Boneless Meat）

剔除骨骼的肉。

2.1.3　畜禽宰前检疫

宰前检疫是对待宰畜禽进行的临床健康检查，评价其产品是否适合人类消费的过程。它的实施不但有利于加工出高质量的畜禽肉产品，更重要的是能及时发现病畜禽，防止疫情扩散，保证产品的卫生质量。

1. 宰前检疫的程序

（1）入场验收

当商品畜禽运到屠宰加工企业后，在未卸下车、船之前，兽医检疫人员应先向押运人员索取畜禽产地动物防疫监督机构签发的检疫证明，了解产地有无疫情。检疫人员亲自到车船仔细察看畜禽群，核对畜禽的种类和头数。如发现数目不符或见到死畜禽和症状明显的畜禽时，必须认真查明原因。如果发现有疫情或有疫情可疑时，不得卸载，立即将该批畜禽转入隔离圈内，进行仔细的检查和必要的实验室诊断，确诊后根据疾病的性质按有关规定处理。经上述查验认可的商品畜禽，准予卸载。经检查确认健康的屠畜则赶入饲养圈。体温异常的病畜移入隔离圈。

（2）送宰检查

进入宰前饲养管理场的健康畜禽，经过 2 d 左右的休息管理后，即可送去屠宰。为了最大限度地控制病畜禽，在送宰之前需再进行详细的外貌检查，没发现病畜禽或可疑病畜禽时，可开具送宰证明。

2. 宰前检疫的方法

宰前检疫多采用群体检查和个体检查相结合的办法。

（1）群体检查

群体检查是将来自同一地区或同批的畜禽作为一组，或以圈、笼、箱划群进行检查；检查时可按静态、动态、饮食状态三个环节进行，对发现的异常个体标上记号。静态检查是通过检疫人员深入到圈舍，在不惊扰畜禽使其保持自然安静的情况下，观察其精神状态、睡卧姿势、呼吸和反刍状态，注意有无咳嗽、气喘、战栗、呻吟、流涎、嗜睡等反常现象；在畜禽进食时，观察其采食和饮水状态，注意有无停食、不饮、少食、不反刍和想食又不能吞咽等异常状态。

（2）个体检查

个体检查是对在群体检查中被剔除的病畜禽和可疑病畜禽集中进行较详细的临床检查。个体检查的方法可归纳为看、听、摸、检四大要领。看主要是观察畜禽的精神、被毛和皮肤、运步姿态、呼吸动作、可视黏膜、排泄物等是否正常；听主要是听畜禽的叫声、呼吸音、心音、胃肠音等是否正常；摸主要是触摸耳和角根大概判定其体温的高低，摸体表皮肤注意胸前、颌下、腹下、四肢等处有无肿胀、疹块或结节,摸体表淋巴结主要是检查淋巴结的大小、形状、硬度、温度、敏感性及活动性;检主要是检测体温,对可疑有人畜共患病的病畜还需要根据病畜临床症状,有针对性地进行血、尿常规检查,以及必要的病理组织学和病原学等实验室检查。

3.宰前检疫后的处理

经过宰前检疫的畜禽,根据其健康状况及疾病的性质和程度进行处理。凡是健康、符合卫生质量和商品规格的畜禽,准予屠宰;确诊为有无碍肉食卫生的普通病患畜禽,以及一般性传染病而有死亡危险的畜禽,可随即签发急宰证明书,送往急宰;确认为一般性传染病和普通病,且有治愈希望者,或患有疑似传染病而未确诊的屠畜应予以缓宰;凡是患有危害性大而且目前防治困难的疫病,或急性烈性传染病,或重要的人畜共患病,以及国外有而国内无或国内已经消灭的疫病的患畜禽严禁屠宰。

2.1.4 畜禽宰前管理

1.宰前休息

宰前适当休息可消除应激反应,恢复肌肉中的糖原含量,排出体内过多的代谢产物,减少动物体内淤血现象,有利于放血,并可提高肉的品质和耐储性。宰前休息时间一般为24～48 h。

2.宰前禁食

在宰前12～24 h停止供给待屠宰畜禽饲料,这样既可避免饲料浪费,又有利于屠宰加工,同时还能提高肉的品质。宰前停饲时间,猪为12 h,牛羊为24 h,兔在20 h内,鸡鸭为12～24 h,鹅为8～16 h。停饲时间不宜过长,以免引起骚动。停饲期间必须保证充分的饮水,使畜体进行正常的生理机能活动。但在宰前2～4 h应停止给水,以防止屠宰畜禽倒挂放血时胃内食物从食道流出及摘取内脏时困难。

3.宰前淋浴

用20 ℃温水喷淋畜体2～3 min,以清洗体表污物。淋浴可降低体温,抑制兴奋,促使外周毛细血管收缩,提高放血质量。

2.1.5 畜禽宰后检验

1.宰后检验的基本方法

宰后检验以感官检验为主,必要时辅之以实验室的病理学、微生物学、寄生虫学和理化学检验,以便对宰后检验中所发现的病害肉做出准确诊断,并做出相应的卫生处理。

(1)视检

视检是用肉眼观察胴体的皮肤、肌肉、胸腹膜、脂肪、骨骼、关节、天然孔及各种脏器的色泽、形状、大小、组织状态等是否正常,为进一步的剖检提供依据。

(2)触检

触检是用手或刀具触摸和触压的方法,来判定组织、器官的弹性和软硬度是否正常,并且可以发现位于被检组织或器官深部的结节性病变。

(3)剖检

剖检是借助于检验刀具,剖开被检组织和器官,检查其深层组织的结构和组织状态,发现组织和器官内部的病变。

（4）嗅检

嗅检是利用检验人员的嗅觉探察动物的组织和脏器有无异常气味，以判定肉品卫生质量。有些疾病的动物肉，其组织和器官无明显可见或特征的病理学变化，必须依靠嗅其气味来判定卫生质量。如屠畜生前患尿毒症，肌肉组织就带有尿味；农药中毒、药物中毒或药物治疗后不久屠宰的动物肉品，则带有特殊的气味或药味。这些异常气味，只有依靠嗅觉才能做出正确的判断。

2. 宰后检验的处理

胴体和脏器经过兽医卫生检验后，根据鉴定的结果进行相应处理。其原则是既要确保人体健康，又要尽量减少经济损失。

（1）适于食用

品质良好，符合国家卫生标准的胴体和脏器，盖以兽医验讫印戳，可不受任何限制新鲜出厂。

（2）有条件的食用

凡患有一般性传染病、轻症寄生虫病和病理损伤的胴体和脏器，根据 GB 16548 进行高温处理后，使其传染性、毒性消失或寄生虫全部死亡者，可以有条件地食用。

（3）非食用

凡患有严重传染病、寄生虫病、中毒和严重病理损伤的胴体和脏器，不能在无害化处理后食用，应进行化制。

（4）销毁

凡患有严重的人畜共患病或危害性大的畜禽传染病的动物尸体、宰后胴体和脏器，必须在严格的监督下进行销毁。

2.1.6 猪的屠宰加工

肉用畜禽经过刺杀放血、解体等一系列的处理过程，最后加工成胴体（即肉尸，商品学称为白条肉）的过程叫做屠宰加工，它是进一步深加工的前处理，因而也叫初步加工。猪屠宰加工工艺流程如图 2.1 所示。

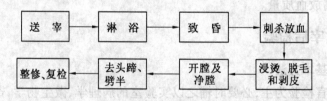

图 2.1　猪屠宰加工工艺流程

1. 淋浴

淋浴水温在夏季以 20 ℃为宜，冬季以 25 ℃为宜，温度不宜过低或过高，否则，反而给肉的质量带来不良影响；水流不应过急，应从不同角度、不同方向设置喷头，以保证体表冲洗完全；淋浴时间以能使猪体表面污物洗净为度，不宜过长。

2. 致昏

应用物理的（如机械的、电击的）或吸入二氧化碳的方法，使猪在宰杀前短时间内处于昏迷状态，谓之致昏，也叫击晕。致昏的目的是使屠畜失去知觉，减少痛苦和挣扎。

（1）电麻

猪用人工电麻器的电压一般为 70～90 V，电流为 0.5～1.0 A，电麻时间通常为 1～3 s，盐水质量分数为 5%。自动电麻器电压不超过 90 V,电流应不大于 1.5 A,时间 1～2 s。电麻时电流通过屠畜脑部造成实验性癫痫状态,屠畜心跳加剧,故能得到良好的放血效果。电麻时使用的电麻器,有人工控制电麻器和自动控制电麻器两种类型。不论哪种电麻器,均应掌握好电流、电压、频率及作用部位和时间。电麻过深会引起屠畜心脏麻痹,造成死亡或放血不全;电麻不足则达不到麻痹知觉神经的目的,会引起屠畜剧烈挣扎。

(2)二氧化碳麻醉法

二氧化碳麻醉法是使屠畜通过含有 65%～75% 二氧化碳的密闭室或隧道,经过 150 s 二氧化碳麻醉使猪在安静状态下,不知不觉地进入昏迷,因此肌糖原消耗少,可使屠畜完全失去知觉,达到麻醉的目的。此法的优点是操作安全,生产效率高;呼吸维持较久,心跳不受影响,放血良好;宰后肉的 pH 值较电麻法低而稳定,利于肉的保存;肌肉、器官出血少。缺点是工作人员不能进入麻醉室,二氧化碳浓度过高时也能使屠畜死亡。

3. 刺杀放血

将致昏后的猪后腿吊在滑轮上经滑车吊至悬空轨道,运至放血处进行刺杀放血。在致昏后应立即放血(不得超过 30 s),以免引起肌肉出血。

(1)切断颈部血管法

切断颈动脉和颈静脉是比较理想的一种放血方法,既能保证放血良好,操作起来又简便、安全。宰杀时操作人员手抓住猪前脚,另一手握刀,刀尖向上,刀锋向前,对准第一肋骨咽喉正中偏右 0.5～1 cm 处向心脏方向刺入,再侧刀下拖切断颈动脉和颈静脉,不得刺破心脏。刺杀放血刀口长度约 5 cm,沥血时间不得少于 5 min。

(2)心脏刺杀放血法

心脏刺杀放血法放血快、死亡快,在不麻电的情况下方便工作。但由于心脏破坏放血不全,易造成胸腔积液。

(3)空心刀放血法

利用负压抽取血液,技术先进,需专用设备,所用工具是一种具有抽气装置的特制"空心刀"。放血时,将刀插入事先在颈部沿气管做好的皮肤切口,经过第一对肋骨中间直向心脏插入,血液即通过刀刃孔隙、刀柄腔道沿橡皮管流入容器内。用空心刀放血可以获得可供食用或医疗用的血液,从而提高其利用价值。空心刀放血虽刺伤心脏,但因有真空抽气装置,故放血仍良好。

4. 浸烫、脱毛和剥皮

(1)浸烫

放血后的猪体经沥血后,由悬空轨道上卸入烫毛池内进行浸烫,使毛孔扩张便于煺毛。浸烫水温应根据猪的品种、年龄大小和不同季节而定。控制水温在 60～63 ℃,浸烫时间为 3～6 min,不得使猪体沉底、烫老。

(2)脱毛

脱毛分机械脱毛和手工脱毛。脱毛机与浸烫池相连,猪浸烫完毕即由传送带自动送进脱毛机,每台机器每次可放入 3～4 头,每小时可脱毛 200 头左右,脱下的毛及皮屑通过孔道运出车间。脱毛后的猪体自动放入清水池内清洗,同时由人工将未脱净的部位如耳根、大腿内侧及其他未脱掉的毛刮去。人工脱毛是小型肉联厂和屠宰场无脱毛机设备时,可进行人工脱毛。除浸烫脱毛外,还有采用吊挂烫毛隧道的,即从刺杀放血到烫毛都吊挂进行,猪体不脱钩。目前采用的有竖式热水喷淋、蒸汽烫洗和蒸汽热水脱毛处理三种方式。

（3）剥皮

剥皮有机械剥皮和人工剥皮。在整个剥皮操作过程中,应防止污物、毛皮、脏手及工作服玷污胴体。

5. 开膛及净膛

（1）雕圈

刀刺入肛门外围,雕成圆圈。应使雕圈少带肉,肠头脱离括约肌,不得割破直肠。

（2）挑胸、剖腹

自放血口沿胸部正中挑开胸骨,沿腹部正中线自上而下剖腹,将生殖器从脂肪中拉出,连同输尿管全部割除,不得刺伤内脏。放血口、挑胸口、剖腹口应连成一线,不得出现三角肉。

（3）拉直肠、割膀胱

一手抓住直肠,另一手持刀,将肠系膜及韧带割断,再将膀胱和输尿管割除,不得刺破直肠。

（4）取肠、胃

一手抓住肠系膜及胃部大弯头处,另一手持刀在靠近肾脏处将系膜组织和肠、胃共同割离猪体,并割断韧带及食道,不得刺破肠、胃、胆囊。

（5）取心、肝、肺

一手抓住肝,另一手持刀,割开两边膈膜,取横膈膜肌脚备检。左手顺势将肝下揿,右手持刀将连接胸腔和颈部的韧带割断,并割断食管和气管,取出心、肝、肺,不得使其破损。

（6）冲洗胸、腹腔

取出内脏后,应及时用足够压力的净水冲洗胸腔和腹腔,洗净腔内淤血、浮毛、污物,并摘除两侧肾上腺。

6. 去头蹄、劈半

从寰枕关节处卸下猪头,从腕关节处去掉前蹄,从跗关节处去掉后蹄,从尾根部平切去尾。操作中注意切口整齐,避免出现骨屑。劈半就是沿脊柱将胴体劈成两半。

7. 整修、复验

整修就是清除胴体表面的各种污物,修割掉胴体上的病变组织、损伤组织及游离物组织,摘除有碍食肉卫生的组织器官,以及对胴体不平整的切面进行必要的修削整形,使胴体具有完好的商品形象。修整好的胴体要达到无血、无粪、无毛、无污物,修割下来的肉块和废弃物分别收集于容器内,严禁乱扔。整修后的片猪肉应进行复验,合格后加盖检验印章,计量分级。

8. 猪肉的分割加工

猪肉的分割加工是指屠宰后经过兽医卫生检验合格的胴体,按不同部位肉的组织结构切割成不同的肉块,经修整、冷却、包装等工序的加工过程。分割猪肉的加工工艺大体可分为鲜肉的初步冷却、三段锯分、小块分割、剔骨、修整、包装、冻结。

（1）初步冷却

将屠宰后的热鲜肉从滑道输送到分割肉的预冷间,库内空气温度保持在0℃,冷却3 h左右,使肉的中心温度降至20℃左右,平均温度为10℃左右。

（2）三段锯分

预冷后的半胴体,用传动装置送至分割机,将胴体分切成三段,即颈肩部、胸腰部、后臀大腿部。

（3）小块分割

胴体锯分后送至分割间进行小块分割。第1刀从第5、6根肋骨中间斩下的颈、肩、前腿部位为颈肩肌肉和前腿肌肉的原料。第 2 刀从腰椎与荐椎连接处斩下后的后腿部位为后腿肌肉原料。第 3 刀在脊椎骨下肋条 4 ~ 6 cm 处平行斩下的脊背部为大排肌肉原料。第 4 刀割下大排下部和后部的腹部,带全部夹层肌肉,前端为肋排(即硬肋)肌肉原料,后端为小排(即软肋)肌肉原料。

(4)剔骨

将分割后的肉体,送到分割间操作台中央的自动传送带上进行剔骨。将颈背部位和前腿部的整块肉平放在操作台上,用刀从颈背肌肉处与脂肪处割开,再从第 4 根肋骨下开割,将肩胛骨内侧和颈背部的肌肉分割开,即为颈背肌肉(Ⅰ号肉)。剔前腿骨时先剔肩胛骨,后剔臂骨以及桡骨、尺骨,所得肉即为前腿肌肉(Ⅱ号肉)。将刀沿脊椎骨的脊突和横突剔下脊椎骨,即为大排肌肉(Ⅲ号肉),大排肌肉上的腱膜允许存在,大排肌肉前端贴腱膜上的肌肉允许存在。剔后腿骨时先剔除髋骨,再剔荐骨(第 7 腰椎和荐椎、尾椎),最后剔股骨和小腿骨,即为后腿肌肉(Ⅳ号肉)。

(5)修整

在剔骨的同时进行修整,要求刀法平直、整齐,不要损坏四个部分的肌肉,保持肌膜、腱膜完整和商品美观。肌肉表面的脂肪要全部修净,不同的肌肉间和剔骨后暴露出的部分脂肪、筋腱、硬软骨和带骨刺的骨膜都要修净。

(6)包装

包装间的温度控制在 0 ~ 4 ℃,肉应随到随包,不得在包装间停留积压。一般采用瓦楞纸箱包装,每箱的两侧,必须标明各种肉的名称、重量、等级、企业名称、生产日期、储存条件。

(7)冻结

采用快速冻结。库温为 -30 ℃,风速为 3 m/s,一般经 48 ~ 72 h,肉的深层温度可达 -15 ~ -20 ℃,冻结即告完成。

9. 猪肉的分级

鲜冻片猪肉分为一级、二级和三级。分级以鲜片猪肉的第六、第七肋骨中间平行至第六胸椎棘突前下方,除皮后的脂肪层厚度为准。一级猪肉除规定脂肪层厚度外,还有质量要求。

2.1.7　牛羊的屠宰加工

1. 宰前检疫与管理

牛、羊屠宰前要进行严格的兽医卫生检验,一般要测量体温和视检皮肤、口、鼻、蹄、肛门等部位,确立没有传染病者可屠宰。在屠宰前应停止喂食,绝食期间给以足够的清洁饮水,但宰前 2 ~ 4 h 应停止喂水。

2. 致昏

致昏主要有锤击致昏和电麻致昏两种。锤击致昏法是将牛鼻绳牢系在铁栏上,用铁锤猛击前额,将其击昏。电击致昏法是用带电金属棒直接与牛体接触,将其击昏,此法操作方便,安全可靠,适宜于较大规模的机械化屠宰厂进行倒挂式屠宰。

3. 放血

牛被击昏后,立即进行宰杀放血。用钢绳系牢处于昏迷状态的牛的右后脚,用提升机提起并转挂到轨道滑轮钩上,滑轮沿轨道前进,将牛运往放血池,进行戳刀放血。在距离胸骨前 15 ~ 20 cm 的颈部,以大约 15°角刺 20 ~ 30 cm 深,切断颈部大血管,并将刀口扩大,立即将刀抽出,使血液尽快流出。入刀时力求稳妥、准确、迅速。

4. 剥皮、剖腹、整理

(1)割牛头、剥头皮

牛被宰杀放净血后,将牛头从颈椎第一关节前割下。有的地方先剥头皮,后割牛头。剥头皮时,从牛角根到牛嘴角为一直线,用刀挑开,把皮剥下。同时割下牛耳,取出牛舌,保留唇、鼻。然后,由卫生检验人员对其进行检验。

(2)剥前蹄、截前蹄

沿蹄甲下方中线把皮挑开,然后分左右把蹄皮剥离,最后从蹄骨上前节处把牛蹄截下。

(3)剥后蹄、截后蹄

在高轨操作台上的工人同时剥、截后蹄,剥蹄方法同前蹄,但应使蹄骨上部胫骨端的大筋露出,以便着钩吊挂。

(4)剥臀皮

由两人操作,先从剥开的后蹄皮继续深入到臀部两侧及腋下附近,将皮剥离,然后用刀将直肠周围的肌肉划开,使肛门口缩入腔内。

(5)剥腹、胸、肩部

腹、胸、肩各部都由两人分左右操作。先从腹部中线把皮挑开,顺序把皮剥离。至此,已完成除腰背部以外的剥皮工作。

(6)机器拉皮

牛的四肢、臀部、胸、腹、前颈等部位的皮剥完后,遂将吊挂的牛体顺轨道推到拉皮机前,牛背向机器,将两只前肘交叉叠好,以钢丝绳套紧,绳的另一端扣在柱脚的铁齿上,再将剥好的两只前腿皮用链条一端拴牢,另一端挂在拉皮机的挂钩上,开动机器,牛皮受到向上的拉力,就被慢慢拉下。

(7)摘取内脏

摘取内脏包括剥离食道、气管、锯胸骨、剖腹等工序。沿颈部中线用刀划开,将食管和气管剥离,用电锯由胸骨正中锯开。出腔时将腹部纵向剖开,取出胃、肠、脾、食管、膀胱、直肠等,再划开横膈肌,取出心、肝、胆、肺和气管。

(8)取肾脏、截牛尾

肾脏在牛的腔内部,被脂肪包裹,划开脏器膜即可取下。截牛尾时,由于牛尾巴已在拉皮时一起拉下,只需要用刀截下尾部关节即可。摘取内脏时,要注意下刀轻巧,不能划破肠、肛、膀胱、胆囊,以免污染肉体。

(9)劈半、截牛

摘取内脏之后,要把整个牛体分成四体。先用电锯沿后部盆骨正中开始分锯,把牛体从盆骨、腰椎、胸椎、颈椎正中锯成左右两片。再分别从后数第二、三肋骨之间横向截断,这样整个牛体被分成四大部分,即四分体。

(10)修割整理

修割整理一般在劈半后进行,主要是把肉体上的毛、血、零星皮块、粪便等污物和肉上的伤痕、斑点、放血刀口周围的血污修割干净。

5. 牛肉的分割

分割牛肉是指将鲜四分体带骨牛肉,经剔骨、按部位分割而成的肉块。优质高档分割牛肉有牛柳、西冷、眼肉、大米龙、小米龙、臀肉、膝圆、腰肉、腱子肉等。

(1)牛柳(里脊)

牛柳即腰大肌,分割时先剥去肾脂肪,沿耻骨的前下方把里脊头剔除,然后由里脊头向里脊尾逐个剥离腰椎横突,取下完整的里脊。

(2)西冷(外脊)

主要是背最长肌、眼肌。分割时先沿最后腰椎切下,再沿眼肌腹壁一侧(离眼肌 5~8 cm 向前)用切割锯切下,在第 9~10 胸肋处切断胸椎,逐个把胸、腰椎剥离,即得西冷。

(3)眼肉

主要包括背阔肌、肋最长肌、肋间肌。眼肉的一端与外脊相连,另一端在 5~6 胸椎处。剥离胸椎,抽取筋腱,在眼肌腹侧距 8~10 cm 处切下。

(4)小米龙

主要是半腱肌,位于臀部。当牛后腱子被取下后,小米龙肉块处于最明显的位置。分割时可按小米龙肉块的自然走向剥离为完整的一块肉。

(5)大米龙

主要是股二头肌,大米龙与小米龙紧相连,剥离小米龙后,大米龙就完全暴露,顺着该肉块自然走向剥离,便可得一块完整的四方形肉块,即为大米龙。

(6)臀肉

主要包括半膜肌、内收肌、股薄肌等。把小米龙、大米龙剥离之后,便可见到一块肉,随着此肉块的边缘分割,即可得到臀肉,也可沿着被锯开的骨盆外缘,再沿本肉块边缘分割。

(7)膝圆

主要是股四头肌,当大米龙、小米龙和臀肉取下后,能见到一块长圆形肉块,沿此肉块周边(自然走向)分割,很容易得到一块完整的膝圆肉。

(8)腰肉

主要是臀中肌、臀深肌、股阔筋膜张肌。在取出小米龙、大米龙、臀肉和膝圆肉后,剩下的一块肉便是腰肉。

(9)腱子肉

腱子肉也即前、后小腿肉。前牛腱是取自肘关节至腕关节处的精肉;后牛腱是取自膝关节至跟腱腕处的精肉。

2.1.8　家禽的屠宰加工

1.屠宰技术

(1)致昏

致昏方法很多,但目前多采用电麻致昏法,常用的有电麻钳、电麻板、电晕槽。电麻钳呈"Y"形,在叉的两边各有一电极。当电麻钳接触家禽头部时,电流即通过大脑而达到致昏的目的。电麻板的构成是在悬空轨道的一段接有一电板,而在该段轨道的下方,设有一瓦棱状导电板。当家禽倒挂在轨道上传送,其喙或头部触及导电板时,即可形成通路,从而达到致昏目的。这两种电麻方法多采用单相交流电,在 0.65~1.0 A,80~105 V 的条件下,电麻时间为 2~4 s。电晕槽的水槽中设有一个沉浸式的电棒,屠宰线的脚扣上设有另一个电棒,屠禽上架后当头经过下面的水槽时,电流即通过整只禽体使其昏迷。电晕条件常用电压 35~50 V,电流 0.5 A 以下,时间:鸡为 8 s 以下,鸭为 10 s 左右。电晕时间要适当,以在 60 s 内能自动苏醒为宜。过大的电压、电流会引起锁骨断裂、心脏破坏、心脏停止跳动、放血不良等。

（2）刺杀与放血

家禽的刺杀,要求保证放血充分的前提下,尽可能地保持胴体完整,减少放血处的污染,以利于保藏。常用的刺杀放血方法有颈动脉颅面分支放血法、口腔放血法、三管切断法。

（3）煺毛

目前机械化屠宰加工肉用仔鸡时,浸烫水温为 $60\pm1℃$,鸭、鹅的浸烫水温为 $62\sim65℃$。浸烫水温必须严格控制,水温过高会烫破皮肤,使脂肪熔化,水温过低则羽毛不易脱离。浸烫时间一般控制在 $1\sim2$ min 之间。机械煺毛后尚需用人工将残毛拔除干净。

（4）净膛

按去除内脏的程度不同,有三种净膛形式。全净膛从胸骨末端至肛门中线切开腹壁或从右胸下肋骨处开口,除肺和肾脏保留外,将其余脏器全部取出;半净膛由肛门周围分离泄殖腔,并于扩大的开口处将全部肠管拉出,其他脏器仍留于体腔内;不净膛即脱毛后的光禽不作任何净膛处理,全部脏器都保留在体腔内。

（5）胴体修整

湿修时,最好使用有一定压力的净水冲刷,将附着在胴体表面的羽毛、血、粪等污物尽量冲洗干净。全自动生产线是用洗禽机进行清洗,清洗效果很好;半自动生产线是将净膛后的胴体放在清水池中清洗,采用这种湿修方法时,要注意勤换池水,以免造成胴体被水中的微生物污染。干修是用刀、剪将胴体上的病变组织、机械损伤组织、游离的脂肪等割掉,并将残毛拔掉,最后用剪刀从跗关节处将后肢剪下。

（6）内脏整理

摘出的内脏经检验后,立即送往内脏整理间进行整理加工,不得积压。如果为全净膛,分离出心和肝脏,收集在专门的容器内。

（7）羽毛整理

浸烫煺下的羽毛,应及时收集,在专门场地上摊开晾晒,不得堆积,待晾晒干后送作进一步加工。

2. 鸡肉的分割

鸡肉的分割首先在冷却间将白条鸡冷却至 $4℃$ 左右,然后进行分割加工。分割方法有手工分割和机械分割两种方法。

（1）手工分割

①腿部分割。将全净膛鸡放于平台上,鸡头位于操作者前方,腹部向上。两手将左右大腿向两侧整理少许,左手扶住左侧腿以稳住鸡体再用刀分割。

②胸部分割。鸡头位于操作者前方,左侧向上。以颈的前面正中线,从咽颌到最后颈椎切开左边颈皮,再切开左肩胛骨。同样切开右颈皮和右肩胛骨。左手握住鸡颈骨,右手食指从第一胸椎向内插入,然后两手用力向相反方向拉开。

③全翅分割。从臂骨紧靠肩胛骨处下刀,割断筋腱,不得划破骨关节面。

④鸡爪分割。用刀或剪从跗关节处切断。

⑤大腿去骨分割。头位于操作者前方,分左右腿操作。左腿去骨时,以左手握住小腿端部,右手持刀,用刀口前端从小腿顶端顺胫骨和股骨内侧划开皮和肌肉。左手持鸡腿横向,切开两骨相连的韧带为适,切勿切开内侧皮肉和韧带下皮肉。用刀剥开股骨部肌肉中的股骨,然后再从斩断胫骨处切断。操作右腿时,调转方向,工序同上。

⑥鸡胸去骨分割。首先完成腿分割,鸡头位于操作者前方,右侧向上,腹部向左,先处理右

胸。用刀尖顺肩胛骨内侧划开,再用刀口后部从乌喙骨和臂骨的筋骨处切开肉至锁骨。左手持翅,拇指插入刀口内部,右手持鸡颈用力拉开。用刀尖轻轻剔开锁骨里脊肉,再用手轻轻撕下,使里脊肉成树叶状。左胸处理是调转方向,操作同上。

(2)机械分割

机械分割采用防护电动环形刀将鸡对着齿旁的刀片,一次性将鸡分成两半、5 块、7 块、8 块或 9 块。5 块切割机把鸡切为 2 条腿、2 块胸、1 块腰背,不带背的腿和胸是最受欢迎的零售规格;7 块切割有 2 块胸肉、2 条腿、2 只翅和 1 块小胸肉;8 块切割有 2 只翅、2 条大腿、2 条小腿、2 块鸡胸;9 块切割时要在锁骨与胸骨间做一水平切割,两块带锁骨胸肉重量几乎相同,这种规格最受欢迎。

3. 鹅、鸭肉分割

鹅的个体较大,可以分割为头、颈、爪、胸、腿等 8 件,躯干部分分 4 块(1 号胸肉、2 号胸肉、3 号腿肉、4 号腿肉)。而鸭的个体相对较小,可以分割为头、颈、爪、胸、腿等六件,躯干部分分为 2 块(1 号鸭肉、2 号鸭肉)。

4. 禽肉的分级

(1)鸡肉分级

一级肉肌肉发育良好,胸骨尖不显著,除腿、翅外,有厚度均匀的皮下脂肪层布满全身,尾部肥满;二级肉肌肉发育完整,胸骨尖稍显著,除腿部、两肋外,脂肪层布满全身;三级肉肌肉不很发达,胸骨尖显著,尾部有脂肪层。

(2)鹅肉和鸭肉分级

一级肉肌肉发育良好,胸骨尖不显著,除腿和翅外,皮下脂肪布满全体,尾部脂肪显著。二级肉肌肉发育完整,胸骨尖稍显,除腿、翅和胸部外,皮下脂肪布满全体。三级肉肌肉不甚发达,胸骨尖露出,尾部的皮下脂肪不显著。

2.2 原料肉的组织结构及理化性质

肉(胴体)主要由肌肉组织、脂肪组织、结缔组织和骨骼组织四大部分组成。这些组织的构造、性质及其含量直接影响到肉品质量、加工用途和商品价值。它依据屠宰动物的种类、品种、性别、年龄和营养状况等因素不同而有很大差异。肌肉组织约占 40% ~60%,而脂肪组织的变动幅度较大,低至 2% ~5%,高者可达 40% ~50%,主要取决于肥育程度。结缔组织约占 12% 左右,成年动物的骨组织含量比较恒定,约占 20% 左右。除动物的种类外,不同年龄的家畜其胴体的组成也有很大差别。

2.2.1 原料肉的组织结构

1. 肌肉组织

肌肉组织可分为横纹肌、心肌、平滑肌三种。胴体上的肌肉组织是横纹肌,也称为骨骼肌,俗称"瘦肉"或"精肉"。骨骼肌占胴体 50% ~60%,具有较高的食用价值和商品价值,是构成肉的主要组成部分。了解肌肉组织的结构、组成和功能,对于掌握肌肉在宰后的变化、肉的食用品质及利用特性等都具有重要意义。

由于骨骼肌的收缩受中枢神经系统的控制,所以又叫随意肌,而心肌与平滑肌称为非随意肌。与肉品加工有关的主要是骨骼肌,下面提到的"肌肉"也指骨骼肌而言。

（1）肌肉组织宏观结构

肌肉是由许多肌纤维和少量结缔组织、脂肪组织、腱、血管、神经、淋巴等组成。肌肉的基本构造单位是肌纤维,肌纤维与肌纤维之间有一层很薄的结缔组织膜围绕隔开,此膜叫肌内膜（Enolomysium）;每50～150条肌纤维聚集成束,称为肌束（Muscle Bundle）;外包一层结缔组织鞘膜称为肌周膜（Perimysium）或肌束膜,这样形成的小肌束也叫初级肌束,由数十条初级肌束集结在一起并由较厚的结缔组织膜包围就形成次级肌束（又叫二级肌束）。由许多二级肌束集结在一起即形成肌肉块,外面包有一层较厚的结缔组织称为肌外膜（Epimysium）。这些分布在肌肉中的结缔组织膜既起着支架的作用,又起着保护作用,血管、神经通过三层膜穿行其中,伸入到肌纤维的表面,以提供营养和传导神经冲动。此外,还有脂肪沉积其中,使肌肉断面呈现大理石样纹理。肌肉组织的结构图如图2.2所示。

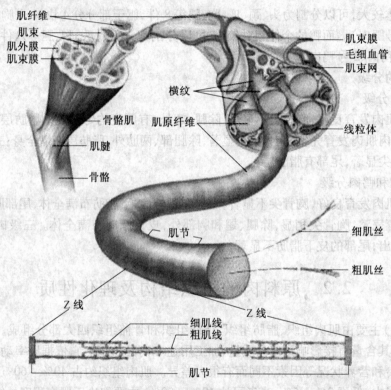

图2.2　肌肉组织的结构图

（2）肌肉的微观结构

构成肌肉的基本单位是肌纤维,也叫肌纤维细胞,是属于细长的多核的纤维细胞。在显微镜下可以看到肌纤维细胞沿细胞纵轴平行的、有规则排列的明暗条纹,所以称横纹肌,其肌纤维是由肌原纤维、肌浆、细胞核和肌浆网构成。肌原纤维是构成肌纤维的主要组成部分,直径为0.5～3.0 μm。肌肉的收缩和伸长就是由肌原纤维的收缩和伸长所致。肌微丝的结构图如图2.3所示。

①肌纤维（Muscle Fiber）。肌纤维也叫肌细胞,呈长线状、不分支、两端逐渐尖细。肌纤维的直径为10～100 μm,长度从1～40 mm不等,长的可达100 mm。

②肌原纤维（Myofibrils）。每个肌纤维内含有大量的沿肌纤维的长轴平行排列的、具有明暗相间的花纹的肌微丝,包括粗肌丝和细肌丝。肌原纤维呈细丝状,直径为0.5～3.0 μm。粗肌丝主要由肌球蛋白构成,又称肌球蛋白微丝;细肌丝主要由肌动蛋白构成,又称肌动蛋白微丝。

③肌浆（Sarcoplasm）。肌浆是肌纤维的细胞质,填充于肌原纤维间和核周围的胶质物质,含水分75% ~80%,富含肌红蛋白、肌糖原及其代谢产物、无机盐等。在肌浆中肌红蛋白的数量不同,这就使不同部位的肌肉颜色深浅不一。

④肌节（Sarcomere）。肌原纤维中相邻两条 Z 线之间的单元称为肌节,它是肌肉收缩和舒张的最基本的功能单位,静止时的肌节长度约为 2.3 μm。肌节两端是细线状的暗线称为 Z 线,中间宽约 1.5 μm 的暗带或称 A 带,A 带和 Z 线之间是宽约为 0.4 μm 的明带或称 I 带。在 A 带中央还有宽约 0.4 μm 的稍明亮的 H 区,形成了肌原纤维上的明暗相间的现象。因此一个肌节是由一个完整的 A 带和两个1/2 I 带组成,静止时肌节长约为 2 ~ 2.5 μm。粗微丝长约 1.5 μm,直径约为 10 ~ 20 nm,位于肌节的 A 带中,固定于 M 线,两端游离。细微丝长约 1 μm,直径约为 5 nm,其一端固定在 Z 线,另一端插入粗肌丝之间,止于 H 带外侧。

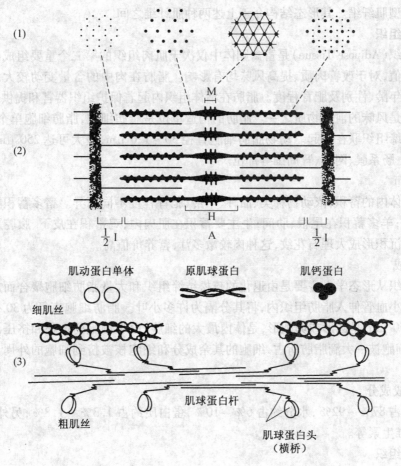

图 2.3　肌微丝的结构图

(1)各部分的横切面;(2)肌节的结构;(3)粗肌丝、细肌丝的结构

⑤横小管（Transverse Tubule）。肌膜向肌浆内凹陷形成的管状结构,与肌纤维长轴垂直,同一平面的横小管分支吻合,环绕肌原纤维,位于明、暗带交界处,其功能是将肌膜的兴奋传导至肌纤维内部。

⑥肌浆网（Sarcoplasmic Reticulum）。肌纤维中特化的滑面内质网称为肌浆网,位于横小管之间,纵行包绕肌原纤维的部分称纵小管,两端扩大形成的扁囊称终池。每条横小管与两侧的终池组成三联体,其功能是有钙泵和钙通道,储存和释放 Ca^{2+}。

（3）肌纤维的种类

通常肌纤维根据其所含色素的不同可分为红肌纤维、白肌纤维和中间型纤维三类。有些肌肉全部由红肌纤维或全部由白肌纤维构成，如猪的半腱肌主要由红肌纤维构成。但大多数肉用家畜的肌肉是由两种或三种肌纤维混合而成。

①红肌纤维。呈暗红色，丰富的线粒体、肌红蛋白和细胞色素，肌原纤维少且细。能量主要来自糖的有氧氧化，其功能特点是收缩速度慢，收缩力弱，但持续时间长，不易疲劳，故又称慢肌纤维。

②白肌纤维。颜色较淡，线粒体含量较少，肌红蛋白和细胞色素也较少，肌原纤维多且粗，肌纤维周围的血管分布不如红肌纤维丰富。能量供应主要依靠糖原的无氧酵解。其功能特点是收缩速度快，收缩力强，但持续时间短，易于疲劳，故又称快肌纤维。

③中间型肌纤维。其形态结构介于上述两种肌纤维之间。

2. 脂肪组织

脂肪组织（Adipose Tissue）是畜禽胴体中仅次于肌肉组织的第二个重要组成部分，具有较高的食用价值，对于改善肉质、提高风味均有影响。脂肪在肉中的含量变动较大，决定于动物种类、品种、年龄、性别及肥育程度。脂肪在活体组织内起着保护组织器官和提供能量的作用，在肉中脂肪是风味的前体物质之一。脂肪的构造单位是脂肪细胞，脂肪细胞单个或成群地借助于疏松结缔组织联在一起。动物脂肪细胞直径 30 ~ 120 μm，最大可达 250 μm。脂肪主要分布在皮下、肠系膜、网膜、肾周围等部位。

（1）分布

脂肪在体内的蓄积，依动物种类、品种、年龄、肥育程度不同而异。猪多蓄积在皮下、肾周围及大网膜；羊多蓄积在尾根、肋间；牛主要蓄积在肌肉内；鸡蓄积在皮下、腹腔及肌胃周围。脂肪在肌内沉积形成大理石花纹，这种肉较嫩多汁，营养价值高。

（2）构成

脂肪组织从形态学上主要是由退化的疏松结缔组织和大量脂肪细胞聚合而成，少量疏松结缔组织和小血管伸入脂肪组织内，将其分隔为许多小叶。脂肪细胞直径为 30 ~ 120 μm，最大的可达 250 μm，呈圆形或卵圆形，是体内最大的细胞，由于细胞的堆积和挤压，有时变为多角形，整个细胞被一大滴脂肪所占，细胞的其余成分和细胞核被挤到细胞的外周，呈一狭窄的指环状带。

（3）组成成分

脂肪约占 87% ~ 92%，水分约占 6% ~ 10%，蛋白质约占 1.3% ~ 1.8%，另外还有少量的酶、色素及维生素等。

3. 结缔组织

结缔组织（Connective Tissue）是肉的次要成分，在动物体内对各器官组织起到支持和连接作用，使肌肉保持一定弹性和硬度。结缔组织的结构图如图 2.4 所示。

（1）分布

结缔组织在动物体内分布很广，腱、肌膜、韧带、血管、淋巴、神经、毛皮等都由结缔组织组成。它是机体的保护组织，并使机体有一定的韧性和伸缩能力。

（2）构成

结缔组织纤维包括胶原纤维、弹性纤维和少量的网状纤维。从形态学上，结缔组织由胶状的基质、丝状的纤维和细胞成分组成。结缔组织的基质为无色透明的胶态液体，其主要成分是黏多糖和蛋白质,可由溶胶形成凝胶。细胞成分有成纤维细胞、组织细胞、肥大细胞、浆细胞和脂肪细胞等。

(3)组成成分

结缔组织由胶原蛋白、弹性蛋白和网状蛋白三种成分构成,都属于硬性的非全价蛋白,其氨基酸组成中缺少人体必需的氨基酸成分(主要由甘氨酸、脯氨酸和羟脯氨酸构成),而且这三种蛋白具有坚硬、难溶、不易消化等特点,营养价值很低。因此,结缔组织多的部位,肉的食用价值很低。

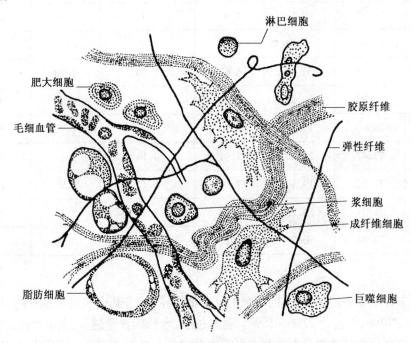

图 2.4　结缔组织的结构图

4. 骨组织

骨组织是肉的次要成分,食用价值和商品价值较低,在运输和储藏时要消耗一定能源。成年动物骨骼的含量比较恒定,变动幅度较小。猪骨约占胴体的 5% ~ 9%,牛骨约占胴体的 15% ~ 20%,羊骨约占胴体的 8% ~ 17%,鸡骨约占胴体的 8% ~ 17%。骨由骨膜、骨质和骨髓构成,骨膜是由结缔组织包围在骨骼表面的一层硬膜,里面有神经、血管。骨骼根据构造的致密程度分为密质骨和松质骨,骨的外层比较致密坚硬,内层较为疏松多孔。按形状又分为管状骨和扁平骨,管状骨密质层厚,扁平骨密质层薄。在管状骨的管骨腔及其他骨的松质层孔隙内充满骨髓。骨髓分红骨髓和黄骨髓。红骨髓含血管、细胞较多,为造血器官,幼龄动物含量多;黄骨髓主要是脂类,成年动物含量多。骨的化学成分,水分约占 40% ~ 50%,胶原蛋白约占 20% ~ 30%,无机质约占 20%。无机质的成分主要是钙和磷。

将骨粉碎可以制成骨粉,作为饲料添加剂,此外还可熬出骨油和骨胶。利用超微粒粉碎机制成骨泥,是肉制品的良好添加剂,也可用做其他食品以强化钙和磷。

2.2.2　肉的化学组成

肉与其他食品一样,是由许多不同的化学物质所组成,这些化学物质大多是人体所必需的营养成分,特别是肉中的蛋白质,更是人们饮食中高质量蛋白质的主要来源。肉中的化学成分主要有水分、蛋白质、脂肪、浸出物、维生素及微量元素等。几种常见动物肉的化学组成见表2.1。

表2.1 几种常见动物肉的化学组成(去骨可食部分)

名　称	水/%	蛋白质/%	脂肪/%	碳水化合物/%	灰分/%	热量/(J·kg⁻¹)
牛肉	72.91	20.07	6.48	0.25	0.92	6 196.5
羊肉	75.17	16.35	7.98	0.31	1.19	5 903.5
肥猪肉	47.40	14.54	37.34	—	0.72	13 753.6
瘦猪肉	72.55	20.08	6.63	1.20	1.10	4 877.6
马肉	75.90	20.10	2.20	1.88	0.95	4 312.4
鹿肉	78.00	19.50	2.50		1.20	5 367.5
兔肉	73.47	24.25	1.91	0.16	1.52	4 898.6
鸡肉	71.80	19.50	7.80	0.42	0.96	6 364.0
鸭肉	71.24	23.73	2.65	2.33	1.19	5 107.9
骆驼肉	76.14	70.75	2.21	—	0.90	3 098.2

1. 水分

水是肉中含量最多的组分,不同组织水分含量差异很大,其中肌肉含水量约70% ~ 80%,皮肤为60% ~ 70%,骨骼为12% ~ 15%。畜禽越肥,水分的含量越少,老年动物比幼年动物含水量少。肉中水分含量多少及存在状态影响肉及肉制品的组织状态、加工品质、储藏性,甚至风味。肉中水分存在形式大致可分为自由水、不易流动水、结合水三种。

(1)自由水

自由水指存在于细胞外间隙中能够自由流动的水,它们不依电荷基而定位排序,仅靠毛细管作用力而保持。自由水约占总水分量的15%。

(2)不易流动水

不易流动水指存在于纤丝、肌原纤维及肌细胞膜之间的一部分水分。肉中的水分大部分以这种形式存在,约占总水分的80%。这些水分能溶解盐及溶质,并可在$-1.5 \sim 0\ ℃$下结冰。不易流动水易受蛋白质结构和电荷变化的影响,肉的保水性能主要取决于此类水的保持能力。

(3)结合水

结合水是由肌肉蛋白质亲水基与所吸引的水分子形成的紧密结合的水层。通常这部分水分分布在肌肉的细胞内部,大约占总水分的5%。结合水不易受肌肉蛋白质结构或电荷的影响,甚至在施加外力条件下,也不能改变其与蛋白质分子紧密结合的状态。

2. 蛋白质

肌肉中蛋白质含量仅次于水,约占20%,除去水分后的肌肉干物质中蛋白质占80%左右。按照肌肉中的蛋白质在肌纤维中所处的位置和在盐溶液中的溶解程度,可将肌肉蛋白质分为三类,即肌原纤维蛋白质(Myofibrillar Proteins)肌浆蛋白质(Sarcoplasmic Proteins),肉基质蛋白质(Stroma Proteins)。动物骨骼肌中不同种类蛋白质的质量分数见表2.2。

表 2.2　动物骨骼肌中不同种类蛋白质的质量分数　　　　单位:%

蛋白种类	哺乳动物	禽类	鱼类
肌原纤维蛋白质	49 ~ 55	60 ~ 65	65 ~ 75
肌浆蛋白质	30 ~ 43	30 ~ 34	20 ~ 30
结缔组织蛋白质	10 ~ 17	5 ~ 7	1 ~ 3

(1)肌原纤维蛋白质

肌原纤维蛋白质占肌肉中蛋白质总量的 40% ~ 60%,主要包括肌球蛋白、肌动蛋白、原肌球蛋白、肌钙(原)蛋白等,此外尚有少量调节性蛋白质。

①肌球蛋白(myosin)。肌球蛋白是肉中最多的一种蛋白质,约占肌原纤维蛋白质的 45% ~ 50%。肌球蛋白有黏性,易成凝胶,相对分子质量为 500 000。肌球蛋白微溶于水,溶于盐溶液中,形成结晶状,等电点为 pH 值为 5.4,热凝温度为 43 ~ 45 ℃。肌球蛋白是构成肌原纤维微观结构中粗微丝的主要组分,所以粗微丝也称肌球蛋白微丝。肌球蛋白分子呈豆芽菜状,其长度与直径之比约为 100∶1。用胰蛋白酶消化肌球蛋白,可将肌球蛋白分为轻酶解肌球蛋白(Light Meromyosin,LMM)和重酶解肌球蛋白(Heavy Meromyosin,HMM)两部分,轻酶解肌球蛋白被称作肌球蛋白的尾部。用木瓜蛋白酶处理重酶解肌球蛋白,可将重酶解肌球蛋白降解为肌球蛋白头部和肌球蛋白颈部两部分。肌球蛋白头部具有 ATP 酶的活性。肌球蛋白 ATP 酶的活性中心是其一级结构中半胱氨酸的-SH 基,能同 ATP 结合并迅速分解。肌球蛋白的排列方式为杆部均朝向粗微丝的中段(相当于 H 带部分),头部则朝向粗肌丝的两端(位于 H 带以外的 A 带部分),并露于表面,称为横突。粗微丝是由大约 200 个豆芽菜状的肌球蛋白分子平行排列聚集而成。

②肌动蛋白(Actin)。肌动蛋白是组成细微丝的主要组分,所以细微丝又称肌动蛋白微丝。肌动蛋白分子单体为直径 5.5 nm 的球形,称为 G-肌动蛋白。肌动蛋白约占肌纤维蛋白质总量的 12% ~ 15%,易生成凝胶。其等电点约为 pH 值为 4.7,热凝温度为 30 ~ 35 ℃。许多(约 400 个)肌动蛋白单体相互连接,形成两条有极性的互相缠绕的螺旋链,称为 F-肌动蛋白。

③原肌球蛋白(Tropomyosin)。原肌球蛋白是由两条多肽链胶合而成的长约 38.5 nm 的纤维状蛋白,彼此相连嵌在 F-肌动蛋白分子链的螺旋沟内。

④肌钙蛋白(Troponin)。肌钙蛋白(也称肌原蛋白)是由 3 个亚单位组成的球状蛋白复合体,三个亚单位分别简称为原肌球蛋白结合亚基(T)、抑制亚基(I)和钙结合亚基(C)。T 亚单与原肌球蛋白相结合,I 亚单能抑制肌动蛋白和肌球蛋白的结合,C 亚单可与 Ca^{2+} 结合。

(2)肌浆蛋白质

肌浆是指在肌纤维细胞中,分布在肌原纤维之间的细胞质和悬浮于细胞质中的各种有机物、无机物以及亚细胞结构的细胞器等。肌浆中的蛋白质约占肌肉中蛋白质总量的 20% ~ 30%。其种类包括肌溶蛋白、肌红蛋白及肌粒中的蛋白质等。这些蛋白质都基本上溶于水或低离子强度的中性盐溶液中,是肌肉中最容易提取的蛋白质。肌浆中蛋白质的主要功能是参与肌肉纤维中的物质代谢。

①肌溶蛋白(Myogen)。肌溶蛋白是清蛋白类的蛋白质,占肌浆蛋白质的大部分,约占肌纤维中蛋白质的 22%,能溶于水。等电点 pH 值为 6.3,加热到 52 ℃时凝固,是营养完全的蛋白质。

②肌红蛋白(Myoglobin)。肌肉的色素蛋白,等电点 pH 值为 6.78。

③肌粒中的蛋白。肌粒包括细胞核、线粒体及微粒体等,存在于肌浆中。肌粒中的蛋白质包括三羧酸循环的酶系统、脂肪 β-氧化酶体系、氧化磷酸化酶体系及产生能量的电子传递体系酶。

(3)基质蛋白质(Stroma Protein)

基质蛋白质是指肌肉组织磨碎之后在高浓度的中性盐溶液中充分浸提之后的残渣部分,占肉中蛋白质质量分数的 10%,是构成肌内膜、肌束膜和腱的主要成分,和肉的硬度有关。基质蛋白质包括胶原蛋白、弹性蛋白、网状蛋白及黏蛋白等,它们均属于硬蛋白类。

3. 脂肪

肉中化学成分以脂肪含量变化最大,它同家畜的营养状况有密切的关系,也同胴体的不同部位有关。动物的脂肪可分为蓄积脂肪和组织脂肪两大类。蓄积脂肪包括皮下脂肪、肾周围脂肪、大网膜脂肪及肌肉块间的脂肪等;组织脂肪为肌肉组织内、脏器内的脂肪。动物性脂肪主要成分是甘油三酯(三脂肪酸甘油酯),约占 90%,还有少量的磷脂和固醇脂。组成肉类脂肪的脂肪酸有 20 多种。其中饱和脂肪酸以硬脂酸和软脂酸居多,不饱和脂肪酸以油酸居多,其次是亚油酸、磷脂以及胆固醇所构成的脂肪酸酯类是能量来源之一。不同动物脂肪的脂肪酸组成不一致,相对来说鸡脂肪和猪脂肪含不饱和脂肪酸较多,牛脂肪和羊脂肪中含饱和脂肪酸较多。脂肪对肉的食用品质影响甚大,肌肉内脂肪的多少直接影响肉的多汁性和嫩度,它对肉制品质量、颜色、气味具有重要作用,脂肪是重要的风味前体物。

4. 浸出物

肉的浸出物是指肉中除蛋白质、盐类和维生素外能溶于水的浸出性物质。新鲜肉中的浸出物约占 2% ~3%。其中,浸出物又分为含氮浸出物和无氮浸出物两种。

(1)含氮浸出物

含氮浸出物是肌肉中的各种非蛋白质的含氮化合物,多以游离状态存在,主要是指游离氨基酸、磷酸肌酸、核苷酸类及肌酐等。含氮浸出物同肌肉的代谢有直接关系,是蛋白质代谢的降解产物,是肉品风味的主要成分。主要成分有三磷酸腺苷(ATP)、二磷酸腺苷(ADP)、一磷酸腺苷(AMP)、次黄嘌呤核苷酸(IMP)等。动物死后在 ATP 酶的作用下,ATP 分解成 ADP,进一步分解成 AMP,AMP 脱出氨基生成 IMP,IMP 进一步降解为次黄嘌呤,IMP 和次黄嘌呤参与肉风味的形成。肌酸在酸性条件下加热,失去一个分子水成为环状结构的肌酐。活体中肌酐的数量很少,但煮肉加热时肌酸逐渐减少,而肌酐逐渐增加,同时增加了肉的风味。除以上各种含氮化合物之外,还有嘌呤碱基、游离氨基酸、胆碱、尿素、氨等,这些物质随宰后肉的成熟而增加。

(2)无氮浸出物

无氮有机化合物主要是糖类和有机酸。糖类化合物主要有糖原、麦芽糖、葡萄糖、核糖、糊精。糖原是葡萄糖的聚合体,是动物体内糖的主要存在形式,动物肝脏中储量最多,高达 2% ~8%,骨骼肌中糖原储量为 0.3% ~0.9%。肌糖原含量的多少对肉的 pH 值、保水性、颜色等均有影响,并且影响肉的储藏性。有机酸主要是乳酸,还有少量的乙酸、丁酸、延胡索酸。

5. 矿物质

肉中所含矿物质是指肉中无机物,质量分数占 1.5% 左右。其种类主要有钠、钾、钙、铁、氯、磷、硫等无机物,尚含有微量的锰、铜、锌、镍等。这些无机盐在肉中有的以游离状态存在,如镁、钙离子;有的以螯合状态存在,如肌红蛋白中的铁。胴体中的钙,大部分存在于骨中,肉中含量极微,精肉中铁的含量较高。

6. 维生素

肉中维生素主要有维生素 A、维生素 B_1、维生素 B_2、维生素 B_3、叶酸、维生素 C、维生素 D 等。其中脂溶性维生素较少,但水溶性 B 族维生素含量丰富。猪肉中维生素 B_1 的含量比其他肉类要多得多,而牛肉中叶酸的含量则又比猪肉和羊肉高。

2.3　畜禽屠宰后肉的变化

动物刚屠宰后,肉温还没有散失,柔软具有较小的弹性,这种处于生鲜状态的肉称作热鲜肉。经过一定时间,肉的伸展性消失,肉体变为僵硬状态,这种现象称为僵直(Rigor Mortis),此时肉加热食用是很硬的,而且持水性也差,因此加热后重量损失很大,不适于加工。在一定温度下放置一定的时间,使肉发生一系列的生物化学变化,从而使肉的适口性和风味都得到改善,这时食用是比较科学的,此过程称作肉的成熟(Conditioning)。成熟肉在不良条件下储存,经酶和微生物作用分解变质称作肉的腐败(Putrefaction)。屠宰后肉的变化,包括肉的尸僵、肉的成熟、肉的腐败三个连续变化过程。在肉品工业生产中,要控制尸僵,促进成熟、防止腐败。

2.3.1　肉的僵直

1. 概念

家畜屠宰以后,肉的伸展性逐渐消失,由弛缓变为紧张,无光泽,原来柔软松弛的肌肉逐渐失去弹性,关节不活动而变得僵硬,这个过程被称之为僵直(Rigor Mortis)。

2. 原因

动物屠宰死亡后,呼吸停止了,供给肌肉的氧气也就中断了,此时其糖原不再像有氧存在时最终氧化成二氧化碳和 H_2O,而是在缺氧情况下经糖酵解作用产生乳酸。在正常有氧条件下,每个葡萄糖单位可氧化生成 38 分子 ATP,而经过糖酵解只能生成 3 分子 ATP,ATP 的供应受阻。然而体内 ATP 的消耗,由于 ATP 酶的作用却在继续进行,因此动物死亡后,ATP 的含量迅速下降。ATP 的减少及 pH 值的下降,使肌质网功能失常,发生崩解,肌质网失去钙泵的作用,内部保存的钙离子被放出,致使 Ca^{2+} 浓度增高,促使粗丝中的肌球蛋白 ATP 酶活化,更加快了 ATP 的减少,结果肌动蛋白和肌球蛋白结合形成肌动球蛋白,引起肌肉收缩表现出肉尸僵硬。

3. 家畜死后僵直的过程

动物死后僵直的过程大体可分为三个阶段,从屠宰后到开始出现僵直现象为止,即肌肉的弹性以非常缓慢的速度进展阶段,称为迟滞期;随着弹性的迅速消失出现僵硬阶段叫急速期;最后形成延伸性非常小的一定状态叫僵直后期。到最后阶段肌肉的硬度可增加到原来的10～40 倍,并保持较长时间。

4. 死后僵直与肉的保水性

尸僵阶段肉的硬度增加,保水性降低,在最大尸僵期时最低。肉中的水分最初时渗出到肉的表面,呈现湿润状态,并有水滴流下。肉的保水性主要受 pH 值的影响,然而死后僵直时保水性的降低并不能仅以 pH 值下降来解释,而是多方面因素共同作用的结果。

①pH 值为 5.4～5.6,肌肉中主要蛋白质的等电点。

②肌球蛋白和肌动蛋白微丝之间的间隙缩小,肌肉内水分存留的空间减少。

③肌浆中的蛋白质在高温和低 pH 值作用下的变性沉淀。

5. 冷收缩和解冻僵直收缩

肌肉宰后有三种短缩或收缩形式,即热收缩(Heat Shortening)、冷收缩(Cold Shortening)和解冻僵直收缩(Thaw Shortening)。热收缩是指一般的尸僵过程,缩短程度和温度有很大关系,这种收缩是在尸僵后期,当 ATP 含量显著减少以后会发生。

(1)冷收缩

牛、羊及火鸡肉在 pH 值下降至 5.9~6.2 之前,也就是僵直状态完成之前,肉温降低到 10 ℃以下肉发生的收缩。

(2)解冻僵直

肌肉在僵直未完成前进行冻结,仍含有较多 ATP,其在解冻时由于 ATP 发生强烈而迅速的分解产生的僵直现象称为解冻僵直收缩。

6. 影响肉僵直的因素

肌肉僵直出现的早晚和持续时间的长短与动物种类、年龄、环境温度、生前状态和屠宰方法有关。不同种类动物从死后到开始僵直的速度,一般来说,鱼类最快,依次为禽类、马、猪、牛。一般动物于死后 1~6 h 开始僵直,到 1~20 h 达最高峰,至 24~48 h 僵直过程结束。

肌肉僵直所需时间,受多种条件和因素的影响,如糖原含量、ATP 含量、环境温度、pH 值等。肌肉僵直的速度与 ATP 量密切相关,ATP 减少的速度越快,僵直的速度亦越快。而糖原含量直接影响 ATP 生成量,对于生前处于患病、饥饿、过度疲劳的动物,宰后肌肉中糖原含量明显减少,则 ATP 生成量更少,可大大缩短僵直期。环境温度越高,酶活性越强,肉僵直期出现越早,且维持时间短;反之,僵直越慢,持续时间也越长。

2.3.2 肉的成熟

1. 概念

尸僵持续一定时间后,即开始缓解,肉的硬度降低,保水性有所恢复,使肉变得柔嫩多汁,具有良好的风味,最适于加工食用,这个变化过程即为肉的成熟(Conditioning or Ageing)。肉的成熟包括尸僵的解除及在组织蛋白酶作用下进一步成熟的过程。

2. 肉成熟时的变化

(1)肌原纤维的变化

动物刚宰杀后的肌原纤维与活体肌肉一样,由数十到数百个肌节沿长轴方向构成纤维,在肉成熟时则断裂成 1~4 个肌节相连的小片状。

(2)结缔组织的变化

在肉的成熟过程中胶原纤维的网状结构逐渐松弛,由规则、致密的结构变成无序、松散的状态,从而使整个肌肉的嫩度得以改善。

(3)蛋白质的变化

肉成熟时,肌肉中许多酶类对某些蛋白质有一定的分解作用,从而促使成熟过程中肌肉中盐溶性蛋白质的浸出性增加。伴随肉的成熟,蛋白质在酶的作用下,肽链解离,使游离的氨基增多,肉持水力增强,变得柔嫩多汁。

(4)风味的变化

肉成熟过程中改善肉风味的物质主要有两类:一类是 ATP 的降解物次黄嘌呤核苷酸(IMP),另一类则是组织蛋白酶类的水解产物——氨基酸。随着成熟,肉中浸出物和游离氨基酸的含量增加,它们都具有增加肉的滋味或改善肉质香气的作用。

3. 影响肉成熟的因素

（1）温度

温度对嫩化速率影响很大,它们之间成正相关。在 0 ~ 40 ℃ 范围内,每增加 10 ℃,嫩化速度提高 2.5 倍。据测试,牛肉在 1 ℃ 完成 80% 的嫩化需 10 d,在 10 ℃ 缩短到 4 d,而在 20 ℃ 只需要 1.5 d。所以在卫生条件很好的成熟间,适当提高温度可以缩短成熟期。

（2）电刺激

电刺激不会改变肉的最终嫩化程度,但电刺激可以使嫩化加快,减少成熟所需要的时间,如一般需要成熟 10 d 的牛肉,应用电刺激后则只需要 5 d。

（3）机械作用

肉成熟时,将跟腱用钩挂起,此时主要是腰大肌受牵引。如果将臀部挂起,不但腰大肌短缩被抑制,而且半腱肌、半膜肌、背最长肌短缩均被抑制,可以得到较好的嫩化效果。

（4）化学嫩化法

屠宰前注射肾上腺激素、胰岛素等,使动物在活体时加快糖的代谢过程,肌肉中糖原大部分被消耗或从血液中排出;宰后肌肉中糖原和乳酸含量极少,肉的 pH 值较高,在 6.4 ~ 6.9 的水平,肉始终保持柔软状态。也可从外部添加蛋白酶强制其软化,蛋白酶可使部分胶原蛋白和弹性蛋白分解,使肉嫩度升高,常用的有木瓜蛋白酶(嫩肉粉)。

2.3.3　肉的腐败变质

肉的腐败主要是在腐败微生物的作用下,引起蛋白质和其他含氮物质的分解,并形成有毒和不良气味等多种分解产物的化学变化过程。

1. 肉类腐败的原因和条件

肉类腐败是成熟过程的加深,动物死后由于血液循环的停止,吞噬细胞的作用停止了,这就使得细菌有可能繁殖和传播。肉的腐败主要是以蛋白质分解为特征的。肉在成熟阶段的分解产物,为腐败微生物生长、繁殖提供了良好的营养物质,随着时间推移,微生物大量繁殖必然导致肉更复杂的分解。

2. 肌肉组织的腐败

肌肉组织的腐败就是蛋白质受微生物作用的分解过程。蛋白质在腐败微生物的作用下,首先分解为多肽,进而形成氨基酸,然后在相应酶的作用下,氨基酸经过脱氨基、脱羧基、氧化还原等作用,进一步分解为各种有机胺类、有机酸以及二氧化碳、氨气、硫化氢等无机物质,肉即表现出腐败特征。蛋白质在微生物作用下分解成蛋白胨和多肽类,两者与水形成黏稠状物而附在肉的表面,加热时进入肉汤,使肉汤变得混浊,可作为鉴别肉新鲜度的指标之一。

3. 脂肪的氧化和酸败

肉类腐败变质,除蛋白质的分解而产生恶臭味等变化以外,脂类也同时受微生物酶的分解作用,生成各种类型的低级产物。脂类可在酶的影响下分解生成甘油以及相应脂肪酸;也会被氧化形成过氧化物,再分解为低分子酸与醇、酯等,过氧化物也可直接分解为羧酸。

2.3.4　肉的食用品质

肉的食用品质主要指肉的颜色、气味、嫩度、保水性等,这些性状在肉的储藏及加工中直接影响肉品的质量。

1. 肉的颜色

肉的颜色是肉的重要加工性状之一。肉品的颜色与肉本身的食用品质(嫩度、风味等)之间并无直接的关系,但它却是衡量肉品食用品质和肉品卫生品质的一项重要指标。正常鲜肉的基本颜色是红色,影响肉颜色的因素主要有以下几个方面。

(1)肌红蛋白和血红蛋白的量

肉的颜色本质上由肌红蛋白(Myoglobin,Mb)和血红蛋白(Hemoglobin,Hb)产生。肌红蛋白为肉自身的色素蛋白,肉色的深浅与其含量多少有关。血红蛋白存在于血液中,对肉颜色的影响要视放血的好坏而定。放血良好的肉,肌肉中肌红蛋白色素占80%~90%,比血红蛋白丰富得多。正常情况下,肌肉中肌红蛋白的含量决定肌肉颜色的70%~90%,而血红蛋白仅有10%~30%的作用。经常运动的肌肉,肌红蛋白的含量较高,肉的颜色较深;雄性动物肉中肌红蛋白的含量高于雌性动物;腿部肌肉中肌红蛋白的含量高于背部,腿部肌肉的颜色较深。

(2)肌红蛋白的化学状态

肌红蛋白本身为紫红色,与氧结合可生成氧合肌红蛋白,为鲜红色,是新鲜肉的象征;肌红蛋白和氧合肌红蛋白均可以被氧化生成高铁肌红蛋白,呈褐色,使肉色变暗;肌红蛋白与亚硝酸盐反应可生成亚硝基肌红蛋白,呈亮红色,是腌肉加热后的典型色泽。肌红蛋白的化学状态如图2.5所示。

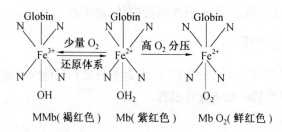

图2.5　肌红蛋白的化学状态

(3)温度

环境温度高促进氧化,温度低则氧化缓慢。牛肉 $3\sim5$ ℃储藏 9 d 变褐,0 ℃时储藏 18 d 才变褐。因此为了防止肉变褐氧化,尽可能在低温下储藏。

(4)氧含量

环境中氧的含量决定了肌红蛋白是形成氧合肌红蛋白还是高铁肌红蛋白,从而直接影响到肉的颜色。

(5)湿度

环境中湿度大,则氧化得慢,因在肉表面有水汽层,影响氧的扩散。如果湿度低并空气流速快,则加速高铁肌红蛋白的形成,使肉色变褐快。如牛肉在 8 ℃冷藏时,相对湿度为70%,2 d 变褐;相对湿度为100%,4 d 变褐。

(6)pH 值

动物在宰前糖原消耗过多,尸僵后肉的极限 pH 值高,易出现生理异常肉。如牛易出现 DFD 肉,这种肉颜色较正常肉深暗。而猪则易出现 PSE 肉,使肉色变得苍白。

(7)微生物

肉储藏时受微生物污染后,因微生物分解蛋白质使肉色污浊;被霉菌污染的肉表面形成白色、红色、绿色、黑色等色斑或发出荧光。

2. 肉的风味

肉的风味包括肉的香气和肉的滋味。肉的香气是指肉中的挥发性风味化合物与人的嗅觉器官中的嗅觉感受器相互作用产生的复杂感觉。肉的滋味是指肉中的水溶性风味化合物与人的舌面味蕾上的味觉感受器相互作用产生的复杂感觉。这些化合物大体上可以归纳为两大类，一类是烃、醇、醛、酮、酸、酯等简单化合物，另一类是含有氧、硫、氮原子的杂环化合物，如呋喃及其衍生物和噻吩及其衍生物等。

（1）肉风味的形成

生肉没有风味，但是生肉经过加热处理后就产生了风味，说明在生肉中存在有能产生肉风味化合物的前体物（Precursors）。这些前体物包括生肉中含有的蛋白质、核酸、脂肪、碳水化合物（还原糖）和其他的水溶性组分氨基酸、多肽、维生素、核苷酸等。

①氨基酸与还原糖间的美拉德反应。通过测定成分的变化发现在加热过程中随着大量的氨基酸和绝大多数还原糖的消失，一些风味物质随之产生，这就是美拉德反应，生成香味物质。

②脂质氧化。脂质氧化是产生风味物质的主要途径，不同种类风味的差异也主要是由于脂质氧化产物不同所致。常温氧化产生酸败味，而加热氧化产生风味物质。肌内磷脂的氧化、脱羧反应对风味的形成具有重要的作用，而三酸甘油酯的作用较小。

③硫胺素降解。肉在烹调过程中有大量的物质发生降解，其中硫胺素降解所产生的 H_2S 对肉的风味，尤其是牛肉味的生成至关重要。H_2S 本身是一种呈味物质，更重要的是它可以与呋喃酮等杂环化合物反应生成含硫杂环化合物，赋予肉强烈的香味，其中 2-甲基-3-呋喃硫醇被认为是肉中最重要的芳香物质。

（2）肉鲜味的形成

肉的鲜味成分主要有氨基酸、酰胺、肌苷酸、鸟苷酸、琥珀酸以及谷氨酸钠。成熟肉风味的增加，主要来自核苷酸类物质和氨基酸的变化。

（3）影响肉制品风味的因素

不同类型和同一类型的动物性食品，其风味有时相差很大。故在实际的肉制品生产过程中，必须考虑以下几个因素。

①遗传因素。不同类型的动物肉，各有其特殊风味。如猪、牛、羊、鸡、鱼、兔等肉，风味各不相同。即使是同一类型的动物，肉的风味也有差别。如山羊肉比绵羊肉更膻；种猪肉带有令人作呕的腥臊味；动物的生长年龄对肉的风味也有影响，老牛肉比犊牛肉风味更浓郁，老母鸡炖出的肉汤更香等。

②饲料和疾病以及药物的因素。如长期喂养甜菜根的绵羊，其肉带有肥皂味，若长期喂养萝卜，其肉则有强烈的臭味，用甲醛处理过的饲料喂猪，则猪肉带有油样气味。若动物患有各种疾病，其肉风味也不佳。如患有肌肉脓胀、气肿疽、酮血症及苯酸中毒的动物，其肉的风味极差，往往带有特殊的臭味；动物在屠宰前，若口服或注射而吸收樟脑、焦油、乙醚等药物，其肉品会带有各种可恶的气味。

③肉的解剖部位。动物身上的不同部位，其风味也有差别。如腰部肌肉较嫩，但缺乏风味；膈部肌肉风味浓，但韧度较大；牛的背最长肌不如半腱肌保持良好风味。在肉制品生产过程中，不同部位的肉用于生产不同种类的肉制品。如背部肌肉（大排或通背），用于制作中式排骨和西式烧排；后腿部瘦肉多，脂肪及肌腱少，可加工西式熏腿或以整支后腿加工中式火腿，也可以用于加工肉松、香肠。前腿瘦肉多，肌肉间夹有脂肪，但结缔组织膜较多，主要用于加工西式火腿。肋条肉，俗称五花肉，肌肉和脂肪互相间层，热煮时不易变形，是加工酱肉、腊肉、油

炸制品及西式培根的主要原料。颈部肉又叫槽头肉,肥瘦难分,含血管、淋巴等结缔组织较多,肉质较差,用于加工肉馅、粉肠等低档产品。

④肉的冷却与成熟。屠宰后的动物肉经冷却成熟,风味会增加。因为刚屠宰的动物肉不久便进入僵硬阶段,肉质坚硬、干燥,不易煮烂,难于消化,没有香味,pH 值由 7.0 逐渐下降。到 pH 值下降为 5.7~6.8 之后,肉渐渐成熟,开始软化,逐渐游离出酸性肉汁,结缔组织软化,僵硬消失,肌肉柔软并有弹性。煮肉时,肉汤透明,气味芳香。用已成熟的肉加工肉制品,风味最佳。

⑤储藏环境。肉经过储藏,会渐渐失去风味。即使冷冻保藏,也会随储藏时间、温度、湿度、环境条件的变化,而使肉的颜色、营养成分及外观性状发生明显变化。在低温下长期储藏的动物肉,吃起来有哈喇味,且口感明显较差。这是因为冻肉的脂肪组织在空气中很容易被氧化,生成了一些醛酮类过氧化物,特别是含有较多不饱和脂肪酸的酯类。肉在储藏中,当受到微生物的侵害时,肉中蛋白质会腐败分解而产生硫化氢、氨、吲哚等不良气味。此外,若将肉与有气味的化学物品和其他食品同时存放,肉会吸收这些物品的气味,如汽油味、香焦油臭味等。用这样的肉生产出来的肉制品,风味必然欠佳。

⑥肉的烧煮。生肉的味道和香气很弱,但经过烧煮后,其香味会被提取出来。不同种类的动物肉,加热后会产生很强的特有气味,这是由于加热导致肉中的水溶性成分和脂肪的变化所形成。作为加热肉的风味成分,与氨、硫化氢、胺类、羰基化合物、低烃脂肪酸有关。如羊肉不悦的气味是由辛酸和壬酸等饱和脂肪酸所致。

⑦肉的加工方法。高温状态下加工的肉制品,会有一种明显的高温蒸煮味。传统的中式肉制品,大多加工温度低(80~90 ℃),加工时间长(2~4 h)。一般采用炖、卤、烧、烤、熏等工艺,能够充分提取出自身的风味物质,产品风味浓郁,加工过程中只需加入传统香辛料即可。而西式肉制品大多是通过灌装,并带包装蒸煮,缺乏风味,生产中可加入少量肉用香料以提味。尤其是那些出品率高,各种辅料、添加剂相对用量多的灌肠类制品,风味更难以保证。要通过添加稍大量的香辛料和肉用香精的途径来起到掩盖异味、增加香味的作用。

3. 肉的保水性

水分是肉中含量最多的组分,肌肉中水分的质量分数为 70%~80%,大部分是游离状态。保水性实质上是肌肉蛋白质形成的网状结构、单位空间及物理状态捕获水分的能力。捕获水量越多,保水性越大。肉的保水性是一项重要的肉质性状,这种特性与肉的嫩度、多汁性和加热时的液汁渗出等有关,对肉品加工的质量和产品的数量都有很大影响。

(1)保水性(Water Holding Capacity,WHC)的概念

肉的保水性也叫系水力或系水性,是指当肌肉受外力作用时,如加压、切碎、加热、冷冻、解冻、腌制等加工或储藏条件下保持其原有水分与添加水分的能力。

(2)影响肉保水性的因素

度量肌肉的保水性主要指存在于细胞内、肌原纤维及膜之间的不易流动水,它取决于肌原纤维蛋白质的网状结构及蛋白质所带的静电荷的多少。蛋白质处于膨胀胶体状态时,网状空间大,保水性就高;反之处于紧缩状态时,网状空间小,保水性就低。

①pH 值。宰后肌肉 pH 值的变化是影响肌肉保水性变化的重要因素。畜禽刚刚屠宰后,pH 值较高,肉的保水性高。随着死后时间的延长,糖原酵解的进行,肉的 pH 值降低,肉的保水性也降低。当肉的 pH 值降低到肌肉中主要蛋白质的等电点时,肉的保水性最低。随着肌肉僵直的解除和肉的成熟,肉的 pH 值升高,肉的保水性又提高。在一定的范围内,肉的 pH 值偏离等电点,无论是向碱性方向还是酸性方向,肉的保水性均提高。

②肉的尸僵和成熟。处于尸僵期的肉,当 pH 值降至 5.4 ~ 5.5,达到了肌原纤维的主要蛋白质肌球蛋白的等电点,即使没有蛋白质的变性,其保水性也会降低。此外,由于 ATP 的丧失和肌动球蛋白的形成,使肌球蛋白和肌动蛋白间有效空隙大为减少,使其保水性也大为降低。肌浆蛋白质在高温、低 pH 值的作用下沉淀到肌原纤维蛋白质之上,进一步影响了后者的保水性。处于成熟期的肉,僵直逐渐解除,肉的保水性升高。

③无机盐。肌原纤维在一定浓度食盐存在下,大量氯离子被束缚在肌原纤维间,增加了负电荷引起的静电斥力,导致肌原纤维膨胀,使保水力增强。另外,食盐腌制使肉的离子强度增高,在肌纤维蛋白质数量增多、蛋白质加热变性的情况下,将水分和脂肪包裹起来凝固,使肉的保水性提高。磷酸盐能结合肌肉蛋白质中的 Ca^{2+}、Mg^{2+},使蛋白质的羧基被解离出来,由于羧基间负电荷的相互排斥作用使蛋白质结构松弛,提高了肉的保水性。

④加热。肉加热时保水能力明显降低,加热程度越高保水力下降越明显。这是由于蛋白质的热变性作用,使肌原纤维紧缩,空间变小,不易流动水被挤出。

此外,斩拌、滚揉按摩、添加乳化剂、冷冻等因素都影响肉的保水性。

4. 肉的嫩度

肉的嫩度是肉的主要食用品质之一,它是消费者评定肉质优劣的最常用的指标,是反映肉质地的指标。

(1)定义

所谓肉的嫩度是指肉在入口咀嚼时,对破碎的抵抗力。肉的嫩度总结起来包括以下四方面的含义。

①对舌或颊的柔软性。对舌或颊的柔软性即当舌头与颊接触肉时产生的触觉反应。肉的柔软性变动很大,从软乎乎的感觉到木质化的结实程度。

②对牙齿压力的抵抗性。对牙齿压力的抵抗性即牙齿插入肉中所需的力。有些肉硬得难以咬动,而有的柔软得几乎对牙齿无抵抗性。

③咬断肌纤维的难易程度。咬断肌纤维的难易程度指牙齿切断肌纤维的能力,首先要咬破肌外膜和肌束,因此这与结缔组织的含量和性质密切相关。

④嚼碎程度。用咀嚼后肉渣剩余的多少以及咀嚼后到下咽时所需的时间来衡量。

(2)影响肉嫩度的因素

肉的嫩度是易受多种因素影响的一个指标,概括起来可以分为宰前和宰后两个方面。

①宰前因素对肉嫩度的影响。从根本上讲,主要的还是肌肉本身的质构和结缔组织的含量和性质的差异所造成的。一般来讲,结缔组织含量与肉的嫩度呈负相关,就是说结缔组织含量越高,肉的嫩度越差。不同品种的畜禽肉在嫩度上有一定差异,年龄越大,肉越老;公畜肉一般较母畜和阉畜肉老;一般运动多的肉较老,肌肉部位不同,嫩度差异很大,源于其中的结缔组织的量和质不同所致。

②宰后因素对肉嫩度的影响。家畜屠宰后,随着尸僵的进行,肉的嫩度逐渐降低,当到达最大尸僵时,肉的嫩度最低。尸僵解除后,随着成熟的进行,肉的硬度降低,嫩度提高。加热对肉嫩度的影响与加热的时间和温度等因素有关。加热有使肉的胶原蛋白转变为明胶使肉变嫩的一面,又有使肌肉蛋白质收缩变硬的一面,这取决于加热的温度与时间。较低温度(40 ~ 45 ℃)下,肌肉硬度的增加主要是肌球蛋白和肌动蛋白的变性所致,肌原纤维蛋白质的变性凝固导致了半固态凝胶的形成。另一方面,胶原蛋白的溶解程度随温度的增加而增加。随着煮制时间的延长,胶原蛋白分解并吸水膨润,韧度减少,嫩度增加。

2.4 肉的保鲜技术

2.4.1 肉的低温保鲜技术

1. 低温保鲜的基本原理

(1)低温对微生物的作用

在畜禽的屠宰加工过程中,不可避免地会使畜禽肉受到一定数量的微生物的污染,这些微生物是引起畜禽肉腐败变质的主要原因。微生物和其他生物一样,只能在一定的温度范围内生长繁殖,这个温度范围的下限温度叫做微生物的零度温度,在这个温度以下微生物就处于被抑制状态,不能再进行生长繁殖了。

常见的腐败菌和病原菌,在 10 ℃以下时,其发育就被显著地抑制了;达到 0 ℃附近,发育就基本停止了;达到冻结状态时,这些细菌就会慢慢地死亡。然而,对嗜冷菌来说,−5 ℃或−10 ℃才能达到零度温度。为保证冷冻肉的安全,一般要将温度降至−10 ℃以下。

肉在冻结以后,肉内的水分就结成冰晶。在−3.5 ℃时,肉中水分约有 70% 结成冰,在−5 ℃时,有 82% 的水分结成冰,在−10 ℃时,约有 94% 的水分结成冰。在结冰情况下,水分就不能被微生物利用。在肉中水分结成冰的同时,微生物本身的水分也结成了冰,从而夺取了微生物生存和发育所需要的水分,使它们处于被抑制的状态。再者,微生物本身水分结成冰晶后,较大的冰晶还会对菌体内的结构有机械性的破坏作用。

(2)低温对酶的作用

低温对酶的活性有抑制作用,无论是肉中本身的酶,还是微生物生活过程中产生的酶。酶活性的最适宜温度一般为 30~40 ℃。当温度降至 0 ℃时,酶的活性大部分受到抑制;当接近−20 ℃时,酶的活性就很弱了。这是低温下能够保藏肉类的又一重要原因。低温对酶的活性只能是抑制,而不能完全使其停止,只是作用缓慢而已。

(3)低温对寄生虫的作用

鲜猪肉、牛肉中常有旋毛虫、绦虫等寄生虫,用冻结的方法可将其杀灭。在使用冻结方法致死寄生虫时,要严格按照有关规程进行。

2. 肉的冷却与冷藏

(1)冷却的作用

冷却是指将温热鲜肉深层的温度快速降低到预定的适宜温度而又不使其结冰的过程。降温处理后的肉称为冷却肉。屠宰加工后的畜禽肉,其温度在 30 ℃以上,这样高的温度和潮湿的肉品,有利于酶的作用和微生物的生长繁殖。因此,应及时进行降温,以防发生自溶和腐败。

冷却可在短期内有效地保持畜禽肉新鲜度,同时也是肉的成熟过程。冷却肉的香味、外观和营养价值都很少变化。所以,冷却是短期储存畜禽肉的有效方法,同时也是采用两步冷冻的第一步。

冷却肉生产的基本原则是:首先要求原料肉清洁;其次是要尽早和尽快冷却;第三是要在冷链下加工、储存和销售。

(2)冷却条件

①温度。肉的冰点在−1 ℃左右,冷却终温以 0~4 ℃左右为好。因而冷却间在进肉之前,应使空气温度保持在−4 ℃左右。在进肉结束之后,即使初始放热快,冷却间温度也不会很快

升高,使冷却过程保持在 0 ~ 4 ℃ 左右。对于牛肉、羊肉来说,在肉的 pH 值尚未降到 6.0 以下时,肉温不得低于 10 ℃,否则会发生冷收缩。

②相对湿度。冷却间的相对湿度对微生物的生长繁殖和肉的干耗起着十分重要的作用。在整个冷却过程中,水分不断蒸发,总水分蒸发量的 50% 以上是在冷却初期(最初 1/4 冷却时间内)完成的。因此在冷却初期,空气与胴体之间温差大,冷却速度快,相对湿度宜在 95% 以上;之后,宜维持在 90% ~ 95% 之间;冷却后期相对湿度以维持在 90% 左右为宜。这种阶段性地选择相对湿度,不仅可缩短冷却时间,减少水分蒸发,抑制微生物大量繁殖,而且可使肉表面形成良好的皮膜,不致产生严重干耗。

③空气流速

空气流动速度对干耗和冷却时间也极为重要。为及时把由胴体表面转移到空气中的热量带走,并保持冷却间温度和相对湿度均匀分布,要保持一定速度的空气循环。冷却过程中,空气流速一般应控制在 0.5 ~ 1 m/s,最高不超过 2 m/s,否则会显著提高肉的干耗。

(3)冷却方法

目前国内外对冷却肉的加工方法主要采用一段冷却法、两段冷却法和超高速冷却法。

①一段冷却法。在冷却过程中空气温度只有一种,即 0 ℃ 或略低。国内的冷却方法是在进肉前冷却库温度先降到 -1 ~ -3 ℃,肉进库后开动冷风机,使库温保持在 0 ~ 3 ℃,10 h 后稳定在 0 ℃ 左右;开始时相对湿度为 95% ~ 98%,随着肉温下降和肉中水分蒸发强度的减弱,相对湿度降低至 90% ~ 92%,空气流速为 0.5 ~ 1.5 m/s。猪胴体和四分体牛胴体约经 20 h,羊胴体约经 12 h,大腿最厚部中心温度即可达到 0 ~ 4 ℃。

②两段冷却法。第一阶段,空气的温度相当低,冷却库温度多在 -10 ~ -15 ℃,空气流速为 1.5 ~ 3 m/s,经 2 ~ 4 h 后,肉表面温度降至 0 ~ -2 ℃,大腿深部温度在 16 ~ 20 ℃ 左右;第二阶段,空气的温度升高,库温为 0 ~ -2 ℃,空气流速为 0.5 m/s,10 ~ 16 h 后,胴体内外温度达到平衡,约 2 ~ 4 ℃。两段冷却法的优点是干耗小,周转快,质量好,切割时肉流汁少。缺点是易引起冷收缩,影响肉的嫩度,但猪肉脂肪较多,冷收缩现象不如牛羊肉严重。

③超高速冷却法。库温 -30 ℃,空气流速为 1 m/s,或库温 -20 ~ -25 ℃,空气流速为 5 ~ 8 m/s,大约 4 h 即可完成冷却。此法能缩短冷却时间,减少干耗,缩减吊轨的长度和冷却库的面积。

禽肉的冷却方法很多,如用冷水、冰水或空气冷却等。在国内,一般小型家禽屠宰加工厂常采用冷水池冷却光禽,然后上市销售或送作加工禽肉制品。在中型和较大型的家禽屠宰加工厂,一般采用空气冷却法。在冷却间,将光禽吊挂于钩上,禽体之间保持 3 ~ 5 cm 的空隙,不能相互紧贴,更不能堆在一处,以使冷空气吹遍禽体。应用这种方法冷却时,进肉前库温降至 -1 ~ -3 ℃,肉进库后开动冷风机,使库温保持在 0 ~ 3 ℃,相对湿度 85% ~ 90%,空气流速 0.5 ~ 1.5 m/s,经 6 ~ 8 h 肉最厚部中心温度达 2 ~ 4 ℃ 时,冷却即告结束。

(4)冷却肉的冷藏

①冷藏方法。冷却肉不能及时销售时,应移入冷藏间进行冷藏。冷却肉一般存放在 -1 ~ 1 ℃ 的冷藏间(或排酸库),一方面可以完成肉的成熟(或排酸),另一方面达到短期储藏的目的。冷藏期间温度要保持相对稳定,以不超出上述冷却温度范围为宜。进肉或出肉时温度不得超过 3 ℃,相对湿度保持在 90% 左右,空气流速保持自然循环。

②冷藏期。冷却肉的储藏期见表 2.3。

表 2.3 冷却肉的储藏条件和储藏期

品 名	温度/℃	相对湿度/%	储藏期/d
牛肉	−1.5 ~ 0	90	28 ~ 35
小牛肉	−1 ~ 0	90	7 ~ 21
羊肉	−1 ~ 0	85 ~ 90	7 ~ 14
猪肉	−1.5 ~ 0	85 ~ 90	7 ~ 14
全净膛鸡	0	80 ~ 90	7 ~ 11
腊肉	−3 ~ 1	80 ~ 90	30
腌猪肉	−1 ~ 0	80 ~ 90	120 ~ 180

③冷却肉在储藏期间的变化。冷却肉在储藏期间常见的变化有干耗、表面发黏和长霉、变色、变软等。在良好卫生条件下屠宰的畜肉初始微生物总数为 10^3 ~ 10^4 cfu/cm^2,其中 1% ~ 10% 能在 0 ~ 40 ℃下生长。发黏和长霉是常见的现象,先在表面形成块状灰色菌落,呈半透明,然后逐渐扩大成片状,表面发黏,有异味。防止或延缓肉表面长霉发黏的主要措施是尽量减少胴体最初污染程度和防止冷藏间温度升高。

3. 肉的冻结与冻藏

冻结是将肉中所含的水分的部分或全部变成冰,且使肉深层温度降至−15 ℃以下的过程。冻结后的肉称为冻肉,能较长时间储藏。

(1)冻结原理

①第一阶段。从肉的某一初温冷却到冰点。肉内的液体(包括组织液和肌细胞内液),都呈胶体状态,冰点较水的冰点低,在−1 ~ −1.5 ℃,即开始形成冰晶。

②第二阶段。温度从冰点降至−5 ℃,约有 80% 的水分形成冰晶,故称为最大冰晶生成带。肉如果在−4 ℃以下进行缓慢结冻,由于细胞外液可溶性物质比细胞内液少而先结冰,则肌细胞内的水分因周围渗透压的变小而渗透到肌细胞周围的结缔组织中,使结缔组织中的冰晶越来越大,肌细胞脱水变形。肉中冰晶大,往往造成肌细胞膜破损,解冻后使肉汁大量流失。冻结时,肉的局部还会发生盐类浓缩吸水现象,破坏蛋白质水化状态,而使水分、养分减少。因此,缓慢冻结不但会改变肉的组织学结构,也会降低营养价值。在−23 ℃下进行快速冻结,组织液和肌细胞内液同时结冻,形成的冰晶小而均匀,许多超微冰晶都位于肌细胞内。肉解冻后,大部分水分都能被再吸收而不致流失。所以,快速冻结较理想。

③第三阶段。温度从−5 ℃继续下降,结冰量很少,降温速度快,直到冷藏温度。

(2)冻结方法

畜肉的冻结方法有一次冻结法、两步冻结法和超低温一次冻结法。

①一次冻结法。肉在冻结时无须经过冷却,只需要经过 4 h 风凉,使肉内热量略有散发,沥去肉表面的水分,即可直接将肉放进冻结间,保持在−23 ℃下,冻结 24 h 即成。这种方法可以减少水分的蒸发和升华,减少干耗 1.45%,冻结时间缩短 40%,但牛肉和羊肉会产生冷收缩现象。该法所需制冷量比两步冻结法约高 25%。

②两步冻结法。鲜肉先行冷却,而后冻结。冻结时,肉应吊挂,库温保持−23 ℃,如果按照

规定容量装肉,24 h 内便可能使肉深部的温度降到-15 ℃。这种方法能保证肉的冷冻质量,但所需冷库空间较大,结冻时间较长。

③超低温一次冻结法。将肉放在-40 ℃冻结间中,只需要数小时至 10 h,肉的中心温度达到-18 ℃即成。此法冻结后的肉色泽好、冰晶小,解冻后的肉与鲜肉相似。

禽肉的冻结一般是在空气介质中进行的,采用吊挂式强冷风冻结或搁架式低温冻结。屠宰加工之后的禽肉,在直接冻结前要进行塞嘴、包头和整形工作。这样不仅可以防止微生物从口腔中侵入,而且使光禽美观。冻全禽时,没有包装的光禽大部分放在金属盘里吊挂冻结,脱盘后再镀冰衣冷藏。如果是塑料袋包装的,可放在带尼龙网的小车或吊篮上进行强冷风冻结。分割禽肉也采用金属盘吊挂冻结,然后脱盘包装。如果是搁架式冻结间,则将金属盘直接放在架管上,盘与盘之间应留有一定的距离。冻结间的空气温度一般为-23 ℃,空气相对湿度为85% ~90%。当禽体最厚部肌肉中心温度达-16 ℃时,冻结即告结束,这一过程大约需 12 ~18 h。当前采用快速冻结工艺,即悬架连续输送式冻结装置,使吊篮在-28 ℃的冻结间连续缓慢运行,从不同角度受到冷风吹,只需要 3 h 左右,即可使禽肉中心温度达-16 ℃。快速冻结的禽肉质量好,外形美观,干耗小,效益高。

(3)冻肉的冻藏

①冻藏方法。冻结好的冻肉应及时转移至冷冻库冻藏。冻藏时,一般采用堆垛的方式,以节省冷冻库容积。冷冻库的温度应保持在-18 ℃,相对湿度为95% ~100%,空气流动速度应以自然循环为宜。在冻藏过程中,冷冻库的温度不得有较大的波动。在正常情况下,一昼夜内温度升降的幅度不要超过 1 ℃,温度大的波动会引起重结晶等现象,不利于冻肉的长期冻藏。

②冻藏期。冻肉的冻藏期取决于冻藏温度、入库前的质量、种类、肥度等因素,其中主要取决于温度。在同一条件下,各类肉保存期的长短,依次为牛肉、羊肉、猪肉、禽肉。

③肉在冻结和冻藏期间的变化。冻肉由于冰的形成所造成的体积增加约为6%。肉的含水量越高,冻结率越大,则体积增加越多。在选择包装方法和包装材料时,要考虑到冻肉体积的增加;肉在冻结、冻藏和解冻期间都会发生脱水现象。对于未包装的肉类,在冻结过程中,肉中水分大约减少 0.5% ~2%,快速冻结可减少水分蒸发。在冻藏期间重量也会减少。冻藏期间空气流速小,温度尽量保持不变,有利于减少水分蒸发;在冻藏期间由于肉表层冰晶的升华,形成了较多的微细孔洞,增加了脂肪与空气中氧的接触机会,最终导致冻肉产生酸败味,肉表面发生黄褐色变化,表层组织结构粗糙,这就是所谓的冻结烧。冻结烧与肉的种类和冻藏温度的高低有密切关系。禽肉脂肪稳定性差,易发生冻结烧。猪肉脂肪在-8 ℃下储藏 6 个月,表面有明显的酸败味,且呈黄色,而在-18 ℃下储藏 12 个月也无冻结烧发生。采用聚乙烯塑料薄膜密封包装隔绝氧气,可有效地防止冻结烧;冻藏期间冻肉中冰晶的大小和形状会发生变化,特别是冷冻库内的温度高于-18 ℃,且温度波动的情况下,微细的冰晶不断减少或消失,形成大冰晶。经过几个月的冻藏,由于冰晶生长的原因,肌纤维受到机械损伤,组织结构受到破坏,解冻时引起大量肉汁损失,肉的质量下降;冻藏期间冻肉表面颜色逐渐变暗。大多数食品在冻藏期间会发生风味和味道的变化,尤其是脂肪含量高的食品。多不饱和脂肪酸经过一系列化学反应发生氧化而酸败,产生许多有机化合物,如醛类、酮类和醇类。醛类是使风味和味道异常的主要原因。添加抗氧化剂或采用真空包装可防止酸败。

(4)冻结肉的解冻

冻结肉的解冻方法有多种,如空气解冻、水或盐水解冻、真空解冻、微波解冻等。在肉类工业中大多采用空气解冻和水解冻。解冻的条件主要是控制温度、湿度和解冻速度。

①空气解冻。空气解冻又分自然解冻和流动空气解冻。空气温度、湿度和流速都影响解冻的质量。自然解冻是一种在室温条件下解冻的方法,解冻速度慢,随着解冻温度的提高,解冻时间变短。在 4 ℃和相对湿度 90% 下解冻时,冻结肉由 -18 ℃上升到 2 ℃,解冻时间约 2 ~ 3 d;在 12 ~ 20 ℃和相对湿度 50% ~ 60% 下解冻,约需 15 ~ 20 h。流动空气解冻是采用强制送风,加快空气循环,缩短解冻时间。采用空气-蒸汽混合介质解冻则比单纯空气解冻所需时间短。

空气解冻的优点是不需特殊设备,适合解冻任何形状和大小的肉块,缺点是解冻速度慢,水分蒸发多,重量损失大。

②水解冻。水的导热系数比空气大得多,用水作解冻介质,可提高解冻速度。用 4 ~ 20 ℃的水解冻猪肉半胴体,比空气解冻快 7 ~ 8 倍,如在 10 ℃水中解冻半胴体,解冻时间为 13 ~ 15 h。家禽胴体在 5 ℃空气中自然解冻,解冻时间为 24 ~ 30 h,而在相同温度的静水中解冻,仅需 3 ~ 4 h。

水解冻法还可采用喷淋解冻。根据肉的形状、大小和包装方式,也可采用空气解冻与喷淋解冻相结合的方法。

水解冻的肉表面色泽呈浅粉红或近乎白色,湿润;表面吸收水分,使肉的质量增加 3% 左右。静水浸渍解冻时水中微生物数量明显增加,包装的分割肉在水中解冻较好。生产实践中要根据肉的形状、大小、包装方式、肉的质量、污染程度以及生产需要等,采取适宜的解冻方法。

(5)解冻肉的质量变化

①肉汁流失。肉汁流失是解冻中常出现的对肉的质量影响最大的问题。影响肉汁流失的因素是多方面的,通过对这些影响因素的控制,可使肉汁流失减少到最小限度。肉的 pH 值越接近其肌球蛋白的等电点,肉汁流失越多;冰晶越大,肌肉组织的损伤程度越大,流失的肉汁越多;缓慢冻结的肉,解冻时可逆性小,肉汁流失多;冻藏温度和冻藏时间不同,解冻时肉汁流失各异;冻藏温度低且稳定,解冻时肉汁流失少,否则反之;缓慢解冻肉汁流失少,快速解冻肉汁流失多。

一般认为,10 ℃以下的低温解冻可使肉保持较少的肉汁流失。

②营养成分的变化。由于解冻造成的肉汁流失,导致肉的质量减轻,水溶性维生素和肌浆蛋白等营养成分减少。此外,反复冻结会导致肉的品质恶化,如组织结构变差,形成胆固醇氧化物等。

2.4.2　辐照保鲜技术

1. 辐照的基本原理

(1)辐照源

辐照源是进行食品辐照杀菌最基本的工具。常用的辐照源有电子束辐照源(产生电子射线)、X 射线源和放射性同位素源。用于肉类辐照保鲜的辐照源主要是放射性同位素源,如 ^{60}Co 和 ^{137}Cs 辐照源,^{60}Co 最为常用。

(2)辐照产生的变化

食品的辐照杀菌,通常是用 X、γ 射线,这些高能带电或不带电的射线引起食品中微生物、昆虫发生一系列生物物理和生物化学反应,使它们的新陈代谢、生长发育受到抑制或破坏,甚至使细胞组织死亡等。而对食品来说,发生变化的原子、分子只是极少数,加之已无新陈代谢,或只进行缓慢的新陈代谢,故发生变化的原子、分子几乎不影响或只轻微地影响食品的新陈代谢。

2. 辐照的应用

(1)控制旋毛虫

旋毛虫在猪肉的肌肉中,防治比较困难,但其幼虫对射线比较敏感,用 0.1 kGy(千戈瑞)的 γ 射线辐照,就能使其丧失生殖能力。因而将猪肉在加工过程中通过射线源的辐照场,使其接受 0.1 kGy γ 射线的辐照,就能达到消灭旋毛虫的目的。在肉制品加工过程中,也可以用辐照方法来杀灭调味品和香料中的害虫,以保证产品免受其害。

(2)延长货架期

水煮猪肉经 ^{60}Co γ 射线 8 kGy 照射,细菌总数从 2×10^4 cfu/g 下降到 1×10^2 cfu/g,在 20 ℃恒温下可保存 20 d;在 30 ℃高温下也能保存 7 d。新鲜猪肉去骨分割,用隔水、隔氧性好的食品包装材料真空包装,用 ^{60}Co γ 射线 5 kGy 照射,细菌总数由 5.4×10^4 cfu/g 下降到 53 cfu/g,可在室温下存放 5~10 d 不腐败变质。

(3)灭菌保藏

新鲜猪肉经真空包装,用 ^{60}Co γ 射线 15 kGy 进行灭菌处理,可以全部杀死大肠菌群、沙门氏菌和志贺氏菌,仅个别芽孢杆菌残存下来。这样的猪肉在常温下可保存 2 个月。用 26 kGy 的剂量辐照,则灭菌较彻底,能够使鲜猪肉保存 1 年以上。香肠经 ^{60}Co γ 射线 8 kGy 辐照,杀灭其中大量细菌,能够在室温下储藏 1 年。由于辐照香肠采用了真空包装,在储藏过程中也就防止了香肠的氧化褪色和脂肪的氧化酸败。

肉品经辐照会产生异味,肉色变淡,1 kGy 剂量照射鲜猪肉即产生异味,30 kGy 异味增强,这主要是含硫氨基酸分解的结果。

3. 辐照工艺

(1)前处理

辐射保鲜就是利用射线杀灭微生物,并减少二次污染而达到保藏的目的,它必须是在原有产品品质优良的基础上来进行辐照处理,长期保持产品新鲜和优良品质。就肉品辐射杀菌来说,其可以降低肉品中的腐败菌的数量甚至全面杀灭,提高肉品的卫生质量,但并不允许把已变质或细菌繁殖很多的次劣肉品用来进行消毒。因此,辐射保藏原料肉必须新鲜、优质、卫生条件好,这是辐射保藏的基础。辐照前对肉食品进行挑选和品质检查,要求质量合格,原始含菌量、含虫量低。为了减少辐照过程中某些养分的微量损失,有的需要加微量添加剂,如添加抗氧化剂,可减少维生素 C 的损失。

(2)包装

首先经屠宰后的胴体必须剔骨,去掉不可食的部分,然后进行包装。包装的目的是为了保护产品不受外界环境的侵害,保证肉品的质量,避免辐射后的二次污染,便于储存、运输。包装时可抽真空或充入氮气。包装材料可选用金属罐或塑料袋。金属罐成本高,运输不方便,使用很少。塑料袋一般用抗拉度强、抗冲击性好、透氧率指标好、γ 射线辐照后其化学、物理变化小的复合薄膜制成。一般以聚乙烯(PE)、聚对苯二甲酸乙二酯(PET)、聚乙烯醇(PVA)、聚丙烯(PP)和尼龙等复合,有时中层夹铝箔效果更好,采用热合封口是肉制品辐射保鲜是否成功的一个重要环节。由于辐照灭菌是一次性的,因而要求包装能够防止二次污染。同时还要求隔绝外界空气与肉制品接触,以防止储运、销售过程中脂肪氧化酸败,肌红蛋白氧化变暗等缺点。

4.质量控制

辐照质量控制是确保辐照加工工艺完成的不可缺少的措施。首先,根据肉食品保鲜目的,确定最佳灭菌保鲜的剂量;其次,选用准确性高的剂量仪,测定辐照箱各点的剂量,从而计算其辐照均匀度,要求均匀度越小越好;再次,为了提高辐照效率,在设计辐照箱传动装置时要考虑180°转向、上下换位以及在辐照场传动过程中尽可能地靠近辐照源;最后,制定严格的辐射操作程序,以保证每一个肉食品包装都能接受到一定的辐照剂量。

5.辐照后的保藏

肉品辐照后在常温下就可储藏,如果是采用辐射耐储杀菌法处理的肉类,应结合低温保藏效果较好。辐射后肉品保藏温度越低,保藏期越长。淡水鱼用 γ 射线 $1 \sim 2$ kGy 辐照后,在 $10 \, ^\circ\text{C}$ 下存放可延长保藏时间 $5 \sim 7$ d,在 $5 \, ^\circ\text{C}$ 下存放可延长保藏时间 $13 \sim 21$ d。

2.4.3 真空包装

1.真空包装的作用

对于鲜肉,真空包装的作用主要是:

①抑制微生物生长,并避免外界微生物的污染。食品的腐败变质主要是由于微生物的生长,特别是需氧微生物。抽真空后可以造成缺氧环境,抑制许多腐败性微生物的生长。

②减缓肉中脂肪的氧化速度,对酶活性也有一定的抑制作用。

③减少产品失水,保持产品质量。

④可以和其他方法结合使用,如抽真空后再充入二氧化碳等气体。还可与一些常用的防腐方法结合使用,如脱水、腌制、热加工、冷冻和化学保藏等。

⑤产品整洁,增加市场效果,较好地实现市场目的。

2.真空包装对材料的要求

(1)阻气性

阻气性主要目的是防止大气中的氧重新进入经真空的包装袋内,避免需氧菌生长。乙烯、乙烯-乙烯醇共聚物都有较好的阻气性,若要求非常严格时,可采用一层铝箔。

(2)水蒸气阻隔性

水蒸气阻隔性应能防止产品水分蒸发,最常用的材料是聚乙烯、聚苯乙烯、聚丙乙烯、聚偏二氯乙烯等薄膜。

3.香味阻隔性能

香味阻隔性能应能保持产品本身的香味,并能防止外部的一些不良气味渗透到包装产品中,聚酰胺和聚乙烯混合材料一般可满足这方面的要求。

(1)遮光性

光线会促使肉品氧化,影响肉的色泽。只要产品不直接暴露于阳光下,通常用没有遮光性的透明膜即可。按照遮光效能递增的顺序,采用的方式有印刷、着色、涂聚偏二氯乙烯、上金、加一层铝箔等。

(2)机械性能

包装材料最重要的性能是具有防撕裂和防封口破损的能力。

4. 真空包装存在的问题

真空包装虽然能延长产品的储存期,但也有质量缺陷,主要存在以下几个问题。

(1)色泽

肉的色泽是决定鲜肉货架寿命长短的主要因素之一。鲜肉经过真空包装,氧分压低,肌红蛋白生成高铁肌红蛋白,鲜肉呈红褐色。真空包装鲜肉的颜色问题可以通过双层包装,即内层为一层透气性好的薄膜,然后用真空包装袋包装,销售前拆除外层包装,由于内层包装通气性好,与空气充分接触形成氧合肌红蛋白,肉呈鲜红色。

(2)抑菌方面

真空包装虽能抑制大部分需氧菌生长,但据报道即使氧气体积分数降到 0.8%,仍无法抑制好气性假单胞菌的生长。但在低温下,假单胞菌会逐渐被乳酸菌所取代。

(3)肉汁渗出及失重问题

真空包装易造成产品变形和肉汁渗出,感官品质下降,失重明显。欧美超级市场采用特殊制造的吸水垫吸附渗出的肉汁,不再回渗,且易与肉品分离,不会留下纸屑或纤维类的残留物,使感官品质得到改善。

2.4.4　充气包装

1. 充气包装用气体

肉品充气包装常用的气体主要有氧气(O_2)、二氧化碳(CO_2)和氮气(N_2)。

(1)氧气

氧气性质活泼,易与其他物质发生氧化作用。肌肉中肌红蛋白与氧分子结合后,成为氧合肌红蛋白而呈鲜红色。混合气体中氧气一般在 50% 以上才能保持这种肉色。鲜红色的氧合肌红蛋白的形成还与肉表面潮湿与否有关,表面潮湿,则溶氧量多,易于形成鲜红色。但氧气存在有利于好气性假单胞菌生长,使不饱和脂肪酸氧化酸败,致使肌肉褐变。

(2)二氧化碳

二氧化碳是一种稳定的化合物,无色、无味,在空气中约占 0.03%。在充气包装中,它的主要作用是抑菌。提高二氧化碳浓度可使好氧菌、某些酵母菌和厌氧菌的生长受到抑制。

此外,一氧化碳(CO)对肉呈鲜红色比二氧化碳效果更好,也有很好的抑菌作用,但因危险性较大,尚未应用。

(3)氮气

氮气惰性强,性质稳定,对肉的色泽和微生物没有影响,主要用做填充和缓冲。

2. 充气包装中各种气体的合适比例

在充气包装中,O_2、CO_2、N_2 必须保持合适比例,才能使肉品保藏期长,且各方面均能达到良好状态。欧美大多以 80% 氧气加 20% 二氧化碳方式零售包装,其货架期为 4~6 d。

2.4.5　化学保鲜

1. 天然保鲜剂

现在使用较多的肉类天然保鲜剂有茶多酚、香辛料提取物及乳酸链球菌素(Nisin)。

(1)茶多酚

茶多酚是茶叶中酚类物质及其衍生物的总称。其保鲜作用是从三方面体现出来的,即抗脂质氧化、抑菌和除臭味作用。茶多酚用于食品保鲜防腐,无毒副作用,食用安全。茶多酚对肉类及其腌制品如香肠、肉食罐头、腊肉等,具有良好的保质效果,尤其是对罐头类食品中耐热的芽孢菌等具有显著的抑制和杀灭作用,并有消除臭味、腥味,防止氧化变色的作用。

茶多酚安全性高。中国规定用于油脂、火腿最大用量为 0.4 g/kg;用于油炸食品最大用量为 0.2 g/kg;用于肉制品、鱼制品最大用量为 0.3 g/kg。

(2)香辛料提取物

许多香辛料中含有杀菌、抑菌成分,提取后作为防腐剂既安全又有效。如大蒜中的蒜辣素和蒜氨酸,肉豆蔻所含的肉豆蔻挥发油,肉桂中的挥发油以及丁香中的丁香油等,均具有良好的杀菌、抗菌作用。国内报道的鲜肉保鲜剂目前种类很多,效果较好的保鲜剂其组成为生姜汁、抗坏血酸、山梨酸钾、磷酸盐、柠檬酸和经过灭菌处理的水。生姜汁可用姜经匀浆后压滤取滤液,还可以将滤液浓缩成浓缩液后备用,用时稀释为原滤液倍数,即可配用。抗坏血酸、山梨酸钾、磷酸盐、柠檬酸是食品添加剂常规用品,配制时先将上述药按比例混合,并按一定分量加入经灭菌处理的水,搅拌后即成鲜肉保鲜剂。将按上述鲜肉保鲜剂的组分含量配制的保鲜溶液,均匀地喷在鲜肉的表面上或将鲜肉放入配制好的溶液中,使鲜肉表面沾上保鲜液,捞出肉经包装后即可在常温下存放。

(3)乳酸链球菌素

乳酸链球菌素也称乳链菌肽,是乳酸链球菌产生的一种天然食品防腐剂。乳酸链球菌素是由某些乳酸链球菌合成的一种多肽抗菌素,为窄谱抗菌剂,它只能杀死革兰氏阳性菌,对酵母、霉菌和革兰氏阴性菌无作用。乳酸链球菌素在消化道中很快被 α-胰凝乳蛋白酶酶解,不会引起常用抗生素出现的抗药性问题,也不会改变人肠道内的正常菌群。目前,利用乳酸链球菌素的形式有两种:一种是将乳酸菌活体接种到食品中,另一种是将其代谢产物乳酸链球菌素加以分离进行利用。在实验研究条件下,其有效保鲜质量浓度为 75 mg/L。

2. 化学保鲜剂

(1)乙酸

乙酸从质量分数为 1.5% 开始就有明显的抑菌效果,在 3% 范围内,乙酸不会影响颜色。因为在这种质量分数下,由于乙酸的抑菌作用,减缓了微生物的生长,避免了霉斑引起的肉色变黑或变绿。但当质量分数超过 3% 时,对肉色有不良作用。研究表明,用 0.6% 的乙酸加 0.046% 蚁酸混合液浸渍鲜肉 10 s,不但细菌数大为减少,而且能保持其风味,对色泽几乎无影响。如单独使用 3% 乙酸处理,可达到明显的抑菌效果,对色泽稍有不良影响。采用 3% 乙酸加 0.3% 抗坏血酸处理时,因抗坏血酸的护色作用,肉色可保持良好。一些国家将其作为通用型防腐剂,最大使用量 0.1% ~ 0.2%。德国等地则作为干香肠、腌腊生制品的防霉剂,以 5% ~ 10% 溶液浸渍使用。

(2)山梨酸及其钾盐

山梨酸、山梨酸钾和山梨酸钠具有良好抑菌防腐功能,且又是卫生安全的添加剂,已在世界各国广泛应用于各种食品的防腐保鲜中。

(3)硝酸盐及亚硝酸盐

通过微生物的作用,硝酸盐可被还原成亚硝酸盐,1% 左右硝酸盐可抑制微生物生长,2% 的硝酸盐可以完全阻止微生物的生长。盐腌时所用的硝酸盐,可以降低厌氧菌芽孢的热抵抗性,进而提高肉类的保存性。亚硝酸盐的保护效果明显强于硝酸盐,用质量浓度不足 40 mg/L 的亚硝酸盐就可抑制微生物发育;质量浓度为 200 mg/L 可以完全抑制微生物生长和繁殖。

2.5　肉制品加工中的常用辅料

2.5.1　调味料

1. 咸味料

（1）食盐

食盐素有"百味之王"的美称，其主要成分为氯化钠。纯净的食盐，色泽洁白，呈透明或半透明状，具有正常的咸味，无苦味、涩味，无异嗅。中国肉制品的食盐用量在腌腊制品为 6% ~ 10%，酱卤制品为 3% ~ 5%，灌肠制品为 2.5% ~ 3.5%，油炸及干制品为 2% ~ 3.5%。同时根据季节不同，夏季用盐量比春、秋、冬季要适量增加 0.5% ~ 1.0% 左右，以防肉制品变质，延长保存期。食盐有脱水作用，氯离子对微生物有直接作用，食盐水中氧的不溶性抑制了好氧菌的生长，通过渗透压抑制微生物的发育。但要抑制微生物的发育，食盐质量分数至少要在 8% ~ 10% 以上，并且食盐质量分数达到 15% ~ 20% 以上时才可起到防腐作用。这就要求食盐必须与其他因素配合使用，如硝酸盐等，以增强其抑菌作用。

（2）酱油

酱油是富有营养价值、独特风味和色泽的调味品。含有十几种复杂的化合物，其成分为盐、多种氨基酸、有机酸、醇类、酯类、自然生成的色泽及水分等。肉制品中添加酱油有多种作用。

①赋味。酱油中所含食盐能起调味与防腐作用；所含的多种氨基酸（主要是谷氨酸）能增加肉制品的鲜味。

②增色。添加酱油的肉制品多具有诱人的酱红色，是由酱色的着色作用和糖类与氨基酸的美拉德反应产生。

③增香。酱油所含的多种酯类、醇类具有特殊的酱香气味。

④除腥。酱油中少量的乙醇和乙酸等具有解除腥腻的作用。

另外，在香肠等制品中酱油还有促进成熟发酵的良好作用。

（3）豆豉

豆豉又称香豉，是以黄豆或黑豆为原料，利用毛霉、曲霉或细菌蛋白酶分解豆类蛋白质，通过加盐、干燥等方法制成的具有特殊风味的酿造品。豆豉是中国四川、湖南等地区常用的调味料。豆豉作为调味品，在肉制品加工中主要起提鲜味、增香味的作用。

2. 甜味料

（1）蔗糖

蔗糖是常用的天然甜味剂，其甜度仅次于果糖。肉制品中添加少量蔗糖可以改善产品的滋味，并能促进胶原蛋白的膨胀和疏松，使肉质松软、色调良好。蔗糖添加量在 0.5% ~ 1.5% 左右为宜。

（2）饴糖

饴糖味甜柔爽口，有吸湿性和黏性。肉制品加工中常用做烧烤、酱卤和油炸制品的增色剂和甜味剂。

（3）蜂蜜

蜂蜜是花蜜中的蔗糖在蚁酸的作用下转化为葡萄糖和果糖，葡萄糖和果糖之比基本近似于 1:1。蜂蜜是一种淡黄色或红黄色的黏性半透明糖浆,在肉制品加工中的应用主要起提高风味、增香、增色、增加光亮度及增加营养的作用。

（4）葡萄糖

葡萄糖甜度约为蔗糖的 65% ~ 75%,其甜味有凉爽之感,适合食用。葡萄糖加热后逐渐变为褐色,温度在 170 ℃ 以上,则生成焦糖。葡萄糖在肉制品加工中的使用量一般为 0.3% ~ 0.5%。葡萄糖若应用于发酵香肠制品,其用量为 0.5% ~ 1.0%,因为它提供发酵细菌转化为乳酸所需要的碳源。在腌制肉中葡萄糖还有助发色和保色作用。

3. 酸味料

（1）食醋

食醋是以谷类及麸皮等经过发酵酿造而成。食醋中的主要成分为醋酸,含醋酸 3.5% 以上。在制作某些肉制品时加入一定量的食醋与其中的黄酒或白酒发生酯化反应产生特殊的风味物质。食醋可以去除腥气味,尤其鱼类肉原料更具有代表性。在加工过程中,适量添加食醋可明显减少腥味。食醋还能在烹制过程中使原料中的维生素少受或不受损失。

（2）柠檬酸

柠檬酸通常作为调味剂、防腐剂、酸度调节剂及抗氧化剂的增效剂。用柠檬酸处理的腊肉、香肠和火腿具有较强的抗氧化能力。柠檬酸在肉制品中的作用还有降低肉制品的 pH 值,在 pH 值较低的情况下,亚硝酸盐的分解速度加快。但 pH 值的下降,对于肉制品的持水性是不利的。因此,国外已开始在某些混合添加剂中使用糖衣柠檬酸,加热时糖衣溶解,释放出有效的柠檬酸,而不影响肉制品的质构。

4. 鲜味料

（1）味精

味精学名是谷氨酸钠,为粉状结晶或粒状结晶,易溶于水,无吸湿性,对光稳定,其水溶液加温也相当稳定。味精在肉制品加工中普遍使用,有增强鲜味和增加营养的作用。味精一般添加量为 0.2 ~ 1.5 g/kg。

（2）肌苷酸钠

肌苷酸钠是白色或无色的结晶性粉末。肌苷酸钠的鲜味是谷氨酸钠的 10 ~ 20 倍,一起使用,效果更佳。在肉中加 0.01% ~ 0.02% 的肌苷酸钠,与之对应就要加 1/20 左右的谷氨酸钠。

（3）鱼露

鱼露又称鱼酱油,它是以海产小鱼为原料,用盐或盐水腌渍,经长期自然发酵,取其汁液滤清后而制成的一种咸鲜味调料。鱼露以颜色橙黄和棕色,透明澄清,有香味、带有鱼腥味、无异味为上乘质量。鱼露是以鱼类作为生产原料,所以营养十分丰富,蛋白质含量高,其呈味成分主要是呈鲜物质肌苷酸钠、鸟苷酸钠、谷氨酸钠、琥珀酸钠等,咸味是以食盐为主。鱼露在肉制品加工中的应用主要起增味、增香及提高风味的作用。

（4）鸟苷酸钠

鸟苷酸钠是将酵母的核糖核酸进行酶分解,为白色或无色的结晶或结晶性粉末。鸟苷酸钠是蘑菇香味的,由于它的香味很强,所以使用量为谷氨酸钠的 1% ~ 5% 就足够了。

5. 料酒

从理论上来说,啤酒、白酒、黄酒、葡萄酒、威士忌都能作为料酒。但人们经过长期的实践、品尝后发现,不同的料酒所烹饪出来的菜肴风味相距甚远,其中以黄酒为最佳。黄酒的酯香、醇香同菜肴的香气十分和谐,黄酒中还含有多种多糖类呈味物质,而且氨基酸含量很高。肉制品经酒煮制后,有助于成分的溶出和调味成分向肉制品中扩散;料酒可以去除肉制品的腥膻味,使味道鲜美;料酒能增加其肉制品香气;料酒可起到杀菌、消毒、防腐的作用。

6. 调味肉类香精

调味肉类香精包括猪、牛、鸡、羊肉、火腿等各种肉味香精,系采用纯天然的肉类为原料,经过蛋白酶适当降解成小肽和氨基酸,加还原糖在适当的温度条件下发生美拉德反应,生成风味物质,经超临界萃取和微胶囊包埋或乳化调和等技术生产的粉状、水状、油状系列调味香精。如猪肉香精、牛肉香精等。可直接添加或混合到肉类原料中,是目前肉类工业上常用的增香剂。

2.5.2　香辛料

根据香辛料所利用植物的部位不同,将其分为根茎类(如姜、葱、蒜、葱头等)、皮类(如肉桂等)、花或花蕾类(如丁香等)、果实类(如辣椒、胡椒等)、叶类(如月桂叶等)。根据气味不同,又可将其分为辛辣性香辛料和芳香性香辛料。

1. 辛辣性香辛料

(1)胡椒

胡椒成分因加工不同而分为白胡椒、黑胡椒。胡椒气味芳香,有刺激性及强烈的辛辣味,气味比白胡椒浓。胡椒在肉制品中有去腥、提味、增香、增鲜、和味及除异味等作用。

(2)辣椒

辣椒中含有大量的辣椒碱,其辣味的主要来源是辣椒碱中的辣椒素。辣椒在调味时香味倍增,原因在于辣椒中还含有部分维生素和胡萝卜素,以及乳酸、柠檬酸、酒石酸等有机酸和钙、磷、铁等矿物质。加热会使胡萝卜素、有机酸和部分矿物质等溶解于油脂,增强了制品的鲜红色泽和芳香味。

(3)花椒

花椒味芳香,辛温麻辣。花椒的香气主要来自于花椒果实中的挥发油,油中含有异茴香醚,具有特殊的强烈芳香气,且味辛麻而持久。生花椒麻且辣,炒熟后香味才溢出。肉制品加工中应用它的香气可达到除腥去异味、增香和味、防哈变的目的。

(4)生姜

生姜有芳香和辛辣味,隔年的老姜辛辣味更重。生姜可鲜用,也可干制后供调味用。在肉制品加工中常用于红烧酱制,也可以将其榨成姜汁或制成姜末加入香肠中以增加制品风味,并有相当强的抗氧化能力和阻断亚硝胺合成的特性。

(5)肉桂

肉桂皮红棕色、芳香而味甜辛。肉桂含有 1% ~2% 的桂皮油,油的主要成分为桂皮醛、水芹烯、丁香酚等。在肉制品加工中,肉桂是一种主要的调味香料,加入烧鸡、烤肉及酱肉制品中,能增加特殊的香气和风味。

(6)大蒜

大蒜在肉制品加工中作配料和调味,具有突出的去腥解腻、提味增香的作用。大蒜所含的蒜素、丙酮酸和氨等,可把产生腥膻异味的三甲胺加以溶解,并随加热而挥发掉。大蒜所含硫醚类化合物,经过加热,虽其辛辣味消逝,但在 150 ~160 ℃的加热中,经过一系列反应,能够形成特殊的滋味和香气。

（7）葱

葱用做调味料，具有一定的辛辣味。在肉制品中添加葱，有增加香味、除去腥气的作用。广泛用于酱制、红烧类产品。

（8）洋葱

洋葱有独特的辛辣味，在肉制品中主要用来调味、增香、促进食欲等。

2. 芳香性香辛料

（1）丁香

丁香气味强烈芳香、浓郁，味辛辣麻。磨碎后加入制品中，香气极为显著。但对于亚硝酸盐有消色作用，所以只在少数不经腌制的灌肠肉制品中使用。丁香的香气特别浓，调味时能掩盖其他香料香味，用量不能多。

（2）豆蔻

豆蔻具有强烈的香气，用于肉制品加工时，将果实磨成粉加入制品中，具有良好的调味作用，特别在灌肠中被广泛采用。

（3）肉豆蔻

肉豆蔻挥发油中含有肉豆蔻醚，气味极芳香。在肉制品加工中加入肉豆蔻有很强的调味作用，为酱卤制品必用的香料，也常在高档灌肠制品中使用。

（4）小茴香

小茴香具有强烈香气，在肉制品加工中是常用的香料，炖牛羊肉时加入小茴香则味道更鲜美。

（5）大茴香

大茴香别名八角茴香、八角，北方称大料，有强烈的山楂花香气，味甜，性温和。八角是酱卤肉制品必用的香料，能压腥去膻，增加肉的香味。

（6）砂仁

其干果气芳香而浓烈，味辛凉。砂仁在肉制品加工中可去异味，增加香味，使肉味鲜美可口。

（7）陈皮

陈皮为柑橘在 10～11 月份成熟时采收剥下果皮晒干所得。陈皮在肉制品生产中用于酱卤制品，可增加复合香味。

（8）孜然

孜然具有独特的薄荷、水果香味，还带有适口的苦味，果实干燥后加工成粉末可用于肉制品的解腻。

（9）百里香

百里香有独特的叶嗅和麻舌样口味，带甜味，芳香强烈。全草含挥发油约 0.15%～0.5%。挥发油中主要成分为香芹酚，能压腥去膻，多用做羊肉的调味料。

（10）月桂

其味芳香文雅，香气清凉带辛香和苦味。月桂叶在肉制品中起增香矫味作用，因含有柠檬烯等成分，具有杀菌和防腐的功效。

（11）草果

草果味辛辣，具特异香气，微苦。果实中含淀粉、油脂等。在肉制品加工中具有增香、调味的作用。

（12）檀香

檀香具有强烈的特异香气，且持久，味微苦。肉制品酱卤类加工中用做增加复合香味的香料。

（13）甘草

甘草中含 6%～14% 草甜素（即甘草酸）及少量甘草苷，被视为矫味剂。甘草在肉制品中常用做甜味剂。

（14）玫瑰

玫瑰花含玫瑰油，有极佳的香气。肉制品生产中常用做香料，也可磨成粉末掺入灌肠中，如玫瑰肠。

（15）姜黄

姜黄中含有 0.3% 姜黄素及 1%～5% 的挥发油，姜黄素为一种植物色素，可作食品着色剂，挥发油含姜黄酮、二氢姜黄酮、姜烯、桉油精等。在肉制品加工中有着色和增添香味的作用。

（16）芫荽子

芫荽子主要用以配咖喱粉，也有用做酱卤类香料。在维也纳香肠和法兰克福香肠加工中用做调味料。

3. 天然混合香辛料

（1）咖喱粉

咖喱粉是一种混合香料。通常是以姜黄、白胡椒、芫荽子、小茴香、桂皮、姜片、辣根、八角、花椒、芹菜子等□□研磨成粉状，称为咖喱粉。颜色为黄色，味香辣。肉制品中的咖喱牛肉干、咖喱肉片、咖喱□等即以此作调味料。

（2）五香粉

五香粉系由多种香辛料植物配制而成的混合香料。常用于中国菜，用茴香、花椒、肉桂、丁香、陈皮五种原料混合制成，有很好的香味。其配方因地区不同而有所不同。

（3）辣椒粉

辣椒粉，主要成分是辣椒，另混有茴香、大蒜等，呈红色颗粒状，具有特殊的辛辣味和芳香味。

4. 提取香辛料

超临界提取的大蒜精油、生姜精油、姜油树脂、花椒精油、孜然精油、辣椒精油、大茴香精油、小茴香油树脂、丁香精油、黑胡椒精油、肉桂精油、十三香精油等产品均为提取的液体香辛料。其特点是有效成分浓度高，具有天然、纯正、持久的香气，头香好，纯度高，用量少，使用方便。

2.5.3 添加剂

1. 发色剂

在肉制品加工中，为获得产品的鲜艳色泽，经常使用硝酸盐、亚硝酸盐作发色剂。硝酸盐主要有硝酸钾及硝酸钠，为无色的结晶或白色的结晶性粉末，无臭，稍有咸味，易溶于水。亚硝酸盐主要是指亚硝酸钠，它为白色至淡黄色粉末或颗粒状，味微咸，易潮解，外观和滋味似食盐，易溶于水，微溶于乙醇。亚硝酸盐的发色作用比硝酸盐迅速。

2. 发色助剂

（1）异抗坏血酸钠

异抗坏血酸钠为白色或淡黄色的结晶或粉末，无臭，略有咸味，易溶于水，遇光不稳定。异抗坏血酸钠促进亚硝酸盐生成一氧化氮，同时不仅能防止一氧化氮和二价铁离子被氧化，还能将已氧化的三价铁离子还原成为二价铁离子。因此,异抗坏血酸钠具有护色和助发色作用。异抗坏血酸钠能抑制亚硝胺的形成,对火腿等腌制肉制品的使用量为 0.5 ~ 1.0 g/kg。

(2)葡萄糖酸-δ-内酯

葡萄糖酸-δ-内酯为白色结晶性粉末,无臭,口感先甜后酸,易溶于水,略溶于乙醇。葡萄糖酸-δ-内酯是水果及其制品中的天然成分,也是碳水化合物代谢过程中的中间产物,对人体无害。通常 1% 葡萄糖酸-δ-内酯水溶液的 pH 值为 3.5,在腌制过程中,促进亚硝酸钠向亚硝酸的转化,起到助发色作用。中国规定葡萄糖酸-δ-内酯可用于午餐肉、香肠(肠制品),最大使用量为 3.0 g/kg,残留 0.01 mg/kg。

(3)烟酰胺

烟酰胺也称尼克酰胺或维生素 B_3,为白色晶体粉末。烟酰胺与肌红蛋白结合生成稳定的烟酰肌红蛋白,不被氧化,防止肌红蛋白在亚硝酸生成亚硝基期间氧化变色。添加 0.01% ~ 0.02% 的烟酰胺可保持和增强火腿、香肠的色、香、味,同时也是重要的营养强化剂。

3. 着色剂

着色剂分为天然色素和合成色素两大类。中国允许使用的天然色素有:红曲米、姜黄素、β-胡萝卜素、辣椒红素、焦糖等,实际用于肉制品生产中以红曲米最为普遍。食用合成色素是以煤焦油中分离出来的苯胺染料为原料而制成的,故又称煤焦油色素和苯胺色素,如胭脂红、柠檬黄等。食用合成色素大多对人体有害,所以应该尽量少用或不用。

(1)红曲米和红曲色素

红曲米是由红曲霉菌接种于蒸熟的米粒上,经培养繁殖后所产生的红曲霉红素。红曲米的呈色成分是红斑素和红曲色素,它是一种安全性很高,化学性质稳定的色素。对酸碱度稳定、耐热性好、耐光性好,几乎不受金属离子、氧化剂和还原剂的影响,着色性、安全性好。其使用量一般控制在 0.6% ~ 1.5% 左右。

(2)焦糖

焦糖又称酱色或糖色,外观是红褐色或黑褐色的液体。焦糖的颜色不会因酸碱度的变化而发生变化,并且也不会因长期暴露在空气中受氧气的影响而改变颜色。焦糖在 150 ~ 200 ℃左右的高温下颜色稳定,是中国传统使用的色素之一。焦糖在肉制品加工中的应用主要是为了增色,补充色调,改善产品外观的作用。

4. 品质改良剂

(1)木瓜蛋白酶

木瓜蛋白酶是一种在酸性、中性、碱性条件下均能降解蛋白质的酶。加工中使用木瓜蛋白酶时,可先用温水将其粉末溶化,然后将原料肉放入拌和均匀,木瓜蛋白酶广泛用于肉类的嫩化。

(2)菠萝蛋白酶

菠萝蛋白酶是由制作菠萝罐头的下脚料中提取的一种蛋白酶。它与蛋白质发生降解作用的条件是 pH 值为 6 ~ 8,温度为 30 ~ 35 ℃。加工中使用菠萝蛋白酶时,要注意将其粉末溶入 30 ℃左右的水中,然后把原料肉放入其中,经搅拌均匀即可加工。

(3)谷氨酰胺转氨酶

谷氨酰胺转氨酶(TG)是一种催化酰基转移反应的转移酶,它可使酪蛋白、肌球蛋白、谷蛋白、乳球蛋白等蛋白质分子之间发生交联,改变蛋白质的功能性质。在肉制品中添加谷氨酰胺转氨酶,由于该酶的交联作用可以提高产品的弹性、质地,增加胶凝强度等。

（4）多聚磷酸盐

多聚磷酸盐包括焦磷酸钠、三聚磷酸钠、六偏磷酸钠等。各种磷酸盐可以单独使用，也可把几种磷酸盐按不同比例组成复合磷酸盐使用，在肉制品加工中能提高保水性。实践证明，使用复合磷酸盐较单用一种磷酸盐效果好一些。用量一般为 0.4% ~ 0.5%，过量时，可能影响口感。

5. 增稠剂

增稠剂又称赋形剂、黏稠剂，具有改善和稳定肉制品物理性质或组织形态，有丰富触感和味感的作用。增稠剂的种类很多，在肉制品加工中应用较多的有植物性增稠剂，如淀粉、琼脂、大豆蛋白等，以及动物性增稠剂，如明胶、禽蛋等。

（1）淀粉

淀粉的种类很多，不同的淀粉会有不同的作用。可提高黏结性，保证产品切片不松散；增加稳定性，作为赋形剂，使产品具有弹性；起乳化作用，可束缚脂肪，缓解脂肪带来的不良影响，改善口感、外观；可提高持水性，淀粉的糊化，吸收大量的水分，使产品柔嫩、多汁；有包埋作用，改性淀粉中的 β-环状糊精，具有包埋香气的作用，使香气持久；可增强制品的感官性能，保持制品的鲜嫩，提高制品的滋味。

（2）大豆分离蛋白

大豆分离蛋白是大豆蛋白经分离精制而得到的蛋白质，一般蛋白质质量分数在 90% 以上，由于其良好的持水性、乳化性、凝胶形成性以及低廉的价格，在肉制品加工中得到广泛的应用。可改善肉制品的组织结构，添加后可以使肉制品内部组织细腻，结合性好，富有弹力，切片性好；起到乳化作用，是优质的乳化剂，可以提高脂肪的用量；能提高持水性，使产品更加柔嫩。

（3）明胶

明胶是用动物的皮、骨、软骨、韧带、肌膜等富含胶原蛋白的组织，经部分水解后得到的高分子多肽的高聚合物。明胶在水中的质量分数一般达到 5% 左右，才能形成凝胶，明胶胶冻具柔软、富于弹性。明胶形成的胶冻具有热可逆性，加热时熔化，冷却时凝固，这一特性在肉制品加工中经常应用，如制作水晶肴肉、水晶肠等常需用明胶做出透明度高的产品。明胶在肉制品加工中的作用概括起来有营养、乳化、黏合保水、稳定、增稠、胶凝等作用。

（4）琼脂

琼脂为多糖类物质，主要为聚半乳糖苷。琼脂凝胶坚固，可使产品有一定形状，但其组织粗糙、发脆、表面易收缩起皱。

（5）卡拉胶

卡拉胶系半乳糖及脱水半乳糖组成的多糖类硫酸酯的钙、钾、钠、铵盐。凝固强度比琼脂低，但透明度好。卡拉胶作为增稠剂、乳化剂、调和剂、胶凝剂和稳定剂使用，可按生产需要适量用于各类食品。在肉制品加工中，加入卡拉胶，可使产品产生脂肪样的口感，可用于生产高档、低脂的肉制品。

6. 抗氧化剂

（1）丁基羟基茴香醚

丁基羟基茴香醚简称 BHA，其性状为白色或微黄色蜡样结晶性粉末，带有特异的酚类的臭气和有刺激性的味。BHA 除抗氧化作用外，还有很强的抗菌力。

（2）二丁基羟基甲苯

二丁基羟基甲苯简称 BHT，为白色结晶或结晶粉末，无味，无臭，不溶于水及甘油，可溶于各种有机溶剂和油脂。对热相当稳定,与金属离子反应不会着色。BHT的抗氧化作用较强,耐热性好,在普通烹调温度下影响不大。一般多与BHA并用,并以柠檬酸或其他有机酸为增效剂。

（3）没食子酸丙酯

没食子酸丙酯简称PG,系白色或淡黄色晶状粉末,无臭、微苦。易溶于乙醇、丙酮、乙醚,难溶于脂肪与水,对热稳定。没食子酸丙酯对脂肪、奶油的抗氧化作用较BHA或BHT强,三者混合使用时效果更佳;若同时添加柠檬酸0.01%,既可作增效剂,又可避免金属着色。

（4）维生素E

天然维生素E有α、β、γ等七种异构体。α-生育酚由食用植物油制得,是目前国际上唯一大量生产的天然抗氧化剂,在奶油、猪油中加入0.02%~0.03%维生素E,抗氧化效果十分显著。其抗氧化作用比BHA、BHT的抗氧化力弱,但毒性低得多,也是食品营养强化剂。

（5）L-抗坏血酸及其钠盐

L-抗坏血酸别名维生素C。L-抗坏血酸应用于肉制品中,有抗氧化作用、助发色作用,和亚硝酸盐结合使用,有防止产生亚硝胺作用。L-抗坏血酸钠是抗坏血酸的钠盐形式,应用于肉制品中作助发色剂,同时还可以保持肉制品的风味,增加制品的弹性;还有阻止产生亚硝胺的作用,这对于防止亚硝酸盐在肉制品中产生致癌物质——二甲基亚硝胺,具有很大意义。

（6）异抗坏血酸及其钠盐

异抗坏血酸及其钠盐是抗坏血酸及其钠盐的异构体,极易溶于水,其使用均同于抗坏血酸及其钠盐。

2.6 肉制品加工原理

2.6.1 腌制

用食盐或以食盐为主,并添加硝酸钠、亚硝酸钠、食糖和香辛料等腌制辅料处理肉类的过程为腌制(Curing)。通过腌制使食盐或食糖渗入肌肉组织中,降低其水分活度,提高其渗透压,借以有选择地控制微生物的活动,抑制腐败菌的生长,从而防止肉品腐败变质。如今腌制目的已从过去单纯的防腐保藏,发展到主要为了改善风味和颜色,以提高肉制品的品质。因此腌制已成为肉制品加工过程中一个重要的工艺环节。

1. 腌制成分及其作用

肉类腌制使用的主要腌制辅料为食盐、硝酸盐(或亚硝酸盐)、糖类、抗坏血酸盐、异抗坏血酸盐和磷酸盐等。

（1）食盐

食盐是肉类腌制中最基本的成分,也是唯一必需的腌制原料。在肉的腌制过程中食盐主要的作用:

①突出鲜味作用。肉制品中含有大量的蛋白质、脂肪等具有鲜味的成分,常常要在一定浓度的咸味下才能表现出来。

②防腐作用。食盐溶液可以形成较高的渗透压。在食盐高渗透压的影响下,微生物细胞脱水,造成其细胞质膜分离,生长、繁殖受到抑制。另外,微生物对Na^+很敏感,它能与细胞原生质中的阴离子结合,因而对微生物产生毒害作用;Cl^-对微生物也有毒害作用,它可以和细胞

原生质结合,从而促使细胞死亡。5%的 NaCl 溶液能完全抑制厌氧菌的生长,10%的 NaCl 溶液对大部分细菌有抑制作用,但一些嗜盐菌在 15%的盐溶液中仍能生长。某些种类的微生物甚至能够在饱和盐溶液中生存。这也说明肉在腌制过程中所用的食盐深度不足以完全抑制微生物的生长,还必须与其他腌制剂共同作用。

③保水作用。食盐中的 Na^+ 和 Cl^- 可以与肉中的蛋白质结合,在一定条件下能使其立体结构发生松弛,因此保水性增强。此外,食盐使肉中的离子强度提高,肌球蛋白溶出量增多,加热后形成凝胶,可以保持更多的水分。食盐的质量分数为 4.6% ~ 5.8%时肉的保水性最高,低于或高于此值保水性均降低,但此时肉的咸度过大,对人体健康也不利,所以通常还需要在腌肉时添加磷酸盐以提高保水性。

④促使硝酸盐、亚硝酸盐、糖向肌肉深层渗透。只使用食盐进行腌制时,会使腌制的肉色泽发暗,质地发硬,并仅有咸味,影响产品的可接受性,所以通常用复合腌制剂对肉进行腌制。

（2）糖

腌制时常用的糖类有葡萄糖、蔗糖和乳糖等,其主要作用为:

①调味作用。糖和盐有相反的滋味,在一定程度上可缓和腌肉咸味。

②助色作用。还原糖能吸收氧而防止肉脱色;糖为硝酸盐还原菌提供能源,使硝酸盐转变为亚硝酸盐,加速 NO 的形成,使发色效果更佳。

③提高嫩度。糖可提高肉的保水性,增加出品率;糖也极易氧化成酸,使肉的酸度增加,利于胶原蛋白的膨润和松软,从而提高肉的嫩度。

④产生风味物质。糖和含硫氨基酸之间发生美拉德反应,产生醛类等羰基化合物及含硫化合物,增加肉的风味。

⑤促进发酵进程。在需发酵成熟的肉制品中添加糖,有助于发酵的进行。

（3）硝酸盐和亚硝酸盐

腌肉中使用硝酸盐和亚硝酸盐主要有以下几方面作用:

①抑制肉毒梭状芽孢杆菌的生长,并且也可抑制许多其他类型腐败菌生长的作用。

②具有优良的呈色作用。

③抗氧化作用,延缓腌肉腐败,这是由于它本身有还原性。

④有助于腌肉独特风味的产生,抑制蒸煮味产生。

亚硝酸盐是唯一能同时起上述几种作用的物质,至今还没有发现有一种物质能完全取代它。对其替代物的研究仍是一个热点。亚硝酸能与肉中蛋白质分解产物二甲胺作用,生成二甲基亚硝胺,其反应式如下:

$$\begin{array}{c}CH_3\\ \diagdown\\ NH\\ \diagup\\ CH_3\end{array} + HONO \longrightarrow \begin{array}{c}CH_3\\ \diagdown\\ N—NO\\ \diagup\\ CH_3\end{array} + H_2O$$

二甲胺　　　　亚硝酸　　　二甲基亚硝胺

亚硝胺可以从各种腌肉制品中分离出,这类物质具有致癌性,因此在腌肉制品中,硝酸盐的用量应尽可能降到最低限度。美国农业部食品安全检查署（FSIS）仅允许在肉的干腌品或干香肠中使用硝酸盐,干腌肉最大使用量为 2.2 g/kg,干香肠为 1.7 g/kg,培根中使用亚硝酸盐的量不得超过 0.12 g/kg,成品中亚硝酸盐残留量不得超过 40 mg/kg。

（4）碱性磷酸盐

磷酸盐在肉制品中的主要作用是提高肉的保水性，使肉在加工过程中仍能保持其水分，减少营养成分损失，同时也保持了肉的柔嫩性，提高出品率。可用于肉制品的磷酸盐有三种：焦磷酸钠、三聚磷酸钠和六偏磷酸钠。磷酸盐提高肉保水性的作用机理为：

①提高肉的 pH 值。焦磷酸盐和三聚磷酸盐呈碱性反应，加入肉中可提高肉的 pH 值，这一反应在低温下进行得较缓慢，但在烘烤和熏制时会急剧地加快。

②螯合肉中的金属离子。聚磷酸盐有与金属离子螯合的作用，加入聚磷酸盐后，则原与肌肉的结构蛋白质结合的钙镁离子，被聚磷酸盐螯合，肌肉蛋白中的羧基游离，由于羧基之间静电力的作用，使蛋白质结构松弛，可以吸收更多量的水分。

③增加肉的离子强度。聚磷酸盐是具有多价阴离子的化合物，所以在较低的浓度下具有较高的离子强度，因而肌肉的离子强度增加，有利于肌球蛋白的解离，提高肉品的保水性。

④解离肌动球蛋白。焦磷酸盐和三聚磷酸盐有解离肌肉蛋白质中肌动球蛋白为肌动蛋白和肌球蛋白的特异作用。而肌球蛋白的持水能力强，因而提高了肉的保水性。

（5）抗坏血酸盐和异抗坏血酸盐

抗坏血酸盐和异抗坏血酸盐在肉的腌制中主要有以下几个作用：

①抗坏血酸盐可以同亚硝酸发生化学反应，增加 NO 的形成，使发色过程加速。

$$2HNO_2 + C_6H_8O_6 \longrightarrow 2NO + 2H_2O + C_6H_6O_6（脱水抗坏血酸）$$

②抗坏血酸盐有利于高铁肌红蛋白还原为亚铁肌红蛋白，因而可加快腌制速度。

③抗坏血酸盐能起到抗氧化剂的作用，因而稳定腌肉的颜色和风味。

④在一定条件下抗坏血酸盐具有减少亚硝胺形成的作用。目前许多腌肉都同时使用 120 mg/kg 的亚硝酸盐和 550 mg/kg 的抗坏血酸盐。

2. 腌肉的呈色机理

（1）硝酸盐和亚硝酸盐对肉色的作用

腌制时可加速肉中血红蛋白（Hb）和肌红蛋白（Mb）的氧化，形成高铁肌红蛋白（MetMb）和高铁血红蛋白（MetHb），使肌肉丧失天然色泽，变成带紫色调的浅灰色。而加入硝酸盐（或亚硝酸盐）后，由于肌肉中色素蛋白和亚硝酸盐发生化学反应，形成鲜艳的亚硝基肌红蛋白（NO-Mb），且在以后的热加工中又会形成稳定的粉红色。亚硝基肌红蛋白是构成腌肉颜色的主要成分，关于它的形成过程的理论解释还不完善。亚硝基（NO）是由硝酸盐或亚硝酸盐在腌制过程中经过复杂的变化而形成的。硝酸盐首先在酸性条件和还原性细菌作用下形成亚硝酸盐。

$$NaNO_3 \xrightarrow[2H^+]{\text{细菌还原作用}} NaNO_2 + H_2O$$

然后亚硝酸盐在微酸性条件下形成亚硝酸。

$$NO_2^- + H^+ \longrightarrow HNO_2$$

肉的酸性环境主要是乳酸造成的。由于血液循环停止，供氧不足，肌肉中的糖原通过酵解作用分解产生乳酸，随着乳酸的积累，肌肉组织中的 pH 值逐渐降低到 5.5~6.4。酸性环境促进亚硝酸盐生成亚硝酸，亚硝酸在还原性物质的作用下形成 NO。

$$3NO_2^- + 3H^+ \xrightarrow{\text{还原物质作用}} H^+ + NO_3^- + H_2O + 2NO$$

这是一个歧化反应，亚硝酸既被氧化又被还原。NO 的形成速度与介质的酸度、温度以及还原性物质的存在有关，所以形成亚硝基肌红蛋白（NO-Mb）需要有一定的时间。直接使用亚硝酸盐比使用硝酸盐的呈色速度要快，但稳定性要差些。

（2）影响腌肉制品色泽的因素

①亚硝酸盐的使用量。肉制品的色泽与亚硝酸盐的使用量有关,用量不足时,颜色淡而不均,在空气中氧气的作用下会迅速变色,造成储藏后色泽的恶劣变化。为了保证肉呈红色,亚硝酸钠的最低使用量为 0.05 g/kg。用量过大时,亚硝酸根的存在能使血红素物质中的卟啉环的 α-甲炔键硝基化,生成绿色的衍生物。为了确保安全,我国规定,在肉类制品中亚硝酸盐最大使用量为 0.15 g/kg,在这个范围内根据肉类原料的色素蛋白的数量及气温情况变动。

②肉的 pH 值。肉的 pH 值影响亚硝酸盐的发色作用。亚硝酸钠只有在酸性介质中才能还原成 NO,故 pH 值接近 7.0 时肉色就淡,特别是为了提高肉制品的持水性,常加入碱性磷酸盐,加入后常造成 pH 值向中性偏移,往往使呈色效果不好,所以必须注意其用量。在过低的 pH 值环境中,亚硝酸盐的消耗量增大,如使用亚硝酸盐过量,又容易引起绿变,一般发色的最适宜的 pH 值范围为 5.6～6.0。

③温度。生肉呈色的进程比较缓慢,经过烘烤、加热后,则反应速度加快,而配好料后如果不及时处理,生肉就会退色,特别是灌肠机中的回料,因氧化作用而褪色,这就要求及时加热。

④腌制添加剂。添加抗坏血酸,当其用量高于亚硝酸盐时,在腌制时可起助呈色作用,在储藏时可起护色作用;蔗糖和葡萄糖由于其还原作用,可影响肉色强度和稳定性;加烟酸、烟酰胺也可形成比较稳定的红色,但这些物质没有防腐作用,所以暂时还不能代替亚硝酸钠。

⑤其他因素。微生物和光线等影响腌肉色泽的稳定性。正常腌制的肉,切开置于空气中后,切面会退色发黄,这是由于亚硝基肌红蛋白在微生物的作用下引起卟啉环变化造成的。亚硝基肌红蛋白不仅受微生物影响,而且对可见光线也不稳定。在光的作用下,NO^- 血色原失去 NO,再氧化成高铁血色原,高铁血色原在微生物等的作用下,使得血色素中的卟啉环发生变化,生成绿色、黄色和五色的衍生物。

3. 腌制与保水性和黏着性的关系

肉制品(如西式培根、成型火腿、灌肠等)加工过程中腌制的主要目的,除了使制品呈现鲜艳的红色外,还可提高原料肉的保水性和黏着性。保水性是指肉类在加工过程中对本身水分及外添加水分的保持能力。黏着性表示肉自身所具有的黏着物质而可以形成具有弹力制品的能力,其程度则以对扭转、拉伸、破碎的抵抗程度来表示,黏着性和保水性通常是相辅相成的。食盐和复合磷酸盐是腌制过程中广泛使用的增加保水性和黏着性的腌制材料。肉中起保水性、黏着性作用的是肌肉中含量最多的结构蛋白质中的肌球蛋白,用离子强度为 0.3 以上的盐溶液即可提取到肌球蛋白,而纯化的肌动蛋白已被证实在热变性时不显示黏着性,但当溶液中肌球蛋白和肌动蛋白以一定比例存在时,肌动蛋白能加强肌球蛋白的黏着性。

4. 腌肉风味的形成

腌肉产品加热后产生的风味和未经腌制的肉的风味不同,主要是使用腌制成分和肉经过一定时间的成熟作用形成的。腌肉中形成的风味物质主要为羰基化合物、挥发性脂肪酸、游离氨基酸、含硫化合物等物质,当加热时就会释放出来,形成特有的风味。腌肉制品在成熟过程中由于蛋白质水解,会使游离氨基酸含量增加。许多试验证明游离氨基酸是肉中风味的前体物质,并证明腌肉成熟过程中游离氨基酸的含量不断增加,是由于肌肉中自身所存在的组织蛋白酶的作用。腌制品风味的产生过程也是腌肉的成熟过程,在一定时间内,腌制品经历的成熟时间越长,质量越佳。通常条件下,出现特有的腌制香味需腌制 10～14 d,腌制 21 d 香味明显,40～50 d 达到最大限度。

5. 腌制方法

肉类腌制的方法可分为干腌法、湿腌法、盐水注射法及混合腌制法四种。

（1）干腌法

干腌法（Dry Curing）是利用食盐或混合盐，涂在肉的表面，然后堆叠在腌制架上或盛装在腌制容器内，依靠外渗汁液形成盐液进行腌制的方法。此法腌制时间较长，但腌制品有独特的风味和质地。我国名产火腿、咸肉、烟熏肋肉均采用此法腌制。由于这种方法腌制时间长，食盐进入深层的速度缓慢，很容易造成肉的内部变质。经干腌法腌制后，还要经过长时间的成熟过程。此外，干腌法失水较大，通常火腿失重为 5% ~7%。

（2）湿腌法

湿腌法（Pickle Curing）就是将肉浸泡在预先配制好的食盐溶液中，并通过扩散和水分转移，让腌制剂渗入肉内部，并获得比较均匀的分布，常用于腌制分割肉、肋部肉等。湿腌时，首先是食盐向肉内渗入而水分则向外扩散，扩散速度决定于盐液的温度和浓度。硝酸盐也将向肉内扩散，但速度比食盐要慢。瘦肉中可溶性物质则逐渐向盐液中扩散，这些物质包括可溶性蛋白质和各种无机盐类。为减少营养物质及风味的损失，一般采用老卤腌制。即老卤水中添加食盐和硝酸盐，调整好浓度后再用于腌制新鲜肉，每次腌肉时总有蛋白质和其他物质扩散出来，最后老卤水的浓度增加，因此再次重复利用时，腌制肉的蛋白质和其他物质损耗量要比用新盐液时的损耗少得多。湿腌的缺点是其制品的色泽和风味不及干腌制品，腌制时间长，蛋白质流失（0.8% ~0.9%）多，含水分多不宜保藏。

（3）盐水注射法

为了加快食盐的渗透，防止腌肉的腐败变质，目前广泛采用盐水注射法。盐水注射法最初出现的是单针头注射，进而发展为由多针头的盐水注射机进行注射。目前生产上多采用注射腌制法，如西式盐水火腿的加工。

注射腌制法有单针头和多针头注射法两种，注射用的针头大多为多孔的。盐水注射量可以根据盐液的浓度计算，一般增重 10% ~20%。

多针头注射最适用于形状整齐而不带骨的肉类，如腹部肉、肋条肉用此法最为适宜。用盐水注射法可以缩短腌制时间（如由过去的 72 h 可缩至现在的 8 h），提高生产效率，降低生产成本，但是其成品质量不及干腌制品，风味略差。

（4）混合腌制法

利用干腌和湿腌相结合的一种腌制方法。用于肉类腌制可先行干腌而后放入容器内用盐水腌制，如南京板鸭、西式培根的加工。混合腌制法可以避免湿腌液因食品水分外渗而降低浓度，因干腌及时溶解外渗水分；同时腌制时不像干腌那样促进食品表面发生脱水现象；另外，内部发酵或腐败也能被有效阻止。

2.6.2　粉碎、混合和乳化

1. 粉碎和混合

（1）粉碎

将原料肉经机械作用由大变小的过程称之为粉碎。粉碎程度因肉制品的不同而异。通常每一种产品都有其独特的特点，某些产品需粉碎得很粗，而另一些产品则应粉碎得极细，以致形成一种类似乳胶的肉糊。通过粉碎达到以下两个作用：①改善制品的均一性；②提高制品的嫩度。

通常用于粉碎的设备包括:绞肉机、乳化机、斩拌机、切片机。绞肉机通常用于香肠和一些重组产品粉碎的第一步。对碎肉香肠和新鲜碎肉香肠来说,绞肉常是其采用的唯一粉碎方式。过去斩拌机主要用来制作肉糊,现通常用于降低肉和脂肪颗粒大小以及混合配料,为在乳化机中的进一步粉碎作准备。与斩拌机相比,乳化机的操作速度更快,形成肉糊的时间更短,产生的肉糊中脂肪颗粒更小。

(2)混合

为了使肉类蛋白质溶解和膨胀,在进一步加工前进行的附加搅拌称为混合,这是一道独立的加工工序,与单一进行绞肉相比,能确保各种配料成分,尤其是腌制料和调味料的均匀混合。粗碎肉香肠是在灌肠前进行混合工序。对肉、调味料和其他配料进行大批量混合是肉糊粉碎前的一个普通工序。

在肉糊生产前几个小时对原料进行绞碎和混合的过程,称之为预混合。从时间上有助于蛋白质增溶和膨胀,以及采样和分析原料的蛋白质、水分及脂肪含量。不同脂肪含量的原料经预混合能准确控制成品组成。

2. 乳化

肌肉、脂肪、水和盐混合后经过高速斩切,形成水包油型乳化特性的肉糊。由此形成的肉制品,其质地和稳定性与各种成分之间的物理性状密切相关。一种典型的肉糊的形成包括两个相关的变化过程:蛋白质膨胀并形成黏性的基质;可溶性蛋白质、脂肪球和水的乳化。

(1)蛋白质基质的形成

肌肉纤维结构的破坏增加了蛋白质与胞外液和添加水的接触。不溶性蛋白(主要是肌球蛋白、肌动蛋白和肌动球蛋白)以网络结构的形式存在,在适合的离子浓度或其他条件下,吸收水分于网络中。加盐后,蛋白质吸水膨胀,从而产生黏性的基质。当然,有些蛋白质仍在肌肉碎片和结缔组织碎片中保持原状(不膨胀),而另一些蛋白质溶解于肉糊中,具有乳化性能。肉糊中蛋白质基质的形成能使自由水固定,并能防止热处理时水分的损失,从而使成品的结构稳定。蛋白质基质还有助于稳定粉碎时所形成的脂肪颗粒,防止其在加热时融化而聚合。

(2)乳化

乳浊液是指两种互不相溶的液体的混合物,一种为分散相,另一种为连续相。分散相以微滴状或小球的形式分散在连续相中。分散相微滴的直径范围在 $0.1 \sim 5.0~\mu m$ 之间。肉乳浊液体系中,分散相主要是固体或液体脂肪颗粒,连续相则是含有盐类和溶解的或悬浮的蛋白质的水溶液。因此,肉乳浊液也是水包油型的乳浊液。

在生肉糊中,肌肉纤维、结缔组织纤维及其纤维碎片和不溶性蛋白质悬浮在含有可溶性蛋白质和其他可溶性肌肉组分的水相中。被可溶性蛋白质包裹着的球形脂肪颗粒分散在基质中。在乳化型香肠肉糊中,溶解在水相中的可溶性蛋白质包裹在脂肪颗粒表面而充当乳化剂作用。可溶性蛋白质包括肌浆蛋白和溶解后的肌原纤维蛋白,后者的乳化效果更好,并与乳化稳定性有密切关系。

(3)影响肉糊的形成和稳定性的因素

影响脂肪在肉糊中混合程度的因素主要包括:基质形成、乳化温度、脂肪颗粒的大小、pH 值、可溶性蛋白质的数量和类型以及肉糊的黏性。

①温度。在粉碎时,由于摩擦作用,肉糊的温度升高。在斩切摩擦表面时,有些脂肪发生熔化,蛋白质初步变性,从而有利于使蛋白质吸附到分散的脂肪颗粒上。另外,温度适当提高,有助于可溶性蛋白质释放,加速腌制色形成,并改善肉糊的流动性。但如果粉碎时温度过高,

在随后的热处理时乳浊液就会被破坏。最高允许温度取决于设备的类型和脂肪熔点。采用高速乳化机时,肉糊的最高温度为:禽肉 10 ~ 12 ℃,猪肉 15 ~ 18 ℃,牛肉 21 ~ 22 ℃。在上述温度下,对乳浊液的稳定性无不良影响。采用低速斩拌,则肉糊必须保持较低温度,温度过高对肉糊有不良影响。

②脂肪颗粒的大小。在肉糊生产中,脂肪必须粉碎得非常细小,直至形成乳浊液。但脂肪颗粒过小,其总表面积将大幅度增加,造成可溶性蛋白质数量不足以包裹脂肪微粒,而使乳浊液失去稳定性。

③pH 值及可溶性蛋白质的数量和类型。制备肉糊时,先将瘦肉和盐一起斩拌,有助于肌肉蛋白质溶解和膨胀。当形成基质和作为乳化剂的蛋白质含量增加时,肉糊的稳定性提高。肌肉 pH 值升高时,有利于蛋白质提取,尸僵前的肉优于尸僵后的肉,因为从前者可提取出50% 以上的盐溶性蛋白质。肉糊稳定性受盐溶性蛋白质来源的影响,如品种、肌肉部位、动物年龄和其他因素,公牛肉的蛋白质黏结能力最佳。这些差别可能是由于不同肌肉中存在着不同形式的肌球蛋白。

④肉糊的黏性。肉糊乳浊液发生相分离现象,实际上是分散的脂肪微粒重新聚合成较大的脂肪颗粒的结果。这种现象通常发生在热处理时,但可能直到产品被冷却时才发现。当肉糊的黏度增加时,脂肪分离的趋势减小。加热时脂肪微粒融化并呈液态,更易聚合,在水中呈现一种更易聚合的趋势。

2.6.3　熏制

烟熏(Smoking)是肉制品加工的主要手段,许多肉制品特别是西式肉制品,如灌肠、火腿、培根等均需经过烟熏。肉品烟熏后,不仅获得特有的烟熏味,而且保存期延长,烟熏技术已成为生产具有特种烟熏风味制品的一种加工方法。

1. 烟熏目的

烟熏的目的主要有:①赋予肉制品特殊的烟熏风味,增进香味;②使肉制品外观具有烟熏色,对加硝肉制品促进发色作用;③脱水干燥,杀菌消毒,防止腐败变质,使肉制品耐储藏;④烟气成分渗入肉品内部防止脂肪氧化。

(1)呈味作用

烟气中的许多有机化合物附着在肉制品上,赋予肉制品特有的烟熏香味,如有机酸(蚁酸和醋酸)、醛、醇、酯、酚类等,特别是酚类中的愈创木酚和4-甲基愈创木酚是最重要的风味物质。

(2)发色作用

熏烟成分中的羰基化合物可以和肉蛋白质或其他含氮物中的游离氨基发生美拉德反应;熏烟加热促进硝酸盐还原菌增殖及蛋白质的热变性,游离出半胱氨酸,从而促进一氧化氮血素原形成稳定的颜色;另外,由于烟熏受热使脂肪外渗,从而起到润色作用。

(3)杀菌作用

熏烟中的有机酸、醛和酚类化合物杀菌作用较强。有机酸可与肉中的氨、胺等碱性物质中和,由于其本身的酸性而使肉酸性增强,从而抑制腐败菌的生长繁殖。醛类一般具有防腐性,其中甲醛不仅具有防腐性,而且还与蛋白质或氨基酸的游离氨基结合,使碱性减弱,酸性增强,进而增加防腐作用;酚类物质也具有弱的防腐性。熏烟的杀菌作用较为明显的是在表层,经熏制后产品表面的微生物可减少至 1/10。大肠杆菌、变形杆菌、葡萄球菌对熏烟最敏感,3 h 即死亡。

（4）抗氧化作用

熏烟中许多成分具有抗氧化作用。熏烟中抗氧化作用最强的是酚类,其中以邻苯二酚和邻苯三酚及其衍生物作用尤为显著。

2. 熏烟成分

现已在木材熏烟中分离出 200 种以上不同的化合物,但这这些化合物并不都是木材本身所具有的,有些是在烟熏过程中因燃烧温度、燃烧室的条件、形成化合物的氧化变化等因素的的作用而产生的。熏烟中最常见的化合物为酚类、有机酸类、醇类、羰基化合物、烃类以及一些气体物质。

（1）酚类

从木材熏烟中分离出来并经鉴定的酚类达 20 种之多,其中有愈创木酚（邻甲氧基苯酚）、4-甲基愈创木酚、4-乙基愈创木酚、邻位甲酚、间位甲酚、对位甲酚、4-丙基愈创木酚、香兰素（烯丙基愈创木酚）、2,5-双甲氧基-4-丙基酚、2,5-双甲氧基-4-乙基酚、2,5-双甲氧基-4-甲基酚。

在肉制品烟熏中,酚类有三种作用:①抗氧化作用;②对产品的呈色和呈味作用;③抑菌防腐作用。其中酚类的抗氧化作用对熏烟肉制品最为重要。

（2）醇类

木材熏烟中醇的种类繁多,其中最常见的是甲醇或木醇,称其为木醇是由于它为木材分解蒸馏中主要产物之一。熏烟中还含有伯醇、仲醇和叔醇等,但是它们常被氧化成相应的酸类。木材熏烟中,醇类对色、香、味并不起作用,仅成为挥发性物质的载体。它的杀菌性也较弱,因此醇类可能是熏烟中最不重要的成分。

（3）有机酸类

熏烟组分中常见的有机酸为蚁酸、醋酸、丙酸、丁酸、异丁酸、戊酸、异戊酸、己酸、庚酸、辛酸、壬酸和癸酸等。有机酸对熏烟制品的风味影响甚微,但可聚积在制品的表面,呈现微弱的防腐作用。酸有促使烟熏肉表面蛋白质凝固的作用,在生产去肠衣的肠制品时,将有助于肠衣剥除。虽然高温将促使表面蛋白质凝固,但酸对形成良好的外皮颇有好处。

（4）羰基化合物

熏烟中存在大量的羰基化合物。现已确定的有 20 种以上:2-戊酮、戊醛、2-丁酮、丁醛、丙酮、丙醛等。同有机酸一样,羰基化合物存在于蒸汽蒸馏组分内,也存在于熏烟内的颗粒上。虽然绝大部分羰基化合物为非蒸汽蒸馏性的,但蒸汽蒸馏组分内有着非常典型的烟熏风味,而且还含所有羰基化合物形成的色泽。因此,对熏烟色泽、风味来说,简单短链化合物最为重要。熏烟肉制品的风味和芳香味可能来自某些羰基化合物,从而促使烟熏食品具有特有的风味。

（5）烃类

从熏烟食品中能分离出许多多环烃类,其中有苯并蒽、二苯并蒽、苯并芘等。在这些化合物中至少有苯并芘和二苯并蒽两种化合物是致癌物质,经动物试验已证实能致癌。多环烃对烟熏制品来说无重要的防腐作用,也不能产生特有的风味。它们附在熏烟内的颗粒上,可以过滤除去。

3. 熏烟的产生

用于肉类制品的熏烟,主要是硬木不完全燃烧得到的。烟气是由空气（氮、氧等）和没有完全燃烧的产物——燃气、蒸汽、液体、固体物质的粒子所形成的气溶胶系统,熏制的实质就是产品吸收木材分解产物的过程,因此木材的分解产物是烟熏作用的关键,烟气中的烟黑和灰尘只能污染肉制品,水蒸气成分不起熏制作用,只对脱水蒸发起决定作用。

烟的成分与供氧量及燃烧温度有关,与木材种类也有很大关系。一般来说,硬木、竹类风味较佳,而软木、松叶类因树脂含量多,燃烧时产生大量的黑烟,使肉制品表面发黑,并含有多萜烯类的不良气味。在烟熏时一般采用硬木,个别国家也采用玉米芯。

木材含有50%纤维素、25%半纤维素和25%木质素。软木和硬木的主要区别在于所含的木质素结构不同,软木的木质素中甲氧基的含量要比硬木少。

木材高温燃烧产生烟气的过程可分为两步:第一步是木材的高温分解;第二步是高温分解产物的变化,形成环状或多环状化合物,发生聚合反应、缩合反应以及形成产物的进一步热分解。

木材热分解时表面和中心存在着温度梯度,外表面正在氧化时内部却正在进行着氧化前的脱水,在脱水过程中外表面温度稍高于100 ℃,脱水或蒸馏过程中外逸的化合物有一氧化碳、二氧化碳以及醋酸等挥发性短链有机酸。当木屑中心水分脱干时,温度就迅速上升到300~400 ℃,发生热分解并出现熏烟。实际上大多数木材在200~260 ℃温度范围内已有熏烟发生,温度达到260~310 ℃则产生焦木液和一些焦油,温度再上升到310 ℃以上时则木质素裂解产生酚和它的衍生物。

4. 烟熏方法

(1)冷熏法

在15~30 ℃的低温下,进行较长时间(4~7 d)的熏制,熏前原料须经过较长时间的腌渍。冷熏法适宜在冬季进行,夏季由于气温高,温度很难控制,特别当发烟很少的情况下,容易发生酸败现象。冷熏法生产的食品水分质量分数在40%左右,其储藏期较长,但烟熏风味不如温熏法。冷熏法主要用于干制的香肠,如风干肠、色拉米香肠等,也可用于带骨火腿及培根的熏制。

(2)温熏法

温熏法是原料经过适当的腌渍后,在较高的温度(40~80 ℃,最高90 ℃)下进行的烟熏。温熏法又分为中温法和高温法。

①中温法。温度为30~50 ℃,通常熏制1~2 d,熏材通常采用干燥的橡材、樱材、锯木,熏制时应控制温度缓慢上升,用这种温度熏制,质量损失少,产品风味好,但耐储藏性差,常用于熏制脱骨火腿和通脊火腿及培根等。

②高温法。温度为50~85 ℃,常采用60 ℃,熏制时间4~6 h,是应用较广泛的一种方法,因为熏制的温度较高,制品在短时间内就能形成较好的熏烟色泽。温度必须缓慢上升,升温过急,会产生发色不均匀现象,一般灌肠产品的烟熏采用这种方法。

(3)焙熏法(熏烤法)

烟熏温度为90~120 ℃,熏制的时间较短。由于熏制的温度较高,熏制过程完成熟制,不需要重新加工就可食用,应用这种方法熏烟的肉储藏性差,应迅速食用。

(4)电熏法

在烟熏室内安装电线,电线上吊挂被熏原料后,给电线通1万~2万V高压直流电或交流电,进行放电,熏烟由于放电而带电荷,可以更深地进入肉内,以提高风味,延长储藏期。电熏法使制品储藏期增加,不易生霉;烟熏时间缩短,只有温熏法的1/2。但用电熏法时在熏烟物体的尖端部分沉积较多,造成烟熏不均匀,再加上成本较高等因素,目前还未广泛应用。

(5)液熏法

用液态烟熏制剂代替烟熏的方法称为液熏法,又称无烟熏法,目前在国外已广泛使用,代表烟熏技术的发展方向。液态烟熏制剂一般是从硬木干馏制成并经过特殊净化而含有烟熏成分的溶液。液熏法主要有两种:

①用烟熏液代替熏烟材料,用加热方法使其挥发,包附在制品上。这种方法仍需要熏烟设备,但其设备容易保持清洁状态。而使用天然熏烟时常会有焦油或其他残渣沉积,以致经常需要清洗。

②通过浸渍或喷洒法,使烟熏液直接加入制品中,省去全部的熏烟工序。采用浸渍法时,将烟熏液加 3 倍水稀释,将制品在其中浸渍 10 ~ 20 h,然后取出干燥,浸渍时间可根据制品的大小、形状而定。

5.有害成分控制

烟熏法具有杀菌防腐、抗氧化及增进食品色、香、味品质的优点,因而在食品尤其是肉类、鱼类食品中广泛采用。但如果采用的工艺技术不当,烟熏法会使烟气中的有害成分(特别是致癌成分)污染食品,危害人体健康。传统烟熏方法中多环芳香类化合物易沉积或吸附在腌肉制品表面,其中 3,4-苯并芘及二苯并蒽是两种强致癌物质。因此,必须采取措施减少熏烟中有害成分的产生及对制品的污染,以确保制品的食用安全。

(1)控制发烟温度

发烟温度直接影响 3,4-苯并芘的形成,当发烟温度低于 400 ℃时有极微量的 3,4-苯并芘产生,当发烟温度处于 400 ~ 1 000 ℃时,便形成大量的 3,4-苯并芘,因此控制好发烟温度,对降低致癌物是极为有利的。一般认为理想的发烟温度为 340 ~ 350 ℃为宜,既能达到烟熏目的,又能降低毒性。

(2)湿烟法

用机械的方法把水蒸气和混合物强行通过木屑,使木屑产生烟雾,并将之引进烟熏室,同样能达到烟熏的目的,又不会产生污染制品的苯并芘。

(3)室外发烟净化法

采用室外发烟,烟气经过滤、冷气淋洗及静电沉淀等处理后,再通入烟熏室,这样可以大大降低 3,4-苯并芘的含量。

(4)液熏法

如前所述,液态烟熏制剂制备时,一般用过滤等方法已除去了焦油小滴和多环烃。因此,液熏法的使用是目前的发展趋势。

2.6.4　煮制

煮制就是对肉制品实行热加工的过程。加热的方式包括使用水、蒸汽等,其目的是改善感官的性质,使肉黏着、凝固,产生与生肉不同的硬度、齿感、弹力等物理变化,固定肉制品的形态,使肉制品可以切成片状;使肉制品产生特有的风味,达到熟制;杀死微生物和寄生虫,提高制品的耐保存性;稳定肉的色泽。

1.肉在煮制过程中的变化

肉煮制时,温度达到 30 ~ 50 ℃时蛋白质开始凝固;40 ~ 50 ℃时保水性急剧下降,硬度增加;60 ~ 70 ℃时肉的热变形基本结束;80 ℃呈酸性反应时,结缔组织开始水解,胶原转变为可溶于水的明胶,肌束间的联结减弱,肉质变软;90 ℃稍长时间煮制蛋白质凝固硬化,盐类及浸出物由肉中析出,肌纤维强烈收缩,肉反而变硬;继续煮沸(100 ℃)蛋白质、碳水化合物部分水解,肌纤维断裂,肉被煮熟(烂)。

(1)质量减轻、肉质收缩变硬或软化

肉类在煮制过程中最明显的变化是失去水分使质量减轻,如以中等肥度的猪、牛、羊肉为原料,在100 ℃的水中煮沸30 min质量减少的情况见表2.4。

表2.4　肉类水煮时质量的减少　　　　　　　　　　　　单位:%

名称	水分	蛋白质	脂肪	其他	总量
猪肉	21.3	0.9	2.1	0.3	24.6
牛肉	32.2	1.8	0.6	0.5	35.1
羊肉	26.9	1.5	6.3	0.4	35.1

为了减少肉类在煮制时营养物质的损失,提高出品率,在原料加热前经过预煮过程。将小批原料放入沸水中经短时间预煮,使产品表面的蛋白质立即凝固,形成保护层,减少营养成分的损失,提高出品率。用150 ℃以上的高温油炸,亦可减少有效成分的流失。

(2)肌肉蛋白质的热变性

肉在加热煮制过程中,肌肉蛋白质因发生热变性而凝固,引起肉汁分离,体积缩小变硬,同时肉的保水性、pH值及可溶性蛋白质发生相应的变化。随着加热温度的上升,肌肉蛋白的变化归纳如下:

① 20～30 ℃时,肉的保水性、硬度、可溶性蛋白质都没有发生变化。

② 30～40 ℃时,保水性随温度上升而缓慢地下降。30～35 ℃开始凝固,硬度增加,蛋白质的可溶性、ATP酶的活性也产生变化。

③ 40～50 ℃时,保水性和硬度都急剧下降,等电点移向碱性方向,酸性基特别是羧基减少,形成酯结合的侧链。

④ 50～55 ℃时,保水性、硬度、pH值等暂时停止变化,酸性基也开始减少。

⑤ 55～80 ℃保水性又开始下降,硬度增加,酸性基又开始减少,并随着温度的上升各有不同程度的加深,但变化的程度不像在40～50 ℃范围内那样大,尤其是硬度的增加和可溶性的减少不大。

(3)脂肪的变化

加热时脂肪熔化,包围脂肪的结缔组织由于受热收缩使脂肪细胞受到较大的压力,细胞膜破裂,脂肪熔化流出。随着脂肪的熔化,释放出某些与脂肪相关联的挥发性化合物,这些物质给肉品增补了香气。

煮制时肉中的脂肪会溶化分离出来,不同来源的脂肪所需温度不同,牛脂为42～52 ℃,羊脂为44～55 ℃,猪脂为28～48 ℃,禽脂为26～40 ℃。脂肪在加热过程中有一部分发生水解,生成甘油和脂肪酸,因而使酸价有所增高,同时也发生氧化作用,生成氧化物和过氧化物。

(4)结缔组织的变化

结缔组织在煮制中的变化,对决定加工制品形状、韧性等有重要的意义。肌肉中结缔组织含量多,则肉质坚韧,但在70 ℃以上水中长时间煮制,结缔组织多的反而比结缔组织少的肉质柔嫩,这是由于此时结缔组织受热软化的程度对肉的柔软起着主导作用。结缔组织中的蛋白质主要是胶原蛋白和弹性蛋白,一般加热条件下弹性蛋白几乎不发生变化,主要是胶原蛋白的变化。

肉在煮制时,由于肌肉组织中胶原纤维在动物体不同部位的分布不同,肉发生收缩变形的情况也不一样。当加热到 64.5 ℃时,其胶原纤维在长度方向可迅速收缩到原长度的 60%。因此肉在煮制时收缩变形的大小是由肌肉结缔组织的分布所决定的。表 2.5 显示了沿着肌肉纤维纵向切下的肌肉的不同部位在 70 ℃煮制时的收缩程度。

表 2.5　70 ℃煮制对肌肉长度的影响

煮制时间/min	肉块长度/cm	
	腰部	大腿肉
0	12	12
15	7.0	8.3
30	6.4	8.0
45	6.2	7.8
60	5.8	7.4

经过 60 min 煮制以后,腰部肌肉收缩可达 50%,而腿部肌肉只收缩 38%,所以腰部肌肉会有明显的变形。煮制过程中随着温度的升高,胶原吸水膨润而呈柔软状态,机械强度降低,逐渐分解为可溶性的明胶,表 2.6 所列举的是同样大小的牛肉块随着煮制时间的不同,不同部位胶原蛋白转变成明胶的数量差异。因此,在加工酱卤制品时应根据肉体的不同部位和加工产品的要求合理使用。

表 2.6　100 ℃条件下煮制不同时间转变成明胶的量

部　位	时间/min		
	20	40	60
腰部肌肉	12.9	26.3	48.3
背部肌肉	10.4	23.9	43.5
后腿肌肉	9.0	15.6	29.5
前腿肌肉	5.3	16.7	22.7
半腱肉	4.3	9.9	13.8
胸　肌	3.3	8.3	17.1

(5)风味的变化

生肉的风味是很弱的,但是加热之后,不同种类肉产生很强的特有风味,通常认为是由于加热导致肉中的水溶性成分和脂肪的变化所形成。加热肉的风味成分,与氨、硫化氢、胺类、羰基化合物、低级脂肪酸等有关。在肉的风味里,有共同的部分,主要是水溶性物质如氨基酸、肽和低分子的碳水化合物之间进行反应的一些生成物。特殊成分则是因为不同种肉类的脂肪和脂溶性物质的不同,由煮制所形成的特有风味,如羊肉的膻味是由辛酸和壬酸等低饱和脂肪酸所致。

(6)颜色的变化

当肉温在 60 ℃以下时,肉色基本不发生明显变化,65～70 ℃时,肉变成桃红色,再提高温度则变为淡红色,在 75 ℃ 以上时,则完全变为褐色。这种变化是由于肌肉中的肌红蛋白受热发生变性所致。此外,用硝酸盐或亚硝酸盐腌制的肉,由于其肌红蛋白已经变成对热稳定的亚硝基肌红蛋白,所以煮制后变成鲜艳的红色。

2. 高、低温肉制品

（1）高温肉制品

高温肉制品是指加热介质温度高于 100 ℃（通常为 115～121 ℃），中心温度高于 115 ℃ 并保持适当时间的肉制品。

高温肉制品可在常温下进行流通,但应避免在过高温度下储存与销售。因为高温肉制品虽然达到了商业无菌,但是并没有杀死产品中的所有微生物。高温肉制品的优点在于可在常温下长期保存,一般保质期在 25 ℃ 以下可达 6 个月。但加工过程中的高温处理会使制品品质下降,如营养损失、风味劣变等。

（2）低温肉制品

低温肉制品是相对于 121 ℃ 进行高温加热杀菌的肉制品而言的,指采用较低温度进行巴氏杀菌,在低温车间制造并需要在低温条件储存的肉制品。加工过程中加热程度为 63 ℃/30 min 或同样的杀菌程度。这种杀菌方式只能杀死制品的部分细菌或细菌的营养体,而不能破坏细菌的孢子,所以必须辅以低温储藏才能保持食品的安全。在储存和销售过程中要求温度条件必须是在 0～10 ℃。低温肉制品由于处理温度较低,因而保持了肉原有的组织结构和天然成分,营养素破坏少,具有营养丰富、口感嫩滑的特点。因此,低温肉制品是今后肉制品的发展方向。

2.6.5 干制

肉的干制是将肉中一部分水分脱除的过程,因此又称其为脱水。肉制品干制的目的:①抑制微生物生长繁殖和酶的活性,提高肉制品的保藏性;②减轻肉制品的质量,缩小体积,便于运输;③改善肉制品的风味。

肉干燥时其水分自表面逐渐蒸发。为了加速干燥,需要扩大表面积,因此常将肉切成片、丁、丝等形状,干燥时空气的温度、湿度、流速等都会影响干燥速度。因此,为了加速干燥,既要加强空气循环,又需加热。但加热对肉制品品质有影响,故又有了减压干燥的方法。肉品的干燥可分为自然干燥和加热干燥。干燥的热源有蒸汽、电热、红外线及微波等。根据干燥时的压力不同,肉制品干燥包括常压干燥和减压干燥,后者包括真空干燥和冷冻干燥。

一般干燥后的肉制品不容易再恢复到干燥前的状态,只有用特殊方法干燥的肉制品才能恢复接近于干燥前的状态。

1. 干燥方法及原理

（1）常压干燥

常压干燥过程包括恒速干燥和减速干燥两个阶段,而后者又由减速干燥第一阶段和第二阶段组成。图 2.6 表示干燥过程及其水分变化。

在恒速干燥阶段,肉块内部水分扩散的速率要大于或等于表面蒸发速度,此时水分的蒸发是在肉块表面进行的,蒸发速度由蒸汽穿过周围空气膜的扩散速率控制,其干燥速度取决于周围热空气与肉块之间的温度差,而肉块温度可近似认为与热空气湿球温度相同。在恒速干燥阶段可除去肉中绝大部分的游离水。

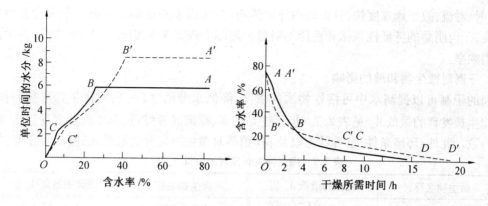

图2.6 干燥过程及其水分变化

AB、*A′B′*为恒速干燥阶段;*BC*、*B′C′*为减速干燥第一阶段;*CD*、*C′D′*为减速干燥第二阶段

当肉块中水分的扩散速率不能再使表面水分保持饱和状态时,水分扩散速率便成为干燥速度的控制因素。此时,肉块温度上升,表面开始硬化,干燥进入减速干燥阶段。水分移动开始稍困难的阶段为第一减速干燥阶段,以后大部分成为胶状水的移动则进入第二减速干燥阶段。

肉品进行常压干燥时,内部水分扩散的速率影响很大。干燥温度过高,恒速干燥阶段缩短,很快进入降速干燥阶段,但干燥速度下降。因为在恒速干燥阶段,水分蒸发迅速,肉块的温度较低,不会超过其湿球温度,因而加热对肉的品质影响较小。进入减速干燥阶段,表面蒸发速度大于内部水分扩散速率,致使肉块温度升高,极大地影响肉的品质,且表面形成硬膜,使内部水分扩散困难,降低了干燥速率,导致肉块内部水分含量过高,这样的干肉制品储藏性差,易腐烂变质。因此,在干燥初期,肉品水分含量高,可适当提高干燥温度,随着水分减少应及时降低干燥温度。据报道在完成恒速干燥阶段后,采用回潮后再行干燥的工艺效果良好。

(2)减压干燥

减压干燥指食品置于真空环境中进行干燥的方法。随真空度的不同,在适当温度下,其所含水分则蒸发或升华。肉品的减压干燥有真空干燥和冷冻干燥两种。

①真空干燥。真空干燥是指肉块的水分在未达结冰温度的减压状态下蒸发而进行的干燥。在真空干燥初期,与常压干燥相同,也存在着水分的内部扩散和表面蒸发。但在整个干燥过程中,则主要为内部扩散与内部蒸发共同进行。因此,与常压干燥相比较,干燥时间短,表面硬化现象减小。真空干燥常采用的真空压力为533～6 666 Pa,干燥中制品温度低于70 ℃。虽然真空干燥时蒸发温度较低,但也有芳香成分的逸失及轻微的热变性。

②冷冻干燥。冷冻干燥是将肉急速冷冻至−30～−40 ℃,并将其置于可保持真空压力13～133 Pa的干燥室中,因冰的升华而脱水干燥。冰的升华速度决定于干燥室的真空压力及升华所需要给予的热量。另外肉块的大小、厚薄均有影响。冷冻干燥法虽需加热,但并不需要高温,只供给升华潜热并缩短其干燥时间即可。冷冻升华干燥后的肉块组织为多孔质,未形成水不浸透性层,且其含水量少,故能迅速吸水复原,是方便面等速食食品的理想辅料,也是最理想的干燥方法。但冷冻干燥设备较复杂,一次性投资较大,费用较高。

(3)微波干燥

微波干燥是指用波长为厘米段的电磁波,透过被干燥食品时,使食品中的极性分子随着微波极性变化而以极高频率转动,产生摩擦热,从而使被干燥食品内、外部同时升温,水分迅速放出,达到干燥的目的。这种效应在微波一旦接触到肉块时就会在肉块内外同时产生,无需热传导、辐射、对流,故干燥速度快,且肉块内外加热均匀,表面不易焦煳。但微波干燥设备投资费用较高,干肉制品的特征性风味和色泽不明显。国际上规定 915 MHz 和 2 450 MHz 为微波加热专用频率。

2. 干制对微生物和酶的影响

肉的干制可以提高水中可溶性物质的浓度,降低水分活度(A_w),对微生物起抑制作用。微生物生长发育的最低 A_w 见表 2.7。但不论是细菌、霉菌或者酵母,其生长发育受阻的 A_w 值并不一致。此外,环境条件、营养状态以及 pH 值等对微生物发育的最低 A_w 值都有影响。

表 2.7　微生物生长发育的最低 A_w 值

微生物名称	发育的最低 A_w 值	微生物名称	发育的最低 A_w 值
一般细菌	0.9	好盐性细菌	0.75
酵母菌	0.88	耐干性霉菌	0.65
霉菌	0.82	奶浸透性酵母菌	0.60

储藏性差的食品,一般 A_w 在 0.90 以上,而储藏性好的食品,A_w 在 0.70 以下。一般 A_w 低则不易发生变质,但脂肪氧化与其他因素不同,A_w 在 0.2～0.4 时反应速度最低,接近无水状态时,反应速度又增大;酶的活性在 A_w 大于 0.3 时逐渐增强。

2.6.6　烤制原理及方法

1. 原理

肉类经烧烤能产生香味,这是由于肉类中的蛋白质、糖、脂肪、盐和金属等物质,在加热过程中,经过降解、氧化、脱水、脱羧等一系列变化,生成醛类、酮类、醚类、内酯、呋喃、硫化物、低级脂肪酸等化合物,尤其是糖、氨基酸之间的美拉德反应,它不仅生成棕色物质,同时伴随着生成多种香味物质,从而赋予肉制品的香味。蛋白质分解产生谷氨酸,与盐结合生成谷氨酸钠,使肉制品带有鲜味。

此外,在加工过程中,腌制时加入的辅料,也有增香的作用。如五香粉含有醛、酮、醚、酚等成分,葱、蒜含有硫化物;在烤猪、烤鸭、烤鹅时,浇淋糖水所用的麦芽糖或糖,烧烤时这些糖与皮层蛋白质分解生成的氨基酸,发生美拉德反应,不仅起着美化外观的作用,而且产生香味物质。

烧烤前浇淋热水和晾皮,使皮层蛋白凝固、变厚、干燥。烤制时,在热空气作用下,蛋白质变性而酥脆。

2. 烤制方法

烧烤的方法基本有两种,即明炉烧烤法和挂炉烧烤法。

(1)明炉烧烤法

明炉烧烤法,是用铁制的、无关闭的长方形烤炉,在炉内烧红木炭,然后把腌制好的原料肉,用一根长(烧烤专用的)铁叉叉住,放在烤炉上进行烤制,在烧烤过程中,有专人将原料肉不断转动,使其受热均匀,成熟一致。这种烧烤法的优点是设备简单,比较灵活,火候均匀,成品质量较好,但耗费人工多。驰名全国的广东烤乳猪(又名脆皮乳猪),就是采用此种烧烤方法。此外,野外的烧烤肉制品,也属于此种烧烤方法。

(2)挂炉烧烤法

挂炉烧烤法也称暗炉烧烤法,即是用一种特制的可以关闭的烧烤炉,如远红外线烤炉、家庭用电烤炉、缸炉等。前两种烤炉热源为电,缸炉的热源为木炭。在炉内通电或烧红木炭,然后将调制好的原料肉(鸭坯、鹅坯、鸡坯、猪坯或肉条)穿好挂在炉内,关上炉门进行烤制。烧烤温度和烤制时间视原料肉而定。一般烤炉温度为200~220 ℃,加工叉烧肉烤制时间为25~30 min,加工鸭(鹅)烤制时间为30~40 min,加工猪烤制时间为50~60 min。挂炉烧烤法应用比较多,它的优点是花费人工少,对环境污染少,一次烧烤的量比较多,但火候不是十分均匀,成品质量比不上明炉烧烤。

2.7　灌肠类肉制品加工

2.7.1　概述

灌肠类肉制品是用鲜(冻)畜、禽、鱼肉经腌制(或不腌制)、斩拌或绞碎而使肉成为块状、丁状或肉糜状态,再配上其他辅料,经搅拌或滚揉后充填入天然肠衣或人造肠衣中,经烘烤、烟熏、蒸煮、冷却或发酵等工序制成的产品。这类产品的特点是可以根据消费者的爱好,加入各种调味料,从而加工成不同风味的灌肠类肉制品。

1. 灌肠类肉制品种类

灌肠类肉制品品种繁多,口味不一,还没有一个统一的分类方法。根据目前我国各生产厂家的灌肠肉制品加工工艺特点,大体可分为以下几种类别。

(1)生鲜灌肠制品

用新鲜肉,不经腌制,不加发色剂,只经绞碎,加入调味料,搅拌均匀后灌入肠衣内,冷冻储藏。食用前需熟制。如新鲜猪肉香肠。

(2)烟熏生灌肠制品

用腌制或不腌制的原料肉,切碎,加入调味料后搅拌均匀灌入肠衣,然后烟熏,而不熟制。食用前熟制即可。如生色拉米香肠、广东香肠等。

(3)熟灌肠制品

用腌制或不腌制的肉类,绞碎或斩拌,加入调味料后,搅拌均匀灌入肠衣,熟制而成。有时稍微烟熏,一般无烟熏味。如茶肠、法兰克福肠等。

(4)烟熏熟灌肠制品

肉经腌制、绞碎或斩拌,加入调味料后灌入肠衣,然后熟制和烟熏。如哈尔滨红肠、香雪肠。

(5)发酵灌肠制品

肉经腌制、绞碎,加入调味料后灌入肠衣内,可烟熏或不烟熏,然后干燥、发酵,除去大部分的水分。如色拉米香肠等。

(6)粉肚灌肠制品

原料肉取自边脚料,腌制、绞切成丁,加入大量的淀粉和水,充填入肠衣或猪膀胱中,再熟制和烟熏。如北京粉肠、小肚等。

(7)特殊制品

用一些特殊原料,如肉皮、麦片、肝、淀粉等,经搅拌,加入调味料后制成的产品。

(8)混合制品

以畜肉为主要原料,再加上鱼肉、禽肉或其他动物肉等制成的产品。

2.肠衣种类

肠衣是灌肠制品的特殊包装物,是灌肠制品中和肉馅直接接触的一次性包装材料。每一种肠衣都有它特有的性能。在选用时,根据产品的要求,必须考虑它的可食性、安全性、透过性、收缩性、黏着性、密封性、开口性、耐老化性、耐油性、耐水性、耐热性和耐寒性等必要的性能和一定的强度。

(1)天然肠衣

天然肠衣是用猪、牛、羊、马等动物的消化系统或泌尿系统的脏器加工而成。天然肠衣弹性好,保水性强,具有较好的安全性、可食性、水汽透过性、烟熏味渗入性、热收缩性和对肉馅的黏着性,还有良好的韧性和坚实性,是传统的理想的肠衣。但天然肠衣规格和形状不整齐,数量有限,并且加工和保管不善,易遭虫蛀,出现孔洞和异味、哈喇味等。

(2)人造肠衣

人造肠衣包括以下几种:

①纤维素肠衣。纤维素肠衣是用天然纤维,如棉绒、木屑、亚麻和其他植物纤维制成的。此肠衣的特点是具有很好的韧性和透气性,但不可食用,不能随肉馅收缩。纤维素肠衣在快速热处理时也很稳定,在湿润情况下也能进行熏烤。

②胶原肠衣。胶原肠衣是用家畜的皮、腱等为原料制成的。此肠衣可食用,但是直径较粗的肠衣就比较厚,食用就不合适。胶原肠衣不同于纤维素肠衣,在热加工时要注意加热温度,否则胶原就会变软。

③塑料肠衣。塑料肠衣通常用做外包装材料,为了保证产品的质量,阻隔外部环境给产品带来的影响,塑料肠衣具有阻隔空气和水透过的性质和较强的耐冲击性。这类肠衣品种规格较多,可以印刷,使用方便,光洁美观,适合于蒸煮类产品。此肠衣不能食用。

④玻璃纸肠衣。玻璃纸肠衣是一种纤维素薄膜,纸质柔软而有伸缩性,由于它的纤维素微晶体呈纵向平行排列,故纵向强度大,横向强度小,使用不当易破裂。实践证明,使用玻璃纸肠衣,其肠衣成本比天然肠衣要低,而且在生产过程中,只要操作得当,几乎不出现破裂现象。

3.充填技术

充填主要是将制好的肉馅装入肠衣或容器内,成为定型的灌制品。这项工作包括肠衣选择、灌制品机械的操作、结扎串竿等。

(1)充填技术要领

①装筒。肉馅装入灌筒时必须装得紧实无空隙,其方法是用双手将肉馅捧成一团高高举起,对准灌筒口用力掷进去。如此反复,装满为止,再在上面用手按实,盖上盖子。

②套肠衣。将浸泡后的肠衣套在钢制的小管口上。肠衣套好后,用左手在灌筒嘴上握住肠衣,必须掌握轻松适度。如果握得过松,烘烤后肉馅下垂,上部发空;握得过紧,则肉馅灌入太实,会使肠衣破裂,或者煮制时爆破。所以,操作时必须手眼并用,随时注意肠衣内肉馅的松紧情况。

③充填、打结。套好肠衣后,摇动灌筒或开放阀门,肉馅就灌入肠衣内。灌满肉馅后的制品,需用棉绳在肠衣的一端结紧结牢,以便于悬挂。捆绑方法根据灌制品的品种确定。捆绑要结紧结牢,不使其松散。

(2)提高产品质量措施

灌制品在加工过程中必须注意以下几点:

①灌馅用肉必须新鲜,如肉质不新鲜,或肉的 pH 值偏低,都会影响产品质量。

②使用绞肉机绞肉馅时,要加入适量冰,否则肉馅增温过高。如改用斩拌机效果会更好,灌出来的制品产生蜂窝现象较少。和肠馅时也要用冰水,肠馅要现和现用,和好的馅搁置时间不宜超过 0.5 h,尤其是夏天更要注意。

③烤、蒸、煮过程中温度不能太低,如低于 50 ℃,在这种环境中停留时间过长,使肠馅变酸和产气。因此,灌制品成熟后,切面呈蜂窝状,蜂窝小而稀少的无异味;蜂窝大而多者疏松,口感酸涩,滋味不佳。

④充填时,握肠衣的手要用力,否则会使所灌制品肉馅松散,肠衣内的空气没有挤压出来。

⑤如空肠衣内灌进了水,或没有将充填机装馅筒内的空气排出,使空气随馅灌进肠内,都会产生气泡。因此,洗肠衣时切忌往肠衣内灌水;用手捧馅或用工具铲馅,都不能蘸水,以免破坏肉馅的黏稠性。

⑥发现灌制品内有气泡时,在肠馅凝固前,速用钢针扎孔放气。刺孔时要特别注意灌制品的两端,因为顶端的肠衣折皱,容易滞留空气。经刺孔放气后的制品,悬挂竿上。再以挂竿为单位置于铁架上,均须保持一定的间距,不得紧靠。

4. 烘烤技术

烘烤的作用是使肉馅的水分再蒸发掉一部分,保证最终成品的一定含水量,使肠衣干燥,缩水,紧贴肉馅,并和肉馅黏在一起,增加牢度,防止或减少蒸煮时肠衣的破裂。另外,烘干的肠衣容易着色,且色调均匀。

(1)烘烤方法

灌制品经结扎串竿挂在烘烤架上,通过滑轮进入烘烤间。最佳烘烤温度为 65~70 ℃。在烘烤过程中要求按照灌制品品种的直径粗细、含淀粉量和产品要求等情况确定烘烤温度和时间。

产品应在烘烤间上部烘烤,如果采用明火,产品至少距离明火 1 m 以上,否则会烧焦产品或漏油过多。目前采用的有木材明火、煤气、蒸汽、远红外线等烘烤方法。

(2)烘烤成熟的标志

肠衣表面干燥、光滑,变为粉红色,手摸无黏湿感觉;肠衣呈半透明状,且紧紧包裹肉馅,肉馅的红润色泽显露出来;肠衣表面特别是靠火焰近的一端不出现"走油"现象。若有油流出,表明火力过旺、时间过长或烘烤过度。

2.7.2　生灌肠制品加工

1. 生鲜灌肠制品

生鲜灌肠制品是使用新鲜、优质肉做原料,辅料有脂肪、填充料(面包细屑、面包、面粉等)、水和调味料等。制作时不腌制,原料肉经绞碎后加入调味料,充填入肠衣内,不加硝酸盐和亚硝酸盐。肠衣一般用羊肠衣或可食用的胶原肠衣。产品必须在冷藏条件下储藏,先在 -30 ℃的结冻库中急速冷冻,然后储藏。短期的储藏温度可在 -3.5~-5.5 ℃之间。这种香肠在销售时是生的,在食用前必须经过烹煮、烤炙或油炸等热加工。

(1)工艺流程

生鲜灌肠制品工艺流程如图 2.7 所示。

(2)基本配方

瘦猪肉 12 kg,肉豆蔻粉 62 g,猪背部脂肪 3 kg,鼠尾草粉 31 g,细面包屑 3 kg,姜粉 31 g,冷水 4 kg,白胡椒粉 62 g,食盐 250 g。

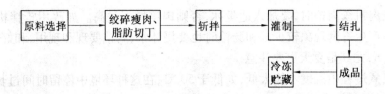

图 2.7 生鲜灌肠制品工艺流程图

(3)技术要领

①原料选择。猪肉要求新鲜而富有弹性。最好选择大腿及臀部的肉,这些部位瘦肉多而结实,结缔组织少,颜色也较好。各种辅料应根据产品的配方要求进行选择。另外,还要准备好灌肠用的灌肠器具(铁管或塑料管)及结扎用的细绳等用品。

②绞碎瘦肉。将瘦猪肉通过绞肉机(5 mm 的孔板)绞碎。

③脂肪切丁。将肥肉(肥膘)按规格要求切成 $0.8 \sim 1 \, cm^2$ 的肉丁,切好的瘦肉丁和肥肉丁应分别存放。

④斩拌。将瘦肉放入斩拌机,加入调味料斩拌,然后调入细面包屑,最后加入脂肪丁,搅拌均匀。

⑤灌制。充填入肠衣中,结扎,然后冷冻。

(4)质量控制

①感官指标。肠衣干燥且紧贴肉馅,无黏液,无霉点,无异味,无酸败味,坚实或有弹性。切面肉馅有光泽,具有香肠固有的风味。

②微生物指标。细菌总数小于等于 $2 \times 10^4 \, cfu/g$,大肠菌群小于等于 30 MPN/100 g,致病菌不得检出。

2.烟熏生灌肠制品

生熏香肠是西式香肠中的一种,使用的原料与生鲜香肠完全相同,可使用所有的可食性动物食品作原料,还要添加调味料和填充料,属于乳糜型肠类制品。不同点是要经过腌制,然后再绞碎调味,之后充填入肠衣中,再经水洗烘烤,最后烟熏。烟熏的条件一般不超过 75 ℃,时间为 $1 \sim 2 \, h$。若要求产品水分含量低,表面有皱褶,则需 $60 \sim 65 \, ℃$ 熏 $6 \sim 8 \, h$。该类产品要冷藏,食前要蒸煮。

2.7.3 熟制灌肠肉制品加工

熟制灌肠肉制品包括熟香肠和烟熏熟香肠。这类香肠必须经热加工处理(蒸或煮),因而在食用前不再需要进一步蒸煮,但必须保证在热加工时的最低温度,以保证灭菌的要求。烟熏工艺可以在蒸煮以前,也可以在蒸煮以后进行。

这类香肠是目前世界上产量最大和品种最多的一类。例如,法兰克福香肠、维也纳香肠、热狗肠等。我国的大红肠、小红肠、蒜肠、蛋清肠等都属于熟制灌肠。

1.熟制灌肠加工的基本技术

(1)工艺流程

熟制灌肠加工工艺流程如图2.8所示。

(2)技术要领

①原料肉的选择与修整。灌肠的原料肉选择面较宽,经兽医卫生检验合格的动物肉均可用于加工灌肠,如猪肉、牛肉、羊肉、兔肉、鸡肉、鱼肉及其他肉类。一般多采用猪肉,瘦肉要除

去筋腱、肌膜、淋巴、血管、病变及损伤部位。原料肉最好冷却至 0 ℃,以免斩拌中肉的温度升高,影响肉糜的质量。

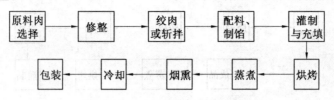

图 2.8　熟制灌肠加工工艺流程

②绞肉或斩拌。原料肉可用绞肉机绞碎或用斩拌机斩拌。为了使肌肉纤维蛋白形成凝胶和溶胶状态,使脂肪均匀分布在蛋白质的水化系统中,提高肉馅的黏度和弹性,通常要用斩拌机对肉进行斩拌。原料经过斩拌后,从理论上讲激活了肌原纤维蛋白,使之结构改变,减少表面油脂,使成品具有鲜嫩细腻、极易消化吸收的特点,产品得率也大大提高。斩拌时肉吸水膨润,形成富有弹性的肉糜,因此斩拌时需加冰水。加入量为原料肉的 30% ~40%。斩拌时间不宜过长,一般以 10 ~20 min 为宜。斩拌温度最高不宜超过 10 ℃。

③配料与制馅。在斩拌后,通常把所有调料加入斩拌机内进行搅拌,直至均匀。

④灌制与充填。将斩拌好的肉馅,移入灌肠机内进行灌制和充填。如不是用真空连续灌肠机灌制,应及时针刺放气。灌好的湿肠按要求打结后,悬挂在烘烤架上,用清水冲去表面的油污,然后送入烘烤房进行烘烤。

⑤烘烤。烘烤温度 65 ~80 ℃,维持 1 h 左右,使肠的中心温度达 55 ~65 ℃。烘好的灌肠表面干燥光滑,无流油,肠衣半透明,肉色红润。

⑥蒸煮。水煮优于汽蒸,因前者重量损失少,表面无皱纹,但后者操作方便,节省能源,破损率低。水煮时,先将水加热到 90 ~95 ℃,把烘烤后的肠下锅,保持水温 78 ~80 ℃。当肉馅中心温度达到 70 ~72 ℃时为止。感官鉴定方法是用手轻捏肠体,挺直有弹性,肉馅切面平滑有光泽者表示煮熟,反之则未熟。汽蒸时,只待肠中心温度达到 72 ~75 ℃时即可。

⑦烟熏。烟熏可促进肠表面干燥有光泽;形成特殊的烟熏色泽(茶褐色);增强肠的韧性;使产品具有特殊的烟熏芳香味;提高防腐能力和耐储藏性。一般用三用炉烟熏,温度控制在50 ~70 ℃,时间 2 ~6 h。

⑧储藏。未包装的灌肠吊挂存放,储存时间依种类和条件而定。湿肠含水量高,如在 8 ℃条件下,相对湿度 75% 左右时可悬挂 3 昼夜。在 20 ℃条件下只能悬挂一昼夜。水分含量不超过 30% 的灌肠,当温度在 12 ℃,相对湿度为 72% 时,可悬挂存放 25 ~30 d。

(3)质量控制

①感官指标。肠衣干燥完整,并与内容物密切结合,坚实而有弹力,无黏液及霉斑。切面坚实而湿润,肉呈均匀的蔷薇红色,脂肪为白色。无腐败臭,无酸败味。

②理化指标。亚硝酸盐(以 $NaNO_2$ 计)小于等于 30 mg/kg。

③微生物指标。细菌总数小于等于 $1×10^4$ cfu/g,大肠菌群小于等于 30 MPN/100 g,致病菌不得检出。

2. 大红肠的加工

大红肠又名茶肠,原料以牛肉为主,猪肉为辅。肠体粗大,红色,肉质细嫩,切片后可见膘丁,肥瘦分明,具有蒜味,是欧洲人喝茶时常食用的一种肉食品。

（1）工艺流程

大红肠加工工艺流程如图2.9所示。

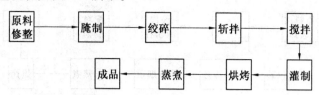

图2.9　大红肠加工工艺流程

（2）基本配方

牛肉45 kg,猪肥膘5 kg,猪精肉40 kg,白胡椒粉200 g,硝酸钠50 g,鸡蛋10 kg,大蒜头200 g,淀粉10 kg,精盐3.5 kg,牛肠衣（直径60~70 mm）。

（3）工艺参数

烘烤温度70~80 ℃,时间45 min左右。水煮温度90 ℃,时间1.5 h。不熏烟。

（4）成品质量

成品外表呈红色,肉馅呈均匀一致的粉红色,肠衣无破损,无异斑,鲜嫩可口,成品长度45 cm,得率为120%。

3.维也纳香肠的加工

维也纳香肠又名小红肠,味道鲜美,风行全球。首创于奥地利首都维也纳,口味鲜美。将小红肠夹在面包中就是著名的快餐食品,因其形状像夏天时狗吐出来的舌头,故得名热狗。

（1）工艺流程

维也纳香肠加工工艺流程如图2.10所示。

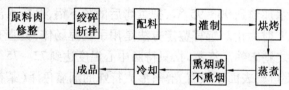

图2.10　维也纳香肠加工工艺流程

（2）基本配方

牛肉55 kg,猪精肉20 kg,猪奶脯肥肉25 kg,精盐3.50 kg,淀粉5 kg,胡椒粉0.19 kg,硝酸钠50 g,玉米粉0.13 kg,肠衣（18~20 mm的羊小肠衣）。

（3）工艺参数

烘烤温度70~80 ℃,时间45 min;蒸煮温度90 ℃,时间10 min。

（4）成品质量

外观色红有光泽,肉质呈粉红色,肉质细嫩有弹性,成品长度12~14 cm,成品率115%~120%。

2.8　腌腊肉制品加工技术

2.8.1　腌腊肉制品的分类

1.咸肉类

肉经腌制加工而成的生肉类制品,食用前需经熟制加工。咸肉又称腌肉,其主要特点是成品肥肉呈白色,瘦肉呈玫瑰红色或红色,具有独特的腌制风味,味稍咸。常见咸肉类有咸猪肉、咸羊肉、咸水鸭、咸牛肉和咸鸡等。

2. 腊肉类

肉经食盐、硝酸盐、亚硝酸盐、糖和调味香料等腌制后,再经晾晒或烘烤、烟熏处理等工艺加工而成的生肉类制品,食用前需经熟化加工。腊肉类的主要特点是成品呈金黄色或红棕色,产品整齐美观,不带碎骨,具有腊香风味。腊肉类主要代表有中式火腿、腊猪肉、腊羊肉、腊牛肉、腊兔、腊鸡、板鸭、板鹅等。

3. 酱肉类

肉经食盐、酱料(甜酱或酱油)腌制、酱渍后,再经脱水(风干、晒干、烘干或熏干等)而加工制成的生肉类制品,食用前需经煮熟或蒸熟加工。酱肉类具有独特的酱香味,肉色棕红。酱肉类常见的有清酱肉(北京清酱肉)、酱封肉(广东酱封肉)和酱鸭(成都酱鸭)等。

4. 风干肉类

肉经腌制、洗晒(某些产品无此工序)、晾挂、干燥等工艺加工而成的生肉类制品,食用前需经熟化加工。风干肉类干而耐咀嚼,回味绵长。常见风干肉类有风干猪肉、风干牛肉、风干羊肉、风干兔和风干鸡等。

5. 腊肠类

传统中式腊肠俗称香肠,是指以猪肉为主要原料,经切、绞成丁,配以辅料,灌入动物肠衣再晾晒或烘焙而成的肉制品,是我国著名的传统风味肉制品。

2.8.2 典型腌腊肉制品的加工

1. 咸肉加工

咸肉是以鲜肉或冻猪肉为原料,用食盐腌制而成的肉制品。它既是一种简单的储藏保鲜方法,又是一种传统的大众化肉制品。我国各地都有生产,品种繁多,式样各异,其中以浙江咸肉、如皋咸肉、四川咸肉、上海咸肉较为有名。如浙江咸肉皮薄、颜色嫣红、肌肉光洁、色美味鲜、气味醇香,能久藏。

咸肉也可分为带骨和不带骨两种,加工工艺大致相同,其特点是用盐量多。

(1)工艺流程

咸肉加工工艺流程如图2.11所示。

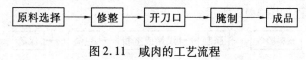

图2.11　咸肉的工艺流程

(2)技术要领

①原料选择。鲜猪肉或冻猪肉都可以作为原料,肋条肉、五花肉、腿肉均可,但需肉色好,放血充分,且必须经过卫生检验部门检疫合格,若为新鲜肉,必须摊开凉透;若是冻肉,必须解冻后再行分割处理。

②修整。先削去血脖部位污血,再割除血管、淋巴、碎油及横膈膜等。

③开刀口。为了加速腌制,可在肉上割出刀口,俗称"开刀门"。刀口的大小、深浅和多少取决于腌制时的气温和肌肉的厚薄。

④腌制。在3~4 ℃条件下腌制。温度高,腌制过程快,但易发生腐败;温度低,腌制慢,风味好。干腌时,用盐量为肉质量的14%~20%,硝石0.05%~0.75%,以盐、硝混合涂抹于肉

表面,肉厚处多擦些,擦好盐的肉块堆垛腌制。第一层皮面朝下,每层间再撒一层盐,依次压实,最上一层皮面向上,于表面多撒些盐,每隔 5~6 d,上下互相调换一次,同时补撒食盐,经 25~30 d 即成。若用湿腌法腌制时,用开水配成质量分数为 22%~35% 的食盐液,再加 0.7%~1.2% 的硝石,2%~7% 食糖(也可不加)。将肉成排地堆放在缸或木桶内,加入配好冷却的澄清盐液,以浸没肉块为度。每隔 4~5 d 上下层翻转一次,15~20 d 即成。

(3)咸肉的保藏

①堆垛法。待咸肉水分稍干后,堆放在 -5~0 ℃ 的冷库中,可储藏 6 个月,损耗量约为 2%~3%。

②浸卤法。将咸肉浸在 24~25 °Bé 的盐水中。这种方法可延长保存期,使肉色保持红润,没有质量损失。

(4)质量控制

腌猪肉感官指标见表 2.8。

表 2.8　腌猪肉感官指标

项　目	要　　求	
	一级品	二级品
外　观	干燥清洁	稍湿润,略发黏
色　泽	瘦肉呈红色或暗红色,脂肪切面呈白色或微红色,有光泽	瘦肉呈咖啡色或暗红色,脂肪切面呈微黄色,光泽较差
组织形态	质地紧密,略有弹性,切面平整,层次分明	质地稍软,无弹性,切面较平整
气　味	具有腌猪肉应有的气味,不得有酸味、苦味	尚有腌猪肉应有的气味,略有酸味

2.8.3　腊肉加工

腊肉是以鲜肉为原料,经腌制、烘烤而成的肉制品。因其多在中国农历腊月加工,故名腊肉。由于各地消费习惯不同,产品的品种和风味也各具特色。以下介绍广式腊肉的加工。

广式腊肉系指鲜猪肉切成条状,经腌制、烘焙或晾晒而成的肉制品。其特点是选料严格,制作精细,色泽鲜艳,咸甜爽口。

1. 工艺流程

腊肉加工工艺流程如图 2.12 所示。

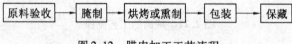

图 2.12　腊肉加工工艺流程

2. 技术要领

(1)原料验收

精选肥瘦层次分明的去骨五花肉或其他部位的肉,一般肥瘦比例为 5∶5 或 4∶6,剔除硬骨或软骨,切成长方体形肉条,肉条长 38~42 cm,宽 2~5 cm,厚 1.3~1.8 cm,质量约为 0.2~0.25 kg。在肉条一端用尖刀穿一小孔,系绳吊挂。

(2)腌制

一般采用干腌法和湿腌法腌制。按配方用 10% 清水溶解配料,倒入容器中,然后放入肉条,搅拌均匀,每隔 30 min 搅拌翻动 1 次,于 20 ℃ 下腌制 4~6 h,腌制温度越低,腌制时间越长,使肉条充分吸收配料,取出肉条,滤干水分。

（3）烘烤或熏制

腊肉因肥膘肉较多,烘烤或熏制温度不宜过高,一般将温度控制在 45 ~ 55 ℃,烘烤时间为 1 ~ 3 d,根据皮、肉颜色可判断,此时皮干,瘦肉呈玫瑰红色,肥肉透明或呈乳白色。熏烤常用木炭、锯木粉、瓜子壳、糠壳和板栗壳等作为烟熏燃料,在不完全燃烧条件下进行熏制,使肉制品具有独特的腊香。

（4）包装与保藏

冷却后的肉条即为腊肉成品。采用真空包装,即可在 20 ℃下保存 3 ~ 6 个月。

3.质量控制

广式腊肉感官指标见表 2.9。

表 2.9　广式腊肉感官指标

项　目	一级鲜度	二级鲜度
色　泽	色泽鲜明,肌肉呈鲜红色,脂肪透明或呈乳白色	色泽稍淡,肌肉呈暗红色或咖啡色,脂肪呈乳白色,表面可以有霉点,但抹后无痕迹
组织形态	肉身干爽、结实	肉身稍软
气　味	具有广东腊肉固有的风味	风味略减,脂肪有轻度酸败味

另外,无论哪种腊肉制品,优质腊肉都具有刀工整齐,长短一致,宽度、厚薄均匀,表面无盐霜,肉质光洁,肥肉金黄,瘦肉红亮,皮坚硬呈棕红色,咸度适中,气味芳香。劣质腊肉刀口不齐,长短、宽度、厚薄不均匀,肥瘦肉红黄不清,无光泽,皮上有黏液,香味淡薄,并有腐败气味。

2.8.4　中式火腿加工

中式火腿指用整条带皮猪腿为原料经腌制、水洗和干燥,长时间发酵制成的肉制品。加工期近半年,成品水分低,肉紫红色,有特殊的腌腊香味,食前需熟制。中式火腿分为三种:南腿,以金华火腿为代表;北腿,以如皋火腿为代表;云腿,以云南宣威火腿为代表。南北腿的划分以长江为界。这里以我国著名的金华火腿为例介绍其加工技术。

1.金华火腿加工工艺流程

金华火腿加工工艺流程如图 2.13 所示。

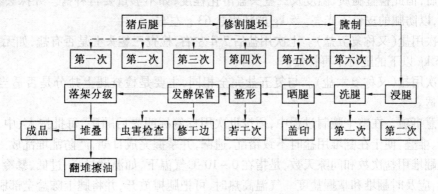

图 2.13　金华火腿加工工艺流程图

2. 技术要领

（1）原料选择

原料是决定成品质量的重要因素,金华地区猪的品种较多,其中以两头乌猪最好。其特点是头小、脚细、瘦肉多、脂肪少、肉质细嫩。特别是后腿发达,腿心饱满。原料腿一般选每只质量为 4.5～8.5 kg 的鲜猪后腿,腿皮厚度小于等于 0.35 cm,肥膘厚度小于等于 3.5 cm。

（2）修割腿坯

①整理。刮净腿皮上的细毛、黑皮等。

②削骨。把整理后的鲜腿斜放在肉案上,左手握住腿爪,右手持削骨刀,削平腿部耻骨,修整股关节。

③开面。把鲜腿腿爪向右,腿头向左平放在案上,削去腿面皮层,在胫骨节上面皮层处割成半月形。开面后将油膜割去。

④修理腿皮。先在臀部修腿皮,然后将鲜腿摆正,腿朝外,腿头向内,右手拿刀,左手揉平后腿肉,随手拉起肉皮,割去肚腿皮。割完后将腿调头,左手揪出胫骨、股骨、坐骨(俗称三签头)和血管中的淤血。

（3）腌制

修整腿坯后,即转入腌制过程。金华火腿腌制系采用干腌堆叠法,就是多次把盐硝混合料撒在腿上,将腿堆叠在"腿床"上,使腌料慢慢渗透,约需 30 d 左右。

①六次用盐。

第一次用盐(俗称出血水盐)。5 kg 的鲜脚用盐约 62 g,敷盐时要均匀。第二天翻堆时腿上应有少许余盐,防止脱盐。敷盐后堆叠时,必须层层平整,上下对齐,堆的高度应视气候而定。在正常气温以下,12～14 层为宜。

第二次用盐(又称上大盐)。鲜腿自第一次抹盐后至第二天须进行第二次抹盐。从竹制的堆叠架将鲜腿轻放在盐板上,揪出血管中的淤血,并在三签头上略用少许硝。然后,把盐从腿头撒至腿心,在腿的下部凹陷处用手指轻轻抹盐。5 kg 的腿用盐 190 g 左右,用盐后仍然按顺序轻放堆叠。

第三次用盐(又称复三盐)。经二次用盐后,过 6 d 左右,即进行第三次用盐。先把盐板刮干净,将腿轻轻放在板上,用手轻抹腿面和三签头余盐。根据腿的大小,观察三签头的余盐情况,同时用手指测试腿面的软硬度,以便挂盐或减盐,用盐量按 5 kg 腿约用盐 95 g 计算。

第四次用盐(又称复四盐)。在第三次用盐后隔 7 d 左右,再进行第四次用盐。目的是经上下翻堆后,借此检查腿质、温度及三签头盐溶化程度,如不够量要再补盐。并抹去黏附在腿皮上的盐,以防腿的皮色不光亮。5 kg 的腿用盐 63 g 左右。

第五次用盐(又称复五盐)。上次用盐后 7 d 左右,检查三签头上是否有盐,如无盐再补一些,通常 6 kg 以下的腿可不再补盐。

第六次用盐(又称复六盐)。与复五盐完全相同,主要是检查腿上盐分是否适当,盐分是否全部渗透。

②注意事项。在整个腌制过程中,须按批次用标签标明先后顺序,每批按大、中、小三等,分别排列、堆叠,便于在翻堆用盐时不致错乱、遗漏,并掌握完成日期,严防乱堆乱放。

上述翻堆用盐次数和间隙天数,是指在 0～10 ℃ 气温下,如温度过高、过低、暴冷、暴热、雷雨等情况,应及时翻堆和掌握盐度。气温高热时,可把腿摊放开,并将腿上陈盐全部刷去,再上新盐。过冷时,腿上的盐不会溶化,可在工场适当加温,以保持在 0 ℃ 以上。

每次翻堆,注意轻拿轻放,堆叠应上下整齐,不可随意挪动,避免脱盐。腌制时间一般大腿

40 d,中腿 35 d,小腿 33 d。

（4）洗腿

鲜腿腌制结束后,腿面上油腻污物及盐渣,须经过清洗,以保持腿的清洁,有助于腿的色、香、味的形成。春季洗腿应该当天浸泡,当天洗刷。浸腿时间长短要根据气候情况、腿只大小、盐分多少、水温高低而定,一般要浸泡 15～18 h。经初步洗刷后,刮去腿上的残毛和污秽杂物,刮时不可伤皮。经刮毛后,将腿再次浸泡在清水中,仔细洗刷,然后用草绳把腿拴住吊起,挂在晒架上。

（5）晒腿

洗过的腿挂上晒架后,再用刀刮去腿脚和表面皮层上的残余细毛和油污杂质。在太阳下晒,晒时要随时整修,使腿形美观。然后在腿皮面盖上戳记,盖印时要注意清楚、整齐,在腿瞳部分盖起。晒腿时间长短根据气候决定,一般冬季晒 5～6 d,春天晒 4～5 d,以晒至皮紧而红亮,并开始出油为度。

（6）发酵

火腿经腌制、洗晒后,内部大部分水分虽然外泄,但是肌肉深处还没有足够的干燥。因此,必须经过发酵过程,一面使水分继续蒸发,一面使肌肉中的蛋白质、脂肪等发酵分解,使肉色、肉味、香气更好。火腿发酵时间一般自上架起 2～3 个月。火腿发酵时一般已进入初夏,气温转热,残余水分和油脂逐渐外泄,同时肉面生长绿色霉菌,这些霉菌分泌酶,使腿中的蛋白质、脂肪等起发酵分解作用,使火腿逐渐产生香味和鲜味。

（7）修整

火腿发酵后,水分蒸发,腿身逐渐干燥,腿骨外露,须再次修整,此过程称为发酵期修整。修整工序包括修平趾骨,修正股关骨,修平坐骨,从腿脚向上割去腿皮。修正时应达到腿正直,两旁对称均匀,使腿身成竹叶形。

（8）落架、堆叠、分等级

火腿挂至 7 月初,根据洗晒、发酵先后批次、质量、干燥度依次从架上取下,称为落架。分别按大、中、小火腿堆叠在腿床上,每堆高度不超过 15 只,腿肉向上,腿皮向下,此过程称为堆叠。然后每隔 5～7 d 左右经常上下翻堆,检查有无毛虫,并轮换堆叠,使腿肉和腿皮都经过向上、向下堆叠过程。并利用翻堆时将火腿滴下的油涂抹在腿上,使腿质保持滋润而光亮。

经过多年的研究试验,通过不同温度、湿度和食盐用量等对火腿质量影响的探索,近年来创造出"低温腌制、中温风干、高温催熟"的新工艺,突破了季节性加工的限制,实现了一年四季连续加工腌制火腿,并使生产周期缩短到 3 个月左右。

3.金华火腿新工艺

（1）工艺流程

金华火腿加工的新工艺流程如图 2.14 所示。

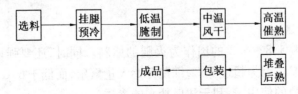

图 2.14　金华火腿加工的新工艺流程

（2）技术要领

①挂腿预冷。选用新鲜合格的金华猪后腿,送进空调间,挂架预冷,控制温度 0～5 ℃,预

冷时间 12 h。同时将腿初步修成"竹叶形"腿坯。

②低温腌制。经过预冷后的腿坯移入低温腌制间进行堆叠腌制。控制温度 6 ~ 10 ℃，先低后高，平均温度要求达到 8 ℃。控制相对湿度 75% ~ 85%，先高后低，平均相对湿度要求达到 80%。使用盐量为每 100 kg 净腿冬季 3.25 ~ 3.5 kg，春秋季 3.5 ~ 4 kg，炎热季节 4 ~ 4.25 kg。腌制时间 20 d。

③中温风干。将腌制透的腿坯移到控温室内，在室温和水温 20 ~ 25 ℃ 的条件下洗刷干净，待腿表略干后盖上商标印，并校正成"竹叶"形状。然后移到中温恒温柜内悬挂风干，控制温度 15 ~ 25 ℃，先低后高，平均温度要求达到 22 ℃ 以上，控制相对湿度 70% 以下。为使腿风干失水均匀，宜将挂腿定期交换位置，从每天一次延长到四五天一次。最后进行一次干腿修整定型。风干时间 20 d。

④高温催熟。经过腌制风干失水的干腿，放入高温恒温柜内悬挂，催熟致香。宜分两个阶段进行：前阶段控制温度 25 ~ 30 ℃，逐步升高，平均温度要求达到 28 ℃ 以上；后阶段控制温度 30 ~ 35 ℃，逐步升高，平均温度要求达到 33 ℃ 以上。相对湿度都控制在 60% 以下。要防止温湿度过高，加剧脂肪氧化与流失；又要防止温湿度过低，影响腿内固有酶的活动，达不到预期成熟出香的目的。催熟时间 35 ~ 40 d。

⑤堆叠后熟。把已经成熟出香的火腿移入恒温库内，堆叠 8 ~ 10 层，控制温度 25 ~ 30 ℃，控制相对湿度 60% 以下。每隔三五天翻堆抹油一次，使其渗油匀，肉质软，香更浓。后熟时间 10 d，即为成品。

2.8.4 西式火腿加工

西式火腿大都以瘦肉腌后充填到模型或肠衣中进行煮制和烟熏，形成即食火腿。加工过程只须 2 d，成品水分含量高，嫩度好。它们一般由猪肉加工而成，因与中国传统火腿（如金华火腿）的形状、加工工艺、风味等有很大的不同，习惯上称其为西式火腿，包括带骨火腿、去骨火腿、盐水火腿和肉糜火腿等，其加工技术基本相同。

1. 基本工艺流程

西式火腿加工的工艺流程如图 2.15 所示。

图 2.15 西式火腿加工的工艺流程

2. 技术要领

（1）选料

一般选用 pH 值为 5.8 ~ 6.2 的肉作为火腿的原料。同时，还要强调加工火腿的原料肉温，一般要求为 6 ~ 7 ℃。因为超过 7 ℃，细菌开始大量繁殖，而低于 6 ℃，肉块较硬，不利于蛋白质的提取及亚硝酸盐的使用，不利于注射盐水的渗透。

（2）修整

原料修整首先是去掉筋、腱、肥膘这三部分，然后按产品要求切成块状。肌肉部分是被结缔组织所包裹着的，为了更好地使蛋白质游离出来，应尽量破坏包裹在外面的结缔组织。此外,可在肉块上切一些 2 cm 深的纵向和横向的痕道,可释放出更多的蛋白质,改善黏着性。修割后原料必须称重,其目的是为了确定注射盐水量。加工间的室温要求在 8 ~ 12 ℃。

(3)盐水配制

盐水要求在注射前 24 h 配制,以使所配备的成分能充分地溶解。盐水浓度和各添加剂分量均应根据各地口味及产品需要而定。配制盐水时由于磷酸盐较难溶解,因此可将磷酸盐先放在少量热水中溶解,然后倒入其他盐水中去。在注射前,将盐水提前 15 min 倒入注射机储液罐,以驱赶盐水中的空气。

(4)盐水注射

盐水注射的方法是多种多样的,但是正确地将盐水注射到原料肉中是很关键的。所谓正确注射是指在最小的偏差范围内尽可能准确、均匀地使盐水分布在肉中,而不出现局部沉积、膨胀的现象。为了使产品得到最佳的保水力和优良的风味,成品中食盐的质量分数应为1.8% ~ 2.5%。要做到盐水注射均匀,要选择好注射机。盐水的注射量如果提高,出品率也会相应提高,但不能无止境地增加注射量。如果要想注入更多的盐水,就要求采取相应的措施,使盐水得以保留在肉的内部。

(5)嫩化

采用肉类嫩化器时在可调节距离的对滚的圆滚筒上装有数把齿状旋转刀,对肉块进行切割动作,刀刃切断了肉块内部的肌肉结缔组织和肌纤维细胞,增大了肉块表面积,使肉的黏着性更佳,较多的盐溶性蛋白质释放,大大提高了肉类的保水性,并使注射盐水分布得更均匀。用肉类嫩化器嫩化的肉块仍然能保持原来肉块的外形,成品在品质上,无论切片性还是出品率,都有较大提高。

(6)滚揉

滚揉是将腌制或注射过盐水的肉放进按摩机内,让肉随着翻料盘的旋转,由固定在盘内的挡板将肉铲起,并托至高处。然后自由跌下,与底部的肉块撞击。在连续旋转过程中,肉块间还发生互相挤压摩擦作用,实现按摩注射到肉块的盐水均匀分布到肉块中,增强了蛋白质的提取与保水性,从而赋予成品良好的结构、嫩度和色泽。按摩是火腿生产中最关键的一道工序,它是机械作用和化学作用有机融合的典型工序。它直接影响着产品的切片性、出品率、口感、颜色。

(7)压缩、成型

压缩定型一般使用铝质、不锈钢质模具,圆腿也可以选用人造肠衣,用卷紧方法来压缩。

①不定量装模。将肉块逐块揿入模型,须揿紧、揿实,不使内部有空隙。模型装满后,盖上模型盖,再将模型用力将弹簧压紧。

②定量装模。定量装模能做到产品重量基本一致,但需要一定设备。袋装用特制的食用方型塑料袋在模具内摆放平稳、整齐。然后将坯料过磅计重,注意肉块老嫩、大小搭配,装入塑料袋揿实。揿紧后,将塑料袋自模型内取出,用针在塑料袋四周戳洞,放出空气,再放回模型内,折平袋口,盖好模型用力压紧;用肠衣装时须将称量好的坯料塞入纤维状人造肠衣内,用卷紧机卷紧,挤实,成为圆火腿。加工间室温应控制在 8 ~ 12 ℃。

(8)蒸煮

蒸煮西式火腿须用不锈钢或铁锅,内铺蒸汽管,其大小视生产规模而定。蒸煮时把模型逐层排列在平底方锅内,下层铺满后,再铺上层,以此类推。排列好后,即放入清洁水,水面稍高出模型。然后开大蒸汽,使水温迅速上升。火腿煮熟后,在排放热水的同时,锅面上应淋冷水,使模子温度迅速下降,以防止因产生大量水蒸气而降低成品率。然后,出锅整形,即指在排列和煮制过程中,由于模子间互相挤压,小部分盖子可能发生倾斜,如果不趁热加以校正,成品就不规则,影响商品外观。另一方面,由于煮制时少量水分外渗,内部压力减少,肌肉收缩等原因,火腿中间可能产生空洞。整形时再紧压一次,可减少空隙。如果使用进口的连续式烟熏炉进行蒸煮,可根据产品要求随意调整定时、定温各道工序,即可定时出炉。

(9)冷却

火腿蒸煮后先在22 ℃以下的流水中冷却,再转移至2 ℃的冷风间,能使火腿冷却过程在35～42 ℃内停留时间较短。温度过高(大于22 ℃),成品冷却速度过慢,产品会有渗水现象;温度过低,产品内外温差过大引起冷却收缩作用不匀,使成品结构及切片性受到不良影响。

(10)切片包装

火腿切片小包装一般要采用复合薄膜,在无菌室内进行真空包装,在1～8 ℃条件下是可以较理想地延长货架期的。

这里介绍的工艺是西式火腿的基本工艺,不同品种的火腿其工艺有差异,如对某些品种(如意大利火腿)烟熏是必要的,而熟火腿一般是不要烟熏步骤的,而蒸煮则是必须的。

2.8.5　腊肠加工

腊肠是以鲜猪瘦肉和猪背膘为原料,添加食盐、亚硝酸盐(或硝酸盐)、酒、糖等辅料经过搅拌腌制、灌肠、干燥,再经过晾挂而成的产品。过去民间多在腊月制作备春节食用,因此叫做腊肠。由于不同的地区对腊肠的风味要求不同,采用的配方各异,因此腊肠产品品种非常繁多。按产地来分有四川腊肠、广东腊肠、南京腊肠、北京腊肠等,其中最为著名的属广式腊肠。广式腊肠外形美观、腊香浓郁、醇香回甜、色泽鲜亮,一直以来备受国内外消费者的青睐。下面以广式腊肠为例介绍腊肠的加工技术。

1.基本配方

瘦肉70 kg,肥肉30 kg,精盐2.2 kg,白糖7.6 kg,白酒2.5 kg,白酱油5 kg,硝酸钠0.05 kg。

2.工艺流程

腊肠加工的工艺流程如图2.16所示。

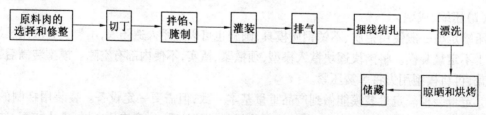

图2.16　腊肠加工的工艺流程

3.技术要领

(1)原料肉的选择和修整

选择经兽医检验合格的新鲜猪肉,瘦肉以腿肉和臀肉最好,肥膘以背部硬膘为好,腿膘次之。加工其他肉制品切割下来的碎肉也可作为原料。原料肉经过修整,去掉筋、腱、骨和皮。

(2)切丁

瘦肉用绞肉机切成4～10 mm的肉粒,肥肉用切丁机或手工切成6～10 mm的丁。肥瘦肉应分开存放。

（3）拌馅、腌制

配料称好后倒入盆中，加入 20% 左右的清水，使其充分溶解。然后将绞好的肉粒倒入水中，把肉粒和配料混合均匀，放在清洁室内腌制 1~2 h 即可进行灌制。

（4）灌装

取盐渍猪小肠衣，用清水湿润，再用温水灌洗一次，洗去盐分后备用。每 100 kg 肉馅约需猪小肠衣 50 m。肠衣末端打结后将肉馅均匀地灌入肠衣中，要掌握松紧程度，不能过紧或过松。

（5）排气

灌完后用排气针扎刺湿肠，排除内部空气及多余水分。

（6）捆线结扎

每隔 10~20 cm 用细线结扎一次，不同规格长度不同。

（7）漂洗

将湿肠用 20 ℃ 左右温水清洗表面一次，除去油腻杂质，然后依次分别挂在竹竿上。

（8）晾晒和烘烤

将悬挂好的腊肠放在日光下暴晒 2~3 天，在日晒过程中有胀气处应针刺排气。晚间送入烘房内烘烤，温度保持在 42~49 ℃。温度过高会引起脂肪溶解而使腊肠失去光泽；温度过低则难以干燥。一般通过 3 昼夜的烘晒即可，然后再晾挂到通风良好的场所风干 10~15 d 即为成品。

（10）储藏

腊肠在 10 ℃ 以下可保存 1 个月以上，也可悬挂在通风干燥的地方保存。

4. 质量控制

中式香肠感官指标见表 2.10。

表 2.10　中式香肠感官指标

项　目	指　标
色　泽	瘦肉呈红色、枣红色，脂肪呈乳白色，色泽分明
香　气	腊香味纯正浓郁，具有中式香肠（腊肠）固有的风味
滋　味	滋味鲜美，咸甜适中
形　态	外形完整，长短、粗细均匀，表面干爽呈自然皱纹

2.8.6　香肚加工

香肚的加工与香肠类似，只是其外衣换成膀胱皮。同样以鲜猪瘦肉和猪背膘为原料，添加食盐、亚硝酸盐（或硝酸盐）、酒、糖等辅料经过搅拌腌制、充填、干燥，再经过晾挂而成。香肚形似苹果，小巧玲珑，肥瘦红白分明，肉质紧密，口味香嫩起酥，略带甜味。香肚外皮虽薄，但弹性很强，不易破裂，便于储藏和携带。香肚以南京香肚为代表，现以南京香肚为例介绍香肚的加工方法。

1. 南京香肚的加工

（1）泡香肚皮

把缝制好的干香肚皮，放在温水中浸泡，泡软后转放明矾水中，把里外的黏液、杂质和灰尘洗净。将肚皮捞出,把洗净的面(毛边)翻进去,再行清洗,至肚皮颜色洁白即可取出备用。

（2）肉料处理

选用当天宰杀的新鲜猪腿,去除皮骨、筋膜、肌腱、血伤、淋巴等。按肥肉20%、瘦肉80%的比例搭配(也可根据饮食习惯适当搭配),切成肉丁,长3 cm,宽2 cm左右。

（3）拌料

每50 kg加工好的肉料,精盐2～2.5 kg,砂糖3 kg,香料25 g。先将香料及盐充分拌匀后加进肉料中拌和。然后,加砂糖拌和,静置15 min,使糖、盐完全溶解,即可装肚。

（4）装肚

每只大香肚装肉料250 g,小香肚装175 g,用特制漏斗从膀胱颈口装入。然后在香肚表皮用针板均匀刺孔,使肚内空气排出。再用右手紧握肚皮上部,轻轻在案板上搓揉,使香肚肉料紧密呈苹果状,用细麻线拴一个活结,套在封口处收紧。

（5）日晒与晾挂

刚灌好的肚坯内部有很多水分,需通过日晒及晾挂使水分蒸发。初冬晒3～4 d,春秋晒2～3 d,如阳光不足,可以延长晒期,直至香肚外皮晒干为止。晾晒时,香肚之间的距离为1.0 cm,便于通风,离地面至少80 cm,勿使受潮。

晾挂是将香肚挂在通风阴凉处让其风干。将香肚挂在通风阴凉有调节门窗的仓库里,挂法与晒架相同,遇天气干燥或湿度过大,可以通过关闭门窗来调节。一般晾挂约40天即为成品,而3月份和10月份只需晾挂1个月即可。如果晾晒或晾挂时间不足,整个香肚尚未成熟,切面不成形,也无风味,严格说灌制45 d后才完全成熟。

2. 香肚的保管

香肚在晾挂期间,随着水分挥发,一些营养物质和糖分、盐分经气孔溢出,存留在香肚表皮。在一定的温度条件下,霉菌就会大量繁殖。梅雨季节适宜于各种细菌繁殖。因此,每年梅雨季节到来之前,要采取必要措施,防止霉菌侵入。

香肚在农历5月以前可用晾挂的方法保管,将每4个香肚扎成一扎,5扎为一串,放在通风干燥的库房内晾挂保存,5月以后,可采用装缸浸油的方法保存。按每100只香肚麻油500 g的比例,从顶层浇洒下去。香肚的表层经常涂满麻油,防止霉菌生长和氧化。还可以用植物油涂抹香肚表面,也可达到抗氧化、防霉菌侵入的目的。

3. 质量控制

香肚感官指标见表2.11。

表2.11　香肚感官指标

项　目	一级鲜度	二级鲜度
外　观	肠衣(或肚皮)干燥且紧贴肉馅,无黏液及霉点,坚实或有弹性	肠衣(或肚皮)稍有湿润或发黏,易与肉馅分离,但不易撕裂,表面稍有霉点,但抹后无痕迹,发软而无韧性
组织形态	切面坚实	切面齐,有裂隙,周缘部分有软化现象
色　泽	切面肉馅有光泽,肌肉灰红至玫瑰红色,脂肪白色或微带红色	部分肉馅有光泽,肌肉深灰或咖啡色,脂肪发黄
气　味	具有香肠固有的风味	脂肪有轻微酸味,有时肉馅带有酸味

2.9　熏烤肉制品加工

2.9.1　熏烤肉制品分类

熏烤是肉制品加工的主要手段。许多肉制品特别是西式肉制品如灌肠、火腿、培根等均需经过熏烤,肉制品经过烟熏,不仅获得特有的烟熏味,而且保存期延长。但随着冷藏技术的发展,熏烟防腐已降到次要位置,熏烤已成为特殊烟熏风味制品的一种加工技术。

熏烤肉制品是指原料肉经腌制(有的还需煮制)后,再以烟气、高温空气、明火或高温固体为介质干热加工而成的肉制品。熏和烤是两种不同的加工方法,实际上熏烤制品应分为烟熏制品和烧烤制品两大类。

1.熏烤制品

在肉品工业生产中,很多产品都要经过烟熏过程,特别是西式肉制品,差不多都要经过烟熏。熏制品种类繁多,如国外的西式生熏肉、烟熏肠、培根和中国传统名吃——北京熏猪头肉、熏鸡、新疆熏马肉等。

2.烧烤制品

烧烤制品是由原料肉经配料、腌制,再经热空气烘烤或明火直接烧烤成熟和形成独特风味的一大类肉制品,如北京烤鸭、广东脆皮烤乳猪等。此外,以盐或泥等固体为加热介质,进行煨烤而成熟的制品也归为此类,如常熟叫化鸡、江东盐焗鸡等。

2.9.2　典型熏烤肉制品加工

1.培根加工

培根是英文(Bacon)的译音,意思是烟熏咸肋条或烟熏咸背脊肉。培根按原材料部位不同,可分为排培根、奶培根和大培根(也称丹麦式培根)三种,三种培根的制作工艺基本相同。

（1）工艺流程

培根加工的工艺流程如图2.17所示。

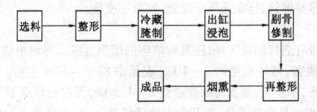

图2.17　培根加工的工艺流程

（2）技术要领

①选料。大培根坯料取自整片带皮白条肉的中段(前至第三根胸骨,后至荐椎与尾椎骨交界处,割去奶脯),肥膘厚度要求最厚处以3.5~4 cm为宜;排培根和奶培根取自白条肉前至第五根胸骨,后至荐椎骨末两节处斩下,去掉奶脯,沿距背脊13~14 cm处斩成两部分,分别为排培根和奶培根坯料,排培根的肥膘最厚处以2.5~3 cm为宜,奶培根肥膘最厚处约2.5 cm左右。

②整形。用开片机或大刀开割下来的胚料往往不整齐,需用小刀修整,使肉坯四边基本成

直线,并修去腰肌和横膈膜。

③腌料的配制。"盐硝"的配制是将硝均匀拌和于盐中,方法是将硝溶于少量水中制成液体,再加盐拌和均匀即为盐硝;"盐卤"的配制是将盐、硝溶于水中,方法是用配料的另一半倒入缸中,加入适量清水,用木棒不断搅拌,至盐卤为15°Bé时为止。

④腌制。腌制是培根加工的重要工序,它决定成品的口味和质量。腌制要在0~4℃的冷库中进行,以防止细菌生长繁殖,引起原料肉变质。培根腌制一般分干腌和湿腌两个过程。

a. 干腌是腌制的第一阶段。按原料配方中盐、硝的一半量制成"盐硝"。将"盐硝"敷于肉坯上,轻轻搓擦。肉坯表面必须无遗漏地搓擦均匀,待盐粒与肉中水分结合开始溶解时,将肉坯逐块抖落盐粒,装缸置冷库内腌制20~24 h。

b. 湿腌是腌制的第二阶段。经过干腌的坯料随即进行湿腌。程序是缸内先倒入配制好"盐卤"少许,然后将肉坯一层一层叠入缸内,每叠2~3层,须再加入盐卤少许,直至装满。最后一层皮向上,用石块或其他重物压于肉上,加"盐卤"到淹没肉的顶层为止。"盐卤"总量和肉坯质量比约为1∶3。因干腌后的坯料中带有盐料,入缸后盐卤浓度会增加。如超过16°Bé,须用水冲淡。在湿腌过程中,每隔2~3 d翻缸一次,湿腌期一般为6~7 d。

⑤出缸浸泡、清洗。将腌制成熟的肉坯取出,浸泡在水温在25℃左右水中,时间3~4 h。浸泡有三个作用,一是使肉胚温度升高,肉质还软,表面油污溶解,便于清洗和修割;二是洗去表面盐分,熏制后表面无"盐花";三是软化后便于剔骨和整形。

⑥剔骨。培根的剔骨要求很高,只允许刀尖划破骨面上的薄膜,并在肋骨末端与软骨交界处,用刀尖轻轻拨开薄膜,然后用手慢慢扳出。刀尖不得刺破肌肉,否则侵入生水而不耐保藏;另一方面,若肌肉被划破,则烟熏干缩后,产生裂缝,影响保藏。

⑦修割整形。修割的要求,一是刮尽残毛,二是刮尽皮上的油污。由于在腌制和翻缸过程中,肉胚的形状往往会发生改变,故须再一次整形,使四边成直线。整形后即可穿绳、吊挂和沥去水分,6~8 h后即可进行烟熏。

⑧烟熏。烟熏须在密闭的熏房内进行。熏房温度保持在60~70℃,烟熏过程中须适时移动肉坯在熏房中的上下位置,以便烟熏均匀。烟熏时间一般为10 h,待肉坯呈金黄色时,烟熏完成,即为成品。

⑨保存。培根容易保管,挂在通风干燥处,数月不变质。

(4)产品特点

培根的风味除带有适口的咸味外,还具有浓郁的烟熏香味。排培根成品为金黄色,带皮无硬骨,刀工整齐,不焦苦,每块质量约2~4 kg,成品率82%~83%左右。奶培根成品为金黄色,无硬骨,刀工整齐,不焦苦,带皮每块质量约2~4.5 kg,无皮每块质量不低于1.5 kg,成品率82%左右。大培根成品为金黄色,割开瘦肉色泽鲜艳,每块质量约7~10 kg。

2.熏鸡加工

(1)工艺流程

熏鸡加工的工艺流程如图2.18所示。

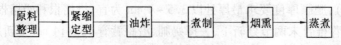

原料整理 → 紧缩定型 → 油炸 → 煮制 → 烟熏 → 蒸煮

图2.18 熏鸡加工的工艺流程

（2）原料配方

鸡 100 kg，白酒 0.25 kg，鲜姜 1 kg，草果 0.15 kg，花椒 0.25 kg，桂皮 0.15 kg，山萘 0.15 kg，味精 0.05 kg，白糖 0.5 kg，精盐 3.5 kg，白芷 0.1 kg，陈皮 0.1 kg，大葱 1 kg，大蒜 0.3 kg，砂仁 0.05 kg，豆蔻 0.05 kg，八角 1 kg，丁香 0.05 kg。

（3）技术要领

①原料整理。先将胸部的软骨剪断，然后将右翅从宰杀刀口处插入口腔，从嘴里穿出，将翅转压翅膀下，同时将左翅转回。最后将两腿打断并把两腿交叉插入腹腔中。

②紧缩定型。将处理好的鸡体投入沸水中，浸烫 2～4 min，使鸡皮紧缩，固定鸡形，捞出晾干。

③油炸。先用毛刷将 1∶8 的蜂蜜水均匀刷在鸡体上，晾干。然后在 150～200 ℃油中进行油炸，将鸡炸至柿黄色立即捞出，控油，晾凉。

④煮制。先将调料全部放入锅内，然后将鸡并排放在锅内，加水 75～100 kg，将水煮沸，以后将水温控制在 90～95 ℃，视鸡体大小和鸡的日龄煮制 2～4 h，煮好后捞出，晾干。

⑤烟熏。煮好的鸡先在 40～50 ℃条件下干燥 2 h，目的是使烟熏着色均匀。鸡的熏制一般有如下两种方法。

a.锅熏法。先在平锅上放上铁帘子，再将鸡胸部向下排放在铁帘上，待锅底微红时将糖按不同点撒入锅内迅速将锅盖盖上，2～3 min 后，出锅，晾凉。

b.炉熏法。把煮好的鸡体用铁钩悬挂在熏炉内，采用直接或间接熏烟法进行熏制，通常熏 20～30 min，使鸡体变为棕黄色即可。

⑥涂油。将熏好的鸡用毛刷均匀地涂刷上香油即为成品。

（4）产品特点

外形完整，表皮呈光亮的棕红色，肌肉切面有光泽，呈微红色；脂肪呈浅黄色；无异味，具有特有的烟熏风味。

3.烤肉

（1）工艺流程

烤肉加工的工艺流程如图 2.19 所示。

图 2.19 烤肉加工的工艺流程

（2）原料配方

原料肉 100 kg，精盐 2.5 kg，白酱油 2.5 kg，五香粉 0.2 kg，50 度白酒 2 kg，白糖 1 kg。

（3）技术要领

①原料处理。选用皮薄肉嫩的猪肋条肉或夹心腿肉，刮去皮上余毛、杂质。切成长约 40 cm、宽约 13 cm 的长条。然后洗净，待水分稍干后备用。

②浸料。白糖加适量水在锅中熬成糖水待用。其他配料与原料肉拌匀，浸渍 30 min 后取出，挂在铁钩上晾干，将糖水均匀地洒在肉和皮面上，约 30 min 后，即可入炉烧烤。

③烧烤。将皮面向上，肉面向下，炉温在 200～300 ℃烧烤 1.5 h 左右。待肉质基本烤熟后取出，用不锈钢针在皮面上戳孔，然后肉面向上，再入炉用猛火烧烤皮面。约 0.5 h 待皮面烧至酥起小泡时即可出炉。

（4）产品特点

皮色金黄，油润光亮，皮脆肉香，味美可口。

4.烤乳猪

（1）工艺流程

原料选择与整理→腌制、晾挂→烘烤→成品。

（2）原料配方

乳猪1只（5～6 kg），香料粉7.5 g，食盐75 g，白糖150 g，干酱50 g，芝麻酱25 g，南味豆腐乳50 g，蒜和酒适量，麦芽糖溶液0.15 kg。

（3）技术要领

①原料选择与整理。选健康无病、5～6 kg重的乳猪一只，屠宰后，去毛，挖净内脏，刮洗干净备用。

②腌制、晾挂。取乳猪胴体（不劈半），将香料和食盐混匀涂于乳猪胸腹内腔，腌10 min，再在内腔加入其余配料。用长铁叉从猪后腿穿至嘴角，再用70 ℃热水烫皮，将麦芽糖溶液浇身，挂在通风处吹干表皮。

③烘烤。

a.明炉烤法。把腌好的猪胚用长铁叉叉住，放在炉上烧烤，先烤猪的胸腹部，约20 min。再用木条支撑腹腔，顺次烤头、尾、胸、腹的边缘部分和猪皮。猪的全身尤其是较厚的颈部和腰部，须进行针刺和扫油，使其迅速排除水分。在烧烤时要将猪频频转动，并不断刺针和扫油，以便受热均匀并且表皮酥脆，直至表皮呈红色为止。

b.挂炉烤法。将乳猪挂入烧烤鹅鸭的炉内（温度为200～220 ℃），关上炉门烧烤30 min左右。在猪皮开始变色时，取出针刺，并在猪身泄油时，用干净的棕帚将油刷匀，再入炉内烤制。当乳猪烤至皮脆肉熟、香味浓郁时，即成成品。

（4）产品特点

外形完整，色泽鲜艳，皮脆肉香，肌肉切面呈微红色，有光泽；脂肪呈浅白色；产品无异味。

5.叉烧肉

叉烧肉是一种南方风味肉制品，起源于广东，一般称广东叉烧肉。

（1）工艺流程

叉烧肉加工的工艺流程如图2.20所示。

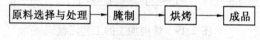

原料选择与处理 → 腌制 → 烘烤 → 成品

图2.20 叉烧肉加工的工艺流程

（2）原料配方

猪瘦肉100 kg，精盐2 kg，酱油5 kg，白糖6.5 kg，五香粉0.25 kg，桂皮粉0.5 kg，砂仁面0.2 kg，绍兴酒2 kg，姜1 kg，麦芽糖5 kg。

（3）技术要领

①原料的选择和处理。选取去皮的瘦猪肉，洗净后切成长35 cm，宽3 cm，厚1.5 cm的肉条。

②腌制。把调味料（除麦芽糖和绍兴酒外）放在拌料盆里搅拌均匀，然后倒入肉条一起拌匀。每2 h搅拌一次，使肉条充分吸收配料。腌制6 h后再加绍兴酒，充分搅拌，使酒和肉条混合后，将肉一条条穿在叉烧铁环上。每排穿十条左右，适当晾干。

③烘烤。用木炭火把烤炉烧热，把穿好的肉条排环挂入炉内，盖好炉盖，进行烤制。炉温保持在270 ℃左右烤15 min，打开炉盖，转动铁环，使肉面调换方向。然后再盖上炉盖，继续烤

制 15 min 后将炉温降至 220 ℃左右,再烤 15 min 就可以出炉。稍冷却后把肉放进麦芽糖溶液内,或用热麦芽糖溶液浇在肉条上,再烤制 3 min,取出即为成品。

(4)产品特点

产品深红中略带黑色,块型整齐,不硬不软,香中渗甜,甜中透香,多吃不腻,久吃不厌。

6. 烤鸡

(1)工艺流程

烤鸡加工的工艺流程如图 2.21 所示。

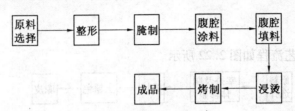

图 2.21　烤鸡加工的工艺流程

(2)原料配方

①腌料(每 50 kg 腌制液计)。生姜 100 g,葱 150 g,八角 150 g,花椒 100 g,香菇 50 g,食盐 8.5 kg。将八角、花椒包入纱布包内,和香菇、葱、姜放入水中煮制,沸腾后将料水倒入腌制缸内,加盐溶解,冷却后备用。

②腹腔涂料。香油 100 g,鲜辣粉 50 g,味精 15 g,拌匀后待用。上述涂料可涂 25~30 只鸡。

③腹腔填料。每只鸡放入生姜 2~3 片(10 g),葱 2~3 根(15 g),香菇 2 块(10 g),姜切成片状,葱打成结,香菇预先用温水泡软。

④浸烫料。水 2.5 kg,饴糖 500 g,溶解加热至 100 ℃待用,此量够 100~150 只鸡用。

(3)技术要领

①原料选择。选用质量为 1.5~2 kg 的肉用仔鸡。这样的鸡肉质香嫩,净肉率高,制成烤鸡出品率高,风味佳。

②整形。将全净膛光鸡先去腿爪,再从放血处的颈部横切断,向下推脱颈皮,切断颈骨,去掉头颈,再将两翅反转成"8"字形。

③腌制。将整形后的光鸡逐只放入腌制缸中,用压盖将鸡压入液面以下,腌制时间根据鸡的大小、气温高低而定,一般腌制时间在 40~60 min。腌制好后捞出晾干。不同腌制浓度对成品烤鸡的滋味、气味和质地三大指标影响较大,高浓度腌制液(17%)使得鸡体内的水分向外渗透,肉质相应老些,同时由于肌纤维的收缩,以及蛋白质发生聚合收缩,影响了芳香物质的挥发,导致鸡体香味不如腌制液质量分数 8% 及 12% 的好。另外,高浓度盐液渗透性强,因而短时间即可达到腌制效果。腌制质量分数为 12% 的腌制液则较为理想,且咸度适中,色、香味俱全。

④腔内涂料。把腌制好的光鸡放在台上,用棒具挑约 5 g 左右的涂料插入腹腔向四壁涂抹均匀。

⑤腹内填料。向每只鸡腹腔内填入生姜 2~3 片,葱 2~3 根,香菇 2 块,然后用钢针绞缝腹下开口,不让腹内汁液外流。

⑥浸烫。将填好料、缝好口的光鸡逐只放入加热到 100 ℃的浸烫液中浸烫 0.5 min 左右,

然后取出挂起,晾干待烤。

⑦烤制。一般用远红外线电烤炉,先将炉温升至 100 ℃,将鸡挂入炉内。当炉温升至 180 ℃时,恒温烤 15～20 min,这时主要是烤熟鸡,然后再将炉温升高至 240 ℃烤 5～10 min,此时主要是使鸡皮上色、发香。当鸡体全身上色均匀达到成品红色时立即出炉。出炉后趁热在鸡皮表面涂上一层香油,使皮面更加红艳发亮,擦好香油后即为成品烤鸡。

(4)产品特点

色泽红润,皮脆肉香,肥而不腻,味美适口。

7. 北京烤鸭

(1)工艺流程

北京烤鸭加工的工艺流程如图 2.22 所示。

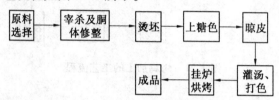

图 2.22　北京烤鸭加工的工艺流程

(2)技术要领

①原料的选择。选用经过填肥的质量在 2.5～3 kg 以上、饲养期约 50～60 d 的北京填鸭。
②宰杀及胴体修整。

a. 宰鸭。鸭倒挂,用刀在鸭脖子处切一小口,相当于黄豆粒大小,以切断气管、食管、血管为准,随即用右手捏住鸭嘴,把脖颈拉成斜直,使血滴尽,待鸭只停止抖动,便可下池烫毛。

b. 烫毛。水温不宜过高,因填鸭皮薄,容易烫破皮,一般 61～62 ℃即可,最高不要超过 64 ℃。然后进行煺毛。

c. 剥离。将颈皮向上翻转,使食道露出,沿着食道向嗉囊剥离周围的结缔组织,然后再把脖颈伸直,以利于打气。

d. 打(充)气。用手紧握住鸭颈刀口部位,由刀口处插入气筒的打气嘴给鸭体充气,这时气体就可充满皮下脂肪和结缔组织之间,当气体充至八成满时,取下气筒,用手卡住鸭颈部,严防漏气。用左手握住鸭的右翅根部,右手拿住鸭的右腿,使鸭呈倒卧姿势,鸭脯向外,两手用力挤压,使充气均匀。

e. 拉直肠。打气以后,右手食指插入肛门,将直肠穿破,食指略向下一弯即将直肠拉断,并将直肠头取出体外,拉断直肠的作用在于便于开膛取出消化道。

f. 切口掏膛。在右翅下开一长 4 cm 左右呈月牙形状的口子。随即取出内脏,保持内脏的完整性。取内脏的速度要快,以免污染切口。

g. 支撑。用一根 7～8 cm 长的秸秆由刀口送入腔内,秸秆下端放置在脊柱上,呈立式,但向后倾斜,一定要放稳。支撑的目的在于支住胸腔,使鸭体造型漂亮。

h. 洗膛。将鸭坯浸入 4～8 ℃清水中,反复清洗胸腹腔。

③烫坯。用 100 ℃沸水,采用淋浇法烫制鸭体。烫坯时用鸭钩钩在鸭的胸脯上端颈椎骨右侧,再从左侧穿出,使鸭体稳定地挂在鸭钩上,然后用水浇。先浇刀口及四肢皮肤,使之紧缩,严防从刀口跑气,然后再浇其他部位。一般情况下三勺水即可使鸭体烫好。烫坯的目的有三个:一是使毛孔紧缩,烤制时可减少从毛孔流出的皮下脂肪;二是使表松花蛋白质凝固;三是

能使充在皮层下的气体尽量膨胀,表皮显出光亮,使之造型更加美观。

④上糖色。以 1 份麦芽糖对 6 份水的比例调制成溶液,淋浇在鸭体上,三勺即可。上糖色一是能使烤鸭经过烤制后全身呈枣红色;二是能使烤制后的成品表皮酥脆,食之适口不腻。

⑤晾皮。晾皮又称风干。将鸭坯放在阴凉、通风处,使肌肉和皮层内的水分蒸发,使表皮和皮下结缔组织紧密地结合在一起,经过烤制可增加皮层的厚度。

⑥挂炉烤制。

a.灌汤和打色。制好的鸭坯在进炉以前,向腔内注入 100 ℃ 的沸汤水,这样强烈地蒸煮肌肉脂肪,促进快熟,即所谓"外烤里蒸",以达到烤鸭"外焦内嫩"的特色。灌汤方法是用 6 ~ 8 cm 高粱秸插入鸭体的肛门,以防灌入的汤水外流,然后从右翅刀口灌入 100 ℃ 的汤水 80 ~ 100 mL,灌好后再向鸭体浇淋 2 ~ 3 勺糖液,目的是弥补第一次挂糖色不均匀的部位。

b.烤制。鸭子进炉后,先挂在前梁上,先烤刀口这一边,促进鸭体内汤水汽化,使其快熟。当鸭体右侧呈橘黄色时,再转烤另一侧,直到两侧相同为止,然后鸭体用挑鸭杆挑起在火上反复烤几次,目的是使腿和下肢着色,烤 5 ~ 8 min,再左右侧烤,使全身呈现橘黄色,便可送到炉的后梁,这时鸭体背向炉火,经 15 ~ 20 min 即可出炉。

c.烤制温度和时间。鸭体烤制的关键是温度。正常炉温应在 230 ~ 250 ℃,如炉温过高,会使鸭烧焦变黑;如炉内温度过低,会使鸭皮收缩,胸脯塌陷。掌握合适的烤制时间很重要,一般 2 kg 左右的鸭体烤制 30 ~ 50 min,时间过长、火头太大,会使皮下脂肪流失过多,在皮下造成空洞,皮薄如纸,使鸭体失去了脆嫩的独特风味。母鸭肥度高,因此烤制时间较公鸭长。

d.烤熟标志。鸭子是否烤熟有两个标志:一是鸭子全身呈枣红色,从皮层里面向外流白色油滴;二是鸭体变轻,一般鸭坯在烤制过程中质量减少 0.5 kg 左右。

(4)产品特点

烤成后的鸭体甚为美观,表皮和皮下结缔组织以及脂肪混为一体,皮层变厚,色泽红润,鸭体丰满;具有香味纯正、浓郁,皮脂酥脆,肉质鲜嫩细致,肥而不腻的特点。

烤鸭最好现制现食,久藏会变味失色,在冬季室温 10 ℃ 时,不用特殊设备可保存 7 d,若有冷藏设备可保存稍久,不致变质,吃前短时间回炉烤制或用热油浇淋,仍能保持原有风味。

2.10　肉干、酱卤制品加工技术

2.10.1　肉干制品概述

1.肉干制品种类

(1)肉干

肉干类制品是指瘦肉经预煮、切丁(条、片)、调味、浸煮、收汤、干燥等工艺制成的干、熟肉制品。由于原辅料、加工工艺、形状、产地等的不同,肉干的种类很多。按原料不同,肉干分为牛肉干、猪肉干、马肉干、兔肉干等;按风味有五香、麻辣、咖喱、果汁、蚝油等肉干;按形状分为肉粒、肉片、肉条、肉丝等。

(2)肉松

肉松是将肉煮烂,再经过炒制、揉搓而成的一种营养丰富、易消化、食用方便、易于储藏的脱水制品。除猪肉外,还可用牛肉、兔肉、鱼肉生产各种肉松。我国著名的传统产品有太仓肉松和福建肉松。

（3）肉脯

肉脯是指瘦肉经切片（或绞碎）、调味、腌制、摊筛、烘干、烤制等工艺制成的干、熟薄片型的肉制品。与肉干加工方法不同的是肉脯不经水煮，直接烘干而制成。随着原料、辅料、产地等的不同，肉脯的名称及品种不尽相同。

2. 肉在干燥过程中的变化

脱水干燥的肉制品，在物理、化学、组织结构等方面都要发生变化，这些变化直接关系到肉制品的特性、质量和储藏性。干燥的方法不同，其变化的程度也有差异。

（1）物理变化

①干缩和干裂。干缩是食品干燥时常见的、最显著的变化之一。弹性完好并呈饱满状态的物料全面均匀地失水时，物料将随着水分消失均衡地进行线性收缩，即物体大小（长度、面积和容积）均匀地按比例缩小。实际上干燥时肉内的水分难以均匀地排除，均匀干缩极为少见。干燥初期为肉表面的干缩，继续脱水干燥时水分排除越向深层发展，最后至中心处，干缩也不断向肉中心发展。高温快速干燥时肉表面层远在肉中心干燥前已干硬。其后中心干燥和收缩时就会脱离干硬膜而出现干裂、孔隙和蜂窝状结构。

②表面硬化。表面硬化实际上是食品物料表面收缩和封闭的一种特殊现象。如肉表面温度很高，就会因为内部水分未能及时转移至肉表面使表面迅速形成一层干燥薄膜或干硬膜。它的渗透性极低，以致将大部分残留水分保留在肉内，同时还使干燥速率急剧下降。

肉内水分可因受热汽化而以蒸汽分子方式经微孔、裂缝或毛细管向外扩散，水分到肉表面蒸发掉，然而它的溶质残留在表面上。这些溶质就会将干制时正在收缩的微孔和裂缝加以封闭，从而使肉表面出现硬化。

③多孔性的形成。快速干燥时食品表面硬化及其内部蒸汽压的迅速建立会促使食品成为多孔性制品。真空干燥时的高度真空也会促使水蒸气迅速蒸发并向外扩散，从而制成多孔性制品。多孔性食品能迅速复水或溶解，为其食用时具有的主要优越性。

④重量减轻，体积缩小。脱水干燥过程中，主要是占容积最大的水分被蒸发掉，其食品质量明显减轻，体积大大缩小。质量和容积的减少量，理论上应当等于其水分含量的减少，但实际上常常是前者略小于后者。

（2）化学变化

肉食品在脱水干燥过程中，除发生物理变化外，同时还会发生一系列化学变化。这些变化对肉类干制品的色泽、风味、质地、营养价值和储藏期会产生影响。这些变化还因各种食品而异，有它自己的特点，且变化程度随食品成分而有差异。

①营养成分的变化。脱水干燥的肉制品失去水分后，其营养成分含量，即每单位质量干制品中蛋白质、脂肪和碳水化合物的含量相应增加，大大高于新鲜肉类。

有些肉类干制品或半干制品（如肉干、肉松等）大都经过煮制、热干燥等加工处理，常常要损失10%左右的含氮浸出物和大量水分，同时破坏了自溶酶的作用。

含油脂高的肉制品极易哈败，高温脱水干制时，脂肪氧化要比低温时严重得多。若事先添加抗氧化剂就能有效地控制脂肪氧化。

另外，肉类干制品也常出现某些维生素的损耗，如硫胺素、维生素C等。部分水溶性维生素常会被氧化掉。预煮和酶钝化处理也使其含量下降。维生素损耗程度取决于干制前食品预处理时谨慎小心的程度、所选用的脱水干燥方法和干制操作严格程度，以及干制食品储藏条件等情况。

②色泽的变化。肉制品干燥过程中,随着水分的减少,相应增加了其他物质的浓度,以及酶性或非酶性褐变反应而使肉制品的色泽变深发暗或褐变。若干制前进行酶钝化处理以及真空包装和低温储藏干制品,可防止肉制品色泽变深发暗。

③风味的变化。肉制品脱水干燥时,随着水分的蒸发使挥发性风味成分,如低级脂肪酸等出现轻微的损耗而影响风味。

④组织结构的变化。肉类进行脱水干燥后,其组织结构、复水性等要发生显著的变化。肉制品变得坚韧,口感较硬,复水后也难恢复到原来的新鲜状态,这是由于脱水干燥后的纤维空间排列紧密的缘故。为了解决这个问题,生产工艺上要求控制肉制品的含水量,以不使其脱水过多。另外可用机械方法使肌纤维松散和断裂,如中国传统生产的肉松就较松软且易咀嚼。

2.10.2 肉干加工

1.肉干加工传统技术

(1)工艺流程

肉干加工的工艺流程如图2.23所示。

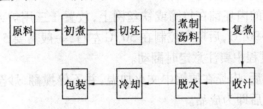

原料 → 初煮 → 切坯 → 煮制汤料 → 复煮

包装 ← 冷却 ← 脱水 ← 收汁

图2.23 肉干加工的工艺流程

(2)配方

咖喱肉干配方:

以上海产咖喱牛肉干为例,每100 kg鲜牛肉所用辅料:精盐3.0 kg,酱油3.1 kg,白糖12.0 kg,白酒2.0 kg,咖喱粉0.5 kg。

麻辣肉干配方:

以四川生产的麻辣猪肉干为例,每100 kg鲜肉所用辅料:精盐3.5 kg,酱油4.0 kg,老姜0.5 kg,混合香料0.2 kg,白糖2.0 kg,酒0.5 kg,胡椒粉0.2 kg,味精0.1 kg,海椒粉1.5 kg,花椒粉0.8 kg,菜油5.0 kg。

五香肉干配方:

以新疆马肉干为例,每100 kg鲜肉所用辅料:食盐2.85 kg,白糖4.50 kg,酱油4.75 kg,黄酒0.75 kg,花椒0.15 kg,大茴香0.20 kg,小茴香0.15 kg,丁香0.05 kg,桂皮0.30 kg,陈皮0.75 kg,甘草0.10 kg,姜0.50 kg。

果汁肉干配方:

以江苏靖江生产的果汁牛肉干为例,每100 kg鲜肉所用辅料:食盐2.50 kg,酱油0.37 kg,白糖10.00 kg,姜0.25 kg,大茴香0.19 kg,果汁露0.20 kg,味精0.30 kg,鸡蛋10枚,辣酱0.38 kg,葡萄糖1.0 kg。

(3)技术要领

①原料预处理。肉干加工一般多用牛肉,但现在也用猪、羊、马等肉。无论选择什么肉,都要求新鲜,一般选用前后腿瘦肉为佳。将原料肉剔去皮、骨、筋腱、脂肪及肌膜后顺着肌纤维切成1 kg左右的肉块,用清水浸泡1 h左右除去血水、污物,沥干后备用。

②初煮。初煮的目的是通过煮制进一步挤出血水,并使肉块变硬以便切坯。初煮是将清洗、沥干的肉块放在沸水中煮制。煮制时以水盖过肉面为原则。一般初煮时不加任何辅料,但有时为了去除异味,可加1%~2%的鲜姜。初煮时间水温保持在90 ℃以上,并及时撇去汤面污物,初煮时间随肉的嫩度及肉块大小而异,以切面呈粉色、无血水为宜,通常初煮1 h左右。肉块捞出后,汤汁过滤待用。

③切坯。肉块冷却后,可根据工艺要求放在切坯机中切成小片、条、丁等形状。不论什么形状,都要大小均匀一致。

④复煮、收汁。复煮是将切好的肉坯放在调味汤中煮制,其目的是进一步熟化和入味。复煮汤料配制时,取肉坯重20%~40%的过滤初煮汤,将配方中不溶解的辅料装袋入锅煮沸后,加入其他辅料及肉坯,用大火煮制30 min左右,随着剩余汤料的减少,应减小火力以防焦锅。用小火煨1~2 h,待卤汁基本收干,即可起锅。

复煮汤料配制时,盐的用量各地相差无几,但糖和各种香辛料的用量变化较大,无统一标准,以适合消费者的口味为原则。

⑤脱水。肉干常规的脱水方法有三种:

a. 烘烤法。将收汁后的肉坯铺在竹筛或铁丝网上,放置于三用炉或远红外烘箱烘烤。烘烤温度前期可控制在80~90 ℃,后期可控制在50 ℃左右,一般需要5~6 h则可使含水量下降到20%以下。在烘烤过程中要注意定时翻动。

b. 炒干法。收汁结束后,肉坯在原锅中文火加温,并不停搅翻,炒至肉块表面微微出现蓬松茸毛时,即可出锅,冷却后即为成品。

c. 油炸法。先将肉切条后,用2/3的辅料(其中白酒、白糖、味精后放)与肉条拌匀,腌渍10~20 min后,投入135~150 ℃的菜油锅中油炸。油炸时要控制好肉坯量与油温之间的关系。如油温高,火力大,应多投入肉坯;反之则少投入肉坯。油温过高容易炸焦,油温过低,脱水不彻底,且色泽较差。可选用恒温油炸锅,成品质量易控制。炸到肉块呈微黄色后,捞出并滤净油,再将酒、白糖、味精和剩余的1/3辅料混入拌匀即可。

在实际生产中,亦可先烘干再上油衣。例如,四川丰都产的麻辣牛肉干在烘干后用菜油或麻油炸酥起锅。

⑥冷却、包装。冷却以在清洁室内摊晾、自然冷却较为常用。必要时可用机械排风,但不宜在冷库中冷却,否则易吸水返潮。包装以复合膜为好,尽量选用阻气、阻湿性能好的材料。最好选用PET/A1/PE等膜,但其费用较高;PET/PE,NY/PE效果次之,但较便宜。

2. 肉干加工新技术

随着肉类加工业的发展和生活水平的提高,消费者要求干肉制品向着组织较软、色淡、低甜方向发展。在传统加工技术的基础上,通过改进生产工艺,生产的肉干(称为莎脯)既保持了传统肉干的特色,如无需冷冻保藏时细菌含量稳定、质轻、方便和富于地方风味。但感官品质如色泽、结构和风味又不完全与传统肉干相同。

莎脯的原料与传统肉干一样,可选用牛肉、羊肉、猪肉或其他肉。瘦肉最好有腰肌或后腿的热剔骨肉,冷却肉也可以。剔除脂肪和结缔组织,再切成4 cm^3的块,每块约200 g。然后按配方要求加入辅料,在4~8 ℃下腌制48~56 h。腌制结束后,在100 ℃蒸汽下加热40~60 min至中心温度80~85 ℃,再冷却至室温并切成3 mm厚的肉条。然后将其置于85~95 ℃下脱水至肉表面呈褐色,含水的质量分数低于30%,成品的A_w低于0.79(通常为0.74~0.76)。最后用真空包装,成品无需冷藏。

2.10.3 肉松加工

1. 肉松传统加工技术

（1）工艺流程

肉松加工的工艺流程如图 2.24 所示。

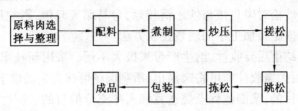

图 2.24 肉松加工的工艺流程

（2）配方

①猪肉松配方：瘦肉 100 kg，黄酒 4.00 kg，糖 3 kg，酱油 2.2 kg，大茴香 0.12 kg，姜 0.1 kg。

②牛肉松配方：牛肉 100 kg，食盐 2.50 kg，白糖 2.5 kg，葱末 0.2 kg，姜末 0.12 kg，大茴香 0.10 kg，绍兴酒 1 kg，丁香 0.10 kg，味精 0.2 kg。

③鸡肉松配方：带骨鸡 100 kg，酱油 8.5 kg，生姜 0.25 kg，砂糖 3 kg，精盐 1.5 kg，味精 0.15 kg，50 度高粱酒 0.5 kg。

（3）技术要领

①原料肉及其整理。传统肉松是由猪瘦肉加工而成。现在除猪肉外，牛肉、鸡肉、兔肉等均可用来加工肉松。将原料肉剔除皮、骨、脂肪、筋腱等结缔组织。结缔组织的剔除一定要彻底，否则加热过程中胶原蛋白水解后，导致成品黏结成团块而不能呈良好的蓬松状。将修整好的原料肉切成 1.0 ~ 1.5 kg 的肉块。切块时尽可能避免切断肌纤维，以免成品中短绒过多。

②煮制。将香辛料用纱布包好后和肉一起入夹层锅，加与肉等量水，用蒸汽加热，常压煮制。煮沸后撇去油沫，煮制结束后起锅前需将油筋和浮油撇净，这对保证产品质量至关重要。若不除去浮油，肉松不易炒干，炒松时易焦锅，成品颜色发黑。煮制的时间和加水量应根据肉质老嫩决定。肉不能煮得过烂，否则成品绒丝短碎。若筷子稍用力夹肉块时，肌肉纤维能分散则肉已煮好。煮肉时间为 2 ~ 3 h。

③炒压。肉块煮烂后，改用中火，加入酱油、酒，一边炒一边压碎肉块。然后加入白糖、味精，减少火力，收干肉汤，并用小火炒压肉丝至肌纤维松散时即可进行炒松。

④炒松。肉松由于糖较多，容易塌底起焦，要注意掌握炒松时的火力。炒松有人工炒和机炒两种。在实际生产中可人工炒和机炒结合使用。当汤汁全部收干后，用小火炒至肉略干，转入炒松机内继续炒至水分质量分数小于 20%，颜色由灰棕色变为金黄色，具有特殊香味时即可结束炒松。在炒松过程中如有塌底起焦现象，应及时起锅，清洗锅巴后方可继续炒松。

⑤擦松。为了使炒好的松更加蓬松，可利用滚筒式擦松机擦松，使肌纤维成绒丝松软状态即可。

⑥跳松。利用机械跳动，使肉松从跳松机上面跳出，而肉粒则从下面落出，使肉松与肉粒分开。

⑦拣松。将肉松中焦块、肉块、粉粒等拣出，提高成品质量。跳松 后的肉松送入包装车间的木架上晾松。肉松凉透后便可拣松。拣松时要注意操作人员及环境的卫生。

⑧包装。肉松吸水性很强,不宜散装。短期储藏可选用复合膜包装,储藏三个月左右;长期储藏多选用玻璃瓶或马口铁罐,可储藏六个月左右。

2.肉松加工新技术

传统技术加工肉松时存在着以下两个方面的缺陷:一是复煮后的收汁费时,且工艺条件不易控制。若复煮汤不足则导致煮烧不透,给搓松带来困难;若复煮汤过多,收汁后煮烧过度,使成品纤维短碎。二是炒松时肉直接与炒松锅接触,容易塌底起焦,影响风味和质量。因此,提出了肉松生产的改进措施及加工中的质量控制方法。

传统技术中精煮结束后要收汁,给生产带来极大不便。采用新技术只要添加的调味料和煮烧时间适宜,精煮后无需收汁即可将肉捞出,所剩肉汤可作为老汤供下次精煮时使用。这样既能达到简化工艺的目的,又能达到煮烧适宜和入味充分的目的。同时因精煮时加入部分老汤,还能丰富产品的风味。

在传统技术中,精煮收汁结束后脱水完全靠炒松完成。为有利于机械化生产,新技术在炒松前增加了烘烤脱水工艺。精煮后肉松坯的脱水是在红外线烘箱中进行。肉松坯在烘烤脱水前水分含量大,黏性很小,几乎无法搓松。随着烘烤时水分的减少,黏性逐渐增加,脱水率达到30%左右时黏性最大,此时搓松最为困难。随着脱水率的增加,黏性又逐步减小,搓松变得易于进行。脱水率超过一定限度时,由于肉松坯变干,搓松又变得难以进行,甚至在成品中出现干肉棍。因此,精煮后的肉松坯70 ℃烘烤90 min或80 ℃烘烤60 min,肉松坯的烘烤脱水率为50%左右时搓松效果最好。

2.10.4 肉脯加工

1.肉脯加工传统技术

(1)工艺流程

肉脯加工的工艺流程如图2.25所示。

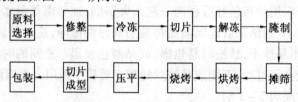

图2.25 肉脯加工的工艺流程

(2)配方

上海猪肉脯:原料肉100 kg,食盐2.5 kg,硝酸钠0.05 kg,白糖1 kg,高粱酒2.5 kg,味精0.30 kg,白酱油1.0 kg,小苏打0.01 kg。

靖江猪肉脯:原料肉100 kg,食盐2.0 kg,酱油8.5 kg,鸡蛋3 kg,白糖13.5 kg,胡椒0.1 kg,味精0.25 kg。

天津牛肉脯:原料肉100 kg,白糖12 kg,白酒2 kg,酱油5 kg,山梨酸钾0.02 kg,精盐1.5 kg,味精0.2 kg,姜2 kg。

(3)技术要领

①原料预处理。传统肉脯一般是由猪、牛肉加工而成(但现在也选用其他肉)。选用新鲜的牛、猪后腿肉去掉脂肪、结缔组织,顺肌纤维切成1 kg大小肉块。要求肉块外形规则,边缘整齐,无碎肉、淤血。

②冷冻。将修割整齐的肉块移入 -10 ~ -20 ℃的冷库中速冻,以便于切片。冷冻时间以肉块深层温度达 -3 ~ -5 ℃为宜。

③切片。将冻结后的肉块放入切片机中切片或手工切片。切片时须顺肌肉纤维切片,以保证成品不易破碎。切片厚度一般控制在 1 ~ 3 mm。但国外肉脯有向超薄型发展的趋势,最薄的肉脯只有 0.05 ~ 0.08 mm,一般在 0.2 mm 左右。超薄肉脯透明度、柔软性、储藏性都很好,但加工技术难度较大,对原料肉及加工设备要求较高。

④拌肉、腌制。将粉状辅料混匀后,与切好的肉片拌匀,在不超过 10 ℃的冷库中腌制 2 h 左右。腌制的目的一是入味,二是使肉中盐溶性蛋白尽量溶出,便于在摊筛时使肉片之间粘连。

⑤摊筛。在竹筛上涂刷食用植物油,将腌制好的肉片平铺在竹筛上,肉片之间彼此靠溶出的蛋白黏连成片。

⑥烘烤。烘烤的主要目的是促进发色和脱水熟化。将摊放肉片的竹筛上架晾干水分后,进入三用炉或远红外烘箱中脱水、熟化。其烘烤温度控制在 55 ~ 75 ℃,前期烘烤温度可稍高。肉片厚度为 2 ~ 3 mm 时,烘烤时间为 2 ~ 3 h。

⑦烧烤。烧烤是将半成品放在高温下进一步熟化并使质地柔软,产生良好的烧烤味和油润的外观。烧烤时可把半成品放在远红外空心烘炉的转动铁网上,用 200 ℃左右温度烧烤 1 ~ 2 min,至表面油润,色泽深红为止。成品中含水质量分数小于 20% ,一般以 13% ~ 16% 为宜。

⑧压平、成型、包装。烧烤结束后用压平机压平,按规格要求切成一定的长方形。冷却后及时包装。冷却包装间须经净化和消毒处理。塑料袋或复合袋须真空包装。马口铁听装加盖后锡焊封口。

2. 肉脯加工新技术

用传统工艺加工肉脯时,存在着切片、摊筛困难,难以利用小块肉和小畜禽及鱼肉,无法进行机械化生产等缺点。因此提出了肉脯生产新工艺,并在生产实践中广泛推广使用。

将原料肉经预处理后,与辅料入斩拌机斩成肉糜,并置于 10 ℃以下腌制 1.5 ~ 2.0 h。竹筛表面涂油后,将腌制好的肉糜涂摊于竹筛上,厚度以 1.5 ~ 2.0 mm 为宜,在 70 ~ 75 ℃下烘烤 2 h,120 ~ 150 ℃下烧烤 2 ~ 5 min,压平后按要求切片、包装。

2.10.5　酱卤制品加工

1. 酱卤肉制品分类

酱卤肉制品根据煮制方法和调味材料的不同分为白煮肉类、酱卤肉类。

(1)白煮肉类

白煮肉类是将原料肉经(或未经)腌制后,在水(盐水)中煮制而成的熟肉类制品。其主要特点是最大限度地保持了原料肉固有的色泽和风味,一般在食用时才调味。其代表品种有白斩鸡、盐水鸭、白切猪肚、白切肉等。

(2)酱卤肉类

酱卤肉类是将肉在水中加食盐或酱油等调味料和香辛料一起煮制而成的熟肉类制品。有的酱卤肉类的原料在加工时,先用清水预煮,一般预煮 15 ~ 25 min,然后用酱汁或卤汁煮制成熟。某些产品在酱制或卤制后,需再经烟熏等工序。酱卤肉类的主要特点是色泽鲜艳、味美、肉嫩,具有独特的风味。

酱卤制品根据加入调味料的种类、数量不同又可分为很多品种,通常有五香或红烧制品、蜜汁制品、糖醋制品、卤制品等。

①五香或红烧制品。五香或红烧制品是酱制品中最广泛的一大类,这类产品的特点是在加工中用较多量的酱油,所以有的叫红烧;另外在产品中加入八角、桂皮、丁香、花椒、小茴香等五种香辛料,故又叫五香制品。

②蜜汁制品。在红烧的基础上使用红曲米作着色剂,产品为樱桃红色,鲜艳夺目,辅料中加入多量的糖分或增加适量的蜂蜜,产品色浓味甜。

③糖醋制品。辅料中加糖醋,使产品具有甜酸的滋味。

④卤制品。典型的酱卤制品有苏州酱汁肉、苏州卤肉、道口烧鸡、德州扒鸡、糖醋排骨、蜜汁蹄髈等。

2. 酱卤制品加工的基本技术

(1)调味

调味就是根据各地区消费习惯、品种的不同而加入不同种类和数量的调味料,加工成具有特定风味的产品。调味的方法根据加入调味料的时间大致可分为以下三种:

①基本调味。在原料经过整理之后,加入盐、酱油或其他配料进行腌制,奠定产品的咸味,称基本调味。

②定性调味。原料下锅后,随同加入主要配料如酱油、盐、酒、香料等,加热煮制或红烧,决定产品的口味称定性调味。

③辅助调味。加热煮制之后或即将出锅时加入糖、味精等以增进产品的色泽、鲜味,称辅助调味。

(2)煮制

煮制是酱卤制品加工中的主要工艺环节,许多名优特产都有其独特的操作方法,但归纳起来,具有一定的规律,一般煮制分为清煮和红烧两个工序。

①清煮。在肉汤中不加任何调味料,只是清水煮制,也称紧水、出水、白锅。通常在沸腾状态下加热 5 ~ 10 min,个别产品可达到 1 h。它是辅助性的煮制工序,作用是去除原料肉的腥、膻异味,同时通过撇沫、除油,将血污、浮油除去,保证产品风味纯正。

②红烧。红烧是在加入各种调味料后进行煮制,加热的时间和火候依产品的要求而定。在煮制过程中汤量的多少对产品的风味也有一定的影响,由汤与肉的比例和煮制中汤量的变化,分为宽汤和紧汤。宽汤是将汤添加到液面与肉面相平或淹没肉面,适于块大、肉厚的产品,如卤猪头等。紧汤是添加汤的量使液面低于肉面的1/3 ~ 1/2 处,适于色深、味浓的产品,如酱汁肉等。加热火候根据加热火力的大小可分为旺火、文火和微火。旺火又称大火、武火、急火,火焰高而稳定,多用在开始加热、投料时,锅内汤面剧烈沸腾。文火又称温火,火焰低而摇晃,用于长时间加热,锅内汤面微沸,可使产品酥润可口、风味浓郁。

微火又称小火,保持火焰不灭,火力很小,锅内汤面平静,时有小泡,长时煮制,产品香烂、酥软。煮制时以急火求韧、慢火求烂、先急后慢求味美,这是掌握火候大小的原则。目前,许多厂家早已用夹层锅生产,利用蒸汽加热,加热程度可通过液面沸腾的状况或由温度指示来决定,以生产出优质的肉制品。

2.10.6　白煮肉类制品的加工

1. 白切猪肉

（1）工艺流程

白切猪肉加工的工艺流程如图 2.26 所示。

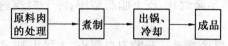

图 2.26　白切猪肉加工的工艺流程

（2）原料配方

猪肉（五花肉）100 kg，腌韭菜花 1 kg，蒜泥 1 kg，腐乳汁 1.5 kg，辣椒油 3 kg，酱油 5 kg。

（3）操作要领

①原料肉的处理。将肉横切成 10 cm 宽、20 cm 长的条块，刮净皮面并用清水洗净。

②煮制。将肉皮向上放入锅里，倒入清水并腌没肉块 10 cm 深，盖好后用旺火烧开，再用文火煮熟。

③出锅、冷却。肉煮熟后，先撇出浮油，再将肉捞出晾凉。

（4）产品特点

该产品肥而不腻，瘦而不柴，香烂可口。

2. 白切羊肉

（1）工艺流程

白切羊肉加工的工艺流程如图 2.27 所示。

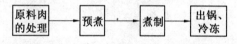

图 2.27　白切羊肉加工的工艺流程

（2）原料配方

羊肉 10 kg，白萝卜 1 kg，料酒 0.2 kg，生姜 0.2 kg，葱 0.2 kg，陈皮 0.1 kg，青蒜丝 0.2 kg，甜面酱 0.4 kg，辣椒酱 0.3 kg。

（3）操作要领

①原料肉的处理。将羊肉切块，洗净，浸泡水中 2~4 h，捞出，沥水。

②预煮。将羊肉放入锅中，加清水，再放入几块白萝卜，大火烧开，去掉血污和膻味后，捞出羊肉。

③煮制。锅内另换新水，将肉重新放回，加入葱段、生姜（拍松）、陈皮等调料（调料用纱布包好），旺火烧开。撇去浮沫，加入料酒改为中火烧至内质变酥，用筷子能戳动时即熟。

④出锅、冷冻。将肉捞出摊平于盘中。将锅中卤汁再次烧开，撇净浮油，留下部分倒入羊肉盘内，晾凉，放入冰箱冷冻。

（4）产品特点

肉质嫩酥，不腥不膻，味香鲜美，清爽适口。

3. 白切鸡

（1）工艺流程

白切鸡加工的工艺流程如图 2.28 所示。

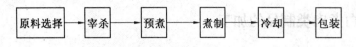

图2.28　白切鸡加工的工艺流程

（2）操作要领

①原料选择。要求鸡体丰满健壮，皮下脂肪适中，除毛后皮色淡黄。鸡经宰前检疫，宰后检验确认合格后方可使用。

②宰杀。口腔放血后，煺净鸡毛。开膛刀口要小，去尽内脏，然后将鸡体内外清洗干净。

③预煮。先将鸡坯放入沸水浸煮，煮沸后立即提出，使鸡形丰满、定型，并除去腥味。

④煮制。重新加清水，将鸡入内并加入葱、姜、食盐、黄酒少许，用大火烧开，小火焖煮。在烧煮过程中需上下翻动，注意按鸡的生长期长短正确掌握煮制时间。要求熟而不烂，嫩而不生，基本能保存良好的营养成分。

⑤冷却。待鸡刚好熟时，马上将锅端下，盖上锅盖静置一旁，待锅里的汤冷却后将鸡捞出，控去汤汁，在鸡的周身涂上麻油即可。

（3）产品特点

皮光亮油黄，肉净白；鸡香纯正，无腥味；皮嫩肉嫩，味鲜润口，肥而不腻；肌肉饱满，形体完整。

4. 南京盐水鸭

南京盐水鸭是江苏省南京市著名的传统名优肉制品。南京盐水鸭加工制作的季节不受限制，一年四季都可加工。其中农历8～9月份是稻谷飘香、桂花盛开的季节，此时加工的盐水鸭又叫桂花鸭。南京盐水鸭的特点是腌制期短，鸭皮洁白，食之肥而不腻，清淡而有咸味，具有香、鲜、嫩的特色。

（1）工艺流程

南京盐水鸭加工的工艺流程如图2.29所示。

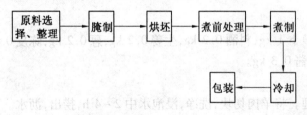

图2.29　南京盐水鸭加工的工艺流程

（2）操作要领

①原料选择与整理。选用当年健康肥鸭，宰杀拔毛后切去翅膀和脚爪，然后在右翅下开膛，取出全部内脏，用清水冲净体内外，再放入冷水中浸泡1 h左右，挂起晾干待用。

②腌制。先干腌，即用食盐和八角粉炒制的盐，涂擦鸭体内腔和体表，用盐量每只鸭100～150 g，擦后堆码腌制2～4 h，冬春季节长些，夏秋季节短些。然后扣卤，再行复卤2～4 h即可出缸。复卤即用老卤腌制，老卤是加生姜、葱、八角熬煮加入过饱和盐水而制成。

③烘坯。腌后的鸭体沥干盐卤，把鸭逐只挂于架子上，推至烘房内，以除去水汽，其温度为40～50 ℃，时间约20～30 min，烘干后，鸭体表色未变时即可取出散热。注意烘炉要通风，温度绝不宜高，否则会影响盐水鸭的品质。

④煮前处理。用6 cm长，中指粗的中空竹管或芦柴管插入鸭的肛门，再从开口处填入腹

腔料,姜 2~3 片,八角 2 粒,葱 1~2 根,然后用开水浇淋鸭的体表,使肌肉和外皮绷紧,外形饱满。

⑤煮制。水中加三料(葱、生姜、八角)煮沸,停止加热,将鸭放入锅中,开水很快进入体腔内,提鸭头放出腔内热水,再将鸭坯放入锅中,压上竹盖使鸭全浸在液面以下,焖煮 20 min 左右,此时锅中水温约在 85 ℃左右,然后加热升温到锅边出现小泡,锅内水温约 90~95 ℃时,提鸭倒汤再入锅焖煮 20 min 左右,第二次加热升温,水温约 90~95 ℃时,再次提鸭倒汤,然后焖 5~10 min,即可起锅。在焖煮过程中水不能开,始终维持在 85~95 ℃左右。否则水开肉中脂肪溶解导致肉质变老,失去鲜嫩特色。

(3)产品特点

盐水鸭表皮洁白,鸭体完整,鸭肉鲜嫩,口味鲜美,营养丰富,细细品尝时,有香、酥、嫩的特色。

2.10.7 酱卤肉类制品加工

1. 肴肉

(1)工艺流程

肴肉加工的工艺流程如图 2.30 所示。

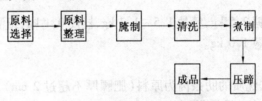

原料选择 → 原料整理 → 腌制 → 清洗 → 煮制 → 压蹄 → 成品

图 2.30 肴肉加工的工艺流程

(2)原料配方(按 100 只去爪猪蹄髈计)

绍酒 0.25 kg,盐 13 kg,葱段 0.25 kg,姜片 0.12 kg,花椒 0.07 kg,八角茴香 0.07 kg,硝水 3 kg(硝酸钠 30 g 溶解于 5 kg 水中),明矾 0.03 kg。

(3)操作要领

①原料选择。选用皮薄的,活时质量在 70 kg 左右冬季育肥猪的前蹄髈,也可以用其后蹄髈代替。

②原料整理。将猪的前后蹄髈去除残毛,剔骨去筋,刮净污物并清洗干净。

③腌制。将蹄髈平放于案板上,皮朝下,用铁钎在每只蹄髈的瘦肉上戳若干小孔,用精盐揉擦皮、肉各处。揉匀后,一层一层放在腌制缸中,皮面朝下,放时用 3% 的硝水溶液洒在每层肉面上,多余的精盐同时撒布在肉面上。夏天每只蹄髈用盐 125 g,腌制 6~8 h;冬天用盐 90 g,腌制 7~10 d;春秋季用盐 110 g,腌制 3~4 d。腌到中心部位肌肉变红为度。腌好出缸后在 15~20 ℃的冷水中浸泡 2~3 h,适当减轻咸味并除去涩味,取出刮去皮上污物,用清水漂洗干净。

④煮制。将葱段、姜片、花椒、八角、茴香等分装在两只布袋内,扎紧袋口,制成香料袋。先在锅内放入清水 50 kg,盐 4 kg,明矾 15 g,用旺火烧开,撇去浮沫。然后放入猪蹄髈,皮朝上,逐层相叠,最上一层皮朝下,用旺火烧开,撇去浮沫。再放入香料袋,加入绍酒,在蹄髈上盖上竹箅一只,上放清洁重物压紧蹄髈,用小火煮制约 1.5 h(保持微沸,温度在 95 ℃左右)。将蹄髈上下翻换,重新放入锅内再煮约 3 h 至九成烂时出锅(用竹筷子很易插入肉中即可)。捞出

香料袋,肉汤留下次继续使用。

⑤压蹄。取直径40 cm、边高4.3 cm的平盘50只,每只盘内平放猪蹄髈2只,皮朝上,每5只盘叠压在一起,上面再盖空盘1只,20 min后,将盘逐只移至锅边,把盘内油卤倒入锅内,用旺火将汤卤烧开,撇去浮油,放入明矾15 g,清水23 kg,再烧开并撇去浮油,将汤卤舀入蹄盘内。淹满肉面,置于阴凉处冷却凝冻(天热时凉透后放入冰箱凝冻),即成水晶肴肉。煮开的余卤即为老卤,可供下次继续使用。

(4)产品特点

皮色洁白,光滑晶莹,卤冻透明,肉质细嫩,味道鲜美,有特殊香味,具有香、酥、鲜、嫩四大特色。最大的特点是表层的胶冻透明如琥珀状,瘦肉色红,食不塞牙;肥肉去膘,食而不腻。

2. 苏州酱汁肉

(1)工艺流程

苏州酱汁肉加工的工艺流程如图2.31所示。

图2.31 苏州酱汁肉加工的工艺流程

(2)原料配方

猪肋条肉50 kg,白糖2.5 kg,精盐1.5~1.7 kg,桂皮0.1 kg,绍酒2.0 kg,八角0.1 kg,红曲米0.6 kg,姜0.1 kg,葱1.0 kg。

(3)技术要领

①选料。选用新鲜、优质的肋条肉为原料(肥膘厚不超过2 cm),刮净残毛,割去奶头、奶脯。切成宽4 cm的长方块(最好做到每1 kg切20块左右),肉块切好后,把五花肉、硬膘分开。

②煮制。将原料肉先在清水中白煮。五花肉煮10 min,硬膘煮15 min。捞起后用清水洗净。然后在锅底放上骨头,上面依次放上猪头肉、香料袋、五花肉、硬膘,最后倒入肉汤,用大火煮制1 h。

③酱制。当锅内白汤沸腾时加入红曲米、绍酒和总量4/5的白糖,再用中火煮40 min。当肉呈深樱桃红色,汤将干,肉已酥烂时出锅,放于搪瓷盘内,不能堆叠。

④制卤。酱汁肉的质量关键是制卤,食用时还要在肉上浇汁。好的卤汁应黏稠、细腻,既可使肉色鲜艳,又可使产品以甜为主、甜中带咸。卤汁的制法是将留在锅内的酱汁再加入剩余的1/5白糖,用小火煎熬,并不断搅拌,使卤汁成糨糊状即可。

(4)产品特点

成品为小长方块,色泽鲜艳呈桃红色,肉质酥润,酱香味浓郁。

3. 酱牛肉

(1)工艺流程

酱牛肉加工的工艺流程如图2.32所示。

图2.32 酱牛肉加工的工艺流程

（2）原料配方

牛肉 100 kg，八角茴香 0.6 kg，花椒 0.15 kg，丁香 0.14 kg，砂仁 0.14 kg，桂皮 0.14 kg，黄酱 10 kg，盐 3 kg，香油 1.5 kg。

（3）技术要领

①原料选择与整理。酱牛肉应选用不肥、不瘦的新鲜、优质牛肉，肉质不宜过嫩，否则煮后容易松散，不能保持形状。将原料肉用冷水浸泡清除余血，洗干净后进行剔骨，按部位分切肉，把肉再切成 0.5~1 kg 的肉方块，然后把肉块倒入清水中洗涤干净，同时要把肉块上面覆盖的薄膜去除。

②预煮。把肉块放入 100 ℃的沸水中煮 1 h，目的是除去腥膻味，同时可在水中加几块胡萝卜。煮好后把肉捞出，再放在清水中洗涤干净，洗至无血水为止。

③调酱。取一定量水与黄酱拌和，把酱渣捞出，煮沸 1 h，并将浮在汤面上酱沫撇净，盛入容器内备用。

④煮制。向煮锅内加水 20~30 kg，待煮沸之后将调料用纱布包好放入锅底。锅底和四周应预先垫以竹箅，使肉块不贴锅壁，避免烧焦。将选好的原料肉，按不同部位肉质老嫩分别放在锅内，通常将结缔组织较多肉质坚韧的部位放在底部，较嫩的、结缔组织较少的放在上层，用旺火煮制 4 h 左右。为使肉块均匀煮烂，每隔 1 h 左右倒锅一次，再加入适量老汤和食盐。必须使每块肉均浸入汤中，再用小火煮制约 1 h，使各种调味料均匀地渗入肉中。

⑤酱制。当浮油上升，汤汁减少时，倒入调好的酱液进行酱制，并将火力继续减少，最后封火煨焖。煨焖的火候掌握在汤汁沸动，但不能冲开汤面上浮油层的程度，全部煮制时间为 6~7 h。

⑥出锅。出锅应注意保持肉块完整，用特制的铁铲将肉逐一托出，并将香油淋在肉块上，使成品光亮油润。酱牛肉的出品率一般为 60%左右。

（4）产品特点

成品金黄色，光亮，外焦里嫩，无膻味，食而不腻，瘦而不柴，味道鲜美，余味带香。

4. 北京月盛斋烧羊肉

（1）工艺流程

北京月盛斋烧羊肉加工的工艺流程如图 2.33 所示。

图 2.33　北京月盛斋烧羊肉加工的工艺流程

（2）原料配方

剔骨羊肉 50 kg，茴香 0.1 kg，花椒 0.075 kg，丁香 0.07 kg，砂仁 0.07 kg，桂皮 0.07 kg，黄酱 5 kg，盐 1.5 kg，花生油 5 kg，香油 0.75 kg。

（3）技术要领

①原料选择与整理。选用优质剔骨羊肉，以羊的前腿和腰窝肉为好。用水洗净后切块待用。

②煮制。煮制时，每锅调新汤，以新汤新料煮制，并随时加入事前配料熬好的花椒、大料水（用花椒、大料加清水 5 kg 熬制而成），以达到宽汤，使肉质更鲜。羊肉煮好出锅时要注意方法，做到轻匀轻托，以保持肉块完整，出锅后，放入特制肉屉中，凉透后进行烧制。

③烧制。烧制时，按锅容量大小放入油后点火，使油温升高到 60~70 ℃时，放入香油，待

香油散发出香味时,将肉放在锅内烹炸,待羊肉色泽已达鲜艳金黄色时出锅,即为烧羊肉成品。

(4)产品特点

成品金黄色,光亮,外焦里嫩,无膻味,食而不腻,瘦而不柴,脆嫩爽口,余味带香。

5.烧鸡加工

(1)工艺流程

烧鸡加工的工艺流程如图2.34所示。

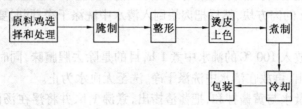

图2.34 烧鸡加工的工艺流程

(2)原料配方

净膛鸡50 kg,砂仁0.02 kg,豆蔻0.05 kg,丁香0.02 kg,草果0.05 kg,肉蔻0.05 kg,良姜0.07 kg,陈皮0.02 kg,白芷0.08 kg,食盐4.5 kg,饴糖0.05 kg,味精0.02 kg,葱0.8 kg,姜1 kg,菜油20 kg。

(3)技术要领

①原料鸡的选择与处理。选择生长一年内,质量为1~1.5 kg的健康母鸡为最佳。宰杀净膛后用清水将鸡体内外漂洗干净。

②腌制。将配方将香辛料捣碎后,用纱布包好入锅,加入一定量的水煮沸1 h,然后在料液中加食盐,使其浓度达13°Bé,然后把漂洗好的鸡放入卤水中腌制。腌制时间35~40min,中间翻动约1~2次。有老卤液的,在腌制时要加老卤液,腌浸完后,卤液要及时处理,即把卤液煮沸杀菌后加食盐保存。保存期间每隔10~15天要煮沸一次。

③整形。将腌制好的鸡取出,将其外表用清水冲洗干净。把鸡放在加工台上,腹部朝上,左手稳住鸡身,将两脚爪从腹部开口处插入鸡的腹腔中,然后使鸡腿的膝关节卡入另一鸡腿的膝关节内侧;然后使其背部朝上,把鸡右翅膀从颈部开口处插入鸡的口腔,另一翅膀翅尖后转紧靠翅根。整形后鸡似半月形,最后用清水漂洗一次,并晾干水分。

④烫皮涂糖。将整形后的鸡用铁钩,钩着鸡颈,用沸水淋烫2~4次,待鸡水分晾干后再涂糖液。糖液的配制是1份饴糖加60 ℃的热水3份调配成上色液。糖液配制好后,用刷子将糖液在鸡全身均匀刷3~4次,刷糖液时,每刷一次要等晾干后,再刷第二次。

⑤油炸上色。将涂好糖液的鸡放入加热到170~180 ℃的植物油中,使鸡体呈均匀的橘黄色时,即可捞出。油炸时,动作要轻,不要把鸡皮搞破。油炸过程中油温控制在160~170 ℃为宜。

⑥煮制。将原先配好的香辛料再加适量的水煮沸后,加盐使其具有较浓的咸味。然后再加适量的味精、葱、姜,把鸡放入,用文火慢慢煮2~5 h,使其温度控制在75~85 ℃范围内,等熟后,捞鸡出锅。出锅时要眼疾手快,稳而准,确保鸡形完整,不破不裂。

(4)产品特点

形态别致,呈半月形,鸡形完整;肉色酱黄带红,味香肉烂,肥而不腻,有浓郁的五香佳味。鸡的出品率要求在60%~66%。

思 考 题

1. 肌肉蛋白质的组成,特别是肌原纤维蛋白的结构和特性是什么?
2. 简述肉的保水性及影响保水性的因素。
3. 简述影响肉的风味及嫩度的因素。
4. 肉成熟的机理及促进成熟的方法是什么?
5. 谈谈肉制品保鲜的措施是什么? 冻结肉储藏过程中的质量怎样变化?
6. 简述食盐和复合磷酸盐的保水机理。
7. 简述腌肉的呈色机理及影响腌肉制品色泽的因素。
8. 烟熏的作用和方法是什么?
9. 西式火腿的加工要点是什么?
10. 肉糜类制品的乳化及影响因素。
11. 肉在加热煮制过程中的变化是什么? 烤鸡加工的工艺要点是什么?

参 考 文 献

[1]葛长荣,马美湖. 肉与肉制品工艺学[M].北京:中国轻工业出版社,2002.

[2]孔保华,罗欣. 肉制品工艺学[M].哈尔滨:黑龙江科学技术出版社,1996.

[3]周光宏. 肉品学[M].北京:中国农业出版社,1999.

[4]黄德智,张向生. 新编肉制品生产工艺与配方[M].北京:中国轻工业出版社,1998.

[5]陈伯祥. 肉与肉制品工艺学[M].南京:江苏科学技术出版社,1993.

[6]周光宏. 畜产品加工学[M].北京:中国农业出版社,2002.

[7]黄德智. 肉制品添加物的性能与应用[M].北京:中国轻工业出版社,2001.

[8]孔保华,韩建春. 肉品科学与技术 [M].2 版.北京:中国轻工业出版社,2011.

[9]石永福,张才林,黄德智,等. 肉制品配方 1 800 例[M].北京:中国轻工业出版社,1999.

第 **3** 章

蛋制品的加工

【学习目的】

本章主要讲述蛋的质量鉴定与储藏保鲜，以及蛋制品的加工方法。学习本章内容要求掌握蛋的质量鉴定与储藏保鲜方法，掌握再制蛋、湿蛋制品、干燥蛋制品的加工技术。

【重点和难点】

本章重点是蛋的质量鉴定与储藏保鲜；难点为各种蛋制品的加工工艺、操作要点。

3.1 蛋的质量鉴定与储藏保鲜

3.1.1 蛋的质量标准和质量鉴定

1. 蛋的质量指标

蛋的质量指标是各级生产企业和经营者对鲜蛋进行质量鉴定和评定等级的主要依据。衡量蛋的质量有以下指标。

(1)蛋壳状况

蛋壳状况是影响禽蛋商品价值的一个主要质量指标，主要从蛋壳的清洁程度、完整状况和色泽三个方面来鉴定。质量正常的鲜蛋，蛋壳表面应该清洁，无禽粪，未粘有杂草及其他污物；蛋壳完好无损，无碗窝，无裂纹及流清等；蛋壳的色泽应当是各种禽蛋所固有的色泽，表面无油光发亮等。

(2)蛋的形状

蛋的形状常用蛋形指数来表示。标准禽蛋的形状应为椭圆形，蛋形指数应在 1.3~1.35。蛋形指数大于 1.35 者为细长型，小于 1.30 者为近似球形，这两种形状的蛋在储运过程中极易破伤，所以在包装分级时，要根据情况区别对待。

(3)蛋的质量

蛋的质量除与蛋禽的品种有关外，还与蛋的储存时间有较大关系。不同质量的蛋，其蛋壳、蛋白和蛋黄的组成比例也不同，随着蛋重增大，蛋壳和蛋白比例相应增大，而蛋黄比例则基本稳定，在蛋制品工业中选择原料时要充分重视这一点。

(4)蛋的相对密度

蛋的相对密度与质量大小无关，而与蛋类存放时间长短、饲料及产蛋季节有关。鲜蛋的相对密度一般在 1.060~1.080 之间。若低于 1.025，则表明蛋已陈腐。

（5）蛋白状况

蛋白状况是评定蛋的质量优劣的重要指标。可用灯光透视和直接打开两种方法来鉴定。质量正常的蛋,其蛋白状况应当是浓厚蛋白含量多,占全部蛋白的 50% ~60% ,无色、透明、有时略带淡黄绿色。灯光透视时,若见不到蛋黄的暗影、蛋内透光均衡一致,则表明浓厚蛋白较多,蛋的质量优良。

（6）蛋黄状况

蛋黄状况也是表明蛋的质量重要指标之一。可以通过灯光透视或打开的方法来鉴定。灯光透视时,以看不到蛋黄的暗影为好,若暗影明显且靠近蛋壳,表明蛋的质量较差。蛋打开后,常测量蛋黄指数(蛋黄高度与蛋黄直径之比)来判定蛋的新鲜程度。新鲜蛋的蛋黄几乎是半球形,蛋黄指数在 0.40 ~0.44;存放很久的蛋,其蛋黄是扁平的。蛋黄指数小于 0.25 时,蛋黄膜则极易破裂,出现散黄。合格蛋的蛋黄指数在 0.3 以上。

（7）蛋内容物的气味和滋味

质量正常的蛋,打开后只有轻微的腥味,而不应当有其他异味。煮熟后,气室处无异味,蛋白色白无味,蛋黄味淡而有香气。若打开后能闻到臭气味,则是轻微的腐败蛋。严重腐败的蛋可以在蛋壳外面闻到由内容物成分分解的氨及硫化氢的臭气味。

（8）系带状况

质量正常的蛋,其系带粗白而有弹性,位居蛋黄两侧,明显可见。如变细并与蛋黄脱离,甚至消失时,表明蛋的质量降低,易出现不同程度的黏壳蛋。

（9）胚胎状况

鲜蛋的胚胎应无受热或发育现象。未受精蛋的胚胎在受热后发生膨大现象,受精蛋的胚胎受热后发育,最初产生血环,最后出现树枝状的血管,形成血环蛋或血筋蛋。

（10）气室状况

气室状况是评定蛋质量的重要因素,也是灯光透视时观察的首要指标。鲜蛋的气室很小,随气室高度(或深度)的增大,蛋的质量也相应地降低。

（11）微生物指标

微生物指标是评定蛋的新鲜程度和卫生状况的重要指标。质量优良的蛋应当无霉菌和细菌的生长现象。

在进行禽蛋质量评定和分级时,要对上述各项指标进行综合分析后,才能作出正确的判断和结论。

2. 蛋的质量鉴定

质量鉴定是禽蛋生产、经营、加工中的重要环节之一,直接影响到商品等级、市场竞争力和经济效益等。目前广泛采用的鉴定方法有感官鉴定法和光照鉴定法,必要时,还可进行理化和微生物学检验。

（1）感官鉴定

主要是凭借检验人员的技术经验,靠感官,即眼看、耳听、手摸、鼻嗅等方法。以外观来鉴别蛋的质量,是基层业务人员普遍使用的方法。

①看。用肉眼观察蛋壳色泽、形状、壳上膜、蛋壳清洁度和完整情况。新鲜蛋蛋壳比较粗糙,色泽鲜明,表面干净,附有一层霜状胶质薄膜;如果表皮胶质脱落,不清洁,壳色油亮或发乌发灰,甚至有霉点,则为陈蛋。

②听。通常有两种方法:一是敲击法,即从敲击蛋壳发出的声音来判断蛋的新鲜程度,有

无裂纹、变质及蛋壳的厚薄程度。新鲜蛋掂到手里沉甸甸的,敲击的时候声音坚实,清脆似碰击石头;裂纹蛋发声沙哑,有啪啪声;大头有空洞声的是空头蛋,钢壳蛋发声尖细,有"叮叮"的响声。二是振摇法,即将禽蛋拿在手中振摇,有内容物晃动响声的则为散黄蛋。

③嗅。嗅是用鼻子嗅蛋的气味是否正常。新鲜鸡蛋、鹌鹑蛋无异味,新鲜鸭蛋有轻微腥味;有些蛋虽然有异味,但属于外源污染,其蛋白和蛋黄正常。

（2）光照透视鉴定

光照透视鉴定是利用禽蛋蛋壳的透光性,在灯光透视下观察蛋壳结构的致密度、气室大小,蛋白、蛋黄、系带和胚胎等特征,对禽蛋进行综合品质评价的一种方法。该方法准确、快速、简便,是我国和世界各国鲜蛋经营和蛋品加工时普遍采用的一种方法。

灯光透视法一般分为手工照蛋和机械照蛋两种。

在灯光透视时,常见的有以下几种情况。

①鲜蛋。蛋壳表面无任何斑点或斑块;蛋白完全透明,呈橘红色;气室极小,深度在 5 mm内,略微发暗,不移动;蛋清浓厚澄清,无杂质;蛋黄居中,蛋黄膜包裹得紧,呈现朦胧暗影;蛋转动时,蛋黄亦随之转动;胚胎不易看出;无裂纹,气室固定,无血丝、肉斑、异物。

②破损蛋。破损蛋指在收购、包装、储运过程中受到机械损伤的蛋。包括裂纹蛋、硌窝蛋、流清蛋等。这些蛋容易受到微生物的感染和破坏,不适合储藏,应及时处理,或可以加工成冰蛋品等。

③陈次蛋。陈次蛋包括陈蛋、靠黄蛋、红贴松花蛋、热伤蛋等。

存放时间过久的蛋叫陈蛋。透视时,气室较大,蛋黄阴影较明显,不在蛋的中央,蛋黄膜较松弛,蛋白稀薄。

蛋黄已离开中心,靠近蛋壳叫靠黄蛋。透视时,气室增大,蛋白更稀薄,能很明显地看到蛋黄暗红色的影子,系带松弛、变细,使蛋黄始终向蛋白上方浮动而成靠黄蛋。

靠黄蛋进一步发展就成为红贴松花蛋。透视时,气室更大,蛋黄有少部分贴在蛋壳的内表面上,且在贴皮处呈红色,因此称红贴松花蛋。

禽蛋因受热较久,导致胚胎虽未发育,但已膨胀者称为热伤蛋。透视时,可见胚胎增大但无血管出现,蛋白稀薄,蛋黄发暗增大。

④劣质蛋。常见的主要有黑贴松花蛋、散黄蛋、霉蛋和黑腐蛋四种。

红贴松花蛋进一步发展而形成黑贴松花蛋。灯光透视时,可见蛋黄大部分贴在蛋壳某处,呈现较明显的黑色影子,因此叫做黑贴松花蛋。其气室较大,蛋白极稀薄,蛋内透光度大大降低,蛋内甚至出现霉菌的斑点或小斑块。内容物常有异味。这种蛋已不能食用。

蛋黄膜破裂,蛋黄内容物和蛋白相混的蛋统称为散黄蛋。轻度散黄蛋在透视时,气室高度、蛋白状况和蛋内透光度等均不定,有时可见蛋内呈云雾状;重度散黄蛋在透视时,气室大且流动,蛋内透光度差,呈均匀的暗红色,手摇时有水声。

透视时蛋壳内有不透明的灰黑色霉点或霉块,有霉菌滋生的蛋统称为霉蛋。打开时,如蛋液内有较多霉斑,有较严重发霉气味者,则不可食用。

（3）理化鉴定

主要包括相对密度鉴定法和荧光鉴定法。

①相对密度鉴定法。相对密度鉴定法是将蛋置于一定相对密度的食盐水中,观察其浮沉横竖情况来鉴别蛋新鲜程度的一种方法。质量正常的新鲜蛋的相对密度在 1.08 ~ 1.09,若低于 1.05,表明蛋已陈腐。

②荧光鉴定法。荧光鉴定法是用紫外光照射,观察蛋壳光谱的变化来鉴别蛋新鲜程度的一种方法。质量新鲜的蛋,荧光强度弱,越陈旧的蛋,荧光强度越强,即使有轻微的腐败,也会引起发光光谱的变化,根据光谱变化可以判定蛋质量的好坏。

(4)微生物学检查法

发现有严重问题时,需深入研究。查找原因时,可进一步进行微生物学检查,主要鉴定蛋内有无霉菌和细菌污染现象,特别是沙门氏菌污染状况、蛋内菌数是否超标等。

3.1.2　蛋的储藏与保鲜

由于鲜蛋在储存中发生物理化学变化、生物化学变化、生理学变化以及微生物学变化,促使蛋内容物的成分分解、质量降低,甚至失去食用价值。因此,在储藏中要始终保持蛋的质量新鲜,就必须采用科学的储藏方法。

鲜蛋的储藏方法很多,有冷藏法、浸泡法,包括石灰石储藏法、水玻璃(泡花碱)溶液储藏法、涂布法(在蛋壳表面涂以石蜡、矿物油、树脂、合成树脂等涂料)、巴氏杀菌法、气体储藏法(包括用二氧化碳、氮气、臭氧等)。在这些储藏方法中,前三种方法适用于大批储藏,目前我国各地广泛采用。

1.冷藏法

(1)原理和优缺点

冷藏法的原理是利用低温(最低温度不低于-3.5 ℃)抑制微生物的生长繁殖和分解作用以及蛋内酶的作用,延缓鲜蛋内容物的变化,并减少干耗,使蛋在较长时间内保持蛋的质量新鲜。在保鲜、均衡方面有较大的作用。但由于冷库造价较高,容量有限,储藏成本相对高,其他环节(收购运输、中转、零售等)又缺乏冷藏设备,因此一般中小城市无法广泛采用。

(2)要求

①冷库消毒。一般采用一定浓度的漂白粉溶液喷雾消毒和乳酸熏蒸消毒,以消灭库内残存的微生物和虫害。

②严格挑选蛋。选择符合质量要求的鲜蛋入库,剔除破损蛋和劣质蛋等。

③鲜蛋预冷。鲜蛋在冷藏前必须经过预冷。若直接送到冷库,由于蛋的温度较高会导致库房温度上升;另外在蛋壳表面的冷热界面上水蒸气凝结成水珠,给霉菌生长创造了适宜环境。因此,必须在冷库附近设有预冷库。

④入库后的技术管理。

a.码垛须留有间隔。为了使冷库内的温湿度均匀和改善库内的通风条件,装蛋箱码垛必须保持库内通风适宜,装蛋箱不靠墙,之间要有一定空隙,各堆垛之间要留出间隔,便于通风和检查。

b.控制库内温湿度。冷库内温湿度控制是保证取得良好冷藏效果的关键。库房温度保持在-1 ℃左右(-1.5 ~ -0.5 ℃),但不能低于-3.5 ℃。否则会造成蛋液冻结,蛋壳破损而污染。温度要恒定,不可忽高忽低。库内相对湿度以85% ~ 88%为宜,因此必须定期检查库内温湿度。

c.定期检查鲜蛋的质量。目的在于了解鲜蛋进库、冷藏期间和出库前的质量情况,确定冷藏时间的长短,发现问题及时采取措施。

⑤坚持正确出库。应根据蛋的质量及入库时间等进行出库。出库时,应先将蛋放在特制

的房间内,使蛋的温度慢慢升高。否则,直接出库,会导致蛋壳表面上凝结水珠,俗称"出汗"。出汗蛋的壳上膜被破坏,易感染微生物而引起变质。因此,出库前的升温是十分必要的。

2. 浸渍法

(1)石灰水储藏法

①原理。石灰水可与蛋内呼出的二氧化碳生成不溶性的碳酸钙微粒,沉积在蛋壳表面,从而堵塞了气孔,导致蛋的呼吸作用减弱,二氧化碳在蛋内积聚,蛋白的 pH 值下降,这不仅对微生物的生长不利,而且二氧化碳可以抑制浓厚蛋白变稀作用;同时,石灰水表面吸收空气中的二氧化碳,可形成不透气的薄膜,把空气和溶液隔离,防止外界微生物侵入;此外,石灰水溶液呈强碱性,一般微生物不能在此溶液中生存。这样既防止蛋内水分的蒸发,避免干耗,又可阻止微生物侵入蛋内,防止腐败变质,达到久储不腐之目的。

②方法。100 kg 水加优质生石灰 1.5 ~ 3 kg。将洗净的缸或水泥池盛好规定量洁净的清水,然后投入石灰块,让其自行溶解后,用木棒搅拌使其呈均匀的饱和溶液,然后,捞去残渣,冷却备用。经挑选后的优质蛋,放入缸中,倒入过饱和石灰水溶液,超过蛋面。在 18 ~ 20 ℃ 的条件下,可保存 4 ~ 5 个月。

(2)泡花碱(水玻璃)储藏法

①原理。泡花碱也称硅酸钠,通常为白色,溶液黏稠、透明、易溶于水,呈碱性反应。因溶于水后呈黏稠状透明体,因此商业上称水玻璃。水玻璃通常为 Na_2SiO_3 与 K_2SiO_3 的混合溶液。

禽蛋浸泡于上列溶液中后,黏稠物附于蛋壳表面,闭塞气孔,抑制了蛋的呼吸作用,延缓了蛋内成分的变化。且因溶液呈强碱性反应有杀菌作用,可以防止微生物侵入蛋内。

②方法。我国多采用 3.5 ~ 4.0 °Bé 的水玻璃溶液,储藏鲜蛋。而目前生产供应的水玻璃溶液浓度有 56、52、50、45、40 等五种。因此,原溶液必须加以稀释后方可使用。

浸泡时先将照检后的优质蛋装入缸(池)中,至距缸(池)面 5 ~ 10 cm 处,然后倒入配好的泡花碱溶液。储藏室温度应控制在 20 ℃ 以下,溶液温度不高于 18 ℃。浸泡过程中,如发现破壳蛋、上浮蛋,应及时捞出,以防影响其他蛋的质量。

经水玻璃储存后的鲜蛋,出售前必须用水将蛋壳表面的水玻璃洗去,否则蛋壳黏结,易造成破裂,增加损失。此外,储后蛋壳色泽较差。

3. 涂布法

上述几种禽蛋保鲜储藏方法,虽然有实用价值和效果,但有的成本过高,有的对质量、风味影响较大,而且都需要有一定的设备条件。此外,由于我国蛋的来源较为分散,运输时间过长,有的地区,从产地到销售或储藏点需要半个月以上的时间。上述这些方法都不能在产蛋后立即储存,因此蛋的变质损耗率高达 8% ~ 13%。目前的研究趋向于常温涂膜法保鲜,这种方法不需要大型设备,投资小,见效快,具有较大的经济价值。此外,由于操作简便,不仅适用于个体专业户对新生蛋及时手工涂膜,也适用于大型机械化涂膜。机械化养禽场,还可以采用收集、涂膜、包装一条龙的生产线,故为目前较好的禽蛋保鲜法。

(1)涂布法的原理

涂布法或涂膜法,是采用各种被覆剂涂布在蛋壳表面上,闭塞蛋壳上的气孔,防止蛋内二氧化碳的逸散和延缓蛋内的变化,也能阻止微生物的侵入。

（2）涂膜剂的种类

据报道，目前所使用的涂膜剂不下 100 种，按来源可分为以下几类。

①化工产品。液体石膜、偏氯乙烯、聚乙烯醇、醋酸聚乙烯、凡士林树脂等。

②油脂类菜子油、棉籽油等。

③可食性物质及其复合材料磷脂、软骨素、酪朊酸钠、果胶、糊精等。

④复合型涂膜剂。如混合型涂膜剂、树脂型涂膜剂等。

不论采用何种涂膜剂，必须注意以下几点：一是保鲜性，涂膜剂质地致密、附着力强，吸湿性小；二是经济性，使用价值低，材料易得，加工方便的涂膜剂；三是安全性，涂膜剂原料必须对人体无毒无害，无任何毒副作用。

（3）涂膜方法

被覆剂的涂布方法有浸渍法和喷淋法两种。大量的多采用喷淋法，但必须先了解蛋壳气孔的大小及其分布情况。还应注意的是被覆剂易往蛋内渗透。

涂膜法的储藏效果与蛋的新鲜度有直接关系，因为蛋的存放时间对 HU（哈夫单位）和水分的减少有比较明显的影响。近年来，我国北方一些地区开始采用液体石蜡涂膜法储藏鲜蛋，由于液体石蜡毒性小，酸败腐蚀也较小，取得了较好的储藏效果。

3.2　再制蛋的加工

再制蛋是以不去壳的新鲜禽蛋经过一系列的加工，以保持或基本保持原形而内容物已发生变化的蛋制品。如松花蛋、咸蛋、糟蛋及其他多味蛋等。

3.2.1　松花蛋

松花蛋又称皮蛋、变蛋、彩蛋和泥蛋等，是我国劳动人民发明的，世界上独特的产品，有着悠久的生产历史。

松花蛋去壳后，蛋白透明光亮，呈棕褐色或茶色，又有镶嵌在其中的松花花纹，美丽悦目，食之清凉可口，风味独特，营养丰富，每 100 g 可食松花蛋中，氨基酸总量高达 32 mg，为鲜鸭蛋的 11 倍，而且氨基酸种类多达 20 种，在人体内更容易消化吸收。因此深受国内外消费者喜爱。

1. 松花蛋加工的基本原理

松花蛋形成的基本原理是蛋白质遇碱发生变性而凝固。加工松花蛋中使用的生石灰与纯碱反应生成氢氧化钠，能使蛋白质的分子结构受到破坏而发生变性。蛋白部分形成具有弹性的凝胶体；蛋黄部分则因为蛋白质变性和脂肪皂化而形成凝固体。此外，松花蛋形成中，由于微生物和各种酶的作用，一部分蛋白质水解形成氨基酸，部分氨基酸继续发生变化生成氨和硫化氢，使松花蛋具有独特的风味。同时硫化氢与蛋黄中一些金属离子如铁等结合产生黑色的硫化铁，再混杂了蛋黄中的各种色素而形成墨绿色、黄绿色等各种色泽；蛋白中的氨基酸与糖类在碱性环境中产生美拉德反应，使蛋白形成棕褐色；成品表面的松花则是由于蛋白质分解产物和盐类的混合物形成结晶的缘故。

2. 原、辅料的选择

（1）原料蛋的挑选

加工松花蛋的原料是鸭蛋，也可以用鸡蛋或其他禽蛋。原料蛋的新鲜度是决定松花蛋质量的一个重要因素。加工优质的松花蛋,必须严格把住原料蛋的质量关。为此,加工前,须对原料进行感官鉴别、照蛋、敲蛋、分级,以剔除不合格蛋,选择优质的鲜蛋作为原料。

(2)辅料的选择

鲜蛋变成松花蛋是各种材料相互配合、综合作用的结果。材料质量的优劣直接影响松花蛋的质量和商品价值,为此,应按照松花蛋加工要求的标准选用辅料,来确保松花蛋的质量。常用的辅料有以下几种:

①纯碱。纯碱的学名叫无水碳酸钠,俗称食碱、大苏打等。纯碱是加工松花蛋的主要材料之一,其作用是和生石灰生成氢氧化钠,使蛋内的蛋白和蛋黄发生胶状凝固,为保证松花蛋的质量,应选购优质、色白的粉末状纯碱,碳酸钠的质量分数在96%以上。

②生石灰。生石灰的学名叫氧化钙,俗称石灰、煅石灰等。其作用是和纯碱生成氢氧化钠。氢氧化钠可使蛋白和蛋黄变性凝固。应选择色白、体轻、块大、无杂质、加水后能产生强烈气泡且能迅速由大块变为小块,直至成为白色粉末者,有效氧化钙的质量分数不应低于75%。为了保证碱液浓度,所用生石灰必须是未经受潮的或不是长期露天放置的。

③食盐。食盐的作用是减弱辛辣味,改善风味,抑制有害微生物的生长繁殖,促进蛋内容物收缩、离壳。一般以料液中含3%~4%的海盐为宜。

④茶叶。加工松花蛋使用茶叶,一是增加松花蛋的色泽;二是改善松花蛋的风味,减缓辛辣味;三是茶叶中的单宁能促使蛋白凝固。以红茶为好,受潮或发生霉变的茶叶严禁使用。

⑤黄丹粉。黄丹粉的学名叫氧化铅,俗称金生粉、黄铅粉。主要作用如下:

a. 调节碱液深入蛋内的速度(前期促进,后期抑制)。

b. 加深松花蛋色泽。

c. 铅能引起蛋白质变性。这一变性与蛋白质的碱变性起协调作用,使蛋白质凝固较坚实而保持适中的硬度,使松花蛋容易脱壳。铅是一种对人体有害的重金属,如在人体中积累,会造成慢性中毒。国家卫生标准中规定松花蛋含铅量不得超过 3 mg/kg。目前以锌、铜代替铅的无铅工艺已用于工业化生产。

⑥植物灰。以桑树、油桐树和柏树枝、豆秸等烧成的灰为好。其作用是:植物灰中含有各种矿物质和芳香物质,这些物质能改善松花蛋的品质和风味;植物灰中含有碱,可加速鲜蛋向松花蛋的转化。植物灰的使用量,应根据植物的种类而定,因不同植物的灰含碱量不同。

⑦水。加工松花蛋的各种材料,按配方标准称好后,需要加水配成溶液或调成糊状才能发生化学反应。为保证松花蛋的质量和卫生,使用的水质要符合国家卫生标准。通常要求用沸水来调配,这样一是能杀死水中的致病菌;二是能使混合物料更快地分解和融合,从而生成新的具有较强效力的料液,以加快对鲜蛋的化学作用,促进松花蛋的成熟。

⑧其他。指黄土、稻壳、锯末等材料,黄土是一种黏结性的物质,它能将各种物质胶合在一起,起触媒作用。稻壳或锯末,贴附在黄土泥层表面。其作用是:一是防止松花蛋与松花蛋表层泥土的相互黏结;二是防止松花蛋表面泥层开裂。

3. 松花蛋的加工方法

松花蛋的加工方法很多,但各种方法大同小异,所用材料基本相同,概括起来有:浸泡包泥法、包泥法(加工硬心松花蛋)及浸泡法(加工溏心松花蛋)。

(1)浸泡包泥法

浸泡包泥法即先用浸泡法腌制成溏心松花蛋,再用含有汤料的泥巴包裹、装箱、密封保存的方法。这是我国北方常用的加工方法,很适合于加工出口松花蛋。

其工艺流程如图3.1所示。

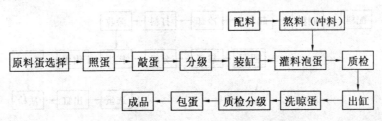

图3.1　浸泡包泥法加工松花蛋的工艺流程

工艺操作要点：

①料液的配制。配料标准随地区和季节的不同而有所差异,要求生石灰和纯碱的用量有所不同。由于夏季的鸭蛋不及春、秋季的质量高,蛋下缸后不久,蛋黄就会上浮、变质,因此生石灰和纯碱的用量要适当加大,从而加速松花蛋的成熟。

一般料液的配方是:鸭蛋100 kg(大约800枚),生石灰10~12.5 kg,纯碱3.25~3.75 kg,食盐2~2.5 kg,红茶1.5~2.0 kg,硫酸锌125~150 g或硫酸铜200~250 g,开水50 L。

配料方法:先将纯碱、茶叶末放在缸底后,把开水倒入缸中,随即放入碾细过筛的硫酸锌或硫酸铜,充分搅拌后再分批投入生石灰,最后加入食盐,搅拌均匀,凉后待用。

②装缸与灌料。将经过挑选的原料蛋横放在缸内,最上层应离缸口15 cm左右,以便封缸。蛋下缸后,上面放一竹笆,并压上适当重物,以防灌料时蛋上浮。

将冷却至25 ℃左右的料液充分搅拌,徐徐沿缸壁灌入缸内,直至蛋全部被料液淹没为止。灌料后记录缸号、蛋数、日期、料液浓度、预计出缸日期等,以方便检查。

③成熟。灌料后即进入腌制过程,腌制开始至松花蛋成熟,这一阶段的技术管理工作关系到成品质量的好坏。首先是严格掌握室内和缸内的温度,一般控制在20~24 ℃之间。灌料数天后,室内温度可提高到25~27 ℃,以便加速料液向蛋内渗透,促进成熟。待浸渍15 d左右,温度可稍降低,以减缓料液进入蛋内,使变化过程缓和。其次是勤观察,勤检查。一般要进行3次重点检查,第一次检查在鲜蛋装缸后5~6 d(夏天,25~30 ℃)或7~10 d(冬天,15~20 ℃)进行;第二次检查一般在装缸后20 d左右,进行少量抽查;第三次检查是在装缸后30 d左右进行,以确定出缸时间。

④出缸与检验。鸭蛋经抽样检验成熟后,便可出缸,用凉开水冲洗干净晾干后,进行品质检验。

⑤涂泥包糠。松花蛋出缸后要及时进行涂泥包糠,其作用是:第一,保护蛋壳以防破损,因为鲜蛋经过浸泡后,蛋壳变脆易破损。第二,延长保存期,防止松花蛋接触空气而变黄,以及污染细菌而变质。第三,促进松花蛋后熟,增加蛋白硬度,尤其对因高温需提前出缸而蛋白尚软、溏心软大的松花蛋,更需涂泥包糠。

用松花蛋出缸后的残料,加经过干燥、粉碎、过筛的细黄泥调成浓厚糨糊状包在松花蛋外面,再敷上一层稻糠,以便于储存。

⑥装箱、储存。包好泥的蛋要迅速装箱、密封,以保持包料湿润,不致干裂脱落,然后入库储存。储存期取决于加工季节,春秋期加工的不得超过4个月,夏季加工的不得超过2个月。

(2)包泥法

包泥法即直接用料泥包裹鲜蛋,再经滚稻壳后装缸密封,待成熟后储存的方法。用此方法,蛋的收缩凝固缓慢,成熟期长,适于长期储存。

其工艺流程如图3.2所示。

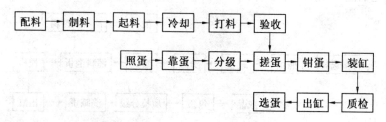

图3.2　包泥法加工松花蛋的工艺流程

工艺操作要点如下:

①料泥的配制。包泥法适于春、秋两季生产,不同地区不同季节其配方略有差异,参考配方如下:生石灰6 kg,纯碱1.2~1.6 kg,食盐1.5~1.7 kg,红茶末0.8~1.0 kg,草木灰15 kg,开水20~24 L,鸭蛋1 000枚。

制料时先将红茶末放入锅内,加水煮沸,再将石灰投入茶叶内,等石灰与之作用达80%左右时,加入纯碱食盐。当石灰全部和用后,把杂质和石灰渣除去,并按量补足石灰。将植物灰倒进搅拌机内,再将含碱、盐、石灰的茶叶倒入,开动机器搅拌均匀后,取出倾倒在地上,平摊厚度为10 cm左右,并用铁铲划成30 cm见方的小块,冷却后待用。

将冷却好的料泥,投入打料机内打料数分钟,待料泥发黏,即可送往搓蛋房待用。

②搓、钳蛋。取蛋一枚,料泥30~35 g,用双手合搓之,使蛋身裹满料泥,应力求料泥均匀一致,防止厚落不匀和露壳现象。搓好后轻抛在稻糠里,使蛋粘满稻壳后,用竹夹钳到缸内排列。

③封缸。缸装满后送往仓库,用塑料薄膜封口,贴上标签,在17~25 ℃的温度下放置,使其成熟。

④抽样检查。第一次抽查时间,春秋季(室温15~21 ℃)在第5~6天,冬季(室温5~10 ℃)在第22天,夏季(室温26~35 ℃)在第9天。在蛋接近成熟时,要经常抽样检查,春季约60~70 d,秋季约70~80 d即可出缸。

⑤选蛋包装。包泥蛋因不能直接透视观察,常用"一观,二掂,三摇,四敲,五弹,六品尝"的方法进行鉴定。将包泥完整、稻壳金黄、料泥湿润不干燥、无霉变蛋壳、无破损的蛋,装箱储藏或销售。

(3)氢氧化钠无铅溏心松花蛋

形成松花蛋的主要因素是氢氧化钠,因此可用烧碱代替纯碱和石灰。烧碱的水溶液没有碳酸钙沉淀,可利用料液自流实现浸泡过程机械化。但用此方法加工松花蛋时,由于料液渗入蛋内较快,松花蛋形成也较快,在短时间内松花蛋的碱味很浓,因此必须经过适当时间的后熟才能食用。

①配方。烧碱2.5~2.7 kg,食盐1.5~2.0 kg,红茶末1.5 kg,硫酸锌或硫酸铜180~250 g,开水50 L,鲜鸭蛋50 kg。

②料液配制。将红茶末加水煮沸,滤渣取汁,冷却后加入烧碱、食盐、硫酸锌或硫酸铜,使其全部溶解待用。

③装缸灌料。将挑选的鸭蛋洗净晾干后放入缸内,最上层距缸口约15 cm,用竹篦压住蛋面,以防止料液灌入后蛋上浮。装缸后即灌液,灌至蛋全部淹没为度,缸品密封。

④浸泡管理。浸泡期间,室温保持在 20～25 ℃,一般经过 20～25 d 便形成松花蛋。具体的出缸时间,要视松花蛋成熟情况而定。

⑤涂泥包糠。松花蛋经检查基本成熟,便将蛋从缸内取出,用冷开水冲掉蛋壳上的污物,然后包泥。

3.2.2　咸蛋

咸蛋又称盐蛋、腌蛋、味蛋等,是一种风味独特、食用方便的再制蛋。咸蛋的生产极为普遍,全国各地均有生产,其中尤以江苏高邮咸蛋最为著名,个头大且具有鲜、细、嫩、松、沙、油六大特点。用双黄蛋加工的咸蛋,色彩更美,风味别具一格。因此,高邮咸蛋除了供应国内各大城市外,还远销我国港澳地区和东南亚各国,驰名中外。

咸蛋主要用食盐腌制而成。腌制咸蛋的用盐量,因地区、习惯不同而异。使用高浓度的盐溶液时,渗透压大,水分流失快,味过咸而口感不新鲜;用盐量低于 7% 则防腐能力较差,同时,浸渍时间延长,成熟期推迟,营养价值降低。若以蛋的质量计,用盐量一般在 10% 左右,可根据当地习惯适当调整。

1. 咸蛋的腌制原理

鲜蛋经腌制后成为具有可口滋味的咸蛋,主要是食盐作用的结果。食盐溶液具有较高的渗透压,鲜蛋在食盐溶液中的腌制过程,就是食盐通过蛋壳和壳膜向蛋内渗透和扩散的过程。在腌制过程中食盐的主要作用如下:

①食盐具有防腐作用,能抑制细菌的活动。这是因为盐分渗透到蛋内容物的汁液中所形成的盐溶液产生很大的渗透压,能够将细菌细胞内的水分渗出,细菌细胞因大量失水,使原生质萎缩,而导致质壁分离。同时,由于腌制时,蛋内的部分水分被脱出,使蛋内的水分含量降低,也可抑制细菌的生命活动。

②食盐可降低蛋内蛋白酶的活性和降低细菌产生蛋白酶的能力,从而延缓了蛋的腐败变质。

2. 原材料的选择

(1)原料蛋

加工咸蛋的原料主要为鸭蛋,有的地方也用鸡蛋或鹅蛋来加工,但以鸭蛋最好,因鸭蛋黄中的脂肪含量较多,产品质量风味最好。

(2)食盐

食盐是咸蛋加工的主要辅料,加工用食盐符合食用食盐的卫生标准,要求白色、咸味、无可见的外来杂物,无苦味、涩味、无臭味。氯化钠质量分数在 96% 以上。

(3)黄泥和草灰

这两种辅料主要是用来和食盐调成泥料或灰料,使其中的食盐能够长期且均匀地向蛋内渗透,同时有一定的隔离作用,防止微生物向蛋内侵入,也有助于防止咸蛋在储运、销售过程中的破损。

(4)水

加工咸蛋使用的水,应是符合饮用标准的净水,采用开水、冷开水以保证产品质量。

3. 咸蛋的加工方法

咸蛋的加工方法很多,主要有草灰法、盐泥涂布法和浸泡法等。

(1)草灰法

草灰法又分为提浆裹灰法和灰料包蛋法两种。

①提浆裹灰法。提浆裹灰法是我国出口咸蛋较多采用的加工方法。

其一般工艺流程如图3.3所示。

图3.3　提浆裹灰法加工咸蛋的工艺流程

工艺操作要点如下：

a.配方(1 000枚蛋)。稻草灰15~25 kg,食盐5~7 kg,清水13~15 kg。

配料标准要根据内外销、加工季节和南北方口味等不同而适当调整。

b.打浆。打浆时要先将食盐溶于水,再将草灰加入,用打浆机打搅成不流、不成块、不成团下坠、放入盘内不起泡的不稀不稠灰浆,过夜后即可使用。

c.提浆。提浆是将挑选好的原料蛋,在经过静置搅熟的灰浆内翻转一下,使蛋壳表面均匀地粘上一层2 mm厚灰浆。

d.裹灰。裹灰是将提浆后的蛋尽快在干燥草灰内滚动,使其粘上2 mm厚的干灰。如过薄,则蛋外灰料发湿,容易导致蛋与蛋的粘连;如过厚,则会降低蛋壳外灰料中的水分,影响成熟时间。

e.捏灰。裹灰后还要捏灰,即用手将灰料紧压在蛋上。捏灰要松紧适宜,滚搓光滑,无厚薄不均匀或凸凹不平现象。捏灰后的蛋即可点数入缸或装篓。用此法腌制的咸蛋,夏季20~30 d,春季40~50 d即成。

②灰料包蛋法。配方(1 000枚蛋):食盐3.5~4 kg,稻草灰50 kg,清水适量。

将食盐用清水溶解后,加入稻草灰中,充分搅拌使灰料形成团块;将选好的蛋洗净晾干后,用灰料均匀地逐个包裹,然后放入缸内,夏季约15 d,春秋季约30 d,冬季30~40 d即可腌成咸蛋。

(2)盐泥涂布法

盐泥涂布法是用食盐和黄泥加水调成泥浆,然后涂布、包裹鲜蛋来腌制咸蛋。

配方(1 000枚蛋):食盐6~7.5 kg,干黄土6.5 kg,清水4~4.5 kg。将食盐放在容器内,加水使其溶解,再加入搅碎的干黄土,等黄土充分吸水后调成糊状的泥料;然后将挑选好的鸭蛋放于调好的泥浆中,使蛋壳上全部粘满盐泥后,点数入缸或装箱。夏季25~30 d,春秋季30~40 d即成。

用黄泥作辅料的咸蛋一般咸味较重,蛋黄松沙,油珠较多,蛋黄色泽比较鲜艳;而用草灰作辅料的咸蛋咸味稍淡,蛋白鲜嫩,但蛋黄穿心化油的程度不好,吃起来松沙感不强。

(3)浸泡法

浸泡法是将鸡蛋直接浸泡在盐水、泥浆或灰浆水中,使其成熟的一种腌制方法,是一种成熟速度较快的方法。包括盐水浸泡法和泥浆、灰浆浸泡法两种。

①盐水浸泡法。根据1 kg鲜蛋用1 kg盐水的原则,配制质量分数为20%的食盐水冷却待用。将挑选好的鲜鸭蛋,用冷开水洗净晾干,放入缸内,再用稀眼竹盖压住,然后灌入盐溶液,以能浸没蛋为止。夏季一般15~20 d,冬季30 d左右即可食用。

盐水浸泡腌蛋,方法简单,成熟快,用过的盐水再追加部分食盐后还可重复使用,成本也较低,尤其适合城乡居民和厂矿企业的食堂采用。

②泥浆、灰浆浸泡法。在20%的盐水中加入5%的干黄泥细粉或干稻草灰,搅拌调成稀浆状,然后进行泡蛋,其他工艺与盐水浸泡法相同,但其成熟时间稍长。

泥浆、灰浆浸泡咸蛋比盐水浸泡咸蛋的存放时间长,蛋壳不会出现黑斑,风味也有差别。

3.2.3 糟蛋

糟蛋是鲜鸭蛋经酒糟糟渍而成的蛋制品,根据加工方法可分为生蛋糟蛋和熟蛋糟蛋,根据成品是否包有蛋壳分为硬壳糟蛋和软壳糟蛋。硬壳糟蛋一般是生蛋糟渍,软壳糟蛋则有熟蛋糟渍和生蛋糟渍两种。我国最为著名的糟蛋有浙江平湖糟蛋、四川宜宾糟蛋、河南的陕县糟蛋等。

1. 糟蛋加工的原理

糟蛋加工过程中,酒糟中的乙醇和乙酸等可使蛋白和蛋黄中的蛋白质发生变性和凝固,使蛋白呈乳白色或酱黄色的胶冻状,蛋黄呈橘红色或橘黄色的半凝固柔软状态,其原因是酒糟中的乙醇和乙酸含量不高,因此不致使蛋中的蛋白质发生完全变性和凝固。酒糟中的乙醇和糖类渗入蛋内。使糟蛋带有醇香味和轻微的甜味;酒糟中的醇类和有机酸渗入蛋内后在长期的作用下,产生芳香的酯类,使糟蛋具有浓郁的芳香气味。

蛋壳中的主要成分为 $CaCO_3$,遇到酒糟中的乙酸后产生容易溶解的醋酸钙,蛋壳变薄、变软,逐渐与壳内膜脱离而脱落,使乙醇等有机物更容易渗入蛋内。壳内膜主要是蛋白质,其结构紧密,微量的乙酸对这层膜不易产生破坏作用,因此壳内膜完整无损。酒糟和食盐还能杀灭抑制蛋中的微生物,特别是沙门菌,因此糟蛋可以生食。

2. 材料的选择

(1)原料蛋的选择

原料蛋要求使用蛋形正常、大小均匀、蛋壳完整的新鲜鸭蛋。

(2)糯米的要求

糯米是制糟的原料,其品质好坏直接影响酒糟的质量。要求颗粒饱满,整齐,色泽洁白,无异味,含淀粉多。

(3)酒药

酒药又名酒曲,是酿酒用的菌种。主要有毛霉、根霉、酵母及其他菌种。常用的酒药有绍药、甜药、糖药三种,目前加工糟蛋多采用绍药和甜药混合使用。

(4)食盐

加工糟蛋所用的食盐要符合国家卫生标准。

(5)水

符合国家饮用水卫生标准。

(6)红砂糖

加工叙府糟蛋使用红砂糖,应符合国家卫生标准。

3. 糟蛋的加工方法

(1)平湖糟蛋

平湖糟蛋工艺流程如图3.4所示。

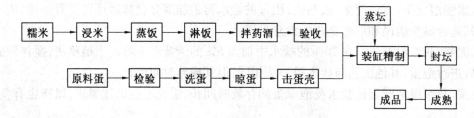

图 3.4 平湖糟蛋的加工工艺流程

工艺操作要点如下：

a.酿酒制糟。100 枚蛋用糯米 9.0~9.5 kg,糯米清洗,12 ℃浸泡 24 h 后蒸熟,以出饭率 150% 左右为宜。用冷水浇淋使米饭冷却至 28~30 ℃,撒上预先研成细末的酒药后搅拌均匀 (100 kg 米加白酒药 320~440 g,甜酒药 120~200 g),保温。经 20~30 h,温度达 35 ℃即可出酒酿,14 d 后乙醇质量分数达到 15% 左右,方可供制糟蛋用的品质优良的色白、味香、少甜的酒糟。

b.洗蛋、击壳。将清洗干净的鸭蛋击破蛋壳。但要保证破壳而膜不破。击蛋破壳是平湖糟蛋加工的特有工艺,其目的是在糟渍过程中使醇、酸、糖等物质易于渗入蛋内,并使蛋壳易于脱落和蛋身膨大。

c.装坛、封坛。将酿制成熟的酒糟 4 kg(底糟)铺于经蒸汽消毒的糟蛋坛底,将击破蛋壳的蛋大头朝上插入糟内,再放酒糟 4 kg,放入第二层蛋。一般第一层放蛋为 50 多枚。第二层放 60 多枚,每坛放两层共 120 枚。第二层排满后,再用 9 kg 酒糟摊平盖面,均匀地撒上 1.6~1.8kg 食盐后封坛,标明日期、蛋数、级别,以方便检验。

d.成熟。糟蛋的成熟期为 4.5~5.0 个月。成熟的平湖糟蛋的蛋壳大部分脱落,或虽有部分附着,只要轻轻一剥即可脱落。蛋白呈乳白胶冻状,蛋黄呈橘红色的半凝固状。

（2）叙府糟蛋

叙府糟蛋加工用的原辅料、用具和制糟与平湖糟蛋大致相同,但其加工方法与平湖糟蛋略有不同。

①鸭蛋预处理。选蛋、洗蛋和击破蛋壳同平湖糟蛋加工。

②配料 150 枚鸭蛋、甜酒糟 7 kg,68 度酒 1 kg,红砂糖 1 kg,陈皮 25 g,食盐 1.5 kg,花椒 25 g。

③装坛。以上配料混合均匀后（除陈皮、花椒外）,将 1/4 铺于坛底,将击破壳的鸭蛋 40 枚,大头朝上,竖立在糟中,再加入甜糟 1/4,铺平后再放入鸭蛋 70 枚左右。加 1/4 甜糟,放入其余的鸭蛋 40 枚,最后加入剩下的甜糟,封口,在室温下存放。

④翻坛去壳。在室温下糟渍 3 个月左右,将蛋翻出,逐枚剥去蛋壳,注意切勿将壳内膜剥破,这时的蛋成为无壳的软壳蛋。

⑤白酒浸泡。将剥去壳的蛋放入缸内,加入高度白酒（每 150 枚约需 4 kg 左右）,浸泡 1~2 d 至蛋白与蛋黄全部凝固,蛋壳膜稍膨胀而不破裂。

⑥加料装坛。取出白酒浸泡过的蛋装入坛内时,在原有的酒糟和配料中再加入红糖 1 kg、食盐 0.5 kg、陈皮 25 g、花椒 25 g、熬糖 2 kg(红糖 2 kg,加适量的水,煎成拉丝状冷却后加入坛内),充分搅拌,一层糟一层蛋装坛,密封。

⑦再翻坛。成熟 3~4 个月左右时,再次翻坛使糟蛋均匀糟渍,挑出次劣糟蛋,密封后继续成熟至 10~12 个月。成熟后的糟蛋蛋质软嫩,蛋膜不破,色泽红黄,气味芳香,可存放 2~3 年。

（3）硬壳糟蛋

①配方。鸭蛋 100 枚,绍兴酒酒糟 23 kg,食盐 1.8 kg,黄酒 4.5 kg(酒精质量分数 13% ~ 15%),菜油 50 mL。

②加工方法。将生糟放入缸内,封口保温发酵 20 ~ 30 d 至糟松软,将糟分批翻入另一缸内,边翻边加入食盐。酒糟捣烂,即可用来糟制鸭蛋。

鸭蛋洗净晾干后,一层糟一层蛋装坛,蛋面盖糟,撒食盐 100 g 左右,再滴加 50 mL 菜油后封口,储放,5 ~ 6 个月至蛋摇动时已不发出响声则为成熟。硬壳糟蛋加工期较平湖软壳糟蛋要长,而储存期也较平湖软壳糟蛋为长。

3.3　湿蛋制品的加工

鲜蛋由于蛋壳质量等多方面原因,不利于大批量储存、运输,影响了其工业化生产。将鲜蛋蛋壳去掉,进一步进行低温杀菌、加盐、加糖、蛋黄蛋白分离、冷冻、浓缩等处理,从而形成一系列加工蛋制品,称为湿蛋制品。

3.3.1　液蛋

1. 工艺流程

液蛋的加工工艺流程如图 3.5 所示。

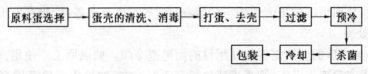

图 3.5　液蛋的加工工艺流程

2. 工艺操作要点

（1）原料蛋选择

用于液蛋加工的原料蛋必须新鲜、可食用、蛋壳坚实、无脏物等附着。通常在打蛋前先用照蛋器检查,发现有异常的蛋应除去。

（2）蛋壳的洗净和消毒

蛋壳上有大量微生物,是造成打蛋厂微生物污染的主要原因。为防止蛋壳上微生物进入蛋液内,需在打蛋前将蛋壳洗净并杀菌。

洗蛋通常在洗蛋室中进行。槽内水温应较蛋温高 7 ℃ 以上,可以避免洗蛋水被吸入蛋内;也可使蛋温升高,以使打蛋时蛋白与蛋黄容易分离,减少蛋壳的蛋白残留量,而提高蛋液的制成率。洗蛋水中加入洗洁剂或含有效氯的杀菌剂。

洗涤过的蛋上有还有很多细菌,因此必须进行消毒。常见的蛋壳消毒方法有三种:

①漂白粉溶液消毒法。洁壳蛋要求漂白粉溶液含效氯量 100 ~ 200 mg/kg,污壳蛋 800 ~ 1 000 mg/kg。使用时,将该溶液加热至 32 ℃ 左右,至少要高于蛋温 20 ℃,可将洗涤后的蛋在该溶液中浸泡 5 min,或采用喷淋方式进行消毒。

②氢氧化钠消毒法。通常用 0.4% NaOH 溶液浸泡洗涤后的蛋 5 min。

③热水消毒法。将清洗后的蛋在 78 ~ 80 ℃ 的热水中浸泡 6 ~ 8 min,杀菌效果良好。但此方法不易控制水温和杀菌时间,稍有不当,易发生蛋白凝固。经消毒后的蛋用温水清洗,然后迅速晾干。

（3）打蛋、去壳与过滤

如果是打蛋，蛋黄膜不应破裂，如出现蛋黄破裂应另作处理。

蛋内容物并非均匀一致，为使所得到的液蛋组织均匀，要将打蛋后的蛋液混合，这一过程是通过搅拌实现的。

过滤即除去碎蛋壳、蛋壳膜、蛋黄膜以及系带等杂物，同时也起到搅拌混合的作用。

（4）预冷

预冷是在预冷罐中进行的。蛋液在罐内冷却至 4 ℃ 左右即可。如不进行巴氏杀菌时，可直接包装。

（5）杀菌

蛋液的巴氏杀菌又称为巴氏消毒，是在最大限度保持蛋液营养成分不受损失的条件下，加热彻底消灭蛋液中的致病菌，最大限度地减少杂菌数的一种加工措施。

①全蛋的巴氏杀菌。我国一般采用的全蛋液杀菌温度 64.5 ℃，保持 3 min 的低温巴氏杀菌法。经过这样条件的杀菌，一般可以保持全蛋液在食品配料中的功能特性，从卫生角度，可以杀灭致病菌并减少蛋液内的杂菌数。

②蛋黄的巴氏杀菌。蛋液中主要的病原菌是沙门氏菌，该菌在蛋黄中的热抗性比在蛋清、全蛋液中高，由于蛋黄 pH 值低，沙门氏菌在低 pH 值环境中对热不敏感，并且蛋黄中干物质含量高，因此，蛋黄的巴氏杀菌温度要比全蛋液或蛋白液高。

③蛋清的巴氏杀菌。蛋清中的蛋白质更容易受热变性。添加乳酸和硫酸铝可以大大提高蛋清的热稳定性，从而可以对蛋清采用与全蛋液一致的巴氏杀菌条件，提高巴氏杀菌效果。

（6）杀菌后处理

①冷却。杀菌之后的蛋液需根据使用目的而迅速冷却。如供原工厂使用，可冷却至 15 ℃ 左右；若以冷却蛋或冷冻蛋出售，则需迅速冷却至 2 ℃ 左右，然后再充填至适当容器中。加盐或加糖液蛋则需在充填前先将液蛋移入搅拌器中，再加入一定量食盐（一般 10% 左右）或砂糖（5%～10%）予以搅拌溶解。

②充填、包装及输送。液蛋充填容器通常为 12.5～20 kg 的方形或圆形的马口铁罐，其内壁镀锌或衬聚附着乙烯袋。容器盖为广口，使其充取方便。

3.3.2　湿蛋黄

湿蛋黄是以蛋黄液为原料，加入不同的防腐剂制成的蛋制品。

湿蛋黄根据所用的防腐剂不同分为三种：以苯甲酸钠为防腐剂而制成的新粉盐黄；以硼酸为防腐剂制成的老粉盐黄；以甘油为防腐剂制成的蜜黄。我国目前生产的湿蛋黄制品主要是新粉盐黄和老粉盐黄。

1. 工艺流程

湿蛋黄的加工工艺流程如图 3.6 所示。

图 3.6　湿蛋黄的加工工艺流程

2. 工艺操作要点

（1）蛋黄的搅拌过滤

目的是割破蛋黄膜，使蛋黄液均匀，色泽一致，除去系带、蛋黄膜、碎蛋壳等杂质。搅拌可用搅拌器进行,过滤可用离心过滤器进行。

(2)加防腐剂

湿蛋黄中加入防腐剂的主要目的在于抑制细菌的繁殖,防止制品变质,延长湿蛋黄的储存期。

①湿蛋制品中常用的防腐剂。

a.加蛋黄液量 0.5% ~1.0% 的苯甲酸钠和 8% ~10% 的精盐,此为新粉盐湿黄。

b.加蛋黄液量 1% ~2% 的硼酸及 10% ~12% 的精盐,此为老粉盐湿黄。

c.蛋黄液中加 10% 的上等甘油者为蜜黄。

②加防腐剂的方法。根据蛋黄液量,计算加防腐剂量,同时可根据蛋液质量加入 1% ~4% 的水,边加边搅拌。

③静置、沉淀。加防腐剂后的蛋黄液应静置 3 ~5 d,使泡沫消失,精盐溶解,杂质沉淀。

(3)装桶

湿蛋制品是用长圆形木桶包装。木桶使用前必须洗净,消毒。然后将 60 ~65 ℃ 的石蜡涂于桶内壁,每桶装 100 kg。用木塞塞住桶口,加封密闭,送于仓库保存,库温不高于 25 ℃。

3.3.3 浓缩液蛋

液蛋的水分含量高容易腐败,故仅能在低温短时间储藏。为使液蛋方便运输或使其在常温下增加储藏时间,近年来出现浓缩液蛋。浓缩液蛋主要分为以下两种:

第一种,全蛋加糖或盐后浓缩使其含水量减少及水分活性降低,因而可在室温或较低温度下运输储藏。

第二种,将蛋白水分除去一部分,以减少其包装、储藏、运输费用的浓缩蛋白液。

1.浓缩液蛋的制造过程

浓缩液蛋的加工工艺流程如图 3.7 所示。

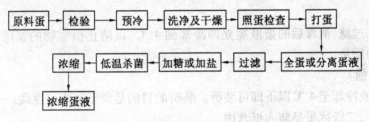

图 3.7 浓缩液蛋的加工工艺流程

2.浓缩蛋白

蛋白中含有 88% 水分,12% 固形物。目前,蛋白的浓缩利用反渗透法或超过滤法,一般将蛋白浓缩至含固形物为原来的 2 倍。经此浓缩的蛋白,其葡萄糖、灰分等低分子化合物有些与水一同透过膜而被除去。

3.浓缩全蛋、蛋黄

鸡蛋有热凝固特性,因此不能采用常用的加热浓缩方法,一般采用加糖浓缩方法。全蛋液在 60 ~70 ℃ 范围内开始凝固,而加糖后的全蛋液,其凝固温度会有相当的提高。当添加蔗糖的量为 50% 时,凝固温度为 85 ℃,添加蔗糖量为 100% 时,凝固温度上升到 95 ℃。浓缩后在 70 ~75 ℃ 温度下加热杀菌,然后在热状态下装罐密封。

在生产加糖浓缩蛋液时,加糖量必须适量。一般认为蔗糖率应高于 53.3% 而低于

72.7%,其最适量为66.7%。生产加糖浓缩蛋时,不能使用葡萄糖、果糖或其他混合物,因这些糖可使制品在长期储藏后颜色变黑。

加盐浓缩全蛋与加糖浓缩全蛋的加工工艺相同,一般加盐浓缩全蛋固形物的50%,其中食盐质量分数为9%。

3.3.4 冰蛋

冰蛋是鲜鸡蛋去壳、预处理、冷冻后制成的蛋制品。冰蛋分为冰鸡全蛋、冰鸡蛋黄、冰鸡蛋白以及巴氏消毒冰鸡全蛋,其加工原理、方法基本相同。

1. 工艺流程

冰蛋的加工工艺流程如图3.8所示。

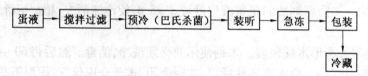

图3.8 冰蛋的加工工艺流程

2. 工艺操作要点

(1)搅拌、过滤

搅拌和过滤是冰蛋加工过程中的重要环节之一。搅拌可用搅拌器进行,以使蛋白和蛋黄混合均匀,从而保证成品组织状态的均匀一致。搅拌好后用过滤器进行过滤,以除去蛋液中的碎蛋壳、蛋壳膜、系带及杂质等。过滤器及用具,每隔4 h要消毒1次。

(2)蛋液的巴氏消毒

一般采用自动控制的巴氏消毒机,一般消毒温度为64.5~65.5 ℃,时间为3 min,可杀死99%的细菌,沙门氏菌可全部杀死。

(3)预冷

经过搅拌、过滤、消毒后的蛋液需立即冷却到4 ℃,以防止微生物的繁殖,并缩短冻结时间,保证制品的质量。

(4)装听(桶)

杀菌后蛋液冷却至4 ℃以下即可装听。装听的目的是便于速冻与冷藏。一般优级品装入马口铁听内,一、二级冰蛋品装入纸盒内。

(5)急冻

蛋液装听后,送入急冻间,并顺次排列在氨气排管上进行急冻。放置时听与听之间要留有一定的间隙,以利于冷气流通。冷冻间温度应保持在-20 ℃以下。冷冻36 h后,将听(桶)倒置,使听内蛋液冻结实,以防止听身膨胀,并缩短急冻时间。在急冻间温度为-23 ℃以下,速冻时间不超过72 h。听内中心温度应降到-18 ℃~-15 ℃,方可取出进行包装。

(6)包装

急冻好的冰蛋品,应迅速进行包装。一般马口铁听用纸箱包装,盘状冰蛋脱盘后用蜡纸包装。

(7)冷藏

冰蛋品包装后送至冷库冷藏。冷藏库内的库温应保持在-18 ℃,同时要求冷库温度不能上下波动过大。

（8）冰蛋品的解冻

解冻的目的在于将冰蛋品的温度回升到所需要的温度。使其恢复到冻结前的良好流体状态,获得最大限度的可逆性。

冰蛋品的解冻方法有以下几种:

①常温解冻。即将冰蛋放置在常温下进行解冻的方法。该法操作简单,但解冻较缓慢,解冻时间较长。

②低温解冻。将冰蛋品从冷藏库移到低温库解冻的方法,国外常在 5 ℃ 以下的低温库中放置 48 h 或在 10 ℃ 以下放置 24 h 内解冻。

③水解冻。水解冻分为水浸式解冻、流水解冻、喷淋解冻等方法。对冰蛋白的解冻主要应用流水解冻法,即将盛冰蛋品的容器置入 15 ~ 20 ℃ 的流水中,可以在短时间内解冻,而且可以防止微生物的污染。

④加温解冻。把冰蛋品移入室温保持在 30 ~ 50 ℃ 的保温库中,可使用风机连续送风使空气循环,在短时间内可以达到解冻目的。

⑤微波解冻。微波解冻能保持食品的色、香、味,而且微波解冻时间只是常规时间的1/10。冰蛋品采用微波解冻不会发生蛋白质变性,可以保证产品的质量。但是微波解冻法投资大,对设备和技术水平要求较高。

上述几种解冻方法解冻所需要的时间因冰蛋品的种类而有差异。加盐冰蛋和加糖冰蛋,因其冰点下降,解冻较快。在一般冰蛋品中,冰蛋黄可在短时间内解冻,而冰蛋白则需要较长解冻时间。

在解冻过程中细菌的繁殖状况也因冰蛋品的种类与解冻方法不同而异。例如,同一室温中解冻,细菌总数在蛋黄中比蛋白中增加的速度快。同一种冰蛋品,室温解冻比流水解冻的细菌数高。

3.4　干燥蛋制品的加工

干燥是储藏蛋的很好方法。目前,国内外生产的干燥蛋制品种类很多,但根据原料的不同,干燥蛋制品主要包括干蛋白、干全蛋、干蛋黄和特殊类型干蛋品。

3.4.1　蛋白片

蛋白片是指鲜鸡蛋的蛋白液经发酵、干燥等加工处理制成的薄片状制品。蛋白片的加工工艺流程如图 3.9 所示。

图 3.9　蛋白片的加工工艺流程

工艺操作要点:

1. 蛋液制备

经光照透视合格的鲜蛋,在清水池中轻轻洗涤 2 ~ 3 min,然后在 800 ~ 1 200 mg/kg 的漂白粉溶液中浸泡 5 min,即可达到杀菌目的。蛋取出后,水淋 1 min,然后用人工打蛋或机械打蛋制取蛋白液。

2. 搅拌过滤

为使浓、稀蛋白混合均匀,有利于发酵,同时除去杂质,蛋白液在发酵前须进行搅拌过滤。以 30 r/min 的速度进行搅拌,春、冬季蛋质好,浓蛋白多,需搅 8~10 min;夏、秋季节稀蛋白多,需搅 3~5 min。然后鲜蛋液用离心泵抽至过滤器(孔径为 2 mm)过滤。

3. 发酵

发酵的目的,首先是通过发酵细菌的作用,使蛋液中的糖分分解,避免在升温时发生美拉德反应,减少成品褐变;其次是使蛋白液的黏度降低,蛋白变成水样状态以便于蛋白液澄清,提高成品的打擦度、光泽和透明度;再者发酵中有机物质分解,把一部分高分子的蛋白质分解为低分子物质,以增加成品的水溶物含量。

将搅拌过滤后的蛋白液移入木桶或陶制缸,进行自然发酵或添加发酵剂发酵,发酵室温度一般应保持在 26~30 ℃,夏季 30 h,其他季节根据气温高低延长时间。成熟的发酵应具有以下特点:

(1)泡沫

泡沫不再上升,反而开始下降,表面裂开,裂开处有一层白色小泡沫出现。

(2)澄清度

用试管取约 30 mL 蛋白液密封,将试管反复倒置,经 5~6 s 后,观察有无气泡上升。如无气泡上升,蛋白液呈澄清的半透明淡黄色,则已发酵成熟。

(3)黏性与滋味

取少量蛋白液,以拇指和食指沾蛋白液对摸,如无黏滑性,有轻微甘蔗汁气味和酸甜味,无生蛋白味即为成熟的标志。

(4)pH 值

一般蛋白液 pH 值达 5.2~5.4 时即发酵充分,pH 值 5.7 以上发酵不足,pH 值 5.0 以下发酵过度。

(5)打擦度

用霍勃脱氏打擦度机测定,方法是取蛋白液 284 mL,加水 146 mL,放入该机内,以 2、3 号转速各搅拌 1.5 min,削平泡沫,测量泡沫高度。其高度在 16 cm 以上者为成熟的标志,但要参考其他指标确定。

4. 放浆

发酵成熟后打开发酵桶下部边缘的开关进行放浆。第一次放出总量的 75%,再降温至 12 ℃ 以下澄清 3~6 h 后放第二次、第三次,每次放出 10%。这样能够抑制细菌的发育繁殖,让杂质沉淀。最后剩下的 5% 为杂质及发酵产物,不能使用。

5. 过滤中和

过滤的目的为了除去发酵液中的杂质,而发酵液又呈酸性,若不进行中和,成品酸度高,品质差,且在烘烤中易产生气泡,对成品的外观和透明度有影响。另外,用未经中和的蛋白液加工成的干蛋白,不耐储藏,容易破碎。

先用细铜丝布过滤于大容器中,边搅拌边加入相对密度为 0.98 的纯净氨水,使最终 pH 值达到 7.0~8.4 即可。

6. 烘干

在不使蛋白液凝固变性的前提下,利用适当的温度,使蛋白液在水浴上逐渐除去水分,烘制成透明的薄晶片。蛋白片的烘干我国采用热流水浇盘供干法。

在水流烘架上放置蛋白液烘盘,先用 70 ℃左右的水温对烘盘进行消毒,再降温并保持水温 54～56 ℃。根据烘盘大小,每盘约浇浆 2 kg,浆液深度为 2.5 cm 左右。蛋白液在烘制过程中会产生泡沫,使盘底的凡士林受热上浮于液面而形成油污,影响蛋白片的光泽和透明度,因此须用打泡沫板(木片)在浇浆 2 h 后刮去水沫,7～9 h 后打油沫。

从浇蛋白液开始,经 11～13 h 烘制,蛋白液表面凝成一层薄片,再经过 1～2 h,薄片加厚约为 1 mm 时,揭第一张蛋白片。再经 45～60 min,即可进行第二次揭片。再经 20～40 min 进行第三次揭片。当成片状的蛋白片揭完后,将盘内剩下的蛋白液继续干燥后,取出放于镀锌铁盘内,送往晾白车间进行晾干,用竹刮板刮掉盘内和烘架上的碎屑,送往成品车间。

7. 晾白

将烘干揭出的含有 4% 水分的蛋白片放置在 40～50 ℃的晾白车间,4～5 h 含水量降至 15% 左右,使含水量达到标准。

8. 挑选及焐藏

将大片蛋白裂成 20 mm 大小的小片,同时将厚片、潮块、含浆块、无光片等拣出返回晾白车间,继续晾干,再次拣选。烘干和清盘时的碎屑用孔径 1 mm 的铜筛筛去粉末,拣出杂质,按比例搭配于同批大片中。粉末等用水溶解、过滤后再次烘干成片作次品处理。

将合格的产品放在铝箱内,上面盖上白布,再将箱置于木架上 48～72 h,使成品水分蒸发或吸收,以达水分平衡、均匀一致的目的,称为焐。焐藏的时间与温度和湿度有关,因此要随时抽样检查含水量、打擦度和水溶物含量等,达标后进行包装。

9. 包装及储藏

将不同规格的产品按照蛋白片 85%、晶粒 1.0%～1.5%、碎屑 13.5%～14.0% 比例包装,外包装用马口铁箱,置于 24 ℃以下仓库储藏。

3.4.2　干蛋粉

我国生产的干蛋粉主要是全蛋粉、巴氏消毒全蛋粉和蛋黄粉。它们的加工方法基本一样,只是全蛋粉以全蛋为原料,蛋黄粉以蛋黄液为原料。蛋粉是使蛋液中的水分在高温下短时间内大部分脱去,制成含水量低于 4.5% 的粉末状产品。加工 1 kg 鸡蛋粉约需用鲜鸡蛋 4.3 kg;加工 1 kg 蛋黄粉约需用鲜鸡蛋 6 kg。

1. 工艺流程

图 3.10　干蛋粉的加工工艺流程

2. 工艺操作要点

(1)蛋液搅拌过滤

蛋液搅拌过滤的目的是滤去蛋液中的碎蛋壳、蛋膜、系带等,并使蛋液均匀。搅拌用蛋液搅拌器,过滤用过滤器。

(2)巴氏低温消毒

为了降低成品中的杂菌数和大肠杆菌数,并杀灭蛋液中的肠道致病菌,在蛋液喷雾干燥前需经巴氏消毒。把搅拌过滤后的蛋液放入巴氏消毒器内,在 64～65 ℃下消毒 3 min,然后喷雾干燥。

（3）喷雾干燥

喷雾干燥即在干热的作用下,通过机械力量(即压力或高速离心力),经喷雾器把蛋液喷成极细的、分散的雾状微粒(直径在 10 ~ 15 μm),并使其迅速脱水,全过程在 15 ~ 30 s 内完成。

喷雾干燥时的温度控制:在喷雾干燥过程中要求喷液量、排风量、热空气的温度三者配合得当。由加热装置供应来的热风温度约为 80 ℃,喷雾后的蛋粉温度为 60 ℃左右。蛋粉温度不能太高,若超过 80 ℃就有可能造成蛋白质凝固,甚至会使蛋粉产生焦味,溶解度受到影响,从而出现分离或成水纹现象,造成次品。但如喷雾温度过低,蛋液脱水不足,则会导致蛋粉的含水量过高。

（4）出粉、筛粉

出粉形式有数种。一是搅龙出粉,有一个半圆形外壳,皮带轮带动搅龙轴,轴上有搅龙叶,转动时将蛋粉排出。本法的特点是使用方便,但成本高,费钢材,我国目前多采用此法。二是鼓型阀出粉,就是在传动轴上带动 4 ~ 6 片叶片,通过转动排出蛋粉。其特点是结构简单,易制造,省钢材,但蛋粉容易贴边。三是风送出粉,即在风机作用下出粉。其特点是收集方便,但成本高,设备复杂。筛粉采用电动筛粉机。

（5）包装

蛋粉用马口铁箱包装为好。在整个包装过程中,要从各方面注意防止细菌污染。箱外应标明品名、商标、净重、生产日期、工厂代号等。

（6）蛋粉储存

储存蛋粉用的仓库要求清洁、干燥、通风,不能受潮,不能与有异味的物品堆放在一起。在一般情况下,蛋粉可保存半年,在 6 ~ 10 ℃下可保存 1 年。

思 考 题

1.禽蛋感官鉴定包括哪几个方面?
2.鲜蛋储藏方法包括哪几类?
3.包泥法加工松花蛋的工艺流程是什么?
4.试述糟蛋加工的工艺流程和操作要点。
5.冰蛋加工的操作要点是什么?

参 考 文 献

[1]张凤宽.畜产品加工学[M].郑州:郑州大学出版社,2011.

[2]王颉,何俊萍.食品加工工艺学[M].北京:中国农业科学技术出版社,2006.

[3]周光宏,张兰威.畜产品加工学[M].北京:中国农业出版社,2005.

[4]马美湖.蛋与蛋制品工艺学[M].北京:中国农业出版社,2007.

[5]李慧东,严佩峰.畜产品加工技术[M].北京:化学工业出版社,2008.

[6]迟玉杰.蛋制品加工技术[M].北京:中国轻工业出版社,2009.

第 **4** 章

油脂的加工

【学习目的】

通过本章的学习,了解油脂加工的基本技术,掌握油脂加工的工艺流程、生产原理、加工设备等专业知识。能够密切联系实际,促进生产实践。同时还应与"油脂化学"和"化学工程"等相关知识密切联系,并结合"植物油料综合利用"、"油脂工厂工艺设计"、"浸出油厂安全技术"等知识的掌握,进一步全面系统地掌握油脂加工技术。

【重点和难点】

本章的重点是油脂加工的基本流程,加工设备的工作原理,压榨法制油及浸出法制油的基本原理。难点是油脂精炼中脱酸、脱胶、脱色、脱臭、脱蜡等各步骤的重要影响因素及反应机理。

4.1 油料预处理

油料预处理即在油料制油之前对油料进行的清理、剥壳、脱皮、破碎、软化、轧坯、挤压膨化、蒸炒、干燥等一系列处理。其目的是除去杂质并使其具有一定的结构性,以符合不同取油工艺的要求。

4.1.1 油料清理

1. 油料清理的目的和要求

油料在收获、运输和储藏过程中会混入一些杂质,尽管油料在储藏之前通常要进行初步清理,简称初清,但初清后的油料仍会夹带少量杂质,不能满足油脂生产的要求,因此,油料进入生产车间后还需要进一步清理,将其杂质含量降到工艺要求的范围之内,以保证油脂生产的工艺效果和产品质量。

(1)油料清理的目的

油料中所含的杂质可分为有机杂质、无机杂质和含油杂质三类。无机杂质主要有灰尘、泥沙、石子、金属等;有机杂质主要有茎叶、皮壳、蒿草、麻绳、粮粒等;含油杂质主要是病虫害粒、不完善粒、异种油籽等。

油料中所含的杂质大多本身不含油,在油脂制取过程中不仅不出油,反而会吸附一定量的油脂残留在饼粕中,使出油率降低,油脂损失增加。油料中含有的泥土、植物茎叶、皮壳等杂质,会使制取的油脂色泽加深,沉淀物增多,产生异味等,降低原油质量,同时也会使饼粕及磷脂等副产品的质量受到不良影响。在生产过程中,油料中的石子、铁杂等硬杂质进入生产设备和输送设备,尤其是进入高速旋转的生产设备(如轧坯机),将使设备的工作部件磨损和破坏,缩短设备的使用寿命,甚至发生生产事故。油料中的蒿草、麻绳等长纤维杂质,很容易缠绕在设备转动轴上或堵塞设备的进出料口,影响生产的正常进行,造成设备故障。在输送和生产过程中,油料中灰尘的飞扬造成车间的环境污染,工作条件恶化。因此,在油脂制取之前对油料进行有效的清理和除杂,可以减少油脂损失,提高出油率,提高油脂、饼粕及副产物的质量,减轻设备的磨损,延长设备的使用寿命,避免生产事故,保证生产的安全,提高设备对油料的有效处理量,减少和消除车间的尘土飞扬,改善操作环境等。

(2)油料清理的方法和要求

油料清理的方法主要是根据油籽与杂质在粒度、相对密度、形状、表面状态、硬度、磁性、气体动力学等物理性质上的差异,采用筛选、磁选、风选、比重去石等方法和相应设备,将油料中的杂质除去。

油料经过清理,要求尽量除净杂质,油料越纯净越好,且力求清理油料的流程简短、设备简单、除杂效率高。各种油料经过清理后,不得含有石块、铁杂、麻绳、蒿草等大型杂质。对油料清理的工艺要求,不但要规定油料中杂质的含量,同时还要规定清理后下脚料中有用油料的含量,如净料中所含杂质最高限额为花生仁 0.1%,大豆、棉籽、油菜籽、芝麻 0.5%,同时,杂质(下脚料)中含油料最高限额为大豆、棉籽、花生仁 0.5%,油菜籽、芝麻 1.5%。

2. 筛选

筛选是利用油籽和杂质在颗粒大小上的差别,借助含杂油料与筛面的相对运动,通过筛孔将大于或小于油料的杂质清除掉。油厂常用的筛选设备有振动筛、平面回转筛、旋转筛等。所有的筛选设备都具有一个重要的工作构件即筛面。

3. 风选

根据油籽与杂质在相对密度和气体动力学性质上的差别,利用风力分离油料中杂质的方法称为风选。风选可用于去除油料中的轻杂质及灰尘,也可用于去除金属、石块等重杂,还可用于油料剥壳后的仁壳分离。

4. 比重法去石

油料经过筛选和风选,其中大部分的大杂、小杂和轻杂都已被除去,但还存在与油籽大小相近的杂质,此类杂质可通过比重法去石除去。比重法去石是根据油籽与杂质的相对密度及悬浮速度不同,利用具有一定运动特性的倾斜筛面和穿过筛面的气流的联合作用达到分级去石的目的。

目前油脂加工厂常用分级比重去石机,其特点是工作时去石机内为负压,可有效地防止灰尘外扬,且单机产量大,但需要单独配置吸风除尘系统。图 4.1 是分级比重去石机的结构示意图。它主要由进料装置、筛体、振动机构、吸风装置、机架等组成。机器顶部为进料口,其下部由软套管与料箱相连,料箱内装有可调弹簧的淌料挡板,料箱下缘连接到振动体上。筛体是比重去石机的主要工作部分,筛体内装有两层抽屉式筛格,上层筛

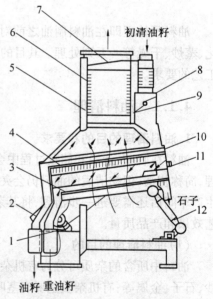

图 4.1　分级比重去石机

1—支撑弹簧;2—振动电机;3—下层筛面;4—上层筛面;5—机架;6—风管;7—碟形风门;8—料箱;9—淌料挡板;10—筛体;11—圆风门;12—调节杆

面进料处为小孔筛网、中部为大长圆形筛孔、下部为大圆形筛孔,上层筛面用于分级并去除轻杂;下层筛面为小孔弹簧编织网,用于去除沙石、泥块。在下层筛面的出石端设有可调节的反向导风板,调节导风板与筛面的距离,可以对混在石子中的油籽进行精选,控制石子的排出。整个密闭的振动体由后部的两组弹簧以及前端的一个可调支撑杆支撑。两台振动电机并排安装在振动体后部的大轴上,两电机相向旋转,使振动体作往复振动。在振动体上部中间装有一个大的吸风罩,吸风罩靠软管与吸风管道相连,管道内有一个外部把手控制的碟形风门。出石口在机器前部两端处,净料出口在振动体后部下边。

5. 磁选

磁选是根据油籽和铁质杂质的磁性不同利用磁铁清除油料中金属杂质的方法。金属杂质在油料中的含量虽不高,但它们的危害很大,容易造成设备特别是一些高速运转设备的损坏,甚至可能导致严重的设备事故和安全事故,故必须清除干净。用于磁选的永久磁铁一般是采用高碳铬钢或铬钴钢制成。永久磁铁可以直接安装在输送料管或设备进料口的淌板上,安装磁铁处应设置可开启的活动盖板或底板,以便人工定期清除被吸附的铁杂。

采用永久磁铁装置进行油料磁选时要注意:物料在输送料管内或淌板上的流速不宜过大,一般以 0.15 ~ 0.25 m/s 为宜;流经磁铁的物料应呈均匀的薄层,料层厚度不大于 10 ~ 12 mm;装在料流上方的磁铁磁极面与油料面的间距不应超过 10 mm,且料层厚度应薄。所配磁铁的磁力大小应符合油料处理量的要求,且定期进行充磁或更换磁铁。永久磁铁也可以制成专门的磁选设备。这种磁选设备的形式很多,永磁滚筒磁选器和圆筒磁选器是常见的两种形式。

6. 并肩泥的清选

形状、大小与油籽相近或相等,且相对密度与油籽相差也不很显著的泥块,称为并肩泥。菜籽、大豆、芝麻中并肩泥含量较多。并肩泥的清理是利用泥块和油籽的机械性能不同,先对含并肩泥的油料进行碾磨或打击,将其中的并肩泥粉碎即磨泥,然后将泥灰筛选或风选除去。磨泥使用的设备主要有碾磨机、胶辊磨泥机、立式圆打筛等几种。

胶辊磨泥机即碾米所用的胶辊砻谷机,其主要工作构件是一对以不同速度相对转动的铁芯橡胶辊筒。油料通过旋转的胶辊时,受到胶辊的搓研和挤压作用,其中的并肩泥被粉碎,再经过胶辊下面的吸风管道将油籽与泥灰分离。一般慢辊的转速为 600 r/min,快辊的转速为 800 r/min。

立式圆打筛是一种粉碎和筛选相结合的设备。其工作原理是利用离心力的作用将油料甩向筛筒,使其中所含的并肩泥受到打击而粉碎并被筛出筛筒,从而达到清除并肩泥的目的。

7. 除尘

油料中所含灰尘不仅影响油脂、饼粕质量,而且会在油料清理和输送过程中飞扬,这些飞扬的灰尘污染空气,影响车间的环境卫生,因此必须加以清除。除尘的方法首先是密闭尘源,缩小灰尘的影响范围,然后设置除尘风网,将含尘空气集中起来并将其中的灰尘除去。除尘风网主要由吸尘口、风管、通风机及除尘器等部分组成。

4.1.2　油料水分的调节

油料水分对油料的储藏及加工的各工艺过程都存在着不同程度的影响,这是因为油料水分几乎对油料的所有物理性质产生影响,也对油料中某些化学组分的性质产生影响,同时对油料的储藏性质也产生影响。例如油料水分对油料的弹性、塑性、机械强度、导热性、组织结构等物理性质产生影响,而油料的这些物理性质直接影响油料加工的效果。油料水分对油料中各种酶的活性产生影响,而酶的作用可以改变油料中某些组分的性质,进而影响产品和副产品的质量及得率。为了保证油料安全储藏、提高油脂生产工艺效果及产品质量,一般在油脂生产工艺中都设置油料水分调节工序。油料水分调节包括油料干燥和油料增湿,在油脂生产中最常用的是油料干燥。

水分的调节与油料的储藏、剥壳、破碎、去皮、轧坯、挤压膨化、蒸炒、压榨乃至浸出等工艺过程均有密切关系。在油脂生产的不同工序所进行的油料水分调节有很多相同之处,但也存在着不同的特点和要求,因此需要根据各生产过程的工艺要求及油料的水分进行调节,使油料含水量达到最利于加工的适宜水分。油料的某些物理特性由油料水分的含量来决定,例如油料水分高时,其外壳的强度将降低,而油料的塑性将增强。在一定含水量的情况下,油料的物理性质对某一工艺过程将产生最好的效果,这时油料的水分即是油料加工适宜水分。

油料加工适宜水分具有相对性、多样性和连续性的特点。其相对性即某种油料在某种生产工艺的某一工序而言。其多样性即不同油料在同样的生产工艺或生产工序中的适宜水分不同。其连续性即油料在前道工序适宜水分条件下产生的良好工艺效果,会对后道工序的工艺效果起到连续稳定作用,尽管前道工序油料水分并不一定是后道工序的适宜水分。

进入油脂加工厂的油料因其品种及来源不同,其含水量也不相同甚至有很大差别。当油料水分接近于加工适宜水分时,可以不进行专门的水分调节,但当油料水分与加工适宜水分相差较大时,必须对油料进行水分调节,以保证良好和稳定的生产效果。下面介绍油料水分调节的方法。

1. 油料干燥

干燥既是传统的单元操作,也是现代的应用技术之一。干燥的目的是减轻物料的重量,以方便运输;降低物料的含水量,以利于长期储藏保管或达到某一加工工序的适宜水分,使物料在加工中取得良好的工艺效果。

在油料加工过程中油料干燥的主要方法是热力干燥。按照热能传给湿物料的方式不同,干燥方法可分为对流干燥(热风干燥)、传导干燥(接触干燥)、辐射干燥、介电干燥及由上述任何两种方式结合的联合干燥。油脂加工厂普遍应用的是对流干燥和传导干燥。对流干燥采用的干燥介质一般是高温热空气,有时也采用烟道气和空气的混合气体,气体干燥介质既是热载体,又是湿载体。传导干燥是靠壁面的导热将热量间接传给与壁面接触的物料,热源可以是水蒸气、热水、热空气等。

2. 影响油料干燥的主要因素

(1)油料自身因素

油料的化学成分、吸湿性能、组织结构、水分与物料的结合形式、形状大小以及干燥前后的水分含量等,均对干燥过程有不同程度的影响。

(2)干燥介质的因素

干燥介质的温度越高,越能加快物料表面水分的汽化速度,湿球温度也相应提高,因而必然影响物料被加热的温度,使导热系数增大,内部扩散过程加快。但介质的最高温度应不能影响油料的品质。此外,由于介质温度升高对加速表面汽化和内部扩散的影响程度不一定相同,以致常会因表面强烈干燥而产生硬结,成为内部扩散的很大阻力,使干燥速率减慢。

干燥介质的湿度越低,越能促使物料表面水分汽化加快。但在相同的温度下,介质湿度越低,其相应的湿球温度也越低,油料被加热的温度也较低,从而使内部扩散速率变慢。因此,如果仅以降低介质湿度的方法来强化干燥过程,有时会导致表面汽化与内部扩散的不协调,造成表面硬结等不良后果。相反,若适当提高介质湿度以控制表面汽化速度,并相应地使内部扩散加快,则常常能使整个干燥过程加快。

增大干燥介质的流速能强化干燥,但流速超过一定范围时,这种影响便相对减小。此外,介质流速还受到不能吹走物料的限制。

油料的原始水分高时,介质流速及湿度对干燥过程的影响较大,而当干燥进入降速阶段后,加速内部扩散速率的意义更大。

另外,干燥速率随单位干燥介质供给量的增加而增加。

(3)干燥介质与物料接触的情况

干燥介质和油料间的相互流动方向,应根据油料水分的高低、干燥的最终水分及油料对高温的稳定性等因素来确定。逆流干燥的优点是能充分利用介质的热能和水容量(1 m³ 的干燥介质在一定温度下,其中水蒸气含量从不饱和状态到达饱和状态所能吸收的水量),干燥效果较好。在顺流操作中,干燥速率随油料含水量的减小而降低,其优点是油料出干燥器的温度较低,有利于保持油料品质的稳定,缺点是限制了油料水分降低的程度。

干燥介质与物料的接触方式主要有三种:介质掠过物料表面;介质穿过物料层;物料悬浮于介质流中。当介质与物料均匀混合接触,并且介质能很好地环绕物料流动时,可加快干燥速率。所以,第三种的接触效果最佳,不仅传热传质系数最大,而且单位质量物料的干燥面积也最大;第二种的接触效果次之;第一种的效果较差。

(4)料层的厚度

当采用介质穿过物料层的干燥方法时,料层厚度是影响干燥效率的重要因素。在其他条件不变的情况下,随着料层厚度的增加,所需干燥的时间将逐渐延长,干燥介质的单位消耗量也逐渐增大。在干燥过程中,介质沿料层高度的方向温度迅速下降,直至等于废气温度为止。

3. 油料增湿

在油料加工过程中,有时需要对油料增湿。例如在棉籽加工中,当棉籽含水量低时,棉壳和仁都有较大的脆性,剥壳后混合物的粉末度大,仁壳不容易完全分离,且细小的仁粉粘在壳上,造成油分损失。此时应先将棉籽润湿,使棉籽水分达到剥壳适宜水分,然后再对棉籽剥壳,以提高剥壳和仁壳分离的效果。在油料的增湿过程中,加入的水分越多,水分在油料之间以及在油料内部的分布越不均匀,水分均布所需的时间越长。

最简单的增湿方法是在油料上喷水,但用这种方法增湿,既不均匀,又需较长的水分均布时间。用饱和蒸汽和水混合后喷射到输送中的油料上,可以取得较好的润湿效果,水分均布的时间也会缩短。在油脂加工厂,油料或半成品的润湿通常在生产设备中结合工艺操作进行,油料润湿后的水分均布缓苏的过程可以在中间储器中进行。

4.1.3 油料的剥壳及脱皮

油料的剥壳及脱皮是带皮壳油料在取油之前的一道重要生产工序。对于花生、棉籽、葵花籽等一些带壳油料必须经过剥壳才能用于制油。而对于大豆、菜籽含皮量较高的油料,当生产蛋白质含量不同的等级饼粕或用饼粕提取蛋白质时,需要预先脱皮再取油。

1. 油料剥壳

(1)剥壳的目的、要求和方法

①剥壳的目的。油料剥壳可以提高出油率,提高原油和饼粕的质量,减轻对设备的磨损,增加设备的有效生产量,有利于轧坯等后续工序的进行及皮壳的综合利用等。

油料的皮壳主要由纤维素和半纤维素组成,含油量极少。不少油料的皮壳量相当高,有的甚至高达 50% 以上。除大豆和菜籽外,其他多数油料的皮壳量都在 20% 以上。皮壳中色素、胶质及蜡质含量较高。如果带皮壳制油,皮壳不仅不出油,反而会吸附油脂残留在饼粕中,降低出油率。皮壳中的色素等杂质在制油过程中会转移到原油中,使原油的色泽加深,质量降低。带皮壳制油所得饼粕中皮壳含量很高,蛋白质含量低,使饼粕的利用价值降低。油料带皮壳制油,还会造成轧坯效果及料坯质量降低、设备有效生产能力降低、动力消耗增加和机件磨损等。油料剥壳脱皮后再进行制油,不仅可以提高油脂生产的工艺效果,而且有利于皮壳的综合利用。

②剥壳的要求。剥壳率高、漏籽少、粉末度小,利于剥壳后仁、壳分离。

③常用的剥壳方法。利用粗糙面的碾搓作用使油料皮壳破碎进行剥壳;利用打板的撞击作用使油料皮壳破碎进行剥壳;利用锐利面的剪切作用使油料皮壳破碎进行剥壳;利用轧辊的挤压作用使油料皮壳破碎剥壳。

剥壳方法和设备的选择应根据各种油料皮壳的不同特性、油料的形状和大小、壳仁之间的附着情况等进行。

(2)影响剥壳效果的因素

①油料的性质。影响剥壳效果的油料性质主要是油籽外壳的机械性质及壳仁之间的附着情况。油料种类、成熟程度及含水量不同,油籽外壳的机械性质及壳仁之间的附着情况也不同,剥壳的难易程度也就不同。如葵花籽的外壳具有纤维状组织结构且很脆,容易顺着纤维打开其外壳;棉籽外壳坚韧而有弹性,且表面带有绒毛,不易剥壳。籽粒的成熟程度好,籽粒饱实,干粒重大,容易剥壳,反之,不易剥壳。油籽水分含量对外壳的强度、弹性和塑性以及仁的粉碎度都有直接影响。以葵花籽为例,当水分为 6%～9% 时,其外壳强度最大,在此水分范围以上或以下时壳强度均会下降。一般情况下,油籽含水量越低,其外壳越脆,剥壳时易破壳,但剥壳后混合物的粉末度增加。反之,外壳的韧性好,剥壳时的破壳率低,但剥壳后的整仁率提高。

在油料剥壳时应保持油籽最适当的水分含量,使外壳和仁具有最大弹性变形和塑性变形的差异,这样一方面使外壳含水量低到使其具有最大的脆性,更易破碎剥壳,另一方面又不至于使仁在机械外力作用下粉末度太大。因此,控制油料剥壳时的最佳水分含量,对提高剥壳效率和减少粉末度都十分重要。当剥壳油籽的含水量不适宜时,可以在剥壳前对油籽水分进行调节。此外,油籽外壳强度与温度也有一定关系,对油籽加热时,其外壳强度有所降低。油籽仁与壳之间的空隙大,仁壳结合松懈,易剥壳分离,否则,难以剥壳分离。

油籽粒度组成对剥壳效果也产生影响。油籽粒度不均匀,剥壳设备最佳操作条件的确定困难,使剥壳效率和粉末度无法达到最佳的平衡,剥壳效果下降。为提高剥壳效果,可采取循环剥壳和二次剥壳的工艺,当粒度相差太大时,最好采取分级剥壳,才能达到较好的工艺效果。

油籽的表面状态也对剥壳效果产生影响,如在相同条件下,带绒棉籽和脱绒棉籽的剥壳率不同,带绒棉籽难以破碎,故其剥壳率较低,粉碎度小,而剥壳设备的动力消耗较大。

②剥壳方法和设备的选择。不同油籽的皮壳性质、仁壳之间附着情况、油籽形状和大小均不相同,应根据其特点尤其是外壳的力学性能——强度、弹性和塑性,选用不同的方法和设备进行剥壳。剥壳方法和设备的选用不同,剥壳效果显示出很大的差别。如对于葵花籽的脆性外壳应选择撞击方法进行剥壳,对于棉籽的韧性外壳应选用剪切或碾搓方法进行剥壳等。当采用圆盘剥壳机对棉籽进行碾搓剥壳时,棉籽受到磨片的多次连续搓碾作用而破碎剥壳,剥壳率很高,但剥壳后混合物的粉碎度增加,影响了仁壳分离效果,并且大量的含油碎仁屑黏附在

外壳上,使外壳含油率增加,造成油分损失。在利用剪切法进行剥壳的刀板剥壳机中,棉籽虽然受到活动刀板和固定刀板的多次作用,但因其作用不是连续的而是周期性的,仅仅是在活动刀片与固定刀片相接触的瞬间受到剪切作用,因此,棉籽经剥壳后的粉碎度很小,仁粒较为完整,有利于仁壳较完善地分离,但易发生油籽的漏剥现象,剥壳率较低,剥壳混合物必须进行籽壳分离,将漏籽重剥。

③剥壳设备的工作条件。剥壳设备的工作条件如剥壳设备转速的选用、油料流量是否均匀、剥壳工作面的磨损情况等均会对剥壳效果产生影响,应根据不同的油料和剥壳要求进行合理选用。

如离心剥壳机工作时,其剥壳效率和剥壳质量与剥壳机转盘的转速、转盘的结构、打板的数量、籽粒的质量大小(千粒重)和均匀度、下料量大小等有很大关系。当原料含水分相同时,转速高,剥壳率也高,但碎仁率也相应升高。籽粒饱实,千粒重且大,剥壳率也就高。

再如圆盘剥壳机工作时,磨盘的转速高低、磨片之间工作间隙的大小、磨片上槽纹的形状和籽粒的均匀度,都会影响到剥壳效率和剥壳质量。

2. 油料剥壳后的仁壳分离

油料经剥壳后成为含有整仁、壳、碎仁、碎壳及未剥壳整籽的混合物,在工艺上要求将这些混合物能有效地分成仁和仁屑、壳和壳屑及整籽三部分。仁和仁屑进入制油工序,壳和壳屑送入壳库打包,整籽返回剥壳设备重新剥壳。仁壳分离是直接关系到出油率高低的重要环节。

对仁、壳分离的要求是通过仁壳分离程度的最佳平衡而达到最高的出油率。若强调过低的仁中含壳率,势必造成壳中含仁增加而导致油的损失。而仁中含壳太多,同样会由于壳的吸油而造成较高的油损失。通常要求仁中含壳率(10 目筛检验):棉籽仁不超过 10%,花生仁不超过 1%,葵花籽仁 10% ~ 15%。壳中含仁率(手捡,如有整籽,剥壳后计入):棉籽壳不超过 0.5%,花生壳不超过 0.5%,葵花籽壳不超过 1%。

生产中常根据仁、壳、籽等组分的线性大小以及气体动力学性质方面的差别,采用筛选和风选的方法将其分离。大多数剥壳设备本身就带有筛选和风选系统组成联合设备,以简化工艺,同时完成剥壳和仁壳分离过程。

3. 油料脱皮

(1)脱皮的目的、方法和要求

传统大豆制油工艺往往只注重加工中的浸出环节,但预处理中的各项指标会直接影响到原油的质量、得率以及豆粕的质量。油料脱皮的目的是提高饼粕的蛋白质含量和减少纤维素含量,提高饼粕的利用价值。同时也使浸出原油的色泽、含蜡量降低,提高浸出原油的质量。油料脱皮还可以增加制油设备的处理量,降低饼粕的残油量,减少生产过程中的能量消耗。油脂生产企业主要是对大豆进行脱皮,以生产高蛋白质含量的豆粕。大豆脱皮技术目前已经比较成熟,被国内外油脂加工业普遍采用。

大多数油料的种皮较薄,与籽仁的结合附着力也较强,特别是当油料含水量较高时,种皮韧性增大,使脱皮难以进行,即使籽仁在外力的作用下破碎后,种皮也可能仍然附着在破碎的仁粒上。因此,油料含水量高低是去皮工艺中非常关键的因素。在生产中通常是首先调节油料的水分,然后利用搓碾、挤压、剪切和撞击的方法,使油料破碎成若干瓣,籽仁外面的种皮也同时被破碎并从籽仁上脱落,然后用风选或筛选的方法将仁、皮分离。

脱皮时一般要求脱皮率要高,脱皮破碎时油料的粉末度要小,皮、仁能较完善地分离,油分损失尽量小,脱皮及皮仁分离工艺尽量简短,设备投资及脱皮过程的能量消耗尽量小等。

（2）大豆脱皮工艺和设备

大豆脱皮工艺常分为冷脱皮和热脱皮。

①大豆冷脱皮工艺。将清理过的大豆在干燥塔中由热风加热干燥至含水10%左右（干燥温度为70~80℃），然后在储仓中停留24~72 h，之后在环境温度下进入齿辊破碎机被破碎成4~6瓣。破碎大豆再经风选和筛选进行皮仁分离，分出的豆仁经软化后去轧坯，豆皮则单独收集。这种工艺的特点是：经干燥和冷却的大豆豆皮较松脆，大豆破碎后豆皮易从豆仁上脱落分离；但破碎豆的粉末度大，碎豆皮与碎豆仁不易分离完善，缓苏时间较长，料仓容积配备较大，能耗也高。

②大豆热脱皮工艺。大豆热脱皮工艺是目前采用较多的工艺。热脱皮工艺脱皮效率高，皮中豆粉含量低，脱皮过程可对油料进行调质处理，生产工艺稳定。热脱皮工艺根据所要求脱皮率的高低，又可分为半脱皮工艺和全脱皮工艺两种。半脱皮工艺的脱皮率一般为60%~70%，全脱皮工艺的脱皮率达90%以上，皮中含仁率按皮中含油率计约1.5%。清理除杂后的大豆在干燥调质塔中调质干燥至含水10%左右，然后进入双对辊破碎机将大豆破碎至4~6瓣，再落入撞击式皮仁风选器，利用撞击作用使豆皮从仁粒上松脱下来，并经皮仁风选器将大部分的豆仁和豆皮分离。分离出的豆仁去轧坯，分离出的豆皮经旋风分离器回收再落入具有双层筛面的振动筛或回转筛上，上层筛面的筛上物是尺寸较大的豆皮，送往豆皮系统，下层筛面的通过物是细皮和仁屑，细皮和仁屑去轧坯，下层筛面的筛上物是中等的碎皮和碎仁，该碎皮和碎仁再经皮仁风选器将其分离，分离出的碎豆仁送去轧坯，分离出的碎豆皮与振动筛分离出的豆皮一起经粉碎后单独包装或按一定比例掺入豆粕以得到不同蛋白质含量的等级豆粕。热脱皮与冷脱皮工艺相比其特点为生产周期短，热大豆破碎后的粉末度减小。热脱皮工艺中采用了热空气循环系统，使大豆干燥、干燥后的破碎、脱皮及皮仁分离等过程都维持在一定的温度下进行，因此经脱皮后的热豆瓣可以不再经软化而直接轧坯，这不仅大大节省了软化过程的蒸汽消耗，而且节省了软化设备的投资和能量消耗。但在热脱皮工艺中，大豆破碎时是热的，破碎后豆皮与仁容易附着在一起，豆皮不容易从豆仁上脱离，通常需要在外力作用下促使豆皮从豆仁上松脱分离。因此在热脱皮工艺中，破碎后的豆瓣需经过具有撞击力的皮仁风选器以使豆皮从豆仁上脱落、分离。

如图4.2所示为大豆热脱皮中全脱皮工艺的一种形式。清理除杂后的大豆被输送到干燥调质塔中，在此大豆被缓慢干燥至含水10%左右，通过调质塔可调节大豆的水分和温度。调质后的大豆经流化床干燥器快速干燥，使豆皮表面水分迅速降低而爆裂，从而容易脱除。据相关资料介绍，国内有些工程公司在大豆干燥调质塔的下部增加热风系统，以保证脱皮过程中的温度，在此取消了快速干燥器，或增加气流干燥机，也取得了较好的效果。干燥后的大豆进入第一级齿辊破碎机，上对辊将大豆按其自然裂缝分成2瓣，下对辊是胶辊，将豆仁上豆皮碾磨成细小微粒，破碎物进入皮仁风选器。分离出的豆瓣经第二级齿辊破碎机破碎至6~8瓣，此破碎物进入第二级皮仁风选器，分出的豆仁送往轧坯机轧坯。两次分出的豆皮经振动筛及皮仁风选器进一步将皮中的碎仁分出。这种脱皮工艺流程长，设备多，但脱皮率高且皮中含仁率低，所得豆粕的蛋白质含量较高（当然，豆粕蛋白质含量还取决于大豆原料中蛋白质含量）。

大豆脱皮的副产品是豆皮，豆皮可直接作为副产品销售，也可按一定的比例添加到豆粕中生产不同蛋白质含量的等级豆粕。大豆皮的纤维素含量很高，但木质素很低，能被反刍动物高度消化。对反刍动物来说，大豆皮代谢能接近于谷物，因此用大豆皮代替饲料中的谷物是比较经济的，并且，对分泌乳汁的母牛和母羊而言，大豆皮代替谷物-草料饲料中的谷物比例，也不会减少乳汁中脂肪含量或产奶量。因此,豆皮可作为牛、羊的优质饲料。

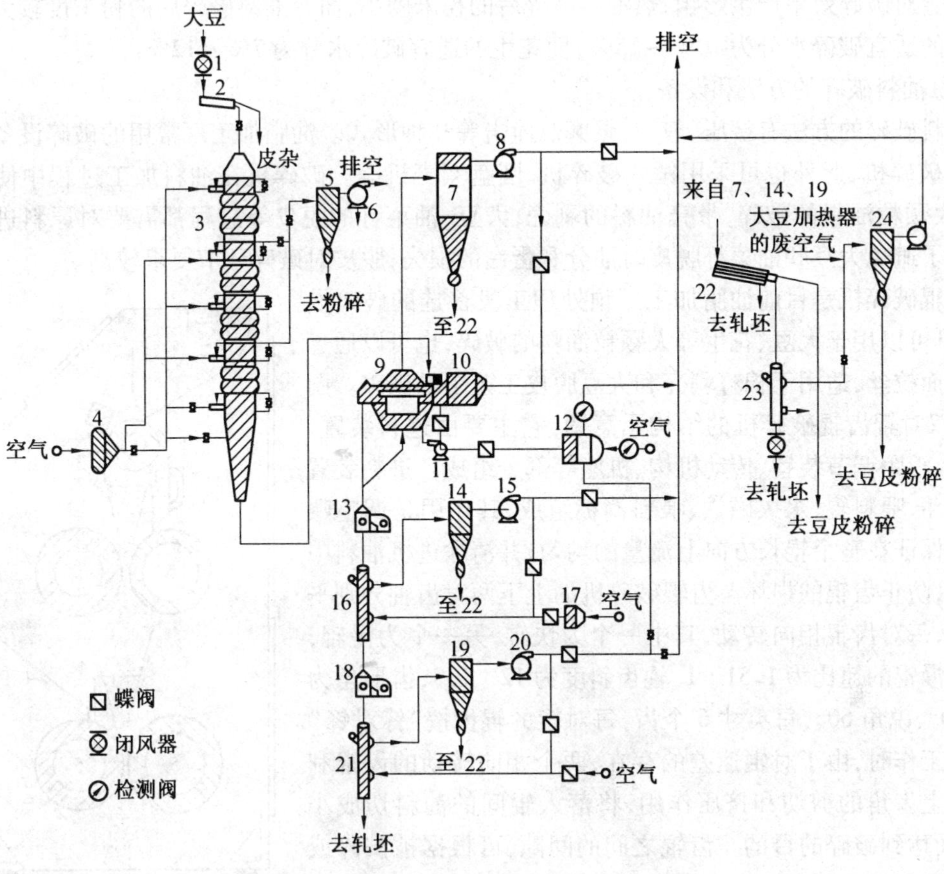

图4.2　大豆热脱皮(全脱皮)工艺流程

1—筛选器;2—清理器;3—干燥调质塔;4,12,17—空气加热器;22—振动筛;5,7,14,19,24—豆皮分离器;6,8,11,15,20—风机;9—流化床干燥机;10—辅助加热器;13,18—破碎机;16,21,23—皮仁分离器

4.1.4　油料生坯的制备

无论采用压榨法还是溶剂浸出法从油料中提取油脂,都需要先把油料制成适合于取油的料坯,而为了保证轧坯的工艺效果,通常需要在轧坯之前对油料进行破碎和软化。

1. 油料的破碎

(1)油料破碎的目的和要求

在油料轧坯之前,必须对大颗粒的油料进行破碎。其目的是通过破碎使油料具有一定的粒度,轧坯时碎粒同轧辊的摩擦力比整粒同轧辊的摩擦力大,容易被轧辊啮入;油料破碎后的表面积增大,利于软化时温度和水分的传递,软化效果提高;对于颗粒较大的压榨饼块,也必须将其破碎成较小的饼块,才有利于浸出取油。油料破碎后要求粒度应均匀,不出油,不成团,少成粉,粒度符合要求。大豆破碎粒度为4~6瓣,破碎豆的粉末度控制为通过20目/英寸筛不超过10%。花生破碎粒度为6~8瓣,粉末度控制为通过20目/英寸筛不超过5%。预榨饼破碎后的最大对角线长度为6~10 mm。为了达到破碎的要求,必须控制破碎时油料的水分含量。水分含量过高,油料不易破碎,且容易被压扁、出油,还会造成破碎设备不易吃料、产量降低等;水分含量过低,破碎物的粉末度增大,含油粉末容易黏附在一起形成结团。此外,油料的温度也会对破碎效果产生影响,热油料破碎后的粉末度小,而冷油料破碎后的粉末度较大。通常大豆的适宜破碎水分为10%~15%,而花生的适宜破碎水分为7%~12%。

（2）油料破碎的方法和设备

油料破碎的方法有挤压、剪切、碾磨及撞击等几种形式。油脂加工厂常用的破碎设备主要是齿辊破碎机,此外也可采用锤式破碎机、圆盘剥壳机等。破碎机在油料加工过程中使用广泛,如大颗粒油料的破碎,带壳油料的剥壳,大豆、油菜籽的脱皮等过程都需要对原料进行破碎。为了避免大豆和油菜籽脱皮时油分和蛋白的损失,脱皮对破碎环节要求较高。

齿辊破碎机是目前油脂加工厂预处理工段首选的破碎设备,它既可以用于大豆、花生等大颗粒油料的破碎,也可以通过改变辊面拉丝,适用于棉籽剥壳和大豆脱皮工艺中的破碎。图4.3是双对辊齿辊破碎机的结构示意图,它主要由进料装置、破碎辊、辊距调节装置、传动机构、机座等部分组成。进料装置由存料斗、喂料辊、永久磁铁、喂料淌板组成,其作用是调整喂料量及保证在整个辊长方向上流量的均匀,并清除进机油料中的铁杂,防止齿辊的损坏。齿辊破碎机的上下两对齿辊分别平列安放,每对齿辊相向转动,其中一个为快辊,另一个为慢辊,快辊与慢辊的速比为1.51∶1,辊齿斜度为12∶100,齿形角为锐角30°、锐角60°,每英寸6个齿,每对辊的辊齿按"锋对锋"配置。工作时,由于对辊速差的存在,两个相向转动的齿辊利用齿辊上齿角的剪切和挤压作用,将落入辊间的油料切成小块,从而达到破碎的目的。齿辊之间的间隙,可根据被破碎或剥壳油料的颗粒大小通过辊距调节装置进行调节,以保证油料破碎后的粒度满足工艺要求。

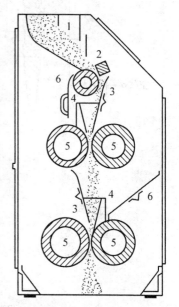

图4.3　双对辊齿辊破碎机
1—喂料器;2—磁铁;3—导向板;
4—导向楔形物;5—轧辊;6—盖板

为保证油料的破碎效果,必须控制油料的水分、温度、含杂质量及流量。保持破碎机合理的工作条件,如辊齿的磨损情况、齿辊两端挡板的密封情况、齿辊两端间隙的调整是否一致等。

齿辊破碎机具有处理量大、破碎效率高、粉末度小等特点,若是用于油料剥壳去皮整仁率高,仁壳易分离。

2. 油料的软化

软化就是通过对油料水分和温度的调节,改善油料的弹塑性,使之具备轧坯的最佳条件。软化主要应用于含油量低、含水分低和含壳量高即可塑性差、质地坚硬的油料。

软化的目的是通过对油料温度和水分的调节,使油料具有适宜的弹塑性,减少轧坯时的粉末度和粘辊现象,保证坯片的质量。软化还可以减轻轧坯时油料对轧辊的磨损和机器的振动,有利于轧坯操作的正常进行。

软化后的料粒有适宜的弹塑性且内外均匀一致,能够满足轧坯的工艺要求。为此,软化时应根据油料种类和所含水分的不同制定软化操作条件,确定软化操作是加热去水还是加热润湿。当油料含水量高时,应在加热的同时,适当去除水分。反之,应在加热的同时,适量加入水蒸气进行润湿。油料含水量较高时软化温度要低一些,反之,软化温度应高一些。另外,必须保证有足够的软化时间,同时还应根据轧坯效果调整软化条件。

大豆的含油量较低,可塑性较差,轧坯前一般都要进行软化。软化温度应根据大豆含水量、软化设备类型不同而定。层式软化锅,大豆水分在 13% ~ 15% 时,软化温度通常在 70 ~ 80 ℃,软化时间为 15 ~ 30 min;滚筒软化锅,大豆软化温度为 62 ~ 65 ℃,工作蒸汽压力为 0.4 ~ 0.5 MPa,大豆软化时间一般为 25 min。软化好的大豆,应软而嫩,透而匀,用手紧握有松软的感觉。棉籽仁中所含的皮壳使料粒软硬不一致,为获得适宜的料坯并减轻皮壳对轧辊的磨损,也需先经过软化再进行轧坯,棉仁的软化温度一般为 60 ~ 65 ℃,水分为 9.5% ~ 11.5%。菜籽属于高油分油料,但菜籽颗粒小,表皮坚硬,对于含水量在 8% 以下的油菜籽,特别是陈年菜籽,应当软化后再进行轧坯。新收获的菜籽含水量较高,一般在 10% 以上,甚至高达 15%,若软化后再轧坯,轧坯时很容易出现粘辊,甚至有轧辊不吃料的现象,因此一般不进行软化。菜籽软化温度一般为 60 ~ 70 ℃,水分为 8% ~ 9%。卡诺拉籽由于种皮较坚韧、纤维素含量较高,故需要在轧坯前进行软化,轧坯前的理想水分为 7% ~ 9.5%。对于其他高油分的油料,如花生仁、蓖麻籽仁、椰子干等,一般不进行软化而直接轧坯,以防止软化后造成轧坯时出油及粘辊等不良现象。

3. 油料的轧坯

轧坯就是利用机械的作用,将油料由粒状轧成片状的过程。轧坯后得到的坯片常称为生坯。轧坯是油料预处理工艺最关键的步骤之一,它直接关系到取油效率和生产成本,尤其是对大豆生坯直接浸出制油工艺。

轧坯的目的在于破坏油料的细胞组织,增加油料的表面积,缩短油脂流出的路程,有利于油脂的提取,也有利于提高蒸炒效果。

油料籽仁由无数细胞组成,油料细胞的表面是一层由纤维素及半纤维素组成的比较坚韧的细胞壁,油脂和其他物质包含在细胞壁中,要提取细胞内的油脂,就必须破坏其表面的细胞壁,破坏油料的细胞组织。轧坯时可以利用机械外力的作用破坏油料的细胞组织,破坏部分细胞的细胞壁。油料碾轧得越薄,细胞组织破坏得也越多,油脂提取效果越好。轧坯使油料由粒状变成片状,减小了其厚度,增大了表面积,在溶剂浸出取油时料坯与溶剂的接触表面增大,油脂的扩散路程缩短,有利于提高浸出速率和深度。油料被轧制成薄的坯片后,在蒸炒过程中有利于水分和温度的均匀作用,蒸炒效果提高。对于生坯直接浸出取油,只有用轧坯来破坏油料细胞组织并保证浸出所需要的料坯结构,因此,轧坯效果在很大程度上决定了浸出取油的效果。对于压榨取油和预榨取油,轧坯厚薄没有像生坯直接浸出取油那样严格,因为压榨前料坯蒸炒过程的湿热作用和压榨过程的压力和发热作用能使油料细胞进一步破坏。

轧坯的要求是料坯薄而均匀,粉末度小,不漏油。无论压榨法取油还是浸出法取油,料坯厚度对出油率都有很大影响。表 4.1 显示出豆坯厚度对压榨出油率的影响。表 4.2 和图 4.4 显示出豆坯厚度与浸出时间及饼粕残油率的关系。从表和图中可知,料坯越薄,出油率越高,料坯厚度对浸出取油的影响比压榨取油的影响更显著。但要求料坯薄而不碎,尽量减少料坯粉末度,以避免料坯粉末对后续的蒸炒、压榨、浸出所带来的不利影响。

表 4.1　豆坯厚度对压榨出油率的影响

大豆含油率/%	豆坯厚度/mm	出油率/%
18.35	0.5	13.58
18.35	0.8	12.95

表4.2　豆坯厚度与浸出时间及饼粕残油率的关系

豆坯厚度/mm	干饼粕残油率/%			豆坯厚度/mm	干饼粕残油率/%		
	5 min	10 min	20 min		5 min	10 min	20 min
0.216	0.78	0.39	0.25	0.332	2.48	1.09	0.68
0.226	1.37	0.67	0.43	0.430	—	2.11	1.13

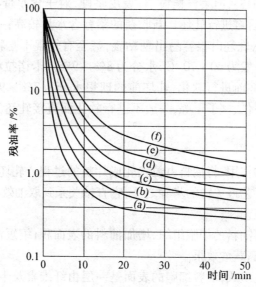

图4.4　料坯厚度与浸出时间和饼粕残油率的关系
料坯厚度/mm:(a)0.202(b)0.254(c)0.305(d)0.356(e)0.406(f)0.457

对于不同油料和不同制油工艺,要求料坯的适宜厚度有所不同。高油分油料的料坯应厚些,低油分油料的料坯厚度应薄些;直接浸出工艺的料坯应薄些,预榨浸出或膨化浸出的料坯可厚些。要求轧坯厚度:大豆一次浸出 0.3 mm 以下,棉仁 0.4 mm 以下,菜籽 0.35 mm 以下,花生仁 0.5 mm 以下。料坯粉末度控制在 20 目/英寸筛的筛下物不超过 3%。在轧坯时,还需防止高油分油料的受轧出油,避免由于辊面带油而造成轧辊的吃料困难和料坯粘辊现象。当高油分油料的水分含量较高时,轧坯时更容易出现漏油和粘辊现象。

4. 生坯干燥

生坯干燥的目的是满足溶剂浸出取油时对浸入料坯水分的要求。在油脂生产中主要是对大豆生坯的干燥。通常,大豆轧坯的适宜水分为11% ~ 13%,而大豆生坯的适宜入浸水分为8% ~ 10%,为了使大豆生坯的水分满足浸出工艺的要求,多数情况下都需要对大豆生坯进行干燥。对生坯干燥的要求是干燥效率高,且不能对生坯产生粉碎作用。生坯干燥设备多采用平板干燥机和气流干燥输送机。

平板干燥机结构如图4.5所示,由加热板、刮板链条、链轮、链轮张紧装置、无级调速电机、减速器、机架及壳体组成。在长方体的干燥室内,装有多层带有夹层的加热板和回转的刮板链条输送器。夹层加热板内通入蒸汽(压力为0.3 ~ 0.5 MPa),物料由进料口落入最上层平板,在刮板链条的推动下慢速向前移动(直线速度为1.2 ~ 1.5 m/min),至末端翻滚落入下层,在下层反方向继续被刮板链条推动移动,这样逐层水平运动和下落,直至底部出料。在此过程中,物料被底夹层内的蒸汽加热,物料吸热达到一定温度,其中的水分发生相变而汽化,水蒸气靠自然排汽或风机强制抽出。加热蒸汽放热冷凝,从夹层底部的冷凝水出口排出。刮板链条在加热板上移动的速度较慢,而且料层又薄,因此,干燥过程中不会造成料坯的粉碎且干燥效率较高,该机运转平稳、动力消耗低,但设备体积庞大,占地面积较大。平板干燥机去水能力一般为1%~3%。

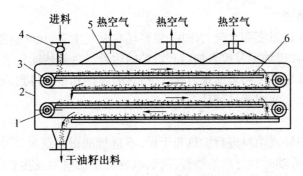

图4.5　平板干燥机
1—主动轮;2—机壳;3—从动轮;4—分配器;5—刮板链条;6—平板夹层

　　气流干燥输送机是在输送过程中同时进行干燥的设备,主要用于大豆生坯的输送干燥,也可用于浸出粕的烘干、冷却以及油料的加热输送。其结构如图4.6所示,它主要由密闭的机壳、机壳内的水平筛板或栅板、刮板链条、链轮、传动机构、张紧装置、空气加热器、离心通风机等部分组成。豆坯通过分料装置均匀地落在干燥输送机的水平筛板上,在刮板链条的拖动下向前移动,同时风机鼓入的热风穿过筛板和料层,将料层加热并进行干燥,干燥后的料坯在筛板末端缺口处排出机外,而载湿空气从机壳上部的出气口排出。气流干燥机将豆坯输送和干燥过程结合起来,利用较长的豆坯输送距离进行豆坯的干燥,其结构合理,节省了设备投资及车间面积,避免了豆坯在较长的输送距离中,因豆坯温度降低、形成表面水分而对浸出产生不利影响。而且采用热空气直接对流干燥,对料坯加热均匀,干燥速率较高。输送干燥过程中物料的翻动少,料层运行平稳,粉碎度小。但当输送距离较短时,料坯的升温会受到影响,从而导致干燥效果下降。此外,要注意避免料坯在干燥器中的局部滞留,否则容易引起料坯的焦煳。通常热风的温度为90~110 ℃。

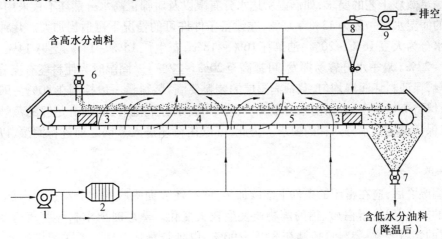

图4.6　气流干燥(冷却)输送机
1—鼓风机;2—加热器;3—挡风装置;4—拖料链条;5—透风栅板;
6,7—闭风装置;8—旋风分离器;9—引风机

4.1.5 蒸 炒

油料生坯经过润湿、蒸坯、炒坯等处理转变为熟坯的过程称为蒸炒。蒸炒是压榨取油生产中十分重要的工序。

1. 蒸炒的目的和类型

蒸炒的目的在于通过温度和水分的作用，使料坯在微观生态、化学组成以及物理状态等方面发生变化，以提高压榨出油率及改善油脂和饼粕的质量。蒸炒使油料细胞受到彻底破坏、蛋白质变性、油脂聚集、油脂黏度和表面张力降低、料坯的弹性和塑性得到调整、酶类被钝化。

蒸炒可分为干蒸炒和润湿蒸炒两种：

（1）干蒸炒

干蒸炒是指仅对料坯或油料进行加热和干燥，不进行润湿。这种蒸炒方法仅用于特种油料的蒸炒，如制取小磨香油时对芝麻的炒籽，制取浓香花生油时对花生仁的炒籽，可可籽榨油时对可可籽的炒籽等。

（2）润湿蒸炒

润湿蒸炒是指在蒸炒开始时利用添加水分或喷入直接蒸汽的方法使生坯达到最优的蒸炒开始水分，再将润湿过的料坯进行蒸炒，使蒸炒后熟坯中的水分、温度及结构性能最适宜压榨取油的要求。润湿蒸炒是油脂生产企业普遍采用的一种蒸炒方法。

正确的蒸炒方法不仅能提高压榨出油率和产品质量，而且能降低榨油机负荷，减少榨油机磨损及降低动力消耗。蒸炒方法及蒸炒工艺条件应根据油料品种、产品要求、榨机类型以及取油工艺路线的不同而选择。

2. 润湿蒸炒工艺技术

（1）润湿

润湿阶段应尽量使水分在料坯内部和料坯之间分布均匀。因此，除了要求均匀润湿和充分搅拌外，还需要有一定的时间让水分在料坯间和料坯内部扩散均匀。润湿的方法有加热水、喷直接蒸汽、水和直接蒸汽混合喷入等。用直接蒸汽对生坯进行润湿，润湿速度快且均匀，但有时不能满足蒸炒工艺的要求，如润湿所达水分有限以及对棉仁高水分蒸坯不宜采用等。

料坯的润湿水分一般为 13% ~15%，在设备条件许可的情况下可适当加大。几种油料的最高润湿水分为大豆 16% ~20%，油菜籽 16% ~18%，花生仁 15% ~17%，芝麻 14% ~16%，棉籽 18% ~22%（夏季水分容易挥发，可提高至 20% ~22%）。润湿时为使料坯有充分的时间与水分接触，保证料坯润湿均匀，蒸锅润湿层的装料要满，装料量一般控制在 80% ~90%。关闭排气孔，保持蒸炒锅密闭，以防水分散失。当采用高水分润湿时，必须有足够的蒸炒条件与之配合，以保证满足低水分入榨的要求。为此，可以在料坯进入蒸锅之前进行润湿，以延长蒸炒时间。

（2）蒸坯

生坯润湿之后，应在密闭的条件下继续加热，使料坯表面吸收的水分渗透到内部，并通过一定时间的加热，促使蛋白质、棉酚等物质发生较大变化。蒸坯时要求料坯要蒸透蒸匀。为此，蒸坯层的装料要满，装料量控制在 80% ~90%，以延长蒸坯时间。要关闭排气孔，保持蒸炒锅密闭，以增大蒸锅空间的湿度，充分发挥料坯的自蒸作用，并防止油脂氧化和棉酚的变性。经过蒸坯，料坯温度应提高至 95~100 ℃，润湿与蒸坯时间约需 50~60 min。

（3）炒坯

炒坯的主要作用是加热去水，使料坯达到最适宜压榨的低水分含量。炒坯时要求尽快排除料坯中的水分，因此须将排气孔打开，加强蒸锅中水蒸气的排出。锅中的存料量要少，一般装料量控制在 40% 左右。经过炒坯，出料温度应达到 105～110 ℃，水分含量在 5%～8% 之间，炒坯时间约 20 min。

经层式蒸炒锅蒸炒的料坯在入榨油机之前，还需在榨机炒锅中进一步调整水分和温度，以满足料坯高温、低水分入榨的要求。料坯的入榨水分和温度随油料品种和压榨工艺的不同而异。一般含油量较高的料坯入榨水分较低，反之，水分较高。预榨工艺的料坯入榨水分较高，压榨工艺的料坯入榨温度较高。如料坯一次压榨的入榨水分通常为 1.0%～2.5%，入榨温度为 125～130 ℃；而料坯预榨的入榨水分为 4%～5%，入榨温度为 110～115 ℃。蒸炒过程必须有充分的时间保证料坯发生完善的变化，而高水分蒸坯更需要足够的时间将料坯含水分降至适宜的程度，因此蒸炒全过程通常需要 90～120 min。其中料坯在层式蒸炒锅中约需 1.5 h，在榨机蒸锅中约需 0.5 h。当然，对于不同油料及不同的预处理要求，各阶段的时间可以调整。

（4）均匀蒸炒

蒸炒对熟坯性质的基本要求是必须具有合适的塑性和弹性，同时要求熟坯要有很好的一致性。熟坯的一致性包括熟坯总体一致性和熟坯内外部的一致性。总体一致性是指所有熟坯粒子大小和性质（水分、可塑性）的一致，而内外部一致性则是指每一料坯粒子表里各层性质的一致。

采用现行的连续蒸炒工艺和设备时，由于生坯本身质量的不一致、料坯通过蒸炒锅的时间不一致、部分料坯润湿时的结团以及部分料坯受传热面的过热作用形成硬皮等，必将导致料坯蒸炒过程中的不一致性。为了减少蒸炒过程的不一致性，生产上必须采取措施以保证料坯的均匀蒸炒，保证进入蒸炒锅的生坯质量（水分、坯厚及粉末度等）合格和稳定，均匀进料，对料坯的润湿应均匀一致，防止结团。蒸坯时充分利用料层的自蒸作用，防止硬皮的产生，蒸炒锅各层存料高度要合理，料门控制机构灵活可靠，加热应充分均匀，保证加热蒸汽质量及流量的稳定，夹套中空气和冷凝水的排除要及时，保证各层蒸锅的合理排汽，保证足够的蒸炒时间，回榨油渣的掺入应均匀等。

4.1.6　油料的挤压膨化

油料的挤压膨化即利用挤压膨化设备对经过破碎、轧坯或整粒油料施以高温、高压然后减压，利用物料本身的膨胀特性和其内部水分的瞬时蒸发，使物料的组织结构和理化特性发生变化。油料膨化浸出在我国 20 世纪 80 年代开始试用，90 年代后期，在制油技术进展中得到了较大的发展。目前油料挤压膨化主要应用于大豆生坯的膨化浸出工艺，对菜籽生坯、棉籽生坯以及米糠的膨化浸出工艺也得到了应用，还可对整籽油料如大豆作挤压膨化处理以供压榨取油之用。

油料预处理工艺中的破碎和轧坯均能使油料的部分细胞破裂，但并不彻底，而油料生坯经挤压膨化后，油料细胞组织被彻底破坏，内部具有更多的空隙度，外表面具有更多的游离油脂，粒度及机械强度增大，膨化料粒的容重也增大，在浸出时溶剂对料层的渗透性大为改善，浸出速率提高，浸出时间缩短，因此可使浸出器的产量增加 30%～50%。膨化料粒浸出后的湿粕含溶剂仅为生坯浸出后湿粕含溶剂的 60%（湿粕含溶剂由 30% 左右降为 20% 左右），这可使湿粕脱溶设备的产量提高及湿粕脱溶剂所需的能量消耗大大降低，湿粕脱溶剂时的结团现象也明显减少,这是引起结团的生植物蛋白在膨化过程已变性的缘故。因为膨化颗粒的粉末度减少及豆皮已结合在膨化颗粒中,所以湿粕脱溶剂时混合蒸汽中含粕末量减少,减轻了粕末捕集的负荷。膨化料粒浸出时的溶剂比生坯浸出时降低约40%,这使得浸出后的混合油含量达到30%～35%,大大节省了混合油蒸发的能量消耗,且混合油中粉末度减少,减轻了混合油净化的负荷,提高了混合油蒸发效果及浸出原油的质量。湿粕含溶剂的减少和混合油含量的提高,使浸出生产的溶剂损耗明显降低。膨化过程钝化了油料中的脂肪氧化酶、磷脂酶等酶类,使浸出原油的酸值降低、非水化磷脂含量减少,浸出原油质量提高。表4.3显示,豆坯膨化浸出与生坯浸出相比浸出原油中磷脂含量提高、非水化磷脂含量减少,原油水化脱胶后残磷量降低,磷脂得率提高及磷脂中卵磷脂含量提高。此外,膨化浸出工艺降低了对破碎、轧坯工序的要求,使这些设备的产量提高。但颗粒较大的、坚固的膨化料粒会使溶剂通过料层的速度过快,造成料粒与溶剂的接触时间明显缩短,因此对浸出效果产生不利影响。生产中可以通过减小膨化料粒尺寸及在浸出器内增加混合油的循环速率和循环量来克服这些不利影响。

表4.3　膨化豆坯浸出与大豆生坯浸出磷脂变化的比较

项　目	原油含磷量 /(mg·kg⁻¹)	脱胶油含磷量 /(mg·kg⁻¹)	磷脂/% (丙酮不溶物)	磷脂成分/%(丙酮不溶物基础上)		
				卵磷脂	脑磷脂	肌醇磷脂
生坯浸出工艺	840	184	65.8	34.9	18.7	19.97
膨化浸出工艺	985	67	74.3	39.78	12.36	19.95

4.2　机械压榨法取油

机械压榨法取油是指借助机械外力的作用,将油脂从油料中挤压出来的取油方法。

按压榨时榨料所受压力的大小以及压榨取油的深度,压榨法取油可分为一次压榨和预榨。一次压榨又称全压榨,要求压榨过程将榨料中尽可能多的油脂榨出,压榨后饼中残油一般为3%～5%。而预榨仅要求压榨过程将榨料中约70%的油脂榨出,榨饼中残油一般为15%～18%,预榨饼再进行溶剂浸出取油。近年来又出现了膨化压榨法取油和冷榨法取油,前者用膨化机代替蒸炒锅,使油料在十几秒内瞬间完成膨化过程,完全避免了油料蒸炒过程中蛋白质的过度变性;后者免去蒸炒工序,在低于80℃温度下压榨取油,能够最大限度地保留油脂中的生物活性物质,提高油脂的品质。

压榨法取油与其他取油方法相比,具有工艺简单、配套设备少、对油料品种适应性强、生产灵活、油品质量好、色泽浅、风味纯正等优点,但压榨后的饼残油量高,压榨过程的动力消耗大,榨条等零部件易磨损。

压榨法取油是一种古老的机械提取油脂的方法,原始的压榨机有杠杆榨、楔式榨、人力螺旋榨等。连续式螺旋榨油机现已成为压榨法取油的主要设备。

4.2.1　压榨法取油的基本原理

1.压榨过程

压榨取油过程即借助机械外力的作用将油脂从榨料中挤压出来的过程。在压榨取油过程中,主要发生的是物理变化,如物料变形、油脂分离、摩擦发热、水分蒸发等,但由于温度、水分、微生物等的影响,同时也会产生某些生物化学方面的变化,如蛋白质变性、酶的钝化和破坏、某些物质的结合等。因此,压榨取油的过程,实际上是一系列过程的综合。压榨时榨料粒子在压力作用下内外表面相互挤紧,致使其液体部分和凝胶部分分别产生两个不同过程,即油脂从榨料空隙中被挤压出来及榨料粒子变形形成坚硬的油饼。油脂的榨出过程如图4.7所示。

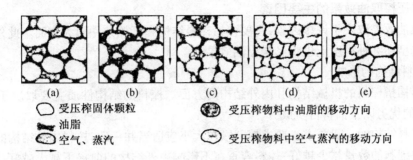

图 4.7　榨料在受压下的油脂压榨过程简图

(a)原始物料;(b)压榨的开始阶段——粒子开始变形,在个别接触处结合,粒子间空隙缩小,空气(蒸汽)放出,油脂开始从空隙中榨出;(c)压榨主要阶段——粒子进一步变形结合,空隙更加缩小,油脂大量被榨出,油路尚未封闭;(d)压榨结束阶段——粒子结合完成,通道横截面突然缩小,油路显著封闭,油脂已很少榨出;(e)解除压力后的油饼——由于弹性变形而膨胀生成细孔,有时有粗的裂缝,未排走的油反被吸入

(1)油脂与凝胶部分分离的过程

在压榨的主要阶段,受压油脂可近似看做遵循黏液流体的流体动力学原理,即油脂的榨出可以看成变形了的多孔介质中不可压缩液体的运动。因此油脂流动的平均速度主要取决于空隙中液层内部的摩擦作用(黏度)和推动力(压力)的大小,同时液层厚薄(空隙大小和数量)以及油路长短也是影响这一阶段排油速度的重要因素。一般来说,油脂黏度越小,所受压力越大,油脂从空隙中流出越快。同时流油路程越长、空隙越小则会降低流速而使压榨进行得越慢。

在强力压榨下,榨料粒子表面挤紧到最后阶段必然会产生这样的极限情况,即在挤紧的表面上最终留下单分子油层,或近似单分子的多分子油层。这一油层由于受到表面巨大分子力场的作用而完全结合在表面之间,它已不再遵循一般流体动力学规律而流动,也不可能再从表面间的空隙中压榨出来。此时油脂分子可能是呈定向状态的一层极薄的吸附膜。当然这些油膜在个别地方也会破裂而使该部分直接接触以致相互结合。由此可知,压榨终了使榨料粒子间压成油膜状紧密程度时,其残油量是十分低的。实际上饼中残留的油脂量与保留在粒子表面的单分子油层相比要高得多,这是因为粒子的内外表面并非全部挤紧,同时个别榨料粒子表面直接接触,使一部分油脂残留在被封闭的油路中。

(2)油饼的形成过程

在压力作用下,榨料粒子间随着油脂的排出而不断挤紧,直接接触的榨料粒子相互间产生压力而造成榨料的塑性变形,尤其在油膜破裂处将会相互结成一体,这样在压榨终了时,榨料已不再是松散体而开始形成一种完整的可塑体,称为油饼。应注意,油饼并非是全部粒子都结合,而是一种不完全结合的具有大量空隙的凝胶多孔体,即粒子除了部分发生结合作用而形成饼的连续凝胶骨架以外,在粒子之间或结合成的粒子组之间仍然留有许多空隙。这些空隙一部分很可能是互不连接而封闭了油路,而另一部分则相互连接形成通道,仍有可能继续进行压榨取油。可见饼中残留的油脂,是由油路封闭而包容在空隙内的油脂和粒子内外表面结合的油脂以及未被破坏的油料细胞内残留的油脂所组成。必须指出,实际的压榨过程由于压力分布不均、流油速度不一致等因素,必然会形成压榨后饼中残留油分分布的不一致性。同时不可忽视,在压榨过程尤其是最后阶段,由于摩擦发热或其他因素,将造成排出油脂中含有一定量的气体混合物,其中主要是水蒸气。因此,实际的压榨取油过程应包括:在变形多孔介质中液体油脂的榨出和水蒸气与液体油脂混合物的榨出两种情况。

2. 影响压榨取油效果的主要因素

压榨取油效果取决于许多因素,主要包括榨料结构和压榨条件两大方面。此外,榨油设备结构及其选型在某种程度上也将影响出油效果。

(1)榨料结构的影响

榨料结构指榨料的机械结构和内外结构两方面。榨料的结构性质主要取决于预处理(主要是蒸炒)的优劣以及油料自身成分。

①对榨料结构的一般要求。要求榨料颗粒大小应适当并一致;榨料内外结构的一致性好;榨料中完整细胞的数量越少越好;榨料容重在不影响内外结构的前提下越大越好;榨料中油脂黏度与表面张力尽量要低;榨料粒子具有足够的可塑性。

②影响榨料结构性质的因素。在诸多的榨料结构性质中,榨料的机械性质特别是可塑性对压榨取油效果的影响最大。榨料在含油、含壳及其他条件大致相同的情况下,其可塑性主要受水分、温度以及蛋白质变性的影响。

一般来说,随着榨料水分含量的增加,其可塑性也逐渐增加。当水分含量达到某一值时,压榨出油情况最佳,这时的水分含量称为最优水分或临界水分。对于某一种榨料,在一定条件下,都有一个较狭窄的最优水分范围。当然,最优水分范围同时与其他因素,如温度、蛋白质变性程度等密切相关。

一般来说,榨料加热可塑性提高,榨料冷却则可塑性降低。榨料温度不仅影响其可塑性和出油效果的好坏,还影响油和饼的质量。因此,温度也存在“最优范围”。

蛋白质过度变性会使榨料塑性降低,从而提高榨机的必需工作压力。如蒸炒过度会使料坯朝着变硬的方向发展,压榨时对榨膛压力和出油及成饼都产生影响。然而蛋白质变性是压榨法取油所必需的,因为榨料中蛋白质变性充分与否,衡量着油料内胶体结构破坏的程度,也影响到压榨出油的效果。还需要注意,压榨时由于温度和压力的联合作用,会使蛋白质继续变性,如压榨前蛋白质变性程度为74.4%~77.03%,经过压榨可达到91.75%~93%。总之,蛋白质变性程度适当才能保证良好的压榨取油效果。

实际上榨料性质是由水分、温度、含油率、蛋白质变性等因素的相互配合体现出来的。然而在通常的生产中,往往仅注意水分和温度的影响。榨料水分与温度的配合是水分越低则所需温度越高。在要求残油率较低的情况下,榨料的合理低水分和高温是必需的,但榨料温度过高而超过某一限度(如130 ℃)是不允许的。此外,不同的预处理过程可能得到相同的入榨水分和温度,但蛋白质变性程度则大不一样。

(2)压榨条件的影响

除榨料自身结构条件以外,压榨条件(如压力、时间、温度、料层厚度、排油阻力等)是提高出油效果的决定性因素。

①压榨过程的压力。压榨法取油的本质在于对榨料施加压力取出油脂。然而压力大小、榨料受压状态、施压速度以及变化规律等会对压榨效果产生不同影响。

a. 压力大小与榨料压缩的关系。压榨过程中榨料的压缩,主要是榨料受压后固体内外表面的挤紧和油脂被榨出造成的。同时水分的蒸发、排出液体中带走饼屑、凝胶体受压后凝结以及某些化学转化使密度改变等因素也造成榨料体积收缩。压榨时所施压力越高,粒子塑性变形的程度也越大,油脂榨出也越完全。然而在某一特定压力条件下,某种榨料的压缩总有一个限度,此时即使压力增加至极大值而其压缩也微乎其微,因此被称为不可压缩体,此不可压缩开始点的压力,称为极限压力(或临界压力)。

b.榨料受压状态的影响。榨料受压状态一般分为静态压榨和动态压榨。所谓静态压榨,即榨料受压时颗粒间位置相对固定,无剧烈位移交错,因而在高压下粒子因塑性变形易结成硬饼。静态压榨易产生油路过早闭塞、排油分布不均的现象。动态压榨时,榨料在压榨全过程中呈运动变形状态,粒子在不断运动中压榨成形,且油路不断被压缩和打开,有利于油脂在短时间内从孔道中挤压出来。因此,同样的出油率要求动态压榨所需最大压力将比静态压榨时低,而且压榨时间也短。在实际应用中,一般采用"动态瞬间高压"压榨。另外对于摩擦发热,动态压榨的影响比静态压榨显著。

c.施压速度及压力变化规律。对压榨过程中压力变化规律最基本的要求是:压力变化必须满足排油速度的一致性,即所谓"流油不断"。对榨料施加突然高压将导致油路迅速闭塞。研究认为,压力在压榨过程中的变化一般呈指数或幂函数关系。

②压榨时间。压榨时间与出油率之间存在着一定关系。通常认为压榨时间长,油流出较彻底,出油率高,这对静态压榨比较明显,对于动态压榨也适用,仅仅是相对时间大为缩短而已。然而压榨时间也不宜过长,否则对出油率提高的作用不大,反而降低了设备的处理量。因此在满足出油效率的前提下,应尽可能缩短压榨时间。

③压榨过程的温度。压榨时适当的高温有利于保持榨料必要的可塑性和降低油脂黏度,有利于榨料中酶的破坏和抑制(如米糠中的解脂酶,大豆中的脂肪氧化酶、尿素酶等),有利于饼粕的安全储存和利用。然而压榨时的高温也产生副作用,如水分的急剧蒸发会破坏榨料在压榨中的正常塑性,油饼色泽加深甚至焦化,油脂、磷脂及棉酚的氧化,色素、蜡等类脂物在油中溶解度增加等。

不同的压榨方式及不同的油料有不同的温度要求。对于静态压榨,由于其本身产生的热量小,而压榨时间长,多数考虑采用加热保温措施。对于动态压榨,其本身产生的热量高于需要量,故以冷却或保温为主。

(3)榨油设备的影响

榨油设备的类型和结构在一定程度上影响到工艺条件的确定。要求压榨设备在结构设计上应尽可能满足多方面的要求,如生产能力大、出油效率高、操作维护方便、动力消耗小等。具体包括:施于榨料有足够的压力,压力按排油规律变化且能适当调节,进料均匀一致,压榨连续可靠,饼薄而油路通畅,减少排油阻力,能以调节排油面积来适应不同的油料。压榨温度调节装置满足最佳流油状态,生产过程连续化,设备运转可靠,结构和操作简单,维修方便,节约能源。

3.压榨取油的必要条件

根据液体沿毛细管运动和通过多孔介质运动的规律可知,为了尽量榨出油脂,满足压榨过程本身的下列条件是必需的。

(1)榨料通道中油脂的液压越大越好

压榨时传导于油脂的压力越大,油脂的液压也越大。由前可知,施于榨料上的压力只有一部分传给油脂,其余部分则用来克服粒子的变形阻力。要使克服凝胶骨架阻力的压力所占比例降低,必须改善榨料的结构——力学性质。但是,提高榨料上的压力而超过某种限度,就会使流油通道封闭和收缩,影响出油效率。

（2）榨料中流油毛细管的直径越大越好、数量越多越好（即多孔性越大越好）

压榨过程中,压力必须逐步提高,突然提高压力会使榨料过快地压紧,使油脂的流出条件变坏,并且在压榨的第一阶段,由于迅速提高压力而使油脂急速分离,榨料中的细小粒子被急速的油流带走,增加了压榨原油中的含渣量。

榨料的多孔性是直接影响排油速度的重要因素。要求榨料的多孔性在压榨过程中,随着变形仍能保持到终了,以保证油脂流出至最小值。

（3）流油毛细管的长度越短越好

流油毛细管越短,即榨料层厚度越薄,流油的暴露表面积越大,则排油速度越快。

（4）压榨时间在一定限度内要尽量长些

压榨过程中应有足够的时间,保证榨料内油脂的充分排出,但是时间太长,则会因流油通道变窄甚至闭塞而奏效甚微。

（5）受压油脂的黏度越低越好

黏度越低,油脂在榨料内运动的阻力越小,越有利于出油。因此在生产中通过蒸炒来提高榨料的温度,使油脂黏度降低。

4.2.2　螺旋榨油机取油

动力螺旋榨油机的工作过程,概括地说,是由于旋转着的螺旋轴在榨膛内的推进作用,使榨料连续地向前推进,同时由于螺旋轴上榨螺螺距的缩短和根圆直径的增大,以及榨膛内径的减小,使榨膛空间体积不断缩小而对榨料产生压榨作用。榨料受压缩后,油脂从榨笼缝隙中挤压流出,同时榨料被压成饼块从榨膛末端排出,其过程如图4.8所示。

1. 榨料在榨膛内的运动规律

榨料在榨膛内的运动状态十分复杂。在理想状态下,榨料粒子受到榨螺推料面的作用,其受力可分解为图4.9所示的轴向力 P_1 和径向力 P_2,显然,理论粒子的运动在无阻力的情况下可以认为是按照螺旋体本身的运动规律向前推进,即粒子的运动轨迹是回转运动与轴向运动的合成。

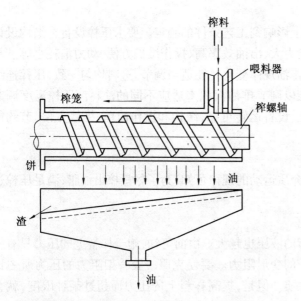

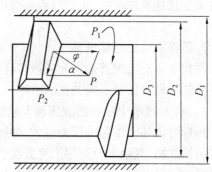

图4.8　螺旋榨油机的压榨过程示意图　　　图4.9　榨螺结构尺寸及压榨受力图

　　然而榨料在实际的推进过程中的运动状态是十分复杂的,它同时受到许多阻力作用。这些阻力包括:榨笼内表面和螺旋轴外表面与榨料间的摩擦力,榨料颗粒之间相对运动时的内摩擦力,榨螺中断处、距圈形状突变或榨膛刮刀等对榨料形成的阻力,榨膛空间缩小时的压缩阻力(包括调节出饼圈引起的阻力)等。上述阻力作用的结果使实际的榨料在榨膛内的运动不再像螺旋输送机那样匀速地推进,其运动速度不仅在数值上,而且在不同区段上的方向也在不断改变。通过实测榨条各区段的划痕,或用木质模型 X 射线照相,都证实了榨料粒子的运动轨迹是一条螺距不断增加的螺旋线,它恰恰与榨螺螺距的变化规律相反,这说明阻力作用的结果是轴向分速越来越大,而径向分速越来越小。

　　如果榨料粒子与榨轴外表面之间的摩擦力及榨料粒子之间的内摩擦力比榨料粒子与榨笼内表面间的摩擦力大,那么榨料会产生随轴旋转运动。在螺旋榨油机工作时,榨料的随轴旋转运动一般是不允许的。在榨笼内表面处,榨料粒子与榨笼内表面的阻力较大,能抵消榨料随轴转动的力,然而在中间层,榨料粒子主要靠内摩擦力的作用,其阻力较小,尤其在进料段,松散的榨料粒子之间的内摩擦力更小,这时很易产生榨料随轴转动现象。此外榨轴表面与榨料之间的摩擦力大也易产生榨料随轴转动。由此可见,沿径向各榨料层的随轴转动情况是不一致的。为防止榨料随轴转动现象,在螺旋榨油机榨膛内装置了刮刀,并将轴表面磨光,以及在榨笼内表面装置榨条时使其具有"棘性"。

　　榨料在榨膛内的推进过程中,部分榨料会在榨螺螺纹边缘和榨笼内表面所形成的细小缝隙中产生反向的运动,即回料。回料的形成是由于多种阻力引起的,如榨螺螺旋齿的断续;榨螺螺纹边缘和榨笼内表面所形成的缝隙偏大;榨螺螺距偏大;榨料与榨笼内表面之间较大的摩擦;出饼口缝隙太小造成的"反压"以及榨膛理论压缩比大于榨料实际压缩比等。回料将影响榨油机的生产能力和出油率,须根据实际要求加以控制。

2. 压榨取油的基本过程

　　在螺旋榨油机中,压榨取油过程可以分为三个阶段,即进料(预压)段、压榨段(出油段)、成饼段(重压沥油段)。图 4.10 显示了在各压榨阶段榨料的体积压缩情况。

　　(1)进料段

　　榨料在被向前推进的同时,开始受到挤紧作用,使之排出空气和少量水分,发生塑性变形形成"松饼",并开始出油。高油分油料在进料压缩阶段即开始出油。注意在进料段易产生回压作用,应采取强制进料和预压成型的措施,克服"回料"。

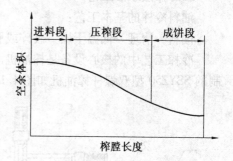

图 4.10　螺旋榨油机压榨阶段及榨料空余体积变化

　　(2)压榨段

　　此阶段是形成高压大量排油的阶段。这时由于榨膛空间体积迅速有规律地减小,榨料受到强烈挤压,料粒间开始结合,榨料在榨膛内成为连续的多孔物而不再松散,大量油脂排出,同时榨料还会因螺旋中断、榨膛刮力、榨笼棱角的剪切作用,引起料层速差位移、断裂、混合等现象,使油路不断打开,有利于迅速排尽油脂。

　　(3)成饼段

　　榨料在成饼段已形成瓦块状饼,几乎呈整体式推进,因而也产生了较大的压缩阻力,此时瓦块饼的可压缩性已经不大,但仍须保持较高的压力,以便将油沥干而不致被回吸。最后从榨油机排出的瓦状饼块,会由于弹性膨胀作用出现体积增大的现象。

研究表明,压榨过程中大量的油脂是在榨油机的前一半榨膛中被榨出的,即在进料段和主压榨段的区域内榨出的,这可以从在螺旋轴长度上饼中残油率的变化特性得到证实。当然在榨膛内沿轴向分布的排油情况,会随着榨料含油和榨机结构的不同而有所变化,但总体上要求出现在主压榨段内,结构设计或制作的不当都会引起排油位置后移或提前。

在压榨过程中,饼坯沿径向层次的含油率不同,内表面层的含油率比外表面层高,同时压榨物料径向层次残油率之间的差别随着榨料向出饼口的推移而减小。而实际排出机外的饼,其径向层次残油率正好呈相反的关系,即饼外层的残油率高于内层的残油率。这种现象的产生可以认为是螺旋榨油机结构特点所致:一方面榨膛内饼坯的单向排油必然使沿螺旋轴表面处榨料的油路较长而不易排出;另一方面在进料段和压榨段前部的料层较厚,容易产生含油率梯度,在压榨后期,榨料被压缩变薄,同时在靠近螺旋轴表面处的水分蒸发强度比榨笼内壁处高,以致将榨料粒子孔隙内的油脂挤出,因此内外饼层之间的含油率梯度相对缩小了;当饼排出机外时,由于压力的消失,水分急剧蒸发及外层饼面油脂的回吸等,反而使内层饼含油率低于外表层。

4.2.3 冷榨法取油

冷榨法取油即入榨料在较低的入榨温度和出油温度下进行压榨。油料冷榨可谓是一种满足"绿色环保"消费需求的制油工艺。由于冷榨完全采用的是物理机械式的取油方式,避免了常用制油方式中食用油与有机溶剂、酸、碱、活性白土以及高温的接触,所获得的食用油仅需经过过滤或干燥即可满足食用要求,最大限度地保留了油脂中的生物活性成分、避免了可能造成的接触性污染,符合人们所推崇的食用天然有机无污染食品的理念。但冷榨法取油出油率较低。

1.冷榨法取油工艺

油料冷榨的基本工艺:

油料→清理→低温干燥→破碎或脱壳→冷榨→冷榨油的干燥过滤→包装成品。

冷榨工艺中的核心设备是榨油机。双螺杆榨油机既可用于热榨,也可用于冷榨。国内研制的 SSYZ50 型双螺杆榨油机如图 4.11 所示。

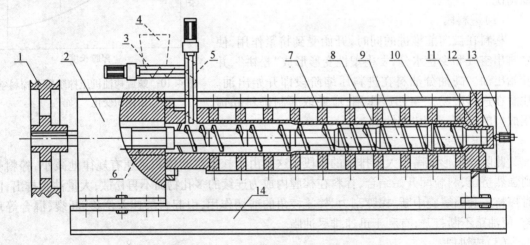

图 4.11 SSYZ50 型双螺杆榨油机结构简图

1—皮带盘;2—齿轮箱;3—水平输送绞龙;4—进料斗;5—垂直输送绞龙;6—联轴器;

7—压板;8—条排;9—榨螺轴;10—拉杆;11—出饼盘;12—顶饼头;13—可调顶杆;14—机架

2. 冷榨法取油的特点

(1) 油料冷榨的优缺点

①产品冷榨油是绿色、无污染的食用油脂产品。由于在生产过程中采用低温冷榨工艺,使所获得的冷榨油不需进一步常规油脂精炼工序,从而避免了冷榨油在精炼过程中与碱液、脱色白土、磷酸等的直接接触和精炼时的高温对油脂可能造成的破坏,最大限度地保存了油中各种其他脂溶性营养成分如磷脂、维生素 E、维生素 A 和油脂的独特风味。同时由于冷榨油是直接将油料通过压榨方法制得的,因此还回避了常规油脂提取过程中的溶剂浸出过程,从而避免了油脂与石化类溶剂的直接接触。

②冷榨工艺是一种对环境影响较小的制油工艺。由于在冷榨工艺中采用了低温冷榨技术,所获得的冷榨油满足直接食用的要求,而不需进一步的油脂精炼,因此避免了各类化工原料的消耗(如碱、酸、白土)、各种反应废料对环境的污染(如皂脚、水洗废水),以及在精炼过程中所进行的加热、真空等各项能量的消耗和由此对环境所造成的污染(如电、蒸汽的消耗和冷却的真空废水)。虽然对于未变性蛋白原料的冷榨法提油会提高榨油机的能耗,但由于在前处理工序中不需要像常规工艺那样对原料进行蒸炒和对产品进行精炼,因此冷榨工艺总的能源消耗远低于常规法制油。

③冷榨饼残油高。一般而言,冷榨饼的残油为 12% ~ 20%,为热榨饼的 2 ~ 3 倍。虽然加大冷榨压力或增加压榨次数可降低冷榨饼的残油,但该调整是以牺牲冷榨温度和冷榨油的品质来实现的,这样的调整无疑会背离整个冷榨工艺的原始目的,显然是不可用的。

④能耗比高。由于冷榨原料是未经常规工艺蒸炒过的油料,原料中的油脂仍以超显微状态存在且蛋白质未变性,因此油料冷榨对冷榨机的要求更高。一般而言,相同装机量,冷榨机的处理量仅为热榨机的一半,同时冷榨饼的残油量会较热榨饼高 1 ~ 2 倍(见表 4.4),这无疑会造成大量的资源浪费和降低工厂的经济效益,但该缺点可通过生产工艺步骤的调整而得以弥补,如冷榨饼下一步入膨化机进行膨化处理以利于浸出,浸出原油进行精炼得成品普通食用油。

表 4.4　油菜籽冷榨和热榨的技术指标比较

项目	处理量/(t·d⁻¹)	装机容量/kW	饼中残油/%	压榨温度/℃
冷榨	40	130	12 ~ 20	60 ~ 70
热榨	75	150	5 ~ 8	100 ~ 130

(2) 油料冷榨的应用范围

油料冷榨作为一种新的制油工艺将在高含油油料油脂制备的某些方面获得应用。例如对油菜籽、蓖麻籽、油茶籽而言,采用冷榨工艺可获得原料含油量约 50% 的高品质冷榨油。而饼中的高残油可再通过二次压榨或溶剂浸出获得次级的原油,该原油可借助常规的制油工艺进行加工,同样将其制成常规的精炼油进行出售;也可将该二次压榨的次级油作为工厂能源的来源;也有选择将该高含油的冷榨饼以合适价格直接出售的方式来保持生产厂的经济效益。在德国也有类似油厂将残油量约 20% 的冷榨饼高价直接出售给饲料加工厂的实例,该高含油的冷榨饼在配方饲料中的使用可抵消向饲料中额外添加油脂的费用。从经济效益考虑,一般而言冷榨技术不适合于含油量低于 25% 的油料的压榨。对于花生和芝麻而言,虽然其属于高含油的油料,但基于中国人所喜爱的风味原因,一般也不适合采用冷榨工艺;棉籽虽然含油量也较高,但由于棉酚的原因,一般也不适合采用冷榨工艺。油料冷榨也适用于小宗油料和特种油料,如玉米胚芽、红花籽、核桃仁、亚麻籽、月苋草籽、紫苏籽等。需要指出的是,基于油料冷榨的最基本原因,即生产无需精炼可直接食用的绿色天然冷榨油,冷榨饼中的残油量是不可过度降低的。经验表明,随着冷榨饼中残油的降低,冷榨油的品质将逐渐下降。因此过低的冷榨饼中残油必然会引起冷榨油质量下降,而无法满足无需精炼直接食用的油料冷榨的目的。

4.3 浸出法制油

浸出法提取植物油脂是目前世界上普遍采用的一种油脂提取方法,也是油脂提取率最高的一种方法。它与传统的制油方法相比具有明显的优势,发展速度很快。随着现代化工业进程的加快,浸出法制油在植物油料加工过程中会越来越广泛地被采用,且用于浸出法制油的油料品种和浸出法方法也越来越多,浸出的功能性也越来越强,高效的浸出方法和浸出设备也随着工业化的进程在加速发展。

4.3.1 概 述

浸出法制油主要是利用选定的溶剂能溶解油脂,把经过处理的油料浸在溶剂中使油脂溶解于溶剂而组成一种溶液(混合油),然后和油料中的固体残渣(粕)分离。所得混合油中油脂和溶剂的挥发性差异很大,且溶剂的沸点较低,利用此特性可进行蒸发、汽提,使溶剂汽化与油脂分离。溶剂蒸汽经冷凝回收后可以继续循环使用,制得的油脂称为浸出原油。

浸出法制油的主要优点是出油率高,干粕残油率一般仅为1%左右,而压榨法残油平均在4%~8%。浸出法所得粕的质量较好。由于浸出法各工序操作温度可以控制,使温度较低,粕中蛋白质变性较小而提高了使用价值。浸出法制油可以实现生产大型化从而可以降低煤、电的消耗和减少操作人员的数量,降低了加工成本,提高了劳动生产率,改善劳动条件,减轻了工人的劳动强度。

浸出法制油的缺点是原油质量较差,采用的溶剂是易燃易爆的有毒物质,对安全性要求较高。目前国内浸出油厂一般选用六号溶剂油或工业己烷作为溶剂。它是石油化工厂生产的一种浸出溶剂。

1. 浸出法制油工艺

浸出法制油的基本过程是油料通过一定的处理后,用有机溶剂进行浸出,浸出所得的液体部分称为混合油,混合油进行蒸发和蒸馏得到原油,浸出后所得的固体物称为湿粕,湿粕进行干燥脱溶生产出食用或饲料所需的成品粕,蒸发和蒸馏出的溶剂气体进行冷凝和冷却回收,回收的溶剂进行循环使用。

所浸出的植物油料可以是油料的生坯,也可以是油料的预榨饼,还可以是经过膨化后的颗粒,前者称为直接浸出,中间者称为预榨浸出,后者称为膨化浸出,作为直接浸出工艺,许多学者和工程技术人员作过研究和试生产,取得一定的生产经验,但能够大规模、成熟地应用于工业生产的油料,只有低含油油料,如大豆、棉籽、沙棘、米糠等;国外在高含油油料方面有过生产,但没有大规模生产的报道,国内许多学者和工程技术人员也曾作过研究,且取得一定的生产经验。

从油料内提取油脂的浸出方法,可以采用直接浸出,也可采用预榨浸出或膨化浸出。在加工大豆时,"生坯"的直接浸出是浸出法应用最具有代表性的例子。在预榨浸出过程中,提取油脂分别在两个阶段内进行,第一阶段用压榨方法提取油料中80%的油脂,第二阶段是采用浸出法提取油料内剩余的油脂。膨化浸出是在提油前将油料充分加热和挤压,使油料组织结构充分破坏,然后浸出提油脂。膨化过程中低含油油料不出油,而高含油油料有部分油脂被挤出。

由于采用的油脂浸出设备形式较多,目前还没有明确合理的规定。国内油厂比较广泛采用的是按浸出的操作过程分为一次浸出制油及预榨浸出制油。所谓一次浸出制油,是指油料经预处理后直接用溶剂把其中的油脂提取出来,一次浸出就可以基本上取尽油脂。这种生产方式适用于含油量较低的油料,如大豆、米糠等。预榨浸出制油是指油料经预处理后先用预榨机把其中的大部分油脂压榨出来,余下的油脂则用溶剂浸出的方法提取出来。预榨浸出制油适用于含油量较高的油料,如油菜籽、花生仁、棉籽等。

2. 油脂浸出用溶剂

植物油料浸出方法中所用的溶剂作为一种工业助剂存在整个油脂浸出工艺之中,所采用的溶剂的成分和性质对油脂提出工艺的生产指标和产品质量都产生不同程度的影响,溶剂应该在技术和工艺上满足浸出工艺的各项要求。溶剂溶解油脂的性能与溶剂的性质有着密切的关系,溶剂的蒸发及油、水的分离也离不开溶剂的化学结构;浸出油脂的安全生产取决于溶剂的安全性能,浸出过程中选择性溶解油料中的脂溶性物质在特殊工艺中可除去油料粕中的有毒物质,因此用特殊溶剂浸出可以提取油料中各种不同物质,选用混合溶剂浸出油料是油脂工业中的一个待开发的领域。

一般来说,对所选溶剂的要求是力求在浸出过程中获得最高的出油率,保证获得高质量的油脂和成品粕,溶剂应尽量避免对人身体的伤害,保证生产操作的安全。其具体要求表现在以下几方面:

(1)能够溶解油脂

所选用的溶剂能够充分并迅速地溶解油脂,且在任何比例时都与油相互溶解混合,但不得溶解或少溶解油脂中的脂溶性物质,更不能浸出溶解油料中的其他非油脂组分。

(2)化学性质稳定

在化学成分上是同一类物质,化学的纯度越高越好(除混合溶剂之外);在储藏和运输及浸出等生产的各工序中,溶剂本身不氧化或分解等造成化学成分和性质改变的化学变化,且不与油料中的任何化学组分发生化学反应;无论是纯溶剂、溶剂的水溶液或者是溶剂气体与水蒸气的混合气体,对设备都不应有比较明显的腐蚀作用。

(3)易与油脂分离

溶剂能够在较低温度下从油脂和粕中充分挥发,它应具有稳定的和较低的沸点,热容低,蒸发潜热小,且易被回收;与水不溶解,且与水不产生具有固定沸点的共沸混合物。

(4)安全性能要好

无论是溶剂的液体、溶剂气体或者是含有溶剂气体的水蒸气混合气体,对操作人员的健康是无害的;在和油料接触后不会使溶剂夹带不良的气味和味道,不会产生对人体机体的有危害物质;采用的溶剂应该是不易燃烧和不易爆炸的。

(5)溶剂来源要广

油脂浸出在较大工业规模生产中需求量应得到满足,溶剂的工业化生产是可行的,即溶剂的价格要便宜,来源要充足。

完全满足上述要求的溶剂可以称为理想溶剂。在工业中所采用的溶剂仅仅满足上述所列举的某些条款。所以,在选择工业溶剂时,把它的性质与理想溶剂的性质进行比较,力求其偏离的程度最小。

3. 常用浸出溶剂

1947 年 MacGee 发表了关于溶剂浸出的早期综合评论,对许多溶剂,如苯、航空汽油、甲醇、乙醇、异丙醇、二硫化碳、乙醚、二氯乙烷、四氯化碳、三氯乙烯及各种石油轻馏分都作了评估。然而,在 1947 年前后美国最常用的溶剂是石油馏分的轻烷烃,如己烷、庚烷和戊烷。己烷,由于它易于气化且不留下残余的令人反感的气味和味道,最后被选中。后来,此决定进一步得到 Eaves 等人的支持。他研究了用五种商品溶剂浸出棉籽(己烷、苯、乙醚、丙酮和丁酮),结论是作为棉籽的浸出溶剂,没有一种比己烷更好。

4.3.2 油脂的浸出

1. 浸出法取油的基本原理

浸出是油脂制取工厂对溶剂提取油料中油脂的俗称。在化工单元操作中,称萃取或提取。油脂浸出是固-液萃取过程,在浸出过程中,利用油料中的油脂能够溶解在选定的溶剂中,而使油脂从固相转移到液相的传质过程。从固体油料中用溶剂浸出提取植物油脂,属于典型的质量传质过程,其质量传质过程中的动力主要是油脂在溶剂中的浓度差,在浓度差的作用下传质是以扩散方式进行的。油脂在固体油料中传递到流动的液体流(溶剂或者混合油)是通过两种扩散形式,分子扩散和对流扩散的方法来实现的。这两种扩散形式,在下面将以在单独料坯内和在大量料坯中的浸出理论来描述,模拟油脂浸出条件相近的情况下单独进行研究。

(1)扩散理论

①分子扩散。分子扩散是指以单个分子的形式进行的物质转移,是由分子热运动引起的。当油料与溶剂接触时,油料中的油脂分子借助于本身的热运动,从油料中向溶剂中扩散,同时溶剂分子也向油料中扩散,这样在油料与溶剂接触面的两侧就形成了两种浓度不同的混合油。由于分子热运动及两侧混合油浓度的差异,油脂分子将不断地从其浓度高的区域转移到浓度较低的区域,直到两侧的分子浓度达到平衡为止。这种分子扩散的热运动没有规律,由于系统力求趋向热力学平衡,它们将从浓度较高的区域转到浓度较低的区域,一直到两相溶剂中溶质的浓度完全相同时,传质才能达到动态的平衡,这就是分子扩散的实质。

②对流扩散。对流扩散是指物质的溶液以较小体积的形式进行的转移。溶液以一定的速度流动,在流动中夹带被溶解的物质进行物质转移,即在流体呈湍流状态时进行物质的扩散作用。在对流扩散过程中,对流的体积越大,单位时间内通过单位面积的这种体积越多,对流扩散系数越大,物质转移的数量也就越多。对流扩散系数主要取决于流体的流动速度。

与分子扩散时一样,浓度差(d_c)对对流扩散的速度有较大的影响。浓度差越大,则对流扩散速度也随之有较大的强度,由此来实现物质的单个体积由较浓的区域转到浓度较低的区域,直至浓度达到完全平衡。表面积的大小影响到对流传递,通过这一面积 F 来实现在运动液体流和扩散时油脂的传递。

(2)影响浸出效果的因素

国外曾经力求寻找接近于工业浸出装置实际条件的整个浸出过程的数学关系式,但直到目前还没有结果。所以各种因素对浸出过程的影响,将单独地在实验数据的基础上进行研究;而有的因素与设备形式有关,也有的因素与操作有关,因此要将这么多因素用公式加以概括是比较困难的,只能通过文字论述的形式进行描述。

①料坯结构与性质的影响。像上面已经指出的那样,扩散途径第 I 阶段(从料坯内部到它

表面的分子扩散)确定整个浸出过程的效率。所以加快油脂由料坯内的分子扩散,或者一般地为了排除扩散途径这一阶段的大量油脂,我们必须研究影响浸出速度的各种因素。

a. 油料的内部结构。根据油脂与物料结合的两种形式,浸出过程在时间上可以划分为两个阶段。第一阶段为提取游离的油脂,即处于料坯内外表面的油脂,而第二阶段提取的是处于细胞内部,即未被破坏或局部变形的细胞和二次结构缝隙内的油脂。这些情况已经被实验室和生产中试验的许多数据所证实。

浸出的两个阶段与两个阶段之间过渡区域 n 的存在,对于生豆坯可由图 4.12 看到。在浸出的第 I 阶段到过渡区域的结束之前,即在 10 min 内提取了不低于 85% 的油脂,而剩余的 15% 的油脂则在第二阶段进行浸出。

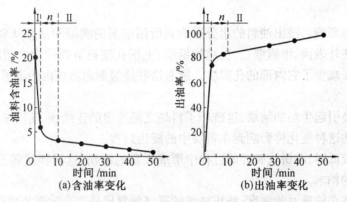

图 4.12　浸出过程中油料含油率变化和出油率的变化

在生产条件中,研究 I 阶段的存在和 II 阶段中浸出速度的衰减是有现实意义的。因此,为了迅速和充分地提取油脂,在油料预处理工艺中,必须用破坏生坯细胞结构、打乱饼的二次结构的方法,尽可能将大量的油脂转到游离状态。同时必须保证在料坯与料坯之间溶剂的良好渗透,且保证油脂向外部混合油的相反扩散。

b. 油料的外部结构。为了使油料具有必要的结构力学性质,应该创造油料最适宜浸出的外部和内部结构。油料的外部结构是指料坯的大小和厚度,以及不同料坯之间的相互关系。

为了使油料与溶剂接触的表面系数最大,料坯的大小应该是最小的。但是,当料坯的直径为 0.5 mm 时,溶剂在料坯层的渗透率大大地减弱了,造成粕中残油率升高。这样油料中含有细小的粉末,容易被溶剂带走,将造成混合油中含渣量增加,致使混合油过滤困难。此外,为了均匀地浸出所有的油料料坯,油料的外部孔隙度是必需的,也就是应该保留料坯之间的间隙。所有这些要求,限制了油料预处理的轧坯程度。因而轧坯不是越小越好,而是要轧制成一个适宜的厚度,这一厚度是用实验的方法对油料(料坯、粗粒)的每一个加工工序所确定的。

在油料中不应该有完整的、未破坏的细胞。因为完整细胞内油脂要扩散出来,由于细胞壁的存在而增加困难,渗透进行缓慢,使浸出生产时间延长。此外,浸出油料的内部结构应该保证溶剂向料坯内迅速渗透,料坯不应该具有二次结构,却应该具有较大的内部孔隙度。这样,物料的内部结构像外部结构一样,与浸出料坯的外形尺寸有密切的关系,因为它的减少往往会引起破碎细胞数量的增加。但是,这个条件同样与物料外部结构所提出的限制物料轧坯程度的要求是相矛盾的。

料坯理想的内部结构应该是内部扩散系数 D_1 等于游离分子扩散系数 D,而比值 $D_1/D=1$。这个对比关系的意义,对于实际的油料反映了它的内部结构接近于理想结构的程度。接近理想状态的油料顺序是膨化颗粒、预榨饼、生坯、油料碎块、油料粒子。

c. 油料的组分。无论是单个的油料料坯,或者是所有的油料料坯,对于溶剂、水的吸附能力和持留能力(称为湿粕含溶率)应该是最小的;这就保证了浸出器中溶剂的自然沥干,减少了混合油之间的相互渗混现象,同时减轻了湿粕中溶剂蒸脱。

油料浸出的湿粕含溶量与油料的组分有关,含低分子糖多的油料吸附溶剂的能力强,变性后的蛋白质吸附溶剂的能力弱。在生产实践过程中油料生坯直接浸出的湿粕含溶剂量高达35% ~45%。而预榨饼浸出的湿粕含溶剂量仅在20% ~25%;霉变的油料在浸出过程中粕残油超标的主要原因在于霉变分解的大量低分子物质吸附着有机溶剂,造成湿粕含溶的增加。不成熟的油料种子或者油料水分大,都有可能造成油料中低分子物质的增多,在浸出过程中发生困难。

d. 油料水分的影响。浸出油料的水分影响到所用溶剂的润湿和油脂从料坯内部的扩散。增加水分将使料坯外表面、细胞壁、二次结构组织、毛细孔壁被溶剂润湿的情况变差。在增加水分时料坯的膨胀减少了它内部的孔隙度。所有这些使溶剂向料坯内的渗透和溶解油脂的扩散发生困难。

增加水分还会引起生坯的结块,这破坏了料坯之间通道的连续性,使溶剂的喷淋渗透发生困难。外部结构的这种变化将影响到在料层中的浸出过程。

预榨饼含水较低时,在饼块破碎的过程中形成大量的细粉,这同样减弱了料层的渗透性,提高了混合油中的粕末。

为了保证料坯在输送时的强度,防止料坯的聚结和料层外部孔隙度的减少,油料具有一定的塑性是必要的。因此水分影响到浸出油料的结构力学性质。

在悬浮状态中的浸出能够消除对油料外部结构要求的主要矛盾,因为在这里一般不会结块。这样,葵花籽生坯在悬浮状态中的直接浸出,根据实验数据水分从3.5% ~4.0%到8% ~9%的较宽范围内都是可行的。

在每一种油料的浸出时,应该保持最合适的水分。水分的多少取决于被加工原料的特性,或者是浸出的方法及设备。例如,国内大都采用平转式浸出器对大豆进行一次性浸出。豆坯的水分一般控制在8%左右。预榨饼的水分比它要低些,但有的地区采用压榨浸出法,因而菜籽压榨饼的水分大约在4%以下。而在履带式浸出器上加工这一种物料时的水分为9% ~9.5%,环型浸出器浸出大豆生坯时的水分为10% ~12%。

油料浸出时水分往往在工艺中进行控制,对于预榨饼其水分基本能满足生产中对水分的要求,而直接浸出所需要的生坯往往要进行水分的调节,而水分的调节在不同的工艺中采用的方法也不相同,有的采用多级控制水分的方法,有的采用一次性干燥方法;多级控制水分的方法多用在大豆脱皮工艺之中,油料先进行干燥,再进行脱皮处理,软化时也可进行温度和水分的调节,轧制的生坯再进行干燥处理,以达到入浸的水分。生坯干燥的方法目前有多种形式,有热传导的平板干燥机,有热对流的气流干燥机,还有传导和对流相结合的快速干燥系统。前者的占地面积大,干燥效率低;中间者干燥效率高,但有油脂氧化的产生;后者虽有中间者的问题,但它的最大益处在于快速干燥,高温杀酶灭菌,对提高毛油质量、减少油脂精炼损耗有着积极的作用。

②浸出过程的温度影响。浸出过程的温度由油料温度、溶剂温度和它们的数量之比确定。浸出过程的温度较大地影响到浸出的速度和深度,在温度较高时,分子的无秩序热运动得到加强,溶剂和油的黏度下降,因而提高了扩散速度。

浸出过程的油脂扩散在溶剂沸点附近时最为强烈,而各个浸出阶段是在混合油最初的沸点时最为强烈,因此提高浸出温度对加快浸出速度是有帮助的。除此之外,温度的提高对减小油脂和溶剂的黏度是有利的,这样减小了传质的第一阻力,增大了单位时间的传质量。

提高浸出过程的温度无疑有积极意义,但浸出过程的温度由新鲜溶剂馏份组成内的初馏点确定,而各个浸出阶段是由中间混合油的浓度确定的,浸出过程的温度不得超过溶剂和混合油的沸点,否则,将造成溶剂的大量挥发,使得溶剂比无法达到浸出粕要求。

③浸出时间的影响。油料的浸出深度与浸出时间有着密切的关系,在相同油料的内外部情况下,浸出时间是决定浸出效果的关键因素,无论在何种条件下油料在浸出过程中的残油随时间的延长而降低,当达到一定程度后这种降低的幅度就会大大减小。在浸出过程中不同浸出设备的浸出时间是不同的,料层薄的设备,浸出时间就短,生坯的浸出时间要比预榨饼的浸出时间长。

④浓度差和溶剂比的影响。

a. 混合油浓度。为了保持在料坯内外的混合油中始终有较高的浓度差,必须保持逆流。实际上浓混合油是采用逆流通过油料料层溶解油脂来得到的。

单位时间内供给的溶剂越多,则浓度差越大。但是溶剂的数量只能提高到一定的限度,以便防止最终混合油浓度的下降。

在提高溶剂的数量时,溶剂的流动速度有所增加。通过物料层的溶剂速度,应该尽可能保证溶剂流动的湍流状态,保证扩散层的最小厚度,保持较高的浓度差(浓度梯度)。

b. 溶剂用量。根据浸出的方法应该采用溶剂和油料的一定比值(体积比),这个比值就称为溶剂比。在用浸泡法浸出时,为了获得粕中残油率为 0.8% ~ 1.0% 的效果,溶剂和浸出油料的最适宜比值为(0.6 ~ 1.0)∶1.0,而按多阶段喷淋方法浸出时的比值为(0.3 ~ 0.6)∶1.0。有的浸出设备可采用(0.6 ~ 1.0)∶1.0,同时在中间阶段由于再循环,混合油(溶剂)和浸出油料的比值达到(6.0 ~ 8.0)∶1.0。

c. 溶剂和混合油的喷淋形式。浸出往往采用多阶段逆流浸泡或者喷淋浸出过程,也有采用顺流浸泡或者喷淋浸出过程,采用顺流的主要用在二次浸出的较高含油阶段的浸出,在低含油的油料浸出中或者在单一浸出设备中采用的是逆流浸出方式,这样可保证用较少的溶剂获得较高的混合油。

逆流喷淋提出在实践生产过程中采用的方法往往是喷淋—滴干—再喷淋—再滴干的间歇喷淋方式,这样在下一次喷淋时上下两次的混合相互之间的混合量就小,可以提高混合油传质的浓度差,加快浸出传质速率。也可采用间歇式大喷淋的方式来提高每级喷淋传质的浓度差,现行的生产往往用新鲜溶剂采用大喷淋的方式。

综上所述,油脂的浸出过程能否顺利进行,是由许多因素决定的。而这些因素又是错综复杂、相互影响的。所以在生产过程中如能辩证地掌握这些因素,很好地运用这些因素,就能大大地提高浸出生产的效率,缩短浸出时间,降低粕中残油率。

2. 油脂的浸出工艺及设备

(1)浸出的主要方法

在油脂浸出工业中,油脂的浸出方法可分为间歇式浸出法和连续式浸出法。

①间歇式浸出法。间歇式浸出法主要是把油料用新鲜溶剂进行浸泡,通过一段时间,一部分油转到溶剂中形成混合油。浸出后的物料再用新鲜溶剂浸泡,这样一直重复到几乎所有的油脂被提取出来为止。第一批混合油具有最高的浓度,以后所提的混合油浓度逐批减小。长

时间、多次地用新鲜溶剂进行浸出,则所得的混合油是比较低的,且混合油量太大,这对工业生产是十分不利的。

我国在 20 世纪 70 年代有不少采用间歇式操作的浸出器。在浸出车间的操作中为了建立连续性,早期应用了由三、四、八、九个浸出罐所组成的罐组。整个装置是按连续式浸出法进行工作的。罐组具有间歇式设备所固有的许多本质上的缺点。

②连续式浸出法。连续式浸出法主要是把新鲜溶剂连续地送到油料残油最低的地方,而浓混合油送到刚进来的原料处。这一方法的应用能够获得更浓的混合油和缩短浸出时间。目前在植物油生产的工业条件下,几乎绝大部分采用连续式浸出法。

采用连续式浸出法在连续作用的设备中进行浸出,采用逆流原理和一个设备内进行连续浸出;浸出车间的电动机、机器和设备可采用自动连锁方法,提高工作的安全性;实现车间所有工段的整个机械化和使车间内大多数实现自动化;大大地减少了生产中的循环溶剂量。

所有连续式浸出器都是根据连续提出的方法进行工作的。为了保证物料的移动和浸出器的连续工作,应用了直立螺旋式、U 形和环形拖链式、直立和水平篮斗式、履带和履带框式,以及具有渗漏假底或者固定栅板的平转式等各种不同的浸出装置。

(2)油脂浸出设备

①浸泡式浸出器。按浸出油料浸泡在溶剂中的方法进行工作的浸出器,在国内主要有罐组式、U 形拖链式和卫星式;在国外主要有塔式、直立螺旋式等。以罐组式浸出器为例,图 4.13 是国内小型浸出油厂普遍采用的一种简易浸出罐。这种浸出罐外表像一个圆柱形的容器,圆柱部分的直径一般为 900~1 400 mm,其高度与直径之比一般为 1:(1~1.1)。靠近圆柱形的底左右的筛板,中间夹以麻袋、发布或棕皮纤维等组成。假底装紧在格状的下部铁架上,使假底能承受一罐料坯和浸出溶剂的质量,以及"下压"操作时的蒸汽压力(一般在 98 kPa 左右),而不至于使其变形或折断。假底装好后,要求只能通过混合油和溶剂等液体,而料粕等固体粒子不能通过。

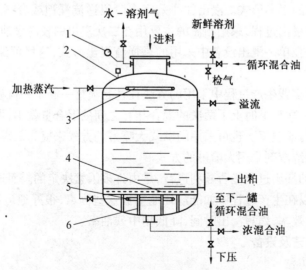

图 4.13　简易浸出罐的结构图
1—压力表;2—安全阀;3—下压蒸气管;4—假底;5—上压蒸气管;6—铁架

简易式罐组一般由 3~4 个浸出罐组成。罐组的工作情况大体如下:浸出油料由进料口送入浸出罐内。在关闭和开启相应的阀门之后,首先用上一罐所浸出的稀混合油,由泵打入罐内进行第一次浸出。一般对棉籽预榨饼来说,打满混合油后,稍停片刻即可从底部抽出。这些抽出的混合油就是浓混合油,应送往蒸发。然后,该罐再进新鲜溶剂进行第二次浸出,所得的稀混合油送至下一罐作为它的第一次浸出。这种工艺是对油料进行二次浸出。假如对油料进行三次浸出,则第一次浸出应将上一罐第二次浸出的混合油打入,所抽出的混合油送往蒸发,然后第二次浸出再将上一罐第三次浸出的稀混合油打入,抽出的稀混合油作为下一罐的第一次浸出,最后该罐打入新鲜溶剂进行第三次浸出,所得的稀混合油作为下一罐的第二次浸出。可通过溢流管管道视镜来观察浸出罐内新鲜溶剂或稀混合油是否打满。一般菜籽、棉籽等预榨饼经过二次或三次浸出,粕中残油率即可降至 1% 以下。浸出后的物料使用小于 98 kPa 的直接蒸汽,通过下压使湿粕中溶剂量从 30% ~40% 降低到 5% 左右,这是其他类型的连续式浸出器所达不到的。

下压后再采用 147 ~196 kPa 压力的直接蒸汽从下部喷入进行上蒸,蒸脱粕中残留的溶剂、水蒸气和溶剂蒸汽通过管道去冷凝进行回收。上蒸后的粕经过检测后即可由出粕口出粕。然后再重复上述过程,继续进行浸出。从浸出的工艺生产来看,罐组式浸出器对其中的每一个浸出罐来说是间歇的,而从整体来看是连续的,如图 4.14 所示。

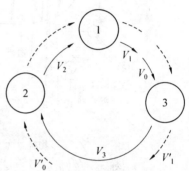

图 4.14　三级逆流固定床浸出系统

罐组的特点是:设备简单,投资少,制造容易,上马快。由于技术经济指标高,电耗、溶耗低,适应性强等优点,所以很适用于小型的乡镇企业。对小批量的油料和多品种油料的地区尤为适宜。目前在我国南方的山区或偏僻的地区,以及医药、香料、科研部门等仍有不少使用单位。

②多阶段逆流喷淋浸出的浸出器。多阶段逆流喷淋用溶剂浸油料的浸出器是目前油料浸出工业中最广泛采用的设备。在这种浸出器中,油脂的提取过程,通常是以混合油循环逆流地进行的。在每一阶段油料的浸出过程中,对油料的喷淋是由浸出的同一阶段下所安置的油斗内抽出的混合油来完成的。在这种情况下,各个阶段的浓度差,是依靠混合油由低浓度的油斗内溢流到较高浓度的油斗来得到保证的。

a. 固定栅板平转式浸出器。固定栅板平转式浸出器具有结构简单、运行可靠、动力消耗低、占地面积小、混合油浓度高、混合油中含杂少,以及浸出效果好等优点,所以在国内外得到了广泛的应用,如图 4.15 所示。

固定栅板平转式浸出器趋向于大型化,最小的浸出器转子直径为 4.2 m,日处理 250 t 大豆,最大的浸出器直径为 20 多米,日处理 9 000 t 大豆,同时提高料层高度来加大同一转子直径的处理量。料格高达 3.16 m。转子的转速也比国内高,一般在 60 r/min 左右。

它主要由外壳、转子、固定栅板、混合油斗、进料卸料装置、传动装置等组成。圆柱状的外壳内,上部是浸出器的转子,转子是由外圈和内圈组成的环形空间,用自上而下收缩径向隔板将其划分成 24 格,隔板的这种形状有利于湿粕从浸出格中卸出。转子下部有一个缺角的环形固定栅板,栅板是由许多根不锈钢栅板条组成的同心圆。栅板条的截面为上大下小的梯形,所形成缝隙的截面是向下扩大的梯形,上部缝隙的宽度为 0.8 mm,下部缝隙的宽度为 1.5 mm。转子的下边缘至固定栅板上表面的间距为 2 ~3 mm。由于栅板缝隙和转子转动的方向平行,

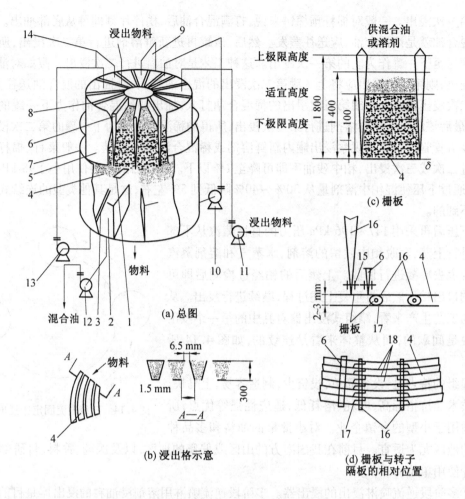

图 4.15　固定栅板平转式浸出器

1—底板；2—混合油斗；3—油斗隔板；4—栅板；5—转子外圈；6—浸出格隔板；7—外壳；8—内圈；9，10，13，14—循环泵、循环管；11—溶剂泵；12—混合油泵；15—薄板；16—固定杆；17—金属丝；18—栅板缝隙

且缝隙呈向下扩大的梯形截面,因此浸出格内的油料被隔板推着在栅板上顺着缝隙的方向前进,油料像刷子一样,前进过程中不断清理栅板及缝隙,防止了油料粒子堵塞栅板缝隙的可能性。

浸出器的进料装置由存料斗和螺旋输送机组成,进料斗中有两个料位指示器,可控制螺旋输送机的转速,以保证料斗中可靠的料封作用,当浸出器的直径很大时,还可以采用多条螺旋输送机进料,使油料在浸出格中均匀分布。

在浸出器转子隔板上部的预定位置开有孔,可自动调节料层上面混合油的液面高度。在浸出器中完成喷淋浸泡和自然沥干后的湿粕在栅板开有扇形缺口的位置排入出料口,在栅板扇形缺口的后面,有一段没有缝隙的底板,卸粕后的浸出格转过这一段后,在进料斗处重新装料。

浸出器转子的下面是被垂直的径向隔板分隔成的混合油斗和出粕斗。油斗的底向浸出器外壁方向倾斜 12°,油斗外壳的下方装有混合油出口管和混合油循环泵相连,以实现混合油循环,最后的浓混合油由混合油泵抽出去蒸发工序。在混合油斗的下部开有缺口,以使混合油逆流循环时,能够从一个油斗流动到另一个油斗,如图 4.16 所示。

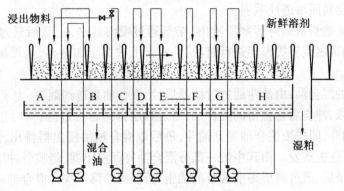

图 4.16 混合油循环示意图

在浸出器中循环的混合油通过浸出料层得到过滤。为了减少抽出的浓混合油中的粕末含量,浓混合油在第二个油斗中抽出。在各个混合油循环管道上安装套管加热器,以便保持混合油最适宜的浸出温度。

b. 履带式浸出器。如图 4.17 所示,首先由比利时德斯梅公司生产。它的主要工作机构是水平网状的履带输送机,履带由两条平行的环形链和连接于链上的若干个钢框架组成,钢框架上固定着有孔薄板和特殊编织网。履带的环形链环绕在两对主动轮和从动轮上。主动轮通过调速器、减速器、棘轮结构和电动机来传动。履带的速度能利用调速器在 2.23 ~ 7.2 m/h 的范围内进行调速,但通常为 4.5 ~ 5 m/h。浸出器外壳的上部有进料塔,塔上装置了料位器。料位器能使进料塔内料层自动保持一定高度,阻止溶剂蒸汽从进料口逸出进入前处理车间。入浸物料从料塔中落在缓慢移动的履带上并随其一起运行,在随履带移动的过程中,料料依次受到不同浓度混合油及新鲜溶剂的喷淋浸出。履带浸出器的长度为 10.5 ~ 19.4 m 时,上部浸出段长度为 6.1 ~ 13.7 m,料层高度为 1 ~ 2 m,物料层在履带上的宽度为 0.9 ~ 1.8 m。

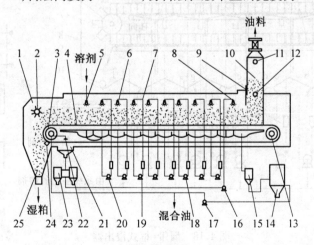

图 4.17 履带式浸出器

1—浸出器外壳;2—旋转拨料辊;3—主动轮;4—履带输送机;5,6—喷淋器;7—耙松器;8—翻斗;9—闸板;10—进料塔;11,12—料位器;13—从动轮;14—混合油罐;15,23—过滤器;16,17—混合油泵;18,20—联泵;19—混合油加热器;21—油斗;22—喷管;24—毛刷辊;25—卸料斗

料层上方有耙松器,它有两个作用:在料层上面形成沟槽,减轻不同浓度混合油的互混现象;恢复物料较好的渗透性。这是因为浸出物料经混合油喷淋后,料层压实,同时,某些细小粒子的存在更使上层料面渗透性减弱。

在卸料斗之前物料被新鲜溶剂所喷淋,溶剂通过喷淋器送入,然后通过约 2 m 长的沥干段,经沥干后的粕再由旋转拨料辊进行疏松,从履带上被拨至卸料斗,从那里被刮板输送机送出。

冲洗履带后的混合油,由油斗通过过滤器后,用混合油泵送到翻斗,为了润湿新鲜物料,而送到浸出第一阶段,冲洗后含粕粉的混合油,通过料层得到自身过滤,同时进一步提高混合油浓度,且汇集到油斗,同样浓混合油流到油斗,最后浓混合油由浸出器排出,经过滤器、混合油罐,再用混合油泵送去蒸发。而其中的一部分混合油打回浸出器,经喷管冲洗履带。新鲜溶剂送到浸出循环的最后,通过料层提取残留的油脂,所获得的第一次稀混合油逐渐汇集到混合油斗,在分隔油斗的隔板上有溢流口,它的作用是使过量的混合油溢流。

履带浸出器具有动力消耗小、工艺效果好、操作简单、运行可靠的特点。尤其是出粕自动连续、流量均匀,但只有上部履带作为浸出使用。有效工作体积(约 25%),此外,在料层中混合油循环的阶段区分不明显,而且设备结构复杂。

c. 履带框式浸出器。联邦德国鲁奇公司生产的履带-框式浸出器类似履带式浸出器,如图 4.18 所示,该浸出器中的主要部件是框式传送带(总长度为 31.0 m,工作长度为 21.7 m),在此传送带上固定有 62 个三面框架,每个框的容积为 0.4 m³。还有两条作为框架假底的履带输送机(上面一条为 11.0 m,下面一条为 13 m)。框式传送带和履带输送机同步运动,当框架处于上部或者下部履带输送机的范围内时,履带起到假底的作用,并保持物料存放在框架内。

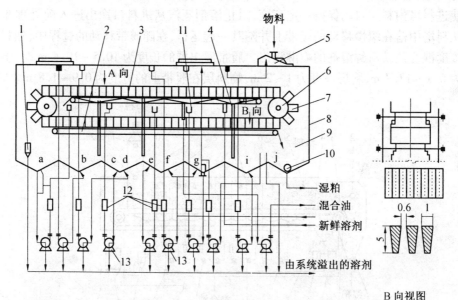

图 4.18　履带-框式浸出器

1—下层混合油斗;2—履带输送机;3—上层混合油斗;4—溢流管;5—进料箱;6—框式传送带;
7—框架;8—外壳;9—卸料斗;10—螺旋输送机;11—喷液器;12—加热器;13—泵

浸出油料在框架中移动过程中,依次受到不同浓度混合油的喷淋作用,最后再用新鲜溶剂进行喷淋。之后,经过大约 2 m 长的沥干段,落入卸料斗,再经桨式螺旋输送机排出浸出器送往蒸脱机。上部浓混合油的中间油斗,位于上部渗漏履带下,二混合油斗 a～j 位于下部渗漏履带下。油斗有两排,安置在一个水平面上,一个在另一个的后面(图上重叠在一起)。由上面中间油斗流出的浓混合油,沿着溢流管汇集到右边的(从进料方向向左的物料运动过程)油斗。从下面浸出的稀混合油,直接流入左边的油斗 a、b、c、d、e、f、g、h、i、j。冲洗框架之后,从上面浸出部分流出的混合油汇集到右边的油斗 e,来自左排油斗的混合油溢流到右排的油斗。浸出后的油料同卸料斗与桨式螺旋输送机排出。

　　为了加热循环混合油和溶剂采用加热器,新鲜溶剂和混合油的循环是用若干个泵来进行的。履带-框式浸出器较履带浸出器的优点是在框架的料层中有利于混合油浓度梯度的形成,浸出器工作的有效利用率高,但设备结构更加复杂。

　　d. 环形浸出器。环形拖链式浸出器也是溶剂按多阶段喷淋逆流浸出油料的方法进行工作的浸出器,如图 4.19 所示。浸出器的主要工作部件是输送浸出油料的框式拖链输送带。这个输送带的结构类似于刮板输送机,浸出器采用带有减速器的电动机通过拖链传动进行运转。框式拖链安装在成型外壳内,有两个水平段(上面和下面)和两个直立段(下行和上行)。

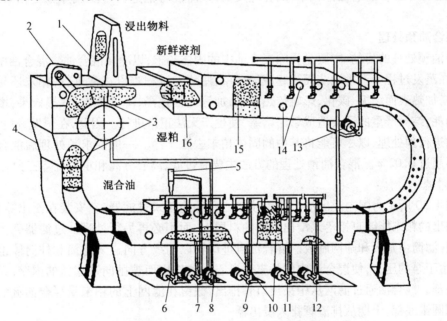

图 4.19　环形浸出器的结构和工作示意图

1—进料斗;2—减速器;3—拖链输送带;4—外壳;5—旋液分离器;6,8,9,11,12,13—循环泵;7—混合油;10—桨式混合油油斗;14—视镜;15—固定栅板;16—卸粕口

　　浸出油料送入安装有料位电控制器的进料斗,连续流动的油料由进料斗进入浸出器内,一定高度的料层落入拖链框架之间的区域内并从右边向左边移动。拖链的速度可调节,且由同一个电控制器使落入的油料与进入油料的数量相一致,这个控制器使得油料在进料斗内保持一定的料位高度。

　　由进料斗内连续进入拖链框架之间的油料,受到再循环泵由混合油油斗内抽出的混合油预先喷淋,送往浸出器左边的下行段。在油料向下移动时,受到与平行移动、但速度略高的混合油顺流浸出。在由浸出器的直立段移动到下面的水平段时,油料顺此继续向前移动,而在直立段所获得的混合油汇集到左边的第一个混合油油斗内,且用泵送去喷淋油料(再循环)。浓混合油用泵抽出至旋液分离器以便去除杂质净化混合油,由旋液分离器出来的混合油再送去蒸发。

在沿着浸出器下面的水平段和右边的直立段继续移动时,油料分别受到循环泵的越来越稀的混合油的多次喷淋,以及在过程的最后,已经到达上水平段时被新鲜溶剂所喷淋。之后,油料沿着上水平段通过为减少湿粕中含溶量的自然沥干区域。

浸出后的湿粕由浸出器内通过卸粕口排出,且送往蒸脱设备(蒸脱机)。这里为防止湿粕到达落粕口上方出现落不下来的现象,在落粕口处安装有依靠偏心轮所产生的振动装置。再循环的过程中,混合油受到油料本身的过滤和净化。

环形浸出器的生产能力在国外可达大豆 50~3 000 t/d,现国内为 50~2 000 t/d。

4.3.3 混合油的处理

从浸出器出来的油脂与溶剂的混合液称为混合油。混合油必须经过一定处理,使油脂中的溶剂分离出来。分离的方法是根据油脂与溶剂的沸点不同,将混合油进行蒸发,把溶剂蒸发出来。混合油中往往含有固体粕末,故在蒸发前,须对混合油进行过滤沉降除去粕末,为蒸发创造条件。

1. 混合油预处理

混合油预处理的目的,主要是去除混合油中的固体粕末,以净化混合油。混合油中粕末的存在,易在蒸发过程中产生泡沫而引起液泛现象,使蒸发过程难以正常进行;粕末还易在蒸发器、汽提塔加热表面结垢、碳化,影响传热效果,加深毛油色泽,降低蒸发、汽提效果,增加蒸汽及溶剂消耗,结垢严重的还会造成管路堵塞,使生产无法正常进行。因此,在蒸发、汽提之前须对混合油进行预处理,以尽可能将其中的固体粕末去除干净。一般要求预处理后混合油中固杂含量不超过 0.02% 。混合油预处理的方法主要有过滤、离心分离和重力沉降三种。

(1)过滤

如图 4.20 所示为国内浸出油厂使用较多的一种连续式过滤器,它安装在浸出器顶盖上,以使过滤出的粕末能够直接落入浸出器内的料层上,而不必再另行处理。过滤器壳体内部有一个滤筒,滤筒由筛板和筛网制成。混合油自进口管以切线方向进入滤筒和外筒体组成的环形空间,由于泵的压力,使混合油中的粕末受离心力的作用而被抛向过滤器的内壁,并沉降到圆锥形底部。混合油通过滤网从中央出口管排出,截留在滤网上的粕末受混合油流的冲刷作用沉降到圆锥底部,定期从排渣管排入浸出器。

(2)离心分离

如图 4.21 所示为浸出油厂常用的旋液分离器。工作时,用泵将混合油沿切线方向打入旋液分离器,在分离器内混合油中的粕末受离心力作用被甩向器壁,并沉降至锥底与一部分混合油形成底流从出口排入浸出器。经分离后的混合油则由中心溢流管排出。旋液分离器的分离效果与其结构尺寸、制作精度、混合油中含粕末量、混合油进出口压力、回流比等因素有关。为了增加混合油处理量,大多都采用多个并联使用。

(3)重力沉降

混合油重力沉降一般在混合油暂存罐中进行。混合油自然重力沉降的速度较慢,为了加快粕末在混合油中的沉降速度,可以在混合油暂存罐中先加入质量分数为 5% 左右的氯化钠盐水,混合油进口管插入盐水层中,混合油经过盐水层时,其中的粕末吸收盐水后比重增大,能较快地在混合油中沉降下来与混合油分离,盐水需要定期更换。

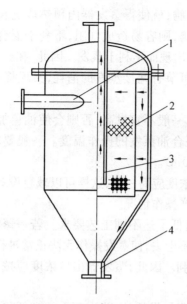

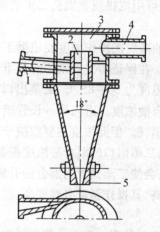

图 4.20　连续式过滤器　　　　　　　图 4.21　旋液分离器
1—进口管；2—滤筒；3—出口管；4—排渣管　　1—混合油进口管；2—溢流管；3—接受室；
　　　　　　　　　　　　　　　　　　4—出口管；5—排渣管

2. 混合油蒸发

混合油蒸发是利用混合油中油脂和溶剂挥发性不同，将混合油加热并使其维持在沸腾状态，绝大部分溶剂汽化而使混合油得到浓缩的过程。为了更好地控制这个过程，得到高质量的浸出原油，有必要对混合油的特性进行研究。

（1）混合油蒸发原理

混合油蒸发是利用油脂和溶剂挥发性的不同，借助于加热作用，使混合油中的大部分溶剂在沸腾状态下汽化分离，从而得到较高浓度混合油的过程。在蒸发过程中，为了使混合油沸腾蒸发能不断进行，必须不断地向蒸发器输入热能，使混合油维持沸腾状态，并不断地排出汽化出来的溶剂蒸汽。

混合油蒸发可以在常压下进行，称之为常压蒸发，也可以在负压条件下进行，称之为负压蒸发。常压蒸发一般采用饱和水蒸气作为热源进行间接加热；负压蒸发由于其操作温度较低，除可采用饱和水蒸气作为热源外，也可采用本车间生产中产生的二次蒸汽作为热源，以降低生产成本。此外，负压蒸发还有利于提高油品质量，是一种较为先进的混合油处理工艺。目前油厂一般采用二次蒸发工艺，使混合油浓度分段提高。

（2）影响蒸发效果的因素

影响混合油蒸发效果的因素很多，主要有混合油状况、水蒸气状况、混合油在蒸发器内的液面高度及流量、设备结构等，现分述如下：

①混合油状况。

a. 混合油的含杂量。混合油中含有的粕末及杂质在进入蒸发器之前应尽量去除，一般要求其固体粕末含量在 0.02% 以下。若杂质过多，则在混合油蒸发时，会在蒸发器管壁上形成垢层，降低传热效果，并加深油脂色泽，影响油品质量。此外，还会产生大量泡沫，引起液泛现象，使蒸发过程难以维持正常状态。

b. 混合油温度。混合油进入长管蒸发器的温度，以接近于混合油的沸点为好。如果进料温度过低,混合油进入蒸发器略经加热后不能立即沸腾,就使得蒸发器内预热段延长,从而影响蒸发效果;如果进料温度过高,进蒸发器时就已沸腾,则容易造成气阻,不利于混合油进入,也不利于形成液体薄膜,导致管内过热蒸发段的过早出现而不利于蒸发。因此,在蒸发前将混合油预热,可用汽提或蒸烘机二次蒸汽作为热源,既可节省间接蒸汽的消耗,又可提高工艺效果。

混合油蒸发的操作温度要根据工艺要求来控制,一般不宜过高,否则会使油色加深,影响产品质量。在保证蒸发效果的前提下,应尽量降低混合油蒸发的操作温度。一般要求混合油一蒸出口温度为 80~85 ℃,二蒸出口温度为 95~100 ℃。

c. 混合油浓度。进入第一长管蒸发器的混合油浓度应高一些,这样可以减轻设备负荷,降低水蒸气消耗。但此浓度主要取决于浸出工序的生产操作情况。

一蒸、二蒸出口的混合油浓度控制应适当。浓度低了达不到工艺要求。若一蒸混合油出口浓度高,会使二蒸列管内混合油升膜困难,甚至蒸不上去,使蒸发操作无法正常进行;若二蒸出口浓度高,其操作温度必然要高,这对原油品质不利。因此,蒸发器出口浓度应按工艺要求加以控制。

②水蒸气状况。混合油蒸发所需的热量是由水蒸气供给的,蒸汽压力的高低将直接影响蒸发效果。若蒸汽压力太低,即蒸汽温度太低,就无法满足混合油蒸发所需要的热量,蒸发操作将无法进行;反之,若蒸汽压力太高,即蒸汽温度太高,势必会因操作温度高而影响油品质量。此外,水蒸气中的含水情况也会对蒸发过程中的传热带来一定的影响。因此,间接蒸汽在进蒸发器之前要经过分水,其压力控制应适当,通常为 0.2~0.4 MPa,且二蒸的间接蒸汽压力要比一蒸高一些,实践操作中应根据各蒸发器出口混合油浓度的情况来控制。

③混合油在蒸发器内的液面高度及流量。

a. 液面高度。混合油在蒸发器内的液面若太低,混合油无法在蒸发器的列管内得到充分预热,会给升膜造成困难,使蒸发操作不能正常进行;若混合油的液面过高,即预热段过长,又会缩短沸腾段的长度,加热管利用不充分,且易引起液泛现象,同样不利于蒸发的正常进行。根据生产实践,液面控制在列管高度的 1/4 处较为适宜。

b. 混合油流量。混合油流量应与车间生产能力相匹配。若小了,则达不到生产能力的要求而影响整个车间的生产能力;若流量大到超过蒸发或冷凝设备的生产能力,则会严重影响蒸发和冷凝的工艺效果,导致溶耗增加,原油质量达不到要求。

(3)负压蒸发

①负压蒸发原理。混合油负压蒸发,是根据混合油的沸点随系统压力的降低而下降的原理,利用真空设备使蒸发器内形成一定的负压,从而在较低的操作温度下完成混合油蒸发的工艺过程。由于负压蒸发可降低操作温度,这就为利用车间内产生的二次蒸汽的热能创造了有利条件,这样,负压蒸发即可与余热利用联系在一起。

②负压蒸发工艺。混合油负压蒸发与常压蒸发相似,通常都采用二次蒸发工艺,所不同的是负压蒸发在一定的负压下进行,并常与余热利用相结合。根据工艺中一蒸和二蒸的操作压力情况,负压蒸发可以是一蒸和二蒸都在负压下操作,也可以单是一蒸采用负压蒸发,而二蒸采用常压蒸发。

如图 4.22 所示为国内某油厂采用的负压蒸发工艺流程。在 1 号蒸汽喷射泵的作用下,在与其连通的一蒸冷凝器及第一长管蒸发器内形成一定的负压,将混合油罐中的混合油吸入蒸发器中。该蒸发器利用蒸烘机的二次蒸汽及 1 号、2 号蒸汽喷射泵出来的废气作为混合油蒸发热源,与管程中的混合油进行热交换。混合油受热蒸发,产生的溶剂蒸汽经分离器分离出混合油后,进入一蒸冷凝器冷凝。冷凝液在液位差的作用下,去溶剂周转罐,未被冷凝或不凝气体经管路接至 1 号蒸气喷射泵;从分离器出来的质量分数为 60% 左右的混合油进入第二长管蒸发器。第一长管蒸发器中的二次蒸汽放热后部分冷凝。冷凝液去分水器,未被凝结的二次蒸汽进入蒸烘机冷凝器。此冷凝器在 3 号蒸汽喷射泵的作用下,形成负压,以减少蒸烘机的排汽阻力,从 3 号蒸气喷射泵出来的蒸汽去车间热水罐,用做其热源。

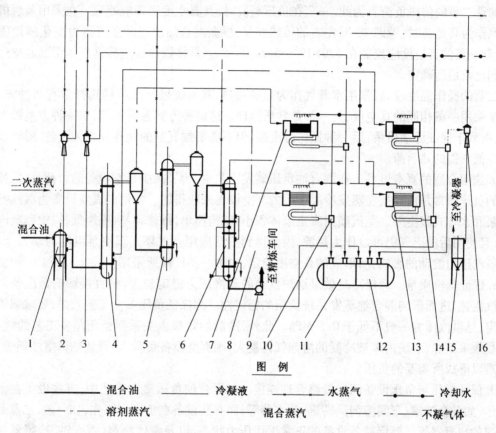

图 4.22　负压蒸发工艺流程

1—混合油罐;2—2 号蒸汽喷射泵;3—1 号蒸汽喷射泵;4—第一长管蒸发器;5—第二长管蒸发器;
6—层碟式气提塔;7—蒸汽冷凝器;8—二蒸冷凝器;9—泵;10—气液分离器;11—溶剂周转罐;
12—分水器;13—汽提塔冷凝器;14—蒸烘机冷凝器;15—热水器;16—3 号蒸汽喷射泵

　　第二长管蒸发器利用饱和水蒸气作为蒸发热源,蒸发出的溶剂蒸汽经分离器与浓混合油分离后进入二蒸冷凝器,未被冷凝和不凝气体的管路并入一蒸冷凝器的相同管路;这样,二蒸可获得与一蒸相同的负压。二蒸的混合油出口质量分数为 95% 左右,温度为 90 ~ 100 ℃,此混合油经分离器流入汽提塔作进一步处理。

　　③负压蒸发工艺要求。

　　a.正确选择系统负压与加热介质。正确选择和控制好蒸发系统负压值(真空度)是负压蒸发的关键,在选择真空度时,应综合考虑真空度大小对二次蒸汽热能利用的可能性及利用程度,获得真空所需能源消耗以及对毛油质量方面的影响等因素。

　　对于第一长管蒸发器,由于混合油浓度低,操作温度不高,为此,选择一蒸操作压力时,主要考虑二次蒸汽热能利用和抽真空所需能耗两方面的问题。由于蒸脱机二次蒸汽的量最大,其所含热量也最多,常被单独或将其与喷射泵蒸汽一道用于一蒸加热。蒸脱机二次蒸汽的温度在 80 ℃左右,若一蒸真空度低,则传热温差小,所需加热面积就大,同时因一蒸操作温度高,使得相当数量的蒸脱机二次蒸汽不能冷凝释放热量,其热量利用不充分;若真空度高,传热温差大,所需蒸换热面积就小,但抽真空所需能源消耗大;若真空度太高,则由于蒸发操作温度低,其蒸发所需热量小,也会导致二次蒸汽的热能利用不充分。同时,一蒸混合油出口温度低,还会加重二蒸的传热负荷。为此,一蒸在负压蒸发时,其真空度选择应适宜。在采用蒸脱机二次蒸汽作为其热源时,考虑 20 ℃左右的传热温差,根据混合油沸点随系统压力变化的性质来推算,则一蒸的真空度应控制在 $3.9 \times 10^4 \sim 5.3 \times 10^4$ Pa。具体数值还应根据具体情况通过计算分析和比较最后确定。

二蒸的操作温度较高,常用水蒸气作为热源加热,其系统操作压力的选择常有两种方案,一种是采用一蒸相同的真空度,另一种是常压操作。这两种方案各有利弊,前一种方案操作温度低,有利于保证原油质量;后一种操作温度高,但不需要抽真空的能耗及相关设备,同时也有利于降低汽提的热负荷。

b. 选用合适的真空设备。在混合油负压蒸发工艺中,为了减少真空设备的负荷,蒸发器内所需的负压通常是由连接在蒸发冷凝器后的真空设备来获得的。常用的真空设备为蒸汽喷射真空泵和水环式真空泵。蒸汽喷射真空泵体积小,结构简单,维修容易,噪声低,以饱和蒸汽为动力,且使用后的乏气仍可以作为热源,因而得到广泛应用。水环式真空泵以电为动力,因而不受蒸汽压力波动的影响,所形成的真空度稳定,也被一些厂家所采用。

c. 保证蒸汽质量。确保冷凝效果锅炉供给的蒸汽压力稳定与否,将直接影响蒸汽喷射泵内蒸汽流速,进而影响混合油蒸发系统负压的稳定性。为保证负压蒸发工艺效果,要求锅炉供汽稳定,且供汽压力一般不低于 0.5 MPa。此外,冷凝的效果也关系到负压蒸发工艺的效果。若冷凝效果不好,系统内未被冷凝的溶剂气体量大,则真空设备负荷大,导致抽真空能耗增加,而且难以形成所需要的负压。

d. 保证常压与负压设备间的管路合理连接。在混合油负压蒸发工艺中,有些设备在常压下工作,如混合油罐、车间溶剂周转罐、分水器等;而有些设备在负压下工作,如一蒸、二蒸及与之相连的冷凝器等。要保持各设备的正常工作压力状态,以及液体物料(混合油、冷凝器的冷凝液)稳定畅通流动。液体物料从常压设备进入真空设备时,通常可采用自吸的过渡连接方式;液体物料从负压设备进入常压设备时,可以自流和用泵过渡两种方式:采用自流方式时,应根据真空度大小设置足够的液位差,同时还应设置液封以防泄压,液封可由流液管插入常压设备液面以下足够的深度来获得,也可以采用 U 形连通管过渡连接来获得;如设备安装高差小,不能采用自流方式连接,则通常采用泵来过渡连接。

④负压蒸发的优势。

a. 节能效果显著。由于混合油负压蒸发都伴随着二次蒸汽热能利用,因而可大大节省加热蒸汽的耗用量;负压蒸发在较低温度下操作,蒸发所产生的溶剂蒸汽温度也较低。此外,被利用热能后的二次蒸汽在冷凝冷却前交换了大部分热量,这两者都使溶剂蒸汽冷凝系统的负荷大为降低,因而可节省大量的冷却水,冷却水泵的电耗也可降低。可见,混合油负压蒸发工艺能节约能源是显而易见的。

b. 油品质量提高。负压蒸发在真空下进行,且操作温度较低,因而可有效地防止油脂氧化,所得原油的酸值、过氧化值较低,色泽也较浅,从而有利于提高原油质量。

c. 冷凝面积减小。如前所述,负压蒸发与常压蒸发工艺相比,可降低冷凝系统的负荷,这样冷凝系统的冷凝面积则可小些,因而可节省冷凝设备的投资。

d. 溶耗降低,利于安全生产。由于混合油在负压蒸发时,系统内呈负压状态,可有效地防止溶剂的跑、冒、滴、漏,从而可降低溶剂损耗;因设备渗漏减少,也有利于保证浸出车间的生产安全和操作人员的身体健康。

总之,负压蒸发与常压蒸发相比,具有明显的优越性,是一种先进、通用的混合油处理工艺,正在被越来越多的油厂所采用。

3. 混合油汽提

(1)汽提原理

前面提到,混合油的沸点随其浓度的增大而升高,当质量分数为 90% ~ 95% 时,常压下的沸点已高达 130 ℃ 左右,且随浓度的增加其沸点还将迅速升高,即使是在高真空条件下也还是相当高的。此时,如再用蒸发的方法来分离混合油中的残留溶剂,已十分困难。再者,因操作温度的升高,油脂的质量也会受到很大的影响。所以,混合油中残留溶剂的去除,则需改用汽提的方法来进行。

汽提即水蒸气蒸馏,其基本原理是道尔顿和拉乌尔定律。混合油是二元溶液,当采用水蒸气蒸馏时,物系包括三个组分(溶剂、油、水蒸气),溶剂和水蒸气是两种互不相溶的组分,混合油液面上蒸汽总压力为

$$P = P_溶 + P_水 + P_油$$

式中　$P_溶, P_水, P_油$——分别为溶剂、水蒸气、油在气相中的分压。

在一定条件下,油的蒸汽压极小,可以忽略不计,$P = P_溶 + P_水$,混合油液面实际为两种组分,当混合油液面上部空间的水蒸气分压和溶剂蒸汽分压之和等于外界压力时,混合油就会沸腾,直接蒸汽降低混合油上方空间的蒸汽浓度,也就降低了溶剂蒸汽分压,从而使混合油沸点大大降低,这样溶剂分子即可在较低的温度下,以沸腾状态从混合油中扩散(分离)出来,达到汽提的工艺要求。倘若混合油汽提能在真空条件下进行,则混合油的沸点还会进一步降低,汽提效果会更佳。

(2)汽提设备

混合油汽提设备的种类较多,目前普遍采用的是层碟式汽提塔,在小型浸出油厂也有采用管式汽提塔的。下面以层碟式汽提塔为例进行介绍。

①结构。层碟式汽提塔有单段和双段之分,现介绍一种常用的双段层碟式汽提塔,它主要由顶盖、上塔体、中塔体、下塔体及底部等零部件组成,其结构如图 4.23 所示。

在层碟式汽提塔的上塔体和下塔体的内部各装有 6 ~ 9 组碟盘,每组碟盘由溢流盘、锥形分配盘和环形承接盘组成。塔体外围有间接蒸汽加热夹套,上、下塔体夹套用连通管接通。中塔体和底部还设有集油盘,它通过导流管与中心管接通,而中心管下部又与直接蒸汽管相接,并装有喷嘴。此外,塔体顶盖有混合

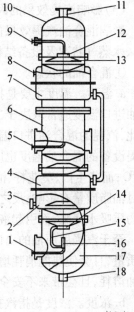

图 4.23　层碟式汽提塔

1,5—蒸汽进口;2—蒸汽夹层;3—冷凝水出口;4—下塔体;6—中塔体;7—上塔体;8—间接蒸汽进口;9—混合油进口;10—封头;11—混合气体出口 12—溢流盘;13—锥形分配盘;14—集油盘;15—导流管;16—中心管;17—底部;18—出油口

气体出口,上塔体有混合油进口管,塔体底部有原油排出口。

②工作过程。层碟式汽提塔工作时,浓混合油从上塔体进口管进入,首先充满第一组碟盘的溢流盘,自溢流盘流出的浓混合油在锥形碟的表面上形成很薄的液膜向下流动,由环形盘承接后流至第二组碟盘的溢流盘;再溢流分布成薄膜状向下流动,混合油就是这样自上而下淋成液幕。同时,直接蒸汽与溶剂组成的混合气体自下而上穿行,与层层液幕逆向接触,从而将混合油中的溶剂汽提出来。

这种汽提塔的特点是:结构简单,制造容易,操作方便,性能可靠,汽提效果好,但其碟盘上的结垢较难清洗(清洗时需将碟盘组从塔内拉出)。

③工艺条件。混合油汽提的工艺条件见表4.5。生产中应保证混合油工艺参数合理,这直接影响到生产的稳定性和产品的质量。

表4.5　汽提工艺条件

项目	混合油进口温度/℃	混合油进口质量分数/%	原油出口温度/℃	出口原油总挥发物质量分数/%	间接蒸汽压力/MPa	直接蒸汽压力/MPa	直接蒸汽喷入量(以混合油量计)
工艺指标	90～100	90～95	110～115	<0.3	0.4	0.05～0.1	0.3～1.4

(3)影响汽提效果的因素

影响混合油汽提效果的因素很多,与混合油蒸发相类似,主要有混合油状况(温度和浓度)、水蒸气状况及设备结构等。

①混合油的状态。

a.温度。温度主要是指汽提塔的混合油进口温度和汽提后原油的出口温度。汽提塔的混合油进口温度通常取决于二蒸的混合油出口温度,而二蒸混合油出口温度一般为95～100 ℃。为此,汽提的混合油进口温度要求维持在90～100 ℃为好。具体来讲,生产的油料不同,进入汽提设备的混合油温度也应有所区别,对棉籽、大豆、亚麻籽等的混合油,要求进口温度不超过90 ℃;而花生仁、葵花籽、油菜籽、玉米胚芽等的混合油进口温度不超过100 ℃。如温度太高,则对油脂质量有影响;反之,若温度太低,则会使直接蒸汽冷凝,冷凝水进入油中又会造成磷脂等物质吸水膨胀,而引起液泛现象,使汽提操作无法顺利进行。

至于汽提后原油的出口温度,一般控制在110～115 ℃。原油出口温度过高,不仅影响油品质量,且会使热能消耗增大;原油出口温度过低,则会使浸出原油的总挥发物含量超标,不仅增加溶耗,且会带来不安全因素。

b.浓度。浓度是指汽提前的混合油浓度和汽提后浸出原油中的残溶量。进入汽提塔的混合油质量分数要求为90%～95%,若混合油质量分数低于90%,则汽提设备的负荷加重,往往导致浸出原油达不到汽提后的质量要求;若质量分数超过95%,势必提高二蒸的操作温度,不利于油品质量的提高,同时汽提塔也不能得到充分利用。

②水蒸气状况。汽提操作使用的水蒸汽有间接蒸气和直接蒸汽。间接蒸汽在这里的主要作用是对混合油进行适当的加热和保温,以保证汽提操作的正常进行。所以对间接蒸汽的质量要求不高,一般采用0.4 MPa饱和水蒸气即可。对于直接蒸汽,因汽提操作中要与混合油相接触,故对其质量要求较高,直接蒸汽应纯净,且含水要少(需经分水后才能进入汽提塔),其压力一般控制在0.05 MPa左右,层碟式汽提塔下塔体的直接蒸汽压力根据需要也可达0.1 MPa。采用经过热处理的直接蒸汽则汽提效果更佳。

③设备结构。汽提设备的结构决定混合油和直接蒸汽在设备内的流动接触状况,两者接触状况的好坏直接影响到汽提的工艺效果。管式汽提塔内混合油与直接蒸汽是自下而上的顺流,则汽提管内有无加填料,其内径大小、长度以及直接蒸汽喷嘴是否畅通都将在很大程度上影响汽提效果;而层碟式汽提塔内的汽液两相为逆流,其中混合油是自上而下流动,直接蒸汽是自下而上流动,两相接触的好坏主要取决于碟盘制造和安装质量(安装是否水平和同心),以及结垢情况等。

此外,汽提塔的间接蒸汽传热面积大小及保温情况对汽提效果也有一定的影响,过大,会造成不必要的浪费;过小,则会导致塔内水蒸气冷凝而影响汽提效果。

(4)负压汽提

同混合油的负压蒸发一样,混合油也可以在负压下进行汽提操作,以进一步降低混合油的沸点,因此也可以降低混合油汽提温度,确保油品质量,提高汽提的工艺效果。从二蒸分离器出来的混合油,经起液封作用的 U 形连通管,流入处于负压工作状态的层碟式汽提塔,所需的负压是通过与汽提塔冷凝器相连接的蒸汽喷射泵来获得的。汽提塔冷凝器的冷凝液,在液位差的作用下流入分水器,汽提后得到的浸出原油用泵从负压状态下的汽提塔中抽出,送至精炼车间。

在负压汽提工艺中,其真空度通常控制在 $2.66 \times 10^4 \sim 8.11 \times 10^4$ Pa。具体选择时,应考虑所处理原料的性质、对成品原油的质量要求及操作成本等方面的因素。如欲得到高质量的浸出原油,且所处理的原料受热易发生不利于油品质量的变化,宜采用较高的真空度,此时所需的操作费用则会相应增加;反之,则可采用较低的真空度。

4.3.4　湿粕的处理

浸出后含溶剂的湿粕要进行脱溶处理,一是为了安全,二是为了溶剂的回收循环利用;在这一过程中决定于成品粕质量的优劣,工艺节能的好坏,溶剂消耗的多少。常规的生产以脱溶、蒸粕为主,使生坯蒸熟而脱除溶剂,生产饲料用粕;而开发油料蛋白质资源,有时需要进行低温脱溶处理。

低温脱溶技术主要用于低温粕的生产工艺,该技术是在己烷浸出的基础上,湿粕在高温短时间内闪蒸脱溶,该技术以美国皇冠公司、日本不二公司、原西德鲁奇公司较为成熟,在国内20 世纪 80 年初开始引进,同时国内的技术也在加紧完善,已有多家生产厂掌握了此项技术,已形成稳定的工业化生产,此项技术的应用,为植物油料蛋白的开发利用打下了良好的基础。

1. 湿粕脱溶

从浸出器出来的经自然沥干的粕,一般都含有 25% ~ 35% 的溶剂和一定量的水分。粕中溶剂的含量,称为粕中含溶,而含有溶剂和水分的粕统称为湿粕。将溶剂从湿粕中去除的过程,在油脂工业上称为湿粕脱溶。用于湿粕脱溶的设备,由于其兼有溶剂蒸脱和水分烘干的双重作用,故一般称为蒸脱机。湿粕脱溶工艺,根据成品粕用途的不同而异。通常供饲料用的粕,为破坏其中的动物抗营养素,往往采用在湿热条件下的脱溶工艺,即常规脱溶工艺;而作为提取食用蛋白制品原料的粕,为防止其中蛋白质变性,则可采用较低温度下的脱溶工艺,即低温脱溶工艺。

(1)脱溶基本理论

湿粕脱溶的目的就在于根据对粕的使用要求,尽可能完全彻底地脱除湿粕中残留的溶剂,并对粕的水分进行相应的调节,以使粕的质量达到规定的指标。而脱除湿粕中残留溶剂的难易程度与溶剂在粕中的存在状态有关。

湿粕滴干后,残留溶剂在粕中的存在状态,类似于水分在多孔毛细管胶体中的存在形式。通常认为有以下两种状态:

①结合状态。此类溶剂包括湿粕细胞内部的溶剂和湿粕毛细管中的溶剂等。由于此类溶剂与湿粕的结合力强,因此,从湿粕中除去此类溶剂较为困难。

②非结合状态。此类溶剂包括存在于湿粕表面的吸附溶剂及孔隙中的溶剂,它主要是以机械方式与湿粕混合在一起,与湿粕的结合力较弱,因而从湿粕中除去此类溶剂较为容易。

脱除湿粕中溶剂常用的方法是借助于加热,使湿粕中的溶剂获得热能而汽化,从而与粕分离。在湿粕蒸脱操作中,溶剂是从湿粕内部扩散到表面,然后再汽化而转移到气相中。所以湿粕蒸脱的过程实际上是一个溶剂从固相转移到气相的传质过程。脱溶开始,溶剂首先从粕粒表面蒸发,然后蒸发表面向粒子内部转移,并出现浓度梯度,在浓度梯度的影响下,溶剂从粒子内部向它的外表面转移,为了保证溶剂充分蒸脱,必须提高过程的温度,但高温将导致蛋白质变性,降低粕中有效蛋白质的数量,使粕的饲用和食用价值降低。

为了强化粕中溶剂的脱溶过程,降低脱溶温度,脱溶过程通常采用直接蒸汽、真空和搅拌。直接蒸汽起到了高效热载体的作用,它能保证物料迅速加热到所需的温度,蒸汽的应用降低了物料表面上的溶剂蒸汽分压,加速了蒸发过程。蒸脱设备内真空的作用可使物料表面上溶剂蒸汽分压降低,强化了蒸发过程。搅拌可以使物料加热均匀、快速,同样可加速蒸发过程。

(2)脱溶工艺

①高温脱溶工艺。

a. 工艺流程。湿粕高温脱溶工艺流程如图 4.24 所示。

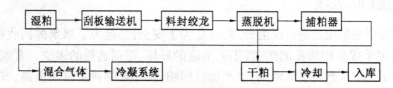

图 4.24　湿粕高温脱溶工艺

b. 工艺条件。湿粕高温脱溶工艺条件见表 4.6。

表 4.6　湿粕高温脱溶工艺条件

项目	蒸脱机出粕温度/℃	气相温度/℃	蒸脱时间/min	粕入库温度/℃	粕含水分/%	粕残溶/10^{-6}	引爆试验
指标	105 ~ 110	75 ~ 80	40 ~ 45	<40	<12	<700	合格

c. 工艺要求。

(a)湿粕的粒度大小要适宜。湿粕的粒度若过小则粉末度大,若过大则不易蒸透。生产中一般其粒度都很小。

(b)湿粕的含溶量要低。湿粕的含溶量越低越好,这样可减小蒸脱机的工作负荷,同时也可相应减少冷凝器的冷凝面积,从而降低能耗。一般静态浸出时,湿粕含溶量30%左右。环型浸出器的湿粕残溶量一般不超过25%。

(c)装料量要适当。蒸脱机料层低一些易于蒸脱,但相应会影响产量。DT 型蒸脱机料层较薄,其装料量为容量的 40% ~ 50%;高料层蒸脱机料层较高,其装料量为 50% ~ 70%,料层高度可达 1.0 ~ 1.2 m。

(d)控制好蒸脱温度。进入蒸脱机的湿粕温度高一些,可缩短蒸脱时间,节约能源。在蒸脱过程中,固相温度不能太高,以能破坏粕中的有毒霉素,而又不致蛋白质大量变性及糖类脱水焦化为限,一般控制在 105 ~ 110 ℃。气相温度也要控制好,一般为 75 ~ 80 ℃。若过高会浪费水蒸气,增加冷凝系统的负担;若过低则脱溶效果不好,且会使粕中含水量偏高。

(e)保证蒸汽质量。一般要求间接蒸汽压力不低于 0.4 MPa,直接蒸汽压力不宜太高,一般控制在 0.05 MPa 左右。若气压高会使温度相应提高,这样既影响粕的质量,又会将过多粕末吹入气相,导致二次蒸汽中粕末夹带过多,给后续工序带来麻烦。

(f)粕粒翻动要好。粕粒在蒸脱过程中要有良好的翻动,才有利于直接蒸汽与粕粒充分接触,缩短蒸脱时间。

(g)保证足够的蒸脱时间。将湿粕中的溶剂基本蒸脱除净的蒸脱过程,经历时间不应少于 40 min。

②低温脱溶。

a.低温脱溶原理。低温脱溶的原理,类似于化工中的气流干燥原理,即利用过热的溶剂蒸汽作为湿粕脱溶的加热介质,在风机风力的推动下,使湿粕悬浮在加热介质中而脱除其中的溶剂。

由于该过程进行得极快,加热介质与粕粒接触的时间很短,仅有几秒钟,粕本身升温的幅度较小,一般不超过 80 ℃,这样,蛋白质的变性程度则大为减少,因而可得到可溶性蛋白质含量较高的粕。不过这种方法不能保证将溶剂从粕中彻底脱除(残留溶剂量为粕量的 0.20% ~ 0.75%),因而在最后阶段还需用过热水蒸气或在真空条件下进一步脱除溶剂。

b.低温脱溶装置。低温脱溶装置由闪蒸式蒸发器和罐式蒸脱器两部分组成(见图 4.25)。图中左部为闪蒸式蒸发器。它由以下几部分组成:蒸发管(2)、封闭阀(7)的分离器(6)、湿粕进入的封闭阀喂料器(1)、喂料器入口管处为用过热溶剂蒸气喷射粕的喷嘴、风机(5)、自动调节阀(4)和过热蒸汽加热器(3)等。图中右部为罐式蒸脱器部分。

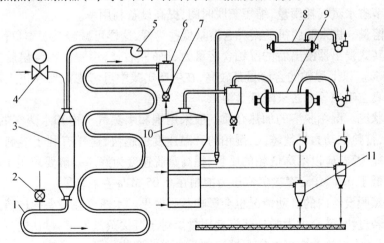

图 4.25 低温脱溶装置

1—封闭阀;2—蒸发管;3—过热蒸汽加热器;4—自动调节阀;5,12,13—风机;

6,14,15—旋风分离器;7—封闭阀;8,9—冷凝器;10—蒸脱器;11—分离器

从浸出器卸出的湿粕通过封闭阀喂料器进入闪蒸式蒸发器的气流管道中,在此湿粕被风

机送来的温度为 140 ~ 160 ℃的溶剂过热蒸汽通过文丘里喷嘴喷射,使其高度分散在气流中,溶剂蒸汽与粕一起以极快的速度沿蒸发管运动。由于高度分散在气流中的湿粕具有极大的蒸发表面积,使湿粕与热载体产生强烈的热交换和物质传递,从而使溶剂从高度分散的湿粕中迅速脱除。

当粕与溶剂蒸汽进入分离器时,由于空间增大,流体的速度急剧下降,于是粕下落至分离器的锥体中,然后通过封闭阀进入罐式蒸脱器。从分离器分离出来的溶剂蒸汽按一定比例被风机分别送往蒸汽过热器和冷凝器,其中大部分溶剂蒸汽导入冷凝,小部分溶剂蒸汽经过加热后作为热载体循环使用,两者的比例由自动调节阀控制。

进入罐式蒸脱器的粕,在抽真空的条件下,利用直接蒸汽和间接蒸汽进一步脱除其残留溶剂。真空装置为安装于冷凝器后面的真空泵。从蒸脱器中排出的溶剂和水的混合蒸汽经冷凝器冷凝。从蒸脱器中部排出的热的和冷的气流(空气和水蒸气)经旋风分离器分离出粕屑后放空。从蒸脱器底部卸出的成品粕以及由旋风分离器分离出来的粕经螺旋输送机汇集送走。

③影响脱溶效果的因素。在湿粕脱溶工序中,影响脱溶效果的因素很多。归纳起来,有如下几个方面:

a. 湿粕的性质。首先要考虑溶剂在湿粕中的存在状态。如前所述,溶剂在湿粕中的存在状态有两种,即结合态和非结合态。一般来说,非结合态的溶剂容易除去,而结合态的溶剂难以除去。还要考虑料粒大小。湿粕料粒适当小一些有利于脱溶,但若太细小会增大粉末度,蒸脱过程中易造成粕末飞扬,汇入蒸汽后会给后续工序带来麻烦。若湿粕料粒过大则不易蒸透,增大溶耗,增加粕中的溶剂残留量,会影响到粕的质量和安全生产。最后要考虑湿粕水分。入浸料坯水分含量过高,既影响浸出效果,也会给脱溶带来麻烦。水分含量高的湿粕易结团,流动性差,蒸脱过程中易搭桥,下料困难。同时,会给烘粕环节带来不利影响,使干粕水分偏高。一般要求湿粕的含水量控制在 4% ~ 8% 的范围内。

b. 湿粕温度。目前我国油脂浸出生产中大都使用 6 号溶剂油进行浸出,浸出过程的温度控制在 50 ~ 55 ℃。这样,进入蒸脱机的湿粕温度也大体接近该温度。若湿粕的温度高一些,蒸脱过程中可节省水蒸气耗用量,缩短蒸脱时间,提高设备利用率。

c. 湿粕含溶量。进入蒸脱机的湿粕含溶量低些为好,这样可减轻其工作负荷,节约能源消耗。一般经平转式浸出器浸出后的湿粕含溶量为 30% 左右,环型浸出器浸出后的湿粕含溶量一般不超过 25%。以上湿粕的含溶量都较高,在生产实践中可考虑湿粕在进入蒸脱机之前采用机械挤压或真空吸滤等方法来降低含溶量。

d. 水蒸气状况。湿粕脱溶的加热介质一般采用饱和水蒸气。饱和水蒸气的压力越高,相应的温度越高,传热推动力也就越大,湿粕的升温速度也越快,这样有利于溶剂蒸脱。但水蒸气的温度也不能太高,应以不降低粕的质量、提高蒸脱速度为好。一般要求用于湿粕蒸脱的间接蒸汽压力不低于 0.4 MPa,直接蒸汽压力控制在 0.05 MPa 左右。

水蒸气在蒸脱设备内的流动情况也会影响蒸脱效果。水蒸气在设备内的流速加快会强化蒸脱作用。但若过快,又会大大增加蒸汽耗用量。对于直接蒸汽而言,过快的流速还会夹带大量的粕末,所以蒸汽的流速应根据实际情况进行必要的调节。

e. 脱溶设备结构。脱溶设备结构主要是指设备层高、搅拌叶形式及搅拌速度、直接蒸汽喷口孔径和混合气体排出口孔径等。

(a)设备层高。蒸脱设备层高随设备类型不同而异。层高低,装料少,料层薄,这样有利于湿粕蒸脱。但料层太薄时,又会影响蒸烘设备的生产能力;层高高,料层厚,相应处理量大。

但对于非预榨饼浸出后的湿粕,则不易蒸透。实际生产中的蒸烘料层高度,应根据不同类型的生产设备及料层的透气性来具体确定。

(b)搅拌叶形式及搅拌速度。高料层蒸烘机和 DTDC 型蒸脱机的搅拌叶均用厚钢板制成,根据需要有单片的也有双片的。这些搅拌叶要求装置成一定倾角,以使其在运转中能很好地对物料进行搅动和抛撒,使其受热均匀。

搅拌叶的搅拌速度要适中,一般控制在 15 r/min 左右。若搅速太快,消耗动力大,会使粕末扬起;若太慢,又起不到搅拌翻料作用。

(c)直接蒸汽喷口孔径。蒸脱机内直接蒸汽从脱溶层底板上若干喷汽孔喷出,要求喷汽孔孔径大小要适宜,通常以直径 $\phi 0 \sim 2.5$ mm 为好。若孔径太小,难于加工,且易堵塞;若太大又可能使粕末落入。

(d)混合气体排出口孔径。蒸脱机上部的混合气体排出口孔径不宜太小,若该口径太小,会使出气阻力大,影响蒸脱效果;通常要求该口径与机体直径之比为 1∶(3.5 ~ 4.0)。

f. 蒸脱时间。湿粕在蒸脱机内脱除溶剂经历的时间依设备不同而有所差异。通常高料层蒸脱机的蒸脱时间为 30 ~ 40 min,DTDC 型蒸脱机为 40 ~ 50 min。若蒸脱时间过短,则蒸脱不透,粕中残溶量大;若蒸脱时间过长,又会影响粕的质量,降低生产能力。

此外,混合气体的冷凝条件对蒸脱效果也有显著的影响。为了提高蒸脱效果,要求冷凝器应有足够的冷凝面积,并经常处于良好的工作状态。若能使蒸脱机保持微负压操作则蒸脱效果更好。

2. 成品粕的干燥和冷却

在老式设计的蒸脱机或小吨位的蒸脱机出来的粕,其温度为 100 ~ 105 ℃,水分为7% ~ 14%,溶剂残留量为 0.07% 以下。在残溶方面达到成品粕的要求,但水分和温度都达不到成品粕的要求。也有的老厂改造或因其他原因不能设计脱溶、干燥、冷却于一体的设备,都会涉及成品粕的干燥和冷却问题,以达到保证粕的运输以及正常的储藏。往往在生产实际中应根据商业需要对粕的温度、水分和残留的溶剂量进行调节。

(1)自然干燥和冷却

在一般小型油厂,从蒸脱机出来的粕由于生产量小,成品粕在输送过程中就得到干燥和冷却。蒸脱机出口的温度往往在 100 ℃ 以上,在这样的温度下,采用螺旋输送机或刮板输送机输送,物料被不断地翻动,在蒸脱机中由于蒸汽冷凝在粕粒表面的吸附,水很快会汽化,使粕含水量减少。同时由于汽化而吸热,使粕的温度降低,而另一方面,高温物质不断散热,也使得粕的温度不断下降,只要输送设备的长度合适,成品粕的温度和水分能调整到质量要求的标准。成品粕在进入储藏或者输送时的最适宜参数是:温度不高于 40 ℃,水分在加工菜籽时为11% ~ 12%,在加工生豆坯时为 12% ~ 13%,在加工棉籽预榨饼块时为 11% ~ 12%。如果粕在入库时为夏天,那么粕的温度不应该比周围空气的温度高 5 ℃。

(2)强力干燥和冷却

由于生产量大,前期的设备又不能完成成品粕水分的调节,因此需要粕的干燥和冷却,这样生产主要用在 DT 蒸脱机和多层蒸脱机的生产工艺之中。通常国内由卧式烘干机和高料层蒸脱机出来的预榨饼浸出粕中水分偏低,从工厂成本核算、降低粕的温度、减少粕的粉末飞扬程度等方面,在温度和水分方面进行调节都是十分必要的。而 DT 蒸脱机出来的豆粕,一般水分都偏高,为达到储藏要求,必须进行烘干去水和降温。

对于温度和水分的调节一般可采用层式调节器。这种调节器亦可采用普通的层式蒸炒锅,调节器的层数是根据计算,使进入设备中的粕温冷却到不超过 40 ℃来确定的。粕中水分的调节可采用润湿绞龙,水分高的可采用卧式烘干机或回转式干燥器。粕温的调节也可采用粕冷却器。

(3)风运干燥和冷却系统

粕在储存前的调节与它在气力输送器中冷却的工艺流程如图 4.26 所示。

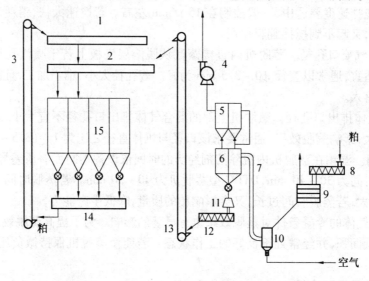

图 4.26　粕在气力输送器中冷却的工艺流程

1,2—刮板输送机;3,14—斗式提升机;4—风机;5—刹克龙组;6—刹克
龙卸料器;7—气力输送管道;8,13—螺旋输送机;9—层式调节器;
10—给料器;11—封闭阀;12—自动秤;15—储粕仓库

由蒸脱机出来的热粕用螺旋输送机送至层式调节器,这里在必要的时候也可润湿到规定的水分和冷却温度不高于 70 ℃,之后粕进入到气力输送部分的给料器,且通过它除去石块和金属等杂质,气力输送系统中的风流是由风机所造成的。粕在调节器中被润湿到相对湿度为75% ~80% 的空气所带走,且沿着气力输送管道进入刹克龙卸料器,同时进行粕的辅助冷却。由刹克龙卸料器出来的粕通过封闭阀落入自动秤,含尘空气的净化是在刹克龙组内进行的。汇集的粕粉排入料斗,再与粕的主流相混合。自动秤之后的粕用螺旋输送机、斗式提升机和刮板输送机送往储粕仓库。刮板输送机和斗式提升机用做料仓内部粕的输送和料仓倒仓。

4.4　油脂精炼

经压榨、浸出或水代法得到的未经精炼的植物油脂称为毛油。油料经磁选、筛选、破碎、轧胚、蒸炒后用机械挤压而制得的毛油,称为机榨毛油。油料经预处理(或用压榨饼)采用溶剂浸出等方法制得的毛油,称为浸出毛油。

天然油脂中总会含有某些杂质,在数量和成分上也各不相同,这取决于油料品种、质量、制油工艺以及加工方法等。各种制油工艺所得的毛油,如要求达到食用或工业用的目的,就必须按照某一标准,采用必要的技术手段,将这些不需要的杂质去除掉,这就是油脂精炼。

4.4.1　油脂精炼的目的、内容和方法

1. 油脂精炼的目的

毛油的主要成分是甘油三脂肪酸酯的混合物,俗称中性油。除中性油外,毛油中还含有非甘油酯物质,统称杂质。按照杂质的种类、性质、状态,大致可分为机械杂质、脂溶性杂质和水溶性杂质三大类。杂质主要为水分、固体杂质(油料饼屑、泥沙及草秆纤维等)、胶溶性杂质(磷脂、蛋白质、糖类等)、脂溶性杂质(游离脂肪酸、甾醇、生育酚、色素、棉酚、芝麻素、糠蜡和烃类)、毒性物质(黄曲霉毒素、多环芳烃、农药等)。

毛油中杂质的存在,不仅影响油脂的食用价值和安全储藏,而且给深加工带来困难。油脂精炼,就是去掉杂质、保持油脂生物性质、保留或提取有用物质。但精炼时,又不是将油中所有的"杂质"都除去,而是将其中对食用、储藏、工业生产等有害的杂质除去,如棉酚、蛋白质、磷脂、黏液、水分等,而有益的"杂质",如生育酚、甾醇等又要保留。因此,根据不同的要求和用途,将不需要的和有害的杂质从油脂中除去,得到符合一定质量标准的成品油,就是油脂精炼的目的。

2. 油脂精炼的内容

按照油脂中杂质性质的共性与不同点,根据毛油的组成与产品规格的要求,可以将油脂精炼的内容归纳为以下几方面。

(1)不溶性杂质的去除

由压榨、浸出和水代法等方法制得的毛油,虽然经过了初步的油渣分离,但由于粗分离设备技术性能的限制,或由于储运过程中的混杂污染,毛油中仍含有一定数量的机械杂质。这些机械杂质主要是料胚粉末、饼渣粕屑、泥沙、纤维等,其含量随油料品种、制油方法及操作条件的不同而有较大的差别,其颗粒大小和形状也不一样,它们分布在油相中构成悬浮体系,故又称之为悬浮杂质。这些杂质的存在会促使油脂水解酸败,在精炼加工中容易造成离心机堵塞,在水化脱胶、碱炼脱酸时造成过度乳化。因此,机械杂质的去除是必不可少的环节。

(2)脱胶

毛油中含的磷脂、蛋白质、黏液质和糖基甘油二酯等杂质,因与油脂组成溶胶体系而称之为胶溶性杂质。这些胶溶性杂质的存在不仅降低了油脂的使用价值和储藏稳定性,而且在油脂的精炼和加工中,有一系列不良的影响。例如胶质使碱炼时产生过度的乳化作用,使油、皂不能很好地分离,即皂脚夹带中性油增加,导致炼耗增加,同时使油中含皂增加,增加水洗的次数及水洗引起的油脂损失;脱色时胶质会覆盖脱色剂的部分活性表面,使脱色效率降低;脱臭时温度较高,胶质会发生碳化,增加油脂的色泽;氢化时会降低氢化速率等。因此油脂精炼工艺中一般是先脱胶。

(3)碱炼

未精炼的各种毛油中,均含有一定量的游离脂肪酸(FFA),还含有酸性色素、硫化物、油不溶性杂质和微量金属,通常采用碱炼法除去以上杂质。

(4)水洗

洗去残留于碱炼油中的皂脚与水溶性杂质。

(5)干燥

脱除精炼后油中的水分。

（6）脱色

脱除毛油中的各种色素、胶质和氧化物等。

（7）除臭或物理精炼

脱除毛油中的低分子臭味物质、FFA、单甘酯、甘二酯、硫化物以及色素热分解产物等。

（8）脱蜡或脱脂

脱除毛油中的蜡脂或固脂。

（9）过滤与精滤

除去毛油中的固体微粒、脱色油中的白土以及氢化油中的催化剂等，确保成品油的清晰度。

3. 油脂精炼的基本方法

根据操作特点和所选用的原料，油脂精炼的方法可大致分为机械法、化学法和物理化学法三种。具体的油脂精炼方法分类见表4.7。上述精炼方法并不能截然分开，有时采用某一种方法，往往同时产生另一种精炼作用。例如碱炼（中和游离脂肪酸）是典型的化学法，然而，中和反应生成的皂脚也会吸附油中大部分色素、黏液和蛋白质等，并一起从油中沉降分离出来。由此可见，碱炼时伴有物理化学过程。

表4.7　油脂精炼的基本方法分类与应用

方法	基本工序	作用原理	应用特点
机械法	沉淀、过滤	利用比重差沉降或过滤去除机械杂质	毛油除杂；废白土、催化剂滤除
	离心分离	利用高速离心机进行油皂、油水脚分离	脱胶、脱皂、脱水、脱蜡脂等
化学法	碱炼	中和FFA；部分脱色；有效脱胶	凡需要脱除FFA的各类油脂
	酸炼	加酸脱除胶质及部分色素（叶绿素等）	凡需要物理精炼的油脂
	氢化	加氢脱色、除异味、增加饱和度	棕榈油脱色、脱臭；硬化油原料处理
	酯化、氧化	酯化脱色；氧化还原脱色（类胡萝卜素）	一般用于工业用油，高酸价米糠油
物理化学法	水化	加水或稀电解质水化磷脂、分离胶质	酸价低于5的含磷浅色油，如大豆油
	吸附脱色	加吸附剂去除色素、多环芳烃类和胶质	凡生产高烹油、色拉油必须脱色
	蒸汽蒸馏	高真空直接蒸汽脱除FFA、臭味物质等	高酸价油脱胶后直接脱色、脱酸消耗少
	液-液萃取	用溶剂（己烷、异丙醇、水）去除FFA	凡高酸价不能碱炼、物理精炼的油脂
	冰冻结晶、冬化	冷冻结晶脱蜡与冬化结晶分离固醇	含蜡（米糠油）、含固脂类油生产色拉油
	混合油精炼	利用浸出混合油加碱中和FFA、离心分离	棉籽油、蓖麻籽油等在浸出车间完成

油脂精炼是比较复杂而具有灵活性的工作，所谓最佳精炼工艺，必须根据油脂精炼的目的，兼顾技术条件和经济效益，将上述各种方法进行有机组合，完成每一种油脂所必需的除杂的要求，达到预定的产品质量指标。

4.4.2　油脂精炼技术与过程设备

1. 毛油中不溶性杂质的分离

毛油中的固体颗粒组成比较复杂,除了毛油原有的悬浮杂质外,在油脂精炼过程中还会形成新的悬浮体系,例如水化过程形成的油–磷脂油脚体系,碱炼过程形成的油–皂脚体系,脱色过程中形成的油–白土体系,脱蜡和脱脂过程中形成的高低凝固点组分体系等。一般都可以通过重力沉降、过滤和离心分离等物理方法将其除去。

(1)毛油的沉降

在重力作用下的自然沉降分离是最简单且最常用的分离方法。它是利用悬浮杂质与油脂的密度不同,在自然静置状态下,使悬浮杂质从油中沉降下来而与油脂分离。主要用于分离机榨毛油中的饼渣、油脚、皂脚、粕末等杂质。重力沉降法因其时间长、效率低、沉淀物中含油高(60% ~80%),而一般仅用于间歇式罐炼。有时为了加速沉降,需在油中添加 $CaCl_2$ 或 Na_2SO_4 等破乳化剂使乳浊液破坏。当重力沉降用于微细粒子分离时,为了提高沉降速率,一般要进行凝聚处理。

悬浮于油脂中的单一颗粒或者颗粒群充分地分散,以至颗粒不致引起碰撞或接触的情况下的沉降过程,称为自由沉降过程。若该颗粒为球形,则颗粒的理论沉降速度可用斯托克斯定律来描述

$$V_e = \frac{d^2(\rho_1 - \rho_2)g}{18\mu_s}$$

式中　V_e——颗粒的自由沉降速度,m/s;

d——杂质颗粒直径,m;

ρ_1——杂质颗粒密度,kg/m³;

ρ_2——油脂的密度,g/cm³;

μ_s——油脂与悬浮微粒组成的胶溶体系的动力黏度,Pa·s;

g——重力加速度,m/s²。

由以上公式可知,粒子的沉降速度取决于颗粒大小、密度、黏度以及温度等因素。实际上,油脂悬浮体系中的颗粒形状是不规则的,球形度越小的颗粒,其阻力系数越大,因而实际沉降速度远小于理论值。此外,粒子沉降速度与体系中颗粒浓度有关,浓度增大时,会发生流体动力作用的相互影响,或者发生颗粒间的相互碰撞,使颗粒的沉降受到干扰,由此也使其实际沉降速度远小于理论值。

重力沉降分离设备有沉降池、暂存罐、澄油箱等。澄油箱也称为“自动捞渣滤油机”,是一种最普通的沉降与过滤相结合的毛油粗沉降分离设备,如图 4.27 所示。

澄油箱为一长方体,箱内有一回转的刮板输送机,油箱上面有一组特制的长形筛板。刮板在筛板上环行运转,含渣毛油由螺旋输送机送入澄油箱内,经过静置沉淀,毛油通过几道隔板从溢流管流入清油池,然后泵入滤油机进一步分离其中所含的细渣。刮板输送机以很低的速度连续运转,输送机的刮板将沉入箱底的油渣刮运上来,在通过上面的筛板时,油渣中所含的油通过筛孔流入箱内,油渣则边过滤边由刮板连续地送到干渣绞龙去复榨。澄油箱的优点是结构简单、回渣均匀、处理量大,能使净油含渣降到 0.8% 以下,且不需要人工扒渣,因此目前仍广泛应用于中小制油厂。然而,由于其沉降时间长、分离后渣中含油量较高、澄油箱中热毛油与空气接触时间较长、设备占地面积大等缺点而受到限制,仅应用于油、渣粗滤。

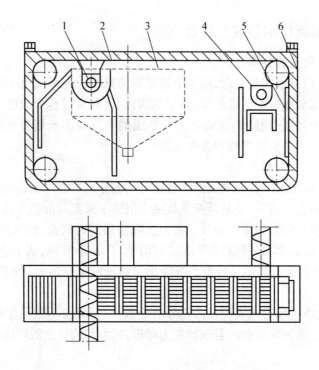

图 4.27　澄油箱结构图

1,4—螺旋输送机;2—筛板;3—清油池;5—澄油箱壳体;6—刮板输送机

(2)毛油的过滤

过滤法分离就是在重力或机械外力作用下,按照颗粒度大小,利用设定的开孔滤网,将悬浮杂质截留在过滤介质上形成滤饼,从而达到除去悬浮杂质的一种方法。它是油厂应用最普遍的方法,这种方法可以用于悬浮杂质的分离,也可以用于工艺性悬浮体的分离。一般需要在动力强制作用下,才能使油脂通过过滤介质(各种材料的滤布、涂层),从而达到与不溶性杂质分离的目的。根据过滤推动力类型的不同,过滤常分为重力过滤、压力过滤、真空过滤及离心过滤等。

重力过滤的生产效率较低,仅在生产规模较小的工厂中应用。压滤广泛用于固体质量分数为 1% ~10%、可滤性差的悬浮液的分离,其推动力是输油泵输出压力或压缩空气,在油脂工厂应用最为普遍。真空过滤的推动力较小,因而只适用于细颗粒所占质量分数较低的悬浮液和可压缩滤饼的过滤。离心过滤应用于固体含量较多而且颗粒较大的悬浮液的分离,其推动力是离心力,转鼓带有过滤介质是这类过滤的共同特性。

过滤分离法的设备处理量较大、分离效果较好。常用的过滤设备有厢式压滤机、板框式压滤机、压力式叶片过滤机和真空连续式过滤机等。

厢式压滤机如图 4.28 所示。它的主要构件是一组垫有滤布的滤板,滤板两面有直的或其他形状的沟槽,其周边都有凸出的边缘,每块滤板下部装有排油嘴。毛油通过滤板中心孔组成的输油通道进入滤室,在压力作用下透过滤布,从滤板槽内汇流到滤板下部的排油嘴流出,而杂质则被截留在滤室内。待滤室内的滤渣量增多、滤布上形成的滤饼厚度增加、进油压力升高至 0.34 MPa 左右时,停止进油,通入压缩空气或水蒸气吹洗出滤饼内包裹的油脂,然后松开滤板,清除滤板网上的滤饼。厢式压滤机滤室的容积较小,只适用于分离悬浮杂质含量不大的毛油。分离悬浮杂质含量较多的毛油时,最好采用板框式压滤机。

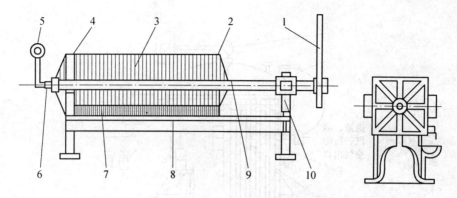

图 4.28　厢式压滤机结构示意图

1—压紧装置;2—可移动端板;3—滤板;4—固定端板;5—压力表;
6—进油管;7—出油旋塞;8—集油槽;9—横梁;10—机座

　　板框式压滤机与厢式压滤机基本相同。不同的是除滤板外,还有和滤板大小相同的滤框,滤布覆盖于滤板上,滤板与滤框相间排列,当压紧时,两块滤板之间所构成的滤室容积大大增加。毛油在压力作用下通过滤布,沿滤板上的沟槽汇流到滤板下部的出油旋塞排出,滤渣则被截留在滤室(框)里。由于板框式压滤机较厢式压滤机的滤室容积大,无需频繁停机清理滤渣而使过滤周期延长。板框式压滤机分为间歇式与半连续自控式,具有结构简单、过滤面积大、动力消耗低和工作可靠等优点,但操作劳动强度大,生产效率较低,滤饼含油量较高。近年来,对其进行了改进,实现了液压紧板、机械松板和自动卸渣,从而降低了滤饼含油率,减轻了劳动强度,提高了生产效率。

　　叶片过滤机有立式和卧式两种形式,如图 4.29 和 4.30 所示。叶片过滤机最早用于含有白土的脱色油脂的过滤,近年来通过对其过滤介质和操作条件的改进,将其用于压榨毛油过滤除去机械杂质也取得了很好的效果。叶片过滤机结构紧凑、占地面积小、过滤面积大、操作维修简便,因而被广泛用于毛油中悬浮物的分离。立式叶片过滤机应用较广,当需要过滤面积很大时,为了方便卸料,通常采用卧式叶片过滤机。叶片过滤机一个过滤周期由 8 个步骤组成:

　　①进油。

　　②循环(至完全为清油为止,需 4~6 min)。

　　③过滤(控制参数:截留杂质量≤10~12 kg/m^2,压力为 0.35~0.40 MPa)。

　　④转罐(排空)。

　　⑤吹饼(用 0.2~0.3 MPa 干燥蒸汽吹扫滤饼 15~20 min)。

　　⑥打开蝶阀。

　　⑦卸滤饼(振动器振动卸渣)。

　　⑧关闭蝶阀。

　　过滤过程中不正常现象主要有:

　　①滤液混浊。主要原因有滤网破损、泄漏,或滤液出油口"O"形密封圈损坏,或过滤压力不稳定等。

　　②梨形滤饼。主要原因有待滤油固、液相密度差大,或固体颗粒大。

　　③过滤压力上升快,过滤速率慢。主要原因可能是油渣或白土过细,或初始进油流量大,或待滤油含胶杂、皂量大,或滤网堵塞等。

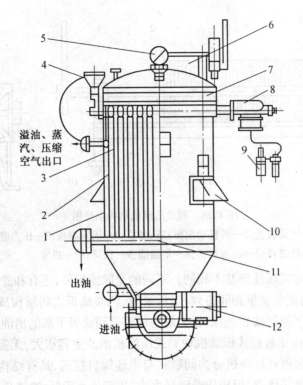

图4.29 立式叶片过滤机

1—罐体;2—工作腔;3—滤叶;4—锁帽;5—压力表;6—碟形盖提升装置;7—碟形盖;8—振动器;
9—气阀;10—支座;11—滤叶集油管;12—卸渣碟阀

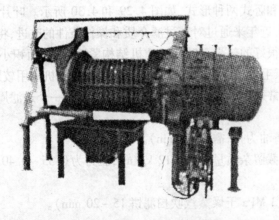

图4.30 卧式叶片过滤机外形

圆盘过滤机有一个圆筒形密闭工作室,内装水平或竖直放置的滤盘。如图4.31所示为立式圆盘过滤机。当含有悬浮颗粒的油脂由进油口泵进入工作室时,在泵的推动力下,油脂穿过滤网进入空心轴,经出油口排出,悬浮杂质被滤网截留形成滤饼。当滤饼达到一定厚度,达到罐所能承受的工作压力(0.5 MPa)时,停止进油,改用压缩空气作为推动力,继续过滤至最低工作位置后,由污油口放出剩余悬浮液,沥干滤饼,关闭压缩空气,卸渣。

袋式过滤器有一个圆柱形立式金属外壳,里面有一个带孔的金属板或金属网制成的篮子,篮子内壁放置一只布袋或多只布袋。原料由壳体顶部进入,通过布袋及篮子,滤油从底部卸出。这种装置投资小、易清理,但其固体容量小、更换布袋费用高,并且吹干过滤器中的残油效果较差,油脂损失较多,因此,多用于大型压滤机后面的补充过滤,滤去随滤液排出的少量滤渣或助滤剂。

（3）毛油的离心分离

离心分离是利用物料组分在旋转时产生不同离心力分离悬浮杂质的一种分离方法。其主要结构部分为一个快速旋转的转鼓,安装在垂直或水平轴上,转鼓分为有孔式和无孔式。其中,有孔的转鼓在高速旋转时,鼓内液体受到离心力的作用由孔上覆以的滤网或其他过滤介质迅速滤出,固体颗粒截留在滤网上,称为离心过滤;而鼓壁上无孔的,当受到离心力的作用时物料按密度大小分层沉淀,密度最大的直接附于鼓壁上,密度最小的则集中于鼓中央,称为离心沉降。离心过滤与一般的压力过滤相比,其推动力大、过滤速度快、效果好;离心沉降中的加速度为离心加速度 $a = \omega^2 r$,而重力沉降的加速度为重力加速度 g,因此离心沉降的转鼓直径大、转速高就意味着分离过程快、分离效果好,但对设备的机械强度要求也高。

离心分离的设备形式很多,在油脂工业中,沉降式离心设备应用较普遍,主要是管式、碟式和螺旋形离心机;过滤式离心机没有沉降式离心机普遍,主要是因为毛油中悬浮杂质颗粒大小不均且黏稠,尤其是机榨毛油含渣量高,粒子粗硬,因此受到限制。

去除毛油中悬浮杂质的离心设备主要有卧式螺旋卸料沉降式离心和离心分渣筛等。卧式螺旋卸料沉降式离心机内部结构如图4.32所示,工作时,毛油自进料管连续进入螺旋推料器内部的进料斗内,并穿过推料器锥形筒上的4个小孔进入转鼓内,在离心力的作用下,毛油中的悬浮杂质逐渐均匀分布在转鼓内壁上,由于螺旋推料器转速壁转鼓稍快,两者间隙又很小,离心沉降在鼓内的饼渣便由推料器送往转鼓小端,饼渣在移动过程中,由于空间逐渐缩小,受到挤压,挤出的油沿转鼓锥面小端流向大端,饼渣则由转鼓4个卸料孔排出,当机内净油达到一定高度时,由转鼓大端4个长弧形孔溢流出去,从而连续地完成了渣和油的分离。离心分渣筛是一种过滤式离心设备,图4.33所示为CYL型离心分渣筛的结构图,工作时,含渣毛油由输送机送入转鼓小端,在离心力的作用下,油脂穿过滤饼和筛

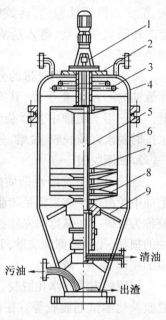

图4.31 立式圆盘过滤机
1—传动轴;2—支撑架;3—粗油进口管;4—顶盖;5—空心过滤轴;6—罐体;7—隔离环;8—滤盖;9—排渣刮刀

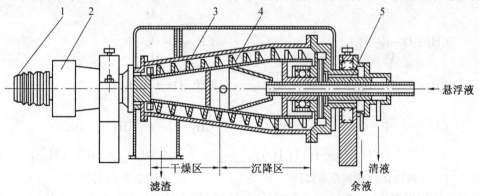

图4.32 卧式螺旋卸料沉降式离心机内部结构图
1—离心离合器;2—摆线针轮减速器;3—转鼓;4—螺旋推料器;5—进出料装置

网,汇流入滤清油箱内,转鼓内壁截留的饼渣沿倾斜鼓壁向转鼓大端移动,落入送渣输送机,达到毛油固液两相的分离。

离心分离是一种先进的分离悬浮液的方法,也是连续炼油的一种重要手段,其产量高,分离效果好,消耗低。不仅用于毛油中悬浮杂质的分离,在碱炼中脱皂、水洗时脱水以及脱胶、脱蜡、分提中均有应用。

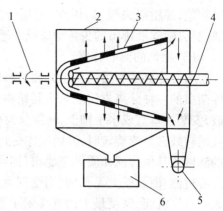

图 4.33 CYL 型离心分渣筛
1—传动装置;2—机壳;3—筛网转鼓;4—含渣毛油输送机;5—出渣输送机;6—滤渣油箱

2. 油脂脱胶

脱除毛油中胶溶性杂质的工艺过程称为脱胶。因毛油中胶溶性杂质主要是磷脂,所以工业生产中常把脱胶称为脱磷。在碱炼前先除胶溶性杂质,可以减少中性油的损耗,提高碱炼油质量,节约用碱量,并能获得有价值的副产品——磷脂。

脱胶的方法有水化脱胶、酸炼脱胶、吸附脱胶、热聚脱胶及化学试剂脱胶等。在油脂工业中应用最普遍的是水化脱胶和酸炼脱胶。对于磷脂含量较多的毛油或希望提取磷脂作为副产品的毛油,在脱酸前通常进行水化脱胶。要达到较高的脱胶要求,则需要用酸脱胶,主要用磷酸、柠檬酸等弱酸,而硫酸很少用于食用油的脱胶。一般用酸脱胶得到的油脚色深,且部分磷脂变质,不能作为制取食用磷脂的原料。

(1)油脂水化脱胶

水化脱胶是利用磷脂等胶溶性杂质的亲水性,把一定数量的水或电解质稀溶液在搅拌下加入毛油中,使毛油中的胶溶性杂质吸水膨胀,凝聚并分离除去的一种脱胶方法。在水化脱胶过程中,能被凝聚沉降的物质以磷脂为主,此外还有与磷脂结合在一起的蛋白质、黏液物和微量金属离子等。

毛油中的磷脂是多种含磷类脂的混合物,主要由卵磷脂和脑磷脂组成。卵磷脂的化学名称为磷脂酰胆碱,脑磷脂为磷脂酰乙醇胺、磷脂酰丝氨酸和磷脂酰肌醇的混合物。磷脂分子比油脂(甘油三酸酯)分子中的极性基团多,属于双亲性的聚集胶体,既有酸性基团,又有碱性基团,所以它们的分子能够以游离羟基式和内盐式存在,分子式如下:

磷脂分子(游离羟基式)　　　　磷脂分子(内盐式)

由结构式可以看出,当毛油中水分很低时,磷脂以内盐的形式存在,此时极性很弱,能溶于油中;若毛油中水分达到一定量,水则与磷脂分子中的成盐原子团结合,形成游离烃基形式。此时,水分子渗入两个磷脂分子之间,引起磷脂的膨胀,磷脂分子在水滴和油的界面上产生定向排列形成胶粒分散在油中,疏水基聚集在胶粒内部,亲水基朝向外部,胶粒表现为亲水性从油中析出。胶粒亲水基表面带有负电荷,系统中的水或电解质电离后的正离子排列于胶粒表面,形成紧密的"双电层"产生"动电位",随着水化作用的进行,磷脂胶粒吸水越来越多,体积越来越大,使胶粒周围的扩散双电层发生重叠,动电位降低,这时胶粒之间的吸引力大于排斥力,胶粒在引力的作用下逐渐聚结。如果水化时加入的是电解质的稀溶液,由于电解质能电离出较多的阳离子,使表面双电层的厚度受到压缩,胶粒间的排斥力减弱,因此电解质的加入有利于胶粒的凝聚。电解质浓度越高,凝聚作用越显著。水化时,在水、加热、搅拌等联合作用下,磷脂胶粒逐渐合并、长大,最后絮凝成大胶团。因其密度大于油脂的密度,所以可以采用重力沉降或离心使磷脂从油中分离出来。胶团内部的疏水基之间含有一定数量的油脂。油脂、磷脂和水三者之间具有相互作用的力,当磷脂与油脂比例为 7∶3 时,三者之间的作用力最大,此时胶团最稳定。由此可知,若水化脱胶后的油脚内干基含油 30% 属于正常值;若高于此值,应考虑通过适当的方法予以回收。

影响水化脱胶的因素主要有:

①温度。胶体分散相在一定条件下开始凝聚时的温度,称为胶体分散相凝聚的临界温度。只有等于或低于该温度,胶体才能凝聚。临界温度与分散相质点粒度有关,质点粒度越大,凝聚临界温度就越高。毛油中胶体分散相的质点粒度随水化程度的加深而增大的,因此胶体分散相吸水越多,凝聚临界温度就越高。温度高,油脂的黏度低,水化后油脂和磷脂油脚易于分离;水分高,磷脂吸水能力强、吸水多,水化速度就快,磷脂膨胀得充分,有些夹持在磷脂疏水基间的油被迫排出,因而水化温度高,有利于提高精炼率,但耗能大,且磷脂油脚中含水高,不利于储存。加入水的温度要与油温基本相同或略高于油温,以免油水温差悬殊,产生局部吸水不均而造成局部乳化。水温不宜太高,终温最好不要超过 85 ℃,否则高温油接触空气会降低脱胶油的品质,而且这时水大量汽化,磷脂胶团在较强的搅动下不易下沉,甚至使磷脂浮在油面,增加操作的难度。实践证明,加水水化后温度升高 10 ℃左右,对于油和油脚的分离是有利的。

②加水量。加水是磷脂水化的必要条件,它在脱胶过程中的主要作用:润湿磷脂分子,使磷脂由内盐式转变成水化式;使磷脂发生水化作用,改变凝聚临界温度;使其他亲水胶质吸水改变极化度;促使胶粒凝聚或絮凝。

适宜的加水量要根据毛油中磷脂含量和水化操作的温度而定。生产中,可根据油中磷脂含量计算。高温水化时,加水量为磷脂含量的 3.5 倍左右;中温水化时,加水量为磷脂含量的 2 ~ 3 倍;低温水化时,加水量为磷脂含量的 0.5 ~ 1 倍。具体操作中,适宜的加水量可通过小样实验及实际经验来确定(见表 4.8)。此外,加水量也与所用工艺有关,一般在同样温度下,采用间歇式脱胶工艺时加水量较多,而采用连续式脱胶时加水量较少。

表 4.8　油脂水化工序操作条件比较

水化方法	预热温度/℃	热水量 (占磷含量)	终温/℃	转速/(r·min⁻¹)	应用特点
高温水化	70 ~ 80	3.5 倍	80 ~ 85	—	油脚含水多,含油少,能耗大
中温水化	40 ~ 50	2 ~ 3 倍	50 ~ 60	小于 40	水化较完全,油脚含水多
低温水化	20 ~ 30	0.5 ~ 1 倍	40 ~ 60	70	能耗低,油脚两次回收质差
喷汽水化	40 ~ 50	油重的 3% ~ 4%	80	—	炼率略低于高温法,油脚含水

③混合强度与作用时间。水化脱胶过程中,油相与水相只是在相界面上进行水化作用,因此,在水化的开始阶段,除了注意加水时喷洒均匀外,往往要借助于机械混合,确保水分充分均匀分散、水化完全。但应注意混合强度不宜过高,特别是当胶质含量大、操作温度低的时候尤应注意,因为低温下胶质水化速度慢,过分激烈的搅拌,有可能使较快完成水化的那部分胶体质点在多量水的情况下形成油-水乳化,以致给分离操作带来困难。连续式水化脱胶的混合时间短,混合强度可以适当提高。间歇式水化脱胶添加水时,混合强度要高,搅拌速度以60~70 r/min 为宜,当胶粒开始凝聚后,混合强度应逐渐降低,到水化结束阶段,搅拌速度则应控制在30 r/min 以下,以使胶粒絮凝良好,有利于分离。水化脱胶过程中,由于水化作用发生在相界面上,加之胶体分散相各组分性质上的差异,因此胶质从开始润湿到完成水化,需要一定的时间,在适宜的混合强度下,给予充分的作用时间,才能保证脱胶效果。间歇罐炼搅拌水化一般需要40~70 min,沉降分离时间需要4~8 h;连续式高温离心(压力)混合完成水化,开始凝聚仅需要20~40 min,随即进入离心机进行连续脱胶。

④电解质。加入电解质有利于提高水化效果与油脂的稳定性,但对磷脂的综合利用有一定影响。因此在正常情况下,水化脱胶时一般不用电解质。只是当普通水水化脱不净胶质、胶粒絮凝不好或操作中发生乳化现象时,才添加电解质。实际生产中,用于水化的电解质一般为食盐、磷酸三钠(加入量为油重的0.2%~0.3%)和明矾(加入量为0.05%~0.1%)等。

⑤原料油的质量。用未完全成熟或变质油料制取的毛油,或者加工过程热处理不当所得到的毛油,脱胶比较困难,胶质往往不易脱净。原因在于这些毛油中含有比正常毛油多的非亲水性胶质,主要为β-磷脂(其磷酸基接在甘油基的第二位)和磷脂的钙、镁复盐。不同的油料品种含磷脂量也不同,所得到的毛油脱胶的难易程度也不同。可可仁油、棕榈油、橄榄油等易于脱胶;葵花籽油、花生油、大豆油、棉籽油等较难脱胶;亚麻籽油、菜籽油则更难。

水化工艺可分为间歇式、半连续式和连续式。间歇式适用于生产规模较小或油脂品种更换频繁的企业,水化工艺均在同一罐内周期性地完成水化和油脚分离全过程,其工艺流程图可用图4.34(a)表示。按操作条件不同可分为高温、中温、低温水化和直接喷汽法四种,其操作步骤基本相同,仅为工艺条件(温度与用水量)的差别,几种水化操作的工艺条件见表4.8。半连续水化的特点是前道水化用罐炼,而后道沉降采用连续式离心分离。连续式适用于生产规

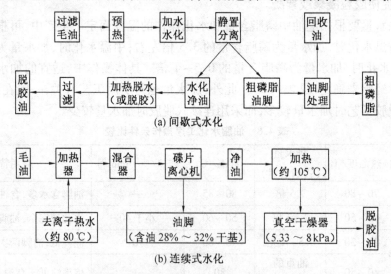

(a) 间歇式水化

(b) 连续式水化

图4.34　间歇式水化法和连续式水化法

模较大的企业,是比较先进的脱胶工艺,其工艺如图 4.34(b)所示,毛油的水化和分离两道工序均采用连续化生产设备,按照分离设备不同又可分为离心分离(工艺流程如图 4.35 所示)和沉降分离两种工艺。连续式水化工艺特点为处理量大、精炼率高、油脚含有少等。但从本质上来说,也只能去除水化性磷脂,因此脱胶后的油中含有磷脂量仍然很高。

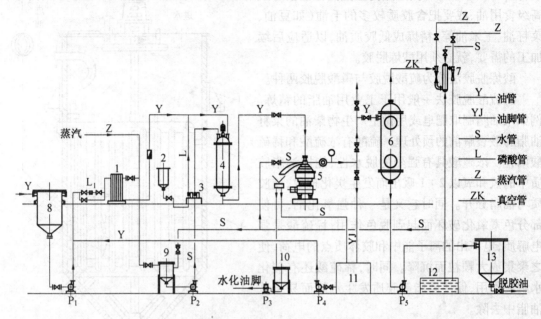

图 4.35　连续水化脱胶(离心分离)工艺流程图

1—加热器;2—磷酸罐;3—比配泵;4—脱胶混合器;5—脱胶离心机;6—真空干燥器;7—真空装置;8—毛油储罐;9—热水罐;10—油脚储罐;11—捕油池;12—水封池;13—脱胶油储罐;P_1,P_2,P_3—输油泵;P_4,P_5—油脚泵;L_1—管道过滤器

水化脱胶的主要设备按工艺作用分为水化器、分离器及干燥器等;按生产的连贯性可分为间歇式和连续式。间歇水化的主要设备是炼油锅和干燥锅,若用离心机回收磷脂油脚中的油脂,还需有油脚调和锅和离心机;连续水化脱胶使用的主要是离心机。这些设备同时也是碱炼脱酸中的配套设备,故一并放在碱炼部分叙述。水化脱胶的其他主要设备介绍如下:

①水化锅。连续式水化脱胶的主要设备与间歇碱炼锅完全相同,在企业通称炼油锅,沉降分离水化油脚的沉降罐的结构与其也相似,水化锅、沉降罐、碱炼锅可相互通用。炼油锅的结构如图 4.36 所示。

②连续水化器。连续水化器的结构比较简单,只要能保证毛油在连续流动的情况下完成水化历程即可,水化器可设计成多种形式。可以是由蒸汽喷射器和水化罐组成的连续水化设备,也可以是以直接蒸汽水化的连续水化器(设有蒸汽鼓泡器和蒸汽喷射循环装置),结构简单,操作方便。

③连续沉降器。连续沉降器是利用重力作用连续沉降分离水化油脂悬浮体的设备。

(2)油脂酸炼脱胶

传统的水化脱胶仅对可水化磷脂(如 α-磷脂)有效,而油脂中的 β-磷脂则不易水化,钙、镁、铁等磷脂金属复合物也不易水化,这些就是所谓不能或难以水化的非水化磷脂。在正常情况下,非水化磷脂占胶体杂质总含量的 10% 左右,受损油料在油脂中含量可能高达 50% 以上。另外,在浸出油料期间,磷脂酶会促使可水化磷脂转化成非水化磷脂,当水分和浸出温度较高

时,这种转化更为显著。因此有些油脂中的非水化磷脂实际含量有可能是正常情况的 $2 \sim 3$ 倍。其中 β-磷脂可以用碱或酸处理除去,而磷脂金属复合物必须用酸处理方可除去。要把毛油精炼成高级食用油,或要把含胶质较多的毛油(如豆油、菜籽油、玉米油等)精炼成低胶质油,以适应后续加工的需要,就必须用酸炼脱胶。

酸炼脱胶法分为硫酸脱胶与磷酸脱胶两种。

①硫酸脱胶法一般用于工业用油脂的精炼。例如用油脂制取肥皂或用做生产生物柴油的菜籽油脂肪酸裂解前的预处理。硫酸有浓硫酸和稀硫酸两种。浓硫酸具有强烈的脱水性,能把油脂胶质中的氢和氧以 $2:1$ 吸出而发生炭化现象,使胶质与油脂分开。同时它又是一种强氧化剂,可使部分色素氧化破坏而起到脱色作用;稀硫酸是强电解质,电离出的离子能中和胶体质点的电荷,使之聚集成大颗粒而沉降。同时,稀硫酸还有催化水解的作用,促使磷脂等胶质发生水解而易于从油脂中去除。

a.浓硫酸脱胶法。冷油放在锅中,在搅拌器和压缩空气的强烈搅拌下,硫酸均匀地加入 $66\ ^\circ$Bé 的工业硫酸(温度不要超过 $25\ ^\circ\text{C}$),一般用量为油重的 $0.5\% \sim 1.5\%$。加酸后,油色逐渐变深,当胶溶性杂质凝聚成褐色或黑色絮状物沉淀后,油脂变成淡黄色。搅拌结束后,升温并加入油重 $3\% \sim 4\%$ 的热水,使未作用的酸稀释并使反应

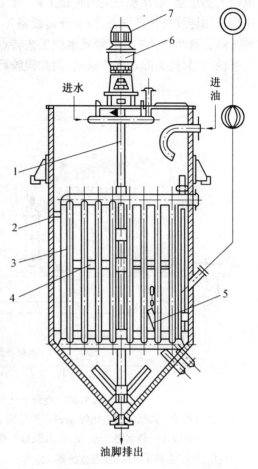

图 4.36 炼油锅结构图
1—搅拌轴;2—锅体;3—间接蒸汽加热管;
4—搅拌翅;5—摇头管;6—减速器;7—电机

停止。静置沉淀 $2 \sim 3\ \text{h}$,将上层油转移到另外设备内,用热水洗涤 $2 \sim 3$ 次(每次用水量为 $15\% \sim 20\%$),将洗净硫酸的油脱水,即得脱胶油。应注意水洗时搅拌速度不能太快,以免形成稳定的悬浊液,若发生乳化,则用食盐(或明矾)盐析;酸炼温度和用酸量要适当,以防止油脂发生磺化作用,若生成了磺化,不仅会损失油脂,而且磺化油的红色很难除去而使脱胶油带有很深的颜色。

b.稀硫酸脱胶法。稀硫酸法是用直接蒸汽将油加热到 $100\ ^\circ\text{C}$,油内积聚了冷凝水(水量为油重的 $8\% \sim 9\%$),然后在搅拌下将 $50 \sim 60\ ^\circ$Bé 的硫酸均匀加入油中,加入量为油重的 1% 左右,硫酸被油内的冷凝水稀释,稀硫酸与油中杂质作用,酸加完后搅拌片刻,然后静置沉降(其余过程同浓硫酸脱胶法)。酸炼锅与一般炼油锅相似,但锅内壁必须有耐酸衬里,锅面上装的一圈加酸(或水)的管子以及锅内安装的搅拌器和加热管等必须用耐酸材料制成。锅内除浆式搅拌器外,在底部还装有吹入压缩空气(或直接蒸汽)的环形管,管上开有方向朝下直径为 $1.5 \sim 2\ \text{mm}$ 的小孔若干。

②磷酸脱胶法常用于食用油脂的脱胶。磷酸可以把 β-磷脂和磷脂金属复合物转变成水化磷脂,而除去某些非水化的胶质;使用磷酸脱胶可降低油脂的红色;磷酸还能使 Fe^{3+}、Cu^{2+} 等

离子生成络合物钝化微量金属对油脂氧化的催化作用,增加了油脂抗氧化性能,改善了油脂的风味(见表 4.9)。

表 4.9　菜油和大豆油用不同方法处理的比较

油脂种类	除中和水洗外的其他处理	脱色前的过氧化值 /(mmol·kg^{-1})	脱色后磷脂质量分数 /%	脱臭油氧化稳定性（某时间间隔过氧化值)/(mmol·kg^{-1})				味道标记
				100	200	300	400	
菜油	未处理	4.35	0.111	22.8	40.5	—	—	1
	NaOH、Na$_2$CO$_3$ 混合液复炼	5.20	0.011	7.1	15.5	20.3		3
	H$_3$PO$_4$ 预处理	4.54	0.001	2.1	3.0	2.8	2.5	5
大豆油	未处理	2.05	0.018	30	—	—	—	1
	NaOH、Na$_2$CO$_3$ 混合液复炼	2.46	0.001	2.3	5.7	13.4	39	5
	H$_3$PO$_4$ 预处理	1.53	0.009	1.4	4.1	10.2	32.1	55

注:1—较差;3——般;5—较好。

磷酸脱胶主要有两种典型的方法:与碱炼相结合的脱胶、以磷酸处理为独立工序的脱胶。前者只分离一次油脚,工序简单,但有时会造成过度乳化,使油和油脚分离不好;后者是分出胶质后再碱炼,有利于油和皂脚的分离,提高精炼率,还可减少碱液的消耗,但需增加一次分离操作,增加一道分离设备,也难免带走一些油脂。实践中前者用得较普遍,因而常常把磷酸处理归于脱酸工序。

(3)其他方法脱胶

除了上述的水化脱胶、酸炼脱胶外,还有多种方法用于油脂脱胶,主要是为适应物理法精炼脱酸的脱胶方法和某些特殊油脂的脱胶方法。物理法精炼要求油脂中的胶质含量很低、尽量少的微量金属和热敏性色素,所以常把酸处理和脱色结合进行。

①干式脱胶。干式脱胶法适合处理含胶质低的油脂,工艺流程如图 4.37 所示。油脂加热到 40 ~ 45 ℃,加入占油重 0.1% ~ 0.15%、质量分数为 75% ~ 85% 的磷酸,充分搅拌约 15 min,使形成胶粒,真空下加活性白土 1% ~ 2.5%(一般为磷脂量的 5 倍),搅拌并加热至 150 ℃,然后冷却到 70 ℃ 以下过滤。

②湿式脱胶。湿式脱胶法适合处理胶质含量较高的油脂。把油脂预热到 60 ~ 70 ℃,加入占油重 0.05% ~ 0.2% 的浓磷酸,在混合器充分混合,并在暂存罐停留片刻,再加 1% ~ 5% 的水进行水化,然后离心分离,脱胶油脱水后再用活性白土脱色。

③超级脱胶。这是一种改良的加酸脱胶方法。油脂加热至 70 ℃ 左右,与柠檬酸反应 5 ~ 15 min,冷却至 25 ℃,与水混合,输送至处理容器中,凝聚胶质形成液体结晶,吸附大部分的金属和糖的化合物,保持时间达 3 h 以上。之后,油脂被加热至 60 ℃,在离心机中分离出湿胶质,便可得到适应物理法精炼的油脂。用这种工艺,酸和活性白土用量可减少一半。

④Alcon 方法。在大豆等油料中,非水化磷脂的含量本来很少,但制油过程使所得毛油中非水化磷脂含量增加。这在浸出温度较高、水分较高时尤为显著。研究发现,这主要是磷脂酶作用的结果,磷脂酶促使 α-磷脂部分转变成 β-磷脂,而且这一转变主要发生在大豆浸出过程中。另外料胚在浸出前储存时间过长也会因酶的作用而发生这种转变。Alcon 的具体操作方法是在轧胚和浸出工序之间对料胚进行处理,使大豆胚的温度在较短时间内就升到 100 ℃

左右,迅速避开临界温度范围,使水分含量达到 15% ~ 16%。这些条件维持 15 ~ 20 min,以使磷脂酶的活性被钝化,从而减少了 α-磷脂转变成 β-磷脂的机会,所得到的浸出毛油中非水化磷脂含量很低,并可用水化脱胶法去除毛油中的磷脂,脱胶油中磷脂的残留量低至 0.03% ~ 0.05%,即含磷量低于 10 ~ 17 mg/kg 的脱胶油再用常规的脱色方法脱色,油中含磷量可降至 1 ~ 2 mg/kg 以下,完全可以满足大豆油物理精炼的要求。该方法不适合对已变质或受损油料的处理,因为这些油料中的 α-磷脂已部分转变成非水化的 β-磷脂了。

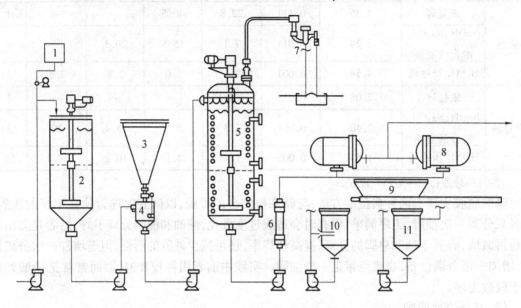

图 4.37　干式脱胶工艺流程图

1—磷酸罐;2—酸油反应罐;3—漂土斗;4—混合罐;5—脱色罐;6—冷却器;
7—二级蒸汽喷射泵;8—压滤机;9—滤饼槽;10—预涂罐,11—汇集罐

3. 油脂脱酸

未经精炼的各种毛油中,均含有一定数量的游离脂肪酸,脱除油脂中游离脂肪酸(FFA)的过程称为脱酸。脱酸的方法很多,在工业生产上应用最广泛的是碱炼法和水蒸气蒸馏法(即物理精炼法)。

(1)油脂碱炼脱酸

①油脂碱炼脱酸的原理。碱炼法是用碱液(NaOH、KOH 或 Na_2SiO_3 等)中和毛油中的游离脂肪酸,使之生成肥皂而从油中析出分离的一种精炼方法。肥皂具有很强的吸附能力,它能吸附色素、蛋白质、磷脂、黏液及其他杂质,甚至悬浮的固体杂质也可被絮状肥皂夹带,一起从油中分离,该沉淀物称为皂脚。碱炼法脱酸快速、高效,适用于各种低酸价、难处理的油脂,工艺设备技术成熟,但是油脂损耗大,尤其不适用于高酸价毛油的脱酸。

油脂碱炼脱酸过程的主要作用可归纳为以下两点:烧碱中和毛油中绝大部分的游离脂肪酸,生成不易溶解的脂肪酸钠盐(钠皂),呈絮凝状而沉降;中和生成的钠皂为一表面活性物质,具有较强的吸附和吸收能力,因此可将其他杂质(如蛋白质、黏液质、色素、磷脂及带有羟基或酚基的物质)也带入沉降物中,甚至悬浮固体杂质也可被絮状皂团所挟带。因此碱炼具有脱酸、脱胶、脱固体杂质和脱色等多种作用。

必须指出的是,烧碱和少量甘油三酯(即中性油)的皂化反应会导致炼耗的增加,因此生产中要选择最佳操作条件,力求避免这一过程中产生不必要的油脂损失,以获得理想的成品得率。

碱炼过程中的化学反应主要有以下几种类型:

a. 中和反应(碱炼所希望的反应)

$$RCOOH+NaOH \longrightarrow RCOONa+H_2O$$

b. 不完全中和反应(产物难溶于水而留于油中)

$$2RCOOH+NaOH \longrightarrow RCOONa \cdot RCOOH+H_2O$$

c. 水解

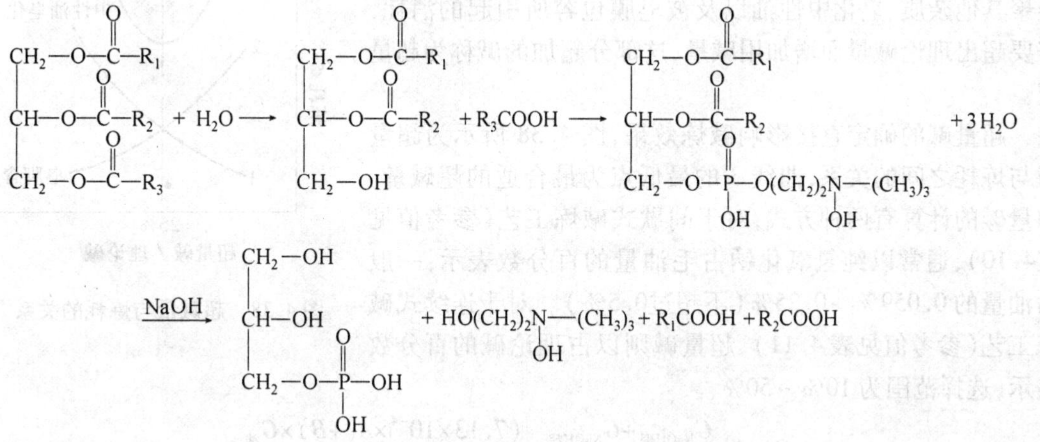

d. 皂化

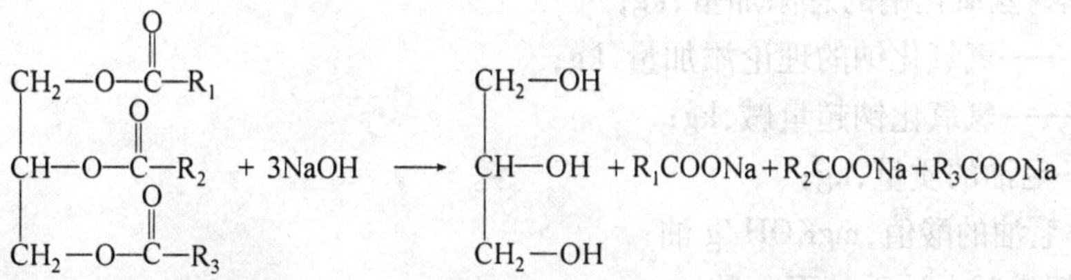

②影响碱炼的主要因素有:

a. 碱的选择。油脂脱酸常用的中和剂有烧碱($NaOH$)、氢氧化钾(KOH)以及纯碱(Na_2CO_3)等。烧碱和氢氧化钾与游离脂肪酸反应所生成的皂能与油脂较好地分离,脱酸效果好,并且对油脂有较高的脱色能力,但存在皂化中性油的缺点。考虑到经济原因,工业生产上烧碱的应用更为广泛。市售氢氧化钠有两种工艺制品:一种为隔膜法制晶;另一种为水银电解法制晶。为避免残存水银污染,应尽可能选购隔膜法生产的氢氧化钠。纯碱的碱性适宜,具有易与游离脂肪酸中和而不皂化中性油的特点。但它与油中其他杂质的作用很弱,脱色能力差,因此很少单独应用于工业生产。一般多与烧碱配合使用,以克服两者单独使用的缺点。

b. 碱的用量。碱炼时,若碱量不足,游离脂肪酸中和不完全,其他杂质也不能被充分作用,皂粒不能很好地絮凝,致使分离困难,碱炼成品油质量差,得率低;若用碱过多,则中性油被皂化而引起精炼损耗增大,因此正确的用碱量很重要。碱炼时,耗用的总碱量包括两个部分:一部分是用于中和游离脂肪酸的碱,通常称为理论碱,可通过计算求得;另一部分则是为了满足工艺要求而额外添加的碱,称之为超量碱。超量碱的用量需综合平衡诸因素,通过小样实验确定。

$$G_{NaOH理} = G_{油} \times A_V \times \frac{M_{NaOH}}{M_{KOH}} \times \frac{1}{1\,000} = 7.13 \times 10^{-4} \times G_{油} \times A_V$$

式中 $G_{NaOH理}$——氢氧化钠的理论添加量,kg;

      $G_{油}$——毛油的质量,kg;

      A_V——毛油的酸值,mgKOH/g 油;

      M_{NaOH}——氢氧化钠的相对分子质量,40.0;

      M_{KOH}——氢氧化钾的相对分子质量,56.1。

碱炼操作中,为了阻止逆向反应弥补理论碱量在分解和凝聚其他杂质、皂化中性油以及被皂膜包容所引起的消耗,需要超出理论碱量而增加用碱量,这部分超加的碱称为超量碱。

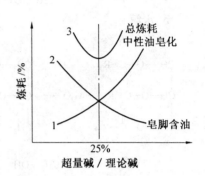

图 4.38 超碱量与炼耗的关系

超量碱的确定直接影响碱炼效果,图 4.38 所示为超量碱与炼耗之间的关系,曲线 3 的最低点为最合适的超碱量。超量碱的计算有两种方式,对于间歇式碱炼工艺(参考值见表4.10),通常以纯氢氧化钠占毛油量的百分数表示,一般为油量的 0.059% ~ 0.25%(不超过0.5%)。对于连续式碱炼工艺(参考值见表 4.11),超量碱则以占理论碱的百分数表示,选择范围为 10% ~ 50%。

$$G_{NaOH} = \frac{G_{NaOH理} + G_{NaOH超}}{C} = \frac{(7.13 \times 10^{-4} \times A_V + B) \times G_{油}}{C}$$

式中 G_{NaOH}——氢氧化钠的总添加量,kg;

      $G_{NaOH理}$——氢氧化钠的理论添加量,kg;

      $G_{NaOH超}$——氢氧化钠超量碱,kg;

      $G_{油}$——毛油的质量,kg;

      A_V——毛油的酸值,mgKOH/g 油;

      B——超量碱占油重的百分数;

      C——溶液的质量分数。

表 4.10 间歇式精炼的超碱量参考值

项目	动物及海产脂	低胶质植物油	高质量棉籽油	低质量油 FFA		海产油 FFA 5%	高质量大豆油	花生油 FFA		玉米油	椰子油
				4%	15%			3%	10%		
波美度/°Bé	12 ~ 16	12 ~ 16	14 ~ 18	18	26	20	12 ~ 14	14	20	16 ~ 20	16
超碱量/%	0.10 ~ 0.20	0.10 ~ 0.20	0.25 ~ 0.60	0.75	1.30	0.20	0.10 ~ 0.20	0.25 ~ 0.47	0.55	0.25 ~ 0.36	0.10

表 4.11 连续式长混合碱炼的超碱量参考值

项目	低胶质高质量油脂	毛大豆油	脱胶大豆油	花生油	玉米油		卡诺拉油	海产动物油
					干法	湿法		
超碱量/%	0.02 ~ 0.1	0.02 ~ 0.1	0.01 ~ 0.1	0.01 ~ 0.2	0.02 ~ 0.15	0.05 ~ 0.3	0.03 ~ 0.1	0.01 ~ 0.1

油脂工业生产中,大多数企业使用碱溶液时,习惯采用波美度(°Bé)表示其浓度。各种常用烧碱溶液的质量分数与波美度的关系见表 4.12。

表 4.12　烧碱溶液波美度与相对密度及其他浓度的关系(15 ℃)

波美度 /°Bé	相对密度 /(kg·m⁻³)	质量分数 /%	当量浓度 /(mol·L⁻¹)	波美度 /°Bé	相对密度 /(kg·m⁻³)	质量分数 /%	当量浓度 /(mol·L⁻¹)
4	1.029	2.50	0.65	19	1.150	13.50	3.89
6	1.043	3.65	0.95	20	1.161	14.24	4.13
8	1.059	5.11	1.33	21	1.170	15.06	4.41
10	1.075	6.58	1.77	22	1.180	16.00	4.72
11	1.083	7.30	1.98	23	1.190	16.91	5.03
12	1.091	8.07	2.20	24	1.200	17.81	5.34
13	1.099	8.71	2.39	25	1.210	18.71	5.66
14	1.107	9.42	2.61	26	1.220	19.65	5.99
15	1.116	10.30	2.87	27	1.230	20.60	6.33
16	1.125	11.06	3.11	28	1.241	21.55	6.69
17	1.134	11.90	3.37	29	1.252	22.50	7.04
18	1.143	12.59	3.60	30	1.263	23.50	7.42

c. 碱液浓度。毛油的酸价是选择碱液浓度最主要的依据。一般来说,毛油酸价高的应采用浓碱;酸价低则用淡碱。还应注意皂脚能否分离,若选用浓碱,则皂脚稠度大、带油多、不易分离;选用过稀的碱液,则会造成油水乳化,反而油脚包容油脂而增加损耗。此外,还应考虑反应条件,如果反应温度较高、接触时间长,则采用淡碱较为合适,反之应采用浓碱处理。碱炼毛油通常采用 12～22 °Bé 的碱液。

d. 碱炼温度。间歇生产温度高、接触时间长,油皂分离胶清楚;连续碱炼温度低、接触时间较短,中性油皂化的可能性小,但油皂分离要求高。温度还与碱液浓度有关——浓度高,温度相对低;浓度低,则温度相对高。表 4.13 列出了间歇碱炼时,不同浓度碱液的相应操作温度。

表 4.13　碱液浓度与操作温度的关系

烧碱溶液浓度/°Bé	毛油酸价	操作温度/℃		备　注
		初温	终温	
4～6	5 以下	75～80	90～95	用于浅色油品精制
12～14	5～7	50～55	60～65	用于浅色油品精制
16～24	7 以上	25～30	45～50	用于深色油品精制
24 以上	9 以上	20～30	20～30	用于劣质棉油精制

e. 混合与搅拌。加碱时混合或搅拌的必须足够强烈,从而增加了碱液与游离脂肪酸的接触机会,加快反应速率,缩短碱炼过程,有利于精炼率的提高。混合或搅拌的另一个作用就是使反应生成的皂膜尽快地脱离碱滴,这一过程的混合或搅拌要温和些,以免在强烈搅拌下造成皂膜的过度分散而引起乳化现象。因此,中和阶段的搅拌强度,应以不使已经分散了的碱液重

新聚集和引起乳化为度。间歇式碱炼工艺要求变速搅拌,搅拌速度为先快(60 r/min)后慢(30 r/min)。

f. 毛油品质。毛油中若含有较多胶溶性杂质,碱炼时易乳化而影响反应速度、增加炼耗。对于这类油脂最好先进行脱胶后再碱炼。

③碱炼脱酸工艺与设备。按作业的连贯性分为间歇式和连续式两种。间歇式工艺适宜于生产规模小或油脂品种更换频繁的企业,连续式脱酸工艺适宜于生产规模大的企业。

a. 间歇式碱炼脱酸工艺。是指毛油中和脱酸、皂脚分离、碱炼油洗涤和干燥等环节,在设备内是分批间歇进行作业的工艺,其工艺流程如图4.39所示。特点是:投资低、操作稳定可靠、适应性强;但操作周期长,凭经验操作,炼耗大、质量不稳定、相对耗能大、废水多。按操作温度和用碱浓度主要分为高温淡碱法(初温约75 ℃,碱液浓度15~16 °Bé,终温90~95 ℃)和低温浓碱法(初温20~30 ℃,碱液浓度20~25 °Bé,终温约65 ℃)。前者主要适用于酸价低、色泽浅而杂质少的毛油;后者又称"干法",应用最为普遍。间歇式炼油锅结构非常简单,一般由锅体、搅拌装置、加热管以及无级变速(13~80 r/min)传动系统等部分组成。

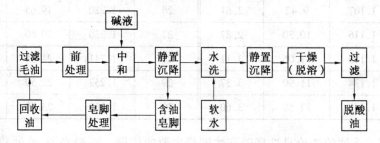

图4.39 间歇式碱炼脱酸工艺流程

b. 连续式碱炼脱酸工艺(工艺流程如图4.40所示)。全部生产过程是连续进行的,工艺流程中的某些设备能够自动调节,操作简便,具有处理量大、精炼效率高、精炼费用低、环境卫生好、精炼油质量稳定、经济效益显著等优点,是目前国内外大中型企业普遍采用的先进工艺。但该方法同时存在对原料毛油变化的适应性较差、设备投资较高等缺点。连续式碱炼分为长混和短混两种工艺。长混是油脂与碱液在低温(20~40 ℃)下长时间(3~5 min)混合,然后迅速升温至65 ℃(可达90 ℃),达到分离效果的一种工艺,常用于加工品质高、游离脂肪酸含量

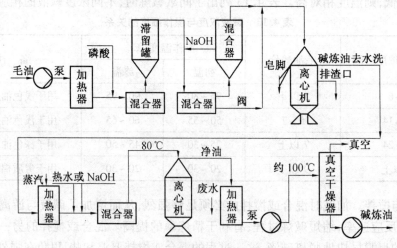

图4.40 连续式碱炼典型工艺流程图

低的油品,如新鲜大豆制备的毛油。另外,在碱炼过程油与碱液混合前,需加入一定量的磷酸进行调质,以便除去油中的非水化磷脂。短混碱炼工艺则更适用于高酸价毛油,采用较浓的碱液(17~20 °Bé)和较高的超量碱(0.02%~0.25%),高温(80~90 ℃)条件下油脂与碱液在高速混合器内短时间的混合(1~15 min),从而避免因油碱长时间接触而造成中性油脂的过多皂化,这对于游离脂肪酸含量高的油脂的碱炼脱酸非常适用。短混碱炼工艺还适用于易乳化油脂的脱酸,对非水化磷脂含量较高的油脂脱磷效果也很好。

　　c. 混合油碱炼。即将浸出得到的混合油(油脂与溶剂混合液)通过添加预榨油或预蒸发调整到一定的浓度后进行碱炼,然后再进一步完成溶剂蒸脱的精炼工艺。这种工艺中性油皂化概率低,皂脚持油少,精炼效果好。由于在混合油蒸发汽提前除去胶杂、FFA 以及部分色素,因此有利于油脂品质的提高。所得皂脚与混合油的密度差别很大,加之混合油的黏度小,故皂脚易从混合油中分离出来,且持油少。此外,由于混合油在进一步蒸脱溶剂前已经脱除了胶质和某些热敏杂质(皂脚的吸收和吸附作用),故可避免蒸发器结垢,从而提高蒸发效率并改善油晶色泽。

　　d. 表面活性剂碱炼。在中和阶段掺进表面活性剂溶液,利用其选择性溶解特性,以降低炼耗提高精炼率的一种碱炼工艺。目前应用于生产的比较成熟的表面活性剂是海尔活本(Hatropen OR),此表面活性剂易溶于水,对酸和碱都较稳定,其中活性物的质量分数大于 93%,硫酸钠质量分数小于 4.5%。其特点是:在碱炼过程中能选择性地溶解皂脚和脂肪酸,减少皂脚包容油的损失。由于皂脚的稀释,故增加搅拌强度也不致出现乳化现象,从而可用增加搅拌强度来代替或减少部分超量碱,减少中性油被皂化的概率,从而获得较高的精炼率。此外,海尔活本精炼法获得的皂脚质量高(脂肪酸质量分数高达 93%~94%),对酸价高的毛油(游离脂肪酸质量分数高达 40%)也能获得较好的精炼效果,同时还能简便地连续分解皂脚、回收海尔活本而循环用于生产,排出的废水为中性,免除了对环境的污染。

　　e. 泽尼斯碱炼工艺。塔式泽尼斯(Zenith)法碱炼工艺是目前国际上比较先进的碱炼工艺之一。特别适用于低酸值毛油的精炼,具有设备简单、成本低、精炼效率高、无噪声等特点。它的脱酸过程是在一台连续中和脱酸塔内进行的,操作流程如图 4.41 所示,脱胶油经加热器预热(68~75 ℃)后到脱气器,然后泵入塔底部经多孔分布盘,形成无数直径为 1~2 mm 的油滴,由下到上穿过塔内的稀碱液层(质量分数为 2%~3%)。油滴在上升过程中,由于高度的分散性,促使油内的游离脂肪酸在很短的时间内(约 40~60 s)就能完成中和反应。碱炼油指标为 A_V 值低于 0.2,含皂量低于 0.01%。泽尼斯中和塔(图 4.42)是工艺的特征设备,由中和段、分离段、油珠分布器、碱液分布器及液位控制器等构成,塔高为 3~4 m。中和段为带有锥底的中圆筒体,设有夹套保温层,锥底设有排出含皂碱液的浮标控制阀门。分离段紧连于中和

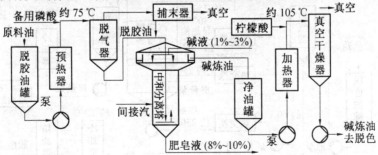

图 4.41　泽尼斯精炼法操作流程图

段上,直径大于中和段,以扩大乳化层的分离界面。上部设有油、皂分离试镜,皂液浮标及恒位溢油口。毛油分布器设在圆筒体下端与锥底的相接处,分布器以特殊的结构均匀设置有布油孔,孔密度约为10 000 孔/m²,每孔能形成直径为 0.5 ~ 2 mm 的油线,碱液分布呈辐射形,辐射管上开有直径为 5 mm 的分布孔,由浮标控制器自动控制新鲜碱液添加量。中和塔工作为半连续式,两只并联交替作业可使脱酸过程连续化。

（2）蒸馏脱酸法

蒸馏脱酸法又称物理精炼法,是将毛油经过预处理、脱胶、脱色以后,在加热和高真空的条件下,借助直接蒸汽蒸馏原理,将油中的游离脂肪酸以及低分子气味物质随蒸汽一起排出的一种脱酸工艺。物理精炼是近代发展的油脂精炼技术,它与离心机连续碱炼、混合油碱炼、泽尼斯法并列为当今四大先进食用油精炼技术。

物理精炼的工艺有间歇式、半连续式与连续式三种。全炼工艺过程应包括毛油预处理、脱胶、水洗、脱色以及蒸馏脱酸等步骤。一般塔式连续脱酸过程如图 4.43 所示。这是一种典型多层板式塔节能型物理精炼工艺,其一般工艺条件为:

①对原料油的预处理要求残磷量小于 1×10^{-6},金属离子小于 1×10^{-6},残留肥皂、白土为痕量,A_v 值小于 14。

②脱酸油温最佳范围为 220 ~ 250 ℃,以避免高温下因油脂分子结构的改变而引起回味、返色现象。

③真空度一般采用 133.32 ~ 266.64 Pa（1 ~ 2 mmHg）,较高的真空度有利于降低"汽提"阻力、降低油温、减少喷汽量和改善油品。

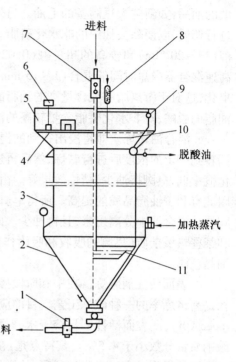

图 4.42　塔式中和器
1—浮标排皂阀;2—夹套锥底;3—中和塔;4—分离窥视镜;5—分离段;6—碱液浮标控制器;7—油视镜;8—碱液视镜;9—恒位油溢流口;10—碱液分布器;11—油分布器

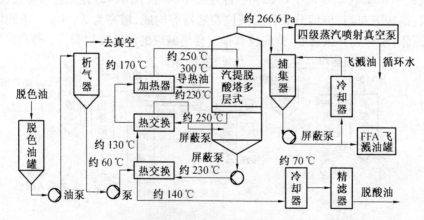

图 4.43　塔式连续脱酸过程

④汽提蒸汽用量在 240 ℃、133.32 Pa 下为 40 ~ 50 kg/t 油(实际操作也可参照表 4.14 所列的理论消耗量)。

⑤加热介导热油油温为 280 ~ 320 ℃ 或高压蒸汽压力为 6 ~ 8 MPa。

⑥层式塔每层油位为 300 ~ 450 mm。

⑦汽提脱酸时间为 80 ~ 100 min。

⑧捕集"飞溅油",酸值要求大于 160(即 FFA 质量分数为 85% ~ 91%)。

⑨脱酸油温度通过螺旋板热交换后须迅速降低至 70 ℃ 以下,同时在过程中添加 0.02% 的柠檬酸以防止氧化。

⑩脱臭油游离脂肪酸质量分数要求为 0.02% ~ 0.07%。

表 4.14　每蒸馏出 1 kg FFA(按油酸计)所需理论直接蒸汽量　　　　单位:kg

油温/℃		220	230	240	250	255	260	265	270
真空度	1 mmHg	0.064	0.056	0.048	0.040	0.036	0.033	0.030	0.027
	2 mmHg	0.073	0.062	0.053	0.047	0.044	0.040	0.037	0.033
	3 mmHg	0.079	0.069	0.061	0.055	0.052	0.049	0.046	0.043
	5 mmHg	—	0.085	0.079	0.075	0.073	0.070	0.069	0.067

物理精炼与化学精炼相比,具有以下优势:物理精炼能直接脱除游离脂肪酸,中性油损失明显减少(相同酸价的油脂不同精炼工艺效果对比数据见表 4.15;可直接获得浓度很高的混合脂肪酸、生育酚,提高产品附加值;减少酸碱消耗,降低环境污染;精炼后游离脂肪酸含量低,风味好;脱酸与脱臭一次完成,节省设备投资。同时,也存在一些缺点,例如该工艺一般适合低胶质含量的油脂,对于含磷量高而难脱尽的大豆油、菜籽油等还存在回味、返色等问题;毛油预处理要求较高,提高了生产成本。

表 4.15　相同酸值油脂物理精炼和化学精炼的精炼率

酸值		2.5	5	10	20	30
精炼率/%	物理精炼	96	92	86	75	63
	化学精炼	93	88	78	58	38

(3)液-液萃取法

液-液萃取脱酸法是根据毛油中各种物质的结构和极性不同以及根据相似相溶的原理,在特定溶剂和操作条件下进行萃取,从而达到脱酸目的的一种精炼方法。液—液萃取脱酸法损耗低,适宜于高酸价深色油脂(如米糠油、橄榄饼油、棉籽油以及可可豆壳萃取出的油脂等)的脱酸,也常用于油脂品质的改性,常用的溶剂有丙烷、糖醛、乙醇、异丙醇、己烷等。液—液萃取脱酸法具有设备、操作简单,中和损耗和操作费用低等优点,是一项很有发展前途的脱酸工艺,但由于尚存操作不够稳定的缺点,目前还没有广泛应用于工业生产。

(4)酯化脱酸法

酯化脱酸是应用脂肪酸与甘油的酯化反应而脱除游离脂肪酸的一种化学脱酸法,酯化反应的原理如下列反应方程式所示:

$$CH_2-OH$$
$$CH-OH + 3RCOOH \rightleftharpoons CH-O-C-R + 3H_2O$$
$$CH_2-OH$$

由上述反应方程式可知,酯化反应可看做甘油酯水解的逆反应,因此要控制好反应条件,方能使反应按预期的方向进行。酯化脱酸法适宜于高价油脂的脱酸,具有增产油脂的特点,但由于酯化反应的历程目前尚难控制,酯化反应后仍需采用其他精炼方法脱除残留游离脂肪酸和过剩甘油,因此工业上的应用尚不广泛。

4. 油脂脱色

纯净的甘油三酯在液态时为无色,在固态时为白色。但常见的各种植物油脂中都带有不同的颜色,这是由于其含有不同数量和品种的色素造成的,这些色素有些是天然的,有些则是在油料储藏和制油过程中新生成的。色素的存在不仅影响油脂的外观,而且对风味、甚至人体健康都有影响,因此如生产高级烹调油、色拉油、人造奶油的原料油以及某些化妆品原料油等,都必须对油脂进行脱色处理。

通常可以把天然油脂中的色素分成三类:第一类是油溶性有机色素,主要有叶绿素(使油脂呈绿色)、类胡萝卜素(其中,胡萝卜素使油脂呈红色,叶黄素使油脂呈黄色)、棉酚色素(深褐色)等,这些油溶性的色素大多是在油脂制取过程中进入的,也有在油脂生产过程中生成的;第二类是有机降解物,即品质劣变油籽中的蛋白质、糖类、磷脂等成分的降解产物(一般呈棕褐色),这些有机降解物形成的色素很难用吸附剂除去;第三类是色原体,无色色原体被氧化后生成的色素。

油脂脱色的方法很多,工业生产中应用最广泛的是吸附脱色法。此外还有加热脱色、氧化脱色、化学试剂脱色法等。事实上,从毛油到成品油的加工过程中,色素的脱除并不全靠脱色工序,在碱炼、酸炼、氢化、脱臭等工序都有辅助的脱色作用。碱炼可除去酸性色素,如酸性色素棉酚可与烧碱作用,因而碱炼可比较彻底地去除棉酚。碱炼生成的皂脚能吸附类胡萝卜素和约25%的叶绿素。酸炼对去除油脂中黄色和红色较为有效,尤其对质量较差的油脂效果明显。氢化能破坏还原色素,如含共轭双键的类胡萝卜素等。脱臭可去除热敏感色素,如类胡萝卜素等热敏性色素。

脱色工序的作用主要是脱除油脂中的色素。此外,该工序还可以除去油脂中的微量金属、残留的微量皂粒、磷脂等胶质及一些有臭味的物质;用活性炭作脱色剂时,还能除去多环芳烃和残留农药等。

油脂脱色的目的并非理论性地脱尽所有色素,而在于改善油脂色泽,以及为油脂脱臭提供合格的原料油。因此,脱色油脂色度标准的制定,需根据油脂及其制品的质量要求,以及综合考虑损耗的情况下获得油色最大限度上的改善为宜。

(1)吸附脱色

油脂的吸附脱色,就是利用某些对色素具有较强选择性吸附作用的物质(如漂土、活性白土、活性炭等),在一定条件下吸附油脂中的色素及其他杂质,从而达到脱色目的的工艺。经过吸附剂处理的油脂,不仅达到了改善油色、脱除胶质的目的,而且还能有效地脱除油脂中的微量金属离子和一些能令氢化催化剂中毒的物质,从而为油脂的进一步精制(氢化、脱臭)提供良好的原料油。

①吸附剂的选择。

吸附剂应对色素有强烈的吸附能力,且对油脂吸附力极低,化学性质稳定,与油分离方便,来源充足价格低廉。常用的吸附剂有天然白土、活性白土、活性炭、沸石、凹凸棒土、硅藻土、活性氧化铝、硅胶以及新型二氧化硅系列脱色剂等。油脂工业上常用的脱色剂有:

a.活性白土。活性白土是以膨润土为原料,经处理加工成的活性较高的吸附剂,在油脂工业的脱色中应用最广泛。其应用特点是对叶绿素及其他胶性杂质吸附能力很强,对于碱性原子团和极性原子团吸附能力更强。因此,广泛应用于难脱色的油脂。但是,油脂经白土脱色后,油里的游离脂肪酸会有所增加,还会产生少许土腥味,必须在脱色后进行脱臭工序。

b.活性炭。活性炭是由木屑、蔗渣、谷壳、硬果壳等炭化后,再经活化处理而成。具有疏松的孔隙,比表面积大,脱色系数高,并具有疏水性,能够吸附高分子物质。对除去油脂中的红色、去镁叶绿素等色素特别有效,对气体、多环芳烃和农药残毒等也有较强的吸附能力。但其价格昂贵,吸油率较高,通常不单独用于油脂脱色,而是与漂土或活性白土一起使用,混合比通常为1:(10~20)。混合使用可明显提高脱色能力,并能脱除土腥味。

c.沸石。其化学组成主要为二氧化硅,其次是氧化铝。沸石具有较好的脱色效果,脱色时还能降低油脂的酸价和水分,价格比活性白土便宜,是油脂脱色的新材料。

d.凹凸棒土。凹凸棒土是一种富镁纤维状矿物,其主要成分为二氧化硅,这种土质地细腻,外观呈青灰色或灰白色。凹凸棒土的脱色效果良好,与活性白土比较,脱色时用量少,油损失小,价格便宜。问题是过滤较困难,可以考虑适当把土的粒度放大。

e.硅藻土。硅藻土由单细胞类的硅酸钾壳遗骸在自然力作用下演变而成。纯度较好的硅藻土呈白色,一般为浅灰色或淡红褐色,主要化学成分为二氧化硅,对色素有一定的吸附能力,但脱色系数较低,吸油率较高,油脂工业生产中多用做助滤剂。

f.硅胶。硅胶主要成分为SiO_2,其余为水分,呈多孔海绵状结构,具有较强的吸附能力,价格昂贵,一般多充填成硅胶柱进行压滤脱色。

②影响吸附脱色的因素。

a.油的品质及前处理。油中的天然色素较易脱除,而油料储存和油脂生产过程中形成的新生色素或因氧化而固定了的色素,则较难脱除。因此,毛油的质量对脱色效率的影响非常重要。当待脱色油中残留胶质和悬浮物时,这部分杂质即会占据部分活化表面,从而降低脱色效率或增加吸附剂用量。因此脱胶及脱酸过程中,务必掌握好操作条件,以确保工艺效果。

b.吸附剂的质量和用量。吸附剂是影响脱色效果的最为关键的因素。不同种类的吸附剂具有各自的特性,只有根据油脂脱色的具体要求来合理选择吸附剂,才能最经济地获得最佳脱色效果。其中,活性白土是油脂脱色最常用的吸附剂。

虽然增加吸附剂的用量能够使脱色效果提高,但是随着脱色剂用量的增加,吸附损失的中性油也就随之增加。如活性白土的吸油率高达50%以上,活性炭为150%,因此,在保证工艺效果的前提下,用量应该越少越好。先进的连续真空脱色工艺所采用的白土量一般在1%以下,我国规模化生产菜籽油时白土用量一般为1.5%~2%。

c.操作压力。吸附脱色操作分常压及负压两种类型。常压脱色因其热氧化副反应总是伴随着吸附作用,而负压脱色过程由于操作压力低,相对于常压脱色其热氧化副反应甚微,理论上可认为只存在吸附作用。活性度较高的吸附剂及饱和程度低的油脂适宜在负压状态下脱色;而活性度较低的吸附剂(天然漂土或 AOCS 标准活性白土)以及饱和度较高的油脂则适宜在常压下脱色。这是因为活性低的吸附剂催化氧化的性能也低,使色素褪色的程度超过了新色素生成和原有色素固定的程度。

吸附脱色过程中由于吸附剂的催化作用,油脂结构中的一些非共轭脂肪酸有可能发生共轭化作用而转变成共轭酸。发生共轭化需要一定的时间,由于常压脱色提供了共轭化条件,共轭酸生成的概率大,给油脂增加了自动氧化因素,因此常压脱色的成品油脂不及负压条件脱色的成品油脂的稳定性强。

目前世界各国通用的是负压脱色,并且在脱色过程中还采取了一些措施来避免氧气的介入以及油脂与吸附剂过长时间的接触,从而保证了脱色油脂的稳定性。

d. 操作温度。吸附脱色中的操作温度取决于油脂的品种、操作压力以及吸附剂的品种和特性。脱色温度高,达到吸附平衡的时间就短,但吸附是一种放热反应,因此脱色温度不宜过高。一般来说,脱除红色较脱除黄色用的温度高;常压脱色及活性度低的吸附剂(如天然漂土)需要较高的操作温度;负压脱色及活性度高的吸附剂则适宜较低的操作温度;高温型的活性白土在低温下操作就不能获得好的脱色效果;而硅酸镁型的吸附剂则需更高的操作温度(204 ℃)。不同的油品均有最适脱色温度,若操作温度过高,就会因新色素的生成而造成油脂返色。

油脂的脱色温度还会对脱色油的酸度有影响,在一定的范围内,操作温度对油品酸度的影响较小,但当超越临界点后,随着温度的升高,脱色油中的游离脂肪酸含量即会呈正比例函数增值。因此操作中要权衡脱色率和游离脂肪酸增长率,使油脂在最佳温度下脱色。常见油脂的推荐脱色温度见表4.16,可供生产参考。

表4.16 常见油脂的推荐脱色温度

油脂名称	最高脱色温度/℃		最高温度下的接触时间/min
	常压	负压	
牛油	110	82	30
椰子油	112	82	20
玉米胚油	104	82	20
棉籽油	104	82	20
亚麻籽油	88	77	20
棕榈仁油	110	82	20
棕榈油	113	113	20
花生油	104	82	20
菜籽油	104	82	20
大豆油	104	82	20
葵花籽油	104	82	20
桐油	—	82	20

e. 操作时间。油脂与吸附剂在最高温度下的接触时间决定于吸附剂与色素间的吸附平衡,只要搅拌效果好,达到吸附平衡并不需要太长的时间。尽管在一定的范围内,脱色程度随时间的延长而加深,但过分地延长时间,不但褪色幅度会缓慢下来,甚至会使油脂的色度回升(见图4.44)。工业上通常将脱色时间控制在20 min左右。

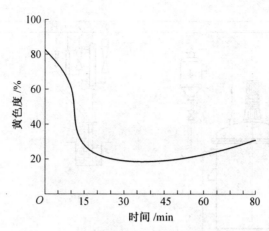

图 4.44　脱色时间对大豆油脱色程度的影响
（反应温度:95 ℃;白土添加量:2%;绝对压力:8 kPa;充分搅拌）

f.混合程度。脱色过程是一种非均态物理化学反应。良好的混合能使油脂与吸附剂有均匀的接触机会,从而有利于吸附平衡的建立,缩短吸附平衡时间。常压脱色操作中,混合强度以达到吸附剂在油中呈均匀悬浮状态即可,不要过于强烈,以减少油脂氧化的程度;负压脱色操作中混合强度,以不引起油脂的飞溅为限度。

③吸附脱色工艺与设备。

a.间歇式脱色工艺。间歇式脱色工艺流程如图 4.45 所示,主要有预混合脱色与主脱色两大步骤:先将水洗后的碱炼油吸到与已定量加入白土的预混合脱色罐内搅拌,然后在不低于920 kPa(690 mmHg)的真空条件下,将其吸入主脱色罐,加热搅拌,升温至 90 ℃ 左右进行脱水、脱气,使水分降至 0.1% 以下,脱色约 30 min,然后温度降至 70 ℃,即可将脱色油泵出去过滤,完成脱色操作程序。主要设备为带搅拌和加热盘管的封闭式脱色罐。

该工艺凭经验操作、劳动强度大、脱水与脱色在同一设备里完成,生产周期长,因此仅适用于小规模生产场合。

b.连续式管道脱色工艺。连续式管道脱色工艺是将已脱气并与白土混合的待脱色油直接用泵打入管道脱色系统内,即可连续完成预热、加热、脱色和冷却等全部过程。具体工艺流程如图 4.46 所示。基本工艺参数为:混合油在管道内流速为 0.1 ~ 0.2 m/s,脱色温度为 100 ~110 ℃,脱色时间为15 ~ 20 min(不超过 35 min),白土添加量为 0.3% ~ 1.5%,脱气温度 80 ℃以上,真空度为 94.7 ~ 100.7 kPa。

该工艺的特点为:可以根据处理量和脱色各过程的滞留时间,设计反应器合适的管径、长度与组合程数;除进油析气外,不需要真空系统,也不用搅拌,工艺稳定、能耗低;过滤压力稳定,并且能避免高温油与氧气接触,保证油的品质。但还存在对碱炼原料油质量要求高、白土定量的可调性差等问题,目前仍限于规模不大的生产场合。

(2)其他脱色法

除了以上较为常用的脱色方法外,还有光能脱色法(利用色素的光敏性,通过光能对发色基团的作用而达到脱色目的的一种脱色方法)、热能脱色法(利用某些热敏性色素的热变性,通过加热而达到脱色目的的一种脱色方法)、空气脱色法(利用发色基团对氧的不稳定性,通过空气氧化色素而脱色的一种方法)和试剂脱色法(利用化学试剂对色素发色基团的氧化作用进行脱色的方法)等。

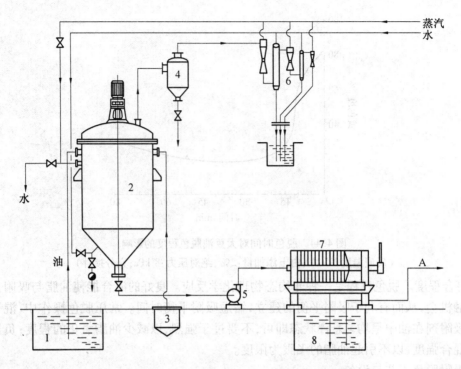

图 4.45　间歇式脱色工艺流程图

1—待脱色油储槽;2—脱色罐;3—吸附剂罐;4—捕集器;5—油泵;
6—真空装置;7—压滤机;8—脱色油储槽;A—去脱臭

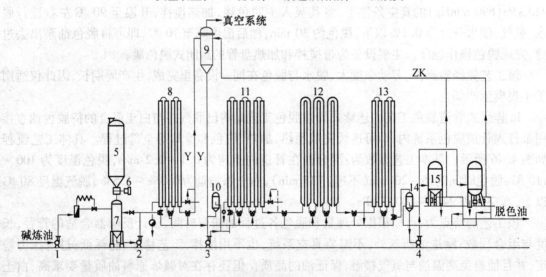

图 4.46　连续式管道脱色工艺流程图

1~4—输油泵;5—白土罐;6—白土计量器;7—混合罐;8—管道预热器;9—真空脱气脱水器;
10,14—循环混合罐;11—管道加热器;12—管道反应器;13—管道冷却器;15—过滤机

5.油脂脱臭

纯净的甘油三酯是没有气味的,但不同的油脂都具有多种不同程度的气味,有些为人们所喜爱,如芝麻油和花生油的香味等,但大多数不受人们欢迎,如菜籽油和米糠油所带的气味,以及在加工和储藏过程中产生的酸败、变质的异味。通常将油脂中的各种气味统称为"臭味",

这些气味有些是天然的,有些则是在制油和加工中新生的。气味成分的含量虽然极少(除游离脂肪酸外,大约占油重的 0.1% 左右),但有些仅在 mg/kg 数量级即可被觉察。构成"臭味"的物质种类很多、组成复杂,主要成分为低分子醛、酮、醇、游离脂肪酸及不饱和碳氢化合物等。此外,个别油脂还有其特殊的味道,如菜籽油中的异硫氰酸酯等硫化物产生的辛辣味。

经验证明,气味物质与游离脂肪酸之间存在着一定关系:降低游离脂肪酸的含量,能相应地降低油中一部分臭味组分。当游离脂肪酸为 0.1% 时,油仍有气味;当游离脂肪酸降至 0.01% ~ 0.03%(过氧化值为 0)时,气味即被消除,可见脱臭与脱酸是紧密相关的。

油脂脱臭不仅可除去油中的臭味物质,提高油脂的烟点,改善食用油的风味,还能使油脂的稳定度、色度和品质有所改善。因为在脱臭的同时,还能脱除游离脂肪酸、过氧化物及其分解产物和一些热敏性色素,除去霉烂油料中蛋白质的挥发性分解物及小分子量的多环芳烃和残留农药,使之降至安全范围。因此脱臭工艺在高等级油脂产品的生产中非常重要。

(1)水蒸气蒸馏工艺原理

油脂脱臭就是利用油脂中臭味物质与甘油三酯挥发度的差异,在高温和高真空条件下借助水蒸气蒸馏脱除臭味物质的工艺过程。水蒸气蒸馏脱酸和脱臭时,油脂中分离出的挥发性组分中,酮类具有最高的蒸汽压,其次是不饱和碳氢化合物,最后为高沸点的高碳链脂肪酸和烃类。

天然油脂是含有复杂组分的甘油三酯的混合物,对于热敏性强的油脂而言,当操作温度达到臭味组分汽化温度时,往往就会发生氧化分解,从而导致脱臭操作无法进行。为了避免油脂高温下的分解,就需要采用辅助剂或载体蒸汽,辅助剂或载体蒸汽的耗量与其分子量成正比。因此从经济效益出发,辅助剂应具有分子量低、惰性、价廉、来源容易以及便于分离等特点。这些便构成了水蒸气蒸馏的基础。

水蒸气蒸馏(又称汽提)脱臭工艺为水蒸气通过含有臭味组分的油脂,汽-液表面相接触,水蒸气被挥发的臭味组分所饱和,并按其分压的比率逸出,从而达到了脱除臭味组分的目的。采取的主要技术措施与脱臭过程包括:原料油脱气预热、通入必需的直接蒸汽、升高脱臭油温以及降低残压确保真空、保持有效脱臭时间、真空冷却热交换以及馏出物(飞溅油)捕集与回收等。

影响脱臭的因素主要有汽提蒸汽、脱臭温度、操作压强、通汽速率及时间、脱臭设备等。

①汽提蒸汽。在间歇式或浅盘塔式脱臭器中,用汽量较多(为油重的 2% ~ 5%),直接蒸汽的主要作用是促使与油脂充分混合翻动,扩大挥发表面积,同时降低气相分压,有利于在较低的温度下脱除臭味物质。在薄膜式脱臭器中,耗气量很少(为油重的 0.5% ~ 1.0%)、时间短,但需要增加额外的热脱色时间。

具体汽提蒸汽消耗量可用以下公式进行计算:

a. 间歇式脱臭基本公式。

$$S = \frac{pO}{Ep_vA} \times \ln \frac{V_1}{V_2} \quad \text{或} \quad \ln \frac{V_1}{V_2} = \frac{SEp_vA}{pO} = k \times \frac{p_vS}{pO}$$

式中　S——通入水蒸气的物质的量,mol;

　　　O——油的物质的量,mol;

　　　p_v——挥发性成分的蒸汽压;

　　　V_1,V_2——分别为脱臭前、后挥发性成分的物质的量,mol;

　　　E——蒸发效率因子(0.7 ~ 0.9);

A——活度系数;

k——校正系数(体积扩散常数)。

　　b. 连续脱臭基本公式。

$$\frac{V_1}{V_2} = 1 + \frac{k \times p_v S}{PO}$$

式中　S,O——分别为蒸汽与油的流量,mol/h;

　　　　V_1,V_2——分别为脱臭前、后油中挥发性成分的流量,mol/h;

　　　　其余符号同前公式。

　　②脱臭温度。汽提脱臭时操作温度的高低,直接影响到蒸汽的消耗量和脱臭时间的长短。在一般范围内,脂肪酸及臭味组分的蒸汽压的对数与它的绝对温度成正比。在真空度一定的情况下,温度增高,则油中游离脂肪酸及臭味组分的蒸汽压也随之增高,增加油脂与臭味物质之间的蒸汽压差,游离脂肪酸及臭味组分由油脂中逸出的速率也增大。例如脂肪酸蒸馏温度由 177 ℃ 增加到 204 ℃ 时,游离脂肪酸的汽化速率可以增加 3 倍;温度增至 232 ℃ 时,又再增加 3 倍。由此可知,温度越高,脂肪酸及臭味组分蒸汽压力差就越大,蒸馏脱臭也越易进行。与此同时,升高温度还能破坏类胡萝卜素色素以及其他不需要的物质,使其挥发或脱色,即所谓的"热脱色"。但是温度的增高也是有限度的,因为过高的温度会引起油脂的分解,影响产品的稳定性并增加油脂的损耗。因此工业生产中,一般控制蒸馏温度为 230～270 ℃。

　　③操作压强(真空度)。真空度起到提高压差、降低脱臭油温和耗气量、防止氧化变质和缩短汽提脱臭时间等重要作用。因此欲获得经济的操作,必须尽可能提高设备真空度,真空度要求需根据脱臭油成分、产品质量指标及设备性能等多种因素决定。表 4.17 为意大利贝拉蒂尼博士推荐的对不同油脂的脱臭温度及操作压强。目前优良的脱臭蒸馏塔的操作压强一般控制在 0.27～0.40 kPa。

表4.17　不同油脂的脱臭温度及操作压强

油品种类	脱臭系统			
	间歇式		连续式	
	操作压强/kPa	温度/℃	操作压强/kPa	温度/℃
大豆油	1.3～2.7	200	0.5～0.8	240
菜籽油	1.3～2.7	200	0.5～0.8	240
花生油	1.3～2.7	190	0.5～0.8	220
葵花籽油	1.3～2.7	190	0.5～0.8	220
橄榄油	1.3～2.7	180	0.5～0.8	220
椰子油	1.3～2.7	180	0.5～0.8	180
棕榈油	1.3～2.7	180	0.5～0.8	230
棕榈仁油	1.3～2.7	180	0.5～0.8	230

　　④通气速率与时间。在汽提脱臭过程中,为了使油中游离脂肪酸及臭味组分降低到要求的水平,需要有足够的蒸汽通过油脂。脱除定量游离脂肪酸及臭味组分所需的蒸汽量,随着油中游离脂肪酸及臭味组分含量的减少而增加。当油中游离脂肪酸及臭味组分质量分数从 0.2% 降到 0.02% 时,脱除同样量的游离脂肪酸及臭味组分,其过程终了所耗蒸汽的量将是开

始时所耗蒸汽量的 10 倍,因此在脱臭的最后阶段,要有足够的时间和充足的蒸汽量。蒸汽量的大小,以不使油脂的飞溅损失过大为限。

此外当压力和通汽速率固定不变时,汽提脱臭时间与油脂中游离脂肪酸及臭味组分的蒸汽压成反比。根据实验,当操作温度每增加 17 ℃ 时,由于游离脂肪酸及臭味组分的蒸汽压升高,脱除它们所需的时间也将缩短一半。

汽提脱臭操作中,欲使游离脂肪酸及臭味组分降低到产品要求的质量标准,就需要有一定的通汽时间。但是考虑到脱臭过程中发生的油脂聚合和其他热敏性组分的热分解,在脱臭器的结构设计中,应考虑到使定量蒸汽与油脂的接触时间尽可能长些,以期在最短的通汽时间及最小的耗汽量下获得最好的脱臭效果。据资料报道,间歇式设备直接蒸汽量一般为油量的 5%～15%;半连续式设备为 4.5%;连续式为 4% 左右。通常间歇脱臭需 3～8 h,连续脱臭为 15～120 min。

⑤待脱臭油的质量要求和脱臭油质量评价。待脱臭油的品质决定了其中臭味组分的最初浓度,脱臭油的质量决定了它的最终浓度,从脱臭公式可以看出,它们对脱臭的影响很大。

为了获得最佳脱臭油脂产品,待脱臭油一般先经过了脱胶、脱酸、脱色处理,因为脱臭前的油脂必须除去胶质、色素、微量金属等非挥发性杂质后才能得到优质的成品油。若毛油是极度酸败的油,它已经通过氧化失去了大部分天然抗氧化剂,那么它很难被精炼成稳定性好的油脂。

衡量脱臭效果的主要指标通常是测定脱臭油中的游离脂肪酸(FFA)含量和过氧化值(POV)。一般当测定的脱臭油中 FFA 质量分数低于 0.03% 和 POV 值为 0 时,认为绝大多数风味和气味物质被去除了。脱臭油中臭味组分的最终浓度取决于对成品油的要求,随意提高成品油品级,会增加各种消耗,生产成本也随之升高。

⑥脱臭设备的结构。脱臭设备的结构设计,关系到汽提过程的汽–液相平衡状态。如采用多级逆流循环的连续式脱臭器,能于每个交换级中建立汽–液相平衡,从而使蒸汽的耗用量明显降低。

脱臭器中的油层深度对脱臭时的效果也有很大的影响。较深的油层内绝对压强比较高,因此单位蒸汽的体积也比较小,油应该在浅油层中(0.20～0.25 m)被汽提。这在连续脱臭塔中可以做到,但在间歇脱臭塔中不可能做到,避免这个缺点的方法是采用大口径、油层深度宜为 1.0～1.4 m 的脱臭塔为宜。另外可在脱臭塔内增加油循环装置,使底层的油能翻到表面来。浅油层可以降低脱臭时间,减少油脂的水解。

脱臭器内防飞溅和蒸馏液回流结构对脱臭效果也有较大影响。若液面上空间过大,蒸馏到气相的臭味组分不能及时引到脱臭设备外,就会在该空间冷凝回流到液相,严重影响脱臭效果;而液面上空间太小,又会增加飞溅损耗。此外,脱臭器除了在液面以上应留有合适的空间外,还应在脱臭器中装有折流板以阻挡油滴进入排气通道,并设计将蒸馏出的冷凝液引出脱臭器外,以避免其返回油中。

脱臭工艺是在高温下进行的,脱臭器要用不锈钢制造,否则脱臭过程会引起油脂色泽大幅度增加,并会降低油脂的抗氧化稳定性。

(2)脱臭工艺

油脂脱臭分为间歇、半连续式、连续式及填料薄膜等工艺。

①间歇式脱臭工艺。适合产量小、加工品种多的油脂生产工厂。一般规模在 50 t/d 以下。传统的间歇式脱臭器是一单壳体立式圆筒形带有上下碟形封头焊接结构的容器,壳体的

高度为其直径的 2~3 倍,总容量至少为处理油的 2 倍容量,以提供足够的顶部空间,减少脱臭过程中由于急剧飞溅而引起油滴自蒸汽出口逸出。此外,在蒸汽出口的前面还设置一个雾沫夹带分离器。汽提水蒸气以两种途径加入。通常是从脱臭器底部直接汽盘管的多孔分布器喷入油脂中,如图 4.47 所示。另一部分是在中央循环管中喷入,喷射装置是一种喷射器或喷射泵,使所有油脂反复地被带到蒸发表面,而产生大量蒸发。当油脂和蒸汽混合物离开循环管顶部时,混合物飞溅撞击喷射管上方蒸发空间的挡板帽,由此增强了混合和防止喷射的油滴进入蒸汽出口。待脱臭油的加热和脱臭后油的冷却是采用塔内盘管换热或通过强制循环的外部换热器来完成。塔内盘管换热,不用高温油泵,降低了电耗,但传热效率低;外部加热或冷却通常速度快,传热效率高,从而减少了水蒸气或水的需要量,这种方法也容易清理加热表面。其主要缺点是汽提水蒸气的耗用量高并且难以进行热量回收利用。

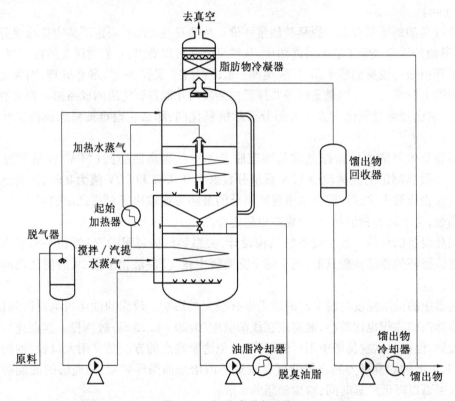

图 4.47　间歇式脱臭系统

　　间歇式脱臭器应具备保温功能,以免脱臭器内部挥发物在上部空间被冷凝而产生回流。在脱臭器下部增加冷却段,可以使脱臭后的热油在此与待脱臭的冷油进行热交换。这样不仅回收了热油约 50% 的热量用来对冷油进行加热,而且脱臭后的热油在真空条件下得到了预冷却,节约了能源。间歇式脱臭操作周期一般在 8 h 内完成,并且在最高温度下需要维持 4 h 以上。

　　②半连续式脱臭工艺。半连续式脱臭主要应用于对精炼的油脂品种更换频繁的工厂。常用的半连续式脱臭器如图 4.48 所示,由若干间歇操作系统组合而成。其脱臭器的结构形式有:单层分隔室、单壳体多层浅盘式以及双壳体多层分隔室浅盘组合式等。其工艺过程基本相同:经过预先计量的一批油脂进入系统,然后利用重力通过许多立式重叠的分隔室或浅盘,在设定时间的程序下,依次在真空下分批完成脱气、加热、脱臭和冷却。工艺条件为:分隔室中液

面为 0.3~0.8 m,停留时间为 15~30 min,在最高温度下的脱臭时间是 20~60 min。用热虹吸方法,将上层预热盘与下层高温脱臭油进行热交换,一般可获得 40%~50% 的热回收,到底层最后将油冷却至 70 ℃ 以下,泵出精滤即可得到成品油。

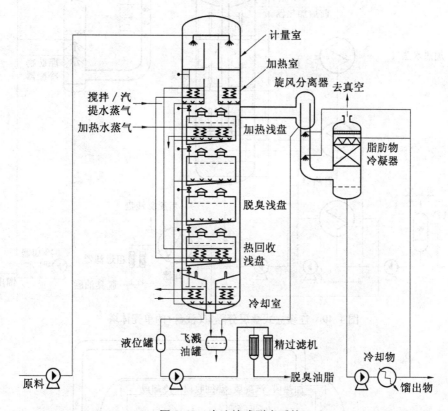

图 4.48　半连续式脱臭系统

　　半连续式和连续式脱臭工艺相比较,主要优点是更换原料的时间短,系统中残留油脂量少,排油速度快,清洗容易,方便监测生产。与连续式脱臭器相比较,它的主要缺点是热量回收利用率低,设备成本较高。另外与外部热交换形式相比较,在加热和冷却分隔室中要用蒸汽搅拌,使脱臭总的蒸汽消耗量增加 10%~30%。

　　③连续式脱臭工艺。连续式脱臭工艺就是不需要人工或仪表控制就能连续地进行脱气、预热升温、真空脱臭、冷却等程序性的操作。与间歇式和半连续式脱臭工艺相比需要的能量较少,该工艺适用于不常改变油脂品种的加工厂。大多数设计采用内有层叠的水蒸气搅拌浅盘或分隔室的立式圆筒壳体结构(见图 4.49),每个分隔室可以是独立的容器,也可以是水平放置的分隔室(见图 4.50),每个分隔室中油脂的停留时间通常为 10~30 min,并依靠溢流管液位自动调节(一般范围为 0.3~0.8 m);直接蒸汽采用鼓泡或喷射方式,定量控制置于盘底均匀分布;排料阀用以排净分隔室中的物料,为了缩短排放时间和减少残留油脂,浅盘底部应朝阀门方向倾斜,并将排放狭槽设置在折流板上。该工艺的特点是:过程时间短、单机处理量大、节能(热回收达 80%)且质量稳定;但要求原料油质量稳定,批量大,因此较适合大中型油脂厂。

　　图 4.49 是一种立式层叠分隔室(浅盘)的单壳体连续脱臭塔。待脱臭油在喷雾型脱气器中脱气,在外部换热器中加热至最高加工温度。首先由脱臭热油(在省热器中)加热,然后由高压水蒸气(在最后加热器中)加热。

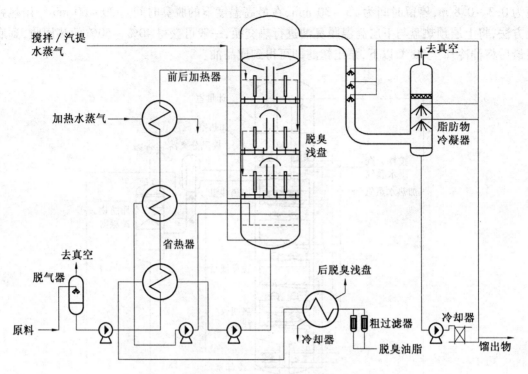

图4.49　连续立式叠层分隔室(浅盘)的单壳体塔

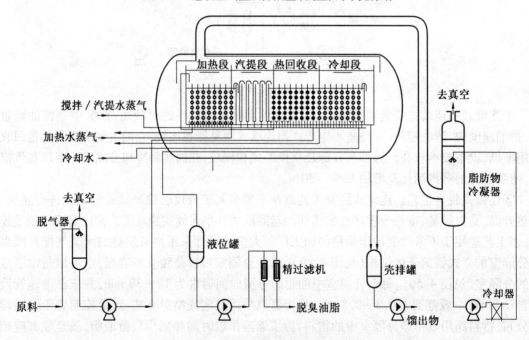

图4.50　连续水平式浅盘连续脱臭工艺

热油脂进入脱臭塔和脱臭浅盘,通过水蒸气进行汽提脱臭和热脱色,汽提水蒸气通过管道分布器注入。脱臭后的油脂进入省热器中预冷却,然后回到脱臭器中,在后脱臭浅盘中真空条件下与汽提水蒸气作用。油脂在另一只省热器和外部冷却器中进一步冷却,而后通过精滤机送至储存罐。

图 4.50 是一种水平圆筒中包括多格浅盘连续式脱臭系统。待脱臭油在喷淋塔板式脱气器中脱气,然后进入浅盘热回收段,油脂在一组立式单板的槽中加热,并由流入平板之间的热脱臭油脂进行热回收。在真空加热段,油流入另一组装有高压水蒸气盘管的平板间,使其达到最高的加工温度。热油进入脱臭段进行汽提脱臭和热脱色。该段由许多穿过整个浅盘的立式平板组成,每个板条底部带整个宽度的进口槽,顶部有翻转出口。两平板设置很靠近,以致当汽提水蒸气从槽底部水平管分布器喷入油中时,膨胀的水蒸气沿槽壁以薄层推动油脂向上,在翻滚出口处,蒸汽经雾沫夹带挡板进入气化物总管,油脂下降至壁的底部,进入下一个槽内。经过最后一个槽后,油脂排放至热回收和冷却段,在真空下冷却油脂,首先由进入的油脂冷却,然后由冷却水在平板盘管中循环冷却。脱臭油脂靠重力排入真空落料罐,之后脱臭油脂通过精滤机送去储存。

④填料薄膜脱臭工艺。使用填料薄膜系统主要目的是在最小压力降下,用最少的能量产生最大的油脂比表面积,油与直接蒸汽充分接触,达到最高的脱臭效率。扩大油脂比表面积的方法,一种是依靠填料,即将除去氧并高温加热的油脂送入塔顶,靠重力流过塔填料(通常 $250 \text{ m}^2/\text{m}^3$),与汽提蒸汽逆流搅拌接触。另一种方法是将油脂喷雾入真空室,油脂通过一个喷嘴时增加其填料动能,这样只需使用少量的直接水蒸气。

在薄膜脱臭中停留的时间只有几分钟,热脱臭时间短,在最高温度下热脱臭需要 15 ~ 60 min,因此在薄膜式设备前后必须增加一容器或分隔室。对于游离脂肪酸含量高的油脂的物理精炼系统,以增加进料温度来补偿蒸发。

图 4.51 是一种在真空下热脱色、薄膜脱臭和冷却的立式单壳体脱臭塔。

(3)油脂脱臭操作

①脱臭前处理。油脂脱臭前处理一般需经过脱胶、脱酸和脱色处理。待脱臭油不应含有胶质、微量金属离子,不得含有吸附剂。若吸附剂滤饼回收油脂的过氧化值较高,不宜并入脱色油中作脱臭原料油。

油脂进入脱臭塔前需进行脱氧,间歇式脱臭工艺可于油脂进入脱臭罐后在真空条件下维持一段低温(温度低于 70 ℃)蒸汽搅拌,以在进入脱臭阶段前将溶解于油脂的空气脱除;半连续和连续式脱臭工艺,油脂除氧可在析气器中连续进行。

②汽提蒸汽处理。高质量的汽提蒸汽是保证脱臭效果的重要条件。因此有条件的企业,供汽提的蒸汽应进行锅炉供水除氧,可采用大气热力式除氧器,将锅炉供水升温至 100 ~ 105 ℃除氧后,再泵入汽提蒸汽发生器或锅炉。进塔前还需通过汽水分离器严格分离出蒸汽中可能携带的冷凝水,防止炉水盐类或输气管道金属离子混入油中,而引起油脂氧化。

③汽提脱臭。汽提脱臭是油脂脱臭工艺的核心工序。间歇式脱臭设备可采用低温长时间操作法,每批油装载容量不超过设备总容积的 60% ~ 70%,汽提蒸汽用量为 30 ~ 50 kg/(t·h)。脱臭时间根据油脂中挥发性组分的组成而定,操作温度为 180 ℃左右、压强为 0.65 ~ 1.3 kPa 的操作条件下,脱臭时间为 5 ~ 8 h(不锈钢脱臭罐可采用高温短时间操作法,操作温度为 230 ~ 250 ℃,压强控制在 0.65 kPa 以下,脱臭时间为 2.5 ~ 4 h)。当操作温度和压强达不到上述要求时,可根据汽提原理,通过延长汽提脱臭时间来弥补。半连续式脱臭,操作压强为 0.26 ~ 0.78 kPa,操作温度为 240 ~ 270 ℃。油脂在脱臭塔的停留时间为 10 ~ 135 min(视脱臭油脂品种和脱臭塔类型而选定)。汽提直接蒸汽用量,半连续式为脱臭油脂质量的 4.5%,连续式为 4.0% 左右。

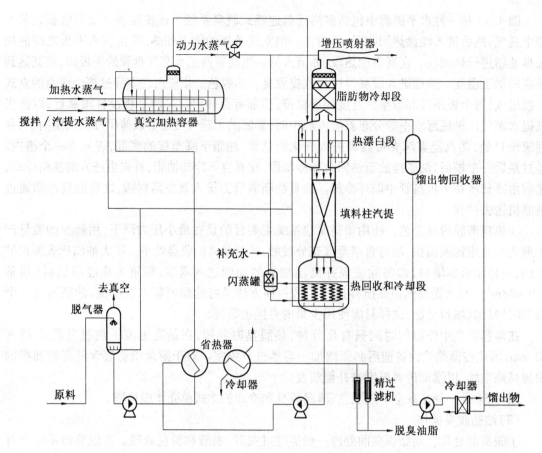

图 4.51　连续薄膜式脱臭工艺流程图

④脂肪酸捕集。油脂脱臭过程中,汽提后得到的挥发性组分中有不少具有很高的利用价值(如游离脂肪酸和维生素 E 等)。为了回收这些组分,可在排气通道中连接脂肪酸捕集器加以捕集。对于游离脂肪酸含量低的原料,其捕集器可连接在第一级蒸汽喷射泵后面;而游离脂肪酸含量高的,则连接在第一级蒸汽喷射泵的前面,以保证捕集所得的脂肪酸浓度。脂肪酸气体可通过冷却了的脂肪酸直接喷淋冷凝回收,用于喷淋的液体脂肪酸温度为 60 ℃ 左右。

⑤热量回收。油脂脱臭的操作温度较高,完成脱臭过程的脱臭油以及热媒蒸汽冷凝水,都带有很高的热量,可对这部分热量回收利用,从而降低成本,节约能耗。例如脱臭油携带的热量,可通过油—油换热器用进塔(或罐)的待脱臭油来回收;热媒蒸汽冷凝水可通过降压二次蒸发加以利用,或引至锅炉供水池。

⑥冷却过滤。脱臭油脂经油—油换热器回收热量后,仍有相当高的温度,需通过水冷却器进一步冷却降温,油温须降至 70 ℃ 以下方可接触空气进行过滤。脱臭油脂过滤的目的是脱除金属螯合物等杂质,称为安全过滤。脱臭油的过滤介质(滤布、滤纸)要求及时清理,经常更换,严禁介质不清理而长期间歇使用。过滤后的成品油要及时包装或添加抗氧化剂,以保证油品的储存稳定性。

⑦真空系统运行。油脂脱臭过程中,建立真空的装置要保证运行稳定,因此要经常检查和维持动力蒸汽的压力稳定。大气冷凝器的排水温度对蒸汽喷射泵的工作效率有影响,所以要经常检查冷凝器排水温度,保证供水稳定,严防冷却水中断。正常情况下,第一级冷凝器排水温度应控制在 20~30 ℃。

真空装置终止运行前,应先关闭汽提直接蒸汽,然后依次关闭加热蒸汽阀、脱臭器排气总阀、喷射泵动力蒸汽阀、大气冷凝器进水阀,以保证运行的安全。

6.油脂脱蜡

蜡质是高级一元羧酸与高级一元醇形成的酯。其化学式为:

$$CH_3(CH_2)_n\overset{\overset{\displaystyle O}{\|}}{C}—O(CH_2)_mCH_3$$

其中,n 在 13～16 之间;m 在 24～36 之间。

植物油大多含有微量的蜡,主要来自油料种子的皮壳,皮壳含蜡量高,制得的毛油含蜡量也高。蜡在 40 ℃以上溶解于油脂,因此无论是压榨法还是浸出法制取的毛油中,一般都含有一定量的蜡。各种毛油的含蜡量有很大的差异,大多数含量极微,制油和加工过程中可不必考虑;但有些含蜡量较高,例如玉米胚芽油(含 0.01%～0.04%),葵花籽油(含 0.06%～0.2%),米糠油(含 1%～5%),在加工这些油脂时就需要将其去除。从液体油(如玉米胚芽油、红花子油、葵花籽油、米糠油)中除去高熔点的蜡酯的工艺过程称为油脂脱蜡。

(1)脱蜡的意义

在 30 ℃以下蜡质在油脂中的溶解度较低,析出蜡晶粒而成为油溶胶,具有胶体的一切特性,因此油脂中的蜡质含量可用浊度计来测量。随着储存时间的延长,蜡的晶粒逐渐增大而变成悬浮体,此时体系变成粗分散系——悬浊液,可见,含蜡毛油既是溶胶又是悬浊液。一方面,油脂中含有微量蜡质,即可使浊度升高,使油晶的透明度和消化吸收率下降,并使气味和适口性变差,从而降低油脂的食用品质、营养价值及工业使用价值。另一方面,蜡质是重要的工业原料,可用于制蜡纸、防水剂、光泽剂等。因此从油中脱除、提取蜡质可达到既提高食用油脂的品质、营养价值和含油食品的质量,又提高油脂的工业利用价值的目的。

(2)脱蜡的机理

蜡分子中存在酰氧基使蜡带有微弱的极性。因此蜡是一种带有弱亲水基的亲脂性化合物。当温度高于 40 ℃时,蜡的极性微弱,溶解于油脂;若温度下降,则蜡分子在油中的游动性开始降低,蜡分子中的酯键极性增强,特别是低于 30 ℃时,蜡呈结晶析出,并形成较为稳定的胶体系统,蜡晶体间相互凝聚成较大的晶粒,密度增加而形成悬浊液,由此可见,油和蜡之间的界面张力随着温度的变化而变化。两者界面张力的大小和黏度呈反比关系,这就是为什么脱蜡工艺必须在较低温度下进行的理论根据。

要油—蜡良好分离,必须使结出的蜡晶粒大而结实。可以采用不同的辅助手段以达到此目的。

(3)影响脱蜡的因素

影响油脂脱蜡的因素主要有温度、冷却速率、结晶时间、搅拌速率、辅助剂、输送及分离方式等。

①温度和冷却速率。蜡分子在结晶过程中易发生过冷现象,加之蜡烃基的亲脂性,使其达到凝固点时呈过饱和现象,为了确保脱蜡效果,脱蜡温度一定要控制在蜡凝固点以下,但也不能太低,否则不但油脂黏度增加会给油—蜡分离造成困难,而且熔点较高的固态脂也会一并析出,分离时固态脂与蜡一起从油中分出,增加了油脂的脱蜡损耗。常规法结晶温度为 20～30 ℃,而溶剂法控制在 20 ℃左右。

自然结晶的晶粒很小,而且大小不一,有些在油中胶溶,使油和蜡难以进行分离。因此在结晶前必须调整油温,使蜡晶全部熔化,然后人为控制结晶过程,创造良好的分离条件,从而形成大而结实晶粒。晶粒的大小与晶核生成的速率及晶体成长速率有关。

②结晶时间。为了得到易于分离的蜡晶,冷却必须缓慢进行,从而保证从晶核形成到晶体长成大而结实的结晶有足够的时间。

③搅拌速率。结晶需在低温下进行,但它是放热过程,所以必须进行冷却。搅拌不仅可使油脂冷却均匀,还能使晶核与即将析出的蜡分子碰撞,促进晶粒有较多机会均匀长大,减少晶簇的形成。几颗晶体可以聚集成晶簇,晶簇能将油夹带在内,增加脱蜡时油脂的损耗,所以应尽量避免其形成。反之,不搅拌只能靠布朗运动,结晶速率慢。应该注意,搅拌也不能过快,否则会打碎晶粒(一般为 10~13 r/min)。

④辅助剂。不同的脱蜡方法需要采用不同的辅助剂。

a. 溶剂。油脂和蜡的结构不同,对溶剂的亲和力也不同,尤其在低温下差异更大。溶剂使蜡易于结晶析出,有助于固(蜡晶)液(油脂)两相较快达到平衡,得到较好的结晶,冷却速率也得到提高。同时溶剂可降低体系的黏度,改善油—蜡的分离效果。

b. 表面活性剂。加入表面活性剂有助于蜡的结晶。表面活性剂分子中的非极性基团与蜡的烃基有较强的亲和力而形成共聚体,表面活性剂还具有较强的极性基团,因而共聚体的极性远大于单体蜡,使油—蜡界面的表面张力大大增加,而且共聚体晶粒大;生长速度快,与油脂易于分离。

常用的表面活性剂有聚丙烯酸胺、脂肪族烷基硫酸盐及糖脂等。近年来,国内外油脂科研人员正在寻求理想的表面活性剂,使憎水基的结构力求和蜡分子接近,亲水基上力求有较多的烃基,从而使表面活性剂的憎水基和蜡的亲和力加强,而它的亲水基与水的亲和力加强,从而大大地加强了把蜡从油中拉出来的力量,脱蜡能力就能得以提高。

c. 凝聚剂。凝聚剂是一种电解质助剂,在蜡—油溶胶中加入适量的电解质溶液,以增加溶胶中的离子浓度,降低胶体双电层结构中的电位差,粒子间的斥力减小,溶胶的稳定体系被破坏,从而使蜡晶粒凝聚。

d. 尿素。尿素能选择性地把蜡包含在结晶形成的螺旋状管道体内,该包合物易沉淀而与油脂分离。由于蜡和尿素在水中溶解度不同,包合物中的蜡和尿素很易分离。

e. 静电脱蜡。静电脱蜡是利用外加不均电场使蜡分子极化,带负电荷的蜡晶粒在电场作用下,在阳极富集并沉降,使油—蜡分离的一种方法。

⑤输送及分离方式。各种输送泵在输送流体时,形成的紊流越强,流体受到的剪切力越大。为了避免蜡晶受剪切力而破碎,在输送含有蜡晶的油脂时,应使用弱紊流、低剪切力的往复式柱塞泵,或者用压缩空气,最好用真空吸滤。蜡—油分离时,过滤压力要适中,因为压力过高会造成蜡晶滤饼变形,堵塞过滤缝隙而影响过滤速率;而压力过低,则会导致过滤速率降低而不能生产。采用助滤剂能提高过滤速率。

⑥油脂品质。油脂中的胶性杂质会增大油脂的黏度,不仅影响蜡晶形成,降低蜡晶的结实度,给油蜡分离造成困难,而且还会降低蜡的质量(含油及胶杂量均高),因此油脂在脱蜡之前应先脱胶。蜡质对于碱炼、脱色、脱臭工艺都有不利的影响,因此毛油脱胶后先脱蜡,然后再进行碱炼、脱色、脱臭是比较合理的。我国一般都采用常规法脱蜡,且不加助滤剂,故常常在脱臭后进行脱蜡,这样可以与成品油过滤合并进行,从而少一套过滤设备的投资。

(4)油脂脱蜡工艺

脱蜡方法有很多,主要有:常规法、溶剂法、表面活性剂法、结合脱胶脱酸法等,此外还有凝聚剂法、尿素法、静电法等。虽然各种方法所采用的辅助手段不同,但基本原理均属冷冻结晶后再行分离的范畴。即根据蜡与油脂的熔点差及蜡在油脂中的溶解度(或分散度)随温度降低而变小的性质,通过冷却析出晶体蜡(或蜡及助晶剂混合体),经过滤或离心分离而达到油—蜡分离的目的。各种脱蜡方法之间的一个共同点,就是温度要在 25 ℃以下,才能取得预期的脱蜡效果。

①常规法。常规法是一种仅靠冷冻结晶,然后用机械方法分离油、蜡而不加任何辅助剂和辅助手段的脱蜡方法。分离时采用加压过滤、真空过滤和离心分离等设备。该法中最简单的工艺为一次结晶、过滤法。

但由于脱蜡工艺温度低、待分离原料油黏度大,分离比较困难,对于米糠油这类含蜡量较高的油脂一般采用两次结晶过滤法。第一次结晶过滤是将脱臭油在冷却罐中充分冷却至 30 ℃,冷却结晶 24 h,用滤油机进行第一次过滤,以除去大部分蜡质,过滤机压强不超过 0.35 MPa;第二次结晶过滤是将滤出的油进入第二个冷却罐中,继续通入低温冷水,使油温降至25 ℃以下,24 h 后,再进行第二次过滤,滤出的油即为脱蜡油。经两次过滤后,油中蜡含量(以丙酮不溶物表示)在 0.03%以下。有的企业采用布袋过滤也能取得良好的脱蜡效果,但布袋过滤的速率慢,劳动强度也较大。

②溶剂法。溶剂脱蜡是在蜡晶析出的油中添加选择性溶剂,然后进行蜡—油分离和溶剂蒸脱的方法。用以解决常规法中低温油黏稠度大而难以分离这一问题。可供工业使用的溶剂有己烷、乙醇、异丙醇、丁酮和乙酸乙酯等。

a.工业己烷法。如图 4.52 所示,含蜡油由脱酸油罐排出,经换热器加热至 80 ℃,泵入高位罐,借位能连续转入结晶塔,结晶塔用水冷却(冷却水温度为 6 ~ 10 ℃),每个塔的出口油温顺次为 76 ℃、56 ℃、47 ℃、38 ℃和 22 ℃。油脂经过结晶塔历时约 10 h,然后流入养晶罐,停留 5 h,使油温降至 20 ℃后送入混合器,油与占其量 40%的冷溶剂(18 ~ 20 ℃)充分混合后,输入真空过滤机分离蜡、油。真空过滤时,操作压力控制在 50 kPa 左右,转鼓转速为 15 r/min,以 1 ~ 1.5 mm/h 的进刀速度使刮刀刮下蜡层。滤出的脱蜡油通过接受罐与溶剂气体分离后,输入混合油储存罐,经混合油过滤器过滤后,再送入混合油蒸发器和汽提塔蒸脱溶剂。蒸发器中,混合油浓度控制在 93% ~ 95%,温度为 120 ℃,混合油经汽提后,基本上脱除了溶剂,再经干燥塔脱水干燥后,经冷却器冷却至 50 ℃,进入脱蜡油周转罐,经计量槽计量后送往后续工序。

b.丁酮沉降法。己烷法工序较多,工艺要求高,例如溶剂要回收、过滤机必须特制、滤布要常更换、助滤剂要混合等,造成其操作烦琐,过滤速率慢。本方法将溶剂改用丁酮,以沉降的方法脱蜡,其优点为可以不使用过滤工序。例如米糠油和 12%的水饱和丁酮混合,液态油在丁酮中易溶解,而固态脂和蜡在常温下不易溶解而析出。油和丁酮容量比为 25∶75,在 12.5 ℃时缓慢流入槽中,固体不溶物则在沉降承板上沉淀。

c.三氯乙烯和甲醇混合液法。此方法主要是处理高酸价米糠毛油,如酸价不高,可以不用甲醇。具体工艺为毛糠油中加入三氯乙烯、甲醇混合液(按质量比 64∶36),搅拌、加热至 40 ℃,成为透明溶液,冷却至 0 ℃,放置 24 h,晶体析出,分离。

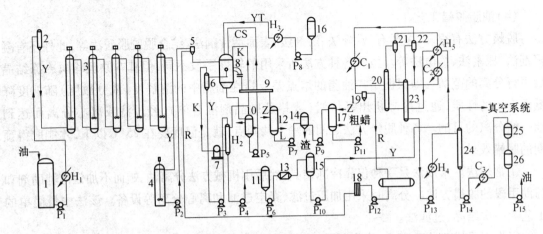

图 4.52　溶剂脱蜡工艺流程图

1—脱酸油储罐;2—高位罐;3—结晶塔;4—养晶罐;5—混合器;6—接收罐;7—罗茨风机;8—真空过滤机;9—滤饼输送机;10—洗涤液收集罐;11—混合油储罐;12—滤饼调和罐;13—过滤器;14—蜡饼处理罐;15—中间罐;16—预涂层调和罐;17—蒸发罐;18—溶剂冷却器;19—分水器;20—蒸发器;21—分离器;22—溶剂罐;23—汽提塔;24—干燥塔;25—周转罐;26—计量槽;$H_1 \sim H_5$—换热器;$C_1 \sim C_3$—冷却器;$P_1 \sim P_{15}$—输送泵;Y—油;K—空气;CS—冲洗剂;YT—预涂剂;L—蜡;R—溶剂;Z—水蒸气

③表面活性剂法。在蜡晶析出的过程中添加表面活性剂,强化结晶,改善蜡—油分离效果的脱蜡工艺称为表面活性剂脱蜡法。本法主要是利用表面活性剂中某些基团与蜡的亲和力(或吸附作用)形成与蜡的共聚体而有助于蜡的结晶及晶粒的成长,从而有利于蜡—油的分离。

常用的表面活性剂有蔗糖脂、甘油酯、山梨醇酯、丙二醇酯等,可以单独使用,也可以两种混用,添加量在 0.1% ~ 0.5% 之间。不同工艺目的所添加的表面活性剂的种类和数量各异,如以助晶为目的,可于降温结晶过程中添加聚丙烯酸胺和糖脂等,以聚丙烯酸胺为例,约为油重的 50 ~ 80 mg/kg;若以提高表面活性、促进分离为目的,则于分离前添加综合表面活性剂(其组成为烷基磺酸酯、脂肪族烷基硫酸盐、硫酸),综合表面活性剂中各组分按油重精确计量后一起溶解于占油重 10% ~ 20% 的水中,添加后保持温度在 20 ~ 27 ℃,搅拌 30 min,即可离心分离。

④结合脱胶、脱酸的脱蜡方法。该方法是将脱胶、脱酸、脱蜡同步进行,采用离心机分离的常温碱炼脱蜡工艺。工艺流程如图 4.53 所示。

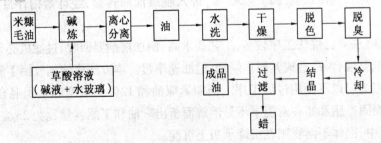

图 4.53　三合一法脱蜡工艺流程

该法简化了脱蜡操作,其特点是生产周期短、设备利用率高、脱蜡效果好,但精炼率比常规碱炼低,皂脚成分复杂,增加了综合利用的困难。

4.5 油脂的改性

4.5.1 油脂分提

天然油脂是由多种甘油三酯组成的混合物。由于组成甘油三酯的脂肪酸碳链长度、不饱和程度、双键的构型和位置及各脂肪酸在甘油三酯中的分布不同,使各种甘油三酯组分在物理和化学性质上存在差别。各种甘油三酯中所含有的脂肪酸不同,这些脂肪酸有饱和酸(S)与不饱和酸(U)之分,因此甘油三酯可按其饱和程度分为四类:SSS、SSU、SUU 和 UUU,它们各自的熔点有一定范围,可见表 4.18。所谓分提,就是在一定温度下,利用构成油脂的各种甘油三酯的熔点差异及溶解度的不同,把油脂分成固、液两部分。

表 4.18 甘油三酯的类型、熔点及其应用

甘油三酯的类别	三饱和型	二饱和型	单饱和型	三不饱和型
代号	SSS	SSU	SUU	UUU
熔点/℃	45~73.1	30~42.5	0~25.5	低于 0
溶剂的溶解性	差	稍差	较好	良好
状态	固体	固体→半固体	半固体→液体	液体
应用	脂肪酸生产或硬脂涂层	糖果	人造奶油	色拉调味油 液体煎炸油

尽管分提与"冬化"法工艺操作都基于同一原理,但它们有不同的目的。在冬化过程中,油脂在低温下保持一段时间,然后通过过滤除去能使液态油产生浑浊的固体成分,这些物质或者是高熔点的甘油酯,或者是高熔点的蜡,需要除去的固体物质的量相当少(小于 5%),因而,"冬化"被认为是精炼工艺的一部分。而分提则是油脂改性的过程,它涉及油脂组分的改变,可以根据目的进行,获得各种不同用途的组合。例如:棕榈油能够用三步分提获得特殊性能的馏分——高碘价三油酸甘油酯、中等熔点的硬脂及熔点高于 44~52 ℃的硬脂精。

1.分提的意义和方法

很多天然油脂由于自身特有的化学组成,使其应用领域受到限制,影响产品的使用价值。食用油脂制品中的起酥油、人造奶油,如果二烯以上的脂肪酸含量低,则制品的稳定性就会提高,商品的货架期得到延长;冷餐色拉油要求低温下保持透明,因此油脂中固态甘油三酯组分的含量就必须控制在一定范围内。根据目前的分析和分离手段,不仅可以分离、测定几种类型的甘油三酯的熔点,而且可以测定其晶型,为油脂分提提供了理论基础。目前的工业生产过程尚未实现甘油三酯中所有组分的分提,仅限于熔点差别较大的固态脂和液态油的分离。

工业中油脂分提方法有常规法(干式)、溶剂法和表面活性剂法等。另外在油脂的科学研究中,已对液-液萃取、分子蒸馏、超临界萃取以及吸附法应用于油脂分提进行了探索和某些实践。

2.分提机理

油脂一般均为多种甘油三酯的混合物,分提就是基于甘油三酯间熔点的差异(见表 4.19),将熔点相对较高的目的组分结晶析出而分离出来。油脂分提的方法分为结晶和分离两大步骤,首先使油脂冷却,形成过饱和,高熔点成分开始析出晶体,搅拌促使小晶核的形成,

继续降温至目的温度,静置以使晶体增大;然后进行晶—液分离而得到固态脂和液态油。

表4.19　各种甘油三酯的熔点

甘油三酯种类	熔点/℃	常温时形态	甘油三酯种类	熔点/℃	常温时形态
SSS	65	固体	SOO	26	液体
SSP	61	固体	POO	16	液体
SPP	60	固体	SOL	6	液体
PPP	55	固体	SLL	1	液体
SSO	42	固体	PLO	−3	液体
SPO	38	固体	PLL	−6	液体
PPO	35	固体	OOO	6	液体
SSL	33	固体	OOL	−1	液体
SPL	30	固体	OLL	−7	液体
PPL	27	固体	LLL	−13	液体

(1)甘油三酯的同质多晶现象

饱和程度较高的甘油三酯,冷却时由液态转变为固态,结晶时,同一种物质在不同的结晶条件下产生的晶格排列不同,称为同质多晶现象,不同形态的晶体称为同质多晶体。同质多晶体间的熔点、密度、膨胀及潜热等性质不同。高级脂肪酸的甘油三酯一般有三种结晶形态,即α、β′、β,稳定性为α<β′<β。另外,在快速冷却熔融甘油三酯时会产生一种非晶体,称为玻璃质。由于α、β′、β三种晶型所具有的自由能不同,其物理性质也不同。甘油三酯三种晶型的主要特征见表4.20。

表4.20　甘油三酯三种晶型的主要特征

晶型	形态	表面积	熔点	稳定性	密度
α	六方结晶	大	低	不	小
β′	正交结晶	中	中	介稳	中
β	三斜结晶	小	高	稳	大

(2)互溶性

不同甘油三酯之间的互溶性取决于它们的化学组成和晶体结构,它们可以形成不同的固体溶液。油脂分提的效率不仅取决于分离的效率,也受固态溶液中不同甘油三酯互溶性的限制。

固态溶液的互溶性可以利用固液平衡相图来说明,即利用图形来表示相平衡物质的组成。一般说来,油脂的固态溶液为部分互溶型,并具有低共熔点(见图4.54)。图中有六个相区,曲线 $T_A d T_B$ 以上是液相区,曲线 $T_A mp$ 左侧为固体 α 相区(固体 α 为 B 溶于 A 的固态溶液),$T_B nq$ 右侧是固体 β 相区(固体是 A 溶于 B 的固态溶液),$T_A dm$、$T_B dn$ 及 mnqp 为两相区。点 d 是低共熔点,低于此温度时固体 A 与固体 B 同时析出,析出的混合物称为低共熔混合物。低共熔点的物系像一纯化合物,熔化迅速。如果从

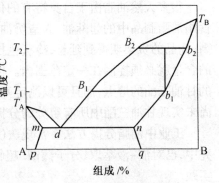

图4.54　二元混合物相图

组成为 C 的二元物系 A+B 中分离高纯度的物质 B,应首先熔化物系,然后控制冷却至温度 T_1,分离出组成为 b_1 的晶体和组成为 a_1 的液体。若对晶体进一步熔化,冷却至温度 T_2,将产生组成为 b_2 的纯度较大的晶体及组成为 a_2 的液体。由于低共熔点的存在,不能利用重复结晶法从物系中分离出纯净的组分 A。低熔点有机溶剂的存在不影响相的特点,并且此原理也适应于多元物质。

3. 影响油脂分提的因素

分提过程力求获得稳定性高、过滤性能好的脂晶。由于结晶发生在固态脂和液态油的共熔体系中,组分的复杂性及操作条件都直接影响着脂晶的大小和工艺特性。

(1)油的品种及其品质

不同品种的油脂,甘油三酯组分不同,其离析的难易程度也就存在着差异。固体脂肪指数较高或脂肪酸组成较整齐的油脂分提较容易,而某些油脂(如花生油)由于组成其脂肪酸的碳链长短不齐,冷冻获得的脂晶呈胶性晶束,从而无法进行分提。因此工业脱脂的可行性首先取决于油脂的品种(即甘油三酯的组成)。

天然油脂中的类脂组分对油脂的品质和结晶分提也有影响。胶性杂质能起到结晶抑制剂的作用;游离脂肪酸可影响油脂的结晶和可塑性;甘油二酸酯能减小油脂的固体脂肪指数,推迟 α 型脂晶形成,延缓 α 型脂晶向 β′ 型或 β 型转化的作用,从而阻碍脂晶的成长;甘油一酸酯具有乳化性,可阻碍晶核形成,影响分提效率;过氧化物不仅会降低油脂的固体脂肪指数,而且会增大油脂的黏度,对结晶和分离均有不良影响。

(2)晶种与不均匀晶核

晶种,是指在冷却结晶过程中首先形成的晶核,能诱导固态脂在其周围析出、成长。在分提过程中,一般添加与固态脂中脂肪酸结构相近的固态脂肪酸作为晶种,有时对油脂则不进行脱酸预处理,以含有的游离脂肪酸充作晶种,以利脂晶成长。不均匀晶核,是指油脂在精制、输送过程中,由于油温低于固态脂凝固点而析出的晶体。这部分晶体因为是在非匀速降温过程中析出的,故晶型各异,晶粒大小不一,当转入冷冻结晶阶段后,会不利于脂晶的均匀成长和成熟,使结晶体本身产生缺陷,影响油脂的分提。因此分提过程中,油脂在进入冷冻阶段前,必须将这部分不均匀晶核破坏。通常将油脂熔融升温至固态脂熔点以上,保温 20~30 min,然后再转入正常冷冻分提阶段。

(3)结晶温度和冷却速率

分提过程中,结晶的温度要低于固态脂的凝固点。在整个结晶过程中,油脂中具有高熔点的三饱和酸酯最先结晶,然后依次是二饱和、单饱和及其他易熔组分,最后达到相平衡。结晶温度与分提效果关系密切,不同分提工艺结晶温度不同,相应的分提效果也不同(见表4.21和表4.22)。

表 4.21　棕榈油常规分提不同工艺的分提效果

结晶温度/℃	收率/%		液态油浊点/℃	固态脂熔点/℃
	液态油	固态油		
29	75	25	12	—
24	70~80	20~30	9	—
22	65	35	7.5	50
18	55~60	40~45	6	45~50

表4.22　棕榈油溶剂分提工艺不同温度下的分提效果

结晶温度/℃	收率/%		液态油浊点/℃	固态脂熔点/℃
	液态油	固态油		
5	85	15	10	55
0	83	17	7	52.5
−5	52.5	47.5	5	48.5
−10	45	55	3	46.5
−15	40	60	−1	43
−20	35	65	−4	41.6

分提过程中,脂晶的晶型影响分离效果,适宜过滤分离的脂晶必须具有良好的稳定性和过滤性。油脂最稳定晶型的获得是由冷却速率和结晶温度决定的,缓慢冷却至一定的结晶温度,才能获得相应的晶型。某种油晶适宜的结晶温度和降温速率,需要通过实验得到的冷却曲线和固体脂肪含量曲线所示的函数关系确定。

(4)结晶时间

由于甘油三酯分子中脂肪酸碳链较长,结晶时有过冷现象,低温时黏度又很大,所以自由度小,形成一定晶格的速度较慢,加之同质多晶体与液态油之间的转化是可逆的,因此要达到稳定晶型就需要有足够的时间。固态脂的结晶时间与体系黏度、多晶性、甘油三酯的组成、冷却速率以及达到平衡的速度等因素有关,而且还受结晶塔结构设计的直接影响,所以结晶相平衡的时间需要通过试验来确定。一般在24~36 h范围内。

(5)搅拌速度

晶核一旦形成将进一步长大,其生长速率与过冷度成正比、与油脂的黏度成反比,黏度越大,母液相和晶体表面之间的传质就越困难,因而晶体生长超缓慢。如果采用具有搅拌功能的结晶罐,就能加快热的传递速率,保持油温和各成分的均匀状态,加快结晶分提速率。应注意,若搅拌太剧烈,会使结晶撕碎,致使过滤发生困难,则更为不利;但是若搅拌力度不够,会产生局部晶核。所以应该控制适当的搅拌速度(一般为10 r/min左右)。

(6)辅助剂

溶剂在分提工艺中起到了稀释的作用,不仅降低了黏度,而且增加了体系中的液相比例,使饱和程度高的甘油三酯自由度增加,脂晶成长速率加快,向稳定型结晶转变速度加快。另外还能够改善晶体结构,得到有利于过滤的结晶,并且得到的固态脂中含液态油少,分出的液态油浊点比较低,有效地提高了分提效果。同时,还能够改善油脂的冷藏稳定性,延缓液态油浑浊的时间,或阻止晶体转化防止脂肪起霜。可供选择的辅助剂很多,主要有卵磷脂、单甘酯、甘二酯、山梨醇脂肪酸酯及聚甘油脂肪酸酯等。

(7)输送及分离方式

这是最终得到分提产品的关键步骤,由于冷冻形成的脂晶仅是甘油三酯熔点差异下的产物,其结构强度有限,所以对分离过程的技术要求是,尽可能不产生高剪切力或压力,从而避免晶粒结构被破坏而取得最大的晶体得率。因此,在输送过程中最好采用真空吸滤或压缩空气输送。

过滤压强不宜太大,最好是开始1 h左右借其重力进行过滤,然后慢慢加压过滤,最后压力不宜超过0.2 MPa。为了提高过滤速率,可加入0.1%助滤剂。过滤速率还与过滤温度有关,所以过滤温度可以比结晶温度稍高。

4.油脂分提工艺及设备

(1)油脂分提工艺

油脂分提工艺按其冷却结晶和分离过程的特点,分常规法(干法)、表面活性剂法、溶剂法以及液—液萃取法等。

①常规分提法。常规分提法是油脂在冷却结晶(冬化)及晶、液分离过程中,不附加其他措施的一种最简单、经济的分提方法,有时也称干法分提。常规分提法分间歇式、半连续式和连续式。目前大多数干法分提的工厂采用的是间歇式和半连续式工艺,分提过程涉及一定量的固体物的产生,这些固体沉积在结晶器的底部和换热表面,造成设备的传热性质和油脂结晶行为的不断变化。半连续工艺是由间歇结晶和连续过滤组成。

各种油脂中含有的甘油三酯组分及比例不同,所以冷却结晶的冷却温度和养晶时间也不一样。每种油脂在生产之前,应当做小样测定其冷却曲线,根据曲线提供的数据确定工艺条件和工艺流程,以求得到理想的分提效果。

该法主要存在的问题是分离难度大、固态脂中液态油的含量较高,但随着新技术的深入应用,越来越多的油品采用常规法实现高选择性分提新技术,已经能够达到以前只有溶剂分提法才能生产的各种产品。有些企业在油脂冷却结晶阶段,添加 $NaCl$、Na_2SO_4 等助晶剂,促进固态脂结晶,可以提高分提效果。

②表面活性剂法。在油脂冷却结晶后添加水溶性表面活性剂溶液,改善油与脂的界面张力,借脂与表面活性剂间的亲和力,形成脂在表面活性剂水溶液中的悬浮液,促进脂晶离析的方法称为表面活性剂分提法。表面活性剂法分离效率高,产品品质好、用途广,适用于大规模生产。但由于表面活性剂需要回收,生产成本较高,而且存在污染问题。

③溶剂分提法。溶剂分提法是指在油脂中掺入一定比例的某一溶剂构成混合油体系后,进行冷却、结晶、分离的一种方法。溶剂分提法能形成容易过滤的稳定结晶,提高分离得率和分离产品的纯度,缩短分离时间。尤其适用于组成甘油三酯的脂肪酸碳链长、黏度较大油脂的分提。该法的特点是分离效果好、得率高、产品纯度较高;但溶剂需要从固态脂和液态混合油中进行回收,能耗较大、投资与生产成本高,而且溶剂存在安全问题。目前用于工业分提的溶剂有正己烷、丙酮及异丙醇等。

④液—液萃取法。油脂中不同甘油三酯组分,对某一溶剂具有选择性溶解的物理特性,经萃取将分子量低、不饱和程度高的组分与其他组分分离,然后进行溶剂蒸脱,从而达到分提目的的一种方法。

工业上应用液—液萃取分提油脂的操作可在单元极性溶剂或极性完全相异的二元溶剂系统中进行。常用的极性溶剂为糠醛,非极性溶剂为石油醚。

采用液—液萃取法分提时,操作温度为 $26\sim52$ ℃,塔高和回流比与分提油脂的碘值差成正比,溶剂比与回流比成反比,分提的油脂碘值差越大,分提效果越好。回流比大,溶剂比可减小,但产量会相应降低。如果采用另一溶剂(石油醚)作辅助回流,则对含磷和其他杂质的未脱胶油的分提有明显效果。

(2)分提设备

分提工艺主要由结晶器、养晶罐和分离设备构成。

①结晶器。结晶器是给脂肪提供适宜结晶条件的设备,其中,间歇式的称为结晶罐,连续式的称为结晶塔。前者结构类似于精炼罐,只是将换热装置由盘管式改成夹套式,罐体直径相

对减小、罐体的长度有所增加,搅拌调整到适宜于脂晶成长的速度。结晶塔的主体由若干个带夹套的圆筒形塔体和上、下碟盖组成,塔内有多层中心开孔的隔板,塔体轴心设有搅拌轴,轴上间隔地装有搅拌桨叶和导流圆盘挡板,搅拌轴由变速电机通过减速器带动,转速根据结晶塔内径大小控制在 3 ~ 10 r/min。塔体上的夹套内通入冷却水,使固态脂冷却结晶;搅拌装置有利于传热和结晶;塔内的隔板和搅拌轴上的圆盘挡板规定了油流的路线,可防止产生短路,并起控制停留时间的作用。

②养晶罐。养晶罐是为脂晶成长提供条件的设备,分为间歇式养晶罐和连续式养晶罐。间歇式养晶罐与结晶罐通用。连续式养晶罐的主体是一带夹套的碟底平盖圆筒体(见图 4.55),罐内支撑杆上装有导流圆盘挡板,轴心位置装有的桨叶式搅拌器,罐体外部装有液位计。夹套内通入冷却剂维持养晶温度,促使晶粒成长;搅拌器由变速电机通过减速器带动,搅拌速率控制在 3 ~ 10 r/min;液位计用以掌握流量,控制养晶效果。

③分离设备。分提工艺常使用的过滤、分离设备除板框过滤机、立式叶片过滤机、碟式离心机等,目前还有真空过滤机和高压膜式压滤机。

真空过滤机中使用最普遍的是转鼓过滤机和带式过滤机。工业用真空过滤机的压力大多在 0.03 ~ 0.07 MPa 之间,真空过滤机安装的滤布或滤带大多有较高的渗透性和较大的孔隙,因此为减少晶体透过过滤介质,需要脂晶具有较大尺寸。

高压膜式压滤机由一系列滤板柜组成,通过液压活塞使它们形成一体,过滤表面比真空过滤机大得多,适合于更快和更合理的过滤。膜压滤机工作过程可分为两个步骤:过滤和挤压。如图4.56所示,首先,滤浆被压入滤室,大部分游离的油从滤浆中分离;接下来的是膜板间对浓缩的晶体进行机械挤压,目的是将包裹在固态脂内的液态油挤出。最后,过滤机打开,滤饼靠重力卸出。相对于真空过滤机,膜压滤机有一些重要的优点:较高的分离效率;较强的耐晶体形变能力;较好地保护油脂不被氧化;过滤快、能耗低;所得到的液态油质量更高。压滤机的主要缺点是操作过程是半连续的。

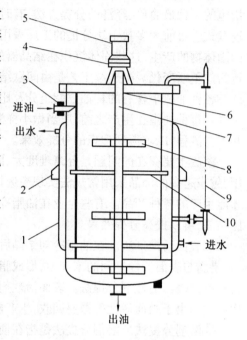

图 4.55 连续式养晶罐
1—夹套;2—支座;3—视镜;4—减速器;5—电机;6—轴承;7—轴;8—桨叶;9—液位计;10—孔板

5. 油脂分提的原料

甘油三酯中常见的脂肪酸有棕榈酸、硬脂酸、油酸、亚油酸和亚麻酸,由它们构成的甘油三酯表现出不同的物理特性和化学特性,并各具有不同的特殊用途。

(1)植物油

植物油的来源广泛,常用于分提的油脂有如下几种。

①棕榈油。棕榈油是最重要的分提原料,不论棕榈毛油还是精制棕榈油都可用于分提。其主要的目的是获得低凝固点和较高冷冻稳定性的油。单级分提生产的液态油凝固点(浊点)在 10 ℃ 以下,硬脂熔点为 44 ~ 52 ℃。液态棕榈油用于烹调软脂和色拉油的代用品,而硬脂应用于煎炸油、人造奶油和起酥油生产。

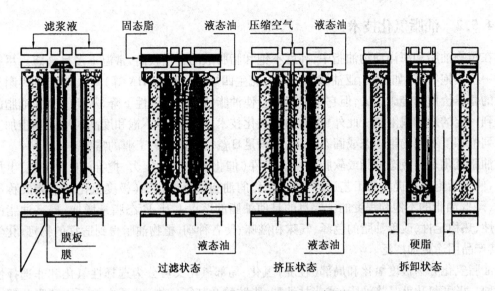

图 4.56　高压膜式过滤机原理示意图

②棕榈仁油。棕榈仁油分提后产生的硬脂,可通过氢化技术生产高质量的硬奶油或高附加值脂肪。硬脂一般通过高压液压机干法分提,或采用溶剂混合油分提法生产。

③大豆油。大豆油是一种富含高度不饱和脂肪酸(大约 50% ~60% 亚油酸和 5% ~10% 的亚麻酸)的油脂,故容易氧化变质。为了延长其货架期,大豆油宜被部分氢化。然而氢化会使部分甘油三酯的熔点升高,所以为了生产性质稳定的液态色拉油,需对其中的固态脂进行分提。要生产冷藏稳定性好的色拉油,油脂通常被氢化至碘价 = 100 ~ 110(减少亚麻酸含量至 2% ~3%),可冬化至很低温度(2 ~3 ℃)不发生浑浊。若生产烹调或煎炸油,为了提高抗氧化稳定性(亚麻酸含量<0.5%),大豆油进一步氢化至碘价<90。还可从氢化后的大豆油中分提出硬脂组分,用于生产起酥油和人造奶油及可可代用脂(CBR)。

④特殊油脂。一些特殊的油脂如沙罗双树脂、牛油树脂和芒果脂可用于分提处理,得到物理特性与可可脂相似的脂肪。它们通常采用溶剂分提法进行,大多也能够采用干法分提。

(2)动物脂肪

①乳脂。乳脂分提物在食品中的应用很多,如应用于脆松饼、低脂奶油的硬脂;应用于软质奶油的低熔点分提物;冰淇淋中使用的液态油分提物;为减少巧克力起霜使用的硬脂和中间分提物等。乳脂可以通过四种途径分提得到,即:从黄油中分提无水乳脂;从奶酪中分提无水乳脂;免洗乳脂;脱臭乳脂。

②牛油。除了乳脂,在食品工业中还有其他两种重要的动物脂肪,即牛油和猪油,它们在煎炸和焙烤制品中有着广泛应用。牛油的熔点较高(42 ~48 ℃)。牛油分提的主要优点是全年都可得到组分相似以及低熔点的软脂分提物,依据其软脂熔点,分提可分为一级或多级。

③猪板油。猪板油的分提较为困难,然而经过酯交换或部分氢化后的猪油就比较容易进行分提。依据所需液态油质量,猪板油的分提可通过单段或连续多阶段分提完成。

④鱼油。鱼油含有大量的高不饱和脂肪酸,通常采用氢化部分鱼油(至碘价在 120 左右)的方法来提高鱼油的抗氧化稳定性和防止回味。氢化过程中生成的高熔点成分可在低温(5 ~15 ℃)下分提除去。

4.5.2 油脂氢化技术

在植物油脂和海洋动物油脂中,高度不饱和脂肪酸的含量较高,常温下多呈液态。尽管其中的一些不饱和酸(如油酸、亚油酸、亚麻酸、花生四烯酸、EPA、DHA 等)对人体脂质代谢具有一定的营养价值和健康意义,但它们的存在会使油脂的化学稳定性下降,从而使这些油脂的应用受到一定的影响或限制。此外,借助油脂氢化技术,还可以将不饱和度高的液态油脂加工成一系列饱和度不同的半固态或固态油脂,来满足日益发展的食品工业的需要。

油脂氢化是指液态油脂或软脂在一定条件(催化剂、温度、压力、搅拌)下,与氢发生加成反应,使油脂饱和度提高的工艺过程,经过氢化的油脂称为氢化油(极度氢化的油脂又称硬化油)。降低油脂的不饱和程度的主要目的是使油脂的熔点上升,固态脂量增加;提高油脂的抗氧化性、热稳定性,改善油脂的色泽、气味和滋味;使各种动、植物油脂得到适宜的物理、化学性能,其产品用途更加广泛。

油脂氢化分为极度氢化和局部(轻度)氢化,局部氢化又可分为选择性氢化和非选择性氢化两种。极度氢化就是将油脂(或非甘油酯、脂肪酸及其衍生物)分子中的不饱和脂肪酸全部变成饱和脂肪酸。主要用于工业用油,其质量指标主要是达到一定的熔点(碘价约为5)。极度氢化时,温度、压力可以较高,催化剂用量较多,对反式脂肪酸的生成也没有要求。多烯酸酯和一烯酸酯中的各个双键加成速率相同或极相近的称为非选择性氢化;而在氢化反应中,采用适当的工艺条件,使油脂中各种脂肪酸的氢化反应速度具有某种选择性,取得不同氢化程度的产品的工艺称为选择性氢化。选择性氢化的主要目的就是使氢化后的油脂的碘价、熔点、固脂指数以及气味等指标符合生产食用脂肪产品(如起酥油、人造奶油、代可可脂)的要求。因此,选择性氢化工艺广泛应用于食用油脂的改性加工,是食用油脂改性的重要方法之一。

现代氢化技术起源于 1897～1905 年间,由 Sabatier 和 Senderens 用镍或其他廉价金属作为催化剂,在简单实验装置中,对气态烯烃加氢成功;1903 年,Normann 获得了油脂液相氢化技术专利;1906～1909 年,英、美一些公司将氢化技术应用于工业生产,成功地开创了油脂氢化技术,才使油脂现代氢化技术得以普及和发展。近代油脂氢化开始大规模生产和进入商业化用途,是由于液态油脂氢化质量大为改善,增加了油脂的塑性和具有类似奶油的稠度,迎合了美国人喜用塑性脂肪的习惯。

应该注意的是,氢化过程中易发生双键位移和构型反式化,从而产生众多与天然脂肪酸(酯)结构不同的异构体。近代研究脂质代谢与人体健康的关系中发现,反式酸不利于健康,欧洲一些国家规定了反式酸的极限量为 2% 以下。氢化油脂产品组成及结构的复杂性,一方面因其不同的物理特性展示了其广阔的用途,另一方面为了控制异构化的发生,多年来,油脂化学家和工艺专家们一直在定向选择性氢化方面进行着不懈的努力。

1. 油脂氢化工艺原理

(1)氢化机理

油脂分子中的碳碳双键与氢的加成反应如下式:

$$-CH=CH- + H_2 \rightleftharpoons -\overset{\displaystyle H}{\underset{\displaystyle |}{C}}H-\overset{\displaystyle H}{\underset{\displaystyle |}{C}}H- + 热量$$

该反应即使在高温下进行速率依然很慢,原因是反应的活化能很高,因此多借助于金属催化剂来降低反应活化能。催化剂表面的活化中心具有剩余键力,与氢分子和油脂分子中的双键的电子云互相影响,形成氢-催化剂-双键不稳定复合体。在一定条件下复合体分解,双键碳原子首先与一个氢原子加成,生成半氢化中间体,然后再与另一个氢原子加成而饱和,并立即从催化剂表面解吸扩散到油脂主体中,从而完成加氢过程。由此可见,催化加氢反应是以两个活化能较低的反应取代了一个活化能较高的反应,从而提高了氢化速率。

油脂氢化这种多相催化反应通常可归纳为五个步骤:扩散,反应物向催化剂表面扩散;吸附,催化剂的活化中心吸附溶于油中的氢和油分子中的双键,分别形成金属-氢及金属-双键配合物;表面反应,首先生成半氢化的中间体,进而再与被配合的另一个氢反应,完成双键的加成反应;解吸,无论是双键还是已完成氢化的饱和碳链均能从催化剂表面解吸下来,解吸会导致双键位移或反式化;扩散,氢化分子由催化剂表面解吸下来,向油脂主体(反应底物)扩散。实际上,氢化反应过程十分复杂,若条件不当,则有些键会被异构化,从而产生位置异构体或几何异构体。

(2)选择性氢化

选择性对于氢化反应及其产物有两层含义:一是指化学选择性,即亚麻酸酯氢化成亚油酸酯,亚油酸酯再氢化成油酸酯,油酸酯氢化成硬脂酸酯的速率常数之比(SR 值),SR 值大表示氢化选择性好;二是指催化剂的选择性,即某种催化剂催化产生的氢化油在给定的碘值下具有较低的稠度和熔点,称这种催化剂在氢化过程中具有选择性。这两种选择性的含义均不能定量给出,因此这个术语仅用做相对比较。

大多数的工业用催化剂在压力为 0.07 ~ 0.34 MPa,温度为 150 ~ 225 ℃ 的氢化条件下,可使亚油酸的选择性 SR_1 达到 30 ~ 90。

选择性在油脂氢化中意义重大,根据选择性可以研制、筛选特定氢化条件的催化剂;通过选择性,可以控制氢化产品的脂肪酸组成、理化性质及加工性能。在特定氢化条件下,不同的催化剂具有不同的选择性,催化反应至同一氢化终点时得到的产品组成不同。表 4.23 给出了特定条件下使用三种 SR_1 值不同的催化剂将棉籽油氢化到碘值为 75 时产品的组成情况。

表 4.23　棉籽油氢化到碘值为 75 的结果 [204 ℃,表压 0.14 MPa(1.4 kg/cm²)]

氢化油的脂肪酸组成	三种选择性 SR_1 值			备　注
	60	50	32	
软脂酸	21.8	21.8	21.8	
硬脂酸	3.6	4.0	4.8	
油酸	62.3	61.8	61.8	含反油酸
反油酸	37.8	35.7	36.6	
亚油酸	11.6	11.7	11.3	

在不同的选择性 SR_1 下,加工的氢化产品,其固体脂肪指数迥然不同。采用 SR_1 为 50 的氢化条件加工得到的碘值为 95 的氢化产品具有较窄的塑性范围,而采用 SR_1 为 4 的加工条件得到的同碘值氢化产品却有较宽的塑性范围。如色拉油要求 5 ℃ 时 SR_1 很低,以保证在 0 ℃ 温度下透明不混浊,并具有较高的抗氧化稳定性,所以在高选择性下轻微氢化不饱和油脂,降低多烯酸含量,并减少硬脂的生成,即可确保色拉油的质量。而焙烤用油及起酥油则应采用选择性较低的氢化条件,以使产品具有较宽的塑性范围和加工特性。此外,在选定催化剂的情况下,催化剂使用场合不同或部分中毒,均会影响氢化反应速率常数而导致 SR 变化。

（3）氢化反应速率及反应级数

天然油脂是甘油三酯的混合物,氢化时难免有多种烯酸酯同时进行反应而产生同分异构体。但不同脂肪酸吸收氢的速率不同,氢化过程中的氢化条件也在变化(催化剂的活性逐渐降低、氢的浓度有所改变,且难以测定),故整个反应不可能有一定的级数。但氢化反应速率毕竟与油脂的不饱和度有关,绝大多数情况下,任何瞬间的氢化速率都大致与油脂的不饱和度成正比,亚麻酸是亚油酸氢化速率的 2.3 倍(k_1/k_2),而亚油酸是油酸氢化速率的 12.5 倍(k_2/k_3)。

实际氢化过程中,氢化速率受温度、催化剂浓度、氢气压力搅拌强度以及被氢化油脂的种类和品质、氢气纯度和氢化程度等因素的综合影响。改变任一条件,都会导致氢化速率的变化。

（4）异构化

油脂氢化过程中,双键被吸附在催化剂的表面活性中心,既可加氢饱和,也可产生位置或几何异构体。氢化过程产生的异构化,就是当氢化过速、氢量不足时,会迫使脱除原分子上的氢,而造成双键位置的多种转移。可能转变成顺式或反式异构体,也可能再度转移成为共轭异构体。随着氢化的进行,异构的双键趋向于沿着碳链转移到更远的链端。反式较顺式更易脱氢,产生原位或新位双键,双键位移时会产生较多的反式酸,反式与顺式的比例最终的平衡点为 4∶1。大多数 Δ^{10} 和 Δ^{11} 为反式双键。

由于同分异构体中的反式酸远高于顺式酸的熔点,但又低于同碳数的饱和酸的熔点,因此其甘油酯的熔点也存在类似的规律。顺油酸甘油三酯、反油酸甘油三酯及硬脂酸甘油三酯的熔点顺次为 4.9 ℃、42 ℃ 及 73.1 ℃。可见,在高温下,油脂中固态脂含量随硬脂酸酯的增加而增加;而在较低温下,固态脂含量则与反式酸酯和硬脂酸酯的含量呈正相关。

食品专用油脂中,反式酸含量直接影响油脂产品的质量和营养价值。不同的油脂对反式酸含量的要求不同,如经轻度选择性氢化的大豆色拉油,要求反式酸含量越少越好,一方面是为了避免在冬化过程中产生过多的结晶,减少损耗,另一方面是为了减少反式酸对人体的影响。但是有些专用油脂,如反式酸型代可可脂,就要求较高含量的反式酸,以使其熔化特性接近于天然可可脂。

（5）氢化热效应

油脂氢化反应是放热反应,每摩尔双键被饱和时,放出约 117～121 kJ(28～29 kcal)的热量,即每降低一个碘值,就会使油脂的温度升高 1.6～1.7 ℃。表 4.24 为一些常见不饱和脂肪酸甲酯氢化的热效应值,可见,脂肪酸的氢化热与其他液态脂肪族化合物的氢化潜热基本相似。

表 4.24　常见的烯酸甲酯氢化反应的热效应 ΔH_b

烯酸甲酯	顺 9-棕榈油酸甲酯	反 9-棕榈油酸甲酯	顺油酸甲酯	反油酸甲酯	亚油酸甲酯	反亚油酸甲酯	亚麻酸甲酯
$\Delta H_b/(\text{kcal} \cdot \text{mol}^{-1})$	−29.30± 0.24	−32.43± 0.60	−29.14± 0.26	−28.29± 0.15	−58.60± 0.39	−55.70± 0.13	−85.40± 0.58

注:1 kcal/mol = 4.184 kJ/mol。

2. 影响油脂氢化的因素

对于非均相的氢化反应,温度、压力、搅拌和催化剂是最主要的影响因素。尽管氢化油脂产品在很大程度上取决于油脂和催化剂的种类,但对于同种油脂和催化剂,改变其氢化反应条件,可对氢化反应速率及选择性有较大影响,得到不同品质的氢化油。氢化反应各条件是相互关联和制约的。

（1）温度

氢化也符合提高温度能加速反应的一般规律,但由于氢化是放热反应,温度对反应速率的影响不如一般化学反应那样显著,而且其影响程度与搅拌速率有关。温度升高时氢气的增溶才是主要因素,氢气在油中的溶解度与温度的关系见表4.25。在高速搅拌下,反应速率随温度升高而稳定增加,但在低速搅拌下,反应速率则随温度升高而缓慢地减弱。这是因为低速搅拌传质较慢,氢气在油中的溶解速率低所致。可见,温度、搅拌对氢化速率的影响是互相制约的。

表4.25　氢气在油中溶解度与温度的关系

温度 $T/℃$	溶解度 $S/[L(H_2) \cdot m^{-3}(油)]$	温度 $T/℃$	溶解度 $S/[L(H_2) \cdot m^{-3}(油)]$
25	42	150	104
100	79	180	119

高温下反应快,催化剂表面上的有效氢有可能部分被耗尽,致使催化剂表面剩余的活化中心向碳链上夺取一个氢原子,从而产生位置或反式异构体,反式异构体随温度升高的变化情况如图4.57所示。温度升高还有助于二烯酸酯的共轭化,因此比一烯酸酯氢化快得多,故选择性随温度而增大。但温度上升到一定程度后,SR值就不再增大。

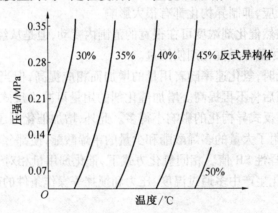

图4.57　氢化温度和压力对大豆油中产生反式脂肪酸酯的影响（碘价=80）

（反应条件为转速7 205 r/min,不含Ni）

（2）压力

油脂氢化通常是在压力为0.07～0.39 MPa下进行的。虽然这个压力范围不大,但在此范围内,压力的变化却对氢化有较大的影响。

增大压力可增大氢在油中的溶解度,使催化剂表面吸附的有效氢处于饱和状态,从而加速氢化反应。但对异构化和选择性的影响很小,尤其是在高压低温下,并不改变异构化反应速率。

（3）搅拌

油脂的多相氢化不仅包括含多个连续的和同时发生的化学反应,而且还包含气体和液体在固态催化剂表面的传质物理过程。搅拌的主要目的在于保持催化剂的悬浮、促进氢气在油中的溶解,从而加速氢化反应。其影响与氢化温度互连:低温下,搅拌对氢化速率的影响小;高温下,影响显著。一定的压力下,增加搅拌力度可提高传质速度,使催化剂表面吸附有足够的有效氢,可供各种双键加成且脱氢概率小,从而提高反应速率、降低 SR 值,因此选择性低、异构化少。尤其在高温条件下,氢化反应快、氢气需要量大,搅拌速度的变化对氢化反应有很大的影响力。

(4)催化剂

催化剂是氢化反应的关键,它对氢化的影响表现在其种类、结构和浓度等几个方面。

①催化剂的种类。不同种类的催化剂对氢化反应有不同的选择性,这对油脂氢化十分重要,它能够决定产品的品质,如反式脂肪酸的含量。常用的多相催化剂的选择性的强弱顺序为:铜>钴或钯>镍或铑>铂。选择性大的催化剂吸附力强,相同条件下中毒的概率与程度会高于选择性低的催化剂,从而导致氢化速率降低。

催化活性依次为:钯>铑>镍>铁>铜>铬。由于人们对饮食健康要求的日益提高,注意到镍系催化剂对人体的致癌性,铜容易加速油脂氧化作用,同时希望降低油脂食品中易导致心脑血管疾病的反式脂肪酸含量,所以活性高而且能降低反式脂肪酸产生的钯系催化剂日益得到青睐。

②催化剂的表面结构。不同金属原子由于内部结构不同而具有不同的催化性能,而同种催化剂的表面结构(即孔隙度、孔径大小、孔道长短、比表面积等)则决定了它的催化活性,对氢化速率和选择性影响较大。孔径粗短的结构比孔径细长的结构氢化速率快,选择性高。催化剂颗粒度在 54~70 μm 的比 100~160 μm 的氢化速率高出 1 倍。此外,催化剂处理方法、载体特性对加速氢化反应、抑制异构化都有很大影响。

③催化剂浓度。虽然催化剂浓度可在很宽的范围内变动,但是从经济上考虑,则要求在确保快速反应的前提下,尽量降低催化剂使用量。

在催化剂浓度较低时,氢化速率随着用量的增加而相应提高,但当催化剂增至一定量时,氢化速率达到某一数值后将不再提高。增加催化剂的用量可减少反式异构体的产生,但其影响要比改变搅拌速度对反式异构化的影响小得多。此外,增加催化剂还能减小选择性,这是因为催化剂多时,同时吸附了大量的多烯酸酯和少量的单烯酸酯,使部分单烯酸酯与多烯酸酯同步氢化,从而降低了选择性 SR 值。相同氢化方式下,催化剂用量相对于其他操作条件对氢化的影响较小,故工业氢化生产中多通过温度、压力和搅拌等操作条件的改变来控制氢化过程。

(5)反应物

①底物油脂。油脂的组成和结构是影响氢化速率的内因,一般来说,双键越多,氢化速率越快;靠近羧基的双键较靠近甲基的双键氢化速率快;共轭双键较所有非共轭双键氢化速率快;顺式双键较反式双键氢化速率快;1,4-戊二烯酸(酯)较被多个亚甲基隔离的二烯酸(酯)氢化速率快。

油脂中的游离脂肪酸、磷脂、肥皂、黏液、色素及碱炼油脂中残存的微量金属(Na、K、Mg、Fe 等)杂质都能使催化剂中毒。因此油脂在氢化前需要进行脱胶、脱酸和脱色等精炼工序,严格控制精炼油的质量,使上述杂质降低至安全水平。

②氢气。氢气纯度一般要求达到98%以上,未经净化的氢气含有少量硫化氢、二硫化碳和一氧化碳等杂质,同样能使催化剂中毒。一氧化碳在低温(149 ℃)下,即使含量只有0.1%,氢化反应也会终止;在低于 90 ℃下操作,一氧化碳的含量为 100 mg/kg,氢化反应就不可能发生。高温下,一氧化碳和氧气对催化剂的中毒效应虽然不那么明显,但它们聚集在封闭式的氢化反应釜中,会降低催化剂对氢气的吸附量,从而降低氢化速率。因此氢化中,尤其是没有自

备制氢系统的企业要重视外购氢气的纯净度。

3.油脂氢化工艺

(1)油脂氢化工艺的基本过程

①对原料油的预处理。为保证氢化反应的顺利进行,确保催化剂的活性及尽量减少其用量,在进入氢化反应器(罐)前,原料油脂中的杂质应尽量去除。

杂质的允许残留量为:FFA≤0.05%,水分≤0.055%,含皂≤25 mg/kg,含硫量≤5 mg/kg,POV≤2 mmol/kg,磷≤2 mg/kg,茴香胺值≤10,铜≤0.01 mg/kg,铁≤0.03 mg/kg。

②除氧脱水。采用间歇式工艺时,该步骤一般在氢化反应器内进行;若采用连续或半连续式工艺,则原料油在进反应器前在真空脱气器中完成。

③氢化。油脂氢化按生产的连贯性分为间歇式和连续式两类工艺。生产周期为 70~90 min;若采用热交换预热、脱气后进料的工艺,则生产周期为 50~60 min。

氢化反应的条件根据油脂的品种及氢化油产品质量的要求而定。一般为:油温升到140~150 ℃开始通入氢气,反应温度为 150~200 ℃,压力为 0.1~0.5 MPa,催化剂用量为0.01%~0.5%,搅拌速率为 600 r/min 以上。由于氢化是放热反应,所以需对反应过程的温度控制盒调节终温。

氢化时间的长短一般借助于氢化终端是否符合产品质量指标(IV、碘价和熔点)而定。目前最精确的测定终点的方法是用计量计测定氢气的消耗量,然而氢气的消耗在氢化过程中变化很大,因此对氢化结果产品还可以用间接简易的判断法,如以氢化时间判断、以氢气压力的下降值判断、以氢化放热量进行判断或以折射率的变化进行判断。

④过滤。过滤的目的在于脱除氢化油中的催化剂。进过滤机前,油温须降低到 70 ℃左右。此外,经过后精炼的成品油还需要精滤,对质量再度把关。

⑤后脱色与脱臭。后脱色的目的是借白土吸附进一步去除残留催化剂。工艺条件:温度为 100~110 ℃,时间为 10~15 min,白土量为 0.4%~0.8%,压力为 6 700 Pa,镍残留量低于 5 mg/kg。

后脱臭的工艺条件为:脱臭温度为 230~240 ℃,真空度≤500 Pa,汽提蒸汽流量为 40 m³/h,油在脱臭塔内停留时间小于 4 h。

(2)间歇式氢化工艺

间歇式氢化工艺即待氢化油脂分批进行氢化的工艺。多应用于食用油脂选择性氢化和规模较小或油脂品种更换较为频繁的工业氢化油脂的加工。按照氢气的循环与否,分为封闭式和循环式两种。

①封闭式间歇氢化工艺。封闭式间歇氢化工艺如图 4.58 所示。待氢化油和催化剂悬浮液由输送泵和真空系统注入封闭式氢化罐,经预热及真空脱氧干燥后,通入加压氢气,在强烈的搅拌混合下进行加氢。反应期间,需根据情况通过泄氢装置排放废氢(废气),并由供氢装置补充新鲜氢气。反应的操作温度通过罐内的换热装置来进行调节。氢化反应至终点后,停止供氢,由泄氢装置释放余氢与废气。启动真空系统排尽残氢,通入待氢化油(或冷却水),将氢化油冷却至 80 ℃左右后,破除真空,泵入过滤机分离催化剂。分离过催化剂的氢化油经后处理,即得成品氢化油脂。

该工艺利用氢化罐本体进行热交换,设备利用率和生产效率较低。

②循环式间歇氢化工艺。循环式间歇氢化工艺是氢气在循环的状态下,将油脂分批进行氢化的工艺,如图 4.59 所示。与封闭式不同的是氢气在操作压力下连续通过油层,在不断循

环的状况下参与反应。穿过油层的氢气进入净化系统净化后,由氢压缩机压入氢化罐而形成循环。循环系统与储氢罐连通,以保证氢化罐的操作压力稳定。

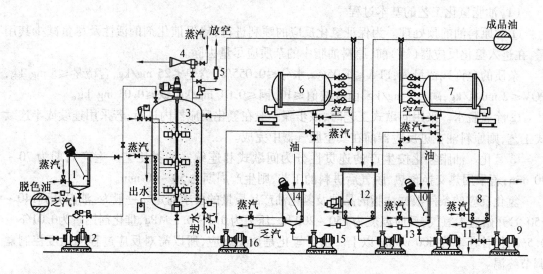

图 4.58　封闭式间歇氢化工艺流程图

1—催化剂、油混合罐;2—输油泵;3—氢化反应器;4—蒸汽喷射器;5—阻火器;6—催化剂压滤器;7—后脱色压滤器;8—回料油罐;9—回料泵;10—预涂层罐;11—预涂层泵;12—后脱色锅;13—脱色过滤泵;14—预涂层罐;15—预涂层泵;16—催化剂过滤泵

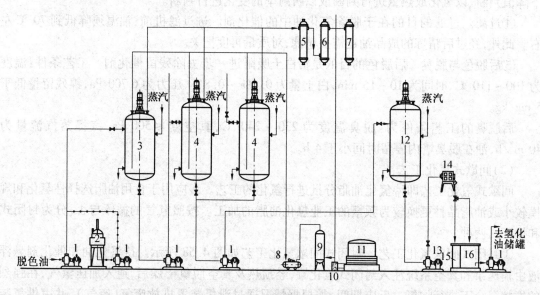

图 4.59　循环式间歇氢化工艺流程图

1—输油泵;2—油催化剂混合罐;3—预热罐;4—氢化罐;5—油氢分离器;6—氢气净化器;7—氢气冷凝器;8—氢压缩机;9—氢气干燥器;10—水封池;11—氢气储柜;12—氢化油待滤罐;13—过滤泵;14—压滤机;15—过滤回收油箱;16—氢化油暂存罐

循环式间歇氢化工艺中氢气能循环利用,因而单位产品耗氢量低,但建设投资大,故多用于生产规模较大的工业氢化油脂的加工。

(3)连续式氢化工艺

连续式氢化工艺是油脂在连续通过氢化装置时完成氢化过程的工艺。该工艺优点为:辅助时间短、氢化速度快、催化剂和氢气的消耗低、热能利用好、生产成本低、生产效率和经济效益高,而且克服了间歇式生产固有的认为操作不稳定、设备故障多的影响。特别适用于在较长时间内同一种原料油脂生产相同产品的大规模工业生产。最常见的工业化连续氢化工艺有管道氢化反应器、组合串联式以及连续塔式氢化反应器等。典型的连续氢化工艺如图 4.60 所示。

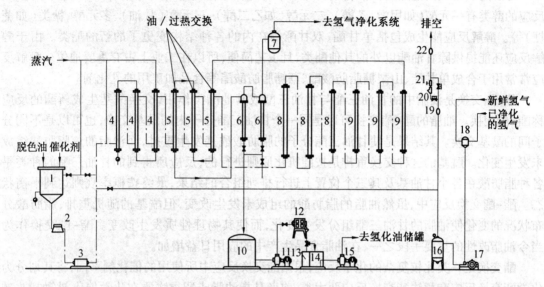

图 4.60　连续氢化工艺流程图

1—计量混合器;2—计量器;3—高压柱塞泵;4,5,8—氢化反应器;6—油氢分离器;7—氢气降压器;9—氢化反应辅助器;10—待滤罐;11—过滤泵;12—压滤机;13—回收油罐;14—氢化油暂存罐;15—输油泵;16—高压集氢罐;17—氢压缩机;18—净化氢气混合罐;19—分离器;20—过滤器;21—计量仪;22—阻火器

待氢化油脂经预热至 110 ℃后,进入真空干燥器脱氧干燥,与和油流量匹配的定量催化剂经计量混合器混合后,由高压柱塞泵将油压上升至 1.6~2.5 MPa 输入列管式氢化装置,与由氢压缩机输入的加压氢气完成氢化反应。然后与温度低的初步氢化油进行热交换,进入油/氢分离器分离后,进入待滤油罐。由油/氢分离器分离出的氢气,经降压器降压后,转入循环氢系统,经净化、冷却,由氢压缩机压入氢气装置而实现循环。

4.5.3　油脂酯交换技术

油脂酯交换是指甘油三酸酯与脂肪酸、醇、自身或其他酯类作用,引起酰基交换而产生新酯的一类反应。是不需改变油脂脂肪酸组成就能改变油脂特性的一种工艺方法,酯交换与氢化、分提一起,成为目前油脂改性的三大手段。

酯交换能有效提高油脂的可塑性及可塑性范围,改变油脂物理性状的同时,既不降低其不饱和程度,又不产生异构化酸,保持了油脂中天然脂肪酸的营养价值,这些特性使油脂酯交换有着潜在应用前景。目前酯交换已被广泛地应用于表面活性剂、乳化剂、生物柴油和各种专用油脂的各个生产领域。

根据酯交换反应中的酰基供体的种类(酸、醇、酯)不同,可将酯交换分为酸解、醇解及酯-

酯交换。

酸解为油脂与脂肪酸作用,酯中酰基与脂肪酸酰基互换,生成新酯的反应。要使酸解反应顺利进行,一要游离酸的活度大于被置换下来的酸,二要自反应体系中移去酸解下来的脂肪酸。酸解反应十分缓慢,较之醇解反应有更多副反应。酸解反应很少用于食用油的加工。

醇解是油脂或其他酯类在催化剂的作用下与醇作用,交换酰基生成新酯的反应。可参加反应的醇类有一元醇(如甲醇、乙醇)、二元醇(如乙二醇)、三元醇(甘油)、多元醇、糖类(如蔗糖)等。醇解反应能生成包括单甘酯、双甘酯等在内的各种结构变更了的新的酯类。由于醇解反应还能提供除甘油酯以外的其他酯类,且工艺简便,所以在工业上占有重要地位。醇解反应常常用于合成单甘酯、山梨糖脂肪酸酯、蔗糖脂肪酸酯等食品加工用的乳化剂。

酯-酯交换是油脂中的甘油三酯与甘油三酯或其他酯类作用,交换酰基生成新酯的反应称酯-酯交换。油脂的酯-酯交换可以是同一个甘油三酯分子内的酰基交换,也可以是不同分子间的酰基交换。其结果是使甘油三酯分子的脂肪酸酰基发生重排,而油脂的总脂肪酸组成未发生变化。酰基的这种交换重排是按随机化原则进行的,反应所得到的甘油三酯的种类是各种脂肪酸在各个甘油基及其三个位置上进行排列组合的结果,最终按概率规则达到平衡状态。酯-酯交换反应中,虽然油脂的脂肪酸的组成未发生改变,但酰基的随机重排,脂肪酸分布状况的变化使油脂的甘油三酯组分发生变化,而使其物理性质发生改变。酯-酯交换作为当今油脂改性的重要手段之一,在油脂食品生产中的应用日益增加。

酯交换是一类比较复杂的化学反应,根据酯交换反应中所使用的催化剂不同,将其划分为化学酯交换反应和酶法酯交换反应两大类,前者是指油脂或酯类物质在化学催化剂(如酸、碱等)作用下发生的酯交换反应,后者是利用酶作为催化剂的酯交换反应。

1. 油脂酯交换的机理

(1)脂肪酸在甘油三酯中的分布

在天然油脂中,脂肪酸在甘油分子的三个羟基上的分布是有选择性的,植物油中的油酸、亚油酸和亚麻酸具有选择地与甘油的 sn-2 位的羟基结合;其余的脂肪酸如饱和脂肪酸与长碳链不饱和脂肪酸,包括多余的油酸与亚油酸、亚麻酸,则集中在 sn-1 与 sn-3 位上;不常见的酸(如芥酸)联结在 sn-3 位上。

油脂酯交换反应的实质是各种脂肪酸在分子内和分子间进行重排的过程。这种重排符合随机化原则,即每种脂肪酸进入 sn-1、sn-2、sn-3 的机会均等,由此可见,天然油脂酯交换后脂肪酸的分布发生明显变化,可能出现天然油脂中所没有的甘油三酯种类。

(2)油脂酯交换的反应机理

甘油三酯的酯-酯交换反应机理尚无定论,目前存在有两种假设:第一种是反应中形成了作为引发剂,作用于甘油三酯上的中间产物——烯醇式酯离子;第二种是反应过程中引发剂与甘油三酯分子中的羰基作用形成加成复合体。

(3)酯交换反应后油脂性质的变化

油脂进行酯交换后,虽然脂肪酸组成未变,但脂肪酸的分布发生了改变,使甘油三酯的构成在种类和数量上都发生了变化,从而其多种性质如熔点、固脂指数、稠度与稳定性等都发生了改变。

①熔点。随酯交换后甘油三酯组成的变化情况,而发生改变。如果饱和脂肪酸含量增加,反应后产物的熔点会相应升高(10～20 ℃),反之则下降。表4.26 给出了几种油脂酯交换后熔点的变化情况。

表 4.26 几种油脂随机酯交换后的熔点变化　　　　　　　　　　℃

油脂	大豆油	棉籽油	椰子油	棕榈油	猪油	牛脂
反应前	-7	10.5	26.0	39.8	43.0	46.2
反应后	5.5	34.0	28.2	47.0	42.8	44.6

②固态脂指数(SFI)。由于酯交换后,脂肪酸重新分布,使 SFI 值发生变化,从而使油脂的可塑性、稠度也随之发生改变。

由表 4.27 可以看出,有些油脂的 SFI 值变化较小,如棕榈油、猪脂、牛脂等;而棕榈仁油及其与椰子油的配合油,反应后固态脂指数变化较大;变化最大的是可可脂,反应前后有显著差异。

表 4.27 交酯反应前后 SFI 值的变化

油　脂	反应前			反应后		
	10 ℃	20 ℃	30 ℃	10 ℃	20 ℃	30 ℃
可可脂	84.9	80	0	52.0	46	35.5
棕榈油	54	32	7.5	52.5	30	21.5
棕榈仁油	—	38.2	80	—	27.2	1.0
氢化棕榈仁油	74.2	67.0	15.4	65	49.7	1.4
猪脂	26.7	19.8	2.5	24.8	11.8	4.8
牛脂	58.0	51.6	26.7	57.1	50.0	26.7
60% 棕榈油+40% 椰子油	30.0	9.0	4.7	33.2	13.1	0.6
50% 棕榈油+50% 椰子油	33.2	7.5	2.8	34.4	12.0	0
40% 棕榈油+60% 椰子油	37.0	6.1	2.4	35.5	10.7	0
20% 棕榈油硬脂+80% 轻度氢化植物油	24.4	20.8	12.3	21.2	12.2	15

③结晶特性。酯交换可使某些油脂的结晶特性明显改变。例如天然猪油酯交换后的由原来的 β 型(粗晶体)变成细小的 β′结晶,使稠度下降。另外,油脂进行酯交换后,其稳定性也会有所改变。

2.影响酯交换的因素

酯-酯交换反应能否发生以及进行程度,与原料油脂的品质、催化剂种类及其使用量、反应温度等密切相关。

(1)酯交换的催化剂

①化学催化剂。油脂酯交换在没有催化剂的条件下,也可以进行,但反应时间长、反应温度高(250 ℃左右),且伴有分子分解及聚合等副反,因此必须使用催化剂。

化学酯交换常用的催化剂有:甲醇钠(低温交酯用 50 ~ 70 ℃,用量 0.2% ~ 0.4% ,5 ~ 120 min);碱金属的氢氧化物(高、低温交酯用 140 ~ 160 ℃,用量 0.5% ~ 2.0% ,真空,1.5 h);金属钠或钠钾合金(25 ~ 170 ℃,用量 0.1% ~ 1.0% ,3 ~ 120 min)。

②酶催化剂。脂肪酶既可用于油脂的水解,也可应用于酯交换反应。脂肪酶的种类不同,其催化作用也不同。人们常根据其催化的特异性将其分为三大类,非特异性脂肪酶、特异性脂

肪酶和脂肪酸特异性脂肪酶。常用非特异性脂肪酶作为催化剂,这类酶对甘油酯作用的位置无特异性,其产物类似于化学酯交换所获得的产物。它在含水量高的情况下将甘油三酯分解为游离脂肪酸和甘油,仅有少量的中间产物如单甘酯、双甘酯存在。一些微生物能产生这一类脂肪酶。

进行酶法酯交换,首先要选择合适的脂肪酶品种(高活性、耐高温、价格低者)。其次,应将脂肪酶固定到担体上,制备出固定化酶后再使用,以提高酶的分散性和酶的使用次数等。还要注意脂肪酶其最佳使用温度、反应时间、副反应(主要指水解及酰基位移)发生情况等。

(2)酯交换的反应温度

温度不仅影响酯交换反应速率,而且影响酯交换反应平衡的方向。当反应温度高于熔点时,反应是向正反应方向移动;当控制温度低于油脂熔点时,酯交换朝逆向移动。

(3)原料油品质

由于水、游离脂肪酸和过氧化物等能够降低甚至完全破坏催化剂的催化功能,所以用于酯交换反应的油脂应符合下列基本要求:水分≤0.01%,游离脂肪酸≤0.05%,过氧化物含量极少。

3.油脂酯交换工艺

油脂酯交换按工艺分为间歇式和连续式两种。

(1)间歇式酯交换

间歇工艺的主要设备是反应罐,类似油脂氢化的闭端反应器,带有搅拌,并在底部设有导入氮气的管道。

①随机酯交换工艺(用甲醇钠作为催化剂)。精制原料油脂泵入反应罐后,真空下加热到100 ℃左右,使油脂充分干燥至水分达到0.01%以下后,冷却到50 ℃左右,在氮气流下快速添加油重0.1%的甲醇钠(20%的甲醇溶液)。起初为白色浑浊,一旦出现褐色即表示反应开始。反应一般在60 ℃以上进行,通常反应温度为60~80 ℃,约30 min;85~100 ℃需20 min;20~30 ℃需24 h。观察产品色泽由黄棕色转深,即表示反应结束。反应到达终点后,发生催化剂失活终止反应,最后进行精制,除去催化剂等杂质。

②定向酯交换工艺(用氢氧化钠或金属钠或钠钾合金作为催化剂)。用氢氧化钠作为催化剂时加入量为0.1%左右(50%的水溶液)。通常同时加入0.1%~0.25%的甘油作为助催化剂。反应温度为160 ℃,15 min即可达到大致的平衡,若温度为180 ℃时间约为10 min。当开始呈褐色时,继续反应10~60 min结束。若使用金属钠和钠-钾合金进行定向酯交换时,对原料油的要求与随机酯交换一样,油脂在冷却到50 ℃时,加入0.2%的钠-钾合金,充分搅拌,反应时间需3~6 min,将反应物移入冷却罐中冷却到21 ℃,使形成晶核,搅拌促进晶体成长,然后移至结晶槽缓慢搅拌,保持约1.5 h,当三饱和甘油三酯的含量达到14%时,作为反应结束的指标。同时用水和二氧化碳使催化剂失活,成为碳酸盐而除去。

(2)连续式随机酯交换工艺

以甲醇钠为催化剂对猪油进行随机酯交换为例,工艺流程如图4.61所示。

若用氢氧化钠作为催化剂,则将上述过程改为先加催化剂,然后在60 ℃以上真空脱水,再升温到140~160 ℃进行反应至终点。

(3)连续式定向酯交换工艺

用钠-钾合金作为催化剂时,猪油进行定向酯交换的工艺流程如图4.62所示。

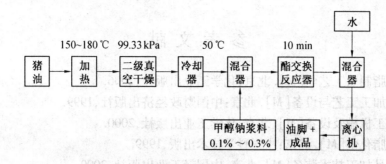

图 4.61　精制猪油的酯交换改性工艺流程

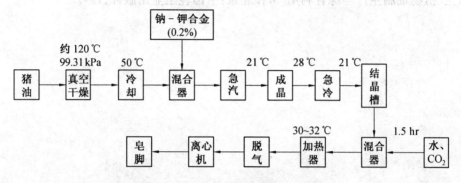

图 4.62　连续式定向酯交换工艺流程

经定向酯交换改质后的猪脂,可直接用做质地良好的起酥油(33.3 ℃ 的 SFI 值为 14%)。猪脂酯交换前后甘油三酯的组成见表 4.28。

表 4.28　猪脂酯交换前后甘油三酯的组成

甘油三酯组成	GS$_3$/%	GS$_2$U/%	GSU$_2$/%	GU$_3$/%
原料猪油	2	26	54	18
随机酯交换后	5	25	44	26
定向酯交换后	14	15	32	39

思 考 题

1. 油脂预处理的主要设备有哪些?
2. 压榨法取油的原理是什么?
3. 冷榨法取油的优缺点有哪些?
4. 浸出法取油的工作原理是什么?
5. 影响油脂浸出的主要因素有哪些?
6. 油脂浸出中所用的主要设备有哪些,平转式浸出器是如何工作的?
7. 油脂精炼的主要流程是什么?
8. 油脂精炼的各工序中都涉及了哪些化学反应及变化?
9. 油脂脱臭的主要设备是什么? 它是利用了什么原理进行加工的?

参 考 文 献

[1]刘玉兰.油脂制取工艺学[M].北京:化学工业出版社,2006.

[2]陶瑜.油脂加工工艺与设备[M].北京:中国财政经济出版社,1999.

[3]邵泽波.化工机械及设备[M].北京:化学工业出版社,2000.

[4]张根旺.油脂化学[M].北京:中国科学技术出版,1999.

[5]张裕中.食品加工技术装备[M].北京:中国轻工业出版社,2000.

[6]刘玉兰.植物油脂生产与综合利用[M].北京:中国轻工业出版社,1999.

第**5**章

焙烤制品的加工

【学习目的】

通过本章的学习，应掌握焙烤食品中所需原料的特性及其在产品中的作用，同时还需掌握面包、糕点、饼干等代表性的烘焙食品的制作工艺；了解烘焙食品生产工艺的基本理论、基本知识和基本技能，能根据原辅料的特性、市场需求等设计配方和制订工艺方案，能对生产过程出现的问题，进行分析解决。

【重点和难点】

本章的重点是掌握糕点、面包及饼干的制作工艺及其相关原理；难点是烘焙制品中主料和辅料的种类、加工特性和使用方法及其在烘焙制品中的作用。

5.1 焙烤食品的概念与发展历史

5.1.1 焙烤食品的概念

焙烤食品(Baking Food)是指以谷物或谷物粉为基础原料，加上油、糖、蛋、奶等一种或几种辅助原料，采用焙烤工艺定型和成熟的一大类固态方便食品，它主要包括面包、饼干、糕点、方便面、挤压膨化食品等几大类，我国传统的烙饼、火烧、月饼等也属于焙烤食品。

5.1.2 焙烤食品的发展历史

大约 6 000 年前，埃及已有用谷物制作的类似面包的食品。目前，埃及首都开罗的古博物馆里，还陈列着面包化石。

公元前 8 世纪，埃及人将面包制作技术传到了地中海沿岸的巴基斯坦。公元前 600 年，面包制作技术传到了希腊，随着面包的发展，希腊人往面团里掺入蜂蜜、鸡蛋、奶酪等，大大改善了面包的品质和风味。

后来，罗马人征服了埃及和希腊，面包制作技术又传到了罗马。有关记载表明，公元前312 年罗马就有一个 25 人的面包作坊，还办了面包制作学校，罗马的中央广场还有一个国营的大烤炉，人们和好了面，去那里焙烤。

中世纪后，面包做法传到法国，逐步形成了所谓大陆式的面包(Continental Type)。即：面包原料除了小麦粉外，还有少量的其他谷物粉，除盐外，不用或很少添加糖、蛋、奶、油等辅料，是当时流行于欧洲大陆的面包，也称硬式面包或乡土面包。

后来面包技术传到了英国,因为英国畜牧业发达,则在面包中加入牛奶、黄油等。随后英国人把此项技术带到美国,美国人则在面包中加了很多糖、黄油及其他大量辅料,就发展成所谓英美式的面包(Anglo-American Type),这种面包原料比较丰富,成本也较高。

明末清初时期,意大利和德国传教士把面包制作技术传入我国东南沿海城市广东、上海等地。

5.2　焙烤食品的原辅料

焙烤食品的生产需要多种原料。原料的质量及特性不仅决定焙烤食品的营养价值、风味、组织结构等,而且对焙烤食品的生产工艺以及焙烤食品生产厂家的经济效益都有着重要的影响。生产焙烤食品所需的原辅料分为基础材料和辅助材料两大类。为了增加焙烤食品的营养价值,改善焙烤食品的风味,提高焙烤食品的品质,则需要另外添加辅助原料。原辅材料的理化特性、化学成分、作用、质量及使用量对焙烤食品的生产及其品质有着十分重要的影响,只有全面掌握,才能运用自如,确保焙烤食品的加工品质和食用品质。这就要求我们必须掌握各种原料的特性、作用和使用方法,以及它们与焙烤食品加工工艺、生产质量的关系。

基础原料包括谷物粉(以小麦粉为主)及水;辅助原料包括糖、蛋品、乳品、油脂、改良剂、甜味剂、酵母、盐、各种馅料、装饰料、营养强化剂、保健原料等。

5.2.1　小麦粉

小麦粉(也称面粉),是制造面包、饼干等焙烤食品最基本的原材料。面粉的性质对于面包等焙烤食品的加工工艺和产品的品质有着决定性的影响,而面粉的加工性质往往是由小麦的性质和制粉工艺决定的。因而从事焙烤食品制造的技术人员一定要了解一些关于小麦和面粉的知识,只有掌握了焙烤食品的这一基本原材料的物理、化学性质后,才能帮助我们解决产品加工及其开发研制中的问题。

1. 小麦的分类

小麦的种类可以根据季节、皮色、粒质进行划分。

小麦按播种季节可分为春小麦和冬小麦。春季播种的小麦称春小麦,春小麦比冬小麦颗粒长大,皮厚、色泽深,蛋白质含量高,但筋力较差。秋季播种的小麦称冬小麦,其出粉率低,颗粒小,蛋白质含量较春小麦少,但筋力较强。我国以冬小麦为主。

小麦按皮色可分为白皮小麦、红皮小麦及介于两者之间的黄皮小麦。白皮小麦呈黄白色或乳白色,皮薄,胚乳含量多,出粉率较高,但筋力较差;红皮小麦粉色较深,呈红褐色,皮厚,胚乳含量少,出粉率较低,但筋力较强。

小麦按胚乳结构呈角质或粉质的多少可分为硬质小麦和软质小麦。将麦粒横向切开,观察其断面,胚乳结构紧密、呈透明状(玻璃质)的为角质小麦,又称硬麦;而胚乳结构疏松、呈石膏状的为粉质小麦,又称软麦。角质小麦蛋白质含量较高,面筋筋力较强;粉质小麦蛋白质含量较低,面筋筋力较弱。

2. 小麦粉的化学组成

小麦粉的化学成分随小麦品种和加工精度的不同而有一定的差异。表5.1列举了面包粉和糕点粉的一般化学组成。

表 5.1 小麦粉的化学组成 单位:%

面粉种类	碳水化合物	蛋白质	脂肪	灰分	水分
面包粉	74～76	11～13	1～1.5	0.5	12～13
糕点粉	75～77	7～9.5	1～1.5	0.4	12～13

(1)碳水化合物

碳水化合物占小麦粉组成的75%左右,其中大部分是淀粉,它是由碳、氢、氧三种元素组成的高分子化合物,又称糖类。一般包含单糖、双糖和多糖。单糖是不能再水解的最简单的六碳糖,其分子内有六个碳,如葡萄糖、果糖、半乳糖等,分子式为 $C_6H_{12}O_6$。双糖指通过水解作用可分解为两分子单糖的糖类,如蔗糖、麦芽糖、乳糖等,分子式为 $C_{12}H_{22}O_{11}$。多糖是水解后能生成多个单糖的糖类,如糊精、淀粉、纤维素等,分子式为 $(C_6H_{12}O_5)_n$。

1)淀粉。淀粉是小麦粉中最多的成分,约占70%。可分为直链淀粉和支链淀粉,前者约占24%,后者约占76%,两者的区别见表5.2。

表 5.2 直链淀粉和支链淀粉的区别

淀粉结构	分子量	与碘的反应	溶解性	比例
直链淀粉	200～1 000 个葡萄糖单位,分子量为 1 万～20 万	聚合度4～6,不反应 聚合度8～12,遇碘变红 聚合度30以上,遇碘呈蓝色	易溶于热水 胶体黏性不大	1/4
支链淀粉	600～6 000 个葡萄糖单位,分子量为 100 万以上,有的可高达 600 万	遇碘变红紫色	加温加压下溶于水中 胶体溶液黏性很大	3/4

淀粉在小麦籽粒中以淀粉粒的形式存在。完整的淀粉粒最外层有一层胶膜,能保护内部免遭外界物质(如酶、水、酸等)的侵蚀或作用,胶膜破损的淀粉粒称为"破损淀粉"。

任何小麦粉都含有一定量的破损淀粉,它是小麦在磨粉的过程中,淀粉颗粒受到过度的研磨而破裂所造成的。小麦粉含有一定量的破损淀粉,不仅可以增加吸水量,还可以大大缓和由于加水量的变化而引起面团黏稠度的剧烈变化。同时破损淀粉可以在常温下被淀粉酶分解产生单糖,以供酵母发酵之需。不过破损淀粉含量也不宜过多,否则将会在一定程度上影响面筋的形成,还会降低面团的持气性能。更为严重的是,它会由于淀粉酶的作用而产生过多的糊精,使面包心发黏。因此,破损淀粉不可没有,也不可过多。例如,美国规定面包粉中破损淀粉的质量分数为5%～8%。

①淀粉的糊化与老化。

a.淀粉的糊化。淀粉在冷水中吸水膨胀,遇热后(大于55 ℃),水分子进入淀粉粒内部,使淀粉粒继续膨胀,其体积可增大几倍至几十倍,最后破裂变为黏稠的胶体溶液,此现象称为糊化。

糊化的本质是水分子进入淀粉的晶体结构中,拆散了淀粉分子间的缔合状态,使淀粉分子失去原有的构型,而成为混乱的排列。糊化淀粉的晶体结构消失。淀粉粒是由众多的葡萄糖分子组成的胶束集合体,分子间的吸引力很强,水分子很难进入胶束中。在面团焙烤过程中,由于温度增高,胶束分子运动的动能增强,当动能超过分子间的吸引力时,胶束即破裂,水分子大量进入胶束中,扩展开的胶束分子相互连接结合成为一个网状的含水胶体,这便是糊化。

b. 淀粉的老化。淀粉的老化也称为回生,凝聚。糊化的淀粉经冷却后,已经展开的散乱的胶束分子会收缩靠拢,于是淀粉制品由软变硬,这种现象称为老化。如果淀粉发生老化,则出现混浊现象,溶解度降低;溶质沉淀,沉淀物不能再溶解,也不容易为酶所分解。

淀粉老化在焙烤食品中,直接影响制品的质量和消化吸收率。淀粉制品老化后,质地变硬,品质变劣,风味变坏,消化吸收率降低。

②淀粉在焙烤食品中的作用。

a. 淀粉水解发酵,产生气体,使面包等发酵产品体积膨大。面团发酵时,淀粉水解产生单糖,被酵母利用,产生充足的二氧化碳气体(面包、馒头等发酵食品的优劣主要取决于二氧化碳产生量及保持量),焙烤时面包形成无数孔隙,松软适口。尤其对主食面包的生产起关键作用。

b. 决定焙烤期间产生糊精的程度。发芽、冻伤的小麦磨制的面包粉产生的糊精过多,使面包、馒头发软,颜色加深。

c. 决定烘烤时的吸水量。淀粉具有一定的吸水量,为蛋白质的20%,可调节面筋的胀润度。在糕点、饼干生产中,当遇到面筋含量过高的面粉,可加5%~10%的淀粉来控制面筋的形成,防止糕点变硬、饼干收缩变形。

2)游离糖。面粉中含有少量游离糖,主要包括葡萄糖、果糖、蔗糖、蜜二糖和蜜三糖,约占面粉重的3%。在面包生产中糖既是酵母生长的能量来源,又是形成面包色、香、味的基础物质。

3)纤维素。面粉中纤维素的质量分数占0.2%~0.3%。影响面包的口感和外观,而且不易被人体吸收。但纤维素有利于胃肠蠕动,促进对其他营养成分的消化吸收,降低血糖和血脂;有利于预防糖尿病和动脉硬化。

(2)蛋白质

小麦中的蛋白质是构成面筋的主要成分,在焙烤制品生产中起着特别重要的作用。我国小麦蛋白质质量分数(干基)在9.9%~17.6%,大部分在12%~14%。与世界上主要产麦国的冬小麦相比,蛋白质属于中等水平。

蛋白质在小麦中的分布是不均匀的,主要分布在胚乳中,而以胚乳外层含量最多。因此,不同磨粉方法所制出的不同种类的面粉,其蛋白质含量有所差异。出粉率高的标准粉中的蛋白质含量高于出粉率低的特制粉。

①面粉中蛋白质的分类。面粉中的蛋白质根据溶解性不同可分为麦谷蛋白、麦胶蛋白、麦清蛋白、麦球蛋白和酸溶蛋白五种(表5.3)。

表5.3　面粉中蛋白质的种类及相关特性

蛋白质种类	质量分数/%	提取法	品质特性	功能
麦谷蛋白	35~45	烯酸或稀碱	分子较大,具有良好的弹性,延伸性较差	形成面筋
麦胶蛋白	55~65	70%酒精	分子较小,具有良好的延伸性,弹性较差	形成面筋
麦清蛋白 麦球蛋白	7.5~8.75	稀盐溶液		不形成面筋
酸溶蛋白	16.5~20.5	酸溶液		不形成面筋

从表5.3可以看出,能形成面筋构成烘焙食品骨架的蛋白质只有麦谷蛋白和麦胶蛋白。这两种蛋白质约占总蛋白质的80%。因此,麦谷蛋白和麦胶蛋白是影响面粉烘焙品质的决定性因素,而这两种蛋白质在品质特性上又存在着很大差异。在各种谷物面粉中,只有小麦蛋白

质能吸水而形成面筋。

麦胶蛋白可溶于乙醇中,故称醇溶蛋白,由它组成类似的同种蛋白质的混合物。通过自由界面电泳、凝胶电泳对小麦蛋白质进行深入研究后,发现麦胶蛋白质并不是均一的,而是由 α-、β-、γ-、ω-、麦胶蛋白等多种蛋白组分组成的。这些组分在氨基酸组成上都有一定的差异。大多数麦胶蛋白质的相对分子质量为 36 000。

麦胶蛋白的二硫键主要是在分子内形成的,在受到还原剂作用后,分子内二硫键便被破坏,仅仅是分子形状发生了变化。麦胶蛋白各分子之间可能通过次级键(氢键、离子键和疏水键)作用形成聚集体,彼此之间互相作用形成似绳索结构,而且这种聚集作用是可逆的。

麦胶蛋白中含有相对分子质量大的蛋白质,其平均相对分子质量为 104 000,加入还原剂后破坏了分子中的二硫键,相对分子质量下降,表明还原后的蛋白质主要由相对分子质量为 44 000 的亚基和少量相对分子质量为 34 500 的亚基组成,据此证明,相对分子质量高的麦胶蛋白都是由各种不同的相对分子质量低的肽链亚基通过分子间二硫键交联形成的。

麦谷蛋白是由 15 种不同亚基组成的复杂混合物。麦谷蛋白的亚基通过亚基间二硫键交叉连接构成面筋复合体。麦谷蛋白趋向于形成分子间二硫键,因而使面筋具有弹性。如果向麦谷蛋白中加入还原剂,就会失去弹性,麦谷蛋白和麦胶蛋白形成二硫键(分子间和分子内)之所以不同,是由于二者在氨基酸排列顺序上各不相同。

麦谷蛋白比麦胶蛋白具有较少的 α-螺旋结构,而且肽链更加松散,其分子结构是比较松散的。天然状态下的麦胶蛋白呈结构紧密的球形分子,这是麦谷蛋白吸水能力远远大于麦胶蛋白吸水能力的重要原因。

麦胶蛋白分子中呈球形的二硫键都分布在分子内部,各分子之间能通过次级键作用形成聚集体,具有特异的微纤丝结构,之间相互形成似绳索的结构。而麦谷蛋白除分子内有二硫键,许多麦谷蛋白的亚基除通过二硫键外,还有分子间二硫键彼此连接起来,形成纤维状大分子,使麦谷蛋白不易流动,故麦谷蛋白富有弹性,但缺乏延伸性。麦胶蛋白没有这种连接,因此,麦胶蛋白具有良好的延伸性,但缺乏弹性。面筋的弹性和延伸性,有保持面粉发酵时产生的二氧化碳气体的作用,使烘焙的面包多孔柔软。

②面粉中蛋白质的数量和质量。面粉的烘焙品质由蛋白质的数量和质量两个方面来决定。一般来说,面粉中蛋白质的含量越高,则做出的面包体积越大,反之越小。但有些面粉蛋白质含量较高,但面包体积很小,这说明面粉的烘焙品质仅靠蛋白质含量来评定是不科学的。

面粉加水搅拌时,蛋白分子吸水膨胀并通过分子之间氢键和疏水键结合成纤维状聚合体,随着不断搅拌形成了面筋网络。

其中,麦胶蛋白形成的面筋具有良好的延展性,但缺乏弹性,有利于面团的整型操作,但面筋筋力不足,很软,很弱,使成品体积小,弹性较差。

麦谷蛋白形成的面筋则有良好的弹性,筋力强,面筋结构牢固,但延伸性差。如果麦谷蛋白含量过多,势必造成面团弹性和韧性太强,无法膨胀,导致产品体积小,或因面团韧性和持气性太强,面团内气压大而造成产品表面开裂。

如果麦胶蛋白含量过多,则造成面团太软,面筋网络结构不牢固,持气性差,面团过度膨胀,导致产品出现顶部塌陷、变形等不良结果。所以麦胶蛋白或麦谷蛋白之间在量上要成比例。这两种蛋白质的相互作用使面团具有合适的弹性、韧性,又有理想的延伸性。

选择面粉时应按以下原则:在面粉蛋白质数量相差很大时,以数量为主;在蛋白质数量相差不大时,以质量为主。

（3）酶

酶是生物化学反应不可缺少的催化剂，它有一个特殊性质，称为专一性，即某一种酶只能作用于某一种特定的物质，而不像其他催化剂那样可作用于多种物质。存在于小麦粉中的酶主要有淀粉酶、蛋白酶和脂肪酶。

①淀粉酶。淀粉酶对面包制作有很重要的作用，它能使淀粉转化为麦芽糖进而转化为葡萄糖，满足酵母发酵时的需要；它在分解淀粉时产生的糊精还能改变面团的性质，使之更适合制作面包。不过能被淀粉酶所分解的淀粉只有糊化淀粉和破损淀粉，完整的淀粉颗粒不容易被淀粉酶所分解。

小麦粉中的淀粉酶有 α-淀粉酶和 β-淀粉酶。α-淀粉酶能迅速将淀粉分子分解为低分子糊精，使淀粉胶体黏度变小，因而又称为液化酶；β-淀粉酶分解淀粉的速度极为缓慢，但它能加速分解由 α-淀粉酶产生的糊精，得到麦芽糖，因而又称为糖化酶。β-淀粉酶对热不稳定，易受热破坏，故主要作用于面包生产的基本发酵、中间醒发和最后醒发等入炉烘烤前的阶段。α-淀粉酶对热较稳定，在 70~75 ℃时仍能进行水解作用且在一定温度范围内，温度越高，水解作用越快。所以在面包烘烤阶段，当淀粉达到糊化温度后仍能被水解生成糊精。α-淀粉酶在烤炉内的作用对于面包品质的改善有极大的帮助。

正常的小麦粉含有一定量的 β-淀粉酶，而 α-淀粉酶只是在小麦发芽时才产生，因此正常的小麦粉中含量极少，这就使淀粉受酶作用分解的速度主要取决于 α-淀粉酶的含量。适量的 α-淀粉酶能够加快面团的发酵速度，改善面包结构和面包皮颜色，增加面包体积，延缓面包老化；但含量过多则会在面团中集聚大量糊精，造成面包心发黏而潮湿，缺少弹性，结构变差，颜色发暗，体积变小。对 α-淀粉酶含量不足的小麦粉（正常的小麦粉），一般可用添加 α-淀粉酶制剂或麦芽粉的方法来弥补；而对含量过多的小麦粉，例如发芽小麦、冻害小麦、未成熟小麦等磨制的面粉，只有采取提高面团酸度（如加入适量乳酸）以抑制酶活力，或者与正常小麦粉适量搭配的办法来解决。

由于 α-淀粉酶活力的测定十分复杂，专用小麦粉行业标准使用降落数值（F_N）来表明其活力情况。降落数值是以 α-淀粉酶能使淀粉凝胶液化，使黏度下降这一原理为依据，以一定重量的搅拌器在被酶液化的热凝胶糊化液中下降一段特定高度所需的时间（s）来表示的。根据黏度的变化反映酶的含量。黏度小，降落数值小，表明酶活性强。正常小麦粉的 F_N 值一般在 200~400 s，发芽小麦粉则在 150 s 以下。表 5.4 列出了各种专用小麦粉的 F_N 值。

表 5.4　专用粉的 F_N 值（根据 SB/T 10136~10145—93）

品种	面包粉	面条粉	馒头粉	饺子粉	酥性饼干粉	发酵饼干粉	蛋糕粉	糕点粉
F_N 值/s	250~350	≥200	≥250	≥200	≥150	250~350	≥250	≥160

②蛋白酶。小麦粉中的蛋白酶含量极少，而且通常处于抑制状态。但如果有硫基（硫氢基，-SH）化合物存在，例如半胱氨酸、谷胱甘肽等，就会使它活化。活化后的蛋白酶能够使面筋蛋白质水解，使面团软化。这对筋力太高的小麦面团来说，不仅可以缩短搅拌时间，还能增加面团的弹性和延伸性。不过蛋白酶的活力不能太高，否则将使面筋过度弱化，影响面包品质。

③脂肪酶。脂肪酶对面包、饼干的制作影响不大，但对已调配好的蛋糕粉则有影响，因为它可分解面粉里的脂肪成为脂肪酸，易引起酸败，缩短储藏时间。

（4）脂肪

面粉中的脂肪通常为 1%~2%。由不饱和程度较高的脂肪酸组成，因此面粉在储藏过程中及制成饼干后的保存期中与脂肪的关系很大。特别是无油饼干,饼干中所含脂肪量虽极低,但也较易酸败。

面粉在储存过程中,脂肪受脂肪酶的作用产生的不饱和脂肪酸可使面筋弹性增大,延伸性及流散性变小,结果可使弱力粉变成中力粉,中力粉变成强力粉。这其中还与蛋白质分解酶的活化剂——硫氢基化合物被氧化有关。陈粉比新粉更适合做面包,因为陈粉比新粉筋力好,胀润值大。

(5)水

经过干燥成为商品的小麦水分与当地的气温、湿度有关,大约在 8% ~18% 之间。我国小麦则在 11% ~13% 之间。水分太高会降低小麦的储藏性,引起变质。而且,水分高的小麦也会给制粉带来困难。

面粉中的水分以游离水和结合水两种状态存在。游离水又称自由水,面粉中的水分绝大部分处于游离水状态,面粉水分的变化也主要是游离水的变化。它在面粉内的含量受环境温度、湿度的影响。结合水又称束缚水,它以氢键与蛋白质、淀粉等亲水性高分子胶体物质相结合,在面粉中含量稳定。

面粉中水分的这两种状态并不是绝对不变的。在调制面团时,由于加水和搅拌,随着蛋白质和淀粉的吸水,一部分游离水便进入胶体分子内形成结合水。此时干凝胶便成为含水凝胶面团。这两种状态的水在面团中的比例,影响着面团的物理性质。在烘焙过程中,游离水遇热后首先蒸发而减少之后,随着蛋白质变性和进一步受热分解,一部分结合水也被除去。此时,面包便定型,并引起色、香、味的变化。

(6)矿物质

小麦和面粉中的矿物质是用灰来测定的。小麦籽粒的灰分(干基)为 1.5% ~2.2%。小麦矿物质在籽粒各部分的分布很不均匀,皮层和胚部的灰分含量远高于胚乳,皮层灰分为 5.5% ~8%,胚乳仅为 0.28% ~0.39%,皮层灰分是胚乳的 20 倍。皮层中糊粉层的灰分最高,据分析,糊粉层部分的灰分占整个麦粒灰分总量的 56% ~60%。

小麦籽粒不同部分灰分含量的明显差别,提供了一种简便的检查制粉效率和小麦面粉质量的方法。小麦的灰分含量越高,说明胚乳含量越低。面粉的灰分比小麦中胚乳的灰分增加越多,说明面粉中混入的皮层越多,面粉的精度越低。我国国家标准把灰分作为检验小麦粉质量标准的重要指标之一。特制一等粉灰分(以干物计)不得超过 0.70%,特制二等粉灰分应低于 0.85%,标准粉灰分小于 1.10%,普通粉灰分小于 1.40%。

(7)维生素

小麦和面粉中主要的维生素是复合维生素 B 和维生素 E,维生素 A 的含量很少,几乎不含维生素 C 和维生素 D。

在制粉过程中,维生素显著减少。这是因为维生素主要集中在糊粉层和胚芽部分,因此出粉率高、精度低的面粉维生素含量高于出粉率低、精度高的面粉。低等粉、麸皮和胚芽的维生素含量最高。

维生素 E 大量存在于小麦胚芽中,因此麦胚是提取维生素 E 极为宝贵的资源。除了在制粉过程中小麦粉维生素显著减少外,在烘焙食品过程中又因高温使面粉维生素受到部分破坏。为了弥补小麦粉中维生素的不足,发达国家多采用添加维生素以强化面粉和食品的营养。

3. 小麦粉的分类

我国小麦粉有等级粉(通用粉)和专用粉两大类。

（1）等级粉

等级粉是按加工精度分等的,其种类及质量指标已由国家标准(GB 1355—86)作了规定(见表5.5)。

表5.5　等级粉的质量指标

等级	加工精度	灰分(干基)/%	粗细度	湿面筋/%	含砂量/%	磁性金属/%	水分/%	脂肪酸值	气味
特制一等	按实物标准样对照检验粉色麸星	≤0.70	全部通过 CB36 号筛,留存在 CB42 号筛的不超过 10.0%	≥26.0	≤0.02	≤0.003	≤14.0	≤80	正常
特制二等	按实物标准样对照检验粉色麸星	≤0.85	全部通过 CB30 号筛,留存在 CB36 号筛的不超过 10.0%	≥24.0	≤0.02	≤0.003	≤14.0	≤80	正常
标准粉	按实物标准样对照检验粉色麸星	≤1.10	全部通过 CQ20 号筛,留存在 CB30 号筛的不超过 20.0%	≥24.0	≤0.02	≤0.003	≤13.5	≤80	正常
普通粉	按实物标准样对照检验粉色麸星	≤1.40	全部通过 CQ20 号筛	≥22.0	≤0.02	≤0.003	≤13.5	≤80	正常

（2）专用粉

我国在1998年颁布了专用小麦粉的国家行业标准,代号为 SB/T 10186-10125-930。

表5.6　我国初级专用小麦粉指标

种类	蛋白质/%	湿面筋/%	应用
强力粉	11 ~ 14	30 ~ 40	面包
中力粉	9 ~ 11	24 ~ 30	韧性饼干
弱力粉	8 ~ 9	22 ~ 26	糕点、酥性饼干

表5.7　我国专用小麦粉指标(SB/T 10136 ~ 10145)

种类		水分/%	灰分/% ≤	湿面筋/% 干基计	粉质曲线稳定	降落数值/s
面包粉	1	14.5	0.60	≥33	≥10	250 ~ 350
	2	14.5	0.75	≥30	≥7	50 ~ 350
发酵饼干粉	1	14.0	0.55	24 ~ 30	≤3.5	250 ~ 350
	2	14.0	0.70	24 ~ 30	≤3.5	250 ~ 350
酥性饼干粉	1	14.0	0.55	22 ~ 26	≤2.5	≥150
	2	14.0	0.70	22 ~ 26	≤3.5	≥150
蛋糕粉	1	14.0	0.53	≤22.0	≤1.5	≥250
	2	14.0	0.65	≤24.0	≤2.0	≥250
糕点粉	1	14.0	0.55	≤22.0	≤1.5	≥160
	2	14.0	0.70	≤24.0	≤2.0	≥160

4. 面粉的工艺性能

（1）面筋

①面筋的组成。将面粉调成面团后，用水反复冲洗，最后剩下的胶状物质称为面筋。

湿面筋含量（质量分数，下同）在 26%~35% 的称为中力粉，适合制作馒头、面条；湿面筋含量在 26% 以下的是弱力粉，适合制作糕点、饼干。

面筋是较为复杂的蛋白质水合物，面筋中除含有少量的脂肪、糖、淀粉、类脂化合物等非蛋白质物质外，主要由水、麦胶蛋白和麦谷蛋白组成，见表5.8。一些学者证实，从面粉中提取的面筋含蛋白质约80%（干基），脂类为8%，其余为碳水化合物、灰分和糖类。其中麦胶蛋白占42.3%，谷物蛋白占39.1%，其他蛋白质约占4.41%。面筋所含蛋白质约为面粉总蛋白质的90%，其他10%为可溶性蛋白质、球蛋白和清蛋白，在洗面筋时溶于水中流失。

表 5.8　淀粉面筋质的成分　　　　　　　　　　　　　　　　单位：%

种类	水分	蛋白质	淀粉	脂肪	灰分	纤维
湿面筋	67.0	26.4	3.3	2.0	1.0	0.3
干面筋	0.0	80.10	10.0	6.0	3.0	1.0

小麦粉面筋的含量随品种的不同、出粉率的不同而不同。通常面筋含量与面粉筋力的强弱有关，国际上根据湿面筋含量及工艺性能，将小麦粉分为四等：高筋粉（强筋粉），湿面筋含量>30%，弹性好，延伸性大或适中；中筋粉：湿面筋含量26%~30%，弹性好，延伸性小或弹性中等；中下筋粉，湿面筋含量20%~25%，弹性小，韧性差，由于本身重量自然延伸和断裂；低筋粉，湿面筋含量<20%，弹性差，易流散。

也有的根据干面筋含量将小麦粉分为三等，即：高筋粉，干面筋含量为30%；中筋粉，干面筋含量为10%~13%；低筋粉，干面筋含量<10%。

在一个品种内，随面筋含量增加，面包体积变大。但不同品种之间这种差异相当悬殊，同是12%面筋含量的不同小麦粉，其面包体积的变幅宽在3%~12%之间。面筋含量为6%的小麦粉其面包体积可能比面筋含量为18%的还大，这就反映了面筋质量的影响，面包品质与蛋白质面筋含量无显著相关，而与面筋质量无例外地成显著正相关。这表明仅根据面筋或蛋白质作评价是很不够的，必须同时考虑面筋质量的问题，才能做出客观评价。

②面筋蛋白质的水化作用。蛋白质具有胶体的一般性质。在蛋白质分子表面分布有各种不同的亲水基。由于这些基团的静电作用，把无数极性的水分子吸附到表面形成一层水膜。接近蛋白质表面的水分子，由于静电引力的作用有着严格的排列顺序，离蛋白质表面越远的水分子，它在溶液中的排列也越混乱。

蛋白质的水溶液称为胶体溶液或溶胶，溶胶性稳定，不易沉淀。在一定条件下，如溶胶浓度增大或温度降低，蛋白质溶胶失去流动性而成为软胶状态，这个过程叫蛋白质的胶凝作用，所形成的软胶叫凝胶，凝胶进一步失水成为固态的干凝胶。面粉中的蛋白质即属于干凝胶。

干凝胶能吸水膨胀形成凝胶，继续吸水可形成溶胶。干凝胶吸水膨胀形成凝胶后若不继续吸水，称为有限膨胀；若继续吸水形成溶胶，称为无限膨胀。洗面筋时的麦胶蛋白和麦谷蛋白属于有限膨胀，而麦清蛋白和麦球蛋白属于无限膨胀。

蛋白质是高分子亲水性化合物，由非均态部分组成，分子中有碳基、氨基等基团存在。

由氨基酸缩合而成的肽链是分子中的主链，此外尚有很多侧链。主链的一边是亲水性基团，如—OH、COO—、—NH$_2$ 等；另一边是疏水性基团，如—CH$_3$、—C$_2$H$_5$ 等。蛋白质分子接近球形,其核心部分由疏水性基团构成,外壳由亲水性基团构成。

当蛋白质胶体遇水时,水分子与蛋白质的亲水基团互相作用形成水化物——温面筋。这种水化作用不仅在胶粒表面而且在蛋白质分子的内部进行。在表面作用阶段,体积增加不大,水量吸收较少,是放热反应。当胀润作用进一步进行时,水分子会以扩散方式进入到蛋白质分子中去,此时蛋白质胶体粒子可以看做是一个渗透袋。因为胶粒核心部分的低分子可溶部分溶解后使浓度增加,形成一定的渗透压,这样会使胶粒吸水量大增,面团体积膨大,反应不放热。

③面筋形成机理。关于面筋的形成机理,过去有过许多研究,但至今见解不一。大多数人认为面筋的形成主要是面筋蛋白质吸水膨胀的结果。当面粉和水揉成面团后,由于面筋蛋白质不溶于水,其空间结构的表层和内层都存在一定的极性基团,这种极性基团很容易把水分子先吸附在面筋蛋白质单体表层,经过一段时间,水分子便渐渐扩散渗透到分子内部,造成面筋蛋白质的体积膨胀,这种现象称为蛋白质的吸水膨胀。充分吸水膨胀后的面筋蛋白质分子,彼此依靠极性基团与水分子纵横交错地联结起来逐步形成面筋网络。由于面筋蛋白质空间结构中存在着硫氢键,在面筋形成时,它们很容易通过氧化,互相结合形成二硫键。这就扩大和加强了面筋的网络组织,随着时间的延长和对面团的揉压,促使面筋网络进一步完成细密化。由此可见,面筋主要是面粉中的麦胶蛋白与麦谷蛋白混合体系通过吸水膨胀形成的,如果这种体系遭到破坏,面筋便不能形成。

面筋的吸水性能与温度有关,低温会影响面筋蛋白质的吸水膨胀,高温会使面筋蛋白质变性。面筋蛋白质吸水膨胀的最适温度为30 ℃。面筋蛋白质的吸水膨胀需要有一个过程,即要有一个静止时间。这对制作面包特别重要。

④面筋形成过程。面粉加水和成面团时,麦谷蛋白首先吸水胀润,同时麦胶蛋白、酸溶蛋白及水溶性的清蛋白和球蛋白等成分也逐渐吸水胀润,分子间相互联结。麦胶蛋白、麦谷蛋白及残基蛋白互相按一定的规律相结合,随着不断地揉和组成面筋网络,形成一种结实并具有弹性的像海绵一样的网络结构而构成骨架。其他成分如脂肪、糖类、淀粉和水都包藏在面筋骨架的网络之中,形成连续的面团结构。由于麦胶蛋白分子较小和具有紧密的三维结构,而使面筋具有弹性。麦谷蛋白是由于多肽链间的二硫键和许多次级键的共同作用,而使面筋具有弹性。二者结合使面筋具有膨胀性、延伸性和弹性。麦胶蛋白形成的面筋具有良好的延伸性,有利于面团的整型操作,但面筋筋力不足,很软弱,从而使制成品体积小、弹性较差;麦谷蛋白形成的面筋则有良好的弹性,筋力强,面筋结构牢固,但延伸性差。如果麦谷蛋白含量过多,势必造成面团弹性、韧性太强,无法膨胀,导致产品体积小,或因面团韧性和持气性太强,面团气压大而造成产品表面开裂。如果麦胶蛋白含量过多,则造成面团太软,面筋网络结构不牢固,持气性差,面团过度膨胀,导致产品出现顶部塌陷、变形等不良结果。由此可知,麦胶蛋白和麦谷蛋白含量高低,不仅决定了面筋数量多少,而且二者比例与面筋品质强度有很大关系。只有这两种蛋白质共同存在,并以一定的比例相结合时,才共同赋予小麦面筋所特有的性质。

⑤影响面筋形成的主要因素。

a. 温度。温度会影响蛋白质吸水形成面筋,面筋蛋白质吸水最适宜的温度为30 ℃。温度过低会影响蛋白质吸水形成面筋。我国北方冬季温度低,水温、粉温都很低,会影响在调粉时面筋形成与发酵,为了避免低温这样的不利影响,最好将面粉存于暖库或提前搬入车间,以此来提高粉温。必要时,可用温水调粉,来加速面筋的形成。一般情况下,在30 ~ 40 ℃之间,面筋形成率最高,温度过低则面筋溶胀过程延缓而形成率降低。

b. 放置时间。面筋的形成过程实际上是靠蛋白质的水化作用来完成的。面筋蛋白质充分吸水胀润、二硫键的互相结合、形成面筋网络的次级键及面筋网络的进一步结合,均需要一定的时间。因此,面团调制后必须放置一段时间,以利于面筋的形成。

这一点对面包、饺子、面条生产来说是非常重要的,但对于饼干或糕点等低筋面团来说,面团静置后,随着面筋的形成,会给生产和产品质量带来不良影响。

用冻伤的小麦或干燥过度的小麦制成的面粉,静置有利于面筋的形成。用虫蚀小麦的面粉调成面团静置可降低面筋的生成量,这是由于虫蚀小麦中的蛋白酶活性强,在面团静置时,蛋白质被蛋白酶分解,影响面筋的形成和面筋的性能。

c. 面粉的质量。蛋白质含量决定面筋的形成量。面筋的形成量随蛋白质含量的提高而增加。硬质、玻璃质小麦生产的面粉,面筋的形成量较高。

⑥面筋的工艺性能。评定面筋质量和工艺性能的指标有延伸性、可塑性、弹性、韧性和比延伸性。

a. 延伸性。指湿面筋被拉长至某长度后而不断裂的性质。测定面筋延伸性。的现代方法是采用"拉伸仪",后面会详细叙述。延伸性好的面筋,面粉的品质一般也较好。

b. 可塑性。指湿面筋被压缩或拉伸后不能恢复原来状态的能力。

c. 弹性。指湿面筋被压缩或拉伸后恢复原来状态的能力。面筋的弹性也可分为强、中、弱三等。弹性强的面筋,用手指按压后能迅速恢复原状,且不黏手,不留下手指痕迹,用手拉伸时有很大的抵抗力。弹性弱的面筋,用手指按压后不能复原,黏手并留下较深的指纹,用手拉伸时抵抗力很小,下垂时,会因本身重力自行断裂。弹性中等的面筋,则其性能介于以上两者之间。

d. 韧性。韧性是指面筋被拉伸时所表现出的抵抗力。一般来说,弹性强的面筋,韧性也好。

e. 比延伸性。比延伸性是以面筋每分钟能自动延伸的厘米数来表示的。面筋质量好的强力粉一般每分钟仅自动延伸几厘米,而弱力粉的面筋每分钟可自动延伸超过 100 cm。

根据面粉制作面包的工艺性能,综合上述性能指标,可将面筋分为以下三类:优良面筋:弹性好,延伸性大或适中;中等面筋,弹性好,延伸性小,或弹性中等,比延伸性小;劣质面筋,弹性小,韧性差,由于本身重力而自然延伸和断裂,完全没有弹性或冲洗面筋时不黏结而流散。

不同烘焙食品对面筋的工艺性能的要求也不同。制作面包要求弹性和延伸性都好的面粉;而制作糕点、饼干则要求弹性、韧性、延伸性都不高,但可塑性良好的面粉。如果面粉的工艺性能不符合所制食品的要求,则需添加面粉改良剂或用其他工艺措施以改善面粉的性能,使其符合所制食品的要求。

溴酸钾、碘酸钾、偶氮甲酰胺、抗坏血酸等面粉改良剂均对面筋性能的改善有重要作用。随着酸的浓度不同,它们可以增强或降低面筋的吸水能力,使面筋变弱或变得坚实。

不饱和脂肪酸对面筋的工艺性能也有很大影响。在面粉中只要加进 $0.1\% \sim 0.5\%$ 的油酸,就能使面筋的韧性增强。用储存过久、酸度过高的面粉洗出的面筋,开始时显得很松散而呈小块,过一段时间后便黏结在一起而成为韧性很强的面筋。

高温可使面筋蛋白质变性。局部变性能使面筋的软胶强化,使弱面筋的性质变强;而过度变性则会破坏面筋的工艺性能,增强面筋的可塑性。

面筋的弹性、韧性、延伸性是面粉品质的重要指标。目前,国际上通用粉质仪、拉伸仪来进行综合测定,评价面筋的上述性质。

（2）面粉的工艺性能评价

①粉质仪法。粉质仪是使用最普通的面团性能测定仪器。它是根据搅拌的原理将面团性能的各种数据记录在曲线图上。图5.1是用粉质测定仪所测定的面团性质图或称粉质曲线图。曲线图绘制在一张印有标度的专用纸上。垂直曲线之间每移一格需用半分钟。图上有50根间隔均匀的水平线，代表1 000个布拉班德单位（BU），每格是20个单位，用来表示面团的稠度（Consistency）。

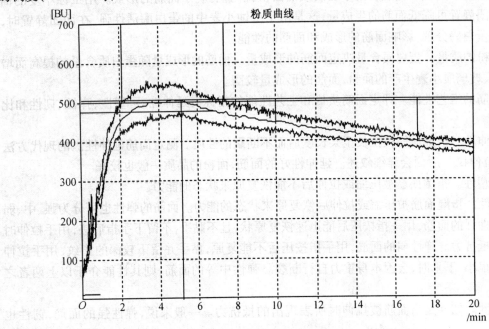

图5.1 面粉粉质曲线图

从粉质曲线图上可直接得到如下有关面粉品质的指标：

a. 吸水率。吸水率指使面团最大稠度处于（500±20）BU时所需的加水量，以占14%湿基面粉质量的百分数表示，准确到0.1%。以正式测定时一次加水（在25 s内完成）量为依据。

以容纳50 g面粉的小号钵为例，吸水率计算方法为：

$$吸水率（\%）=2(X+Y-50) \tag{5.1}$$

式中　X——最大稠度集中在500 BU标线时所消耗的水分体积（mL）数；

　　　Y——测定时所用小麦粉的质量，相当于湿基14%时的50 g面粉。

小麦粉的吸水率高，则做面包时加水量大，这样不仅能提高单位重量小麦粉的面包出品率，而且能做出疏松柔软、存放时间较长的优质面包。但也有吸水率大的小麦粉做出的面包品质不良的情况，因此，并非吸水率越高越好。一般面筋含量多、质量好的小麦粉吸水率较高。面包粉的吸水率一般为（60±2.5）%。

b. 面团形成时间（D）。面团形成时间指从零点（开始加水时）直至面团稠度达最大时所需搅拌的时间，准确到0.5 min。一般软麦的弹性差，形成时间短，在1～4 min之间，不适宜做面包；硬麦弹性强，形成时间在4 min以上。美国面包粉的形成时间要求为（7.5±5）min。我国商品小麦粉的形成时间均为2.3 min。

c. 稳定时间（E）。稳定时间定义为时间差异，指曲线首次到达500 BU（到达时间）和离开500 BU（衰减时间）之间的时间差，准确到0.5 min。如果曲线在最大稠度时不是准确地集中在500 BU标线，如在490 BU或510 BU，则必须在490 BU或510 BU处画一条平行于500 BU

的标线,用这条标线来测取曲线达到和离开的时间差。也有用曲线图形中心线到达和离开(500±20)BU的时间进行计算的。例如,美国面包粉的稳定时间要求为(12±1.5)min。

面团的稳定性好,反映其对剪切力降解有较强的抵抗力,也就意味着其麦谷蛋白的二硫键牢固,或者这些二硫键处在十分恰当的位置上。过度稳定状态的面粉可使用半胱氨酸这类试剂使之降到适当的程度或与稳定性差的面粉搭配使用。面团的稳定性说明面团的耐搅拌程度。稳定时间越长,韧性越好,面筋的强度越大,面团加工性质好。稳定性是粉质仪测定的最重要指标。曲线的宽度反映面团或其中面筋的弹性,越宽弹性越大。

d. 衰减度或软(弱)化度(H)。衰减度或软(弱)化度指曲线最高点中心与达到最高点后12 min 曲线中心两者之差,用BU 表示。美国面包粉软化度要求为20 ~ 50 BU。软化度表明面团在搅拌过程中的破坏速率,也就是对机械搅拌的承受能力,也代表面筋的强度。指标数值越大,面筋越弱,面团越易流变、塌陷变形,面团不易加工,面包烘焙品质不良。

e. 机械耐力系数。机械耐力系数指粉质曲线最高峰时的粉质曲线高度与 5 min 后的粉质曲线高度之间的差值,单位是 BU,此值越小,表示面粉的筋力越强。

f. 面团初始形成时间。从面粉加水搅拌开始计算,粉质曲线达到 50 BU 线时所需的时间。此值越大,表示面粉吸水量越大,面筋扩展时间也越长。该时间亦表示面粉吸水时间长短,即面团初始形成时间。

g. 离线时间。指从面粉加水搅拌开始计算到粉质曲线离开 500 BU 线时所经过的时间。此值越大,表示面粉筋力越强。

h. 断裂时间。从加水搅拌开始到从曲线最高处起降低 30 BU 所经过的时间。该值说明,如果继续搅拌,面筋将会断裂,即搅拌过度。它反映了面团搅拌时间的最大值。

i. 评价值。从曲线最高处开始下降算起 12 min 后的评价计记分,刻度为 0 ~ 100。评价计是本仪器特制的一种尺子,它根据面团形成时间和面团软化度等给粉质图一个单一的综合记分。国外有根据评价值给小麦粉进行分类的报道,认为强力粉评价值大于 65,中力粉 50 ~ 65,弱力粉小于 50,我国商品小麦评价值平均为 38。

根据粉质图可将小麦粉划分为下列类型:①弱力粉面团形成时间和稳定时间短,急速从500 BU线衰退;②中力粉面团形成和稳定时间较长;③强力粉面团形成时间和稳定时间长,耐搅拌指数较小;④超强力粉在正常的粉质仪搅拌器转速(60 r/min)时,稳定时间达 20 min 以上,难以表示面粉质量的有关数据。此时应将转速改为 90 r/min,重新测定。

②拉伸仪。拉伸仪可以同时测定面团的延伸性和韧性或称抗延伸性。使用该仪器时,为了使所测数据准确可靠,应首先用粉质仪的搅拌器来调制面团,然后称取 150 g 面团在拉伸仪上滚圆、发酵,拉伸至面团断裂。面团断裂后重新整形再重复上述操作 3 次,即 25 min、90 min、135 min 共 3 次。图 5.2 是熟化适当的面团在 25 min 和 135 min 两种情况的面团延伸性曲线图。

延伸性是面团开始拉伸直至断裂时而绘制曲线的水平长度,以 cm 表示。从拉伸图上可得到如下有关面团性能的数据。

a. 延伸性。延伸性是以面团从开始拉伸直到断裂时曲线的水平总长度来表示的。

b. 韧性。韧性是以拉伸单位 BU 来表示面团拉至固定距离 50 mm 时曲线所达到的最高BU。

c. 曲线面积。曲线面积指曲线与底线所围成的面积,以 cm² 表示,用求积仪测得。曲线面积亦称拉伸时所需的能量。它表示面团筋力或小麦面粉搭配的数据,该值低于 50 cm² 时,表示面粉烘焙品质很差。能量越大,表示面粉筋力越强,面粉烘烤品质越好。

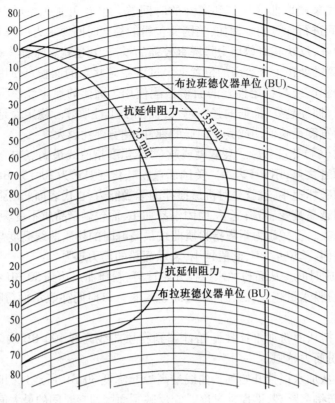

图 5.2　面团拉伸曲线

d. 拉伸比值。抗延伸阻力(BU)与延伸性(mm)之比,以 cm² 表示,用求积仪测量。代表面团的强度。

实际上,反映面粉特性最主要的指标是能量与比值。能量越大,面团强度越大。拉伸图可反映麦谷蛋白赋予面团的强度和抗延伸阻力,以及麦胶蛋白提供的易流动性和延伸所需要的黏合力。

根据拉伸图可将小麦粉划分成下列类型:

a. 弱力粉。面团抗拉伸阻力小于 200 BU,延伸性也小,在 155 mm 以下。或延伸性较大,达 270mm,抗拉伸阻力小于 200 BU。延伸性短的适合制作在嘴里易于溶化的饼干类食品;延伸性长和弹性小的适合制作面条类食品。

b. 中力粉。面条抗拉伸阻力较大,延伸性小;或阻抗性中等,延伸性小,适合做馒头。

c. 强力粉。阻抗性大,在 350 ~ 500 BU,延伸性大或适中,在 200 ~ 250 mm,比较适宜做主食面包。

d. 特强力粉。阻抗性达 700 BU 左右,而延伸性只有 115 mm 左右。其阻抗力量过强,面团僵硬、不平衡,称为顽强抵抗面团,用其做面包则体积小,瓤气孔大而不均匀,孔壁粗糙、干硬。该粉可用于挂面或通心面条,防止断条。

面团比值即抗拉伸强度(R/E),它将面团延伸性和抗拉伸阻力两个指标综合起来判断面粉品质。比值过小,意味着阻抗性小,延伸性大。这样的面团发酵时会迅速变软和流散,面包或馒头会发生塌陷现象,瓤发黏。若比值过大,意味着阻抗性过大,弹性强,延伸性小,发酵时面团膨胀会受阻,起发不好,面团坚硬,面包、馒头体积小,心干硬。故要求制作面包的面粉能量大,比值适中。这样面包体积大,形状好,松软而富有弹性。但若能量小,不管比值大或小,食用品质均不良。发芽或虫蛀小麦加工成的变质面粉,其能量小,比值也小。美国、澳大利亚、阿根廷硬麦的拉伸图面积可达 $122 \sim 180 \ cm^2$。我国商品小麦拉伸图面积平均 $57 \ cm^2$,5 cm 处阻力平均 214 BU,延伸性平均 180 mm,可见我国小麦品质普遍较差。

③淀粉黏度糊化及 α-淀粉酶测定仪(GB/T 14490—93)。该仪器(又可译为黏焙力仪)与黏度测定仪用于测定小麦粉试样中淀粉的糊化性质(糊化温度、最高黏度,最低黏度与回生后黏度增加值)和 α-淀粉酶活性。

工作原理:α-淀粉酶对小麦粉黏度的影响与温度有函数关系,淀粉胶的高黏度因 α-淀粉酶在搅拌加热过程中使淀粉粒液化作用而降低,可反映出烘焙过程中 α-淀粉酶的影响情况,也能测定淀粉糊的流变学特性,可反映温度连续变化时,黏度变化状态。

该仪器可以同时测定面粉悬浮液在固定温度每分钟升高 1.5 ℃ 的条件下,淀粉糊化与黏度增加的情况。

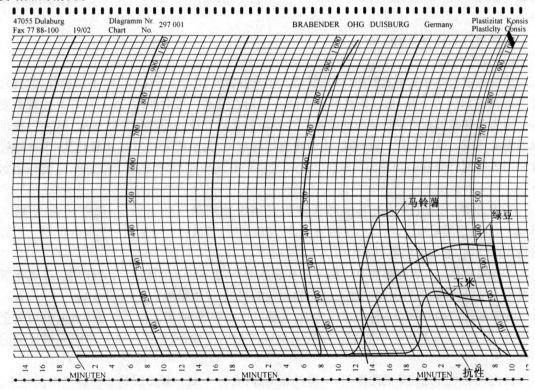

图 5.3　淀粉黏度曲线

从淀粉黏度曲线可得到以下数据:

a. 开始糊化温度。生淀粉起始黏度值很低,黏度曲线不变,随温度升高,淀粉开始糊化,这时称为糊化开始温度,这一温度实际上比淀粉膨润温度要高。

b. 最高黏度。黏度显著升高后阻力增加,曲线发生突变,形成峰值,称顶峰黏度或最高黏度,又称麦芽指数。淀粉糊化的难易决定于淀粉分子间的结合力。直链淀粉结合力较强,故糊化所需时间较长。

c. 糊化完成温度。淀粉黏度达到最大时的温度。

d. 糊化时间。淀粉从开始糊化到完成糊化所需的时间。

e. α-淀粉酶活性及麦芽指数。曲线的高度(BU)表示面粉的 α-淀粉酶活性。

高度超过 600 BU,表示面粉的 α-淀粉酶活性太低,用此面粉制出的面包组织差,易老化。高度低于 400 BU,表示面粉的淀粉酶活性太高,所制出的面包组织黏,易变形。麦芽指数还可以确定添加淀粉酶的量。一般用麦芽粉来补充面粉中 α-淀粉酶的量。

f. 最低黏度值。在最高黏度后,保持 92 ~ 95 ℃ 一定时间(约 10 ~ 60 min,根据具体目的而定),并继续搅拌,因 α-淀粉酶的降解液化作用而使黏度下降,然后出现最低黏度值。

g. 最终(冷糊)黏度值。淀粉糊逐渐冷却至 30 ℃(实际多在 50 ℃)时,由于温度降低,分子运动减弱,淀粉分子重新组成无序的混合微晶束,与生淀粉结构类似,故称为回生(或老化)。回生后的黏度增加值因品种而异。如含直链淀粉多,回生程度就大。

h. 最高黏度。反映淀粉酶活性度,与小麦二次加工适应性关系密切。最高黏度过高,则小麦粉酶的活性弱,做面包时发酵性能与面包品质差,但作为面条时,最高黏度值高的较好。最高黏度值过低时,酶的活性过强,面团发黏,无论制面包、面条、糕点都对操作不利,制品品质也差。

5. 面粉的熟化与品质改良

(1)淀粉熟化

面粉蛋白质中含有半胱氨酸,往往使得面团发黏,结构松散,不仅加工时不易操作,而且发酵时面团的保气力下降,造成成品品质下降。面粉在储藏一段时间后,就不会有上述现象发生。因为在储藏过程中半胱氨酸的硫基会被逐渐氧化成双硫基而转化为胱氨酸,这一过程也称面粉的熟成。除了储藏一段时期,使面粉自然熟成外,为了使-SH 基尽快氧化为-S-S-基,常采用改良剂(熟成剂)促使面粉氧化。这种改良剂有溴酸钾、二氧化氯、氯气等,主要介绍如下:

①溴酸钾。溴酸钾是所有面筋性能改良剂中使用最广的一种,一般使用量为 15 ~ 25 mg/kg。由于用量极少,所以不单独使用,而与碳酸镁、硫酸钙等增量剂一起混合配制。它有改良面团性质,增加面包体积的作用。

②二氧化氯。二氧化氯和氯气都不仅有熟成的作用,而且有漂白面粉的作用。二氧化氯主要用于高筋面粉,改善面团的加工性能和面包的组织,使用量为 0.4 ~ 2.0 g/kg。

③碘酸盐。碘酸盐是一种快速反应剂,主要有碘酸钾等,它遇面粉之硫基 4 min 就可完全作用,事实上 1 min 就有 85% 可完成反应。而同浓度的溴酸钾,要经过 9 h 才能完成反应的 50% 左右。

目前还有两种比较新的改良剂,一种是脲叉脲,简称 ADA。脲叉脲是一种黄色结晶粉末,结构式为:

$$\text{H}_2\text{N}-\overset{\overset{\displaystyle O}{\|}}{\text{C}}-\text{N}=\text{N}-\overset{\overset{\displaystyle O}{\|}}{\text{C}}-\text{NH}_2$$

它可使半胱氨酸在水溶液中很快变为胱氨酸,本身还原为联二脲(Biurea),用量限制为 45 mg/kg。ADA 的作用速度与碘酸钾相似,也可用于不经基本发酵的面包制作。

还有另一种新的氧化剂为过氧化丙酮(Acetone Peroxide)。过氧化丙酮有漂白作用和熟成作用,由丙酮和过氧化氢反应而成(约 35% ~ 50%)。因反应后为液体,所以加玉米淀粉使之变成粉末状,同时加磷酸钙以防止结块。其优点是即使使用过量,也不会有大的不良影响。

维生素 C,即抗坏血酸(Ascorbic Acid,$C_6H_8O_6$),在所有面筋改良剂中,是唯一的还原剂。它是白色粉末,也是一种营养剂,在干面粉状态并不起作用,但面粉经搅拌成面团后,由于面粉内触酶,也称催化酶的作用,可将抗坏血酸变成脱氢抗坏血酸,因而具有氧化作用。一般经过短时间的搅拌,面团中的 L-抗坏血酸就有 70%转变成脱氢抗坏血酸,但这种转化是在酵母和酶存在的条件下进行。在搅拌过程中,由于氧气充分,产生脱氢反应。在发酵时,由于氧气不足,则吸收氢原子的反应成了主要反应,使面筋中-SH 键减少-S-S-结合增加。另外抗坏血酸本身也是人体不可缺少的维生素,它常作为抗氧化剂和营养剂使用。维生素 C 对于一般面包其使用量为 10 ~ 20 mg/kg。因维生素 C 反应速度较慢,必须加大量(75 ~ 150 mg/kg)使用,也可以与其他如溴酸盐、ADA 等同时使用。

(2)小麦粉品质的改良

①谷朊粉(活性面筋粉)。小麦粉中蛋白质含量不足时,可添加谷朊粉补充。不过谷朊粉的品质随其原料小麦品种的不同有很大差别。一般硬麦制作的谷朊粉品质较好,改善面包品质作用明显;软麦制作的谷朊粉品质较差,使用效果不佳。谷朊粉的添加量一般为 0.5% ~ 1.5%,使用时应预先和小麦粉混合均匀。

②乳化剂。乳化剂又称为表面活性剂,是焙烤食品中最常用的添加剂之一,面包中使用乳化剂可以显著改善产品质量,包括增大面包体积、改善结构和颜色等,还能大大延缓面包的老化。蛋糕中使用乳化剂,可大大增加蛋糊泡沫的强度和稳定性;提高蛋糕的质量。在油脂含量高的焙烤产品中,如大多数糕点和饼干等,乳化剂能够使油脂的乳化性大大增加,从而更好地分散在面团中,与其他成分更紧密地结合,使产品质量得到提高。乳化剂还是酥性面团的改良剂,可以降低面团黏度,提高产品酥松度,改善产品的颜色和光泽,常用的乳化剂有大豆磷脂、分子蒸馏单甘酯、硬脂酰乳酸钠(SSL)、硬脂酰乳酸钙(CSL,仅用于面包)、二乙酰酒石酸甘油单酸酯(DATEM,常用于面包)等,乳化剂在面包中的用量不超过 1%,一般为 0.3% ~ 0.5%,高油产品中按油脂用量的 2% ~ 4%添加。

③酶制剂。酶制剂主要是使面包粉的 FN 值符合国家标准,达到面包制作的要求。一般使用大麦或小麦的麦芽粉,使用量为 0.2% ~ 0.4%或者使用真菌 α-淀粉酶,用量需视酶的活力而定,一般为 0.030% ~ 0.035%。

④还原剂。还原剂可以将二硫基还原为硫氢基,从而降低面团筋力,使面团具有良好的可塑性和延伸性。还原剂对韧性饼干和半发酵饼干面团的改良起着决定性的作用。通常在韧性饼干中使用焦亚硫酸钠,可降低面团弹性,增加可塑性,从而缩短调粉时间和改良面团的工艺性能,添加量不得超过 0.45 g/kg。半发酵饼干除使用焦亚硫酸钠外,还需使用木瓜蛋白酶。前者切断二硫键,使面筋网络断开;后者分解蛋白质分子中的肽键,使蛋白质分子变小,因此大大减弱了面筋的筋力,使产品疏松度大为提高。木瓜蛋白酶必须在 10 ~ 80 ℃和 pH 值为 3 ~ 9 的条件下使用,添加量为:甜饼干 0.02% ~ 0.038%,威化饼干和咸饼干 0.025% ~ 0.04%。

使用方法:用 20 倍 40 ~ 60 ℃温水与木瓜蛋白酶搅匀,放置 10 min,待面团搅拌至基本吸湿后将其均匀加入。加入酶后的面团仍需搅拌 10 min 以上,使酶解作用能够充分进行。

制作面包时如果小麦粉的筋力太强,面团的弹性和韧性很大,和面就比较困难,时间也会很长。适当添加还原剂能降低面团的强度和筋力,减小和面阻力,使面团形成快,因而缩短了和面时间。不过由于还原剂对面筋的破坏作用,会影响到最终产品的品质,因此必须同时加入慢速氧化剂,以恢复面团的弹性和韧性。由于还原剂在和面时就起作用,而慢速氧化剂要在发酵过程中才开始缓慢作用,因此二者联合使用不会相互影响。一般面包面团中可使用 L-半胱氨酸作为还原剂,添加量为 0 ~ 70 mg/kg。

5.2.2 油脂

1. 油脂概念

可供人类食用的动、植物油称为食用油脂,简称油脂(Oil and Fat)。在食品中使用的油脂是油(Oil)和脂肪(Fat)的总称。在常温下呈液体状态的称为油,呈固体状态的称为脂。它的原料来自动、植物,石油等矿产物中不含有如上所述的油脂。

油脂是焙烤食品的主要原料,有的糕点用油量高达 50% 以上。油脂不仅为制品增加了风味,改善制品的结构、外形和色泽,提高了营养价值,而且是油炸类糕点的加热介质。油脂在焙烤食品中除了提供感官和味道外,还在保持食品质构方面起重要作用,焙烤行业所用油脂可以是单一油品的,也可以是多种油品配制的。需求量最大的还是植物油脂。

2. 油脂种类

(1)植物油脂

常用的植物油为大豆油(Soybean Oil)、棉籽油(Cottonseed Oil)、花生油(Peanut Oil)、芝麻油(Sesame Oil)、橄榄油(Olive Oil)、棕榈油(Palm Oil)、菜子油(Rapeseed Oil)、玉米油(Corn Qil)、米糠油(Rice Bran Oil)、椰子油(Coconut Oil)、可可油(Cocoa Tincture)、向日葵油(Sunflower Oil)等。主要介绍以下几种:

①玉米油。此油是从玉米磨粉后剩的胚芽(30%)中得到的油,熔点为 $-10 \sim -18 ℃$,是熔点比较低的油,不饱和脂肪酸占 85%,其中亚油酸占 59%。油酸有减少血液中胆固醇的作用,因此玉米油是做人造奶油的理想材料。

②大豆油。大豆油是世界上消费最多的油,常作为油炸制品用油以及人造油脂的原料。其脂肪酸组成中,不饱和脂肪酸占 80% 以上。其特征为有 8.5% 的高度不饱和酸(亚油酸),所以有一种腥味。为此常经过少量氢化处理制成与棉籽油成分相近的产品。

③棕榈油。棕榈油是从油椰子树的果实中得到的油。从果肉中可以提取棕榈油,从种子中可以提取棕榈核油。棕榈油的脂肪酸组成中,不饱和脂肪酸为 50% ~60%。比其他植物油少,而且不饱和脂肪酸中油酸较多,饱和脂肪酸中软脂酸棕榈酸较多。其熔点为 30~40 ℃,常温下为固体植物脂。

④椰子油、棕榈核油。椰子油是椰子果实(Coconut)的果肉里得到的,椰子的果肉含油达 35%,压榨出的油称为椰子油。棕榈核油的来源则如③所述。棕榈核油与椰子油脂肪酸组成很相似,脂肪酸的种类也比较多,但其中月桂酸最多约占 50%。其他饱和脂肪酸多为 $C_6 \sim C_{18}$ 的脂肪酸。不饱和脂肪酸是少量的油酸。

这两种油脂从甘油酯的构成上看,性质与可可脂相似。有爽口清凉的溶化性质,因而常作冰点、巧克力和冰淇淋的材料。

⑤可可脂。从可可豆中取得,是巧克力的主要成分。其脂肪酸的种类较少,其中油酸 40%,硬脂酸 31%,软脂酸 25%,熔点为 32~39 ℃。在口中有清爽的溶化性和特殊的香味。

(2)动物油脂

①黄油(Butter Fat)。黄油也称奶油,是从牛奶中分离出的油脂,它有以下特征:

a. 含有各种脂肪酸。

b. 饱和脂肪酸的软脂酸含量最多,也含有只有 4 个碳原子的丁酸和其他挥发性脂肪酸。

c. 不饱和脂肪酸中以油酸最多亚油酸较少(1.3%)。

d. 熔点 31~36 ℃,口中熔化性好。

e. 含有多种维生素。

f. 具有独特的风味。

由于以上特征,它不仅是高级面包、饼干、蛋糕中很好的原材料,还常被用来当做固体油脂的基准。

②猪油(Lard)。猪油是猪的背、腹皮下脂肪和内脏周围的脂肪,经提炼、脱色、脱臭、脱酸精制而成。猪油的脂肪酸特点是其碳原子数有奇数的,这在鉴定猪油时很有用。猪油的不饱和脂肪酸占一半以上,多为油酸和亚油酸,饱和脂肪酸多为软脂酸。猪油熔点较低,板油约为28 ~ 30 ℃,肾脏部的脂肪,品质最好,熔点为35 ~ 40 ℃,因此在口中易熔化。猪油常被作为洋式火腿(Ham)、中餐烹饪和糕点用油。

猪油的起酥性较好,但融合性稍差,稳定性也欠佳。因此常用氢化处理或交酯反应处理来提高猪油的品质。

③牛油(Beef Tallow)。牛油是从牛身体中提炼的油脂,其中也有碳原子为奇数的脂肪酸。熔点比猪油高(35 ~ 50 ℃),在口中的熔化性不那么好,其一部分可用来做人造起酥油和人造奶油,但大部分用来做肥皂,因为它的脂肪酸中硬脂酸、软脂酸等饱和脂肪酸较多。

(3)人造油脂

①起酥油。起酥油是指精炼的动植物油脂、氢化油或这些油脂的混合物,经混合、冷却塑化而加工出来的具有可塑性、乳化性等加工性能的固态或流动性的油脂产品。它与人造奶油的主要区别是没有水相。不能直接食用,是食品加工的原料油脂,在糕点、面包、饼干中的用途最广。

起酥油的种类很多,根据加工方法不同有以下几种:

a. 混合型起酥油。用动物油为固体成分,植物油为液体成分混合制成,其稠度理想,塑性范围宽,还可根据要求任意调节,价格便宜,但由于天然植物油用量多,不饱和脂肪酸含量高,易氧化变质,因而稳定性差。配方实例:55% 牛脂,25% 棉籽油,5% 硬脂;25% 牛脂,50% 棉籽油,5% 硬脂;15% 牛脂,60% 猪油,20% 棉籽油。也有用氢化鲸油为固体成分的。近年为降低胆固醇的摄入量,多倾向于全部采用植物油加工混合起酥油,其中固体成分使用10% ~ 15% 高度氢化植物油。

b. 全氢化起酥油。为克服混合起酥油稳定性差的缺点,将全部原料油脂根据配方的要求进行不同程度时氢化,然后再将高度氢化油和轻度氢化油,甚至三种或更多种氢化程度不同的油混合制成全氢化化起酥油,它比程度相同的混合型起酥油的碘值低,因而稳定性较高。其缺点是塑性范围较混合型起酥油窄,价格较高,此外还因不饱和脂肪酸减少而营养价值有所降低。

c. 酯交换型起酥油。以混合油脂为原料,经过酯交换反应(即油脂分子中脂肪酸进行互换的反应)使混合油脂的物理性质如熔点、程度等发生变化,但其碘值、稳定性变化不大,且能保持原来油脂中不饱和酸的营养价值。

②氢化油。氢化油又称硬化油。它是将氢原子加到动、植物油不饱和脂肪酸的双键上,生成饱和程度和熔点较高的固态酸性油脂。油脂氢化的目的有:

a. 使不饱和脂肪酸变为饱和脂肪酸,提高油脂的饱和度和氧化稳定性。

b. 使液态油变为固态油,提高油脂可塑性。

c. 提高油脂的起酥性。

d. 提高油脂的熔点,有利于加工和操作。

③人造奶油。人造奶油是目前世界上糕点、饼干工业使用最广泛的油脂之一。人造奶油，俗称麦淇淋，是由各种加氢动物脂肪，加上各种调味料、乳化剂、色素和其他成分调制而成的。它含有80%~85%的脂肪，10%~15%的水，大约5%的盐与牛奶固体以及其他化合物。因此，可以认为它是由起酥油、水和调味剂混合而成的仿奶油制品。其乳化性能和加工性能比奶油还要好，是奶油的代用品。其软硬度可根据各成分的配比来调整。

面包师使用的人造奶油的配方与市面上销售的人造奶油均不同。下面是常用的两类：

a. 蛋糕或面包用人造奶油。此种人造奶油柔软，并且有很好的乳化性能，不仅适用于糕点类，而且也适用于其他类产品。

b. 点心用人造奶油。此种人造奶油质地稍硬，带有弹性，可塑性强。它们特别适合制作有层次感的面团，例如丹麦酥点和酥脆面点。

酥脆面点用此种人造奶油制作，会比用奶油制作的面团更膨松，因此，有时将其称为酥脆面点油脂。然而，因为此类油脂不如奶油那样入口即溶，所以产品不太受欢迎。

3. 油脂在烘焙食品中的作用

（1）起酥功能

油脂用于焙烤中使产品酥松柔软，或产生层次，结构脆弱易碎，因而松软可口，咀嚼方便，入口易化，从而提高了产品的食用品质。油脂的这种功能称为"起酥"。它是油脂在饼干、糕点等产品中所起的最重要的作用。

起酥功能的产生是由于在和面过程中，油脂在面团中充分分散，并包裹在蛋白质和淀粉颗粒表面，形成薄膜。由于油脂的疏水性，限制了面筋蛋白质的吸水作用，妨碍了面筋的形成，也限制了淀粉与面筋紧密结合，其结果是使面团的弹性和韧性大大下降，可塑性提高，同时面团内聚力降低，因此松软而不紧密。这样的面团正符合酥性面团的要求。可塑性油脂在面团中以片状或条状的薄膜均匀分散，可塑性越好，能够形成的油膜面积越大，越能充分覆盖蛋白质和淀粉颗粒的表面，达到理想的起酥效果。液态油无可塑性，它以小球或液滴状分散在面团中，覆盖面积小，且分散不均匀，因而起酥性极差。

（2）充气功能

可塑性油脂在高速搅拌下能卷入大量空气而发泡，卷入的空气形成微小的气泡均匀分散在油脂中。油脂的这种功能称为充气功能，它对多种焙烤食品的加工至关重要。例如，在调制高油蛋糕的面糊时，就是利用油脂的这种特性使面糊充气，并具有无数的气泡核心，从而制成大而松软、结构细腻的蛋糕。又如酥类饼干和糕点等的面团也是利用油脂的充气功能来增大体积的。

油脂的充气功能与它的晶型有关，β'晶型的油脂结合空气的能力比β'晶型的油脂强得多。蛋糕专用起酥油可根据蛋糕产品的要求制作成β'晶型，因而能够获得很好的充气效果。猪油的晶型主要是β型，因此充气功能较差。此外，油脂的饱和程度也与充气功能有关，饱和程度越高，搅拌时卷入空气量越多。因此酥类饼干、糕点的制作最好使用氢化起酥油。

（3）稳定功能

稳定功能是油脂因搅打发泡而使蛋糕糊机械强度增加的功能。蛋糕面糊是以糖、面粉、牛奶、鸡蛋、水等为连续相，油脂为非连续相的乳浊液，其中大部分是稀薄成分，特别是当用糖量高时，会使其中的面筋大大弱化，这样的面糊缺乏足够的机械强度，烘烤时容易坍塌。由于脂肪在搅打时结合大量空气，并形成微细泡沫充满于面糊中，使蛋糊的机械强度大为增强，避免了坍塌。泡沫越细越多，蛋糊强度越大。此外，油脂在发挥其稳定功能的同时，还可以增加糖、蛋、奶等的用量,从而提高产品的风味和口感。

（4）乳化性

油和水均匀而稳定地混合称为乳化。油属非极性化合物,而水属极性化合物,根据相似相溶的原则,这两种物质是互不相溶的。但在焙烤食品生产中经常要将油相和水相均匀而稳定地混合在一起,例如面包、韧性饼干等的面团就是水中油型的乳状物,其中水、奶、蛋、糖、盐、面粉等存于水相中,油脂以细小滴状分散在水相中。酥类糕点和酥性饼干的面团则属于油中水型的乳状物,水相物质均匀分散在油相中。如果在油脂中添加一定量乳化剂,则有利于油相和水相互相稳定分散,使加工的产品组织酥松,体积大,风味好,添加了乳化剂的油脂还适于加工高糖、高油类产品。

（5）提高产品的保存品质

油脂能够保持高水分产品的柔软,防止水分散失,从而延缓老化速率,延长了产品的货架寿命。特别是对油脂用量高的蛋糕,这种作用尤为明显。

（6）提高产品的风味和营养价值

油脂能使焙烤制品保持酥松柔软,滋润可口,并具有一定的油脂香味。某些油脂更具有特殊的风味,例如奶油,更受到消费者的欢迎,油脂还提高了制品的发热值,增加了营养价值。每克脂肪可产生 37.7 kJ（9 kcal）的热量,为等量蛋白质或碳水化合物的两倍以上。油脂还能增加糖、蛋、奶等原料的用量,既提高了口味,又增加了营养。

（7）降低面团黏性,改善面团的机械操作性能

油脂具有疏水性和游离性,在面团中,它能与面粉颗粒表面形成油膜,降低面团黏性,改善面团的机械操作性能。

（8）油脂对面包品质的改进

油脂在面包面团中与面筋蛋白质紧密地结合在一起,形成脂蛋白,对面包的品质有很大的改进作用,当面包面团中加入 2% ~6% 油脂时,可得到如下改进效果:①面包体积可增加 2% ~4%;②面包心更柔软,并具有丝绒般光泽;③当油脂用量在 2% ~5% 时,可使气孔组织更加均匀,油脂用量太多则因对面筋形成的影响明显而会使颗粒组织变粗,气孔壁变厚;④使面包皮更柔软,更富有光泽;⑤保持面包心柔软,延缓面包老化速率。

5.2.3　糖

焙烤食品中所使用的甜味物质主要是糖和糖浆。虽然目前市场上出现许多甜味剂,如甜菊糖、甜蜜素、阿斯巴甜、甜味素以及过去最常使用的糖精等,以代替糖使用,但它们除了提供甜味之外,别无他用。而糖和糖浆在焙烤食品中除供甜味外,还有许多重要的功能是其他甜味剂所不能代替的,因此糖是焙烤食品很重要的原料,除少数产品可不使用糖外（如法式棍形面包）,绝大多数产品都需用糖,甚至有的产品不用糖便无法制作,如甜酥性饼干和糕点、蛋糕等。

1. 糖的种类与特性

（1）白砂糖（White Granulated Sugar）

白砂糖是白色透明的纯净蔗糖晶体,与其他糖类相比,蔗糖具有易结晶的性质。将这种糖溶解并长时间放置使之缓慢结晶,得到的大块结晶称为冰糖。白砂糖的溶解度很大,在 0 ℃ 其饱和溶液含糖 64.13%,溶解度随温度升高而增大。100 ℃ 时溶解度为 82.97%。精制度越高的白砂糖,吸湿性越小。

砂糖溶液随着温度的降低,浓度的增大,黏度也变大。但温度对黏度的影响大于浓度的影响。因此常用温度控制液糖的流动性。为防止砂糖再结晶析出,糖液一般为不饱和溶液。

（2）绵白糖

绵白糖是由粉末状的蔗糖加入转化糖粉末制成的,十分细腻。因为颗粒微小因而易于搅拌和溶解,面包、饼干等加工时可直接在调粉时加入。它还更多地用来作为一些油脂多的面包,油炸面包圈表面的饰粉,以增加外观的食欲和香甜风味。绵白糖易结块,为防止结块常常掺有玉米粉。

（3）饴糖

饴糖俗称糖稀或米稀,是用淀粉质原料（如碎米、山芋淀粉、玉米淀粉等）加大麦芽制成。工业化生产常以淀粉酶代替大麦芽,但品质较差些。

由于糊精的水溶液黏度很大,能够阻止溶液中的蔗糖结晶,防止糖浆返砂,因此饴糖常在糕点中用做抗晶剂,饴糖甜度值低,用以代替蔗糖可降低制品的甜度。饴糖还因对热不稳定,可促进产品着色,并因吸湿性强而能延缓面包的老化,但由于糊精含量太高而不宜在面包中多用,否则会使面包心发黏,饴糖在高温季节易发酵使酸度增高,品质变劣,因此夏季须冷藏。

（4）淀粉糖浆

淀粉糖浆又称葡萄糖浆,俗名化学稀。它是由淀粉经酸、酶或酸与酶联合水解制成,淀粉糖浆的主要成分是葡萄糖、麦芽糖、二糖、四糖和糊精等。

淀粉糖浆由于水解程度不同,各种产品的成分与性质有所不同,一般以葡萄糖当量值表示,所谓葡萄糖当量值是指糖浆中的还原糖量占其干物质的百分含量,葡萄糖当量值越高,水解程度越高,葡萄糖含量就越多,产品黏度小,甜度值高;葡萄糖当量值越低,水解程度越低,糊精、大分子多糖等物质越多,产品黏度大,甜度低。一般来说,高葡萄糖当量值的淀粉糖浆适用于酵母发酵面团,因为它含有大量低分子还原糖,能立即为酵母所利用,并能很快参与面包皮的上色。低葡萄糖当量值的淀粉糖浆因含有大量糊精而最适宜用于糕点的明浆中,以防止蔗糖结晶返砂,保持明浆透明光亮。此外,由于淀粉糖浆的吸湿保水作用,能使产品结构柔软、架期延长,因而广泛应用于焙烤食品中。

（5）转化糖浆

转化糖浆是蔗糖在酸或转化酶的作用下经水解得到的分子蔗糖水解后生成一分子葡萄糖和一分子果糖,它们的混合物称为转化糖浆。

蔗糖水解成为转化糖浆后,在性质上发生了一些变化,例如甜度值由蔗糖的 100 提高为 127;吸湿性比蔗糖大为提高等。转化糖浆用于焙烤食品主要是利用其吸湿性,使产品在较长的时期内保持柔软和新鲜,例如用于浆皮类糕点的皮料,西点中的层蛋糕等。

（6）果葡糖浆

果葡糖浆是将淀粉经酶法水解制成葡萄糖后,再用异构酶将葡萄糖异构化形成果糖制成的糖浆。

由于果糖是天然糖中最甜的糖。因此果葡糖浆的甜度极高,在焙烤食品中可以代替蔗糖使用,它不仅容易被人体吸收,而且对糖尿病、肝病、肥胖病等患者更为适用。

（7）蜂蜜

蜂蜜是山花蕊中的蔗糖经蜜蜂唾液中的蚁酸水解生成,其主要成分为:果糖 38%,葡萄糖 31%,水分 17%,麦芽糖 7.3%,蔗糖 1.3%,此外尚有少量植物性蛋白质。糊精淀粉酶、蜂蜡、有机酸、矿物质等。蜂蜜品质的优劣主要在于果糖比,即其所含的果糖与葡萄糖的比例。比值越大,说明果糖含量越高,不易析出结晶,品质也越好。

蜂蜜味极甜,营养价值较高,且具有特殊的风味,但由于价格昂贵,因此一般焙烤食品中使用较少,仅用于高档品种或具蜂蜜风味的品种,此外因其吸湿性好,用于蛋糕中可增加柔软性,延长货架期。蜂蜜用于焙烤食品中因高温加热,破坏了部分成分,特别是杀死了酶,因此其营养价值会受到一定影响。

2. 糖在烘焙食品中的作用

(1)提供产品的甜味,提高营养价值

糖用在甜味食品中的首要目的是提供甜味。使用各种不同甜度值的糖还可以调节产品的甜度,糖还具有一定的营养价值,它的发热量高,能迅速被人体吸收。每克糖的发热量为 $14.6 \sim 16.7$ kJ,可有效地消除人体的疲劳,补充人体的代谢需要。

(2)提供酵母生长所需的营养物质

酵母的生命活动离不开糖,面包面团中加入一定量的糖有助于酵母的生长繁殖,可加快面团的发酵速度。实验证明,面包面团中加入 6% 的糖时,其中 2/3 是被酵母消耗掉的。不过甜面包中的加糖量不宜过多,否则会严重影响酵母的生长和面团的发酵速度,延长发酵时间。

(3)提高产品的色泽和香味

焙烤产品诱人的颜色和特有的烘烤香味主要是通过焦糖化反应和褐色反应得到的,这些反应的发生离不开糖。面团含糖量太少或不含糖会严重影响产品的颜色和风味,例如苏打饼干和用糖量少的咸面包等。

(4)改善面包心结构

糖在烘烤过程中能延缓淀粉的糊化和面筋的变性,从而使面包心的颗粒组织更细腻均匀,结构更柔软光滑,颜色也更白。

(5)增强蛋糊泡沫的机械强度

在海绵蛋糕制作中,将鸡蛋和糖一起搅打发泡,由于糖液具有很高的黏度,能够大大加强蛋糊泡沫的机械强度,使泡沫不易破裂,从而保证了蛋糕的质量。

(6)调节甜酥性面团的弹性

高浓度的糖液具有很高的渗透压和很强的吸水能力,在和面过程中能够阻止蛋白质水化形成面筋,这就是糖的反水化作用。酥性饼干和糕点制作时使用大量的糖,就是利用糖的反水化作用来限制面筋的发展,以降低面团的弹性,增加可塑性,保证产品的疏松度,防止产品变形,在面包面团的调制中,大量的糖同样也会妨碍面筋的形成,降低面团的弹性,同时还会降低面团吸水量。

(7)提高产品的货架寿命

提高产品的货架寿命主要有三方面的作用:糖的吸湿性使产品保持柔软和新鲜;糖的高渗透压抑制微生物的生长;还原糖的抗氧化性延缓了高油产品中油脂的氧化酸败。

5.2.4　蛋品

蛋及其制品在焙烤产品中应用很广,很多品种经常使用蛋品,尤其是蛋糕生产,鸡蛋既是不可缺少的原料,用量也特别大,蛋品对于焙烤产品质量的改善和营养价值的提高起着很重要的作用。

1. 蛋品化学成分

鸡蛋的平均化学成分见表 5.9,蛋黄与蛋白在成分上差别较大的是脂肪、水分与灰分。

表 5.9　蛋品的化学成分　　　　　　　　　　　　　单位:%

项目	水分	蛋白质	脂肪	灰分
全蛋	73.0	13.0	11.5	1.0
蛋黄	49.0	16.7	31.6	1.5
蛋白	86.0	11.6	0.2	0.8

蛋白中除水分外,主要的成分是蛋白质,黏稠蛋白中主要有卵白蛋白,稀薄蛋白中主要有卵白蛋白和卵球蛋白。此外,黏稠蛋白中卵黏蛋白的含量为稀薄蛋白中的 4 倍。这些蛋白质的氨基酸组成较完全,消化率也较高,因此营养价值很高。

2. 蛋品在焙烤食品中的功能

(1)发泡性

蛋白是亲水胶体,具有良好的发泡性,在打蛋机的高速搅打下,能搅入大量空气,形成泡沫,其特点是气泡极小,气壁极薄。它可使面团或面糊大量充气,形成海绵状结构。烘烤时泡沫内的空气受热膨胀,使产品体积增加,结构疏松而柔软。

蛋白的发泡作用受到以下因素的影响:打蛋速度、打蛋温度、pH 值、油脂含量、蛋品新鲜度、含糖量等。

(2)蛋白的凝固性

蛋白对热非常敏感,有受热凝固变性的特征,在烘烤中当温度升高到 52~57 ℃时,蛋白开始变性,至 60 ℃变性加快,直至完全凝固。蛋白凝固后形成坚韧而富有弹性的薄膜骨架,使制品既松软,又具有相当的强度,产品的形状因此而固定下来,全部成分也凝结在一起。这种作用对蛋糕十分重要,对面包也可减少掉渣。

(3)蛋黄的乳化性

蛋黄中含有许多磷脂,它是一种很有效的天然乳化剂,具有亲水和亲油双重性质,能使油相和水相的原料互相均匀分散,使制品组织结构均匀细腻,高水分产品(例如面包、蛋糕等)质地柔软,低水分产品(如饼干、糕点等)疏松可口。

(4)蛋黄的起酥性

蛋黄中含有大量油脂,它与起酥油一样,在制品中有一定的起酥效果。

(5)改善产品外观和风味

鸡蛋可从多方面改善产品的外观和风味;蛋的发泡性使产品增大体积,获得丰富匀称的外观;鸡蛋蛋白质参与美拉德反应,有助于制品上色,特别是将蛋液涂于制品的表面,经烘烤后形成明亮诱人的红褐色,使产品更加美观;蛋白可制成蛋白膏,用于制品表面的挤花,起装饰作用,并提高了风味;蛋黄制成的蛋黄酱具有良好的风味,既可在制品上涂抹,又可作夹心馅料;含蛋的焙烤制品具有特殊的蛋香味等。

(6)提高产品的营养价值

鸡蛋营养丰富:蛋白质含量高,氨基酸组成完全且消化率高;脂肪含量丰富,特别是含有较多的卵磷脂,对人体大脑和神经组织的发育有重要意义;鸡蛋还含有丰富的矿物质和维生素。因此鸡蛋的使用大大提高了焙烤产品的营养价值。

（7）改善制品的保存品质

蛋黄中的磷脂能使面包、蛋糕等制品在储存期保持柔软,延缓老化。蛋白的主要成分白蛋白含有硫氢基(–SH),具有抗氧化效果,它能延长饼干等产品的保存期。

5.2.5 乳制品

在西饼店中牛奶的使用频率仅次于水,是最重要的液体之一。水是面筋形成的必备物质,鲜奶含水 88% ~91%,因此具备了水的功能。另外,牛奶对于烘焙类制品的营养价值、风味、表皮色泽、保质等也起到重要作用。

1. 乳的组成与营养

乳品的来源有牛、山羊、绵羊、水牛、马、鹿乳等。在我国牛乳还不普及的情况下,山羊、绵羊、牦牛的乳在一些地区仍占据重要位置,但从世界的总消费量看,生产最多的还是牛乳。

（1）牛乳脂肪

牛乳脂肪一般称为奶油(Butter Fat)或直译为白脱油。其特点是含有脂肪酸的种类最多,还有羰基化合物,如双乙酰,这些提供了奶油的特殊风味。奶油中含有很少量的乳脂类如磷脂类的卵磷脂、脑磷脂。用搅拌法制造的奶油,奶油中所含的磷脂量很少,只有 0.023% ~0.099%。奶油中还含有 0.25% ~0.45% 的胆固醇。奶油呈黄色,所以也称黄油,其色素 90% 为胡萝卜素,10% 为叶黄素。油溶性的维生素 A、维生素 D 也存在于奶油中。乳脂肪不溶于水,而以脂肪球状态分散于乳浆中,其平均直径约为 1 μm。

（2）蛋白质

牛乳内最主要的蛋白质是酪蛋白、乳清蛋白和乳球蛋白。

①酪蛋白。酪蛋白并不是单一的蛋白质,而是在 20 ℃条件下,将脱脂乳的 pH 调整到 4.6（加酸）时沉淀出的一类蛋白质。酪蛋白约占牛乳中蛋白质的 80%。酪蛋白含有多种人体不可缺少的必需氨基酸。

②乳清蛋白和乳球蛋白。将脱脂乳中酪蛋白沉淀后,剩余的液体就是乳清,它在鲜乳中的含量约为 0.5% 乳清中的乳清蛋白及乳球蛋白是对热不稳定的蛋白,加热可使其变性,凝结。乳清蛋白中也含有各种人体必需氨基酸,尤其是赖氨酸、亮氨酸、苯丙氨酸、苏氨酸、组氨酸等含量相当丰富。

（3）乳糖

牛乳内除了少量的葡萄糖、果糖、半乳糖外,99.8% 以上的碳水化合物是属于双糖的乳糖。乳糖在牛乳中含量约为 4.7%,在乳糖酶或酸的作用下可分解为葡萄糖和半乳糖。乳糖虽有甜味,但其甜度只有蔗糖的 1/6 左右。在焙烤食品中,因为一般酵母没有乳糖酶,故不能利用乳糖发酵。但一些特殊酵母和乳酸菌可分解乳糖发酵,产生乳酸及二氧化碳,不产生酒精。

（4）维生素

牛乳中含有几乎所有已知的维生素,特别是维生素 B_2 的含量非常丰富,但维生素 D 的含量不高,作为婴儿食品是需要进行强化的。

（5）无机物。

牛乳中的无机物亦称为矿物质,是指除碳、氢、氧、氮以外的各种无机元素,主要有钾、钙、氯、磷、镁、硫、钠,其质量分数分别在 0.14% 左右。除此以外,还有微量的铁、锌、硅、铜、氟等元素。矿物质总量约占牛乳的 0.6% ~0.9%,这些矿物质也是人体营养物质。

2. 乳制品在焙烤食品加工中的作用

（1）提高面团的吸水率

乳粉中含有大量的蛋白质，其中酪蛋白占总蛋白的75%～80%，酪蛋白的多少影响面团的吸水率，乳粉可吸水率为自重的100%～125%。因此，每增加1%乳粉，面团吸水率增加1%～1.25%。吸水率增加，产量和出品率相应增加，成本下降。

（2）提高面团的筋力和搅拌耐力

乳粉中虽不含面筋蛋白质，但含有大量乳蛋白，对面筋具有增强作用，提高了面团的筋力和面团强度，不会因搅拌时间延长而导致搅拌过度。加入乳粉的面团应延长搅拌时间，或适于高速搅拌改善面包组织和体积。

（3）提高面团的发酵耐力

乳品提高面团的发酵耐力，不至于因发酵时间延长而成为发酵过度的老面团，其原因有以下几点：

①乳品中大量的蛋白质，对发酵过程中pH值的变化具有缓冲作用，使pH值不会发生太大的波动，保证面团正常发酵。

②乳品可抑制淀粉酶的活性，有乳品的发酵面团，发酵速度适当放慢，有利于面团均匀膨胀，增大面包体积。

③乳粉可刺激酵母内酒精的活性，提高了糖的利用率，有利于二氧化碳气体的产生。

（4）焙烤食品的着色剂

乳品中唯一的糖是乳糖，乳糖具有还原性，但不能被酵母所利用。因此，面包面团在发酵后仍残留在面团中，在烘烤时乳糖遇蛋白质发生褐色反应，形成诱人的色泽。由于乳糖熔点较低，着色快，在烘烤时要适当降低烘烤温度和延长烘烤时间，否则会造成外焦里生。

（5）改善制品组织

由于乳粉提高了面筋筋力，改善了面团发酵耐力和持气性，因此，含有乳粉的制品组织均匀、柔软、疏松富有弹性。

5.2.6　水

1. 水的分类

（1）水按硬度分类

天然水总是不同程度地含有钙和镁的盐类。一般将含量少的叫做软水，含量多的叫做硬水。水的硬度根据所含盐类的种类，又可分为碳酸盐硬度和非碳酸盐硬度。碳酸盐硬度的盐类主要为碳酸氢盐，用加热煮沸的方法可使其分解为碳酸盐沉淀和二氧化碳气体。从而使水变软，因而这种硬度又称为暂时硬度。非碳酸盐硬度的盐类是除碳酸氢盐以外的其他盐类，用加热煮沸的方法不能除去，因而这种硬度又称为永久硬度。碳酸盐硬度和非碳酸盐硬度之和称为水的总硬度。基本上是将各种盐折算成氧化钙（CaO）含量来计算。我国采用度作为水的硬度单位，1度代表1 L水中含有10 mg氧化钙，并将水按硬度划分为六种，见表5.10。

表5.10　不同水硬度分类

总硬度/度	0～4	4～8	8～12	12～18	18～30	>30
水质	极软水	软水	中硬水	较硬水	硬水	极硬水

水质硬度太高，易使面筋硬化，过度增强面筋的韧性，抑制面团发酵，面包体积小，口感粗

糙,易掉渣。水硬度太低易使面筋过度软化,面团黏度大,吸水率下降。虽然面团内的产气量正常,但面团的持气性却下降,面团不易起发,易塌陷,体积小,出品率下降,影响效益。

(2)水按 pH 值(酸碱度)分类

水按 pH 值可分为酸性水(pH<7)、碱性水(pH>7)和中性水(pH=7)。水是微酸性的,有助于酵母的发酵作用。但若酸性过大,即 pH 值过低,则会使发酵速度太快并软化面筋,导致面团的持气性差,面包酸味重,口感不佳,品质差。酸性水可用碱来中和。

水中的碱性物质会中和面团中的酸度,得不到需要的面团 pH 值,抑制了酶的活性,影响面筋成熟,延缓发酵,使面团变软。如果碱性过大,还会溶解部分面筋,使面筋变软,使面团缺乏弹性,降低了面团的持气性,面包制品颜色发黄,内部组织不均匀,并有不愉快的异味。

2. 水在焙烤食品加工中的作用

(1)使蛋白质吸水、胀润形成面筋网络,构成制品的骨架。使淀粉吸水糊化,有助于人体消化吸收。

(2)溶剂作用:溶解各种干性原辅料,使各种原辅料充分混合,成为均匀一体的面团。

(3)调节和控制面团的黏稠度(软硬度)。

(4)调节和控制面团温度。

(5)帮助生物反应,一切生物活动均得在水溶液中进行,生物化学的反应包括酵母发酵都需要有一定量的水作反应介质及运载工具,尤其是酶。水可促进酵母的生长及酶的水解作用。

(6)延长制品的保鲜期,保持长时间的柔软性。

(7)作为传热介质。

5.2.7 食盐

食盐在面包加工中的作用有以下几点:

1. 提高面包风味

食盐是一种调味物质,能刺激人的味觉神经。盐可以引出原料的风味,衬托发酵后的酯香味,与砂糖的甜味互相补充,甜而鲜美、柔和。

2. 调节和控制发酵速度

盐的用量超过 1% 时,就能产生明显的渗透压;对酵母发酵有抑制作用,降低发酵速度。

3. 增强面筋筋力

盐可使面筋质地紧密,增强面筋的立体网状结构,易于扩展延伸。同时,能使面筋产生相互吸附作用,从而增加面筋的弹性。

4. 改善面包的内部颜色

由于食盐改善了面筋的立体网状结构,使面团有足够的能力保持二氧化碳气体。同时,食盐能够控制发酵速度,使产气均匀,面团均匀膨胀、扩展,使面包内部组织细密、均匀,气孔壁薄呈半透明,阴影少,光线易于通过气孔壁膜,故面包内部色泽变白。

5. 增加面团调制时间

如果调粉开始时即加入食盐,会增加面团调制时间 50% ~ 100%。现代面包生产技术都采用后加盐法。

无论采用什么制作方法,都要采用后加盐法,即在面团搅拌的最后阶段加入盐,然后再搅拌5 ~ 6 min。

5.2.8 膨松剂

除焙烤食品外,还有其他全麦食品或谷类食品,大部分需加入各种不同的疏松剂(也称膨大剂、膨松剂),以使在焙烤、蒸煮、油炸时增加食品体积,改变组织,使之更适于食用、消化及形态变化。在日常主食品中,如面包、包子、苏打饼干、馒头等都需要经酵母发酵;蛋糕、饼干、酥饼等西点则多用化学疏松剂使其组织膨大疏松;中式食品如油条、麻花中也常使用苏打粉、明矾等起疏松作用。

1. 膨松剂作用

(1)食用时易于咀嚼

疏松剂能增加制品的体积,产生松软的组织。

(2)增加制品的美味感

疏松剂使产品组织松软,内部有细小孔洞,因此食用时,唾液易渗入制品的组织中,溶出食品中的可溶性物质,刺激味觉神经,感受其风味。没加入疏松剂的产品,唾液不易渗入,因此味感平淡。

(3)利于消化

食品经疏松剂作用形成松软多孔的结构,进入人体内,如海绵吸水一样,更容易吸收唾液和胃液,使食品与消化酶的接触面积增大,提高消化率。

2. 食品膨松的方式

(1)由机械的作用将空气拌入及保存在面糊或面团内

①糖油拌和法及面粉油脂拌和法。将空气打入油脂内,在烘烤时空气受热,体积膨胀,气体压力增加而使产品质地疏松,体积膨大。

②蛋液打发法。打发蛋液成泡沫,焙烤时这些气泡膨胀,使产品的体积增大。

(2)酵母发酵

酵母发酵时不仅产生二氧化碳使焙烤制品疏松,更重要的是还能产生酒精及其他有机物,产生发酵食品的特殊风味,因此不能仅仅看成是一种疏松剂。

(3)化学疏松剂

利用苏打粉、发粉、碳酸铵、碳酸氢铵等化学物质加热时产生的二氧化碳使制品疏松膨胀。

(4)水蒸气

蛋糕面糊或面包面团在焙烤时温度升高,内部水分变成水蒸气,受热膨胀,产生蒸汽压,制品体积迅速增大,而使产品疏松,因此,水蒸气的疏松作用都在焙烤的后半期。除膨化食品外,一般焙烤食品中水要变成水蒸气膨胀,首先要有气泡存在,所以只能在其他疏松剂作用产生气泡后才能使制品体积增大。

3. 化学膨松剂

(1)小苏打

一般的甜饼、一些蛋糕、油炸面食多用化学疏松剂。小苏打是最基本的一种化学疏松剂。小苏打也称苏打粉,化学名称为碳酸氢钠,白色粉末,分解温度为 $60 \sim 150\ ℃$,产生气体量为 $261\ cm^3/g$。受热时的反应如下:

$$2NaHCO_3 \longrightarrow Na_2CO_3 + H_2O + CO_2 \uparrow$$

由于小苏打内有碳酸根,那么当有机酸或无机酸存在,或酸性盐存在时,则发生中和反应产生二氧化碳。以上反应所产生的二氧化碳便是疏松剂作用的主要来源。

小苏打分解时产生的碳酸钠,残留于食品中往往会引起质量问题。若使用量过多,则会使饼干碱度升高,口味变劣,呈暗黄色(这是由于碱和面粉中的黄酮醇色素反应生成黄色)。如果苏打粉单独加入含油脂蛋糕内,分解产生的碳酸钠与油脂在焙烤的高温下发生皂化反应,产生肥皂,苏打粉加得越多,产生肥皂越多,因此烤出的产品肥皂味重,品质不良,同时使蛋糕 pH 值增高,蛋糕内部及外表皮颜色加深,组织和形状受到破坏。所以,除了一些特别的蛋糕(如巧克力蛋糕),含可可粉或巧克力等材料及其他需要加深颜色(深红色如豆沙馅)的品种外,苏打粉很少单独使用。一般都使用已调好的发粉,即小苏打与有机酸及其盐类混合的疏松剂。

(2)碳酸铵和碳酸氢铵

碳酸铵和碳酸氢铵在较低的温度(30~60 ℃)加热时,就可以完全分解,产生二氧化碳、水和氨气。因为所产生的二氧化碳和氨气都是气体,所以疏松力比小苏打和其他疏松剂都大。产生气体量 700 cm^3/g,为小苏打疏松力的 2~3 倍。其分解反应式如下:

$$NH_4HCO_3 \longrightarrow NH_3\uparrow + CO_2\uparrow + H_2O$$
$$(NH_4)_2CO_3 \longrightarrow 2NH_3\uparrow + CO_2\uparrow + H_2O$$

由于其分解温度过低,往往在烘烤初期,即产生极强的气压而分解完毕,不能持续有效地在饼坯凝固定型之前连续疏松,因而不能单独使用。另外氨的水溶性较大,当产品内水分含量多(如蛋糕、面包等)时,如果使用碳酸铵和碳酸氢铵作疏松剂,当蛋糕烤出后,一部分氨会溶于成品的水分内,而带有氨臭味不可食用。所以碳酸铵或碳酸氢铵只适于含水量少的食品,如饼干等。这些产品中水分只有 2%~4%,所有氨都将在烘烤时蒸发掉,不会残留在食品内。

(3)发粉

为了克服以上疏松剂的缺点,人们研制出了性能更好的,专门用来胀发食品的一种复合疏松剂,称为发粉,也称泡打粉、发泡粉,其成分一般为苏打粉配入可食用的酸性盐,再加淀粉或面粉为充填剂而成的一种混合化学药剂,规定发粉所产生的二氧化碳不能低于发粉质量的12%,也就是 100 g 的发粉加水完全反应后,产生的二氧化碳不少于 12 g;又规定含有碳酸根的碱性盐只能用苏打粉,不准使用其他含有碳酸根的碱性盐。

一般与小苏打一起使用的有机酸为柠檬酸、酒石酸、乳酸、琥珀酸等。苏打粉与各种不同的酸性反应剂作用,必须达到完全中和,才不会影响产品的香味、组织、颜色及滋味。

为了使发粉在反应时达到完全中和,调配发粉时需要知道酸性反应剂单位质量的酸性强度,即中和值。中和值的定义为中和 100 g 酸性反应剂所需苏打粉的克数,就是这种酸性反应剂的中和值。例如,酸性磷酸钙 100 g 需 80 g 苏打粉去中和,则酸性磷酸钙的中和值为80。对于双重反应的发粉,也就是有反应快慢不同的酸性反应剂混合时,可由快性发粉与慢性发粉所占的比例,查出反应剂不同的中和值,算出调配质量。

5.2.9　酵母

面包制作中使用的酵母称为面包酵母或焙烤酵母,它能使面团发酵,形成疏松多孔的海绵状组织,因而被称为生物疏松剂。

1. 酵母在焙烤食品中的作用

酵母在面包面团中吸取各种营养物质后进行产生长繁殖使面团发酵。面团经过发酵后产生了一系列的变化:①使面团体积增大,并形成海绵状(或称为蜂窝状)结构;②酒精发酵的产物组成发酵食品风味物质的一部分,使面包具有特殊的香味;③发酵使面团的性质发生变化。面团经过发酵后变软,富有弹性和延伸性,这对面包的制作是很重要的;④酵母富含蛋白质、维生素和矿物质。酵母在面包面团中的大量生长繁殖,大大提高了面包的营养价值。

2. 酵母种类及使用方法

(1) 鲜酵母

鲜酵母又称压榨酵母,它是酵母菌种在糖蜜等培养基中经过扩大培养和繁殖、分离、压榨制成。鲜酵母具有以下特点:

①活性不稳定,发酵力不高,在 600~800 mL 活性和发酵力随着暂存时间的延长而大大降低。因此,鲜酵母随着储存时间延长,需增加其使用量,实现酵母的最大特点。

②不耐储存,需在 0~4 ℃的低温冰箱中储存,低温可储存 3 周左右,否则易腐败变质和自溶。

③使用方便。

④使用前一般需温水活化,如使用高速调粉机则不需活化。

(2) 活性干酵母

活性干酵母是由鲜酵母经低温干燥而制成的颗粒酵母。具有以下特点:

①使用比鲜酵母更方便。

②活性很稳定,发酵力很高,达 1 300 mL。

③不许低温储存,在常温可储存 1 年左右。

④使用前需温水活化。

⑤成本较高(缺点)。

(3) 即发活性干酵母

进入 20 世纪 90 年代以来发展起来的一种发酵速度很快的高活性新型干酵母,其特点是:

①采用真空密封包装,包装后很硬。

②活性最高,发酵力高达 1 300~1 400 mL。

③活性特别稳定,不开封储存可达 3 年。

④发酵速度快,大大缩短了发酵时间。

⑤成本及价格较高,但由于发酵力高,活性稳定,使用量少。

⑥使用时不需温水活化,但要注意添加顺序。应在原有原辅料搅拌 2~3 min 后,将即发活性干酵母加入,或混入干面粉中。特别注意不要直接接触冷水,否则会严重影响酵母活性。

5.3　糕点的加工

5.3.1　糕点的概念

糕点是以面粉、食糖、油脂、蛋品、乳品、果料及多种籽仁等为原料,经过调制、成形、熟制、装饰等加工工序,添加或不添加添加剂,制成具有一定色、香、味的食品,主要是以人们嗜好要求为基础的调理食品。从概念上理解,糕点是糕、点、裹、食的总称。糕指软胎点心;点指带馅点心;裹指挂糖点心;食指既不带糖又不带馅的点心。至今人们仍无法确定糕点是在何时、何地由谁发明出来的。据考证,地球上最早出现糕点的时期是大约距今 1 万多年前的石器时代后期。我国有文献记载的糕点在商周时期,距今已有 4 000 多年的历史。

5.3.2　糕点的基本工艺流程

不同糕点的生产工艺和方法不同,糕点加工总的工艺流程(图 5.4)可归纳为:

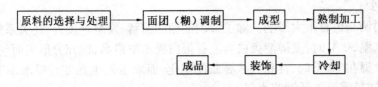

图5.4 糕点生产一般工艺流程

1. 原料的选择与处理

按照产品特点选择合适的原辅料,并对原辅料进行预处理。

2. 面团(糊)调制

按照配方和不同产品加工方法,采用不同混合方式(搅打、搅拌等)将原辅料混合,调制成所要求的面团或面糊。

3. 成型

将调制好的面团或面糊加工制成一定的形状。成型的方式有手工成型、模具成型、器具成型等。中式糕点有时需要制皮、包馅等,西式糕点则有夹馅、挤糊、挤花、切块等,有时也包括饰料的填装。对于不宜烘烤的馅料如新鲜水果等,一般应在烘烤后填装。

4. 熟制加工

熟制工序中采用较多的是烘焙方式,其他方式还有油炸、蒸煮等。对于不带装饰的制品,经熟制工序后即为成品。

5. 冷却

将熟制后的产品经自然冷却至室温后,以利于后面工序的操作,如装饰、切块、包装等。

6. 装饰

大多数西式糕点需要装饰,即经熟制工序后的制品选用适当的装饰料对制品进一步美化加工。所需的装饰料应在使用前制备好。

5.3.3 面团和面糊调制技术

1. 影响面团调制的因素

影响面团调制的因素有原料因素、水的因素和操作因素等。

(1)原料因素

制作糕点的各种原料对面团调制均有一定影响。不同的小麦粉所含面筋的数量和筋力不同。强小麦粉面筋含量高,筋力大,适于制作筋性面团;而酥性面团和油酥面团等必须使用弱小麦粉调制。

糖、油均有很强的反水化作用,对面团品质有很大影响。糖油含量少的面团面筋形成量高、面团弹性大、可塑性小,制品发韧;反之糖油含量多、面筋形成量少、面团弹性小、可塑性大。含蔗糖多的制品烘烤后发脆,含饴糖多的制品烘烤后发软。油脂含量越多面团越松散,制品也越酥松。

蛋液有较高的黏稠度。在酥性面团中,蛋对小麦粉和糖的颗粒起黏结作用,并可使油、水、糖乳化均匀分散到面团中去,增加制品的疏松性。蛋液经搅打产生大量气泡,分布于面团中可使制品疏松。调制面团时加入适量的盐,可增加面团的弹性。

(2)水的因素

绝大多数面团要加水调制。加水量视面团性质而定,酥松面团加水很少甚至不加水。制成同样软硬度的面团,油、糖、蛋的用量多,用水量就要少些;反之水就要增加些。小麦粉中面筋含量每增加1%,吸水量就相应增加1% ~1.5%(在30℃时)。此外,小麦粉含水量低,吸水量则多,反之则少。

水温对面团调制也有很大影响。除了影响油糖的溶解、发酵速度外,还关系到面筋和淀粉的质量变化。水温30 ℃时,麦醇溶蛋白与麦谷蛋白吸水率最高,能充分形成面筋,但对淀粉无多大影响。当水温在70 ℃时,淀粉吸水膨胀面糊化,面筋也发生热变性吸水率下降。所以制作产品时,要视质量需要灵活调节水温。

(3)操作因素

面团调制时不同的投料顺序会对面团质量产生一定的影响。对于酥性面团一般先将油、糖、蛋、水搅拌至乳化再投入小麦粉和成面团。也有将水和糖调成糖浆后与油乳化再调制面团。发酵面团最好将糖、油最后投入以免酵母生长受到抑制。

和面机的搅拌作用对面筋的形成有着很大的影响。如果加快搅拌速度、加强搅拌的作用力或者增加搅拌时间,就会增加面筋的形成量使面团弹性增大。

面团的静置(俗称"醒面")会引起面团性质的变化。主要是小麦粉中的酶类对淀粉和面筋产生分解作用,使面团逐渐松弛,降低弹性,增加延伸性。筋性面团静置时间一般在20 min左右。对酥性面团,面筋形成量不多,调制后不需静置,可立即成形。

2. 面团的调制

(1)皮面团的调制

先把油和水放入和面机内,搅拌均匀后,加入面粉继续搅拌,使面粉充分吸水,面筋大量形成,直到面团软硬合适即可。在使用水时,每500 g面粉,夏季加用凉水275 g,冬季加用温水275 ~ 300 g,面团调制后,需用苫布盖好防止面团水分蒸发。

(2)发酵面团的调制

这种面团是水调或加油调制,水调为水肥,加油调和便为油肥,要求松软并具弹性。发酵过程产生的气体,可使面团呈多孔而松软。宜用强力粉,如糖火烧所用面团。

(3)浆皮面团的调制

调制浆皮面团,首先将已制好的糖浆(注意用凉浆,不可用热浆)投入和面机内,然后加入花生油和小苏打搅拌成乳白色悬浮状液体,再加入面粉搅拌均匀,找好软硬,撒上浮面,倒出和面机便可。搅拌好的面团应柔软适度、细腻、发暗、不浸油。

(4)酥类面团的调制

将一定比例的油、糖和少量的水、起子(小苏打)投入和面机内,充分搅拌均匀后再加入面粉,继续搅拌均匀即可,注意要使糖粒充分溶化。在加油、糖之后如需要加蛋和小料的品种,随后加入即可(加蛋时最好将蛋与糖充分乳化)。

(5)油酥面团的调制(即擦酥)

这种面团是在面粉中加入一定比例的油脂,放入和面机内搅拌均匀而成的。适宜用弱力粉,粉粒要求较细,可供酥皮糕点包酥用。调制时应注意油和面粉要擦得均匀。大油擦酥时间要长些较好,便于把油擦透,使面团更加滋润,其软硬要与皮面相当。

(6)韧性面团(即混糖类面团)的调制

将饴糖、白糖、鸡蛋、食油、水和苏打放入和面机内,使之搅拌均匀,再加入面粉,继续充分搅拌,形成软硬适宜的面团。该面团适用于加工开口笑等油炸类品种。这种面团稍有筋力,调制时应注意底油(即和面用油),苏打不宜过多,防止产品浸油量过多,影响产品质量。

(7)清蛋糕糊的调制

清蛋糕糊是用鸡蛋和糖经搅打发泡后再加入小麦粉调制而成。用于制作中式烤蛋糕、蒸蛋糕和西式清蛋糕。清蛋糕糊的制作原理是依靠蛋白的搅打发泡性。蛋白在打蛋机的高速搅打下大量空气卷入蛋液并被蛋白质胶体薄膜所围形成了许多气泡。蛋糊中卷入的空气量越多所制作的蛋糕体积就越大,气泡越细密,蛋糕的结构就越细致,越疏松柔软。

(8)油蛋糕糊的调制

油蛋糕糊的制作除使用鸡蛋、糖和小麦粉外,还使用相当数量的油脂以及少量的化学疏松剂,主要依靠油脂的充气性和起酥性来赋予产品以特有的风味和组织,在一定范围内油脂量越多,产品的口感品质越好。产品营养丰富,具有高蛋白、高热量的特点,质地酥散、滋润,带有所用油脂的风味,保质期长,冬季可达 1 个月,适宜远途携带。

5.3.4 馅料的制作

中式糕点相当一部分是包馅制品,如酥皮包馅、浆皮包馅等,一般馅的质量占糕点总质量的40% ~50% ,有的甚至更高。馅料能反映各式糕点的风味特点。同样的馅料,由于在配方和加工方法上的变异,会使制品口味具有不同的特点。

馅料的种类很多,有荤素之分,也有甜、咸、椒盐之分,通常按馅料的制作方法可分为炒制馅和擦制馅。炒制馅是将饴糖在锅内加油或水熬开,再加入其他原料炒制而成,炒制的目的是使糖、油熔化,与其他辅料凝成一体。常见的有豆沙馅、豆蓉馅、枣泥馅、山楂馅、咸味馅等。擦制馅(又称拌制馅)是在糖或饴糖中加入其他原料搅拌擦制而成,依靠糕点成熟时受到的温度熔化凝结,但馅料中的面粉或米粉必须预先进行熟制加工。常见的品种有果仁馅(百果馅)、火腿馅、祁蓉馅、豆蓉馅、白糖芝麻馅等。

制作馅料的原料有小麦粉、糕粉、油脂、糖、果料等,这些原料应符合质量要求,味道纯正,不影响馅料质量。使用前,大多需要一定的预加工或预处理。如擦制馅所用的小麦粉或米粉要求预先熟制,如果采用生粉,制出的馅易发黏、糊口。炒制馅一般不需预先熟制加工,糖是大多数馅料的重要原料,炒制馅可直接使用白砂糖或黄砂糖。擦制馅最好使用绵白糖,如用砂糖应先粉碎成精粉,以免在馅中分布不匀。馅料中有时也加入适量饴糖,可使馅料细腻、湿润、不干燥、口感好。制作不同馅料时要选用合适的油脂,咸味馅料最好选用猪油,甜味馅料最好选用芝麻油或花生油。使用豆油或其他植物油时,最好先热熬一下,使不良气味挥发掉,冷却后再用。另外,对于使用芝麻等籽仁时,应烤熟,使其发挥出籽仁特有的香味。

西点中有不少品种也经常使用各种馅料,通常以夹心方式使用,如派、塔、一些点心面包、奶油空心饼等。西点的馅料与中点的馅料有很大区别,常见的西点馅料有果昔与水果馅料、果仁(主要是杏仁)精馅料、奶油类馅料、蛋奶糊与冻类馅料等。

由于糕点所用馅料种类很多,即使同一种馅料,各地也有差别。常用馅料主要有:豆沙馅、豆蓉馅、莲蓉馅、枣泥馅、山楂馅、果仁馅、白糖馅、火腿馅、椰蓉馅、白糖芝麻馅、椒盐馅、果酱水果馅、凝乳馅等。

5.3.5 糕点的成型技术

在焙烤前应将调制好的面团(面糊)加工成一定的形状。成型的方法主要有手工成型、机械成型和印模成型。印模成型是利用圆形、椭圆形、三角形等一定形状的模具,对面团(皮)进行按压切成一定的形状的成型方法,常用的模具有木模、金属模等;机械成型的设备主要有压延机、切片机、浇注机(浇模机、注模机)、辊印机、包馅机等,西点中机械成型的品种较多,中点的机械成型的品种较少,机械成型是传统糕点的工业化,是在手工成型的基础上发展起来的。

目前,糕点的成型仍以手工成型为主,主要包括手搓成型、压延(擀)成型、包馅成型、卷起成型、挤注成型、注模成型、折叠成型等,下面分别介绍糕点加工常见的手工成型方法。

1. 手搓成型

适合发酵面团、米粉面团、甜酥面团等。手搓即用手将面团搓成各种形状,常用的是搓条。手搓后,生坯一般外形整齐规则,表面光滑,内部组织均匀细腻。有些手搓成型的品种需要与其他成型方法(如印模、刀切或夹馅等)互相配合使用。

2. 压延(擀)成型

常用于点心饼干、小西饼、派等的成型。压延即用面棒(或其他滚筒)将面团压延成一定厚度面皮的形状,压延可分为单层压延和多层压延。多层压延是将压延后的面片折叠后再压延,可重复数次,目的是强化面坯内部组织结构,使产品分层。通过压延可以调整面团的组织结构,赋予原料粒子一定的方向性,使面坯内部组织均匀细腻,使后续加工操作(如切割、印模等)利于进行。

3. 包馅成型

适合于如糖浆皮类、甜酥性皮类、水油酥性皮类等需要包馅的糕点类物质。包馅就是按照一定比例将各种定量的馅料,包入各种面皮中,使皮馅紧密结合以达到该产品规定的技术要求。包馅时要求皮馅均匀、份量准确、严密周正、不重皮,并按下道工序的要求达到相应的形状。

4. 卷起成型

用卷起成型法可以制成许多风味的糕点。卷起是先把面团压成片,然后在面片上涂上各种调味料,如油、盐、果酱、椰蓉等,或者铺上一层软馅,如豆沙、枣泥等,最后卷成各种形状。

5. 挤注成型

多用于空心饼、巧克力等烫面类西点的成型。挤注成型一般是将各种形状的模具(裱花嘴子)装入喇叭形的挤注袋的下端,然后将膏状料装入挤注袋中,挤入各种模具中,挤出后形成所用裱花嘴的特色形状。用于挤注成型糕点的面团一般是平流动状态的膏状,面团内原料粒子间的距离相当近,原料粒子受物理冲击等条件变化运动时,彼此会相互阻碍,使面团具有一定保持形状的能力。

6. 注模成型

海绵蛋糕、油脂蛋糕等面糊类糕点,面糊组织内各部位有的含有气泡、有的不含气泡,富有流动性,不能进行压延、切断操作,成型时应浇注到一定体积、一定形状的容器中进行注模成型。注模成型的面糊一般水分含量较高,组织内原料成分、气泡呈悬浮状态,刚调制好后呈均一分散状态,当面糊内含有原料粒子的大小不同和存在不同分散相时,均匀的分散态慢慢会发生变化,注模成型时应尽量避免面糊的这种变化。

7. 折叠成型

像中式的千层酥、西式松饼、帕夫点心等需要形成均一的层状结构的产品面团采用折叠方式成型,常用的折叠成型方法有二折法(对折法)、三折法、四折法和十字法等,其中三折法和四折法可以交叉使用。

除以上介绍的几种手工成型方法外,常用的手工成型方法还有切片成型、包酥成型等。

5.3.6　糕点烘焙技术

面团(糊)经成型后,一般要进入熟制工序。熟制是糕点生坯通过加热熟化的过程,熟制方法主要有烙烤、油炸、蒸制三种,其中以焙烤最为普遍,这里主要介绍焙烤技术。

焙烤就是把成型的糕点生坯,送入烤炉内,经过加热,使产品烤热定型,并具有一定的色泽。焙烤过程中发生一系列物理、化学和生物化学变化,如水分蒸发、气体膨胀、蛋白质凝固、淀粉糊化、糖的焦糖化与美拉德褐变反应等,焙烤对产品的质量和风味有着重要影响。根据糕点的品种及类别,来选用恰当的焙烤条件。影响焙烤的因素主要有:

1. 炉温

焙烤糕点应根据品种选择不同的炉温,常用的炉温有以下三种:

①低温。低温是在 170 ℃ 以下的炉温,主要适宜烤制白皮类、酥皮类、水果蛋糕等糕点。产品要保持原色。

②中温。中温是在 170~200 ℃ 之间的炉温,主要适宜烤制大多数蛋糕、甜酥类及包馅类等糕点。产品要求外表色泽较重,如金黄色。

③高温。高温是 200~240 ℃ 之间的炉温,主要适宜于烤制酥类、部分蛋糕及其他类糕点的一部分品种等。产品要求表面颜色很重,如枣红色或棕褐色。

2. 面火和底火(上、下火)

焙烤糕点时要充分利用上下火调整炉温,根据需要发挥烤炉各个部分的作用。上火是指焙烤时烤盘上部空间的炉温,所以也称面火;下火是指烤盘下部空间的炉温,也称底火。炉中上下火温度要根据糕点品种的要求而定,同时还要考虑到炉体结构。

3. 焙烤时间

焙烤时间与炉温、坯体大少、形状、薄厚、馅芯种类、焙烤容器的材料等因素有关,但以炉温影响最大。一般而言,炉温越高,所需焙烤时间越短;炉温越低,所需焙烤时间越长。因为焙烤时热传递的主要方向是垂直的,而不是水平的,因此产品的厚度对焙烤温度和时间影响较大,较厚的制品如焙烤温度太高,表皮形成太快,阻止了热的渗透,易造成焙烤不足,故适当降低温度。总之,糕点越大或越厚,焙烤时间越长;糕点越小或越薄,焙烤时间越短。

焙烤温度和时间对于成品质量影响相当大,两者又是互相影响和制约的。一般来说,在保证产品质量的前提下,糕点的焙烤应在尽可能高的温度下和尽可能短的时间内完成。同一制品在不同温度下的焙烤试验结果表明,在较高的温度下焙烤,可以得到较大的体积和较好的质地,例如,蛋糕如焙烤温度太低,热在制品中的渗透缓慢,浆料被热搅动的时间长,这将导致浆料的过度扩展和气泡的过度膨胀,使成品的组织粗糙,气孔粗大,质地不好。

5.3.7　糕点的冷却

新出炉的糕点温度高,而且表面和内部温差大,一般表面温度在 180 ℃ 左右,中心温度在 100 ℃ 左右。糕点出炉后不经冷却立即包装,由于温度高,易在包装内结成水滴,使糕点表皮吸水变软及产生皱纹现象,并给霉菌繁殖创造条件;另外,某些蛋糕类糕点不经冷却即进行包装,易造成产品的变形。因此,蛋糕出炉后必须经过冷却工序,大多数品种冷却到 35~40 ℃ 进行包装。

1. 糕点在冷却中温度和水分的变化

糕点刚从烤炉中取出,其皮部温度高于内部,外表水分则低于内部。随着冷却的进行,糕点内外的温度发生了剧烈变化,皮部温度迅速下降,中心温度则下降缓慢。在冷却过程中,随着糕点温度的下降,糕点中的水分也发生着变化。糕点中水分的变化与温度的变化相反,是由里向外转移。

2. 糕点在冷却中的技术管理

由于自然冷却所需的时间太长,目前普遍采用通风冷却。

糕点冷却装置有多种形式:有的将糕点放在缓慢移动的传送带或烤盘上,通过地面隧道或空中隧道进行冷却。传送带有直线运行的,也有多层运行的。金属板或布的传送带的冷却效果不如网状传送带的冷却效果好。冷却气流的湿度过小,会加大糕点的质量损耗,应对气流调温调湿。糕点在冷却过程中,要注意清洁卫生,尤其是刷过糖或蛋白液的糕点,易沾染有害微生物和不洁物。

某些糕点出炉后即可倒出冷却。摆放时,糕点之间不要挤得太紧,要留有一定空隙,以便空气流通,加快冷却速度。

3.糕点在冷却中的质量损耗

在冷却过程中,不同种类的糕点的质量会有不同程度的损失。冷却中影响糕点质量损耗的因素主要有气流相对湿度、气流温度及糕点的含水量和体积。相对湿度越大,质量损耗越小,反之质量损耗越大;气流温度低,糕点外表面的蒸汽压降低,水分蒸发缓慢,质量损耗减少,反之,温度高,面包质量损耗大;糕点的含水量越大,在冷却中的损耗越大;质量相同的糕点,其体积越大,损耗越大。

5.3.8 糕点的装饰

糕点的装饰即糕点包装前的美化。糕点装饰可繁可简,手法多样,变化灵活。装饰是西点增加花样品种的重要手段之一。对于中点和西点装饰方法差别较大,但需要达到的目的和效果相同。通过装饰,可以使糕点具有诱人的外观和色泽,图案和造型可以蕴涵一定的文化底蕴,可以达到激起消费者食欲,增加购买欲的效果;由于各种装饰料,如果冻、籽仁、巧克力等所具有的风味不同,装饰后可变化出多种的花样和口味,并且能够增加制品的营养性;某些含油量大的油脂的装饰料(奶、油、巧克力等),能够防止糕点内部水分蒸发散失,从而起到延长制品保鲜期,延缓产品老化的作用。

5.4 面包的加工

5.4.1 面包的概念与分类

1.面包的概念

面包是以小麦面粉为主要原料,以酵母、鸡蛋、油脂、果仁等为辅料,加水调成面团,经过发酵、整型、成型、烘烤、冷却等过程加工而成的焙烤食品。

2.面包的分类

目前,国际上尚无统一的面包分类标准,分类方法较多,主要有以下几种分类方法。

(1)按面包的柔软度分类

①硬式面包。如法国面包、荷兰面包、维也纳面包、英国面包,以及我国生产的赛义克、大列巴等面包。

②软式面包。大部分亚洲和美洲国家生产的面包,如著名的汉堡包、热狗、三明治等。我国生产的大多数面包属于软式面包。

(2)按质量档次和用途分类

①主食面包。亦称配餐面包,配方中辅助原料较少,主要原料为面粉、酵母、盐和糖,含糖量不超过面粉的7%。

②点心面包。亦称高档面包,配方中含有较多的糖、奶油、奶粉、鸡蛋等高级原料。

（3）按成型方法分类

①普通面包。成型比较简单的面包。

②花色面包。成型比较复杂,形状多样化的面包,如各种动物面包、夹馅面包、起酥面包等。

（4）按用料不同分类

奶油面包、水果面包、鸡蛋面包、椰蓉面包、巧克力面包、全麦面包、杂粮面包、强化面包等。

5.4.2　原料的处理与选择

1. 面粉的处理

（1）调节粉温

在投料前应根据季节的不同调整面粉的温度,以利于面团的形成和面团发酵。夏季应将面粉储存在干燥、低温和通风良好的地方,以降低粉温;冬季应将面粉提前放入车间、暖房或温度较高的环境,以提高粉温。

（2）过筛

面粉使用前必须过筛,以清除杂质。同时使面粉松散,空气增多,利于面团发酵,也可以调节粉温的作用。

（3）去除金属杂质

在过筛的装置中安装磁铁处理装置,以便清除金属杂质。

2. 酵母处理

无论鲜酵母还是普通干酵母,在调粉前都需要进行活化。对于鲜酵母,应加入酵母质量5倍、28~0 ℃的水,而对于干酵母,则应加入酵母质量10倍的水,水温应在40~44 ℃为宜。当表面出现大量气泡即可投入生产,活化时间为15 min。可在酵母分散液中添加5%的砂糖,以加快酵母活化速度。

即发活性干酵母不需进行活化,可直接使用。首次选用的酵母品种,在使用前最好先测定其发酵力,以便根据发酵力大小、面筋的特性和辅料的多少来确定酵母的使用量。

3. 水的处理

硬度过大的或极软的水都不适宜生产面包。硬度过大的水会增强面筋的韧性,延长发酵时间,使面包口感粗糙;极软的水会使面团过于柔软发黏,能缩短发酵时间,使面包塌陷不起发。为了改善水质,对硬度过大的水加入碳酸钠来降低其硬度;对极软的水可添加少量的磷酸钙或硫酸钙来增加其硬度。

碱性水或酸性水都不利于面包生产。酵母的最适pH值为5.0~5.8。碱性水不利于酵母生长,抑制酶的活性,延缓面团的发酵作用;酸性水会提高面团的酸度。碱性水可用乳酸中和,对酸性水可用碳酸钠中和。

4. 其他原料的处理

①砂糖与糖浆处理。砂糖用温水化开再经过滤后使用,糖浆经过滤后使用。

②食盐处理。食盐用水溶化过滤后使用。

③乳粉处理。乳粉不直接加入调粉机中,避免乳粉吸水结成团块影响面团的均匀性。乳粉使用前应加适量温水调成乳状液后加入,最好是乳粉与面粉混匀后加入。

5.4.3 面团的调制

面团调制俗称和面,也称调粉或搅拌。面团调制就是将原材料配合好,在调粉机中混合搅拌形成面团,是影响面包质量的决定性因素。

1. 面团搅拌的目的

①使各种原辅料均匀地混合在一起,形成质量均一的整体。

②加速面粉吸水、胀润形成面筋的速度,缩短面团形成时间。

③扩展面筋,使面团具有良好的弹性和延伸性,改善面团的加工性能。

2. 面团调制的不同阶段

面团是由面粉中的蛋白质、淀粉和辅料组成的,蛋白质吸水为自重的150%～200%,而淀粉吸水为自重的25%。面团中的水分占45%左右,其存在状态分游离水和结合水。游离水占18%,分布于面筋网络当中。结合水占27%,分布在蛋白质胶粒表面。在面团形成过程中,蛋白质由于水化作用,游离水转变为结合水,表现为面团逐渐由软变硬,黏性逐渐减弱,体积不断膨大。可将面团搅拌过程中面团的物性变化划分为如下六个阶段。

(1)原料混合阶段

面团搅拌的第一阶段。面粉等原料被水调湿,似泥状。并未形成一体,且不均匀。水化作用仅在表面发生一部分,面筋没有形成,用手捏面团,很硬;无弹性和延伸性,很黏。

(2)面筋形成阶段

此阶段水分被面粉全部吸收,面团成为一个整体,已不黏附搅拌机壁和钩子,此时水化作用大致结束,一部分蛋白质形成了面筋。用手捏面团,仍有黏性,手拉面团时的延伸性差,易断裂,面团缺少弹性,表面湿润。

(3)面筋扩展阶段

随着面筋形成,面团表面逐渐干燥,较光滑和较有光泽,出现弹性,比较柔软,用手拉面团,具有延伸性,但仍易断裂。

(4)搅拌完成阶段

此时面筋已完全形成,外观干燥,柔软而具有良好的延伸性。面团随搅拌机的钩子转动,并发出拍打搅拌机壁的声音;面团表面干燥且有光泽,细腻整洁;用双手可拉展成半透明的薄膜,薄膜上很光滑,不粗糙。此阶段为最佳程度,应立即停止搅拌,并始发酵。

(5)搅拌过渡阶段

如完成阶段不停止,继续搅拌,面筋超过了搅拌的耐度,开始断裂。面筋胶团中吸收的水又溢出,面团表面再次出现水的光泽,流动性增强,失去了良好的弹性。用手拉面团时,面团黏手而柔软。面包面团到这一阶段将对制品的质量产生不良影响。

(6)破坏阶段

若继续搅拌,则面团变成半透明并带有流动性,黏性非常明显,面筋完全被破坏。从面团中洗不出面筋,用手拉面团时,手掌中有一丝丝的线状透明胶质。

3. 调粉投料顺序

(1)一次发酵法与快速发酵法

①首先将水、蛋、糖、甜味剂溶化均匀,面包添加剂均匀地分散在水中,能够与面粉中的蛋白质和淀粉充分作用。如使用鲜酵母和活性干酵母应先用温水活化后在此时加入。

②将乳粉即活性干酵母混入面粉中后,放入调粉机中搅拌成面团,可防止即发活性干酵

母直接与水接触而快速发酵,或因季节变化而使用冷热水对酵母活性直接伤害,乳粉混入面粉中可防止直接接触水而发生结块。有些面包添加剂也与面粉混匀后使用。

③当面团已经形成,面筋还未充分扩展时加入油脂。此时油脂可在面筋和淀粉之间的界面上形成一层单分子润滑薄膜,与面筋紧密结合并且不分离,从而使面筋柔软,增加面团的持气性。也使面筋与淀粉间摩擦力减少,从而增大面包的体积。如过早加入,则会影响面筋的形成。

④最后加盐。一般在面团中的面筋已经扩展,但未充分扩展或在面团搅拌完成前 5 ~ 6 min 加入。发达国家普遍采用后加盐法。我国小的焙烤企业或调制的面团较少时一般采用先加盐法,在第①步加入。

最后加盐有以下优点:缩短面团调制时间;有利于面粉中的蛋白质充分水化,面筋充分形成,提高面粉吸水率;减少摩擦热量,有利于面团温度控制;减少能源消耗,降低成本。

(2)二次发酵法

二次发酵法也称为中种法,采用二次调粉和二次发酵。第一次调制的面团称为种子面团、中种面团、醒种面团或醒子;第二次调制的面团为主面团。

①调制种子面团时面粉占总配方中的 50% ~80% 。

使用高筋面粉时,种子面团/主面团 =70/30、60/40,即种子面团用量高些。中筋面粉,多使用 50/50。

②调制主面团。首先将水、糖、盐、蛋、甜味剂等充分混合溶解。加入发酵好的种子面团进行搅拌,直到将种子面团调开,以利于主面团混合均匀;加入面粉(与乳粉、添加剂等混合均匀);加入油脂,直到面团搅拌完成。

4. 面团温度的控制

适宜的面团温度是面团发酵时所要求的重要条件。发酵的工艺不同,调粉后的面团温度也不同,二次发酵法种子面团的温度最好在 26 ~ 27 ℃,主面团温度在 28 ℃左右。

(1)影响面团温度的因素

面粉和主要辅料的温度、室温、水温、调粉时增加的温度。如果采用二次发酵法,还有第一次种子面团发酵后的温度。

(2)用水温控制面团温度

在实际生产过程中,室温和粉温比较稳定不易调节,一般用水温来调节面团温度。

(3)用冰温控制面团温度

在夏季,尤其是我国的南方地区,室温能高达 30 ℃,用水温度也大大高于面团所需的水温。因此,用水不能控制面团温度,需用冰或冰水来控制面团的理想温度。

5.4.4　面团发酵

1. 面团发酵的目的

①在面团中积蓄发酵生成物,给面包带来浓郁的风味和芳香。

②使面团变得柔软而易于伸展,在焙烤时得到极薄的膜。

③促进面团的氧化,强化面团的持气能力(保留气体能力)。

④产生使面团膨胀的二氧化碳气体。

⑤有利于焙烤时的上色反应。

2. 发酵过程

面团的发酵是个复杂的生化反应过程,所涉及的因素很多,尤其是诸如水分、温度、湿度、酸度、酵母营养物质等环境因素对整个发酵过程影响较大。

(1)发酵过程的营养物质供应

①酵母在发酵生长和增殖过程都要吸收氮,合成本身所需的蛋白质,其来源分有机氮(如氨基酸)和无机氮(如氯化铵、碳酸铵等)两种。其中,氯化铵的效果比碳酸铵好,但二者混合使用则效果更佳。

②酵母要吸收糖类物质,以进行发酵作用。发酵初期酵母先利用葡萄糖和蔗糖,然后再利用麦芽糖。在正常条件下,1 g 酵母每小时约吸收、分解 0.32 g 葡萄糖。

③其他物质,如酶、改良剂、氧化剂等,都对发酵过程的许多生化反应具有促进作用。如面粉本身存在的各种酶或人工加入的淀粉酶,促进淀粉、蛋白质及油脂等的水解;无机盐可作为面团的稳定剂、改良剂,氧化剂则可改变面团的物理性质,改善面团的工艺性能。

(2)发酵产物

酵母发酵后的最终产物有二氧化碳气体、酒精、酸、热量等。

①二氧化碳气体这是使面团膨松、起发的物质。在面团发酵期间,面粉本身的或人工添加的淀粉酶中的液化酶将分解淀粉转化成糊精,再由糖化酶的作用转变成麦芽糖,然后由麦芽糖酶把麦芽糖变成葡萄糖,最后通过酒精酶而分解成为酒精及二氧化碳,但所产生的二氧化碳并不完全以气体形式存在于面团内,而是有部分溶于水变成碳酸。碳酸的离解度很小,对面团的 pH 值影响不大。

②酒精是发酵的主要产物之一,也是面包制品的风味及口味来源之一。酒精虽然会影响面团的胶体性质,但因其产量较少,故影响不太大,而且当面包进炉烘焙后,酒精会随之而挥发出去,面包成品大约只含 0.5% 酒精。

③酸是面包味道的来源之一,同时也能调节面筋成熟的速度。它们是乳酸、醋酸等有机酸和碳酸以及极少量的硫酸、盐酸等无机强酸。

a. 乳酸是由于面粉内含的乳酸菌的发酵作用,把葡萄糖转化成乳酸,其反应式是:

$$C_6H_{12}O_6 \longrightarrow 2CH_3CHOHCOOH + 20 \text{ kcal}$$

乳酸是一种较强的有机酸,且在发酵过程中产量也较多,是使面团的 pH 值在发酵过程降低的重要原因之一。

b. 醋酸是存在于面粉内的醋酸菌,将酒精转化而成的。其反应式是:

$$CH_3CH_2OH+O_2 \longrightarrow CH_3COOH + 6H_2O + 20 \text{ kcal}$$

醋酸是较弱的有机酸,离解度小,对面团的 pH 值影响比乳酸要小。

c. 碳酸其产生与影响见上述"二氧化碳气体"部分。

d. 硫酸、盐酸铵盐受酵母利用后,经酵母的同化作用,释放出其相应的酸,如硫酸铵产生硫酸,氯化铵产生盐酸。虽然改良剂在配方中用量极少,所产生的无机酸也很少,但因它们离解常数很大,几乎百分之百离解,故有许多氧离子产生,所以对面团的 pH 值的降低影响很大。

3. 发酵技术

(1)发酵的温度及湿度

理想的发酵温度为 27 ℃,相对湿度为 75%。温度太低,因酵母活性较弱而减慢发酵速度,延长了发酵所需时间,温度过高,则发酵速度过快。

湿度低于 70% 的面团表面由于水分蒸发过多而结皮,不但影响发酵,而且影响成品质量不均匀。适于面团发酵的相对湿度应等于或高于面团的实际含水量。即面粉本身的含水量（14%）加上搅拌时加入的水量（60%）。面团在发酵后温度会升高 4 ~ 6 ℃。若面团温度低些，可适量增加酵母用量，提高发酵速度。

（2）发酵时间

面团的发酵时间，不能一概而论，要按所用的原料性质、酵母用量、糖用量、搅拌情况、发酵温度及湿度、产品种类、制机工艺（手工或机械）等许多有关因素来确定。

通常情形是：在正常环境条件下，鲜酵母用量为 3% 的接种面团，经 3 ~ 4 h 即可完成发酵。或者观察面团的体积，当发酵至原来体积的生 4 ~ 5 倍时，即可认为发酵完成。

（3）翻面技术

翻面是指面团发酵到一定时间后，用手拍击发酵中的面团，或将四周面团提向中间使一部分二氧化碳气体放出，缩减面团体积。目的在于：充入新鲜空气，促进酵母发酵；促进面筋扩展增加气体保留性，加速面团膨胀；使面团温度一致，发酵均匀。

翻面这道工序只是直接法需要，而接种面团则不需要。翻面时不要过于剧烈，否则会使已成熟的面筋变脆，影响醒发。观察面团是否到达翻面时间，可将手指稍微沾水，插入面团后迅速抽出面团无法恢复原状，同时手指插入部位有些收缩，此时，即可作第一次翻面的时间。

第一次翻面时间约为总发酵时间的 60%，第二次翻面时间等于开始发酵至第一次翻面所需时间的一半。例如，从开始发酵至第一次翻面时间为 120 min，亦即等于总发酵时间的 60%，故计算得总发酵时间为 200 min，可知第二次翻面应在第一次翻面后的 60 min 进行，亦即在总发酵时间的第 180 min 进行。

（4）影响发酵速度及时间的因素

影响因素包括酵母用量、面团的温度、面团 pH 值、配方中各种有关原料的用量、整形操作技术、产品类型。

其中原料因素包括盐用量（大于 1% 时即对发酵速度及时间有影响）、糖用量（大于 6% 时影响发酵速度和时间）、面粉性质、改良剂用量（主要是氮素提供量）。

5.4.5　面团整形

将发酵好的面团做成一定形状的面包坯，称为整型。整型包括分块、称量、搓圆、静置、成型、装盘或装模等工序。在整型过程中，面团仍然继续进行发酵过程。整型室要求：温度 25 ~ 28 ℃，相对湿度 65% ~ 70%。

1. 分块和称量

分块是通过称量或定量把大面团分切成所需质量的小面团。分块质量是成品质量的 110%，因面包坯在烘焙后将有 10% 左右的质量损耗，在分块和称量时要将这部分质量损耗计算在内。由于此期间，面团中的酵母活性、气体含量和面筋的结合状态都在发生变化。为了缩小分块前后面团特性的差异，分块应在尽量短的时间内完成。主食面包的分块最好在 15 ~ 20 min 内完成，点心面包最好在 30 ~ 40 min 内完成。否则会因发酵过度，影响面包质量。

（1）手工分块

先把大面团搓成（或切成）适当大小的条状，再按质量分切成小面团。手工分块比机械分块不易损坏面筋，尤其是筋力软弱的面粉，用手工分块比机械分块更适宜。

（2）机械分块

机械分块是按照体积来分切面团使其变成一定质量的小面团，而不是采用直接称量分块而得到的。所以,操作时必须经常称量所分块出的面团质量,及时调整活塞缸空间,以免出现分块得到的面团过轻或过重的现象。因为面团虽然完成了发酵阶段进入分块机的盛料槽,但发酵作用仍在进行,并且其发酵速度也不减弱,反而有增加的趋势。从分块开始到最后,面团的密度均在变化,后期的面团密度小于前期的面团密度,而分块机是按体积切割面团的,所以要注意调整容器出口的大小,以控制不同密度的面团保持同样的质量。

就面团的发酵程度来说,机器分块与手工分块的要求也有所不同。机器操作时,为减少机器分块对面筋所引起的损害,要求面团柔软一些,即要求嫩一些的面团。同时,柔软的面团其韧性较弱,利于面团在分块机的盛料槽内自然下流。

在分块机工作前,盛料槽、分块室、容器口等部件要涂油,以免机器黏附面团。但涂油不能过多,以免面包成品的内部组织产生太多的空洞。分块机润滑油一般为食用矿物油。

2. 搓圆

搓圆,即把分块得到的一定质量的面团,通过手工或搓圆机搓成圆形。分块后的面团不能立即进行整型,而要进行搓圆,使面团外表有一层薄的表皮,以保留新产生的气体,使面团膨胀。同时,搓圆可使分块时被破坏的面筋网状结构得到恢复。搓圆后形成的光滑表皮有利于保证以后工序机器操作中不会被黏附,烤出的面包表皮也光滑好看、内部组织颗粒均匀。

在搓圆操作中要注意的是撒粉不要太多,以防面团分离。用机器操作时,除了撒粉不要过多外,还要尽量均匀,以免面包内部有大孔洞或出现条状硬纹。手工搓圆时可撒粉或油脂润滑表面。

3. 中间醒发

中间醒发也称静置,是指从搓圆后到整型前的这段时间。通常需要 15 min,也有短至5 min或长至20 min 的,具体时间根据面团性质是否达到整型所要求的特性来确定。

中间醒发的目的,是使面团重新产生新的气体,恢复其柔软性,便于整型的顺利进行。面团分块后失去了一部二氧化碳气体,丧失了应有的柔软性,若不经中间醒发,则在整型时因受整型机的机械压力作用,面团表皮极易撕破,面团易黏附在整型机上,同时损伤面筋组织。所以,要有中间醒发这道工序,让面筋松弛。

手工操作时,中间醒发是将搓圆后的面团静置于案台上让其自然进行。其不足之处是,醒发时间及制成品的质量易受环境条件影响,尤其是在夏季闷热的天气里,若生产场地使用风扇降温,则中间醒发后的面团极易结皮,从而影响面包品质。

机械化生产线则有中间醒发箱设备,面团运行时间可任意调整,并可控制温度和湿度。面团经搓圆后自动落入中间醒发箱的布袋上,到了规定时间,即自动送至压片机。

中间醒发箱的相对湿度通常为70% ~75%。若湿度太小,面团表面极易结皮,面包成品内部有大孔洞;湿度太大,则面团表面会发黏,整型时需撒较多浮粉,导致面包内部组织不良。

醒发时温度以 27~29 ℃为宜。温度过高时,醒发太快,面团老化也快,使面团气体保留性差;温度太低,则松弛不足,影响生产。

4. 成型

成型,即把面包做成产品所要求的形状。成型工序实际上包括压片及成型两部分。压片,是把旧气体排掉使面团内新产生的气体均匀分布,保证面包成品内部组织均匀。成型,是把压片后的面团薄块做成产品所需的形状,使面包外观一致,式样整齐。手工制作时,压片可用擀面棍或手压排气,成型时用手搓卷。手工成型多用于花色面包和特殊形状面包的制作。

一般主食面包的生产,都是用整型机成型的。整型机分压片、卷包、压紧三部分。压片部分有 2~3 对辊轴,从中间醒发箱出来的面团经辊轴压薄成扁平的圆形或椭圆形。此时面团内的气体大部分被压出,内部组织已比较均匀。然后,经过卷折部分,由于铁网的阻力而使面团薄块从边缘处开始卷起,成为圆柱体,最后,圆柱体面团经过压紧部分的压板,较松的面团被压紧,同时面团的接缝也被黏合好。

成型时要求撒粉不要太多,只要不粘工具就行,一般控制在分块质量的 1% 内。如面团干爽,可减少撒粉,以防成品内部有孔洞。

5.4.6　面团的醒发

醒发也称最后醒发或后发酵,就是把成型后的面包坯再经最后一次发酵,使其达到我们要求的形状。

1.醒发的作用

①缓解面包成型后的紧张状态。面团经过压片、成型等操作后,处于紧张状态,醒发是为了使面团得到恢复,使面筋进一步结合,增强面团的持气性。

②使酵母再经一次发酵,进一步积累产物。

③改善面包内部结构,使其疏松多孔。

2.醒发技术

(1)醒发条件

醒发时温度一般控制在 38~40 ℃,含油多的点心面包温度控制在 23~32 ℃。温度过高,发酵过快,易造成组织内部不均匀,香气差;温度过低,发酵时间长,组织粗糙。相对湿度 80%~90% 为宜。湿度过大,水分凝结表面,出现气泡、白点;湿度过低,表面干燥,阻碍膨胀,面包体积小,上下面出现裂纹,皮厚。醒发时间在 30~60 min。醒发时间不足,烤出的面包体积小,内部组织不良;醒发时间过长,面包酸度大,或由于膨胀过大超过了面筋的延伸限度而跑气塌陷,或面包缺乏光泽、表面粗糙。

(2)醒发适宜程度的判别

醒发到何种程度入炉烘焙,关系到面包的最终质量。醒发适宜程度的判别主要是根据经验进行的。判别方法有以下几种:

①观察体积。醒发膨胀到面包应有体积的 80%,另 20% 的体积在入炉烘烤中进行。

②观察膨胀倍数。成型后的面包坯经醒发增加 3~4 倍为宜。

③柔软度、透明度。当面包坯随着醒发体积的增大向四周扩展,由不透明的发死状态膨胀到柔软膜薄的半透明状态。用手拿,有越来越轻的感觉。

5.4.7　面包烘烤技术

1.烘焙过程

面包烘焙可分为三个阶段。

(1)烘焙初期

面包入炉初期,炉内温度应低,相对湿度较高 60%~70%,上火不超过 120 ℃,下火在 200~220 ℃,有利于面包体积增大。

(2)烘焙第二阶段

此时面包内部温度达到 50~60 ℃,面包体积已基本上达到成品体积的要求,面筋已膨胀至弹性极限。淀粉已经糊化,酵母活动停止。因此,该阶段需要提高温度使面包定型。上、下火可同时提高温度,为 200 ~ 210 ℃。

(3)烘焙第三阶段

此阶段主要使面包皮着色和增加香气。上火温度高于下火温度,上火在 210 ~ 220 ℃,下火在 140 ~ 160 ℃。如果下火温度过高,会使面包底部焦煳。

2. 面包烘焙时间

烘焙时间长短受到烘焙温度、面包大小、炉内湿度、面包种类、模具和烤盘、面包形状等因素的影响。

烘焙温度相对较高,烘焙时间就短,但面包起发不好,内部组织易发黏,水分大。面包坯越大,烘焙时间越长,同样烘焙温度亦应降低,以利于水分的充分蒸发。

3. 烤炉内的湿度

炉内湿度对于面包质量有着重要影响。如果炉内湿度过低,会使面包皮过早形成并增厚,产生硬壳,表皮干燥无光泽,限制了面包体积的膨胀,增大了面包的质量损失。如果湿度适当,可加速炉内热蒸汽对流和热交换速度,促进面包的加热成熟过程,减少面包的质量损失,增大面包的体积。此外,还可以供给面包表皮淀粉糊化所需要的水分,使面包皮产生光泽。

现代化的面包烤炉,都附有恒湿控制的装置,自动喷射热蒸汽或水雾来提高炉内湿度。大型面包生产线,由于产量大,面包坯一次入炉多,面包坯蒸发出来的水蒸气即可自行调节炉内湿度。但对于小型的烤箱来说,则湿度往往不够,需要在炉内放一盆水来调节。

4. 面包的烘焙损失

面包烘焙过程中的质量损失在 10% ~ 12% 损失的主要物质是水分,其次是糖类被酵母发酵后产生的二氧化碳、酒精、有机酸以及其他挥发性物质。如果把损耗量作为 100%,则其中水分 94.88%,酒精 1.46%,二氧化碳 3.27%,挥发酸 0.31%,乙醛 0.08%。

面包在烘焙中的质量损失,主要发生在烘焙的中间阶段。因第一阶段主要是提高面团温度和面包起发膨胀。到了中间阶段后,面团温度上升,水分大量蒸发,损失增大。

5.5　饼干的加工

饼干是除面包外生产规模最大的焙烤食品,有人把它列为面包的一个分支,因为饼干一词来源于法国,称为 Biscuit。法语中 Biscuit 是再次焙烤的面包的意思,所以至今有的国家把发酵饼干称为干面包。由于饼干在食品中不是主食,于是一些国家把饼干列为嗜好食品,属于嗜好食品的糕点类,与点心、蛋糕及巧克力等并列,这是商业上的分类。从生产工艺来看饼干应与面包并列属焙烤食品。

5.5.1　饼干的分类

由于饼干的配方和制作工艺的不同,使得饼干的品种名目繁多,很难对饼干进行严格的分类。根据我国现有的标准,饼干产品可分为 11 个种类,包括酥性饼干、韧性饼干、发酵饼干、薄脆饼干、曲奇饼干、夹心饼干、威化饼干、蛋圆饼干、蛋卷饼干、粘花饼干、水泡饼干。

1. 酥性饼干

以小麦粉、糖、油脂为主要原料,加入疏松剂和其他辅料,经冷粉工艺调粉、辊压、辊印或冲印成型、烘烤制成的造型多为凸花的,断面结构呈现多孔状组织,口感疏松的烘焙食品。如奶油饼干、葱香饼干、芝麻饼干、蛋酥饼干等。

2. 韧性饼干

以小麦粉、糖、油脂为主要原料,加入疏松剂、改良剂与其他辅料,经热粉工艺调粉、辊压、辊切或冲印成型、烘烤制成的图形多为凹花,外观光滑,表面平整,一般有针眼,断面结构有层次,口感松脆的焙烤食品。如牛奶饼干、香草饼干、蛋味饼干、玛利饼干、波士顿饼干等。

3. 发酵(苏打)饼干

以小麦粉、糖、油脂为主要原料,以酵母为疏松剂,加入各种辅料,经发酵、调粉、辊压、叠层、烘烤制成的松脆、具有发酵制品特有香味的焙烤食品。发酵饼干又称克力架,按其配方分为咸发酵饼干和甜发酵饼干。

4. 薄脆饼干

以小麦粉、糖、油脂为主要原料,加入调味品等辅料,经调粉、成型、烘烤制成的薄脆焙烤食品。

5. 曲奇饼干

以小麦粉、糖、油脂和乳制品为主要原料,加入疏松剂和其他辅料,经和面,采用挤注、挤条、切割等方法,烘烤制成的具有立体花纹或表面有规则波纹,含油脂高的酥化焙烤食品。

6. 夹心饼干

在两块饼干之间添加糖、油脂或果酱为主要原料的各种夹心料的夹心焙烤食品。

7. 威化饼干

以小麦粉(或糯米粉)、淀粉为主要原料,加入乳化剂、疏松剂等辅料,经调浆、浇注、烘烤制成的多孔状的松脆薄层,并在多个薄层间夹上以糖油为主要原料的夹心料,并烘烤而成的焙烤食品,又称华夫饼干。

8. 蛋圆饼干

以小麦粉、糖、鸡蛋为主要原料,加入疏松剂、香精等辅料,经搅打、调浆、浇注、烘烤而制成的松脆焙烤食品,俗称蛋基饼干。

9. 蛋卷饼干

以小麦粉、糖、鸡蛋为主要原料,加入疏松剂、香精等辅料,经搅打、调浆、浇注或挂浆、烘烤卷制而成的松脆焙烤食品。

10. 粘花饼干

以小麦粉、糖、油脂为主要原料,加入乳制品、蛋制品、疏松剂、香料等辅料,经调粉、成型、烘烤、冷却、表面裱粘糖花、干燥制成的疏松焙烤食品。

11. 水泡饼干

以小麦粉、糖、鸡蛋为主要原料,加入膨松剂,经调粉、多次辊压、成型、沸水烫漂、冷水浸泡、烘烤制成的具有浓郁蛋香味的疏松焙烤食品。

5.5.2　韧性饼干的生产原理与工艺

韧性饼干是以中等筋力小麦粉为主要原料,加上少量的油脂和砂糖制成的介于坚硬和酥脆之间的一类饼干。这种饼干在面团调制过程中,形成较多的面筋,面团具有较强的韧性,故称为韧性饼干。

1. 韧性饼干的配方

不同品种的韧性饼干尽管名称和形状不同,却有着类似的配方。典型的韧性饼干的配方见表5.11。

表 5.11　典型的韧性饼干配方　　　　　　　　　　　　　　　　单位:g

品种 配料	葱油饼干	克力架饼干	奶油夹心饼干	闲趣饼干
面粉	100	100	100	100
油脂	12	9	8	12
糖	20	22	22	24
碳酸氢钠	0.6	0.72	0.72	0.72
碳酸氢氨	2.2	3	3	5
甜蜜素	0.2	0.3	0.2	0.2
食盐	2	0.4	0.4	2
焦亚硫酸钠	0.03	0.03	0.1	0.1
葱油香精	0.2	—	—	—
鸡蛋	—	4	4	15
奶油香精	—	0.15	0.16	0.16

2. 韧性面团的调制

面团调制是韧性饼干生产中最关键的工序之一。面团调制得是否得当,直接关系到后续辊压、成型等工序能否顺利进行,而且对产品焙烤后的形状、花纹、内部质地和口感都有重要影响。

韧性面团的调制包括各种原辅料的混合、糖的溶解、蛋白质与淀粉的水化以及面筋蛋白的扩展等过程。将原料放入调粉机后,首先进行的是水、脂肪、糖和面粉的初步混合,在此过程中,糖被扩散来的水溶解,面粉中的蛋白质和淀粉也吸收扩散来的水分子,油脂在搅拌作用下,逐渐均匀地分布在面团中。在继续搅拌过程中,面团的温度不断上升,蛋白水化形成的面筋不断扩展,形成具有很强弹性的面团。韧性面团基本形成后加入溶化的焦亚硫酸钠,在继续搅拌作用下,面团很快变软,弹性降低,延伸性增强,最后形成具有良好延伸性和一定弹性的面团。

目前为止还没有被普遍认可的韧性面团评价方法。在生产中,韧性面团的质量主要通过操作人员的经验来确定。在长期的生产实践中,饼干师积累了丰富的面团调制经验。好的韧性面团应该有利于后续的辊压和成型,制作的饼干在焙烤中不变形,成品花纹清晰,表面没有大的气泡,口感良好等。

虽然韧性面团没有定量的评价标准,但对于特定的饼干生产机械而言,生产者可以从多方面进行考虑,提高面团的质量。韧性面团面筋形成的多少对韧性饼干的生产起着至关重要的作用。面筋形成过少,面团在辊压或层压过程中容易断裂,成品饼干在冷却、整理、包装过程中易于破碎;面筋形成过多,饼干坯在焙烤过程中容易变形,花纹模糊,而且成品饼干的口感较硬。

控制韧性面团面筋形成的途径有多种,包括面粉应具有合理的蛋白质含量和质量、合适的加水量、合理的面团调制时间以及使用焦亚硫酸钠。

首先是选择蛋白含量和质量适中的面粉。世界范围内,在小麦育种工作者的努力下,小麦的蛋白质含量有了很大的增加,所以直接以低蛋白含量的小麦粉制备优质韧性饼干面团的可能性越来越小。制作韧性饼干的面粉蛋白质质量分数要求在 9% ~ 10%,湿面筋质量分数以26% ~28% 为宜。如果小麦粉的湿面筋质量分数超过了30%,可以掺入占面粉质量 5% ~ 10% 的淀粉或熟面粉来稀释面筋。饼干生产中最好使用小麦淀粉,也可以使用玉米淀粉、马铃薯淀粉等。

二是合适的加水量和水温控制面筋的形成。面粉中的蛋白质只有充分水化之后才能形成面筋网络结构。如果没有足够的水,即使面粉蛋白质含量较高,也不会形成过多的面筋。因此,在配方中应严格控制加水量,并且要求计量准确。另外,液体原料中的水也应包括在总加水量之内,如糖浆、鲜奶和鸡蛋中的水。较高的水温或其他液体原料的温度,如糖浆的温度,也可以减少面筋的形成。夏季使用液体原料的温度可以在50 ~60 ℃,冬季使用液体原料的温度可以在70 ~80 ℃。较高的液体原料温度可以使面粉中的蛋白质适度的变性,变性后的蛋白质不再形成面筋网络结构。

三是通过延长面团调制时间来破坏已形成的面筋。韧性面团在搅拌 15 ~20 min 时,面筋形成达到最大量。在继续搅拌下,调粉机不断对面团做功,可将已形成的面筋拉断。可根据面筋形成的多少适当延长搅拌时间,形成良好的延伸性和适度弹性的面团。

四是通过使用还原剂来破坏已形成的面筋。在面筋初步形成后加入焦亚硫酸钠,可以打断面筋网络中的二硫键,降低面团的弹性,增强其延伸性和可塑性。使用焦亚硫酸钠还可以缩短韧性面团的调制时间。

以上几种控制面筋形成的方法可以结合使用,对于特定的机械,通过小试验摸索出最佳调制工艺参数。韧性面团调制时间因调粉机的性能的不同而有所不同。一般需调制 30 ~ 40 min,调制终点时面团的温度在 38 ~40 ℃。根据经验,在面团调制过程中,可以取出一小块面团搓成条,面团手感柔软适中,表面光滑油润,当被拉断时,面团的延伸性好,拉断后,断头有适度的回缩,表明面团已达到最佳状态。

3. 韧性饼干的辊压

面团的辊压就是将形状不规则、内部组织比较松散的面团通过数对轧辊的挤压作用,形成厚度均匀一致、内部结构紧密、层次分明的面带的过程。辊压是饼干生产中另一重要工序。即使面团调制为最佳状态,如果辊压效果不好,同样生产不出高质量的饼干。

韧性面团在辊压之前,需要静置一段时间以消除面团搅拌过程中形成的内部张力,降低面团的黏弹性,改善面团的辊压工艺性能。面团静置时间的长短与面团自身的温度和辊压环境的温度有密切关系。面团本身温度和工作环境温度都较高时,可以适当延长面团的静置时间,可以静置 30 min 左右;面团本身的温度高,环境温度低时,需要静置的时间短,一般 5 ~8 min;面团和环境的温度都较低时,需静置 10 ~20 min。高温面团在低温下静置时间太长,面团的硬度增加,延伸性降低,辊压和成型时面带容易断裂。尤其是在冬季,辊压场所需要采取升温措施,保证面团的工艺性能。

面团在数对轧辊压延过程中,压延比(轧辊前面带的厚度与轧辊后面带的厚度之比)不应超过 2.5∶1,末道轧辊的压延比不应超过 2∶1。压延比过大,容易破坏面团的组织结构,面带的边沿易产生缺口,饼干坯在焙烤时易变形。韧性面团一般经过三对轧辊来形成连续的面带。在压延过程中,面筋进一步形成,弹性降低,可塑性增加,有利于饼干的成型。在大多数情况下,用来生产葱油薄脆饼干和闲趣饼干的韧性面团通过几道轧辊的辊压就能达到切割成型的要求。对于含有特殊配料的韧性面团,经辊压后如果出现表面不光滑,面带边沿不整齐时,增加叠层工序可以改善面带质量,提高成品饼干的档次。在采用蛋白含量较高的面粉生产饼干或生产奶油夹心饼干时,叠层对提高产品质量至关重要。经过反复双向辊压,可以消除面带中张力的不平衡,进一步降低面带的弹性,提高产品的酥脆感。

4．韧性饼干的成型

韧性面团具有一定的弹性,所以在切割成型前使面带适当松弛可以获得良好的饼干形状。面带松弛是通过在切割成型机与末道轧辊之间的中间输送带做成波浪形来实现的。松弛可引起面带纵向的收缩和厚度的增加,所以松弛的程度能够调节也非常重要。

韧性饼干在切割成型时,表面常打上针孔,通常还印有名称和图案。采用冲印方式成型时,打针孔、印图案与从面带上切下饼干坯是同时进行的。随着切刀的上升,一个推顶板停留在面带表面,使饼干坯实现彻底脱离。如果面带表面很黏,输送带表面用抹布擦湿,使饼干坯黏在输送带上,而不会黏结在切刀上。采用辊切方式成型时,通常单辊就可完成打针孔和切割操作,但最好将这两步操作用两个独立的辊筒来完成。第一个辊筒印图案和打针孔,并将饼干坯固定在输送带上,第二个辊筒将饼干坯从面带切割下来。

5．韧性饼干的焙烤

由于韧性面团含水量达到21%～24%,结合水较多,焙烤时水分很难脱除,韧性饼干的焙烤宜采用相对较低的温度和较长的时间进行。饼干焙烤最常用的隧道式烤炉由3～5节可以单独控制温度的烤箱组成。整个烤炉按温度分布可划分为前区、中区和后区,且前区和后区的底、面火可以单独控制。韧性饼干在焙烤时,前区采用较低的温度,一般在150～160 ℃,中区采用高温,一般在200～220 ℃,后区温度为170～180 ℃。韧性饼干坯中面筋已经充分吸水润胀,形成较多的三维网状结构,具有较强的持气性。如果焙烤前区温度过高,造成膨松剂大量分解产气,引起饼干坯表面起泡,鼓起的气泡在高温下容易烤煳;中区温度升高,提供足够的热量,加速饼干坯的定型与脱水;后区的总体温度降低,防止饼干出炉后表面温度与环境温差太大,产生应力造成裂缝,同时后区面火温度还应保证饼干表面的上色。不同韧性饼干的大小、厚度和形状差别较大,烤炉各区温度还应考虑具体情况,通过小试验摸索而定。韧性饼干焙烤的时间为6～8 min。

5.5.3 酥性饼干的生产原理与工艺

酥性饼干是以低筋小麦粉为主要原料,加上较多的油脂和砂糖制成的口感酥脆的一类饼干。这种饼干在面团调制过程中,形成较少的面筋,面团缺乏延伸性和弹性,具有良好的可塑性和黏结性,产品酥脆易碎,故称酥性饼干。

1．酥性饼干的配方

不同品种的酥性饼干尽管名称和形状不同,却有着类似的配方。典型的酥性饼干的配方见表5.12。

2．酥性面团的调制

要生产出质量良好的酥性饼干,面团调制是最关键的工序之一。酥性面团要求具有良好的可塑性和黏结性,极少的延伸性和弹性。面团在成型时有结合力而不散开,不黏模具。成型后的饼干坯要有良好的花纹和花纹保持能力。在焙烤时不变形,摊散适中,成品花纹清晰。酥性饼干面团调制后的温度接近或低于常温,通常称为冷粉。

表 5.12　典型酥性饼干的配方　　　　　单位:g

配料 ＼ 品种	奶油甜酥饼干	花生甜酥饼干	巧克力饼干
面粉	100	100	100
油脂	20	24	20
糖	30	28	30
奶粉	10	8	6
人造奶油	10	4	12
碳酸氢钠	0.3	0.32	0.32
碳酸氢氨	0.15	0.16	0.18
甜蜜素	0.10	0.14	0.18
食盐	—	0.40	0.20
奶油香精	0.14	—	0.16
花生香精	—	0.16	—
香精	0.1	0.12	0.12

　　为了尽量减少面筋的形成,酥性面团通常采用两步法调制。首先将除面粉外的所有原料放入专用调粉机中,在缓慢的转速下搅拌几分钟。其作用是在有限的用水量下尽可能多地溶解糖,均匀分散和溶解奶粉、化学膨松剂和固体香精香料,形成均一的乳化体系。有时需要在配方中加入单甘酯或磷脂帮助形成均匀的乳化体系。然后将面粉加入其中,在保证各种原辅料混合均匀的前提下,尽量缩短第二阶段的调制时间。两步面团调制法利用糖和油脂的反面筋水化作用来抑制面筋的形成。糖溶解后形成具有一定浓度的溶液,在这种溶液中水分子被糖分子束缚住,减少了和面筋蛋白亲水基团的水合,从而减少了面筋的形成。分散的油脂与面粉混合时,油脂能够吸附在面粉颗粒的表面,形成一层油膜,阻碍水分子与面筋蛋白的接触和面筋网络的扩展。

　　酥性面团调制要求非常严格,加水量稍多或搅拌时间稍长都可能造成面团品质的劣变,因此正确判断面团的调制终点非常重要。在酥性面团调制时需注意以下几点:

　　(1)加水量和调粉时间

　　在实际生产中的具体加水量应根据面粉蛋白质含量和饼干的配方而定。在通常情况下,加水量较多、较软的面团易形成面筋,因而调粉时间应短些。相反,加水量较少的面团需适当延长搅拌时间,否则面团的黏结力差,面团成型性能差。一般来说,酥性面团的含水量在16%~18%为宜。

　　(2)面团的调制温度

　　一般通过水温来调节调粉温度。酥性面团的调粉温度一般控制在22~28 ℃。但对于油脂含量少的面团如果温度过低,会使面团产生较大的黏性,不利于操作。反之,如果面团温度过高,又会使面团起筋,造成收缩变形。因而对油脂含量少的面团,温度控制在30 ℃以下为宜。而对油脂含量高的面团,温度一般控制在22~26 ℃之间,因为油脂含量高,降低了面团的黏性和面皮的结合力,给操作和饼干质量带来不良影响。

（3）静置

如果在调制时面筋形成不足，适当的静置是一种补救办法。因为在静置期间，面筋蛋白的水化作用缓慢进行，从而降低面团的黏结力，增加了弹性。但如果过分静置，较多的水被面筋蛋白和淀粉吸收，面团则变得干硬，黏结力下降，组织松散，无法操作。

3. 酥性饼干的成型

从理论上讲，酥性饼干的成型可以采用辊印成型、钢丝切割成型、挤出成型和辊压后的辊切成型，但由于酥性面团中油和糖的比例较高，实际生产中应用最多的还是辊印成型。将调制好的酥性面团加入辊印成型机的喂料斗中，在喂料槽辊的携带和挤压下，物料进入模具辊的模具中并被压实。紧贴在模具辊表面的刮刀将突出在模具外的物料刮去，形成较整齐的饼干坯底面。随着模具辊的进一步向下转动，饼干坯接触到下方水平运行的帆布输送带，并在橡胶脱模辊的作用下从模具中脱出，通过帆布输送带运送到网状钢传送带上进入烤炉焙烤。

在辊印成型过程中，分离刮刀的位置影响饼干坯的质量。当刮刀刃口位置较高时，突出在模具外的物料不能被彻底切除，因而单块饼干坯的质量增加；当切刀刃口位置较低时，则会使饼干坯的质量减少。刮刀刃口位置以在模具辊中心线下 2~5 mm 处为宜。

4. 韧性饼干的焙烤与冷却

由于酥性饼干配方中含有较多的油和糖，面团内的结合物较少，故面团内的水分容易蒸发，因而酥性饼干的焙烤常采用温度较高、焙烤时间较短的焙烤工艺。生坯进入烤炉后，胀发和定型阶段需要较高的底火和面火温度，使生坯迅速凝固，防止由于配方中油脂过多而产生的"油摊"现象，此后阶段的焙烤温度应逐步降低。因为酥性饼干配方中一般含有较多的糖和乳粉，所以后区烘烤温度必须较低，防止表面过度上色。实际生产中可根据产品配方、饼干坯的大小、软硬程度选择合适的焙烤温度。一般来说，烤炉前区温度为 250~280 ℃，中区温度为 220~240 ℃，后区温度为 180~200 ℃。在此焙烤温度下，焙烤时间为 5~6 min。

焙烤时流动性很大的酥性面团必须采用光滑的低碳钢输送带，而油糖含量相对较低的产品则主要在低碳钢网带上焙烤。网带的传热速度好，所以焙烤较快，但面团容易陷入网格中，这会在烤炉末端造成严重的饼干破裂问题，并会污染网带。因此，在饼干连续通过烤炉后，当它从输送带上卸下时其底面会出现黑的、烤焦的碎颗粒。

酥性饼干坯在焙烤过程中"摊散"是生产中最常遇到的问题。过度摊散不但会影响饼干的外观，而且会增加饼干整理和包装时的破碎率。影响饼干焙烤时摊散度的因素很多，这里对增加摊散度和减小摊散度的因素分别介绍。增大摊散度的因素包括面粉的颗粒较粗，加入面粉后第二阶段的调制时间较短，糖的平均粒度较小，结晶糖数量较多，脂肪较多，调制温度过高造成面团偏软，使用的膨松剂较多，饼干坯质量太大，烤炉输送带涂油，饼干装载于冷烤炉带上及烤炉前区温度偏低等。降低摊散度的因素包括面粉的吸水率较高，面团调制过度，糖含量低且平均粒度大，脂肪含量低，面团调制温度低，饼干坯质量小，烤炉带撒粉，烤炉温度较高，快速焙烤等。在生产实践中可根据具体情况作出相应的调整。

由于糖的熔融性质，饼干坯刚离开烤炉时很柔软。在进行整理和包装之前，必须对其彻底冷却。采取的方法可以延长饼干的冷却输送带，冷却输送带的长度一般为烤炉长度的 1.5 倍以上，但冷却带太长，既不经济，又占空间。也可以采用吹风等方式对饼干坯进行强制冷却。适宜的冷却条件为 30~40 ℃，相对湿度为 70%~80%。

5.5.4　苏打饼干的生产原理与工艺

苏打饼干的生产过程与奶油薄脆饼干非常相似,不同的是苏打饼干面团中加入较多的碳酸氢钠,且不在层间添加油酥粉。苏打饼干生产通常采用二次发酵工艺。第一次调粉使用配方中全部面粉的 50% ~75%、一半的起酥油、适量的鲜酵母及全部的水。必要时添加一些酵母营养物、老面和酶。典型苏打饼干中种面团配方为面粉 100 g(蛋白质质量分数为 9% ~10%),起酥油 7.5 g,鲜酵母 0.25 g,水 40 g。将配料放入调粉机中,用温水调粉,使调粉结束时面团的温度为 25 ~27 ℃。面团在 27 ℃和相对湿度 80% 条件下发酵 1 h。发酵结束后再将 50 份的面粉、7.5 份的起酥油、2.0 份的食盐和大约 0.8 份的碳酸氢钠与上述的中种面团一起放入调粉机中调制。一般不需要另外加水,将各种原料调制均匀即可,过多的搅拌会降低饼干的胀发。面团再发酵 4 h,条件和中种面团一样。成熟的面团像奶油薄脆饼干那样辊压、层压和切割成型。辊压时,每道定量轧辊的压延比最大为 2：1。切割成型后进入烤炉焙烤前,将细盐撒在饼干坯上。苏打饼干的焙烤为典型的高温快速焙烤。烤炉的前区温度为 300 ℃,中区温度为 270 ℃,后区温度为 250 ℃,焙烤时间通常为 2.5 ~4 min。

思 考 题

1. 面粉在储存过程中工艺性能会发生哪些变化?
2. 糖在焙烤食品中有哪些工艺特性?
3. 油脂在焙烤食品中有哪些工艺特性?
4. 油脂起酥性的机理是什么?
5. 蛋制品在焙烤食品加工中的作用是什么?
6. 乳品在焙烤食品中的作用有哪些?
7. 水在焙烤食品加工中的作用有哪些?
8. 焙烤食品原辅料的种类有哪些?
9. 食盐在面包中的作用有哪些?
10. 简述面包的分类及其营养特点。
11. 常用酵母的种类及酵母活化的方法有哪些?
12. 发酵过程对面包最终风味物质形成起到哪些作用?
13. 面团发酵成熟度与醒发成熟度的判别方法有哪些?
14. 不同品种的饼干对面粉的质量各有什么要求?
15. 饼干韧性面团调制和酥性面团调制有什么异同?
16. 简述饼干焙烤应注意的问题。
17. 烤蛋糕的加工原理是什么? 其中为什么加入大量鸡蛋?
18. 糕点面团熟制方法主要有哪几种?
19. 酥类面团的调制方法有哪些?
20. 请写出烤蛋糕的加工工艺流程,并解释其各步骤加工要点。
21. 糕点的手工成型分为哪几种形式? 分别加以解释。

参 考 文 献

[1]张守文.面包科学与加工工艺[M].北京:中国轻工业出版社,1996.

[2]李培圩.面包生产工艺与配方[M].北京:中国轻工业出版社,1999.

[3]吴孟.面包生产技术[M].北京:中国轻工业出版社,1986.

[4]刘志瑞.特色面包配方与制作[M].北京:中国轻工业出版社,2000.

[5]刘江汉.焙烤工业实用手册[M].北京:中国轻工业出版社,2003.

[6]许洛晖,郑桑妮.西点面包烘焙[M].沈阳:辽宁科学技术出版社,2004.

[7]张国治.焙烤食品加工机械[M].北京:化学工业出版社,2006.

[8]吴文通.中西面包蛋糕制作精华[M].广州:广东科技出版社,1993.

[9]李新华,董海洲.粮油加工学[M].北京:中国农业大学出版社,2002.

[10]林作楫.食品加工与小麦品质改良[M].北京:中国农业出版社,1993.

[11]李道龙.饼干的焙烤技术[J].食品工业,2001,(1):33-34.

[12]刘钟栋,李学红.新版糕点配方[M].北京:中国轻工业出版社,2002.

[13]沈建福,等.焙烤食品工艺学[M].杭州:浙江大学出版社,2001.

[14]李里特,等.焙烤食品工艺学[M].北京:中国轻工业出版社,2000.

[15]朱鹤云,汪国钧.糕点制作原理与工艺[M].上海:上海科学技术出版社,1984.

[16]本尼恩,等.蛋糕加工工艺[M].金茂国,金屹,译.北京:中国轻工业出版社,2004.

[17]王树厅,王津利.西式糕点大观[M].北京:中国旅游出版社,1991.

[18]辛淑秀.食品工艺学[M].北京:中国轻工业出版社,2000.

[19]天津轻工业学院,无锡轻工业大学.食品工艺学(下册)[M].北京:中国轻工业出版社,1997.

[20]谢笔钧.食品化学[M].2版.北京:科学出版社,2004.

[21]曹兹.食品添加剂[M].兰州:甘肃民族出版社,2004.

[22]李小平.粮油食品加工技术[M].北京:中国轻工业出版社,2000.

[23]陆启玉.粮油食品加工工艺学[M].北京:中国轻工业出版社,2005.

[24]张守文.中华焙烤食品大辞典(原辅料及食品添加剂分册)[M].北京:中国轻工业出版社,2006.

[25]蔺毅峰,杨萍芳,晃文.焙烤食品加工工艺与配方[M].北京:化学工业出版社,2005.

[26]沈建福.粮油食品工艺学[M].北京:中国轻工业出版社,2002.

[27]刘心恕.农产品加工工艺学[M].北京:中国农业出版社,1997.

第6章

果蔬的加工

【学习目的】

通过本章的学习,应熟悉果蔬加工原理,并掌握果蔬产品加工技术,其加工技术主要包括:果蔬干制、果蔬罐制、果蔬糖制、果蔬腌制和果蔬速冻等;掌握不同加工处理方法对果蔬品质的影响。

【重点和难点】

本章的重点是果蔬败坏的原因及果蔬保藏的基本原理,以及各种果蔬加工制品的加工工艺及操作要点;难点是果蔬罐制、干制、速冻、糖制及腌制的保藏加工原理。

6.1 果蔬品质与加工的关系

6.1.1 营养物质

果蔬是人体所需维生素、矿物质与膳食纤维的主要来源,有些果蔬还含有大量淀粉、糖及蛋白质等维持人体正常生命活动所必需的营养物质。

1. 维生素

果蔬中含有多种维生素,但与人体关系最密切的主要有维生素 C 和类胡萝卜素(维生素 A 原)。据报道,人体所需维生素 C 的 98%、维生素 A 的 57% 左右来自于果蔬。

(1)维生素 C

①存在形式。维生素 C 有还原型与氧化型两种形态,氧化型维生素 C 的活性仅为还原型维生素 C 的 1/2,两者之间可以相互转化。

②转化情况。还原型维生素 C 在抗坏血酸氧化酶的作用下,氧化成氧化型的维生素 C;而氧化型的维生素 C 在低 pH 值条件下和还原剂存在时,能可逆地转变为还原型的维生素 C。维生素 C 在 pH 值小于 5 的溶液中比较稳定,当 pH 值增大时,氧化型的维生素 C 可继续氧化,生成无生理活性的 2,3-二酮古洛糖酸,此反应不可逆。

很多果蔬中维生素 C 含量较高,但柑橘中的维生素 C 大部分是还原型的,而苹果、柿中的维生素 C 氧化型占优势。

③加工特性。维生素 C 为水溶性物质,干态商品非常稳定。水溶液的氧化受温度、pH 值和金属离子、紫外光等的影响。高温和碱性环境促进氧化,铜、铁等金属离子、紫外光增加其氧化的速度。

在果蔬加工中,维生素 C 常常用做抗氧化剂,防止加工产品的褐变。

(2)维生素 A

新鲜果蔬中含有大量的胡萝卜素,在人体内可以转变成具有生物活性的维生素 A。理论上一分子 β-胡萝卜素可转化成两分子维生素 A,而 α-和 γ-胡萝卜素却只能形成一分子维生素 A。

维生素 A 属脂溶性维生素,较维生素 C 稳定,但也可因氧化而失去活性,在果蔬一般加工条件下相对较稳定。

2.矿物质

(1)组成

矿物质是人体不可缺少的营养物质,是构成机体、调节人体生理机能的重要物质。果蔬中含丰富的矿物质,主要有钙、镁、钾、铁、磷、钠、铜、锰、锌、氟、氯、碘等,是人体矿质营养的主要来源,其中 80% 的是钾、钠、钙等金属成分,非金属成分占 20%。这些矿物元素或者以无机态或有机盐类的形式存在,或者与有机物质结合而存在。

(2)酸碱食品

根据食物燃烧后灰分所呈的酸碱性将食物分为酸性和碱性,硫、磷含量高时呈酸性反应,钾、钠含量高时呈碱性反应,以此为依据划分酸性食品和碱性食品,与食品自身的酸味无关,一般果蔬为碱性食品,谷物、肉、奶为酸性食品。

(3)加工特性

①矿物质的性质及含量在果蔬加工中常较稳定。其损失往往是通过水溶性物质的浸出而流失,如热烫、漂洗等工艺。其损失的比例与矿物质的溶解度呈正相关。损失并非皆无益,如硝酸盐的损失。

②在果蔬加工过程中,一些正常原料常由于加工过程中的热处理作用导致组织软烂,影响成品外观及口感,通过加入矿物盐可以起到硬化作用。

③在果蔬加工中,有些矿物盐可起到护色作用。

3.淀粉

淀粉的基本构成单位是 D-葡萄糖,主要存在于薯类中,如马铃薯(14% ~25%)、藕(12% ~77%)、芋头等的淀粉含量较多,其次是豌豆(6%)、香蕉(1% ~2%)、苹果(1% ~1.5%)。在果实中以未熟青果淀粉的含量较高,成熟后由于淀粉酶的作用,淀粉转化为可溶性糖,甜味增加。柑橘、菠萝、葡萄果实发育过程中未见淀粉积累。豆类、甜玉米等则随成熟过程淀粉趋向于积累。

与加工有关的特性:

(1)淀粉不溶于冷水,当温度增加至 55~60 ℃时,则膨胀而变成带黏性的半透明凝胶或胶体溶液,含淀粉多的果蔬易使清汁类罐头汁液混浊。

(2)淀粉与稀酸共热或在酶的作用下,能分解成葡萄糖。成熟的果实多含淀粉,成熟时,由于淀粉酶的作用转化为糖,甜味逐渐增加。用淀粉含量多的果蔬可以提取淀粉、制取葡萄糖和酿酒。

6.1.2 质地因子

果蔬质地主要体现为脆、绵、硬、软、细嫩、粗糙、致密、疏松等,它们与品质密切相关,是评价品质的重要指标。

1. 水分

（1）果蔬中水分的存在状态

果蔬中的水分根据其物理、化学性质,可以定性地分成两种存在形式:一种为自由水,这种水没有被非水物质化学结合、存在于果蔬的组织细胞中,容易结冰,并具很强的溶剂能力,对微生物、酶、化学反应起作用的就是这部分水。第二种为结合水,通常是指存在于溶质或其他非水组分附近的、与之通过化学键结合的那部分水,如与蛋白质、碳水化合物等相结合的水,与自由水相比在果蔬加工中较难失去,不易结冰(冰点约−40 ℃),不能作为溶剂,不能为微生物所利用,占果蔬水分总量的比例较小。

显然,从果蔬中水分的存在状态可以看出,只有自由水(有效水分)会对果蔬及其加工制品的品质有影响。

（2）水的加工特性

①水对果蔬品质的影响。水分是影响果蔬嫩度、鲜度和风味的重要成分。在果蔬加工过程中,品质的稳定性与水分活度有着密切的关系。果蔬中存在许多能够引起果蔬品质变化的化学反应,大多数化学反应必须在水中进行或是必须有水分子参加才能够进行,水分活度还影响淀粉的老化、蛋白质变性以及水溶性色素的分解。低水分活度能够减少果蔬的化学变化,有利于保持果蔬品质。

②水对微生物的影响。各种微生物的生长繁殖都有最低限度的水分活度,大多数细菌为0.99 ~ 0.94,霉菌为0.94 ~ 0.80,耐盐细菌为0.75,耐干燥霉菌和耐高渗透压酵母为0.65 ~ 0.60。在水分活度低于0.60时,绝大多数微生物就无法生长。在果蔬加工期间降低水分活度能够防止微生物的生长。

2. 果胶物质

（1）果胶物质的存在形式

果胶物质存在于植物的细胞壁与中胶层,以原果胶、果胶和果胶酸三种不同的形态存在于果蔬组织中。原果胶存在于未成熟的果蔬中与纤维素相结合,不溶于水,具有黏结性,使未成熟果蔬具有较大的硬度。当果胶在果胶酶的作用下分解成果胶酸及甲醇时,由于果胶酸不溶于水、不具黏结性,而且果胶酸可以进一步分解为半乳糖醛酸,导致果蔬组织软烂、解体。

（2）果胶物质的主要加工特性

①原果胶在酸、碱或酶的条件下可水解生成果胶,在 pH5 时最慢,偏酸或碱的条件下很快,果胶溶于水而不溶于酒精,据此性质可从富含果胶的果蔬组织提取果胶。

②果蔬加工过程中,可溶性果胶可分解为甲醇和果胶酸,故含果胶丰富的原料在制酒时应防止甲醇含量过高。

③果胶物质具有很好的胶凝能力,在适当的条件下可形成凝胶,果冻、果酱、浑浊果蔬汁以及因此特性生产某些糖果。

④果胶酸不溶于水,能与 Ca^{2+}、Mg^{2+} 等结合,生成果胶酸钙、果胶酸镁。利用此性质可以增加果蔬的硬度及块形,会使果汁出现澄清现象,有时甚至出现絮状物,借此可用来澄清果汁和果酒。

3. 纤维素和半纤维素

纤维素和半纤维素是植物细胞壁的主要构成成分,是"骨架物质",影响果蔬质地与食用品质,同时也是维持人体健康不可缺少的辅助成分。

纤维素是由葡萄糖分子通过 β−1,4 糖苷键连接而成的长链分子,是自然界分布最广的多糖,不溶于水、稀酸、稀碱及一般的有机溶剂中。

半纤维素是一类组成和结构多样化的多糖,不同植物中的半纤维素有所区别,果蔬中的半纤维素主要有阿拉伯聚糖和木聚糖,也有半乳糖和甘露聚糖,质量分数分别为 0.2% ~2.8% 和0.2% ~3%。半纤维素不溶于水,溶于稀碱液。纤维素与半纤维素皆不能被人体吸收,但可以促进肠道蠕动,帮助消化,是维持人体健康不可缺少的物质。

6.1.3　风味物质

果蔬风味是构成果蔬品质的主要因素之一,不同果蔬所含风味物质的种类和数量各不相同,但构成果蔬的基本风味只有香、甜、酸、苦、辣、涩、鲜等。

1.香味物质

果蔬特有的芳香是由其所含的多种芳香物质所致,此类物质大多为油状挥发物质,故又称挥发油,由于其含量极少,也称精油。

(1)主要成分

醇、酯、醛、酮、烃以及萜类和烯烃等,也有少量的果蔬芳香物质是以糖苷或氨基酸形式存在的,在酶的作用下分解,生成挥发性物质才具备香气。果蔬中的芳香极其复杂,有的芳香物质是一种成分,也有些芳香物质是由几种成分构成,有的果蔬可含有 100 种以上不同挥发性化合物。

(2)加工特性

①提取香精油。由于许多果蔬含有特殊的芳香物质,故可利用各种工艺技术提取与分离,作为香料使用添加到各种芳香不足的制品中。在果汁加工中更可设置回收装置进行芳香物质的回收。

②氧化与挥发损失。部分果蔬的芳香物质为易氧化物质和热敏物质,果蔬加工中长时间加热可使芳香物质损失,某些成分会发生氧化分解,出现其他风味或异味。

③控制制品中的含量。芳香物质在制品中的含量应在其风味表现的合适值为宜,过高或过低均有损于风味。

④抑菌作用。某些芳香物质,如大蒜精油、橘皮油、姜油等具有一定的防腐抑菌作用。

2.甜味物质

不同种类的果蔬含糖不同,如仁果类以含果糖为主,葡萄糖、蔗糖次之;核果类以含蔗糖为主,葡萄糖、果糖次之;浆果类主要含葡萄糖、果糖;柑橘类主要含蔗糖。蔬菜中,叶菜、茎菜类含糖量较低。

主要单糖、低聚糖的加工特性:

①果蔬及其制品中所含的糖的种类、糖酸比例,决定了果蔬的甜度,也是其风味的主要指标。

②糖是微生物的营养物质,在有害微生物的作用下会引起果蔬制品的腐败变质,在加工时应尽量防止。

③糖具有吸湿性,其中以果糖的吸湿性最大,蔗糖最小。糖的吸湿性使果蔬的干制品和糖制品吸收空气中的水分而降低其保藏性。但果品糖制品常利用此特性以防止蔗糖的晶析或返砂。

④还原糖特别是戊糖与氨基酸或蛋白质发生羰氨反应(即美拉德反应)生成黑色素,使制品发生褐变,影响产品质量。

⑤蔗糖在高温下(一般是 140 ~ 170 ℃)会发生焦糖化反应,生成糠醛、焦糖等物质,导致果蔬制品的变色。

⑥蔗糖在弱酸或转化酶的作用下,能水解转化为果糖和葡萄糖,其水解产物称为转化糖。

3. 酸味物质

果蔬中的有机酸一般包括苹果酸、柠檬酸、酒石酸,由于在水果中含量较高而通称为"果酸",此外还有少量的草酸、琥珀酸、α-酮戊二酸、绿原酸、咖啡酸、阿魏酸、水杨酸等。酒石酸酸性最强,并有涩味,其次是苹果酸、柠檬酸,再次是草酸、琥珀酸。不同的酸有不同的酸味感,在口腔中造成的酸感与酸的基团、总酸度、pH 值(有效酸度)、缓冲效应以及其他物质特别是糖的存在有关。

有机酸的加工特性:

①在加热过程中酸味增强。一方面是当温度升高时,氢离子解离度随温度的升高而加大,另一方面是加热使果蔬组织内的蛋白质和各种缓冲物质凝固,失去了缓冲作用。

②对微生物有一定的抑制作用。氢离子的存在,可以促进蛋白质的热变性,可以降低微生物的致死温度,即有机酸能削弱微生物的抗热性并能抑制其生长、繁殖。所以,果蔬罐头的 pH 值是确定加热杀菌的温度和时间的主要依据。

③有机酸能与铁、锡、铜等金属反应,促进设备和容器的腐蚀,影响制品的色泽和风味。因此,加工中凡与果蔬原料接触的容器、设备都应用不锈钢制备。

④有机酸和果蔬中的花色素、叶绿素、抗坏血酸的稳定性有关。

⑤有机酸在果蔬加工中可用做护色剂,有机酸护色的机理主要是,在酸性条件下参与酶促褐变的酶活性下降,加之氧气的溶解量在酸性溶液中比水中小,减少了溶氧量。

4. 涩味物质

果蔬的涩味主要来自于单宁类物质,当单宁质量分数达 0.25% 左右时就可感到明显的涩味。按照传统定义,单宁是指相对分子质量 500 ~ 3 000 的植物多酚。单宁是高分子聚合物,组成它的单体主要有:邻苯二酚和邻苯三酚。根据单体间的连接方式与其化学性质的不同,可将单宁物质分为水解型单宁和缩合型单宁。

单宁的加工特性:

①单宁与蛋白质结合,使蛋白质变性沉淀是单宁的重要特性。在果汁、果酒的生产中常用来澄清汁液。

②单宁对果蔬及其制品的风味有影响。当单宁与糖、酸共存,并以适合比例存在时,可形成良好的风味。单宁能强化有机酸的酸味,具有收敛的涩味,可增加葡萄酒饱满的口感。但含量高时,有很强的涩味,影响制品的风味(涩味的产生是由于可溶性的单宁使口腔黏膜蛋白质凝固,刺激触觉神经末梢,引起收敛作用而产生的一种味感)。

③在加工果蔬过程中,如处理不当单宁常会引起各种不同的变色。

a. 遇金属离子变色。单宁遇铁变黑色(水解型单宁呈微蓝的黑色,缩合型单宁呈发绿的黑色),与锡长时间共热呈玫瑰色。这些性质直接影响制品的品质,有损制品的外观,因此果蔬加工所用的工具、器具、容器设备等的选择十分重要。

b. 遇碱变色。在碱性条件下,单宁变成黑色,这在碱液去皮时应特别注意。

c. 遇酸变色。在与稀酸共热时变色,形成红色的单宁聚合物"红粉"。

d. 导致酶褐变。单宁,包括所有含有邻苯二酚结构的酚类物质是果蔬发生酶褐变的主要基质。

④单宁在抑制微生物的生长方面有一定作用,红葡萄酒在发酵过程中有一定的单宁含量对于抑制杂菌生长很重要。

5. 苦味物质

果蔬中的苦味主要来自一些糖苷类物质。糖苷类是糖与其他物质如醇类、醛类、酚类、甾醇、嘌呤等配糖体脱水缩合的产物,广泛存在于植物的种子、叶、皮内。大多数糖苷具有苦味或特殊的香味,有些则有剧毒。与果蔬加工关系密切的糖苷主要有以下几种:

(1)苦杏仁苷

存在于多种果实的果核和种仁中,以核果类含量为多,具强烈的苦味。苦杏仁苷在酶、酸或热的作用下会水解,生成 2 分子的葡萄糖、1 分子的苯甲醛和 1 分子剧毒的氢氰酸。食用苦杏仁、银杏等时,应煮制或加酸煮制以除去氢氰酸。

$$C_{20}H_{27}NO_{11}+2H_2O \longrightarrow 2C_6H_{12}O_6+C_6H_5CHO+HCN$$

苦杏仁苷　　　　　　葡萄糖　苯甲醛　氢氰酸

(2)黑芥子苷

黑芥子苷本身呈苦味,普遍存在于十字花科蔬菜中。在酸和酶的作用下,发生水解,生成具有特殊辣味和香气的芥子油、葡萄糖及硫酸氢钾,使苦味消失。这种变化在蔬菜腌制过程中很重要。

$$C_{10}H_{16}NS_2KO_9+H_2O \longrightarrow CSNC_3H_5+C_6H_{12}O_6+KHSO_4$$

黑芥子苷　　　　　　芥子油　葡萄糖　硫酸氢钾

(3)茄碱苷

茄碱苷又称龙葵苷,主要存在于茄科植物中。茄碱苷分解后产生的茄碱是一种有毒物质,当马铃薯中含量达到 0.02% 时,即可产生食后中毒。当马铃薯在阳光下暴露而发绿或马铃薯发芽后,其绿色部位和芽眼部位的含量剧增。故食用时应切除这些部位。

$$C_{45}H_{73}O_{15}N+3H_2O \longrightarrow C_{27}H_{43}ON+C_6H_{12}O_6+C_6H_{12}O_6+C_6H_{12}O_6$$

茄碱苷　　　　　　茄碱　葡萄糖　半乳糖　鼠李糖

(4)柑橘类糖苷

存在于柑橘类果实中,以果皮的白皮层、种子、囊衣和轴心部分为多,具有强烈的苦味。但在酶的作用下可以水解为糖基和苷配基,使苦味消失。在柑橘加工业中常利用酶制剂来使糖苷水解,以降低橙汁的苦味。

6. 辣味物质

适度的辛辣味具有增进食欲、促进消化液分泌的功效。辣椒、生姜及葱蒜等蔬菜含有大量的辛辣味物质,它们的存在与这些蔬菜的食用品质密切相关。

生姜中辛辣味的主要成分是姜酮、姜酚和姜醇,其辛辣味有快感。辣椒中的辣椒素属于无臭性的辣味物质。葱、蒜等蔬菜中辛辣味物质的分子中含有硫,有强烈的刺鼻辣味和催泪作用,其辛辣成分是硫化物和异硫氰酸酯类,它们在完整的蔬菜中以母体的形式存在,气味不明显,只有当组织受到挤压破坏后,母体才在酶的作用下转化成具有强烈刺激性气味的物质。如大蒜中的蒜氨酸,它本身并无辣味,只有在蒜组织受到挤压破坏后,蒜氨酸才在蒜酶的作用下分解生成具有强烈辛辣味的蒜素。

7. 鲜味物质

果蔬中的鲜味物质主要来自于一些具有鲜味的氨基酸、酰胺和肽,其中以 L-天冬氨酸、L-谷氨酰胺和 L-天冬酰胺最为重要,它们广泛存在于果蔬中。在梨、桃、葡萄、柿子、番茄中含量较为丰富。此外,竹笋中含有的天冬氨酸钠也具有天冬氨酸的鲜味。另一种鲜味物质谷氨酸钠是人们熟知的味精,其水溶液有浓烈的鲜味。谷氨酸钠或谷氨酸的水溶液加热到 120 ℃以上或长时间加热时,则发生分子内脱水,缩合成有毒、无鲜味的焦谷氨酸。

6.1.4　色素物质

色泽是人们感官评价果蔬质量的重要因素,在一定程度上反映了果蔬的新鲜程度、成熟度和品质的变化。因此,果蔬的色泽及其变化是评价新鲜果蔬品质、判断成熟度及加工制品品质的重要外观指标。

1. 叶绿素

叶绿素是所有果蔬所含的主要色素,存在于植物细胞内的叶绿体中,与类胡萝卜素、类脂物及脂蛋白复合在一起。分子由脱镁叶绿素母环、叶绿酸、叶绿醇(或称植醇)、甲醇、二价镁离子等部分构成。由于其 C3 位上的取代基不同,叶绿素有 a、b 之分。叶绿素 a 呈青绿色,叶绿素 b 为黄绿色,在植物体内以约 3∶1 的比例存在。

(1)加工特性

①在酸性条件下,叶绿素分子中的 Mg^{2+} 被 H^+ 取代,生成褐色的脱镁叶绿素,加热可加速反应的进行。

②叶绿素在稀碱溶液中发生水解,除去植醇部分,生成鲜绿色的脱植叶绿素、叶绿醇、甲醇和水溶性的叶绿酸,加热可加快反应的速度;在强碱性条件下,叶绿酸还可以生成钠、钾盐,亦呈绿色且稳定。

③光和氧气作用导致叶绿素降解。叶绿素见光不稳定,受光辐射时发生光敏氧化,裂解成无色物质。

④一些酶对叶绿素的降解直接或间接起到促进作用。如叶绿素酶、脂酶、过氧化物酶。

(2)果蔬加工中防止绿色消退的措施

①将蔬菜在稀碱溶液中发生皂化反应,叶绿素生成叶绿酸盐、叶绿醇等,颜色仍为绿色。缺点是护绿时间不太长,会导致营养成分的严重损失。

②使用铜或锌取代叶绿素中的镁,所生成的铜或锌衍生物可以长期保护绿色。铜比锌活性高,取代反应速度快,但铜的残留量受质量标准限制,而锌的安全性较高,护绿效果也不差,成本又低,生产上可以优先考虑使用锌制剂来保护蔬菜的绿色。

③可挑选品质优良的原料,尽快加工并在低温下储藏。

2. 花青素

花青素是一类水溶性色素,存在于植物细胞液中,通常以苷态存在,称为花色苷。其基本结构母核为 2-苯基苯并吡喃,环上的氢可被羟基或甲氧基取代,从而形成各种不同的花青素。在果蔬中主要有 6 种花青素,即天竺葵色素、矢车菊色素、飞燕草色素、芍药色素、牵牛花色素及锦葵色素。

自然条件下游离状态的花青素很少见,而常与一个或多个葡萄糖、鼠李糖、半乳糖、木糖、阿拉伯糖和由这些单糖构成的均匀或不均匀双糖和三糖等通过糖苷键形成花色苷。

加工特性:

①花青素的颜色受 pH 值的影响,不同条件下呈现不同的颜色。酸性条件下呈红色,中性、微碱性条件下呈紫色,碱性条件下呈蓝色。故宜在酸性条件下以保持红色。

②花青素能被亚硫酸及其盐类褪色。但因反应可逆(SO_2 浓度低时),一旦加热脱硫,又可

复色。

③在抗坏血酸存在条件下,花青素会分解褪色,即使在花青素较稳定 pH 值为 2.0 的条件下,维生素 C 对其的破坏作用仍很强。这是因为抗坏血酸在氧化中可产生 H_2O_2,H_2O_2 可对 2-苯基苯并吡喃的 2 位碳进行亲核进攻,从而裂开吡喃环而产生无色的酯和香豆素衍生物,再进一步降解或聚合,产生褐色沉淀。

④氧气、紫外光、温度的影响。氧气、紫外光可促使大部分花青素种类发生分解并生成沉淀。温度强烈地影响花青素和花色苷的稳定性。一般地,含羟基多的花青素和花色苷的热稳定性不如含甲氧基或含糖苷基多的花青素和花色苷。

⑤花青素与金属络合形成络合物盐类,这些衍生物显现出不同的色彩,一般比母体化合物深些。大多数为灰紫色,与铝、铁、锡、钙等离子络合生成深红、蓝、绿或褐色。因而,含花青素产品应采用涂料罐装,器具宜使用不锈钢制品。

⑥糖及糖降解产物的影响。花色苷降解时,构成糖基的糖类自身先降解(非酶褐变)成糠醛或羟甲基糠醛,然后与花色苷类缩合而成褐色物质。温度升高和有氧气存在时反应加快。

⑦酶促变化。糖苷水解酶和多酚氧化酶可引起花色苷的加速降解。糖苷水解酶将花色苷水解为花青素,由于花青素的稳定性小于花色苷,所以,此种酶促水解加速了花色苷的降解。多酚氧化酶催化氧化小分子酚类成邻醌,邻醌能通过化学氧化作用使花色苷转化为氧化的花色苷及降解产物。

3. 类胡萝卜素

类胡萝卜素又称多烯色素,由 8 个异戊二烯单位组成的含共轭双键的四萜类发色基团。一类为纯碳氢化合物,即胡萝卜素类;另一类的结构中含有羟基、环氧基、醛基、酮基等含氧基团,为叶黄素类。

胡萝卜素类包括 α-胡萝卜素、β-胡萝卜素、γ-胡萝卜素和番茄红素。前三者为维生素 A 原,果蔬中 85% 的胡萝卜素为 β-胡萝卜素。

作为胡萝卜素类的含氧衍生物,叶黄素类比胡萝卜素类的种类更多,如叶黄素、玉米黄素、辣椒红素、隐黄素及柑橘黄素等。随着叶黄素羟基、羰基等的增加,其脂溶性下降。

加工特性:

①胡萝卜素作为果蔬中的维生素 A 原存在,不仅可作为色素,而且可以作为营养物质。

②在果蔬加工中较稳定,类胡萝卜素耐高温、对酸碱较稳定。在有氧及酶的条件下,亦发生氧化,虽然对产品的色泽影响不大,但可能会导致产品产生异味。

4. 类黄酮色素

类黄酮色素是一类水溶性的色素。在花、叶、果中,多以苷的形式存在,在木质部分组织中,多以游离苷元的形式存在。和花青素一样,类黄酮苷元的碳架结构也是 C6-C3-C6 结构,区别于花青素的显著特征是 C4 位皆为酮基。

常见的花黄素主要有槲皮素、圣草素、橙皮素等,广泛存在于柑橘、苹果、洋葱、玉米、芦笋等果蔬中,多呈淡黄色。

加工特性:

①花黄素与铁离子络合后可呈蓝、黑、紫、棕等不同颜色,影响制品的色泽。

②可发生酶促褐变,形成褐色物质。

6.2　果蔬加工保藏及原料的预处理

6.2.1　果蔬败坏的原因与加工保藏措施

1. 果蔬败坏

果蔬败坏广义地讲是指改变了果蔬原有的性质和状态,而使其质量变劣,不宜或不堪食用的现象。凡不符合食品食用要求的变色、变味、生霉、酸败、腐臭、分解和腐烂都属于败坏。引起败坏的原因主要有微生物败坏、酶败坏和理化败坏。

（1）微生物败坏

有害微生物的污染和生长繁殖是导致果蔬败坏的主要原因。由微生物引起的败坏通常表现为生霉、酸败、发酵、软化、腐烂、膨胀、产气、变色、混浊等。加工中引起微生物感染的因素很多,如原料不洁、清洗不足、制品杀菌不完全、卫生条件不符合要求、加工用水及加工原料被污染等。一般来说,除了酿造果酒、果醋、乳酸饮料和某些腌制蔬菜需要利用微生物外,果蔬加工中应对微生物进行商业灭菌。

（2）酶败坏

同微生物含有能使食品发酵、酸败和腐败的酶一样,未经污染的新鲜果蔬也有它们自己的酶,其活力在收获后仍然残存着。如水果蔬菜中存在的多酚氧化酶,除非这些酶已钝化,否则就会在食品内断续催化生化反应,造成果蔬制品的腐败变质。

（3）理化败坏

造成果蔬制品败坏的重要原因之一是在加工和储藏过程中发生的各种不良理化反应,如氧化、还原、分解、合成、溶解、晶析和沉淀等。理化败坏与微生物败坏相比,一般程度较轻,但普遍存在,会导致产品品质下降。其中某些理化败坏,像果蔬的变色至今仍是果蔬加工中的难题。这类败坏常对色、香、味造成一定损失,一般无毒,在一定范围内可以允许存在。

2. 果蔬加工保藏措施

针对上述败坏原因,按保藏原理不同,可将果蔬保藏措施分为五类。

（1）维持最低生命活动

这种措施主要用于储藏新鲜果蔬原料和鲜切果蔬等。新鲜果蔬是有生命活动的有机体,果收后仍进行着生命活动。它表现出来最易被察觉到的生命现象是其呼吸作用。必须创造一种适宜的冷藏条件,使果蔬采后正常衰老进程抑制到最缓慢的程度,尽可能降低其物质消耗水平。这就需要研究某一种类或某一品种的果蔬最佳的储藏低温,在这个适宜温度下能储藏多长时间以及对低温的忍受力等。在储藏保存中注意防止果蔬在不适宜的低温作用下出现冷害、冻害。温度是影响果蔬储藏质量最重要的因素,湿度是保持果蔬新鲜度的基本条件,适当的氧气和二氧化碳等气体成分是提高储藏质量的有力保证。

（2）抑制微生物活动

利用物理、化学因素抑制果蔬中微生物和酶的活动,这是一种暂时性保藏措施。属于这类保藏方法的有冷冻保藏,如速冻果蔬;高渗透压保藏,如腌制品、糖制品;脱水降低水分活度,如干制品等。

（3）利用发酵

利用发酵原理的保藏措施称发酵保藏法或生化保藏法。利用有益微生物（如乳酸菌、酵母菌等)的活动产生和积累的代谢产物,抑制其他有害微生物活动。如乳酸发酵、酒精发酵、醋酸发酵。发酵产物乳酸、酒精、醛酸对有害微生物的毒害作用十分明显。发酵的含义是指在缺氧条件下糖类分解的产能代谢。果酒、果醋、酸菜、泡菜和乳酸饮料就是利用这种方法保藏的食品。但是只有酒精和醋酸往往是不够的,还需要其他措施才能使制品长期保藏。

(4)运用无菌原理

运用无菌原理的储藏方法即无菌储藏法,是通过热处理、微波、辐射、过滤、超高压等措施,使食品中腐败菌的数量减少或消灭到能使食品长期保存所允许的最低限度,全部杀灭致病菌,并通过抽空、密封等处理防止再感染,从而使食品得以长期保藏的一类食品保藏方法。罐头食品利用的就是典型的无菌保藏法。

最广泛应用的杀菌方法是热力杀菌。其基本可分为 $70 \sim 80 \, ℃$ 的巴氏杀菌法和 $100 \, ℃$ 或 $100 \, ℃$ 以上的高温杀菌法。冷杀菌法即不需提高产品温度的杀菌方法,如紫外线杀菌法、超声波杀菌法、原子能辐照和放射线杀菌法等。

(5)应用防腐剂

主要用在成品及半成品保存上,防腐剂是一些能杀灭或防止食品中微生物生长发育的化学试剂。它必须是低毒,高效,经济实用,不妨碍人体健康,不破坏食品营养成分。防腐剂使用要严格执行食品添加剂使用卫生标准(GB 2760—2011),并应着重注意利用天然防腐剂,如大蒜素、芥子油等。

6.2.2 果蔬原料的预处理

虽然果蔬制品加工方法很多,但加工前一般都要经过预处理。果蔬加工原料的预处理包括选别、分级、洗涤、去皮、修整、切分、烫漂(预煮)、护色、半成品保存等。尽管果蔬种类和品种、组织特性各异,加工的方法不同,但加工前的预处理过程基本相同。

1. 原料的分选

原料的分选包括选择和分级。果蔬原料进厂后首先要进行粗选,即要剔除霉烂、病虫害及不新鲜果实,除去肉眼可见的土石、草木屑等杂物。对残、次果蔬和损伤不严重的则先进行修整后再应用。然后再按大小、成熟度和色泽对原料进行分级。原料分级的目的是适应机械化操作的需要,机器对其加工对象的形态等是有一定要求的,更重要的是便于按同一工艺条件加工,分级后每一级的工艺处理具有一致性。

分级的方法包括按大小分级、按成熟度分级和按色泽分级,其中色泽和成熟度分级常用目视估测进行。大小分级是分级的主要内容,几乎所有的加工类型都需要按大小分级。大小分级方法有手工和机械分级两种。手工分级一般在生产规模较小或机械设备较差时使用。而机械分级法常用滚筒式分级机、振动筛及分离输送机等。

2. 原料的清洗

果蔬原料清洗的目的是除去原料表面附着的灰尘、泥沙、微生物及部分残留的农药。洗涤时常在水中加入盐酸、氢氧化钠、漂白粉、高锰酸钾等化学试剂,既能减少或除去农药残留,还可除去虫卵,降低耐热芽孢数量。近年来,更有一些脂肪酸系的洗涤剂如单甘油酸酯、磷酸盐、糖脂肪酸酯、柠檬酸钠等应用于生产。

清洗用水除蜜饯、果脯可用硬水外,其余加工原料的洗涤都必须用软水。水温一般采用常温,有时为增加洗涤效果,也可用温水。水的硬度通常是指水中钙、镁盐类含量的多少。1 L 水中含有 1/2CaO 的物质的量 mmol 为硬度的国际制单位,硬度为 $0 \sim 1.4 \, mmol/L$ 软水,3.3 ~

4.3 mmol/L 普通软水,4.6~6.4 mmol/L 中等硬水,6.8~10.7 mmol/L 硬水。

根据果蔬污染的程度、耐压、耐摩擦能力以及表面状态的不同,洗涤方法不同。清洗方法有手工清洗和机械清洗。常用的清洗设备有:洗涤水槽、滚筒式清洗机、喷淋式清洗机和气压式清洗机。

3. 原料的去皮

大部分果蔬外皮(除叶菜类外)较粗糙、坚硬,虽然有一定的营养成分,但有些果蔬外皮有不良风味且口感不好,如不去皮,影响产品质量,对加工制品有一定的不良影响。如桃、梅、李、杏、苹果等外皮含有纤维素、果胶及角质;荔枝、龙眼的外皮木质化;柑橘外皮含有精油和苦味物质;甘薯、马铃薯的外皮含有单宁物质及纤维素、半纤维素等;竹笋的外壳高度纤维化,不可食用。只有在加工某些果脯、蜜饯、果汁和果酒时,因为要打浆、压榨或其他原因而不去皮。加工腌渍蔬菜也常常不需去皮。

去皮时,只要求去掉不可食用或影响制品品质的部分,不可过度,否则会增加原料的损耗,且产品质量低下。果蔬去皮的方法主要有手工、机械、碱液、热力、酶法、真空、冷冻去皮等。

(1)手工去皮

手工去皮是应用特制的刀、刨等小工具人工削皮,应用范围较广,是一种最原始的去皮方法。其优点是去皮干净、损失率少,设备费用低,还兼有修整的作用,能将去心、去核、切分等同时进行。在果蔬原料质量不一致的条件下能显示出其优点。但手工去皮费工、费时,生产效率低,不适合大规模生产。

(2)机械去皮

机械去皮是采用专门的机械进行,去皮的效率高、质量好,但一般要求去皮的原料有较严格的分级。常用的去皮机主要有以下三种类型:

①旋皮机。主要原理是在特定的机械刀架下将果蔬皮旋去,适合于苹果、梨、柿、菠萝等大型果品。

②擦皮机。利用内表面有金刚砂,表面粗糙的滚轴或转筒,借助摩擦力的作用擦去表皮。适用于马铃薯、甘薯、胡萝卜、芋等原料。此法效率较高,但去皮后的表皮不光滑。此种方法常与热力去皮法结合使用,如甘薯去皮即先行加热,再喷水擦皮。

③专用去皮机。青豆、黄豆等采用专用的去皮机来完成,菠萝也有专门的菠萝去皮机。

果蔬去皮的机械,特别是与果蔬接触的部分应用不锈钢制造,否则会使果肉褐变,且由于器具被酸腐蚀而增加制品内的重金属含量。

(3)碱液去皮

此法是果蔬原料去皮中应用最广的方法。采用碱性化学物质,如氢氧化钠、氢氧化钾或两者的混合液去皮。利用碱的腐蚀性,将果蔬表皮与肉质间的果胶物质腐蚀溶解,皮肉之间的细胞松脱,使表皮与肉质发生分离而去皮。碱液去皮时碱液的浓度、处理的时间和碱液温度为三个重要参数。碱液去皮后的果蔬原料应立即投入流动的水中进行彻底漂洗,擦去皮渣,漂洗时可用 0.1%~0.2% 盐酸或 0.25%~0.5% 的柠檬酸水溶液中和碱液并防止变色。

碱液去皮的优点首先是适应性广,几乎所有的果蔬均可应用碱液去皮,且对原料表面不规则、大小不一的原料也能达到良好的去皮效果;其次,碱液去皮掌握合适时,损失率较少,原料利用率较高;再次,此法可节省人工、设备等。缺点是必须注意碱液的强腐蚀性,注意安全,设备容器等必须由不锈钢制成或用搪瓷、陶瓷,不能使用铁或铝制容器;废水 pH 值高,对环境有一定的污染,漂洗经碱液处理的原料需要消耗大量的水。

碱液去皮的处理方法有浸碱法和淋碱法两种：

①浸碱法。分为冷浸和热浸，生产上以热浸较常用。将一定浓度的碱液装在特制的容器（热浸常用夹层锅）中，将果实浸泡一定时间后取出搅动、摩擦去皮、漂洗即可。几种果蔬浸碱的温度和时间详见表6.1。

表 6.1　几种果蔬碱液去皮的条件

果蔬各类	NaOH 质量分数/%	碱液温度/℃	处理时间/min
黄 桃	4.0 ~ 8.0	90 ~ 95	0.5 ~ 1.0
杏	3.0 ~ 6.0	>90	1.0 ~ 2.0
李	2.0 ~ 8.0	>90	1.0 ~ 2.0
猕猴桃	15.0	95	4.0
橘 瓣	0.8 ~ 1.0	60 ~ 75	0.25 ~ 0.5
甘 薯	4.0	>90	3.0 ~ 4.0
胡萝卜	4.0	>90	1.0 ~ 1.5
马铃薯	10.0 ~ 11.0	>90	4.0 ~ 5.0
大 蒜	10.0 ~ 14.0	85 ~ 95	5.0 ~ 8.0
大 蒜	10.0 ~ 14.0	95 ~ 100	4.0 ~ 7.0
大 蒜	14.0 ~ 18.0	80 ~ 95	4.0 ~ 6.0
大 蒜	14.0 ~ 18.0	95 ~ 100	3.0 ~ 5.0

②淋碱法。将热碱液喷淋于输送带的果蔬上，淋过碱的果蔬进入转筒内，在冲水的情况下与转筒的边翻滚摩擦去皮。杏、桃等果实常用此法。

（4）热力去皮

一般是利用100 ℃左右的高温对果蔬原料进行短时间加热，果蔬表皮在这种急热作用下变得松软，并与内部肉质组织相脱离，甚至膨胀破裂，之后迅速将其冷却而去皮。此法适于成熟度较高的果蔬，如桃、杏、枇杷、芒果、番茄以及甘薯、马铃薯等。热力去皮原料损失少、色泽好、风味好。但只适用于皮易剥离的原料，要求充分成熟，成熟度低的原料不适用。具体热烫时间可根据原料种类和成熟度而定。热力去皮的热源为蒸汽（常压或加压）和热水。

（5）酶法去皮

利用果胶酶的作用，使果蔬中的果胶水解，促使果皮和果肉分离。酶法去皮的条件温和，产品质量高。此法关键是要掌握酶的浓度及酶的最佳作用条件，如温度、时间、pH 值等。酶法去皮即可避免柑橘罐头生产碱液去皮造成的产品重金属残留、产品安全低等问题，还可解决生产中产生大量碱水，污染环境的问题。

用酶法脱囊衣的橘瓣，风味好，色泽美观。如将柑橘清洗后，按全果与酶液比 1:（1.5 ~ 2.0），浸泡于质量分数为 0.4% 的复合酶溶液（3 ~ 10 ℃）中，复合酶中果胶酶与纤维素酶用量比为 2:1，在 2.7 ~ 4.0 kPa 真空度下抽真空 15 ~ 20 min。然后在 45 ℃下酶解 30 min（pH 控制在 6.8 ~ 7.2），即可方便地除去柑橘的外果皮及中果皮，得到的去皮果实无论从色泽、风味等方面都与鲜果相近，且鲜果的营养成分保持得较好，维生素 C 保存率大于 97%。

（6）冷冻去皮

将果蔬原料置于低温环境中，在极短时间内使表皮冻结，其冻结深度略厚于皮层而不深及肉质层,然后解冻,皮层松弛,表皮与肉质发生分离而去皮。此法可用于桃、杏、番茄等的去皮,经冷冻去皮的果蔬质量好,去皮损失率为5%~8%,但是费用高,商业投入应用较少。

(7)真空去皮

将成熟的果蔬先行加热,使其升温后果皮与果肉易于分离,然后进入真空室内,适当处理,使果皮下的液体迅速"沸腾",皮与肉分离,然后破除真空,冲洗或搅动去皮。此法适用于成熟的果蔬如桃、番茄等。

4. 原料的切分、去心(核)、修整

原料的切分目的首先是满足产品形态的要求,要求片状、丝状等都需要切分;其次出于工艺考虑,如糖制时切分后容易渗糖等。有一些专用机械供加工不同的制品使用。

去心(核)时,可以人工使用简单的工具或由机械来完成。修整则是除去去皮后芽眼窝处杂质、肉质部分残存的黑点、腐烂点等,在人工去心(核)时,修整同时进行。

5. 原料的烫漂

果蔬的烫漂也叫预煮或杀青等。就是将已切分的或经过预处理的新鲜果蔬原料在沸水或热蒸汽中进行短时间热处理的过程。这是许多加工制品工艺中的一个重要工序,烫漂处理的好坏将直接关系到加工制品的质量。

(1)烫漂的目的

①钝化酶活性、防止酶褐变。果蔬受热后氧化酶类可被钝化,从而停止其本身的生化活动,防止制品品质的进一步劣变。

②软化或改进组织结构。果蔬原料中常含有一定量的气体,烫漂可使其被迫逸出,因而组织变得柔韧,不易破裂,对于罐制品生产时,便于装罐;一些细胞发生质壁分离,使细胞膜的渗透性加大,干制和糖制时由于改变细胞膜的透性,使水分易蒸发,糖分易渗入,不易产生裂纹和皱缩。热烫过的干制品复水也较容易。

③稳定或改进色泽。烫漂时,细胞壁中的空气被排除,致使细胞壁更透明,含叶绿素的果蔬颜色更鲜艳,不含叶绿素的果蔬则变成半透明状。

④除去部分辛辣味和其他不良风味。很多果蔬均存在不同程度的辛、辣、苦、涩等不良风味,对产品的品质会有一定的影响,经过烫漂处理可以适度减轻。

⑤降低果蔬中的污染物及微生物数量。果蔬原料在去皮、切分等其他预处理过程中难免受到微生物等污染,烫漂可以部分杀灭微生物,减少微生物及其他污染物对原料的污染。

(2)烫漂的方法

①热水烫漂。将果蔬原料置于沸水或略低于沸点的热水中进行加热处理,时间因原料而不同。

②蒸汽烫漂。将果蔬原料直接在蒸汽的喷射下进行热处理。温度在100 ℃左右。

③热风烫漂。利用温度高达150~160 ℃的高温热风来处理果蔬原料,同时喷入少量蒸汽可增进抑制酶活的效果。

烫漂的设备主要有夹层锅、链带式连续预煮机、螺旋式连续预煮机。

(3)烫漂的要求

果蔬烫漂的程度常以果蔬中最耐热的过氧化物酶的钝化做标准。过氧化物酶活性的检查可用0.1%的愈创木酚酒精溶液(或0.3%的联苯胺溶液)及0.3%的过氧化氢作试剂。方法是将试样切片后随即浸入愈创木酚或联苯胺中也可以在切面上滴几滴上述溶液,再滴入0.3%的过氧化氢数滴,数分钟后,遇愈创木酚变褐色、遇联苯胺变蓝色则说明酶未被破坏,烫漂程度不够;如果不变色,表示酶被钝化,已达到烫漂要求。

烫漂后的果蔬,必须用冷风或冷水迅速冷却,以停止高温对果蔬的作用,保持果蔬的脆性。

6. 工序间护色

果蔬去皮和切分之后,与空气接触会迅速变成褐色,从而影响外观,也破坏制品的风味和营养品质。这种褐变主要是酶促褐变,是果蔬中的多酚氧化酶氧化具有儿茶酚类结构的酚类化合物,最后聚合成黑色素所致。其关键的作用因子有酚类底物、酶和氧气。因为底物不可能除去,一般护色措施均从排除氧气和抑制酶活性两方面着手,常用的护色方法有以下几种。

(1)烫漂护色

钝化酶活性,防止酶褐变,稳定或改进色泽。

(2)食盐溶液护色

食盐对酶的活力有一定的抑制和破坏作用;另外,氧气在盐水中的溶解度比空气中小,也起到一定的护色效果。果蔬加工中常用 1% ~2% 的食盐水护色。

(3)亚硫酸盐溶液护色

亚硫酸盐既可抑制酶褐变又可抑制非酶褐变,抑制酶褐变的机制尚无定论,有学者认为是 SO_2 抑制了酶活性,有的认为是由于 SO_2 把醌还原为酚,还有的认为是 SO_2 和醌加合而防止了醌的聚合作用,很可能这三种机制都是存在的。

(4)有机酸溶液护色

大多数情况下,多酚氧化酶的最适 pH 值在 4 ~7 之间,所以,有机酸溶液可以降低 pH 值,抑制多酚氧化酶的活性,同时它又可以降低氧气的溶解度而兼有抗氧化的作用。生产上多用柠檬酸,质量分数为 0.5% ~1% 。

(5)抽空护色

有些果蔬如苹果、番茄等,组织较疏松,含空气较多,对加工特别是罐藏不利,容易引起氧化变色,需进行抽空处理。所谓抽空是将原料置于糖水或无机盐水等介质中,在真空状态下,使内部的空气释放出来。抽空后果蔬组织中氧气被抽出,减轻酶褐变,保护原有色泽;抽空后果蔬体积减小,比重增大,罐制时可防止块块上浮,同时降低热膨胀率,抑制原料受热后的软化;抽空后有利于保持密封后罐内的真空度,减少内容物及容器的不良变化;抽空后由糖水或盐水取代空气,可使果肉组织致密,耐煮性增强。果蔬的抽空方法有干抽和湿抽两种方法。

7. 原料硬化

硬化又称保脆,是指一些果蔬制品,要求具有一定的形态和硬度,而原料本身又较为柔软、难以成型、不耐热处理等,为了增加制品的硬度,常将原料放入石灰、氯化钙等稀溶液中浸泡,是大多数果蔬加工都必须进行的一道预处理工序。

(1)硬化的目的

使果蔬耐煮制、不软烂;改善制品品质,如硬化后的果蔬制品食之有生脆之感等。

(2)硬化方法

使用硬化剂硬化,因为钙、镁等金属离子,可与原料细胞中的果胶物质生成不溶性的果胶盐类,从而提高制品的硬度和脆性。常用的硬化剂有氯化钙、亚硫酸氢钙等,硬化剂的浓度、硬化时间因果蔬原料种类、加工制品的要求不同而异。一般进行石灰水处理时,其质量分数为 1% ~2% ,浸泡 1 ~24 h;用氯化钙处理时,其质量分数为 0.1% ~0.5% 。经过硬化处理的果蔬,必须用清水漂洗 6 ~12 h。

8. 半成品的保存

由于果蔬成熟期短,产量集中,采收期多数正值高温季节,一时加工不完,就会马上腐烂变质,因此需要进行储备,延长加工期限,满足周年生产。除采用果蔬储藏方法对原料进行短期储藏外,常需对原料进行一定程度的加工处理,以半成品的形式保存起来,以待后续加工制成成品。

(1)盐腌处理

首先用高浓度的食盐将原料腌渍成盐坯,制作成半成品保存,然后进行脱盐、配料等后续工艺加工制成成品。食盐溶液能够产生强大的渗透压使微生物细胞失水,处于假死状态,不能活动。食盐能使食品的水分活性降低,使微生物的活动能力减弱。由于盐液中氧的溶解量很少,使许多好气性微生物难以滋生。从而使半成品得以保存,避免了果品蔬菜的自身溃败。在盐腌过程中,果蔬中的可溶性固形物要渗出损失一部分,半成品再加工成成品过程中,还须用清水反复漂洗脱盐,使可溶性固形物大量流失,使产品的营养成分保存不多,从而影响了产品的营养价值。盐腌方法有干腌和湿腌,干腌食盐用量为原料的 14% ~ 15%,湿腌一般配制质量分数为 10% 的食盐溶液使用。

(2)硫处理

①抑制酶促褐变、非酶褐变。

②消耗组织中的氧气,抑制好气性微生物生长、繁殖,起到防腐作用,对细菌和霉菌作用较强,对酵母菌作用较差。

③抗氧化,因其可以消耗组织中的氧,抑制氧化酶的活性。

④具有漂白作用,对花青素中红色、紫色特别明显,脱除 SO_2,颜色仍可恢复,对类胡萝卜素影响较小,对叶绿素不起作用。

⑤硫处理能增大原料细胞膜的渗透性,利于后续加工,如缩短干燥脱水时间、有利于糖分渗透等。

硫处理的方法有熏硫法和浸硫法。硫处理时需要注意:亚硫酸和 SO_2 对人体有毒,注意按允许剂量添加;亚硫酸可解离成 SO_2 与马口铁发生作用,生成硫化铁,对金属罐装的果蔬制品,硫处理后应脱硫或尽量不用硫处理保存半成品;亚硫酸在应用时应严格掌握质量标准,特别是重金属含量;加工前应脱硫,残留量应达到规定值以下,脱硫方法有加热、搅动、充气、抽空等。

(3)防腐剂的应用

在原料半成品的保存中,应用防腐剂来防止原料分解变质,抑制有害微生物的繁殖生长,也是一种广泛应用的方法。一般该法适合于果酱、果汁半成品的保存。防腐剂多用苯甲酸钠或山梨酸钾,其保存效果取决于防腐剂添加量、果蔬汁的 pH 值、果蔬汁中微生物种类、数量、储存时间长短、储存温度等。但是,防腐剂添加量必须按照国家标准执行。

(4)大罐无菌保存

目前,国际上现代化的果蔬汁加工企业大多采用无菌大罐储存来保存半成品,它是无菌包装的一种特殊形式。是将经过巴氏杀菌并冷却后的半成品,如果蔬汁或果浆在无菌条件下装入已灭菌的大罐内,经密封而进行长期保存。该法是一种先进的储存工艺,可以明显减少因热处理造成的产品质量变化,对于绝大多数加工原料的常年供应具有重要意义。该法的设备投资费用较高,操作工艺严格、技术性强,但由于消费者对加工产品质量要求越来越高,半成品的大罐无菌储存工艺的应用将会越来越广泛。我国对大容器无菌储存设备在番茄酱半成品的储存中获得了成功,相信通过不断完善和经验积累,很快会推广应用。

6.3 果蔬罐制

果蔬罐制是将果蔬原料经预处理后密封在容器或包装袋中,通过杀菌工艺杀灭大部分微生物的营养细胞,在维持密闭和真空的条件下,使果蔬得以在室温下长期保存的果蔬保藏方法。凡用罐藏方法加工的食品称为罐藏食品,俗称罐头。

6.3.1 罐头分类

1. 水果类罐头种类

(1)糖水类水果罐头

把经分级去皮(或核)、修整(切片或分瓣)、分选等处理好的水果原料装罐,加入不同浓度的糖水而制成的罐头产品。如糖水橘子、糖水菠萝、糖水荔枝等罐头。

(2)糖浆类水果罐头

处理好的原料经糖浆熬煮至可溶性固形物达 65%~70% 后装罐,加入高浓度糖浆而制成的罐头产品。又称为液态蜜饯罐头,如糖浆金橘等罐头。

(3)果酱类水果罐头

按配料及产品要求的不同,分成下列种类。

①果冻。将处理过的水果加水或不加水煮沸,经压榨、取汁、过滤、澄清后加入砂糖、柠檬酸(或苹果酸)、果胶等配料,浓缩至可溶性固形物 65%~70% 装罐而制成的罐头产品。

②果酱。分成块状或泥状两种。将去皮(或不去皮)、核(芯)的水果软化磨碎或切块(草莓不切),加入砂糖熬制(含酸及果胶量低的水果须加适量酸和果胶)成可溶性固形物 65%~70% 装罐而制成的罐头产品。如草莓酱、桃子酱等罐头。

(4)果汁类罐头

将符合要求的果实经破碎、榨汁、筛滤等处理后装入铁罐制的罐头产品。

2. 蔬菜类罐头种类

(1)清渍类蔬菜罐头

选用新鲜或冷藏良好的蔬菜原料,经加工处理、预煮漂洗(或不预煮),分选装罐后加入稀盐水或糖盐混合液(或沸水或蔬菜汁)而制成的罐头产品。如青刀豆、清水笋、蘑菇等罐头。

(2)醋渍类蔬菜罐头

选用鲜嫩或盐腌蔬菜原料,经加工修整、切块装罐,再加入香辛配料及醋酸、食盐混合液而制成的罐头产品。如酸黄瓜、甜酸荞头等罐头。

(3)调味类蔬菜罐头

选用新鲜蔬菜及其他小配料,经切片(块)、加工烹调(油炸或不油炸)后装罐而制成的罐头产品。如油焖笋、八宝斋等罐头。

(4)盐渍(酱渍)蔬菜罐头

选用新鲜蔬菜,经切块(片)(或腌制)后装罐,再加入砂糖、食盐、味精等汤汁(或酱)而制成的罐头产品,如雪菜、香菜心等罐头。

6.3.2 罐装容器

罐装容器对于罐头食品的长期保存起很重要的作用,而容器的材料又是很关键的。供罐头食品容器的材料,要求耐高温高压、能密封、与食品不起化学反应,便于制作和使用,价廉易得,能耐生产、运输、操作处理和轻便等特性。完全符合这些条件的材料是很难得到的。目前罐头容器主要有金属罐、玻璃罐和软包装蒸煮袋。

1. 金属罐

金属容器按构成的材料分为镀锡铁罐、涂料铁罐、铝罐。按制造的方法分为接缝焊接罐和冲底罐。按罐型分为圆形罐和异形罐(包括方罐、椭圆罐、马蹄形罐)。

①镀锡薄钢板是在薄钢板上镀锡制成。锡有保护钢基免受腐蚀的作用,即使有微量的锡溶解,对人体几乎不会产生毒害作用。

②涂料铁就是在薄钢板上涂一层涂料,以补充镀锡板的不足。由于食品和涂料直接接触,所以要求涂料无毒、无异味、不和食品反应;具有良好的耐腐蚀性能;对马口铁的附着性能好;使用方便,能均匀涂布,干燥迅速。迄今为止还没有一种万能的涂料可以满足以上各种要求。各种涂料都有其特点和适用性,可选择使用。

③铝材包括纯铝和铝合金薄板。铝材延展性好,大量被用于制造 2 片罐,特别用于制造小型冲底罐和易开盖。

2. 玻璃罐

玻璃罐以玻璃为材料制成。玻璃的种类很多,随配料成分而异。盛装食品的玻璃瓶是碱石灰玻璃($NaOH-CaO-SiO_2$)。即石英砂、纯碱和石灰石按一定比例配制后,在 1 500 ℃ 高温下熔融,再缓慢冷却成型铸成的。

玻璃罐的式样很多,其关键是密封部分,包括罐盖和罐口。罐盖常采用金属,最常见的有以下两种:

(1)卷封式玻璃罐

其罐口仅有一突起,卷封时由于辊轮的推压,将盖边及其胶圈紧压在玻璃罐口边上。这种玻璃瓶的特点是密封住良好,能承受压力杀菌,但开启比较困难。

(2)旋转式玻璃罐

其罐颈上有螺旋线,盖爪恰好与螺纹吻合,置于盖的胶圈正好压紧在罐口上,保证其密封性。常见的盖子有四个盖爪,对应玻璃罐颈上就有四条纹线,盖旋转 1/4 时即获得密封,这种瓶称为四旋瓶。此外,还有六旋瓶、三旋瓶等。

3. 软包装罐

软包装罐亦称蒸煮袋或高压复合杀菌袋,用它作为罐头食品的包装容器,经过杀菌后能长期保存,将这种产品叫软罐头。

软罐头具有如下特点:能够杀菌、微生物不会侵入,储存期长;不透气,内容物几乎不发生化学反应,能够较长时间地保持内容物的质量;封口简便牢固;可利用罐头的制造技术,杀菌时传热的速度快,开启方便,包装美观。但软包装没有完全解决食品包装的问题,如它对气体和液体的渗透就比玻璃和金属容器高,强度不及金属,化学惰性不及玻璃。

蒸煮袋通常采用三种基本材料黏合制成。内层要求不与食品反应,符合卫生条件,并能热密封。常用高密度的聚乙烯或聚乙烯和聚丙烯的聚合物,中层为铝箔,具有良好的避光、防透气、防透水的功能,外层为聚酯或尼龙,起加固和耐高温作用。蒸煮袋的种类很多,层数也无限制,材料的选择视包装目的和需要而定,但也要考虑经济效益。

6.3.3　罐制原理

罐制食品经过密封杀菌,防止再感染,得以长期保存。如原料加工不当,就会发生败坏,其主要原因:一是由于各种微生物的侵染危害,二是各种酶类的活动引起食品变质。

1. 杀菌原理

（1）罐头食品与微生物的关系

①霉菌和酵母菌。霉菌和酵母菌一般都不耐热，在罐头杀菌过程中容易被杀灭。另外，霉菌属好氧性微生物，在缺氧或无氧条件下，均被抑制。因此，罐头食品很少遭到霉菌和酵母菌的败坏，除非密封有缺陷，才会引起罐头败坏。

②细菌。细菌是引起罐头食品败坏的主要微生物。目前，所采用的杀菌理论和杀菌计算标准都是以某些细菌的致死为依据。细菌生长对环境条件要求各不相同，如水分、营养成分等，果蔬罐头食品恰好满足细菌生长的需要，残留的氧又恰好满足了嗜氧菌的生长繁殖。

细菌的生长与 pH 值密切相关。pH 值的大小会影响细菌的耐热性，进而影响罐头的杀菌和安全性。因此，按 pH 值的高低将罐头食品分为四类：低酸性、中酸性、酸性和高酸性。实际上，在罐头工业生产中，常以 pH 值 4.5 为分界线，pH 值 4.5 以下的为酸性食品（水果罐头、番茄制品、酸泡菜、酸渍食品等），通常杀菌温度为 100 ℃（常压）。pH 值 4.5 以上的为低酸性食品（大多数蔬菜罐头），通常杀菌温度在 100 ℃ 以上（加压），这个界限的确定是根据肉毒梭状芽孢杆菌在不同 pH 值下适应情况而定的，低于此值，生长受到抑制，不产生毒素，高于此值适宜生长并产生致命的外毒素。

（2）罐制食品杀菌的理论依据

①罐头食品杀菌的目的和意义。杀死食品中所污染的致病菌、产毒菌、腐败菌，并破坏食品的酶类，使产品保藏两年以上而不变质。但热力杀菌必须注意尽可能保存食品品质和营养，最好还能做到有利于改善食品的品质。经杀菌后达到"商业无菌"，即指罐头杀菌之后，不含有致病微生物和通常温度下能在其中繁殖的非致病微生物。罐头杀菌与医疗卫生、微生物研究方面的"灭菌"的概念有一定区别，它并不要求达到无菌水平，只是不允许有致病菌和产毒菌存在。

②杀菌对象菌的选择。各种罐头食品，由于原料的种类、来源、加工方法和加工卫生条件等不同，使罐头食品在杀菌前存在着不同种类和数量的微生物。生产上总是选择最常见、耐热性最强、并有代表性的腐败菌或引起食品中毒的细菌作为主要的杀菌对象。一般认为，如果热力杀菌足以消灭耐热性最强的腐败菌时，则耐热性较低的腐败菌很难残留。一般来说，在 pH 值 4.5 以下的酸性或高酸性食品中，常把过氧化物酶钝化作为酸性食品罐头杀菌的指标。而 pH 值 4.5 以上的低酸性罐头食品，对象菌为厌氧性细菌，这类细菌的孢子耐热力很强。在罐头工业上一般以产生毒素的肉毒梭状芽孢杆菌和脂肪芽孢杆菌（P. A. 3679）为杀菌对象。

③微生物耐热参数。罐头食品合理的杀菌条件（杀菌温度和时间），是确保罐头产品质量的关键，罐头工业中杀菌条件常以杀菌效率值（F 值）表示。F 值是在恒定的加热标准温度条件下（121 ℃ 或 100 ℃）杀灭一定数量的细菌营养体或芽孢所需要的时间（min）。

2. 影响杀菌的因素

（1）微生物的种类和数量

不同的微生物抗热能力有很大的差异，嗜热性细菌耐热性最强，而芽孢又比营养体更加抗热。食品中细菌数量也有很大影响，特别是芽孢存在的数量，数量越多，在同样的致死温度下杀菌所需时间越长。

（2）食品的性质和化学成分

①原料的 pH 值。

②食品的化学成分。罐头内容物中的糖、淀粉、油脂、蛋白质、低浓度的盐水等能增强微生

物的抗热性;而含有植物杀菌素的食品,如洋葱、大蒜、芹菜、生姜等,则具有对微生物抑菌或杀菌的作用,这些影响因素在制定杀菌式时应加以考虑。

（3）传热的方式和传热速度

罐头杀菌时,热的传递主要是借助热水或蒸汽为介质,因此杀菌时必须使每个罐头都能直接与介质接触。热量由罐头外表传至罐头中心的速度对杀菌效果有很大影响,影响罐头食品传热速度的因素主要有以下几方面:

①罐头容器的种类和形式。软包装袋比马口铁传热速度快,马口铁罐比玻璃罐具有较大的传热速率,其他条件相同时,则玻璃罐的杀菌时间需稍延长。罐型越大,则热由罐外传至罐头中心所需时间越长,而以传导为主要传热方式的罐头更为显著。

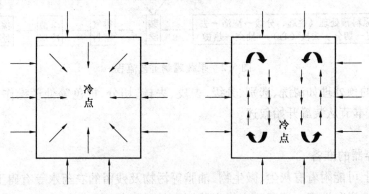

图 6.1　罐头传热的冷点

②食品的种类和装罐状态。流质食品由于对流作用使传热较快。各种食品含水量的多少、块状大小、装填的松紧、汁液的多少与浓度等,都直接影响到传热速度。

③罐头的初温。罐头在杀菌前的中心温度（即冷点温度）叫初温。传热形式不同,罐头冷点所处的位置不同（如图 6.1 所示）。初温的高低影响罐头中心达到所需杀菌温度的时间,因此在杀菌前应提高和保持罐头食品的初温（如装罐时提高食品和汤汁的温度、排气密封后及时进行杀菌）,就容易在预定时间内获得杀菌效果,这对于不易形成对流和传热较慢的罐头更为重要。

④杀菌锅的形式。静置间隙的杀菌锅不如回转式杀菌锅效果好。因后者能使罐头在杀菌时进行转动,罐内食品形成机械对流,从而提高传热性能,加快罐内中心温度上升,缩短杀菌时间。

3. 罐头杀菌公式

罐头食品加热杀菌的工艺条件主要由杀菌温度、杀菌时间和反压力三个因素组合而成,常用杀菌式表示。依照果蔬原料的性质不同,果蔬罐头杀菌方法可分为常压杀菌和加压杀菌两种。其过程包括升温、保温和降温三个阶段,可用下式表示:

$$\frac{t_1 - t_2 - t_3}{T}(P) \tag{6.1}$$

式中　T——要达到的杀菌温度,℃;

　　　t_1——使罐头升温到杀菌温度所需的时间,min;

　　　t_2——保持恒定的杀菌温度所需的时间,min;

　　　t_3——罐头降温冷却所需要的时间,min;

P——反压冷却时杀菌锅内应采用的反压力,Pa。

公式含义:罐头由原始温度(初温)升到杀菌温度,并在此温度下保持一定的时间,达到杀菌目的后,结束杀菌,立即冷却至室温过程,即杀菌规程。

6.3.4 罐制工艺技术

果蔬罐制的工艺流程如图6.2所示。

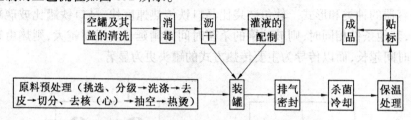

图6.2 果蔬罐制工艺流程

罐制原料的预处理如清洗、选别、分级、去皮、去核、切分、护色等处理操作要点,已在本书有关章节叙述,本节从装罐开始叙述。

1. 装罐

(1)罐装容器的准备

由于容器上可能附着有灰尘、微生物、油脂等污物及残留的农药水等有碍卫生,因此,装罐之前必须进行洗涤和消毒。消毒后应将容器沥干并及时使用,以防止再次污染。罐盖也做同样处理。

(2)罐液的配制

水果罐头的罐液一般是糖液,蔬菜罐头多为盐水。

①糖液的配制。糖液的浓度,依水果种类、品种、成熟度、果肉装量及产品质量标准而定。我国目前生产的糖水果品罐头,一般要求开罐糖度为14%~18%。装罐时罐液的浓度可按下式计算:

$$Y = \frac{W_3 Z - W_1 X}{W_2} \times 100\% \tag{6.2}$$

式中 Y——需配制的糖液浓度,%;

W_1——每罐装入果肉量,g;

W_2——每罐注入糖液量,g;

W_3——每罐净重,g;

X——装罐前果肉可溶性固形物含量,%;

Z——要求开罐时的糖液浓度,%。

②盐水的配制。配制时,将食盐加水煮沸,除去上层泡沫,过滤,取澄清液按比例配制成所需要的浓度,一般蔬菜罐头所用盐水质量分数为1%~4%。

(3)装罐的工艺要求

①快装。原料经预处理后应迅速装罐,半成品不应该堆积过多,以减少微生物污染的机会,同时趁热装罐,还可以提高罐头的中心温度,利于杀菌。

②保量。确保装罐量符合要求,要保证质量、力求一致。净重和固形物含量必须达到要求。净重是指罐头总重量减去容器重量后所得的重量,它包括固形物和汤汁固形物含量,是指

固体物在净重中占的百分率,一般要求每罐固形物质量分数为 45% ~ 65%,每罐罐头允许净重公差为±3%,但每批罐头的净重平均值不应低于标准所规定的净重。各种果蔬原料在装罐时应考虑其本身的缩减率,通常按罐装要求多装 10% 左右。

③一致。保证内容物在罐内的一致性,同一罐内原料的成熟度、色泽、大小、形状应基本一致,搭配合理,排列整齐。有块数要求的产品,应按要求装罐。

④顶隙。装罐时还必须留有适当的顶隙。所谓顶隙,是指罐内食品表面或液面与罐盖内壁间所留空隙的距离。装罐时食品表面与容器翻边一般相距 4 ~ 8 mm,待封罐后顶隙高度为 3 ~ 5 mm。顶隙大小将直接影响到食品的装量、卷边的密封性能、产品的真空度、铁皮的腐蚀、食品的变色、罐头的变形及腐蚀等。顶隙过小,杀菌时内容物膨胀,引起罐内压力增加,将影响卷边的密封性,同时还可能造成铁皮罐永久变形或凸盖,影响销售。顶隙过大,罐头净重不足,且因顶隙内残留空气较多而促进铁皮罐腐蚀或形成氧化圈,并引起表层食品变色、变质。

⑤卫生。装罐时注意操作符合国家相应卫生标准。装罐的操作人员应严守工厂有关卫生制度,勿使毛发、纤维、竹丝等外来杂质混入罐中,以免影响产品质量。

2. 排气

排气是指装罐或预封后,将罐内顶隙间和原料组织中残留的空气排出罐外的技术措施。

(1)排气的作用

①防止或减轻因加热杀菌时内容物的膨胀而使容器变形或破损,影响金属罐的卷边和缝线的密封性,防止玻璃罐跳盖。

②阻止罐内好气性细菌和霉菌的生长繁殖。

③控制或减轻马口铁罐内壁的腐蚀。

④减轻罐内食品色香味的不良变化和营养物质的损失。

⑤使罐头有一定的真空度,形成罐头特有的内凹状态,便于成品检查。

(2)排气的方法

目前,我国罐头食品厂常用的排气方法有加热排气法、真空封罐排气法及蒸汽喷射排气法。加热排气法是使用最早也是最基本的方法,真空排气法是后来发展起来的,是目前应用最广泛的一种排气方法。蒸汽密封排气法是近些年发展的,在我国也已开始使用。

①加热排气法。利用食品和气体受热膨胀的原理,通过对装罐后罐头的加热,使罐内食品和气体受热膨胀,罐内部分水分汽化,水蒸气分压提高来驱赶罐内的气体。排气后立即密封,这样罐头经杀菌冷却后,由于食品的收缩和水蒸气的冷凝而获得一定的真空度。加热排气法有两种形式:热装罐法和排气箱加热排气法。

②真空封罐排气法。这是一种借助于真空封罐机将罐头置于真空封罐机的真空仓内,在抽气的同时进行密封的方法。采用此法排气,可使罐头真空度达到 33.3 ~ 40 kPa,甚至更高。封罐机密封室的真空度可根据各类罐头的工艺要求、罐内食品的温度等进行调整。现在都采用高真空封罐机,其密封性的真空可达 46.0 ~ 73.0 kPa。真空封罐排气法可在短时间内使罐头达到较高的真空度,因此,生产效率很高,有的每分钟可达到 500 罐以上;能适应各种罐头食品的排气,尤其适用于不宜加热的食品;真空封罐机还有体积小占地少的优点,所以被各罐头厂广泛使用。

但这种排气法由于排气时间短不能很好地将食品组织内部和罐头中下部空隙处的空气加以排除;因而对于食品组织内部含气量高的食品,最好在装罐前先对其进行抽空处理,否则排气效果不理想。采用此法排气时还需严格控制封罐机真空仓的真空度及密封时食品的温度,否则封口时易出现暴溢现象。

③蒸汽喷射排气法。该法是向罐头顶隙喷射蒸汽,赶走顶隙内的蒸汽后立即封罐,依靠顶隙内的蒸汽冷凝来获得罐头的真空度。喷蒸汽排气时,罐内顶隙必须大小适当,经验证明,获得合理真空度的最小顶隙为 8 mm 左右。蒸汽喷射时间较短,难以将食品内部的空气及罐内食品间隙中的空气排除掉。空气含量较多的食品若采用此法,应在喷蒸汽之前进行抽空处理,方可获得满意的真空度。该法适用于大多数糖水或盐水罐头。

3. 密封

采用封罐机将罐身和罐盖的边缘紧密卷合,此为罐头的密封,称为封罐。罐头的密封是罐制工艺中一项关键性操作,直接关系到产品的质量。封罐应在排气后立即进行,一般通过封罐机进行。

(1)金属罐的密封

金属罐的密封与空罐的封底原理、方法和技术要求基本相同。但所用封罐机的种类、结构不完全一样。封罐机有手动封罐机、半自动封罐机、自动封罐机、真空封罐机及蒸汽喷射封罐机等。在实罐密封时,应注意清除黏附在翻边部位的食品,以免造成密封不严。

(2)玻璃罐的密封

①卷边式密封法。利用玻璃罐封口机辊轮的滚压作用,将马口铁盖的边缘卷压在玻璃罐的罐颈凸缘下,以达到密封的目的。多用于 500 mL 仿苏玻璃罐(又称胜利罐)的密封。特点是密封性能好,但开启困难,现已很少使用。

②旋转式密封法。有三旋、四旋、六旋和全螺旋式密封法等,主要依靠罐盖的螺旋或盖爪紧扣在罐口凸出螺纹线上,罐盖内壁有塑料垫圈或加注滴塑以加强密封性能。装罐后,由旋盖机把罐盖旋紧,便得到良好的密封。该法的特点是开启容易且可重复使用,广泛用于果蔬罐头的密封。

③套压式密封法。是依靠预先嵌在罐盖边缘内壁上的密封胶圈,密封时由自动封口机将盖子套压在罐口凸缘线的下缘而得到密封。特点是开启方便。

(3)软包装袋的密封

一般采用真空包装机进行热熔密封。依靠内层的聚丙烯材料在加热时熔合成一体而达到密封的目的。封口效果取决于蒸煮袋的材料性能,热熔合时的温度、时间、压力和封边处是否有附着物等因素。

4. 杀菌

罐头的杀菌主要是指通过加热手段杀灭罐内食品中的微生物,但罐头杀菌不同于微生物学上的杀菌。微生物学上的杀菌是指绝对无菌,而罐头的杀菌只是杀灭罐制食品中能引起疾病的致病菌和能在罐内环境中引起食品败坏的腐败菌,并不要求达到绝对无菌,即罐头的杀菌为"商业无菌"。同时,罐头的杀菌也破坏了食品中酶的活性,从而保证了罐内食品在保质期内不发生腐败变质,另外,加热杀菌还具有一定的烹调作用,能增进风味及软化组织。

果蔬罐头的杀菌方法通常有常压杀菌法和加压杀菌法。一般果品罐头采用常压杀菌,蔬菜罐头多采用加压杀菌。

(1)常压杀菌

适合于 pH 值在 4.5 以下的酸性和高酸性食品,如大多数水果和部分蔬菜罐头,杀菌温度不超过 100 ℃。杀菌设备为开口锅或柜子,先在锅(柜)内注入适量的水,待水沸腾时,将装满罐头的杀菌篮放入锅(柜)内。玻璃容器罐头最好先将其预热到 60 ℃左右再放入杀菌锅内,以免杀菌锅内水温急剧下降导致玻璃罐破裂。当锅内水温再次升到沸腾时,开始计算杀菌时间,并保持水的沸腾直到杀菌终结。目前,许多工厂采用一种长形连续搅动式杀菌器,使罐头在杀菌器中不断地自转和绕中轴转动,增强了杀菌效果,缩短了杀菌时间。

（2）加压杀菌

加压杀菌是指在 100 ℃ 以上的加热介质中进行杀菌的方法,适于 pH 值大于 4.5 的低酸性食品,如蔬菜类及混合罐头。其加热介质是蒸汽或水。不管采用哪种介质,高压是获得高温的必要条件,因此又称高压杀菌。加压杀菌有高压蒸汽杀菌和加压水杀菌两种形式。金属罐一般采用高压蒸汽杀菌,而玻璃罐多采用加压水杀菌。

5. 冷却

罐头杀菌完毕后,应迅速冷却,罐头冷却是生产过程中决定产品质量的最后一个环节,处理不当会造成产品色泽和风味的变劣,组织软烂,甚至失去营养价值。此外,还可能造成嗜热性细菌的繁殖和加剧罐头内壁的腐蚀现象。因此,罐头杀菌后冷却越快越好,对玻璃罐的冷却宜采用分段冷却的方法,即 80 ℃、60 ℃、40 ℃ 三段,以免玻璃罐爆裂。

对于高压杀菌还可以进行反压冷却,即加压冷却,杀菌结束后罐头必须在杀菌锅内维持一定压力的情况下冷却,主要用于一些高温高压杀菌,特别是高压蒸汽杀菌后容器易变形、损坏的罐头。

罐头冷却的最终温度一般控制在 38 ~ 40 ℃,过高会影响罐内食品的质量,过低则不能利用罐头余热将罐外水分蒸发,造成罐外生锈。冷却后应放在冷凉通风处,未经冷凉不宜入库装箱。

6. 保温及商业无菌检验

罐头入库后出厂前要进行保温检验,它是检验罐头杀菌是否完全的一种方法。将罐头在保温库内维持一定的温度（37±2 ℃）和时间（5 ~ 7 天）,若杀菌不完全,残存的微生物遇到适宜的温度就会生长繁殖,产气会使罐头膨胀,从而把不合格的罐头剔除。保温试验会造成果蔬罐头的色泽和风味的损失,因此目前许多工厂已不采用,代之以商业无菌检验法。

6.3.5　罐头败坏检验及储藏

1. 常见的罐头败坏现象及其原因

（1）理化败坏

原因:由物理或化学因素引起罐头或内容物的败坏,包括内容物的变色、变味、混浊沉淀、罐头的腐蚀等。如出现硫化铁、硫化斑、硫化铜、氧化圈、涂料脱落、变色、变味、罐内汁液混浊和沉淀。

防止措施:选用不锈钢器具,避免用铁质、铜质器具;注意水质;用良好的马口铁,适当选用抗酸和抗硫的涂料铁。

（2）微生物败坏

微生物败坏常使内容物腐烂变质、变色、酸败等。原因有:杀菌上的缺陷,产气胀罐、平酸败坏;密封方面的缺陷,漏罐或胀罐;杀菌前的败坏,原料不新鲜、加工中时间拖延;冷却污染,冷却时间过短或水温过高。

防止措施:注意原料的处理,防止原料被微生物过度污染;严格执行操作规程,彻底杀菌。

（3）容器损坏

①胀罐。胀罐也称胖听,是指罐头一端或两端向外凸出的现象。这种败坏是罐头食品中

常出现的败坏现象之一。有物理性胀罐、化学性胀罐和细菌性胀罐。

物理性胀罐原因:通常称为"假胀",罐头仍可食用。由于装量过多、排气不足、杀菌后降压过快、气温气压变化影响罐内真空度。防止措施:控制装量,加强排气,提高排气温度。

化学性胀罐原因:由于果蔬中的有机酸和金属罐发生电解作用,使罐壁受到腐蚀,产生了氢气,内压增高而产生的胀罐。防止措施:对含酸量高的原料采用抗酸涂料铁罐,产品储存在温度较低的环境中保藏。

细菌性胀罐原因:罐头内容物因腐败微生物作用导致败坏,产生二氧化碳和氨等气体,造成鼓胀。密封不严、杀菌不足,被微生物污染均可造成。防止措施:注意封罐、杀菌、冷却等操作,并要彻底搞好环境卫生。

②瘪罐。由于罐内真空度过高,或过分的外力碰撞、冷却时反压过大等所造成。防止措施:排气适度、避免外力撞击等。

③漏罐。由于密封时缝线有缺陷;铁皮腐蚀后生锈穿孔;腐败微生物产气引起内压过大,损坏缝线;机械损伤等。防止措施:选择优质密封设备,合理杀菌,避免机械损伤。

(4)容器腐蚀

有内壁腐蚀和外壁腐蚀两种情况。

内壁腐蚀的原因:由于食品原、辅料中有腐蚀成分、加工工艺不精和储藏条件较差。防止措施:选用高质量的马口铁罐;加工中洗净原料上残留的农药;含氧较多的果蔬装罐前放在盐水或糖水中抽空处理;杀菌适当,冷却迅速;控制罐头用水中的硝酸根、亚硝酸根、铜离子含量;适当降低储藏温度。

外壁腐蚀的原因:由于罐头入库时罐体温度过低,而冷库内温度过高,温差大于 10 ℃,热空气就会在罐头外壁上冷凝出现水珠,就会在罐头外壁生锈。防止措施:罐头入库时温度不宜过低,冷库温度尽量稳定;库内应具备良好的通风排湿条件,库内空气相对湿度一般以70% ~75% 为宜。

2. 罐头食品的包装和储藏

罐头的包装主要是贴商标、装箱、涂防锈油等。涂防锈油的目的为可隔离水与氧气,使其不扩散至铁皮。商标纸的黏合剂要无吸湿性和腐蚀性。

罐头储藏的形式有两种:一种是散装堆放,罐头经杀菌冷却后,直接运至仓库储存,到出厂之前才贴商标装箱运出。另一种是装箱储放,罐头贴好商标或不贴商标进行装箱,送进仓库堆存。无论采用何法都必须符合防晒、防潮、防冻,环境整洁,通风良好的库房,要求储藏温度为0 ~20 ℃,相对湿度控制在 75% 以内。

6.3.6 果蔬罐制技术的进展

1. 杀菌技术进展

除传统的常压与加压杀菌技术,近些年,一些新型杀菌技术也已开始使用。如回转式杀菌、火焰杀菌、无菌装罐、"闪光18"杀菌法、超高压杀菌法等。

2. 果蔬罐头加工发展的重点和方向

一是筛选适合罐头加工的专用品种,并对其加工特性进行研究;二是加强去皮技术、电脑程序控制自动杀菌技术、综合利用技术等研究,研发连续化、智能化的加工装备,提高劳动生产率,降低能耗和成本;三是开发易开罐、软包装、半刚性包装等新型包装容器和材料;四是重点开发低糖型、混合型等新型果蔬罐头产品,建立并推广罐头加工全程质量安全控制体系。

6.4　果蔬干制

干制是干燥和脱水的统称。习惯上,干燥是指利用自然界的能量除去果蔬中的水分,如利用日光或风力把果蔬原料晒干或风干;而脱水是在人为的控制下除去果蔬中的水分的过程。故前一种方法主要指自然干燥,后一种方法主要指人工干燥。果蔬干制是指脱出一定水分,而将可溶性物质的浓度提高到微生物难以利用的程度,同时保持果蔬原来风味的果蔬加工方法。制品是果干或菜干。

6.4.1　干制原理

1. 果蔬中水分的状态与保存

（1）水分存在状态

果蔬的含水量很高,一般为70%~90%左右。根据水分存在的状态划分为游离水和结合水。游离水以游离状态存在于果蔬组织中的水分,具有水的全部性质,有流动性,干制时易蒸发;结合水性质稳定、难以蒸发,不能作溶剂。根据水分是否能被排除划分为平衡水分和自由水分。平衡水分是在一定干燥条件下,果蔬中排出的水分和吸收的水分相等,达到平衡状态时的水分。在任何情况下,如果干燥介质条件（温度和湿度）不发生变化,果蔬中所含的平衡水分也将维持不变。因此,平衡水分也就是这一干燥条件下,果蔬干燥的极限。自由水分是在一定干燥条件下,果蔬中所含的超出平衡水分的水。这部分水分干制过程中,能够排除掉。自由水分大部分是游离水,还有一部分是结合水。

（2）水分活度与保藏性

水分活度又叫水分活性,是溶液中水的蒸汽压与同温度下纯水的蒸汽压之比。果蔬脱水是为了保藏,食品的保藏性不仅和水分含量有关,与果蔬中水分的状态也有关。水溶液与纯水的性质是不同的,在纯水中加入溶质后,溶液分子间引力增加,沸点上升,冰点下降,蒸汽压下降,水的流速降低。游离水中的糖类,盐类等可溶性物质多了,溶液浓度增大,渗透压增高,造成微生物细胞壁分离而死亡,因而可通过降低水分活度,抑制微生物的生长,保存食品。虽然食品有一定的含水量,但由于水分活度低,微生物不能利用。不含任何物质的纯水 $A_w = 1$,如食品中没有水分,水蒸气压为0,$A_w = 0$。A_w 值高到一定值时,酶的活性才能被激活,并随着 A_w 值增高,酶的活性增强,A_w 为0.2时脂肪氧化反应速度最低,A_w 值大时叶绿素变成脱镁叶绿素;蔗糖水解,花青素被破坏,维生素B、C损失速度加快。

2. 果蔬干燥中水分的扩散

（1）扩散方式

果品蔬菜在干制过程中,水分的蒸发主要依赖两种方式,即水分外扩散作用和内扩散作用,果蔬干制时所需除去的水分,是游离水和部分结合水。

干燥开始时由于果蔬中水分大部分为游离水,所以蒸发时,水分从原料表面蒸发得快,称水分外扩散（水分转移是由多的部位向少的部位移动）,当水分蒸发至50%~60%后,其干燥速度依原料内部水分转移速度而定。干燥时原料内部水分转移,称为水分内部扩散。由于外扩散的结果,造成原料表面和内部水分之间的水蒸气分压差,水分由内部向表面移动,以求原料各部分平衡。此时,开始蒸发结合水,因此,干制后期蒸发速度就明显显得缓慢。

（2）扩散速度

①内扩散控制。当内扩散速度小于外扩散速度时,称为内扩散控制。此现象多见于含糖高、块形大(枣、柿)的果蔬干制中。干燥初期,外扩散速度过快,内外水分扩散的毛细管断裂,食物表面过干而结壳,既而出现开裂现象。这类果蔬干燥时,为加快干燥速度,必须提高内部水分扩散速度,如抛物线升温,对果实进行热处理。

②外扩散控制。当外扩散速度小于内扩散速度时,称为外扩散控制。此现象多见于含糖低、薄片(萝卜片、黄花菜)的果蔬干制中。这类果蔬干燥时,只要提高环境温度,降低湿度,就能加快干燥速度。

干燥时必须使水分的内外扩散相互衔接,配合适当,才能缩短干燥时间。

3.果蔬干燥过程

果蔬干制过程中,物料的平均含水量、干燥速度以及物料的温度均随干制时间的变化而呈一定的规律性变化,其三者组合在一起构成了干燥过程曲线。根据它们的变化规律,可将干燥过程分为初期加热阶段、恒速干燥阶段和降速干燥阶段。

干燥曲线是干燥过程中食品物料的平均水分($W_平$)和干燥时间(t)之间的关系曲线,说明食品含水量随干燥时间而变化的规律。干燥速率曲线是表示单位时间物料水分变化的曲线,即干燥速度与干燥时间的关系曲线。干燥温度曲线是表示干燥过程中食品温度与干燥时间之间关系的曲线。

图 6.3 中,AB 阶段为初期加热阶段,此阶段表面水分汽化蒸发,含水量下降;干燥速度由 0 达到最大;全部热量用于提升温度,表面温度上升到物料湿球温度。

BC 阶段为恒速加热阶段,此阶段热量全部用于水分蒸发,水分含量直线下降;干燥速度达最大,且稳定不变;物料表面温度不变,中心温度小于湿球温度。

CD 阶段为降速干燥阶段,此阶段水分从点 C 至平衡水分;干燥速度直至零;热量部分用于水分蒸发,另一部分用于提升物料温度,直至介质温度。

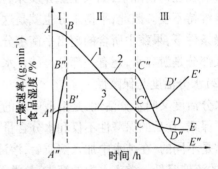

图 6.3　果蔬干燥过程曲线
1—干燥曲线;2—干燥速率曲线;3—干燥温度曲线

4.影响干燥速度的因素

（1）干燥介质温度

果蔬的干燥是把预热的空气作为干燥介质。它有两个作用,一是向原料传热,原料吸热后使它所含水分汽化,二是把原料汽化水汽带到室外。要使原料干燥,就必须持续不断地提高干空气和水蒸气的温度,温度升高,空气的湿度饱和差随之增加,达到饱和所需水蒸气越多,空气中湿度含量越高。温度低,干燥速度慢,空气中湿度含量也就低。空气中相对湿度每降低10%,饱和差增加100%,干燥速度越快。所以采取升高温度同时降低相对湿度是提高果蔬干制速度的最有效方法。

果蔬干制时,尤其在干制初期,一般不宜采用过高的温度,否则会产生以下不良现象:第一,果蔬含水量很高,骤然和干燥的热空气相遇,则组织中汁液迅速膨胀,易使细胞壁破裂,内容物流失。第二,原料中的糖分和其他有机物因高温而分解或焦化,有损成品外观和风味。第三,高温低湿易造成原料表面结壳,而影响水分的散发。因此,在干燥过程中,要控制干燥介质的温度稍低于致使果蔬变质的温度,尤其对于富含糖分和芳香物质的原料,应特别注意。

（2）干燥介质湿度

在一定温度下相对湿度越小,空气的饱和差越大,果蔬干燥速度越快。红枣在干制后期,分别放在 60 ℃相对湿度不同的烘房中,一个烘房湿度为 65% ,红枣干制后含水量是 47.2% ;另一个烘房湿度为 56% ,干制后的红枣含水量则为 34.1% 。再如,甘蓝干燥后期相对湿度 30% ,最终含水量为 8.0% ,在相对湿度 8% ~10% 条件下,干甘蓝含水量为 1.6% 。

（3）气流循环速度

干燥空气的流动速度越大,果蔬表面的水分蒸发也越快;反之,则越慢。据测定,风速在每 3 m/s 以下的范围内,水分蒸发速度与风速大体成正比例地增加。

（4）果蔬种类状态

果蔬的种类不同,所含化学成分及其组织结构也有差异,因而干燥速度也不相同。如在烘房干制红枣采用同样的烘干方法,河南灵宝产的泡枣,由于组织比较疏松,经 24 h 即可达到干燥。而陕西大荔县产的疙瘩枣则需 36 h 才能达到干燥。此外,原料的切分与否以及切块大小、厚薄不一,干燥速度也不一样。切分越薄,表面积越大,干燥速度就越快。

（5）原料的装载量

烘房单位面积上装载的原料量,对于果蔬的干燥速度也有很大影响。烘盘上原料装载量多,则厚度大,不利于空气流通,影响水分蒸发。干制过程可灵活掌握装载量,如初期产品要放薄些,后期可稍厚些;自然气流干燥的宜薄,用鼓风干燥的可厚些。

（6）气压和真空度

大气压力为 $1.013×10^5$ Pa 时,水的沸点为 100 ℃。若大气压下降,则水的沸点也下降。气压越低,沸点也越低。若温度不变,气压降低,则水的沸腾加剧。因而,在真空室内加热干制时,就可以在较低的温度下进行。如采取与正常大气压下相同的加热温度,则将加速食品的水分蒸发,还能使干制品具有疏松的结构。云南昆明的多味瓜子质地松脆,就是在隧道式负压下干制机内干制而成。对热敏性食品采用低温真空干燥,可保证其产品具有良好的品质。

5. 原料在干燥过程中的变化

（1）体积缩小、重量减轻

果品蔬菜干制后,体积和质量明显减小。一般体积约为原料的 20% ~35% ,质量约为原料的 10% ~30% 。

（2）色泽的变化

果蔬在干制过程中（或干制品在储藏中）色泽的变化包括三种情况:一是果蔬中色素物质的变化;二是褐变（酶褐变和非酶褐变）引起的颜色变化;三是透明度的改变。

①色素物质的变化。果蔬中所含的色素,主要是叶绿素（绿）、类胡萝卜素（红、黄）、黄酮素（黄色或无色）、花青素（红、青、紫）、维生素（黄）等。低温储藏和脱水干燥的果蔬都能较好地保持其鲜绿色。花青素在长时间高温处理下,也会发生变化。

②褐变。果蔬在干制过程中（或干制品在储藏中）,常出现颜色变黄、变褐甚至变黑的现象,一般称为褐变。按产生的原因不同,又分为酶促褐变和非酶褐变。

酶促褐变是在氧化酶和过氧化物酶的作用下,果蔬中单宁氧化呈现褐色。如制作苹果干、香蕉干等在去皮后的变化。此外,果蔬中还含有蛋白质,组成蛋白质的氨基酸,尤其是酪氨酸在酪氨酸酶的催化下会产生黑色素,使产品变黑,如马铃薯变黑。

不属于酶的作用所引起的褐变,均属于非酶褐变。非酶褐变的原因之一是,果蔬中氨基酸游离氨基和糖的醛基作用生成复杂的络合物。例如苹果干在储藏时比杏干褐变程度轻而慢,是由于苹果干中氨基酸含量较杏干少的缘故;富含氨基酸(0.14%)的葡萄汁比氨基酸含量较少(0.034%)的苹果汁褐变迅速而强烈。在各种氨基酸中,以赖氨酸、胱氨酸及苏氨酸等对糖的反应较强。

(3)透明度的改变

新鲜果蔬细胞间隙中的空气,在干制时受热被排除,使干制品呈半透明状态。因而干制品的透明度决定于果蔬中气体被排除的程度。气体越多,制品越不透明,反之,则越透明。干制品越透明,质量越高,这不只是因为透明度高的干制品外观好,而且由于空气含量少,可减少氧化作用,使制品耐储藏。干制前的热处理即可达到这个目的。

(4)营养成分的变化

果蔬干制中,营养成分的变化虽因干制方式和处理方法的不同而有差异,但总的来说,水分减少较大,糖分和维生素损失较多,矿物质和蛋白质则较稳定。

①糖分的变化。糖普遍存在于果品和部分蔬菜中,是蔬菜甜味的来源。它的变化直接影响到果蔬干制品的质量。果蔬中所含果糖和葡萄糖均不稳定,易于分解。因此,自然干制的果蔬,因干燥缓慢,酶的活性不能很快被抑制,呼吸作用仍要进行一段时间,从而要消耗一部分糖分和其他有机物。干制时间长,糖分损失越多,干制品的质量越差,重量也越少。人工干制果蔬,虽然能很快抑制酶的活性和呼吸作用,干制时间又短,可减少糖分的损失,但所采用的温度和时间对糖分也有很大的影响。一般说,糖分的损失随温度的升高和时间的延长而增加,温度过高时糖分焦化,颜色变深褐直至呈黑色,味道变苦,变褐的程度与温度及糖分含量成正比。

②维生素的变化。果品蔬菜中含有多种维生素,其中维生素 C(抗坏血酸)和维生素 A 原(胡萝卜素)对人体健康尤为重要。维生素 C 很容易被氧化破坏,因此在干制加工时,要特别注意提高维生素的保存率。维生素 C 被破坏的程度除与干制环境中的氧含量和温度有关外,还与抗坏血酸酶的活性和含量有关。另外,维生素 A_1 和 A_2 在干制加工中不及维生素 B_1(核黄素)、维生素 B_2(硫胺素)和尼克酸稳定,容易受高温影响而损失。而某些热带果实中的 β-胡萝卜素经熏硫和干燥后却变化不大。

(5)表面质地的变化

若处理不当,会产生表面硬化和干缩的现象。

表面硬化一是由外扩散过快造成的,人为可控,初期降低温度,促进内扩散,提高空气湿度;二是内部可溶性物质随水分迁移,积累于表面上形成结晶,造成硬壳,此时可提高空气湿度。

干缩的产生是高温干燥使细胞失水收缩,失活,细胞壁失去弹性,产生永久变形,且出现干裂。不同部位产生不等的收缩还造成翘曲。

(6)内部结构的变化

快速干燥时物料表面硬化,内部蒸汽压加大促使物料成为多孔性制品。多孔性有利于水分外逸,加速干燥速度,且组织多孔疏松能迅速复水和溶解。

6.4.2 果蔬干制的方法与设备

1. 自然干制

利用自然条件如太阳辐射热、热风等使果蔬干燥,称自然干燥。其中,原料直接受太阳晒干的,称晒干或日光干燥;原料在通风良好的场所利用自然风力吹干的,称阴干或晾干。

自然干制的特点是不需要复杂的设备、技术简单易于操作、生产成本低。但干燥条件难以控制、干燥时间长、产品质量欠佳,同时还受到天气条件的限制,使部分地区或季节不能采用此法。如潮湿多雨的地区,采用此法时干制过程缓慢、干制时间长、腐烂损失大、产品质量差。

自然干制所需设备简单,主要有晒场和晒干用具,如晒盘、席箔、运输工具等,此外还有工作室、熏硫室、包装室和储藏室等。

2. 人工干制

人工干制是人工控制干燥条件下的干燥方法。该方法可大大缩短干燥时间获得较高质量的产品,且不受季节性限制,与自然干燥相比,设备及安装费用较高,操作技术比较复杂,因而成本也较高。但是,人工干制具有自然干制不可比拟的优越性,是果蔬干制的方向。

目前,国内外许多先进的干燥设备大都具有良好的加热及保温设备,以保证干制时所需的较高和均匀的温度;有良好的通风设备以及时排除原料蒸发的水分;有良好的卫生条件及劳动条件,以避免产品污染和便于操作管理,根据设备对原料的热作用方式的不同,可将人工干制设备分为以传导、对流、辐射和电磁感应加热四类。习惯上分为空气对流干燥设备、滚筒干燥设备、真空干燥设备和其他干燥设备。

(1)烘灶

烘灶是最简单的人工干制设备。形式多种多样,如广东、福建烘制荔枝干的焙炉,山东干制乌枣的熏窑等。有的在地面砌灶,有的在地下掘坑。干制果蔬时,在灶中或坑底生火,上方架木椽、铺席箔,原料摊在席箔上干燥。通过火力的大小来控制干制所需的温度。这种干制设备,结构简单,生产成本低,但生产能力低,干燥速度慢,工人劳动强度大。

(2)烘房

烘房建造容易、生产能力较大、干燥速度较快,便于在乡村推广。目前国内推广的烘房,多属烟道内加热的热空气对流式干燥设备,其形式有:一炉一卤直线升温式、一炉一卤回火升温式、一炉两卤直线升温式、一炉两卤回火升温式、两炉两卤直线升温式、两炉两卤回火升温式、两炉一卤直线升温式、两炉一卤回火升温式及高温烘房。烘房形式较多,但基本结构类似,主要包括烘房主体、加热设备、通风排湿设备和装载设备。

这种烘房的主要缺点是干燥作用不均匀,因下层烘盘受热多和上部热空气积聚多,因而上下层干燥快,中层干燥慢。所以在干燥过程中需倒换烘盘。因此劳动强度大,工作条件差。近年来改用隧道式的活动烘架,使劳动条件得到改善。

(3)隧道式干制机

隧道式干制机是指干燥室为一狭长隧道形的空气对流式人工干制机。原料铺放在运输设备上通过隧道而实现干燥。隧道可分为单隧道式、双隧道式及多层隧道式。在单隧道式干燥间的侧面或双隧道式干燥间的中央有一加热间,其内装有加热器和鼓风机,推动热空气进入干燥间,使原料水分受热蒸发。湿空气一部分自排气孔排出,一部分回流到加热间使其余热得以利用。

根据原料运输设备及干燥介质的运动方向的异同,可将隧道式干制机分为逆流式、顺流式和混合流式三种形式。

①逆流式干制机。装原料的载车与空气运动方向相对,即载车沿轨道由低温高湿一端进入,由高温低湿一端出来。随道两端温度分别为 40～50 ℃和 65～85 ℃。这种设备适用于含糖量高、汁液黏稠的果蔬,如桃、李、杏、葡萄等的干制。应当注意的是,干制后期的温度不宜过

高,否则会使原料烤焦,如桃、李、杏、梨等干制时最高温度不宜超过 72 ℃、葡萄不宜超过 65 ℃。

②顺流式干制机。装原料的载车与空气运动的方向相同,即原料从高温低湿(80 ~ 85 ℃)一端进入,而产品从低温高湿端(55 ~ 60 ℃)出来。这种干制机,适用于含水量较多的蔬菜和切分果品的干制。但由于干燥后期空气温度低且湿度高,因此有时不能将干制品的水分减少到标准含量,应避免这种现象的发生。

③混合式干制机。该机有两个加热器和两个鼓风机,分别设在隧道的两端,热风由两端吹向中间,湿热空气从隧道中部集中排出一部分,另一部分回流利用,如图6.4所示。混合式干制机综合了逆流式与顺流式干制机的优点,克服了二者的不足。果蔬原料首先进入顺流隧道,温度较高、风速较大的热风吹向原料,水分迅速蒸发。随着载车向前推进,温度渐低,湿度较高,水分蒸发渐缓,也不会使果蔬因表面过快失水而结成硬壳。原料大部分水分干燥后,被推入逆流隧道,温度渐升,湿度渐降,水分干燥较彻底。原料进入逆流隧道后,应控制好空气温度,过高的温度会使原料烤焦和变色。

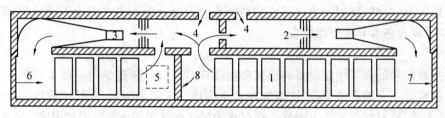

图6.4　混合式干制机
1—运输车;2—加热器;3—电扇;4—空气入口;5—空气出口;
6—原料入口;7—干制品出口;8—活动隔门

(4)滚筒式干制机

这种干制机的干燥面是表面平滑的钢质滚筒。滚筒直径为 20 ~ 200 cm,中空。滚筒内部通有热蒸汽或热循环水等加热介质,滚筒表面温度可达 100 ℃以上。使用蒸汽时,表面温度可达 145 ℃左右。原料布满于滚筒表面,滚筒转动一周,原料便可干燥,然后由刮刀刮下并收集于滚筒下方的盛器中。这种干制机适于干燥液态、浆状或泥状食品,如番茄汁、马铃薯片、果实制片等。

(5)带式干制机

传送带由金属网或相互连锁的漏孔板组成。原料铺在传送带上吸热干燥。这种干制机用蒸汽加热,暖管装在每层金属网的中间。新鲜空气从下层进入,通过暖气管被加热。原料吸热后,水分蒸发,湿气由出气口排出。如图6.5所示是四层传送带式干制机,能够连续转动,当上层温度达到 70 ℃时,将原料从干制机顶部一端定时装入,随着传送带的转动,原料从最上层渐次向下层移动,干燥完毕后,从最下层的出口送出。

(6)喷雾干制机

喷雾干燥就是将液态或浆质态食品喷成雾状液滴,悬浮在热空气气流中进行脱水干燥。如图6.6所示,喷雾干燥系统由空气加热器、干燥室、喷雾系统、产品收集装置和鼓风机等组

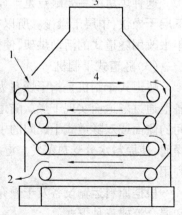

图6.5　带式干制机
1—物料进口;2—干制品出口;
3—排气口;4—物料移动方向

成。该法干燥迅速,可连续化生产,操作简单,适用于热敏性食品及易于氧化的食品的干制,如果汁、蔬菜汁、番茄酱汤料等。

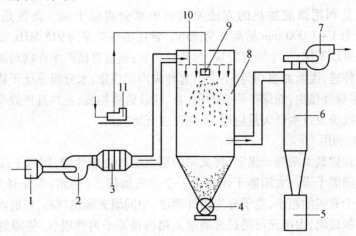

图 6.6 喷雾干燥机示意图

1—空气过滤器;2—送风机;3—空气加热器;4—旋转卸料器;5—接收器;6—旋风分离器;
7—排风机;8—喷雾干燥室;9—喷雾器;10—空气分配器;11—料泵

3. 干制新技术介绍

(1)真空冷冻干燥

真空冷冻干燥又称冷冻干燥或升华干燥,是使食品在冰点以下冷冻,其中的水分变成固态冰,然后在较高真空下使冰升华为蒸汽而除去,达到干燥的目的。

如图 6.7 所示,大气压力为 1.013×10^5 Pa 时,水的沸点 100 ℃。压力下降时,水的沸点也下降。当大气压力下降到 6.105×10^2 Pa 时,水的沸点就变为 0 ℃,而这个温度也同样是水的冰点,称为水的三相点(冰、水与汽共存)。若大气压力降低到 6.105×10^2 Pa 以下,水的沸点也下降到 0 ℃ 以下,水则完全变成冰,只有固、汽二态存在。

在相应的温度及饱和蒸汽压下,冰、汽处于动态平衡状态。但若温度不变而压力减小,或者压力不变而温度上升时,冰、汽平衡便被打破,冰就直接升华为汽,使水分得以干燥。由于物料中水分干燥是在低温下进行的,挥发物质损失

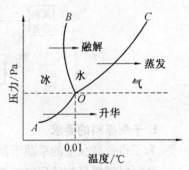

图 6.7 水的三相图

很少,营养物质不会因受热而遭到破坏,表面也不会硬化结壳,体积也不会过分收缩,使得果蔬能够保持原有的色、香、味及营养价值。冷冻升华干燥装置的主要部分是一卧式钢质圆筒,另配有冰冻、抽气、加热和控制测量系统。

(2)远红外干燥

远红外干燥是利用远红外线辐射元件发生的远红外线为被加热物体所吸收,直接转变为热能而使水分得以干燥。红外线的波长在 $0.72 \sim 1\ 000$ μm 范围的电磁波,一般把 $5.6 \sim 1\ 000$ μm区域的红外线称为远红外线,而把 5.6 μm 以下的称为近红外线。

远红外线在食品干燥中发展很快,因为此法具有以下优点:干燥速度快、生产效率高,干燥时间一般为近红外线干燥时的 1/2,为热风干燥的 1/10;节约能源,耗电量仅为近红外线干燥时的 1/2 左右;设备规模小;建设费用低;产品质量好,因为物料表面及内部的分子同时吸收远

红外线。

（3）微波干燥

微波干燥就是利用微波加热的方法使物料中水分得以干燥。微波是指频率为300～3×10^5 MHz，波长为1～1 000 mm的高频交流电。常用加热频率为915 MHz和2 450 MHz。

微波干燥具有以下优点：干燥速度快，加热时间短；热量直接产生在物料的内部，而不是从物料外表向内部传递，因而加热均匀，不会引起外焦内湿现象；水分吸热比干物质多，因而水分易于蒸发，物料本身吸热少，能保持原有的色、香、味及营养物质；还具有热效率高、反应灵敏等特点。此方法在欧美及日本已大量应用，我国正在开始应用。

（4）太阳能的利用

利用热箱原理建筑太阳能干燥室，将太阳的辐射能转变成热能，用以干燥物料中的水分，这种方法称为太阳能干燥。太阳能干燥室由一个空气加热器（热箱）和干燥室组成。热箱是用木板做成的一个有盖的箱子，箱子分为内外两层，中间填充隔热材料，箱的内部涂黑，箱子上装一层或两层平板玻璃，太阳光可透过玻璃进入箱内被箱子内壁吸收，将辐射能变为热能，使箱内温度升高。箱内温度一般为50～60 ℃，最高可达100 ℃以上。热箱内设有冷空气的进口和热空气的出口，将热空气出口通入干燥室。干燥室设有排气筒，以排除湿空气。利用太阳能进行干燥，具有十分重要的意义，既可节省能源，又不会对环境造成任何污染，还不需太复杂的设备。因此，太阳能是食品干燥中的一种很有希望的新能源。

6.4.3 干制工艺技术

干制品加工的工艺流程如图6.8所示。

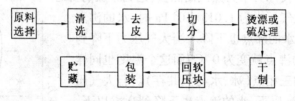

图6.8 果蔬干制工艺流程

1. 干制原料的要求

为了得到高品质的果蔬干制品，对不同的果蔬原料必须选择其最佳的成熟期进行采收，而且有些原料需要尽快地仔细地进行加工。选择干物质含量高，风味色泽好，不易褐变，可食部分比例大，肉质致密，粗纤维少，成熟度适宜的品种进行干制。

2. 硫处理

硫处理是用硫磺燃烧熏果蔬或用亚硫酸及其盐类配制成一定浓度的水溶液浸渍果蔬的工序。

（1）硫处理的作用

可抑制原料氧化变色；提高营养物质，特别是维生素C的保存率；抑制微生物活动；可以加快干燥速度，因为硫处理能增强细胞膜透性，缩短了干燥的时间。

（2）硫处理方法

有熏硫法和浸硫法。

3. 干制

干制是果蔬干制中最关键的工序。干制的方法有多种，本书前面已详细论述。根据原料的不同特点及产品的要求选择适宜的干制方法。

6.4.4　干制品的处理与储藏

1. 包装前的处理

干制后的产品一般不立即进行包装,根据产品的特性与要求,往往需要经过一些处理后才进行包装。

(1)筛选分级

为了使产品达到规定标准,便于包装,实施优质优价的原则,对干制后的产品要进行筛选分级。干制品常用振动筛等分级设备进行筛选分级,剔除不合标准的产品。筛除物质另作他用。

合格产品还需进一步在移动速度为 3～7 m/min 的输送带上进行人工挑选,剔除杂质和变色、残缺或不良成品,并经磁铁吸除金属杂质。

(2)回软

回软又称均湿或水分平衡。无论是自然干燥还是人工干燥制得的干制品,其各自所含的水分并非均匀一致,而且水分含量在其内部也不是均匀分布,需进行均湿处理,目的是使干制品内部水分均匀一致,干制品变软、变韧,便于后续工序的处理。回软的方式是将干制品堆积在密闭的室内或容器内进行短暂储存,以便使水分在干制品内、外部及干制品之间进行扩散和重新分布,最后趋于一致。回软时间因产品要求不同而异。

(3)压块

果蔬干制后,质量大大减轻,但体积减小程度相对较少。因此,干制品膨松,不利于包装运输,且间隙内空气多,产品易被氧化变质。在包装前需经压缩处理,称之为压块。干制品在不受损伤的情况下压缩成块,体积明显缩小,有效地节省包装材料、装运和储存容积及搬运费用。产品紧密后还可以降低包装袋内氧气的含量,有利于防止氧化变质。

压块后干制品的最低密度为 880～960 kg/m³。干制品复水后应能恢复原来的形状和大小,其中复水后能通过四目筛眼的碎屑应低于 5%,否则复水后就会形成糊状,且色香味也不如未压块的复水干制品。

对于一些水分低、质脆易碎的干制品,在压块前常需要用蒸汽加热 20～30 s,促使其软化以便压块减少破碎率。

2. 干制品的包装

经过必要处理的干制品,应尽快包装。包装是一切食品在运输、储存中必不可少的工序,包装对果蔬干制品的质量影响很大。干制品的包装材料和包装容器应能够密封、防潮、遮光、防虫,符合食品卫生要求。常用的包装材料和容器有:金属罐、木箱、纸箱、聚乙烯袋、复合薄膜袋等。一般内包装多用有防潮作用的材料,如聚乙烯、聚丙烯、复合薄膜、防潮纸等;外包装多用起支撑保护及遮光作用的金属罐、木箱、纸箱等。纸箱和纸盒是干制品常用的包装容器。金属罐是包装干制品较为理想的容器,具有密封、防潮和防虫及牢固耐久的特点,并能避免在真空状态下发生破裂。坚固质轻的塑料罐也常用于果蔬干制品的包装。复合薄膜袋由于能热合密封,用于抽真空和充气包装。有时包装内附装干燥剂、吸氧剂以保证干制品的品质稳定。

3. 干制品的储藏

(1)低温

储藏温度越低,干制品的保质期越长。储藏温度以 0～2 ℃最好,一般不宜超过 14 ℃。

（2）低湿

空气越干燥越好，储藏环境中空气相对湿度最好在65%以下。高湿会使干制品长霉；还会增加干制品的水分含量，提高酶的活性，引起抗坏血酸等的破坏。一般情况下，储藏果干的相对湿度不超过70%；马铃薯干55%～60%；块根、甘蓝、洋葱为60%～63%；绿叶菜73%～75%。

（3）避光

光线和空气的存在，也会降低制品的耐藏性。光线能促进色素分解；空气中的氧气能引起制品变色和维生素的破坏。因此，干制品最好储藏在遮光、缺氧的环境中。

4. 干制品的复水

脱水食品在食用前一般都应当复水。复水就是将干制品浸在水里，经过一段时间，使其尽可能地恢复到干制前的状态。

脱水菜的复水方法是：将干制品浸泡在12～16倍质量的冷水里，经半小时后，迅速煮沸并保持沸腾5～7 min。复水以后，再烹调食用。干制品复水性就是新鲜食品干制后能重新吸回水分的程度，常用复水率（或复水倍数）来表示。复水率就是复水后沥干质量与干制品试样质量的比值。复水率大小依原料种类品种、成熟度、原料处理方法和干燥方法等不同而有差异。

复原性就是干制品复水后在质量、大小、形状、质地、颜色、风味、成分、结构以及其他可见因素恢复到原来新鲜状态的程度。复水时的用水量及水质对此影响很大。如用水量过多、花青素、黄酮类色素等溶出而损失。水的pH值对颜色的影响很大，特别是对花青素的影响更甚。白色蔬菜中的色素主要是黄酮类色素，在碱性溶液中变为黄色，所以马铃薯、花椰菜、洋葱等不宜用碱性水处理。金属盐的存在，对花青素也有害。水中若有$NaHCO_3$或Na_2SO_3，易使组织软化，复水后组织软烂。硬水常使豆类质地变粗硬，含有钙盐的水还能降低干制品的吸水率。

6.5　果蔬速冻

速冻果蔬属冷冻食品，速冻是利用人工制冷技术降低食品的温度以较好保持产品质量的重要加工方法之一。对于新鲜果蔬来说，速冻可以较好地保持其风味、营养成分及原有的新鲜状态。速冻食品是指将食品原料经预处理后，采用快速冻结的方法使之冻结，并在适宜低温下（通常-18～-20 ℃）进行储存的食品。

6.5.1　速冻保藏原理

冷冻后降低果蔬内部的热和支持各种生物化学反应的能量，变成固体的水也降低了水分活度，因此可以有效地抑制微生物的活动和酶的活性，从而长期保存食物。

1. 冷冻过程

（1）果蔬的冰点

果蔬冰点是果蔬中的水分开始形成冰结晶的温度。果蔬中的自由水是果蔬中有机物和无机物的溶剂，在冻结时，发生冻结的是自由水，冰结晶开始出现的温度即所谓的冻结点或冰点。果蔬中的水分不是纯水，其冰点较纯水（0 ℃）低；冰点的高低，受溶解果蔬的水分状态的影响，根据拉乌尔（Raoult）法则，冻结点的降低，与其物质的浓度成正比，每增加1 mol/L溶质，冻结点下降1.86 ℃。果蔬的冻结点大多为-3.8～-0.6 ℃。

（2）冻结时水的物理特性

①水的冻结包括两个过程，降温与结晶。当温度降至冰点，接着排除了潜热时，自由水由

液态变为固态,形成冰晶,即结冰;部分结合水则要脱离其结合物质,经过一个脱水过程后,才冻结成冰。

②水的比热是 4.184 kJ/kg · ℃,冰的比热是 2.092 kJ/kg · ℃,冰的比热约为水的 1/2。水的冰点是 0 ℃,而 0 ℃的水要冻结成 0 ℃的冰,每千克要排除 334.72 kJ 的热量;反过来,当 0 ℃的冰解冻融化成为 0 ℃的水,每千克同样要吸收 334.72 kJ 的热量。这就是水冻结(或冰熔解)的潜热,其热量数值颇大。

水的导热系数为 2.09 kJ/(m · h · ℃),冰是 8.368 kJ/(m · h · ℃),冰的导热系数是水的 4 倍左右。冻结时,冰层由外向里延伸,由于冰的导热系数高,有利于热量的排除使冻结快速完成。但采用一般方法冻结时,却因冰由外向内逐渐融化成水,导热系数降低,因而解冻速度慢。

③水结成冰后,冰的体积比水增大约 9%,冰在温度每下降 1 ℃时,其体积则会收缩 0.005% ~ 0.01%,两者相比,膨胀比收缩大,因此,含水量多的果蔬制品在冻结后体积会有所膨大。

冻结时,果蔬表面的水首先结冰,然后冰层逐渐向内伸展。当果蔬内部水分因冻结而膨胀时,会受到已冻结的冰层的阻碍而产生内压,这就是所谓的"冻结膨胀压";如果外层冰体受不了过大的内压时,就会破裂。冻品厚度过大、冻结过快,往往会形成这样的龟裂现象。

(3)冰晶的形成

当温度下降至冻结点,潜热被排除后,开始液体与固体之间的转变,进行结冰。结冰包括晶核的形成和冰晶体的增长两个过程。晶核的形成是极少一部分水分子有规则地结合在一起,即结晶的核心,晶核是在过冷条件达到后才出现的。过冷是指纯水只有被冷却到低于 0 ℃的某一温度时才开始形成冰结晶的现象。

晶核的形成分成两种情况,一种是均匀成核,在一个体系内各处成核概率均相等,即溶液相中的晶核点是由液相的温度起伏所形成的。另一种是异相成核,又称为非均匀成核,是指水在尘埃、异相杂质、容器表面及其他异相表面等处形成晶核。实际上,除了对于体积很小的纯洁液体会产生均匀成核以外,大多数体积较大的液体内总是发生异相成核的。果蔬是具有复杂组成的物质,其形成的晶核属于异相成核。

冰晶体的增长是其周围的水分子有次序地不断结合到晶核上面去,形成大的冰晶体。纯水是等温结晶,冰点固定不变,在大气压下为 0 ℃。果蔬制品中水分的结晶是在冰点不断降低的情况下进行的。由于果蔬中的水是以水溶液形式存在,一部分水先结成冰后,余下的水溶液浓度随之升高,导致其残留溶液的冰点不断下降,浓缩的水溶液完全冻结时的温度称共晶点。大多数食品的共晶点在 -55 ~ -65 ℃,这一温度在冷冻和冷藏中较难达到,因此,在冻结和冻藏过程中,食品中仍有部分水分保持未冻状态。

食品中水分的冻结量即为冻结率,表示在一定的冻结终温下所形成的冰晶体的百分数。

$$W = \frac{1 - t_{冰}}{t_{终}} \times 100\% \qquad (6.3)$$

式中　W——冻结率,%;

　　　$t_{冰}$——食品的冻结点温度,℃;

　　　$t_{终}$——食品的冻结终温,℃。

充分抑制微生物生长及降低生化反应,一般要求把冻结食品中 90% 的水分冻结才能达到目的。如图 6.9 所示,在 -18 ℃时,有 94% 的水分冻结;-30 ℃时,有 97% 的水分冻结,所以,食品的中心温度达到-30～-18℃时足以保证冻结食品的质量。

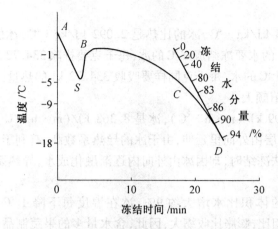

图6.9 冻结温度曲线和冻结水分量

（4）冻结温度曲线

食品在冻结过程中,温度逐步下降,表示食品温度与冻结时间关系的曲线,称之为"冻结温度曲线"。如图6.10所示,曲线分成三个阶段。

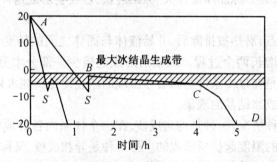

图6.10 冻结温度曲线

①初始阶段。从冻结初温到冰点温度。此阶段是冻结前产品降温最快区段,放出的是产品自身的显热,这部分热量在冻结全过程所排出的总热量中所占比例较小,故降温快,曲线较陡。其中还会出现过冷点。由于食品大多有一定厚度,冻结时其表面层温度降得很快,故一般食品不会有稳定的过冷现象出现。

②中间阶段。从冰点到大部分水分结成冰的温度。此阶段是产品中水分大部分形成冰结晶的区段。一般食品从冻结点下降至其中心温度为-5℃,食品内已有80%以上的水分冻结。由于冻结过程中大部分水分(80%)是在-1～-5℃温度区域内形成冰结晶的,通常把该区域称为最大冰结晶生成区。最好能快速通过此温度区域,这是保证冻品质量的最重要的温度区间。由于水转变成冰时需要排除大量潜热,整个冻结过程总热量大部分在此阶段放出,故当制冷能力不是很强时,降温速度慢,曲线较平坦。

③终了阶段。从大部分水分结成冰到冻结终了温度区段。此区段包括一小部分水分结冰放出的潜热和到冻结终温降温时放出的显热,所以,曲线既不陡又不平坦。

2.冻结速度与产品质量

（1）冻结速度的表示

①用果蔬中心温度下降的时间表示。果蔬中心温度是指降温过程中果蔬内部温度最高的

点。对于成分均匀且几何形状规则的食品,热中心就是其几何中心。

果蔬中心温度从-1 ℃降至-5 ℃所需时间,在30 min 之内,属于快速冻结,30～120 min 则属于中速冻结,超过120 min 为慢速冻结。一般认为,在30 min 内通过-1～-5 ℃的温度区域所冻结形成的冰晶,对果蔬组织影响最小,尤其是果蔬组织质地比较脆嫩,冻结速度应要求更快。

②用冰层推进距离表示。以单位时间内将-5 ℃的冻结层从果蔬表面向内部推进距离作为标准,测量从果蔬表面向内部移动的速度(冻结速度 $u=cm/h$),并以此将冻结速度分为三类:快速冻结 $u=5～20$ cm/h;中速冻结 $u=1～5$ cm/h;慢速冻结 $u=0.1～1$ cm/h。

(2)冻结速度与产品质量的关系

在冻结过程中,首先是处于细胞间隙内低浓度溶液中的部分水分形成冰晶,并形成细胞内的水分向细胞外已形成的冰晶迁移聚集的趋势。于是存在于细胞间隙内的冰晶就不断增长,直至冻结温度下降到足以使细胞内所有汁液形成冰晶为止。

冻结速度越慢,上述的水分重新分布现象越显著。细胞内大量水分向细胞间隙迁移,细胞内浓度因此而增加,随着冻结温度逐渐下降,其水分外逸量又会进一步增加,致使细胞间隙内的冰晶体颗粒越长越大。在此过程中细胞间隙形成较大颗粒的冰晶,数量相对较少,且分布不均匀,解冻后汁液流失严重,软化,产品质量差。

冻结速度越快,水分重新分布的现象也就越不显著。此时食品组织内冰晶层推进的速度大于细胞内水分向外迁移的速度,细胞内的水分形成冰晶,冰晶分布接近于食品中水的自然分布状态;冰晶体积细小、呈针状、数量多、分布均匀,解冻后无汁液流失或很少,产品质量好。

因而可采取以下途径实现快速冻结:

①提高冷冻介质与食品初温之间的温差。主要应从冷冻介质入手。

②改善换热条件,使传热系数增大。可通过加快冷冻介质流经果蔬的相对速度实现。

③减少果蔬原料的体积和厚度,即增加其比表面积。在良好的传热条件下,冻结时间与果蔬厚度的平方成正比。因此,减少原料厚度可以加强其与冷冻介质间的换热,而且由于体积减小,由中心到表面的距离缩短了,冻结时间因此缩短。

3. 冷冻对果蔬的影响

(1)冻结对果蔬的影响

冻结对果蔬组织结构影响可表现为组织破坏、软化、流汁,该影响的直接原因被认为是冰晶体造成的机械损伤,细胞间隙的结冰引起细胞脱水、死亡,失去新鲜特性的控制能力。

①物理变化:

a. 汁液流失。冻结食品解冻后,因内部冰晶融化成水,有一部分不能被细胞组织重新吸收回复原来状态造成汁液流失。

b. 体积膨胀龟裂。当内部的水分因冻结而膨胀时,会受外部冻结层的阻碍,结果产生内压,即冻结膨胀压。如果外层冰体受不了过大的内压时,就会破裂,造成龟裂现象。

c. 干耗。冻结过程中会有一些水分从食品表面蒸发出来,造成产品水分含量下降。

②组织结构变化:

a. 机械性损伤。冻结时,细胞间隙中水含可溶性物质较少,其冻结点高,所以首先形成冰晶,而细胞内的原生质体仍处于过冷状态,细胞内过冷的水分比细胞外的冰晶体具有较高的蒸汽压,促使水分移向细胞间隙,不断结合到细胞间隙的冰晶上去,该冰晶会不断增大,产生机械性挤压,使原本相互联系的细胞发生分离,解冻后不能恢复原来的状态,细胞不能吸收细胞间隙冰晶融解产生的水分,即已处于汁液流失、组织变软的状态。

b. 细胞的溃解。果蔬组织细胞内有大量的液泡,水分含量高,易冻结成大的冰晶体,产生较大的"冻结膨胀压",而其细胞壁缺乏弹性,因而易被大冰晶体刺破或胀破,细胞破裂损伤,解冻后组织就会软化、汁液流失。

c. 气体膨胀。果蔬组织细胞中溶解了液体中的微量气体,在液体结冰时发生游离而体积增加,这样会损害细胞和组织,导致组织结构的改变。

③化学变化:

a. 蛋白质变性。果蔬的冻结是一个脱水的过程,该过程往往是不可逆的,尤其是慢速冻结,冰晶主要在细胞间隙形成,细胞内水分外移,原生质因过多失水,分子受压凝集,会破坏其结构,而且原生质中各种物质因失水而浓度提高,蛋白质会因盐析而变性。

b. 与酶有关的化学变化。果蔬在冻结前及冻结期间,由于叶绿素酶、脂肪氧化酶等作用,使果蔬发生色变,如叶绿素变成脱镁叶绿素,由绿色变为灰绿色等。冻结果蔬的变色影响产品外观和风味。

(2)冻藏对果蔬的影响

①冰晶体变化:

a. 冰晶体增长。冻藏过程中,在冻结产品中存在着未冻结的水溶液(液相)、水蒸气(气相)和大小不同的冰晶(固相),水的三相之间的饱和水蒸气压各不相同。在压差的作用下速冻果蔬内部微细冰晶体会逐步合并,形成大冰晶体。

b. 重结晶。在冻藏中,由于环境温度的波动,造成冻结果蔬内部反复解冻和再结晶后出现的冰晶体体积增大的现象。温度上升时,细胞内的冰晶先融化成水,使液相增加,在水蒸气压差的作用下,水分透过细胞膜扩散到细胞间隙中;温度下降时,水分又从液相中结冰析出,再附着到冰晶上,使冰晶生长,特别是细胞间隙中的冰晶成长更明显。

为避免冰晶体增长和重结晶的情况,可采取快速冻结、降低冻结温度,提高结冰率、降低冻藏温度和防止冷藏库温度上下波动的方法。

②干缩与冻害。干缩是速冻果蔬表面的冰晶在冻藏过程中直接升华造成的,使产品水分含量下降。

冻害是由于冰晶升华后,使冻结果蔬由表层至内层形成脱水多孔层,增加了食品与空气的接触面积,引起氧化反应。

预防措施:

a. 提高冷库隔热效果。

b. 对速冻产品附加合理包装。

c. 在包装内添加抗氧化剂,如抗坏血酸、丁基羟基茴香醚(BHA)、二丁基羟基甲苯(BHT)。

③变色。通常在常温下发生的变色现象,在长期冻藏过程中都会发生,只是速度十分缓慢。变色原因可能有以下两方面:

a. 制冷剂泄漏。如氨泄漏时,胡萝卜由红变蓝;洋葱、卷心菜、莲藕由白变黄等。

b. 烫漂不足。酶活性没有完全被钝化,氧化酶、过氧化酶催化褐变使产品变色。

④变味。变味是由于酶的作用产生某些生化变化,使果蔬变味。如毛豆、甜玉米即使在 $-18\ ℃$ 的低温下,在 $2 \sim 4$ 周内仍会产生异味。主要是油脂在酶的作用下,游离脂肪酸酸值和过氧化值增加的结果。有的产品是由于芳香物质挥发引起的,降低冷藏温度,可使这种破坏作

用减弱。

4.冷冻对微生物和酶的影响

果蔬速冻要求在 30 min 或更短时间内将新鲜果蔬的中心温度降至冻结点以下,把水分中的 80% 尽快冻结成冰,这样就必须应用很低的温度进行迅速的热交换,将其中的热量排除,才能达到要求。果蔬在如此低温条件下进行加工,能抑制微生物的生长和繁殖以及酶的活性,可以在很大程度上防止腐败及不良的生化反应,从而尽可能保持果蔬原有的品质。

(1)低温对微生物的影响

微生物按照其适宜生长的温度范围可分为嗜冷微生物、嗜温微生物和嗜热微生物,每种微生物只能在一定的温度范围内生长,各种微生物都有其生长繁殖的最低温度、最适温度和最高温度。微生物在超过或低于其最适温度时,活动逐渐减弱直至停止或被杀死。大多数微生物在低于 0 ℃ 的温度下生长活动被抑制。一般酵母菌和霉菌比细菌耐低温的能力强,有些霉菌及酵母菌能在 -9.5 ℃ 的未冻结基质中生存,有些嗜冷细菌也能在低温下缓慢活动。

冷冻不等于杀菌,并不能完全杀死微生物,即使长时间在低温下它们会逐渐死亡,但往往还有生存下来的(尤其是污染严重的产品及微生物的孢子及芽孢等)。在冻藏的条件下,幸存的微生物会受到抑制,但解冻时在室温下便会恢复活动。因此,冷冻食品的冻藏温度一般要求低于 -12 ℃,通常都采用 -18 ℃ 或更低温度。在这样的低温下,果蔬食品内部水分结成冰晶,降低了微生物生命活动和进行各种生化反应所必需的液态水的含量,使其失去生长的第一基本条件;冷冻条件下,微生物细胞内原生质黏度增加,胶体吸水性下降,蛋白质分散度改变最后导致了蛋白质不可逆的凝固变性,冻结还会促使微生物细胞内胶体脱水,从而使胶体内溶质浓度增加,也会促使蛋白质变性;同时,水分冻结成的多角形冰晶体还会使微生物的细胞遭受机械性破坏损伤。显然,冻结破坏了果蔬体内各种生化反应的协调一致性,温度降得越低,失调程度也越大,从而破坏了微生物细胞内的新陈代谢过程,以至它们的生活机能达到完全终止的程度。

(2)低温对酶活性的影响

食品中的许多反应都是在酶的催化下进行的,这些酶中有些是食品中固有的,有些是微生物生长繁殖中分泌出来的。酶的活性(即催化能力)与温度关系密切。大多数酶的适宜活动温度为 30～50 ℃,随着温度的升高或降低,酶的活性均下降。

在 0 ℃ 低温下,酶的活性随温度的降低而减弱,-18 ℃ 以下低温会使果蔬体内酶活性明显减弱,从而减缓了因酶促反应而导致的各种不良变化。但冷冻低温只能对酶活性起到一定的抑制作用,并不能使其失活,果蔬体内的生化反应仍在缓慢地进行着,一旦解冻,其酶活性仍将加速导致变质的各种生化反应,因而,冻结不能代替灭酶处理。个别酶在 -73.3 ℃ 时仍有活性,因此冻结前采用烫漂钝化酶活性。

6.5.2　速冻方法和设备

生产中应用的果蔬冻结方法很多,按使用的冷冻介质与果蔬接触的状况可分成间接接触冻结法和直接接触冻结法两类。

1.间接接触冻结法

间接接触冻结法主要有静止空气冻结法、送风冻结法、强风冻结法、接触冻结法。

(1)低温静止空气冻结

尽管用空气作为冷冻结介质有些不足,如其导热性差、传热系数小等,但它对食品无害、成本低、机械化较容易。此法冻结时间长,效果差,效率低,劳动强度大。

（2）送风冻结

送风冻结又称鼓风冻结,利用流动空气做冷冻介质。增大风速能使表面的传热系数提高,从而提高冻结速度以达速冻的目的。与静止空气相比较,风速达 5.0 m/s 时,冻结速度提高近4 倍。该法缺点是冻结初期果蔬表面会发生明显的脱水干缩现象,即表面冻伤。

（3）强风冻结

用强大风机使冷风以 3～5 m/s 以上在装置内循环,有各种形式。

①隧道式。用轨道小车或吊笼传送,-30～-40 ℃的冷风以 3～5 m/s 逆向送入,冻结食品在出口处与最低的冷空气接触,使冻结食品温度不至于上升,不出现解冻现象,或用导向板产生不同风向,此法连续化程度不高。

②传送带式。多用不锈钢网传送带,果蔬在带上冻结。冷风流向可与原料平行、垂直、顺向、逆向、侧向等。可连续化生产,效率高,适于果蔬速冻。

③悬浮式。也称流化床。传送带多用不锈钢网。以多台风机自下而上吹出高速冷风,原料在带上以悬浮状态不断跳动而被急速冷却,可进行单体冻结。

单体冻结(IFQ):原料在彼此不黏结成堆的情况下完成冻结,生产效率高(5～15 min 内使食品冻结到-18 ℃);效果好。该法适于颗粒状、小片状、短段状原料的冻结。

（4）接触冻结

平板冻结即属此类。一般由铝合金或钢制成空心平板,制冷剂以空心板为通路,从其中蒸发透过,使板面及其周围成为温度很低的冷却面。原料放置于板面上,被上下两个冷却面所吸热,冻结速度颇快,且不需通入冷风,占地空间小,单位面积生产率高。但此法属间歇生产类型,整体效率不高,劳动强度较大。

2. 直接接触冻结法

将制冷剂直接与被冻结物料接触,常用于小批量生产、新产品开发季节性生产和临时的超负荷状况。目前多用浸渍冻结,用高浓度低温盐水(其冰点可降至-50 ℃左右)浸渍原料;液态氮(-196 ℃)和液态二氧化碳(-78.9 ℃)也用来做冷介质,一般使用时多喷淋,能超快速进行单体冻结。优点是相对较低的温度可以使产品快速冻结,对保证产品质量和降低干耗都是十分有利的,产品质量好。缺点是冷介质不能回收,投资和运行费用较高。低温冻结设备则可以是箱式、直线式、螺旋式或浸液式。

6.5.3 速冻工艺技术

果蔬速冻加工工艺流程如图 6.11 所示。

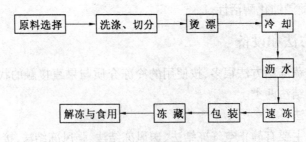

图 6.11　果蔬速冻工艺流程

原料的预处理如清洗、选别、分级、去皮、去核、切分、护色、烫漂等处理操作要点,已在本书有关章节叙述,本节从冷却开始叙述。

1. 冷却

烫漂后应立即冷却,否则产品易变色,并避免余热对原料中营养成分的进一步破坏。试验证明,烫漂后的蒜薹在 25 ℃情况下 6 h 变黄。此外,如不能及时冷却也会使微生物繁殖,或酶的再度活化,影响产品质量。速冻前的冷却还可减少冻结时间,节约能耗,如速冻前蔬菜温度每下降 1 ℃,缩短速冻时间 1%。

冷却方法是立即浸入到冷水中,水温越低,冷却效果越好。一般水温在 5～10 ℃,也有用冷水喷淋装置和冷风冷却的。冷却后应将水沥干或甩干。

2. 速冻

沥干后的果蔬整齐摆放在速冻盘内或以单体进行快速冻结。要求果蔬在 30 min 内迅速通过最大冰晶生成带,冻品中心温度在-18 ℃以下。速冻的方法和设备很多,本书前文已述。如隧道式鼓风冷冻机(其鼓冷风温度在-18～-34 ℃,风速 30～100 m/min)、单型螺旋速冻机、流化床制冷设备以及间歇式接触式冷冻箱、全自动平板冷冻箱等。

3. 包装

根据 2007 年 7 月 1 日制定的《速冻面米食品行业标准》,规定未经预包装的速冻食品不得销售,因而速冻的果蔬产品必须要赋以合理的包装。通过对速冻果蔬包装,可以有效地控制速冻果蔬在长期储藏过程中发生的冰晶升华(干缩现象),即水分由固体的冰蒸发而造成产品干燥;防止产品长期储藏接触空气而氧化变色;便于运输、销售和食用;防止污染,保持产品卫生。

包装容器所用的材料、种类和形式是多种多样的,通常有马口铁罐、涂胶的纸板杯筒、涂胶的纸板盒(内衬以胶膜、玻璃纸、聚酯层)、塑料薄膜袋、复合包装袋或大型桶等。

4. 冻藏

速冻果蔬的储藏是必不的步骤,一般速冻之后的成品应立即装箱入库储藏。要保证优质的速冻果蔬在储藏中不发生劣变,库温要求控制在-20±2 ℃,允许±1 ℃的波动,这是国际上公认的最经济的冻藏温度。冻藏中要防止产生大的温度波动,否则会引起冰晶重结晶、结霜、表面风干、褐变、变味、组织损伤等品质劣变;还应确保商品的密封,如发现破袋应立即换袋,以免商品的脱水和氧化。并且不应与其他有异味的食品混藏。

6.5.4　速冻果蔬的营销与解冻

1. 速冻果蔬的营销

速冻果蔬在营销过程中需要有冷藏链。所谓冷藏链是指易腐食品在生产、储藏、运输、销售、直到消费前的各个环节中始终处于规定的低温环境下,以保证食品质量,减少食品的损耗。冷藏链是一种在低温条件下的物流手段,因此要求把所涉及的生产、运输、销售、经济性和技术性等各种问题集中考虑,协调相互之间的关系。

(1)冷藏链的分类

①按果蔬从加工到消费所经过的时间顺序分。食品冷藏链由冷冻加工、冷冻储藏、冷冻运输、冷冻销售 4 个方面构成。

②按冷藏链中各环节的装置分。食品冷藏链可分为固定装置和流动装置两大类型。固定装置包括冷藏库、冷藏柜、家用冰箱、超市冷藏陈列柜等。流动装置包括铁路冷藏车、冷藏汽车、冷藏船和冷藏集装箱等。

（2）冷藏链的结构

食品冷藏链的结构大体如图6.12所示。

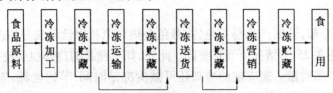

图6.12　食品冷藏链结构图

冷藏链中的各个环节都起着非常重要的作用,是不容忽视的。同时,要保证冷藏链和食品的质量,对食品本身也有要求:食品应该是完好的,最重要的是新鲜度,如果食品已经变质,低温也不能使其恢复到初始状态;再有食品应在生产、收获后不做停留或只做极短暂停留后就予以冻结。

2.速冻果蔬的解冻

速冻果蔬在使用之前要进行解冻复原,升高冻结食品的温度,融化食品中的冰结晶,回复冻结前的状态称为解冻。

（1）解冻引起的质量变化

解冻的产品会有汁液流失现象,且微生物复活并生长繁殖、酶的活动逐渐加强以及空气中氧化作用等,造成解冻之后的制品品质下降。一般来说,解冻的过程越短越好,这样可以减少败坏的程度。如冷冻桃、杏等解冻越快,对色、香、味的影响越小。

（2）解冻过程

解冻过程可看作冻结的逆过程。第一阶段是将冷冻果蔬从冻藏温度提升到-5 ℃;第二阶段是通过"有效温度解冻带"(-5 ~ -1 ℃);第三阶段是使食品达到解冻后的终温(-1 ℃ →终温)。

（3）解冻程度

有半解冻和完全解冻之分,半解冻(冻品中心温度处于-1 ~ -5 ℃)适合水果及含水量高的蔬菜;完全解冻(冰完全融化成水)适合含淀粉高的马铃薯、玉米、豆角等果蔬。

（4）解冻方法

空气解冻:一般空气温度为14 ~ 15 ℃,相对湿度为95% ~ 98%,风速2 m/s以下。风向有水平、垂直或可换向送风。

水解冻:速度快,避免质量损失,但可溶性物质流失、食品吸水后膨胀及被解冻水中的微生物污染等。一般适用于有包装的食品,水温不超过20 ℃。

电解冻:如采用微波(915 MHz或2 450 MHz)解冻,此法解冻快速,效果好。

真空蒸汽解冻:利用真空室中水蒸气在冻结食品表面凝结所放出的潜热解冻。

6.5.5　影响速冻果蔬质量的因素

速冻果蔬商品从生产、储藏至流通销售,其质量的优劣主要由"早期质量"和"最终质量"来决定。

速冻果蔬的早期质量是指产品从生产到工厂出货时的产品质量。早期质量受"P.P.P"条件的影响,即受到产品原料(Product)的种类(品种)、成熟度和新鲜度、冻结加工的方法(Processing)包括冻结前的预处理、速冻条件,以及产品的包装(Package)等因素决定。

速冻果蔬的最终质量是指产品转到消费者手中时的品质。最终质量受"T.T.T"条件的影响,即速冻果蔬在生产、储藏及流通各个环节中,经历的时间(Time)和经受的温度(Temperature)对其品质的容许限度(Tolerance)有决定性的影响。

在-10～-30 ℃范围内,冻藏温度与冻藏期的关系曲线称为 T.T.T 曲线(图 6.13)。T.T.T 曲线是计算冷冻食品的最大允许储藏时间——质量保持期的依据,也是判断冷冻食品品质的有效方法。

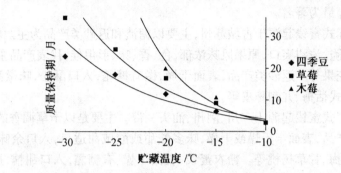

图 6.13　速冻果蔬的 T.T.T 曲线

6.6　果蔬糖制

果蔬糖制就是果蔬加糖进行腌制(干腌、湿腌)或煮制,使糖分渗入果蔬组织内部而制成具有不同形态和结构的果蔬制品的加工过程。利用糖保藏食品在我国已有悠久的历史,早在5世纪甘蔗制糖技术发明以前,我国就利用蜂蜜制作果脯,并冠以"蜜"字,称为蜜饯,有了蔗糖以后,才用蔗糖代替了蜂蜜。随着果蔬糖制技术及其加工业的发展,世界各国加工出丰富多彩的果蔬糖制品,我国也研制和加工出各具特色的糖制品,例如北京的果脯、苏州的话梅、上海的什锦果酱、山东的果丹皮、河南的金丝蜜枣和山楂糕都是著名的果蔬糖制品。

果蔬糖制品的特点:果蔬糖制品具有高糖、高酸等特点,这不仅改善了原料的食用品质,赋予产品良好的色泽和风味,而且提高了产品在保藏和储运期的品质和期限。

6.6.1　糖制品的分类及特点

我国糖制品加工历史悠久,原料众多,加工方法多样,形成的制品种类繁多、风味独特。按加工方法和产品形态,可将果蔬糖制品分为蜜饯和果酱两大类。蜜饯类属于高糖食品,保持果实或果块原形,大多含糖量在50%～70%;果酱类属高糖高酸食品,不保持原来形状,含糖量多在40%～65%,含酸量约在1%以上。

1.蜜饯类

(1)按产品形态及风味分类

①湿态蜜饯。果蔬原料糖制后,保存于高浓度糖液中,果形完整、饱满、质地细软、呈半透明状。如蜜饯海棠、蜜饯樱桃、糖青梅、蜜金橘等。

②干态蜜饯。干态蜜饯可称为果脯。糖制后晾干或烘干,不粘手,外干内湿、半透明,有些产品表面裹一层半透明糖衣或结晶糖粉。如橘饼、蜜李子、蜜桃子、冬瓜条、糖藕片等。

③凉果。用咸果坯为主要原料、甘草等为辅料制成的糖制品。果品经盐腌、脱盐、晒干,加

配料蜜制再干制而成。制品含糖量不超过35%,属低糖制品,外观保持原果形,表面干燥、皱缩,有的品种表面有层盐霜;味甘美、酸甜、略咸,有原果风味。如陈皮梅、话梅、橄榄制品等。

(2)按生产地域分类

①京式蜜饯。京式蜜饯主要以果脯类为代表,又称北京果脯,或称"北蜜"、"北脯"。果脯选用新鲜果蔬,经糖渍、糖煮后,再经晒干或烘干而成。其特点是:成品表面干燥,不粘手,呈半透明状,含糖量高,柔软而有弹性,口感甜香,有原果风味。以苹果脯、梨脯、桃脯、杏脯、金丝蜜枣、山楂糕、果丹皮等最为著名。

②苏式蜜饯。苏式蜜饯起源于古城苏州,主要以糖渍和返砂类产品为主。糖渍类产品,表面微有糖液,色鲜肉脆,清甜爽口,原果风味浓郁,色、香、味、形俱佳,代表产品主要有梅系列产品,以及糖佛手、无花果等。返砂类产品,表面干燥,微有糖霜,入口酥松,味微甜,代表产品有枣系列产品,以及苏式话梅、九制陈皮等。

③广式蜜饯。广式蜜饯起源于广州、潮州、汕头一带。主要是以干草调香的制品和糖衣类产品为主。凉果类产品,表面半干燥或干燥,味多酸甜或酸咸甜适口,入口余味悠长。代表产品有陈皮梅、奶油话梅、甘草杨桃等。糖衣蜜饯,表面干燥、有糖霜,入口甜糯,原果风味浓,代表产品有糖藕片、糖荸荠等。

④闽式蜜饯。起源于福建的厦门、福州、泉州、漳州一带。是以橄榄制品为代表的蜜饯产品。表面干燥或半干燥,含糖量低,微有光泽感,肉质细腻而致密,添加香味突出,爽口而有回味。代表产品有丁香榄、话皮榄等。

⑤川式蜜饯。以四川内江地区为主产区,始于明朝,有名传中外的蜜辣椒、蜜苦瓜等。

2. 果酱类

果酱制品无须保持果实原来的形状,但应具有原果的风味,一般多为高糖高酸制品。按加工方式和成品的状态分类如下:

(1)果酱

果酱呈黏稠状,也可以带有果肉碎块。果蔬原料经打碎或切成块状,加糖、酸、果胶等食用胶浓缩而成。如草莓酱、番茄酱等。

(2)果泥

一般是将一种或数种水果混合,经软化打浆或筛滤除渣后得到的细腻的果肉浆液,加入适量的砂糖及其他配料,经加热浓缩成稠厚泥状,口感细腻。如枣泥、什锦果泥、胡萝卜泥等。

(3)果冻

用含果胶丰富的果品为原料,果实软化、取汁,加糖、酸及适量果胶或其他食用胶经加热浓缩后的制品。制品应光滑透明,切割时有弹性,切面柔滑而有光泽。如山楂果冻、橘子果冻、苹果果冻等。

(4)果糕

将果实软化后,取其果肉浆液,加糖、酸、果胶或其他增稠剂浓缩,倒入盘中摊成薄层,再于50~60℃烘干至不粘手,切块,用玻璃纸包装。如山楂糕等。

(5)马茉兰

用柑橘类为原料生产的果冻类制品,配料中要加入用柑橘类外果皮切成的块状或条状薄片,均匀分布于果冻中。如柑橘马茉兰。

(6)果丹皮

果丹皮是将果泥加糖浓缩后,刮片烘干制成的柔软薄片。如山楂果丹皮、柿子果丹皮、桃果丹皮等。

（7）果片

果片是将富含酸分及果胶的果实制成果泥,刮片烘干后制成的干燥果片。如山楂片。

6.6.2 糖制保藏原理

1.食糖的保藏作用

果蔬糖制是以食糖的防腐保藏作用为基础的加工方法,糖制品要做到较长时间的保藏,必须使制品的含糖量达到一定的浓度。食糖本身对微生物无毒害作用,低浓度糖还能促进微生物的生长发育。高浓度糖对制品的保藏作用主要有以下几个方面。

（1）高渗透压

糖溶液都具有一定的渗透压,糖液的渗透压与其浓度和分子量大小有关,浓度越高,渗透压越大。据测定1%葡萄糖溶液可产生121.59 kPa的渗透压,1%的蔗糖溶液具有70.927 kPa的渗透压。糖制品一般含有60%~70%的糖,若按蔗糖计,可产生相当于4.265~4.965 MPa的渗透压,而大多数微生物细胞的渗透压只有0.355~1.692 MPa。糖液的渗透压远远超过微生物的渗透压。当微生物处于高浓度的糖液中,其细胞里的水分就会通过细胞膜向外流出,形成反渗透现象,微生物则会因缺水而出现生理干燥,失水严重时可出现质壁分离现象,从而抑制了微生物的生长繁殖。

（2）降低糖制品的水分活度

食品的水分活度(A_w值),表示食品中游离水的数量。大部分微生物要求适宜生长的A_w值在0.9以上。当食品中可溶性固形物增加时,游离水量则减少,即A_w值变小,微生物就会因游离水的减少而受到抑制。如干态蜜饯的A_w值在0.60以下时,能抑制一切微生物的活动,果酱类和湿态蜜饯的A_w值在0.75~0.80时,霉菌和一般酵母菌的活动被阻止。对耐渗透压的酵母菌,需借助热处理、包装、减少空气或真空包装才能被抑制。

（3）抗氧化作用

糖溶液的抗氧化作用是糖制品得以保存的另一原因。其主要作用是由于氧在糖液中溶解度小于在水中的溶解度,糖浓度越高,氧的溶解度越低。如浓度为60%的蔗糖溶液,在20 ℃时,氧的溶解度仅为纯水含氧量的1/6。由于糖液中氧含量的降低,有利于抑制好氧型微生物的活动,也利于制品色泽、风味和维生素的保存。

2.食糖的基本性质

（1）糖的溶解度与晶析

糖的溶解度是指在一定的温度下,一定量的饱和糖液内溶解的糖量。糖的溶解度随温度的升高而增大。当糖制品中液态部分的糖,在某一温度下其浓度达到过饱和时,即可呈现结晶现象,称为晶析,也称为返砂。返砂对于干态糖衣蜜饯有利于维持糖衣状态,对于需要呈润泽状态的蜜饯制品,则失去光泽的外观,且降低了制品的糖含量,削弱了保藏作用,有损于制品的品质。

糖制加工中,为防止蔗糖的返砂,常加入部分饴糖、淀粉糖浆或蜂蜜。因为这些糖类物质中含有一定量的转化糖、麦芽糖和糊精,它们在蔗糖结晶过程中,有抑制晶核的生长,降低结晶速度和增加糖液饱和度的作用;糖制时,加入少量的果胶、蛋清等非糖物质,也能增大糖液的黏度,抑制蔗糖的结晶过程,增加糖液的饱和度。另外,也可在糖制过程中促使蔗糖转化,防止制品返砂。

（2）糖的吸湿性

糖的吸湿性对果蔬糖制的影响主要是糖制品吸湿后降低了糖浓度和渗透压,削弱了糖的保藏作用,易引起制品品质的下降。各类糖的吸湿性与糖的种类、含量及环境的相对湿度密切相关。果糖的吸湿性最强,葡萄糖和麦芽糖次之,蔗糖最弱。

蜜饯类产品在包装、储存、销售过程中容易吸潮,出现表面发黏等现象(尤其是在高温、潮湿季节),称之为"流汤"。含有一定量转化糖的糖制品,由于转化糖具强吸湿性,所以必须用防潮纸或玻璃纸包装,否则吸湿回软,影响制品品质。

（3）蔗糖的转化

蔗糖属于双糖,当它与稀酸共热或在酶的作用下,可以水解为等量的葡萄糖和果糖,这种水解变化称为转化,所形成的混合物称为转化糖。

蔗糖转化的作用是:适当的转化可以提高蔗糖溶液的饱和度,增大渗透压,减小水分活度,提高制品的保藏性;增加制品的含糖量,增加制品的甜度,改善风味;抑制蔗糖溶液的晶析,防止返砂。因为如果在蔗糖溶液中混合一些转化糖,由于转化糖的高溶解度,使得蔗糖的浓度可以提高而不饱和,这样便可防止制品返砂;但在蔗糖溶液中,如果转化糖量过多,就使得蔗糖不是溶于水溶液中,而是溶于高浓度的转化糖液中,反而会使蔗糖的溶解度大大降低。当溶液中转化糖质量分数达 $30\% \sim 40\%$ 时,糖液冷却后不会返砂。

蔗糖转化宜适度,否则会增加制品的吸湿性,回潮变软,甚至使糖制品表面发黏,影响品质。蔗糖长时间处于酸性环境和高温下,其水解产物会生成少量羟甲基呋喃甲醛,使制品轻度褐变。转化糖与氨基酸反应也易引起制品褐变,生成黑蛋白素。所以,加工浅色糖制品时,要控制条件,不要使蔗糖过度转化。

（4）糖的甜度

果蔬糖制品之所以受欢迎,最主要的特点是糖的甘甜风味突出。因此,糖的甜度对产品质量影响很大。糖的甜度,一般以人的味觉来判断,即以能感觉到甜味的最低含糖量——味感阈值来表示,味感阈值越小,甜度越高。例如,果糖的味感阈值为 0.25% ,蔗糖为 0.38% ,葡萄糖为 0.55% 。

蔗糖与食盐共用时可产生特殊的风味,凉果的加工便应用了此特性。在番茄酱的加工中,也往往加入少量的食盐,使制品的总体风味得到改善。

（5）糖液的浓度和沸点

蔗糖溶液的沸点随糖液浓度增大而升高。气压不同、糖的纯度不同,其关系会有差异,但在一般情况下可供参考。根据沸点多少,可得知糖液的大致浓度,以确定熬煮的终点。如干态蜜饯出锅时的糖液沸点达 $104 \sim 105\ ℃$,其可溶性固形物在 $62\% \sim 66\%$ 之间,含糖量约 60% 。糖液的沸点受压力的影响,其规律是糖液的沸点随海拔高度升高而下降。同一海拔高度,糖浓度相同糖种类不同,其沸点亦有差异。

3. 果胶及其他植物胶

果糕、果冻以及凝胶态的果酱、果泥等,都是利用果胶的凝胶作用来制取的。依据果胶制备的方法和使用材料的不同,可将它分为高甲氧基果胶(HMP)和低甲氧基果胶(LMP)。通常将甲氧基含量高于 50% 的果胶称为高甲氧基果胶,低于 50% 的称为低甲氧基果胶。果胶形成的凝胶类型有两种:一种是高甲氧基果胶的果胶-糖-酸凝胶,另一种是低甲氧基果胶的离子结合型凝胶。果品所含的果胶是高甲氧基果胶,用果汁或果肉浆液加糖浓缩制成的果冻、果糕等属于前一种凝胶;蔬菜中主要含低甲氧基果胶,与钙盐结合制成的凝胶制品,属于后一种凝胶。

4.糖制品低糖化原理

近年来由于人们对低糖食品的需要越来越大,因而促使传统的高糖高酸型果蔬制品向低糖化转变。生产低糖化果酱类糖制品主要依靠添加低甲氧基果胶制成离子结合型凝胶。

低甲氧基果胶是依赖果胶分子链上的羟基与多价金属离子相结合而串联起来,形成网状的凝胶结构。低甲氧基果胶中有50%以上的羧基未被甲醇酯化,对金属离子比较敏感,少量的钙离子与之结合也能胶凝。

钙离子(或镁离子):钙等金属离子是影响低甲氧基果胶胶凝的主要因素,用量随果胶的羧基数而定,每克果胶的钙离子最低用量为4~10 mg,碱法制取的果胶为30~60 mg。

pH值:pH值对果胶的胶凝有一定影响,pH值在2.5~6.5之间都能胶凝,以pH值为3.0或5.0时胶凝的强度最大,pH值为4.0时,强度最小。

温度:温度对胶凝强度影响很大,在0~58 ℃范围内,温度越低,强度越大,58 ℃强度为零,0 ℃时强度最大,30 ℃为胶凝的临界点。因此,果冻的保藏温度宜低于30 ℃。

低甲氧基果胶的胶凝与糖用量无关,即使在1%以下或不加糖的情况下仍可胶凝,生产中加用30%左右的糖仅是为了改善风味。

6.6.3 糖制工艺技术

1.蜜饯类加工

(1)保脆硬化及硫处理

除一般的原料预处理,蜜饯加工时为提高原料耐煮性和酥脆性,在糖制前对某些原料进行硬化处理。将原料浸泡于石灰(CaO)或氯化钙($CaCl_2$)、明矾、亚硫酸氢钙等稀溶液中,使钙、镁离子与原料中的果胶物质生成不溶性盐类,细胞间相互黏结在一起,提高硬度和耐煮性。硬化要适当,过量会生成过多钙盐或导致部分纤维素钙化,使产品质地粗糙,品质劣化。经硬化处理后的原料,糖制前需经漂洗除去残余的硬化剂。

为了使糖制品色泽明亮,常在糖煮之前进行硫处理,既可防止制品氧化变色,又能促进原料对糖液的渗透。常用的亚硫酸盐有亚硫酸钠、亚硫酸氢钠、焦亚硫酸钠等。经硫处理的原料,在糖煮前应充分漂洗,以除去剩余的亚硫酸溶液。用马口铁罐包装的制品,脱硫必须充分,因过量的SO_2会引起铁皮的腐蚀产生氢胀。

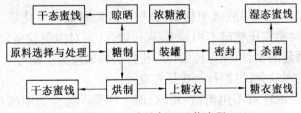

图6.14 蜜饯加工工艺流程

(2)糖制

糖制是果蔬原料排水吸糖过程,糖液中糖分依赖扩散作用进入组织细胞间隙,再通过渗透作用进入细胞内,最终达到要求的含糖量。糖制方法有蜜制(冷制)和煮制(热制)。蜜制适用于皮薄多汁、质地柔软的原料;煮制适用于质地紧密、耐煮性强的原料。

①蜜制。用糖液进行糖渍,使制品达到要求的糖度。此法特点在于分次加糖,不用加热,能很好保存产品的色泽、风味、营养价值和应有的形态,但时间长。具体有分次加糖法、一次加糖多次浓缩法和减压蜜制法。

②煮制。用糖液加热熬煮原料,使制品达到要求的糖度,缩短时间,营养缺失多。煮制分常压煮制和减压煮制两种。常压煮制又分一次煮制、多次煮制和快速煮制三种。减压煮制分减压煮制和扩散法煮制两种。

(3)烘干晒与上糖衣

除湿态蜜饯外,多数制品在糖制后需进行烘烤,除去部分水分,使表面不粘手,利于保藏。制糖衣蜜饯时,可在干燥后用过饱和糖液浸泡一下取出冷却,使糖液在制品表面上凝结成一层晶亮的糖衣薄膜。使制品不黏结、不返砂,增强保藏性。

2. 果酱类加工

果酱类加工工艺流程如图 6.15 所示。

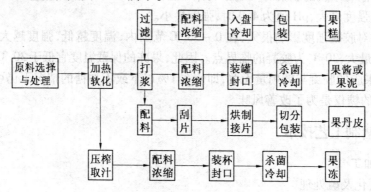

图 6.15　果酱类加工工艺流程

(1)加热软化

加热软化的目的主要是:破坏酶的活性,防止变色和果胶水解;软化果肉组织,便于打浆或糖液渗透;促使果肉组织中果胶的溶出,有利于凝胶的形成;蒸发一部分水分,缩短浓缩时间;排除原料组织中的气体,以得到无气泡的酱体。

软化操作正确与否,直接影响果酱的胶凝程度。如块状酱软化不足,果肉内溶出的果胶较少,制品胶凝不良,仍有不透明的硬块,影响风味和外观。如软化过度,果肉中的果胶因水解而损失,同时,果肉经长时间加热,使色泽变深,风味变差。制作泥状酱,果块软化后要及时打浆。

(2)榨汁过滤

生产果冻、马茉兰等半透明或透明糖制品时,果蔬原料加热软化后,用压榨机压榨取汁。对于汁液丰富的浆果类果实压榨前不用加水,直接取汁,而对肉质较坚硬致密的果实如山楂、胡萝卜等软化时,加适量的水,以便压榨取汁。压榨后的果渣为了使可溶性物质和果胶更多地溶出,应再加一定量的水软化,再进行一次压榨取汁。

大多数果冻类产品取汁后不用澄清、精滤,而一些要求完全透明的产品则需用澄清的果汁。常用的澄清方法有自然澄清、酶法澄清、热凝聚澄清等方法。

(3)浓缩

当各种配料准备齐全,果肉经加热软化或取汁以后,就要进行加糖浓缩。其目的在于通过加热,排除果肉中大部分水分,使砂糖、酸、果胶等配料与果肉煮至渗透均匀,提高浓度,改善酱体的组织形态及风味。加热浓缩还能杀灭有害微生物,破坏酶的活性,有利于制品的保藏。加热浓缩的方法,目前主要采用常压和真空浓缩两种方法。

果酱类熬制终点的测定可采用下述方法。

折光仪测定:当可溶性固形物达 66%～69% 时即可出锅。

温度计测定：当溶液的温度达 103 ~ 105 ℃时熬煮结束。

挂片法：生产上常用的一种简便方法。用搅拌的木片从锅中挑起浆液少许，横置，若浆液呈现片状脱落，即为浓缩的终点。

6.6.4　糖制品常见质量问题及控制

1. 返砂

所谓返砂是蜜饯干燥时或储存时表面析出糖的重结晶，使制品口感变粗，外观质量下降，返砂蜜饯内糖外渗而降低含糖量，进而导致渗透压下降，容易造成微生物的污染。返砂的主要原因是由于外界环境温度的变化引起糖分溶解度变小，以重结晶形式析出过饱和部分糖，这说明混合糖分中高溶解度的还原糖含量不足，糖的溶解度降低。蜜饯储存过程中由于包装的透气性，袋内水分向外蒸发而袋内果脯糖度变高也会向表面析出结晶。因此返砂就是糖溶液的溶解度过饱和状态时出现的重结晶现象。

蜜饯糖制时，加入总糖量 30% ~ 40% 的淀粉糖，因淀粉糖中含一半的果糖，加入总糖液量 0.15% ~ 0.3% 的柠檬酸，促使蔗糖水解为部分转化糖，pH 值 3.0 ~ 3.5，以利于提高糖的饱和度。当转化糖质量分数达 25% 以上时（占总糖量的 43% ~ 45%），烘干后的产品不会返砂。还可以加入 0.1% ~ 0.2% 胶凝剂如果胶、海藻胶等稳定蜜饯中的糖分不使其外渗。存放时温度应在 10 ℃ 以上。

2. 流汤

流汤也称流糖。流汤即蜜饯类产品在包装、储存、销售过程中容易吸潮、表面发黏等现象。糖煮时间过长或 pH 值过低，蔗糖的转化量过多或回收糖液加入量过多引起总糖中转化糖质量分数超过 75% 以上，转化糖黏度低、不易结晶。转化糖的吸湿性高于蔗糖，蜜饯含较多还原糖容易吸湿返潮。加工过程中应尽快包装，空气中久置易返潮，包装材质气密性差也导致吸湿而流汤。糖煮糖液 pH 值 3 ~ 3.5 为宜，糖煮时间不宜过长，糖液浓缩要短时、次数少，包装材料气密性要好，存放环境湿度应在 70% 以下，选择好的胶凝剂以使蜜饯外形成一层较韧的防潮膜。

3. 煮烂与皱缩

煮烂与皱缩是果脯生产中常出现的问题。煮烂的主要原因为成熟度过生或过熟的原料糖煮时容易软烂；煮制温度过高或时间过长导致软烂。

果脯的皱缩主要是"吃糖"不足，糖制时间短，内部渗糖不匀、不满；糖制时初始浓度过高造成果肉外层组织极度失水收缩，降低了糖液向果肉内渗透的速度，破坏了扩散平衡。因此，最好采用真空渗糖法。

4. 成品颜色改变

果蔬糖制品颜色褐变的原因是果蔬在糖制过程中发生非酶褐变和酶褐变反应，导致成品色泽加深。非酶褐变包括羰氨反应和焦糖化反应，另外，还有少量维生素 C 的热褐变。这些反应主要发生在糖制品的煮制和烘烤过程中，尤其是在高温条件下煮制和烘烤最易发生，致使产品色泽加深。在糖制和干燥过程中，适当降低温度，缩短时间，可有效阻止非酶褐变，采用低温真空糖制就是一种最有效的技术措施。

酶褐变主要是果蔬组织中酚类物质在多酚氧化酶的作用下氧化褐变，一般发生在加热糖制前。使用热烫和护色等处理方法，抑制引起褐变的酶活性，可有效抑制由酶引起的褐变反应。

6.7 蔬菜腌制

凡利用食盐渗入蔬菜组织内部,以降低其水分活度,提高其渗透压,有选择地控制微生物的发酵和添加各种配料,以抑制腐败菌的生长,保持制品品质的加工方法。其制品称为蔬菜腌制品,又称酱腌菜或腌菜。

6.7.1 蔬菜腌制品的分类

蔬菜腌制品加工方法各异,种类品种繁多。根据所用原辅料、腌制过程、发酵程度和成品状态的不同,可以分为两大类,即发酵性腌制品和非发酵性腌制品。

1. 发酵性腌制品

发酵性腌制品的特点是腌制时食盐用量较低,在腌制过程中有显著的乳酸发酵现象,利用发酵所产生的乳酸、添加的食盐和香辛料等的综合防腐作用,来保存蔬菜并增进其风味。该类产品一般具有较明显的酸味。根据腌制方法和成品状态不同又分为下列两种类型。

(1)湿态发酵腌制品

用低浓度食盐溶液浸泡蔬菜或用清水发酵蔬菜而制成的一类带酸味的蔬菜腌制品。如泡菜、酸菜等。

(2)半干态发酵腌制品

先将菜体经风干或人工脱去部分水分,然后再行盐腌让其自然发酵后熟而成的一类蔬菜腌制品。如冬菜、半干态发酵酸菜。

2. 非发酵性腌制品

非发酵性蔬菜腌制品的特点是腌制时食盐用量较高,使乳酸发酵完全受到抑制或只能极轻微地进行,其间加入香辛料,主要利用较高浓度的食盐、食糖及其他调味品的综合防腐作用,来保存和增进其风味。依其配料、水分多少和风味不同又分为下列四种类型。

(1)咸菜类

咸菜类是一种腌制方法比较简单、大众化的蔬菜腌制品。只进行盐腌,利用较高浓度的盐溶液来保存蔬菜,并通过腌制改进风味,在腌制过程中有时也伴随轻微发酵,同时配以调味品和各种香辛料,其制品风味鲜美可口,如咸黄瓜、腌雪里蕻、榨菜等。

(2)酱菜类

把经过盐腌的蔬菜浸入酱内酱渍而成。经盐腌后的半成品咸坯,在酱渍过程中吸附了酱料浓厚的鲜美滋味、特有色泽和大量营养物质,其制品具有鲜、香、甜、脆的特点。如酱黄瓜、酱萝卜干、什锦酱菜等。

(3)糖醋菜类

蔬菜经盐腌后,再入糖醋液中浸渍而成。其制品酸甜可口,并利用糖、醋的防腐作用来增强保存效果。如糖醋大蒜、糖醋藠头等。

(4)菜酱类

将蔬菜绞碎,盐渍或不盐渍,加入调味料等辅料而制成的糊状蔬菜制品,如辣椒酱、蒜蓉辣酱、韭菜花等。

6.7.2　蔬菜腌制原理

蔬菜腌制的原理主要是利用食盐的高渗透压作用、微生物的发酵作用、蛋白质的分解作用以及其他生物化学作用抑制有害微生物的活动和增加产品的色、香、味。

1.食盐的保藏作用

(1)食盐对微生物的抑制作用

有害微生物在蔬菜上大量繁殖是使其腐败变质的主要原因,通过食盐产生的高渗透压、降低水分活性及离子毒害等作用,微生物正常的生理活动便受到抑制。

①食盐溶液对微生物细胞的脱水作用。食盐在溶液中完全解离为 Na^+ 和 Cl^- 时,其质点数比同浓度的非电解质溶液要高得多,以致食盐溶液有很高的渗透压。例如,质量分数为 1% 的食盐溶液就可以产生 61.7 kPa 的渗透压,而通常大多数微生物细胞的渗透压只有 30.7 ~ 61.5 kPa。蔬菜腌制时食盐用量大多在 4% ~ 15%,其产生的渗透压将远远超过微生物细胞的渗透压,微生物细胞内水分就会外渗而使其脱水,最后导致微生物原生质和细胞壁发生质壁分离,从而使微生物活动受到抑制,甚至会由于生理干燥而死亡。

②食盐溶液对微生物细胞的生理毒害作用。食盐溶液中的一些离子,如 Na^+、Mg^{2+}、K^+ 和 Cl^- 等,在高浓度时对微生物发生毒害作用。Na^+ 能和细胞原生质中的阴离子结合,从而对微生物产生毒害作用,而且这种毒害作用随溶液 pH 值的下降而加强。例如酵母菌在中性食盐溶液中,盐液的质量分数要达到 20% 时才会受到抑制,但在酸性溶液中,质量分数为 14% 时就能抑制其活动。食盐对微生物的毒害作用也可能来自 Cl^-,因为食盐溶液中的 Cl^- 会与微生物细胞原生质结合,从而促使微生物细胞死亡。

③食盐溶液降低微生物环境的水分活性。食盐溶于水后离解出的 Na^+ 和 Cl^- 与极性的水分子通过静电引力的作用形成水化离子,水化离子周围水分子的聚集量占水分总量的比例随食盐浓度的增加而提高,相应地溶液中自由水分就减少。在饱和食盐溶液中,水分活度约0.75,细菌、酵母菌等微生物都难以生长。

(2)食盐溶液中氧气浓度的下降

果蔬腌制使用的盐水或由食盐渗入组织中形成的盐液浓度较高,与纯水相比,氧气难以溶解其中,形成了缺氧的环境,抑制好气性微生物的活动。

(3)食盐溶液对酶活力的影响

微生物对果蔬原料中营养物质的利用,是先在其分泌的酶的作用下,降解成小分子的物质后才能利用。而微生物分泌出来的酶常在低浓度盐液中就遭到破坏,可能的原因是 Na^+ 和 Cl^- 分别与酶蛋白的肽键和氨基相结合,从而使酶失去催化能力。

2.微生物的发酵作用

发酵是微生物活动引起的一系列生化变化,蔬菜腌制正是对微生物发酵作用的利用与控制。

(1)正常的发酵作用

在蔬菜腌制过程中,由微生物引起的正常发酵作用不但能抑制有害微生物的活动,还能使制品产生良好的风味。这类发酵作用以乳酸发酵为主,并伴有轻度的酒精发酵和极轻微的醋酸发酵。蔬菜腌制品在研制过程中的发酵作用是借助于分布在空气中、蔬菜表面、加工用水及工器具表面的微生物进行的。

①乳酸发酵。乳酸发酵是蔬菜腌制过程中各种发酵作用里最主要的发酵作用,是在乳酸

菌的作用下将糖类物质转化成主要产物为乳酸的生物化学过程。乳酸菌大多有一定的耐盐性,一般都能耐5%的食盐溶液,有的可耐10%左右的食盐溶液,少数的嗜盐片球菌可耐15%以上的食盐溶液。另外,乳酸菌有很强的抗酸性,乳酸菌多属中温菌,生长范围为 10~40 ℃,最适温度在 25~35 ℃。

乳酸菌将蔬菜中的糖分分解,根据产物的不同分为两类,一类为同型乳酸发酵,生成物为乳酸,产酸量高;另一类为异型乳酸发酵,生成物除乳酸外,还有乙醇、醋酸、二氧化碳等。蔬菜在腌制过程中,由于前期微生物种类多,空气较多,故以异型乳酸发酵占优势,但这类异型发酵菌一般不耐酸,到发酵的中后期以同型发酵为主。

②酒精发酵。蔬菜在腌制过程中,酵母菌利用蔬菜中的糖分,将其转化为乙醇的过程为酒精发酵。乙醇产生量为0.5%~0.7%(体积分数),对乳酸发酵并无影响。酒精发酵除生成乙醇外,还能生成异丁醇和戊醇等高级醇。另外,腌制初期蔬菜的缺氧呼吸及发生的异型乳酸发酵也生成少量的乙醇。这些醇类对于腌制品在后熟期中品质的改善及芳香物质的形成起到重要作用。

③醋酸发酵。异型乳酸发酵中会产生微弱的醋酸。但醋酸的主要来源是由于醋酸菌氧化乙醇而生成的,这一作用称为醋酸发酵。醋酸菌为好气性细菌,仅在有空气的条件下才可能将乙醇氧化成醋酸,因而发酵作用多在腌制品的表面进行。正常情况下,醋酸积累量为0.2%~0.4%,作为呈味的基本物质可以增进产品的品质,但过多的醋酸又有损于风味,如榨菜制品中,若醋酸含量超过0.5%,则表示产品酸败,品质下降。

(2)有害发酵及腐败作用

在蔬菜腌制过程中有时会出现变味发臭、长膜、生花、起漩、生霉,甚至腐败变质、不堪食用的现象,这主要是下列有害发酵及腐败作用所致。

①丁酸发酵。由丁酸菌引起,该菌为嫌气性细菌,寄居于空气不流通的污水沟及腐败原料中,可将糖、乳酸发酵成丁酸、二氧化碳和氢气,使制品产生强烈的不愉快气味。

②细菌的腐败作用。腐败菌分解原料中的蛋白质,产生吲哚、甲基吲哚、硫化氢和胺等恶臭气味的有害物质,有时还产生毒素,不可食用。

③有害酵母的作用。有害酵母使盐水表面长膜、生花。表面上长一层灰白色、有皱纹的膜,沿器壁向上蔓延的称长膜;而在表面上生长出乳白光滑的"花",不聚合,不沿器壁上升,振动搅拌就分散的称生花。它们都是由好气性的产膜酵母繁殖所引起,以糖、乙醇、乳酸、醋酸等为碳源,分解生成二氧化碳和水,使制品酸度降低,品质下降。

④起漩生霉。蔬菜腌制品若暴露在空气中,因吸水而使表面盐度降低,水分活性增大,就会受到各种霉菌危害,产品就会起漩、生霉。导致起漩生霉的多为好气性的霉菌,它们在腌制品的表面生长,耐盐能力强,能分解糖、乳酸,使产品品质下降。还能分泌果胶酶,使产品组织变软,失去脆性,甚至发软腐烂。

3. 蛋白质的分解及其他生化作用

腌制用的蔬菜除含糖分外,还含有一定量的蛋白质和氨基酸。不同蔬菜所含蛋白质及氨基酸的总量和种类不同。在腌制和后熟期中,蔬菜所含的蛋白质受微生物的作用和本身所含的蛋白质水解酶的作用而逐渐被分解为氨基酸,这一变化在蔬菜腌制和后熟期中是十分重要的,也是腌制品色、香、味的主要来源。

(1)鲜味的形成

由蛋白质水解生成的各种氨基酸都具有一定的鲜味,但蔬菜腌制品鲜味的主要来源,是谷氨酸与食盐作用生成的谷氨酸钠。蔬菜腌制品中不只含有谷氨酸,还含有其他多种氨基酸,这些氨基酸均可生成相应的盐类,因此,腌制品的鲜味远远超过了谷氨酸钠单独的鲜味,这是多种呈味物质综合的结果。此外,在乳酸发酵作用中及某些氨基酸(如丙氨酸)水解生成的微量乳酸,也是腌制品鲜味的来源。

（2）香气的形成

蔬菜香气的形成是比较复杂而缓慢的生物化学过程。成因主要有以下几方面。

①酯类物质香气。蔬菜原料中的有机酸或发酵过程中产生的有机酸与发酵中形成的醇类相互作用,发生酯化反应,能产生乳酸乙酯、乙酸乙酯、氨基丙酸乙酯、琥珀酸乙酯等不同的芳香物质。

②芥子苷类水解物香气。有些蔬菜含有糖苷类物质(如黑芥子苷),具有不愉快的苦辣味,在腌制过程中糖苷类物质经酶解后生成有芳香气味的芥子油而苦味消失。

③烯醛类芳香物质香气。氨基酸与戊糖或甲基戊糖的还原产物4-羟基戊烯醛作用,生成含有氨基的烯醛类芳香物质。由于氨基酸的种类不同,生成的烯醛类芳香物质的香型、风味也有差异。

④丁二酮香气。在腌制过程中乳酸菌类将糖发酵生成乳酸的同时,还生成具有芳香气味的丁二酮,是发酵性腌制品的主要香气成分之一。

⑤外加辅料的香气。腌制咸菜在腌制过程中一般都加入某些香辛料,这些香辛料呈香和呈味的化学成分不同,如花椒含异茴香醚、牻牛儿醇;八角含茴香脑;桂皮含水芹烯、丁香油酚等芳香物质,使制品表现出不同的风味特点。

4. 腌制蔬菜的保脆、保绿与亚硝基化合物

（1）保脆

质地脆嫩是蔬菜腌制品质量标准中一项重要的感官指标,腌制过程中如果处理不当,就会使腌制品变软。腌制品的脆性与细胞的膨压和细胞壁的原果胶变化有密切关系。腌制初期,蔬菜失水萎蔫,致使细胞膨压下降,脆性随之减弱。腌制中、后期,蔬菜严重脱水,细胞失活,细胞的原生质膜变为全透性膜,外界的盐水和各种调味液向细胞内扩散,由于腌液与细胞液之间的渗透平衡,能够恢复和保持腌菜细胞一定的膨压,因而不致造成脆性的显著下降。

腌制蔬菜软化的另一个主要原因是果胶物质的水解。如果原果胶受到原果胶酶和果胶酶的作用而水解为水溶性果胶,或由水溶性果胶进一步水解为果胶酸和甲醇等产物时,就会使细胞彼此分离,使蔬菜组织脆度下降,组织变软,会严重影响产品质量。在蔬菜腌制过程中,促使原果胶水解而引起脆性减弱的原因,一方面蔬菜原料成熟度过高,或者受了机械伤,其本身的原果胶酶活性增强,使细胞壁中的原果胶水解;另一方面,在腌制过程中一些有害微生物的活动所分泌的果胶酶类将原果胶逐步水解,导致蔬菜变软而逐步失去脆性。

为保持蔬菜的脆性可采取以下措施:

①挑选。在腌之前挑出那些过熟的或受过机械伤的蔬菜。

②及时腌制。采收后的蔬菜呼吸作用仍在不断地进行,细胞内营养物质被消耗,蔬菜品质就会不断下降;由于后熟作用,细胞内原果胶会导致肉质变软而失去脆性;有些蔬菜(如根菜类和叶菜类)因水分蒸发而导致体内水解酶类活动增加,大分子物质被降解而使菜质变软。因此,采收的蔬菜要及时腌制。

③抑制有害微生物的生长繁殖。有害微生物的大量生长繁殖是造成腌菜脆性下降的重要原因之一。所以,在腌制过程要控制环境条件(如盐水浓度、腌制液的 pH 值和环境温度)来抑

制有害微生物的生长繁殖。

④适当使用硬化剂。为了保持腌制菜的脆度,根据需要在腌制过程中可以加入具有硬化作用的物质。蔬菜中的原果胶在原果胶酶、果胶酶的作用下,生成果胶酸,果胶酸与钙离子结合生成果胶酸钙,该盐类能在细胞间隙中起粘连作用,从而使腌制品保持脆性。可把蔬菜放在钙盐水溶液中短期浸泡或直接向盐液中加入钙盐(或石灰),加入量一般为蔬菜原料重的0.05% ~0.1%。或采用碱性井水浸泡的方法,井水中含有氯化钙、硫酸钙,可以选择这样的碱性井水浸泡蔬菜。

(2)保绿

鲜绿的蔬菜在腌制过程中会逐渐失去其色泽。特别是在腌制的后熟过程中,由于 pH 值的下降,叶绿素在酸性条件下脱镁变成脱镁叶绿素,失去绿色,变成黄褐色或黑褐色。咸菜类装坛后在其发酵后熟的过程中,叶绿素消退后也会逐渐变成黄褐色或黑褐色。

可在腌渍前先将原料经沸水烫漂;在烫漂液中加入微量的 Na_2CO_3 或 $NaHCO_3$。在生产实践中,有时将原料浸泡在井水中(这种井水含有较多的钙,属硬水),等原料吐出泡沫后再取出进行腌渍,也能保持绿色,并使制品具有较好的脆性。

(3)亚硝基化合物

N-亚硝基化合物是一类具有 =N—N =O 结构的有机化合物,是一类致癌性很强的化合物。而 N-亚硝基化合物的前体物包括硝酸盐、亚硝酸盐和胺类,它们广泛存在于人类生活环境中,可以通过化学和生物学合成途径合成各种 N-亚硝基化合物。

新鲜蔬菜亚硝酸盐质量浓度一般在 0.7 mg/kg 以下,而咸菜、酸菜亚硝酸盐质量浓度可上升至 13 ~75 mg/kg。亚硝酸盐随食盐浓度的不同而有差别,通常在质量分数为 5% ~10% 的食盐溶液中腌制,会形成较多的亚硝酸盐。腌制过程中的温度状况也明显影响亚硝峰出现的时间、峰值水平及全程含量。在较低的温度下,亚硝峰形成慢,但峰值高,持续时间长,全程含量高。亚硝酸盐主要聚集在高峰持续期,如腌白菜,高峰持续 19 d,亚硝酸盐质量分数占全程总量的98%。

亚硝基化合物虽然会对人体健康造成很大威胁,但只要在蔬菜腌制时,选用新鲜蔬菜原料,腌制前经清水洗涤,适度晾晒脱水,严格掌握腌制条件,防止好气性微生物污染,避开亚硝峰高峰期食用,或适量加入维生素 C、茶多酚等抗氧化剂,就可以减少或阻断 N-亚硝基化合物前体物质的形成,减少其摄入量。

5. 影响腌制的因素

影响腌制的因素有食盐浓度、酸度、温度、气体成分、香辛料、原料含糖量与质地和腌制卫生条件等。

(1)盐浓度

食盐是腌制蔬菜的基本辅料,其对腌制品质量的影响较大。食盐纯度及其在腌制时的使用量是否合适,是腌制品能否符合质量标准、达到合格风味的关键。食盐用量过多,不仅破坏蔬菜的营养成分,而且使制品味道变苦,还会改变其他辅料的味道;食盐用量过少,腌制品易发霉、发酸、腐烂,不但影响腌制品的质量,而且会降低储藏性。在实际生产加工中,发酵性腌制品,其用盐量一般为总料量的2% ~4%;咸菜类为10% ~14%;酱菜类为8% ~14%;糖醋类为1% ~3%。

(2)酸度

有害菌(如丁酸菌、大肠杆菌)抗酸能力弱,在 pH 值为 3 ~4 时不能生长。而乳酸菌抗酸能力强,在酸度很高(pH 值为 3 时)的介质中仍可生长繁殖。霉菌抗酸能力很强,但其为好气性微生物,缺氧条件下不能繁殖。pH 值 4.5 以下,能在一定程度上抑制有害微生物的活动。控制酸度可以控制发酵作用。

(3)温度

各种微生物都有其适宜的生长温度,因而不同类型的发酵作用可以通过温度来控制。即蔬菜在腌制过程中由于有几种菌种参与发酵作用,而每种菌种生长最适温度不同,据此,通过控制温度来使某一种发酵占优势,不仅可以缩短时间,而且可以抑制有害微生物的活动,使制品有良好的品质。

(4)气体成分

霉菌是完全需氧性的,在缺氧条件下不能存活,控制缺氧条件可控制霉菌的生长。酵母是兼性厌氧菌,氧气充足时,酵母会大量繁殖;缺氧条件下,酵母则进行乙醇发酵,将糖分转化成乙醇。乳酸菌在厌氧状况下能够正常地进行发酵作用。蔬菜腌制过程中由于乙醇发酵以及蔬菜本身呼吸作用会产生大量二氧化碳,部分二氧化碳溶解于腌渍液中对抑制霉菌的活动与防止维生素 C 的损失都有良好的作用。

(5)香辛料

腌制蔬菜常加入一些香辛料与调味品,一方面改进风味,另一方面也不同程度地抑制微生物的活动,如芥子油、大蒜油等具有极强的抑菌作用。此外,香辛料还有改善腌制品色泽的作用。

(6)原料含糖量与质地

含糖量在 1% 时,植物乳杆菌与发酵乳杆菌的产酸量明显受到限制,而肠膜明串珠菌与小片球菌已能满足其需要;含糖量在 2% 以上时,各菌株的产酸量均不再明显增加。供腌制用蔬菜的含糖量应以 1.5% ~3.0% 为宜,偏低可适量补加食糖,同时还应采取揉搓、切分等方法使蔬菜表皮组织与质地适度破坏,促进可溶性物质外渗,从而加速发酵作用进行。

(7)腌制卫生条件

原料菜应经洗涤,腌制容器要消毒,盐液要杀菌,腌制场所要保持清洁卫生。

6.7.3　蔬菜腌制工艺技术

1.发酵性腌制品

以泡菜腌制为例(见图 6.16)。

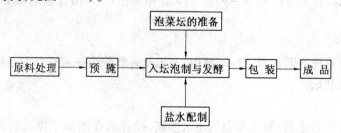

图 6.16　泡菜腌制工艺流程

(1)预腌

取晾干原料量的 3% ~4% 的食盐与之拌和,称预腌。为增强硬度,常同时加入质量分数为 0.05% ~0.1% 的氯化钙,预腌 24 ~48 h,有大量菜水渗出时,取出沥干,称出坯。

（2）泡菜水的配制

井水和泉水是含矿物质较多的硬水，用以配制泡菜盐水，效果较好，也可在普通水中加入质量分数为 0.05% ~0.1% 的氯化钙或用 0.3% 的澄清石灰水浸原料，然后用此水来配制盐水。配制时，按水量加入食盐 6% ~8%。按需要加入调味料。老泡菜水或人工乳酸菌培养液按盐水量的 3% ~5% 加入。

（3）入坛发酵

原料入坛，泡菜水浸没蔬菜，于阴凉处发酵。一般新配制的盐水在夏天泡制时约需 5 ~7 d成熟，冬天需 12 ~16 d 成熟。

（4）包装

成熟泡菜应及时包装。可以先整形、配调味液，然后包装，真空封口，杀菌、冷却。

2. 非发酵性腌制品

以榨菜腌制为例（见图 6.17）。

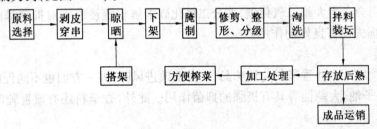

图 6.17　榨菜腌制工艺流程

（1）剥皮穿串

收购入厂的菜头要及时剥去基部老皮，抽去硬筋，按菜头大小适当切分，500 g 以上的切分为三，250 ~500 g 的切分为二，250 g 以下者纵切一刀，深至菜心，不切断，制作"全形菜"。切分时切块必须大小一致，以保证晾干后干湿均匀，成品整齐美观。切好的菜头可用长 2 m 左右的竹丝或聚丙烯塑料丝沿切块两侧穿过，称排块穿菜。

（2）晾晒下架

菜串搭在事先搭好的架上，切面朝外，青面朝里，以利风干。在晴天微风条件下大致 7 ~10 d 能达到要求的脱水程度。脱水合格的菜块，手捏菜块周身柔软无硬心、表面皱缩而不干枯、无黑斑烂点、黑黄空花、发梗生芽等不良变化，此时便可下架。每 100 kg 鲜菜块下架时干菜块重为 35 ~45 kg，含水量由 93% ~95% 下降至 90% 左右，可溶性固形物由 4.0% ~5.5% 上升至 10% ~11%。

（3）拌料装坛

首先按净熟菜重配好调味料，食盐、辣椒、花椒及香料等事先混合拌匀后再撒在菜块上，充分翻转拌和均匀后装坛。

（4）后熟

刚装坛的菜块还是生的，鲜味和香气还未形成，经存放在阴凉干燥处后熟一段时间，生味消失，色泽变蜡黄，鲜味及清香气开始显现。后熟期一般至少需要 2 个月以上，时间延长，品质会更好。

6.7.4　蔬菜腌制品常见的败坏及控制

蔬菜腌制品营养丰富，在环境条件作用下，发生微生物的繁殖、污染，能引起各种败坏现象。腌制菜发生败坏一般是外观不良、风味变劣、外表发粉长霉并有异味。

1.败坏原因

（1）生物因素

腌制菜败坏的主要原因是有害微生物的生长繁殖,腌制过程中有害的微生物主要是好气性菌和耐盐菌,如大肠杆菌、丁酸菌、霉菌、有害酵母菌,条件适宜,它们便大量繁殖,造成表面生花、酸败、发酵、软化、腐臭、变色等异常现象。故在空气中腌制菜易败坏,甚至不能食用。由于腐败菌的作用,分解蔬菜中的蛋白质及其他含氮物质,生成吲哚、甲基吲哚、硫醇、硫化氢等,产生恶臭。

（2）物理因素

光照和温度是造成物理败坏的主要因素。经常的日光照射能促使成品中所含的物质分解,引起变色、变味和维生素的损失,强光还可引起温度的升高。不适宜的温度对腌制蔬菜的储存也是不利的,如储温过高,可引起各种化学和生物的变化,增加挥发性风味物质的损失,使制品变质、变味,还有利于微生物的生长繁殖,致使发酵过快或造成腐败。过低的温度如冰冻的温度,可使制品的质地发生变化。

（3）化学因素

各种化学变化如氧化、还原、分解、化合等都可以使腌制品发生不同程度的败坏。如腌菜长期暴露在空气中与氧接触可以发生氧化变色,失绿、褐变;温度过高会引起蛋白质的分解反应。

2.控制方法

（1）控制环境因素,抑制有害微生物的活动

各种微生物的生长繁殖都需要适宜的环境条件,适宜条件改变,即可抑制其生命活动。

①利用食盐。我国的腌制菜食盐质量分数一般为 8% 以上,可产生 4.88 MPa 的渗透压,远超过一般微生物细胞液的渗透压(0.35~0.6 MPa),可防止一部分微生物的侵害。

②利用酸。添加食用酸,酸能降低腌制液的 pH 值,抑制微生物的生长繁殖。

③利用低温。低温是防止有害微生物生长繁殖的方法之一。储存温度在 0~10 ℃。

（2）使用防腐剂

环境因素的控制在某些情况下仍有一定的局限性,在大规模生产中常使用一些防腐措施,如加入防腐剂山梨酸钾等,或者加入香辛料等抑制有害微生物的生长繁殖。

（3）利用真空包装

真空包装可以降低与腌制菜接触的氧气量,同时包装的腌制菜还可进行杀菌,抑制和杀灭有害微生物。

思 考 题

1.简述糖、果胶、有机酸、维生素、色素、单宁、芳香物质等果蔬主要化学成分的加工特性。
2.简述食品败坏的主要原因和根据保藏原理划分的果蔬加工保藏的主要方法。
3.说明果蔬原料烫漂的目的和方法。
4.哪些因素影响罐头的杀菌效果,怎样影响的?
5.什么是冷冻干燥?其干燥果蔬的原理是什么?
6.果蔬在干燥过程中的变化有哪些?

7. 冻结过程可分为哪几个阶段？如何理解快速通过最大冰晶生成带是保证冻品质量最重要的温度区间？

8. 单体速冻(IQF)设备有何特点？适合哪些物料的冻结？

9. 简述控制果蔬糖制品返砂和流汤的主要技术措施。

10. 简述食盐的防腐保藏作用。

参 考 文 献

[1]陈学平.果蔬产品加工工艺学[M].北京:中国农业出版社,1995.

[2]叶兴乾.果品蔬菜加工工艺学[M].2版.北京:中国农业出版社,2002.

[3]罗云波,蔡同一.园艺产品储藏加工学(加工篇)[M].北京:中国农业大学出版社,2001.

[4]赵丽芹.果蔬加工工艺学[M].北京:中国轻工业出版社,2002.

[5]杨瑞.食品保藏原理[M].北京:化学工业出版社,2006.

[6]周家春.食品工艺学[M].北京:化学工业出版社,2003.

[7]孙术国.干制果蔬生产技术[M].北京:化学工业出版社,2009.

[8]张宝善,王军.果品加工技术[M].北京:中国轻工业出版社,2000.

[9]谢笔钧.食品化学 [M].2版.北京:科学出版社,2004.

第**7**章

软饮料的加工

【学习目的】

通过本章的学习,熟悉软饮料用水的处理及各类软饮料加工工艺,掌握软饮料的分类、软饮料用水的处理方法、各类软饮料加工的基本原理和技术。

【重点和难点】

本章的重点是软饮料用水的水质要求及水处理方法;碳酸饮料、果蔬汁饮料、蛋白饮料的加工工艺及常出现的质量问题。难点是软饮料用水的处理方法及原理。

7.1 软饮料的定义及分类

7.1.1 饮料及软饮料的定义

饮料是经过加工制作供人饮用的食品,它提供人们生活必需的水分和营养成分,以生津止渴和增进身体健康为目的。饮料可以分为含酒精饮料(包括各种酒类)和非酒精饮料(并非完全不含酒精,如所加香精的溶剂往往是酒精,另外发酵饮料可能产生微量酒精)。

何谓软饮料,国际上无明确规定,一般认为不含酒精的饮料即为软饮料,各国规定有所不同。

我国 GB 10789—2007 规定:软饮料是指经过定量包装的,供直接饮用或用水冲调饮用的,酒精质量分数不超过 0.5% 的制品,不包括饮用药品。

7.1.2 软饮料的分类

根据我国 GB 10789—2007 规定,软饮料按照原料或产品性状进行分类,可分为以下 11 个类别及相应的种类。

1. 碳酸饮料类

碳酸饮料是指在一定条件下充入二氧化碳的制品。不包括由发酵法自身产生二氧化碳的饮料。成品中二氧化碳的含量(20 ℃时体积倍数)不低于 2.0。碳酸饮料又分为果汁型、果味型、可乐型及其他型四种类型。

2. 果汁和蔬菜汁类

果汁和蔬菜汁是指用水果和(或)蔬菜(包括可食的根、茎、叶、花、果实)等为原料,经加工或发酵制成的饮料。该类又可分为果汁(浆)和蔬菜汁(浆)、浓缩果汁(浆)和浓缩蔬菜汁(浆)、果汁饮料和蔬菜汁饮料、果汁饮料浓浆和蔬菜汁饮料浓浆、复合果蔬汁(浆)及饮料、果肉饮料、发酵型果蔬汁饮料、水果饮料及其他果蔬汁饮料九种类型。

3. 蛋白饮料类

蛋白饮料是指以乳或乳制品，或有一定蛋白质含量的植物的果实、种子或种仁等为原料，经加工或发酵制成的饮料。蛋白饮料又分为含乳饮料、植物蛋白饮料和复合蛋白饮料。

4. 包装饮用水类

包装饮用水是指密封于容器中可直接饮用的水。可分为饮用天然矿泉水、饮用天然泉水、饮用纯净水、饮用矿物质水及其他包装饮用水五种类型。

5. 茶饮料类

茶饮料是指以茶叶的水提取液或其浓缩液、茶粉等为原料，经加工制成的饮料。茶饮料又分为茶饮料（茶汤）、茶浓缩液、调味茶饮料及复（混）合茶饮料四种类型。

6. 咖啡饮料类

咖啡饮料是指以咖啡的水提取液或其浓缩液、速溶咖啡粉为原料，经加工制成的饮料。

7. 植物饮料类

植物饮料是以植物或植物抽提物（水果、蔬菜、茶、咖啡除外）为原料，经加工或发酵制成的饮料。植物饮料又分为食用菌饮料、藻类饮料、可可饮料、谷物饮料及其他植物饮料五种类型。

8. 风味饮料类

风味饮料是指以食用香精（料）、食糖和（或）甜味剂、酸味剂等作为调整风味主要手段，经加工制成的饮料。风味饮料又分为果味饮料、乳味饮料、茶味饮料、咖啡味饮料及其他风味饮料五种类型。

9. 风味饮料（品）类

风味饮料是指用食品原料、食品添加剂等加工制成粉末状、颗粒状或块状等固态料的供冲调饮用的制品，如果汁粉、豆粉、茶粉、咖啡粉、果味型固体饮料、固态汽水（泡腾片）、姜汁粉。

10. 特殊用途饮料类

特殊用途饮料是指通过调整饮料中营养素的成分和含量，或加入具有特定功能成分的适应某些特殊人群营养需要的饮料。特殊用途饮料又分为运动饮料、营养素饮料及其他特殊用途饮料三种类型。

11. 其他饮料类

除上述类型以外的软饮料。

7.2 软饮料用水及处理

7.2.1 软饮料用水的水质要求

水是饮料生产中的重要原料之一，水质的好坏直接影响成品的质量，因此，全面了解水的各种性质，对于软饮料用水的处理工作具有重要意义。

1. 天然水的分类及其特点

（1）地表水

地表水包括河水、江水、湖水和水库水等。由于地表水是在地面流过，溶解的矿物质较少，这类水的硬度约为1.0~8.0 mmol/L。但常含有黏土、砂、水草、腐殖质、钙镁盐类、其他盐类及细菌等。其中含杂质的情况由于所处的自然条件及所受外界因素影响的不同而有很大差别。

(2)地下水

地下水主要是指井水、泉水和自流井等。由于经过地层的渗透和过滤所以地下水溶入了各种可溶性矿物质,如钙、镁、铁的碳酸氢盐等,其含量多少取决于其流经的地质层中的矿物质含量。地下水一般含盐的质量浓度为 100 ~ 5 000 mg/L,硬度约为 2 ~ 10 mmol/L,有的高达 10 ~ 25 mmol/L。但由于水透过地质层时,形成了一个自然过滤过程,所以它很少含有泥沙、悬浮物和细菌,水质比较澄清。

2. 天然水中的杂质

天然水在自然界循环过程中,不断地和外界接触,使空气中、陆地上和地下岩层中各种物质溶解或混入。因此,在自然界里没有绝对纯洁的水,它们都受到不同程度的污染。

(1)天然水源中杂质的分类

天然水源中的杂质,按其微粒分散的程度,大致可分为三类:悬浮物、胶体、溶解物质,见表7.1。

表7.1 天然水源杂质的分类

杂质	溶解物质	胶体	悬浮物
粒径/mm	<1 nm	1 ~ 200 nm	>200 nm
特征	透明	光照下混浊	混浊(肉眼可见)
识别	电子显微镜	超显微镜	普通显微镜
常用处理法	离子交换	混凝、澄清、过滤、自然沉降	

(2)天然水源中杂质的特征

①悬浮物质。天然水中凡是粒度大于 0.2 μm 的杂质统称为悬浮物质。这类杂质使水质呈混浊状态,在静置时会自行沉降。悬浮杂质主要是泥土、砂粒之类的无机物质,也有浮游生物(如蓝藻类、绿藻类、硅藻类)及微生物。

悬浮物质在成品饮料中能沉淀出来,生成瓶底积垢或絮状沉淀的蓬松性微粒。有害的微生物不仅影响产品口味,而且还会导致产品变质。

②胶体物质。胶体物质的大小大致为 0.001 ~ 0.200 μm。其具有两个很重要的特性:一是光线照射上去会被散射而呈混浊的丁达尔现象;二是因吸附水中大量离子而带有电荷,使颗粒之间产生电性斥力而不能相互黏结,颗粒始终稳定在微粒状态而不能自行下沉,即具有胶体稳定性。

胶体物质多数是黏土性无机胶体,会造成水质混浊。高分子有机胶体是相对分子质量很大的物质,一般是动植物残骸经过腐蚀分解的腐殖酸、腐殖质等,是造成水质带色的原因。

③溶解物质。这类杂质的微粒在 1 nm 以下,以分子或离子状态存在于水中。溶解物主要是溶解气体、溶解盐类和其他有机物。

a. 溶解气体。天然水源中的溶解气体主要是氧气和二氧化碳,此外是硫化氢和氯气等。这些气体的存在会影响碳酸饮料中二氧化碳的溶解量,并产生异味。

b. 溶解盐类。所含溶解盐的种类和数量,因地区不同差别很大,这些无机盐构成了水的硬度和碱度。

(a)水的硬度:硬度是指水中离子沉淀肥皂的能力。

硬脂酸钠+钙或镁离子──→硬脂酸钙或镁

(肥皂)　　　　　　　　　(沉淀物)

所以,水的硬度决定于水中钙、镁盐类的总含量。即水的硬度大小,通常指的是水中钙离子和镁离子盐类的含量。

硬度分为总硬度、碳酸盐硬度和非碳酸盐硬度。

碳酸盐硬度(又称暂时硬度),主要化学成分是钙、镁的重碳酸盐,其次是钙、镁的碳酸盐。由于这些盐类一经加热煮沸就分解成为溶解度很小的碳酸盐,硬度大部可除去,故又称暂时硬度。

上述化学反应的反应式如下:

$$Ca(HCO_3)_2 \longrightarrow CaCO_3 \downarrow + CO_2 \uparrow + H_2O$$

$$Mg(HCO_3)_2 \longrightarrow MgCO_3 \downarrow + CO_2 \uparrow + H_2O$$

$$MgCO_3 + H_2O \longrightarrow Mg(OH)_3 \downarrow + CO_2 \uparrow$$

非碳酸盐硬度(又称永久硬度)表示水中钙、镁的氯化物($CaCl_2$、$MgCl_2$)、硫酸盐($CaSO_4$、$MgSO_4$)、硝酸盐($Ca(NO_3)_2$、$Mg(NO_3)_2$)等盐类的含量。这些盐类经加热煮沸不会发生沉淀,硬度不变化,故又称永久硬度。总硬度是暂时硬度和永久硬度之和。

硬度的通用单位为 mmol/L,也可用德国度(°d)表示,即 1 L 水中含有 10 mg CaO,其硬度即为 1 个德国度。其换算关系为

$$1 \text{ mmol/L} = 2.804 \text{ °d} = 50.045 \text{ mg/L}(以 CaCO_3 表示)$$

饮料用水的水质,要求硬度小于 8.5°d。硬度高会产生碳酸钙沉淀和有机酸钙盐沉淀,影响产品口味及质量。非碳酸盐硬度过高时,还会使饮料出现咸味;另外,在洗瓶时,在浸瓶槽上形成水垢,会增加烧碱的用量。

(b)碱度:水中碱度取决于天然水中能与 H^+ 结合的 OH^-、CO_3^{2-} 和 HCO_3^- 的含量,以 mmol/L 表示。其中 OH^- 的含量称为氢氧化物碱度,CO_3^{2-} 的含量称碳酸盐碱度,HCO_3^- 的含量称重碳酸盐碱度。水中 OH^-、CO_3^{2-}、HCO_3^- 的总含量为水的总碱度。

天然水中通常不含 OH^-,又由于钙、镁碳酸盐的溶解度很小,所以当水中无钠、钾存在时,CO_3^{2-} 的含量也很小。因此,天然水中仅有 HCO_3^- 存在。只有在含 Na_2CO_3 或 K_2CO_3 的碱性水中,才存在 CO_3^{2-} 离子。

当水的碱度过大时,同样会对饮料生产产生不良影响,主要包括:和金属离子反应形成水垢,产生不良气味;和饮料中的有机酸反应,改变饮料的糖酸比和风味;影响二氧化碳的溶入量;造成饮料酸度下降,使微生物容易在饮料中生存;生产果汁型饮料时,会与果汁中的某些成分发生反应,产生沉淀等。

总碱度和总硬度的关系,有以下三种情况,见表 7.2。

表 7.2 天然水中碱度和硬度的关系

分析结果	硬度/(mmol·L^{-1})		
	H 非碳	H 碳	H 负
H 总>A 总	H 总-A 总	A 总	0
H 总=A 总	0	H 总=A 总	0
H 总<A 总	0	H 总	A 总-H 总

注:H 表示硬度(如 H 非碳即非碳酸盐硬度);A 表示碱度;H 负表示水的负硬度,主要含有 $NaHCO_3$、$KHCO_3$、Na_2CO_3、K_2CO_3。

3. 饮料用水的水质要求

选择饮料用水,除要求符合我国生活饮用水卫生标准(GB 5749—2006)(见表 7.3)外,还应符合表 7.4 所列的指标。

表7.3　生活饮用水的水质卫生标准

	项目	标准
感官性状	色	色度不超过 15 度,并不得呈现其他异色
	混浊度	不超过 3 度,特殊情况下不超过 5 度
	嗅和味	不得有异臭、异味
	肉眼可见物	不得含有
化学指标	pH 值	6.5~8.5
	总硬度	不超过 450 mg/L
	铁	不超过 0.3 mg/L
	锰	不超过 0.1 mg/L
	铜	不超过 1.0 mg/L
	锌	不超过 1.0 mg/L
	挥发酚类(以苯酚计)	不超过 0.002 mg/L
	阴离子合成洗涤剂	不超过 0.3 mg/L
毒理学指标	氟化物	不超过 1.0 mg/L
	氰化物	不超过 0.05 mg/L
	砷	不超过 0.05 mg/L
	硒	不超过 0.01 mg/L
	汞	不超过 0.001 mg/L
	镉	不超过 0.01 mg/L
	铬	不超过 0.05 mg/L
	铅	不超过 0.05 mg/L
细菌学指标	细菌总数	不超过 100 个/mL
	大肠菌数	不超过 3 个/L
	游离余氯	在与水接触 30 min 后应不低于 0.3 mg/L。集中式给水除出厂水应符合上述要求外,管网末梢水应不低于 0.05 mg/L
放射性指标	总 α 放射性	0.1 Bq/L
	总 β 放射性	1 Bq/L

表 7.4　饮用水和饮料用水在指标上的差异

指标	饮用水	饮料用水
浊度/度	<3	<2
色度/度	<15	<5
溶解性总固体/($mg \cdot L^{-1}$)	<1 000	<500
总硬度/(以 $CaCO_3$ 计,$mg \cdot L^{-1}$)	<450	<100
铁/(以 Fe 计,$mg \cdot L^{-1}$)	<0.3	<0.1
高锰酸钾消耗量/($mg \cdot L^{-1}$)	—	<10
总碱度/(以 $CaCO_3$ 计,$mg \cdot L^{-1}$)	—	<50
游离氯/($mg \cdot L^{-1}$)	≥0.3	<0.1
致病菌	—	不得检出

7.2.2　软饮料用水的处理

1. 混凝沉淀

胶体物质在水中能保持悬浮分散不易沉降的稳定性。其原因是同一种胶体的颗粒带有相同电性的电荷,彼此间存在着电性斥力,使颗粒之间相互排斥。这样,它们不可能互相接近并结合成大的团粒,因而也就不易沉降下来。添加混凝剂后,胶体颗粒表面电荷被中和,破坏了胶体稳定性,促使小颗粒变成大颗粒而下降,从而得到澄清的水,此过程就称为混凝。

（1）混凝剂

水处理中大量使用的混凝剂可分为铝盐和铁盐两类。铝盐混凝剂有明矾、硫酸铝、碱式氯化铝等。铁盐包括硫酸亚铁、硫酸铁及三氯化铁三种。

①明矾。明矾是硫酸钾铝$[KAl(SO_4)_2] \cdot 12H_2O$ 或 $K_2SO_4 \cdot Al_2(SO_4)_3 \cdot 24H_2O$,是一种复盐。在水中 $Al_2(SO_4)_3$ 发生水解作用生成氢氧化铝:

$$Al_2(SO_4)_3 \longrightarrow 2Al^{3+} + 3SO_4^{2-}$$
$$Al^{3+} + H_2O \longrightarrow Al(OH)^{2+} + H^+$$
$$Al(OH)^{2+} + H_2O \longrightarrow Al(OH)_2^+ + H^+$$
$$Al(OH)^+ + H_2O \longrightarrow Al(OH)_3 \downarrow + H^+$$

氢氧化铝是溶解度很小的化合物,它经聚合以胶体状态从水中析出。在近乎中性的天然水中,氢氧化铝带正电荷,而天然水中的自然胶体大都带负电荷,它们中间可起电性中和作用。同时氢氧化铝胶体又可吸附水中的自然胶体和悬浮物。在这种中和作用和吸附作用下,水中的胶体微粒渐渐凝聚成粗大的絮状物而下沉,在沉降的过程中,可将悬浮物裹入而同时沉降下来,使水质澄清。明矾使用的质量分数一般是 0.001% ~ 0.02%。

②硫酸铝。硫酸铝 $Al_2(SO_4)_3$ 水溶液 pH 值约为 4.0 ~ 5.0,加入水中的反应原理与明矾相同。

因 $Al_2(SO_4)_3$ 是强酸弱碱所成的盐,它水解时会使水的酸度增加。而水解产物 $Al(OH)_3$ 是两性化合物,水中 pH 值太高或过低都会促使其溶解,使水中残留的铝含量增加。

当 pH 值在 5.5 以下时,氢氧化铝有明显碱的作用。

$$Al(OH)_3+3H^+ \longrightarrow Al^{3+}+H_2O$$

当 pH 值在 7.5 以上时，又有酸的作用，开始有偏铝酸根 AlO_2^- 生成。

$$Al(OH)_3+OH^- \longrightarrow AlO_2^-+2H_2O$$

当 pH 值大于 9 时，水中就不再有 $Al(OH)_3$ 存在。

当水的 pH 值为 5.5~7.5 时生成的 $Al(OH)_3$ 量最大，所以在使用硫酸铝为混凝剂时，往往要用石灰、氢氧化钠或酸调节原水的 pH 值近中性，一般取 6.5~7.5。

由于混凝过程不是单纯的化学反应，所以所需药量不能根据计算来确定，应根据实验确定加药量。采用 $Al_2(SO_4)_3 \cdot 18H_2O$ 时的有效剂量为 20~100 mg/L。每加入 1 mg/L $Al_2(SO_4)_3$ 需加 0.5 mg/L 石灰(CaO)。

③铁盐。常用的是硫酸亚铁($FeSO_4 \cdot 7H_2O$)，另外也用氯化铁($FeCl_3 \cdot 6H_2O$)和硫酸铁 $[Fe_2(SO_4)_3]$。国内用于水处理的是前两种，一般把它们的化学反应表示为

$$FeSO_4+Ca(HCO_3)_2 \longrightarrow Fe(OH)_2+CaSO_4+CO_2\uparrow$$

$$4Fe(OH)_2+2H_2O+O_2 \longrightarrow 4Fe(OH)_3$$

$$Fe_2(SO_4)_3+3Ca(HCO_3)_2 \longrightarrow 2Fe(OH)_3+3CaSO_4+6CO_2\uparrow$$

铁盐在水中发生水解产生了 $Fe(OH)_3$ 胶体，$Fe(OH)_3$ 的混凝作用及过程与铝盐相似。

由于 $Fe(OH)_2$ 氧化产生 $Fe(OH)_3$ 的反应在 pH 值大于 8.0 时才能完成，因此在水处理时需要加石灰去除水中的 CO_2。每投加 1 mg/L $FeSO_4$，需要加 0.37 mg/L 的 CaO。用 $FeSO_4 \cdot 7H_2O$ 时的有效剂量一般为 0.05~0.25 mmol/L，相当于 14~70 mg/L。

当 pH 值大于 6 时，铁离子与水中的腐殖酸能生成不沉淀的有色化合物，所以对于含有机物较多的水质进行处理时，铁盐是不适合的。

(2)助凝剂

为了提高混凝的效果，有时需加入一些辅助药剂，称助凝剂。助凝剂本身不起凝聚作用，仅帮助凝絮的形成，如用来调节 pH 值的碱、酸、石灰等。有时水中混浊度不足，为了加速完成这一过程，还可以投入黏土。

常用的助凝剂有：活性硅酸、海藻酸钠、羧甲基纤维素钠及化学合成的高分子助凝剂，包括聚丙烯胺、聚丙烯酰胺、聚丙烯等。

2. 水的过滤

(1)过滤原理及工艺过程

①过滤原理。原水通过粒状滤料层时，其中一些悬浮物和胶体物质被截留在孔隙中或介质表面上，这种通过粒状介质层分离不溶性杂质的方法称为过滤。

过滤过程是一系列不同过程的综合，包括阻力截留(筛滤)、重力沉降和接触凝聚。

a. 阻力截留。单层滤料层中粒状滤料的级配特点是上细下粗，也就是上层孔隙小，下层孔隙大，当原水由上而下流过滤料层时，直径较大的悬浮杂质首先被截留在滤料层的孔隙间，从而使表面的滤料的孔隙越来越小，拦截住后来的颗粒，在滤层表面逐渐形成一层主要由截留的颗粒组成的薄膜，起到过滤作用。

b. 重力沉降。当原水通过滤层时，众多的滤料颗粒提供了大量沉降面积，例如 1 m³ 粒径为 5×10^{-2} cm 的球形砂粒，可供悬浮物沉淀的有效面积约为 400 m²。当原水经过滤料层时，只要速度适宜，其中的悬浮物就会向这些沉淀面沉淀。

c. 接触凝聚。构成滤料的砂粒等物质，具有巨大的表面积，它和悬浮物的微小颗粒之间有着吸附作用，因此砂粒在水中时带有负电荷，能吸附带正电的微粒(如铁、铝的胶体微粒及硅

酸),形成带正电荷的薄膜,因而能使带负电荷的胶体(黏土及其他有机物)凝聚在砂粒上。这样,当原水流经滤料层时,水中的带电微粒将被滤料吸附而达到除去水中杂质的目的。

接触凝聚和重力沉淀是发生在滤料深层的过滤作用,而阻力截留主要发生在滤料表层。

②过滤的工艺过程。过滤的工艺过程基本上由两个过程组成,即过滤和冲洗两个循环过程。过滤为生产清水的过程,而冲洗是从滤料表面冲洗掉污物,使之恢复过滤能力的过程。多数情况下,冲洗和过滤的水流方向相反,因而一般把冲洗称为反冲或反洗。

(2)过滤的形式

①池式过滤。池式过滤主要是指将过滤介质即滤料填于池中的过滤形式,滤池可分为单层滤池和多层滤池。

a.滤料的选择。滤料是完成过滤作用的基本介质,良好的滤料应满足下列要求:足够的化学稳定性,过滤时不溶于水,不产生有害和有毒物质;足够的机械强度;适宜的级配和足够的孔隙率。

所谓级配,就是滤料粒径范围及在此范围内各种粒径的数量比例。天然滤料的粒径大小很不一致,为了既满足工艺要求,又能充分利用原料,通常选用一定范围内的粒径。由于不同粒径的滤料要互相承托支撑,故相互间要有一定的数量比,通常用 d_{10}、d_{80} 和 K 作为控制指标。

$$K = d_{80}/d_{10} \tag{7.1}$$

式中　K——不均匀系数;

　　　d_{80}——通过滤料质量80%的筛孔直径,m;

　　　d_{10}——通过滤料质量10%的筛孔直径,m。

K 越大,则粗细颗粒差别越大。K 过大,各种粒径滤料互相掺杂,降低了孔隙率,对过滤不利。另外,当反冲时,过大的颗粒可能冲不动,而过小的颗粒可能随水流失。我国规定,普通快滤池 K 为 2~2.2。

滤料层的孔隙率,是指滤料的孔隙体积和整个滤层体积的比例。石英砂滤料的孔隙率为0.42左右,无烟煤滤料的孔隙率为0.5~0.6左右。

b.滤料层的结构。正确的滤料层结构应满足下列要求:

(a)含污能力(用 kg/m³ 表示)大。

(b)产水能力(m³/m²·h,或用 m³/h 表示)高。

适合以上条件的过滤池才能保证处理水的质量。

过滤时水流方向多采用从上到下的下向流,这样可以保持较大的过滤速度及较好的反冲效果。在下向流条件下,有两种截然不同的滤料结构。一种是滤料粒径上细下粗,另一种是上粗下细,前一种结构的特点是孔隙上小下大,悬浮物截留在表面,底层滤料未充分利用,滤层含污能力低,使用周期短。后一种的特点与之相反。由此可见理想的滤料层结构是粒径沿水流方向逐渐减小。但是,就单一滤料而言,要达到使粒径上粗下细的结构,实际上是不可能的。因为在反冲洗时,整个滤层处于悬浮状态,粒径大的质量大,悬浮于下层,粒径小的质量小,悬浮于上层。反冲洗停止后,滤料自然形成上细下粗的分层结构。为了改善滤料的性能,设计了采用两种或多种滤料,造成具有孔隙上大下小特征的滤料层。例如,砂滤层上铺一层密度轻而粒径大的无烟煤滤层,这种结构称双层滤池。

c.垫层。为了防止过滤时滤料进入配水系统,以及冲洗时能均匀布水,在滤料层和配水系统之间设置垫层(承托层)。

垫层必须满足下列要求:

（a）在高速水流反冲洗的情况下应保持固定；

（b）要形成均匀的孔隙以保证冲洗水的均匀分布；

（c）材料坚固，不溶于水。

一般垫层采用天然卵石或碎石。目前砂粒的最大粒径为 1～2 mm，做垫层的最小粒径应选 2 mm。根据反冲洗可能产生的最大冲击力确定，垫层的最大粒径为 32 mm。

d.冲洗。滤池必须定期冲洗，使滤料吸附的悬浮物剥离下来，以恢复滤料的净化和产水能力。冲洗方法多采用逆流水力冲洗，有时兼用压缩空气反冲、水力表面冲洗、机械或超声波扰动等措施。

冲洗效果取决于适宜的冲洗强度，冲洗强度过小，不能达到从滤料表面剥离杂质所需要的力量；强度过大，滤料层膨胀过度，减少了在反冲过程中单位体积内滤料间互相碰撞的机会，对冲洗不利，还会造成细小粒料的流失和冲洗水的浪费等。

②砂滤棒过滤器。当用水量较少，原水中只含少量有机物、细菌及其他杂质时，可采用砂滤棒过滤器。进入滤器的自来水的压力多控制在 1～2 kg 左右。

a.基本原理。砂滤棒又名砂芯，采用细微颗粒的硅藻土和骨灰等可燃性物质，在高温下焙烧，使其溶化，可燃性物质变为气体逸散，形成直径为 0.002～0.004 mm 的小孔，待处理水在外压作用下，通过砂滤棒的微小孔隙，水中存在的少量有机物及微生物被微孔吸附截留在砂滤棒表面。滤出的水可达到基本无菌，符合国家饮用水标准。

b.砂滤棒过滤器结构。砂滤棒过滤器外壳是用铝合金铸成锅形的密封容器，分上下两层，中间以隔板隔开，隔板上（或下）为待滤水，隔板下（或上）为砂滤水，容器内安装一至数十根砂滤棒。

c.使用中应注意的问题。砂滤棒使用一段时间后，砂芯外壁逐渐挂垢而降低滤水量。这时则必须停机，卸出砂芯，对砂芯进行处理。方法是堵住滤芯出水嘴，浸泡在水中，用水砂纸轻轻擦去砂芯表面被污染层，至砂芯恢复原色，即可安装重新使用。若使用洗涤剂，也可以做到封闭冲洗，不用卸出砂芯。

砂滤棒在使用前均需消毒处理，一般用75%酒精或0.25%新洁尔灭，或10%漂白粉，注入砂滤棒内，堵住出水口，使消毒液和内壁完全接触，数分钟后倒出。安装时，凡是与净水接触的部分都要进行消毒。

③活性炭过滤。活性炭具有多孔性，可以吸附异味，去除各种杂质。在用氯破坏水中的有机物、杀灭微生物时，以活性炭作为余氯的吸附剂是最适宜的。其原理并不是简单地吸附余氯，而是活性炭的"活性位"起催化反应，从而消除过多的氯。

活性炭使用一段时间后就需要进行清洗再生。实际生产中常把活性炭过滤与砂滤器串联使用。另外，使用活性炭时需注意：活性炭具有腐蚀性，用铁制容器装活性炭时要涂上防腐蚀涂料。

3.水的软化

（1）石灰软化

适用于碳酸盐硬度较高，非碳酸盐硬度较低，不要求高度软化的原水，也可用于离子交换水处理的预处理。但石灰不能使永久性的硬度彻底软化，要使总硬度降低，单独使用石灰法软化水不理想。经石灰软化后，一般可把碳酸盐降至 0.2～0.4 mmol/L，碱度可降至 0.4～0.6 mmol/L，有机物除去 25%，硅酸化合物可降低 30%～35%，原水中铁残留量小于 0.1 mg/L。

下面是石灰软化的有关反应。

将生石灰（CaO）配制成石灰乳：

$$CaO+H_2O \longrightarrow Ca(OH)_2$$

用石灰乳除去水中重碳酸钙（$Ca(HCO_3)_2$）、重碳酸镁（$Mg(HCO_3)_2$）和二氧化碳：

$$CO_2+Ca(OH)_2 \longrightarrow CaCO_3 \downarrow +H_2O \qquad (a)$$

$$Ca(HCO_3)_2+Ca(OH)_2 \longrightarrow 2CaCO_3 \downarrow +2H_2O \qquad (b)$$

$$Mg(HCO_3)_2+Ca(OH)_2 \longrightarrow Mg(OH)_2 \downarrow +CaCO_3 \downarrow \qquad (c)$$

$$MgCO_3+Ca(OH)_3 \longrightarrow Mg(OH)_2 \downarrow +CaCO_3 \downarrow \qquad (d)$$

$$2NaHCO_3+Ca(OH)_2 \longrightarrow CaCO_3 \downarrow +Na_2CO_2+2H_2O \qquad (e)$$

反应（a）先去除水中的 CO_2，CO_2 去除后才完成（b）→（d）软化反应，否则水中 CO_2 会和 $CaCO_3$、$Mg(OH)_2$ 这些沉淀物重新化合，再产生碳酸盐硬度，反应如下：

$$CaCO_3+H_2O+CO_2 \longrightarrow Ca(HCO_3)_2$$

$$Mg(OH)_2+CO_2 \longrightarrow MgCO_3+H_2O$$

$$MgCO_3+H_2O+CO_2 \longrightarrow Mg(HCO_3)_2$$

反应（e）是当水中的碱度大于硬度时才出现的。如果化合物 $NaHCO_3$ 中的 HCO_3^- 没有被除去，这部分 HCO_3^- 仍然会和 Ca^{2+} 和 Mg^{2+} 生成碳酸氢盐硬度，反应（b）~（d）仍然不能完成。

（2）离子交换

利用离子交换树脂交换离子的能力，按水处理的要求将原水中所不需要的离子通过交换而暂时占有，然后再释放到再生液中，使水得到软化的水处理方法。

①离子交换树脂的分类。根据离子交换树脂所带的化学功能团的性质进行分类，所带的化学功能团能与水中阳离子进行交换的树脂称为阳离子交换树脂，能与阴离子进行交换的树脂称为阴离子交换树脂。

根据树脂上化学功能团酸、碱性强弱程度不同，又可把阳离子交换树脂分为强酸性和弱酸性树脂，把阴离子交换树脂分为强碱性和弱碱性树脂，其中带伯、仲、叔胺基的树脂为弱碱性的，带季胺基的树脂为强碱性的。

②离子交换树脂软化水的原理。离子交换树脂是一种由有机分子单体聚合而成的，具有三维网络结构的多孔海绵状高分子化合物。在构成网络的主链上有许多活动的化学功能团，这些功能团由带电荷的固定离子和以离子键与固定离子相结合的反离子所组成。树脂吸水膨胀后，化学功能团上结合的反离子与水中的离子进行交换。阳离子交换树脂可吸附 Ca^{2+}、Mg^{2+} 等阳离子，阴离子交换树脂可吸附 Cl^-、HCO_3^-、SO_4^{2-}、CO_3^{2-} 等阴离子，从而使原水得以净化。

经过几组树脂的反复交换，水的硬度和碱度都能得到较好控制。处理过的水含盐质量浓度可降至 5~10 mg/L 以下，硬度接近 0，pH 值接近中性。

③离子交换树脂的选择原则。先根据原水中需要除去的离子的种类来选择树脂。如果只需要去除水中吸附性较强的离子（如 Ca^{2+}、Mg^{2+} 等），可选用弱酸性或弱碱性树脂进行软化处理较经济。如果需要除去原水中吸附较弱的阳离子（如 K^+、Na^+）或阴离子（如 HCO_3^-、$HSiO_3^-$），用弱酸性或弱碱性树脂就较困难，甚至不能进行交换，此时必须选用强酸性或强碱性树脂。

另外，在选择树脂时，还应注意以下几方面：

a. 外观。树脂的颜色有白色、黄色、褐色、棕色、黑色等。水处理一般选用白色树脂，便于从颜色变化了解树脂的交换程度。树脂的形状有球状或无定形等，以球状较为理想。因为球状可使液体阻力减小，流量均匀，耐磨性好。

b. 膨胀度。指干树脂吸水后体积膨胀的程度。由于树脂有网状结构,其网络间的孔隙易被水充满而使树脂膨胀,树脂吸水膨胀后的内部水分可以移动,与树脂颗粒外部的溶液进行自由交换,膨胀后的树脂与高浓度的电解质接触时,由于高浓度的电解质能夺走树脂内部的水分,就会使树脂收缩、体积缩小。树脂在转型时,体积也会发生变化。所以在确定树脂的装置时应考虑树脂的膨胀性能。

c. 交联度。指离子交换树脂中交联剂的含量。交联度越低,树脂越易膨胀,交联度主要影响树脂的机械强度、孔度大小、交换容量等。交联度与树脂的机械强度呈正相关关系,与树脂的孔度和交换容量呈负相关关系。交联度大,大分子的物质就不易被交换。

d. 颗粒度。指树脂颗粒在溶胀状态下的直径大小,商品树脂的颗粒度为 16 ~ 70 目(直径相当于 1.19 ~ 0.2 mm)。颗粒小有利于液体扩散速度和交换速度的提高。但颗粒小,其交换速度虽快,但流体阻力增加。

e. 交换容量。指一定数量的树脂可交换离子的数量,分为全交换容量和工作交换容量。一般希望树脂有较大的交换容量。交换容量大,同体积的树脂所能交换吸附的离子就越多,处理的水量就越大。

f. 机械强度。树脂要有一定的机械强度,以避免或减少在使用过程中的破损。一般来说,同类型树脂中弱型比强型的交换容量大,但机械强度较差。树脂的膨胀度越大,交联度越小,机械强度也就越差。

4. 反渗透法

反渗透是 20 世纪 50 年代发展起来的一项新型膜分离技术。目前应用范围从早期的海水淡化发展到化工、制药领域维生素、抗生素、激素等的浓缩和细菌、病毒的分离,食品领域果汁、牛乳、咖啡的浓缩和饮料用水的净化以及造纸工业中某些有机物及无机物的分离等。

(1)反渗透原理

半透膜是一种只能让溶液中的溶剂单独通过而不能让溶质通过的选择性透膜。当用半透膜隔开两种不同浓度的溶液时,稀溶液中的溶剂就会透过半透膜进入浓溶液一侧,这种现象叫渗透。由于渗透作用,溶液的两侧在平衡后会形成液面的高度差,由这种高度差所产生的压力叫渗透压。如果在浓溶液一侧施加一个大于渗透压的压力时,溶剂就会由浓溶液一侧通过半透膜进入稀溶液中,这种现象称为反渗透,如图 7.1 所示。

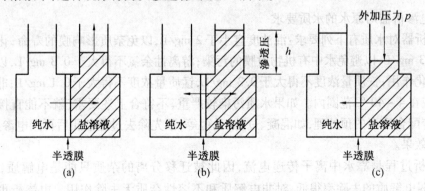

图 7.1　反渗透原理图

反渗透的作用结果是使浓溶液变得更浓,稀溶液变得更稀,最终达到脱盐。

(2)反渗透对水质的要求

渗透工艺通常采用一级或二级反渗透。一级是通过一次反渗透就能达到水质要求;二级则要通过两次反渗透才能达到水质要求。

5.电渗析

电渗析是利用离子交换膜和直流电场的作用,从水溶液和其他不带电组分中分离带电离子组分的一种电化学分离过程。

(1)电渗析脱盐的基本原理

电渗析通过离子交换膜把溶液中的溶质(盐分)分离出来。它是以电位差为推动力,利用电解质离子的选择性传递,使膜透过电解质离子,而把非电解质大分子物质截留下来的原理进行的。电渗析脱盐法就是将离子交换树脂制成薄膜的形式而得到离子交换膜,它的性质基本与离子交换树脂一样,按活性基团不同分为阳离子交换膜(阴膜)和阴离子交换膜(阳膜)。阳离子交换膜渗透和交换阳离子,阴离子交换膜渗透和交换阴离子。

如图7.2,在两电极间交替放置着阴膜和阳膜,如果在两膜所形成的隔室中充入含离子的水溶液(如 NaCl 水溶液),接上直流电源后,Na^+ 将向阴极移动,易通过阳膜却受到阴膜的阻挡而被截留在隔室2,4。同理,Cl^- 易通过阴膜而受到阳膜的阻挡,也在隔室2,4 被截留下来。其结果使2,4 隔室水中的离子浓度增加,一般称为浓水室,与其相间的 3 隔室离子浓度下降,一般称为淡水室。分别汇集并引出各浓水室与淡水室的水,即得到浓水和所需的淡水。

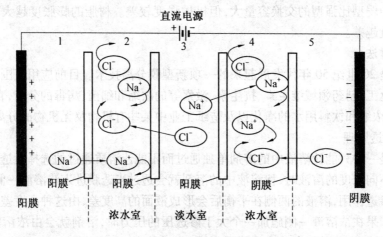

图7.2 电渗析原理图

(2)电渗析器对原水的水质要求

电渗析器对水质有下列要求:混浊度宜小于 2 mg/L,以免杂质影响膜的寿命;化学耗氧量不得超过 3 mg/L,以避免水中有机物对膜的污染;游离性余氯不得大于 0.3 mg/L,以避免余氯对膜的氧化作用;铁质量浓度不得大于 0.3 mg/L,锰质量浓度不得大于 0.1 mg/L;非电解杂质少;水温应在 4~40 ℃范围内。如果水质污染较严重,不符合上述要求,就不能直接用电渗析法处理,应配合适当的预处理,如混凝、过滤、杀菌等,预先除去过量杂质后再用电渗析法,才能收到良好效果。

电渗析过程是靠水中离子传递电流,因此被迁移分离的杂质只能是电解质,对 HCO_3^-、$HSiO_3^-$ 等弱电解质的去除率很低,对非电解质和不溶性杂质无去除作用。电渗析也不能去除水中以硅酸盐与二氧化硅形式存在的硅。此外,电渗析不可能制备高纯水,因为水越纯,电阻越大,要继续提高水质不仅电耗剧增,而且极化现象随之加重。要制备高纯水一般需与离子交换法结合使用。

6. 水的消毒

消毒是指杀灭水里面的致病菌,防止因水中的致病菌导致饮用者产生疾病,并非将所有微生物全部杀灭。

水的消毒方法很多,而目前国内外常用的是氯消毒、臭氧消毒及紫外线消毒。

(1)氯消毒

①基本原理。氯在水中的反应如下:

$$Cl_2 + H_2O \longrightarrow HClO + H^+ + Cl^-$$

$$HClO \longrightarrow H^+ + ClO^-$$

HClO 为次氯酸,ClO^- 为次氯酸根。以上两个反应很快达到平衡。由于 H^+ 能被水里面的碱度中和掉,因此反应极易向右进行,最后水中只剩下次氯酸(HClO 和次氯酸根 ClO^-)。

氯的消毒作用是通过它产生的次氯酸 HClO 的作用,而不是氯气本身,也不是氢离子或次氯酸根的作用。

HClO 是一个中性的分子,可以扩散到带负电的细菌表面,并穿过细菌的细胞膜进入细菌内部。HClO 进入细菌内部后,由于氯原子的氧化作用,破坏了细菌某些酶的系统,最后导致细菌的死亡。而次氯酸根虽然也包括一个氯原子,但它带负电,不能靠近带负电的细菌。所以也不能穿过细胞膜进入细菌内部,因此其消毒作用远弱于次氯酸。

②加氯方法。滤前加氯:原水水质差,有机物多,可在原水过滤前加氯,可防止沉淀池中微生物繁殖,但加氯量要多。

滤后加氯:原水经沉淀和过滤后加氯,加氯量可比滤前添加的少,且消毒效果好。

③加氯量。加入水中的氯分为两部分,即作用氯(吸氯)和余氯。作用氯是和水中微生物、有机物及有还原作用的盐类(如亚铁、亚硝酸等)起作用的部分;余氯是为了保持水在加氯后有持久的杀菌能力、防止水中微生物萌发和外界微生物侵入的部分。

我国水质标准规定,在管网末端自由性余氯质量浓度保持在 0.1 ~ 0.3 mg/L 之间,小于 0.1 mg/L 时不安全,大于 0.3 mg/L 时则水含有明显的氯臭。为了使管网最远点保持 0.1 mg/L 的余氯质量浓度,一般总投氯质量浓度为 0.5 ~ 2.0 mg/L。

(2)臭氧消毒

臭氧(O_3)是特别强烈的氧化剂。臭氧瞬时的灭菌性质优越于氯。在欧洲,臭氧已广泛用于水的消毒中,同时用来除去水臭、水色以及铁和锰。

由于臭氧的不稳定性,因此通常要求随时制取并当场应用。在绝大多数情况下,均用干的空气或氧气进行高压放电而制成臭氧。

$$3O_2 \longrightarrow 2O_3^- \ 148.1 \ kJ/mol$$

每 1 m² 放电面积,每小时可产生 50 g 臭氧。在臭氧的加注装置中,一般采用喷射法以增加臭氧和水的接触时间,使臭氧得到充分利用。

臭氧消毒水的缺点:经过一段时间,水中臭氧全部变为氧气。正常情况下,臭氧在水中的半衰期为 20 min,pH 值为 7.6 时为 1 min,pH 值为 10.4 时为 0.5 min,使水中含氧量升高变成富氧水,最高含氧质量浓度可达 10 ~ 20 mg/L。富氧水比不经过臭氧处理的水更适宜于细菌的繁殖。因此,经过臭氧处理的水要防止二次污染。

(3)紫外线消毒

光线从光谱的蓝绿色开始,波长为 140 ~ 490 nm 时具有杀菌能力,以波长为 250 ~ 260 nm 时杀菌效果最好。

微生物受紫外光照射后,微生物的蛋白质和核酸吸收紫外光谱能量,导致蛋白质变性,引起微生物死亡。紫外线对清洁透明的水有一定穿透能力,所以能使水消毒。

紫外线消毒时间短,接触时间短,杀菌能力强,设备简单,操作管理方便,便于自动控制。但它没有持续杀菌作用,灯管使用寿命较短,成本略高。

7.3 碳 酸 饮 料

碳酸饮料(Carbonated Drink)是指含有二氧化碳的软材料,通常由水、甜味剂、酸味剂、香精香料、色素、二氧化碳及其他原辅料组成,俗称汽水。

7.3.1 碳酸饮料的生产工艺流程

碳酸饮料生产目前大多采用两种方法,即二次灌装法和一次灌装法。

1. 二次灌装法(现调式)

二次灌装法是先将调味糖浆定量注入容器中,然后加入碳酸水至规定量,密封后再混合均匀。这种糖浆和水先后各自灌装的方法又称现调式灌装法、预加糖浆法或后混合(Postmix)法。其工艺流程如图7.3所示。

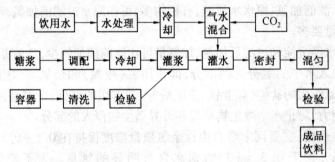

图7.3 二次灌装法工艺流程

2. 一次灌装法(预调式)

将调味糖浆与水预先按一定比例泵入汽水混合机内,进行定量混合后再冷却,然后将该混合物碳酸化后再装入容器,这种将饮料预先调配并碳酸化后进行灌装的方式称为一次灌装法,又称预调式灌装法、成品灌装法或前混合(Premix)法。其工艺流程如图7.4、图7.5所示。

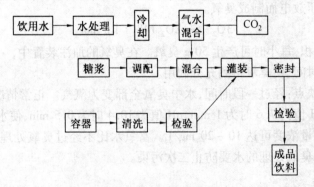

图7.4 加碳酸水的一次灌装法工艺流程

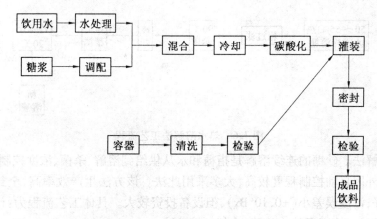

图 7.5 一次灌装法工艺流程

7.3.2 糖浆的制备

糖浆又称调和糖浆、调味糖浆等,是指将甜味剂、酸味剂、香精、色素和防腐剂等物料加入配料桶并混合均匀后所得的浆料。碳酸饮料中加入甜味剂主要是在和香精、食用酸等混合后,能使成品饮料产生可口的甜味。它对成品饮料的作用主要是提供稠度而有助于香味的传递,同时提供能量和营养价值。甜味剂和其他调味料构成了碳酸饮料的主要风味,糖浆配制的好坏,直接影响产品的一致性和质量,糖浆配制成分不同,也就生产出不同风味的饮料。因此,从质量、风味的形成和卫生角度来考虑,糖浆的制备是碳酸饮料生产中极为重要的工序。

1. 原糖浆的制备

(1)糖的溶解

把定量的砂糖加入定量的水溶解,制得的具有一定浓度的糖液,一般称为原糖浆。糖必须采用优质砂糖,所用水的水质可与装瓶用水相同,要求优质纯净。溶糖方法有冷溶法和热溶法和连续溶解法三种。

①冷溶法。将糖直接加入水中,在室温下进行搅拌使其溶解的方法,称为冷溶法。采用冷溶法生产糖浆,可省去加热和冷却的过程,减少费用,但溶解时间长,设备体积大,利用率差,而且必须具有非常严格的卫生控制措施。

②热溶法。生产纯度要求高、储藏期长的饮料可采用热溶法。热熔又可分为蒸汽加热溶解和热水溶解两种。

蒸汽加热溶解:水和砂糖按比例加入到溶糖罐内,通入蒸汽加热,在高温下搅拌溶解。该方法的优点在于溶解糖的速度快,可杀菌,能量消耗相对较少;缺点是直接将蒸汽通入溶糖罐内会因为蒸汽冷凝的缘故带入冷凝水,糖液的浓度和质量会受到影响。若用夹层锅加热,则因锅壁温度较高,搅拌出现死角时,容易黏结,影响传热效果和糖液质量。

热水溶解:热水溶解是边搅拌边把糖逐步加入水中溶解,然后加热杀菌、过滤、冷却。该法克服了上述方法的缺点,国内饮料厂家多采用此法。

此方法的优点在于:避免蒸汽加热时糖在锅壁上黏结,采用 50~55 ℃ 热水,减少了蒸汽给操作带来的影响;粗过滤可除去糖液中的悬浮物和大颗粒杂质(优质砂糖可省略此步骤),减轻了后续工序(精滤)的负担;糖液在 39 ℃ 的较低温度下过滤,可避免产生絮凝物,但温度不能太低,否则黏度上升影响过滤效率;精滤机采用专用滤纸过滤,精度可在 5 μm 以下,过滤出来的糖液无色透明。

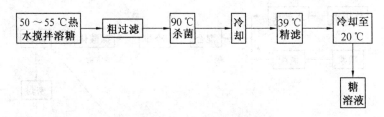

图7.6 热水溶解法工艺流程

③连续溶解法。砂糖的连续溶解是指糖和水从供给到溶解、杀菌、浓度控制和糖液冷却均连续进行。国外因自动控制程度较高,大多采用此法。该方法生产效率高,全封闭,全自动操作,糖液质量好,浓度误差小(±0.10°Bx),但设备投资较大。具体工艺流程为:计量、混合→热熔解→脱气、过滤→糖度调整→杀菌、冷却→糖溶液。

(2)糖液的净化

制得的原糖浆必须进行严格的净化处理,以除去糖液中的许多微细杂质和胶体等,净化一般采用下列两种方式:

①以过滤为主要手段。常采用不锈钢板框压滤机或硅藻土过滤机过滤。硅藻土过滤机性能稳定,适应性强,过滤效率高,可获得很高的滤速和理想的澄清度。硅藻土过滤机正常操作中十分重要的一环就是形成均匀的硅藻土预涂层,从而保证糖液过滤后澄清透明。为了使形成的滤饼更为疏松,保持正常的过滤速度,也可向糖液中加入少量硅藻土做助滤剂(一般每100 L糖液中加入硅藻土0.05~0.1 kg)。

②以吸附为主要手段。若配制原糖浆的砂糖质量较差,则会使饮料产生絮凝物、沉淀物,甚至产生异味,还会在装瓶时产生大量泡沫,影响产品质量和生产速度。因此,必须用活性炭进行净化处理,处理方法为:将活性炭加入热的糖浆中,活性炭用量根据糖及活性炭质量而定,一般为糖质量的0.5%~1%,添加时用搅拌器不断搅拌。在80 ℃下保持15 min,然后过滤。为了避免活性炭堵塞过滤机的通道,过滤时可添加硅藻土做助滤剂,用量为糖质量的0.1%。

糖液净化处理后,应按生产要求,配制成一定浓度。一般把糖溶解为质量分数为65%,再经配料调整糖液的质量分数。经热溶法制备的糖液,一般使糖度达到55°Bx左右供调配糖浆使用比较适宜。若需长期保存,则要使糖度达到65°Bx以上。

2.调味糖浆的调配

调味糖浆又称主剂,一般是根据不同碳酸饮料的要求,在一定浓度的糖液中,加入甜味剂、酸味剂、香精香料、色素、防腐剂等,并充分混匀后所得的浓稠状糖浆。它是饮料的主体之一,与碳酸水混合即成碳酸饮料。

(1)物料处理

为了使配方中的物料混合均匀,减少局部浓度过高而造成的反应,物料不能直接加入,而应预先制成一定浓度的水溶液,并经过过滤,再进行混合配料。

①甜味剂。实际生产中往往不仅仅使用一种甜味剂,而是使用两种或两种以上的甜味剂,这样风味更好。甜味剂应配成50%的水溶液再加入,用甜味剂代替砂糖时,饮料的固形物含量会下降,相对密度、黏度、外观等都会发生改变,口感也会变得单薄,因此必须加入增稠剂。

②酸味剂。一般先配成50%的酸溶液,不同品种的碳酸饮料分别使用不同的酸味剂,如柠檬酸常用于柑橘风味的碳酸饮料,而酒石酸则多用于葡萄风味的碳酸饮料和某些混合饮料。

③色素。使用色素应注意以下几点:

a. 色泽必须保持与饮料的名称相一致,果味、果汁汽水应接近新鲜水果或果汁的色泽。例如橙汁汽水,必须是橙红或橙黄色,可乐应是具有焦糖或类似于焦糖的色泽。

b. 色素用量应符合 GB 2760—2011 的规定。

c. 生产中为了便于调配和过滤,一般先将色素配成 5% 的水溶液,配制用水应煮沸冷却后使用,或用蒸馏水,否则可能会因水的硬度太大而造成色素沉淀,配好的色素溶液要经过滤,再加入到糖液中。

d. 溶解色素的容器应采用不锈钢或食用级塑料容器,不能使用铁、铜、铝等容器和搅拌棒,以避免色素与这些金属发生化学反应。

e. 色素溶液的稳定性较差,大多数色素溶液的耐光性也较差,应尽量做到随配随用,避光保存。焦糖色素分为液态和粉剂两种。液态的焦糖色素使用方便,不必溶解,色素稳定,溶解快,但粉剂的焦糖色素需要先用水溶解过滤后,再加入到糖浆中。

④防腐剂。使用防腐剂时,一般先把防腐剂溶解成 20% ～ 30% 的溶液,然后在搅拌下缓慢加入到糖液中,避免由于局部浓度过高与酸反应而析出,产生沉淀,失去防腐作用。

(2)调味糖浆的调配顺序

①糖浆调配的原则。调配量大的先调入,如糖液、水;配料间容易发生化学反应的间隔开调入,如酸和防腐剂;黏度大、易起泡的原料较迟调入,如乳化剂、稳定剂;挥发性的原料最后调入,如香精、香料。

②配料时加料顺序。首先将所需的已过滤好的原糖浆投入配料容器中,容器应为不锈钢材料,内装搅拌器,并有体积刻度,然后在不断搅拌的条件下,有顺序地加入各种原辅料,同时搅拌不能太剧烈,以免造成空气大量混入,影响碳酸化、灌装和降低保藏性。其添加顺序为:糖液→防腐剂→甜味剂→酸味剂→果汁→乳化剂→稳定剂→色素→香精→加水定容。

7.3.3 碳酸化

1. 碳酸化原理

水吸收二氧化碳的作用一般称为二氧化碳饱和作用或碳酸化作用。水和二氧化碳的混合过程实际上是一个化学反应过程,即

$$CO_2 + H_2O \longrightarrow H_2CO_3$$

这个过程服从亨利定律和道尔顿定律。

亨利定律:气体溶解在液体中时,在一定温度下,一定量液体中溶解的气体量与液体保持平衡时的气体压力成正比,即当温度 T 一定时:

$$V = Hp \tag{7.2}$$

式中 V——溶解的气体量;

p——平衡压力;

H——亨利常数(与溶质、溶剂及温度有关)。

道尔顿定律:混合气体的总压力等于各组成气体的分压力之和,即

$$p = \sum_{i=1}^{n} p_i \tag{7.3}$$

式中 p_i——分压;

i——$i = 1, 2, \cdots, n$,即各组分气体在温度不变时,单独占据混合气体所占的全部体积时对器壁施加的压力;

p——总压力。

2.二氧化碳在水中的溶解度

在一定的压力和温度下,二氧化碳在水中的最大溶解量称为溶解度。这时气体从液体中逸出的速度和气体进入液体的速度达到平衡,称为饱和,该溶液称为饱和溶液。未达到最大溶解量的水溶液叫做不饱和溶液。

关于气体溶解度的表示方法,我国一般用溶于液体中的气体容积来表示,对于二氧化碳来说,在0.1 MPa、15.56 ℃下,1体积水可以溶解1体积的二氧化碳,也就是说在0.1 MPa、15.56 ℃下,二氧化碳的溶解度近似为1。欧洲则用每升溶液中所溶解的二氧化碳质量(g/L)作为溶解度单位。在0.1 MPa、不同温度下二氧化碳的溶解度见表7.5。

表7.5 0.1 MPa、不同温度下二氧化碳的溶解度

温度/℃	L	g	温度/℃	L	g
0	1.713	3.347	11	1.154	2.240
1	1.646	3.214	12	1.117	2.166
2	1.584	3.091	13	1.083	2.099
3	1.527	2.979	14	1.050	2.033
4	1.473	2.872	15	1.019	1.971
5	1.424	2.774	16	0.985	1.904
6	1.377	2.681	17	0.956	1.845
7	1.331	2.590	18	0.928	1.789
8	1.282	2.494	19	0.902	1.736
9	1.237	2.404	20	0.878	1.689
10	1.194	2.319	21	0.854	1.641

碳酸饮料中二氧化碳的压力对于饮料的味道影响很大,如二氧化碳含量过高时,饮料的甜、酸味减弱;相反,二氧化碳含量过少时,碳酸气给人的刺激太轻微,失去碳酸饮料应有的杀口感。也就是说碳酸饮料中二氧化碳含量的高低,并不是衡量质量的唯一标准。特别是风味复杂的碳酸饮料,二氧化碳含量过高反而会冲淡饮料应有的独特风味。对于含挥发成分低的柑橘型碳酸饮料尤其如此。有些碳酸饮料由于所用香料含易挥发的萜类物质,如二氧化碳含量过高,还会破坏原有的果香味而变苦。不同品种的碳酸饮料,应有不同的二氧化碳含量。一般说来,果汁型汽水和果味型汽水,含2~3倍容积的二氧化碳,可乐型汽水和勾兑苏打水含3~4倍容积的二氧化碳。

3.影响碳酸化作用的因素

如前所述,二氧化碳在水中的溶解服从亨利定律和道尔顿定律,由此可知影响二氧化碳溶解度的因素有以下几方面。

(1)二氧化碳的分压力

在温度不变的情况下,二氧化碳的分压力增大,二氧化碳在水中的溶解度也会上升。在0.5 MPa以下的压力时,成线性正比关系。例如,在0.1 MPa、15.56 ℃时,1体积的水中可溶解1体积的二氧化碳,0.2 MPa时,可溶解2体积的二氧化碳。由此可见,在实际生产中,在不影响其他操作设备的前提下,充气压力适当提高可增加二氧化碳的溶解量。

（2）水的温度

当压力较低时,在压力不变的情况下,二氧化碳在水中的溶解度随温度降低而增加;反之,温度升高,溶解度下降。温度影响的常数称为亨利常数,以 H 表示。从表7.6可以看出:H 随温度变化而变化(压力较低时)。但压力较高时,会有偏离,因为 H 还是压力的函数,即 $H=f(T,p)$,为此引入常数 α,β 来修正,即 $H=\alpha-\beta p_i$,修正常数 α,β 见表7.7。

表7.6　二氧化碳的亨利常数

温度/℃	H	温度/℃	H
0	1.713	35	0.592
5	1.424	40	0.530
10	1.194	50	0.436
15	1.019	60	0.359
20	0.878	80	0.234
25	0.759	100	0.145
30	0.665		

表7.7　修正二氧化碳亨利常数的 α,β 数值

温度/℃	α	β
10	1.84	0.025
25	0.755	0.004 2
50	0.425	0.001 56
75	0.308	0.000 963
100	0.231	0.000 322

工厂实际生产时,常把压力、温度及对应二氧化碳的含量倍数制成表,直接查表即可。

综上所述,碳酸化时应使吸收气体的水或液体的温度尽可能降低,而充气压力则尽可能提高,以提高二氧化碳的溶解度。

（3）二氧化碳与水的接触面积和接触时间的影响

在温度和压力一定的情况下,二氧化碳气体与液体的接触面积越大,进入液体的二氧化碳越多,而且接触时间越长,液体中二氧化碳含量越高。因此,工业生产中选用的碳酸化设备必须做到能使水雾化成水膜,以增大与二氧化碳的接触面积,同时能保证有一定的接触时间。

（4）气液体系中的空气含量

根据道尔顿定律和亨利定律,各种气体的溶解量不仅决定于各气体在液体中的溶解度,而且决定于该气体在混合气体中的分压。在相同的温度和压力下,混合气体中各组分的分压等于该组分在混合气体中的摩尔分数和混合气体总压力的乘积,而这时混合气体中某组分的摩尔分数等于其体积分数。

在0.1 MPa、20 ℃下,1体积空气溶解于水中可排走50倍体积的二氧化碳。由于空气存在有利于微生物的生长,空气中的氧气会促使饮料中某些成分氧化。另外由于空气的存在,灌装时还会造成起泡喷涌现象,增加灌装难度,影响灌装定量的准确性。由此可见,空气对碳酸化影响极大,对产品品质也影响极大。

空气来源:二氧化碳气体不纯;水中溶解空气;二氧化碳气路有泄漏;糖浆中溶解空气;糖浆混合机及其管线中存在空气;糖浆管路中存在空气;抽水管线有泄漏等。

脱氧排气:脱氧排气一般安排在水冷却碳酸化之前,或已混合的饮料冷却碳酸化之前。其形式主要有两种,即真空脱氧和二氧化碳脱氧。真空脱氧是迫使液体形成雾滴或液膜,并造成负压,借助液体内部压力大于外部压力,使溶解于液体中的氧气等气体逸出排除。二氧化碳脱氧则是利用水中二氧化碳的溶解度大于空气的特点,将水或未冷却碳酸化的饮料在预碳酸化时,使水流从预碳酸化罐顶部喷下,二氧化碳从底部喷入,水中的空气即被二氧化碳驱除,从顶部排出。该方法要求二氧化碳纯度极高,故较少采用。

(5)液体的种类及存在于液体中的溶质

不同种类的液体以及液体中存在的不同溶质对二氧化碳的溶解度有很大的影响。在标准状态下,二氧化碳在水中的溶解度是 1.713,在酒精中则为 4.329,这说明液体本身的性质对二氧化碳的溶解度有很大影响。另外,当液体中有溶质存在时,例如胶体、盐类,则利于二氧化碳的溶入,而含有悬浮杂质时则不利于二氧化碳的溶入。

4. 碳酸化的方式与系统

碳酸化是在一定的气体压力和液体温度下,在一定的时间内进行的。一般要求尽量扩大气液两相接触面积,降低液温和提高二氧化碳的压力,因为单靠提高二氧化碳的压力会受到设备的限制,单靠降低水温则效率低且能耗大,所以大都采用冷却降温和加压相结合的方法。

(1)水或混合液的冷却

常用的冷却方法有:水的冷却、糖浆的冷却、水和糖浆混合液的冷却、水冷却后与糖浆混合后再冷却。冷却装置按冷却器的热交换形式的不同可分为直接冷却和间接冷却。

①直接冷却。直接冷却就是直接把制冷剂通入冷却器以冷却水或混合液的冷却方式。冷却器多为排管或盘管式,直接浸没在装满水或混合液的冷冻箱(池)中,制冷剂在管中循环,用蒸发压力控制温度,使水或混合液冷却到需要的温度范围,需要注意冷却装置在进行热水或蒸汽杀菌时的安全性及对制冷剂的选择。

②间接冷却。就是所用的制冷剂不直接通入冷却器,而是先通入冷却介质(如盐水),再将已经冷却的冷却介质通入冷却器对水或混合液进行冷却。饮料冷却器多为管式或板式热交换器。

(2)水或混合液的碳酸化

水或混合液的碳酸化可分为低温冷却吸收式和压力混合式两种。

①低温冷却吸收式。低温冷却吸收式在二次灌装工艺中是把进入汽水混合机的水预先冷却至 4 ℃左右,在 0.441 MPa 下进行碳酸化操作。在一次灌装工艺中则是把已经脱气的糖浆和水的混合液冷却至 16~18 ℃,在 0.784 MPa 下与二氧化碳混合。低温冷却吸收式的缺点是制冷量消耗大,冷却时间长,或由于水冷却程度不够而容易造成含气量不足,且生产成本较高。其优点是冷却后液体的温度低,可抑制微生物生长繁殖,设备造价低。

②压力混合式。压力混合式采用较高的操作压力来进行碳酸化,优点是碳酸化效果好,节省能源,降低了成本,提高了产量;缺点是设备造价较高。

(3)汽水混合机

碳酸化过程一般在碳酸化器或汽水混合机内进行。汽水混合机的类型很多,碳酸化器实际上是一个普通的受压容器,可以在容器上部安装喷头、塔板,将液体分散成薄膜或雾状,使液

体和二氧化碳充分溶解,并进行混合。常用的混合机有如下几种:

①薄膜式混合机。是一种老式混合机,如图 7.7 所示,经过净化的二氧化碳气体通过减压阀,稳定地对碳酸化罐加压 0.4~0.6 MPa(根据温度调节压力),经过水处理和冷却的水由一台活塞式往复泵通过罐上部的进口压入罐内。罐的上部固定有 7~8 组一正一反扣在一起的圆盘,当水流经圆盘的曲面时,延长了水在混合罐内的停留时间,同时形成薄膜,使充满在罐内的二氧化碳分子与水膜的水混合,完成水的碳酸化过程。罐的下部为碳酸水或成品饮料的储存部位,有出口通向灌装机。这种混合机是一个不可变饱和度的混合机,如果在罐下部装一个旁通,可使之成为可变饱和度的混合机。碳酸水在罐内的液面由一个水银开关控制,最高液面不超过进水管上固定的圆盘组,否则将影响混合效果。

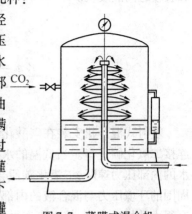

图 7.7　薄膜式混合机

如果在碳酸化罐内装一组空心波纹板式冷却器,可使水或成品饮料在冷却片上分散成薄膜,同时进行冷却和碳酸化过程,是一个完全饱和的混合机,如图 7.8 所示。最新设计采用低饱和效率的碳酸化冷却器,在液体细流中注入二氧化碳,达到所需的碳酸化度,成为可变饱和度的混合机。

②喷雾式混合机。这种混合机在碳酸化罐的顶部有旋转喷头或离心式雾化器,如图 7.9 所示,水或饮料经过雾化,与二氧化碳混合,大大增加了接触面积,提高了二氧化碳在水中的溶解度,同时缩短液体和二氧化碳的作用时间,提高了碳酸化效率。这种混合机可附加可变饱和度的控制。罐的底部为储存罐,其液面可由晶体管液位继电器控制,位置低于雾化器,喷头可做清洗器,实现 CIP 清洗。

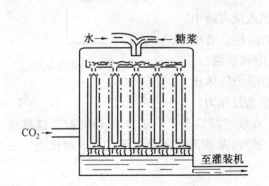

图 7.8　带冷却装置的混合机

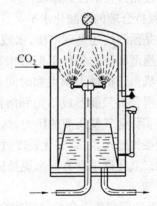

图 7.9　喷雾式混合机

以上两种类型的混合机都是通过碳酸化罐进行碳酸化的,当生产开机之前,罐内充满的是常压下的空气,操作人员必须在开机前或中途停机再开机时,先通入二氧化碳,将罐内空气顶走,而且生产中还需要经常打开罐排气阀门,否则将影响二氧化碳在水中的溶解度,并会给下一工序的灌装带来麻烦。

③喷射式混合机。喷射式混合机又称文丘里管式混合机,如图 7.10 所示。近年来,我国进口的生产线大多使用这种混合机。以前西德设备为例,其混合系统采用三个并联在一起的喷射混合器,使水与二氧化碳混合,然后在一个 500 mm×160 mm 的碳酸化罐内储存,稍加静置

后缓缓送向灌装机。

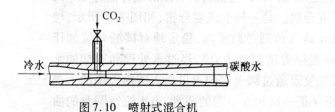

图 7.10　喷射式混合机

喷射式混合机安装在碳酸化罐的底部,是一个 40 mm×350 mm 的管,咽喉(锥形喷嘴)处连接二氧化碳进口。当低温的水或糖浆由泵压入文丘里管流经锥形喷嘴处时,水的流速剧增,水的内部压力速降,二氧化碳便会被不断吸入与液体混合。当混合液离开喷嘴进入扩大管后,周围的环境压力与混合液的内部压力形成较大的压差,使水爆裂成细滴,同时水与气体分子间有很大的相对速度,使水滴变得更细微而雾化,增加了管内与二氧化碳的接触面积,提高了碳酸化的效果。喷射管可做预碳酸化、碳酸化或追加碳酸化,混合的液体进入管道储存罐内或板式热交换器内,以保证气体全部溶解,完成整个过程。

这种混合机一般只要将温度、二氧化碳压力调节在规定范围内,就可取得较为满意的混合效果和较高的效率。

④填料塔式混合机。填料塔式混合机内装有塔板,塔板上填充玻璃球或陶瓷质填料,如图 7.11 所示,低温的水喷洒到填料塔内,经过这些填充料时形成雾化,以扩大与二氧化碳的接触面积和延长碳酸化时间,可以作为可变或不可变饱和度的混合机。这种混合机是常规系统中最流行的,但由于清洗较困难,一般仅做水的碳酸化,不适用于成品饮料的碳酸化。

5.碳酸化过程的注意事项

(1)保持合理的碳酸化水平

无论是预调法还是现调法,水或成品在混合机或储存罐中都在一定温度和压力条件下形成饱和或不饱和的溶液。效率高的混合机由于接触面积大和时间长,足以形成饱和溶液,而效率低的混合机只能形成不饱和溶液。不饱和溶液的气体压力超过了实际含气量所需的压力,这个超额压力称为过压力。

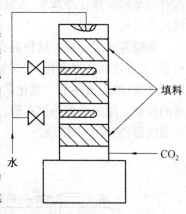

图 7.11　填料塔式混合机

对碳酸饮料来说,碳酸化程度过高,会在放气或放气以后产生不正常的气体逸出,这从质量控制和二氧化碳消耗方面来说是极不合理的。另外,某些产品还会由于过度碳酸化而失去原有的香味。

(2)保持灌装机一定的过压程度

混合机和灌装机的连接一般采用直接连接法,由于饱和溶液从混合机流向灌装机时压力降低,温度可能升高,这时饱和溶液变成过饱和溶液,饮料中的二氧化碳会迅速涌出。尤其在灌装压力降低时,往往会因泡沫过多而使灌装不满。因此灌装机常需要保持一个过压力,即保持一个高于在灌装机内饱和溶液所需的压力。这样在灌装完毕泄压时,虽然大量的压力气体迅速由瓶中排出,但首先排出的是过压力。由于惯性的作用,液体中二氧化碳气体分子扩散的方向不可能迅速转变为相反的方向,即与泄压的气体方向一致,因此,溶液中溶解的二氧化碳不会迅速从液体中分离而产生反喷。

一个最佳的过压程度需由经验决定,一般方法则是灌装机压力和容器平均压差为 98 kPa 时较为有利。这一过压将保持碳酸化饮料的稳定,直到灌装后期在放气操作时,容器内压力下降时为止。

为得到所需的过压力,一方面,目前生产中通常使混合机的压力高于灌装机压力 19.6 kPa,灌装机的压力又比最终产品含气量的压力高 98 kPa。为了解决混合机和灌装机之间的压力差,可将混合机安装在高位来实现。另一方面,也可在混合机和灌装机之间使用过压泵(有时也称去沫泵),以产生额外压力。过压泵的特性必须为一平滑曲线,以保证不同含气量的饮料产品均可获得同等程度的过压力。

(3)将空气混入控制在最低限度

切实采取有效措施,防止空气进入液体饮料中;定期向混合机灌注液体(水或消毒剂),然后用二氧化碳排出,以排除混合机内积存的空气;过夜时,碳酸化罐应经常保持一定的压力,以防止空气进入。

(4)保证水或产品中无杂质

当有卸气杂质存在时,会在排气和排气以后促使二氧化碳过度逸出。最常见的杂质是空气、二氧化碳中的油或其他杂质、瓶中的碱或小片碎标签、水中的杂质以及糖浆中未被溶解的杂质等。

(5)保证恒定的灌装压力

混合机和灌装机的压力产生波动时会影响产品最终的碳酸化程度,同时过压下降时会引起喷涌,导致碳酸化控制失灵。灌装机储液槽液面升高时会淹没反压阀,而液面降低时则灌装不了成品。如储液槽液面异常升高,一般应打开混合机和灌装机之间的气管阀门,也可进行自动控制,当液面升高时让气体进入料槽,防止液面进一步升高,并将液面压到正常工作位置。

7.3.4 碳酸饮料的灌装

1. 灌装方法

碳酸饮料的灌装方法有典型的二次灌装法和一次灌装法,有时也使用组合灌装法。

(1)二次灌装法

采用二次灌装法,设备简单、投资少,比较适合中小型饮料厂生产。从卫生角度考虑,二次灌装法易于保证产品卫生,因为糖浆和碳酸水各成独立的系统。糖浆含糖量高,渗透压高,对微生物能起抑制作用,碳酸水也不易繁殖细菌,其管道单独装置,清洗也很方便。此外,在灌装机有漏水情况时,只消耗水而不会损失糖浆,造成浪费较小。对于含有果肉的碳酸饮料,若采用一次灌装法,果肉颗粒通过混合机时容易堵塞喷嘴,不易清洗,采用两次灌装法则更为有利。

对于二次灌装法,由于糖浆和碳酸水的温度不一样,在糖浆中灌装碳酸水时容易产生大量的泡沫,造成二氧化碳的损失及灌装量不足。若在糖浆灌装前通过冷却器使其温度下降,接近碳酸水的温度,则可避免在灌装时起泡。

另外由于糖浆未经碳酸化,与碳酸水混合调成成品会使含气量降低,因此若用二次灌装法,为保证成品的含气量达到标准,必须使碳酸水的含气量高于成品的预期含气量。如糖浆和碳酸水的比例为 1:4,若成品中含气量为 3 倍容积,则碳酸水的含气量为 $3×5/4=3.75$ 倍容积,而不是 3 倍容积。如糖浆与碳酸水的比例为 1:5,若控制成品含气量为 3 倍容积,则碳酸水的含气量应为 $3×6/5=3.6$ 倍容积。

采用二次灌装法,糖浆是定量灌装,而碳酸水的灌装量会由于瓶子容量不一致,或灌装后液面高低不一致而不准确,从而使成品的质量有差异。

大型二次灌装设备在灌装密封设备后设置翻转混匀机,使瓶子的糖浆和碳酸水均匀混合。有时也用翻转式成品检验机,在检验成品饮料的同时进行糖浆及碳酸水的混合。

（2）一次灌装法

一次灌装法是较先进的灌装方式,大型的设备均采用这种灌装方式。最早的操作方法是将糖浆和处理水按一定比例加到二级配料罐中搅拌均匀,然后经过冷却、碳酸化后再灌装。这种方法需要大容积的二级配料罐,调和后如果不能立即冷却、碳酸化,则由于直接配料、糖度低,易受细菌污染,产品卫生条件难以保证。

大型的连续化生产线多采用定量混合方式。就是把处理水和调和糖浆以一定比例进行连续的混合,压入碳酸气后灌装。在一次灌装的混合机内常配有冷却器或冷却碳酸化混合罐,如图7.12所示。

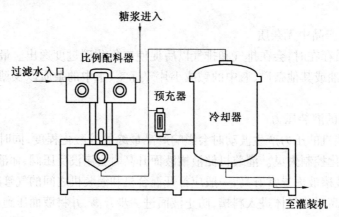

图 7.12　冷却碳酸化混合罐

定量混合机有多种型号,在选择型号时必须考虑:

①使用糖浆的液体性质;

②混合比的稳定性;

③运转操作的简易性;

④洗涤杀菌和维修的简易性。

特别是第①点,含有浆料的果汁糖浆,不是每一型号的定量混合机都适用。混合机在开动和停止时的混合比,会使糖度出现0.1% ~0.2%的误差,需要精密控制时必须注意。混合比若发生异常误差,短时间内就会造成很大的损失。需装有安全机件,以便在运转中发生任何不协调时能自动停止。

一次灌装法的优点是糖浆和水的比例准确,灌装容量容易控制;当灌装容量发生变化时,不需要改变比例,产品质量一致;灌装时,糖浆和水的温度一致,起泡少,二氧化碳的含量容易控制,并较稳定。产品质量稳定,含气量足,生产速度快,已成为碳酸饮料生产发展的方向。这种灌装方法的缺点是不适用于带果肉碳酸饮料的灌装,而且设备较为复杂,混合机与糖浆接触,洗涤与消毒都不方便。

另外,将调和糖浆与碳酸水按一定比例定量混合后直接装入容器内,这种加碳酸水的一次灌装法,也称成品灌装法。这种灌装方式一般在混合机与灌装机之间有1个饮料储存罐,但新式混合系统已取消储存罐,采用线上混合方式。

（3）组合灌装法

为了使一次灌装法适应果肉碳酸饮料的灌装,可以采用各种组合方式。组合方式有以下几种。

①按一般的一次灌装法组合各机,当灌装带肉果汁碳酸饮料时,在调和机上装一个旁通,使调和糖浆按比例泵入另一管线而不与水混合,直接送入混合机末端,利用泵和控制系统将其与碳酸水混合,然后灌装。

②按一般的一次灌装法组合各机,在调和机之后(即水和糖浆调好后)加入一个旁路,采用注射式混合机进行冷却碳酸化,然后进行灌装。

③只使用调和机的比例泵部分,不进行调和。水以注射式混合器做预碳酸水,然后与糖浆共同进入易清洗的碳酸化罐,做最后的碳酸化,再进行灌装。

④二氧化碳和水先在混合机中碳酸化,然后与糖浆分别进入调和机中,按比例调好(或再进入缓冲罐)进行灌装。

2. 灌装系统

灌装系统是指灌装糖浆、灌装碳酸水和封盖等操作的组合体系。灌装方法不同,灌装系统也不同。二次灌装系统由灌浆机(又称糖浆机或定量机)、灌水机和压盖机组成。大规模生产均采用一次灌装法,加糖浆工序中,配比器应放在混合机之前。灌装系统由同一个动力机构驱动的灌装机和压盖机组成。

（1）灌浆机与配比器

①灌浆机。灌浆机又称糖浆加料机,是二次灌装系统灌装糖浆用的设备,一般分为 12 头、16 头和 24 头,由定量机构、瓶座、回转盘、进出瓶装置和传动机构组成。瓶座是安装在转盘上的,随转盘运动,由进瓶装置送进的瓶子,由拨盘拨入瓶座,瓶座下的弹簧有一个向上的力,将瓶座顶起,顶开装在定量机构下部的阀。糖浆依靠本身的静压流入瓶中。瓶座下的小滚轮在斜铁的作用下,将瓶座压下,瓶子脱离定量机构,阀即关闭,装好糖浆的瓶子由出瓶拨盘拨到输送带上,送到灌装机。灌浆机根据定量机构的不同分为以下几种类型。

a. 容积式灌浆机。最简单的容积式定量机即量杯式加料机,如图 7.13 所示。量杯好像一把匙,匙柄是一个空心管,把匙横放,管中心处作为支点,匙沉入料槽中没于糖浆液面下,即可灌满匙杯。当用空瓶插进管口时,由于空瓶质量把管口压降,匙杯抬出液面,匙中糖浆便顺料管流入瓶中,一般采用 4 把匙,两对交替灌装。大型的灌浆机采用多头量杯,管口直立向下(在料槽下部),上端为量杯,量杯位于料槽内,当管口插入空瓶时,量杯没于糖浆液面下,当空瓶上升时料管也上升,量杯推上至离开液面,同时管口阀也开启,满杯糖浆便可流入瓶中。

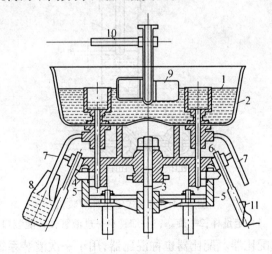

图 7.13　量杯式加料机

1—量杯;2—液槽;3—轴;4—滚轮;5—凸轮;6—升高推进器;7—灌装管;8—瓶;9—浮标;10—进液管;11—支座

活塞式加料机也是一种容积式定量机构,是依靠弹簧阀门灌浆的容积定量机构。当沿进料口来的糖浆进入定量器时,将重块顶起至上部的调节螺杆(这时定量器中糖浆的容积与所需的量一致)。当瓶顶起上部周围有孔的进料管时,管上部的胶垫封住进料口,同时已经定量的糖浆沿泄料管上的孔,在重块作用下流入瓶中。瓶子落下后,进料管在弹簧的作用下复位。下面胶垫封住泄料口,同时进料口打开,进行第 2 次循环。调节上部的调节螺杆可以改变定量大小。这种定量器结构简单,定量比较准确可靠。缺点是当变换品种时必须有足够时间进行热水浸泡和冲洗。

b. 液面密封式灌浆机。也称空气封闭杯式灌浆机或旋塞式定量杯灌浆机,如图 7.14 所示。封闭杯的下端是进料口,由于阀门的控制,糖浆可以来自料槽,也可以通往灌瓶机。料槽液面高度应高于封闭杯液面,而封闭杯上的空气管顶端又高于液面。由于空气管可以上下调节,空气管底端即杯中液面可上升至最高水平。当料槽下部开孔圆盘旋转到与一个定量的进料口重合时,糖浆即流入定量器中。定量器中的液面上升,会封闭住排管口。同时,料液沿排气管上升到与料槽液相平(排气管高于料槽液面),完成定量过程。这时旋塞旋转 90°,定量好的糖浆即流入容器中,调节排气管高低可改变定量的大小。这种机构定量较准确,密封性好。

c. 液体静压式灌浆机。液体静压式灌浆机的构造是一个活塞筒,有两个接口,一个连接到料槽,一个在下端通往灌瓶,如图 7.15 所示。活塞筒内有一个活塞块,上面有一个可以从外部调节的螺杆,螺杆的长短可以固定住活塞块上升的高度。当入口开启时,糖浆由料槽流入活塞筒,静压力推动活塞块上升至一定的高度(由螺杆止住)。这个量就是要灌入瓶中的量。当有空瓶顶开筒的出口阀时,入口即行封闭,筒内定量的糖浆即可流入瓶中。这种设备有单头和多头两种。

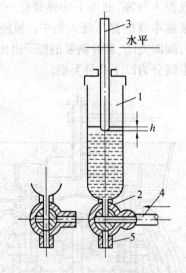

图 7.14　旋塞式定量杯灌浆机

1—定量杯;2—旋塞;3—细管;4—进液管;5—灌装口

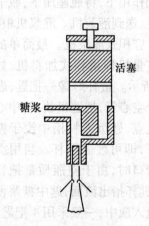

图 7.15　液体静压式灌浆机

②配比器。配比器也称混比器,用于一次灌装系统。配比器安装在混合机前,可将调味糖浆与水按比例定量混合冷却后再进行碳酸化,使操作连续化。主要方法有配比泵法、孔板控制法和注射法。

a. 配比泵法。连锁两个活塞泵,一个进水,一个进糖浆。活塞筒直径有大有小,可以调节进程,达到两种液体的流量按比例调和。但对两台泵的要求特别高,任意一台出现问题时,定量就不准确,当泵体或管道有渗漏现象时都会影响到产品的浓度。现已不多用。

b.孔板控制法。孔板控制式配比器是液体在一个不变压头下以固定流速通过小孔流下并进行混合的。一个小孔通过水,另一个较小的小孔通过糖浆,两种液体流入共用的储存器。主要结构有储水器、储浆器、混合储存器、混合泵和控制系统,如图 7.16 所示。

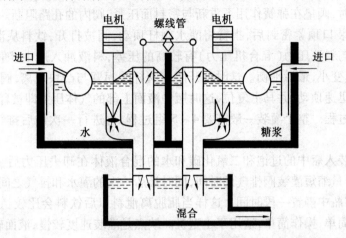

图 7.16　孔板控制式配比器

在储水器和储浆器中,各有一个浮球,通过气动信号发生器控制进水和进浆口的气动阀门,将储水器和储浆器的液面控制在一个很小的高度范围内。水和糖浆的不变压头是由一个循环给料系统中有溢流的立管获得的,安装在立管上的微调阀可将水和糖浆按准确比例定量送入混合储存器。液体定量的调节可调换安装在立管上的孔板,通过改变液体通过的截面积来获得。

储存器里的另一个浮球,通过一个气动信号发生器,将工作信号传给安装在两根立管之间的气缸,控制水立管和浆立管底部阀门同时开闭,使储存器里的液面不会过高或被抽空。在储水器和储浆器中各有一支高液位电极和低液位电极,当两个储存器中的液面同时高于低液位电极时,水立管和浆立管下的阀门才会开始工作,因此电极是保证配比精确的保护装置。当两个储存器中的任一个液面高于高液位电极和低于低液位电极时,全系统就会自行停止工作。

配比器的最后部分是离心式混合泵,其作用是将混合后的液体进一步搅拌,可取得更佳的混合效果。同时,将混合好的饮料送入冷却系统,降到所需温度进行碳酸化。

配比器有一套自动控制装置,定量精确,操作简单,更换品种时只需更换立管上的孔板和将立管上的微调阀调到所需配比即可。生产过程中,还需定时检验水和浆的比例,使饮料中的各种原料始终保持含量精确一致。

c.注射法。注射法是在恒定流量的水中注入一定流量的糖浆,再在大容器内搅拌混合均匀。新型的流量控制是用电脑,电脑根据混合后碳酸饮料的糖度测试的数据来调整水流量和糖浆流量,以达到正确比例。

(2)灌装机与封盖机

①灌装机。灌装机用于灌装碳酸水或混合好的饮料,因此灌装机又称为灌水机,灌装机的灌装方式有以下三种类型。

a.压差式灌装。压差式灌装又称启闭式灌装,老式的机器多为这种灌装机,采用虹吸原理,通往瓶子的阀门只有两个通路,一个通料槽,一个通大气,当通往料槽的通路打开时,饮料流入瓶中,直到瓶内与料槽等压。由于瓶中空气不能排出,故料液会在瓶中受阻而不能灌足量。

这种灌装机的灌水阀的阀体水平装有两支阀杆,上为排气阀杆,下为灌水阀杆,弹簧将橡胶阀垫压紧在密封面上。分别打开排气和进水阀的是拐臂凸块机构。当拐臂在凸块的作用下摆动时,顶块顶动阀杆,压迫弹簧,阀垫脱离密封面,阀内的孔形成通路,以灌水或排气。当拐臂恢复正常位置时,阀垫在弹簧作用下重新与密封面压紧,阀内的孔路阻断。当瓶座顶起瓶子与阀体下部的灌装口顶紧密封后,拐臂将灌水阀杆顶动,阀被打开,饮料从泄料口灌入瓶中。因为瓶中的压力与料液压力(混合机压力)有较高的压差,料液冲入瓶中,随着瓶中液体体积的增加,压差迅速变小,最后平衡。这时顶开灌水阀杆的拐臂与凸块脱离,阀关闭。排气阀杆按同样的方法被迅速顶动,并马上复位,这时瓶中液面上部的气体压力即被释去。一次灌水和一次排气为一组过程。整个灌装一般需要 4~5 组过程,再进行一次最后排气,即完成整个灌装程序。

为了避免已装入瓶中的过饱和二氧化碳和水的混合液体在卸去压力后,游离出来形成泡沫带走液体,应尽量缩短灌装阀排气的时间,同时最后一次的灌水和排气之间的时间要尽量延长,使液体能够在瓶中静置一段时间。这样当瓶脱离泄料口后饮料会比较稳定。这种方式的优点是机器结构简单,操作简单,适用于小型机。缺点是灌装速度较慢,液面较难控制,含气量高的产品不宜采用,因而先进的灌装机已不采用这种方式。

b. 等压式灌装。等压式灌装是先往瓶中充气,使瓶内的气压与储液箱中的气压相等,然后再进行灌装。通往瓶中的通路有三条:一是与储液箱上部气室相通的进气管;二是与储液箱液体相连的储液管;三是与储液箱气室相通的回气管。这三条通路的启闭是由等压灌装阀控制的,灌装阀在回转中通过装在环形导轨上的液阀关闭凸块及排气凸块,完成工艺要求的 4 个过程,即充气反压、灌装回气、排除气管余液和排除液管余液。当瓶座升到最高位置时,瓶口被橡胶垫圈密封,瓶开始推动摆杆,当凸块拨动开闭扳机时,灌装阀上部的气阀打开,储液槽上层的二氧化碳经气管进入瓶内,使瓶内气体压力与储液槽液面上的气体压力相等,以保持等压灌装。由于反压力的作用,灌装阀下部的弹簧阀自动打开,依靠势能差,饮料在静压力作用下经分水圈成伞形顺瓶壁流下,同时瓶内气体又经气管返回到储液槽内。当瓶内液面上升至气管下端小孔时,饮料堵住气体返回的通道,剩余气体积存在瓶颈内,使液体和气体处于平衡状态,实现瓶内液体等高度定量。当关闭机构凸块拨动开闭扳机后,灌装阀被关闭。控片顶开排气塞,打开排气管,使瓶与大气相通,气体排出,泄出瓶中压力,瓶颈内气体排入大气,气管中的饮料流入瓶中,完成整个灌装过程。只需改变进液管孔的高低位置,就可调节瓶中液面的高低。等压式灌装过程如图 7.17 所示。

c. 负压式灌装。也称真空式灌装,原来是用于非碳酸饮料的灌装,灌装时首先滑阀上升,真空室与饮料瓶相通,瓶中空气被抽出形成负压,同时,灌注口开启,排气孔打开,饮料在重力作用下流入瓶内。装入瓶中的液体通过排气管升至灌装机储液槽的液面高度,多余的料液即流入缓冲室,再回到储液箱,灌装结束。然后滑阀下降,残留在气管内的液体流入瓶中,灌注口关闭。

负压式灌装机用于碳酸饮料时则为负压式和等压式的组合。这种灌装机的灌装头与真空阀相通,真空阀由灌装头外的一个盘形凸轮控制,真空阀开启时,容器中的空气抽向真空环,进行空气预排,在容器内可处于真空状态,真空阀关闭后,向容器内充入二氧化碳形成反压,其余过程与等压灌装相同,因此这种灌装机的灌装是由抽空、等压、灌装、排余液 4 个过程完成的。

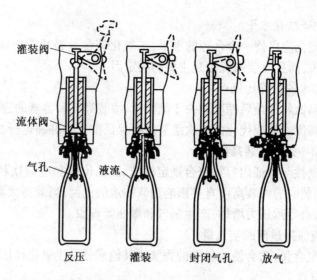

反压　　灌装　　封闭气孔　　放气

图 7.17　等压式灌装过程

抽空式等压灌装机可用于灌装啤酒,也可用于充气果蔬汁饮料的灌装。容器抽空以后灌装,可以减少饮料与空气接触的机会,降低溶解氧的含量。灌装机的保压气体最后选用二氧化碳,在灌装后,部分二氧化碳返回储液槽。

②封盖机或封罐机。聚酯(PET)瓶采用螺旋防盗盖封盖机或旋盖机封盖;易拉罐采用二重卷边式封罐机封罐;玻璃瓶用皇冠盖封盖机封口。

自动封盖机按其运转特点分为两大类:一类是瓶子不动,压盖机头下落,把瓶盖压到瓶口上去;另一类是压盖机头不动,瓶子随瓶托升降,达到压盖的目的。碳酸饮料厂采用的压盖机大多是前一类。

皇冠盖封盖机工作部分有两个,位于机器上端是料斗,它有转动的轴使盖易于滑下,下端是一组轧盖环,以滑道连接。料斗通往滑道中间有一个选盖器,它是一个使盖立放通过的门。由于皇冠盖上面的直径小,下面张开的牙直径大,当通过一侧窄一侧宽的门时,另一组通往收集箱,可再放入料斗重新选择。或将这组盖自行留于料斗或把这组盖通过另一个转弯 180°角的滑道,改变盖的朝向,合并于前一个滑道。轧盖环是一个内部成锥形的环,当滑道送来的盖与瓶口吻合之后,由于瓶子上升或轧盖环下降,使盖张开的牙被轧盖环内部锥形壁挤拢。调节轧盖的松紧度是扎盖好坏的关键,太紧则易扎坏瓶口,太松则封盖不严易漏气。为使封盖机便于输送盖,一般在滑道末端装上压缩空气管,用压缩空气吹送。但压缩空气应过滤后使用,以免污染瓶盖。

碳酸饮料灌装完毕后应立即进行封盖,其间隔时间一般不超过 10 s,以免二氧化碳逸散,保证饮料的质量和存放时间。压盖要做到密封,不漏气,又不能太紧而损坏瓶嘴或使瓶变形。压盖前需要对瓶盖进行消毒,消毒方法常用水蒸气熏蒸 15~20 min,或含有效氯量 200 mg/kg 的漂白粉溶液消毒,再用无菌水冲净后使用。

3. 灌装的质量要求

灌装是碳酸饮料生产的关键一环,无论玻璃瓶、金属罐和塑料容器等不同的包装形式,还是采用何种灌装方式和灌装系统,都应保证碳酸饮料的质量要求,这些质量要求主要有以下几方面。

（1）达到预期的碳酸化水平

碳酸饮料的碳酸化应保持一个合理的水平，二氧化碳含量必须符合规定要求。成品含气量不仅与混合机有关，而且灌装系统也是主要的决定因素。

（2）保证糖浆和水的正确比例

两次灌装法成品饮料的最后糖度取决于灌浆量、灌装高度和容器的容量，要保证糖浆量的准确度和控制灌装高度。而现代化的一次灌装法要保证配比器准确运行。

（3）保持合理和一致的灌装高度

灌装高度的精确性与保证内容物符合规定标准、商品价值和适应饮料与容器的膨胀比例有关。例如，两次灌装时的灌装高度直接影响糖浆和水的比例，当灌得太满，顶隙小，饮料由于温度升高而膨胀时，会导致压力增加，产生漏气和爆瓶等现象。

（4）容器顶隙应保持最低的空气量

顶隙部分的空气含量多，会使饮料中的香气或其他成分发生氧化作用，导致变味变质。

（5）密封严密有效

密封是保护和保持饮料质量的关键因素，瓶装饮料无论是皇冠盖还是螺旋盖都应密封严密，压盖时不应使容器有任何损坏，金属罐卷边质量应符合规定的要求。

（6）保持产品的稳定性

不稳定的产品开盖后会发生喷涌和泡沫外溢现象。造成碳酸饮料产品不稳定的因素主要有过度碳酸化、过度饱和、存在杂质、存在空气以及灌装温度高或温差较大等。任何碳酸饮料在大气压力下都是不稳定的（过饱和），而且这种不稳定性随碳酸化度和温度升高而增加，因此冷瓶子（容器）、冷糖浆、冷水（冷饮料）对灌装是极为有利的。

7.3.5 碳酸饮料常见的质量问题及预防方法

碳酸饮料中常出现的质量问题很多，主要表现在杂质、无气、混浊、沉淀、变味、变色等。产生以上现象的原因是多方面的，现将其产生的原因及预防方法分述如下。

1. 杂质

杂质是产品中肉眼可见的、有一定形状的非化学产物。杂质一般不影响口味，但影响产品的外观。杂质一般分为三类：不明显杂质、较明显杂质和明显杂质。不明显杂质往往是原料里带入的，主要是一些体积较小不易看出的小尘粒、小砂粒、小黑点等。较明显杂质主要是体积较大的尘粒、小玻璃，容易看出来。明显杂质包括刷毛、大纸屑、锈铁屑片、蚊虫等。造成杂质的原因主要有以下几个方面。

（1）原料带来的杂质

原料所带杂质主要是用量大的原料所带的杂质，一般来说水和砂糖最易带杂质，而柠檬酸、色素、香料等辅料里的杂质较少。水带的杂质主要是过滤处理不好，应采用砂棒过滤器和活性炭过滤器二级过滤就可清除杂质。砂糖带的小微粒黑点杂质不易除去，可先将糖浆（粗糖浆）进行过滤，然后在配完料后再过滤一次混合糖浆，就能清除杂质。另外，储水池、过滤器、糖浆储罐等器具应经常清洗干净，同时注意密封性，以免外来空气中的砂尘粒随风吹入。

（2）瓶子未洗净或瓶盖带来的杂质

杂质问题最大的是瓶子不洁，因此必须加强洗瓶工序的管理，保证洗瓶时间、温度和洗瓶效果。在洗瓶后也要认真检查，瓶盖也要认真清洗，防止小片的碎屑杂质带入。

（3）机件碎屑或管道沉积物

为避免机件碎屑的混入，应当注意混合机、灌装机、压盖机等易损件的磨损，尤其是橡胶件和皮件及个别的麻件、线件等的磨损。有时压盖机不正常或瓶子较高，在压盖时易将瓶子局部压碎（压盖后可掩盖破碎部分），所以在瓶子里会有小玻璃碴，同时在每天上、下班时，都应对管道进行消毒，并定期用酸、碱液除去管道壁上附着的沉淀垢物。经常对管道进行白水抽查检验，看有无杂质。

2. 含气不足或爆瓶

含气不足实际就是二氧化碳含量太少或根本无气，这样的产品开盖无声，没有气泡冒出。因为二氧化碳溶解于水后呈酸性，而且二氧化碳对微生物有一定的抑制作用，所以二氧化碳含量低或无气易引起产品变质。造成二氧化碳量不足的原因有：

（1）二氧化碳纯度低，或纯度不够标准；

（2）碳酸化时液体温度不高；

（3）混合机混合效果不好；

（4）生产过程中有空气混入或脱气不彻底；

（5）混合机或管道漏气；

（6）灌装机不好用，空气排除不好；

（7）封盖不及时或不严密，或瓶与盖不配套。

提高饮料碳酸化水平的方法和措施有：降低水温；排净水和二氧化碳容器中的空气；提高二氧化碳纯度；选用优良的混合设备（设有冷却装置及排空气装置）；保持二氧化碳供气过程中的压力稳定平衡；进入混合机中的水与二氧化碳的比例适当；根据封盖前汽水温度和含气量要求，调整混合机的混合压力，保证气量；经常检查管路、阀门，随坏随修，保证密封好用，严格执行操作规程。

爆瓶是由于二氧化碳含量太高，压力太大，在储藏温度高时气体体积膨胀超过瓶子的耐压程度，或是由于瓶子质量太差造成的。因此应控制成品中合适的二氧化碳含量，并保证瓶子的质量。

3. 混浊、沉淀

混浊是指产品呈乳白色，看起来不透明。沉淀是指在瓶底发生白色或其他颜色的片屑状、颗粒状、絮状等沉淀物。

产品混浊、沉淀产生的原因很多，但一般都是由于微生物污染、化学性变化、物理性变化和其他原因所引起的。因此，在查找原因时要按具体情况分析，以便对症下药，解决问题。

（1）微生物引起的混浊、沉淀

由于碳酸饮料在生产过程中没有杀菌工序，因此对原料的质量要特别注意。如微生物与糖作用，使糖变质产生混浊，与柠檬酸作用时会形成丝状或白色云状沉淀。其原因是封盖不严，使二氧化碳溢出，浸入的空气中带有细菌，从而使产品发生酸败；由于设备清洗不彻底或生产中没有及时将糖浆冷却装瓶，以致感染杂菌产生酸败味。

（2）化学性变化引起的混浊、沉淀

化学性变化引起的混浊、沉淀一般是由于饮料在生产过程中原辅料之间相互作用或与空气或水源中的氧气或其他物质发生反应的结果。

①由砂糖引起的混浊、沉淀。用市售的砂糖制作碳酸饮料时，装瓶放置数日后，有时产生细微的絮状沉淀，有人称为"起雾"，这不仅影响饮料的商品价值，而且不符合有关食品法规。所以以砂糖作为原料，砂糖品质十分重要。台湾糖业研究所对这个问题进行了分析研究，得出

的结论是:白砂糖中所含的极微量淀粉和蛋白质是导致沉淀起雾的主要原因。糖所含杂质引起的沉淀和微生物污染产生的沉淀不同,糖杂质引起的沉淀经搅动后会分散消失,静置后又渐渐出现;而微生物污染引起的沉淀搅动后则不会消失。

②水硬度过高引起的沉淀。硬水中所含的钙和镁离子与柠檬酸作用,生成柠檬酸的盐类在水中的溶解度低,会生成沉淀。

③使用不合格或变质的香精香料。适量使用香精香料虽然正常,但用量过多也能引起白色混浊或悬浮物,但此现象多是在配料后即发生,容易判断。

④色素质量不好或用量不当也会引起沉淀。使用焦糖于含鞣酸的饮料中,易发生沉淀。焦糖色素由于制法不同,分为阴离子色素和阳离子色素,焦糖中的胶体物质,当达到它的等电点时,就会产生混浊和沉淀。

⑤配料方法不当引起的沉淀。如在糖浆里先加酸味剂,再加苯甲酸钠,也会生成结晶的苯甲酸,呈规则的小亮片沉淀。

(3)物理性变化引起的混浊、沉淀

物理性变化引起的混浊、沉淀一般表现为生产出的饮料一周内即出现混浊、不透明或瓶底有一层云雾水,或有微小颗粒沉积瓶底。其原因是水过滤不彻底,未使其中的矿物杂质清除干净;瓶子未洗涤干净,附着于瓶壁的杂质被水浸泡后形成沉淀;水质不适也会出现混浊或不透明。

(4)防止混浊、沉淀的措施

为了保证产品的质量,杜绝混浊、沉淀现象,在生产中应采取以下措施。

①加强原料的管理,尤其是砂糖、水质的检测工作,砂糖应做絮凝试验,不合格原料不能用于生产。

②保证产品含有足够的二氧化碳气体。

③减少生产各环节的污染,水处理、配料、瓶子清洗、灌装、压盖等工序都必须严格执行卫生标准(如生产卫生、环境卫生、个人卫生、产品卫生等)。

④对所用容器、设备有关部分及管道、阀门要定期进行消毒灭菌。对一些采用钙盐作为冷媒剂的,要经常检测冷却软水出口的水质,看是否含有钙盐,可用硝酸银溶液滴定检查。

⑤一般不用储藏时间长的混合糖浆生产汽水,若需使用必须采用消毒密封措施,在下次使用前先做理化和微生物检测,合格后方可继续使用。

⑥加强过滤介质的消毒灭菌工作。

⑦防止空气混入。空气混入,一是降低了二氧化碳含量,二是利于微生物生长。所以应对设备、管道、混合机等部位的密封程度进行检查,及时维修。

⑧配料工序要合理。注意加入防腐剂和酸味剂的次序。

⑨生产饮料用水一定要符合标准要求。

⑩选用优质的香精、食用色素,注意用量和使用方法,一般要先做小试验,合格后才投入生产。

4. 糊状

生产的产品放置数天后,成了乳白色胶体状态,开盖后倒出成糊状。造成糊状的原因有:

①生产所用的糖质量差,含有较多的胶质、蛋白质。

②二氧化碳气含量太少,或空气混入过多,使一些好气性微生物生长繁殖。

③瓶子刷得不干净,瓶壁上附有微生物,利用产品中的营养成分生成胶体物。

预防的途径有:加强设备、原料、操作等环节的卫生管理;充足二氧化碳气体,降低成品的pH 值;选用优质的原辅材料生产。

5. 变色与变味

碳酸饮料在储藏中会出现变色、退色等现象,特别是受到阳光的长时间照射。其原因是饮料中的二氧化碳是人工压入的,在饮料中不稳定,当饮料受到日光照射时,其中的色素在水、二氧化碳、少量空气和日光中紫外线的复杂作用下发生氧化作用。另外,色素在受热或氧化酶作用下会发生分解,或饮料储存时间太长,也会使色素分解,失去着色能力,在酸性条件下形成色素酸沉淀,饮料原有的色泽也会逐渐消失。因此,碳酸饮料应尽量避光保存,避免过度曝光;储存时间不能过长;储存温度不能过高;每批存放的数量不能过多。

碳酸饮料的变味一般是由于微生物引起的,如污染了产酸酵母,会有乙醛味和酸味;如污染了醋酸菌,则会产生强烈的醋酸味;在果汁类碳酸饮料中,肠膜明串珠菌和乳酸杆菌可使其产生不良气味。另外,生产过程中操作不当也会导致饮料产生异味,如配料时容器设备没有洗净会产生酸败味或双乙酰味;柠檬酸用量过多造成涩味;糖精钠用量过多造成苦味;香精质量差、使用量不当形成异味;回收瓶洗涤不净而带入各种杂味等。要解决这些问题,必须严格规范水处理、配料、洗瓶、灌装、压盖等工序,严格按规程操作,并全面搞好卫生管理。

7.4　果蔬汁饮料

7.4.1　果蔬汁的生产工艺流程

目前世界上生产的主要果蔬汁产品根据加工工艺的不同,可以分为五大类型:

(1)澄清汁(Clear Juice),需要澄清和过滤,以干果为原料还需要浸提工序。

(2)混浊汁(Cloudy Juice),需要均质和脱气。

(3)果肉饮料(Nectar),需要预煮与打浆,其他工序与混浊汁一样。

(4)浓缩汁(Concentrated Juice),需要浓缩。

(5)果汁粉(Juice Powder),需要脱水干燥,目前这类果汁的生产量很少,在我国的软饮料分类中这类产品属于固体饮料的范畴,因此在此不作介绍。

各类果蔬汁的生产工艺流程如图 7.18 所示。

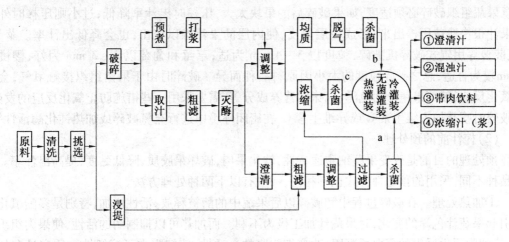

图 7.18　果蔬汁的生产工艺流程图

a—澄清汁工艺;b—混浊汁与果肉饮料工艺;c—浓缩汁(浆)工艺

7.4.2 操作要点

1. 原料预处理

（1）选择

果蔬汁加工必须选择适宜制汁的原料。一方面要求加工品种具有香味浓郁、色泽好、出汁率高、糖酸比合适、营养丰富等特点；另一方面生产时原料应该新鲜、清洁、健康、成熟，加工过程中要剔除腐烂果、霉变果、病虫果、未成熟果以及枝、叶等，以充分保证最终产品的质量。

（2）清洗

果蔬原料的清洗包括流水输送、浸泡、刷洗（带喷淋）、高压喷淋等4道工序：

①流水输送，是在流水槽中（带有一定的坡度）进行，流水槽可以是明的，也可以是暗的，果蔬倒入槽中通过水流压力向前输送，同时得到初步的冲洗。对于一些地下蔬菜如胡萝卜的加工必须经过这道工序清洗，将蔬菜表面的泥土去除。

②果蔬原料通过提升机提升至一个水槽，进行短暂的浸泡。

③输送到一个带有多个毛刷滚轮的清洗机上，通过毛刷滚轮一方面向前输送果蔬，同时对果蔬原料进行刷洗、冲洗（毛刷滚轮的正上方装有高压喷淋装置），在浸泡之后与毛刷滚轮的清洗之前，在传送带的两侧，设有挑选台，安排生产人员对果蔬进行挑选，剔除腐烂果、残次果、病虫果、未成熟果以及枝、叶等。

④果蔬经过毛刷之后，需要经过一道高压喷淋，以保证果蔬原料的清洁卫生。生产中的清洗用水经过滤和适当的消毒处理，可以循环利用。但必须指出，对于浆果类水果的加工不需要清洗这道工序。

2. 取汁前的预处理

（1）破碎

因为果蔬的汁液都存在于果蔬的组织细胞内，只有打破细胞壁，细胞中的汁液和可溶性固形物才能出来，因此取汁之前，必须对果蔬进行破碎处理，以提高出汁率，特别是一些果皮较厚、果肉致密的果蔬原料。

破碎机的类型主要有辊式破碎机（挤压式破碎机）和锤式破碎机（锯齿式破碎机）。应当注意果蔬组织破碎必须适度，如果破碎后的果块太大，压榨时出汁率降低；过小则压榨时外层的果汁很快地被压榨出来，形成一层厚皮，使内层的果汁难以流出，也会降低出汁率。苹果、梨、菠萝等用辊式破碎机破碎，粒度以 3～4 mm 为适，草莓和葡萄以 2～3 mm 为好，樱桃以 5 mm较为合适，总之破碎粒度的大小因原料品种而异。破碎时由于果肉组织接触氧气，会发生氧化反应，破坏果蔬汁的色泽、风味和营养成分等，需要采用一些措施防止氧化反应的发生，如破碎时喷雾加入维生素C或异维生素C，在密闭环境中进行充氮破碎或加热钝化酶活性等。

（2）榨汁前的预处理

预处理的目的是改变果蔬细胞通透性，软化果肉，破坏果胶质，降低黏度，提高出汁率。果蔬品种不同，采用的预处理方式也不相同，一般有以下两种处理方法。

①加热处理。在破碎过程中和破碎以后果蔬中的酶被释放，活性增加，特别是多酚氧化酶会引起果蔬汁色泽的变化，对果蔬汁加工极为不利。而加热可以抑制酶的活性，使果肉组织软化，使细胞原生质中的蛋白质凝固，改变细胞膜的半透性，使细胞中可溶解性物质容易向外扩散，有利于果蔬中可溶性固形物、色素的提取。适度加热可以使胶体物质发生凝聚，使果胶水解，降低液汁的黏度，从而提高出汁率。

②果胶酶处理。果胶含量高的果实如苹果、猕猴桃等黏性较大,榨汁困难。为了提高出汁率,生产中有时需要加入酶制剂来对果蔬浆料进行处理,分解果胶。

果胶酶制剂的添加量一般按果蔬浆质量的 0.01% ~ 0.03% 加入,酶反应的最佳温度为 45 ~ 50 ℃,反应时间为 2 ~ 3 h。若酶量不足或时间过短,则达不到目的,反之则分解过度。

3. 取汁

果蔬的取汁工序是果蔬汁加工中一道非常重要的工序,取汁方式是影响出汁率的一个重要因素,也影响果蔬汁产品品质和生产效率。果蔬的出汁率可按下列公式计算:

$$出汁率 = 汁液质量/果蔬质量 \times 100\% （压榨法）$$

$$出汁率 = \frac{汁液质量 \times 汁液可溶性固形物}{果蔬质量 \times 果蔬可溶性固形物} \times 100\% （浸提法）$$

根据原料和产品形式的不同,取汁方式差异很大,主要有以下几种。

（1）压榨

压榨是生产中广泛应用的一种取汁方式,通过一定的压力取得果蔬中的汁液,榨汁可以采用冷榨、热榨甚至冷冻压榨等方式,如制造浆果类果汁,为了获得更好的色泽可以采用热榨,在 60 ~ 70 ℃压榨使更多的色素能溶解于汁液中。主要榨汁机有:带式榨汁机、气囊式榨汁机、螺旋榨汁机、HP/HPX 卧式榨汁机、裹包式榨汁机、柑橘类果实榨汁机。

（2）离心法

离心法是通过卧式螺旋离心机来完成,利用离心力的原理实现果汁与果肉的分离。料浆通过中心送料管进入转筒的离心室,在高速离心力作用下,果渣甩至转筒壁上,由螺杆传送器将果渣不断地送往转筒的锥形末端而排出,果汁通过螺纹间隙从转筒的前端流出。

（3）浸提法

浸提法主要适用于干果,如酸枣、乌梅、红枣等,或水果中果胶含量较高、通过上述方法难以取汁的果蔬原料(如山楂),有分批式和连续式两种浸提方式。其中连续逆流浸提法(Countercurrent Extraction)采用物料和浸提液双向移动。

（4）打浆法

在果蔬汁的加工中,这种方法适用于果蔬浆和果肉饮料的生产。果蔬原料中果胶含量较高、汁液黏稠、汁液含量低,压榨难以取汁,或者因为通过压榨取得的果汁风味比较淡,所以需要采用打浆法,果肉饮料都是采用这种方法,如草莓汁、芒果汁、桃汁、山楂汁等。果蔬原料经过破碎后需要立即在预煮机进行预煮,钝化果蔬中酶的活性,防止褐变,然后进行打浆,生产中一般采用三道打浆工序,筛网孔径的大小依次为 1.2,0.8,0.5 mm,经过打浆后果肉颗粒变小,有利于均质处理。如果采用单道打浆工序,筛眼孔径不能太小,否则容易堵塞网眼。

4. 粗滤

除打浆法之外,其他方法得到的果蔬汁液中含有大量的悬浮颗粒,如果肉纤维、果皮、果核等,它们的存在会影响产品的外观质量和风味,需要及时去除,粗滤可在榨汁过程中进行或单机操作,生产中通常使用振动筛进行粗滤。对澄清汁粗滤后还需澄清与过滤,对于混浊汁和带肉饮料则需要均质与脱气。

5. 澄清果蔬汁的澄清与过滤

（1）澄清

按澄清作用的机理,果蔬汁的澄清可分为五大类。

①酶法澄清。果蔬汁中的胶体系统主要是由果胶、淀粉、蛋白质等大分子形成的,添加果胶酶和淀粉酶分解大分子果胶和淀粉,可破坏果胶和淀粉在果蔬汁中形成的稳定体系,使悬浮物质随着稳定体系的破坏而沉淀,果蔬汁得以澄清。生产中经常使用果胶复合酶,这种酶具有

果胶酶、淀粉酶和蛋白酶等多种活性。

②电荷中和澄清。果蔬汁中存在的果胶、单宁、纤维素等带负电荷，通过加入带正电荷的物质，发生电性中和，从而破坏果蔬汁稳定的胶体体系。如明胶法，明胶能与果蔬汁中的果胶、单宁相互凝聚，并吸附果蔬汁中的其他悬浮物质，产生沉淀。另外，还有硅胶-明胶法、壳聚糖法等。

③吸附澄清。吸附澄清是通过加入表面积大具有吸附能力的物质，吸附果蔬汁中的一些蛋白质、多酚类物质等，如膨润土澄清法、聚乙烯吡咯烷酮（PPVP）澄清法等。

④冷热处理澄清。冷热处理澄清是通过冷冻或加热处理使果蔬汁中的胶体物质变性，絮凝沉淀，如冷冻澄清、加热澄清。

⑤超滤澄清。实际上是一种机械分离的方法，即利用超滤膜的选择性筛分，在压力驱动下把溶液中的微粒、悬浮物质、胶体和大分子与溶剂和小分子分开。其优点是无相变，挥发性芳香成分损失少，在密闭管道中进行不受氧气的影响，能实现自动化生产。

目前，在果蔬汁的生产中主要是采用酶分解和超滤结合的复合澄清法，其他一些澄清方法都是一些辅助性方法，为了提高澄清效果，需要结合使用。

（2）过滤

果蔬汁的过滤方法主要采用压滤法，常用的压滤机有板框式过滤机、硅藻土过滤机、超滤机等三种。由于板框式和硅藻土过滤机不能连续化生产，企业往往需要两台或多台交替使用，且生产能力较小。一些大型果蔬汁加工厂基本都使用超滤机，但是超滤剩下的最后混浊物含量高，很容易堵塞超滤膜，过滤速率很慢，最后需要使用板框式或硅藻土过滤机配合。

6. 混浊果蔬汁的均质与脱气

（1）均质

混浊汁与带肉饮料需要进行均质处理，均质的目的是使果蔬汁中的悬浮果肉颗粒进一步破碎细化，大小更为均匀，同时促进果肉细胞壁上的果胶溶出，使果胶均匀分布于果蔬汁中，形成均一稳定的分散体系。

高压均质机的均质压力为 10～50 MPa，其工作原理是通过均质机内高压阀的作用，使加高压的果蔬汁及颗粒从高压阀极为狭小的间隙中通过，然后凭借剪切力的作用和急速降压所产生的膨胀、冲击和空穴作用，使果蔬汁的细小颗粒受压而破碎，细微化可达到胶粒范围而均匀分散在果蔬汁中。

（2）脱气

果蔬组织中会溶解一定的空气，加工过程中又经过破碎、取汁、均质以及泵、管道的输送，都会带入大量的空气到果蔬汁中，在生产过程中需要将这些溶解的空气脱除，称为脱气或去氧。脱气可以减少或防止果蔬汁的氧化，减少果蔬汁色泽和风味的破坏以及营养成分的损失，如维生素C的氧化，防止马口铁罐的氧化腐蚀，避免悬浮颗粒吸附气体上浮，以及防止灌装和杀菌时产生泡沫。

然而脱氧的同时也会带来挥发性芳香物的损失，因此在生产中为了减少损失，必要时可以进行芳香物质的回收，加到果蔬汁中，以保持原有的风味，或者添加香精来弥补这一部分损失。另外在加工柑橘类果汁时，为了避免外皮精油混入而产生异味，榨汁后需要对果汁进行减压去油，其后就不必再进行脱气。

脱气的方法有真空脱气、气体置换脱气、加热脱气、化学脱气以及酶法脱气等。生产中基本采用真空脱气，通过真空泵创造一定的真空条件，使果蔬汁在脱气机中以雾状形式（扩大表面积）喷出，脱除氧气；对于没有脱气机的生产企业可使用加热脱气，但脱气不彻底；气体置换脱气是通过向果蔬汁中充入一些惰性气体(如氮气)来置换果蔬汁中存在的氧气;化学脱气是利用一些抗氧化剂,如维生素C或异维生素C消耗果汁中的氧气,它常常与其他方法结合使用;酶法脱气是利用葡萄糖氧化酶将葡萄糖氧化成葡萄糖酸而耗氧,生产中几乎没有使用。

7.果蔬汁的浓缩

果蔬汁的浓缩比可以按下式计算:

$$浓缩比=浓缩前物料的质量/浓缩后物料的质量$$

或　　　　　浓缩比=浓缩后物料的可溶性固形物/浓缩前物料的可溶性固形物

果蔬汁浓缩方法主要有以下三种。

(1)真空浓缩法

大多数果蔬汁是热敏性食品,在高温下长时间煮制浓缩,会对果蔬汁的色、香、味带来很大的不利影响。为了较好地保证果蔬汁的品质,浓缩应该在较低的温度下进行,因此多采用真空浓缩,即在减压的条件下使果蔬汁中的水分迅速蒸发,浓缩时间很短,能很好地保存果蔬汁的质量。浓缩温度一般为25~35 ℃,不宜超过40 ℃,真空度为0.096 MPa左右。但这样的温度适合微生物活动和酶的作用,因此浓缩前应进行适当的杀菌。

真空浓缩的关键组件是蒸发器,主要由加热器和分离器两部分组成,加热器是利用水蒸气为热源加热被浓缩的物料,为强化加热过程,常采用强制循环代替自然循环,分离器的作用是将产生的二次蒸汽与浓缩液分离。常用蒸发器主要有搅拌式蒸发器、升膜式蒸发器、降膜式蒸发器、强制循环式蒸发器、螺旋管式蒸发器、板式蒸发器、离心薄膜式蒸发器等。

(2)冷冻浓缩法

冷冻浓缩法是利用冰与水溶液之间的固液相平衡原理,将水以固态冰的形式从溶液中分离的一种浓缩方法。冷冻浓缩包括冷却过程、冰晶的形成与扩大、固液分离三个过程,冷冻方式分为层状冻结(在管式、板式、转鼓式及带式设备中进行)和悬浮冻结。悬浮冻结浓缩方法的特征为无数悬浮于母液中的小冰晶,在带搅拌装置的低温罐中长大并不断排除,使母液浓度增加而浓缩。冷冻浓缩装置主要由结晶系统和分离设备两部分组成,Grenco公司的单级冷冻浓缩系统如图7.19所示。

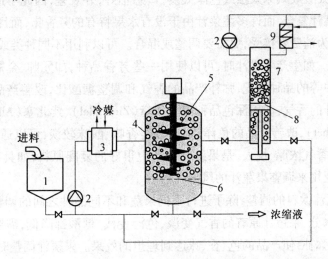

图7.19　Grenco公司的单级冷冻浓缩系统

1—原料罐;2—循环泵;3—刮板式热交换器;4—再结晶罐(成熟罐);
5—搅拌器;6—过滤器;7—洗净塔;8—活塞;9—冰晶融解用热交换器

果蔬汁的冷冻浓缩就是将果蔬汁进行冷冻处理,当温度达到果蔬汁的冰点时,果蔬汁中的部分水呈冰晶析出,果蔬汁浓度得到提高,果蔬汁的冰点下降。当继续降温达到果蔬汁的新冰点时,形成的冰晶扩大。如此反复,由于冰晶数量的增加和冰晶的扩大,浓度逐渐增大。及至其共晶点或低于共溶点温度时,被浓缩的溶液全部冻结。果蔬汁的冷冻过程为:果蔬汁→冷却→结晶→固液分离→浓缩汁。

与真空浓缩法相比,首先,冷冻浓缩法避免了热和真空的作用,没有热变性,不发生加热臭,芳香物质损失极少,产品的质量远远高于真空浓缩的产品;其次,热能耗量少,冷冻水所需要的能量为 334.9 kJ/kg,而蒸发水所需要的能量为 2 260.8 kJ/kg,理论上冷冻浓缩所需要的能量为蒸发浓缩需要的能量的 1/7。冷冻浓缩的主要缺点是:浓缩后产品需要冷冻储藏或加热处理以便保藏,浓缩分离过程中会造成果蔬汁的损失,浓度高、黏度大的果蔬汁不容易分离,冷冻浓缩受到溶液浓度的限制,浓缩浓度一般不超过 55°Bx。

(3)反渗透浓缩法

反渗透技术在果蔬汁工业上可用于果蔬汁的预浓缩,与蒸发浓缩相比,反渗透浓缩的优点是:不需加热,常温下浓缩不发生相变,挥发性芳香成分损失少,在密闭管道中进行不受氧气的影响,较为节能。反渗透浓缩需要与超滤和真空浓缩结合起来才能达到较为理想的效果。其过程为:混浊汁→超滤→澄清汁→反渗透→浓缩汁→真空浓缩→浓缩汁。

8. 果蔬汁的调整与混合

果蔬汁的调整与混合俗称调配。根据果蔬汁产品的类型和要求,调配的基本原则是:一方面要实现产品的标准化,使不同批次产品保持一致性;另一方面是为了提高果蔬汁产品的风味、色泽、口感、营养和稳定性等,力求各方面能达到很好的效果。

100%的果蔬汁在生产过程中不添加其他物质,大多数水果都能生产较为理想的果汁,具有合适的糖酸比,好的风味与色泽。一般大部分果汁的糖酸比为 13:1~15:1。但是有一些100%的果蔬汁由于太酸或风味太强或色泽太浅,口感不好,外观差,因此不适宜于直接饮用,需要与其他一些果蔬汁复合,而许多蔬菜汁由于没有水果特有的芳香味,而且经过热处理易产生煮熟味,风味不易为消费者接受,更需要调整或混合。可以利用不同种类或不同品种果蔬的各自优势,进行复配。如生产苹果汁时,可以使用一些芳香品种,如元帅、金冠、青香蕉等与一些酸味较强或酸味中等的品种复配,弥补产品的香气和调整糖酸比,改善产品的风味;利用玫瑰香品种提高葡萄汁的香气;利用深色品种如辛凡黛(Zinfandel)、紫北塞(Alicante Bouschet)、北塞魂(Petite Bouschet),改善产品的色泽;宽皮橘类香味、酸味较淡,可以通过橙类果汁进行调整;许多热带水果香气浓厚、悦人,是果蔬汁生产中很好的复配原料,如具有"天然香精"之称的西番莲目前广泛用来调整果蔬汁的风味。

非100%的果蔬汁饮料的调整,除了进行不同果蔬和不同品种之间的调整外,由于加工过程中添加了大量的水分,果蔬汁原有的香气变淡、色泽变浅、糖酸都降低,需要通过添加香精、糖、酸甚至色素进行弥补,使产品的色、香、味达到理想的效果。果蔬汁调整时需要添加的糖与酸可按下列公式计算,香精则应根据具体情况而定。

$$W_S = \frac{\dfrac{W}{R} \cdot S_3 - W_1 S_1}{S_2} \tag{7.4}$$

$$W_A = \cfrac{\cfrac{W}{R} \cdot A_3 - W_1 A_1}{A_2} \tag{7.5}$$

$$W_W = \frac{W}{R} - W_S - W_A - W \tag{7.6}$$

式中　W——原果蔬汁的质量,kg;

　　　W_S——需要添加的糖液质量,kg;

　　　W_A——需要添加的酸液质量,kg;

　　　W_W——需要加水质量,kg;

　　　R——调整后产品中的果蔬汁质量分数,%;

　　　S_1——原果蔬汁中可溶性固形物质量分数,%;

　　　S_2——添加的糖液质量分数,%;

　　　S_3——调整后成品中可溶性固形物质量分数,%;

　　　A_1——原果蔬汁中酸的质量分数,%;

　　　A_2——添加的酸液的质量分数,%;

　　　A_3——调整后成品中酸的质量分数,%。

近年来,在果蔬汁生产中强化一些营养成分已成为一种发展趋势,如强化膳食纤维、维生素和矿物质等,美国生产的很多橙汁中都添加了钙。

9. 果蔬汁的杀菌与灌装

果蔬汁的包装与杀菌是产品得以长期储存的关键。在进行杀菌时,一方面需要杀死果蔬汁中的致病菌和钝化果蔬汁中的酶,同时要考虑产品的质量,如风味、色泽和营养成分,以及物理性质,如黏度、稳定性等不能受到太大的影响,因此杀菌温度和杀菌时间是两个重要的参数。不同的果蔬汁 pH 值差别很大,因而杀菌条件也会有很大的不同。

以前,对于瓶装和三片罐装的果蔬汁多采用二次巴氏杀菌,即将果蔬汁加热到 70 ~ 80 ℃后灌装(实际上主要是为了排气,生产中通常称为第一次杀菌),密封后再进行第二次杀菌,由于加热时间较长,对产品的营养成分、颜色和风味都有不良的影响,现在生产中使用较少。目前随着杀菌技术的开发,生产中广泛采用高温短时(High Temperature Short Time,HTST)杀菌和超高温(Ultra High Temperature,UHT)杀菌。对于 pH<3.7 的高酸性果汁采用高温短时杀菌方法,一般温度为 95 ℃,时间为 15 ~ 20 s。而对于 pH>3.7 的果蔬汁,广泛采用超高温杀菌方法,杀菌温度为 120 ~ 130 ℃,时间为 3 ~ 6 s。对于蔬菜汁,不仅产品的 pH 值高,而且土壤中的耐热菌污染的机会较多,如番茄汁有可能出现一些芽孢杆菌,如巴氏固氮梭状芽孢杆菌(Clostridium Pasteurianum)、酪酸梭状芽孢杆菌(Clostridium Butyricum)和嗜酸耐热芽孢杆菌(Bacillus Thermoacidurans),杀菌特别要注意。销往热带地区或沙漠地区的蔬菜汁,由于当地气温高,如果杀菌不彻底,在合适的条件下耐热菌容易生长繁殖,经常会出现产品腐败现象,因此在检验时不仅要进行 37 ℃ 的嗜温菌的培养,还需要进行 55 ℃ 的嗜热菌的培养。

目前在果蔬汁加工的生产过程中,一般采用热灌装、冷灌装和无菌灌装等三种方式,见表7.8。

浓缩果蔬汁也可以采用上述三种方式灌装。对于一些加热容易产生异味的浓缩果蔬汁,或为了很好地保存浓缩果蔬汁的品质,浓缩后应采用冷灌装进行冷冻储藏。如冷冻浓缩橙汁,可以装在塑料桶或内衬聚乙烯袋的铁桶中或冷冻罐车和运输船上。而热灌装主要用 18 L 马口铁罐灌装,适用于浓缩汁或果蔬汁(浆),如我国出口日本的混浊浓缩苹果汁和白桃原汁,采用这种方式可以在常温下储藏运输。无菌灌装主要采用220 kg的无菌大袋,主要有休利袋(Scholle)、爱尔珀袋(Elpo)等,以箱中袋(Bag-in-box)或桶中袋(Bag-in-drum)的形式运输,我国出口的浓缩苹果汁以及许多果蔬汁(浆)均采用这种包装,可以在常温下运输。由于浓缩汁各种成分浓度较高,化学反应速度较快,如还原糖和氨基酸的美拉德反应(Maillard Reaction),容易发生非酶褐变,所以最好是能够冷藏。

表7.8 果汁的灌装方法

灌装方法	杀菌温度/℃	灌装温度/℃	包装容器	流通温度/℃	货架期
热灌装	95	>80	金属罐、塑料瓶、玻璃瓶	常温	1 年
冷灌装	95	<5	塑料瓶、屋脊包	5~10	2 周
无菌灌装	95	<30	纸包装、塑料瓶、玻璃瓶	常温	6 个月以上

7.4.3 果蔬汁生产中常见的质量问题

果蔬汁以色、香、味优于其他果蔬制品而深受消费者欢迎。但果蔬汁经常出现败坏、变色、变味等质量问题,如何防止这种现象的产生是生产中比较突出的问题,也是提高果蔬汁饮料品质的关键。

1. 果蔬汁的败坏

果蔬汁的败坏常表现为表面长霉、发酵,同时产生二氧化碳、醇,或因产生醋酸而败坏。

(1)细菌的危害

常遇到的是乳酸菌,除产生乳酸外,还有醋酸、丙酸、乙醇等,并产生异味。这种菌耐二氧化碳,在真空和无氧条件下繁殖生长,其耐酸力强,温度低于8 ℃时活动受到限制。醋酸菌、丁酸菌等可引起苹果汁、梨汁、橘子汁等败坏,使汁液产生异味。它们能在嫌气条件下迅速繁殖,对低酸性果蔬汁具有极大的危害。

(2)酵母菌的危害

酵母是引起果蔬汁败坏的重要菌类,能引起果蔬汁发酵,产生乙醇和大量的二氧化碳,发生胀罐现象,甚至会使容器破裂。有时可产生有机酸,分解果实中原有的酸;有时可产生酯类物质。酵母菌需要氧,在低温条件下活性会受到抑制。

(3)霉菌的危害

霉菌主要侵染新鲜果蔬原料,当原料受到机械损伤后,霉菌迅速侵入造成果实腐烂,霉菌污染的原料混入后易引起加工产品的霉味。这类菌大多数都需要氧,对二氧化碳敏感,热处理时大多数被杀死。果蔬汁中的霉菌以青霉菌(Penicillium)和曲霉菌(Aspergillus)为主,它们在果蔬汁中破坏果胶而引起果蔬汁混浊,分解原有的有机酸,产生新的异味酸类,使果蔬汁变味。

果蔬汁中所含的化学成分如碳水化合物、有机酸、含氮物质、维生素以及矿物质,均是微生物生长活动所必需的。因此在加工中必须采取各种措施和处理,尽量避免微生物的污染。如采用新鲜、健全、无霉烂、无病虫害的原料取汁;注意原料取汁打浆前的洗涤消毒工作,尽量减少原料外表微生物数量;防止半成品积压,尽量缩短原料预处理时间;严格车间、设备、管道、容器、工具的清洁卫生,并严格加工工艺规程;在保证果蔬汁饮料质量的前提下,杀菌必须充分,适当降低果蔬汁的pH值,有利于提高杀菌效果等。只有这样,才能减少微生物的污染,生产出质量较好的产品。

2. 果蔬汁的变味

果蔬汁饮料加工的方法不当以及储藏期间环境条件不适宜都会引起产品变味。原料不新鲜,绝对不可能生产出风味良好的产品;加工时过度的热处理会明显降低果蔬汁饮料的风味;调配不当,不仅不能提升果蔬汁的风味,反而会使果蔬汁饮料风味下降;加工和储藏过程中的各种氧化和褐变反应,不仅影响果蔬汁的色泽,风味也随之变劣,非酶褐变引起的风味变化尤以菠萝汁和葡萄柚汁为甚;金属离子可以引起果蔬汁变味,如铁和铜能加速某些不良化学变化,铜的污染加剧抗坏血酸的氧化,同时铜的催化常因铁的存在而加剧,从而引起汁液风味变劣;此外微生物活动所产生的不良物质也会使果蔬汁变味。因此,防止果蔬汁变味应从多方面采取措施,首先选择新鲜良好的原料,合理加热,合理调配,同时生产过程中尽量避免与金属接触,凡与果蔬汁接触的用具和设备,最好采用不锈钢材料,避免使用铜铁用具及设备。

柑橘类果汁比较容易变味,特别是浓度高的柑橘汁变味更重。柑橘果皮和种子中含有柚皮苷和柠檬苦素等苦味物质,榨汁时稍有不当就可能进入果汁中,同时果汁中的橘皮油等脂类物质发生氧化和降解会产生萜品味。因此,对于柑橘类果汁可以采取以下措施防止变味。

(1)用锥形榨汁机或全果压榨机压榨时分别取油和取汁,或先行磨油再行榨汁,同时改变操作压力,不要压破种子和过分压榨果皮,以防橘皮油和苦味物质进入果汁。

(2)杀菌时控制适当的加热温度和时间。

(3)将柑橘汁于 4 ℃条件下储藏,风味变化较缓慢。如果在 21～27 ℃下储藏,柑橘汁在2～3 个月后就会变味。

(4)在柑橘汁中加入少量经过除萜处理的橘皮油,以突出柑橘汁特有的风味。

3. 果蔬汁的色泽变化

果蔬汁色泽的变化比较明显,主要是酶促褐变和非酶褐变引起的。

酶促褐变主要发生在破碎、取汁、粗滤、泵输送等工序过程中。由于果蔬组织破碎,酶与底物的区域化被打破,所以在有氧气的条件下,果蔬中的氧化酶,如多酚氧化酶会催化酚类物质氧化变色,主要防止措施有:

(1)加热处理尽快钝化酶的活性。

(2)破碎时添加抗氧化剂,如维生素 C 或异维生素 C,消耗环境中的氧气,还原酚类物质的氧化产物。

(3)添加有机酸,如柠檬酸,抑制酶的活性,多酚氧化酶最适于 pH 值为 6.8 左右时,当 pH值降到 2.5～2.7 时就基本失活。

(4)隔绝氧气,破碎时充入惰性气体如氮气,创造无氧环境和采用密闭连续化管道生产。

非酶褐变引起的变色对浅色果蔬汁饮料影响明显,对类胡萝卜素含量较高的柑橘汁及花青素较多的红葡萄汁等的影响较小,对浓缩果蔬汁的色泽影响较大,因为褐变反应的速度随反应物的浓度增加而加快。这类变色主要是由还原糖和氨基酸之间的美拉德反应引起的,而还原糖和氨基酸都是果蔬汁本身所含的成分,因此较难控制,主要防止措施是:①避免过度的热处理,防止羟甲基糠醛的形成,根据其值的大小可以判断果蔬汁是否加热过度;②控制 pH 值在 3.2 或以下;③低温储藏或冷冻储藏。

4. 果蔬汁饮料的混浊与沉淀

澄清果蔬汁要求汁液清亮透明,混浊果蔬汁要求有均匀的混浊度,但果蔬汁生产后在储藏销售期间常达不到要求,易出现异常,例如,苹果和葡萄等澄清汁常出现混浊和沉淀,柑橘、番茄和胡萝卜等混浊汁常发生沉淀和分层现象。

（1）澄清果蔬汁的混浊与沉淀

引起澄清果蔬汁混浊与沉淀的原因可能有：加工过程中杀菌不彻底或杀菌后微生物再污染；果蔬汁中的悬浮颗粒以及易沉淀的物质未充分去除，在杀菌后储藏期间会继续沉淀；加工用水未达到软饮料用水标准，带来沉淀和混浊的物质；金属离子与果蔬汁中的有关物质发生反应产生沉淀；调配时糖和其他物质质量差，可能会有导致混浊与沉淀的杂质；香精水溶性低或用量过大，从果蔬汁中分离出来引起沉淀等。

澄清果蔬汁出现混浊和沉淀的原因是多方面的，为防止不同果蔬汁的混浊和沉淀，需要根据具体情况而定。在加工过程中严格进行澄清和杀菌处理，是减轻果蔬汁混浊和沉淀的重要保障。

（2）混浊果蔬汁的沉淀与分层

导致混浊果蔬汁产生沉淀与分层现象的因素有：果蔬汁中残留的果胶酶水解果胶，使汁液黏度下降，引起悬浮颗粒沉淀；微生物繁殖分解果胶，并产生导致沉淀的物质；加工用水中的盐类与果蔬汁中的有机酸反应，破坏体系的 pH 值和电性平衡，引起胶体及悬浮物质的沉淀；香精的种类和用量不合适，引起沉淀和分层；果蔬汁中所含的果肉颗粒太大或大小不均匀，在重力的作用下沉淀；果蔬汁中的气体附着在果肉颗粒上时，使颗粒的浮力增大，引起果蔬汁分层；果蔬汁中果胶含量少，体系黏度低，果肉颗粒不能抵消自身的重力而下沉等。

生产过程中主要通过均质处理细化果蔬汁中悬浮粒子和添加一些增稠剂提高产品的黏度等措施保证产品的稳定性。必须注意的是，柑橘类混浊果汁在取汁后要及时加热钝化果胶酯酶，否则果胶酯酶能将果汁中的高甲氧基果胶分解成低甲氧基果胶，后者与果汁中的钙离子结合，易造成混浊、澄清和浓缩过程中的胶凝化。

5. 农药残留问题

农药残留也是果蔬汁国际贸易中非常重视的一个问题，已日益引起消费者的注意，其主要来自果蔬原料本身，是由于果园或田间管理不严，滥用农药或违禁使用一些剧毒、高残留农药造成的，通过实施良好农业规范（Good Agricultural Practice，GAP），加强果园或田间的管理，减少或不使用化学农药，生产绿色或有机食品，完全可以避免农药残留的发生；果蔬原料清洗时根据使用农药的特性，选择一些适宜的酸性或碱性清洗剂也有助于降低农药残留。

7.5　蛋白饮料

按照中华人民共和国国家标准《饮料通则》（GB 10789—2007），蛋白饮料可分为含乳饮料、植物蛋白饮料和复合蛋白饮料。含乳饮料在乳制品加工中进行介绍，本节主要介绍植物蛋白饮料内容。

7.5.1　豆乳类饮料

1. 大豆中的酶类与抗营养因子

大豆中存在的酶类与抗营养因子影响了豆乳饮料的质量、营养、加工工艺。大豆中已发现的酶类有近三十种，其中脂肪氧化酶、脲酶对产品质量的影响最大。大豆抗营养因子有六种，其中胰蛋白酶阻碍因子、凝血素和皂甙对产品质量的影响最大。

（1）脂肪氧化酶

大豆制品常具有豆腥味，主要来自大豆油脂中的不饱和脂肪酸（油酸、亚油酸、亚麻酸等）

的氧化。脂肪氧化酶可以催化脂肪中顺,顺-1,4-戊二烯氧化形成氢过氧化物及其近百种氧化降解产物,其中正己醛、正己醇是造成豆腥味的主要成分。

(2)脲酶

脲酶可催化分解酰胺和尿素,产生二氧化碳和氨的酶,是大豆各种酶中活性最强的酶,也是大豆的抗营养因子之一,但易受热失活。由于脲酶活性容易检测,因此,国内外均将脲酶作为大豆抗营养因子活力的一种指标酶,脲酶活性转阴性,则标志其他抗营养因子均已失活。

(3)胰蛋白酶抑制因子

胰蛋白酶抑制因子是大豆中的一种主要抗营养因子,其等电点 $pH=4.5$,相对分子质量为21 500,是多种蛋白质的混合体。它可以抑制胰蛋白酶的活性,影响蛋白质的消化吸收。胰蛋白酶抑制因子耐热性强,加热至 80 ℃时,残存活性达 80%;100 ℃、17 min 条件下,酶活性可下降 80%;100 ℃、30 min 条件下,酶活性可下降 90%。

(4)凝血素

1951 年人们发现了大豆中存在凝血素。它是一种糖蛋白质,等电点 $pH=6.1$,相对分子质量为 89 000 ~ 105 000,有凝固动物体的红血球的作用。该物质在蛋白水解酶的作用下容易失活,在加热条件下也容易受到破坏。

(5)豆皂甙

大豆中含有约 0.56% 的皂甙。皂甙溶于水后能生成胶体溶液,搅动时像肥皂一样产生泡沫,因而也称皂角素。日本学者认为大豆中存在以大豆皂甙原 B(Soyasapogeno B)为配基的大豆皂甙Ⅰ、Ⅱ、Ⅲ、Ⅳ、Ⅴ五种类型,以及以大豆皂甙原 A(Soyasapogeno A)为配基的大豆皂甙A1、A2、A3、A4、A5、A6 等六种类型。大豆皂甙有溶血作用,能溶解人体的血栓,可将其提取出来用于治疗心血管病。大豆皂甙有一定的毒性,一般认为人的食用量在低于 50 mg/kg 体重时是安全的。

2. 影响豆乳质量的因素及防止措施

(1)豆腥味的产生与防止

①豆腥味的产生。豆腥味是大豆中脂肪氧化酶催化不饱和脂肪酸氧化的结果:

$$亚油酸、亚麻酸等 \xrightarrow{\text{脂肪氧化酶,氧气}} 氢过氧化物 \xrightarrow{\text{降解}} 醛酮、醇、呋喃、\alpha-酮类、环氧化物等异味成分$$

脂肪氧化酶多存在于靠近大豆表皮的子叶处,在整粒大豆中活性很低,当大豆破碎时,由于有氧气存在和与底物的充分接触,脂肪氧化酶即产生催化作用,使油脂氧化,产生豆腥味。

据美国康奈尔大学的专家分析,脂肪氧化酶的催生氧化反应可以产生 80 多种挥发性成分,其中 31 种与豆腥味有关。豆乳中只需含有微量油脂氧化物,就足以使产品产生豆腥味,如正己醇,质量分数达十亿分之一就能使产品产生强烈的不快感。

②豆腥味的防止。对豆腥味的清除,人们采用了许多方法。如日本,有关这方面的专利达200 多项,包括物理、化学、生物方法。由于豆腥味的产生是一种酶促反应,可以通过钝化酶的活性、除氧气、除去反应底物的途径避免豆腥味的产生,并且还可以通过分解豆腥味物质及香料掩盖的方法减轻豆腥味。目前较好的方法有以下几类。

a. 钝化脂肪氧化酶的活性。

(a)加热法:脂肪氧化酶的失活温度为 80 ~ 85 ℃,故用加热方式可使脂肪氧化酶丧失活性。加热方法是把干豆加热再浸泡磨浆,一般采用 120 ~ 170 ℃热风处理,时间为 15 ~ 30 s。

或者把大豆用 95~100 ℃水热烫 1~2 min 后再浸泡磨浆。但这两种加热方法容易使大豆的部分蛋白质受热变性而降低蛋白质的溶解性。为了提高大豆蛋白质的提取率,在生产中也可以采用微波加热或远红外加热大豆,使豆粒迅速升温,钝化酶活性,减少蛋白质的变性。此外,在大豆脱皮后采用 120~200 ℃高温蒸汽加热 7~8 s,磨浆时,保持物料的温度在 82~85 ℃,磨浆后豆乳采用超高温(UHT)瞬时灭菌,处理后闪蒸冷却,也可以去除大豆的豆腥味,防止蛋白质大量变性。

(b)调节 pH 值:脂肪氧化酶的最适 pH 值为 6.5,在碱性条件下活性降低,至 pH=9.0 时失活。在大豆浸泡时选用碱液浸泡,有助于抑制脂肪氧化酶活性,并有利于大豆组织结构的软化,使蛋白质的提取率提高。

b. 豆腥味的脱除。

真空脱臭法:真空脱臭法是除去豆乳中豆腥味的一个有效方法。将加热的豆奶喷入真空罐中,蒸发掉部分水分,同时也带出挥发性的腥味物质。

酶法脱腥:利用蛋白分解酶作用于脂肪氧化酶,可以除去豆腥味;另外用醛脱氢酶、醇脱氢酶等作用于产生豆腥味的物质,通过生化反应把臭腥味成分转化成无臭成分。

豆腥味掩盖法:在生产中常向豆乳中添加咖啡、可可、香料等物质,以掩盖豆乳的豆腥味。

实际生产中要通过单一方法去除豆腥味相当困难,因此,在豆乳加工过程中,钝化脂肪氧化酶的活性是最重要的,再结合真空脱臭法和豆腥味掩盖法,可以使产品的豆腥味基本消除。

(2)苦涩味的产生与防止

豆乳中苦涩味的产生是由于多种苦涩味物质的存在。苦涩味物质如大豆异黄酮、蛋白质水解产生的苦味肽、大豆皂甙等,其中大豆异黄酮是主要的苦涩味物质。Matsuura 等研究发现,豆制品的不愉快风味的产生与其浸泡水的温度和 pH 值有很大相关性,在 50 ℃、pH 值为 6时产生的异黄酮最多,在 β-葡萄苷酶作用下有大量的染料木黄酮和黄豆甙原产生,使产品的苦味增强。在低温下添加葡萄糖酸-δ-内酯,可以明显抑制 β-葡萄苷酶活性,使染料木黄酮和黄豆甙原的产生减少。同时,钝化酶的活性,避免长时间高温,防止蛋白质的水解和添加香味物质,掩盖大豆异味等措施,都有利于减轻豆乳中的苦涩味。

(3)抗营养因子的去除

豆乳中存在胰蛋白酶抑制因子、凝血素、大豆皂甙,以及棉籽糖、水苏糖等抗营养因子。这些抗营养因子在豆乳加工的去皮、浸泡工序中可去除一部分。由于胰蛋白酶抑制因子和凝血素属于蛋白质类,热处理可以使之失活。在生产中,通过热烫、杀菌等加热工序,基本可以达到去除这两类抗营养因子的效果。棉籽糖、水苏糖在浸泡、脱皮、去渣等工序中会除去一部分,大部分仍残存在豆乳中,目前尚无有效办法除去这些低聚糖。

(4)豆乳沉淀现象的产生与防止

豆乳是由多种成分组成的营养性饮料,是一种宏观不稳定的分散体系,影响其稳定性。造成产品产生沉淀现象的因素包括物理因素、化学因素和微生物因素。

①物理因素。豆乳中的粒子直径一般在 50~150 μm 之间,没有布朗运动,其稳定性符合斯托克斯法则,每一粒子所受的向下垂力应等于沉降介质的浮力与摩擦阻力之和,即

$$\frac{4}{3}\pi\gamma^3\rho_1 g = \frac{4}{3}\pi\gamma^3\rho_2 g + 6\pi\gamma\eta\mu \tag{7.7}$$

式中　　r——粒子半径,m;

　　　　η——介质黏度,Pa·s;

ρ_1——粒子密度,kg/m^3;

ρ_2——介质密度,kg/m^3;

g——重力加速度,m/s^2;

u——沉降速度,m/s。

由上式可知,沉降速度与粒子半径、粒子密度、介质黏度、介质密度有关。豆乳的粒子密度、介质密度一般变化不大,可以近似视为常量。因此,粒子半径和介质黏度决定了粒子的沉降速度。在豆乳加工中,添加适量的增稠剂以增加黏度,改进技术和设备以降低粒子半径,都可以提高豆乳的稳定性。

②化学因素。豆乳的 pH 值对蛋白质的水化作用、溶解度有显著的影响。在等电点附近,蛋白质水化作用最弱,溶解度最小。大豆蛋白的等电点在 4.1~4.6,为了保证豆乳的稳定性,豆乳的 pH 值应远离蛋白质的等电点。

电解质对豆乳的稳定性也有影响,氯化钠、氯化钾等一价盐能促进蛋白质的溶解,而蛋白质在氯化钙、硫酸镁等二价金属盐类溶液中的溶解度较小,这是因为钙、镁离子使离子态的蛋白质粒子间产生交联作用而形成较大胶团,加强了凝集沉淀的趋势,降低了蛋白的溶解度。因此,在豆乳生产过程中,须注意二价金属离子和其他变价电解质引起的蛋白质沉淀现象发生。

③微生物。微生物是影响豆乳稳定性的主要因素之一。豆乳富含蛋白、糖等营养物质,pH 值呈中性,十分适宜微生物的繁殖。产酸菌的活动和酵母的发酵都会使豆乳的 pH 值下降,使大分子物质发生降解,豆乳分层,产生沉淀。为了避免微生物的污染,应加强卫生管理和质量控制,规范杀菌工艺,杜绝由微生物引起的豆乳变质现象。

7.5.2　其他植物蛋白饮料

1.椰子乳(汁)饮料

(1)工艺流程

椰子乳(汁)饮料的工艺流程方法一如图 7.20 所示。

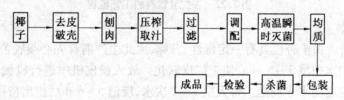

图 7.20　椰子乳(汁)饮料的工艺流程方法一

椰子乳(汁)饮料的工艺流程方法二如图 7.21 所示。

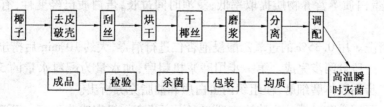

图 7.21　椰子乳(汁)饮料的工艺流程方法二

（2）工艺要点

①原料处理。选用成熟的椰子，将椰子洗净后，沿中部剖开，椰子汁收集后做其他用途或加工成椰子汁饮料，用刨子取出果肉，可直接压榨取汁，也可以先把椰丝放入 70 ~ 80 ℃ 的热风干燥机中烘干，储存备用。

②取汁。新鲜果肉用破碎机打碎，加入适量的水，再用螺旋榨汁机取汁，如果用干椰丝为原料，可按椰丝∶水 = 1∶10 调配，调配将椰丝与 70 ℃ 热水搅拌均匀，再用磨浆机磨浆，椰肉乳液经 200 目过滤备用。

③调配。椰子乳中加入 7% ~ 9% 的白砂糖、0.10% ~ 0.25% 的乳化剂和增稠剂（如单甘酯、山梨酸酐脂肪酸酯、黄原胶、CMC-Na 等）、乳制品适量，搅拌均匀。

④均质。均质压力为 23 ~ 30 MPa，物料温度为 80 ℃ 左右，两次均质。

⑤杀菌。包装好的椰子乳需进行高温瞬时杀菌，常用的杀菌方法为：升温 8 ~ 10 min，使杀菌锅温度提高到 121 ℃，保持 20 ~ 25 min，然后反压冷却至 50 ℃ 后出锅，经擦罐、检验、喷码、装箱后入仓储存。

2. 杏仁乳（露）饮料

（1）工艺流程

利用杏仁作为主料生产的饮料主要有杏仁露和杏仁乳两种，二者工艺流程基本相同，只是生产杏仁乳时添加了牛奶作为配料。下面主要介绍杏仁露饮料的生产工艺流程，如图 7.22 所示。

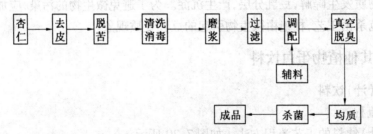

图 7.22　杏仁乳饮料的工艺流程

（2）工艺要点

①去皮、脱苦。由于杏仁具有一定毒性、苦味，因此生产前首先必须脱苦、去毒。先将杏仁放入 90 ~ 95 ℃ 的水中浸 3 ~ 5 min，使杏仁皮软化。放入脱皮机中进行机械去皮，再将脱皮的杏仁放入 50 ℃ 左右的水中浸泡。每天换 1 ~ 2 次水，浸泡 5 ~ 6 d 后捞出待用。通过这个脱苦工序，实际上也是完成了浸泡，即软化细胞，疏松细胞组织，提高胶体分散程度和悬浮性，提高蛋白的提取率。通常夏季浸泡温度稍低，时间稍短；冬季浸泡水温可稍高，时间可适当延长。浸泡不充分，蛋白质等营养物质提取率低；浸泡时间过长，蛋白质已经变性，有的甚至出现异味。

②消毒清洗。用 0.35% 的过氧乙酸浸泡杏仁进行消毒，大约 10 min 后捞出，用水洗净。

③磨浆。一般分两步完成。第一步用磨浆机粗磨，加水量为配料水量的 50% ~ 70%，一次加足。第二步用胶体磨细磨，使组织内蛋白质和油脂充分析出。

④过滤。可用筛布过滤分离浆渣。现在多用高速离心机完成此工序。但要注意天然杏仁汁的香味主要来自杏仁油，因此在加工中应尽量将油脂保留在饮料中，不要将油脂分离，以提高产品的香味。

⑤调配。将配料溶于温水与分离汁液混合均匀,调节 pH 值在 7 左右,加热至沸,除去液面泡沫。调配是生产杏仁露饮料的关键工序之一,应严格控制好加热温度、时间、pH 值,以防止蛋白质变性,影响饮料的质感。

⑥真空脱臭。真空脱臭法是有效去除不良气味的方法。将加热的杏仁饮料于高温下喷入真空罐中,部分水分瞬间蒸发,同时带出挥发性的不良风味成分,一般操作控制真空度在 26.6 ~ 39.9 kPa 为宜。

⑦均质。均质可防止脂肪上浮,缓慢变稠现象,增加成品的光泽度,提高产品稳定性。在生产中采用 2 次均质,第 1 次均质压力为 20 ~ 25 MPa,第 2 次均质压力为 25 ~ 36 MPa,均质温度为 75 ~ 80 ℃,均质后的杏仁液粒度要求小于等于 3 μm。

⑧包装、杀菌。杏仁饮料富含蛋白质、脂肪,很容易变质,因此必须将饮料包装于易拉罐、玻璃瓶或复合蒸煮袋中,121 ℃保温 20 min 左右进行杀菌。

目前,超高温瞬时杀菌和无菌包装技术在生产中日渐广泛采用,可显著提高产品色、香、味等感官质量,又能较好地保持杏仁饮料中的一些对热不稳定的营养成分。

7.6 包装饮用水

7.6.1 饮用天然矿泉水

我国国家标准规定,饮用天然矿泉水是从地下深处自然涌出的,或经人工揭露的未受污染的地下矿泉水,含有一定量的矿物盐、微量元素和二氧化碳气体,在通常情况下,其化学成分、流量、水温等动态在天然波动范围内相对稳定。国标还确定了达到矿泉水标准的界限指标,如锂、锶、锌、溴化物、碘化物,偏硅酸、硒、游离二氧化碳以及溶解性固体,其中必须有一项(或一项以上)成分符合规定指标,即可称为天然矿泉水。国标中还规定了一些元素、化学化合物和放射性物质的限量指标以及卫生学指标,见表 7.9、表 7.10。

表 7.9　我国饮用天然矿泉水的界限指标/(mg·L^{-1})

项目	指标
锂 ≥	0.20
锶 ≥	0.20(质量浓度在 0.20 ~ 0.40 mg/L 范围时,水温必须在 25 ℃以上)
锌 ≥	0.20
溴化物 ≥	1.0
碘化物 ≥	0.20
偏硅酸 ≥	25.0(质量浓度在 25.0 ~ 30.0 mg/L 范围时,水温必须在 25 ℃以上)
硒 ≥	0.010
游离二氧化碳 ≥	250
溶解性固体 ≥	1 000

表7.10　我国饮用天然矿泉水的限量指标　　　　　　单位:mg/L

项目	指标	项目	指标
锂<	5.0	汞<	0.001
锶<	5.0	银<	0.050
碘化物<	0.50	硼<	30.0
锌<	5.0	硒<	0.050
铜<	1.0	砷<	0.050
钡<	0.70	氟化物<	2.00
镉<	0.010	耗氧量<	3.0
铬<	0.050	硝酸盐<	45.0
铅<	0.010	^{226}镭放射性/$(Bq \cdot L^{-1})$<	1.10

1. 饮用天然矿泉水的生产工艺流程

饮用天然矿泉水的基本工艺包括引水、曝气、过滤、杀菌、充气、灌装等主要组成工序。其中曝气和充气工序是根据矿泉水中的化学成分和产品的类型来决定的。在采集天然饮用矿泉水的过程,泉井的建设、引水工程等由水文地质部门来决定。采水量应低于最大采取量,过度采取会对矿泉的流量和组成产生不可逆的影响。

(1)不含碳酸气的天然矿泉水的工艺流程

这类天然矿泉水是最稳定的矿泉水,装瓶时不会发生氧化,化学成分也不会发生改变,生产工艺较简单。如生产的矿泉水产品中需含二氧化碳,其工艺流程如图7.23所示。

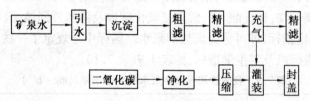

图7.23　天然矿泉水的工艺流程

如不需要含有二氧化碳,工艺更简单,没有充气工序。

(2)含碳酸气的天然矿泉水的工艺流程

对二氧化碳含量高,硫化氢、铁、锰含量低的原水生产含二氧化碳的矿泉水,则不需要曝气工序,需要进行气水分离和气水混合工序,其工艺流程如图7.24所示。

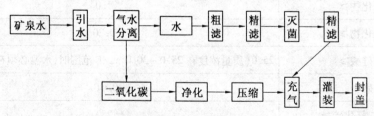

图7.24　含碳酸气的天然矿泉水的工艺流程

对原水中二氧化碳、硫化氢、铁、锰含量较高的矿泉水需要进行曝气,去除气体和铁、锰离子,曝气后其生产工艺和不含碳酸气的天然矿泉水的生产工艺相同,可以再充气生产含二氧化碳的矿泉水或生产不含二氧化碳的矿泉水。

2. 饮用天然矿泉水的生产工艺要点

（1）引水

引水工程一般分为地下和地上两部分,地下部分主要是指从地下引取矿泉水到地上出口的部分,需对矿泉水进行封闭,避免地表水的混入,目前多采用打井引水法。地上部分是指把矿泉水从最适当的深度引到最适当的地表,并进行后续加工工序的部分。在引水过程中应防止水温变化和水中气体的散失,防止周围地表水的渗入,防止空气中氧气的氧化作用及有害物质的污染。

（2）曝气

曝气是矿泉水原水与经过净化了的空气充分接触,使它脱去其中的二氧化碳和硫化氢等气体,并发生氧化作用,通常包括脱气和氧化两个同时进行的过程。曝气工序主要是针对二氧化碳、硫化氢以及低价态的铁、锰离子的含量较高的原水进行的,可用于生产不含二氧化碳的矿泉水,或者曝气后可以重新通入二氧化碳气体生产含气矿泉水,而对含气很少,铁、锰离子含量又少的原水不需曝气。

曝气工艺有自动曝气和强制曝气两种:

①自动曝气是使矿泉水在一个容器内通过一条或多条装在支管上的喷嘴进行喷洒,自动与空气接触。

②强制曝气是矿泉水在喷洒时,以鼓风机的强大气流强制曝气,提高曝气效率。

（3）过滤

生产中矿泉水的过滤一般需经过粗滤和精滤。粗滤一般是矿泉水经过多介质过滤,能截留水中较大的悬浮颗粒物质,起到初步过滤的作用,过滤时可以加入一些锰沙,能够降低水中的锰、铁含量。有时为了提高过滤效果还可以在矿泉水的粗滤过程中加入一些助滤剂,如硅藻土或活性炭,或进行一道活性炭过滤。精滤是用砂滤棒过滤,滤掉悬浮物和一些微生物,但近年来企业更多采用微滤和超滤作为精滤,使用微滤经常采用三级过滤,目前国内推广的三级过滤为 $5~\mu m$、$1~\mu m$ 和 $0.2~\mu m$,大大提高了矿泉水的质量和产品的稳定性,但微滤不能滤掉病毒,有关微滤和超滤的情况将在饮用纯净水部分进行介绍。许多企业在生产矿泉水时,为了保证产品的质量,将经过灭菌后的矿泉水再经过一道 $0.2~\mu m$ 微滤,以去除残存在矿泉水中的菌体。

（4）灭菌

生产上矿泉水的灭菌一般采用臭氧杀菌和紫外线杀菌,瓶和盖的消毒采用消毒剂,如过氧化氢、次氯酸钠、过氧乙酸、高锰酸钾等进行消毒,消毒后用无菌矿泉水冲洗,也可以用臭氧或紫外线进行消毒。

（5）充气

目前国内外饮用矿泉水有充气和不充气两大类。充气饮用矿泉水经过引水、曝气或气水分离、过滤和杀菌后再充入二氧化碳气体,充气所用的二氧化碳气体可以是原水中所分离出的二氧化碳气体,也可以是市售的钢瓶装二氧化碳。

碳酸泉中往往拥有质量高、数量多的二氧化碳气体,矿泉水生产企业可以回收利用这些气体。由于这种天然碳酸气纯净,可直接采用该产品生产含气矿泉水。

如果使用的二氧化碳不够纯净,必须对其进行净化处理。其净化处理过程一般都需经过高锰酸钾的氧化、水洗、干燥和活性炭吸附脱臭,以去除二氧化碳中所含的挥发性成分。否则会给矿泉水带来异味和有机杂质,并给微生物的生长提供机会。

充气一般是在气水混合机中完成的,其具体过程和碳酸饮料是一致的,为了提高矿泉水中二氧化碳的溶解量,充气过程中需要尽量降低水温,增加二氧化碳的气体压力,并使气、水充分混合。

(6)灌装

生产中均采用自动灌装机在无菌车间进行。灌装方式取决于矿泉水产品的类型,含气与不含气的矿泉水的灌装方式略有不同。矿泉水的灌装工艺和设备都比较简单,但卫生方面的要求却非常严格,对瓶要进行彻底地杀菌,装瓶的各个环节都要防止污染。

不含气矿泉水的灌装采用负压灌装,灌装前将矿泉水瓶抽真空,形成负压,矿泉水在储水槽中以常压进入瓶中,瓶子的液面达到预期高度后,水管中剩余的矿泉水流回缓冲室,再回到储水槽,装好矿泉水的瓶子压盖后,灌装就结束了。含气矿泉水一般采用等压灌装。矿泉水厂采用自动洗瓶机(自动完成洗瓶、杀菌和冲洗过程)与灌装工序相配合。

3. 我国矿泉水生产中存在的质量问题

矿泉水生产过程中,如果处理不当,经过一定时间的储藏,矿泉水会出现一些质量问题。

(1)变色

瓶装矿泉水储藏一段时间后,水体会有发绿和发黄的现象出现。发绿主要是矿泉水中藻类植物(如绿藻等)和一些光合细菌(如绿硫细菌)引起的,由于这些生物中含有叶绿素,矿泉水在较高的温度和有光的条件下储藏,这些生物利用光合作用进行生长繁殖,从而使水体呈现绿色,通过有效的过滤和灭菌处理能够避免这种现象的产生。而水体变黄主要是由于管道和生产设备材质不好,在生产过程中产生铁锈引起的,只要采用优质的不锈钢材料或高压聚乙烯就可解决。

(2)沉淀

矿泉水在储藏过程中经常会出现红、黄、褐和白等各色沉淀,沉淀引起的原因很多。矿泉水在低温长时间储藏时,有时会出现轻微白色絮状沉淀,这是正常现象,是由矿物盐在低温下溶解度降低引起的,返回高温储藏容易消失。而对于高矿化度和重碳酸型矿泉水,由于生产或储藏过程中密封不严,瓶中二氧化碳逸出,pH 值升高,会形成较多的钙、镁的碳酸盐白色沉淀,可以通过充分曝气后过滤去除部分钙、镁的碳酸盐,或充入二氧化碳降低矿泉水 pH 值,同时密封,减少二氧化碳逸失,使矿泉水中的钙、镁以重碳酸盐形式存在。红、黄和褐色沉淀,主要是铁、锰离子含量高引起的,可以通过防止地表水对矿泉的污染和进行充分的曝气来预防。

(3)微生物

矿泉水生产中经常出现的问题是微生物指标难以控制。需要对整个生产过程加以控制,除了对矿泉水进行灭菌处理外,还要注意矿泉水源的污染、生产设备的消毒、灌装车间的净化、瓶和盖的消毒以及生产人员的个人卫生。总之,应严格按饮料厂生产卫生规范进行生产。

7.6.2　饮用纯净水

目前我国饮用纯净水的生产规模已超过了饮用矿泉水,主要是因为纯净水的生产成本低、工艺简单,而且饮用纯净水厂的建设与矿泉水不同,它不需要经过国家有关部门对水源进行考核、评价、鉴定等程序。现今市场销售的瓶装纯净水大体可分为通过高温蒸馏而成的蒸馏水和以过滤制造的纯净水等。

具体的生产工艺应该根据水源的情况来确定,我国各地的水质差异较大,因此在考虑饮用纯净水的生产工艺和生产设备时,必须对其水质进行全面分析,才能匹配较为理想的生产工艺和生产设备。

1. 纯净水生产工艺流程

目前很多生产企业都采用二级反渗透系统,具体的生产工艺大同小异。

工艺过程主要包括水的预处理、反渗透、灭菌、终端过滤、灌装等工序,如图 7.25 所示。采用反渗透法生产纯净水,具有脱盐率高、产量大、劳动强度低、水质稳定、终端过滤器寿命较长等特点。缺点是需要高压设备,原水利用率只有 75%~80%,膜需要定期清洗。

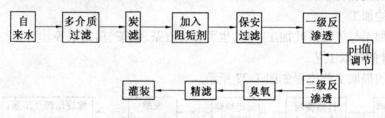

图 7.25 纯净水的生产工艺流程

除反渗透法外,还可采用蒸馏法,其纯水电导率比反渗透法制取的纯净水要低一些,但蒸馏法制纯净水能耗高,水的口感没有反渗透的好,不能有效降低水中低分子有机物,其生产工艺流程如图 7.26 所示。

图 7.26 蒸馏法生产纯净水的工艺流程

2. 反渗透工艺要点

(1) 预处理

一般纯净水的预处理过程包括三道过滤工序,先通过多介质过滤器截留水中较大的悬浮物和一些胶体物质等,此过滤器需定期进行反冲洗,然后通过活性炭过滤器进行吸附脱臭和进一步截留水中一些微粒物、重金属离子、小分子有机物等,最后通过保安过滤(是一道精密过滤,为反渗透膜进水前的保安配置),生产中经常选用 5 μm 精度的微滤,进一步去除水中的细小胶体及其他污染物,确保水质达到反渗透膜的进水指标。另外,还必须根据需要添加絮凝剂,如碱式氯化铝(PAC)或聚丙烯酰胺(PAM)等加速絮凝,添加还原剂亚硫酸氢钠($NaHSO_3$)还原水中多余的氯,添加六偏磷酸钠螯合一些铁、铝、钙、镁等离子,提高预处理效果,减少或消除对反渗透膜的污染影响。另外,水在进入反渗透系统之前,为了保证反渗透过程中水温恒定在 25 ℃,往往需要将水先通过热交换器。

(2) 反渗透

脱盐主要通过反渗透系统完成,经预处理后的水进入反渗透脱盐系统进行脱盐,主要去除水体中的无机离子及小分子有机物,反渗透处理可以根据水的情况采用一级或二级反渗透系统。在反渗透之前要检测水的 pH 值,使其在 5.0~7.0 之间,否则需要调整。

(3) 灭菌

灭菌和矿泉水一样可以通过紫外线、臭氧来完成,也有一些企业通过加热进行杀菌。灌装前的精滤工序一般采用 0.2 μm 的微滤,可以滤除水中残存的菌体等。

其灌装工艺、瓶与盖的消毒、生产设备消毒与灌装车间的净化与矿泉水基本相同。

7.7 茶 饮 料

根据茶饮料国家标准(GB/T 21733—2008)的规定,茶饮料按产品风味可分为茶饮料(茶汤)、调味茶饮料、复(混)合茶饮料及茶浓缩液四类。

7.7.1 液态茶饮料的生产技术

1.鲜茶汁的加工

鲜茶汁的加工与传统茶叶加工一样,也可分为红茶、绿茶、乌龙茶等。

(1)鲜茶汁的提取工艺

红茶鲜汁的提取工艺流程如图7.27所示。

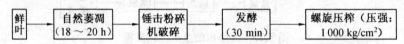

图7.27　红茶鲜汁的提取工艺流程

关键性工序为萎凋和发酵,均按一般红茶加工中所要求的程度掌握。

绿茶鲜汁的提取工艺流程如图7.28所示。

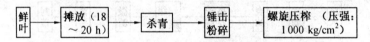

图7.28　绿茶鲜汁的提取工艺流程

关键性工序为杀青,程度掌握与绿茶初制工艺中的杀青相同。

乌龙茶鲜汁的提取工艺流程如图7.29所示。

图7.29　乌龙茶鲜汁的提取工艺流程

关键性工序为晒青、做青和杀青,均按乌龙茶加工中的参数要求程度掌握。

(2)酸化鲜叶原料对鲜茶汁量和质的影响

从茶鲜叶中提取鲜茶汁,毫无疑问,生产厂家首先关心的是鲜茶汁的榨取率和鲜茶汁中有效成分的含量,即鲜茶汁的量和质的问题。经过系统研究发现,在压榨取汁前添加某些物质以酸化鲜叶原料。对鲜茶汁的提取率和品质均有正向效应。

①磷酸添加量对鲜茶汁提取率的影响。在茶鲜叶进入压榨前,添加不同浓度的磷酸,使原料酸化,可以提高鲜茶汁的榨取率。试验结果表明,鲜茶汁的提取率随添加磷酸量的增加而增加。另外,虽然红茶、绿茶所添加的磷酸量相等,但绿茶汁的提取量增长率比红茶汁高得多,即酸化处理对提高绿茶原料出汁率的效果比红茶原料显著。

②添加磷酸对鲜茶汁生化成分的影响。用鲜茶叶榨取鲜茶汁不仅希望榨取率高,以获得多的鲜茶汁,而且也希望鲜茶汁中有尽可能多的化学成分,使鲜茶汁的利用率提高。添加磷酸使茶鲜叶内含物的溶解度发生变化,从而导致提取液内所含成分产生变化。试验结果表明,酸化茶叶榨取的汁液中氨基酸含量大幅度增加,多酚类化合物含量略有下降,但降幅很小,当pH值控制在4.0左右时,茶汁中的蛋白质和果胶浓度较低,有利于鲜茶汁品质的提升。

2.液体茶饮料的加工

（1）罐装茶水

罐装茶水是一种纯茶饮料,罐装茶水的加工工艺一般分为浸提、过滤、调制、加热、装罐、充氮、密封、灭菌、冷却等工序。茶叶浸提用去离子纯水,茶与水的比例为 1：100,水温 80 ~ 90 ℃,浸提 3 ~ 5 min,经过粗滤和细滤,冷却后即成原液。然后调成饮用浓度,加入一定量的碳酸氢钠,将茶水调成 pH 值为 6 ~ 6.5,再加抗坏血酸钠作为抗氧化剂,防止茶水氧化,再加热到 90 ~ 95 ℃,趁热装罐,并向罐内充氮气以取代顶隙间的空气,最后封罐,将封好口的罐放入高压锅内经 115 ~ 120 ℃杀菌 7 ~ 20 min,冷却即成。

（2）茶叶碳酸饮料

茶叶碳酸饮料是指含二氧化碳的茶饮料,又称为茶汽水,通常由红、绿茶提取液、水、甜味剂、酸味剂、增香剂、着色剂等成分调配后,加入符合卫生要求的二氧化碳水,混合灌装而成。除了含有汽水的一般成分外,还含有多种茶的有效成分,具有香气浓郁、滋味可口的特点,是一种清热解渴、清心提神、消除疲劳的清凉饮料。

7.7.2　速溶茶的加工

1.速溶茶的加工工艺

当前速溶茶的种类主要有速溶红茶、绿茶、花茶以及各种速溶调味茶等,但以速溶红茶居多。各种速溶茶就其溶解性而言有冷溶和热溶两种类型。速溶茶的工艺流程如图 7.30 所示。

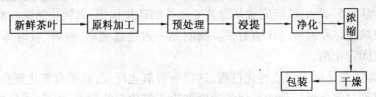

图 7.30　速溶茶的工艺流程

2.速溶茶的一般工艺操作要点

（1）原料选择与预处理

原料选定后要进行粉碎,过 60 目筛,因为茶叶有效成分的提取率同固液两相接触面和浓度差呈线性关系。

（2）浸提

有沸水冲泡浸提和冷水连续抽提两种。沸水冲泡浸提时茶水比为 1：12 ~ 1：20,冷水连续抽提时茶水比为 1：9,沸水冲泡浸提的提取液质量分数为 1% ~ 5%,冷水连续抽提的提取液浓度可达到 15% ~ 20%。

（3）净化与浓缩

为了保证在用原水冲泡时也有明亮的汤色,必须在浓缩前将提取液进行净化,即通过过滤或离心去掉杂质。

经过净化后的提取液一般浓度较低,必须加以浓缩,使固形物增加到 20% ~ 48%,这样既可提高干燥效率,也可获得低密度的颗粒。

目前浓缩的方法有真空浓缩、冷冻浓缩和膜浓缩等三种。目前在速溶茶生产上使用最多的是真空浓缩。膜浓缩方法是较理想的浓缩方法,其特点是不加热,不蒸发水分,不存在相变过程,是一种对茶叶品质有利的浓缩方法。

（4）干燥

干燥分为真空冷冻干燥和喷雾干燥两种，二者各有特点。

真空冷冻干燥的产品，由于干燥过程是在低温状态下进行，所以茶叶的香气损失少，并保持原茶的香味，但干燥时间长、能耗大、成本高。喷雾干燥的产品在高温条件下雾化会迅速干燥，芳香物质损失大，外形呈颗粒状，流动性能好，成本低。

两种干燥方法的成本相差很大，前者是后者的 6 ~ 7 倍，因此，喷雾干燥至今仍然是国内外速溶茶加工的主要方法。

（5）包装与保存

包装速溶茶的环境必须注意控制温湿度，一般温度控制在 20 ℃，相对湿度控制在 60% 以下，包装速溶茶应严密、防潮。速溶茶包装后为了防止虫害与氧化，可进行放射性射线照射处理。

3. 速溶茶生产中的几个技术问题

转化、转溶和增香是速溶茶制造中几个值得研究的问题，它们对速溶茶品质的改进及其品质形成机制的研究，有十分重要的意义。

（1）转化

生产速溶茶的原料有绿茶、鲜叶和未发酵的半成品，为了使提取液完成发酵过程，必须通过酶的作用或加入氧化剂来完成，前者称为酶法转化，后者称为化学转化。

酶法转化是用天然植物或微生物生产的酶制剂与未发酵的茶叶提取液混合放在一起，在 30 ℃ 下振荡保温 1.5 ~ 2 h，就能完成从绿茶变红茶的转化作用，其转化速度与酶活性大小、基质浓度、溶解氧浓度以及温度、pH 值有关。酶制剂一般通过交联、包埋、吸附等方法固定到适当载体上，做成固定化酶。

化学转化即用氧化剂来完成转化过程，这是一种氧化反应，必须有氧化剂参加。常用的氧化剂有氧、臭氧和过氧化氢。化学转化的速度取决于氧化剂的种类、用量、茶叶的类型、茶中多酚类物质的浓度以及转化温度等条件。

两种转化方法相比，酶法转化条件温和，是一种生化反应过程，尤其是由天然多酚氧化酶引起的偶联氧化反应能使茶黄素的氧化与氨基酸的还原同时发生，有利于香气的改善，使反应产物更接近茶叶风味。化学转化的突出优点是简单易行，但转化过程中茶黄素只经历单纯的氧化，促使茶红素增多，随着酸性茶红素的形成，抽提液的 pH 值有所下降，一般用 KOH 回调至 pH＝8.8，但汤色变暗，茶味偏涩，香气也较差。生产实践中可通过漂色、添加适当的呈味物或采用调香技术加以改进，也可以拼配一些优质速溶茶。

（2）转溶

红茶在冲泡后，由于多酚类化合物和咖啡碱两者分子内和分子间的氢键缔合形成一种乳凝状胶体化合物（冷后浑，又称茶乳），所以使颗粒红茶无法溶解于冷水和硬水之中，加牛奶冲泡混浊更为严重。汤色混浊的速溶茶，不仅有损外观，还影响滋味和香气，故有必要进行转溶。

①冷后浑产生的实质。茶汤中的各种有机化合物，大多带有数量不等的极性基因，其中以酮基和羟基最多。在一定条件下，它们之间能形成氢键。冷后浑则是咖啡碱与茶黄素和茶红素等分子间或分子内靠氢键缔合形成的一种大分子化合物。分子间氢键的缔合不仅可在单个分子间进行，往往还可以多个汇集到一起，因此，极性基团减少，非极性基团增加，粒径也就随之变大。当缔合物粒径达到 10^{-7} ~ 10^{-5} cm 时，茶汤就不再是透明的真溶液了，而显示出典型的胶体特征。如果缔合物不断膨大，细微的胶粒就会云集絮凝，甚至在重力场内聚沉。这就是

所谓的冷后浑(茶乳)。

②冷后浑解决的办法。提高速溶茶的溶解性,可以通过生物化学的酶解方法,也可以通过化学方法引入适当的极性基团使溶质离子化,从而使极性加强,造成同性电荷相互排斥,这两条途径都能起到茶乳转溶的作用,也可将组成茶乳的任何一方乃至茶乳本身都加以抽除,以控制氢键的缔合度,防止胶粒和絮凝的形成。

a. 酶法转溶。酶是生物体内具有高度催化活性的特殊蛋白质。酶促反应条件温和,底物专一性强,副反应少,催化效率特别高。所以,酶法转溶是一种有前途的方法。

酶法转溶主要采用多酚酶(如单宁酶),多酚酶能切断儿茶素与没食子酸的酯键,释放没食子酸。解离的没食子酸阴离子又能同茶黄素、茶红素竞争咖啡碱,形成相对分子质量较小的水溶物;它的阳离子(H^+)可在通氧搅拌条件下,加碱(KOH)中和,以免汤色变暗。

b. 碱法转溶。茶叶抽提液中,茶红素几乎占多酚类化合物的70%左右,它与咖啡碱缔合形成的茶乳在冷水中最难溶解。如果将沉淀物离心出来加苛性碱处理,差不多全能转溶于冷水。一方面,由于NaOH解离的羟基带有明显的极性,能插进茶乳酪复杂分子,打开氢键,并且跟茶红素等多酚类竞争咖啡碱,重新组合小分子水溶物;另一方面苛性碱的使用,又会使汤色变暗,这主要是:茶红素的碱金属盐使汤色转深;苛性碱会促进多酚类和茶黄素深度氧化成茶红素,使汤色转深。因此,碱法转溶时,通入氧、臭氧或过氧化氢等氧化剂漂色就成了必不可少的辅助手段。另外,用食用酸将 pH 值回调到 5.2 左右,可以消除茶汤的碱味。

c. 冷冻离心。茶乳酪也可以不经任何转溶处理,直接通过冷冻离心去除。这种方法在制造冷溶型速溶茶的初期曾一度用过,只是茶味略淡薄,但产品不带异味,处理技术也比较简单。

d. 浓度抑制法。茶乳的形成是因为多酚类与咖啡碱络合形成大分子絮状沉淀的结果。因此,可以在茶乳形成前,用化学或物理的方法去除部分多酚类和咖啡碱,以遏制茶乳的絮凝和聚沉。但浓度抑制法和冷冻离心法一样是牺牲茶叶的有效可溶物,以换取最终产品的澄清度。

(3)增香

速溶茶的增香包括去杂留香、香气回收和人工调香等技术,涉及天然香气的分离、提纯以及人工合成等整个领域,许多手段尚在摸索中。

①去杂留香。中、低档茶的最初抽提部分约占总抽提液的6%,粗老气比较明显,接着约10%左右的抽提液,不仅茶味浓强,而且香气鲜爽,接着约14%左右的低香抽提液,其余都是无香气部分,大致占抽提液总体积的70%。合并粗老气和低香、无香部分抽提液,经过真空浓缩就可以去掉粗老气。然后将浓缩液连同香气鲜爽、茶味浓强的精华部分一道干燥,就可制成品质高于原茶的优质速溶茶。

②香气回收。在速溶茶加工过程中,香气损失是很难避免的。目前,主要运用分馏-冷凝法回收香气,也可以用色谱装置回收香气。

③人工调香。加工速溶茶,香气主要损耗在抽提、浓缩和干燥等过程,尤其是用低档茶原料加工速溶茶时,不仅涉及去杂留香与回收香气的问题,更需要适当增香,以弥补香气的不足。实践证明,人工调香确实是一种改进和提高速溶茶香气的有效措施。

速溶茶生产中涉及的这些技术问题在液态茶饮料加工中同样存在,因此,解决这些技术问题的方法同样适合于液态茶饮料加工。

7.8 咖 啡 饮 料

咖啡、可可和茶叶被誉为世界三大饮料作物,其中咖啡、可可是典型的热带饮料作物,由于它们含有不同的生物碱,所以具有提神、消食等功效。咖啡在世界上的销售量最大,特别是美国、日本、俄罗斯和西欧各国的消费量较大。咖啡已成为世界上最主要的饮料之一。近年来,咖啡在我国也逐渐被人们喜爱,成为一种嗜好性的固体饮料。

根据《饮料通则》(GB 10789—2007)的规定,咖啡饮料又可分为浓咖啡饮料、咖啡饮料、低咖啡因咖啡饮料三类。

7.8.1 咖啡豆的化学成分

1. 咖啡因

咖啡因的质量分数一般为0.8% ~1.8%,视品种而异。咖啡因又名咖啡碱,是嘌呤的一种衍生物——黄嘌呤,学名为1,3,7-三甲基-2,6-二氧嘌呤,分子式为$C_8H_{10}O_2N_4$。咖啡因是一种有绢丝光泽的无色针状晶体,味苦,其结晶中含有一分子水,在100 ℃时可脱水变成无水晶体。熔点为235 ~238 ℃,于120 ℃以上温度时开始升华,到180 ℃时可大量升华而成针状晶体。

咖啡因易溶于热水中,还能溶解在乙醇及氯仿中。常温下溶于氯仿,具弱碱性。咖啡因是茶叶、咖啡豆、可可、可拉果等植物体中的主要生物碱,具有较强的兴奋中枢系统作用,能促使大脑皮层和心血管神经兴奋,增加心跳频率。因此,咖啡因能解除疲劳、振奋精神。在医药上用做麻醉剂、利尿剂、兴奋剂和强心剂。

2. 脂肪

咖啡中脂肪的质量分数一般为11.4% ~14.2%,但随着品种的不同,其含量也有差异,埃塞尔萨种为14.6% ~15.6%,刚果种为14.3% ~15.6%,小粒种为13.0% ~14.7%,中粒种为10.6% ~12.6%。

3. 咖啡的香味物质

咖啡的香味成分非常复杂,是一种烘烤的、浓厚的、酸的、苦的和微甜的混合香味。用经典方法鉴定出的咖啡香味化合物有33种。目前已鉴定出咖啡香味的组分有520种以上,其中呋喃化合物就要101种,它是重要的咖啡香味组分。羟基化合物和杂环化合物,如碱性的吡嗪、噻唑以及噻吩或吡咯也是咖啡香味的重要组分。糠基硫醇具有强烈的咖啡香味,其稀溶液散发出愉快的烘烤、烟熏的香味。影响咖啡风味的可挥发成分中约50%为醛类,约20%为酮类,约8%为酯类,约7%为杂环化合物,约2%为二甲基硫化物,还有少量其他有机物和有气味的硫化物,也有很少量的醇类和低相对分子质量饱和烃及异戊二烯那样的不饱和烃,还有呋喃、糠醛、乙酸和它们的同系物。

7.8.2 咖啡豆的生产工艺流程

1. 干法生产工艺

干法加工的工艺流程如图7.31所示。

干法加工是一种简单的加工方法,巴西的中粒种咖啡及斯里兰卡的小粒种咖啡都采用这种方法。这种方法是将从种植园采摘的新鲜咖啡浆果立即干燥,可以采用日晒法和人工干燥

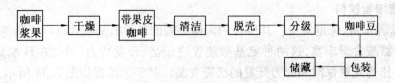

图 7.31　干法加工的工艺流程

法。日晒法是将新鲜咖啡浆果集中摊晾在木板或土、水泥场地上,在日光下干燥,直到晒干为止。在干燥过程中,要避免咖啡豆的发霉。干燥的好坏决定外果皮脱离及破碎的程度,一般每堆咖啡果的干燥过程需要 10~15 d,然后用特制的脱壳机去掉果皮和种壳,再用人工筛去果皮、碎粒及杂质,即成商品咖啡豆。从整体上来讲,干法生产的咖啡豆比湿法生产的差。

2. 湿法生产工艺

湿法加工的工艺流程如图 7.32 所示。

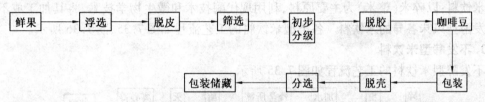

图 7.32　湿法加工的工艺流程

在咖啡加工工业较发达的地区,小粒种咖啡几乎全部采用湿法加工。我国海南、云南、广西小粒种咖啡也使用湿法加工。中粒种大部分也用湿法加工。湿法加工最大的优点是可以大大缩短加工的时间,将果皮除去后,即发酵脱胶、清洗,能确保咖啡具有较高的质量,故咖啡味道醇和。市场上湿法加工的咖啡的价格比干法加工的高 30%~50%。但湿法加工必须要有充足清洁的水源,一般每加工 1 t 鲜果需要用水 3~4 t,并需要空旷通风的地方作为晒场。加工厂与各生产区的交通必须方便,利于收果后及时运送到加工厂加工。及时加工,可以避免浆果变质,增加一级豆的产量。湿法加工可以处理大量的咖啡果,生产的规模较大。

7.9　植物饮料

7.9.1　食用菌饮料

1. 香菇保健饮料

香菇不但营养丰富,而且还具有药用价值。香菇中含有多种药用成分,如香菇素可降低血液中胆固醇的含量,香菇多糖可调节人体的免疫机能,起到抑制肿瘤的作用。近年来,随着食用菌深加工产业的发展,利用香菇发酵液配制保健饮料较多,下面介绍一例,如图 7.33 所示。

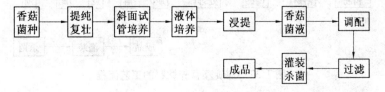

图 7.33　香菇保健饮料的工艺流程

2.金针菇增智饮料

金针菇营养丰富,味道鲜美。其所含的人体必需的8种氨基酸含量高于其他食用菌,尤其是精氨酸、赖氨酸含量丰富,这两种氨基酸能促进记忆、开发智力,因此在日本金针菇被称为"增智菇",并作为儿童保健和智力开发的必需食品。其工艺流程如图7.34所示。

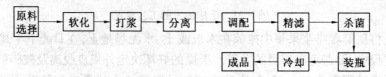

图7.34　金针菇增智饮料的工艺流程

7.9.2　谷物饮料

米饮料:以碎米(整米)为主要原料,利用现代酶技术和微生物学技术,将其加工成不发酵型和发酵型风味各异的米饮料。各类型米饮料的工艺流程如图7.35、图7.36所示。

1.不发酵型米饮料

不发酵型米饮料的工艺流程如图7.35所示。

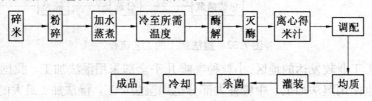

图7.35　不发酵型米饮料的工艺流程

2.乳酸发酵型米饮料

乳酸发酵型米饮料的工艺流程如图7.36所示。

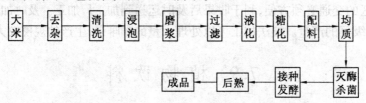

图7.36　乳酸发酵型米饮料的工艺流程

7.9.3　藻类饮料

螺旋藻营养饮料的工艺流程如图7.37所示。

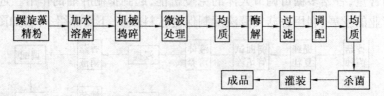

图7.37　螺旋藻营养饮料的工艺流程

7.9.4 可可饮料

可可粉加工的工艺流程如图 7.38 所示。

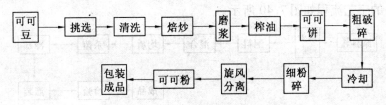

图 7.38 可可粉加工的工艺流程

7.10 风味饮料

风味饮料是以食用香精(料)、食糖和(或)甜味剂、酸味剂等作为调整风味的主要手段,经加工制成的饮料,主要包括含果味饮料、乳味饮料、茶味饮料、咖啡味饮料及其他风味饮料五类。

7.10.1 果味饮料

1. 工艺流程

荔枝干风味饮料的工艺流程如图 7.39 所示。

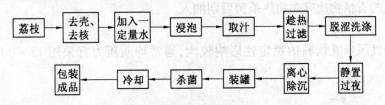

图 7.39 荔枝干风味饮料的工艺流程

2. 操作要点

(1)原汁制备

荔枝干原汁制备主要是对荔枝干中可溶性固形物进行提取,以热水作为浸提溶剂,料水比为 1:8,浸提温度为 80 ℃,浸提时间为 60 min。可溶性固形物得率一般为 60% ~80%。

(2)除涩处理

可选用明胶、乙基麦芽酚、β-环状糊精来除去或掩饰荔枝干原汁中的涩味,通过分析它们对荔枝干原汁涩味和风味的影响来判定其效果。

(3)饮料的调配

影响荔枝干饮料风味的三个主要因素为荔枝干原汁含量、蔗糖添加量、柠檬酸添加量。饮料调配时其添加量一般为:原汁用量 100 kg,糖添加量 10 kg,酸添加量 0.18 kg。

(4)罐装、杀菌、冷却

将罐装好的饮料放入杀菌锅内,100 ℃下杀菌 20 min,迅速冷却至 30 ℃ ~40 ℃。

7.10.2 乳味饮料

1. 工艺流程

乳味饮料的工艺流程如图 7.40 所示。

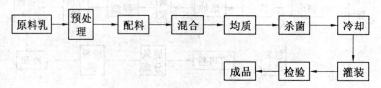

图 7.40 乳味饮料的工艺流程

2. 操作要点

（1）配料

鲜乳 35%、水 55%、白糖 8%、单甘酯 0.1%、蔗糖酯 0.1%、羧甲基纤维素钠 0.2%、海藻酸钠 0.1%、酸味剂 0.5%、改良剂 0.15%、色素、香精、保鲜剂等适量。

（2）混合

混合方式和均匀程度对产品的质量有很大影响：

①增稠、乳化剂等黏性大、难溶的添加剂，先用温水泡软，再用搅拌机搅拌均匀后加入到原料乳中。

②酸味剂的添加应用冷水稀释成质量分数低于 5% 的溶液，然后采用喷淋式加入经快速搅拌下的冷凉原料乳中。

③易挥发的香精物质宜在加热杀菌后期加入。

（3）均质

均质对酸性风味乳饮料的稳定性影响较大，通常均质压力宜采用 15～20 MPa，温度在 50 ℃左右。

（4）杀菌

因乳蛋白在酸性条件下受热极易沉淀，故在杀灭细菌的前提下，杀菌温度越低，时间越短，越有利于产品的稳定。加工酸性乳饮料时，一般采用超高温瞬时杀菌法（130～150 ℃，0.5～4 s）。

（5）包装

目前常见的产品包装有瓶装、涂塑纸盒和塑料袋包装，多采用自动化的饮料灌装机。

7.11 固体饮料

固体饮料的生产方法与一般饮料有所不同，固体饮料是以某种原料为主，配以多种辅料加工制成，与液体饮料相比，具有体积小，运输、储存及携带方便，营养丰富等优点。固体饮料按原料组分分为果香型、蛋白型和其他型。

7.11.1 果香型固体饮料

1. 果香型固体饮料的工艺流程

果香型固体饮料的工艺流程如图 7.41 所示。

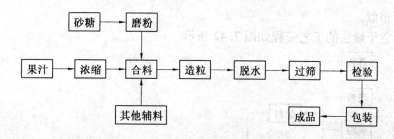

图 7.41　果香型固体饮料的工艺流程

2. 工艺要点

（1）合料

合料是果香型固体饮料生产中重要的工序，在操作时应特别注意以下几点。

①按照配方投料。果味固体饮料的一般配方是砂糖 97%，柠檬酸或其他食用酸 1%，各种香精 0.8%，食用色素控制在国家食品卫生标准以内。果汁固体饮料的配方基本与果味固体饮料相似，所不同的是以浓缩果汁取代全部或绝大部分香精、柠檬酸，食用色素可以不用或少用。果味和果汁固体饮料，均可在上述配方基础上加入糊精，以减少甜度。

②砂糖须先粉碎。成为能够通过 80 ~ 100 目筛的细粉。砂糖的粉碎可另行加工。

③麦芽糊精应过筛。如需加入麦芽糊精，须先经筛子筛出，然后继糖粉之后投料。

④色素和柠檬酸须先用水溶解。食用色素和柠檬酸须分别先用水溶解，然后分别投料，再投入香精，搅拌混合。

⑤严格控制用水量。投入混合料的全部用水须保持在投料的 5% ~ 7%，全部用水包括用以溶解食用色素和溶解柠檬酸的水，也包括香精。用水过多，则成型机不好操作，并且颗粒坚硬，影响质量；用水过少，则产品不能形成颗粒，只能成为粉状，不合乎质量要求。如用果汁取代香精，则果汁浓度必须尽量高，并且绝对不能加水合料。

（2）造粒

将混合均匀和干湿适度的坯料，放进造粒机中进行造粒。成型颗粒的大小，与造粒机筛网孔眼大小有直接关系，必须合理选用，一般以 6 ~ 8 目为宜。造粒后的颗粒状坯料，由造粒机出料口盛入料盘。

（3）脱水

将盛装盘子中的颗粒坯料放进干燥箱干燥。烘烤温度应保持 80 ~ 85 ℃，以取得产品较好的色、香、味。还可采用冷冻干燥方法，以减少营养成分的损失。

（4）过筛

将完成烘烤的产品通过 6 ~ 8 目筛进行筛选，以除掉较大颗粒或少数结块，使产品颗粒大小基本一致。

（5）包装

将通过检验合格的产品，摊凉至室温之后包装。产品如不摊凉而在温度较高的情况下包装，则产品容易回潮，引起一系列变质。包装如不严密，也会引起产品的回潮变质。

7.11.2　蛋白型固体饮料

1. 麦乳精生产工艺

麦乳精的生产工艺，基本上可分为真空干燥法和喷雾干燥法，前一方法较为普遍，后一方法与乳粉生产相似。

麦乳精真空干燥法的工艺流程如图 7.42 所示。

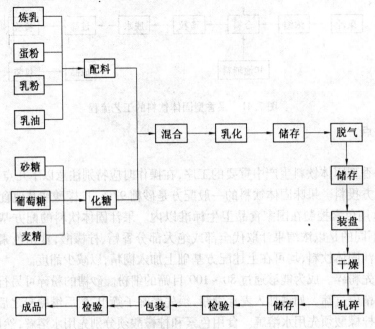

图 7.42　麦乳精真空干燥法的工艺流程

2. 操作要点

(1)原料配比

各种原料的配比,需根据原料的成分情况和产品质量要求计算决定,一般麦乳精的配比是:乳粉 4.8%、葡萄糖粉 2.7%、炼乳 42.9%、乳油 2.1%、蛋粉 0.7%、柠檬酸 0.002%、麦精 18.9%、小苏打 0.2%、可可粉 7.6%、砂糖 20.1%。

生产强化麦乳精时,须加入维生素 A、维生素 D 及维生素 B_1 以达到产品质量要求。由于维生素 A、维生素 D 不溶于水,因此应先将其溶于乳油中,然后投料。维生素 B_1 溶于水,可在混合锅中投入。

加入其他添加物,如人参浸膏、银耳浓浆的蛋白型固体饮料,一般不加麦精,以显示这些添加物的独特风味。为了降低此类产品的甜度且增加黏稠性,可加入 10% ~ 20% 的麦芽糊精。

(2)化糖配浆

先在化锅中加入一定量水,然后按照配方加入砂糖、葡萄糖、麦精及其他添加物,在 90 ~ 95 ℃条件下搅拌溶化,使其完全溶解,然后用 40 ~ 60 目筛网过滤,投入混合锅,待温度降至 70 ~ 80 ℃时,在搅拌情况下加入碳酸氢钠,以中和各种原料可能引进的酸度,从而避免随后与之混合的乳浆引起凝结的现象。

在配浆锅中加入适量的水,然后按照配方加入炼乳、蛋粉、乳粉、可可粉、乳油等,使温度升至 70 ℃,搅拌混合,蛋粉、乳粉、可可粉等须先经 40 ~ 60 目的筛网过滤,避免硬块进入锅中而影响产品质量。乳油应先经熔化,然后投料。浆料混匀后,经 40 ~ 60 目筛网进入混合锅。

(3)混合

在混合锅中,使糖液与乳浆充分混合,并加入适量的柠檬酸以突出乳香并提高乳的热稳定性。柠檬酸用量一般为全部投料的 0.002%。

(4) 乳化

可用均质机、胶体磨、超声波乳化机等进行两次以上的乳化。这一过程的主要作用是使浆料中的脂肪破碎成尽量小的微粒,以增大脂肪球的总表面积,改变蛋白质的物理状态,减缓或防止脂肪分离,从而大大地提高和改善产品的乳化性能。

(5) 脱气

浆料在乳化过程中混进大量空气,如不加以排除,则浆料在干燥时势必发生气泡翻滚现象,使浆料从烘盘中逸出,造成损失。因此必须将乳化后的浆料在浓缩锅中脱气,以防止上述不良现象的产生。浓缩脱气所需的真空度为 96 kPa,蒸汽在 0.1 ~ 0.2 MPa 以内。当从视孔中看到浓缩锅内的浆料不再有气泡翻滚时,则说明脱气已完成。脱气浓缩还有调整浆料水分的作用,一般应使完成脱气的浆料水分控制在 28% 左右,以待分盘干燥。

(6) 分盘

分盘就是将脱气完毕并且水分含量合适的浆料分装于烘盘中。每盘数量须根据烘箱具体性能及其他实际操作条件而定,浆料厚度一般为 0.7 ~ 1 cm。

(7) 干燥

将装了料的烘盘放在干燥箱内的蒸汽排管或蒸汽薄板上,加热干燥。干燥初期,真空度保持在 90 ~ 94 kPa。随后提高到 96 ~ 98.6 kPa,蒸汽压力控制在 0.15 ~ 0.2 MPa,干燥时间为 90 ~ 100 min。干燥完成后,不能立即消除真空,必须先停止蒸汽,然后放进冷却水进行冷却约 30 min。待料温度下降以后,再消除真空,然后出料。全过程约为 120 ~ 130 min。

(8) 轧碎

将干燥完成的蜂窝状的整块产品,放进轧碎机中轧碎,使产品基本上保持均匀一致的鳞片状,在此过程中,要特别重视卫生要求,所有接触产品的机件、容器及工具等均须保持洁净,工作场所要有空调设备,以保持温度为 20 ℃左右,相对湿度 40 ~ 45 ℃,避免产品吸潮而影响产品质量,并有利于正常进行包装操作。

(9) 检验

产品轧碎后,在包装之前必须按照质量要求抽样检验。包装后,则着重检验成品包装质量。

(10) 包装

检验合格的产品,可在空调情况下进行包装,包装时一般应保持温度为 20 ℃左右,相对湿度 40% ~ 45%。

7.12　特殊用途饮料

中华人民共和国国家标准《饮料通则》(GB 10789—2007)定义特殊用途饮料就是通过调整饮料中营养素的成分和含量,或加入具有特定功能成分的适应某些特殊人群需要的饮料,主要包括运动饮料、营养素饮料等。

7.12.1　运动饮料

1. 运动员的营养

运动员的合理营养首先应安排适合锻炼需要的平衡膳食,其次是在饮料中补充一些易损失的营养素。膳食中含有人体所需要的蛋白质、脂肪、糖类、无机盐、维生素等营养素和水分。

合理营养的食物中,热能平稳对健康有重要影响。据调查资料介绍,我国运动员的热能需要量多数在 14 630 ~ 18 392 kJ/d。运动员热能消耗量的大小取决于运动的强度和持续时间。热能的摄入量应与消耗适应,成年人热能支出和摄入平衡时,体重保持恒定;儿童、青少年的热能摄入量应大于消耗量,以满足生长和发育的需要。

(1)运动与碳水化合物

人体内碳水化合物储备是影响耐力的重要因素。长时间剧烈运动时,肌糖原和肝糖原都可能被消耗而出现低血糖情况,此时会发生眩晕、头昏、眼前发黑、恶心等症状。由于体内糖类储备量限度为 400 g(相当于 6 688 kJ),所以应尽量使消耗不要达到这个限度。糖类是能量代谢中直接可以利用的"零钱",而脂肪却相当于在银行中的存款,只有在必要时才从库中取出,因此,大量活动之前或活动之中供给适当的糖类是有益的,可以预防低血糖的发生并提高耐力。

(2)运动与蛋白质

体育运动是否增加蛋白质的需要量,意见尚不一致。运动员在加大运动量、生长发育和减轻体重时期出现大量出汗、热能及其他营养水平下降等情况时,应增加蛋白质的补充量。蛋白质营养不仅要考虑数量,还要注意质量。

为了增加肌糖原含量,提高耐力,增加体内碱的储备,运动员的食物多采用高糖、低脂肪、低蛋白的食品。为了满足运动员身体生长发育以及体力恢复的需要,通过饮料补充一定量的必需氨基酸是必要的,人体对氨基酸的吸收,不会影响胃的排空,补充的氨基酸量少,也不会引起体液 pH 值的改变,而且由于氨基酸属两性电解质,能增加血液的缓冲性。

(3)运动与脂肪

适量的、低强度的需氧运动对脂肪代谢有良好的作用,可使脂肪利用率提高,脂蛋白酶活性增加,脂肪储存量减少。高脂肪的饮食可使活动量小的人血脂升高,但运动量大的人,其饮食中脂肪量稍多一些是无害的,脂肪食物的发热量约为总热量的 25% ~ 35%。

(4)运动和水

人体体重的三分之一由水组成,各种代谢过程的正常功能也取决于水的"内环境"的完整性。水损耗达体重 5% 时为中等程度的脱水,这时机体活动明显受到限制,脱水达 10% 时即为严重脱水。在热环境下运动时,代谢产热和环境热的联合作用,使体热大大增加。为了防止机体过热,人体依靠大量排汗散热调节来维持体温的稳定。运动中的排汗率和排汗量与很多因素有关,运动强度、密度和持续时间是主要因素。运动强度越大,排汗率越高。此外,如气温、湿度、运动员的训练水平和对热适应等情况都会影响排汗量。有关资料介绍,在气温 27 ~ 31 ℃ 条件下,4 h 长跑训练的出汗量可达 4.5 L,在气温 37.7 ℃,相对湿度 80% 以上,70 min 的足球运动出汗量可达 6.4 L,即汗丢失量达到体重的 6% ~ 10%,当丢失量为体重的 5% 时,运动员的最大吸氧能力和肌肉工作能力可下降 10% ~ 30%。所以运动员在赛前和赛中均应合理地补充一定量的水分。汗液中除含有 99% 以上的水以外,还含有其他的无机盐,如果补充特制的运动饮料,就更为理想。

(5)运动和无机盐

无机盐是构成机体组织和维持正常生理功能所必需的物质。人体由于激烈运动或高温作业而大量排汗时,会破坏机体内的环境平衡,造成细胞内正常渗透压的严重偏离及中枢神经的不可逆变化。如体内的水消耗达到体重的 5% 时,活动就会受到明显限制。由于大量出汗,失去大量的无机盐,致使体内电解质失去平衡,此时如果单纯补充水分,不但达不到补水的目的,而且会越喝越渴,甚至会发生头晕、昏迷、体温上升、肌肉痉挛等所谓"水中毒"症状。

在运动中出汗,无机盐会随汗液排出,引起体液(包括血液、细胞间液、细胞内液)组成发生变化,人的血液 pH 值介于 7.35 ~ 7.45 之间,呈弱碱性,正常状态下变动范围很小。当体液 pH 值稍有变动时,人的生理活动也会发生变化。人体体液酸碱度所以能维持相当恒定,是由于有一定具有缓冲作用的物质,因而可以增强耐缺氧活动能力。如果体内碱性物质储备不足,比赛时乳酸大量生成,体内酸性代谢产物不能及时得到调节,这时运动员就容易疲劳。所以在赛前应尽量选择一些碱性食品,在运动过程中补充水分的同时补充因出汗所损失的无机盐,以保持体内电解质的平衡,这是运动饮料的基本功能。钠、钾能保持体液平衡、防止肌肉疲劳、脉率过高、呼吸浅频及出现低血压状态等作用;钙、磷为人体重要无机盐,对维持血液中细胞活力、神经刺激的感受性、肌肉收缩作用和血液的凝固等有重要作用;镁是一种重要的碱性电解质,能中和运动中产生的酸。

(6)运动和维生素

维生素是人体所必需的有机化合物。维生素 B_1 参与糖代谢,如果多摄入与运动量成正比的糖质,则维生素 B_1 消耗量就会增加。此外,它还与肌肉活动、神经系统活动有关。如果每日服用 10 ~ 20 mg 维生素 B_1,可缩短反应时间,加速糖代谢速度。

维生素 B_2 与维生素 B_1 一样,也参与糖代谢。有人还发现服用维生素 B_2 后,可提高跑步速度和缩短恢复时间,减少血液中二氧化碳、乳酸和焦性葡萄糖的蓄积。

维生素 C 与运动有关,机体活动时,维生素 C 的消耗量增加,维生素 C 的需要量与运动强度成正比。据研究,运动员在比赛前服用 200 mg 维生素 C 可提高比赛成绩,服用 30 ~ 40 min 后比赛效果最显著。

如果在饮食中经常有充足的水果、蔬菜,维生素的营养状况必然良好,就不需要再补充了,在重大比赛前,可以考虑在集中训练初期和比赛前数日内,使体内维生素保持饱和状态是适宜的。

2. 运动饮料的特点

一般运动饮料均具有以下特点:①在规定浓度时,运动饮料与人体体液的渗透压相同,这样人体吸收运动饮料的速度为吸收水时的 8 ~ 10 倍,因此饮用运动饮料不会引起腹胀,可使运动员放心参加运动和比赛;②运动饮料能迅速补充运动员在运动中失去的水分,既解渴又能抑制体温上升,保持良好的运动机能;③运动饮料一般使用葡萄糖和砂糖,可为人体迅速补充部分能量,此外饮料中一般还加有促进糖代谢的维生素 B_1 和维生素 B_2,和有助于消除疲劳的维生素 C;④运动饮料一般不使用合成甜味剂和合成色素,具有天然风味,运动中和运动后均可饮用。

7.12.2　营养素饮料

营养素饮料是一种添加适量的食品营养强化剂,以补充某些人群特殊营养需要的饮料。该饮料采用多种维生素、矿物质和氨基酸等作为强化剂,如强化钙饮料、强化铁饮料、强化锌饮料、强化牛磺酸饮料、强化氨基酸饮料等。

1. 强化钙饮料

(1)配方

原果汁 15%、EDTA 铁钠 0.015%、蔗糖 3%、维生素 C 膦酸酯镁 0.04%、低聚果糖 3%、牛磺酸 0.05%、醋酸钙 0.5%、柠檬酸 0.02%、高纯度 CPP(质量分数≥85%)0.04%、甜味剂(三氯蔗糖)0.01%、(酪蛋白磷酸肽)天然香料适量、L-乳酸锌0.005%。

（2）工艺流程

强化钙饮料的工艺流程如图7.43所示。

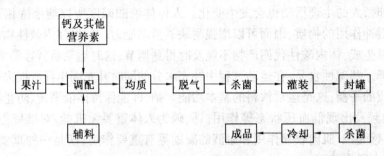

图7.43　强化钙饮料的工艺流程

2. 强化铁饮料

（1）配方

血红素溶液50%、蔗糖10%、柠檬酸0.5%、稳定剂0.3%、山梨酸钾0.05%、橘子香精适量。稳定剂选择藻酸丙二醇酯0.1%~0.3%，或藻酸丙二醇酯0.1%~0.2%和蔗糖脂肪酸酯0.1%~0.2%。

（2）工艺要点

家畜或家禽类的血液，离心分离，收集下层红细胞。再加2.5倍量的水溶解，之后用氢氧化钠调pH值至8.5~9，搅拌，加碱性蛋白酶，在50 ℃条件恒温水浴5 h，得到铁含量比较高的血红素铁。酶反应结束后，加热到80 ℃，使酶失去活性，冷却至室温。加盐酸调pH值在4以下，使血红素铁析出，收集此血红素铁，水洗数次，移入另一容器中，再加入适量水，分散后，用NaOH调pH值至7左右，进行过滤，即得血红素铁溶液。制得的血红素铁溶液，再按配方将蔗糖、稳定剂、柠檬酸、山梨酸钾等固体物质先用水溶解过滤之后，再进行混合配制，最后加入香精，混匀定容，加热杀菌(70~85 ℃、30 min)，即得无沉淀、风味良好的补铁保健饮料，可以预防与治疗缺铁性贫血。

思 考 题

1. 简述软饮料用水对水质的一般要求。

2. 硬水软化的常用方法有哪些？分别说明石灰软化法、离子交换法、反渗透法、电渗析法的软化原理、适用范围和注意事项。

3. 用箭头简示一次灌装法、二次灌装法的工艺流程，并对比其优缺点。

4. 阐述碳酸化的基本原理和影响因素，并说明碳酸化的常用方式。

5. 简述碳酸饮料生产中常见的质量问题及产生原因。

6. 果蔬汁有哪些类型？澄清果汁和混浊果汁在工艺上有何差异。

7. 简述豆乳生产中产生豆腥味的原因及影响因素？生产上去除或减轻豆腥味采取的常用措施有哪些？

8. 试比较饮用矿泉水和饮用纯净水生产工艺的异同。

9. 什么是茶饮料的"冷后浑"？"冷后浑"是如何形成的？怎样解决？

参 考 文 献

[1] 邵长富,赵晋府. 软饮料工艺学[M]. 北京:中国轻工业出版社,1987.

[2] 朱珠. 软饮料加工技术[M]. 北京:化学工业出版社,2010.

[3] 蒋和体. 吴永娴. 软饮料工艺学[M]. 北京:中国农业科学技术出版社,2006.

[4] 高海生,崔蕊静,蔺毅峰. 软饮料工艺学[M]. 北京:中国农业科学技术出版社,2000.

[5] 都凤华,谢春阳. 软饮料工艺学[M]. 郑州:郑州大学出版社,2011.

[6] 胡小松,蒲彪,廖小军. 软饮料工艺学[M]. 北京:中国农业大学出版社,2002.

[7] 赵晋府. 食品工艺学[M]. 北京:中国轻工业出版社,2006.

[8] 莫慧平. 饮料生产技术[M]. 北京:中国轻工业出版社,2001.

[9] 蔺毅峰. 软饮料加工工艺与配方[M]. 北京:化学工业出版社,2006.

[10] 张国治. 软饮料加工机械[M]. 北京:化学工业出版社,2006.

第 8 章

食品生产加工的质量管理与控制

【学习目的】

通过本章的学习,了解国内外有关的食品标准和法规,熟悉中国法律法规体系,了解国际相关组织机构及其职能。掌握 ISO 9000 和 HACCP 质量保证体系的概念、特点和基本原理,了解其主要内容和在食品工业中的应用。掌握影响乳、肉、粮油类食品卫生质量的因素及在生产过程中卫生质量管理的具体途径和方法。

【重点和难点】

本章重点是各类食品的卫生质量控制及我国法律法规体系的构成。难点是 ISO 9000 和 HACCP 质量保证体系的基本原理。

8.1 食品质量法律法规体系

食品法律法规指的是由国家制定的适用于食品从农田到餐桌各个环节的一整套法律规定,其中食品法律和由职能部门制定的规章是食品生产、销售企业必须强制执行的,而有些标准、规范为推荐内容。食品法律法规是国家对食品进行有效监督管理的基础。

8.1.1 中国食品质量法律法规

1.《中华人民共和国食品安全法》

《中华人民共和国食品安全法》(以下简称《食品安全法》)于 2009 年 10 月 30 日第八届全国人民代表大会常务委员会第十六次会议通过,并以第五十九号主席令公布,自公布之日起实行,以取代之前的《中华人民共和国食品卫生法》(以下简称《食品卫生法》)。《食品安全法》是专门针对保障食品安全的法律,是一部综合性的法律,涉及食品安全的方方面面,其总体思路有以下几点:

(1)确立多部门分段管理与中央统一协调的食品安全监管机制。各有关主管行政部门按照各自职责分工依法行使职权,对食品安全分段实施监督管理,决策与执行适度分开、相互协调,同时进一步明确地方人民政府对本行政区域的食品安全监管责任。

(2)建立以食品安全风险评估为基础的科学管理制度。明确食品安全风险评估结果应当成为制定、修订食品安全标准和对食品安全实施监督管理的科学依据。

(3)坚持预防为主。遵循食品安全监管规律,对食品的生产、加工、包装、运输、储藏和销售等各个环节,对食品生产经营过程中涉及的食品添加剂、食品相关产品、运输工具等各有关事项,有针对性地确定有关制度,并建立良好生产规范、危害分析和关键控制点体系认证等机制,做到防患于未然。同时,建立食品安全事故预防和处置机制,提高应急处理能力。

(4)强化生产经营者作为保证食品安全责任第一人的责任。通过确立制度,引导生产经营者在食品生产经营活动中重质量、重服务、重信誉、重自律,以形成确保食品安全的长效机制。

(5)既要加强行政管理、行政处罚,又要重视行政责任、民事赔偿,建立通畅、便利的消费者权益救济赔偿渠道。任何组织或个人有权检举、控告违反食品安全法的行为,有权向有关部门了解食品安全信息,对监管工作提出意见。因食品、食品添加剂或者食品相关产品遭受人身、财产损害的,有依法获得赔偿的权利。

2.《中华人民共和国产品质量法》

《中华人民共和国产品质量法》(以下简称《产品质量法》)于 1993 年 2 月 22 日第七届全国人民代表大会常务委员会第三十次会议通过,1993 年 9 月 1 日实施,并于 2000 年 7 月 8 日第九届全国人民代表大会常务委员会第十六次会议修改,自 2000 年 9 月 1 日起施行。

《产品质量法》是调整在生产、流通以及监督管理过程中,因产品质量而发生的各种经济关系的法律规范的总称。主要适用于:在中国境内从事产品生产、销售活动,包括销售进口商品的活动;生产、流通的产品即各种动产(不适用于不动产);生产者、销售者、用户和消费者以及监督管理机构。《产品质量法》不但能够引导产品质量工作走上法制化的轨道,而且能够充分运用该法解决经济领域的现实问题。《产品质量法》的内容共分 6 章,包括 74 条款。

制定《产品质量法》的意义体现在以下几方面:

(1)产品质量立法是提高我国产品质量的需要

改革开放以来,我国的产品质量有了很大的提高。但是和发达国家相比,产品质量差、市场竞争力低仍然是目前亟待解决的问题。因此,《产品质量法》对于提高我国产品质量具有重要作用。

(2)产品质量立法是规范社会经济秩序的需要

市场经济要求有完备的法制加以规范和保障。产品质量立法就是要禁止各种不正当竞争行为,规范社会经济秩序,保护公平竞争。

(3)产品质量法是保护消费者合法权益的需要

产品质量立法明确了产品质量责任,规定了民事赔偿,提供了法律保障。消费者可以运用法律武器,维护自身的合法权益。

(4)产品质量立法是建立和完善我国产品质量法制的需要

完备的法制是社会主义市场经济体制完善、社会发展成熟的标志之一,为了适应社会主义经济发展的需要,国家需要建立健全产品质量法规体系。

3.《中华人民共和国农产品质量安全法》

为保障农产品质量安全,维护公众健康,促进农业和农村经济发展,《中华人民共和国农产品质量安全法》(以下简称《农产品质量安全法》)在 2006 年 4 月 29 日第十届全国人民代表大会常务委员会第二十一次会议通过,于 2006 年 11 月 1 日起实施。

《农产品质量安全法》的内容由农产品质量安全标准、农产品产地、农产品生产、农产品包装和标识、监督检查等 8 章 56 条构成,具有重要的实施意义。

(1)填补我国初级农产品质量监管法律空白。我国对农产品质量安全管理的法律规范尚属空白。《食品卫生法》已经将"种植业、养殖业"排除在外,《产品质量法》规范的是"经过加工、制作,用于销售的产品",也不包括农产品。因此,急需通过立法来规范农产品生产经营行为,保证公众消费安全。

(2)保证老百姓消费安全。农产品质量安全事关人民群众身体健康,历来是社会广泛关注的热点和焦点问题。老百姓每天消费的食物主要是鲜活农产品。一旦出事,后果非常严重,危及人民群众的生命安全。

(3)应对国际化竞争。加入世贸组织后,我国具有劳动力优势的园艺产品和畜禽水产品本应在国际市场上有着很强的价格优势,但从现实看,效果并不明显。由于我国农产品质量安全管理无法可依,一些国家对我国农产品频频设置技术性贸易壁垒。应通过立法,健全农产品质量安全法制,维护我方权益,提高我国优势农产品的竞争力,在促进和保护本国农业发展的同时,积极解决农产品国际贸易摩擦。

4.《食品标签管理办法》

食品标签是指在食品包装容器上或附于食品包装容器的一切附签、吊牌、文字、图形、符号等说明物,标签的基本内容为:食品名称、配料表、净含量及固形物含量、厂名、批号、日期标志等。

建立食品标签可以作为食品生产者、销售者和消费者的一种信息传播手段。这种信息的沟通可以使消费者通过食品标签标注的内容进行识别、自我安全卫生保护和指导消费,还可以用来提供专门的信息,使有关行政管理部门据此确认该食品是否符合有关法律、法规的要求。这样就能使所有竞争者在这个公平的赛场上按同一条规则平等竞争。

我国食品标签的管理依据《食品标签通用标准》(GB 7718—1994)的有关规定执行。《食品标签通用标准》是国家技术监督局发布的一项强制性的国家标准。本标准适用于国内市场销售的国产和进口包装食品的标签,同时《饮料酒标签标准》(GB 10344—89)和《特殊营养食品标签标准》(GB 13432—1992)规定的内容也要与本标准相一致。本标准不适用于裸装食品、预包装新鲜水果和蔬菜、保健食品和营养口服液以及饭店、内部食堂及其他类似的群众就餐场所所供应的包装食品。

5.《保健食品卫生管理办法》

保健食品是指表明具有特定保健功能的食品,即适宜于特定人群食用,具有调节机体功能,不以治疗疾病为目的的食品。

《保健食品卫生管理办法》由卫生部于1995年3月15日发布,1996年6月1日实施。

该办法的颁布解决了我国保健食品市场的混乱局面,使对保健食品的监督管理走上了法制化轨道。该办法包括以下几个方面的内容:

(1)关于保健食品的审批制度的规定。

(2)关于申请保健食品批准证书时,必须提交资料的规定。

(3)关于保健食品生产审查制度的规定。

(4)关于保健食品的生产经营的规定。

(5)关于保健食品标签、说明书及广告宣传管理的规定。

(6)关于保健食品的监督管理的规定。

(7)关于违反处罚的规定。

(8)关于附则中的其他规定。

6. 进出口食品的卫生管理

食品是国际贸易中的大宗商品,也是我国进出口贸易的重要商品。随着我国对外贸易的发展,进出口食品的数量与品种不断增加。进出口食品因卫生质量不符合要求而造成索赔、退货等问题也时有发生。因此,为了维护国家的信誉和消费者的利益,就必须加强进出口食品的卫生管理。

近几年,我国不断加快和完善食品安全法规体系建设,形成了一套以《中华人民共和国食品安全法》《中华人民共和国进出口商品检验法》《中华人民共和国进出境动植物检疫法》《中华人民共和国产品质量法》为主题框架的完整的进出口食品安全法规体系,在此基础上,国家质量监督检验检疫总局还发布了一系列规章、国家标准和行业标准,形成了完整的进出口食品检验检疫监管法规体系。

为符合进口国的食品法规要求,国家质量监督检验检疫总局还组织编译及编写了欧盟、美国、加拿大、俄罗斯、韩国等主要进口国的食品安全卫生法规、标准等资料,加大了对进出口食品检验检疫队伍和机构建设,并不断提高检测技术水平。目前,国家质量监督检验检疫总局设在全国各地的 35 个直属检验检疫局和 328 个分支局,建有 163 个食品检验检疫中心,承担着全国进出口食品检验检疫任务。国家质量监督检验检疫总局还在检验检疫科学研究院专门设立了进出口食品安全研究所,专门从事进出口食品安全检测技术研究,以不断提高进出口食品安全控制水平。有关进出口食品的安全法律、法规包括:

(1)《中华人民共和国进出口商品检验法》。

(2)《中华人民共和国进出境动植物检疫法》。

(3)《中华人民共和国动物防疫法》。

(4)《中华人民共和国食品安全法》。

(5)《中华人民共和国产品质量法》。

(6)《中华人民共和国进出境动植物检疫法实施条例》。

(7)《中华人民共和国进出口商品检验法实施条例》。

(8)《中华人民共和国兽药管理条例》。

(9)《中华人民共和国饲料管理条例》。

(10)《中华人民共和国农药管理条例》。

(11)《中华人民共和国种畜禽管理条例》。

8.1.2 与食品相关的其他法律法规

1.《中华人民共和国专利法》

《中华人民共和国专利法》(以下简称《专利法》),1984 年 3 月 1 日第六届全国人民代表大会常务委员会第四次会议通过,1985 年 4 月 11 日起实施。1985 年经国务院批准,中国专利局发布了《中华人民共和国专利法实施细则》。之后,随着我国改革开放的深入和扩大,对其进行了补充和修改,并在 2000 年 8 月 25 日中华人民共和国第九届全国人民代表大会常务委员会第十七次会议上通过,自 2001 年 7 月 1 日起施行。

在社会主义建设的新时期,实施专利法,对于保护发明创造权利,鼓励发明创造和推广使用,促进科学技术的发展以适应社会主义建设的需要有重大意义。《专利法》共分为 8 章 69 条。

2.《中华人民共和国商标法》

《中华人民共和国商标法》(以下简称《商标法》),1980 年 8 月 23 日第五届全国人民代表大会常务委员会第二十四次会议通过,1981 年 3 月 1 日起正式实施。1998 年 1 月经国务院批准修订,同月国家行政工商管理局发布了《中华人民共和国商标法实施细则》。

《商标法》对于加强商标管理,保护商标专用权,促使生产者保证商品质量和维护商标信誉,保障消费者利益,促进社会主义商品经济的发展,有举足轻重的意义。《商标法》共 8 章 43 条。

3.《中华人民共和国标准化法》

《中华人民共和国标准化法》(以下简称《标准化法》),1988 年 12 月 29 日第七届全国人民代表大会常务委员会第五次会议通过,1989 年 4 月 1 日起施行。

《标准化法》对发展社会主义商品经济,促进技术进步,改进产品质量,提高社会经济效益,维护国家和人民的利益,使标准化工作适应社会主义现代化建设和发展经济有十分重要的意义。《标准化法》共 5 章 26 条。

8.1.3 国际食品质量法律法规

国际食品质量法律法规是由国际政府组织或民间组织制定的,被广大国家所接受承认的法律制度。随着我国经济的发展,食品参与国际贸易越来越多,很多国际法律法规引入我国,对于保证我国食品质量、参与国际交流、提高国际市场竞争能力起到很大作用。国际食品法律法规包括国际食品法典、国际食品标准、国际有机食品认证标准等。

1. 食品法典委员会与《食品法典》

食品法典委员会(Codex Alimentarius Commission,CAC)成立于 1961 年,是联合国粮农组织(FAO)和世界卫生组织(WHO)建立的政府间协调食品标准的国际组织,目前已有 165 个成员,覆盖全球约 98% 的人口。CAC 通过制定推荐的食品标准及食品加工规范,协调各国的食品标准立法并指导其建立食品安全体系,保护消费者的健康,促进公平的食品贸易,CAC 已经成为了世界上最重要的食品标准制定组织。食品法典委员会系统成立了两类分支机构:一类是法典工作委员会,负责标准草案的准备和呈交工作;一类是法典协调委员会,负责协调区域或成员间在该地区的食品标准,包括制定和协调地区标准。

《食品法典》包括标准和残留限量、法典和指南两部分,包含了食品标准、卫生和技术规范、农药、兽药、食品添加剂评估及其残留限量制定和污染物准则在内的广泛内容。《食品法典》以统一的形式提出并汇集了国际已采用的全部食品标准,包括所有向消费者销售的加工、半加工食品或食品原料的标准。有关食品卫生、食品添加剂、农药残留、污染物、标签及说明、采样与分析方法等方面的通用条款及准则也列在其中。另外,《食品法典》还包括食品加工的卫生规范、指南和其他推荐性措施等指导性条款。

《食品法典》已成为全球消费者、食品生产、加工经营者、各国食品管理机构和国际食品贸易中唯一的和最重要的基本参照标准。《食品法典》对食品生产加工者的观念以及最终消费者的意识已产生了巨大的影响。它的影响波及世界各地,对保护公众健康和维护公平食品贸易做出了不可估量的贡献。

2. 国际放射防护委员会

国际放射防护委员会(ICRP)是在国际放射学会的领导下开展工作。该委员会由主席 1 人及 12 人以下的委员组成,主席及委员由放射学、放射防护、物理学、生物学、遗传学、生物化学、生物物理学领域内的专家经选举产生。主席和委员在每一届国际放射学会议期间改选一次,至下一届会议时任期终止,国际放射防护委员会的决议由投票的多数决定。

委员会可设置为执行任务所必需的专门委员会,不同时期所设的专门委员会不同。目前主要设以下专门委员会:辐射效应、内照射、外照射等。国际放射防护委员会的部分工作由临时设置的工作小组承担,委员会可以邀请其他专家为其服务。

辐射防护的主要目的是:保护个人及其后代,乃至全体人类;进行各种可能产生辐射照射的必要的活动。为此,须制定一个适用于所有身体组织的剂量极限,防止有害的非随机效应,并限制随机效应的发生率,使之达到被认可接受的水平。次要目的是保证伴有辐射照射的各种实践都具有正当理由,且处于最低水平。

8.2　食品质量标准体系

8.2.1　中国食品质量标准

1. 标准与标准化

（1）标准

中国国家标准 GB 3935.1—1996《标准化和有关领域的通用术语　第一部分:基本术语》中对标准的定义是:"标准是为在一定的范围内获得最佳秩序,对活动或其结果规定共同的重复使用的规则、导则或特性的文件。该文件经协商一致制定并经一个公认机关的批准。"也就是说,标准是对重复性事物和概念所做的统一规定,它是以科学、技术和实践经验的综合成果为基础,经有关方面协商一致,由主管机构批准,以特定形式发布的文件,作为共同遵守的准则和依据。

标准编号用标准代号加发布的顺序号和年号表示。例如,上述的"GB 3935.1—1996"中"GB"是标准代号,表示国家标准,"3935.1"是顺序号,"1996"是发布的年号。

（2）标准化

GB 3935.1—1996 对标准化的定义是:"为在一定的范围内获得最佳秩序,对实际的或潜在的问题制定共同的和重复使用的规则的活动。"标准化是一个在一定范围内的活动过程,其活动范围包括生产、经济、技术、科学、管理等各类社会实践领域。标准化的活动过程包括标准的制定、发布、实施、监督管理以及标准的修订。标准化的目的是为了获得最佳秩序和社会效益。

2. 食品质量标准的制定

（1）食品质量标准制定的原则

①应当有利于保障食品安全和人体健康,保护消费者利益,保护环境。

②应当有利于合理利用国家资源,推广科学技术成果,提高经济效益,并符合使用要求,有利于食品的通用和互换,做到技术上先进,经济上合理。

③应当做到有关标准的协调配套,有利于标准体系的建立和不断完善。

④应当有利于促进对外经济技术合作和对外贸易,有利于参与国际经济大循环,并有利于我国标准与国际接轨。

⑤应当发挥行业协会、科学研究机构、学术团体的作用。

（2）食品质量标准制定的依据

①法律依据。《食品卫生法》、《标准化法》等法律及有关法规是制定食品标准的法律依据。以上法律对食品卫生标准的制定与批准、食品卫生标准的适用范围、食品卫生标准的技术内容等三个重要方面作了明确的规定。

②科学技术依据。食品标准是科学技术研究和生产经验总结的产物。在标准制定过程中，应尊重科学，尊重客观规律，保证标准的真实性，应合理使用已有的科研成果，善于总结和发现与标准有关的各种技术问题，应充分利用现代科学技术条件，促进标准具有一定的先进性。

③有关国际组织的规定。WTO 制定的《卫生与植物卫生措施协定（SPS）》《贸易技术壁垒协定（TBT）》是食品贸易中必须遵守的两项协定。SPS 和 TBT 协定都明确指出，国际食品法典委员会（CAC）的法典标准可作为解决国际贸易争端、协调各国食品卫生标准的依据。因此，每一个 WTO 的成员国都必须履行 WTO 有关食品标准制定和实施的各项协议和规定。

3. 食品标准的分类和内容

中国食品标准按照标准的具体对象可分为多种类型，主要有以下几类。

（1）食品卫生标准

食品卫生标准包括食品生产车间、设备、环境、人员等生产设施的卫生标准食品原料、产品的卫生标准等。食品卫生标准内容包括环境感官指标、理化指标和微生物指标。

（2）食品产品标准

食品产品标准内容较多，一般包括范围、引用标准、相关定义、技术要求、检验方法、检验规则、标志包装、运输和储存等。其中技术要求是标准的核心部分，主要包括原辅材料要求、感官要求、理化指标、微生物指标等。

（3）食品检验标准

食品检验标准包括适用范围、引用标准、术语、原理、设备和材料、操作步骤、结果计算等内容。

（4）食品包装材料和容器标准

食品包装材料和容器标准包括卫生要求和质量要求。

（5）其他食品标准

其他食品标准包括食品工业基础标准、质量管理、标志包装储运、食品机械设备等。

8.2.2　国际食品标准

食品及相关产品标准化的国际组织有：国际标准化组织（ISO）、联合国粮食和农业组织（FAO）、世界卫生组织（WHO）、食品法典委员会（CAC）、国际谷类加工食品科学技术协会（ICC）、国际乳制品联合会（IDF）、国际葡萄与葡萄酒局（IWO）、国际公职分析化学家协会（AOAC），其中 CAC 和 ISO 的标准被广泛认同和采用。

1. 食品法典标准

CAC 制定并向各成员国推荐的食品产品标准、农药残留限量、卫生与技术规范、准则和指南等，通称为食品法典。食品法典共由 13 卷构成，其主要内容有：卷 1A 通用要求法典标准，卷 1B 通用要求（食品卫生）法典标准；卷 2 食品中农药残留法典标准；卷 3 食品中兽药残留法典标准；卷 4 特殊饮食用途的食品法典标准；卷 5A 速冻水果和蔬菜的加工处理法典标准，卷 5B 热带新鲜水果和蔬菜法典标准；卷 6 水果汁和相关制品法典标准；卷 7 谷类、豆类、豆荚、相关产品、植物蛋白法典标准；卷 8 食用油、脂肪及相关产品法典标准；卷 9 鱼及水产品法典标准;卷 10 肉及肉制品法典标准;卷 11 糖、可可制品和巧克力及其他产品法典标准;卷 12 乳及乳制品法典标准;卷 13 分析方法与取样法典标准。

食品法典的一般准则是提倡成员国最大限度地采纳法典标准。法典的每一项标准本身对其成员国政府来讲并不具有自发的法律约束力,只有在成员国政府正式声明采纳之后才具有法律约束力。在食品贸易领域,一个国家只要采用了 CAC 的标准,就被认为接受了世界贸易组织《实施卫生与植物卫生措施协议》(SPS)及《贸易技术壁垒协议》(TBT)。

2. 国际标准化组织食品标准

ISO 下设许多专门领域的技术委员会(TC),其中 TC 34 为农产食品技术委员会。TC 34 主要制定农产品食品各领域的产品分析方法标准。为避免重复,凡 ISO 制定的产品分析方法标准都被 CAC 直接采用。

ISO 还发布了适用广泛的系列质量管理标准,其中已在食品行业普遍采用的是 ISO 9000 体系。2005 年 9 月 1 日又颁布了 ISO 22000 标准,该标准通过对食品链中任何组织在生产(经营)过程中可能出现的危害进行分析,确定关键控制点,将危害降低到消费者可以接受的水平。该标准是对各国现行的食品安全管理标准和法规的整合,是一个可以通用的国际标准,中国正在将 ISO 22000 直接转化为国家标准(GB)。

8.3　食品质量管理体系

食品企业为了生产出满足规定和潜在要求的产品和提供满意的服务,实现企业的质量目标,必须通过建立健全和实施食品生产质量管理体系(以下简称质量体系)来实现。当前在许多国家推广应用和在国际上取得广泛认可的食品质量管理体系主要有 ISO 9000 质量管理体系、GMP(良好操作规范体系)和 HACCP(食品质量安全体系)。

8.3.1　ISO 9000 质量管理体系

ISO 9000 系列标准是国际标准化组织(ISO)所制定的关于质量管理和质量保证的一系列国际标准。它可以帮助组织建立、实施并有效运行质量保证体系,是质量保证体系通用的要求和指南。它不受具体的行业或经济部门的限制,可广泛适用于各种类型和规模的组织,在国内和国际贸易中促进相互理解和信任。

1. ISO 9000 族标准的原理

ISO 9000 是应用全面质量管理理论对具体组织制定的一系列质量管理标准,"以顾客为中心,领导的作用,全员参与,过程的方法,系统管理,持续改进全面质量,基于事实决策,互助互益的供需关系"等八项质量管理原则是其理论基础。ISO 9000 体系建立和实施的过程就是把组织的质量管理进行标准化的过程,组织通过实施标准化管理,使质量管理原则在组织运行的各个方面得到全面体现,就能使组织生产的产品及其服务质量得到保证,消费者就能够充分信赖。ISO 9000 族标准主要从以下四个方面对质量进行规范管理。

(1)机构

标准明确规定了为保证产品质量而必须建立的管理机构及其职责权限。

(2)程序

企业组织产品生产必须制定规章制度、技术标准、质量手册、质量体系操作检查程序,并使之文件化、档案化。

（3）过程

质量控制是对生产的全部过程加以控制，是面的控制，不是点的控制。从根据市场调研确定产品、设计产品、采购原料，到生产检验、包装、储运，其全过程按程序要求控制质量。并要求过程具有标识性、监督性、可追溯性。控制过程的出发点是预防不合格。

（4）总结

不断地总结、评价质量体系，不断地改进质量体系，使质量管理呈螺旋式上升。

2. 2000 版 ISO 9000 系列标准的结构及特点

（1）2000 版 ISO 9000 系列标准的结构

2000 版 ISO 9000 系列标准整体结构上较 1994 版发生了较大的变化，标准的数量在合并、调整的基础上也大幅度减少。从整体结构上看，2000 版 ISO 9000 系列标准及其文件由四部分组成。

第一部分：核心标准 4 个。

ISO 9000《质量管理体系——基础和术语》；

ISO 9001《质量管理体系——要求》；

ISO 9004《质量管理体系——业绩改进指南》；

ISO 19011《质量和（或）环境管理体系审核指南》。

第二部分：其他标准 1 个。

ISO 10012《测量设备的质量管理要求》

第三部分：技术报告若干份，现已列入计划的有以下几个。

ISO/TR　10006《项目管理指南》；

ISO/TR　10007《技术状态管理指南》；

ISO/TR　10013《质量管理体系文件指南》；

ISO/TR　10014《质量经济性指南》；

ISO/TR　10015《教育和培训指南》；

ISO/TR　10017《统计技术在 ISO 9001 中的应用指南》。

第四部分：小册子若干份，现已列入计划的有：质量管理原理选择和使用指南；ISO 9001 在小型企业中的应用指南。

（2）2000 版 ISO 9000 的特点

①内容全面，操作性强。标准充分吸收了当今世界质量管理研究的成果，明确提出了八项质量管理原则，并以此为基础，全面、系统地向使用者提供了为改进组织的过程、提高组织的业绩、评价质量管理体系的完善程度所需考虑的质量管理体系要求，旨在指导组织的管理，通过持续改进和追求卓越，最终使组织的顾客和相关方受益，使 ISO 9004 更趋全面，并更具可操作性。

②采用过程模式结构。ISO 9000 质量体系结构为"过程模式结构"，质量管理的循环过程由管理职责，资源管理，产品实现，测量、分析、改进四个主要环节构成。全过程所实施的过程控制，实际上是对质量管理体系运作过程的描述。这种模式完全脱离了某一具体行业，更具通用性，也更强调体系的有效性、顾客需要的满足和持续改进等内容。

③具有兼容性。在 2000 版的标准中，ISO 9001 阐述了用于证实能力的质量管理体系要求，ISO 9004 则提供了指导内部管理的质量管理体系指南，两者是一对协调的质量管理体系标准，在编写结构、主题内容及章的层次均保持一致，为标准使用者提供了便利。

④标准的通用化。2000 版标准在覆盖通用产品类别方面,特别是在表述产品/服务作业过程的内容方面,更加通用化。例如,2000 版在检验方面不再像 1994 版那样分成进货、进程、最终三阶段进行描述,在词汇使用方面,尽可能使用"测量"而不用"检验"或"试验",用"纠正或调整"替代原标准中的"返工或返修",从而兼顾了不同行业、不同规模组织的特点,克服了偏重加工制造业的倾向,为受影响的使用者的具体行业可能制定的要求提供了一个共同的基础,使得 ISO 9000 标准适用于所有组织(无论其性质、规模或产品种类),特别是在服务业的应用更加方便。

⑤对质量管理体系文件的要求有适当的灵活性。2000 版 ISO 9001 标准特别强调,在确定质量管理体系文件的范围(结构)时,应结合本组织的实际情况。新标准规定的程序文件共有 6 个,其他文件(如"产品实现"所需要的文件)由组织根据标准规定要求和自身的实际情况做出具体规定。

3. 企业推行 ISO 9000 系列标准的意义

ISO 9000 系列标准是在总结世界经济发达国家的质量管理实践经验的基础上制定的通用性和指导性的国际标准,企业建立和实施 ISO 9000 系列标准,具有重要的作用和意义。

(1)有利于提高产品质量,保护消费者利益

消费者在购买或使用产品时,一般很难在技术上对产品加以鉴别。当产品技术规范本身不完善或组织质量管理体系不健全时,组织就无法保证持续提供满足要求的产品。如果组织按 ISO 9000 系列标准建立质量管理体系,通过体系的有效应用,促进组织持续改进产品和过程,实现产品质量的稳定和提高,就是对消费者利益的一种最有效的保护。

(2)有利于增进国际贸易,消除技术壁垒

ISO 9000 系列标准为国际经济技术合作提供了国际通用的共同语言和准则,组织建立和实施 ISO 9000 体系,取得质量管理体系认证,才能参与国内和国际贸易、增强竞争能力。另外,世界各国同时实施 ISO 9000 系列标准,对消除技术壁垒、排除贸易障碍、促进国际经济贸易活动也起到了十分积极的作用。

(3)为提高组织的运作能力提供了有效的方法

ISO 9000 系列标准鼓励组织建立、实施和改进质量管理体系时采用过程方法,通过识别和管理众多相互关联的过程,以及对这些过程进行系统的管理和连续的监视与控制,以得到顾客能接受的产品。此外,质量管理体系提供了持续改进的框架,增加顾客和其他相关方满意的机会。因此,ISO 9000 系列标准为有效提高组织的运作能力和增强市场竞争能力提供了有效的方法。

(4)有利于组织的持续改进和持续满足顾客的需求和期望

顾客的需求、期望是不断变化的,这就促使组织要持续地改进产品和过程。ISO 9000 系列标准为组织持续改进其产品和过程提供了一条有效途径。标准将质量管理体系要求和产品要求区分开来,不是将质量管理体系要求取代产品要求,而是把质量管理体系要求作为对产品要求的补充,有利于组织的持续改进和持续满足顾客的需求和期望。

(5)有利于国际中的经济合作和技术交流

按照国际中经济合作和技术交流的惯例,合作双方必须在产品(包括服务)品质方面有共同的语言、统一的认识和共守的规范,方能进行合作与交流。ISO 9000 体系认证正好提供了这样的信任,有利于双方迅速达成协议。

8.3.2 GMP 食品生产操作规范体系

GMP 是英语 Good Manufacturing Practice 的缩写,可译为良好操作(生产)规范,是为保障食品安全、质量而制定的贯穿食品生产全过程的一系列措施、方法和技术要求。GMP 是国际上普遍应用于食品生产过程的先进管理系统,它要求食品生产企业应具备良好的生产设备、合理的生产过程、完善的质量管理和严格的检测系统,以确保最终产品的质量符合有关标准。

1. GMP 的由来与发展

GMP 的产生来源于药品生产。1961 年经历了 20 世纪最大的药物灾难事件——"反应停"事件后,人们深刻认识到仅以最终成品抽样分析检验结果作为依据的质量控制体系存在一定的缺陷,不能保证生产的药品都做到安全并符合质量要求。因此,美国于 1962 年修改了《联邦食品、药品和化妆品法》,将药品质量管理和质量保证的概念提升为法定的要求。美国食品药品管理局(FDA)根据这一条例的规定制定了世界上第一部药品的 GMP,并于 1963 年由美国国会第一次以法令的形式予以颁布,1964 年在美国实施。1967 年 WHO 在出版的《国际药典》附录中对其进行了收录。1969 年 WHO 向各成员国首次推荐了 GMP。1975 年 WHO 向各成员国公布了实施 GMP 的指导方针。

1969 年 FDA 将 GMP 的观点引用到食品的生产法规中,制定了《食品制造、加工、包装及储存的良好生产规范》。1985 年 CAC 又制定了《食品卫生通用良好生产规范》。一些发达国家,如加拿大、澳大利亚、日本、英国等国都相继借鉴了 GMP 的原理和管理模式,制定了某些类食品企业的 GMP(有的是强制性的法律条文,有的是指导性的卫生规范),经实施应用均取得了良好的效果。我国卫生部于 1998 年相继颁布了国家标准《保健食品良好生产规范》(GB 17405)和《膨化食品良好生产规范》(GB 17404),这是我国首批颁布的食品 GMP 标准,标志着我国食品企业管理向高层次的发展。

2. 食品 GMP 的原理和内容

GMP 实际上是一种包括 4M 管理要素的质量保证制度,即选用规定要求的原料(Material),以合乎标准的厂房设备(Machine),由胜任的人员(Man),按照既定的方法(Method),制造出品质既稳定又安全卫生的产品的一种质量保证制度。因此,食品 GMP 也是从这四个方面提出具体要求,其内容包括硬件和软件两部分。硬件是食品企业的环境、厂房、设备、卫生设施等方面的要求,软件是指食品生产工艺、生产行为、人员要求以及管理制度等。具体有以下几方面。

(1)先决条件

先决条件包括适合的加工环境、工厂建筑、道路、地表水供水系统、废物处理等。

(2)设施

设施包括制作空间、储藏空间、冷藏空间的设置;排风、供水、排水、排污、照明等设施条件;适宜的人员组成等。

(3)加工、储藏、操作

加工、储藏、操作包括物料购买和储藏;机器、机器配件、配料、包装材料、添加剂、加工辅助品的使用及合理性;成品外观、包装、标签和成品保存;成品仓库、运输和分配;成品的再加工;成品抽样、检验和良好的实验室操作等。

(4)食品安全措施

食品安全措施包括特殊工艺条件,如热处理、冷藏、冷冻、脱水和化学保藏等的卫生措施;

清洗计划、清洗操作、污水管理、虫害控制；个人卫生的保障；外来物的控制、残存金属检测、碎玻璃检测以及化学物质检测等。

（5）管理职责

管理职责包括管理程序、管理标准、质量保证体系；技术人员能力建设、人员培训周期及预期目标。

3. 食品 GMP 的原则

实施食品 GMP 的目的主要是降低食品制造过程中人为的错误，防止食品在制造过程中遭受污染或品质劣变。因此，食品 GMP 基本上涉及的是与食品卫生质量有关的硬件设施的维护和人员卫生管理，是控制食品安全的第一步，着重强调食品在生产和储运过程中对微生物、化学性和物理性污染的控制。

（1）食品生产企业必须有足够的资历，由与生产合格食品相适应的技术人员承担食品生产和质量管理，并清楚地了解自己的职责。

（2）确保生产厂房、环境、生产设备符合卫生要求，并保持良好的生产状态。

（3）具备合适的储存、运输等设备条件。

（4）按照科学和规范化的工艺规程进行生产。

（5）操作者应进行培训，以便正确地按照规程操作。

（6）符合规定的物料、包装容器和标签。

（7）全生产过程严密，并有有效的质检和管理。

（8）合格的质量检验人员、设备和实验室。

（9）应对生产加工的关键步骤和加工发生的重要变化进行验证。

（10）生产中使用手工或记录仪进行生产记录，以证明所有生产步骤是按确定的规程和指令要求进行的，产品达到预期的数量和质量要求，出现的任何偏差都应记录并做好检查。

（11）保存生产记录及销售记录，以便根据这些记录追溯各批产品的全部历史。

（12）将产品储存和销售中影响质量的危险性降至最低限度。

（13）建立由销售和供应渠道收回任何一批产品的有效系统。

（14）了解市售产品的用户意见，调查出现质量问题的原因，提出处理意见。

GMP 的重点是：

（1）确认食品生产过程安全性。

（2）防止物理、化学、生物性危害污染食品。

（3）实施双重检验制度。

（4）针对标签的管理、生产记录、报告的存档建立和实施完整的管理制度。

8.3.3　HACCP 食品安全控制体系

1. HACCP 的概念和特点

（1）概念

危险分析与关键控制点（Hazard Analiysis Critical Control Point，HACCP），是一个以预防食品安全为基础的食品安全生产、质量控制的保证体系。食品法典委员会（CAC）对 HACCP 的定义是：一个确定、评估和控制那些重要的食品安全危害的系统。它由食品的危害分析（Hazard Analiysis，HA）和关键控制点（Critical Control Points，CCPs）两部分组成，首先运用食品工艺学、食品微生物学、质量管理和危险性评价等有关原理和方法，对食品原料、加工以至最终食用产品等过程实际存在和潜在性的危害进行分析判定,找出对最终产品质量有影响的关键控制环节,然后针对每一关键控制点采取相应预防、控制以及纠正措施,使食品的危险性减小到最低限度,达到最终产品有较高安全性的目的。

HACCP 体系是一种建立在良好操作规范(GMP)和卫生标准操作规程(SSOP)基础之上的控制危害的预防性体系,它比 GMP 前进了一步,包括了从原材料到餐桌整个过程的危害控制。另外,与其他的质量管理体系相比,HACCP 可以将主要精力放在影响食品安全的关键加工点上,而不是在每一个环节都投入很多精力,这样在实施中更为有效。目前。HACCP 被国际权威机构认可为控制食源性疾病、确保食品安全最有效的方法,被世界上越来越多的国家所采用。

(2)特点

HACCP 体系是一个逻辑性控制和评价系统,与其他质量体系相比,具有简便易行、合理高效的特点。

①具有全面性。HACCP 是一种系统化方法,涉及食品安全的所有方面(从原材料要求到最终产品的使用),能够鉴别出目前能够预见到的危害。

②以预防为重点。使用 HACCP 防止危害进入食品,变追溯性最终产品检验方法为预防性质量保证方法。

③提高产品质量。HACCP 体系能有效控制食品质量,并使产品更具竞争力。

④使企业产生良好的经济效益。通过预防措施减少损失,降低成本,减轻一线工人的劳动强度,提高劳动效率。

⑤提高政府监督管理工作效率。食品监管职能部门和机构可将精力集中到最容易发生危害的环节上,通过检查 HACCP 监控记录和纠偏记录可了解工厂的所有情况。

2. HACCP 的基本原理

HACCP 体系是鉴别特定的危害并规定控制危害措施的体系,对质量的控制不是在最终检验,而是在生产过程各环节。从 HACCP 名称可以明确看出,其主要包括 HA(危害分析)和 CCPs(关键控制点)。HACCP 体系经过实际应用与完善,已被 FAO/WHO 食品法典委员会(CAC)所确认,HACCP 体系由以下七个基本原理组成。

(1)危害分析

危害是指引起食品不安全的各种因素。显著危害是指对消费者产生不可接受的健康风险的因素。危害分析是确定与食品生产各阶段(从原料生产到消费)有关的潜在危害性及其程度,并制定具体有效的控制措施。危害分析是建立 HACCP 的基础。

(2)确定关键控制点

关键控制点是指能对一个或多个危害因素实施控制措施的点、步骤或工序,它们可能是食品生产加工过程中的某一操作方法或流程,也可能是食品生产加工的某一场所或设备。例如,原料生产收获与选择、加工、产品配方、设备清洗、储运、雇员与环境卫生等都可能是 CCP。通过危害分析确定的每一个危害,必然由一个或多个关键控制点来控制,使潜在的食品危害被预防、消除或减小到可以接受的水平。

(3)建立关键限值

①关键限值。关键限值(Critical Limit,CL)是一个与 CCP 相联系的每个预防措施所必须满足的标准,是确保食品安全的界限。安全水平有数量的内涵,包括温度、时间、物理尺寸、湿度、水活度、pH 值、有效氯、细菌总数等。每个 CCP 必须有一个或多个 CL 值用于显著危害,一

且操作中偏离了 CL 值,就可能导致产品不安全,因此必须采取相应的纠正措施使之达到极限要求。

②操作限值。操作限值(Operational Limit,OL)是操作人员用以降低偏离的风险的标准,是比 CL 更严格的限值。

(4)关键控制点的监控

监控是指实施一系列有计划的测量或观察措施,用以评估 CCP 是否处于控制之下,并为将来验证程序时的应用做好精确记录。监控计划包括监控对象、监控方法、监控频率、监控记录和负责人等内容。

(5)建立纠偏措施

当控制过程发现某一特定 CCP 正超出控制范围时应采取纠偏措施。再制定 HACCP 计划时,就要有预见性地制定纠偏措施,便于现场纠正偏离,以确保 CCP 处于控制之下。

(6)记录保持程序

建立有效的记录程序对 HACCP 体系加以记录。

(7)验证程序

验证是除监控方法外用来确定 HACCP 体系是否按计划运作或计划是否需要修改所使用的方法、程序或检测手段。验证程序的正确制定和执行是 HACCP 计划成功实施的基础,验证的目的是提高置信水平。

3. 实施 HACCP 体系的必备条件

(1)必备程序

实施 HACCP 体系的目的是预防和控制所有与食品相关的危害,它不是一个独立的程序,而是全面质量管理体系的一部分,它要求食品企业应首先具备在卫生环境下对食品进行加工的生产条件以及为符合国家现有法律法规而建立的食品质量管理基础,包括良好操作规范(GMP)、良好卫生操作(GHP)或卫生标准操作程序(SSOP)以及完善的设备维护保养计划、员工教育培训计划等,其中,GMP 和 SSOP 是 HACCP 的必备程序,是实施 HACCP 的基础。离开了 GMP 和 SSOP 的 HACCP 将起不到预防和控制食品安全的作用。

(2)人员的素质要求

人员是 HACCP 体系成功实施的重要条件。HACCP 对人员的要求主要体现在以下几方面。

①HACCP 计划的制订需要各类人员的通力合作。负责制订 HACCP 计划以及实施和验证 HACCP 体系的 HACCP 小组,其人员构成应包括企业具体管理 HACCP 计划实施的领导、生产技术人员、工程技术人员、质量管理人员以及其他必要人员。

②人员应具备所需的相关专业知识和经验,必须经过 HACCP 原理、食品生产原理与技术、GMP、SSOP 等相关知识的全面培训,以胜任各自的工作。

③所有人员应具有较强的责任心和认真的、实事求是的工作态度,在操作中严格执行 HACCP 计划中的操作程序,如实记录工作中的差错。

(3)产品的标志和可追溯性

产品必须有标志,不仅能使消费者知道有关产品的信息,还能减少错误或不正确发运和使用产品的可能性。

可追溯性是保障食品安全的关键要求之一。在可能发生某种危险时,风险管理人员应当能够认定有关食品,迅速准确地禁售禁用危险产品,通知消费者或负责监测食品的单位和个人,必要时沿整个食物链追溯问题的起源,并加以纠正。就此而言,通过可追溯性研究,风险管理人员可以明确认定有危险的产品,以此限制风险对消费者的影响范围,从而限制有关措施的经济影响。

产品的可追溯性包括两个基本要素:①能够确定生产过程的输入(原料、包装、设备等)以及这些输入的来源;②能够确定产品已发往的位置。

(4)建立产品回收程序

建立产品回收程序的目的是为了保证产品在任何时候都能在市场上进行回收,能有效、快速和完全地进入调查程序。因此,企业建立产品回收程序后,还要定期对回收程序的有效性进行验证。

8.4　各类食品加工过程中的卫生质量控制

食品质量受多种因素影响,从工厂的选址、厂房的布局,到车间的结构设施、机器设备的位置、工艺流程的制定、原料的采购、各加工环节的操作等最终都会影响产品的质量。在实际生产中,由于各类食品原料的来源及性质不同,食品加工工艺不同,因此影响质量的因素即控制措施也不尽相同。

8.4.1　肉制品加工过程中的卫生质量控制

1. 影响肉及肉制品质量的主要因素

影响肉及肉制品质量的因素包括有害物质的污染及操作不当引起的质量问题。有害物质主要有生物性(主要是微生物和寄生虫)、化学性(主要是农药、兽药、重金属等)、物理性(如固体杂质等)三类。

(1)肉及肉制品中有害物质的来源

①微生物。屠宰前微生物的污染:健康的畜禽具有健全而完整的免疫系统,能有效地防御和阻止微生物的侵入和在肌肉组织内的生长和扩散,正常机体组织内部(包括肌肉、脂肪、心、肝、肾等)一般是无菌的。但是一些患病畜禽的组织和器官内往往有微生物存在,这些微生物有的是人畜共患病的病源微生物,如炭疽、SARS、疯牛病、禽流感等,如果控制不当会给人类带来很大危险;有的不能感染人类,但其病变影响肉的品质。病体胴体更易使污染的微生物生长而导致鲜肉腐败。

屠宰后微生物的污染:畜禽体表、被毛、消化道、上呼吸道等器官在正常情况下都有微生物存在,当被毛和皮肤污染了粪便时,微生物的数量会更多。因此,如果屠宰过程操作不当,会造成微生物的广泛污染。例如,使用不洁的刀具放血时,可将微生物引入血液,并随着血液短暂的微循环扩散至胴体的各部位。在屠宰、分割、加工、储存和肉的配销过程中的各个环节,微生物的污染都可能发生。被微生物二次污染的肉如果处理不当,就会发生肉的腐败变质。

②寄生虫。畜禽在饲养过程中可能感染寄生虫,例如,囊尾蚴、绦虫、旋毛虫等,其中有的寄生虫或其幼虫能够感染人体。

③重金属、农药、兽药残留。畜禽处在食物链的上端,环境中的有毒有害物质通过空气、饮水、饲料等进入畜禽体内,并能在体内蓄积。另外,在饲养时滥用兽药,也会造成在畜禽体内的蓄积。例如,有机磷、有机砷、抗菌素、瘦肉精等近年来已成为影响肉品质量的重要因素。

（2）生产加工操作不当引起的质量问题

动物在恶劣环境下饲养或喂养不当,长途运输后未充分休息,或屠宰时受到过度的刺激,体内会发生异常代谢,导致宰后出现品质不良的肉品。例如,猪肉的颜色苍白、质地松软且有汁水溢出,则称为 PSE 肉。

在肉制品加工过程中由于食品添加剂使用不当,造成肉制品中添加剂含量超标。

2. 熟肉制品加工的卫生质量控制

熟肉制品是指以猪、牛、羊、鸡、兔、狗等畜、禽肉为主要原料,经酱、卤、熏、烤、腌、蒸、煮等任何一种或多种加工方法而制成的直接可食的肉类加工制品。

熟肉制品的品种较多,从工艺上可分为高温加热和低温加热处理两大类。其中低温加热处理的产品工艺要求高,质量不易控制。下面以低温三文治火腿加工工艺为例,介绍熟肉制品加工卫生要求和质量控制。

（1）工艺操作要求

原料肉验收:对每批原料肉依照原料验收标准验收合格后方可接收。

原料肉的储存:经过冷冻后的肉品放置在 -18 ℃以下、具有轻微空气流动的冷藏间内。应保持库温的稳定,库温波动不超过 1 ℃。

冷冻肉的解冻:采取自然解冻,解冻室温度为 12 ~ 20 ℃,相对湿度为 50% ~ 60%。加速解冻时温度控制在 20 ~ 25 ℃,解冻时间为 10 ~ 15 h。

原料肉的修整:控制修整时间,修整后如果不立即使用应及时转入 0 ~ 4 ℃左右的暂存间。

腌制、绞制:腌制温度为 0 ~ 4 ℃,肉温应不超过 7 ℃,腌制 18 ~ 24 h。控制绞制前肉馅温度,绞制后肉馅温度不宜超过 10 ℃。

混合各种原料成分:按工艺要求,混合均匀。

灌装、成型:控制灌装车间温度为 18 ~ 20 ℃。三文治火腿灌装后立即装入定型的模具中,模具应符合食品用容器卫生要求。烤肠灌装后立即结扎。

热加工处理:按规定数量将三文治火腿装入热加工炉进行蒸煮,控制产品蒸煮的温度、时间及产品的中心温度。

冷却:控制冷却水温度、冷却时间、产品中心温度。

贴标、装箱储藏:控制包装车间温度小于等于 20 ℃。贴标前除去肠体上的污物。

运输:装货物前对车厢清洗、消毒,车厢内无不相关物品存在,在 0 ~ 8 ℃条件下冷藏运输和销售。

（2）质量控制

①原料、辅料的卫生要求。用于加工肉制品的原料肉,须经兽医检验合格,符合 GB 2722、GB 2723 和国家有关标准的规定;原料、辅料在接收或正式入库前必须经过对其卫生、质量的审查,对产品生产日期、来源、卫生和品质、卫生检验结果等项目进行登记验收后,方可入库。未经卫生行政部门许可不得使用条件可食肉进行熟肉制品加工;食品添加剂应按照 GB 2760 规定的品种使用,禁止超范围、超标准使用食品添加剂;加工用水的水源要求安全卫生。使用城市公共用水。水质应符合国家饮用水标准。使用自备水源,在投产前应对水源和水质进行评估,确保不存在对水源造成污染的因素,保证所采取的清洗消毒措施使水质符合饮用水标准。

②原料的储存要求。原料的入库和使用应本着先进先出的原则,储藏过程中随时检查,防止风干、氧化、变质。肉品在储存过程中,应采取保质措施,并切实做好质量检查与质量预报工

作，及时处理有变质征兆的产品。用于原料储存的冷库、常温库应经常保持清洁、卫生。肉品储存应按入库的先后批次、生产日期分别存放，并做到包装物品与非包装物品分开，原料肉与杂物分开。清库时应做好清洁和消毒工作，但不得使用农药或其他有毒物质杀虫、消毒。冻肉、禽类原料应储藏在−18℃以下的冷冻间内，同一库内不得储藏相互影响风味的原料。冻肉、禽类原料在冷库储存时应在垫板上分类堆放，并与墙壁、顶棚、排管有一定间距。使用的鲜肉应吊挂在通风良好、无污染源、室温为0~4℃的专用库内。

③加工要求和质量控制。工厂应根据产品特点制定配方、工艺规程、岗位和设备操作责任制以及卫生消毒制度。严格控制可能造成污染的环节和因素。应确定加工过程中各环节的温度和加工时间，缩短不必要的肉品滞留时间。加工过程中应严格按各岗位工艺规程进行操作，各工序加工好的半成品要及时转移，防止不合格的堆叠和污染。各工序所使用的工具、容器不应给所加工的食品带来污染。各工序的设计应遵循防止微生物大量生长繁殖的原则，保证冷藏食品的中心温度在0~7℃、冷冻食品在−18℃以下、杀菌温度达到中心温度70℃以上、保温储存肉品的中心温度保持60℃以上、肉品腌制间的室温控制在2~4℃。加工人员应具备卫生操作的习惯，规范、有序地进行加工、操作，随时清理自身岗位及其周围的污染物和废物。在加工过程中，不得使原料、半成品、成品直接接触地面和相互混杂，也不得有其他对产品造成污染或产生不良影响的行为。食品添加剂的使用应保证分布均匀，并制定保证腌制、搅拌效果的控制措施。加工好的肉制品应摊开晾透，不得堆积，并尽量缩短存放时间。各种熟肉产品的加工均不得在露天进行。

④包装要求。包装熟肉制品前应对操作间进行清洁、消毒处理，对人员卫生、设备运转情况进行检查。各种包装材料应符合国家卫生标准和卫生管理办法的规定。

⑤储藏要求。无外包装的熟肉制品限时存放在专用成品库中。如需冷藏储存则应包装严密，不得与生肉、半成品混放。

⑥运输要求。运送熟肉制品应采用加盖的专用容器，并使用专用防尘冷藏或保温车运输。所有运输车辆和容器在使用后都应进行清洗、消毒处理。

8.4.2 乳制品加工过程中的卫生质量控制

1.影响乳制品安全的主要因素

影响乳制品安全的主要因素是有害物质的污染，有害物质包括微生物、化学物质（主要是农药、兽药、重金属等）。有害物质可能来源于产乳动物的饲养过程、鲜乳生产过程和乳制品生产过程。

（1）微生物污染

乳是哺乳动物分娩后由乳腺分泌的乳白色液体，其营养物质全面，易于消化吸收，是哺乳动物出生后的全价食品，也是微生物生长的优良培养基。乳被微生物污染后，在一般条件下极易腐败变质。乳还容易被致病性微生物污染，易导致消费者食物中毒或者致病。因此，乳类食品的主要安全问题是微生物污染问题。

鲜乳中的微生物主要来源于乳牛（以乳牛为例）的乳腺腔、乳窦、乳头管、乳牛身体、工人的手、生产设备、生产用具和生产环境等。乳牛在各个乳腺腔、乳窦及乳头管中都经常存在少量的微生物，特别是在乳头管中存在的微生物更多，主要有球菌、萤火杆菌、酵母菌和霉菌等。通过空气、乳畜体表、挤乳人的手、挤乳工具和盛乳容器等对乳造成微生物污染，较常见的污染菌有枯草杆菌、链球菌、大肠杆菌和产气杆菌等。

乳品中污染的致病菌主要是人畜共患传染病的病原体。如患结核、布氏杆菌病、口蹄疫、牛乳房炎、炭疽等病的奶牛,其鲜乳均被致病菌和抗生素所污染。这种乳的处理应根据不同情况分别做销毁或严格消毒后食用。此外,从挤乳到食用前的各个环节中也可能污染伤寒、副伤寒、痢疾、白喉杆菌和溶血性链球菌等。

刚挤出的生乳中含有具备抑菌作用的物质——溶菌酶,因此,刚挤出的乳中微生物数量不是逐渐增多,而是逐渐减少。生乳抑菌作用保持时间的长短与生乳中存在的细菌多少和乳的储存温度有关,当乳中细菌数越少,储存温度越低,抑菌作用时间越长,反之就短。抑菌作用维持时间越长,乳的新鲜状态保持越久。因此,挤出的乳应该及时冷却,保证溶菌酶的最佳抑菌作用。

(2)化学物质污染

牛乳中农药残留主要来自牧草和饲料。目前世界各地的农药污染极其严重,饲料中常见的有六六六、DDT 等有机氯农药,甲胺磷等有机磷农药以及对动物有害的除草剂。在饲养奶牛的过程中,有的农户为提高产奶量,在饲料中使用重金属添加剂,导致奶源中钾、汞等重金属超标。

抗生素的滥用,造成抗生素残留在牛奶、肌肉或组织器官中。例如,为了预防疾病的发生,目前广泛使用在饲料中添加抗生素的方法。另外,在饲料加工、生产过程中,将盛过抗生药物的容器用于储藏饲料,或使用没有充分洗净的盛过药物的储藏容器,也可造成饲料加工过程中的兽药污染。在奶牛业中,抗生素使用频率很高,特别是在治疗乳房炎时,常常大剂量反复使用。

2.乳制品加工的卫生质量控制

常见的乳制品有液态奶、奶粉、酸奶、炼乳、奶油、奶酪等。目前市场上消费量最多的乳制品是液态奶和酸乳。

(1)基础设施要求

厂区、车间、卫生设施、设备、仓库、检测条件等基础设施严格按照食品工厂卫生规范要求进行设计、施工和设备配置。车间应根据生产工艺流程、生产操作需要和生产操作区域清洁度的要求进行隔离,以防止相互污染。

(2)原材料质量控制

乳制品加工企业应有固定的奶源,并同原料乳供应单位签订生鲜乳收购合同或协议。企业应对奶源基地的奶畜登记造册,掌握畜群的数量、健康、饲养、繁殖、流动等情况。

生产的原料乳及相关的原材料应符合原材料质量标准的规定要求。原材料进货时应要求供应商提供检验检疫合格证或化验单,对进厂的生鲜乳须经检验合格后方可使用。鲜乳进厂后如不及时加工,应冷却至适当温度。对储存时间较长,质量有可能发生变化的原辅料,在使用前应抽样检验,不符合标准要求的不得投入生产。

原材料进厂应根据生产日期、供应商的编号等编制批号,按照"先进先出"的原则使用。原料批号应一直沿用至产品被消费,并做好相关记录便于事后追溯。

(3)工艺过程控制

①严格执行生产操作规程,其配方及工艺条件不经批准不得随意更改。生产中如发现质量问题,应迅速追查并纠正。

②采取有效措施防止前后工序交叉污染,特别注意前工序的物料直接或间接污染经巴氏消毒的产品。

③各工序必须连续生产,防止原料和半成品积压而导致致病菌、腐败菌的繁殖。因设备或其他原因中断生产时,必须严格检查该批产品,如不符合标准,不得用于食用或做间接食用处理。从设备中回收或非正常连续加工的产品,不得掺入正常产品中。

④巴氏杀菌的全过程应有自动温度记录图,并注明产品的生产日期和班次。记录资料应保存至超过该批产品的保存期限。

⑤包装材料必须符合质量标准,经检验合格后方能进厂。储存包装材料的仓库必须清洁,并有防尘、防污染措施。包装操作必须在无污染的条件下进行。包装时应防止产品外溢或飞扬。包装容器的表面必须保持清洁。无菌包装的容器应按要求进行清洗。

⑥所有包装容器上必须压印或粘贴符合 GB 7718 规定的标签。成品的储藏和运输条件应符合 GB 5410 中 4.1～4.4 的规定。储藏期间应定期检验产品的卫生指标,保证卫生安全。

⑦检验室应按照国家规定的检验方法(标准)抽样,进行物理、化学、微生物等方面的检验。凡不符合标准的产品一律不得出厂。各项检验记录保存三年,备查。

(4)乳品加工设备的清洗和消毒

乳品是高蛋白食品,在加工过程中极易形成乳垢,成为微生物繁殖的场所。如果乳品加工设备、管道、容器等卫生状况不好,即可造成乳中微生物数量大量增加。因此,储奶罐、配料缸、管道、前处理系统、超高温灭菌及灌装系统均是乳制品加工过程中的质量控制重点,在这些环节中应设置 CIP 程序清洗、消毒系统,使用符合要求的清洗用水,按照既定的 CIP 程序进行清洗、消毒。操作时注意控制洗涤剂浓度、温度、压力、清洗时间,控制清水清洗时间、pH 值等条件。

(5)检验

详细制定原料、成品和半成品的质量指标、检验项目、检验标准、抽样及检验方法。其原则如下:

①每批原料在进厂和使用前都要进行检验,对不合格的原料要及时处理。

②为掌握每一步生产过程的质量情况及便于事后追溯,应在生产过程控制点抽检半成品,并制作质量记录表备查。不合格半成品不得进入下一道工序,应予以适当处理,并做好处理记录。

③定期对工作台面、设备、管道、器具、工作服、操作工手部菌落总数、大肠菌群检验,必要时作霉菌、酵母检查,验证清洗消毒作业是否正确、彻底。正常情况下每周一次,检验不符合规定时,实施纠正措施直到合格为止。停工后再开工时,必须进行验证。

④每批成品入库前应逐批随机抽取样品,根据产品标准进行出厂检验。检验不合格的产品不得出厂,及时予以适当处理,并做好不合格产品的处理记录。

⑤制订成品留样计划,每批成品应留样保存,以便在必要的质量检测及产生质量纠纷时备检。

(6)操作人员卫生管理

操作人员必须保持良好的个人卫生,应勤理发、勤剪指甲、勤洗澡、勤换衣。

进入生产车间前,必须穿戴好整洁的工作服、工作帽、工作鞋靴。工作服应盖住外衣,头发不得露出帽外,必要时需戴口罩。不得穿工作服、鞋进入厕所或离开生产车间。操作时手部应保持清洁。上岗前应洗手消毒,操作期间要勤洗手。在开始工作以前、上厕所以后、处理被污染的原材料和物品之后、从事与生产无关的其他活动之后等情况下必须洗手消毒,且企业应制定监督措施。

参观人员出入生产作业场所应加以适当管理。如要进入管制作业区,应符合现场工作人员的卫生要求。

8.4.3　粮油类食品的卫生质量控制

1. 影响粮油类食品安全的因素

（1）微生物

粮油植物种子的内部和外部存在大量的微生物,有的是寄生菌,在作物生长时期侵入籽粒内部;有的是腐生菌,在作物成熟后的收获、脱粒、运输、储存等过程中污染的。影响粮油食品卫生质量的微生物主要是霉菌,其次是酵母菌和细菌。霉菌污染粮油类食品后,一方面引起其腐败变质,另外有些霉菌还能产生毒素,对人体具有急性毒性作用和慢性致癌作用。产生毒素的霉菌主要有黄曲霉、镰刀霉和青霉菌。其中黄曲霉的污染最为严重,其毒素的致癌作用强,且耐热,不易分解,对人体健康的危害很大。

（2）有害植物种子

粮油作物在收割时可能混进一些对人体有害的植物种子,最常见的有毒麦、麦仙翁籽、槐籽、毛果洋茉莉籽等。这些杂草的种子都含有一定的毒性,如混入粮油制品中,就会引起食物中毒。

许多国家规定粮油中有毒植物种子的质量分数为:毒麦不得超过 0.6%;麦仙翁籽不得超过0.1%;槐籽不得超过 0.04%;毛果洋茉莉籽不得超过 0.002%。对选出的上述有毒植物种子应焚烧或深埋,彻底进行销毁。

（3）仓储害虫

粮油在储存的过程中常遭到仓库害虫的侵害。仓库害虫的种类很多,世界上已发现有300 多种,中国有 50 余种。最常见的有甲虫类（如谷象、米象、谷蠹和黑粉虫等）、螨类（粉螨）及蛾类（螟蛾）等。

经仓储害虫损害的粮油感官性质变坏,食用价值大大降低,并在经济上造成很大损失。

（4）无机夹杂物

粮油中的无机夹杂物主要有金属和泥土。前者以铁屑为主,来自粮油加工机械;后者来自田间和晾晒场地。如果在食用前不予以清除,不但影响感官性质,而且有可能损伤牙齿和肠胃。

（5）农药残留和工业"三废"

农药可通过污染水灌溉、除草、杀灭害虫等环节污染粮油,特别是一些高毒高残留农药对粮油造成的污染更大。

工业"三废"对粮油污染的主要毒物有汞、镉、铅、铬、硒、酚、砷和氟等。凡是"三废"中具有上述毒物的工矿周围,其粮油中均有一定程度的污染,有的还相当严重。

粮油中污染的农药残留和其他有毒化学物质,可以引起人类的急慢性中毒,有的甚至具有致畸、致突变和致癌的可能性。

（6）其他

粮油制品在加工过程中的不规范操作还会引起一些产品质量问题。如油脂长期储存在不适宜的条件下,往往会发生酸败,造成油脂品质的下降。

用棉籽所榨的油称为棉籽油,经碱炼后,是一种适于食用的植物油。由于棉籽中含有有毒物质,如榨油前棉籽未经蒸、炒、加热而直接榨油,这种粗制生棉籽油中含有有毒物质,食用后可引起中毒。

高温加热油脂不仅降低了营养价值,而且还会产生有毒物质。一般认为有毒物质主要是不饱和脂肪酸经过加热而产生的各种聚合物,且以二聚体毒性较强,这些有毒物质可使动物生长停滞,肝脏肿大,生育和肝功能发生障碍,甚至还有致癌的可能性。

2. 粮油类食品的卫生质量控制

(1)防止产地环境污染

产地环境发生污染将严重影响粮油类食品的质量。排入工业废气中的氟化物、烟尘、金属飘尘、沥青烟雾等可随气流迁移,经沉积或随雨雪下降到水体或农田。工业废水未经处理达标而排放会造成水体和土壤污染,其中的污染物质可通过植物根系吸收转移至植物各部位,并在籽实中积累。

(2)作物种植过程中质量控制

选用抗病虫、耐寒、耐热、外观和内在品质好的品种,采用科学管理措施进行种植、栽培、收获和储藏。生产中合理使用化肥,禁止使用未经国家或省农业部门登记的化学和生物肥料,以优质有机肥为主。病虫害的防治提倡以生物防治和生物生化防治相结合,农药的使用贯彻执行 GB 8321《农药合理使用准则》,逐步减少高残留农药的使用量,而使用高效、低毒、低残留农药。使用的农药应三证(农药生产登记证、农药生产批准证、执行标准号)齐全,每种有机合成农药在一种作物的生长期内避免重复使用,禁止使用禁用目录中的农药(含砷、锌、汞)。严禁把拌过农药的种子粮上交或混入国家粮库,或在集市贸易市场出售。禁止农药与其他有毒有害物质与粮食同库混存以防扩大污染。

霉菌污染是影响粮油类食品质量的重要因素,霉菌污染可发生在作物生长期,但在收获、储存期更易发生。粮油作物成熟后要及时收割,脱粒、干燥、除杂,防止粮油在收获过程中霉变污染。

(3)储存质量控制

入仓的粮油或食品加工厂的库存粮油要选择生命力强、籽粒饱满、成熟度高、外壳完整的种子进行保存。

粮食具有导热不良的物理特性,在储存过程中时刻都在消耗自身养分,不断分解并产生能量的变化,短期的储粮变化较小,长时间储存会发生质的变化,致使营养成分分解和产热,并引起微生物和虫害的侵蚀。

干燥是控制粮食霉变和虫害活动的最重要措施,因此储存粮谷的水分含量必须符合国家规定的标准。对长期安全储藏的粮油原料,储藏中要做到干燥、低温、密闭,最好采取缺氧保藏法,利用密封的粮仓,并充以氮气或二氧化碳,使粮食处于缺氧状态,降低其呼吸作用,抑制酶的活力和微生物与虫类的生长繁殖。

油脂类原料具有怕光、怕热、怕接触生水和容器污染的特性。当油脂长期储存在不适宜的条件下,就会产生一系列的化学变化,造成油脂的酸败,导致油脂分解产生游离脂肪酸,产生酮、醛以及其他氧化物等。这一变化过程会使油脂的营养成分遭到破坏,并产生对人体具有毒害作用的物质,给人体带来不良影响。

油脂的保存应避光,且放在阴凉处,因阳光能加速油脂的氧化及酸败产生。适宜的储藏温度为 10 ~ 15 ℃。装油的容器必须干净、干燥、封口严密,防止水分和污染微生物的侵入,因为水分、微生物、空气都会促进油脂酸败。避免油脂直接接触金属容器,因金属铜、铁、铅等都有加速油脂氧化酸败的作用。用塑料桶储油时间不宜过长,因为塑料的氧气透过量比玻璃瓶大得多,储久了易使油脂氧化酸败。另外,油脂有可能对塑料有溶解作用,造成污染。

(4)粮油食品运输要求

粮油食品在运输时,要搞好粮油运输和包装的卫生管理。装运粮食应有专用车、船,如无专用车、船,铁道、交通部门必须按规定拨配清扫、洗刷、消毒干净的车、船,确保装粮油的车厢、船舱清洁卫生、无异味。车体内门窗要完好,运输中要盖好苫布,防雨防潮。装卸粮油的站台、码头、货场、仓库必须保持清洁卫生。粮油包装袋必须专用,不得染毒或有异味。包装袋使用的原材料应符合卫生要求,袋上的印刷油墨应为低毒或无毒,不得向内容物渗漏。包装袋口应缝牢固,防止撒漏。

思 考 题

1. 我国食品质量法律法规有哪些?

2. 实施食品 GMP 的原理是什么? 其主要内容有哪些?

3. 2000 版 ISO 9000 的特点及构成。

4. 食品标准的制定原则和依据是什么?

5. 食品及相关产品标准化的国际组织有哪些?

6. HACCP 的基本原理有哪些?

7. 影响乳制品安全的因素有哪些?

8. 肉制品在加工过程中的卫生质量如何控制?

9. 如何控制粮油食品的质量卫生?

参 考 文 献

[1]陈志田. ISO 9000 族标准理解与运作指南. 2000 版[M]. 北京:中国计量出版社,2001.

[2]曹斌. 食品质量管理[M]. 北京:中国环境科学出版社,2006.

[3]夏彦斌. 食品加工中的安全控制[M]. 北京:中国轻工业出版社,2005.

[4]孙长颢. 食品营养与卫生[M]. 6 版. 北京:人民卫生出版社,2007.

[5]孙晓燕. 食品安全与质量管理[M]. 北京:化学工业出版社,2010.

[6]胡秋辉,王承明. 食品标准与法规[M]. 北京:中国计量出版社,2006.

[7]朱明. 干食品安全与质量控制[M]. 北京:化学工业出版社,2008.

第 9 章

食品加工新技术

【学习目的】

通过本章的学习,了解食品加工新技术的发展,进一步熟悉膜分离技术、辐照技术、微胶囊技术、纳米技术等食品加工新技术原理、特点,对这些前沿新技术在食品工业中的应用有较全面而深入的认识。

【重点和难点】

本章的重点是各种加工新技术的原理。难点是各种食品加工新技术在食品工业中的应用。

9.1 膜分离技术

人类对膜进行科学研究是近几十年来的事。1950 年朱达(W. Juda)试制出选择透过性能的离子交换膜,奠定了电渗析的实用化基础。1960 年洛布(Loeb)和索里拉简(Sourirajan)首次研制成世界上具有历史意义的非对称反渗透膜,这在膜分离技术发展中是一个重要的突破,使膜分离技术进入了大规模工业化应用的时代。其发展的历史大致为:20 世纪 30 年代微孔过滤→40 年代透析→50 年代电渗析→60 年代反渗透→70 年代超滤和液膜→80 年代气体分离→90 年代渗透汽化。此外,以膜为基础的其他新型分离过程,以及膜分离与其他分离过程结合的集成过程也日益得到重视和发展。

9.1.1 膜分离原理

膜分离过程是以选择性透过膜为分离介质,当膜两侧存在某种推动力(如压力差、浓度差、电位差、温度差等)时,原料各组分选择性地透过膜,以达到分离、提纯的目的。

9.1.2 膜的分类

按照膜材料的化学组成来分类,可分为有机膜和合成膜两类。有机膜即聚合物膜,是目前几乎所有的膜技术都依赖的膜材料。高分子有机膜的性能与高分子材料的特性有密切关系。无机膜所用的膜材料主要是金属、金属氧化物、陶瓷、玻璃以及沸石等无机材料和一些热固性聚合物材料。

目前已经工业化应用的膜分离过程有微滤(MF)、超滤(UF)、反渗透(RO)、渗析(D)、电渗析(ED)、气体分离(GS)、渗透汽化(PV)、乳化液膜(ELM)等。

1. 微滤膜

微滤膜分离技术始于 19 世纪中叶，是以静压差为推动力，利用筛网状过滤介质膜的"筛分"作用进行分离的过程。它主要用于从气相和液相悬浮液中截留微粒、细菌及其他污染物，以达到净化、分离和浓缩等目的。微滤膜的主要优点为：

（1）孔径均匀，过滤精度高。能将液体中所有大于规定孔径的微粒全部截留。

（2）孔隙大，流速快。一般微滤膜的孔密度为 107 孔/cm^2，微孔体积占膜总体积的 70%~80%。由于膜很薄，阻力小，其过滤速度较常规过滤介质快几十倍。

（3）无吸附或少吸附。微孔膜厚度一般在 90~150 μm 之间，因而吸附量很少，可忽略不计。

（4）无介质脱落。微滤膜为均一的高分子材料，过滤时没有纤维或碎屑脱落，因此能得到高纯度的滤液。

2. 反渗透膜

反渗透膜使用的材料，最初是醋酸纤维素（CA），1966 年开发出聚酰胺膜，后来又开发出各种各样的合成复合膜。CA 膜耐氯性强，但抗菌性较差。合成复合膜具有较高的透水性和有机物截留性能，但对次氯酸等酸性物质抗性较弱。这两种材料耐热性较差，最高温度大约是 60 ℃左右，这使其在食品加工领域的应用受到限制。

3. 超滤膜

超滤膜最初也是使用 CA 做材料，后来各种合成高分子材料得以广泛应用。其材料多种多样，共同特点是具有耐热、耐酸碱、耐生物腐蚀等优点。

目前使用最多的 UF 膜材料是聚芳砜和异丙基聚芳砜。这两种材料的最大优点是耐热性非常强。聚芳砜的机械性能好，有优良的耐氧化性能，通常使用时耐热温度可达 80 ℃，热杀菌时耐热温度可达 90 ℃，异丙基聚芳砜耐氧化性能更好，较高温度下能够保持良好的机械性能，耐热温度可达 90 ℃，热杀菌时可达 98 ℃。进行热杀菌时，高温水急速通过膜装置，因膜装置材料的热膨胀系数不同，有时膜会发生泄漏。现在，通过对环氧系黏合剂的组成、硬化条件的研究，已能够制造耐 50 ℃温差的急速加热冷却的膜装置。

4. 电渗析膜

在直流电场的作用下，以电位差为动力，离子透过选择性离子交换膜而迁移，从而使电解质离子从溶液中部分分离出来的过程称为电渗析膜技术。电渗析膜技术的关键是要采用离子交换膜，它是一种具有离子交换基团的网状立体结构的高分子膜，离子可以有选择性地透过膜，阳离子交换膜选择透过阳离子而截留阴离子，阴离子交换膜则选择透过阴离子而截留阳离子。

9.1.3　分离膜的优缺点

1. 分离膜的优点

与常规分离技术相比，膜分离技术具有一些其他分离方法不可比拟的优点。

（1）膜分离过程在常温下进行，特别适用于热敏性物质的处理，能够防止食品品质的恶化和营养成分及香味物质的损失，如酶、果蔬汁、药品等的分级、分离、浓缩与富集。

（2）节约能源。膜分离过程不发生相变化，具有冷杀菌潜势，与有相变的分离法和其他分离法相比，能耗低，因此膜分离技术又称省能技术。

（3）膜分离过程可用于冷法杀菌，能代替传统的巴氏杀菌工艺等，保持了产品的色、香、味及营养成分。

(4)适用范围广。膜分离过程不仅适用于有机物和无机物,可用于分离、浓缩、纯化、澄清等工艺,而且还适用于许多特殊溶液体系的分离,如溶液中大分子与无机盐的分离、一些共沸物或近沸点物系的分离等。

(5)由于仅用压力作为膜分离的推动力,所以分离装置简便,操作容易,易自控、维修,且在闭合回路中运转,减少了空气中氧的影响。

(6)膜分离过程易保持食品某些功效特性,如蛋白的泡沫稳定性等。

(7)膜分离过程对稀溶液中微量成分的回收、低浓度溶液的浓缩是有效的,且物质的性质不会改变。

(8)膜分离工艺适应性强,处理规模可大可小,操作维护方便,易于实现自动化控制。

2. 分离膜的缺点

(1)产品被浓缩的程度有限。

(2)有时其适用范围受到限制,因加工温度、食品成分、pH 值、膜的耐药性、膜的耐溶剂性等的不同,有时不能使用分离膜。

(3)规模经济的优势较低,一般需与其他工艺相结合。

9.1.4 膜技术在食品工业中的应用

由于膜分离过程不需要加热,可防止热敏物质失活、杂菌污染,无相变,集分离、浓缩、提纯、杀菌于一体,分离效果高,操作简单、费用低,特别适合食品工业的应用。

1. 澄清

澄清工序是澄清汁生产的关键。传统的澄清方法如明胶单宁法、加热凝聚澄清法、冷冻法、板框过滤法、酶处理法等,都存在各自的弱点。将膜超滤技术用于食醋、酱油、果蔬汁、茶汁、啤酒等生产中,在分离致浊组分的同时可达到澄清的目的。由于操作不受温度的影响,不发生相变,可以较好地保存原有风味,同时具有快速、经济的特点。应用超滤技术进行果蔬汁的澄清,可有效地简化工艺,提高果蔬汁产量、质量,降低成本。

(1)饮料澄清

在膜技术发达的国家,饮料生产领域95%以上采用微孔滤膜为分离途径之一,在我国,微滤、超滤技术在饮料生产中都已得到较广泛应用。在饮料行业中要达到净化、澄清的目的,用0.45 μm 的微孔膜过滤元件进行流程过滤即可满足要求。由于微孔膜过滤后除去的是饮料中的杂质、悬浮物及生物菌体等,而水中的微量元素和营养物质却毫无损失,所以特别适用于某些需保持特殊成分或风味的饮料的净化过滤,如天然饮用矿泉水。

以水果压榨出汁,制成的果汁饮料中含有许多悬浮的固形物以及引起果汁变质的细菌、果胶和粗蛋白。应用膜超滤技术处理甘蔗汁、苹果汁、草莓汁、南瓜汁等汁液,分离澄清效果良好。

茶饮料是目前饮料市场上非常受欢迎的饮品。然而茶提取液中含有蛋白质、果胶、淀粉等大分子物质,其中的茶多酚类及其氧化产物易于咖啡碱等物质形成络合物,使茶汁产生混浊及沉淀,消除混浊及沉淀是茶饮料生产的关键。采用超滤法处理绿茶汁和红茶汁可有效去除茶汁中的大部分蛋白质、果胶、淀粉等大分子物质,而茶多酚、氨基酸、儿茶素、咖啡碱等含量损失很少,醇不溶性物质(AIS)可去除38%～70%,使透明度提高92%～95%。茶汁外观清澈透明,口感好,茶汁不易被二次混浊和变质。

（2）酱油澄清

传统的酱油澄清技术是采用巴氏消毒法、板框过滤法澄清产品。产品有沉淀,细菌数偏高,生产强度大,废弃物多,易造成环境污染。利用超滤膜技术替代传统的酱油生产中的蒸发、浓缩、澄清、净化等装置,对酱油进行澄清、除菌、脱色处理,大幅降低能耗,提高了产品品质。

2. 浓缩、纯化

利用膜的优良的选择性,可将溶液中的欲提取组分在与其他组分分离的同时有效地得到浓缩和纯化。

（1）果胶浓缩

采用超滤膜装置对果胶提取液进行处理,初步浓缩除去大部分对胶凝度无贡献的杂质后,再经电渗析脱去大部分盐酸和无机离子,所得提取液可直接干燥并获得高品质的果胶,且大幅降低了生产成本。

（2）乳制品浓缩

膜技术应用在乳制品加工中,主要用于浓缩鲜乳、分离乳清蛋白和浓缩乳糖、乳清脱盐、分离提取乳中的活性因子和牛奶杀菌等方面。通过全过滤可最大限度地去除乳糖和灰分,提高了产品中蛋白质含量,制取高蛋白含量的浓缩乳蛋白（蛋白质量分数大于85%）。

3. 食品分析

食品中的某些组分含量甚微,不论是对人体有益还是有害,都需监控其含量。利用膜技术可将微量甚至痕量的组分富集在特定的滤膜上,再选用合适的分析方法进行分析检测,可大大提高检测灵敏度。

4. 除菌

传统的食品饮料杀菌方法为巴氏杀菌和高温瞬时杀菌,操作烦琐,残留细菌多,高温易造成热敏物质失活和产品营养及口味的破坏。用微滤技术取而代之,孔径为纳米级的微滤膜,足以阻止微生物通过,从而在分离的同时达到"冷杀菌"的效果。

5. 酶膜反应器

将酶固定在膜上,集合成酶膜反应器,集催化反应、产物分离、提纯等于一体,既提高反应物的转化率、酶的利用率,又利于连续化生产。

9.1.5　膜技术的开发

膜分离技术在食品加工领域中的应用日益广泛,利用膜技术生产的食品有其明显的优势。但需要改进的地方还很多,其中最主要的是膜性能和膜装置的改进。膜性能的改善包括以下几个方面:

（1）开发透过率高、选择性强的膜。

（2）开发不易发生污染的膜。

（3）开发用简单的清洗方法即可清除污染的膜和膜装置,以及具有全自动反冲洗装置的膜分离系统。

（4）开发用简单的热蒸汽即可杀菌的膜和膜装置。

（5）开发膜清洗和保护技术。

（6）开发透过率高、选择性强的膜。

（7）开发新的超薄膜,甚至是单分子膜,以实现低压下的高透过率。

为了提高产品附加值及开发新产品而采用膜分离技术是食品加工的发展方向之一,膜分离技术一旦实现大规模的工业应用,将会引起工业生产的重大革新。

9.2 食品辐照技术

9.2.1 食品辐照原理

食品辐照技术是利用辐射源产生的射线,以及加速器产生的高能电子束辐照农产品和食品,抑制发芽、推迟成熟、杀虫灭菌和改进品质的储藏保鲜和加工技术。食品辐照技术利用的辐照源包括 ^{60}Co 和 ^{137}Cs 产生的 γ 射线、5 MeV(兆电子伏,下同)以下的 X 射线,以及电子加速器产生的 10 MeV 以下的电子束。利用上述辐照源进行辐照,无论食品辐照的时间有多长,或吸收的能量有多大,都不会使食品增加放射性。

9.2.2 食品辐照技术的优点

研究表明,辐照只是引起食品分子的化学变化,并无放射性残留,对人体无害,安全可靠,与其他食品加工保藏方法相比,食品辐照具有很多优点。

(1)食品辐照技术采用具有较高能量和穿透力强的射线,能够穿透食品的包装材料和食品的深层,具有很强的杀灭害虫和杀菌能力。

(2)食品的辐照处理是在常温下进行的,不像传统的干制、腌制、冷冻、熏制等会失去或影响食物的原有风味,且加工成本低,可节能 50% 以上。特别适用于要保持原有风味的食品和含芳香性成分的食品。

(3)能耗低、无毒物残留、无污染、灭菌彻底,不破坏营养成分。辐照猪肉并不会导致猪肉损失其蛋白质营养值,和添加亚硝酸盐作为防腐剂保存相比优势明显。

(4)辐射处理完全无菌食品和无菌 SPF 饲料应用前景广阔。

(5)能够解决微生物超标,减少或避免防腐剂等化学物质的使用,降解食品中某些有害物质,以及食品辐射分子修饰及污染物去除,食品中化学污染物农残、兽残的辐射降解。

9.2.3 食品辐照计量

国际食品辐照顾问小组根据国际上食品辐照积累的大量技术数据,结合食品辐照后的感官品质和功能性质的变化,提出了食品辐照的可接受最低剂量和可接受最高剂量,并根据食品辐照中应用的剂量不同,将剂量划分为低剂量辐照(10~1 kGy)、中剂量辐照(1~10 kGy)和高剂量辐照(10~50 kGy)。

(1)低剂量食品辐照。低剂量辐照用于抑制鳞茎和块茎作物发芽,以及控制一些食源性生物(如寄生虫和害虫)。

(2)中剂量食品辐照的中剂量辐照,包括降低食品中的微生物群体以延长其货架期,使植物性食品(香辛料、脱水蔬菜、干果、调味品等)中的致病性细菌失活,或者降低食品和调味品中的微生物群体以改善其卫生质量。中剂量辐照也可用于延迟"活体"食品(如新鲜水果和蔬菜)的成熟和衰老,或通过化学变化,取得改善食品质量的效果。中剂量辐照能够降低食品中导致食品腐败的微生物的数量,保持食品的质量。

(3)高剂量食品辐照中采用高于 10 kGy 的剂量进行辐照可得到"商业"消毒产品。若包装适宜,这些产品在非冷藏条件下可无限期保存。高剂量辐照不但能杀灭植物性食品中的细菌、霉菌和酵母,而且可杀死细菌芽孢。高剂量辐照与罐头食品的热灭菌的效果相似,有时也称辐射灭菌。

食品辐照是一个连续的过程,其可接受最低剂量和可接受最高剂量与食品辐照过程和辐照的目的有关,并可根据具体情况进行调整。

9.2.4 食品辐照的化学效应

1. 食品辐照对水分的影响

水是食品中的主要成分之一。高水分含量的食品,如新鲜水果(水分大于90%)和鲜鱼、肉、禽(含60%~75%水分),辐射导致的大多数其他组分的化学变化,很大程度上都是这些组分与水辐射分解的离子和自由基产物相互作用而产生的结果。通过水的辐射引起的其他物质(碳水化合物、蛋白质、维生素等)的化学变化称为辐照的"间接"效应或"次级"效应,因为辐射不是直接引起这些组分的变化,而是通过水的辐射分解产物,如"氢氧自由基"和"水化电子"的作用而间接产生的变化。但正常干燥的食品和配料(例如,调味品、谷物)、脱水食品或通过冰冻而固定水分的食品,由于缺少"自由"水分都不会产生这种"次级"或"间接"效应。在这种情况下,辐照诱导组分的变化大多表现为"直接"效应或"初级"效应。这就是说,这些效应是电离能与食品组分本身相互作用的结果。

2. 食品辐照对酶的影响

辐照处理可以使酶的分子结构发生一定程度的变化,但在目前采用的剂量范围内进行的辐照处理对食品组分的作用是比较温和的,几乎只会引起酶的轻微失活。事实上,含有活性酶的食品,如鲜肉、鱼、禽,需要进行辐射消毒(用食品辐照的最高剂量)处理以便长时间常温保存时,必须在辐射消毒之前采用酶失活的热处理(例如煮至半熟),以获得长货架期的食品。同时,电离辐射还能用于临床与工业用途的干酶制剂的微生物消毒。

3. 食品辐照对氨基酸和蛋白质的影响

(1)食品辐照对氨基酸的影响

电离辐射对结晶氨基酸只有直接作用,但对氨基酸溶液则兼有直接和间接作用(H_2O 的自由基),使氨基酸发生脱氧作用。简单的氨基酸在水溶液中发生的辐射分解变化主要是去氨基作用和脱羧基作用,产物有 NH_3、CO_2、H_2、胺。含硫氨基酸可能对辐射更为敏感,通常硫成分被氧化,产生 H_2S、单质硫或气态硫化物。芳香环的水解作用是苯丙氨酸和酪氨酸的主要反应。降低氨基酸浓度,辐射的间接效应增大。在食品辐照所用的剂量范围内,辐照对氨基酸的影响一般很小。但使用大剂量的电离辐射处理食品,食品中的氨基酸会被破坏。总地来说,食物中的氨基酸对辐射的稳定性要大于溶液中的氨基酸,辐照保藏的食品中氨基酸含量未发现有显著变化。

(2)食品辐照对蛋白质的影响

辐照对食品中的蛋白质可同时发生降解与交联作用,而且往往是交联作用大于降解作用。实验表明,辐照能够使蛋白质的一些二硫键、氢键、盐键和醚键等断裂,从而使蛋白质的二级结构和三级结构发生变化,导致蛋白质变性。辐射也会促使蛋白质的一级结构发生变化,除了—SH基氧化外,还会发生脱氨基作用、脱羧作用和氧化作用,蛋白质经射线照射后会发生辐射交联。辐射交联导致蛋白质发生凝聚作用,甚至出现一些不溶解的聚集体。食品中的蛋白质比纯粹的蛋白质不易被辐照所影响。在所用的剂量范围内,食品辐照对蛋白质的影响一般很小,不同的蛋白质几乎一样。但经高剂量辐照后食品的色、香、味有所变化,其中的一些变化可能与蛋白质的变化有关。肉类经辐照后含氧肌红蛋白会氧化为高铁肌红蛋白，继而变为红色。食物经过高剂量辐照后还会产生异味，主要是苯丙氨酸、甲硫氨酸和酪氨酸经辐照产生苯、苯酚和含硫化物的结果。因此，在食品辐照中应采用合适的剂量和工艺，以克服或降低辐照对蛋白质的不利影响。

4. 辐照对糖类的影响

一般来说，碳水化合物对辐照处理是相当稳定的，只有在大剂量辐照处理下，才引起氧化和分解。辐射对己醛糖的作用并不限于任何特定的键。有氧存在时会产生次级反应，出现包括乙二醛在内的大量化合物。稀溶液中的单糖经辐照后，葡萄糖可生成葡萄糖醛酸、葡萄糖酸、糖二酸、L-醛、阿拉伯糖、赤藓糖、甲醛和二羟丙酮。果糖经辐照后能分解成酮糖。低聚糖经辐照后可形成单糖和类似单糖的辐射分解产物。多糖（如淀粉和纤维素）经辐照后会发生糖苷键的断裂，形成更小单位的糖类，如葡萄糖和麦芽糖等。小麦、玉米、马铃薯、大米、大麦、大豆等的淀粉经辐照后对 α-淀粉酶和 β-淀粉酶作用的灵敏性发生变化，而且辐照直链淀粉比辐照支链淀粉损伤重。所有在溶液中的碳水化合物经辐照后都会产生丙二醛和脱氧化合物，其中 pH 值是一个重要影响因素。大多数食品的正常 pH 值在很大程度上限制这一过程的发生。蛋白质、氨基酸以及其他物质都有保护碳水化合物不至于分解变化的作用。因此，食品中糖对辐照是不敏感的，一般采用灭菌剂量辐照，对糖的消化率和营养价值没有影响，就是剂量提高到 20～50 kGy 也不会使糖类的农产品质量和营养价值发生变化。

5. 辐照对脂类的影响

辐照引起的脂肪变化可分为自氧化和非氧化两种类型。辐照诱导的自氧化过程与无辐照时的自氧化过程非常相同，但是辐照加速了此过程。自氧化产生自由基的类型和衰变速率受到温度的影响。这些自由基在辐照后相当长的时间内会继续与氧气发生反应形成过氧化物，进而产生包括醇、醛、醛酯、烃、氢氧化物、酮酸、酮、内酯和双聚化合物在内的许多化合物。在不饱和脂肪中，发生一些氢化作用，并产生大量的二聚体。在高剂量下则出现物理性状和化学性状两者的显著改变，但处于正常的辐照条件下的脂肪质量通用指标的变化很轻微。脂肪的辐照氧化类似于热效应，对于一些高脂肪的食品，在辐照后会产生由脂肪辐照产生的"辐照异味"，尽管目前对引起辐照异味的化合物并不十分清楚。相对而言，不饱和脂肪酸含量高的食品容易发生辐照导致的氧化，采用降低辐照温度、气调包装等方法可以减少和控制辐照过程中脂肪的氧化。因此，只要采取合适的辐照工艺和处理措施，就可以使脂肪的氧化不会成为食品辐照加工中的一个问题。

6. 辐照对维生素的影响

一些简单系统如维生素水溶液，尤其经过稀释后，会表现出巨大的辐射效应。一些更为复杂的系统环境，如食品中各种营养成分的交叉保护作用，则导致维生素对辐射敏感性的降低。

（1）辐照对水溶性维生素的影响

在水溶性维生素中，维生素 C（抗坏血酸）对辐照高度敏感，其溶液浓度越稀，被破坏的作用越大。维生素 C 辐射时产生脱水抗坏血酸和其他产物，其中脱水抗坏血酸可以按抗坏血酸同样的代谢途径被人利用，因此在估量辐照食品中的维生素 C 的营养损失时，应综合考虑辐照对抗坏血酸和脱水抗坏血酸的影响，才能够全面评估辐照对维生素 C 的影响。维生素 B_1 对加热的敏感性比辐照高，猪肉和牛肉的辐照灭菌比相应的罐头食品热灭菌后的维生素 B_1 损失少。在冷冻或用惰性气体包装（充氮气）的条件下，辐照食品中的维生素损失将大大降低。维生素 B_2（核黄素）的辐照敏感性强烈地依赖于射线的能量，同时，它在食品中比在水溶液中更抗辐射。这是因为核黄素和蛋白质结合在一起,而蛋白质通常保护辅基不受辐照的直接和间接作用。泛酸和叶酸似乎相当耐辐射,但维生素 B_{12} 比维生素 C 对辐射更敏感。电离辐射引起的破坏主要是射线作用于水溶液的间接效应所致。因此,辐射时维生素的损失率随溶液中维生素的浓度和照射剂量而变化,浓度高,损失小,辐射剂量高,一般损失大。

(2)辐照对脂溶性维生素的影响

在脂溶性维生素中,维生素 A 和维生素 E 都发生辐射分解变化,而作为维生素 A 源的 β-胡萝卜素和类胡萝卜素对辐照处理相当稳定。维生素 D 在剂量低于 50 kGy 时耐辐射。维生素 E 在脂溶性维生素中是对辐射高度敏感的化合物。在高脂肪含量的食品中辐照引起的维生素 E 损失很大。食品辐照后维生素含量一般是下降的,但在有的情况下维生素含量也有增加的。

9.2.5 辐照技术在食品工业中的应用

(1)食品辐照冷杀菌,杀灭微生物和致病菌,减少腐烂,防止微生物污染所造成的食源性中毒事件的发生,保障食品安全。

(2)辐照对谷物、水果、蔬菜能进行检疫性害虫的杀灭处理,防止外来生物入侵。

(3)豆类、谷类及其制品可以辐照杀虫卵,辐照可去除粮食、谷物中的生物毒素,大宗粮食及制品中霉菌、黄曲霉毒素、伏马菌素等生物毒素的辐射降解去除。

(4)辐照鲜活食品可以促进早熟,抑制发芽,减少农产食品腐烂和损失。辐照大蒜俗称"激光蒜",在休眠期进行辐照处理,可储藏 5~7 个月以上不发芽,减少失重损失,基本保持原有品质。

(5)射线辐照处理属于冷杀菌过程,不会引起冻品内部的温度变化,且辐照过程可控制在较短时间内完成,不会解冻,灭菌彻底。目前辐照处理是唯一可以对冷冻、冷鲜食品进行有效杀菌的技术。例如,对虾由于存在嗜盐菌,即使在低温下保存,仍然会使虾头很快变黑而脱落,严重影响其价值,经辐照后则不会变黑,不仅保证了质量,而且大大延长储存期。

(6)辐照还能提高食品质量。如酒类经辐照可加速陈化,使酒味更醇和清香;豆类经辐照后更易煮烂;脱水蔬菜经辐照后使复水时间缩短;牛肉经辐照后使口感更鲜嫩。辐照食品灭菌时不必打开产品包装,杜绝二次污染,消毒后可长期保存。

9.3 微胶囊技术

微胶囊是将日常生活中人们服用的胶囊药物缩小到直径只有 5~200 μm 而得到的微小粒子。通常把构成微胶囊外壳的材料称为"壁材"或"包衣"。把包在微胶囊内部的物质称为"囊心"或"芯材"。芯材可以是固体、液体或气体。

微胶囊技术自 1957 年由 Green B. K. 提出,发展至今已有 50 多年的历史。微胶囊的应用范围也从最初的无碳复写纸扩展到医药、食品领域、农药、饲料、涂料、油墨、黏合剂、化妆品、洗涤剂、感光材料、纺织等行业,并取得广泛的应用。微胶囊具有将液体粉末化,隔离活性组分,降低或掩盖食品中不良气味和苦味,保护对热、氧、水分等敏感的食品组分以及达到组分的瞬间释放或控制释放的功能。采用微胶囊技术,可以开发多种食品配料、营养强化剂及食品添加剂,以满足食品工业的需要和消费者的需求。

9.3.1 微胶囊化方法

通常,微胶囊化方法大致分为三类,即化学法、物理法和物理化学法。化学法可分为界面聚合法、原位聚合法、锐孔-凝固法、包络法和乳化法、辐射化学法和超临界流体技术等;物理法可分为锅包法、空气悬浮法、喷雾法、气相沉积法、静电沉积法和挤压法等;物理化学法可分为复合凝聚法、单凝聚法、相分离法、复相乳液法和粉末床法等。在食品工业中使用较多的微胶囊化方法主要有喷雾干燥法、喷雾冷却法、相分离法、挤压法、空气悬浮法和凝聚法等,其中,又以喷雾干燥法的研究和使用最广泛。喷雾干燥法具有操作简便,易实现工业化生产,产品分散性能好,微胶囊化和干燥过程可同时完成,产品复水性能好以及成本低廉等优点。

9.3.2 微胶囊的壁材

根据微胶囊化的方法不同,使用的微胶囊化壁材也可分为两种,即适用于包埋水溶性物质的壁材和适用于包埋油溶性物质的壁材。目前,食品工业中常用的包埋油溶性物质的微胶囊化壁材有:碳水化合物类、蛋白质等。水溶性的海藻酸盐与多价离子混合后,会发生胶凝作用,目前海藻酸盐在挤压法微胶囊化技术中得到了广泛的应用。

1. 蛋白质类壁材

蛋白质包括明胶及其衍生物、酪蛋白和大豆分离蛋白等。采用蛋白质作为壁材主要在于蛋白质的乳化性质,能够形成具有良好弹性的界面膜,而且蛋白质本身也是营养物质,因此,以蛋白质分子为壁材再复配一些其他胶质、碳水化合物是常用的微胶囊化壁材。明胶既是亲水胶体又是一种重要的蛋白质来源,并且具有乳化性和成膜性好、价格低、来源广的优点,是广泛使用的一种蛋白质壁材。以明胶为壁材的微胶囊产品有鱼油、胡萝卜素、姜黄色素等。阿拉伯胶含有少量的蛋白质,能够乳化芯材,而且易溶于水,溶液黏度低,除了价格较高之外,基本满足作为微胶囊化理想壁材的所有条件,也是常用的风味物质的包埋材料。

2. 脂类壁材

油溶性物质微胶囊化可用的壁材还有很多,如琼脂、变性淀粉、玉米糖浆等,在实际应用中,往往是几种物质复配使用。蜡质、卵磷脂、脂质体是常用的水溶性物质或固体颗粒的包裹材料。蜡质一般用于喷雾冷却法微胶囊化,以它为壁材的微胶囊化产品在水中不溶,但在一定条件下可以破壁,具有释放功能。卵磷脂在微胶囊化技术中除可作为乳化剂与其他壁材复配包埋油溶性物质外,因其自身可在低温下形成卵磷脂胶囊,还可用于某些生理活性物质的包埋,如酶类等。

3. 碳水化合物类壁材

碳水化合物类有:麦芽糊精、蔗糖、环糊精、阿拉伯胶、海藻酸盐等;麦芽糊精结构上不具备亲脂基,乳化性和成膜性差,但由于其价格低廉、溶解度高、黏度低等优点,常作为填充剂与其他具有乳化性能的壁材复配后使用;蔗糖具有热稳定性好、价格低等优点,对乳脂和风味物的微胶囊化效果较好。此外,纤维素及其衍生物,如乙基纤维素、硝酸纤维素等,具有毒性小,黏度大,成膜性好,对光、热、水汽等不敏感,以及形成的微胶囊具有缓释特性等优点,可用于水溶性芯材如矿物质、酶、水溶性维生素、酸味剂等的微胶囊化。近年来,微孔淀粉作为微胶囊的一种新壁材得到了广泛的关注。微孔淀粉是一种新型的变性淀粉,指的是具有生淀粉酶活力的酶在低于淀粉糊化温度下作用生成淀粉后形成的一种蜂窝状多孔性淀粉载体,微孔直径约为 $1~\mu m$,孔的容积占总体积的 50% 左右。微孔淀粉吸附目的物质后,与目的物质共同作为芯材,用合适的壁材包埋,在结构上微孔淀粉为芯材,在功能上则是壁材。与天然淀粉相比,微孔淀粉当前拥有的特性主要有:较大的比孔容和比表面积,良好的吸附性(吸水、吸油能力);堆积密度和颗粒密度低,结构疏松,水分子易进入淀粉内部,容易糊化;干燥状态下有良好的机械强度,分散在水及其他溶剂中能保持明显的结构完整性;生产工艺简便,加工过程不使用化学试剂,安全无毒,使用计量不受限制;包裹条件较温和,可以避免发生一些反应,避免风味物质的损失。作为一种新型的微胶囊壁材,微孔淀粉以其独特的优势越来越引起人们的注意。

9.3.3　微胶囊技术在食品工业中的应用

微胶囊技术应用于食品工业,使许多传统的工艺过程得到简化,同时也使许多用通常技术手段无法解决的工艺问题得到了解决,极大地推动了食品工业由低级初加工向高级深加工产业的转变。目前,利用微胶囊技术已开发出许多微胶囊化食品,如粉末油脂、粉末酒、胶囊饮料固体饮料等,风味剂(风味油、香辛料、调味品)、天然色素、营养强化剂(维生素、氨基酸、矿物质)、甜味剂、酸味剂、防腐剂及抗氧化剂等微胶囊化食品添加剂也已大量应用于生产中。

1. 粉末化油脂

对于油脂而言,微胶囊造粒技术就是将油脂微胶囊化成为固体微粒产品的技术。微胶囊化能保护被包裹的物料,使之与外界环境相隔绝,最大限度地保持油脂原有的功能活性,防止营养物质的破坏与损失,从而防止或延缓产品劣变的发生。另外,油脂的流动性差,难以均匀混入配料系统中。经微胶囊化处理后,可将油脂制成粉末,克服了油脂本身的缺点,使其成为性质稳定、取用方便、流动性好且营养价值高的优质原料。同时,它使油脂由液态转化为较稳定的固态形式,便于工业化的加工、储藏和运输。另外,微胶囊技术还可以掩盖某些油脂(如鱼油、海狗油)所带有的不良气味,改善产品品质,有利于扩展产品的使用范围。

2. 粉末化香精香料

微胶囊阻止了香精香料的味道及有效成分的散失,应用一定的技术手段处理胶囊可使其达到缓释或定点释放的效果,以延长释放时间;把液体香精转化成固体粉末,使其在加工使用中更为方便,大大减少香精的用量;提高物质的稳定性,减少敏感性物质与外界的接触,防止变质和损失等。例如,橘油中的萱烯易被氧化,导致风味的变质;使易挥发物质具有缓释作用,典型的例子就是口香糖中的微胶囊化香精;消除一些风味化合物对食品加工的影响,如肉桂中的肉桂醛可以阻滞焙烤食品的酵母发酵。

3. 固体饮料

利用微胶囊技术制备固体饮料,可使产品颗粒均匀一致,具有独特浓郁的香味,在冷热水中均能迅速溶解,色泽与新鲜果汁相似,不易挥发,产品能长期保存。目前饮料市场上的营养型、功能性饮料中的营养成分多为水溶性,一般多采用直接溶解的方式,许多不能溶解于水中的营养物质无法通过应用得到,而胶囊型饮料能够克服这一缺点,通过胶囊的包裹,使得营养物质能够长期存在于水性溶液中。

4. 微胶囊化营养素

食品中需要强化的营养素主要有氨基酸、维生素和矿物质等,这些物质在加工或储藏过程中,易受外界环境因素的影响而丧失营养价值或使制品变色变味。如微胶囊碘剂具有稳定性好、成本低、碘剂使用效率高等优点,既可加入碘盐、碘片中,又可用于其他食品、保健品和药品中。微胶囊碘剂的应用会产生良好的经济效益与社会效益。微胶囊化维生素是一类重要的营养强化剂,但由于某些维生素的性质不稳定,具有令人不悦的气味以及易受外界环境影响等缺点,因而常制成微胶囊的形式。

5.微胶囊化甜味剂

某些甜味剂因受温度和湿度的影响,导致甜味丧失,给加工和储藏带来诸多不便。微胶囊化甜味剂可降低甜味剂的吸湿性,改善了流变特性,使甜味持久。如阿斯巴甜,受热易分解而丧失甜味,经过微胶囊化后,稳定性大大提高,在烘烤食品中应用,减少了因受热分解甜味降低的缺点;一些多元糖醇如山梨糖醇、木糖醇、麦芽糖醇等,吸湿性大,易结块,给加工和储藏带来不便。微胶囊化处理后,产品的稳定性大大提高,吸湿性明显降低,可应用于焙烤食品和固体饮料中。阿斯巴甜甜度为蔗糖的 150~200 倍,而热量却远远低于等量的糖,因此在食品生产中取代蔗糖的趋势也越来越明显。但是这种甜味剂在可乐、汽水等酸性食品中却不稳定。通过微胶囊技术,可以克服阿斯巴甜在酸性环境中不稳定的缺点。

6.微胶囊化色素

一些天然色素在应用中存在溶解性和稳定性差的问题,微胶囊化后不仅可以改变溶解性能,同时也提高了其稳定性。用喷雾干燥法制备番茄红素微胶囊,其水溶性、流动性和稳定性均佳。

7.微胶囊化生理活性物质

生理活性物质(功能性食品基料)是功能保健食品中真正起作用的成分,这类物质包括膳食纤维、活性多糖、多不饱和脂肪酸、活性肽和活性蛋白质等。这类物质具有增强机体免疫力,调节人体新陈代谢,抗疲劳和防衰老,预防疾病等功能。但这类物质大多性质不稳定,极易受光、热、氧气、pH 值等因素的影响,或易与其他配料发生作用等,不仅失去了对人体的生理活性或保健功能,甚至引起癌变等。微胶囊技术的应用,可在其储藏期内保持其生理活性,发挥其营养和使用价值。螺旋藻是营养成分全面而均衡的优质食品基料,但由于其具有特殊的藻腥味,使其在应用过程中受到了一定的限制,另外其细胞壁的特殊结构也影响了消化率。微胶囊化螺旋藻具有良好的水溶性也大大降低了藻腥味,同时增强了其储藏稳定性。阿斯匹林对发烧、红肿、喉炎等有明显的疗效,但是大剂量的阿斯匹林会导致胃溃疡和胃出血。因此,大多数的阿斯匹林是包裹在乙基纤维素或羟基丙基甲基纤维素和淀粉中的,这样得到的微胶囊化阿斯匹林具有缓慢、持续释放的特点。

微胶囊化技术是 21 世纪重点研究开发的高新技术之一,应用于食品工业上极大地推动了其由低级产业向高级产业的转变。今后,微胶囊化技术以及理论研究还需进一步深入,开发安全无毒副作用、易降解的壁材;发展脂质体和多层复合微囊化新技术;尽可能降低微胶囊的生产成本;微胶囊芯材的控制释放机理及其测定方法;尽可能实现工业化生产等方面将是近期研究发展的重点。随着时代的变迁,微胶囊技术将成为食品科学家们强有力的工具,具有较好的应用前景。

9.4 微波技术

9.4.1 微波技术原理

微波是一种波长为 1~1 000 mm,频率为 300 MHz~300 GHz 的电磁波。在食品工业中,微波常用频率为 915~2 450 MHz。微波会与物料中的极性物质(如水分、蛋白质和脂肪等)相互作用,通过使物料极性的取向随外电磁场发生变化,造成分子急剧地摩擦和碰撞,从而在同一瞬间加热物料的各部分。相比常规加热中所采用的外部加热模式,微波利用介质损耗原理,采取内部加热的方式,通过分子极化和离子导电两个效应对物料进行直接加热。所以,微波加热具有选择性、即时性、高效性,以及热惯性小、穿透性好、加热均匀且易于控制等特点,并且微波技术的应用有利于环境保护和能源的节约。在微波加热、干燥中,无废水、废气、废物产生,也无辐射遗留物存在,其微波泄漏也大大低于国家制定的安全标准,是一种十分安全无害的高新技术。

9.4.2　微波技术在食品工业中的应用

正是由于微波的以上特点,微波技术现在已经广泛地应用于食品工业领域,主要是用于食品的干燥与加热、解冻、消毒与灭菌等领域,现在微波技术又发展成为一种新的手段,广泛应用于食品加工、研究、分析等各个领域。现综述微波技术在食品工业领域中的主要应用。

1. 微波技术在食品干燥中的应用

由于微波加热上述的特点,微波广泛应用于食品的干燥,水分由内层向外层的迁移速度很快,干燥速度比一般的干燥速度快得多,尤其是在物料的后续干燥阶段。主要包括:一般的食品微波干燥、食品微波真空干燥、食品微波冷冻干燥。微波干燥食品的主要优点是干燥速度快,时间短,产品均匀受热,品质好,同时也具有节能、卫生条件好等优点。但是微波干燥设备投资大,耗电量大,对于含水量高的物料从经济上考虑效益不是很好。因此在实际应用中,微波加热干燥经常与其他干燥方法如热空气干燥、油炸、近红外干燥技术相结合,微波干燥往往用于食品的后续干燥阶段。

2. 微波技术在食品杀菌保鲜中的应用

微波与生物体的相互作用是一个极其复杂的过程,是生物体受到微波辐射时吸收微波后所产生的综合生物效应的结果。微波杀菌是使食品中的微生物,同时受到微波热效应与非热效应的共同作用,使其体内蛋白质和生理活动物质发生变异,而导致微生物生长发育延缓和死亡,达到食品杀菌保鲜的目的。由于应用微波杀菌时,食品整体升温迅速,所需杀菌时间较短,食品的色、香、味和营养成分损失小。

3. 微波萃取技术的应用

微波萃取的本质实际上是微波对萃取溶剂及物料的加热作用,它能够穿透萃取溶剂和物料而使整个系统更加均匀地加热。此外,微波所产生的电磁场可加速萃取溶剂界面的扩散速率。近年来,微波萃取技术被广泛应用于食品中,如对于食品营养成分、食品香料及风味物质、天然食品添加剂等的萃取。此外,微波萃取也被应用于食品分析中。在食品成分分离和检测技术中往往需要将目标产物或待测物质从固体或黏稠状食品(或食品原料)中萃取出来。

4. 微波技术在食品检测中的应用

样品的消解是食品分析中对于重金属等成分进行监测工作的前提,它对整个分析工作往往会产生决定性的影响。微波消解技术是近年来发展起来的一种样品处理方法。使用微波消解处理样品,不仅可以提高分析测试速度,同时可以使多次测定所得结果具有很好的重复性。尤其是对于含有易挥发元素(如 As、Hg、Se 等)的样品,经微波消解后进行测定,可获得很好的精密度与准确度。

5. 微波技术在焙烤与膨化中的应用

微波焙烤可使面包具有良好的组织形态,但面包上色不够,须结合传统加热使表面褐变,或采用特殊的容器或包材,或采用易发生褐变反应的添加剂生产面包。目前,采用真空微波技术对果蔬进行脱水膨化处理,在某种情况下会产生类似煎炸膨化产品的质地。

6. 微波技术在食品解冻中的应用

传统的解冻作业有以下几个缺点:时间长,占地面积大,失水率较高,表面易氧化,易变色,消耗大量清洁水。由于微波加热的特性,使得微波加热解冻可以完全或部分地克服上述缺点。自然解冻是失水率最小的方法,但微波解冻与自然解冻相比要快得多,而失水率两者基本上处于同一水平。工业上用微波加热解冻的食品有:肉、肉制品、水产品、水果和水果制品。

7. 微波真空浓缩的应用

蒸发浓缩是果汁等加工生产中的重要操作单元。果汁是热敏性物料,为了保存产品风味和减少维生素 C 等损失,必须在较低温度下的快速蒸发浓缩。微波真空浓缩完全可以创造常温下的快速浓缩,可保持果汁原有的色香味和营养成分,这对果汁、酶制剂等的浓缩生产具有非常重要的意义。

9.4.3 微波技术的新进展

微波技术作为食品分析、检测、提取等领域的新的方法、新的研究手段,发挥了重要的作用,同样也取得巨大的进步。

1. 微波无损检测技术

微波是介于红外线与无线电波之间的电磁辐射,由于它的波长短、频带宽,以及它与物质的相互作用,由此发展成为微波无损检测技术。微波无损检测不仅保证产品的质量符合标准,而且可以减少和避免不必要的经济损失,因此在我国微波无损检测能得以发展,在产品可靠性方面已经产生良好效益。

2. 脉冲微波技术

传统微波杀菌主要是利用微波的热效应,而使用脉冲微波杀菌主要是利用非热效应,脉冲微波的非热效应是生物电磁学一个最新的研究领域。脉冲微波杀菌技术能在较低的温度、较少的温升条件下对食品进行杀菌,对热敏性物料来说具有其他方法不可比拟的优势,因此,对脉冲微波杀菌技术进行研究,充分利用其非热效应在食品加工中具有十分广阔的应用前景。

3. 微波辅助萃取技术

微波萃取不仅萃取效率高、产品纯度高、能耗小、操作费用少,且符合环境保护要求,可广泛用于中草药、香料、食品和化妆品等领域。在天然产物的提取方面,提取的成分涉及生物碱类、蒽醌类、黄酮类、皂苷类、多糖、挥发油、色素等。

4. 微波膨化技术

微波膨化是微波能量到达物料深层后转换成热能,使物料深层水分迅速蒸发而形成较高的内部蒸汽压力条件,迫使物料膨化利用微波膨化技术加工食品能最大限度地保存食品原有的营养成分,加工时间短,膨化、干燥、杀菌工艺同时完成。微波膨化产品可以克服传统膨化产品油炸加工含油量高的缺点,能完整地保存原有的各种营养成分,将是膨化食品的一个重要发展方向。在今后微波膨化技术的研究中,如何解决食品膨化后易回潮发软问题,改善微波膨化产品的色泽,进一步进行微波膨化理论和应用技术的研究,拓宽微波膨化原料的来源,开发新型的膨化设备和技术将是微波膨化技术发展的重点和难点。

5. 微波消解技术

现代食品分析对灵敏度、精密度、微量、痕量、价态、形态及多元素分析提出了更高的要求。在微波技术中,样品的消解、干燥、萃取、蛋白水解等方法,国外已采用计算机智能化;微波蛋白水解技术可以和 HPLC 法联用,实现多组分同时测定和连测。由于在密闭高压容器中,可快速将萃取液瞬间加热到其常压沸点以上,提高溶剂沸点,又不至于分解待测萃取物,提高萃取回收率和效率,从而大大提高了现代 GC/HPLC 法的精度和效率。微波技术在不断完善自身技术与设备的同时,应该与其他干燥技术,如热风干燥、真空干燥、冷冻干燥、远红外线干燥等技术相结合,向更深、更广的方向发展。进一步完善微波食品加工理论,开发新型微波加工设备,建立微波食品加工工艺,微波技术在食品加工中的应用将日趋深入与广泛。

9.5　超临界流体萃取技术

9.5.1　超临界流体萃取技术原理

超临界流体是指处于超过物质本身的临界温度和临界压力状态的流体,这种状态下的流体具有与气体相当的高渗透能力和低黏度,又兼有与液体相近的密度和对物质优良的溶解能力。超临界流体萃取技术(Supercritical Fluid Extraction,SFE)是以超临界状态下的流体作为溶剂,利用该状态下流体所具有的高渗透能力和高溶解能力萃取分离混合物的过程。超临界流体的溶解能力随体系参数(温度和压力)而发生连续性变化,因而通过改变操作条件(稍微提高温度或降低压力),就可以把样品中的不同组分按在流体中溶解度的大小先后萃取出来,在低压下弱极性的物质先萃取,随着压力的增加,极性较大和相对分子质量大的物质分离出来,所以在程序升压下超临界萃取不同组分,同时还可以起到分离的作用。

9.5.2　超临界流体萃取技术的特点

超临界萃取选择的流体:已研究过的萃取剂有乙烯、乙烷、正戊醇、一氧化碳、二氧化碳、甲醇、乙醇、丁醇、氨和水等。用超临界萃取法提取天然产物时,一般使用二氧化碳做萃取剂。

(1)超临界萃取可以在接近室温($35 \sim 40 \ ℃$)及二氧化碳气体笼罩下进行提取,有效地防止了热敏性物质的氧化和逸散。因此,在萃取物中保持着药用植物的有效成分,能把高沸点、低挥发性、易热解的物质在远低于其沸点的温度下萃取出来。

(2)使用 SFE 是最干净的提取方法,由于全过程不用有机溶剂,因此萃取物绝无残留的溶剂物质,从而防止了提取过程中对人体有害物的存在和对环境的污染,保证了 100% 的纯天然性。

(3)萃取和分离合二为一,当饱和的溶解物的二氧化碳流体进入分离器时,由于压力的下降或温度的变化,使得二氧化碳与萃取物迅速成为两相(气液分离)而立即分开,不仅萃取的效率高而且能耗较少,提高了生产效率,也降低了费用成本。

(4)单一的超临界萃取溶剂对某些溶解度很低、选择性不高的物质具有局限性,因此需要在纯气体溶剂中加入附加组分(夹带剂)。夹带剂作为混合溶剂的一种,可强烈影响超临界气体的溶解能力、选择性等性质,它的作用是:

①大大增加被分离组分在气相中的溶解度。

②可使溶质的选择性大大提高。

③增加溶质溶解度对温度、压力的敏感程度。

④同有机反应的萃取精馏相似,可做反应物。

⑤能改变溶剂的临界参数。

（5）压力和温度都可以成为调节萃取过程的参数，通过改变温度和压力达到萃取的目的。将压力固定，通过改变温度也同样可以将物质分离开来；反之，将温度固定，通过降低压力使萃取物分离，因此工艺简单，容易掌握，而且萃取的速度快。

二氧化碳萃取流程较简单。萃取可以在接近室温下进行，对热敏性食品原料、生理活性物质、酶及蛋白质等无破坏作用，同时又安全、无毒、无臭，因而广泛应用于食品、医药、化妆品等领域中。

9.5.3　超临界流体萃取技术在食品工业中的应用

超临界流体萃取的特点决定了其应用范围十分广阔。如在医药工业中，可用于中草药有效成分的提取，热敏性生物制品药物的精制，及脂质类混合物的分离；在食品工业中，用于啤酒花的提取、色素的提取等；在香料工业中，用于天然及合成香料的精制；在化学工业中，用于混合物的分离等。具体应用可以分为以下几个方面。

（1）农产品风味成分的萃取，如香辛料、果皮、鲜花中的精油、呈味物质的提取。

（2）农产品中某些特定成分的萃取，如沙棘中沙棘油、月见草中丁-亚麻酸、牛奶中胆固醇、咖啡豆中咖啡碱的提取。

（3）农产品脱色、脱臭、脱苦，如辣椒红色素的抽取、羊肉膻味物质的提取、柑橘汁的脱苦等，农产品灭菌防腐。

（4）从药用植物中萃取生物活性分子，生物碱的萃取和分离。

（5）来自不同微生物的类脂脂类，或用于类脂脂类回收，或从配糖和蛋白质中去除类脂脂类；动植物油的萃取分离，如花生油、菜子油、棕榈油等的提取。

（6）从多种植物中萃取抗癌物质，特别是从红豆杉树皮和枝叶中获得紫杉醇以防治癌症。

（7）维生素主要是维生素 E 的萃取。

（8）对各种活性物质（天然的或合成的）进行提纯，除去不需要分子（比如从蔬菜提取物中除掉杀虫剂）或"渣物"，以获得提纯产品。

（9）对各种天然抗菌或抗氧化萃取物的加工，如罗勒、串红、百里香、蒜、洋葱、春黄菊、辣椒粉、甘草和茴香子等。

与传统化学分离提取方法相比，SFE 技术具有许多优点，但也存在许多问题，主要是处理成本高、设备生产能力低、对有些成分提取率低，另外还有能源的回收、堵塞、腐蚀等技术问题有待解决。但作为一种国际上公认的绿色提取技术，其本身特性显示出了巨大生命力。随着社会高度发展，维护和保持一个可持续发展的环境是人类共同的要求和期望，无论是环境保护、污染治理，还是人们对天然产物和绿色食品的青睐，传统的加工分离技术是难以企及的，所有这些都预示着超临界技术将会拥有更为广阔的发展空间。

9.6　纳米技术

纳米技术是指在纳米尺度（1~100 nm）上研究物质的特性和相互作用，以及利用这些重要特性的多交叉的科学和技术。这一技术使人类认识和改造物质世界的能力延伸到了原子和分子水平，成为当今最重要的新兴科学技术之一。随着纳米技术的科学价值逐渐被认识和纳米材料的制造技术不断完善，纳米技术作为一门高新技术在食品科学领域的研究将得到越来越多的关注，主要涉及食品加工、食品包装和食品检测等领域，并取得了一些研究成果。

9.6.1　纳米技术在食品工业中的应用

在食品领域中，以纳米食品加工技术、纳米配料和食品添加剂的结构控制、纳米复合包装材料、纳米检测技术等方面的研究最为活跃，已经成为食品纳米技术的研究热点。目前比较成功的例子是纳米微化和纳米膜分离技术。纳米微化技术可广泛用于保健食品领域，通过将营养补充剂颗粒纳米化，改善它们的应用性能，提高其利用率，还可以降低保健食品的毒副作用。

1. 纳米胶囊

纳米微胶囊技术以安全无毒的天然材料为基础（如酪蛋白），经过一定处理，在其自组或重组过程中形成微胶囊（10～150 nm），并将人体必需的微量元素或营养功能因子包裹其中。经处理后，不但可以改变这些营养功能因子的溶解性质，扩大其应用范围，同时由于保护作用，它们在生物体中的利用率也得以提高。并且，这种纳米微胶囊可以通过控制 pH 值和温度等达到释放的目的。

纳米胶囊化的类胡萝卜素，使其在果汁饮料和人造黄油的生产中得以广泛使用。采用纳米技术，将植物固醇制成纳米微粒，并在一定的温度下将纳米微粒均匀地加入到人造黄油中，从而解决纯植物固醇的溶解性难题，扩展了其应用领域。通过控制温度和乳化剂的种类和浓度，可以形成稳定的不同尺寸的纳米 O/W 乳化体系，以此大大提高油相在水体中的溶解度，扩展其应用范围。

2. 纳米包装及保鲜

由于纳米材料具有特殊的力学、热学、光学、磁性、化学性质，其具有优异的表面效应、小尺寸效应和量子效应，用于食品包装的纳米复合高分子材料的微观结构不同于一般材料，其微观结构排列紧密有序，优越的性能体现在其低透氧率、低透湿率、阻隔二氧化碳和具有抗菌表面等，是一种食品包装的新材料。将纳米技术应用在纳米复合阻透性包装材料中，可以实现食品的保质、保鲜、保味，并延长食品储藏时间。经纳米复合的尼龙薄膜就具有更强的阻隔性和透明度。另外，可通过纳米复合技术，开发一些具有新用途的包装材料。目前正在开发中的"聚酯 PET/层状硅酸盐纳米复合材料"，使得啤酒的塑料瓶包装成为可能。由于复合了纳米材料，使开发的塑料瓶能满足啤酒生产中高温消毒的工序要求。而且因为它的阻隔性好，可使啤酒长时间保存而不变味，同时，耐压强度、刚度增强了。

纳米抗氧化剂、抗菌剂保鲜包装材料可提高新鲜果蔬等食品的保鲜效果和延长货架寿命，保留更多的营养成分。纳米系列银粉不仅具有优良的耐热、耐光性和化学稳定性，而且具有抗菌时间长、对细菌和霉菌等均有效的特点，添加到食品中可长期保持抗菌效果，且不会因挥发、溶出或光照引起颜色改变或食品污染，还可加速氧化果蔬释放出的乙烯，减少包装中乙烯含量，从而达到良好的保鲜效果。

3. 纳米检测技术

纳米仿生技术在食品检测中有理解和识别病原体、检测食物腐败等潜在的应用。把纳米技术和生物学、电子材料相结合，研制生物纳米传感器，通过生物蛋白与计算机硅晶片结合，检测食品中化学污染物并标记损失分子和病毒，具有高灵敏度和简单的生物计算机功能，能更好地控制、监测和分析生物结构的纳米环境；通过模仿植物病理学研制出"电子舌"和"电子鼻"，化学敏感性的"电子舌"用于检测小含量的化学污染，识别食物和水中的杂质，服务于食物风味质量的控制；"电子鼻"是改变电学特性的应用，用于识别食物中病原体、判定食物是否腐败。

9.6.2　纳米技术存在的问题及展望

1. 存在的问题

（1）纳米保鲜技术已取得了一定的成效，但该技术的应用仅局限在基于塑料类膜材的外包装形式上，使得纳米保鲜在使用形式上受到限制。

（2）引入纳米膜材的无机 Ag_2O、ZnO、O_2 等纳米微粒将会导致食品残留和安全性问题，这是人们所不期望的。

（3）无机纳米微粒在杀灭细菌的同时，必将一定程度地引起食品的氧化变质，这与食品保鲜是背道而驰的。

2. 展望

对以上几个问题的解决，将促进纳米科技在食品科学研究中的进一步应用，也将成为纳米保鲜的新的发展方向。基于对纳米保鲜研究现状的分析，可以开展源于可食用资源的纳米保鲜材料的研究，从可食用资源中筛选出具有广谱抑菌性和成膜性能的物质，经纳米化开发出具有广泛应用领域和应用方式的新型纳米保鲜材料。众多源于可食用资源的物质在应用中显示了良好的抑菌性，如乳酸、壳聚糖、乳链菌肽和聚赖氨酸等在食品保鲜中已取得了实际的应用，而壳聚糖、淀粉和细菌纤维素等表现了良好的成膜性能。以可食用资源为原材料，开发纳米保鲜材料，该材料由于既具有防腐的性能，又具有纳米微粒的特性，有望在应用中取得良好的效果。

思　考　题

1. 膜分离技术的基本原理是什么？
2. 各种营养物质受到辐照后会引起哪些化学效应？这些化学效应的特点有哪些？
3. 微胶囊化技术如何在食品工业中应用？
4. 微波技术的新进展有哪些？
5. 超临界流体萃取技术的原理是什么？
6. 纳米技术在食品工业中有哪些应用？前景如何？

参　考　文　献

[1] 谢岩黎. 现代食品工程技术[M]. 郑州：郑州大学出版社，2011.

[2] 哈益明. 辐照食品及其安全性[M]. 北京：化学工业出版社，2006.

[3] 丁浩，童忠良，杜高翔. 纳米抗菌技术[M]. 北京：化学工业出版社，2008.

[4] 张峻，齐崴，韩志慧. 食品微胶囊、超微粉碎加工技术[M]. 北京：化学工业出版社，2005.

[5] 舒伯特(德). 食品微波加工技术[M]. 北京：中国轻工业出版社，2008.

[6] 许振良，马炳荣. 微滤技术与应用[M]. 北京：化学工业出版社，2005.

[7] 廖传华，黄振仁. 超临界流体与食品深加工[M]. 北京：中国石化出版社，2007.

读者反馈表

尊敬的读者：

您好！感谢您多年来对哈尔滨工业大学出版社的支持与厚爱！为了更好地满足您的需要，提供更好的服务，希望您对本书提出宝贵意见，将下表填好后，寄回我社或登录我社网站（http://hitpress. hit. edu. cn）进行填写。谢谢！您可享有的权益：

☆ 免费获得我社的最新图书书目　　　　☆ 可参加不定期的促销活动

☆ 解答阅读中遇到的问题　　　　　　　☆ 购买此系列图书可优惠

读者信息

姓名＿＿＿＿＿　□先生　□女士　　　年龄＿＿＿＿　学历＿＿＿＿

工作单位＿＿＿＿＿＿＿＿＿＿＿＿＿　　职务＿＿＿＿＿＿

E-mail ＿＿＿＿＿＿＿＿＿＿＿＿＿＿　邮编＿＿＿＿＿

通讯地址＿＿＿＿＿＿＿＿＿＿＿＿＿＿

购书名称＿＿＿＿＿＿＿＿＿＿＿＿＿　购书地点＿＿＿＿＿＿＿＿＿＿＿

---

1. 您对本书的评价

内容质量　　□很好　　　　□较好　　　　□一般　　　　□较差

封面设计　　□很好　　　　□一般　　　　□较差

编排　　　　□利于阅读　　□一般　　　　□较差

本书定价　　□偏高　　　　□合适　　　　□偏低

2. 在您获取专业知识和专业信息的主要渠道中，排在前三位的是：

①＿＿＿＿＿　　　　②＿＿＿＿＿　　　　③＿＿＿＿＿

A. 网络 B. 期刊 C. 图书 D. 报纸 E. 电视 F. 会议 G. 内部交流 H. 其他：＿＿＿＿

3. 您认为编写最好的专业图书（国内外）

书名	著作者	出版社	出版日期	定价

4. 您是否愿意与我们合作，参与编写、编译、翻译图书？

＿＿＿＿＿＿＿＿＿＿＿＿＿＿＿＿＿＿＿＿＿＿＿＿＿＿＿＿＿＿

5. 您还需要阅读哪些图书？

＿＿＿＿＿＿＿＿＿＿＿＿＿＿＿＿＿＿＿＿＿＿＿＿＿＿＿＿＿＿

网址：http://hitpress. hit. edu. cn

技术支持与课件下载：网站课件下载区

服务邮箱 wenbinzh@ hit. edu. cn　duyanwell@163. com

邮购电话 0451 - 86281013　0451 - 86418760

组稿编辑及联系方式　赵文斌(0451 - 86281226)　杜燕(0451 - 86281408)

回寄地址：黑龙江省哈尔滨市南岗区复华四道街 10 号　哈尔滨工业大学出版社

邮编：150006　传真 0451 - 86414049